湿法烟气脱硫系统的调试、试验及运行

曾庭华 杨 华 廖永进 郭 斌 著

中国电力出版社
CHINA ELECTRIC POWER PRESS

内
容
提
要

本书详细介绍了国内外火电厂最新应用的各类石灰石/石膏湿法 FGD 技术，在此基础上，系统地介绍了 FGD 系统的调试技术，包括调试的管理、FGD 典型的单体调试、分系统调试以及整套启动调试等，通过工程实例对调试中的常见问题进行了深入地讨论。同时，本书还介绍了 FGD 系统性能试验的内容，包括试验测点与烟气采样方法，分析测试方法，FGD 系统中石灰石、浆液、石膏及废水等成分的分析方法，并对现场试验的实例进行分析。最后，本书系统地介绍了 FGD 系统运行及管理技术，包括 FGD 系统的启动/停运操作、FGD 系统的正常运行与调整维护、FGD 系统运行常见问题分析与处理、FGD 系统的优化、FGD 系统的检修以及 FGD 系统的运行管理等。

全书内容丰富、新颖，配合文字并附有大量插图，密切联系工程实际，实用性很强。对 FGD 系统的调试、性能试验和安全经济运行具有很好的指导作用，对消化吸收国外先进的湿法 FGD 技术、改进湿法 FGD 系统的设计具有很高的参考价值。

本书特别适用于从事 FGD 系统的调试、试验、运行、维修和管理工作的工程技术人员使用，对从事火电厂 FGD 技术的研究、设计人员和环境保护的专业人士以及高等院校有关专业的研究生、大学生也有很好的参考作用，并可作为 FGD 系统运行检修的培训教材。

图书在版编目（CIP）数据

湿法烟气脱硫系统的调试、试验及运行/曾庭华等著．
北京：中国电力出版社，2008.5（2016.5 重印）
ISBN 978－7－5083－6671－5

Ⅰ．湿⋯　Ⅱ．曾⋯　Ⅲ．火电厂－湿法－烟气脱硫
Ⅳ．X773.013

中国版本图书馆 CIP 数据核字（2008）第 005184 号

中国电力出版社出版、发行
（北京市东城区北京站西街 19 号　100005　http://www.cepp.sgcc.com.cn）
北京盛通印刷股份有限公司印刷
各地新华书店经售
*
2008 年 5 月第一版　　2016 年 5 月北京第三次印刷
787 毫米×1092 毫米　16 开本　56 印张　1643 千字
印数 5001—6000 册　　定价 268.00 元

敬 告 读 者

本书封底贴有防伪标签，刮开涂层可查询真伪
本书如有印装质量问题，我社发行部负责退换

前　言

　　我国的能源资源以煤炭为主，在电源结构方面，今后相当长的时间内以燃煤机组为主的基本格局不会改变，大量的燃煤和煤中较高的含硫量必然导致 SO_2 的大量排放。1995 年我国 SO_2 排放量达到 2370 万 t，超过了欧洲和美国，成为世界上 SO_2 排放第一大国，之后连续多年超过 2000 万 t。近年来，由于电力的快速发展，SO_2 的排放量又开始上升。2003 年底，国家环境保护总局发布了新修订的污染物排放标准 GB 13223—2003《火电厂大气污染物排放标准》，新标准分三个时段，对不同时期的火电厂建设项目分别规定了对应的大气污染物排放控制要求；同时，国家新的《排污费征收标准和计算方法》使得企业的 SO_2 排污成本增加，从而使排污变得"不经济"。在这种形势下，全国各地的火电厂纷纷进行烟气脱硫（FGD）工程的建设，我国火电厂烟气脱硫呈现了"井喷式"的发展。

　　但是，我国烟气脱硫建设还存在着诸多的问题，如缺乏对烟气脱硫设施进行科学评价的指标和要求；建设规模急剧增长，但产业化发展相对滞后；虽然大部分设备可以国内制造，但关键设备仍需要进口；供方市场存在着脱硫技术重复、盲目引进，技术人员严重不足，招标中无序、低价竞争，质量管理环节薄弱等。另外，火电厂烟气脱硫的设计、制造、安装、调试、运行、检修、后评估等环节的技术标准、规范尚未建立和完善。

　　鉴于此，在参考大量文献资料的基础上，作者紧密结合工程实际，系统总结了石灰石/石膏湿法 FGD 系统的调试、试验及运行等方面的经验，希冀能对 FGD 工程的调试、试验和运行有所裨益。

　　本书共分六章，主要内容可归纳为四部分。第一部分（第一、二章）概要介绍了我国 SO_2 的排放状况和控制技术；结合具体的实际工程，重点对最新应用的各类石灰石/石膏湿法 FGD 技术作了详细介绍，突出了一个"新"字，例如德国 LEE 的池分离器、脉冲悬浮系统、日本 CT-121 技术、川崎内隔板塔、美国 B&W 合金托盘、文丘里棒塔以及国内的 OI^2-FGD 技术、旋汇耦合吸收塔技术等；还介绍了 BEKA 塑料衬里混凝土吸收塔、FGD 系统与湿式电除尘器（WESP）相结合的新技术等。第二部分（第三、四章）详尽介绍了 FGD 系统的调试技术，包括调试的管理、FGD 典型单体的调试、各个分系统调试以及整套启动调试，并通过 FGD 系统调试实例来详细介绍热态调试的全过程，对调试中常见问题进行了深入地讨论。第三部分（第五章）详细介绍了 FGD 系统的性能试验，包括试验内容，试验测点与烟气采样、分析测试方法，FGD 系统中石灰石、浆液、石膏及废水等成分分析方法以及现场试验、实例分析等。第四部分（第六章）系统地介绍了 FGD 系统运行及管理技术，包括 FGD 系统的启动/停运，FGD 系统的正常运行与调整维护，FGD 系统运行常见问题分析，FGD 系统事故处理，FGD 系统的优化、检修及运行管理等。全书理论介绍较少，代之以大量的工程实例、现场数据及现场图片，实用性很强，对消化吸收国外先进的湿法 FGD 技术、改进湿法 FGD 系统的设计以及对 FGD 系统的调试、性能试验和安全经济运行都有很好的指导作用。

需注意的是，烟气脱硫方面的标准、规范还不完善，本书所介绍的调试程序、各种分析测试方法等，很多只是一些经验总结，仅供读者参考。如读者能从中受益，作者就深感欣慰了。书中未加特别说明的 m^3，指的是标准状态（标态）下的体积，即烟气在温度为 273K，压力为 101325Pa 时的状态。

由于时间所限，书中难免有不足之处，敬请各位专家和读者批评指正。

曾庭华

2008 年 1 月

目　录

第一章

火电厂 SO_2 的排放与控制

第一节　我国电力的发展与 SO_2 的排放

电力是国民经济发展中重要的生产资料，是人民生活中必不可少的生活资料，由此决定了电力与经济发展的紧密相关性及电力在宏观经济研究中的重要作用。电力需求与经济增长成正比，经济增长高，电力需求增长强劲；经济增长低，电力需求增长乏力，电力的发展与建设必须与经济增长相协调。1999 年后经济的快速增长导致电力需求增长迅猛：2000 年到 2003 年间，全社会用电量分别增长 11.4%、8.6%、11.6% 和 15.4%，而发电装机容量的增长分别只有 7%、4.7%、6.8% 和 7.7%。从 2002 年 6 月起，陆续有地区拉闸限电。2002 年全国电力缺口是 20.35GW，2003 年甚至高达 44.85GW。2003 年夏季，大面积的拉闸限电波及了全国 21 个省（市）。2004 年春节后全国的日用电量一直在高位运行，每天都在 55 亿 kW·h 左右，接近夏季的最高峰 58 亿 kW·h 的历史最高值。2005 年一季度全国用电超过 4800 亿 kW·h，比 2004 年同期增长 16.4%，全国已有 24 个省市出现拉闸限电现象，比 2003 年和 2002 年更为严峻。2004 年缺电最严重的是上海、浙江、江苏、安徽组成的华东电网，全年缺电达到 17GW，全国缺电高达 30GW 左右。2004 年南方电网统调负荷 15 次，创历史新高，达到 46.07GW，比 2003 年最高纪录净增 7.56GW，增长 19.6%。2005 年全南方电网最大缺口达 7.8GW，其中广东省电力缺口约 4.5GW。2004 年国家电网公司全口径新投产装机容量 39.03GW，全国发电量 21390.76 亿 kW·h，比 2003 年同期增长 15.87%。

面对强大的电力需求及对未来电力需求增长的预期，电力投资出现了前所未有的爆发式高增长。2004 年全年电力投资增长达到 35% 以上，这种势头可能持续到 2008 年，并大约维持在 25% 的投资增长率。

全国电力发展"十一五"规划及中长期规划表明，"十一五"期间全国电力安排开工规模 200GW，2010 年发电装机容量达到 650GW 左右，其中水电为 158GW，占 24%；在中长期规划方面，2011~2020 年年均净增装机容量为 30GW，到 2020 年发电装机容量达到 950GW 左右，其中水电为 230GW、煤电为 605GW、核电为 36GW、气电为 60GW，新能源为 20GW。表 1-1 列出了近 10 年来我国的装机容量、发电量及发电能源构成。

尽管我国从 1994 年全国发电量和装机容量跃居世界第二并保持至今，但与世界各工业化国家相比，我国的人均消费仍处于很低的水平，增长空间巨大。目前发达国家人均年电力消费一般在 6MW·h 以上，OECD（经济合作与开发组织）国家接近 8MW·h，日本、澳大利亚、新西兰等国人均已接近 9MW·h，美国、加拿大等人均已达 15MW·h。后发达国家如韩国人均已达 6.2MW·h，巴西和墨西哥也超过了 2MW·h。从装机容量上看，欧盟各国平均在人均 1.5kW 以上，俄罗斯也在这个水平，美国、加拿大则高于 3kW。而目前，我国人均发电量仅为 1000 多千瓦时，人均装机容量刚超过 0.3kW。在今后经济增长仍保持较高速度的情况下，我国电力的上升空间十分巨大。

表 1 - 1　　　　　　　　　　我国 1994~2004 年装机容量、发电量及发电能源构成

年份	装机容量（GW）				发电量（亿 kW·h）				发电能源构成（%）		
	水电	火电	核电	总计	水电	火电	核电	总计	水电	火电	核电
1994	49.06	148.74	2.10	199.90	1667.86	7470.49	140.43	9278.78	17.97	80.51	1.52
1995	52.18	162.94	2.10	217.22	1867.72	8073.43	128.33	10069.48	18.55	80.18	1.27
1996	55.58	178.86	2.10	236.54	1869.18	8781.01	143.39	10793.58	17.32	81.35	1.33
1997	59.73	192.41	2.10	254.23	1945.71	9249.45	144.18	11342.04	17.15	81.55	1.30
1998	65.07	109.88	2.10	277.29	2042.95	9388.12	141.01	11576.97	17.65	81.09	1.22
1999	72.97	223.43	2.10	298.77	2129.27	10047.37	148.33	12331.41	17.17	81.48	1.20
2000	79.35	237.54	2.10	319.32	2431.34	11079.36	167.37	13684.82	17.77	80.96	1.22
2001	83.01	253.14	2.46	338.61	2611.08	12044.78	174.72	14838.56	17.60	81.17	1.18
2002	86.07	265.55	4.47	356.57	2746.00	13522.00	265.00	16542.00	16.60	81.74	1.60
2003	92.17	285.64	6.19	384.50	2830.00	15800.00	437.00	19080.00	14.83	82.81	2.29
2004	108.26	324.90	6.84	440.00	3280.00	18073.00	501.00	21854.00	15.01	82.70	2.29

在我国一次能源和发电能源构成中，煤占据了绝对的主导地位，而且在已探明的一次能源储备中，煤炭仍是主要能源。2002 年，在我国的一次能源生产和消费中，煤炭分别占总量的 70.7%、66.1%，石油分别占总量的 17.2%、23.4%，天然气分别占 3.2%、2.7%，水电和核电分别占 8.9%、7.8%。2004 年 6 月 30 日，我国《能源中长期发展规划纲要（2004~2020 年）》（草案）提出了"以煤炭为主体，电力为中心，油气和新能源全面发展"的战略，有关专家预测，到 2050 年，煤在一次能源中所占比例仍在 50% 以上。这都充分表明在很长的一段时间内，我国一次能源以煤为主的格局不会发生根本改变。

大量的燃煤和煤中较高的含硫量必然导致大量的 SO_2 排放，1995 年我国 SO_2 排放量达到 2370 万 t，超过欧洲和美国，成为世界 SO_2 排放第一大国，之后连续多年排放量超过 2000 万 t。表 1 - 2 是我国 1987~2006 年 SO_2 的排放情况，更直观的趋势见图 1 - 1。由于采取了一系列有效的控制排放的政策和措施，目前已取得了一定的成效。但近年来电力的快速发展，SO_2 的排放量又开始上升，2006 年达到了历史新高 2594.4 万 t。

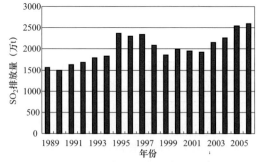

图 1 - 1　我国 1989~2006 年 SO_2 的排放

表 1 - 2　　　　　　　　　　1987~2006 年我国 SO_2 的排放

年份	排放量（万 t）	年份	排放量（万 t）	年份	排放量（万 t）
1987	1412	1994	1825	2001	1947.8
1988	1523.2	1995	2369.6	2002	1926.6
1989	1564	1996	2300	2003	2158.7
1990	1495	1997	2346	2004	2254.9
1991	1622	1998	2091.4	2005	2549.3
1992	1685	1999	1857.5	2006	2594.4
1993	1795	2000	1995.1		

第二节　SO₂ 污染控制状况

目前，我国控制工业污染的法律体系已经比较完善。而针对大气污染尤其是 SO₂ 污染的防治，国家还先后特别出台了《两控区酸雨和二氧化硫污染防治"十五"计划》、《燃煤二氧化硫排放污染防治技术政策》、《关于加强燃煤电厂二氧化硫污染防治工作的通知》等政策性文件。这些政策从各个方面对企业进行约束，也使企业采取措施控制或者减排污染物的动力增加。结果表明这些政策的推出，收到了明显的成效，但环境保护的任务依然艰巨。

为在电力行业快速发展的情况下做好环境保护工作，控制燃煤电厂大气污染物排放，改善我国空气质量和控制酸雨污染，国家环保总局对 1996 年发布的 GB 13223—1996《火电厂大气污染物排放标准》进行了修订，于 2003 年 12 月 30 日联合发布了新修订的国家污染物排放标准 GB 13223—2003《火电厂大气污染物排放标准》。新标准分三个时段，对不同时期的火电厂建设项目分别规定了对应的大气污染物排放控制要求：1996 年 12 月 31 日前，建成投产或通过建设项目环境影响报告书审批的新建、扩建、改建火电厂建设项目，执行第 1 时段排放控制要求；1997 年 1 月 1 日起至 2004 年 1 月 1 日前通过建设项目环境影响报告书审批的新建、扩建、改建火电厂建设项目，执行第 2 时段排放控制要求。自 2004 年 1 月 1 日起通过建设项目环境影响报告书审批的新建、扩建、改建火电厂建设项目（含在第 2 时段中通过环境影响报告书审批的新建、扩建、改建火电厂建设项目，自批准之日起满 5 年，在本标准实施前尚未开工建设的火电厂建设项目），执行第 3 时段排放控制要求。各时段火力发电锅炉 SO₂ 最高允许排放浓度执行表 1–3 规定的限值。第 3 时段位于西部非两控区入炉燃煤收到基硫分小于 0.5% 的坑口电厂锅炉须预留脱硫装置空间；在标准实施前，环境影响报告书已批复的第 2 时段脱硫机组，自 2015 年 1 月 1 日起，执行 400mg/m³ 的限值，其中以煤矸石等为主要燃料（入炉燃料收到基低位发热量小于等于 12550kJ/kg）的资源综合利用火力发电锅炉执行 800mg/m³ 的限值。同时新建、改建和扩建属于第 3 时段的大气污染控制单元，在达到大气污染物排放浓度限值时，还应满足火电厂全厂 SO₂ 最高允许排放速率限值。

表 1–3　　　　　　　　　　火力发电锅炉 SO₂ 最高允许排放浓度　　　　　　　　　　mg/m³

时　　段	第 1 时段		第 2 时段		第 3 时段
实施时间	2005 年 1 月 1 日	2010 年 1 月 1 日	2005 年 1 月 1 日	2010 年 1 月 1 日	2004 年 1 月 1 日
燃煤锅炉及燃油锅炉	2100 *	1200 *	2100 1200 **	400 1200 **	400 800 *** 1200 ****

　　*　　该限值为全厂第 1 时段火力发电锅炉平均值。

　* *　　在标准实施前，环境影响报告书已批复的脱硫机组，以及西部非两控区的燃用特低硫煤（入炉燃煤收到基硫分小于 0.5%）的坑口电厂锅炉执行该限值。

* * *　　以煤矸石等为主要燃料（入炉燃料收到基低位发热量小于等于 12550kJ/kg）的资源综合利用火力发电锅炉执行该限值。

* * * *　　位于西部非两控区的燃用特低硫煤（入炉燃煤收到基硫分小于 0.5%）的坑口电厂锅炉执行该限值。

除提高环保标准外，国家也逐步提高了排污的收费，使企业排污成本增加，从而排污变得"不经济"。2003 年 1 月通过的《排污费征收使用管理条例》已从该年的 7 月 1 日起开始施行。新的《排污费征收标准和计算方法》规定：SO₂ 排污费，第一年每一污染当量征收标准为 0.2 元，第二年（2004 年 7 月 1 日起）每一污染当量征收标准为 0.4 元，第三年（2005 年 7 月 1 日起）达到与其他大气污染物相同的征收标准，即每一污染当量征收标准为 0.6 元。氮氧化物在 2004 年 7 月 1 日前不收费，2004 年 7 月 1 日起按每一污染当量 0.6 元收费。由于 SO₂ 的污染当量值为 0.95kg，按每一污染当量征收标准为 0.6 元计，则每千克 SO_2 的排污费为 0.632 元。2007 年 5 月，国务院同意发展改革委会同有关部门制定的《节能减排综合性工作方案》（以下简称《节能减排方案》），其中规定："按照补偿治理成本原则，提高排污单位排污费征收标准，将二氧化硫排污费由目前的每公斤 0.63 元分三年提高到每公斤 1.26 元"。《节能减排方案》同时强调："加强烟气脱硫设施运行监管。燃煤电厂必须安装在线自动监控装置，建立脱硫设施运行台账，加强设施日常运行监管。2007 年底前，所有燃煤脱硫机组要与省级电网公司完成在线自动监控系统联网。对未按规定和要求运行脱硫设施的电厂要扣减脱硫电价，加大执法监管和处罚力度，并向社会公布。完善烟气脱硫技术规范，开展烟气脱硫工程后评估。组织开展烟气脱硫特许经营试点"。

燃煤电厂 SO_2 的减排措施主要包括更换燃料；限产关停高硫煤矿、加快发展动力煤洗选加工；大力发展清洁发电技术，逐步降低发电煤耗；关停污染严重的小火电机组；合理布局电厂，实施"西电东送"战略等。但要实现我国火电厂 SO_2 排放量的控制目标，关键要靠加装烟气脱硫装置。《节能减排方案》指出："推动燃煤电厂二氧化硫治理。"十一五"期间投运脱硫机组 3.55 亿 kW。其中，新建燃煤电厂同步投运脱硫机组 1.88 亿 kW；现有燃煤电厂投运脱硫机组 1.67 亿 kW，形成削减二氧化硫能力 590 万 t。今年现有燃煤电厂投运脱硫设施 3500 万 kW，形成削减二氧化硫能力 123 万 t"。截至 2006 年底，建成投产的脱硫机组容量达到 1.57 亿 kW，仅 2006 年建成投产的脱硫机组容量就达到 1.04 亿 kW（是前 10 年总和的 2 倍），而 2007 年建成投产的脱硫机组容量超过了 1.1 亿 kW。如此众多脱硫装置的投运，为我国 SO_2 的污染控制发挥了积极的作用。

第三节　火电厂 SO_2 的生成及排放特点

煤中 C 元素占绝大多数，其次是 H、N、S、O 等元素，然后是其他微量元素。煤的燃烧过程，实质上就是煤中这些元素发生剧烈氧化反应的过程，它首先产生大量的热量和燃烧产物（CO_2、H_2O），其次是 SO_2、NO_x 等污染物。其中 SO_2 对大气环境的污染最大，它产生酸雨，对自然生态环境、人类健康、工农业生产、建筑物及材料等方面都造成了一定程度的危害。

一、煤中硫的存在形式

煤中的硫，根据其存在形态，通常分为有机硫和无机硫两类。有机硫是指与煤的有机结构（$C_xH_yS_z$）相结合的硫，是有机质分子的一部分，呈均匀分布。无机硫是以无机物形式存在于煤中的硫，多以晶粒状态夹杂其中，呈独立相弥散分布，如硫铁矿（FeS_2）和硫酸盐（MSO_4）。另外，在有些煤和油中还有少量以单质状态存在的单质硫。在燃烧过程中，硫酸盐不被分解，直接进入灰渣中，称为不可燃硫或固定硫。有机硫、硫铁矿硫及单质硫均参加燃烧反应生成 SO_2，故又称它们为可燃硫。

煤中的硫酸盐硫（S_S）、硫铁矿硫（S_p）、单质硫（S_{el}）和有机硫（S_o）四种形态硫的总和称为全硫（S_t），即

$$S_t = S_S + S_p + S_{el} + S_o$$

根据 GB/T 15224.2—1994《煤炭质量分类——煤炭硫分分级》规定（见表 1-4），煤中干燥基全硫含量 $S_{t,d} > 3.00\%$ 的煤为高硫分煤，该标准适用于煤炭勘探、生产和加工利用中对煤炭的按硫分分级。国家环保总局提出在煤炭流通和使用领域，$S_{t,d} > 2.00\%$ 的煤就应该称为高硫煤。总体上说，我国煤炭质量较好，含硫量小于 1% 的低硫煤约占 65%，含硫量为 1%～2% 的煤约占 15%～20%，含硫量 2% 以上的煤约占 10%～20%。北方煤硫分低于南方煤，云南、贵州、四川、陕西和重庆 5 省市煤的含硫量普遍较高，而北方、东北地区，尤其是东北三省煤中硫分最低，在 0.21%～0.78% 之间。

表 1 – 4 煤炭硫分分级（GB/T 15224. 2—1994）

序号	级别名称	代号	硫分 $S_{t,d}$（%）	序号	级别名称	代号	硫分 $S_{t,d}$（%）
1	特低硫煤	SLS	≤0.50	4	中硫分煤	MS	1.51 ~ 2.00
2	低硫分煤	LS	0.51 ~ 1.00	5	中高硫煤	MHS	2.01 ~ 3.00
3	低中硫煤	LMS	1.01 ~ 1.50	6	高硫分煤	HS	>3.00

二、煤燃烧中 SO₂ 的生成

煤被加热到 500℃ 左右时，有机硫从含硫有机分子中分解出来，它在氧化气氛中生成 SO_2，在还原气氛中生成 H_2S 或 COS，当进入氧化气氛后，H_2S 和 COS 被氧化成 SO_2。主要反应为

$$RSH + O_2 \rightarrow RS + HO_2$$

$$RS + O_2 \rightarrow R + SO_2$$

$$2H_2S + 3O_2 \rightarrow 2SO_2 + 2H_2O$$

黄铁矿硫在氧化气氛中被直接氧化生成 SO_2，即

$$4FeS_2 + 11O_2 \rightarrow 2Fe_2O_3 + 8SO_2$$

在还原性气氛和小于 500℃ 及足够停留时间的条件下，黄铁矿将分解成 FeS、S_2 和 H_2S，生成的 S_2 和 H_2S 易被氧化成 SO_2，FeS 则要在 1400℃ 以上和更长的时间才能被氧化成 SO_2。

在各种硫化物的燃烧过程中，在还原性气氛中生成的中间产物 SO 遇到 O_2 时发生的反应为

$$SO + O_2 \rightarrow SO_2 + O$$

$$SO + O \rightarrow SO_2 + hr$$

反应使煤燃烧产生一种浅蓝色的火焰，这是含硫燃料燃烧火焰的一个特征。

钙、镁的硫酸盐分解温度都很高（$CaSO_4$ 的分解温度为 1450℃，$MgSO_4$ 的分解温度为 1124℃），通常在燃烧过程中不易发生分解，而直接随灰渣排出。

在燃烧过程中，如果有富余氧分，一部分生成的 SO_2 在高温区会与离解的氧原子结合生成 SO_3，在管壁温度为 450 ~ 650℃ 的受热面上，在管壁的氧化膜和积灰中的金属氧化物（V_2O_5、Fe_2O_3、SiO_2、Al_2O_3、Na_2O 等）的催化作用下，SO_2 也会氧化生成 SO_3。但总的来说，SO_2 转化为 SO_3 的比率约为 0.5% ~ 3.0%，最大不会超过 5.0%。

一般地，煤燃烧时每发出 1MJ 热量所产生的干烟气体积在过量空气系数 $\alpha = 1.40$（6% O_2）时为 0.3678m³，这个估算值的误差在 ±5% 以内。

相应于煤 1MJ 发热量的含硫量称为折算含硫量 S^{ZS}，计算式为

$$S^{ZS} = \frac{S_{ar}}{Q_{ar,net,p}} \times 1000 \quad (g/MJ)$$

式中 S_{ar}——煤的收到基含硫量；

$Q_{ar,net,p}$——煤的收到基低位发热量，MJ/kg。

这样，可得到烟气中 SO_2 的实际排放浓度 c_{SO_2} 计算式为

$$c_{SO_2} = \frac{2S^{ZS}K \times 10^3}{0.3678} = 5438KS^{ZS} \quad (mg/m^3，标态、干、6\% O_2)$$

式中 K——煤中硫的排放系数，对于燃油硫，排放系数 K 平均为 0.89；对于燃气硫，排放系数平均为 0.92。

对于锅炉燃煤硫的排放系数，一般的取值范围为 0.80 ~ 0.90。对于普通煤，K 一般取 0.80 ~ 0.85；而对高钙含量的神府东胜煤、铁法煤和神木煤，自身固硫率可达 30% 左右，因而对于这些煤 K 取值约为 0.70。

因此，锅炉烟气中 SO_2 的实际排放浓度和折算含硫量 S^{zs} 成正比。科学地判断不同煤种的 SO_2 排放浓度，不能只比较其收到基含硫量，而应比较其折算含硫量，即要和煤的发热量联系起来。因此对于相同容量的锅炉，燃用不同发热的煤种，即使煤的收到基含硫量相同，其 SO_2 的实际排放浓度是不同的。

三、火电厂锅炉烟气的特点

我国火电厂机组容量绝大多数在 125～600MW 之间，新建机组更是向 600MW、1000MW 容量等级的超临界和超超临界发展，表 1-5 列出了不同机组锅炉引风机出口处测得的烟气成分与参数，这即是 FGD 系统入口的烟气参数。

表 1-5　　　　　　　　　　火电厂锅炉引风机出口实测烟气成分与参数

参数	单 位	连州电厂	瑞明电厂	沙角 A 厂	沙角 C 厂	湛江奥里油电厂（设计值）
机组负荷	MW	2×85	2×125	300	660	600
烟气量	m³/h（标准状态，湿，实际 O_2）	803000	954450	970900	2242000	1891596
温度	℃	145	147	约 123	140.5	146
粉尘质量浓度	mg/m³（标准状态、干，6% O_2）	90～101	300	108	30～61	12.0
φO_2	%（实际）	7.2	5.43	5.23	4.45	2.36
ρSO_2	mg/m³（标准状态，干，实际 O_2）	3616～4046（S_{ar} = 2.24～2.37）	1999	1100～3200（S_{ar} = 0.58～1.82）	747（S_{ar} = 0.41）	6615（S_{ar} = 2.85）
ρSO_3	mg/m³（标准状态，干，实际 O_2）	—	—	—	1.04～1.92	9.9
ρHCl	mg/m³（标准状态，干，实际 O_2）	0.42～0.61	9.1	31.3～56.7	24.8	
ρHF	mg/m³（标准状态，干，实际 O_2）	1.19～1.37	26	2.08～2.95	0.69	
ρNO_x	mg/m³（标准状态，干，实际 O_2）	—	469	561～707	518	<350
φCO_2	%（干，实际 O_2）	—	—	13.57	14.31	14.33
水分	%	7.5	7.2	6.30	11.90	14.03
其他 N_2	%（干，实际 O_2）	—	—	74.9	80.59	83.05

从表 1-5 中可看出电厂锅炉烟气具有以下特点：

（1）烟气量大。烟气量与锅炉容量、燃料种类、燃烧工况等因素有关，工程设计使用的烟气量可以通过计算得出。通常，火电厂的燃煤锅炉单位机组容量（kW）的排烟量约为 3～5m³/h，一个 600MW 燃煤锅炉的烟气量在 200 万 m³/h 以上。锅炉烟气量远远大于其他工业炉窑和化工尾气，处理往往比较困难。

（2）SO_2 浓度相对较低。SO_2 在烟气中的浓度决定于燃料含硫量和燃烧方式。据调查，我国燃煤电厂用煤含硫量为 0.3%～3.3%，其中硫分为 0.5%～1.5% 的占 70%，烟气中 SO_2 浓度大多在 3000mg/m³ 以下。和一些化工厂尾气相比，SO_2 浓度较低，处理起来颇感棘手，所要求的 FGD 系统庞大，投资和运行费用大，对电厂来说只有环境效益和社会价值。

（3）烟气温度高。锅炉烟气经过各级受热面、空气预热器和电除尘器后，在引风机出口处温度一般为 120～160℃，特殊情况下温度会更高些。烟气温度高，给后续处理操作带来麻烦，有的须预冷却。

（4）烟气中含有粉尘。粉尘又称飞灰，它是煤燃烧后的固态残留物，其主要成分是 SiO_2 和 Al_2O_3，此外还有 Fe_2O_3、CaO、MgO、K_2O、Na_2O、TiO_2 以及少量未燃尽的炭等。烟气中粉尘含量主要由煤中灰分含量和燃烧方式所决定，对 FGD 系统来说，电除尘器的效率至关重要。运行中电除尘器的状态对 FGD 入口粉尘量影响很大，表 1 - 5 中瑞明电厂 FGD 入口粉尘浓度高达 300mg/m³，明显高出其他电厂，其原因就是除尘器故障。除尘效率低，会给 FGD 系统的正常运行及副产品石膏的质量带来不利影响。

（5）烟气中还有许多其他物质。这些成分有：① SO_3，它由 SO_2 转化而来；② NO_x，与煤中含氮量和燃烧方式有关；③ CO_2，CO_2 是烟气中的主要成分，体积分数约为 10% ~ 15%；④ 水蒸气，与煤的水分含量和空气量有关，一般为 3% ~ 7%，高的可达 15%；⑤ O_2、N_2，与空气过剩量有关，不同的燃料有不同的空气过剩量，O_2 通常在 5% ~ 9%，N_2 在烟气中占的比例最大，在 70% 以上；⑥ HCl 和 HF，决定于煤种，如煤中含有 Cl、F 杂质，则燃烧过程中以 HCl 和 HF 释放出。从表 1 - 5 中可看出，它们的含量变化范围大，HCl 含量为 0.4 ~ 56.7mg/m³，HF 含量为 0.69 ~ 26mg/m³。

这些成分中，SO_3、HCl 和 HF 对 FGD 系统的设计和运行影响最大，它们会产生腐蚀、影响石膏品质甚至使 FGD 系统无法运行。正由于火电厂烟气存在着这么多的特点，使得烟气的净化处理在技术上和经济上存在一定的难度。

第四节　火电厂实用 FGD 技术概述

SO_2 控制技术的研究，从 20 世纪初至今已有 90 多年历史。自 20 世纪 60 年代起，一些工业化国家相继制定了严格的法规和标准，限制煤炭燃烧过程中 SO_2 等污染物的排放，这一措施极大地促进了 SO_2 控制技术的发展。进入 20 世纪 70 年代以后，SO_2 控制技术逐渐由实验室阶段转向应用性阶段。据美国环保署（EPA）1984 年统计，世界各国开发、研制、使用的 SO_2 控制技术已达 184 种，而目前的数量已超过 200 种。这些技术概括起来可分为三大类：燃烧前脱硫、燃烧中脱硫及燃烧后脱硫。

1）燃烧前脱硫技术主要是指煤炭选洗技术，应用物理方法、化学法或微生物法去除或减少原煤中所含的硫分和灰分等杂质，从而达到脱硫的目的。目前，化学选洗技术尽管有数十种之多，但因普遍存在操作过程复杂、化学添加剂成本高等缺点而仍停留在小试或中试阶段，尚无法与其他脱硫技术竞争。物理选洗因投资少、运行费用低而成为广泛采用的煤炭选洗技术。我国煤炭入洗率一直较低，约为 30%，是主要产煤国家中最低的；美国为 40% 以上，英国为 94.9%，法国为 88.7%，日本为 98.2%。提高煤炭的入洗率有望显著减轻燃煤 SO_2 的污染。然而，物理选洗仅能去除煤中无机硫的 80%，占煤中硫总含量的 15% ~ 30%，无法满足燃煤 SO_2 污染控制要求，故只能作为燃煤脱硫的一种辅助手段。

2）燃烧中脱硫（即炉内脱硫），是在煤粉燃烧的过程中同时投入一定量的脱硫剂，在燃烧时脱硫剂将 SO_2 脱除，典型的技术是循环流化床锅炉技术、型煤燃烧固硫技术。

3）燃烧后脱硫，即烟气脱硫（flue gas desulfurization，FGD），是在烟道处加装脱硫设备，对烟气进行脱硫的方法，它是世界上唯一大规模商业化应用的脱硫方法，是控制酸雨和 SO_2 污染的最为有效的和主要的技术手段。

FGD 技术的分类方法和命名方式有很多，如根据脱硫原理，可分为吸收、吸附法和氧化、还原法；以脱硫产物的用途为根据，可分为抛弃法和回收法；按照脱硫剂是否循环使用分为再生法和非再生法；按脱硫剂的种类划分，可分为钙法、镁法、钠法、氨法、海水法、活性炭吸附等；根据吸收剂及脱硫产物在脱硫过程中的干湿状态分为湿法、干法和半干（半湿）法。湿法 FGD 技术即含有吸收剂的溶液或浆液在湿状态下脱硫和处理脱硫产物，该法具有脱硫反应速度快、煤种适应性强、脱硫效率高和吸收剂利用率高等优点，但普遍存在腐蚀严重、运行维护费用高及易造成二次污染等问题。干法 FGD 技术的脱硫吸收和产物处理均在干状态下进行，该法具有无污水废酸排出、设备腐蚀小，烟气在净化过程中无明显温降、净化后烟温高、利于烟囱排气扩散等优点，但存在脱硫效率低，反应速度较慢、吸收剂消耗量大等问题。干法 FGD 技术由于能较好地回避湿法 FGD 技术存在的腐蚀和二次污染等问题，近年来得到了迅速的发展和应用。半干法 FGD 技术兼有干法与湿法的一些特点，是脱硫剂在干燥状态下脱硫在湿状态下再生（如水洗活性炭再生流程）或者在湿状态下脱硫在干状态下处理脱硫产物（如 RCFB、喷雾干燥法）的 FGD 技术。特别是在湿状态下脱硫在干状态下处理脱硫产物的半干法，以其既有湿法脱硫反应速度快、脱硫效率高的优点，又有干法无污水废酸排出、脱硫后产物易于处理的好处而受到人们广泛的关注。图 1-2 为 FGD 技术的总貌，在工程实践中常采用以脱硫剂命名的工艺流程。

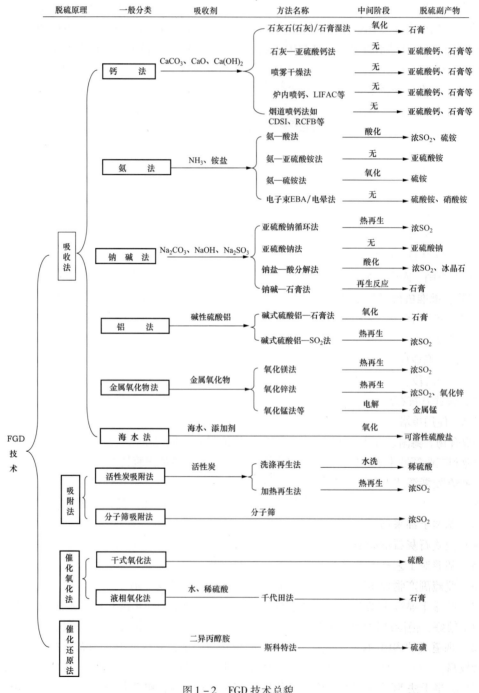

图 1-2　FGD 技术总貌

美国、德国、日本等发达国家从 20 世纪 70 年代起就对各种 FGD 工艺和装置进行了试验研究。虽然商用的 FGD 系统在 20 世纪 70～80 年代遇到一系列问题（如结垢、堵塞、腐蚀、机械故障等），而且能耗及占地面积大、投资和运行费用高，但在 20 世纪 90 年代后，通过对 FGD 工艺化学反应过程和工程实践的进一步理解，在脱硫率、运行可靠性和成本方面有了很大的改进，运行可靠性可达 99% 以上。

FGD 的发展大致可分为 3 个阶段：① 20 世纪 70 年代初～70 年代末为第一代 FGD，属起步阶段；② 20 世纪 80 年代初～80 年代末为第二代 FGD，是发展阶段；③ 20 世纪 90 年代以后为第三代 FGD，达到了成熟阶段。

1. 第一代 FGD

1970 年美国颁布了洁净空气法，要求新建燃煤电厂 SO$_2$ 排放控制在 1.2lb/MBtu（516mg/J）以下。为此，以石灰石湿法为代表的第一代 FGD 技术开始在电厂应用，主要包括：石灰石湿法、石灰湿法、MgO 湿法、双碱法、钠基洗涤、碱性飞灰洗涤、柠檬酸盐清液洗涤、Wellman-Lord 工艺等。第一代 FGD 装置多安装在美国和日本，主要特点是：

（1）吸收剂和吸收装置形式种类众多，在吸收塔内通常加入填料以提高传质效果。

（2）基建投资和运行成本很高。

（3）设备可靠性和系统可用率较低，设备结垢、堵塞和结构材料的腐蚀是最主要的问题。

（4）脱硫率不高，通常为 70%～85%。

（5）大多数 FGD 工艺的副产物均被抛弃，但也有少数 FGD 工艺，如双碱法和 Wellman-Lord 法可产生副产品硫酸或硫磺，但若达到商业用途需投入较大资金。

2. 第二代 FGD

第二代 FGD 技术始发于 20 世纪 80 年代初。这是由于北欧和西欧国家制定了非常严格的 SO$_2$ 排放标准，在联合国、欧洲经委会空气污染控制协议的约束下，欧洲的大部分国家都先后加入了"30% 削减俱乐部"，批准执行了 SO$_2$ 削减计划。如德国 1983 年颁布了分步实施的 SO$_2$ 排放标准，促使 FGD 技术发展出现第二代高峰，FGD 技术得到迅速推广。1979 年美国国会通过了《洁净空气法修正案（CAAA1979）》，确立了以最小脱硫率和最大 SO$_2$ 排放量为评价指标的新标准，由此，80 年代第二代 FGD 系统进入商业应用。第二代 FGD 以干法、半干法为代表，主要有喷雾干燥、LIFAC、CFB、管道喷射等。在这个阶段，石灰石/石灰湿法得到了显著的改进完善。第二代 FGD 技术的主要特点：

（1）湿式石灰石洗涤法得到了进一步发展，在第一代 FGD 基础上，不断积累经验，改善设计和运行，特别在使用单塔、塔型设计和总体布置上有了较大进步。脱硫副产品根据国情不同可生产石膏或亚硫酸钙混合物。德国、日本的 FGD 装置大多利用强制氧化使脱硫副产品转化为石膏（CaSO$_4$·2H$_2$O），并在农业和工业领域中得到应用，而美国 FGD 副产品大多作堆放处理。

（2）在发展湿式石灰石工艺的同时，为降低投资、减少占地，开发了喷雾干燥法和烟道或炉内喷射法。

（3）基本上都采用钙基吸收剂，如石灰石、石灰和消石灰等。

（4）湿式石灰石洗涤法脱硫率提高到 90% 以上。

（5）随着对工艺理解的深入，设备可靠性提高，系统可用率达到 97%。

（6）脱硫副产物根据需要可开发利用，而且投入的开发费用不高。

（7）喷雾干燥法在发展初期，脱硫率 70%～80%，经过不断完善，到后期通常能达到 90%，系统可用率较好，但副产物商业用途少。

（8）烟道或炉内喷射法的脱硫率只有 30%～50%，系统简单，负荷跟踪能力强，但脱硫吸收剂消耗量较高。

干法、半干法 FGD 与湿法相比，结构简单、占地面积小、初投资费用较低、能耗低，但吸收剂耗量相对较高。脱硫率一般为 70% ~ 95%，适合于燃用中低硫煤的中小型锅炉，以及现有电厂和调峰电厂的改造。由于脱硫副产品是含有 $CaSO_3$、$CaSO_4$、飞灰和未反应吸收剂的混合物，故脱硫副产品的处置和利用，成为 80 年代中期发展干法、半干法 FGD 的重要课题。

3. 第三代 FGD

1990 年美国国会再次修订了《洁净空气法（CAAA1990）》，新的修正案允许美国的电力公司以更灵活的方式来达到 SO_2 排放的控制目标；同时，在 CAAA1990 中还要求减少现有电厂发电机组的 SO_2 排放量，到 2000 年 1 月 1 日，SO_2 排放总量要在 1990 年排放基础上减少 900 万 t。每个电厂可根据具体情况、灵活地达到 SO_2 的排放要求，如改用低硫煤，建设或改造 FGD 系统，购买 SO_2 排放许可证等。1990 年以来，美国燃煤电厂使用的第三代 FGD 均为脱硫率不小于 95% 的石灰石/石灰湿法工艺，脱硫副产品作为商业石膏得到应用。

进入 20 世纪 90 年代后，许多发展中国家（主要是亚洲国家）为控制酸雨都积极制订了严格的排放标准。FGD 技术经过两代的发展进入了一个新时期——第三代 FGD。第三代 FGD 技术的主要特点：

（1）性能价格比高，投资和运行费用都有较大幅度的下降。

（2）湿法工艺更趋成熟，大容量机组的大量投运，使湿法工艺的经济性更具优势。

（3）喷雾干燥装置的需求大幅度地减少。

（4）各种有发展前景的新工艺不断出现，如炉内喷钙炉后增湿活化（LIFAC）工艺、烟气循环流化床（CFB）工艺、电子束工艺、NID 工艺以及一些结构简化、性能较好的 FGD 工艺等。这些工艺的各种性能均比第二代 FGD 有较大的进步，且商业化、大容量化的发展进程十分迅速。

（5）湿法、半干法和干法脱硫工艺同步发展。

第三代湿法 FGD 通过工艺设备的简化，采用就地氧化、吸收塔集预洗涤、冷却、吸收、氧化于一体，从而减少了系统投资、运行费用和占地面积，增强了适应机组负荷变动的能力，大大提高了可靠性，初投资费用降低了 30% ~ 50%。在这个阶段，第二代 FGD 中 LIFAC、CFB、喷雾干燥等干法、半干法工艺，通过工程实践得到了飞速的发展。工艺和系统多余部分的简化，大大提高了运行的可靠性（不小于 95%），脱硫副产品回收利用的研究开发，也拓宽了其商业应用的途径。

FGD 技术经过数十年的发展和大量使用，一些工艺由于技术和经济上的原因被淘汰，而主流工艺，如石灰石/石灰湿法、烟气循环流化床、LIFAC、喷雾干燥法及其改进后的 NID 工艺等，得到了进一步的发展，并趋于成熟，主要表现在：

（1）高脱硫率。目前设计优化的湿法工艺的脱硫率可达 95% 以上，喷雾干燥和 NID 工艺可达 85% ~ 90%，改进的 LIFAC 工艺可达 85%，CFB 工艺可在与湿法工艺相同的吸收剂利用率条件下达到 90% 以上的脱硫率。

（2）高可利用率。由于对脱硫过程化学反应机理的深入理解，对反应过程有更合理的控制和对结构材料的正确选择，以及 FGD 装置制造厂严格的质量保证，FGD 系统的可利用率可达到很高的水平，以保证与锅炉同步运行。

（3）工艺流程简化。

（4）系统电耗降低。

（5）投资和运行费用低。近几年，由于 FGD 工艺流程简化和设计参数的优化，系统投资和运行费用降低了 1/3 ~ 1/2。

表 1 - 6 列出了目前技术较为成熟、在国内外有一定应用的典型 FGD 技术。美国洁净空气公司研究院（ICAC）的研究表明，经过几十年的改进，石灰石湿法 FGD 系统已被证明是一种高脱硫率、高可靠性、高性能价格比的先进脱硫工艺，脱硫率在 95% 以上，最高可达 99%，对高硫煤也可达 97%。1980 年前，美国湿式脱硫装置可靠性仅为 85%，而现在几乎接近 100%；这归功于简化流程，

选用合适材料，较好地掌握脱硫化学过程，并解决了系统中结垢、堵塞、材料损坏等问题。湿式脱硫每千瓦装机容量基建投资已下降了30%，主要措施是装设大型吸收塔、不设烟气再加热、改进设计提高吸收塔流速等。目前机组容量较大的火电厂基本都是采用石灰石/石膏湿法FGD技术，例如在德国，1996年湿法FGD技术占90.42%的市场份额，而石灰石/石膏湿法占87.66%；日本由于缺乏石膏资源，其火电厂FGD工艺中石灰石/石膏回收法占绝对优势，这也是日本输出最多的FGD技术。目前我国300MW及以上的火电厂90%以上采用石灰石/石膏湿法FGD技术。

表1-6　　　　　　　　　　　　常见的FGD技术及其典型应用

序号	FGD技术名称	脱硫剂/脱硫副产物	典型应用
1	石灰石/石膏湿法	石灰石（石灰）/石膏	重庆华能珞璜电厂、重庆电厂、贵州安顺电厂、山东黄台电厂、广东沙角电厂、台山电厂等国内外各大电厂
2	海水法	海水/可溶性硫酸盐	深圳妈湾/西部电厂（6×300MW）、福建后石电厂（6×600MW）、青岛电厂（2×300MW）、印尼Mitsui Paiton电厂（2×660MW）、马来西亚TNBJ Manjung电厂（3×700MW）
3	氨水洗涤法（氨法）	氨水/硫酸铵	美国Dakota供气公司（350MW燃重油，含硫5%）
4	旋转喷雾干燥法	生石灰CaO/硫酸钙、亚硫酸钙	山东黄岛电厂（30万m³/h）、美国Hawthorn电厂（600MW）
5	炉内喷钙尾部加湿活化（LIFAC）法	生石灰CaO/硫酸钙、亚硫酸钙	南京下关、浙江钱清电厂（125MW）、山东沾化热电有限公司（2×150MW）、加拿大Shand电厂（300MW）、芬兰Inkoo电厂（250MW）
6	电子束氨法	氨水/硫酸铵、硝酸铵	四川成都热电厂（30万m³/h）、杭州协联热电厂（3×130t/h）、北京京丰热电厂（150MW）
7	烟气循环流化床法	生石灰CaO、Ca(OH)₂/硫酸钙、亚硫酸钙	广州恒运电厂RCFB（210MW、300MW）、云南小龙潭电厂GSA（100MW）、山西榆社电厂（2×300MW）
8	增湿灰循环NID法	Ca(OH)₂/硫酸钙、亚硫酸钙	浙江衢州巨化热电厂（280t/h）、美国Seward电厂（2×250MW）
9	荷电干法（CDSI）	Ca(OH)₂/硫酸钙、亚硫酸钙	广州造纸厂（3×220t/h）、山东德州电厂（75t/h）
10	活性炭法	活性炭	四川豆坝电厂10万m³/h、日本矶子电厂（600MW）

尽管我国从20世纪70年代就开始对国际上现有FGD技术的主要类型进行了各种大大小小的试验研究，并且自主开发了一些新技术。如湘潭大学与汨罗除尘器厂联合开发的麻石脱硫塔配XP型脱硫塔板，投资可大大减少；武汉水利电力大学、浙江大学研制开发的湍球脱硫塔、旋流塔板除尘脱硫一体化技术、北京清新高科技开发有限公司的QRG气动乳化脱硫技术、中国航天科技集团公司第701所的AFGD气动脱硫技术、山东大学的双循环流化床烟气悬浮脱硫工艺、武汉大学的三相流化床法、清华大学的液柱喷射法以及其他各种简易FGD技术等，但是这些技术仅应用于较小的工业锅炉上，在125MW以上的大型电站锅炉上应用很少。近年来，由于烟气脱硫市场的迅速形成，国内的脱硫公司迅猛增加，并仍有增多的趋势。据不完全统计，目前国内已有160多家FGD公司，但在火电厂大型机组FGD技术上，基本是采取联合设计、引进国外大公司的FGD技术等方式。当前欧美和日本的FGD已经达到了一定的容量，发展势头缓慢，国内市场有限，他们纷纷将目标转向包括中国在内的发展中国家。迄今为止，国际上知名的FGD大公司在我国都有技术合作关系，有的是多家合作，例如美国MET、奥地利AE&E在国内的合作公司竟有六七家之多！中国成了世界FGD技术的集合地。表1-7列出了目前我国主要的一些大脱硫公司及其采用的石灰石/石膏湿法FGD技术，一

表 1 - 7   目前我国部分脱硫公司及其石灰石/石膏湿法技术（排名不分先后）

序号	公司名称	技术来源、塔型	序号	公司名称	技术来源、塔型
01	北京国电龙源环保工程有限公司	原德国 Steinmüller 公司[1]喷淋空塔	19	浙江蓝天求是环保集团有限公司	意大利 idreco 公司、奥地利 AE&E 公司喷淋空塔
02	北京博奇电力科技有限公司	日本荏原 CT - 121 鼓泡塔和日本川崎公司内隔板喷淋塔	20	浙江天地环保工程有限公司	美国 B&W 公司带合金脱盘喷淋塔
03	国华荏原环境工程有限责任公司	德国比晓夫 LLB 公司[2]喷淋空塔	21	浙大网新机电工程有限公司	意大利 idreco 公司、美国 Alstom 公司喷淋空塔
04	清华同方环境有限责任公司	自主知识产权的液柱喷射塔、奥地利 AE&E 公司[3]喷淋空塔	22	浙江菲达环保科技股份有限公司	美国 DUCON 公司带文丘里棒喷淋塔、德国 FISIA BABCOCK 公司的喷淋塔
05	北京康瑞健生环保工程技术有限公司	美国 MET 公司[4]喷淋空塔	23	浙江宁波东方环保设备有限公司	自主研发的 DS - 多相反应器吸收塔
06	大唐环境科技工程有限公司	奥地利 AE&E 公司喷淋空塔	24	浙江南方环保工程有限公司	美国 MET 公司喷淋空塔
07	中国华电工程（集团）公司：华电环保系统工程有限公司	日本三菱重工液柱塔、美国 MET 公司喷淋空塔	25	上海常净环保技术有限公司	美国 MET 公司喷淋空塔
08	北京国电清新环保技术工程有限公司	自主研制开发的旋汇耦合喷淋塔、韩国 Cottrell 公司的原德国斯坦米勒公司喷淋空塔	26	上海中芬电气工程有限公司	日本三菱重工液柱塔
09	华夏盛唐环保技术工程有限公司	美国 DUCON 公司带文丘里棒喷淋塔	27	上海电气石川岛电站环保工程有限公司	日本石川岛公司 IHI 喷淋空塔
10	中电投远达环保工程有限公司	日本三菱重工液柱塔、奥地利 AE&E 公司喷淋空塔	28	上海龙净环保科技工程有限公司	德国 LLB 公司喷淋空塔
11	四川恒泰环境技术有限责任公司	美国 MET 公司、德国 Steuler 公司喷淋空塔	29	福建龙净环保股份有限公司	德国 LLB 公司喷淋空塔
12	东方锅炉（集团）股份有限公司环保工程公司	德国 LEE 公司喷淋空塔	30	江苏苏源环保工程股份有限公司	自主研发 OI² - WFGD 技术
13	山东三融环保工程有限公司	日本川崎重工公司内隔板喷淋塔、德国 LLB 公司喷淋空塔	31	国电环境保护研究院	自主研发的喷淋空塔技术
14	山东鲁能工程有限责任公司	奥地利 AE&E 公司喷淋空塔	32	广东省电力设计研究院	奥地利 AE&E 公司喷淋空塔
15	山东鲁电环保有限公司	奥地利 AE&E 公司喷淋空塔	33	广州市天赐三和环保工程有限公司	美国 DUCON 公司带文丘里棒喷淋塔
16	山东山大华特环保工程有限公司	美国 MET 公司喷淋空塔	34	哈尔滨动力设备股份有限公司（HPEC）	美国 Alstom 公司喷淋空塔
17	武汉凯迪电力股份有限公司	美国 B&W 公司（THE BABCOCK & WILCOX）带合金脱盘喷淋塔	35	湖南永清环保集团	意大利 idreco 公司喷淋空塔
18	武汉天澄环保科技股份有限公司	美国 MET 公司喷淋空塔	36	贵州星云环保有限公司	意大利 FBE 公司喷淋空塔

[1] 原德国 Steinmüller 公司，2002 年 11 月被意大利 FISIA ITALIMPIANTI S. p. A. 公司合并，改名为费希亚巴高克环保公司（Fisia Babcock Environment GmbH）。

[2] 2002 年 12 月 9 日，原德国 LLB 公司与鲁奇能源环保公司合并为鲁奇·能捷斯·比晓夫公司，简称 LEE 公司。

[3] AE&E：Austrian Energy & Environment。

[4] MET：Marsulex Environment Technology。

些只引进干法、半干法的 FGD 公司未列入，另外有一些 FGD 公司又有许多分公司和合作公司，这里也未列全，这些公司绝大多数有大型火电厂 FGD 工程的业绩。目前我国正逐步掌握了 FGD 设计参数、主设备选用、工艺系统设计等关键技术，并逐步开发出具有自主知识产权的 FGD 技术，可以进行 FGD 工程建设总承包。

从前述及表 1-7 中可知，目前我国火电厂烟气脱硫呈现"爆发式"的发展，与此同时，存在以下主要问题：国家对烟气脱硫供、需双方的市场监管还未及时有效跟进，缺乏对烟气脱硫设施进行科学评价的指标和要求；建设规模急剧增长，但产业化发展相对滞后；虽然大部分设备可以国内制造，但关键设备仍需要进口；供方市场存在着脱硫技术的重复、盲目引进，技术人员严重不足，招标中无序、低价竞争，质量管理环节薄弱等问题；需方市场存在着工艺选择的盲目性，单纯地以低价位选取中标单位，重前期招标，轻建造管理；要求与机组"三同时"的脱硫设施，在实际中却不能与新建机组同步建设、同步投运，投运后达不到设计指标、不能连续稳定运行等情况时有发生。为此，2005 年 5 月 19 日，国家发展和改革委员会印发了"关于加快火电厂烟气脱硫产业化发展的若干意见"，促进了脱硫产业的健康发展。

第二章
石灰石/石膏湿法 FGD 技术

第一节 石灰石/石膏湿法 FGD 工艺的基本原理

液态悬浮液吸收 SO_2 是一个气液传质过程，该过程大致分为四个阶段：

（1）气态反应物质从气相主体向气—液界面的传递。

（2）气态反应物穿过气—液界面进入液相，并发生化学反应。

（3）液相中的反应物由液相主体向相界面附近的反应区迁移。

（4）反应生成物从反应区向液相主体的迁移。

用水吸收 SO_2 一般被认为是物理吸收过程，过程的机理可用 W. K. Lewis 和 W. G. Whitman 在 20 世纪 20 年代提出的双膜理论来分析，图 2-1 为双膜理论的示意图。

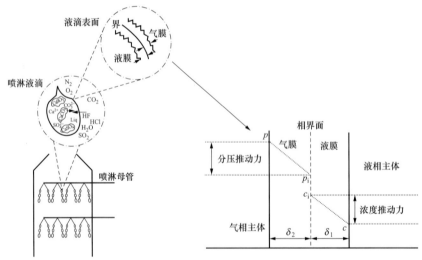

图 2-1 双膜理论示意

p—气相主体中 SO_2 的平均分压，kPa；p_i—气液两相界面处 SO_2 的平衡分压，kPa；

C_i—气液两相界面处 SO_2 的平衡浓度，$kmol/m^3$；c—液相主体中 SO_2 的平均浓度，$kmol/m^3$

双膜理论的要点是：① 在气液之间存在一个稳定的相界面，界面两侧各有一个很薄的气膜 δ_2 和液膜 δ_1，SO_2 主要以分子扩散的方式通过这两个膜层；② 在相界面处，气、液两相达到平衡；③ 在膜层以外的中心区，由于流体的充分湍动，SO_2 的浓度是均匀的，也就是说，SO_2 分子由气相主体传递到液相主体的过程中，其传递阻力为两膜阻力之和。研究发现，SO_2 在气相中的扩散常数远远大于液相扩散常数，所以 SO_2 迁移的主要阻力集中在液膜。

为了克服液膜阻力，使吸收过程能在较大推动力下快速进行，工程上采用了两项措施：一是增加液气比，并使之高度湍动，同时使液滴的颗粒尽可能小，以增大气—液传质面积；二是在吸收液中加入化学活性物质，常见 FGD 工艺是加入了 $CaCO_3$。由 Henry 定律，即在一定的温度下，当溶解达到平衡时，气相中溶质的平衡分压与其在溶液中的浓度（平衡浓度）成正比，可知，由于活性反应物的加入，使得 SO_2 的自由分子在液相中的浓度比用纯水吸收时大为降低，从而使 SO_2 的平衡分压大大降低。这样，在总压一定的情况下，会大大提高吸收的推动力，使吸收速率加快。

用石灰石浆液吸收 SO_2 的反应主要发生在吸收塔内，SO_2 的脱除步骤分为：① 向吸收塔下部的浆液池中加入新鲜的石灰石浆液；② 石灰石浆液由塔的上部喷入，并在塔内与 SO_2 发生物理吸收和化学反应，最终生成亚硫酸钙；③ 亚硫酸钙在浆液池中被强制氧化生成二水硫酸钙（石膏）；④ 将二水硫酸钙从浆液池排出，通过水力旋流器、石膏脱水机，最终分离出含水率小于 10% 的石膏。由于进行的化学反应众多且非常复杂，至今还不完全清楚全部反应的细节。

一、SO_2 的吸收

气相（g）SO_2 进入液相（aq），首先发生的反应为

$$SO_2 \text{（g）} \Longleftrightarrow SO_2 \text{（aq）}$$

$$SO_2 \text{（aq）} + H_2O \Longleftrightarrow H^+ + HSO_3^-$$

$$HSO_3^- \Longleftrightarrow H^+ + SO_3^{2-}$$

SO_2 进入液相后被吸收的程度与溶液的 pH 值有关，图 2-2 表示了这种关系，曲线 2 以上的区域为 SO_3^{2-} 离子区域，曲线 1、2 间的区域为 HSO_3^- 离子区域，曲线 1 以下的区域为 $SO_2 + H_2O$ 与 H_2SO_3 平衡区域。从图中可以看出，在 pH 值为 7.2 时，溶液中存在 SO_3^{2-} 和 HSO_3^- 离子；而 pH 值为 5.0 以下时，只存在 HSO_3^- 离子。随着 pH 值的降低，SO_2 水化物的比例逐渐增大，与物理溶解的 SO_2 建立平衡。在 FGD 工艺中，吸收液的 pH 值基本上在 5.0 ~ 6.0 之间，所以进入水中的 SO_2 主要以 HSO_3^- 离子的形式存在。

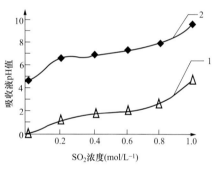

图 2-2　SO_2 吸收与 pH 值的关系

为确保能最有效地吸收 SO_2，应至少去掉一种反应产物，以保证平衡继续向右移动，从而使 SO_2 持续不断地进入溶液。为此，一方面，加入吸收剂 $CaCO_3$ 浆液，以消耗氢离子；另一方面，通过加入氧气使 SO_3^{2-}、HSO_3^- 离子氧化生成硫酸盐。

二、石灰石的溶解

加入固态（s）石灰石，既可消耗溶液中的氢离子，又得到了生成最终产物石膏所需的钙离子。

$$CaCO_3 \text{（s）} \Longleftrightarrow Ca^{2+} + CO_3^{2-}$$

$$CO_3^{2-} + H^+ \Longleftrightarrow HCO_3^-$$

$$HCO_3^- + H^+ \Longleftrightarrow H_2O + CO_2 \text{（aq）}$$

$$CO_2 \text{（aq）} \Longleftrightarrow CO_2 \text{（g）}$$

石灰石按上述反应式溶解，由化学过程（反应动力学过程）和物理过程（反应物从石灰石粒子中迁移出的扩散过程）决定。当 pH 值在 5.0 ~ 7.0 之间时，这两种过程一样重要。但是在 pH 值较低时，扩散速度限制着整个过程；而在碱性范围内，颗粒表面的化学动力学过程起主要作用。

低 pH 值有利于 $CaCO_3$ 的溶解，当 pH 值在 4.0 ~ 6.0 之间时，石灰石的溶解速率按近似线性的规律加快，直至 pH = 6.0 为止。为提高 SO_2 的吸收量，需要尽可能保持较高的 pH 值，这只能提高石灰石浆液的浓度，以加快动力学过程，从而加快氢离子的消耗和钙离子的生成速度。但若悬浮液中

$CaCO_3$ 含量过高，在最终产物和废水中的 $CaCO_3$ 含量也都会增高，一方面增加了吸收剂的消耗，另一方面降低了石膏的质量。因此，在实际工程应用中，应寻求两者的平衡点，选用既有利于石灰石的溶解又有利于 SO_2 高效脱除的 pH 值范围。

为了尽可能提高浆液的化学反应活性，增大石灰石颗粒的比表面积是必要的。因此，在石灰石/石膏湿法 FGD 系统中使用的石灰石粉，其颗粒度大多在 $40\sim60\mu m$ 之间，个别还有 $20\mu m$。目前典型的要求是 90% 的石灰石粉通过 325 目（$44\mu m$）。

三、亚硫酸盐的氧化

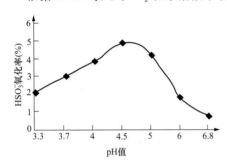

图 2-3 pH 值对 HSO_3^- 氧化速率的影响

根据 Miller 等人对 SO_2 在水溶液中氧化动力学的研究，HSO_3^- 离子在 pH 值为 4.5 时氧化速率最大，如图 2-3 所示。但实际运行中，浆液的 pH 值在 5.0 ~6.0 之间，在此条件下，HSO_3^- 离子很不容易被氧化，因此，FGD 工艺上采取用氧化风机向吸收塔循环浆液槽中鼓入空气的方法，HSO_3^- 被强制氧化成 SO_4^{2-}，以保证下列反应的进行：

$$HSO_3^- + \frac{1}{2}O_2 \Longrightarrow HSO_4^- \Longrightarrow H^+ + SO_4^{2-}$$

氧化反应的结果，使大量 HSO_3^- 转化成 SO_4^{2-}，加之生成的 SO_4^{2-} 会与 Ca^{2+} 发生反应，生成溶解度相对较小的 $CaSO_4$，更加大了 SO_2 溶解的推动力，从而使 SO_2 不断地由气相转移到液相，达到脱除 SO_2 的目的。

根据 Matteson 和 Conklin 等人的研究，亚硫酸盐的氧化除受 pH 值的影响外，还受到诸如锰、铁、镁等具有催化作用的金属离子的影响，这些离子的存在，加速了 HSO_3^- 的氧化速率。这些金属离子主要是通过吸收剂、烟气引入的。

四、石膏的结晶

形成硫酸盐之后，吸收 SO_2 的反应进入最后阶段，即生成固态盐类结晶，并从溶液中析出。FGD 工艺生成的是硫酸钙，从溶液中析出的是石膏 $CaSO_4 \cdot 2H_2O$。在实际工程应用中，还会生成部分半水硫酸钙沉淀物，这是造成设备结垢的原因之一。

$$Ca^{2+} + SO_4^{2-} + 2H_2O \Longrightarrow CaSO_4 \cdot 2H_2O \ (s)$$

$$Ca^{2+} + SO_3^{2-} + \frac{1}{2}H_2O \Longrightarrow CaSO_3 \cdot \frac{1}{2}H_2O \ (s)$$

$$Ca^{2+} + SO_3^{2-} + SO_4^{2-} + \frac{1}{2}H_2O \Longrightarrow (CaSO_3)_{(1-x)} \cdot (CaSO_4)_{(x)} \cdot \frac{1}{2}H_2O \ (s)$$

式中：x 为被吸收的 SO_2 氧化成 SO_4^{2-} 的分数。

吸收 SO_2 总的反应式可写成

$$SO_2 + CaCO_3 + \frac{1}{2}O_2 + 2H_2O \longrightarrow CaSO_4 \cdot 2H_2O + CO_2$$

当然还有其他各种反应，例如

$$2HCl + CaCO_3 \longrightarrow CaCl_2 + H_2O + CO_2$$

$$2HF + CaCO_3 \longrightarrow CaF_2 \downarrow + H_2O + CO_2$$

其中 $CaCl_2$ 溶于水，若不排放，Cl^- 的浓度会越来越高，会对设备造成腐蚀，可通过废水排放而降低 Cl^- 浓度。而 F^- 则以溶解度很小的 CaF_2 存在，不会富集。

控制石膏结晶，使其生成易于分离和脱水的石膏颗粒是很重要的。在可能的条件下，石膏晶体最好是粗颗粒，如果是层状、针状或非常细的颗粒，不仅非常难脱水，而且还可能引起系统结垢。

为保证生成大颗粒的石膏,工艺上必须控制石膏溶液的相对过饱和度 σ。σ 的计算式为

$$\sigma = (C - C^*)/C^*$$

式中:C 为溶液中石膏的实际浓度;C^* 为工艺条件下石膏的平衡浓度。在 σ 小于 0 的情况下,即溶液中离子的实际浓度小于平衡浓度时,溶液中不会有晶体析出;而当 σ 大于 0,即 $C > C^*$ 时,溶液中将首先出现晶束(小分子团),进而形成晶种,并逐渐形成结晶。与此同时也会有单个分子离开晶体而再度进入溶液,这是一个动态平衡过程。

溶液中,相对过饱和度不同,晶种的密度会不同。相对过饱和度越大,晶种的密度越高。这样在溶液中就会出现晶种生成和晶体增长两种过程。图 2-4 表示了晶种生成速率和晶体增长速率与相对过饱和度 σ 之间的定性关系。在饱和的情况下($\sigma = 0$),分子的聚集和分散处于平衡状态,因此晶种生成和晶体增长的速度均为 0。当达到一定的相对过饱和度时,晶体会呈现指数增长。在此情况下,现有的晶体可进一步增长而生成大的石膏颗粒。当达到较大的过饱和度时,晶种的生成速率会突然迅速加快,使晶种密度迅速加大,从而产生许多新颗粒,这将趋向于生成针状或层状晶体,这在工艺上是不希望出现的。

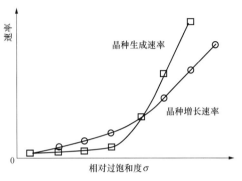

图 2-4　晶种生成速率和增长速率与
相对过饱和度的定性关系

保持适当的过饱和度,可使浆液中生成较大的晶体。为达此目的,工艺上一般控制相对过饱和度 σ 为 0.2～0.4,以保证生成的石膏易于脱水,同时防止系统结垢。

结晶时间对形成优质石膏也有影响,若有足够的时间,能形成大小为 $100\mu m$ 及其以上的石膏晶体,这种石膏将非常容易脱水。因此,设计上一般都从吸收塔浆液池的容积上来考虑。

pH 值的变化会改变亚硫酸盐的氧化速率,这将直接影响浆液中石膏的相对过饱和度。图 2-3 中定性地显示了 pH 值为 4.5 时,HSO_3^- 的氧化作用最强。而在 pH 值偏离时,HSO_3^- 的氧化率将减少。事实上,当 pH 值降到足够低时,溶液中存在的只是水化了的 SO_2 分子,这对氧化相当不利。因此,用控制浆液 pH 值的手段来影响石膏的过饱和度也是一个重要手段。

第二节　石灰石/石膏湿法 FGD 系统的构成

一个典型的石灰石/石膏湿法 FGD 系统工艺流程如图 2-5 所示,这是单炉单塔系统,主要由烟气系统、SO_2 吸收系统、石灰石浆液制备系统、石膏脱水及储存系统、废水处理系统、公用系统(工艺水、压缩空气、事故浆液罐系统等)、热工控制系统、电气系统等几部分组成。本节先简要介绍各系统的设备和作用,在后面的章节中将有更详细的介绍和现场图片,以利于读者对 FGD 系统更全面、深入的了解。

一、烟气系统

来自锅炉引风机出口的烟气从 FGD 原烟气进口挡板门进入 FGD 系统,经 FGD 增压风机送至烟气再热器,如回转式烟气—烟气加热器(GGH)。在 GGH 中,原烟气(未经处理)与来自吸收塔的洁净烟气进行热交换后被冷却,被冷却的原烟气进入吸收塔与喷淋的吸收剂浆液接触反应以除去 SO_2。脱硫后的饱和烟气(50℃左右)经除雾器后进入 GGH 的升温侧被加热至 80℃以上,然后从 FGD 净烟气出口挡板进入烟囱排入大气。

烟气系统主要设备有:FGD 进/出口烟气挡板、FGD 旁路烟气挡板、密封风机、FGD 增压风机

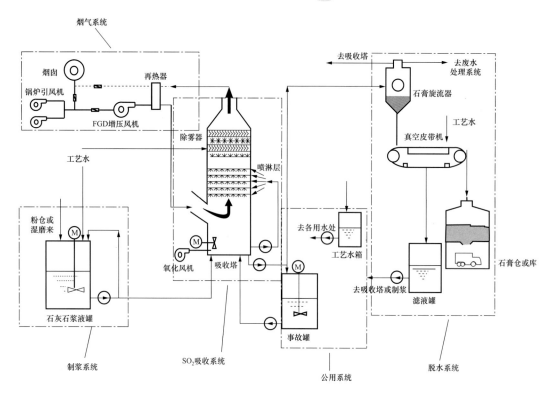

图 2 – 5　典型的石灰石/石膏湿法 FGD 系统组成

（boost-up fan，BUF）及其附属设备、烟气再热器及其附属设备、烟气连续排放监测系统（CEMS）等。

1. FGD 烟气挡板

FGD 进口挡板设置在增压风机之前的烟道上，FGD 出口挡板设置在 GGH 升温侧之后的烟道上，其目的是将原烟气引向 FGD 系统或防止烟气渗入 FGD 系统。FGD 旁路挡板位于旁路烟道上，其作用是当 FGD 系统或锅炉处于事故状态的情况下使烟气绕过 FGD 而通过旁路直接排入烟囱，在德国、日本等许多发达国家的 FGD 系统上不设旁路烟道。通常 FGD 系统内的挡板门有三种类型：闸板式、单百叶窗式和双百叶窗式挡板，如图 2 – 6 所示。每片挡板设有金属密封元件，以尽可能减少烟气泄漏。FGD 进出口烟气挡板一般为双百叶窗式，挡板与密封空气系统相连接。当挡板处于关闭位置时，挡板翼由微细钢制衬垫所密封，在挡板内形成一个空间，密封空气从这里进入，形成正压室，防止烟气从挡板一侧泄漏到另一侧。目前许多单百叶窗式挡板叶片中间形成空间，连接密封空气，起到了双百叶窗式挡板的作用。在后面的章节中将会看到许多挡板的现场照片。

单百叶窗式挡板的叶片布置有两种，平行布置与反向布置，如图 2 – 6 所示。平行的叶片开/关时方向一致，其密封性能好，开关时间要比闸板门快，故常用作 FGD 旁路挡板。旁路挡板的正常开启时间在 30～60s，同时设置快开执行机构，快开时间各 FGD 系统设计有很大差别，2～25s 间都有，其目的是在 FGD 系统故障时，如增压风机跳闸等，旁路挡板能快速打开，从而不影响锅炉的正常运行。反向布置的叶片开/关时方向相对，它的流量调节性能好，一般用作旁路烟气加热系统中的旁路挡板。对于大型的烟气挡板，其驱动机构可分成独立的两个或更多。

2. 增压风机

FGD 增压风机用于克服 FGD 装置造成的系统压降。增压风机的设计及运行应充分考虑 FGD 系统正常运行和异常情况下可能发生的最大流量、最高温度和最大压损以及事故情况。目前的设计是增

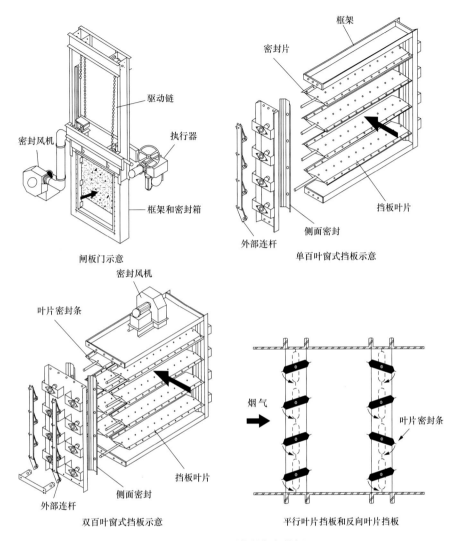

图 2-6　FGD 系统的烟气挡板

压风机的基本风量按吸收塔的设计工况（一般为锅炉燃用设计煤种和 BMCR 工况）下的烟气量考虑，风量裕量不低于10%；增压风机的基本压头为 FGD 装置本身的阻力及由于排烟温度降低造成的烟囱接口处压力的变化值之和，压头裕量不低于20%。大容量吸收塔的增压风机型式有：动叶可调轴流式风机、静叶可调轴流式风机或高效离心风机。增压风机不设备用。增压风机的布置有如图 2-7 所示的四种方式，其不同点见表 2-1，由于方案 A 的布置腐蚀最小，对材质要求不高，常规的风机就可用，故目前国内绝大多数 FGD 工程均采用方案 A，即脱硫风机位于吸收塔前高温原烟气侧。在日本曾流行过 B、C 位布置，但因腐蚀严重，现已基本不用，而逐渐倾向于 D 位布置，但风机的噪声会通过烟囱外传，故需加装消音装置。由于锅炉引风机可起到相同的作用，因此许多 FGD 系统设计时不设增压风机。

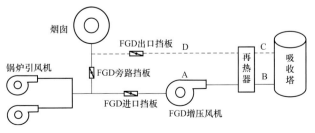

图 2-7　FGD 增压风机的四种布置方案

表 2 – 1　　　　　　　　　　　　　　　　　增压风机的四种布置比较

风机位置	A	B	C	D
烟气温度（℃）	100~160	70~110	45~55	70~100
磨损	少（飞灰造成）	少（飞灰造成）	无	无
腐蚀	少	有	严重	有
粘污结垢	少	少	有（因湿气）	很少
漏风率	相对较高	小	小	小
能耗（%）	100（基数）	90	82	95

3. FGD 净烟气再热与排放

吸收塔出口烟气温度在50℃左右，目前有加热排放和不加热直接排放两种方式。加热可以提高烟气的抬升高度，有利于污染物的扩散、避免降雨及减少白烟。DL/T5196—2004《火力发电厂烟气脱硫设计技术规程》中规定："烟气系统宜装设烟气换热器，设计工况下脱硫后烟囱入口的烟气温度一般应达到80℃及以上排放"，但同时也说明："在满足环保要求且烟囱和烟道有完善的防腐和排水措施并经技术经济比较合理时也可不设烟气换热器。"对加不加热的问题，本书第六章将有更深入地讨论。

FGD 净烟气再加热主要有以下几种方法，图 2 – 8 给出了它们的示意。

（1）气—气加热器，即 GGH。它利用 FGD 上游热的原烟气加热 FGD 下游的净烟气，其原理与锅炉的回转式空气预热器完全相同。其初投资和运行维护费用都很高，且有腐蚀、堵塞、泄漏等问题，国外早期的 FGD 系统上应用较多，但目前已不太用，而国内还在大量应用。

（2）无泄漏型 GGH（MGGH）。日本基本上采用这种加热形式，我国重庆珞璜电厂的 FGD 系统也采用此种加热器。该加热器可分为两部分：热烟气室和净烟气室，在热烟气室热烟气将部分热量传给循环水，在净烟气室净烟气再将热量吸收。它不存在原烟气泄漏到净烟气内的问题，管道布置可灵活些。

（3）汽—气加热器。即用热蒸汽加热净烟气，其特点是设计和运行简单，初投资小，但运行费用很高，在场地受限时可用，但易出现腐蚀、管子附沉积物而影响换热效果的问题。重庆电厂采用这种加热器。

（4）热管换热器。管内的水在吸热段蒸发，蒸汽沿管上升至烟气加热区，然后冷凝放热加热低温烟气，如图 2 – 9 所示，它不需要循环泵，然而多数热管安装都要求入口和出口管接近，并且一个再热系统会用到大量热管，目前在火电厂 FGD 系统中应用较少。

（5）旁路再热。烟气部分脱硫时，未脱硫原热烟气与 FGD 净烟气混合排放，混合后的烟气温度取决于旁路烟气量和烟气相对温度。假设烟气完全混合，烟气总量中约1%的旁路烟气可以提高吸收塔出口烟气温度0.9℃。再热的程度还受到净烟气中液体含量的影响，存在的水分越多，混合烟气温度越低，因为大部分热量被用于蒸发这些液滴。旁路再热系统设计简单、安装和运行费用低廉，一个主要的缺陷是旁路中未处理的原烟气降低了 FGD 系统总的脱硫率，因此只适用于脱硫率要求不高（小于80%）的机组。在美国，当所需的平均脱硫率在70%左右时大多用烟气旁路再热。此外旁路再热会导致烟气混合区域非常严重的腐蚀，需很好的防腐和定期维护。我国太原第一热电厂水平流 FGD 系统、珞璜电厂二期 FGD 系统就用烟气旁路再热。随着环保要求的提高，目前国内已很少使用。

（6）其他。在美国等地有用加热后的热空气或用天然气、油燃烧后与净烟气混合排放的应用等，目前已很少，因为无论是用汽或燃料，运行成本都很高。

不加热的 FGD 烟气排放方式有两种：通过冷却塔排放或湿烟囱排放。利用冷却塔循环水余热加热烟气又有两种工艺系统，一种是 FGD 系统设置在冷却塔外，脱硫后的烟气引入电厂冷却塔，如图 2 – 10 所示；另一种工艺是将 FGD 系统设置在电厂的冷却塔内，这两种工艺在德国均有成功应用的

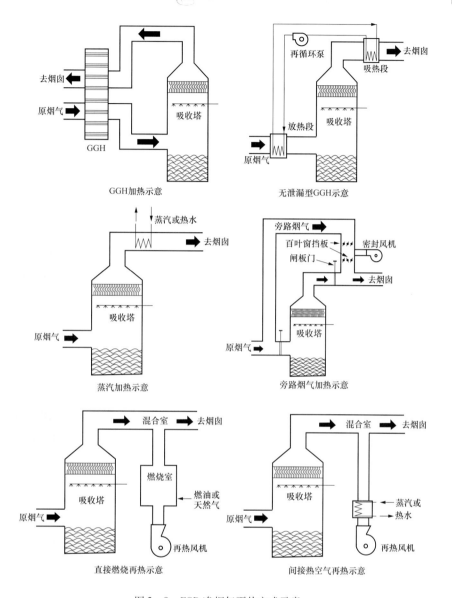

图 2-8　FGD 净烟气再热方式示意

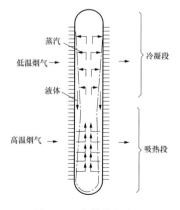

图 2-9　热管热交换器

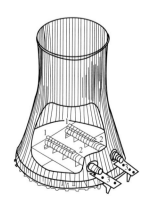

图 2-10　冷却塔排放 FGD 烟气
1—除雾器箱体；2—FRP 净烟气管道；
3—加固结构

例子。自 20 世纪 80 年代中期以来，美国设计的大多数 FGD 系统选择湿烟囱排烟。近年来，我国有大量的 FGD 系统烟气也开始采用湿烟囱排放，如福建后石漳州电厂 6×600MW 海水 FGD 系统、江苏常熟电厂 3×600MW 机组、广东省台山电厂一期 3×600MW 机组、潮州电厂 2×600MW 机组、浙江省宁海电厂 4×600MW 机组、乌沙山电厂 4×600MW 机组、河北王滩电厂 4×600MW 机组等，FGD 系统的烟气都采用湿烟囱排放。

各种 FGD 烟气排放方式的比较见表 2-2，在选用排放方式时，应从技术性能、经济性、环保要求等方面综合考虑。从国外的运行经验来看，湿烟囱和冷却塔排烟是更合理的选择。

表 2-2　　　　　　　　　　　　各种 FGD 烟气排放方式的比较

排放方式		优　点	缺　点
有加热系统	利用换热器加热	GGH	利用余热，有利于脱硫	布置复杂，泄漏影响脱硫率；存在腐蚀、堵塞问题；初投资和运行维护费用大
		无泄漏型 GGH（MGGH）	利用余热，有利于脱硫，布置灵活，无烟气泄漏	腐蚀、堵塞，初投资和运行维护费用大
		热管换热器	利用余热，有利于脱硫，无烟气泄漏	腐蚀、堵塞，初投资和运行维护费用大
		蒸汽加热器	初投资低，系统简单，无烟气泄漏	腐蚀，消耗蒸汽，运行费用大
	直接混合加热	燃烧烟气与净烟气混合	简单方便，无腐蚀、堵塞问题	消耗大量能源，只适用于工业锅炉和石化工业的小型 FGD 系统中
		未脱硫烟气与净烟气混合	投资低，运行维护费用少，简单方便，无 GGH 的腐蚀、堵塞	总的脱硫率低；混合区烟道腐蚀严重，需很好的防腐措施；适合含硫量低的煤及对脱硫率要求不高的 FGD 系统
		高温空气与净烟气混合	投资低，运行维护费用少，简单方便，无 GGH 的腐蚀、堵塞问题	送风量增加，风机电耗增大，影响锅炉效率
无加热系统	烟囱排放	烟囱位于吸收塔顶排放	投资低，运行维护费用少，简单方便，占地少	只适用于工业锅炉和石化行业的小型 FGD 系统
		防腐湿烟囱排放	投资不高（与 GGH 比），运行维护费用低；无泄漏、堵塞问题	烟囱防腐要求高，有时有降雨发生
	冷却塔排放	FGD 系统在冷却塔内	结构紧凑，简化了 FGD 系统，节省用地，投资、运行维护费用低；烟羽抬升好	对循环水水质有不良影响，冷却塔需加固、防腐
		FGD 系统在冷却塔外	简化了 FGD 系统，节省用地，投资、运行维护费用低；烟羽抬升好	对循环水水质有不良影响，冷却塔需加固、防腐

二、SO₂ 吸收系统

吸收塔是 FGD 系统的核心部分，有多种类型，主要有填料塔、液柱塔、鼓泡塔及喷淋塔等。吸收塔的主要作用是吸收烟气中的 SO_2 并产生石膏晶体。对喷淋塔，其流程为：来自 GGH 的烟气自吸收塔侧面进入塔内，烟气从下往上流经吸收塔时，与来自吸收塔循环泵喷淋的浆液接触反应，浆液含有 10%～20% 左右的固体颗粒，主要是由石灰石、石膏及水中的其他惰性固体物质组成。浆液将烟气冷却至约 50℃，同时吸收烟气中的 SO_2，与石灰石发生反应生成亚硫酸钙。反应产物被收集在吸收塔底部，由氧化风机鼓入的空气氧化成石膏（$CaSO_4 \cdot 2H_2O$），并再次被循环泵循环至喷淋层。吸收塔内浆液被机械搅拌器或脉冲悬浮泵适当地搅拌，使石膏晶体悬浮。

吸收塔的主要组成部分是：循环泵及喷淋层、氧化空气系统、浆液搅拌系统、除雾器及其冲洗水系统等。不同的塔型、不同的 FGD 公司有不同的特点。

1. 循环泵及喷淋层

喷淋层根据入口 SO_2 浓度、脱硫率要求等具体情况，一般设 2 ~ 4 层，每层间距在 2m 左右，目前对喷淋塔大多采用单元制设计，即一台循环泵对应一层喷嘴。喷嘴有不同形式，如切向、轴向、空心锥、实心锥、螺旋型（猪尾巴型）、双向喷嘴等，图 2 – 11 示出了三种喷嘴。喷嘴的连接方法有螺纹连接、法兰连接、机械耦合和粘接等，其中以螺纹连接和法兰连接居多。

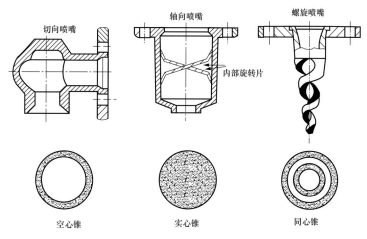

图 2 – 11　三种喷嘴及其喷淋形式示意

喷淋覆盖率是设计喷嘴布置时的一个重要考虑因素，其定义为

$$喷淋覆盖率 = \frac{N_{喷嘴} \times A_{喷嘴}}{A_{塔}} \times 100\%$$

式中　$N_{喷嘴}$——喷淋层喷嘴数量；

　　　$A_{喷嘴}$——单个喷嘴在其出口一定距离 H 处的喷淋面积，m^2；

　　　$A_{塔}$——H 处吸收塔的截面积，m^2。

典型的是以喷嘴下 1m 处来计算的，喷淋覆盖率一般在 200% ~ 300% 之间。图 2 – 12 示出了某一层喷淋液覆盖的情况。

2. 氧化空气系统

吸收塔的下部为浆液池，它为石灰石提供充分的溶解时间以保证低的 Ca/S，同时为喷淋过程中物理溶解于浆液中的酸性物质在浆池内与溶解态石灰石的反应提供充分的反应时间，确保高的脱硫效率。在浆液池底部设有氧化空气管，通入空气对浆液进行曝气，氧化空气分布均匀，则氧化效果好。浆液池为亚硫酸钙提供充分的氧化空间和氧化时间，确保良好的氧化效果，也为石膏晶体长大提供充分的停滞时间，确保生成高品质的粗粒状（而非片状和针状）石膏晶体。为了避免氧化空气进口处浆液与高温、干燥的氧化空气接触后，浆液由于快速干燥而导致出现结晶的结垢现象，氧化空气在入塔前进行喷水冷却，使之降温，并达到饱和。

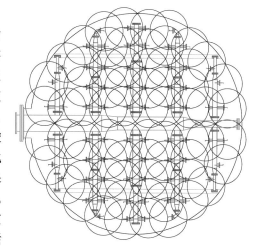

图 2 – 12　喷淋层的覆盖

目前的 FGD 系统基本上采用强制氧化。强制氧化装置的性能受多种因素影响，如装置类型和布置、自然氧化率、罐体形状和几何尺寸、鼓气点的浸没深度、气泡的最终平均直径和在氧化区的滞留时间、氧化装置的功率、浆液中的溶解物质、氧化区浆液的流动形态以及浆液的 pH 值、温度、黏度和固体含量等。因空气导入和分散方式不同，有多种强制氧化装置，如喷气混合器/曝气式、径向叶轮下方喷射式、多孔板式、多孔喷射器式、旋转式空气喷射器/叶轮臂式、搅拌器和空气喷枪组合式（agitator air lance assemblies，ALS）、管网喷射式（sparge grids）又称固定式空气喷射器（fixed air sparger，FAS）；后两种应用较为普遍。

管网喷射式（FAS）是在氧化区底部的断面上均布若干根氧化空气母管，母管上有众多分支管。喷气喷嘴均布于整个断面上（约 3.5 个/m²），通过固定管网将氧化空气分散鼓入氧化区。它有三种布置方式，其中两种是将搅拌器布置在管网上方，而更合理、应用更多的是将搅拌器（或泵）布置在管网的下方。广东台山电厂鼓泡塔、瑞明电厂、连州电厂 FGD 喷淋塔内的氧化空气布置都采用这种 FAS 类型。

搅拌器和空气喷枪组合式强制氧化装置（ALS）是利用搅拌器产生的高速液流使鼓入的氧化空气分裂成细小的气泡，并散布至氧化区的各处。由于 ALS 产生的气泡较小，由搅拌产生的水平运动的液流增加了气泡的滞留时间，因此，ALS 较之 FAS 降低了对浸没深度的依赖性，广东沙角 A 厂、浙江钱清电厂等使用 ALS。

3. 浆液搅拌系统

浆液搅拌系统分两类：机械搅拌器和脉冲悬浮搅拌系统。搅拌系统的主要作用有：

1）使浆液中的固体颗粒保持悬浮状态，不至于沉积在箱、罐等容器的底部。

2）使浆液相对均匀地输送到下一个工艺步骤，如石膏排出泵将吸收塔浆液均匀地打到脱水系统。

3）可与氧化空气系统结合起来，使氧化反应更充分。

4）设计良好的搅拌系统可促进石膏晶体的长大和非针状化，有利于石膏浆液的脱水。

5）促进石灰石的溶解。

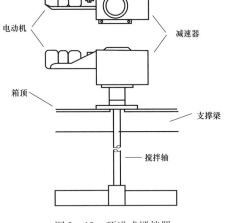

图 2 - 13 顶进式搅拌器

机械搅拌器的安装可分为顶进式（立式）和侧进式（卧式）两种，在吸收塔内都有应用，如图 2 - 13 和图 2 - 14 所示。对小型的箱罐、浆液池如石灰石浆罐、滤液水罐等一般用顶进式，搅拌器的叶片也有各种形式，图 2 - 15 为其中的几种。

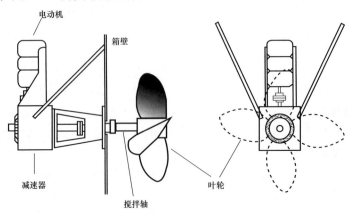

图 2 - 14　侧进式搅拌器

图 2-15 搅拌器叶片的几种形式

4. 除雾器及其冲洗水系统

在烟气离开吸收塔前，会通过一个两级卧式除雾器。除雾器用于分离烟气携带的液滴，包括一级安装在下部的粗除雾器和二级安装在上部的细除雾器，彼此平行的除雾器元件为波状外形。第一级除雾器是一个大液滴分离器，叶片间隙较大，用来分离上升烟气所携带的较大液滴。第二级除雾器是一个细液滴分离器，叶片距离较小，用来分离上升烟气中的微小浆液液滴和除雾器冲洗水滴。烟气流经除雾器时，液滴由于惯性作用，留在叶片上。由于被滞留的液滴也含有固态物，主要成分为石膏，因此存在在除雾器元件上结垢堵塞的危险，不利于烟气流经吸收塔，会影响塔内压降和烟气流向分布，因此需定期进行在线清洗。为此，设置了定期运行的清洁设备，包括喷嘴系统，冲洗介质为工艺水，可由工艺水泵提供或单独设置的除雾器冲洗水泵提供。一级除雾器的上下面和二级除雾器的下面设有冲洗喷嘴，正常运行时下层除雾器的底面和顶面，上层除雾器的底面按程序自动轮流清洗各区域，除雾器每层冲洗的频率可根据烟气负荷、除雾器两端的压差自动调节。冲洗水同时也补充了吸收塔因蒸发及排浆所造成的水分损失，图 2-16 是典型的喷淋塔除雾器设计，以平式布置和人字型布置为最常见，如图 2-17 所示。目前湿法 FGD 系统中常用的除雾器是折流板除雾器，其次是旋流板除雾器，如图 2-18 和图 2-19 所示。

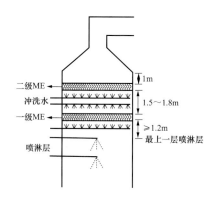

图 2-16 除雾器的典型设计

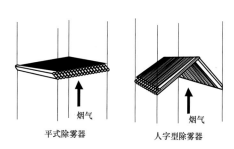

图 2-17 平式和人字型除雾器

除雾器也可设计成立式，安放在吸收塔出口的水平烟道上，这可降低吸收塔的高度，利于烟道的布置，日本 FGD 公司大多采用这种形式。

石膏浆液排出泵将塔内的石膏浆液从吸收塔排出到石膏脱水系统。当吸收塔的浆池或搅拌器出现事故需要检修时，吸收塔内的浆液由排浆泵排至事故浆液箱中，为下次 FGD 装置启动提供晶种。

三、石灰石浆液制备系统

石灰石浆液制备系统的主要功能是制备合格的吸收剂浆液，并根据吸收塔系统的需要由石灰石浆液泵直接打入吸收塔内或打到循环泵入口管道中，经喷嘴充分雾化而吸收烟气中的 SO_2。

石灰石浆液的制备一般有两种模式：采用湿式球磨机制浆及用石灰石粉加水制浆。

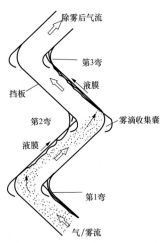

图 2 - 18　折流板除雾器原理示意

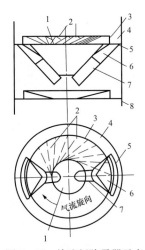

图 2 - 19　旋流板除雾器示意

1—盲板；2—旋流叶片；3—罩筒；4—集液槽；
5—溢流口；6—异形接管；7—圆形溢流管；8—塔壁

1. 湿磨制浆

湿磨制浆典型的系统流程如图 2 - 20 所示。一定粒径的石灰石块（外购或自制，如山东黄台电厂 2 × 300MW 机组 FGD 系统在厂内设置破碎系统，石灰石块粒径不大于 20mm）由自卸卡车直接卸入地下料斗，经振动给料机、石灰石输送机、斗式提升机、石灰石布料装置送至石灰石储仓内，再由称重式皮带给料机送到湿式球磨机内。在球磨机内石灰石块被钢球砸击、挤压和碾磨；在球磨机入口加入一定比例的水制成浆液送至石灰石浆液循环箱中，由石灰石浆液循环泵输送到石灰石浆液旋流站进行粗颗粒的分离。经分离后，底流大尺寸物料返回磨机再循环，满足粒度要求、含固率 20% ~ 30% 的石灰石浆液溢流并储存于石灰石浆液箱中，然后经石灰石浆液泵送至 FGD 装置的吸收塔中。为使石灰石浆液混合均匀、防止沉淀，在石灰石浆液箱和石灰石浆液循环箱内装设浆液搅拌器。

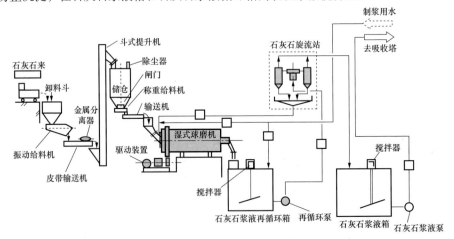

图 2 - 20　石灰石湿磨制浆系统流程

湿式石灰石磨机的选型将保证在所有运行工况下，能提供 FGD 工艺所需的石灰石浆液量。

图 2 - 20 制浆系统的球磨机是卧式的，目前应用于我国的大部分电厂。此外，还有立式湿磨制浆系统，如图 2 - 21 所示。在上海宝钢电厂 2 号 350MW 机组的 FGD 系统中，吸收剂采用烧结厂洗下的石灰石泥浆，泥浆取自辐流式沉淀池的底流，含固率约 35%，粒径约 2mm，经调配成 20% 的含固率后，送入立式湿磨中制成 90% 通过 325 目的浆液。这是立式湿磨在国内脱硫业的首次应用。

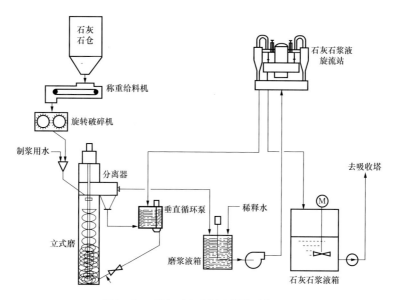

图 2-21 石灰石立式湿磨制浆系统流程

2. 石灰石粉制浆系统

该系统基本组成部分有石灰石粉仓及给料机、石灰石浆液罐及搅拌器、石灰石浆液泵、流化风机系统等。

合格的石灰石粉[一般要求石灰石粉90%通过325目筛（即44μm）或250目筛（即63μm），且 $CaCO_3$ 含量不少于90%]由给料机送到石灰石浆液罐，在罐中与工艺水或脱水机滤液进行混合直至达到所需的浓度。浆液的质量浓度设计值一般在1250kg/m³左右，该值对应于约30%的固体含量。为了防止浆液结块，浆液罐设有一台立式搅拌机，持续不停地扰动浆液。根据负荷大小和吸收塔浆液池 pH 值，石灰石浆液由浆液泵（1用1备）直接注入到吸收塔中或循环泵入口，由循环泵打至喷淋层。

石灰石粉仓设计储存容量根据具体情况为 3~7d 的用量，设有料位指示器防止满仓或空仓。为防止底部石灰石粉搭桥，在仓底四周还注入流化空气，使石灰石粉呈流态化，均匀地下到称重（或无称重）给料机。粉仓顶还设有布袋除粉器，并设有防爆门。

四、石膏脱水系统

石膏脱水系统的主要功能是将吸收塔内石膏浆液脱水成含水量小于10%的石膏，这些石膏可作为商用副产品，也可抛弃不用。脱水系统的主要组成部分有石膏水力旋流器（一级脱水）、脱水机（二级脱水）及附属设备，如真空泵、滤液箱、废水旋流器及废水箱、石膏仓或石膏库等。

吸收塔石膏浆液是含有石膏晶体、$CaCl_2$、少量未反应石灰石、CaF_2 和少量飞灰等的混合物，经过石膏水力旋流器后，可实现一定的分离效果，此后再经石膏脱水机实现石膏的洗涤和脱水。典型的石膏脱水系统流程如图 2-22 所示。

1. 一级脱水过程

吸收塔内的石膏浆液通过石膏浆液排出泵（1用1备）先送至石膏一级水力旋流器进行浓缩和石膏晶体分级。水力旋流器主要由进液分配器、若干个旋流子、上部稀液储箱及底部石膏浆液分配器组成，如图 2-23 所示。旋流子利用离心分离的原理，浆液以切向进入水力旋流器，在离心力的作用下，大颗粒和细微颗粒得以分离。这样进入水力旋流器的浆液被分成两部分，一部分是含固率高的底流（含固率约40%~50%），另一部分是含固率低的溢流，大部分细小的粉尘和颗粒相对集中在溢流内，溢流的一部分返回吸收塔或被送去废水处理系统。如有二级水力旋流器（即废水旋流器），则溢流部分先送到二级水力旋流器给料罐，通过废水旋流器给料泵送到废水旋流器进行浓缩分

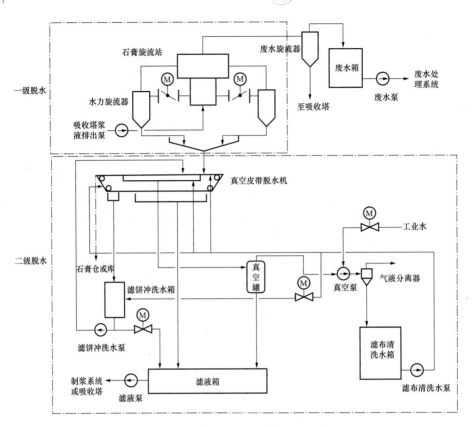

图 2-22　典型的石膏脱水系统流程

离。废水旋流器底流返回吸收塔或先自流到石膏浆液缓冲箱，溢流液被送去废水处理系统。通过控制废水的排放量来控制 FGD 系统浆液中的 Cl^- 浓度，以保证 FGD 系统安全、稳定运行，同时排出细小的灰尘以保证石膏的品质。

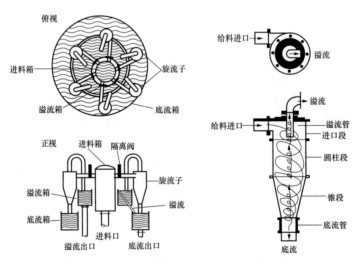

图 2-23　石膏水力旋流站及旋流子示意

2. 二级脱水过程

水力旋流器的底流去向有两种设计：① 直接流到脱水机上脱水；② 依靠重力流至石膏浆液缓冲

箱，再用石膏浆液给料泵送至脱水机进行脱水。在二级脱水系统，浓缩后的石膏浆液经过脱水机进行脱水，石膏脱水后含水量降至10%以下，直接落到石膏库中或通过石膏皮带输送机送至石膏筒仓，石膏筒仓底部设有供汽车装运石膏的卸料装置。为保持滤布清洁及控制 FGD 石膏中细灰杂质、可溶性盐类、Cl^- 等成分的含量，确保 FGD 石膏品质，在石膏脱水过程中用工艺水对滤布及石膏滤饼进行冲洗。石膏过滤水收集在滤液水箱中，然后由滤液水泵送到吸收塔或制浆系统重复利用。

石膏脱水机按原理可分为两类：离心脱水机和真空脱水机。离心脱水机是利用石膏颗粒和水密度的不同，在旋转过程中，利用离心力使石膏浆脱水。其设备类型主要有立式和水平螺旋式脱水机两种。真空脱水机是利用真空泵产生的负压，强制将水与石膏分离，其设备类型主要有真空筒式和真空带式两种，图 2-24～图 2-28 为各脱水机示意。1984 年以前的所有 FGD 装置均采用离心式脱水机，1984 年以后，真空筒式和带式脱水机也投入了商业运行。采用这些设备进行石膏脱水，均能满足对石膏品质，如含水量、可溶物含量等的要求，它们间的主要区别见表 2-3。对二级脱水机的选用要考虑脱水石膏的用途及其相应的品质要求，同时要比较各种脱水机的性能及初始投资、运行维护费等。目前真空皮带脱水机因其脱水效率高、处理量大、投资和运行综合费用低等优点得到了大规模应用，国内所有的石灰石/石膏湿法 FGD 系统均应用它来进行石膏的二级脱水处理。

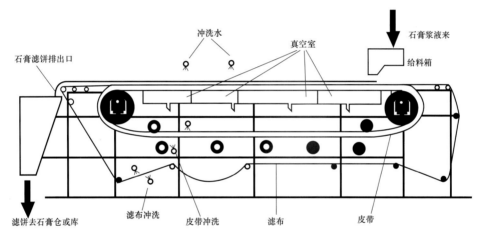

图 2-24　水平真空皮带脱水机示意

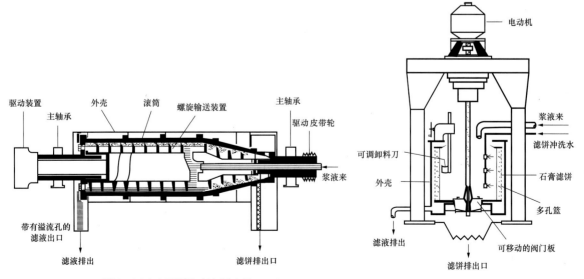

图 2-25　水平螺旋离心脱水机　　　　　　图 2-26　立式篮式离心脱水机

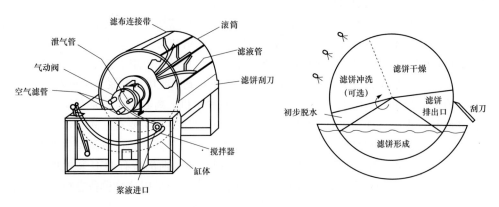

图 2-27 真空筒式脱水机及其运行示意

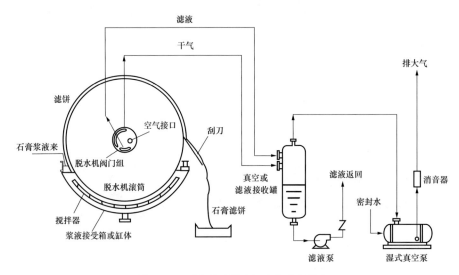

图 2-28 真空筒式脱水机系统流程示意

表 2-3   脱水机的比较

脱水机类型	特 点	其 他
离心式	适用各种浆液的脱水,脱水效果好;更紧凑简洁,无太多的辅助设备	出现的运行问题不能明显看见
真空式	筒式适用各种浆液的脱水,但脱水率稍低。水平带式对细小的 $CaSO_3$ 含量大的浆液效果差。低速运行,极少有磨损、振动问题;出现的运行问题可以明显看见	需较多的辅助设备如真空泵、滤液接收器等,相应需大的空间及安装、维修费。滤布需定期更换,花时间

五、废水排放和处理系统

在石灰石/石膏湿法 FGD 工艺中,不可避免地要产生一定量的废水,FGD 废水的水量和水质,与 FGD 工艺系统、燃料成分及吸收剂等多种因素有关。燃煤中含有多种元素,包括重金属元素,这些元素在炉膛内高温条件下进行一系列的化学反应,生成了多种不同的化合物。这些化合物一部分随炉渣排出炉膛,另外一部分随烟气进入 FGD 吸收塔,溶解于吸收浆液中。烟气中含有 CO_2、SO_2、HCl、HF、NO_x、N_2 等气体及灰中携带的各种重金属,包括 Cd、Hg、Pb、Ni、As、Se、Cr 等,这些物质进入脱硫浆液中,并在吸收液循环使用中富集。吸收剂石灰石中含有 Ca、Mg、K、Cl 等元素,有时，为了提高 SO_2 的去除率，在脱硫剂中加 Mg，因此，废水中的 Mg 含量很高。废水中的杂质主要有：

（1）悬浮物。主要为粉尘及脱硫浆液中的硫酸钙、亚硫酸盐等。悬浮物含量很高，大部分可直接沉淀。

（2）NH_4^+。来源于 FGD 装置补给水，在烟气洗涤中浓缩，对重金属的去除率有影响，所以要除去。

（3）Ca^{2+} 和 Mg^{2+}。Ca^{2+} 和 Mg^{2+} 主要来源于脱硫剂和补充水，含量很高。

（4）Cl^-。来源于脱硫剂、煤和补充水，经过反复循环浓缩后，含量较高。氯离子浓度的增高带来几个不利影响：一方面降低了吸收液的 pH 值，从而引起脱硫率的下降和 $CaSO_4$ 结垢倾向的增大；另一方面，在生产商用石膏的回收工艺中，对副产品石膏的杂质含量有一定的要求，氯离子浓度过高将影响石膏的品质。故一般应控制吸收按中氯离子浓度低于 20000mg/L。另外，高氯离子含量对防腐的要求很高。

（5）SO_3^{2-} 和 $S_2O_6^{2-}$。是构成废水 COD 的主要成分，含量大小与 FGD 装置的运行有关。

（6）F^-。主要来源于煤，煤中的氟化物燃烧后生成氟化氢。但是，在 FGD 系统内被溶解钙吸收的 HF 会转化为 CaF_2 析出，所以，脱硫废水的 F^- 浓度一般只会由 CaF_2 在脱硫循环水中的溶解性来决定。

（7）重金属离子。来源于脱硫剂和煤。电厂的电除尘器对小于 $0.5\mu m$ 的细颗粒脱除率很低，而这些细颗粒富集重金属的能力远高于粗颗粒，因此 FGD 系统入口烟气中含有相当多的重金属元素，在吸收塔洗涤的过程中进入 FGD 浆液内富集。石灰石中也存在重金属，如 Hg、Cd 等。

FGD 系统排放的废水一般来自石膏脱水和清洗系统：石膏水力旋流器的溢流水或是真空皮带过滤机的滤液。脱硫废水的水质受到燃料成分和脱硫剂成分的影响，表 2-4 是我国几个 FGD 系统废水的水质分析与处理后的水质情况，一同列出的还有 DL/T 997—2006《火电厂石灰石—石膏湿法脱硫废水水质控制指标》中规定的脱硫废水处理系统出口污染物最高允许排放浓度及德国的某 FGD 废水及排放标准。一般说来，脱硫废水的超标项目主要为：

（1）pH 值，pH 值一般低于 6.0，呈现弱酸性。

（2）颗粒细小的悬浮物。

（3）汞、铜、铅、镍、锌等重金属元素，以及砷、氟等非金属元素。

（4）钙、镁、氯根、硫酸根、亚硫酸根、碳酸根、铝、铁等含量也较高。

其中，汞、砷、铅、镍等属于对人体、环境产生长远不利影响的第一类污染物，我国严格限制排放。因此必须对脱硫废水进行处理。目前国内投产的专用脱硫废水处理装置大部分从国外进口。德国废水管理法规还规定了脱硫废水的处理和排放限量：对 Cl^- 质量浓度为 30000mg/L 的废水，燃用优质煤（含氯不大于 0.17%）时，每 100MW 发电容量允许排放废水量为 $1.1m^3/h$；燃用劣质煤（含氯不小于 0.3%）时，允许排放废水量为 $4.4m^3/h$。

国内外采用的脱硫废水处理方法，综合起来主要有如下三种。

1. 灰场堆放

脱硫废水与经浓缩的副产物石膏混合后排至电厂干灰场堆放，飞灰本身的 CaO 含量可作为黏合剂固化脱硫石膏。如德国燃用褐煤的电厂一般就采用向石膏中掺入飞灰和石灰的混合物，将石膏固化为硅酸钙的方法，固化处理后的石膏坚硬，不易渗水。我国珞璜电厂是将废水混入石膏浆中，经 9 级串联泵排放至湿灰场堆放储存，废水中的重金属与碱性灰水作用在灰场发生沉淀；重庆电厂、连州电厂也如此。在欧洲的西班牙、土耳其，由于拥有大量天然石膏，电厂从一开始设计时就将 FGD 石膏与飞灰混合堆放在灰场中。

表 2 - 4　　　　　　　　　　　　　FGD 废水的水质

序号	项目	单位	中国排放标准①/德国排放标准②	半山电厂处理前/后水质	定洲电厂处理前/后水质	钱清电厂处理前/后水质	德国某电厂处理前/后水质
1	温度	℃	—	42/31	—	—	—
2	pH 值	—	6.0～9.0/—	5.53/8.91	5.8/8.9	5.78/8.71	—
3	悬浮物	mg/L	70/30	16960/40.4	13724/38.3	—/61	8000～15000/ < 30
4	化学需氧量（COD）	mg/L	150/150	—	158/46	288.1/139.8	—
5	硫化物	mg/L	1.0/0.2		0.022/0.01		20/0.2
6	总砷	mg/L	0.5/—	0.17/0.15	0.27/0.13	0.11/ < 0.01	—
7	氟化物	mg/L	30/30	8.50/ < 0.01	13.91/0.26	32.29/7.27	50/30
8	总镉	mg/L	0.1/0.05	0.21/ < 0.01	0.07/ < 0.01	0.286/0.009	1/0.05
9	总铬	mg/L	1.5/0.5	0.07/ < 0.01	0.046/0.023	0.208/0.007	5/0.5
10	铜	mg/L	无要求/0.5	0.06/ < 0.01	0.11/0.07	0.318/0.061	5/0.5
11	总汞	mg/L	0.05/0.05	0.07/0.02	0.12/0.02	< 0.001/ < 0.001	1/0.05
12	镍	mg/L	1.0/0.5	0.25/ < 0.01	0.35/ < 0.01	0.854/0.005	5/0.5
13	铅	mg/L	1.0/0.1	0.46/ < 0.01	0.50/0.10	0.042/ < 0.001	5/0.1
14	锌	mg/L	2.0/1.0	0.83/ < 0.01	0.13/ < 0.01	1.962/0.017	10/1.0
15	硫酸盐	mg/L	2000/2000				1500～2500/1000～1800
16	亚硫酸盐	mg/L	无要求/20				20/20

① DL/T 997—2006《火电厂石灰石——石膏湿法脱硫废水水质控制指标》。

② 德国废水管理条例附录47《烟气脱硫废水排放标准》。

2. 蒸发

脱硫废水在电除尘器和空气预热器之间的烟道中完全蒸发，所含固态物与飞灰一起收集处置。如美国 AFGD 系统中，在电除尘器前设置废水蒸发系统，达到工艺基本无废水排放。在德国，燃煤电站的脱硫废水若不经化学处理，也必须蒸干。

3. 处理后排放

针对脱硫废水的水质特点，为满足国家规定的废水排放标准，一般采用如下工艺步骤：通过加碱中和脱硫废水，并使废水中的大部分重金属形成沉淀物；加入絮凝剂使沉淀物浓缩成为污泥，污泥脱水后被送至灰场等堆放；废水的 pH 值和悬浮物达标后直接外排。国华北京第一热电厂、浙江钱清电厂、杭州半山电厂、广东台山电厂、河北定洲电厂等都采用废水处理装置。

典型的 FGD 废水处理流程如图 2 - 29 所示，主要包括四个步骤：废水中和、重金属沉淀、凝聚和絮凝及浓缩/澄清。

（1）废水中和。其目的是控制废水中的 pH 值，使 pH 值适合沉淀大多数重金属。常用的碱性中和药剂为石灰、石灰石、苛性钠、碳酸钠等，其中石灰因来源广、价格低、效果好而得到广泛应用。

（2）重金属沉淀。废水中的重金属离子（如汞、镉、铅、锌、镍、铜等），碱土金属（如钙和镁），某些非金属（如砷、氟等）均可用化学沉淀的方法去除。对危害性较大的重金属离子，此法仍是迄今为止最为有效的方法。除碱金属和部分碱土金属外，多数金属的氢氧化物和硫化物都是难

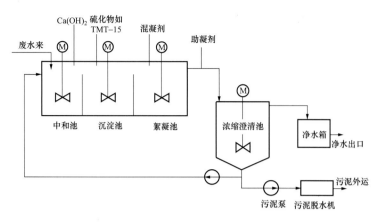

图 2-29　典型的 FGD 废水处理系统流程

溶的，因此常用氢氧化物和硫化物沉淀法去除废水中的重金属。常用的药剂分别为石灰和 Na_2S。

部分金属氢氧化物和硫化物的溶解度与 pH 值的关系见图 2-30。由图可知：

1）对一定浓度的某种金属离子而言，溶液的 pH 值是沉淀金属氢氧化物的重要条件。当溶液由酸性变为弱碱性时，金属氢氧化物的溶解度下降。但许多金属离子，如 Cr、Al、Zn、Pb、Fe、Ni、Cu、Cd 等的氢氧化物为两性化合物，随着碱度进一步提高，又生成络合物，使溶解度再次上升。考虑废水排放的允许 pH 值，一般选用的废水处理 pH 值为 7~9。

2）并非所有的重金属元素都可以以氢氧化物的形式很好地沉淀下来，如 Cd、Hg 等金属硫化物是比氢氧化物有更小溶解度的难溶沉淀物，且随 pH 值的升高，溶解度呈下降趋势。

3）氢氧化物和硫化物沉淀法两者结合起来对重金属的去除范围广，对脱硫废水所含重金属均适用，且去除率较高。

（3）凝聚和絮凝。经前两步的化学沉淀反应后，废水中还含有许多细小而分散的颗粒和胶体

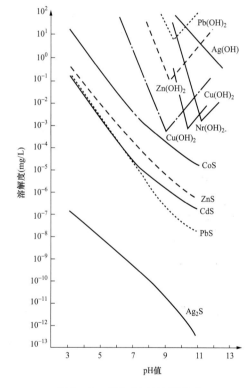

图 2-30　部分金属氢氧化物和硫化物的溶解度与 pH 值的关系

物质，为改善生成物的沉降性能，要加入一定比例的混凝剂，使它们凝聚成大颗粒而沉积下来。在废水反应池的出口加入助凝剂，来降低颗粒的表面张力，强化颗粒的长大过程，进一步促进氢氧化物和硫化物的沉淀，使细小的絮凝物慢慢变成更大、更易沉积的絮状物，同时脱硫废水中的悬浮物也沉降下来。常用的混凝剂有硫酸铝、聚合氯化铝、三氯化铁、硫酸亚铁等，常用的助凝剂是石灰、高分子吸附剂等。

（4）浓缩/澄清。絮凝后的废水从反应池溢流进入装有搅拌器的澄清/浓缩池中，絮凝物沉积在底部并通过重力浓缩成污泥，上部则为净水。大部分污泥经污泥泵排到污泥池再去脱水外运，小部分污泥作为接触污泥返回废水反应池，提供沉淀所需的晶核。上部净水通过澄清/浓缩池周边的溢流

口自流到净水箱,净水箱设置了监测净水 pH 值和悬浮物的在线监测仪表,如果 pH 值和悬浮物达到排水设计标准则通过净水泵外排,否则将其送回废水反应池继续处理,直至合格为止。

六、公用系统

FGD 系统有工艺水、闭式循环冷却水系统。工艺水一般从主厂房工业水系统接入 1 个 FGD 工艺水箱,然后由工艺水泵送至 FGD 系统各用水点,主要包括:吸收塔除雾器冲洗、石灰石浆液制备系统、真空皮带脱水机、GGH 的冲洗水、设备冷却水、所有浆液输送设备、输送管路、贮存箱的冲洗水等。

根据具体情况,闭式循环冷却水一般从炉后闭式循环冷却水管接出供增压风机、氧化风机等大设备冷却用水,其回水回收到炉后闭式循环冷却水回水管。

FGD 系统的阀门控制方式为电动或气动,供仪表吹扫的仪用空气和供设备检修的杂用空气可由专设的 FGD 杂用/仪用空压机提供,或不另设,而直接从主厂房接入 FGD 系统。

排水系统主要包括:事故浆液箱及搅拌器、事故浆液返回泵、排水坑、排水坑搅拌器、排水坑泵等。

在 FGD 系统正常运行、设备检修及日常清洗维护中都将产生一定的排出物,如运行时各设备冲洗水、管道冲洗水、吸收塔区域冲洗水等,排出物首先集中到各自相应的排水坑内(吸收塔区、脱水区、制浆区等),排水坑内浆液集到一定高度后,排水坑泵就将坑内液体输送到吸收塔内循环利用或输送到事故浆液池中。在 FGD 各区域的排水坑均进行防腐处理并配有搅拌器,以防止沉积。

在 FGD 系统内设置有一个公用的事故浆液箱,用于储存在吸收塔检修、小修、停运或事故情况下排放的浆液,事故浆液箱内配有搅拌器防止浆液发生沉淀。吸收塔浆液通过吸收塔石膏浆液排出泵输送到事故浆液箱中,箱中浆液可通过事故浆液返回泵从事故浆液箱送回到各吸收塔。

FGD 系统内生活污水是收集盥洗间卫生设施等排放的污水,自流排放至厂区污水排放系统中。雨水排水系统是收集不含浆液和任何化学物质的雨水,纳入厂区污水排放系统中。

七、热工控制系统与电气系统

目前大型火电厂 FGD 系统热工自动化水平与机组的自动化控制水平是一致的,采用分散控制系统(DCS),其功能包括数据采集和处理、模拟量控制、顺序控制及连锁保护、脱硫变压器和脱硫厂用电源系统(交流 380V、6kV)监控。当 FGD 系统与单元制机组同期建设时,FGD 系统的控制可纳入到机组的 DCS 系统中,单元制机组 FGD 系统的公用部分(如石灰石浆液制备系统、工艺水系统、皮带脱水机系统等)的控制纳入到机组 DCS 的公用控制网。对于已建成后的机组新增加的 FGD 系统或新建机组采用烟气母管制的 FGD 系统(如两炉一塔)的控制,FGD 系统的 DCS 系统一般单独设置。控制室均以 CRT 和键盘作为监视控制中心。

FGD 电气系统为 FGD 设备的正常运行提供动力,目前其厂用电电压等级与发电厂主体工程是一致的,厂用电系统中性点接地方式也与发电厂主体工程一致。FGD 高压工作电源设脱硫高压变压器从发电机出口引接,或从高压厂用工作变压器下的母线引接。

图 2-31 给出了 FGD 系统中部分设备图片,FGD 系统的 DCS 与电气系统更详细的组成在第四章中将进一步阐述。

GGH及其转子

吸收塔喷淋层及各种喷嘴

平板型和人字型除雾器

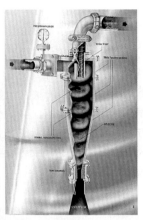

球磨机和水力旋流器示意

真空转鼓脱水机

篮式离心脱水机

石膏浆液一级水力旋流器及二级真空皮带脱水机

图 2-31　FGD 系统现场设备

第三节　典型的石灰石/石膏 FGD 技术

石灰石/石膏湿法 FGD 工艺已有几十年的发展历史，技术上不断得到改进，日趋成熟完善。第一代产品有其潜在的缺陷，主要表现为设备的积垢、堵塞、腐蚀和磨损。为解决这些问题，世界上各 FGD 设备生产商如原德国比晓夫、斯坦米勒，日本千代田、日立，美国 B&W、ABB 等公司一直致力于研究各种更先进的方法，从而开发出第二代、第三代产品。各公司的不同技术特点主要表现在不同类型的吸收塔上，常见的吸收塔主要形式有填料塔、液柱塔、鼓泡塔、喷淋塔、湍球塔、多孔板塔等。

一、填料塔

填料塔（见图 2-32）是早期的石灰石/石膏湿法中较为典型的一种塔型，它是在吸收塔内设置一般为格栅型的填料，脱硫剂通过分配管分配到头部朝上的各个管口，从管口流出的脱硫剂落到塔内填料上形成液膜。绝大部分的传质过程是通过烟气与湿液膜接触在液膜上形成的。通常塔内设置 2~3 层填料，每层高度一般为 2~4m。类似的有湍流吸收塔，学名为三相流动床，工作原理类似于填料塔。烟气从底部进入吸收塔，塔的上部设计有脱硫浆液喷嘴，烟气与吸收塔上部喷嘴喷射下来的浆液逆流接触，少量的塑料球填充塔内，被气流冲浮，形成悬浮层。气液相的逆流接触是在填充于格内的低密度小球间进行的，当气体流速增加，气液相接触时间缩短时，会引起效率降低，通过增加湍流的小球数能解决这个问题。气相中的雾滴可以通过塔上部的除雾器除去。

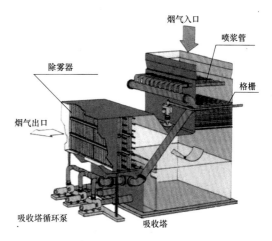

图 2-32　填料塔示意

填料塔的缺点是：如果运行参数控制不当、pH 值波动较大或氧化不充分时容易结垢，处理起来比较困难，而且运行维护的工作量和费用也大。随着喷淋喷嘴技术的不断发展，这种塔型近几年已不大被采用。

我国重庆珞璜电厂一期 2×360MW 机组 FGD 系统引进了日本三菱公司的单回路顺流格栅填料塔（vertical CO current grid packed tower），如图 2-33 所示，图 2-34 为珞璜电厂填料塔总貌。1992 年 3 月 16 日 1 号 FGD 系统首次进烟，经半年试运，于 1992 年 10 月 8 日完成连续 14 天的性能考核，华能签署验收签证（APC）；2 号 FGD 系统也于 1993 年 5 月 20 日办理了 APC。经过多年运行，发现 FGD 系统最主要的问题是结垢十分严重。FGD 系统设计参数如下：设计处理烟气量 1087200 m^3/h（100% ECR，湿，最大 BMCR 下 1170000 m^3/h），S_{ar}=4.02%，FGD 入口 SO_2 质量浓度 10010mg/m^3（干），最大质量浓度 13422mg/m^3，入口烟温 142℃，FGD 脱硫率≥95%。格栅填料塔塔高为 30.7m，塔身断面为 11.2m×7.2m，在标高 21.7m 处安装有 180 个低压大口径溢流喷嘴，塔内布置两层 3m 高聚丙烯格栅填料，每层 4m。与其他反应塔一样，在底部设有氧化空气喷嘴和搅拌器等。

香港南丫发电厂二期 3×350MW 机组格栅填料塔 FGD 系统分别于 1993 年、1995 年、1997 年投入使用。南丫发电厂隶属于香港电灯有限公司，位于香港的南丫岛。电厂共有 15 台机组，总装机容量为 3305MW，其中燃煤机组 8 台，容量分别为 3×250MW（1~3 号，共用 1 根 215m 烟囱），5×350MW（4~8 号，其中 4~6 号共用 1 根 215m 烟囱；7 号和 8 号共用 1 根 215m 烟囱）。FGD 装置采用单回路格栅填料塔，吸收塔内装置喷洒式喷嘴及多层格栅，设计寿命 30 年，大修期 38 个月。

FGD 系统的主要设计参数及性能保证值为：烟气量为 1187800 m^3/h（湿），燃用煤的含硫量 S_{ar}≤

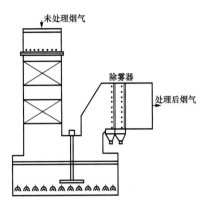

图 2-33　重庆珞璜电厂 FGD 系统的填料塔示意

图 2-34　重庆珞璜电厂一期填料塔实物

1.9%（实际为 0.6% ~ 0.7%），FGD 入口 SO_2 质量浓度为 5165mg/m^3，脱硫效率 > 90%；机组负荷大于 40% ECR（140MW）时投入 FGD 装置运行，塔浆液 pH 值为 4.5 ~ 6.0，浆液的浓度为 15% ~ 20%；浆液中的氯离子质量分数设计值为 2.5×10^{-2}（基于煤的含氯量为 0.07%），最大值为 4.8×10^{-2}；石灰石粉纯度为 96%；FGD 出口烟气排放温度 ≥ 80℃；石膏纯度 ≥ 90%，湿度 ≤ 10%。

　　FGD 系统的工艺流程如图 2-35 所示。锅炉所产生的烟气经电除尘器除尘后由 1 台增压风机送入 GGH 降温，然后进入吸收塔。吸收塔内装置了喷洒石灰石浆液的喷淋层，喷淋层喷出的石灰石浆液在

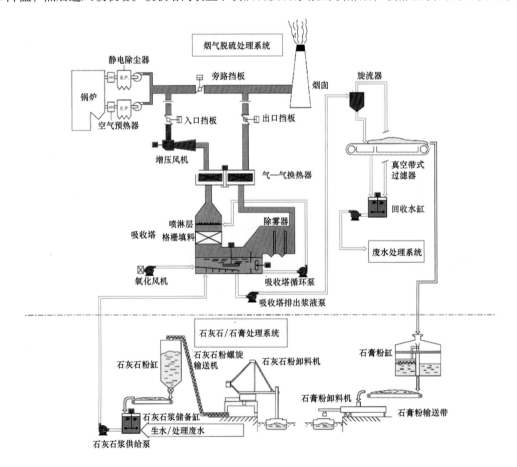

图 2-35　香港南丫电厂填料塔 FGD 工艺流程示意

空中及格栅表面与烟气中的 SO_2 发生化学作用，从而起到脱硫的作用。搅拌器及氧化风机使循环浆液保持活动状态及提供充足的氧气，有利于硫酸盐的充分氧化，加强石膏晶体形成并促使石灰石吸收剂均匀混和。烟气从吸收塔出来后经除雾器（聚氯乙烯 PVC）把潮湿的洁净烟气的湿度降至允许范围，之后洁净烟气进入 GGH 加热至 ≥80℃ 后排至烟囱。烟气系统 CRT 上的画面见图 2-36。

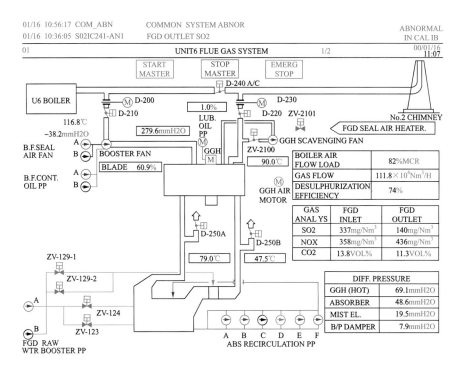

图 2-36　南丫电厂 CRT 上 6 号 FGD 烟气系统

吸收系统由吸收塔、除雾器、循环泵、氧化风机等组成。吸收塔为卧式布置的逆流式格栅填料塔（格栅材料为聚丙烯 PP），尺寸为 6.2m（宽）×12m（长）×9.5m（高）。塔底浆液池尺寸为 14.5m（宽）×12.2m（长）×9.5m（高），塔体碳钢衬玻璃鳞片，最高可承受温度为220℃；玻璃磷片由富士公司供货，需冷藏，最多可保存 6个月。吸收塔浆液池储存容量为 796m³。循环浆液管道为母管制，碳钢衬胶，衬胶循环泵共 6 台（单台流量为75m³/min、功率为 621kW、转速为 1450r/min），5 运 1 备，氧化风机共 3 台（50% 总容量/台，功率为 450kW、转速为675r/min），2 运 1 备。现场系统见图 2-37。

图 2-37　南丫发电厂 6 号 350MW 机组
格栅塔 FGD 系统

石灰石粉由广东云浮市提供，用密封散装水泥船运到发电厂东面的卸料码头，由该处一台 350t/h 螺旋卸料机送入两个容量各为 7000t 的石灰石粉仓储存，粉仓储量为设计燃煤工况下系统 14 天的用量。储仓下部为碳钢涂鳞片制浆池，在制浆时，先加入 770t 水，再加入 330t 石灰，制成质量分数约 30% 的石灰石浆液，浆液的 pH 值约为 8.7~9.0。石灰石浆管道为碳钢衬胶管（直管保证期为 5年，弯管和接口保证期为 3 年）。运来的石灰石粉每一船来到电厂后都要检验，主要检验粒径、纯度和湿度（粒径大于 325 目、$CaCO_3$ 质量分数大于 96%）。现场系统见图 2-38。

石灰石处理系统

石灰石粉卸料机及输送机

图 2 - 38　南丫电厂石灰石粉制浆系统

图 2 - 39　南丫电厂石膏处理系统

石膏脱水系统 3 套 FGD 共用。从吸收塔排出的石膏浆液先通过吸收塔排出浆液泵送到 2 个石膏浆液贮存罐，再用泵打至 2 个旋流器供给罐，然后用泵分别送至 3 台水力旋流器脱水（脱去 30% ~ 50% 的水），最后进入真空皮带脱水机。脱水后的石膏湿度≤10%，由一组皮带输送机转运到一个贮量为 6000t 的石膏储存粉库，石膏粉库的螺旋推进器将石膏由中央柱的位置，经过槽沟，送至卸料槽。利用设于卸料槽下的螺旋运料器，石膏经一组石膏粉输送带，装入驳船外卖。3 台脱硫装置的石膏都集中在这套系统中处理，现场系统见图 2 - 39。废水处理系统为 3 台 FGD 装置共用，该系统采用 2 级处理，经一级处理后的净水回收利用，废水再经二级处理后排入大海。

吸收反应塔的控制在机炉电集控室内控制，废水处理系统在现场控制室控制，其他公共设施的控制部分单独设置。FGD 系统大部分阀门采用气动方式，循环泵进出口阀和烟气挡板采用电动方式。

运行出现过的一些问题及相应采取的一些措施如表 2 - 5 所列。

另外，吸收塔格栅一共 8000 多块，易积垢，每次大修都需一块块拆开敲打干净，在 FGD 停运时，都要人工进塔内用高压水冲洗积垢和冲洗除雾器。每天用蒸汽对 GGH 吹灰三次（蒸汽参数：10.5kPa、250℃）。原设计在运行中用高压水冲洗积灰，但实际运行时，冲下的积灰混进石灰石浆液中，严重影响脱硫效率，故现在运行中已不用高压水冲洗。GGH 停下时用低压水冲洗（冲洗水压力为 0.3MPa）。GGH 在大修时冲洗后，采用自然风干（约需 2 ~ 3 天）；抢修时，冲洗后采用密封风机吹干，不需热风，不需暖风器。

FGD 故障时，旁路挡板动作，不会影响锅炉运行。当入口烟气温度过高（>150℃），烟气旁路动作。若烟道内着火，设置于烟道内的消防洒水系统洒水灭火降温，以保护防腐内衬；当 FGD 入口烟气压力超过设计值 ±100Pa 或电除尘器停运时，烟气走旁路。

FGD 停运时，仍需要开 1 台氧化风机，防止塔内结垢；塔外的石灰石浆管道也要开泵打循环，以防石灰石浆沉积。

表 2-5　　　　　　　　香港南丫发电厂填料塔 FGD 系统运行主要故障及对策

设备	故障现象	原因	对策
FGD 增压风机	振动大	叶片不平衡；GGH 冲洗水的排水系统堵了，而 GGH 与增压风机布置标高接近，水就流到风机里冲击转动叶片，引起振动。 增压风机滑动叶片磨损	更换轴承；重新平衡烟道疏水阀。 重新校正滑动部分并修理滑动轴的衬套
	固定叶片出现裂缝	风机停止时产生破坏	焊接处理
GGH	换热元件中，有一些金属块脱落	制造加热元件时，手艺不精；金属块之间的紧固不牢	紧固加热元件中的金属块
烟道	内衬出现裂缝	应力过于集中；衬内衬时，工艺不好	修理
挡板	出口挡板出口严重腐蚀	燃料烟气冷凝，水蒸发，形成高酸腐蚀	涂料改为防高温腐蚀的涂料
	挡板控制电线断裂	腐蚀	改进电线出口密封。将其材料改为 SUS316
吸收塔	树脂内衬磨损，吸收塔内壁出现小孔	因为填料格栅倾斜并抵触到内壁，导致树脂内衬破损及内壁产生小孔	修理
	浆池结垢	不正确的浆池浓度配制	改善浆池浓度配制自动控制系统
吸收塔喷射管道及喷嘴	在喷射管道和支承栋梁之间发现有磨损痕迹	传统的管打结方式不能使管子很好地固定	新设计钛管夹紧方式代替旧打结方式
格栅	格栅堵塞	由于格栅位于支撑喷嘴的梁上面，浆液流速的降低导致在其上沉积，结垢	检修时，检查、清洗沉积物
	格栅被腐蚀	正常磨损	检修时检查、清洗腐蚀部件
吸收塔的再循环泵	衬胶叶轮磨损	吸收塔的硬冲刷及气蚀	叶片改为 At49 材料，情况好转
	橡胶内衬的脱落	泵排出浆液时形成真空导致	在排浆管道中增设排气阀（减少真空）；泵壳内衬重新设计，并加强内衬的粘贴
	轴承温度高	轴承组装工艺不精	增设轴承温度监视元件
	齿轮箱震动高且有噪声	输入齿轮有磨损	更换这一对齿轮
除雾器	除雾器元件阻塞	浆液不溶物堆积在除雾器元件中	更换除雾器第一级元件（由双层 V 形改为单层 V 形）；调整冲洗喷射管及阀门
吸收塔氧化空气分布器	喷嘴阻塞	空气分布器冲洗阀门故障，导致空气分布器被石膏阻塞。 氧化风机出口消声器脱落，材料阻塞分布管	在冲洗管中增设一窥视孔；更换空气分布器冲洗阀门的材料，以减少故障；将消声器换成新型的，以防止材料的脱落

设备	故障现象	原　　因	对　　策
氧化风机	风机故障	出口消声器隔声材料（玻璃毛）脱落并且阻塞空气分配器	修理氧化风机时，清除空气分布器和密封空气加热器阻塞物；更换为新型氧化风机出口消声器
吸收塔排浆泵	衬胶叶轮磨损	吸引塔的硬冲刷及气蚀	用金属叶轮代替
	泵轴出现裂缝、弯曲	皮带松紧调整不合适，转动时导致轴弯曲；螺帽、螺栓松动撞击轴套，撞击在轴上，高速旋转时，不断增多，破坏应力在撞击中不断增大，导致故障	更换新轴
	泵壳内衬腐蚀	吸收塔的硬冲刷及气蚀	更换内衬
吸收塔氧化池搅拌器	密封套漏	因缺少润滑导致填料箱的轴腐蚀	修理腐蚀的轴，每周给密封添加油脂
吸收塔反应池搅拌器	振动高	支承架不够牢固	加强对搅拌器的支承
吸收塔浆池、石灰石浆池	搅拌器磨损厉害	固体颗粒、腐蚀	更换
石灰石粉库	受潮结垢	空气中水分	用加热的空气来防潮，但效果不够理想，仍有结块现象

　　深圳妈湾电厂300MW机组、福建后石电厂6×600MW机组的海水FGD系统也采用填料塔。在泰国Mae Moh电厂12号、13号300MW机组上采用的是并流、对流组合式填料塔。

二、液柱塔

　　液柱塔是在氧化槽上部安装向上喷射的喷嘴，循环泵将石灰石浆液打到喷管，再由喷管上安装的自清洗喷嘴喷出。烟气和浆液可采用并流、对流和错流多种组合形式，吸收塔可采用单塔式或双塔式。吸收塔从向上的喷嘴喷射高密度浆液，高效率地进行气液接触，大量的液滴向上喷出时液滴与烟气的接触面积很大。液柱顶端速度为零，液滴向下掉落时与向上的液滴碰撞，形成很密的更细的液滴，加大气液接触。由于液体在向上喷出时，形成湍流，所以SO_2的吸收速度很快。喷射出的浆液及滞留在空中的浆液与烟尘产生惯性冲击，因而具有极高的除尘性能，液柱喷射形式见图2-40。在部分负荷时，可以停运循环泵来控制液柱高度，从而达到节能的效果，如图2-41所示。液柱塔示意如图2-42所示，图2-43为液柱俯视照片。

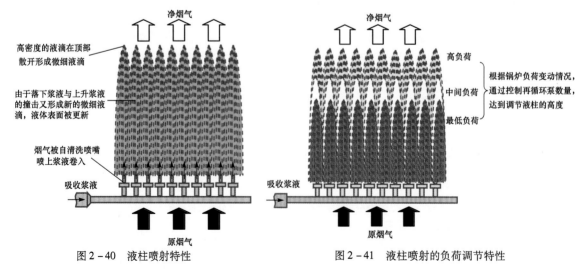

图2-40　液柱喷射特性　　　　　　　　　图2-41　液柱喷射的负荷调节特性

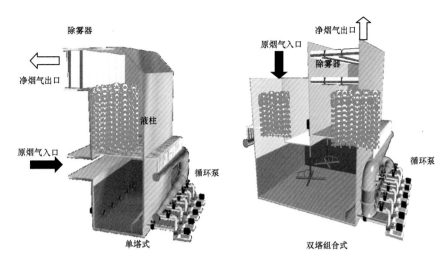

图 2 - 42　液柱塔示意

　　液柱塔和一般喷淋塔相比吸收塔循环浆液质量分数可增加到 20% ~ 30% ，比喷淋塔高 10% ~ 15% ；液气比可降为 15 ~ 25L/m³ ，比喷淋塔低 5L/m³ ；循环泵出口压力 0.012 ~ 0.2MPa ，喷淋塔高 25 ~ 30m ，喷嘴直径大，不易发生堵塞问题，喷嘴数目一般保持每平方米 2 根喷管、4 个喷嘴，图 2 - 44 为现场喷嘴照片。重庆珞璜电厂二期 2 × 360MW 机组脱硫系统的吸收塔采用双接触、顺/逆流、组合型液柱塔（Double Contact Flow Scrubber ，DCFS），已于 1999 年底投入运行，2000 年 3 月完成性能考核试验，如图 2 - 45 所示。对高硫煤采用双向流的液柱塔，脱硫率高。珞璜电厂设计处理 85% ECR 烟气量（915500m³/h ，湿），设计 S_{ar} = 4.02% ，FGD 入口 SO_2 质量浓度为 10592mg/m³ （干），吸收塔的脱硫率 ≥95% ，整个 FGD 系统脱硫率 ≥80% 。除珞璜电厂二期外，重庆九龙电厂股份有限公司 220MW 机组液柱塔 FGD 系统也于 2005 年 1 月投入运行，设计 FGD 入口 SO_2 质量浓度为 8800mg/m³ （干），烟气量为 900000m³/h （湿），FGD 系统脱硫率 ≥95% 。图 2 - 46 和图 2 - 47 是重庆九龙电厂液柱塔 FGD 系统的现场照片。1997 年 12 月在日本的三隅（Misumi）电厂投运了 1000MW 机组的液柱塔 DCFS ，如图 2 - 48 所示。设计处理烟气量 2865400m³/h （湿），FGD 入口 SO_2 质量浓度为 2630mg/m³ （干），入口烟温 135℃ ，FGD 系统脱硫率 ≥90% 。目前世界最大的液柱塔系统为日本电源开发公司橘湾（Tachibanawan）电厂 1050MW FGD 系统，烟气量为 2984000m³/h （湿），入口 SO_2 质量浓度为 2462mg/m³ ，入口烟温 92℃ ，脱硫率 ≥95% ，1999 年 12 月投运，如图 2 - 49 所示。

图 2 - 43　吸收塔内液柱俯视（近景）

图 2 - 44　液柱塔喷嘴（橘湾电厂）

图 2-45 重庆珞璜电厂二期液柱塔

图 2-46 重庆九龙电厂液柱塔 FGD 系统总貌

图 2-47 重庆九龙电厂液柱塔及循环泵、循环浆液管

图 2-48 日本三隅电厂 1000MW 液柱塔

图 2-49 日本橘湾电厂 1050MW 机组

天津大港电厂 $2 \times 300MW$ 燃煤机组 FGD 系统吸收塔采用液柱塔，2005 年 12 月 15 日，2 号 FGD 系统投入商业运行，现场照片如图 2 - 50 所示，其主要设计数据见表 2 - 6。该 FGD 系统有许多与众不同的地方，这里作一介绍。

图 2 - 50　天津大港电厂 300MW 液柱塔总貌及喷淋层

表 2 - 6　　　　　　　　　大港电厂液柱塔 FGD 系统主要设计数据

序号	项　目	数　据	序号	项　目	数　据
1	FGD 入口烟气量（m^3/h，湿）	1131000	10	石灰石耗量（t/h）	2.7
2	FGD 入口 SO_2 质量浓度（mg/m^3）	≤1450	11	石膏产量（t/h）	4.6（水分≤10%）
3	FGD 入口粉尘质量浓度（mg/m^3）	≤157	12	吸收塔	11.9m（长）×17.9m（宽）×34.5m（高）
4	FGD 入口烟气温度（℃）	125	13	循环泵	4000m^3/h，3 运 1 备
5	FGD 系统脱硫率（%）	>95	14	氧化风机	2200m^3/h（湿），2 运 1 备
6	FGD 出口 SO_2 质量浓度（mg/m^3）	≤72.5	15	FGD 增压风机	动叶可调轴流式，185.9 万 m^3/h，静压升 4082Pa
7	FGD 出口粉尘质量浓度（mg/m^3）	≤50.0	16	GGH	回转式，漏风率低于 0.5%
8	FGD 出口烟气温度（℃）	≥80	17	湿式球磨机	出力 5.4t/h，出料细度 44μm，90% 通过
9	Ca/S	1.034	18	真空皮带脱水机	出力 6.9t/h，过滤面积 10m^2

（1）单塔并流式。这是我国最大的液柱单塔，如图 2 - 51 所示，原烟气经增压风机通过方形吸收塔底部向上流动，浆液由设置在母管上的多个喷嘴向上喷出形成液柱，在上升和下落时两次与烟气接触进行脱硫反应。

（2）GGH 布置在塔的顶部，这在我国也是首次，如图 2 - 51 所示。该方式可使烟气系统结构紧凑，降低烟道阻力，适合 FGD 场地狭小的工程。

（3）吸收塔设计浆液质量分数达 30%，系统没有设置石膏一级水力旋流器，而是由石膏排出泵直接打到真空皮带脱水机上直接脱水，如图 2 - 52 所示。这种无石膏旋流器的脱水在国内也是首次应用。FGD 系统的废水由单独设置的管线排放。另外，在吸收塔顶部设一个高位水箱，以防可能发生的高温烟气对吸收塔内防腐及除雾器的损坏。在吸收塔干/湿界面设有工艺水系统定时冲洗。

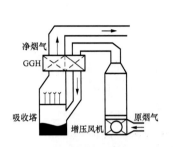

图 2 – 51 单塔及顶部布置的 GGH 系统

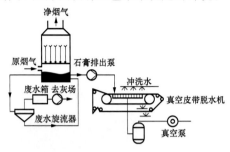

图 2 – 52 大港电厂 FGD 脱水系统

另外江西贵溪电厂 2 × 300MW 机组，河南省新乡电厂新建的 5 号、6 号机组燃煤锅炉（2 × 300MW），山东省蓬莱电厂新建的 1 号、2 号机组燃煤锅炉（2 × 300MW）以及陕西韩城电厂 2 号 600MW 机组等都采用液柱塔。

液柱塔的主要特征是结构简单，气液接触面积大，循环泵台数少，脱硫效率高。特别是燃高硫煤的机组采用并、对流的液柱塔可获得较高的脱硫效率，同时有极高的除尘效果。吸收塔可成方形，便于布置喷浆管，便于吸收塔防腐内衬的施工和维修。

除液柱塔外，三菱公司在 FGD 系统中还采用如下技术。

（1）MGGH。即无泄漏型热媒水管束式 GGH，如图 2 – 53 所示。换热介质热媒水（在管内流动）在原烟道上的降温换热器中被加热后，送至净烟道上的升温换热器加热净烟气，然后由热媒水泵将循环水送至降温换热器。热媒水系统还设置稳压膨胀水箱，以保证温度变化时压力的稳定。

（2）水流式空气雾化系统（JAS）。如图 2 – 54 所示，将循环浆液的一部分分流后打入吸收塔浆液池，利用浆液流动时产生的流动压力将氧化空气通过空气喷管自行导入吸收塔，图 2 – 55 是喷射效果图。其优点是：① 使空气利用率提高到 40％，比侧向空气枪方式（空气利用率 30％）和固定式雾化器方式（空气利用率 20％，图 2 – 56）要高许多，因而节省能源。② 减少维修工作，提高了系统的可靠性。③ 无转动设备，可以省去氧化风机和搅拌器。图 2 – 57 是 JAS 的吸收塔内外结构。

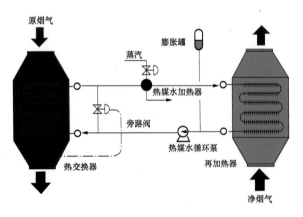

图 2 – 53 日本 MGGH 示意

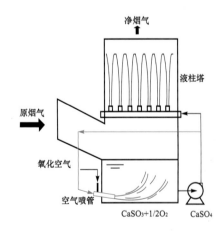

图 2 – 54 JAS 示意

图 2 - 55　JAS 喷射效果

图 2 - 56　固定式空气雾化器

图 2 - 57　JAS 的吸收塔内外结构

（3）石灰石干粉直接喷入系统。如图 2 - 58 所示，它不需要传统的石灰石浆液罐及其附属设备，因而系统简单、占地面积少、电耗低、容易维修。1998—2004 年在日本 8 家电厂的 FGD 系统上得到应用。

（4）无废水排放工艺系统（废水蒸发 WES）。如图 2 - 59 和图 2 - 60 所示，它将脱硫废水喷入电除尘器前的烟道中，这与美国的 AFGD 技术相同。

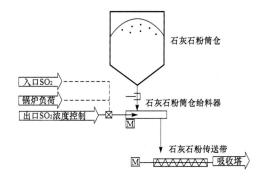

图 2 - 58　石灰石干粉直接喷入系统

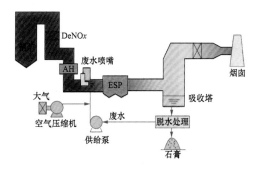

图 2 - 59　无废水排放工艺系统 WES 示意

美国孟山都环境化学有限公司的逆喷塔与液柱塔类似，如图 2 - 61 所示，它采用了泡沫区吸收技术。泡沫区吸收技术原先是美国杜邦公司在 20 世纪 70 年代为解决钛白粉生产中酸雾和粉尘排放

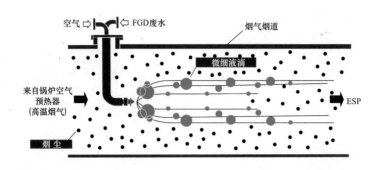

图2-60　FGD废水烟道蒸发示意

问题而发展的技术，1987年孟山都买下了这项技术。从此以后，孟山都公司已在许多不同的工业项目中建成了200多个泡沫区吸收装置。

采用泡沫区吸收技术的吸收液以与烟气流相反的方向喷入，使吸收液与烟气保持动平衡，形成泡沫区。这个泡沫区是强湍流区域，在此区域气液充分混合，吸收液接触面高速更新。烟气的冲力使吸收液四散飞溅，吸收液与烟气达到动平衡处形成稳定的泡沫层。吸收液的湍动膜包裹了烟气中的粉尘及气态污染物，同时气液充分接触，使烟气骤然冷却，酸性气体被吸收，如图2-62所示。

逆喷塔采用了这个独特的吸收技术，塔由两个主要部分构成：逆喷头及气/液分离槽。吸收液通过一个大口径喷嘴（见图2-62），喷入直桶型的逆喷管中，与烟气流

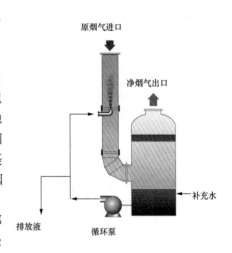

图2-61　美国孟山都逆喷塔

向相反。烟气与吸收液相撞，使吸收液快速转向，撞向管壁，形成稳定波层，或称泡沫区。泡沫区在逆喷管内的上、下移动取决于烟气和吸收液的相对冲力。由于采用大口径敞口喷头，排放烟气中不存在因雾化而产生的细小液滴。所形成的大液滴使气—液分离变得容易，防止了排放烟气中夹带液滴和污染物。烟气与吸收液在逆喷管中相撞后，一起通过逆喷塔到分离装置，在此，由于重力作用，吸收液与烟气分离，烟气通过除雾器排出。吸收液收集于分离装置底部，用泵打回逆喷头。

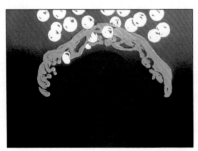 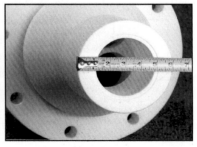

图2-62　美国孟山都泡沫区吸收技术及逆喷管大喷嘴

逆喷头是无堵塞设计，一般喷嘴口径为76.2～152.4mm（3～6英寸），使逆喷塔能处理含固量高，或污脏、黏稠的循环吸收液。这种设计不但可以大大减少排污处理量，得到巨大经济效益，同时可使吸收液（如石灰石乳）的质量浓度大幅提高。逆喷塔也可以高效去除粉尘，它甚至能处理高浓度的粉尘粒子，例如，由于电除尘的操作不当停运时，逆喷塔照常能吸收洗涤烟尘，并有效地去

除酸性烟气。

清华大学也成功地自主开发了液柱塔技术，已应用于：① 沈阳市化肥总厂 FGD 工程，烟气量：24000m³/h，实际运行脱硫效率≥80%，除尘效率≥90%。② 南宁市冶炼厂脱硫工程，两级液柱喷射，烟气量为 100000～140000m³/h，实际运行脱硫效率 93%～95%，2000 年 11 月投入运行。③ 杭州钢铁集团公司炼铁厂脱硫工程，烟气量为 180000m³/h，实际运行脱硫效率≥95%，2002 年初投入运行。④ 北京市琉璃河水泥厂脱硫脱硝工程，一台 65t/h 锅炉，脱硫效率≥95%，脱硝效率≥50%，2004 年 10 月投入运行。另外，海口电厂 2×330MW 机组 FGD 工程，设计脱硫效率≥95%，德州电厂 2×330MW 机组 FGD 工程，设计脱硫效率≥95%，都采用了自主开发的液柱塔技术。

三、CT-121 FGD 工艺的鼓泡塔

第一代烟气脱硫工艺 CT-101 工艺，是以含铁催化剂的稀硫酸作吸收剂，副产物为石膏，1971 年开发应用。第二代烟气脱硫系统 CT-121（Chiyoda Thoroughbred 121），是将 SO_2 的吸收、氧化、中和、结晶和除尘等几个工艺过程合并在一个吸收塔内完成的，这个吸收塔反应器是此工艺的核心，称为喷射式鼓泡反应器，也简称鼓泡塔（jet bubbling reactor，JBR）。

1978 年 8 月—1979 年 6 月，美国佛罗里达州 Sneads 海湾电力公司的斯考兹（Scholz）电厂建设了第一套配 23MW 机组的 CT-121 工艺的示范装置，取得了工业装置运行的经验。到目前为止，已有 30 多套 CT-121 FGD 系统在运行，其最大的机组容量为 1000MW，1998 年在日本东北电力公司原町（Haranomachi）电厂 2 号机组上投运，处理烟气量 2895000m³/h，设计 SO_2 质量浓度为 2517mg/m³，脱硫率 92%，副产品用于制作石膏板和水泥，如图 2-63 所示。1995 年 7 月我国重庆长寿化工厂 35t/h 锅炉上投运一套采用 CT-121 技术的 FGD 系统，广东省台山电厂 2×600MW 新建燃煤机组配套的采用 CT-121 工艺的 FGD 系统于 2004 年 11 月及 2005 年 3 月投运，一期另 3 台 600MW 机组的配套 FGD 系统也采用 CT-121 技术，并于 2006 年 12 月全部投入运行。另外江苏淮阴电厂二期 2×300MW（已于 2005 年 6 月投运，见图 2-63）、云南滇东电厂一期 4×600MW、山西武乡电厂 2×600MW 机组配套的 FGD 系统都采用 CT-121 工艺。

日本原町电厂1000MW鼓泡塔总貌　　　　江苏淮阴电厂300MW鼓泡塔总貌

图 2-63　FGD 鼓泡塔实例

JBR 是 CT-121 工艺的核心部分（如图 2-64 所示），在传统的 FGD 中，烟气是连续相的，液态吸收剂通过喷射进入烟气或通过塔内的填料或塔盘与烟气接触，扩散到烟气中去。这种方式会导致脱硫率的边际效应，致使传质过程和化学反应弱化，从而引起运行过程中的结垢和堵塞。而 CT-121 工艺正好与传统的概念相反，在其设计中，液态吸收剂是连续相，而烟气是扩散相。这一设计理念通过其专利技术 JBR 来实现，烟气通过 JBR 喷射到塔内的吸收浆液中去，在这种情况下，临界传质和临界化学反应速度的局限性没有了，从而消除了结垢和堵塞，形成了较高的脱硫效率。

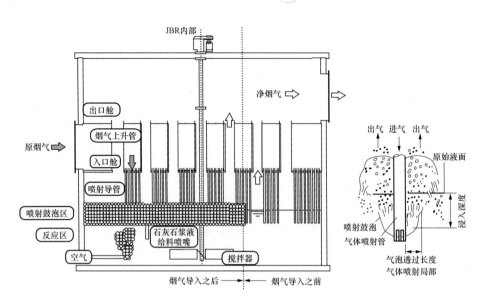

图 2-64 CT-121 技术的核心 JBR

JBR 容器中的浆液分为鼓泡区和反应区两部分，SO_2 的吸收、亚硫酸的氧化及石膏晶体的形成等反应在 JBR 中同时发生。

鼓泡区是一个由大量不断形成和破碎的气泡组成的连续的气泡层。当原烟气流经喷射管进入 JBR，在浆液内部产生气泡，从而形成气泡层。在鼓泡区或气泡层，形成了气—液接触区，在这个区域中，烟气中的 SO_2 溶解在气泡表面的液膜中，烟气中的飞灰也在接触液膜后被除去。气泡的直径为 3~20mm（在这样大小的气泡中存在小液滴）。大量的气泡产生了巨大的接触面积，使 JBR 成为一个非常高效的多级气—液接触器。

鼓泡区气泡迅速大量生成同时不断破裂，使气—液接触能力进一步加强，从而不断产生新的接触面积，同时将反应物由鼓泡区传递至反应区，并使新鲜的吸收剂与烟气接触。脱硫率取决于喷射管的浸没深度和浆液的 pH 值。在正常的 pH 值下，浸没深度为 100~200mm 左右时，脱硫率大于95%。通过调节从石膏脱水装置返回到 JBR 中的水量以及隔板等冲洗水量，可以对浸没深度进行自动调节。

反应区存在大量的气泡，石灰石浆液直接加入 JBR 反应区中。JBR 在设计上考虑了 10~20h 的反应停留时间，这使得最初发生于鼓泡区的化学反应在反应区全部完成，并为下列的反应过程提供了充分的时间：由反应区下部的氧化空气喷入浆液中被溶解，溶解的亚硫酸盐氧化成硫酸盐，石灰石的溶解，石灰石与硫酸反应生成石膏并放出 CO_2，石膏晶体生成。

CT-121 工艺与传统的湿式石灰石工艺的化学反应大致相似，但化学反应的机理不同，两者之间最大的不同在于运行中的 pH 值。JBR 的运行 pH 值设计为 4.0~6.0，这种相对较低的 pH 值通过增强石灰石的溶解和亚硫酸盐的氧化，显著提高了石灰石的利用率，石灰石的利用率为 98%~100%，避免了除雾器的结垢，并使产品易于脱水和充分氧化。此外，在低 pH 值下，由于氢离子（H^+）和亚硫酸根离子（HSO_3^-）的浓度增大，氧化速度也大大加快了。同样，在低 pH 值下，金属触媒的转化浓度增大了，使氧化过程加快并更完全。在 JBR 中，氧化过程与 SO_2 的吸收过程在同一区域进行，因而提高了 SO_2 的传质速率，这种快速的氧化过程保证了液体中 SO_2 的低浓相，使得在低 pH 值的条件下，有更多的气态 SO_2 被吸收。JBR 内浆液中固形物质量分数保持为 10%~20%。

以广东国华粤电台山发电厂 CT-121 FGD 系统为例来介绍该技术的特点。台山发电厂一期工程 2×600MW 机组已于 2003 年 12 月和 2004 年 4 月分别投入商业运行，锅炉是上海锅炉厂的 SG-2008/

17.5 - M90 型产品，最大连续蒸发量为 2008t/h，为亚临界一次中间再热控制循环汽包炉，采用摆动燃烧器四角布置，切向燃烧，正压直吹式制粉系统，单炉膛∏型露天布置，全钢架结构，平衡通风，固体排渣。设计燃用神府东胜煤，煤质分析数据见表 2 - 7。

表 2 - 7　　　　　　　　　　　　台山电厂锅炉设计煤质分析数据

符号	C_{ar}	H_{ar}	O_{ar}	N_{ar}	S_{ar}	M_{ar}	M_{ad}	A_{ar}	V_{daf}	Cl_{ad}	$Q_{ar,net}$
单位	%	%	%	%	%	%	%	%	%	%	kJ/kg
设计煤	64.72	3.65	9.51	0.94	0.50	14.20	8.64	6.48	32.93	0.063	24308
校核煤	57.05	3.68	9.23	0.95	0.49	16.00	9.92	12.60	38.98	—	22357

每台机组配备一套石灰石/石膏湿法 FGD 系统，2 套 FGD 系统已分别于 2004 年 11 月 18 日、2005 年 3 月 31 日通过 168h 试运行，其中 1 号 FGD 系统是我国投运的第一套 600MW 等级的石灰石/石膏湿法 FGD 系统。另外 3×600MW 机组的 FGD 系统也采用 CT - 121 技术，所不同的是取消了 GGH，采用了衬钛板湿烟囱技术。

FGD 系统流程如图 2 - 65（a）所示，图 2 - 65（b）为 1 号 FGD 系统的平面布置图，2 号类似。图 2 - 66 为现场 2 套 FGD 系统的总貌，系统主要设计数据（按 1 套 FGD 装置，平均）见表 2 - 8。

表 2 - 8　　　　　　　　　台山 CT - 121 FGD 系统的主要设计数据

名　称	单　位	设　计　值	名　称	单　位	设　计　值
FGD 进口 SO_2 质量浓度	mg/m³	1576（干态 6% O_2）	石灰石粉耗量	t/h	5.9（纯度≥90%）
FGD 进口烟气量	m³/h	1968047（干态，实际 O_2）	电耗	kW	6300
FGD 进口烟温	℃	126	工艺水耗量	t/h	75
FGD 出口(烟囱入口)烟温	℃	≥80	废水量	t/h	8
FGD 进口烟气含尘量	mg/m³	47（干态，6% O_2）	ME 出口液滴含量	mg/m³	≤50
FGD 出口烟气含尘量	mg/m³	12（干态，6% O_2）	设备年运行时间	h	5200
FGD 系统脱硫率	%	≥95	负荷适应范围	%	30% BMCR ~ 100% BMCR
FGD 系统的可用率	%	≥95	FGD 装置使用年限	年	30
石膏产量（含水 10%）	t/h	9.8（纯度≥90%）			

（一）烟气系统

FGD 系统流程如下：来自锅炉两台引风机出口的全部烟气分两路：一路是 100% 容量的 FGD 旁路烟道，直通烟囱，设有一个旁路烟气挡板，该挡板具有快开功能（设计快开时间≤25s）；另一路则通过原烟气进口挡板进入 FGD 系统，经一台轴流式动叶可调风机（1×100% 容量）送至 GGH。FGD 烟气挡板均为中空双层，共用一套密封风系统，该系统有两台密封风机（1 用 1 备），FGD 装置运行与停运时的密封介质分别为经过加热后的净烟气与空气。经 GGH 降温后的烟气从上向下顺流进入烟气冷却烟道区域，在此区域布置有两层喷淋层和一层吸收塔紧急喷水装置。喷淋层与一般喷淋塔中的循环泵喷淋层基本一样，其喷淋浆液同样来自吸收塔内浆液，由三台烟气冷却泵（2 用 1 备）通过一母管越过 JBR 顶后再分开两路进入。烟气被冷却到饱和状态，之后进入由上隔板和下隔板形成的封闭的吸收塔入口烟室。装在入口烟室下隔板的喷射管将烟气导入吸收塔鼓泡区（泡沫区），在鼓泡区域发生 SO_2 的吸收、氧化、石膏结晶等所有反应。发生上述一系列反应后，烟气通过上升管流入位于入口烟室上方的出口烟室，然后分两路流出吸收塔。经烟道上的两级立式除雾器后进入 GGH 的升温侧被加热至 80℃ 以上，然后从净烟气出口挡板进入烟囱排入大气。FGD 烟气系统的现场设备（1 号 JBR 系统）详见图 2 - 67 ~ 图 2 - 71。

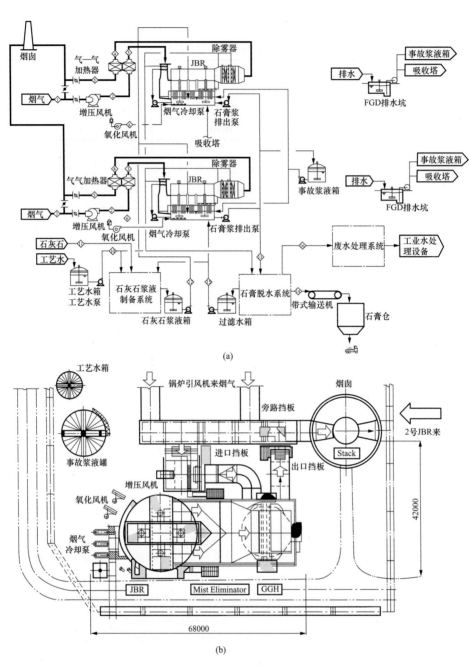

(a)

(b)

图 2-65 台山电厂 FGD 系统

（a）CT-121 FGD 系统流程；（b）1 号 JBR 系统平面布置示意

图 2-66　台山 1 号、2 号 FGD 系统总貌

FGD旁路及出口烟道

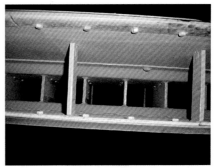

FGD旁路挡板

FGD进口挡板

FGD挡板密封风机

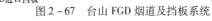

图 2-67　台山 FGD 烟道及挡板系统

FGD增压风机

增压风机内动叶调节机构

图 2-68　FGD 增压风机

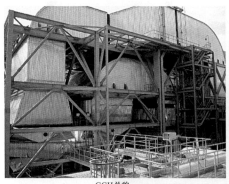
GGH总貌

GGH内部换热元件

图 2-69　GGH 及元件

3台烟气冷却泵

烟气冷却区入口

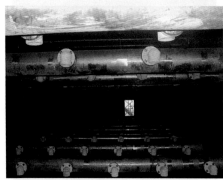
烟气冷却区喷淋层

烟气冷却区事故喷水

图 2-70　3 台烟气冷却泵及烟气冷却区

2级除雾器及其冲洗

除雾器顶部冲洗管路

图 2-71　2 级除雾器及其冲洗系统

（二）吸收塔 JBR 系统

现场设备详见图 2-72~图 2-80，来自烟气冷却区域的饱和烟气进入由上隔板和下隔板形成的封闭的吸收塔入口烟室，装在入口烟室下隔板的 2924 根 φ159（内径）的 PVC 喷射管将烟气导入吸收塔鼓泡区（泡沫区）的浆液面以下的区域，离喷射管端部 300mm 处四周均布有 11 个 φ36 的喷射孔。在鼓泡区域发生 SO_2 的吸收、氧化、石膏结晶等所有反应。发生上述一系列反应后，烟气通过 143 根 φ650 的 FRP 上升管流入位于入口烟室上方的出口烟室，然后分两路流出吸收塔。安装在水平烟道上的立式除雾器去除烟气所携带的雾滴。图 2-81~图 2-83 是 2 号 JBR 的装配图示意，可以清楚地看出 JBR 系统的各个组成部分及其相对位置。

吸收塔下隔板及冲洗

吸收塔上隔板及下部冲洗

吸收塔上隔板及上部冲洗总貌

吸收塔上隔板及上部冲洗局部

图 2-72 吸收塔上下隔板及其冲洗

吸收塔入口烟室

吸收塔出口烟道布置

图 2-73 吸收塔入口烟室及出口烟道

JBR内部（喷射管、氧化空气管、搅拌器、支柱、
石灰石浆液管等）

JBR内PVC喷射管

JBR内喷射管、氧化空气管局部1

JBR内喷射管、氧化空气管局部2

图2-74　JBR内喷射管、氧化空气管等

2台氧化风机及滤网

塔外氧化空气管及减温水

图2-75　氧化风机系统

图2-76　JBR上下隔板冲洗水管路外观

图2-77　JBR上部液位测量

图 2-78 JBR 内搅拌器

图 2-79 JBR 顶石灰石浆液管路

图 2-80 JBR 的两个 pH 计（外、内）

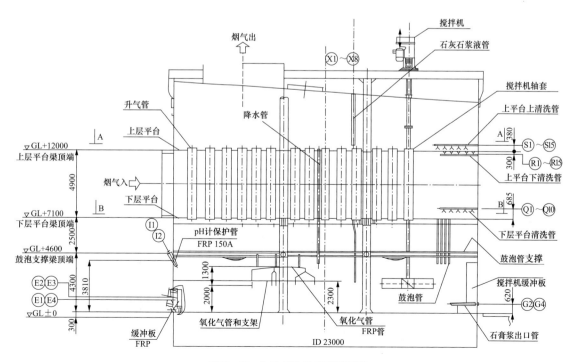

图 2-81 2 号 JBR 的装配图示意

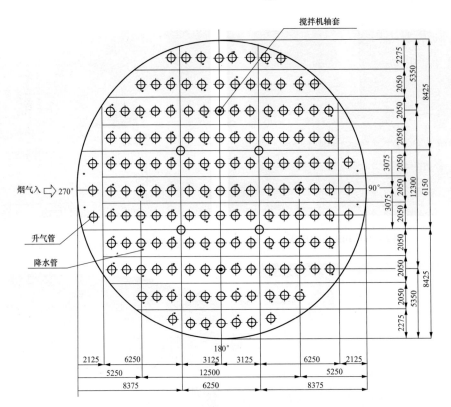

图 2 - 82　JBR 剖面 A - A

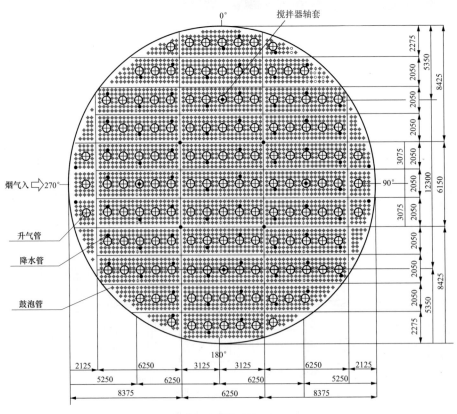

图 2 - 83　JBR 剖面 B - B

每个 JBR 配三台烟气冷却泵（2 用 1 备），喷淋后的浆液由 4 根 ϕ1000 衬胶管流回吸收塔内。下隔板上部按一定程序不停地得到冲洗，冲洗水通过 PVC 喷射管流入 JBR 浆液池内；上隔板上下两面也不停地得到冲洗，上隔板冲洗水由 76 根 ϕ150 FRP 管注入塔内浆液池。

吸收塔内浆液被四台顶部搅拌器适当地搅拌，使石膏晶体悬浮，由于设计独特，搅拌器即使停运 3d 以上，也能再次启动。两台氧化风机（1 用 1 备）提供的氧化空气经喷水减温后通过塔内 FRP 管网均匀地进入吸收塔的反应区，使被吸收的 SO_2 充分氧化。

从制浆系统石灰石浆液罐来的浆液通过吸收塔顶一个小分配器分成 8 路，由 ϕ80 FRP 管均匀地注入吸收塔浆池内，脱除 SO_2 以及形成石膏。两台石膏浆液排出泵（1 用 1 备）将含有 10% ~ 20% 固体的石膏浆液从吸收塔排出到石膏脱水系统。

JBR 系统的浆液管道和浆液泵等，在停运时需要进行冲洗，其冲洗水就近收集在吸收塔旁边的集水坑内，然后用泵送至石膏事故浆液罐或吸收塔浆池。吸收塔浆池需要排空进行检修时，塔内浆液通过石膏浆液排出泵排入事故浆液罐。在吸收塔重新启动前，通过泵将事故浆液罐的浆液送回吸收塔。

每座吸收塔旁设置一个集水坑，两套 FGD 装置共用一个事故浆液箱。

（三）石灰石浆液制备系统

两套 FGD 系统共设一套石灰石浆液制备系统。石灰石块（粒径 ≤20mm）由自卸卡车直接卸入地下料斗，经振动给料机、皮带输送机（带有金属分离器）及斗式提升机送至石灰石仓内，石灰石仓的有效容积可以满足两台锅炉在 BMCR 工况运行 4 天的石灰石耗量要求。石灰石仓设计两个出料口，由称重式皮带给料机送到湿式球磨机内制成浆液送至石灰石浆液循环箱中，然后浆液由石灰石浆液循环泵输送到石灰石浆液旋流站进行粗颗粒的分离。经分离后，粗颗粒返回磨机再循环，满足粒度要求、含固量约 25% 的石灰石浆液溢流并储存于一个石灰石浆液箱中，然后根据需要经石灰石浆液泵分别送至 1 号、2 号吸收塔中。

制浆系统中设置两台湿式球磨机及两套石灰石浆液旋流站，每台磨机的额定出力按两台锅炉 BMCR 工况时 75% 的浆液耗量设计。设置一个石灰石浆液箱，每个 JBR 有两台石灰石浆液泵（1 用 1 备）。为使石灰石浆液混合均匀、防止沉淀，在石灰石浆液箱和石灰石浆液循环箱内装设浆液搅拌器。

现场设备详见图 2 - 84 和图 2 - 85。

（四）石膏浆液脱水系统

从吸收塔排出的石膏浆液（含固率为 10% ~ 20%），经一级水力旋流器浓缩至含固率约 40% ~ 50% 后，直接进入真空皮带脱水装置进行脱水。经脱水处理后的石膏表面含水率不超过 10%，脱水后的石膏由双向皮带输送机送入石膏仓中存放待运。水力旋流器分离出来的溢流液进入石膏旋流溢流罐，并且由废水旋流分离器给水泵送到废水旋流分离器。在废水旋流器中，含固率小于 1.2% 的溢流水部分由废水箱收集并被排放到废水处理系统，废水旋流分离器底流水主要返回到吸收塔，也有一小部分进入制浆系统球磨机中。

为控制脱硫石膏中 Cl^- 等成分的含量，确保脱硫石膏品质，在石膏脱水过程中用工艺水对石膏及滤布进行冲洗。石膏过滤水收集在滤液水箱中，然后由滤液水泵送到吸收塔或湿式球磨机内。

设置两台真空皮带脱水机，每台真空皮带脱水机的出力按两套 FGD 装置石膏总产量的 75% 设计。每台脱水机配置两台水环式真空泵，1 用 1 备。脱水机共用一套滤布冲洗水箱和冲洗水泵系统以及滤液水箱和滤液水泵系统。系统设有两座石膏储仓，其总有效容积能够储存 BMCR 运行工况下两台锅炉运行 7 天所产生的石膏量。

整个脱水系统布置在一个钢筋混凝土框架的脱水楼内，楼高约 50m，装有 1 台电梯。最上层 40.3m 层布置有水力旋流器、脱水机、双向皮带输送机、真空泵及脱水机用压缩空气罐。系统现场设备详见图 2 - 86 和图 2 - 87。

石灰石浆液制备系统总貌

石灰石输送皮带及金属分离器

石灰石提升机下部

石灰石提升机上部

石灰石仓底部

石灰石称重给料机出口

图 2-84　石灰石输送及储仓系统

2套湿磨系统总貌

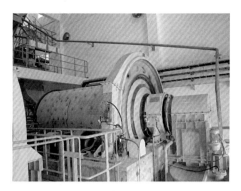

单台湿磨系统

湿式球磨机内部

湿式球磨机出口

石灰石浆液旋流器

石灰石浆液罐俯视

图 2-85 湿式球磨机系统

JBR石膏浆液排出泵

脱水楼总貌

脱水机层布置

石膏水力旋流器

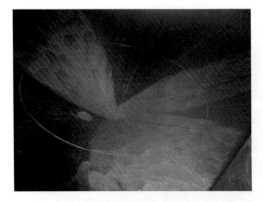

石膏水力旋流器底流

水力旋流器底流进脱水机

图2-86　脱水楼及石膏水力旋流器等

真空皮带脱水机

真空皮带脱水机滤饼冲洗

真空泵

脱水机下双向皮带输送机

石膏仓底部卸料装置

废水旋流器

图 2-87 真空皮带脱水机系统及废水旋流器等

（五）废水处理系统

两套 FGD 系统设置了一套废水排放系统和处理系统。

根据 FGD 工艺的要求，FGD 系统需要连续排放一定量的废水以维持吸收塔浆池适当的 Cl^- 浓度。石膏浆液旋流器的溢流液中一部分送到溢流水箱，由废水旋流器给水泵送到废水旋流分离器进一步浓缩，废水旋流器溢流水进入一个废水箱，经两台废水输送泵（1 用 1 备）送至废水处理系统，处理达标后排放。两套 FGD 装置废水排放量设计为 $2 \times 8t/h$。

废水处理系统采用"F-Ca 二阶段沉淀处理"的工艺，第一阶段处理用于沉淀悬浮的固体和 CaF_2，第二阶段处理用于沉淀残余的氟和重金属。

1. 第一阶段处理

废水首先流入一级反应器，加入石灰浆液和 HCl 进行中和，将 pH 值控制为 7.0。废水氟离子与 $Ca(OH)_2$ 反应生成 CaF_2，反应式为

$$2F^- + Ca^{2+} \longrightarrow CaF_2$$

在一级絮凝箱加入聚合物,使废水中CaF_2和悬浮物进行絮凝。通过一级澄清池,大部分絮凝物在这里沉降。通过一级澄清器抽出泵,将底部污泥输送至污泥储存池及部分回流至一级反应器。

2. 第二阶段处理

在1号二级反应器中,加入HCl调节pH值至3.5。此时,若废水含有BF_4,F将会溶解到水中。同时加入混凝剂聚合氯化铝。

在2号二级反应器中,加入石灰将pH值调节至7.0,废水中氟继续被除去。加入螯合剂,与废水中的重金属反应形成难溶于水的络合物。

在二级絮凝箱中加入聚合物,帮助絮凝,使絮凝物迅速长大。在二级澄清池中,絮凝物在这里沉降。通过二级澄清池抽出泵,将底部污泥输送至污泥储存池及部分回流至一级反应器或二级反应器。污泥储存池中的污泥通过污泥排出泵输送至一台污泥脱水机脱水后外运。

FGD废水系统现场设备详见图2-88。

废水处理系统总貌

废水处理系统加药房总貌

图2-88 废水处理系统及加药房总貌

(六)工艺水与压缩空气系统

两套FGD装置共用一套工艺水、闭式循环冷却水系统。工艺水从主厂房工业水系统接入一个FGD工艺水箱,然后由三台工艺水泵送至FGD系统各用水点。闭式循环冷却水从炉后闭式循环冷却水管接出供增压风机冷却用水,其回水回收至炉后闭式循环冷却水回水管。

FGD系统的阀门控制方式为电动,供仪表吹扫的仪用空气和供设备检修用杂用空气均由FGD系统单独设立的三台杂用/仪用空气压缩机提供。

系统现场设备详见图2-89。

工艺水箱和事故浆液罐

FGD空气压缩机

图2-89 FGD工艺水箱、事故浆液罐及空气压缩机

（七）控制系统与电气系统

FGD 系统的控制系统为 Teleperm XP，它主要由 AS620B 自动控制系统、ES680 工程设计系统、OM650 过程控制和管理系统、电源系统及通信总线系统五大部分组成。FGD 控制室与机组除灰渣控制室共用，见图 2 - 90。

FGD 系统用电分为 6kV、380/220V 两个等级，6kV 电源由机组 6kV 工作段送电，未设 FGD 高压变压器，380/220V 段由 FGD 6kV 段经脱硫变压器送电。

从台山 CT - 121 FGD 工艺的调试及运行来看，它有以下几个突出特点：

图 2 - 90　FGD 系统操作员站

（1）工艺成熟，脱硫率高，可达 95% 以上。

（2）脱硫率不仅可通过 pH 值调整，也可通过浸没深度调节。

（3）粉尘脱除率高。

（4）易生成大颗粒、高质量的石膏晶体，易于脱水，因而脱水效果好。

（5）FGD 系统电耗可通过减小浸没深度得到一定的减少。

（6）JBR 内部结构复杂，烟气携带浆液严重，因而在除雾器前烟道上、各支撑上石膏浆液沉积现象严重，加冲洗水后得到改善；但 GGH 易黏石膏浆液，使其阻力大大增加，造成整个 FGD 系统电耗增大。

表 2 - 9 列出了台山 FGD 系统的主要设备技术规范，供参考。

表 2 - 9　　　　　　　　　台山 CT - 121 FGD 系统的主要设备技术规范（1 套）

序号	名　称	数量	规　　格
		烟 气 系 统	
1	FGD 增压风机	1	英国 Howden Power Limited，动叶可调轴流式 ANN - 4480/2240B 型，$Q = 2343674m^3/h$，出口全压 5921Pa，740r/min，轴功率：6329kW；电机 MEIDEN SHA Corporation ZRCP-NNR 型，6kV/790A，6900kW，水冷
2	FGD 旁路烟道挡板	1	日本 FELLOW 双百叶窗型，6.3m（宽）×10.3m（高），22s 快开，执行机构 AUMA，分 3 组
3	FGD 系统进口挡板	1	FELLOW 双百叶窗型，6.35m（宽）×10.3m（高），执行机构 AUMA
4	FGD 系统出口挡板	1	FELLOW 双百叶窗型，6.3m（宽）×9.3m（高），执行机构 AUMA
5	挡板密封风机	2	日本 ASAHI KIKO CO. LTD.，$Q = 226m^3/min$，2.94kPa，2950r/min；电机日本 FUJI Electric Co.，Ltd.，30kW，2945r/min
6	GGH 本体	1	英国 Howden Power Limited，单侧换热面积 10523m^2，元件：搪瓷涂覆 LACR（考登钢），壳体：碳钢，转速 1.25/0.5r/min
	GGH 主驱动马达 GGH 备用驱动马达	1 1	英国 RENOLD 公司 GM200L/4 减速型，22kW，1460r/min
	GGH 密封风机	2	英国 Howden BUFFALO，417m^3/s，8.0kPa，轴功率 5.56kW，电机 ABB，7.5kW，2920r/min
	GGH 低泄漏风机	2	英国 Howden BUFFALO，19.3m^3/s，7.5kPa，轴功率 166kW；电机 ABB，184kW，1486r/min
	GGH 吹灰器	1	英国 Diamond Power Specialty Ltd.，可伸缩式，0.75kW，6 个喷嘴；空气，28.2kg/min×0.5MPa；高压水，95l/min×10MPa；低压水 660l/min×0.5MPa
	GGH 高压水泵	1	英国 Howden & Brooke Ltd.，往复式，10.0MPa，95L/min，19kW；电机 Weg，22kW，1470r/min
	GGH 排水坑	1	地下混凝土 + 耐酸内衬，2m×2m×2.6m（深）
	GGH 排水坑泵	1	日本 Pacific Machinery & Engineering Co.，Ltd. WARMAN 泵，$Q = 50m^3/h$，$H = 15m$；电机日本 FUJI Electric Co.，Ltd.，5.5kW，1445r/min

续表

序号	名　称	数量	规　格
7	立式除雾器	2	KOCH-GLITSCH ITALIA S. r. I.，聚丙烯，宽×高 = 19.15m×6m；冲洗喷嘴聚丙烯，1260个，每个流量16l/min，2bar
8	CEMS	2	日本 SHIMADZU，URA - 208 型，分析 NO$_x$、SO$_2$、CO、CO$_2$、O$_2$
吸收塔 JBR 系统			
9	吸收塔本体	1	ϕ23000×17.8m，碳钢+玻璃鳞片涂层，设计运行液位4.0m
10	烟气喷射管	2924	PVC 管 ϕ165×3mm，长 3285mm，喷射孔 ϕ36，11 个均布，距底端 300mm
11	烟气上升管	143	FRP 管 ϕ650×6mm，长 5000mm
12	JBR 上/下隔板	1	FRP 材料，上/下隔板厚 23mm/28mm，标高 12000mm/7100mm，内部冲洗水管 FRP、聚丙烯喷嘴
13	烟气冷却泵	3	日本 Pacific Machinery & Engineering Co.，Ltd.，Warman 泵，$Q = 36.7m^3/min$，$H = 35m$，592r/min；电机：日本 FUJI Electric Co.，Ltd.，350kW，590r/min
14	氧化风机	2	日本 EBARA HAMADA BLOWER Co. Ltd.，450VITSM（H）型，$Q = 12788m^3/h$（湿），39.92kPa；电机：日本 FUJI Electric Co.，Ltd.，220kW，2970r/min；JBR 内 FRP 管网
15	吸收塔石膏浆液排出泵	2	日本 Pacific Machinery & Engineering Co.，Ltd.，$Q = 2.17m^3/min$，$H = 75m$，1760r/min；电机日本 FUJI Electric Co.，Ltd.，75kW，1465r/min
16	吸收塔立式搅拌器	4	美国 Lightnin，120.94r/min；电机 Teco. ELEC. & MACH. PTE LTD.，30kW，1460r/min
17	吸收塔 pH 计	2	日本 YOKOGAWA，浸入式
18	石膏浆液密度计	1	日本 CHO ONPA KOGYO，AE4F 型超声波密度计
19	吸收塔区域排水坑	1	混凝土结构+耐酸涂层4m×4m×3.8m（深），液位计 E + H，FMU860 型
20	吸收塔区域排水坑泵	1	日本 Pacific Machinery & Engineering Co.，Ltd.，Warman 泵，$Q = 0.2m^3/min$，$H = 30m$，2200r/min，电机日本 FUJI Electric Co.，Ltd.，7.5kW，1440r/min
21	排水坑搅拌器	1	美国 Lightnin，42r/min，电机 Teco. ELEC. & MACH. PTE LTD.，0.75kW，710r/min
石灰石浆液制备系统（公用）			
22	石灰石卸料斗	1	卸料能力 70t/h，碳钢+不锈钢内衬
23	石灰石料斗除尘风机	2	南通市宏大风机有限公司，1728 ~ 10455m^3/h，全压 3178 ~ 2019Pa，电机 15kW
24	石灰石振动给料机	1	四川自贡运输机械有限公司，100t/h，0.65kW
25	给料皮带输送机	1	四川自贡运输机械有限公司，出力 70t/h，带宽 0.65m，带速 0.4m/s，公称长度 13.25m；电机 SEW - EURODRIVE，4kW，1420r/min
26	除铁器	1	江苏镇江电磁设备厂有限公司，悬吊电动式，20t/h
27	斗式提升机	1	湖北宜都机电公司，70t/h，0.54m/s，32.6m，22kW
28	石灰石储仓	1	4 天储量 > 1000t，主体 6760mm（宽）×12760mm（长）×16460mm（高），容积 800m^3，碳钢+不锈钢内衬，矩形锥底，出口数量：2
29	石灰石称重皮带给料机	2	江苏赛摩拉姆齐（Thermo Ramsey）技术有限公司，给料能力 1.5 ~ 15t/h，电机 3kW，清扫电机 1.5kW
30	湿式球磨机	2	美国 FFE Minerals Inc.，卧式 ϕ2200×4.0m，研磨室长 2.05m，出力 8.4t/h，物料尺寸 < 20mm，出口浆含固量：60% ~ 65%，最大装球 20t，高铬锰钢球；电机美国 TECO-Westinghouse Motor Company，180kW/349A，981r/min
31	磨石灰石浆液循环箱	2	ϕ2300×2.3m，碳钢+橡胶内衬，液位计 E + H，FMU860 型
32	循环箱搅拌器	2	美国 Lightnin，42r/min；电机 Teco. ELEC. & MACH. PTE LTD.，0.75kW，710r/min
33	石灰石浆液循环泵	2 + 2	日本 Pacific Machinery & Engineering Co.，Ltd.，Warman 泵，1.125m^3/min，42.4m，2030r/min，电机日本 FUJI Electric Co.，Ltd.，37kW，1470r/min

续表

序号	名　称	数量	规　格
34	石灰石浆液旋流器	2	加拿大 Technequip 公司，4 个旋流子碳钢 + 橡胶内衬，每个 1022L/min
35	石灰石浆液箱	1	ϕ7500×9.3m，碳钢 + 玻璃鳞片涂层；液位计 E + H，FMU860 型
36	石灰石浆液泵	2 + 2	日本 Pacific Machinery & Engineering Co., Ltd., Warman 泵，1.167m³/min，40m，2245r/min，电机日本 FUJI Electric Co., Ltd., 22kW，1455r/min
37	石灰石浆液箱搅拌器	1	美国 Lightnin，26r/min；电机 Teco. ELEC. & MACH. PTE LTD., 7.5kW，965r/min
38	石灰石浆液密度计	1 + 1	日本 CHO ONPA KOGYO，AE4F 型超声波密度计
39	制浆区排水坑	1	2m×2m×2.7m，混凝土结构 + 耐酸涂层，液位计 E + H，FMU860 型
40	排水坑泵	1	日本 Pacific Machinery & Engineering Co., Ltd., Warman 泵，0.083m³/min，20m，1875r/min，电机日本 FUJI Electric Co., Ltd., 5.5kW，1445r/min
41	排水坑搅拌器	1	美国 Lightnin，56r/min；电机 Teco. ELEC. & MACH. PTE LTD., 0.75kW，955r/min
石膏脱水与储存系统（公用）			
42	石膏一级水力旋流站	2	日本 DAIKI ENGINEERING Co., Ltd., MD – 6L 型，8 个旋流子，铸铝 + 橡胶内衬，5 个电动、3 个手动
43	真空皮带脱水机	2	日本 DAIKI ENGINEERING Co., Ltd., 过滤面积 16m²，滤布宽度 2m，气动，间歇式运行
44	真空泵	2 + 2	日本 AWAMURA MANUFACTURING CO., LTD., 吸入压力 – 66.7kPa，吸入量 72.0m³/min，转速 415r/min，泵密封水流量 160L/min、50kPa（Max0.2MPa），电机：日本 Toshiba Mitsubishi Electric Industrial Systems Corporation，110kW，985r/min
45	真空泵消声器	2	日本 AWAMURA MANUFACTURING CO., LTD., 1.1m³，设计压力 10kPa
46	皮带机滤液接收罐	2	ϕ2000×3.0m，碳钢 + 橡胶内衬
47	滤布、滤饼冲洗水箱	1	ϕ2700×3.5m，碳钢 + 鳞片内衬
48	滤布冲洗水泵	2	日本 PACIFIC MACHINERY & ENGINEERING Co., Ltd., 0.2m³/min，H = 55m，3410r/min；电机日本 FUJI Electric Co., Ltd., 11kW，1455r/min
49	石膏饼冲洗水泵	2	日本 PACIFIC MACHINERY&ENGINEERING Co., Ltd., 0.3m³/min，H = 20m，2265r/min；电机日本 FUJI Electric Co., Ltd., 7.5kW，1440r/min
50	石膏输送皮带机 1	2	四川自贡运输机械厂，出力 35t/h，带宽 500mm，带速 0.8m/s，公称长度 3.1m，电机 SEW – EURODRIVE，1.5kW，40r/min
51	石膏输送皮带机 2	2	四川自贡运输机械厂，出力 35t/h，带宽 500mm，带速 0.8m/s，公称长度 15.4m，电机 SEW-EURODRIVE，3kW，1400r/min
52	滤液水箱	1	ϕ5000×4.6m，碳钢 + 鳞片内衬
53	滤液水泵	2	日本 PACIFIC MACHINERY&ENGINEERING Co., Ltd., 7.48m³/min，H = 70m，1365r/min；电机日本 FUJI Electric Co., Ltd., 150kW，1475r/min
54	石膏旋流站溢流箱	1	ϕ4300×5.0m，碳钢 + 鳞片内衬
55	溢流箱泵（去废水旋流站）	2	日本 PACIFIC MACHINERY&ENGINEERING Co., Ltd., 0.667m³/min，H = 45m，2275r/min；电机日本 FUJI Electric Co., Ltd., 15kW
56	溢流箱搅拌器	1	美国 Lightnin，42r/min，电机 Teco. ELEC. & MACH. PTE LTD., 2.2kW
57	废水旋流站底流箱	1	ϕ6500×6.0m，碳钢 + 鳞片内衬
58	底流箱泵	2	日本 PACIFIC MACHINERY & ENGINEERING Co., Ltd., 1.417m³/min，H = 35m，2149r/min；电机日本 FUJI Electric Co., Ltd., 22kW，1455r/min
59	底流箱搅拌器	1	美国 Lightnin，379r/min；电机 Teco. ELEC. & MACH. PTE LTD., 4kW，960r/min
60	废水旋流站	1	日本 DAIKI ENGINEERING Co, Ltd., 8 个旋流子碳钢衬胶，手动

续表

序号	名　称	数量	规　格
61	废水旋流站溢流箱	1	$\phi3000\times5.1m$，碳钢＋鳞片内衬
62	废水泵（去废水处理车间）	2	日本 PACIFIC MACHINERY&ENGINEERING Co.，Ltd.，$0.417m^3/min$，$H=35m$，2510r/min；电机日本 FUJI Electric Co.，Ltd.，11kW
63	石膏脱水区排水坑	1	$2m\times2m\times2.6m$，地下混凝土结构＋耐酸涂层
64	脱水区水坑泵	1	日本 PACIFIC MACHINERY & ENGINEERING Co.，Ltd.，$0.083m^3/min$，$H=25m$，1875r/min；电机日本 FUJI Electric Co.，Ltd.，5.5kW
65	脱水区水坑搅拌器	1	美国 Lightnin，145r/min，电机 Teco. ELEC. & MACH. PTE LTD.，1.1kW，690r/min
66	石膏储仓	2	钢制＋不锈钢内衬，筒仓净容积：$1647.73m^3$；筒仓有效高度：32.6m（上部 $\phi8424\times24356mm$）；设计储料的湿度 Max＝10%，设计储料的粒子大小：$0\sim200\mu m$；减压锥总体积：$126.39m^3$。德国 Meger 公司卸料器清扫臂外径：4470mm；料位计 E＋H，FMU860 型
67	石膏排放装置电机	4×2	德国 NORD 公司，5.5kW
68	排料闸板驱动电机	1×2	德国 NORD 公司，1.1kW
其他系统（公用）			
69	废水处理系统	1	设计处理量为 $16m^3/h$
70	工艺水箱	1	$\phi6800\times6.8m$，碳钢＋防腐涂层
71	工艺水泵	3	KSB Pumps Limited，$Q=350m^3/h$，$H=80m$，2900r/min；南阳防爆集团有限公司电机，Y315M－2 型，132kW，2980r/min
72	事故浆液罐	1	$\phi14000\times14m$，碳钢＋玻璃鳞片涂层；液位计 E＋H，FMU860 型
73	事故浆液罐搅拌器	1	美国 Lightnin，顶部伸入式，20.6r/min，电机 Teco. ELEC. & MACH. PTE LTD.，22kW，970r/min
74	事故浆液返回泵	2	日本 PACIFIC MACHINERY & ENGINEERING Co.，Ltd.，$2.08m^3/min$，$H=25m$，1695r/min；电机日本 FUJI Electric Co.，Ltd.，22kW，1455r/min
75	FGD 空压机	3	Atlas Copco GA132 型，储气罐 $12.5m^3$、1.1MPa
76	DCS	1	南京西门子电站自动化有限公司 Teleperm XP，2＋2 台操作员站

四、喷淋塔

喷淋塔是在吸收塔内布置几层喷嘴，脱硫剂通过喷嘴喷出形成液雾，通过液滴与烟气的充分接触来完成传质过程，净化烟气，这是应用最多的塔型。根据燃煤含硫量、脱硫效率等，一般在脱硫塔内布置两层以上喷嘴，每层之间一般在 1.5～2m 左右。喷嘴形式和喷淋压力对液滴直径有明显的影响，减少液滴直径，可以增加传质表面积，延长液滴在塔内的停留时间，两者对脱硫效率均起积极作用。液滴在塔内的停留时间与液滴直径、喷嘴出口速度和烟气流动方向有关。

逆流喷淋塔是比较常用的湿法脱硫吸收塔，烟气从吸收塔的下部进入吸收塔，脱硫剂通过上部的喷嘴喷淋成雾滴，烟气逆向与雾滴接触，塔内烟气流速一般为 2.5～4.0m/s，可以使大部分液滴保持在悬浮状态，大液滴一般停留时间为 1～10s，小液滴在一定条件下处于悬浮状态，在吸收塔出口一般设置两级除雾器，以除去烟气中携带的雾滴。世界各国开发出了许多各具特色的喷淋塔，图 2－91 为奥地利 AE&E 公司、意大利 Idreco 公司、美国 Marsulex 公司、德国 Steinmüller 公司等的喷淋塔内喷淋层及喷嘴结构，本节将详细介绍各 FGD 公司的喷淋塔特点。

（一）德国 LEE 公司的 AIDA 技术

德国鲁奇·能捷斯·比晓夫（Lurgi Lenjtes Bischoff, LLB, 现为 LEE）公司采用了先进创新设计技术的吸收塔 AIDA（advanced innovative designed absorber）技术，其吸收塔如图 2－92 所示，具有如下突出的特点：

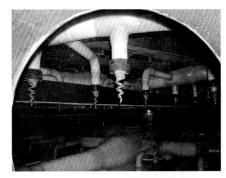
奥地利AE＆E公司喷淋层

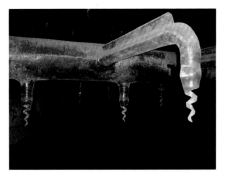
意大利Idreco公司的喷淋层

美国Marsulex公司的喷淋层

美国B&W公司的喷淋层

德国Steinmüller公司的喷淋层

图 2-91　不同 FGD 公司的喷淋层及喷嘴

（1）应用脉冲悬浮系统，避免安装机械搅拌器。

（2）采用池分离器技术，可以分别为氧化和结晶提供最佳反应条件。

（3）优化喷淋层喷嘴布置。

（4）采用特殊的屋脊型除雾器布置方式。

1. 脉冲悬浮系统

吸收塔反应池的搅拌通过"脉冲悬浮"的方式完成，如图 2-93 和图 2-94 所示。塔内采用几组喷嘴朝向吸收塔底的管子，通过脉冲悬浮泵将液体从吸收塔反应池上部抽出，经管路重新打回反应池内，当液体从喷嘴中喷出时就产生了脉

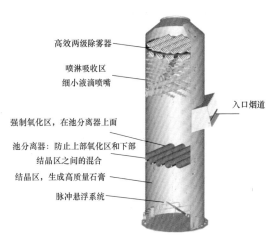

高效两级除雾器

喷淋吸收区

细小液滴喷嘴

入口烟道

强制氧化区，在池分离器上面

池分离器：防止上部氧化区和下部结晶区之间的混合

结晶区，生成高质量石膏

脉冲悬浮系统

图 2-92　德国 LEE 公司吸收塔系统示意

冲，依靠该脉冲作用可以搅拌起塔底固体物，以防止产生沉淀。

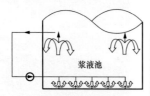

图 2-93　脉冲悬浮搅拌系统和机械搅拌系统

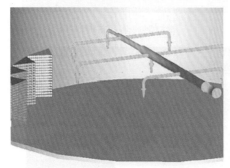

脉冲悬浮系统示意图

未安装的脉冲悬浮FRP管

广东黄埔电厂2×300MW吸收塔脉冲悬浮系统

德国Lippendorf电厂FGD脉冲悬浮系统

图 2-94　脉冲悬浮系统示意及现场

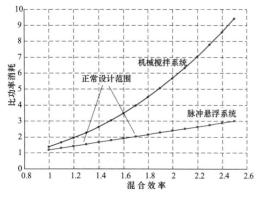

图 2-95　脉冲悬浮与搅拌器悬浮的功耗比较

脉冲悬浮系统具有如下优点：① 吸收塔反应池内没有机械搅拌器或其他的转动部件。② 搅拌均匀，塔底不会产生沉淀。③ 能耗比机械搅拌明显低，FGD 装置停运期间无需运行，节省能量，图 2-95 为两者的能耗比较。重新投运时，先启动脉冲悬浮泵，将吸收塔浆池上部清液泵至塔底部进行冲刷扰动，待塔底部浆池悬浮起来后，将泵的高位入口切换为低位入口，达到均匀悬浮的目的。④ 提高了 FGD 装置的可用率和操作安全性。可以在吸收塔正常运行期间更换或维修脉冲悬浮泵，无需中断脱硫过程或排空吸收塔。⑤ 加入反应池内的新鲜石灰石可以得到连续而均匀的混合，进而有利于提高石灰石的利用率，降低 Ca/S。

2. 池分离器

LEE 工艺中的吸收塔浆液池结构如图 2－96 所示，它采用了独特设计的浆液池分隔管件——池分离器，分隔管采用 FRP 或碳钢衬胶，并在分隔管之间布置氧化空气管，这样整个反应池就分为氧化区和结晶区两部分。池分离器上方为氧化区，下方为结晶区。大的分隔管件将氧化区与下部浆池分开，从断面看，池分离器覆盖了浆池 1/2 的断面面积。等距离开孔的氧化空气管位于分隔管件之间，分在分隔管件之间因流通面积减小向下流动的浆液与向上流动的氧化空气对流接触，加强了氧化的效能。在浆池分隔管件下部的结晶区，氧化生成的 $CaSO_4$ 结晶生成石膏，部分浆液从结晶区排出至石膏脱水系统，同时新鲜的石灰石浆液被加入到结晶区中，继而经吸收塔循环泵送至喷淋吸收区喷嘴中。图 2－97 是广东省黄埔电厂 600MW（2×300MW）机组 FGD 系统的浆液池分隔管，共 7 根（φ1200×10mm），碳钢 Q235－A 衬胶，均布在塔标高 6.4m 处，氧化空气管小孔为 φ9。图 2－98 是某 FGD 系统运行了 7 年的池分离器和脉冲悬浮管。

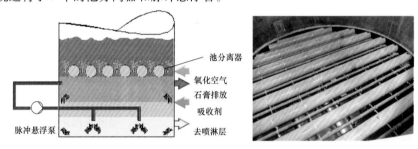

图 2－96　LEE 设计的反应池示意图及现场浆池 FRP 分隔管

图 2－97　广东黄埔电厂 2×300MW 吸收塔浆池 φ1200 衬胶分隔管

图 2－98　运行 7 年的池分离器和脉冲悬浮管

将反应池分为两部分具有极大的好处。

（1）将双回路系统和常规单回路系统构成简单的优点结合起来，反应池上部悬浮液的 pH 值较低，有利于提高氧化效率。

（2）鼓入氧化空气可强制排除浆液中的 CO_2，底部新鲜石灰石的溶解过程得以优化，吸收剂的利用率高。

（3）石膏浆液排出处的石灰石浓度最低而石膏浓度最高，这对于获得高纯度石膏最为有利。

（4）底部通过添加新鲜的石灰石 pH 值也随之上升，进而提高了吸收 SO_2 的能力。

3. 喷淋层与喷嘴

在吸收塔喷淋吸收区内，烟气与喷淋进入气流的浆液进行充分接触，脱除如 SO_2 等一些对环境有害的气体。吸收浆液由 3~6 层喷淋层带入喷淋吸收区，每台循环泵对应一层喷淋层，泵入口设有特殊设计的吸入过滤网，防止喷嘴堵塞，喷淋层相互叠加并错开一定角度，如图 2-99 和图 2-100 所示。为了达到预期的脱硫效率，液滴直径必须保持在适当范围内，过大或过小均不适宜，图 2-

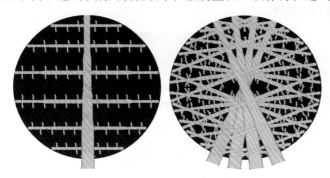

图 2-99 吸收塔单层和多层喷淋管示意

101 所示的切向空心锥型喷嘴可以实现液滴直径的优化。空心锥型喷嘴由 LLB 开发研制，其优点为：① 喷嘴流量较低时，仍能保持适当的液滴直径；② 低流速下，在喷嘴最小断面上也不会发生堵塞的风险；③ 可同时向上及向下喷射浆液，喷淋浆液形成的锥体会在相对的两个喷淋层中部进行重叠，这样可以提高 SO_2 脱除效率；④ 喷嘴采用碳化硅制成，防腐防磨，提高了装置的可靠性。

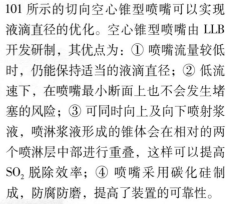

图 2-100 吸收塔现场喷淋层

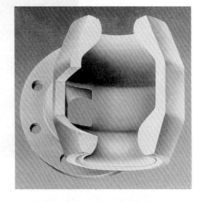

图 2-101 切向空锥型喷嘴

通过对喷淋层喷嘴的数量和布置进行优化，可以增加传质表面积，降低压降和循环浆液量，在低负荷时可以停掉某个或几个喷淋层以降低厂用电耗，图 2-102 为喷嘴布置优化后的浆液通量密度分布。

4. 屋脊型除雾器

在 FGD 系统中，经过喷淋洗涤后的烟气中带有液滴，为了保证下游设备的安全运行，这些液滴必须除去。液滴分离是在如图 2-103 所示的一个两级屋脊型（人字形）除雾器中完成的。屋脊型除雾器的设计有多种类型，如图 2-104 所示，在 LLB 设计中，屋脊型除雾器位于塔顶并采用了最新的一体化设计。烟气穿过除雾器后向上进入净烟气烟道，除雾器第一级可除去较大的液滴，第二级则除去剩余的较小液滴，操作中需要定时对除雾器进行冲洗。除雾器叶片的结构如图 2-105 所示。屋脊型除雾器的优点是：① 每个单元除雾器之间设有走道，便于安装和维护；② 优化冲洗过程，节约冲洗水量；③ 改善气流分布，降低气体压降；④ 可节省空间体积，降低吸收塔高度；⑤ 除雾效率高，且不易结垢堵塞。

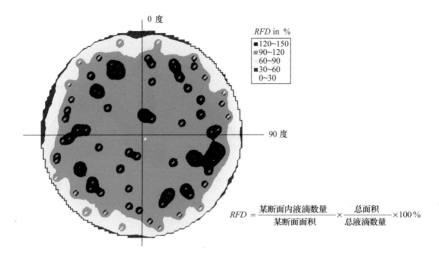

$$RFD = \frac{某断面内液滴数量}{某断面面积} \times \frac{总面积}{总液滴数量} \times 100\%$$

图 2 – 102　喷嘴布置优化后的浆液通量密度分布

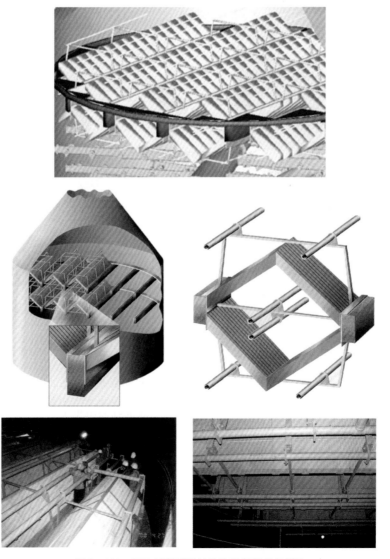

图 2 – 103　LEE 屋脊型设计的除雾器及现场照片

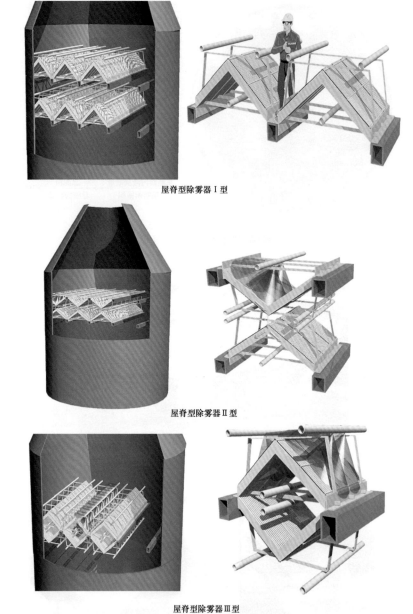

屋脊型除雾器Ⅰ型

屋脊型除雾器Ⅱ型

屋脊型除雾器Ⅲ型

图 2 - 104 不同的屋脊型除雾器

除上述特点外，LEE 的吸收塔净烟气出口设计采用了顶部轴向引出方式，如图 2 - 106 所示。目前吸收塔出口烟道有两种形式：① 塔顶为平顶，出口烟道侧向布置；② 塔顶为锥形，出口烟道从锥顶引出。前者的缺点是易造成烟气在吸收塔内分布不均匀、除雾器局部结垢。LEE 采用后一种形式，优点是吸收塔内部气流均匀，除雾器上不易结垢，可减少维修工作量。

LEE 公司的 FGD 技术在国内外有大量的应用，总容量已超过 25GW，表 2 - 10 列出了部分用户，图 2 - 107 是各 FGD 系统的现场照片。

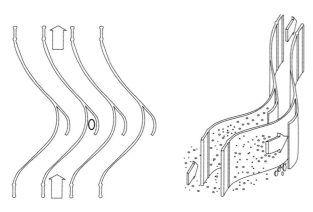

图 2－105　除雾器叶片类型

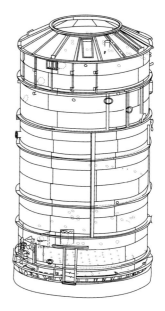

图 2－106　锥形顶部净烟气出口吸收塔示意

土耳其Cayirhan电厂2×150MW-FGD系统

以色列Rutenberg电厂550MW-FGD系统

德国Lippendorf电厂2×930MW冷却塔FGD系统

德国Staudinger电厂500MW-FGD系统

广东黄埔电厂2×300MW FGD系统

图 2－107　德国 LEE 公司的 FGD 技术应用实例

表 2 - 10   LEE 公司 FGD 技术的应用实例

电厂	土耳其 Cayirhan 电厂 1 号、2 号机	德国 Staudinger 电厂 5 号机	德国 Lippendorf 电厂 1 号、2 号机	以色列 Rutenberg 电厂	广东黄埔电厂 5 号、6 号机
总容量（MW）	2×150	500	2×930	2×550	2×300
煤种	褐煤，含硫量约 10%	烟煤，含硫量最大 1.5%	褐煤	无烟煤	山西晋北烟煤，$S_{ar}=0.8$
FGD 烟气量（m^3/h，湿，标态）	72.1 万	182.8 万	180.0 万	188.5 万	255.5561 万（BMCR）
入口 SO_2 浓度（干，mg/m^3）	21400	3300	10000	4300	1865.5（6% O_2）
吸收剂/脱硫率（%）	$CaCO_3$/95	$CaCO_3$/95	石灰 CaO/96	$CaCO_3$/95.5	$CaCO_3$/92
投运时间	1990 年	1993 年	1999 年	2001 年	2006 年 5 月
其他		塔 φ14800×55.5m 碳钢衬胶	1 炉 2 塔，AIDAφ16800×42.5m 内衬 59 合金复合板，冷却塔排烟	AIDA，无 GGH	2 炉 1 塔，AIDAφ17000×39.17m 碳钢衬胶

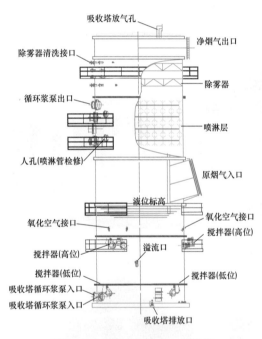

图 2 - 108   德国 Steinmüller 喷淋塔

（二）原德国 Steinmüller 公司喷淋塔

原德国 Steinmüller 公司（现为 FBE）的湿法 FGD 技术，与一般的空塔技术类似，其吸收塔设计如图 2 - 108 所示，主要特点有：

（1）独立的循环泵喷雾空塔；

（2）无内部填料，平滑表面；

（3）优化的吸收塔进口流场；

（4）内部强制氧化专利技术。

在吸收塔中，每台循环泵对应一个喷淋层，喷嘴采用双向大口径，浆液同时向上和下部喷出，加强 SO_2 的吸收，这与前述 LEE 类似。优化的设计使塔阻力最小而节能。浆液池设计保证浆液停留时间大于 5min，以利于石灰石充分的溶解和高质量石膏的形成。最具特色的是其专利氧化技术，即搅拌器分上下两层布置，上层搅拌器可称为"氧化搅拌器"，它与氧化空气管相结合，使浆液中的固体物质与氧化空气充分接触，加强浆液的氧化反应，其 SO_3^{2-} 的氧化率可达 99.8%；下层搅拌器可称为"悬浮搅拌器"，它使浆液中的固体物质保持悬浮状态，避免沉淀。

图 2 - 109 和图 2 - 110 是吸收塔内部照片，可清楚地看到交错布置的喷淋层、双向喷嘴，搅拌器等，其除雾器也采用屋脊型。

Steinmüller 公司 FGD 技术现在国内有众多应用。1998 年原电力部向德国政府贷款建设的三个 FGD 工程：重庆电厂（2×200MW）、北京一热（2×410t/h）、半山电厂（2×125MW）都采用该技术。国内 FGD 公司引进该 FGD 技术后，已完成了北京石景山电厂（1×200MW）、北京一热二期（2×410t/h）、山东黄台电厂（2×300MW）、江苏江阴夏港电厂（2×135MW）等 FGD 工程，正在实施的项目更是众多。图 2 - 111 和图 2 - 112 是部分 FGD 系统的现场照片。

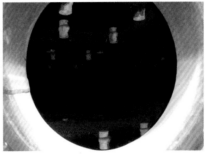

图 2 - 109 德国 Steinmüller 公司 FGD 吸收塔内部喷淋层

Steinmüller公司FGD吸收塔上下层搅拌器内外观

FGD吸收塔上层喷淋　　　　　　　　　　FGD吸收塔除雾器

图 2-110　德国 Steinmüller 公司 FGD 吸收塔内搅拌器等

北京一热一、二期FGD系统总貌

重庆电厂(2×200MW)FGD系统　　　　　　杭州半山电厂(2×125MW)FGD系统

北京石景山电厂(200MW)FGD系统

图 2-111　德国 Steinmüller 公司 FGD 技术的应用实例一

山东黄台电厂(300MW)FGD系统

江苏江阴夏港电厂(2×135MW)FGD系统

图 2-112 德国 Steinmüller 公司 FGD 技术的应用实例二

（三）德国诺尔优化双循环吸收塔

优化双循环湿式洗涤技术最先是美国 Research-Cottrel（RC）公司 20 世纪 60 年代开发的，1973 年 10 月首先应用于亚利桑那州公共服务公司 Cholla 1 号 115MW 燃煤机组上，1978 年 10 月，德克萨斯州 Martin Lake 电站 793MW 机组的优化双循环 FGD 系统投运，这是美国第一个安装电除尘器和 FGD 系统的燃褐煤电厂，燃煤含硫量为 0.5%～1.5%，实际脱硫率达 94.2%，这是第一代双循环吸收塔的典型应用。优化双循环 FGD 系统在美国的多个电站上得到应用，共计 17 套 FGD 装置，总容量超过 7800MW，燃煤含硫量为 0.5%～4.5%。德国诺尔—克尔茨（NOELL-KRC）公司进一步发展了该 FGD 技术，成为目前的第三代优化双循环系统（Double-loop wet FGD system，DLWS）。迄今为止，全世界已有 10 个国家超过 40 个电厂、总容量 26GW 以上的机组应用了诺尔的双循环 FGD 技术。

优化双循环湿式洗涤法是一种单塔两段法，如图 2-113 所示。塔内分为两段，即吸收塔上段和吸收塔下段。烟气与塔内不同 pH 值的吸收溶液接触，达到脱硫目的。

吸收塔上下两段浆液由循环泵循环，分别称作上循环和下循环。石灰石浆液一般单独引入上循环，也可以同时引入上下两个循环。

（1）吸收塔下段（预洗段）。当烟气切向或垂直方向进入塔内时，烟气与下循环液接触，被冷

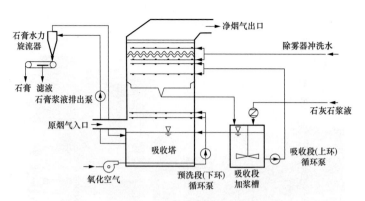

图 2 - 113 诺尔优化双循环湿法 FGD 工艺系统

却到饱和温度，同时吸收部分 SO_2。下循环浆液的一部分由上循环液补充，因此含有未反应的石灰石，脱硫时的化学反应式为

$$SO_2 + CaCO_3 + \frac{1}{2}O_2 + 2H_2O = CaSO_4 \cdot 2H_2O + CO_2$$

$$CaSO_3 \cdot \frac{1}{2}H_2O + \frac{1}{2}O_2 + \frac{3}{2}H_2O = CaSO_4 \cdot 2H_2O$$

同时浆液发生如下反应，形成 pH 值在 4.0 ~ 5.0 之间的缓冲液：

$$SO_2 + CaSO_3 \cdot \frac{1}{2}H_2O + \frac{1}{2}H_2O = Ca(HSO_3)_2$$

在下循环操作时有如下要点：① 在循环液 pH = 4.0 ~ 5.0 操作时，十分有利于浆液中亚硫酸钙的溶解、氧化及石膏的生成，也有利于提高石灰石的利用率；② 在冷却循环中，烟气中的 HCl 和 HF 几乎全被除去，因此在吸收塔的不同部位可采用不同的防腐材质，从而节省投资；③ 吸收液中形成的亚硫酸钙是非常有效的缓冲液，其 pH 值不随烟气中 SO_2 浓度的波动而变化；④ 在下循环塔段引入空气，氧化溶解的亚硫酸钙，形成高质量的商用石膏产品。

（2）吸收塔上段（吸收段）。烟气在第一级中被石灰石循环浆液冷却，随后烟气进入上部吸收区。上循环浆液的 pH 值约为 6.0，该值有利于 SO_2 的吸收，能保证达到较高的脱硫率。

上循环中有缓冲反应

$$SO_2 + 2CaCO_3 + \frac{3}{2}H_2O = Ca(HCO_3)_2 + CaSO_3 \cdot \frac{1}{2}H_2O$$

生成的碳酸氢钙具有良好的缓冲作用，保证了循环浆液的 pH 值在 5.8 ~ 6.5 之间，具体数值取决于石灰石的活性。典型的 FGD 上、下循环浆液的组成和特性见表 2 - 11，石膏产品 pH 值近似中性，略大于 7。

表 2 - 11　　　　　　　　　　　上、下循环浆液的组成和特性

组成和特性		下循环浆液	上循环浆液
pH 值		4.0 ~ 5.4	≥6.0
固体含量（%）		12 ~ 16（与负荷有关）	8 ~ 12（与负荷有关）
密度（kg/L）		1.08 ~ 1.11	1.055 ~ 1.075
固体组成（%）	$CaSO_4 \cdot 2H_2O$	>90（与石灰石纯度有关）	10 ~ 60（与石灰石纯度有关）
	$CaSO_3 \cdot 1/2H_2O$	<3	15 ~ 60
	$CaCO_3$	<5	20 ~ 40
	惰性物质、飞灰	与石灰石纯度有关	与石灰石纯度有关

优化双循环系统在同一个塔中将两个区域分开，使各个过程都保持最佳的化学条件，这种设计具有很大的经济优势。

在第一代双循环吸收塔阶段，工艺控制还不是很成熟，对 pH 值和浓度控制要求尚未充分了解，常发生结垢、堵塞、腐蚀等现象，运行稳定性、可靠性不高。1983 年，在 Martin Lake 电站 FGD 系统改进的基础上，进行了第二代双循环系统的设计，其主要特点有以下几方面：

（1）考虑了吸收塔流体动力学模拟和实验结果，改进了吸收塔的设计，降低了塔的阻力，改善了浆液与烟气的接触。

（2）改进了仪器仪表的设计，保证了工艺控制更为严格，减少了 FGD 系统的维护要求。

（3）利用微处理器技术改进了控制系统的设计。其目的不仅在于加强操作控制，还为电厂的运行维护机构提供记录报告。

（4）改进了材料。在第二代设计中，碰到了有关合金和防腐衬里等材料的选择问题，依据现场收集的运行资料，制订了材料选择标准，大大减少了腐蚀问题。

（5）改进了 RC 和 KRC 开发的实验室分析技术，改进了对系统性能和石膏质量的监测。

第二代双循环 FGD 系统最典型的应用例子是 Jachsonville 的 St. Johns 中心电站 1、2 号（2 × 600MW）机组，它以石灰石为吸收剂，并生产墙板级的优质石膏副产品。

第三代优化双循环 FGD 系统由德国诺尔 – 克尔茨（NOELL-KRC）公司开发，这是受当时严格的德国法规所迫。在德国，KRC 系统必须保证系统质保期超过 3 年，脱硫率 > 95%，可用性和可靠性高，同时必须生产优质的商品石膏。1985 年首次应用于德国 Rheinhafen-Dampfkraftwerk 电站的 7 号机组（550MW），至 1990 年大约有 5800MW 的 FGD 装机容量，表 2 – 12 列出了部分系统的运行数据。

表 2 – 12　　　　　　　　　　第三代优化双循环 FGD 系统实例

电站	Linz	Franken Ⅱ	Badenwerk	Neckarwerks	Janschwalde	Neurath	Schwandorf	Mannheim
机组容量（MW）	200	2 × 200	550	450	6 × 500	2 × 600	1 × 300	475
锅炉/塔编号	8/1	2/1	1/1	1/1	12/12	2/4	3/2	1/1
运行负荷范围（%）	8 ~ 100	20 ~ 100	25 ~ 100	20 ~ 105	10 ~ 100	50 ~ 100	10 ~ 100	20 ~ 105
燃料及含硫量（%）	—	无烟煤，0.8 ~ 2.1	无烟煤，0.75 ~ 1.1	无烟煤，0.7 ~ 1.0	褐煤，0.6 ~ 2.5	褐煤，0.34 ~ 1.5	褐煤，1.3 ~ 2.0	无烟煤，0.8 ~ 2.1
实际烟温下烟气量（m^3/h，湿）	0.62×10^6（145 ~ 149℃）	1.46×10^6（120℃）	1.63×10^6（125℃）	1.557×10^6（160℃）	1.5×10^6（170 ~ 190℃）	3×10^6（150℃）	2×10^6（165℃）	1.55×10^6（150℃）
设计 FGD 入口 SO_2 质量浓度（mg/m^3，干）	5800	3200	2500	2200	9100	5200	5450	2300
入口 SO_2 质量浓度范围（mg/m^3，干）	1200 ~ 6000	1200 ~ 2500	1200 ~ 2000	1200 ~ 2000	—	5000 ~ 8000	2300 ~ 3500	1200 ~ 2000
实际脱硫效率（%）	96 ~ 98	97 ~ 98	98	97 ~ 98	95.6	95 ~ 96	98	98
石灰石 $CaCO_3$ 质量分数（%）	94 ~ 96	92 ~ 96	94 ~ 97	95 ~ 97	89 ~ 96	95 ~ 97	93 ~ 95	96 ~ 98
石膏中 $CaSO_4 \cdot 2H_2O$ 纯度（%）	94 ~ 96	95	94	95	95	96	96	96 ~ 97
石膏中 $CaCO_3$ 质量分数（%）	0 ~ 2	0.5 ~ 2.5	0 ~ 2	0 ~ 2	0 ~ 2	0 ~ 2	0 ~ 2	0 ~ 1.5
石膏利用	水泥工业	制墙板	水泥工业	水泥工业	制墙板及与飞灰混合处理	与飞灰混合堆积	与飞灰混合堆积	制墙板

第三代设计系统提出的指标如下：

（1）石灰石吸收剂的利用率在97%以上。

（2）FGD系统的可靠性达99%，没有备用吸收塔，多台锅炉共用一个吸收塔。

（3）系统脱硫率达96%～98%。

（4）单台吸收塔容量可达600MW或更大。

（5）综合考虑化学过程，消除结垢和堵塞。控制低pH值以提高氧化率，在分开的区域内控制高pH值以加强SO_2的吸收；在两段内pH值的优化，经济地保证了较高的脱硫率和石膏副产品的质量。

（6）在吸收塔中进行强制氧化，在低pH值条件下空气用量减少，生成的石膏质量高，这与不允许任何石膏被丢弃的德国标准相一致。

（7）FGD系统耗电约为机组出力的1%～1.5%。

（8）所有FGD工艺控制功能都并入电厂的中央控制系统，工艺稳定性控制严格。

（9）适合不同含硫量的煤种。

为实现上述各项指标，第三代优化双循环FGD系统的开发和改进工作主要集中在以下几个具体方面：

（1）工艺过程的化学和物理稳定性及工艺性能的控制。对影响FGD系统性能的各种因素如pH值、石灰石活性、石膏（$CaSO_4 \cdot 2H_2O$）的结晶度和过饱和度、浆液成分、吸收塔浆池体积、尺寸、液气比、喷雾方向和尺寸分布、喷雾区最佳高度及吸收塔的气流动力学特性等进行了详细的研究，通过模拟实验和现场测试优化了吸收塔的设计。

（2）双循环的过程控制。系统无故障运行最重要的一个条件是上部回路pH值保持稳定，根据各种控制参数来调节。

（3）优质石膏副产品。通过改进氧化技术，监视石灰石的反应活性和粒径分布，对上、下回路进行浆液分析，从而生产出优质商品石膏。图2-114～图2-116是现场FGD系统上、下回路及石膏产品的颗粒

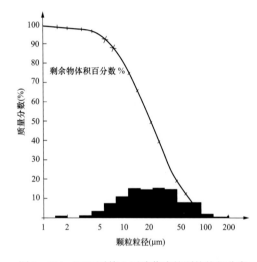

图2-114　FGD系统上回路浆液的颗粒粒径分布

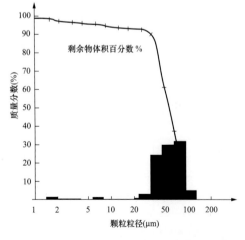

图2-115　FGD系统下回路浆液的颗粒粒径分布

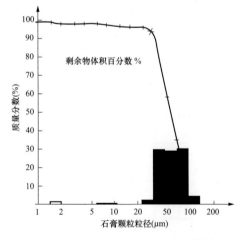

图2-116　双循环FGD系统石膏粒径分布

粒径分布；表 2 – 13 为各成分组成。采用先进的真空皮带脱水技术，开发了各种用于干燥、压制成型和从电厂到墙板厂的石膏自动装卸和输送系统的有关技术。

表 2 – 13　　　　　　　　　　实测上、下回路浆液及石膏产品的成分组成

成　　分		下循环浆液	上循环浆液	石膏产品
固体组成（%）	$CaSO_4 \cdot 2H_2O$	94.5	57.5	97.5
	亚硫酸盐	0.7	6.5	—
	碳酸盐	0.5	20.1	0.4
	残余物	4.3	6.2	2.1

（4）优异的 FGD 系统可用性和可靠性。通过全面的防止结垢和堵塞、先进的过程控制来获得保证，同时合理选择材料可防止 FGD 系统中任何部分出现的腐蚀问题。提高可靠性的另一个因素是重视机械、电子和仪表等各部分技术细节并与设备供应商合作改进，重视安装阶段及使用极高的质量保证程序和规范。

（5）经济性的考虑。在不损害运行质量和可靠性的前提下，通过系统优化、减少安装时间、提高自动化水平等手段，使 FGD 系统更为经济，从而更具有竞争力。

1997 年，德国 Schwarze Pumpe 电厂 $2 \times 800MW$ 燃褐煤的超临界压力机组投运，该机组由法国 GEC Alsthom EVT 能源环保技术工程公司设计制造，配套的 FGD 装置就采用 NOELL-KRC 公司的优化双循环系统，系统流程见图 2 – 117。每台机组配两套 FGD 系统，其主要设计参数为：引风机出口烟量为 $1800000m^3/h$（湿），烟温为 169℃，SO_x 质量浓度为 $4000 \sim 7250mg/m^3$（标态、干、6% O_2），系统脱硫率 >95%。该系统有如下主要的技术特点：

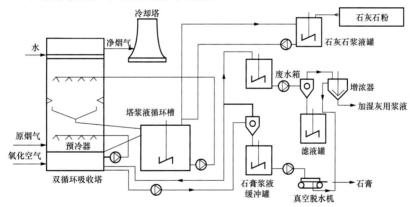

图 2 – 117　德国 Schwarze Pumpe 电厂优化双循环 FGD 系统

（1）满足 3 年质保期（24000h）的有效性和可靠性操作，在无备用塔的情况下，系统脱硫率 >95%，且运行费用和维修成本低。

（2）系统在两个 pH 值下操作，对脱硫负荷变化的适应性强。上循环 $pH \approx 6.0$，下循环 $pH \approx 4.5$，高 pH 值有利于 SO_2 的吸收，而低 pH 值有利于石灰石的溶解、亚硫酸钙的氧化及高质量石膏的生成，可提高石灰石的利用率和系统脱硫率。

（3）pH 值稳定，运行可靠。由于上循环回路的浆液中含有过量的石灰石，系统缓冲量大，通过缓冲作用，系统被最佳地自动控制在一个稳定的 pH 值范围内，不随气流及 SO_2 含量的变化而波动。因此系统不需频繁调整控制进料，也不需要非常复杂的仪表控制系统，所有操作由单一系统来控制；同时由于操作时 pH 值稳定，避免了硫酸钙过饱和引起的结垢和堵塞。

（4）集液斗导流板的设计使塔内气流分布均匀，气液接触良好，减少了死角和涡流现象，提高

了塔的空间利用率。

（5）由于氯化物集中在下部回路（上部回路的氯化物大约只有下部的1/10），使得塔的上下两部分可使用不同材质，从而降低造价。

（6）系统电耗低。原因如下：① 上循环回路在高 pH 值下运行，在脱硫率一定时，所需液气比低，浆液泵的量少；② 塔高相对低，循环泵所需压头小，这里吸收塔尺寸为 $\phi18000 \times 45m$；③ 系统对石灰石粒度要求不高，使磨机功率大大减小。本系统中石灰石粒度为 90% 通过 90 目（165μm）；④ 由于氧化条件好，浆池液面低，所需氧化风机压头小。

（7）由于塔上循环回路 pH 值高，经除雾器后的液滴 pH 值也高，且有过量的石灰石，故对吸收塔后的设备及管道造成的腐蚀小。

（8）由于塔上循环回路浆液集中在吸收塔加料槽，而下循环回路浆液集中在吸收塔底部，液体分流的结果使系统所需的事故浆池体积大为减小，这也降低了造价。

Schwarze Pumpe 电厂 FGD 烟气通过冷却塔排放，每个冷却塔装有两条 FRP 管接收烟气，管口位于距塔底 17m 处。图 2－118 和图 2－119 为电厂 FGD 冷却塔排烟示意图及内部 FRP 管，图 2－120 是德国 Schwandorf 电厂的优化双循环塔照片。

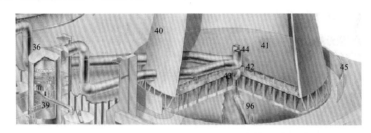

图 2－118　德国 Schwarze Pumpe 电厂 FGD 冷却塔

36—FGD 系统；39—喷淋层；40—冷却塔；41—吸露池；42—水循环；

43—冷淋层；44—净烟气管；45—噪声防护；96—主要冷却水管

图 2－119　Pumpe 电厂 FGD 冷却塔内 FRP 管

图 2－120　Schwandorf 电厂的优化双循环塔

Mae Moh 电厂是泰国最大的燃褐煤火力发电厂，其 8 号～11 号机组共 4×300MW 采用了诺尔优化双循环吸收塔 FGD 系统，于 1996 年投入使用。图 2－121 是 FGD 系统流程，其进口 SO_2 质量浓度变化较大，为 5000～10000mg/m³ 甚至更高，设计脱硫率 95% 以上。烟气由 MGGH 加热至 90℃ 排放以适应原有砖砌内衬烟囱，增压风机安装在净烟气加热器下游。吸收塔进口段为 C - 276 合金，塔内部件选用了 317LMN 不锈钢。湿磨制浆，每台机组一用一备共 8 台湿磨。两套真空皮带脱水机公用，石膏浆液被最终脱成 20% 的含水量后与电厂的粉煤灰一起送至褐煤矿作为回填矿井之用。

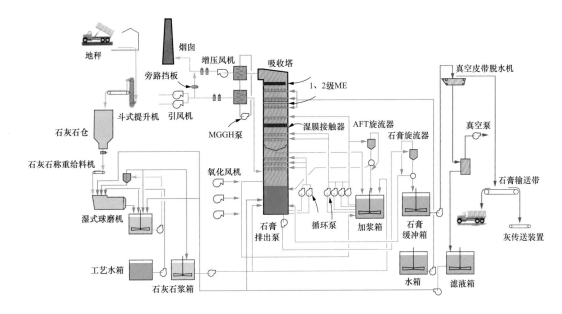

图 2 - 121 泰国 Mae Moh 电厂诺尔优化双循环吸收塔 FGD 系统

（四）德国 Steuler 公司的"BEKA 塑料"衬里混凝土吸收塔

吸收塔系统是石灰石/石膏湿法 FGD 系统中关键的组成部分，该系统的主要组件包括：吸收塔体、浆液循环泵、循环管道、带有喷嘴的喷淋系统（喷淋层）、除雾器。绝大部分吸收塔材料采用碳钢内衬防腐橡胶、玻璃鳞片涂层，少数衬不锈钢或用整体玻璃钢、不锈钢，随着湿法 FGD 技术的不断发展，目前吸收塔系统的工艺设计已经相当成熟，但仍然存在以下技术问题：

（1）吸收塔塔体的制作采用碳钢加橡胶或玻璃鳞片衬里，制造工艺复杂、周期长、一次性投资和维护费用均较高。

（2）在烟气入口的干湿交替界面，橡胶或玻璃鳞片衬里都难以满足防腐的要求，需要采用进口的高镍合金来制造，不仅投资高，而且加工制造需要专门的技术和设备。

（3）橡胶或玻璃鳞片衬里的寿命一般为 10 ~ 15 年，而 FGD 装置的设计寿命一般为 30 年。因此，在 FGD 系统使用年限内，衬里至少要更换 1 次，其费用约是初期投资的 2 ~ 3 倍。

（4）无法在系统运行的情况下检查衬里是否有泄漏。

（5）循环管和喷淋管采用碳钢橡胶衬里或玻璃钢，由于存在磨损问题，经常需要维修。

（6）浆液喷嘴有时会堵塞。

为此，德国 Steuler 公司对吸收塔系统进行了优化设计，形成了自己独特的吸收塔技术，即"BEKA 塑料衬里混凝土吸收塔"。

"BEKA 塑料衬里混凝土吸收塔"就是采用廉价的钢筋混凝土塔替代钢制塔体，内衬耐腐蚀的"BEKA 塑料"材料（见图 2 - 122），塔体呈长方体。"BEKA 塑料"是采用特制的 PP、PE、PVC 或 PVDF 这些热塑性塑料材料制成的，在"BEKA 塑料"板的一侧每平方米焊接有 256 个锥形脚。这种焊接在板上的锥形脚能够承受超过 $1000kN/m^2$ 的剪切应力和超过 $500kN/m^2$ 的拉伸应力。在安装中，这些锥形脚最后埋入浇灌的混凝土中。图 2 - 123 显示了在混凝土浇灌前安装好的"BEKA 塑料"板。

在吸收塔混凝土结构施工时，"BEKA 塑料"的铆固件被混凝土完全浇铸，从而实现塑料薄板与混凝土结构的永久性连接。塑料板之间的连接则通过简单的焊接来完成。以这种方式制造的吸收塔在使用性能上可以看作是以"BEKA 塑料"为材料的混凝土加强塑料罐；从建筑结构来看，又是"BEKA 塑料"衬里的混凝土塔。

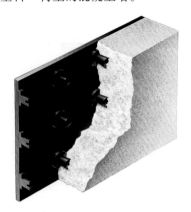

图 2 - 122　BEKA 塑料材料和预制部件

图 2 - 123　在灌浆之前安装好的 BEKA 塑料板材

1. 吸收塔衬里结构比较

碳钢内衬防腐橡胶及玻璃鳞片涂层是目前应用最为广泛的吸收塔结构，表 2 - 14 把这两种结构与 BEKA 塑料衬里结构进行了全面的性能比较。其中，"BEKA 塑料"只用 PP 材料来比较，这是因为在 FGD 系统中主要安装的就是这种材料。从表 2 - 14 中可看出，BEKA 塑料衬里与其他两种衬里结构有着显著的区别。

（1）物理性质。上述三种内衬材料都有较好的耐热性能，但在耐磨性、抗冲击强度、表面结垢、隔声和保温等物理性能方面存在差异。通过比较可知：BEKA 混凝土塑料衬里结构具有更好的物理性能和更高的品质。衬橡胶和玻璃鳞片树脂虽然具有良好的耐磨性，但在吸收塔喷淋区仍然受到严重的磨损。这是因为吸收剂浆液喷射时有大量的固体颗粒，而液滴是高速离开喷嘴的，当液滴接触到内衬材料时，对内衬材料会产生机械冲击，尤其是当内衬材料耐磨品质差时，将导致永久性的破坏。"BEKA 塑料"的耐磨性能比橡胶和玻璃鳞片要好，在 FGD 工程中还没有出现过上述情况。

表 2-14　　　　　　　　　　　　　　　　吸收塔衬里结构比较

项　　目	混凝土 BEKA 塑料衬里	碳钢玻璃鳞片衬里	碳钢橡胶衬里
化学稳定性	好	良好	良好
耐热性能	好	好	好
耐磨损性能	好	良好	良好
抗冲击强度	高	低	高
隔声效果	好	中等	中等
保温效果	好	差	差
结垢危害	低	中等	高
建造时间	短	长	很长
基体表面处理	非必需	要求高	要求高
机械加工性能	容易	可以	差
环境安全性	很好	差	差
后续加工和结构更改	很容易	困难	困难
停机维护时间	短	长	长
维护费用	低	中等	高
修理费用	低	高	高
表面碳化	没有	没有	有
表面发黏	没有	没有	有
表面结垢	没有	局部	大量
表面鼓泡	没有	有	有
衬里吸附介质	没有	局部	有
衬里膨胀	没有	局部	有
衬里透水性	低	中等	高
衬里使用寿命	大于 25 年	进行必要的维护保养情况下最多可达 15 年	进行必要的维护保养情况下最多可达 15 年

在 FGD 装置中，防止吸收塔内表面结垢是非常重要的。在这方面"BEKA 塑料"的品质更好。因为"BEKA 塑料"对浆液是不浸润的，而且表面光滑，结垢可能性低，不会形成较大的堆积。图 2-124 显示了在 FGD 系统中"BEKA 塑料"内衬材料非常光滑的表面。

对于衬玻璃鳞片树脂，特别是对于衬橡胶，浆液中的固体颗粒会在它们的表面产生沉积，并不断堆积长大。而这些固体沉积物会从吸收塔内壁面或部件上脱落，从而导致内衬材料的损伤或损坏，影响循环泵的运行。

图 2-124　FGD 系统中 BEKA 塑料
内衬光滑的表面

另外，BEKA 塑料衬里混凝土吸收塔的另一个优点是：较厚的混凝土结构具有良好的吸收噪声和隔热的功能，这是碳钢衬胶和碳钢衬玻璃鳞片系统都不具备的。在衬胶和衬玻璃鳞片系统中，可能需要在塔体的相应位置上安装隔声装置，同时也起到隔热作用。对于 BEKA 塑料衬里混凝土吸收塔来说并不需要这些，这无疑可以缩短建设周期，降低制造成本。

（2）化学性质。"BEKA 塑料"系统在化学稳定性及不易渗透方面尤其出众。用"BEKA 塑料"

制造的塑料槽罐已有超过 30 年的寿命，对于 FGD 系统中的烟气和液体具有非常好的化学防护性能。而衬胶或衬玻璃鳞片树脂的化学稳定性则相对差一些，在长期的化学作用下，衬里材料逐渐变硬、变脆，即所谓的"碳化"，这就会使内衬材料不断老化而抗冲击强度降低，从而导致开裂和泄漏，液体和气体就会通过裂缝渗透到内衬材料和钢板之间，开始腐蚀钢板，从而降低了设备的可靠性。

对衬胶和衬玻璃鳞片树脂吸收塔而言，另一种危险是蒸汽的扩散。水蒸气扩散透过内衬材料以后，由于钢是不透水的，因此蒸汽就冷凝下来了，而水会使钢生锈，铁锈的不断增加使内衬材料无法和钢正常黏结，形成"鼓泡现象"，严重的话会使内衬层剥落，导致计划外的停运及高额的维修费用。但对"BEKA 塑料"内衬来说就不存在这个问题，一方面在"BEKA 塑料"的一侧只有很小的扩散发生，而另一侧蒸汽可以透过混凝土层，混凝土具有比"BEKA 塑料"材料高得多的透水性。

（3）建造及安装所需时间。在计算投资成本时，建造及安装所需时间也是需要参考的。同样，"BEKA 塑料"系统同其他两种内衬系统相比也具优势。"BEKA 塑料"材料是通过灌浆直接和混凝土连接的。因此，表面无需像衬胶和衬玻璃鳞片树脂一样进行如喷砂、涂漆等表面预处理。它通过自带的铆固件与混凝土实现机械连接，当混凝土施工结束时，内衬也已经基本完成，随后用焊缝检测仪检验所有的焊缝，因此可以保证没有泄漏发生。而衬胶和衬玻璃鳞片树脂都只能在钢塔完工并且表面处理好以后才能进行安装，另外严格的表面预处理和适宜的环境条件都是必需的，因此安装时间将会延长很多。

对于在吸收塔内部安装一些必要的部件，如支撑和接口等，只需要用"BEKA 塑料"通过焊接来解决，不需要太多的花费，只需要短暂的停运。而这些塔内部件的安装对于衬胶和衬玻璃鳞片树脂结构来说要复杂得多，既需要对组件进行额外修改或安装新组件，还需要较长的停运时间，花费也高。图 2 - 125 是安装好的"BEKA 塑料"板，图 2 - 126 为正在焊接"BEKA 塑料"板材，图 2 - 127 显示了一些埋入件（接口）和人孔是由"BEKA 塑料"焊接而成的。

图 2 - 125　安装好的 BEKA 塑料板

（外侧为加固用的钢筋）

图 2 - 126　焊接 BEKA 塑料板材

另外，安装内衬材料时的环境保护和对工作人员的健康保护也值得关注。对于"BEKA 塑料"来说只需要焊接，不会释放或产生有害物质。而对于衬胶和衬玻璃鳞片树脂来说则不同，两者都需要有机成分的原材料和助剂，在安装过程中和安装后会挥发出来，对环境产生影响并影响到安装人员的身体健康。同时，在安装过程中还需要防火设备，任何对防火的疏忽大意都可能造成巨大的经济损失。

（4）吸收塔内衬的检查和维修。在 FGD 装置正常运行的情况下，要检查衬胶和衬玻璃鳞片树脂层的损伤和泄漏是不可能实现的，必须将系统停运，并对衬里表面进行清理和干燥，通过目测的方式可以发现材料的变化、鼓泡和生锈等大的损坏，小的损坏如衬里层的孔隙、微裂纹等则需要使用火花探测器对整个内衬层表面进行探测来确定。

图 2 - 127　安装和焊接好的接口、人孔

　　而"BEKA 塑料"的检测方法则比较简单，可以实现在 FGD 系统运行时在线检测。在这种情况下，在安装"BEKA 塑料"内衬时需将其分成几段，每段都相对密封。"BEKA 塑料"和混凝土之间没有化学连接，在混凝土和"BEKA 塑料"之间存在很小的间隙。若要检测"BEKA 塑料"内衬层是否有损坏和泄漏，可以通过在混凝土和"BEKA 塑料"之间充入设定压力的少量气体来进行。对于每段内衬，在安装"BEKA 塑料"以后就可以确定充气量和恒定的压力。如果在检测时发现在确定压力下充气量提高的话，就可以发现该段内衬损坏或者泄漏了。若损坏不大，则 FGD 系统就无需停机，只是需要不断地充气，于是液体就无法渗透到"BEKA 塑料"和混凝土之间，在正常的停机检修时进行维修即可。如果发现充气量很大，则说明有较大的损坏或泄漏，在此情况下，FGD 系统需要停机并对内衬进行维修。但是，"BEKA 塑料"表面寻找泄漏的地方非常方便，比其他两种内衬快得多。在检测过程中继续充气，用水把内衬表面湿润，有缝隙的地方就会有水泡产生，这样即可很容易地确定泄漏点。

　　对"BEKA 塑料"的损坏和漏洞进行维修也是非常便捷的，小的损坏和漏洞只需要简单的焊接或者用一块塑料板焊接上去就可以了。对于较大的损坏和漏洞则需要用"BEKA 塑料"板进行焊接，代价高昂的表面处理对于"BEKA 塑料"的维修是不需要的。在维修以后，FGD 系统可以立即投入使用。图 2 - 128 显示了在安装后进行的焊缝检测。

　　而对于衬胶和衬玻璃鳞片树脂来说，修补损坏和漏洞是非常困难的。对于可能的损坏或者漏洞需要先行找到，经常是漏洞并不在鼓泡的地方。在确定位置后，内

图 2 - 128　对焊缝进行检测

衬层需要先去除掉,然后对钢的表面进行处理。在这种情况下进行检修时,必须避免表面的冷凝。在维修以后,维修的部位必须先进行清理、养护,因此FGD装置无法立即投入运行。对于维修所必需的材料,一般如胶水、原材料和添加剂等也花费较大。另外,这些材料不能长久贮藏,而且这些维修工作只能由经过培训的人员进行操作。

而"BEKA塑料"则不同,对于所需要的维修工作,只需要塑料板、焊丝和塑料焊枪。而这些材料的仓储费很低,且用户可以由自己经过培训的人员进行操作。

(5) 使用寿命。"BEKA塑料"的使用寿命可直接与塑料槽罐或塑料管相比,将超过25年,与FGD装置的设计寿命大致相当。因此在FGD装置中,"BEKA塑料"衬里是免更换的。而衬胶和衬玻璃鳞片树脂都无法达到这个期限,即便是最乐观的估计,其使用寿命也只是15年,而这还需要在此期间进行正常的维修才能够达到。

综上所述,"BEKA塑料"在FGD系统中的主要优点如下:

(1) 持久的耐磨蚀和耐化学腐蚀性能。

(2) 在混凝土与塑料层之间完美的机械连接性能。

(3) 材料结构紧密,气体和水难以渗透。

(4) 良好的耐冲击和机械性能。

(5) 便于运输、易于安装、维修方便。

(6) 可以分段进行检漏和定位。

(7) 内衬材料对环境安全。

(8) 经过全球大量实际验证的成熟系统。

(9) 内衬系统的经济性。

(10) 同其他内衬系统相比较,"BEKA塑料"具有更长的使用寿命。

(11) 光滑、不带黏性的表面,不易结块。

(12) 内衬表面即使在运行多年以后也不会有负面的变化。

(13) 安装前不需要进行表面预处理。

(14) 易于安装在混凝土上,施工周期短。

(15) 对于工况适应性强。

2. "BEKA塑料"混凝土循环管

图2-129　安装之前的BEKA塑料循环管

大多数循环管使用钢管内衬橡胶或玻璃钢(FRP),与塔体内衬方面的缺点相同。更重要的是需要考虑循环管磨损的问题。因此,循环管道经常需要维修,而且会导致FGD系统运行成本的提高。另外,管道补偿器、安装和支撑结构都很昂贵。

在最近几年,这些管道也采用"BEKA塑料/混凝土"结构并且直接安装在混凝土吸收塔上,安装、支撑结构和部分补偿器也不需要了。图2-129显示了在安装之前的"BEKA塑料"循环管,图2-130为安装中的"BEKA塑料"循环管,图2-131为安装完毕后在吸收塔外的循环管。

3. 喷淋系统

碳化硅(SiC)作为喷嘴的材料已经被证明是非常成功的,图2-132显示了在FGD系统中不同的SiC喷嘴形式。

图 2 - 130 安装过程中的 BEKA 塑料循环管

图 2 - 131 安装后工作状态下的 BEKA 塑料循环管

在塔内为了输送浆液，过去使用钢管内外衬橡胶和 FRP，这样的结构具有一些缺点，会在材料的表面产生较严重的沉积问题。当这些大的沉积块落下时，就会对浆液循环泵、搅拌器和其他部件产生机械破坏。为了避免这些问题，塔内部的管道系统也同样用聚丙烯（PP）材料制成，内外都没有衬层，因此完全耐化学腐蚀且具有很好的机械性能。由于表面没有较大的沉积物，因此将由于沉积物的问题所产生的机械损坏的可能性将降低到最小，另外，投资也相对降低。图 2 - 133 为运行中带有 SiC 喷嘴的 PP 喷淋系统；图 2 - 134（a）为吸收塔内的 PP 喷淋系统；图 2 - 134（b）为安装及预制中的带有 SiC 喷嘴的 PP 喷淋系统。目前国内也开始设计应用 PP 喷淋系统，如福建宁德电厂 2×600MW 超临界机组、广东珠海电厂 2×600MW 超临界机组的 FGD 系统喷淋层就采用了 PP 管，图 2 - 135 为珠海电厂 PP 喷淋层及安装，其 PP 管采用专用焊枪及电加热板（$\phi 500 \times 25$ mm）进行连接，3 层喷淋层全部安装完成用时不到 20 天，2 套 FGD 系统已于 2007 年 2 月、3 月相继投运。

图 2 - 132 用于 FGD 系统的不同类型的 SiC 喷嘴

图 2 - 133 运行中带有 SiC 喷嘴的 PP 喷淋系统

(a)

(b)

图 2-134　PP 喷淋系统

（a）吸收塔聚丙烯 PP 喷淋层、氧化空气喷枪（仰视图）；

（b）预制及安装中带有 SiC 喷嘴的 PP 喷淋系统

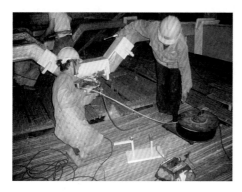

PP支座的预先焊接

PP管的吊装

PP管在塔内的搬装

PP管的安装调整

单向双喷嘴（最上层）

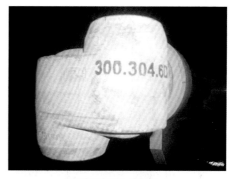

双向不同心喷嘴（下2层）

上层喷嘴的安装

近壁处单向喷嘴的安装

PP管接口专用焊枪焊接

PP管接口黏接专用电加热板(3600W)

PP管支座的焊接

焊接好的和黏接完成的PP管接口

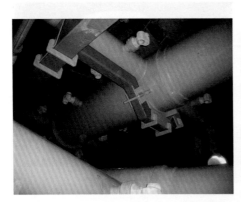

安装好的PP母管及分支管

图 2 - 135　珠海电厂 600MW 超临界机组 FGD 吸收塔 PP 喷淋系统及安装

　　图 2 - 136 显示了 PP 喷淋系统和 FRP 喷淋系统经过 3 年运行的情况比较。可以发现,对于 PP 的喷淋系统来说,既没有损坏也没有沉积产生,只是在 SiC 喷嘴的出口有一些小的磨损,但这对继续运行没有任何影响。

　　4. 循环泵吸入口过滤筛网

　　为了保护循环泵并且避免堵塞喷嘴,需要在循环泵的吸入口前安装过滤筛网。通过这些筛网防止了循环浆液中较大的颗粒进入,从而保护了泵和喷嘴,也提高了系统的运行安全性和可靠性。过滤筛网可以在现有的吸收塔体内安装或者在后期进行考虑,使用的材料也是耐腐蚀的 PP 材料,如图 2 - 137 所示。

运行3年后的PP喷淋管道和SiC喷嘴

运行3年后的FRP喷淋管道和喷嘴

图 2 – 136 运行 3 年后的 PP 和 FRP 喷淋管道的比较

图 2 – 137 循环泵吸入口 PP 过滤筛网

5. 循环泵

对于浆液循环系统来说，循环泵是另一项重要和容易出问题的设备。Steuler 公司的循环泵叶轮由 "SiC-Mineral Cast" 材料而不是合金如 1.4464 制作，据称该材料同时具有良好的耐腐蚀性能和耐机械磨损性能，使用寿命更长，且具有较高的机械效率，能耗低。图 2 – 138 和图 2 – 139 为循环泵叶轮两种材料使用情况的比较以及某金属浆液循环泵磨损情况。可见，对于金属材料来说（如合金 1.4464），使用寿命非常有限而且无法满足要求，对于叶轮和泵体来说都是一样。叶轮在运行 11000h 的时候就需要更换而泵体在运行 16100h 后也需要更换了。而使用 SiC 矿物材料的泵在运行 24000h 后仍能够运行。从照片上可以看到，在运行 16100h 后泵体只有很小的磨损，这对泵的继续运行没有任何的问题。

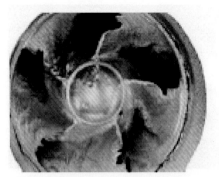

SiC—Mineral Cast 24000h运行后　　　　1.4464合金11000h运行后

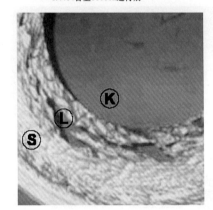

SiC—Mineral Cast 16100h运行后　　　　1.4464合金16100h运行后

图2-138　循环泵叶轮两种材料的比较

S—剥落；K—边缘磨损；L—蚀损斑

图2-139　金属浆液循环泵磨损情况

如上所述，德国 Steuler 公司对 FGD 系统的设备进行了一系列的优化，即：

（1）吸收塔体采用混凝土内衬"BEKA 塑料"材料。

（2）循环管采用混凝土内衬"BEKA 塑料"材料。

（3）采用 SiC 材料喷嘴和 PP 材料的喷淋系统。

（4）采用 PP 材料的过滤筛网。

（5）采用 SiC 材料的浆液循环泵。

上面所述的系统和设备都对过去的系统进行了改进，这些改进不仅仅是提高了 FGD 系统的安全性和可靠性，而且，通过更高的可靠性降低了 FGD 装置运行成本，降低了能耗和维护、维修成本。

目前，国内已有 FGD 公司作为 Steuler 公司的合作伙伴，致力于该技术的推广应用，相信在不久的将来会有广泛的应用。表 2-15 列出了 Steuler 公司湿法 FGD 吸收塔系统的部分业绩。

表 2-15　　　　　　　　　　　　德国 Steuler—FGD 湿式吸收塔系统部分业绩

项目名称	规模 （MW）	供应范围	启动时间 （年份）	备 注
Steuler （德国）	10	总负责 FGD 湿法吸收装置	1983	石灰石湿法 FGD 系统的示范装置，吸收塔材料为 PP，最高入口温度为 350℃ 时，仍能运行，自运行以来，没有出现任何问题
New Mexico （新墨西哥）	130	用 BEKA 塑料 - PP 材料对现有吸收塔进行修补	1983	第一个采用 BEKA 塑料、PP 衬里系统的 FGD 吸收塔
Bexbach （德国）	715	总负责液体运输系统的交付，包括喷淋层和喷嘴	1989	采用 PP 的液体管道系统和液体分布系统
Weiher （德国）	700	总负责液体运输系统的交付，包括喷淋层和喷嘴	1989	采用 PP 的液体管道系统和液体分布系统
Eschweiler （德国）	2×700	总负责液体运输系统的交付，包括喷淋层和喷嘴	1989	采用 PP 的液体管道系统和液体分布系统
Petershagen （德国）	600	对现有吸收系统修补（管道，喷淋层，筛网，除雾器，喷嘴等），部分更换为 BEKA 塑料、PP 衬里	1998	将橡胶衬里的主要机件更换为 BEKA 塑料、PP，并计划对所有结构进行材料更换
Frimmersdorf （德国）	600	对现有吸收系统修补（管道，喷淋层，筛网，除雾器，喷嘴等），部分更换为 BEKA 塑料、PP 衬里	1999	将橡胶衬里的主要机件更换为 BEKA 塑料、PP，并计划对所有结构进行材料更换
BIRLIK （土耳其）	80	总负责 FGD 湿法吸收系统，采用 BEKA 塑料、PP 及钢筋混凝土吸收塔	2000	最高入口温度达到 400℃
GAMA （土耳其）	270	总负责 FGD 湿法吸收系统，采用 BEKA 塑料、PP 及钢筋混凝土吸收塔，并考虑脱除 NO_x	2001	/
Holcim （瑞士）	130	总负责 BEKA 塑料、PP 及钢筋混凝土吸收塔的 FGD 系统	2002	供应整个吸收塔系统，包括循环管道、除雾器、筛网、泵、喷林管道及喷嘴等
RWE （德国）	600	总负责 BEKA 塑料、PP 及钢筋混凝土吸收塔的 FGD 系统	2007	供应整个吸收塔系统，包括循环管道、除雾器、筛网、泵、喷林层及喷嘴等
NESRRAAD （荷兰）	40	总负责 BEKA 塑料、PP 及钢筋混凝土吸收塔的 FGD 系统，采用逆流脱除 NO_x 系统，带涡轮的蒸汽锅炉，及除尘等	2005	危险废物焚化炉/回转炉等配以烟气处理系统（脱除 SO_x/NO_x/二氧化物/重金属等）和能量回收系统（锅炉，汽轮机）
Maison City （美国）	200	总负责 BEKA 塑料、PP 及钢筋混凝土吸收塔的 FGD 系统	2006	供应整个吸收塔系统，包括循环管道、除雾器、筛网、泵、喷林管道及喷嘴等
COTAM （英国）	600	总负责所有的液体传输系统，包括喷淋层和喷嘴	2005	供应及安装 PP/PP - BEKA 塑料的吸收液管道及分布系统
ASNAES （丹麦）	600	总负责所有的液体传输系统，包括喷淋层和喷嘴	2005	供应及安装 PP/PP - BEKA 塑料的吸收液管道及分布系统
MARITZA （保加利亚）	600	总负责所有的液体传输系统，包括喷淋层和喷嘴	2005	供应及安装 PP/PP - BEKA 塑料的吸收液管道及分布系统

（五）德国 SHU 公司 FGD 技术

德 国 SHU （Saarberg-Holter Umwelttechnik GmbH）公司的 FGD 系统流程见图 2-140，与目前的湿法 FGD 技术相比，采用了甲酸（HCOOH）作为添加剂，并应用了若干专利技术，其应用业绩已超过 30 套。该系统有以下突出特点。

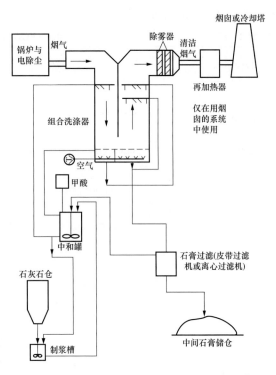

1. 采用顺逆双向洗涤吸收塔

烟气进入吸收塔顶部，顺流向下与喷淋浆液接触，吸收 SO_2 的洗涤液被收集在吸收塔底部，然后烟气向上与向下喷淋的浆液接触，第二次吸收 SO_2。这样：

（1）烟气中的 SO_2 可以被充分洗涤和吸收，脱硫率高达 95% 以上。

（2）可以降低吸收塔的高度，结构紧凑，投资省。

（3）降低了浆液泵的扬程，相对减小了功耗和运行费用。

（4）根据场地的具体情况，吸收塔还可以做成"一顺两逆"的双向流布置方式，即顺流部分布置在中间，逆流部分分列两侧，德国 Boxback 电厂的吸收塔即为这种排列。

图 2-140　德国 SHU 公司的 FGD 系统流程

2. 采用在吸收剂浆液中添加少量甲酸（HCOOH）的独特技术

加入少量甲酸后，控制其 pH 值 ≤5.0，不像通常湿法 FGD 那样中间生成物是亚硫酸钙（很难溶于水），而是生成可溶性增加几个数量级的亚硫酸氢钙 [$Ca(HSO_3)_2$]，其化学反应方程式为

$$H^+ + COOH^- \longrightarrow HCOOH$$
$$SO_2 + H_2O \longrightarrow H^+ + HSO_3^-$$
$$2HSO_3^- + O_2 \longrightarrow 2H^+ + 2SO_4^{2-}$$
$$CaCO_3 + 2HCOOH \longrightarrow Ca^{2+} + 2COOH^- + H_2O + CO_2$$
$$Ca^{2+} + SO_4^{2-} + 2H_2O \longrightarrow CaSO_4 \cdot 2H_2O$$

具有以下优点：

（1）可在低 pH 值（3.5~5.0）情况下吸收 SO_2（亚硫酸氢盐氧化生成硫酸盐的最佳 pH 值在 4.5 左右）。

（2）可提高 FGD 系统的脱硫效率，并提高 FGD 系统的灵活性，可适应锅炉负荷在 20%~100% 范围时，其 SO_2 浓度增加 50% 的变化。

（3）由于在石灰石浆液中添加少量甲酸后，石灰石可溶性增加几个数量级（未加甲酸时，石灰石在水中的溶解度为 0.01~0.05g/L，加入甲酸后为 4~10g/L），故可在低液气比的条件下（1.03~1.05）进行吸收，并降低石灰石浆泵的能耗。

（4）由于反应过程中不生成亚硫酸钙（$CaSO_3$），故可以避免设备的结垢和堵塞，因为亚硫酸钙是造成系统管道及零部件堵塞和氧化的重要因素。

（5）添加甲酸后，石灰石溶解度提高，从而石灰石的粒径可小于 90μm（一般 FGD 系统要求石灰石的粒径小于 45μm）。这不仅可以降低对球磨机功率的要求，且不需设置大容量的石灰石浆液槽。

（6）添加甲酸后，由于反应充分，副产品石膏纯度可达 95%，且易于脱水。

综上所述，在石灰石浆液中添加少量甲酸（质量分数一般为 8×10^{-4}）能改善整个 FGD 工艺流程的运行状况。

3. 吸收塔具有脱除烟气中 NO_x 的功能

在沉淀池中保持一定浓度的铁离子，在吸收塔进行化学反应过程中，铁离子参与综合反应，同时脱去烟气中的 NO_x。

4. FGD 烟气通过冷却塔排放

可利用电厂循环水余热将烟气加热后排放，FGD 装置可放在冷却塔内，对老厂改造，FGD 装置置于冷却塔外。

（六）日本川崎重工内隔板喷淋塔

日本川崎（Kawasaki）重工业株式会社的 FGD 技术主要体现在三个方面：① 喷淋塔结构合理，如图 2-141 所示；② 螺旋状喷嘴；③ 氧化方式。

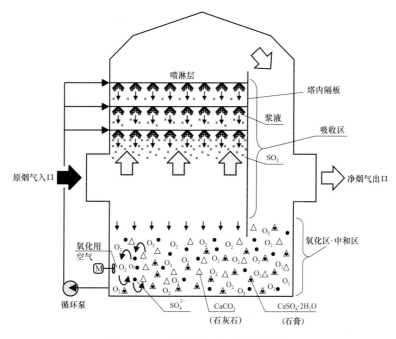

图 2-141　日本川崎重工喷淋塔示意

1. 喷淋塔

川崎公司对传统喷淋塔进行了改进，图 2-142 反映了改进前后吸收塔的比较，具有如下特点：

（1）吸收塔的构造为内部设隔板、排烟顶部反转，出口内包藏型的简洁吸收塔。

（2）采用川崎螺旋状喷嘴、能达到高效吸收和高除尘性能。

（3）通过烟气流速的优化和导向叶片的合理布置，达到低阻力、节能的效果。

（4）吸收塔出口部具有的除水滴作用可省去内藏式除雾器。

（5）出口除雾器的布置高度低，便于运行维护、检修、保养。

（6）吸收塔内部只布置有喷嘴，构造简单且不易结垢堵塞。

（7）通过控制泵运行台数和对喷管的切换，可以适应负荷的变化，达到经济运行。

2. 螺旋喷嘴

川崎喷嘴为陶瓷的螺旋喷嘴，喷雾模式为三重环状液膜，如图 2-143 所示。喷嘴的特点为：

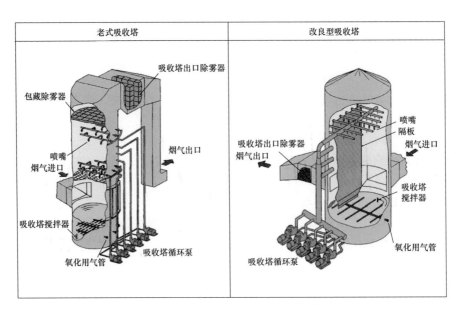

图 2 – 142　川崎喷雾塔的改进

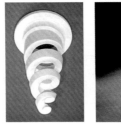

图 2 – 143　螺旋喷嘴及其三重环状液膜

（1）低压喷嘴需要泵的动力小，为低压节能型。

（2）所喷出的三重环状液膜气液接触效率高，能达到高吸收、高除尘性能。

（3）单个喷嘴的雾量大，需要布置的数量少。

（4）耐腐蚀、耐磨损，使用寿命长，可达 30 年以上。

（5）不易堵塞。

图 2 – 144 是日本中部电力碧南发电厂 4 号（1000MW）吸收塔循环喷嘴的布置及其喷淋情况。

图 2 – 144　日本碧南发电厂 4 号吸收塔（1000MW）喷嘴及喷淋情况

3. 氧化方式

采用了搅拌器与氧化空气管结合的形式，如图 2 – 145 所示，具有如下优点：

（1）借助搅拌器的旋转力使空气细化、扩散。

（2）少量空气可以达到高氧化性能。

（3）塔内需布置的空气配管少、构造简单。

（4）不易结垢。

应用该 FGD 技术的装机总容量超过 20GW。最大的单机容量为 1000MW（日本中部电力碧南发电厂 4 号、5 号机组），在我国的台湾和平发电厂 2 × 660MW、江苏扬州电厂 200MW、贵州安顺电厂 2 × 300MW、鸭溪电厂 2 × 300MW、河北定洲电厂 2 × 600MW 等机组上得到应用，图 2 – 146 为部分 FGD 系统现场照片。

图 2 – 145　搅拌器与氧化空气管结合的方式

台湾和平发电厂660MW机组FGD系统及循环泵

扬州电厂200MW及安顺电厂300MW FGD系统

河北定洲电厂2×600MW及日本碧南发电厂4号、5号1000MW机组FGD系统

图 2 – 146　日本川崎重工的 FGD 技术应用现场照片

1. 日本碧南发电厂 FGD 系统

图 2-147 是碧南电厂系统总貌。4 号、5 号机组单机容量为 1000MW（1~3 号为 700MW 机组，2 号 FGD 系统也采用川崎技术），其 FGD 系统主要参数为：吸收塔进口烟气流量（湿）为 2966000m³/h，温度为 96℃，SO_2 体积分数（干）为 848×10^{-6}，粉尘质量浓度（干）为 30mg/m³，HCl 气体体积分数（干）为 54×10^{-6}，HF 气体体积分数（干）为 28×10^{-6}。要求性能如下：吸收塔出口 SO_2 体积分数（干）为 25×10^{-6} 以下，脱硫效率为 97.1% 以上，吸收塔出口粉尘质量浓度（干）为 5mg/m³ 以下，石膏纯度≥97.1% 以上，石膏含水率＜10%。该系统有如下特点：

（1）采用单塔复合工艺。设置于电除尘器前的热回收装置 GGH 以及电除尘效率的提高使 FGD 进口粉尘含量为 30mg/m³，因此采用了无预洗涤除尘系统的单塔复合工艺。

（2）采用单塔配大容量机组（1000MW）。在 1000MW 容量的发电机组 FGD 装置上采用单台吸收塔。所有反应过程如烟气冷却、除尘、脱硫和氧化均在塔内实现。

（3）采用改进型吸收塔。改进型吸收塔将出口烟道与塔身结合，如图 2-148 所示，外形尺寸为 $\phi 23.6m \times 32.1m$，喷雾段为 5 段，螺旋型喷嘴。

（4）采用真空皮带式石膏脱水机。图 2-149 是 4 号、5 号 FGD 吸收塔系统照片。

图 2-147 日本碧南发电厂总貌

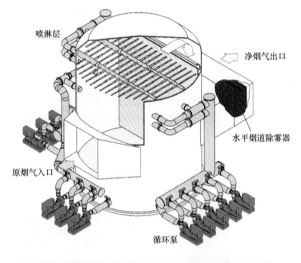

图 2-148 日本碧南发电厂 1000MW 机组的吸收塔

图 2-149 日本碧南发电厂 4 号、5 号 1000MW 机组的 FGD 吸收塔系统

2. 河北定洲电厂 FGD 系统

定洲电厂位于河北省定洲市开元镇，其 2×600MW 国产引进型燃煤发电机组配套的 FGD 系统采用了川崎重工的 FGD 技术。2004 年 12 月 27 日和 2005 年 2 月 3 日，1 号、2 号机组 FGD 装置相继投入商业运行，这是国内 600MW 机组等级的 FGD 系统继台山电厂之后第二个投入运行的。

FGD 系统流程如图 2 - 150 所示，锅炉燃用神府东胜煤，煤质分析数据与广东台山电厂完全一致，见表 2 - 7；FGD 系统主要设计参数见表 2 - 16。

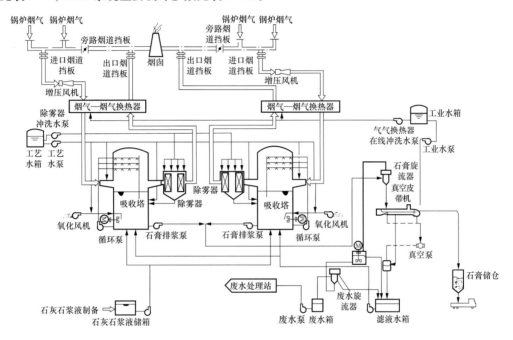

图 2 - 150 河北定洲电厂 2×600MW 的 FGD 系统流程

表 2 - 16 定洲电厂 FGD 系统的主要设计数据

名　称	单　位	设　计　值	名　称	单　位	设　计　值
FGD 进口 SO_2 质量浓度	mg/m^3	1576（干态，6% O_2）	石灰石粉耗量	t/h	≤10.7/2 套
FGD 进口烟气量（BMCR）	m^3/h	1968047（干态，实际 O_2）	电耗	kW·h/h	12190/2 套
FGD 进口烟温	℃	126	工艺水耗量	t/h	145/2 套
FGD 进口烟气含尘量	mg/m^3	47（干态，6% O_2）	废水量	t/h	14.6/2 套
FGD 进口 SO_3 质量浓度	mg/m^3	40（干态，6% O_2）	负荷适应范围	BMCR	30% ~100%
FGD 进口 HCl 质量浓度	mg/m^3	80（干态，6% O_2）	FGD 系统的可用率	%	≥95
FGD 进口 HF 质量浓度	mg/m^3	25（干态，6% O_2）	FGD 装置使用年限	年	30
FGD 进口烟气水分（体积比）	%	7.63	FGD 系统脱硫率	%	≥95
FGD 出口（烟囱入口）烟温	℃	≥80	FGD 出口烟气含尘量	mg/m^3	12（干态，6% O_2）
FGD 出口 HCl 质量浓度	mg/m^3	10（干态，6% O_2）	FGD 出口 HF 质量浓度	mg/m^3	5（干态，6% O_2）
ME 出口液滴含量	mg/m^3	≤75			

注 石膏品质：水分≤10%；纯度 $CaSO_4 \cdot 2H_2O$≥90%；$CaCO_3$ 含量 <3%（以无游离水分的石膏作为基准）；$CaSO_3 \cdot 1/2H_2O$ 含量 <0.35%；溶解于石膏中的 Cl^- 质量分数 $<100 \times 10^{-6}$，F^- 质量分数 $<100 \times 10^{-6}$，Mg^{2+} 质量分数 $<450 \times 10^{-6}$。

与广东省台山电厂的 FGD 系统相比，其最大的差别在吸收塔系统，表 2 - 17 列出了定洲电厂 FGD 吸收塔的设计参数，供参考。其他系统与台山电厂基本相同，采用石灰石湿磨系统，增压风机

A 位布置，设 GGH，石膏采用储仓。废水采用典型的处理工艺，即 FGD 废水→中和箱（加入石灰乳）→沉降箱（加入聚合铁和有机硫）→絮凝箱（加入辅助絮凝剂）→澄清池→清水 pH 值调整箱→排放。每台机组各设一台高压脱硫变压器，由发电机出口封闭母线 T 接，在高压脱硫变压器低压侧，设脱硫 6kV 厂用分支，高压脱硫变压器低压侧与脱硫 6kV 厂用分支间通过共箱封闭母线连接。FGD 系统的 DCS 采用 Teleperm XP 分散控制系统，该 DCS 主要由 AS620B 自动控制系统、ES680 工程设计系统、OM650 过程控制和管理系统、电源系统以及通信总线系统五大部分组成。

表 2–17　　　　　　　　　　定洲电厂 FGD 吸收塔系统主要设计参数

项　目	参　数
吸收塔前/后烟气量（m^3/h，标态，湿态）	2139800/2226200（BMCR）
吸收塔设计压力/烟气阻力（Pa）	3140/960
浆液循环停留时间（min）/全部排空所需时间（h）	2.5/30
液气比（L/m^3）、Ca/S（mol/mol）	10.8/1.05
烟气流速（m/s）	4.2（逆流）/10（顺流）
浆池固体含量：最小/最大（%）	22 ~ 28
浆液含氯量（g/L）	<20
浆池直径（m）×高度（m）/浆池正常容积（m^3）	17.6×5.6/997
浆池液位正常（m）/最高（m）/最低（m）	4.1/5.6/3.6
吸收塔总高度（m）/吸收区直径（m）×高度（m）	24.5/17.6×6.0

注　吸收塔材质：碳钢 + 鳞片内衬；入口烟道：碳钢 6mm + 鳞片内衬 2mm。
　　喷淋层/喷嘴材质：玻璃钢/碳化硅；喷淋层数/层间距：3/2m；每层喷嘴数：螺旋式 64 只。
　　搅拌器：每个吸收塔 6 台，轴功率 20kW，搅拌器轴/叶轮：6% 钼合金/双相合金。
　　罗茨氧化风机：55000Pa、140kW、6000m^3/h，出口氧化空气温度 95℃，氧化空气喷枪：6% 钼合金。
　　除雾器：吸收塔出口烟道 2 级，PP（聚丙烯材料）。吸收塔保温：50mm 石棉 + 锌铁皮
　　吸收塔离心式循环泵外壳材质：铸铁 + 橡胶内衬，叶轮材质：高铬钢，轴功率 542/481/420kW，吸入侧绝对压力额定值 35600Pa（3.0m），流量 8000m^3/h，扬程 17.8/15.8/13.8m，单层碳化硅机械密封。
　　吸收塔石膏浆液排出泵：轴功率 35.5kW，扬程 772000Pa（65m），流量 63m^3/h。

（七）日本石川岛播磨 IHI 最新 FGD 技术

IHI 最新的 FGD 设计包含了多种新技术，如无泄漏烟气热交换器（GGH）、直角（方形）吸收塔以及超低温电除尘器等，应用于日本九州电力公司岭北 2 号机组、东京电力公司常陆那珂（HITACHINAKA）1 号机组的 FGD 系统中。石川岛负责这两家电厂烟气处理系统的设计与施工，包括了电除尘器、烟气热交换器以及 FGD 系统。FGD 系统基本情况列于表 2–18 中。

表 2–18　　　　　　　日本岭北 2 号机组和常陆那珂 1 号机组 FGD 系统

电站（地点）		岭北 2 号机组（日本熊本市）	常陆那珂 1 号机组（日本茨城县）
客户		日本九州电力公司	东京电力公司
装机容量（MW）		700	1000
建成日期		2003 年 6 月	2003 年 12 月
烟气量（m^3/h，湿）		2.080×10⁶	2.868×10⁶
类型		石灰石/石膏法 单塔同时脱硫除尘及强制氧化	石灰石/石膏法 单塔同时脱硫除尘及强制氧化
SO_2 体积分数（×10⁻⁶，干）	入口	982	404
	出口	80	16
脱硫效率（%）		92	96

图 2-151 显示了岭北 2 号机组 FGD 系统流程，图 2-152 为 FGD 系统现场照片，常陆那珂 1 号机组 FGD 系统的流程基本相同。从锅炉排出的烟气经过脱硝装置、气体热交换器、热回收装置和除尘等阶段，之后由引风机引入吸收塔；在吸收塔中除去 SO_2 和粉尘后，烟气中的液滴通过除雾器被除去，净烟气通过热交换器得到加热，并由脱硫增压风机进行增压后排出烟囱。为补充烟气吸收过程中的压力损失，增压风机处于自动控制下以保证旁路挡板的压力差保持恒定。

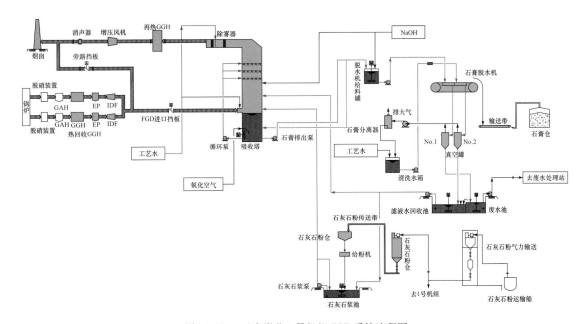

图 2-151　日本岭北 2 号机组 FGD 系统流程图

吸收塔设计成带有多层喷淋层的喷淋塔，烟气中的 SO_2 和粉尘被从喷嘴喷出的吸收浆液吸收。吸收塔排出的石膏浆被不断送入石膏储存罐，其 pH 值用 NaOH 来调节。接下来石膏浆液被送入皮带式石膏脱水装置进行脱水，直至石膏含水量达到 10% 以下，产品石膏被传送带输送到石膏储仓中储存。

石膏脱水过滤装置所得到的一部分液体会被排入废水处理系统以限制 FGD 系统中的氯离子浓度；剩余的液体则被用来制石灰石浆，再送回到吸收塔。

在石灰石浆池中，石灰石粉与水混合制成 20% 的石灰石浆液，之后被泵入吸收塔来维持吸收塔中 pH 值恒定。

图 2-152　日本岭北电厂 700MW
直角吸收塔 FGD 系统

该 FGD 系统体现了 IHI 技术的主要特点：

（1）无泄漏烟气热交换器（MGGH）。过去一般使用的是回转型加热器，但是这种设备有泄漏的缺点，因此在这些电厂中使用无泄漏型 GGH。无泄漏 GGH 包括热回收设施和再加热装置，使用水作为热传导的介质，并具备无气体泄漏的优点，因此能保证处理后气体的纯净度，图 2-153 是无泄漏 GGH 的示意。

（2）低—低温电除尘器（ESP）系统，即超低温 ESP。在超低温 ESP 系统中，ESP 被布置在 GGH 热回收装置的气体出口，在此出口处气体温度较低，因此相比于传统的低温 ESP 系统，该种 ESP 可以

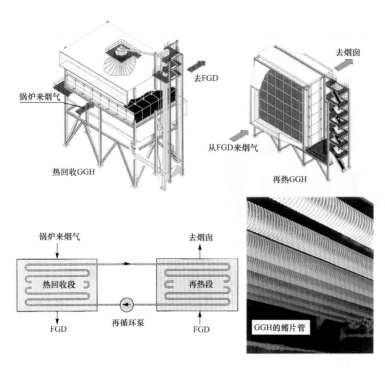

图 2-153　无泄漏型 GGH 流程与设备

达到更高的除尘效果，还能减少腐蚀问题，除此之外，ESP 的体积也大大减小了。但在超低温条件下捕集粉尘的电附着力减弱，粉尘容易再飞扬。为此在振打时，使这部分不带电，并关闭进出口闸板。这样可以使超低温 ESP 的出口粉尘质量浓度降低到 $10mg/m^3$ 以下，而不用昂贵的 WESP。

（3）直角吸收塔（见图 2-154）。石川岛公司现在使用直角（即方形）吸收塔来配合无泄漏烟气热交换器，同时通过更新设计参数，吸收塔被设计得尽量紧凑以达到更好的性能。吸收塔中气体的高流速使得 SO_2 和吸收剂液滴更好的混合，并提高了 SO_2 的吸收效率。考虑到气体压力损失不能超过系统要求，计算得出了最优的气体流速。

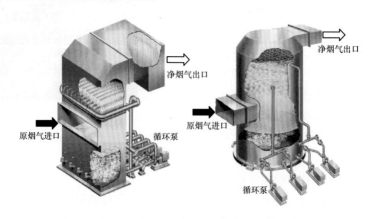

图 2-154　直角和圆柱形吸收塔示意

对直角和圆柱吸收塔的气体流动方式，石川岛公司进行了计算机模拟，计算是在一个三维空间模型中实现的，以反映吸收塔以及周围系统的情况。计算结果显示，如直角吸收塔与无泄漏 GGH 串联安装，气流会变得流畅得多，如图 2-155 所示。因此直角吸收塔也是完全实用的一种选择。

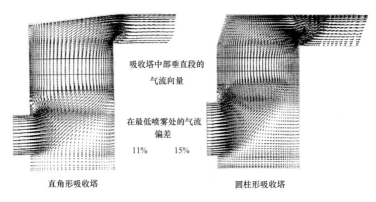

吸收塔中部垂直段的
气流向量

在最低喷雾处的气流
偏差

11%　　　15%

直角形吸收塔　　　　　　　　　　圆柱形吸收塔

图 2-155　气体流动方式计算机模拟结果

为了验证直角吸收塔的实际性能，在 1/60 模拟验证系统（模拟岭北 2 号机组）中，直角吸收塔被安装在现有的 1 号机组旁以利用生产现场的烟气，通过该测试验证，获得了许多对于设计实际机组所必需的参数：吸收塔中的气流速度、石灰石浆液的密度、吸收剂的 pH 值、吸收塔中液体停留时间以及氧化条件等。

在试运行和性能测试过程中，IHI 的 FGD 技术表现出以下的优点：

（1）体积减小。由于吸收塔被设计得更紧凑，FGD 系统占用的面积得以减少。岭北 2 号机组和 1 号机组（700MW）的对比（见表 2-19）显示了新型吸收塔的改良程度。

表 2-19　　　　　　　　　　　　岭北 2 号机组和 1 号机组对比

序号	对比项目	2 号 FGD 系统（直角吸收塔）	1 号 FGD 系统（圆柱吸收塔）
1	脱硫效率	提高 2.5%	基准值 （相同液气比，设计值）
2	吸收塔	18m（宽）×9.2m（深）×26m（高） 减少 50%（体积） 减少 20%（重量）	19.1m（直径）×33.3m（高） （体积基准值） （重量基准值）
3	脱硫反应槽容量	减少 40%	基准值
4	吸收塔循环泵功耗	减少 20%	基准值（电动机容量）
5	安装面积	减少 30%	基准值 （烟道、吸收塔占地面积）

（2）脱硫和去粉尘性能。2 个电厂中 FGD 系统的脱硫和除尘性能的表现都被证明超越了设计要求。另外，脱硫所得到石膏的纯度和水分含量都令人满意，其结果见表 2-20。

表 2-20　　　　　　　　　　　　　　　FGD 性能测试结果

FGD 系统	岭北 2 号机组		常陆那珂 1 号机组	
项目	设计要求	测试结果	设计要求	测试结果
装机容量（MW）	700	700	1000	1000
脱硫效率（%）	92	97	96	≥96
排放粉尘质量浓度（mg/m³）	15	0.8	8	≤8

除上述特点外，IHI 还使用了螺旋式喷嘴代替了旧式的空心式喷嘴，以求更好的雾化效果，图 2-156 是两种喷嘴及其雾化效果的比较。采用了搅拌器与氧化空气管结合的形式，代替原来的氧化

空气管道喷射式，图 2 - 157 是吸收塔底部浆液沉淀的比较，可见使用搅拌器与氧化空气管结合的方法的悬浮效果更佳。

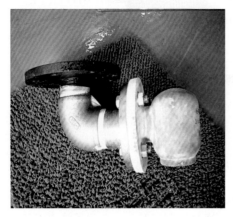

空心喷嘴及雾化效果

螺旋式喷嘴及雾化效果

图 2 - 156　两种喷嘴及雾化效果的比较

管道喷射法

侧向雾化法

图 2 - 157　两种氧化法吸收塔底的沉积比较

国内 FGD 公司引进 IHI 技术后，已应用于上海外高桥电厂 2×300MW、上海宝钢电厂 1×350MW、湖南鲤鱼江电厂 2×600MW、内蒙古包头电厂 2×600MW 等机组的 FGD 系统中。图 2-158 和图 2-159 给出了 IHI 的 FGD 技术应用实例，其中松浦（MATSUURA）电厂 2 号 1000MW 燃煤机组为圆柱吸收塔设计，FGD 入口烟气量为 324 万 m^3/h（湿），入口 SO_2 质量浓度为 2086mg/m^3（干），脱硫率为 89%，采用传统的回转式 GGH 再热器，于 1997 年 7 月投运。

日本石川1号、2号156MW（1986）FGD系统

日本新小野田1号、2号500MW（1986）FGD系统

日本敦贺1号机组500MW（1991）FGD系统

日本敦贺2号机组700MW（2000）FGD系统

日本UBE电力中心有限公司216MW（2004）FGD系统

图 2-158　IHI 公司 FGD 技术的应用实例

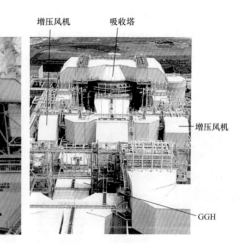

日本松浦2号1000MW（1997）圆柱吸收塔及FGD系统总貌

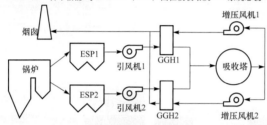

日本松浦2号1000MW FGD系统流程

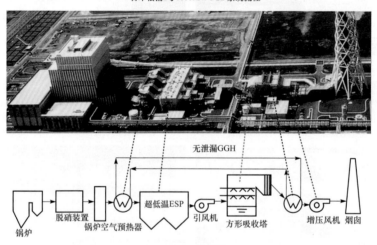

日本常陆那珂1号1000MW机组最新FGD系统及流程

图2-159 IHI公司1000MW机组FGD技术的应用实例

（八）日本日立公司的FGD技术

日本巴布科克—日立公司的FGD吸收塔如图2-160所示，是典型的喷淋空塔结构，以多叶片搅拌器实现高氧化性能，采用高浓度浆液、高烟气流速、水平布置的高性能除雾器来减小吸收塔体积、提高脱硫效率等。其最新的特点有：

（1）高性能的空心锥喷嘴，使液滴更细，从而减少喷淋层数。

（2）氧化空气管与搅拌器结合，实现高效的内部强制氧化。

（3）提高吸收塔内烟气流速，使气液接触更有效。

（4）提高了吸收塔内浆液密度（由10%升至20%），可使脱硫率更高。

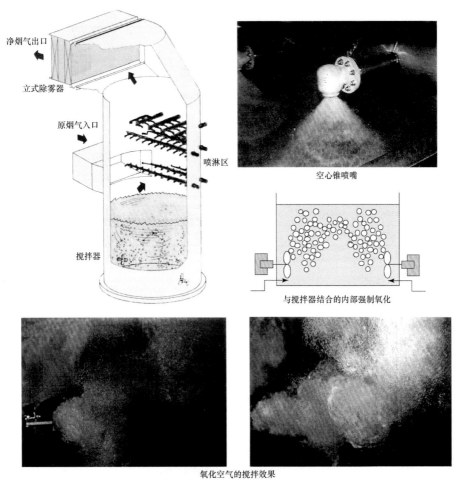

图 2-160 日立 FGD 吸收塔及部件

（5）同样采用无泄漏型 GGH（见图 2-161）、高性能的除雾器水平烟道布置。

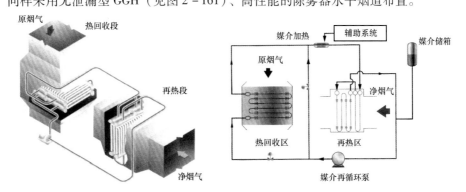

图 2-161 日立无泄漏 GGH 示意

为满足日本日益严格的电厂粉尘浓度的标准，日立公司最先改变了 FGD 系统的布置流程，即将无泄漏型热加换器的热回收部分放置在锅炉电除尘器（ESP）前，使得进入 ESP 前的烟气温度降至 90~100℃，大大提高 ESP 的除尘效率，使最终排放的粉尘质量浓度在 5mg/m³ 以下。2000 年 12 月，日立的 FGD 技术应用于日本电源开发公司橘湾（Tachibanwan）电厂 2 号 1050MW 燃煤机组上，如图 2-162 所示，FGD 系统主要参数见表 2-21。

表 2 – 21   日立公司部分 FGD 系统主要参数

电厂机组	机组容量（MW）	FGD 烟气量（m³/h，湿）	进口 SO₂ 体积分数（×10⁻⁶）	脱硫率（%）	其 他
橘湾 2 号	1050	3300000	809	≥94	燃煤，无泄漏 GGH，单塔，2000 年 12 月投运
松浦 1 号	1000	3268000	992	≥90	燃煤，GGH，双塔，1990 年 6 月投运
新地 1 号	1000	3040400	920	≥90	燃煤，无泄漏热管式 GGH，双塔，1994 年 6 月投运
横须贺 2 号	265	925000	780	≥90	石油焦（COM），热管式 GGH，1985 年 5 月投运
宫津 1 号、2 号	375	1120000	580	≥90	重油，GGH，1989 年 8、12 月投运
知内 2 号	350	1071000	2465	≥94	奥里油，GGH，1997 年 9 月投运
波兰 Kozienice 9 号、10 号	500	2300000	1103	≥93	硬煤，GGH，2001 年 6 月投运
坂出电站	450	1279000	1217	≥96	重油，GGH，2003 年 12 月投运

图 2 – 162 日本橘湾电厂 2 号 1050MW 燃煤机组 FGD 系统总貌

日立 FGD 技术在日本国内及国外有大量应用，其数量已超过 40 套，总容量在 16GW 以上，燃料有石油、奥里油、石油焦、煤炭、复合燃料等，图 2 – 163 和图 2 – 164 给出了部分 FGD 系统例子，表 2 – 21 为各 FGD 系统的主要参数。

日本Matsuura（松浦）1号1000MW
机组FGD系统，1990

日本Shinchi（新地）1号1000MW
机组FGD系统，1994

图 2 – 163 日立 1000MW 机组 FGD 系统

日本Yokosuka（横须贺）2号265MW
焦油机组FGD系统，1985

日本Miyazu（宫津）1号和2号375MW
重油机组FGD系统，1989

日本Shiriuchi（知内）2号350MW
奥里油机组FGD系统，1997

波兰Kozienice 9/10号500MW
机组FGD系统，2001

日本坂出电站450MW重油FGD吸收塔，2003

图 2 - 164 日立 FGD 系统实例

为减少 FGD 系统占地面积，日立公司还开发了紧凑型吸收塔 FGD 系统，即高速水平流简易 FGD 系统。1996 年 4 月，山西太原第一热电厂的高速水平流简易 FGD 系统投运试运行。FGD 系统增压风机从太原第一热电厂 12 号 300MW 机组尾部抽出 60 万 m^3/h 烟气量，相当于锅炉排烟量的 2/3，设计 FGD 系统入口 SO_2 体积分数为 2000×10^{-6}，脱硫率为 80%。FGD 系统流程见图 2 - 165，其吸收塔系统布置如图 2 - 166 所示，现场部分设备参见图 2 - 167 和图 2 - 168。

在喷雾区，由 18 根喷雾管排成 3 列，每根管上有许多水平方向的雾化喷嘴，石灰石浆液由喷嘴雾化后喷出，充满整个喷雾区，以 7 ~ 10m/s 高流速水平进入的高温烟气在这里与浆液充分接触后，进入吸收塔，由于设备截面突然放大，使烟气速度减慢，同时烟气与石灰石浆液在吸收塔内充分接触并反应。由于吸收塔设计成卧式，容量较其他湿法的小，可节省占地。

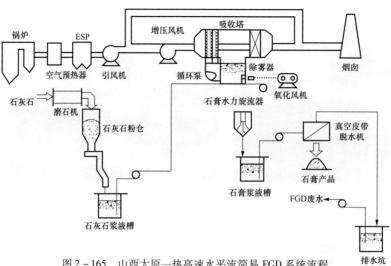

图 2 - 165　山西太原一热高速水平流简易 FGD 系统流程

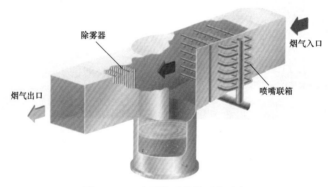

图 2 - 166　水平流吸收塔系统示意

太原一热高速水平流FGD系统现场总图

吸收塔入口水平喷雾管排

吸收塔出口立式除雾器及其冲洗

图 2 - 167　太原一热高速水平流 FGD 系统现场设备图一

吸收塔内氧化空气管

FGD系统控制室

石灰石粉磨制系统总貌

石灰石粉制浆及浆液泵

真空皮带脱水机与真空泵

图 2-168　太原一热高速水平流 FGD 系统现场设备图二

　　经过布置在吸收塔出口水平烟道上 2 级除雾器的烟气温度为 45℃左右，接近水蒸气饱和温度，系统不设再加热器，而是用高温的原烟气（总烟气量的三分之一，温度最高 170℃）与脱硫后烟气混合的方式提高排烟温度，在混烟区及之后的排烟烟道采用 2.0mm 厚的耐高温鳞片衬里防腐。为防止因进入吸收塔的烟气温度过高而导致塔内防腐内衬的破坏，在吸收塔喷淋段入口处设有紧急冷却水喷嘴。

　　日本冲绳电力公司的金武电厂也采用水平流 FGD 系统，设计处理燃煤锅炉烟气量 $689800m^3/h$，处理进口 SO_2 体积分数为 538×10^{-6}，脱硫率为 81.4%，2003 年 4 月投入运行。

　　高速水平流简易湿法 FGD 技术的"简易"主要表现在以下几个方面：

　　（1）液气比小。

　　（2）对脱硫剂石灰石品质要求降低，包括对纯度和粉粒的粒度的要求，以扩大原料来源和降低制粉成本。

　　（3）提高烟气在塔内的流速，降低烟气在脱硫塔内的停留时间，缩小装置体积，降低造价。

　　（4）省去烟气热交换器，经脱硫后的低温烟气与未脱硫的高温烟气（最高 170℃）混合后，直接排入烟囱。

（5）采用水平卧式吸收塔，与其他湿法相比，其容积较小（塔体一段相当于稍放大的烟道），省去了采用竖塔时的上下连接烟道，节省占地，节约投资。

（6）该 FGD 造价为常规湿法 FGD 的 50%，脱硫效率降低 10%~15%（仍可达 80%）。

（7）石灰石浆液设计成水平喷入方式，雾化好。

高速水平流简易湿法 FGD 技术的特点为：

（1）适用于燃用各种含硫煤，且脱硫效率要求不高（80%）的特定的燃煤电厂。

（2）简化的系统，易于运行操作。

（3）用石灰石作脱硫剂，价格低、钙利用率高。

（4）造价与运行成本均较低。

（5）氧化吸收完全，副产品石膏稳定，有益于防止二次污染。

（6）吸收塔的喷雾具有较高的除尘能力，其后部可不设除尘器。

（7）脱硫与氧化合二为一，均在吸收塔内进行，吸收塔布置在锅炉与烟囱之间的烟道上，可快速将吸收液喷成雾状，进行脱硫。

随着环保标准的提高，这种处理部分烟气量、低脱硫率的简易 FGD 系统的应用已在减少。

（九）美国 B&W 公司的合金托盘 FGD 技术

美国 B&W（Babcock & Wilcox）对 FGD 装置的设计进行过不断改进，形成了自己的特点，即在吸收塔上部装了合金托盘，在托盘上开孔，孔径 30mm，开孔率为 30%~50%。石灰石浆液由托盘上面的喷嘴喷到托盘上，烟气由托盘下均匀通过托盘孔时，与石灰石浆液接触传质，吸收 SO_2。其吸收塔结构见图 2-169，现场喷雾托盘及喷淋层结构形式见图 2-170。

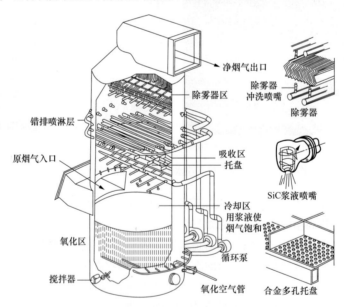

图 2-169　美国 B&W 公司的合金托盘吸收塔

B&W 公司的湿法 FGD 工艺有如下特点：

（1）石灰石制备系统中的湿式球磨机利用高碳锻钢钢球将石灰石磨碎。推荐的石灰石粉细度为 95% 通过 325 目（44μm），以使脱硫吸收剂利用效率达到最佳。

（2）吸收塔采用逆流设计和密集喷淋布置。喷淋层上的浆雾锥相互重叠，单层喷淋的塔截面覆盖率可达到 100%，每层喷淋都对烟气进行 100% 的洗涤，因此 SO_2 洗涤效果极佳。石灰石浆液经一系列集箱和喷嘴向下喷入，对自下而上流过吸收塔的烟气进行洗涤。吸收塔分为四个区域：急冷区、

图 2 - 170　合金多孔托盘及喷淋层

吸收区、除雾区和再循环浆液储存区。位于吸收塔烟气进口正上方的急冷喷嘴在冲洗吸收塔托盘底部的同时使烟气冷却并达到饱和。急冷区壁面一直用浆液冲刷，烟气入口经特别设计可防止烟气倒流和固体颗粒聚积。烟气穿过 B&W 公司专利托盘后上升，并与浆液泡沫接触。由于吸收塔内烟气分布非常均匀，因此使通过各喷淋区的气—液接触效果十分有效。为获得最佳的脱硫效果，在吸收塔各横断面上烟气和浆液接触必须均匀分布。B&W 公司通过试验得到数据，由浆液喷淋引起的烟气侧压降，不足以使其自身均匀分布，因此公司设计了专利——多孔托盘。

　　（3）采用合金托盘。这是 B&W 公司湿法 FGD 技术最大的特点，见图 2 - 171。合金托盘的作用有：

　　1）均布气流。烟气由吸收塔入口进入，形成一个涡流区。烟气由下至上通过合金托盘后流速降低，并均匀通过吸收塔喷淋区。喷淋塔直径越大，利用机械手段维持均匀分布就越重要，不采用这种托盘，就会造成吸收塔的各区域烟气不均，即有些区域吸收剂不足，而有些区域吸收剂又太多的现象，这对大型机组的脱硫尤为重要。图 2 - 172 是加装合金托盘前后吸收塔截面烟气流速分布的比较，可见其均布烟气的效果。

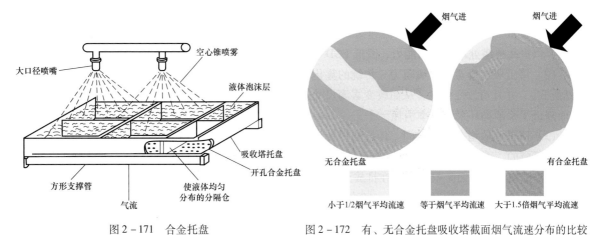

图 2 - 171　合金托盘　　　　　　　　图 2 - 172　有、无合金托盘吸收塔截面烟气流速分布的比较

2）浆液分布均匀。多孔托盘上的水膜层使浆液分布均匀。

3）强化脱硫，提高了吸收剂利用率。托盘小孔的节流喷射作用，提高了烟气中SO_2向浆液滴的传质速度；托盘上形成的一定高度的泡沫层，也延长了浆液停留时间，增大了气液接触面积。当气体通过时，气液接触，可以起到吸收气体中部分污染成分的作用，从而有效降低液气比，提高吸收剂的利用率，降低循环浆液泵的流量和功耗。

4）低吸收塔。良好的吸收效果可以减少液气比和喷淋层，使吸收塔的高度降低。低吸收塔使其防腐面积小，质量轻，整个吸收系统投资减少，运行和维修保养费用低。

5）不结垢。该托盘由合金钢制成，特别坚固，同时具有自清洗和泡沫效应强的特点，可进一步除去固体颗粒，激烈的浆液冲刷使托盘不易结垢。

6）检修方便。托盘可作为喷淋层和除雾器的检修平台，无需排空塔内浆液，无需脚手架。

7）节能。多孔托盘除具有上述特点外，最大的优点是节省厂用电。较低的液气比和较低的吸收塔高度，使循环泵功率大为减少，足以抵消因烟气阻力增加而增加的引风机功率，全系统高效节能。该公司在做500MW机组设计中，将采用托盘和不用托盘的参数进行了比较，比较结果见表2-22。其设计参数如下：FGD入口SO_2体积分数为1800×10^{-6}（干）、脱硫率为90%，吸收剂为石灰石。

表2-22　　　　　　　　　　采用托盘与不采用托盘设计的参数比较

项　目	采用托盘	不用托盘
Ca/S	1.02	1.02
液气比（L/m³）	14.5	20.0
吸收塔压降（Pa）	1240	870
循环泵功率（kW）	2760	3750
增压风机功率（kW）	6860	6580
总功率（kW）	9620	10330

由表2-22可以看出：尽管由于增加多孔托盘后，烟气系统阻力增加了，并使脱硫风机功率有所增加，但由于采用了托盘，使得烟气均匀分布，气液接触面积大，在保证脱硫率的情况下液气比可降低27%，总能量节约710kW。

B&W公司通过研究后认为，湿法FGD技术的发展关键是怎样通过提高设备的利用率来降低设备的运行费用，即以最少的占地、最佳的方式完成最大烟气量的输送和处理，以降低投资。其FGD技术发展方向为：

（1）在保证充分的浆液与烟气反应的同时，提高吸收塔烟气流速。吸收塔内传统的烟气设计流速低于3.05m/s，而现在已设计出流速为3.50m/s的吸收塔，并以现有的吸收塔做流速4.57m/s的试验，以提高单塔处理烟气的能力，降低FGD装置的造价。

（2）降低吸收塔雾化喷嘴阻力。传统的雾化喷嘴为空心锥形，而现在设计的雾化喷嘴为猪尾形（螺旋式），并且可改变角度，从而改变雾滴尺寸。由于采用了比传统设计更小的雾滴，降低了阻力，因而降低了浆液循环泵的功率消耗。

（3）降低吸收塔内反应时间。传统的设计认为浆液在吸收塔内循环滞留时间低于10min是不可能完成反应的。而现在的观点认为10min内SO_2与吸收剂间的化学反应是十分可能的。不再根据液气比决定滞留时间，而是根据浆液在排放到脱水系统之前吸收塔内的颗粒反应来决定滞留时间。这样可使浆液通过吸收塔的时间最短，达到降低运行费用的目的。

（4）使能量转换达到最佳。正如前面所介绍的，B&W公司具有多孔托盘技术，现在再考虑1塔采用多个多孔托盘组合的方式，从而达到非常低的再循环率，进一步降低厂用电率。

（5）提高设备整体化水平，降低工程造价。B&W 公司设计的 1300MW 容量的 Zimmer 机组的湿法 FGD 装置，是世界上最大单机容量的 FGD 系统。采用整体加工，吸收塔已作了模块化制作，每个塔直径12.4m，被分成两半，所有内部件全部在制造厂安装好，然后通过驳船运输到现场，每一半的质量约为 100t，从驳船上卸下后运到现场最终位置要花一天时间，每个吸收塔的周边焊接约需 2 周。

Zimmer 电厂有两点值得一提，一是该 1300MW 机组是世界上最早的由核能发电改造为燃煤电厂的机组。第二个独特之处是该套 FGD 系统由六个吸收塔（5 用 1 备）组成，按 180°弧的范围内排列在烟囱周围，如图 2-173 所示，图 2-174 是 FGD 系统现场布置照片。这种布置方式降低了出口烟道的初投资和以后的维护费用，在吸收塔和烟囱之间封闭的连接部分可用来作泵房，而且提供了维修用的走廊，并作为出口烟道的支架。1994—1995 年投入运行的美国电力公司 Gavin 电厂 1、2 号 2×1300MW 机组也采用 1 炉 6 塔布置的 FGD 系统，如图 2-175 所示。Zimmer 电厂 FGD 工艺采用镁增强石灰为吸收剂，设计入口烟气量 8326000m³/h（实际，174℃），进口 SO_2 质量浓度为 1.075 ~ 3.7mg/kJ（2.5 ~ 8.6lb/MBtu），燃煤含硫 1.5% ~ 4.5%，系统要求脱硫率不低于 91%（按 30 天滚动平均）。单个吸收塔尺寸为 ϕ12400×23.7m（塔顶烟道顶部高度），塔体由 317LMN 不锈钢制作，入口烟道为 C-276 合金，其结构见图 2-176。内部管道为 316L 不锈钢，重墙结构，出口烟道很短，是用 Pennguard 硼硅酸盐砌块作内衬的。FGD 系统性能试验表明，在进口 SO_2 质量浓度为 2.0mg/kJ（4.65lb/MBtu）时，系统脱硫率为 96.4%。副产品为含水 40% 的滤饼，在其中加入飞灰和石灰固化和稳定化后用于土地填埋。

B&W 公司的 FGD 技术由国内脱硫公司引进后，在国内已有大量的应用业绩。

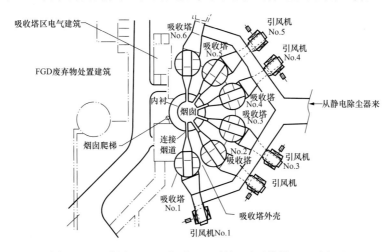

图 2-173　美国 Zimmer 电厂 FGD 系统 6 个吸收塔 180°弧布置

图 2-174　美国 Zimmer 电厂 1 炉 6 塔 FGD 系统

图 2-175　美国电力公司 Gavin 1 号、2 号机组 1 炉 6 塔 FGD 系统

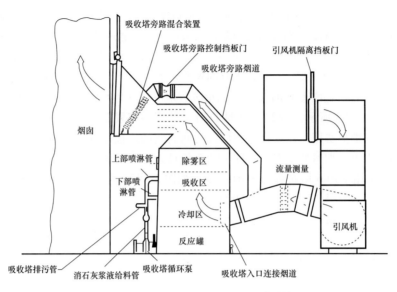

图 2 - 176　Zimmer 电厂 FGD 吸收塔结构

（十）美国 DUCON 公司的文丘里棒吸收塔

DUCON 公司主要产品为烟气脱硫、脱硝、垃圾焚烧、布袋除尘器、水处理等。该公司专利设计的喷淋空塔和文丘里格栅，既具有填料塔高气液传质功能，液气比低、运行能耗低，同时由于文丘里棒层在烟气气流冲击下能自转，不结垢。另外，文丘里棒层还具有在塔截面上均匀分布气流的作用。

20 世纪 70 年代，DUCON 基于大量的研究及实验，开发了专有的空塔加文丘里的吸收塔技术。1978 年，DUCON 设计的第二代文丘里吸收塔，在未设置喷头的情况下，由于高达 98% 的 SO_2 脱除率而获得美国 "CHEMICAL PROCESSING" 的 TOP HONORS（顶级荣誉）。在第三代的 DUCON 技术中，DUCON 对吸收塔的各系统进行了改进，吸收了喷头喷淋的优点，增加了喷头喷淋系统，使在吸收塔塔截面上的覆盖率达到 200% 以上。文丘里层以及吸收塔示意见图 2 - 177。

该 FGD 技术的特点如下：

（1）在吸收塔的烟气入口上方设置 2 ~ 3 层文丘里棒层，每层棒层间有一定的距离，各排棒层设不同的开孔率。文丘里棒采用碳钢外衬丁基橡胶（当然可用合金材料），保证寿命 10 年以上，由 DUCON 公司成套提供。它具有良好的防腐和耐磨性能，其结构为圆柱体，安装时直接放入塔内支架上，安装和更换都相当方便。采用文丘里棒的吸收塔具有类似填料塔的气液分布好、传热传质推动力大、脱硫效率高的特点。

（2）脱硫塔内还设计了四层防边壁效应的设施（导向叶片），避免了边壁效应，提高了脱硫效率。

（3）设置文丘里后，错位布置的两排文丘里棒形成无数个文丘里管，由于文丘里管减小了烟气在塔中的流通截面，提高了烟气通过时的流速，从而当脱硫循环浆液经喷淋落下时，与逆流而上的热烟气形成强烈湍流，强烈破碎含石灰石的石膏浆滴，极大地增加了气液相之间的传质、传热表面，另一方面，烟气通过文丘里层时，以"液体包围气体"的鼓泡传质过程，提高了传质效率。

（4）烟气进入吸收塔时，在进口处会形成一个涡流区，严重时会将浆液回流到烟气入口烟道。基于对烟气入塔流动情况的研究，DUCON 对烟道入口结构进行了优化设计，入口段与吸收塔平面成 21°的倾角，以减少烟气进塔后旋涡产生的可能，并保证所有冷凝液及急冷喷淋水回入塔内。在吸收

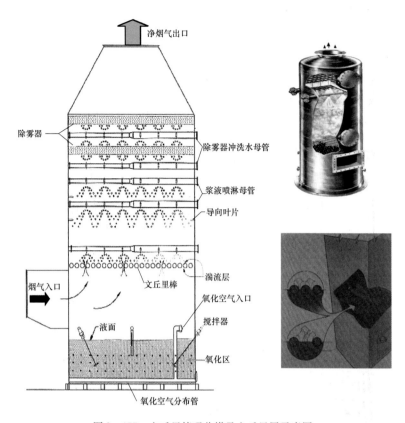

图 2 – 177　文丘里棒吸收塔及文丘里层示意图

塔内设置文丘里棒层后，对进塔的烟气再进行重新分布，使烟气在吸收区的分布更均匀，通过文丘里棒层后，烟气以接近"平推流"的方式通过吸收区，更易保障高脱硫效率的达到。另一方面，使 SO_3 能溶解在水中，有利于 SO_3 的脱除，避免了烟气进入吸收塔后与水气结合生成的"蓝色烟雾"。

（5）由于采用文丘里结构，提高了吸收过程的效率，可以在更低的液气比下达到较高的脱硫效率，降低了循环浆液的循环量，降低了电的总消耗。其液气比可降低至 10.0 L/m^3（塔出口，湿基标态）。

（6）DUCON 的喷淋层加文丘里结构，可以适应煤含硫量的波动。当预计燃烧的煤的硫含量会长期增加时，可以降低文丘里棒层的开孔面积，即增加文丘里棒层上湍流层的高度，当煤的硫含量降低时，可以去除部分的文丘里棒，增加文丘里棒层的"开孔面积"，这样可以减少增压风机的压头，减少 FGD 系统的电耗。

（7）文丘里棒在发明初期是作为除灰器使用的，有相对较高的除尘效率，这样可以减少进入除雾器的灰尘含量，提高除雾器的工作可靠性。

DUCON 大量工程应用表明，以石灰石作为脱硫剂，Ca/S = 1.01 ~ 1.05 时，脱硫效率可达 95%以上，最高可达 99%，还可用其他废碱水等作吸收剂。此技术在美洲、东南亚等地有近 40 套业绩，国内河北唐山电厂 2 × 300MW 机组的文丘里 FGD 系统已于 2004 年底投入运行，图 2 – 178 和图 2 – 179 为塔内部分设备如循环泵、喷淋层、文丘里棒层及氧化空气管等的照片。广东湛江电厂 4 × 300MW 机组、甘肃靖远电厂 3 × 300MW 机组等的文丘里棒 FGD 系统也已投入运行，图 2 – 180 显示了湛江电厂 FGD 系统及塔内 2 层文丘里棒层。与唐山电厂不同的是，吸收塔为等径塔，近塔壁处文丘里棒改为格栅形式，侧进式搅拌器。

唐山电厂循环泵及滤网

唐山电厂喷嘴喷淋效果　　　　　　唐山电厂喷淋层及文丘里棒层

图 2 - 178　唐山电厂 2×300MW 机组的 FGD 循环泵与喷淋层等

文丘里棒层　　　　　　　　　　　文丘里棒层局部

文丘里棒支撑　　　　　　　　　　塔壁处文丘里棒

除雾器及其冲洗层　　　　　　　　氧化空气管及上部搅拌器

图 2 - 179　唐山电厂 2×300MW 机组的文丘里棒 FGD 吸收塔内设备

FGD系统总貌及塔内文丘里棒层

仰视文丘里棒层

塔壁处格栅

图 2-180　广东湛江电厂 300MW 机组文丘里棒 FGD 系统

　　唐山电厂 2×300MW 机组 2 套 FGD 系统于 2003 年 7 月签订合同，2004 年 12 完成热态调试，经过近半年的试运行于 2005 年 6 月完成 168h 考核和设备移交。FGD 系统主要设计参数为：FGD 入口烟气量 1136860m³/h（湿），燃煤应用基含硫 1.04%，FGD 入口 SO_2 质量浓度 2254mg/m³（标态，干，6% O_2），入口烟气温度 114℃，未设置烟气再热装置如 GGH，脱硫剂为石灰石，设计脱硫效率≥95%，设计粉尘排放质量浓度≤50mg/m³。

　　从图可看出，唐山电厂 FGD 吸收塔除上述文丘里塔的特点外，与一般喷淋塔相比还有几个特别之处：

　　（1）塔为变径塔，浆池部分直径大，而喷淋部分直径小。浆池大可使池内反应更充分，形成的石膏晶体粒径大，易于脱水。但给吸收塔的安装施工带来难度，现在大部分喷淋塔都已采用同一直径了。

　　（2）搅拌器从塔的侧上方向下安装，氧化空气管布置在塔底搅拌器下方，喷入口接近搅拌器叶片（即强烈湍流区），以使鼓入的氧化空气立即被切割成细小分子，均匀分散到整个吸收塔浆液中。同时空气管可起到气动脉冲悬浮作用，以保证因各种原因导致搅拌器长时间停运后的无故障启动。

（3）吸收塔净烟气出口设计采用了顶部轴向引出方式而不是侧向布置，这同德国 LEE 公司的设计一样。

（十一）美国 ABB 公司的 LS – 2 工艺

为满足市场要求，在传统的空塔基础上，原美国 ABB 环保部（现为美国 Alstom 公司）开发了新一代的湿法 FGD 系统，命名为 LS – 2，于 1995 年 8 月在美国俄亥俄州的 Edison's Niles 电厂运行。LS – 2 的技术特点如下：

1. 吸收塔选用高的烟气流速

LS – 2 采用高达 4.57m/s 的高烟气流速。实际 FGD 系统的实验结果和 EPRI 高硫煤研究中心（HSTC）研究结果均证实，提高吸收塔流速可以大幅度增加脱硫的传质速率，在脱硫率不变的条件下，烟速从 2.3m/s 提高到 4.3m/s，液气比减少 32%，相应的传质

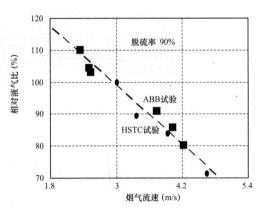

图 2 – 181　高烟气流速的试验结果

速率增加 50%，如图 2 – 181 所示。根据中试结果，从节能观点出发，空塔流速最好大于 4.57m/s，当空塔流速从 2.3m/s 提高到 4.3m/s 时，能耗可下降 25%。

2. 大的喷淋覆盖率和专有的喷嘴布置方式

为适应空塔高烟气流速，LS – 2 吸收塔采用了新型的 ABB 专利喷淋系统，专为烟速大于 4.57m/s 设计，最高可达 5.49m/s。LS – 2 吸收塔采用的喷嘴为新型专利设计，它的喷雾浓度更大，可采用较少的喷嘴层数，由此可降低塔高。在对各种类型的喷嘴结构、喷射方式及喷射区进行细致研究的基础上，确定了以交错方式精心布置喷嘴的方案，从而增加烟气与液体的接触，增大介质交换，降低系统压降，其浆液喷淋覆盖率高于 300%（在喷嘴下 0.91m 处）。喷嘴的专利结构和布置可使气液接触强烈（见图 2 – 182），浆液的流通量也极大增加，从而减少喷射区所占的容积，紧凑的喷射区降低了脱硫塔的高度和大小，并减少了电耗。其喷嘴形式为空心锥体，材料为碳化硅，出口压力大于 0.055MPa，锥体角度为 90°～120°，图 2 – 183 为现场喷淋层布置及喷淋照片。

ABB 公司最新开发了碳化硅双孔喷嘴，与传统的双向喷嘴类似，可以向上及向下喷淋（上/下浆液流量比例为 70:30 或 50:50），用于低位喷淋层以降低运行成本，它可以获得更低液气比、更低的压降，其喷淋能力为 57～114m³/h，如图 2 – 184 所示。

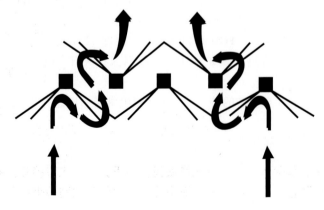

图 2 – 182　喷嘴布置使气液强烈接触

3. 采用超细石灰石粉

吸收塔浆液池（罐）主要作用是溶解石灰石、将 SO_3^{2-} 氧化为 SO_4^{2-} 并生成石膏。ABB 发现在浆液停留时间大于 3min 的反应罐中，制约反应的因素是石灰石的溶解。当浆液在反应罐中停留时间大于 3min 时，就较少影响石膏的相对饱和度，同样氧化程度也可以保持在 95% 以上，如图 2 – 185 所示。在传统的设计中，减小吸收塔浆液池会使 SO_2 脱除性能大

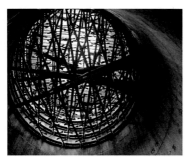

图 2 – 183　ABB 公司的喷淋层及喷嘴

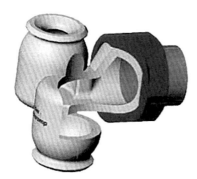
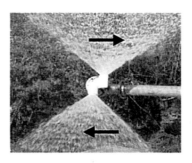

图 2 – 184　ABB 公司最新的双向喷嘴

大降低，而只有增加石灰石量或提高液气比来补偿，这都将增加运行费用。ABB 则通过采用超细的石灰石粉以减小浆液池尺寸，LS – 2 要求的石灰石颗粒为 99.5% 小于 44μm（325 目），可以使用 ABB 的 Raymond 辊轮磨粉机来满足。LS – 2 的浆液池大小与常规的标准相比减小了 50% 以上。

　　典型的吸收塔中，大部分石灰石的溶解是在吸收塔浆液池中，浆液喷射区只有少量石灰石的溶解，这样在传统的吸收塔中，喷射区的固态碱性对脱除 SO_2 的作用就受到限制。石灰石的反应程度与其比表面积有直接关联，大颗粒石灰石对应的比表面积小，而且大部分未反应的石灰石被排出塔外。LS – 2 系统由于使用了超细石灰石粉，在喷射区就有更多的石灰石溶解，这就可以进一步降低液气比、减少石膏中石灰石颗粒，提高石膏的纯度。ABB 的试验表明，石灰石粉细度对其利用率有巨大影响，如图 2 – 186 所示，LS – 2 系统可以在 pH > 6.0 的工况下运行而石灰石利用率仍可在 98% 以上。因此 LS – 2 系统能获得高的脱硫率，同时生产出高纯度的石膏，并可大大降低运行费用。

　　4. 专利大雾滴除雾器

　　传统的竖式除雾器烟气通常只能在 3.05m/s 的速度下运行，当速度到 3.66m/s（12ft/s）时，便开始出现明显的烟气携带液滴现象。而 LS – 2 采用了专利的大雾滴除雾器 BES（Bulk Entrainment Separator），

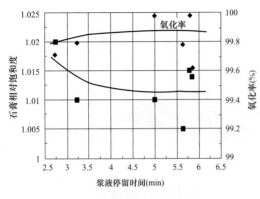

图 2 - 185　浆液停留时间对石膏
相对饱和度及氧化率的影响

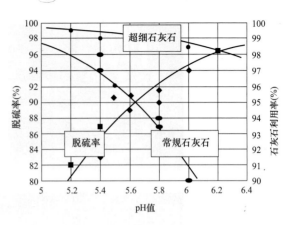

图 2 - 186　石灰石利用率的比较

LS - 2 系统设二级除雾器，在水平烟道与吸收塔的拐弯处装设第一级水平倾角为 30° 的 BES，它在高流速下运行时仍可按要求排水。其后在水平烟道内装第二级 4 通道常规卧式人字型除雾器，它能在烟速为 6.10m/s 下很好地工作，并可适应吸收塔 6.71m/s 的烟气速度。图 2 - 187 是除雾器布置示意，倾斜式的 BES 使二级除雾器入口烟气速度分布更均匀，减少了浆液携带和浆液在塔顶部的沉积，并且压损低。

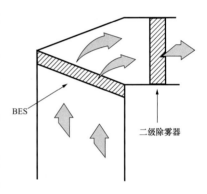

图 2 - 187　ABB 除雾器布置示意

总之，LS - 2 吸收塔设计采用了高烟气流速、新型喷淋层和喷嘴及细石灰石粉等，从而大大减小了吸收塔尺寸。一台 400MW 机组的常规吸收塔与 LS - 2 吸收塔的尺寸比较见表 2 - 23。

表 2 - 23　　　　　　　　　　LS - 2 吸收塔与常规吸收塔的尺寸比较

项目	减少百分数（%）	项目	减少百分数（%）	项目	减少百分数（%）
吸收塔直径	15 ~ 25	吸收区面积	25 ~ 35	液气比	20 ~ 40
吸收塔总高	20 ~ 30	吸收区高度	35 ~ 45	能耗	15 ~ 25

1994 年 3 月，ABB 环境保护系统部（Environmental Systems）和 Ohio Edison 市达成协议，在 Ohio Edison's Niles 电站建造运行和试验一套 130MW、体现所有 LS - 2 工艺特点的 FGD 系统，美国俄亥俄州煤炭开发局 OCDO（Ohio Coal Development Office）、Ohio Edison 和 ABB 共同出资，EPRI 参与试验。该系统于 1995 年 8 月开始启动，1996 年调试完毕，进入了 2 年的试验运行阶段，图 2 - 188 中有 Niles 电站总貌。LS - 2 系统工业示范的初步结果见表 2 - 24。

表 2 - 24　　　　　　　　　　LS - 2 FGD 系统工业示范试验结果

项　　目	目标	试验结果	项　　目	目标	试验结果
石膏纯度（%）	>95	97 ~ 98	脱硫率（%）	>90	90 ~ 95
石膏含水量（%）	<8	6 ~ 7	石灰石细度（<44μm,%）	99	85 ~ 99
石膏中 Cl⁻ 质量分数（×10⁻⁶）	<100	<100	空塔烟速（m/s）	5.49	5.49
亚硫酸盐氧化率（%）	>99.5	99.9	加热器出口烟温（℃）	>93	>99
石膏中位粒径（μm）	>30	>30	除雾器携带（mg/m³）	<50	不适用

美国Niles电站总貌

美国Tennessee州Cumberland City，Cumberland 1号、2号机组2×1300MW，1994年10月、12月投运，煤含硫4.0%，1炉3塔，喷淋层4+1，直径18.2/20.1m，脱硫率95%，墙板石膏/抛弃

美国Washington州，Lewis County，TransAlta Centralia 1号、2号2×700MW，2号FGD系统2001年10月、1号2002年7月投运，煤含硫1.05%，317LMN吸收塔，喷淋层3+1，直径17.7m，脱硫率大于91%，副产品为墙板石膏

美国Pennsylvania州，HomerCity1号650MW机组，2001年9月投运，煤含硫3.7%，C-276内衬吸收塔，喷淋层4+1，直径18.0m，脱硫率98%，副产品为墙板石膏

菲律宾Luzon，Sual电厂2×600MW，1999年1月、4月投运，煤含硫1.0%，塔喷淋层2+1，直径13.7/16.7m，吸收塔脱硫率92%，系统62%，石膏抛弃；部分脱硫，旁路再加热

希腊Florina，Meliti-Achlada蒸汽电力站1×330MW，2003年10月2日商业运行，褐煤，SO_2浓度4040ppm（干），吸收塔喷淋层5+1，直径15.6m，脱硫率96.5%，石膏抛弃，冷却塔排烟

图 2-188　美国 ABB（Alstom）公司的 FGD 系统实例

　　Niles 电站的 LS-2 FGD 系统布置如图 2-189 所示，它具有所有 LS-2 FGD 工艺的特点，即高的烟气流速（4.57～6.1m/s）、紧凑的喷淋区、小的反应池尺寸、干式磨粉系统得到超细石灰石粉（99.5% 小于44μm）等。LS-2 系统连接于 1 号、2 号机的锅炉，单台机组的出力是 108MW，可以处理任何一台锅炉的烟气或 2 台炉的部分烟气，设计燃煤含硫量为 3.5%。

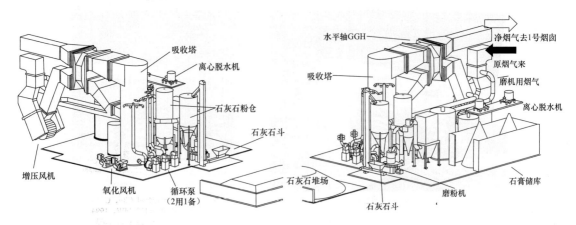

图 2-189 Niles 电站的 LS-2 EGD 系统布置

在 ABB 辊式中速磨的干式石灰石制粉系统中，粒径小于 40mm 的石灰石被加入到磨中，未经处理的原烟气被用来运行磨粉机并干燥石灰石粉，之后返回吸收塔净化。石灰石粉根据需要被干式注入吸收塔内。吸收塔喷淋层 2 用 1 备，烟气在喷雾区流速高达 6.71m/s，在第二级除雾器中相应的烟速为 6.1m/s。脱水系统由一级高效水力旋流器和二级离心式脱水机组成。

根据 EPRI 的报告 GS-7193《烟气脱硫系统的经济评估》，LS-2 系统比常规的 FGD 系统可节省 25%~30% 的费用（基于 300MW 机组，含硫 2.6% 的煤，65% 的负荷系数），是一种具有较强竞争力的 FGD 系统。最新的 Alstom 公司 FGD 技术在吸收塔内还采用了性能增强板 PEP（Performance Enhancement Plates）技术，防止了 SO_2 吸收的壁面效应。

（十二）美国 MET 的 ALDR 技术

美国 Marsulex 环境技术（MET）公司是一家专业大气污染控制技术服务公司，在全球范围内为工业、炼油厂、发电厂提供服务。MET 在全世界已成功地向 19 家公司转让了技术，主要有德国斯坦米勒（现在的 FBE）、日本石川岛、奥地利 AE&E、韩国 Doosan、荷兰 Hoogovens（现在的 Corus）公司等。

MET 技术也为典型空塔技术，在 1980 年就开始应用，即不采用格栅式或填料式，采用塔内强制氧化，这已是全球范围内的工业脱硫标准形式了；采用多层喷嘴，每个喷淋区有足够喷嘴以高重叠方式覆盖吸收塔的整个横截面，MET 公司提供的喷淋方式是在喷淋喷嘴下部 0.914m（3ft）范围内有 150% 的覆盖率，它有助于气流更好地分配。其最具特色的技术是吸收塔液体再分配环（ALDR）。

Absorber Liquid Distribution Rings（即 ALDR）位于每层喷淋层的下面，沿着塔壁向下有一角度呈环状分布。Alstom 公司的 PEP（性能增强板）与此类似，它垂直于塔壁。

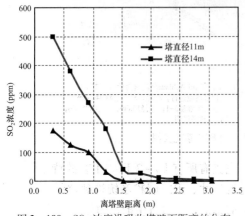

图 2-190 SO_2 浓度沿吸收塔壁面距离的分布

在吸收塔中心区由于气液充分接触，SO_2 几乎全部被吸收脱除；但在吸收塔内壁附近气液接触不良、传质效率降低，存在"壁效应"，这使得部分原烟气"漏过吸收塔"，没有得到处理或者基本没经处理，造成吸收塔总体脱硫率的降低。气液接触不良的原因主要有：喷嘴布置不合理、喷嘴的覆盖率低、喷出浆液的不均匀性以及塔内烟气分布的不均匀性。测试结果表明：SO_2 浓度在靠近塔壁附近最高，随离壁的距离降低很快，如图 2-190 所示。因此 MET 在吸收塔壁上设 ALDR，其材料可用耐腐合金、FRP、陶瓷等，ALDR（PEP）的作用（见图 2-191）是：① 使沿吸收塔壁下流的浆液再分布进入吸收塔吸收区；② 恰如在吸收塔壁安装有喷嘴，对浆液分布进行校正；③ 能显著改善 SO_2 的脱除性能，减小液/气比，提高吸收剂利用率。

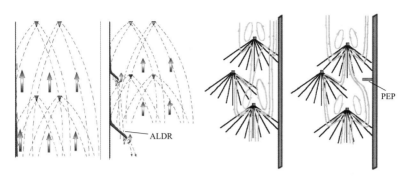

图 2-191　增设 ALDR/PEP 的烟气流动比较

ALDR 设计效果取决于吸收塔的直径、LDR 环的数量。在一些情况下，ALDR 可以减少一个循环泵的使用并且保持 SO_2 的脱除率不变；可以适应含硫量更高的煤种。例如美国 Midwestern 电厂燃用高硫煤（$S_{ar}=2.5\% \sim 3.5\%$），采用石灰石/石膏 FGD 系统，单台吸收塔，有 5 层喷淋层（通常 4 层运行 +1 层备用）。增加了 2 个 ALDR 单元后，改善了运行效果。

（1）4 层循环喷淋运行，pH = 5.6 时，SO_2 的去除效率由 95.7% 增加到 98.7%，pH = 5.9 时，吸收效率可达 99.1%。

（2）3 层循环喷淋运行，pH = 5.6 时，SO_2 的去除效率由 93.8% 增加到 96.1%；pH = 5.9 时，吸收效率可达 97.1%。

在美国 Niles 电厂，增加 PEP 后，在液气比不变的情况下，脱硫率从 90% 提高到 97.5%；在脱硫率不变时，液气比减少了 35%。这证实了 ALDR/PEP 可显著提高运行效率，或者可关闭一个循环泵，可节省运行过程中的能耗。图 2-192 是现场 ALDR/PEP 的图片。

吸收塔液体再分配环ALDR

吸收塔液体再分配环ALDR的位置

沙角A厂吸收塔液体再分配环ALDR

吸收塔性能增强板PEP

广东省汕尾电厂600MW机组吸收塔内的PEP

图 2-192　现场吸收塔液体再分配环 ALDR/PEP

MET 在我国有多家合作公司，广东沙角 A 厂 5 号 300MW 机组的 FGD 系统是其在中国的第一个项目。在建和已投运的 FGD 工程有许多，如北京高井电厂 4×100MW 机组、山东菏泽电厂 2×300MW、广东潮州三百门电厂 2×600MW 超临界机组 FGD 工程等。

（十三）美国 AFGD 技术（Advanced FGD）

为响应 1985 年美国与加拿大两国关于酸雨问题的共同报告，美国能源部（DOE）开发了主要针对燃煤电厂的洁净煤技术（CCT）。阿尔兰通净气公司的先进烟气脱硫（AFGD）洁净煤项目被选为 DOE 方案中的第 II 方案。

阿尔兰通净气公司与密歇根州的净气有限公司合作，设计建造了整套设施。该项目位于巴利电站内。电站有 2 台燃煤锅炉，7 号炉容量为 183MW，1962 年投入运行；8 号炉容量为 345MW，1968 年投入运行。2 台炉均燃用中西部的高硫煤。工程投资 14100 万美元，包括基础改造、2 台燃煤锅炉配 1 套 AFGD 系统及头 3 年运行费用。基础改造包括新建 1 座烟囱，1 座石膏贮存库，以及现场所需的防护墙。AFGD 设施包括 1 个处理 7 号、8 号炉烟气的吸收塔以及配套的辅助系统。1992 年 6 月 2 日，AFGD 投入运行，成为美国满足 CAAA（清洁空气法）要求的首台商业装置。

至 1996 年 2 月，整个设施成功地运行了 3 年半。在运行期内，项目达到或超过了所有性能标准，SO_2 的排放由原先的 78230t/a 减到 3650t/a，相当于平均为 95.0% 的脱硫率。99.9% 的设施运行率及高品位的副产物石膏，也证实了该工艺具有许多先进的技术特点。按照所有权及运行合同，该系统将在巴利电站继续运行 15 年。FGD 系统流程如图 2-193 所示。

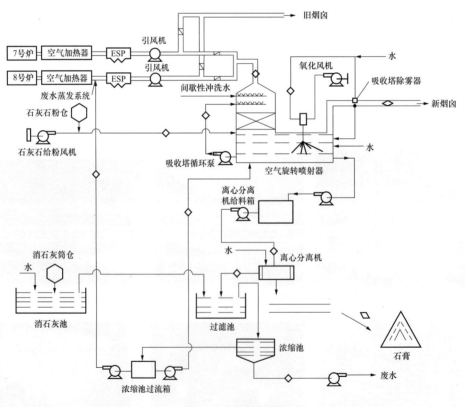

图 2-193 美国 AFGD 系统流程

该套 AFGD 系统应用了多个创新技术。

（1）多个锅炉配 1 个大型单吸收塔，具有很高的可靠度和脱硫率。净气公司为巴利电站 2 台锅炉设计了 1 个单塔，没有备用塔，取而代之的是设计反应器时要求有相当高的可用率。当不采用增加化学添加剂的方法时，要得到 95% 以上的脱硫率，系统要有高的可靠率。这种特点可节省 AFGD 系统的占地面积，在场地受限制的新建电厂和老电厂增加 FGD 系统时，该特点尤为突出。

吸收塔是装有格栅的高速率顺流塔，带有 2 层浆液分配器及 1 个集中反应池。7 号、8 号炉产生的烟气经混合后送入吸收塔内，烟气从吸收塔顶部向下流动，当通过 3～4m 长的格栅时，烟气与 $CaCO_3$ 充分接触，形成石膏浆。吸收塔格栅为烟气与石灰石浆反应提供所需的接触面积，脱硫后的清洁烟气再通过二级除雾器，使液体及固体微粒在排出反应器之前除掉。顺流塔的设计允许烟气及液体浆液向同一方向流动，在吸收塔的反应池上部要求有 1 个大的气液分离区，它可保证通过吸收塔的烟气流速达到 6m/s。同逆流塔相比，顺流塔的高度矮 50%，且塔阻小。净气公司为巴利电站 AFGD 系统设计了一套无压力的循环浆分配系统，该系统对再循环泵功率的需求量比传统逆流塔少 30%。由于喷泉状的流体不会形成薄雾，与逆向喷雾系统相比，除雾器的负载降低了 95%。

（2）直接的干石灰石粉喷射系统。巴利电站用于 AFGD 设施的场地非常有限，除了采用单塔外，另外一个节省场地的办法是采用了干式石灰石粉喷射系统。直接喷射石灰石粉能减少 1 套湿式研磨系统，节省了场地和资金。与传统的湿式球磨系统不一样，干式石灰石粉喷射系统不需要球磨机、反应箱、泵及其他辅助设备。

（3）增强氧化作用的高效空气旋转喷射器。巴利 AFGD 系统的一个重要特点是通过位于液面下的旋转式气体分配设备（ARS）使氧化空气在浆液中能达到均匀的分配，同时使浆液得到较彻底的搅拌，从而提高了氧化效果。ARS 与传统的静止喷射器相比有很多优点，如可提高氧气的利用率，能大大减少氧化空气的用量和搅拌所需的能量，以及减少氧化系统的维修费用等。

（4）废水蒸发系统（WES）。除了传统的废水处理系统外，净气公司为巴利的 AFGD 系统另外提供了一套废水蒸发系统（WES）。原来的 WES 由设在 8 号炉电除尘器上游烟道中一系列喷废水的高压喷嘴组成。经对高压喷嘴进行系列测试后，发现高压喷嘴的性能不令人满意，在烟道上堆积了大量的固体微粒，于是改用两相流喷嘴代替高压喷嘴（见图 2-194），两相流喷嘴能使液滴大小更均匀，更容易控制要蒸发的液体。安装两相流喷嘴后，WES 运行很成功，对 WES 输送管道的检查表明，输送管道上没有固体堆积或锈蚀。在 WES 中，一部分除氯蒸气喷进 8 号炉电除尘器的上游烟道内蒸发，脱水后的 $CaCl_2$ 固体残留物也随同飞灰在 ESP 中被收集移走。

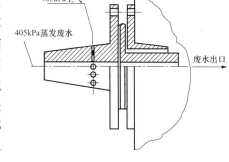

图 2-194　两相流喷嘴示意

（5）在强制氧化条件下，生产出性能优越的商业石膏。这套 AFGD 系统将 SO_2 转变成高纯度的人造石膏（平均纯度为 96%～97%）。美国石膏公司用这种人造石膏在芝加哥西部的印第安那厂生产墙板。在巴利电站，净气公司也设计了一套独特的石膏浓缩工艺。对传统 FGD 生产的石膏进行处理的问题很多，因为这些石膏工艺适应性差，通过连续的粉碎、溶解达到浓缩，在使用前还要用能耗大的干燥设备进行额外的干燥。净气公司生产的石膏，不仅具有石膏的全部性能，而且还节省了 FGD 石膏的提纯费用和天然石膏的处理费用。

从 1992 年 8 月至 1994 年 9 月，由净气公司和 NIPSC0 用 3 年多的时间进行了 5 次测试，除了论证上述特征外，还在燃用不同含硫量的煤时评估 AFGD 的性能。每次测试大约进行 5～6 周。测试煤的含硫量划分如下：2.0%～2.5%；3.0%～3.5%；3.5%～4.0%；4.0%～4.5%。美国能源部（DOE）测试燃煤的成分见表 2-25，论证的目的是评估液气比（L/G）、钙硫比（Ca/S）、烟气速率及空气旋转喷射器的氧化能力对整个系统性能的影响，包括 SO_2 脱除率、副产品石膏的品质等。

（1）液气比（L/G）。改变再循环泵运行的数量，则 L/G 出现变动。同预想的一样，脱硫率随

L/G 的提高而提高。根据测试结果可知，当钙硫比恒定，脱硫率随吸收塔再循环量的提高而提高。对低硫煤（2.25% 的硫），脱硫率的增长最快，随着煤的含硫量增加到 4.5%，脱硫率降低。

（2）钙硫比（Ca/S）。Ca/S 的定义是每脱除 1mol 的 SO_2，投入 FGD 系统的 Ca（或 $CaCO_3$）的总 mol 数。根据测试结果可知，当 Ca/S 中等偏下（1.045）、L/G 为设计值的 2/3 时，可得到很高的脱硫率。所有被测试的煤种，当 L/G 为设计值的 76% 时，AFGD 系统的脱硫率均高于 95%。

（3）烟气速率。对锅炉负荷为 100%、67%、33% 的测试表明，降低烟气速率可以提高系统的性能。

（4）石膏品质。在对 2.25%、2.75%、3.2%、3.8%、4.5% 的含硫煤测试中，AFCD 系统都生产出极高品位的石膏（见表 2－26 和表 2－27），其他技术性能见表 2－28。

到目前为止，整个设施运行良好，FGD 系统已超过了脱硫率 95% 的目标，同时生产出高品位的石膏副产品，满足了整个系统的运行及合同要求。

该工艺采用的特殊设计的集 SO_2 脱除、$CaSO_3$ 氧化结晶和脱硫剂石灰石浆液制备功能于一体的脱硫塔，具有设备结构紧凑、脱硫率高、综合费用较低等优点，值得国内 FGD 公司借鉴。

表 2－25　　　　　　　　　　　　　　　巴利电站的煤成分分析

项　目	DOE 论证 I （S＝2.25%）	DOE 论证 II （S＝2.75%）	DOE 论证 III （S＝3.0%）	DOE 论证 IV （S＝4.0%）	DOE 论证 V （S＝4.5%）
C（%）	66.56	61.61	62.1	59.14	69.31
H（%）	4.5	4.39	4.09	4.37	4.94
N（%）	1.44	1.23	1.22	1.26	1.17
S（%）	2.21	2.91	3.21	3.79	4.73
O（%）	6.71	7.45	8.19	7.19	5.63
Cl（%）	0.14	0.1	0.06	0.03	0.07
水分（%）	8.6	12.92	11.14	13.72	4.74
灰分（%）	9.53	9.63	10.1	10.7	9.3
发热量（kJ/kg）	27800	25600	25300	25600	29500

表 2－26　　　　　　　　　　　　　　　副产物石膏品质分析

成　分	DOE 论证 I （S＝2.25%）	DOE 论证 II （S＝2.75%）	DOE 论证 III （S＝3.0%）	DOE 论证 IV （S＝4.0%）	DOE 论证 V （S＝4.5%）
$CaSO_4 \cdot 2H_2O$（%）	96.7～99.7	96.3～99.4	94.6～98.8	93.5～97.3	95.6～99.7
$CaCO_3$（%）	0.7～2.8	0.4～2.8	1.5～3.7	0.4～4.5	1.6～2.9
Cl（$\times 10^{-6}$）	<20～37	<20～38	<20～38	9～148	<20～37
MgO（%）	0.04～0.17	0.04～0.20	0.08～0.23	0.08～0.51	0.08～0.21
自由水分（%）	4.6～7.8	4.3～8.4	3.7～8.4	4.2～8.8	5.8～9.6

表 2－27　　　　　　　　　　　　　　　用作墙板的石膏品质

石膏成分（干燥时）	期望值	2 年平均值	石膏成分（干燥时）	期望值	2 年平均值
$CaSO_4 \cdot 2H_2O$（%）	>93.0	97.2	R_2O_3（%）	－	0.29
$CaSO_3 \cdot 1/2H_2O$/%	<2.0	0.07	含氯量（$\times 10^{-6}$）	<120	33
SiO_2（%）	<2.5	0.5	含水量（%）	<10	6.64
Fe_2O_3（%）	<3.5	0.25	粒径（μm）	>20	50

表 2 - 28　　　　　　　　　　　　　AFGD 系统运行摘要

项　目	期望值	实际值	项　目	期望值	实际值
SO_2 脱除率（%）	90	94（平均值，DOE 测试时达 98 以上）	石膏含水率（%）	<10	6.64
24h 平均能耗（kW）	<8650	5275	石膏含氯率（%）	<120	33
24h 平均压降（Pa）	<3361.4	803.6	石膏纯度（%）	93	97.2
烟尘排放（mg/m³）	不增加	入口 100，出口 17	平均废水量（m³/h）	62.5	18.4
利用率（%）	95	99.996			

（十四）使用有机酸提高湿法 FGD 效率的技术

为了提高 FGD 技术和 SO_2 吸收效率，人们做了大量的研究工作，从中也开发出了使用添加剂来提高吸收效率的工艺。在石灰/石灰石烟气脱硫过程中加入添加剂可起到以下几方面的作用：

（1）提高吸收剂的反应活性。

（2）提高 SO_2 的脱除率。

（3）防止垢的产生。

（4）起缓冲液的作用。

添加剂可分为无机盐和有机酸两大类，目前这两类添加剂在不同的国家均有不同程度的工业应用及研究。最早试验的有机酸添加剂是己二酸。结果表明，己二酸具有水溶性、低挥发、化学稳定、无毒、供应充足和成本低的优点，在有机酸中是最佳选择。现在，混合二元酸（DBA，Dibasic Acids，己二酸生产过程中的副产混合酸）和纯己二酸都得到了使用。使用有机酸添加剂最初提高了性能，并克服了已有石灰石系统的设计限制。现在，有机酸也在新建系统中即使在低液气比的情况下也达到很高的吸收效率（95% ~99%），同时降低了固定投资和操作成本。

有机二元酸通过两种方式显著地提高了吸收效果。第一，二元酸提高石灰石在液相中的溶解度；第二，提高了 SO_2 气液传质速度，而这通常是限制吸收速度的一个重要因素。

SO_2 吸收过程包括三个相：气相（烟气），液相（吸收液）和固相（石灰石颗粒）。因此，严格地说，洗涤过程同时受化学和工程学的影响。下面是在湿法石灰石吸收中一些基本的化学反应（以己二酸为例），无氧化反应。请注意，所有的这些反应都是可逆平衡：

$$CaCO_3 + H_2O \Longrightarrow Ca^{2+} + HCO_3^- + OH^- \qquad (2-1)$$

$$HOOC(CH_2)_4COOH + 2OH^- \Longrightarrow OOC(CH_2)_4COOH^- + 2H_2O \qquad (2-2)$$

$$SO_2 + H_2O \Longrightarrow H^+ + HSO_3^- \qquad (2-3)$$

$$OOC(CH_2)_4COOH^- + H^+ \Longrightarrow HOOC(CH_2)_4COOH \qquad (2-4)$$

SO_2 溶解于水，产生酸性，降低了吸收液的 pH 值。化学反应方程式（2-3）是可逆反应，所以当酸性增加（pH 值降低）时，SO_2 吸收会减慢至停止。化学反应方程式（2-3）产生的酸性需要中和，从而进一步溶解 SO_2。碱性的石灰石能中和 SO_2 的酸性［见化学反应方程式（2-1）］，但是由于石灰石在水中的溶解度非常低，单独使用石灰石的吸收液中的中和能力是很低的。当有限的中和能力很快地耗尽后，中和速度就取决于石灰石的溶解度，而且通常比要求的 SO_2 吸收速率低很多。

一方面，有机酸能作为一种缓冲剂，提高浆料中和酸性的能力，并吸收 SO_2。由于己二酸钙比碳酸钙溶解性高，使用己二酸（以己二酸离子的形式）比单纯使用石灰石有更多的碱离子可供使用［见化学反应方程式（2-1）和（2-2）］。在己二酸存在的情况下，酸离子调节 pH 值，使得 pH 值不会像单纯使用石灰石那样迅速下降。这样，酸离子就增加了浆料的中和 SO_2 的能力［通过化学反应方程式（2-4）］，并继续吸收 SO_2。

另一方面，己二酸可作为提高气液传质的添加剂。SO_2 从气相向液相迅速转移对吸收效率至关重要。当吸收液滴表面 SO_2 饱和，即使液滴中间还未饱和，也不能再溶解 SO_2 了。只有当表面的 SO_2 扩散到中间大量的液体中以后（速度相对缓慢），才能继续溶解 SO_2；或者以其他方式使液滴表面的 SO_2 浓度最小化，比如化学反应（这要比 SO_2 扩散的速度相对快一点）。这可以由（2-4）完成，化学反应方程式（2-4）消耗 SO_2 溶解产生的酸，把 SO_2 转换成亚盐酸盐。当己二酸离子在洗涤液滴上形成液膜，按化学反应方程式（2-3）和式（2-4）进行反应，这比没有己二酸离子时要快得多。

第三，有机酸可看作固液传质的促进剂，提高石灰石的利用率。有机酸添加剂允许吸收器在 pH 值较低时工作，这就减少了石灰石的消耗。一般来说，高 pH 值能使 SO_2 吸收最大化（较好的酸性中和），但低 pH 值有利于石灰石的溶解。如果吸收器必须以相对较高的 pH 值运转以取得满意的 SO_2 去除，石灰石的消耗通常会较高，因为石灰石并未完全使用。通过有机酸添加剂的缓冲反应，提高了 SO_2 在较低 pH 值时的吸收。低 pH 值时的操作提高了石灰石的溶解度，减少了石灰石的消耗，这样也使石灰石在反应中被充分利用。以下两个实例说明了添加有机酸对 FGD 系统的作用。

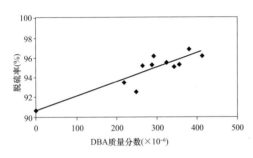

图 2-195　加入 DBA 对脱硫率的影响

美国 AES Deepwater 电厂 140MW 机组所用焦炭燃料是一种重油炼制的副产品，硫含量很高，曾一度达到 6.5%（硫含量一般在 4.5%）。该厂使用湿法 FGD，而且使用后的吸收液经过石膏回收工序生成石膏成品并最终对外销售。DBA 在 AES Deepwater 的使用对脱硫塔有直接显著的作用，图 2-195 显示了添加少量 DBA 对脱硫效率的显著作用。在 AES Deepwater，实验结果说明：

（1）DBA 改善了操作条件。

（2）用 DBA 显著降低了成本和排放。

（3）未发现任何使用 DBA 带来的负面效应。

（4）生成的石膏质量也得到提高。

AES Deepwater 电厂目前在稳定地使用 DBA。

美国 Alstom 公司为泰国 Mae Moh 发电厂的 4～7 号炉 $4 \times 150MW$ 机组提供了 2 套湿法 FGD 装置，2000 年 12 月投运。使用的褐煤燃烧值仅为 11910kJ/kg（5120Btu/lb），而含硫量为 3.8%，相当于 4.73g/MJ（11lb/MBtu），每年需燃烧约 1600 万 t 的褐煤。1994～2000 年期间，Mae-Moh 地区的 SO_2 排放是泰国最严重的环境问题之一，地面 SO_2 体积分数在冬季曾达到 1×10^{-6}，因此，迫切需要建造高效率的脱硫装置。该厂最后一套 FGD 装置投入使用后，整个工厂的 SO_2 排放被控制到 150×10^{-6} 以下，而且地面 SO_2 体积分数可以控制在要求的 3×10^{-7} 以下。在 FGD 系统的启动调试阶段，脱硫效率没有达到最初的设定目标，在入口烟气 SO_2 质量浓度在 $17000mg/m^3$（干基，$6\% O_2$）下能达到 96%～97% 吸收率，但未达到 97% 的设计目标。吸收塔直径 15.0m，5 个喷淋层（4 用 1 备），内衬采用 C-276，如图 2-196 所示。ALSTOM 评估了多种实现理想吸收效率的方案，包括：

（1）提高石灰石的化学计量比（效果不显著）。

（2）降低石灰石颗粒大小（效果不显著）。

（3）提高液气比（成本高）。

（4）通过添加有机酸提高液相碱性（例如己二酸、混合二元酸）。

通过详细的评估和讨论，最终决定在 FGD 工艺中采用己二酸（见图 2-197），其主要依据有：① 使用己二酸的效果能迅速评估；② 添加有机酸使 FGD 系统能适应不稳定的 SO_2 输入浓度；③ 己二酸供应充足，价格稳定；④ 可以迅速实施；⑤ 使用己二酸系统对工厂运作无任何影响；⑥ 己二酸对环境无负面影响；⑦ 己二酸系统提高了操作灵活性；⑧ 己二酸系统提高了燃料的灵活性；⑨ 己二酸系统适用于其他已有的 FGD 装置。

图 2-196　泰国 Mae Moh 电厂 FGD 系统

图 2-197　己二酸

综上所述，使用己二酸对操作成本的影响非常小，无任何风险。此外，酸的浓度可调节以达到理想的排放目标。现场试验直接将己二酸加入吸收装置，并实时监测己二酸浓度和消耗，试验结果表明，在己二酸质量分数为 1.4×10^{-3} 时，SO_2 吸收效率达到 97%（见图 2-198）。

测试结果表明，在高 SO_2 入口浓度的条件下，使用己二酸可以非常有效地提高脱硫效率。通过比较说明，使用有机酸具有显著的经济效益，以使用 5 台循环泵的操作为例，共节约操作成本 128 万美元，节省固定投资 160 万美元。

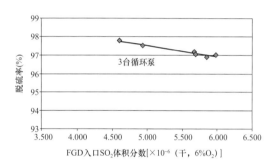

图 2-198　使用质量分数为 1.4×10^{-3}
己二酸的试验结果

总的来说，有机酸添加量相对较低（质量分数为 $3 \times 10^{-4} \sim 7 \times 10^{-4}$），它能增强石灰石浆液的洗涤能力、能提高脱硫效率或降低运行成本、对高硫燃料更有效。

（十五）湿式电除尘器（WESP）与 WFGD 结合的新技术

WESP 已经在制酸和冶金等工业过程中取得广泛的应用，但是在电厂中使用并不普遍，目前在北美仅有 4 家美国电厂使用 WESP 来控制烟气混浊度和收集酸雾和干燥的颗粒。由于对微粒和酸雾的控制要求不断提高，WESP 在新建或改造的化石类燃料电厂的应用也会越来越多，使用 WESP 来收集 WFGD 后的酸雾和细小颗粒将是一个趋势。

WESP 对粉尘的捕集原理与干法 ESP 相同，都是采用电晕放电的方法，使气体发生电离，产生正离子和自由电子，最终引起电子雪崩，在放电极和集尘极间形成稳定的电晕，使该区域的粉尘颗粒带电，最终被集尘极捕集。但在捕集粉尘的清除方式上，WESP 采用冲刷液冲洗电极，使粉尘呈泥浆状清除；干法 ESP 则采用机械振打的方式清除电极上的积灰。因此两者在结构和除尘特性等方面有明显的差异。WESP 与干法 ESP 的比较见表 2-29。

表 2 – 29 WESP 与干法 ESP 的比较

项　　目			单位	干法 ESP	WESP
粉尘收集机理	粉尘收集机理			电晕放电库仑力	电晕放电库仑力
	电极上粉尘清除方法			机械振打	冲洗
	粉尘处理			干灰输送或水冲洗	水冲洗
应用条件	烟气温度	低于饱和温度		不能用	能用
		高于饱和温度		能用（10～20℃）	不能用
	粉尘比电阻		$\Omega \cdot cm$	$10^4 \sim 10^{12}$	不受限制
	出口粉尘浓度的极限		mg/m³	5～20	可低于 1.0
	SO_2 浓度的极限		mg/L	无限制	>100～200
其他方面的比较	集尘面积		m²	大	小（干式的 1/2～1/3）
	转动部件			有	无
	密封性能			好	较好
	水处理设备			不需要	需要
	寿命			一般	较长

　　WESP 最先在电厂的应用是美国 Joy 公司于 1975 年在宾西法尼亚电力照明公司的燃烧无烟煤的 Sudbury 电站安装的一套中试装置。这套早期试验装置的成功和 Joy 公司丰富的工业酸雾经验帮助 Joy 公司将其 WESP 系统成功地应用于 Getty 石油 Delaware 市精炼厂。每一个 WESP 系统设计处理来自石油焦燃烧产生的 373780m³/h（220000ACFM，注：ACFM—ft³/min，实际状态）的烟气，该 WESP 系统良好运行了 20 多年，直到其服役期满。这些烟气中的硫酸最终成为亚微米级的酸的烟雾，但它们可以被 WESP 可靠地捕捉下来。

　　1986 年，美国 B&W 公司为 AES Deepwater 电厂提供了一套 FLS Airtech（FLS – AT）WESP 系统，该系统是对石油焦燃烧产生烟气进行综合处理的一个重要部分。AES Deepwater 电厂的设计烟气量是 1077170m³/h，进入 WESP 系统的硫酸质量分数为（3.5～10）× 10^{-5}。1999 年，对 AES 一套 WESP 模件进行了一次成功的改造使其内件升级为更现代的、全合金结构。

　　2000 年，对 New Brunswick（NB）电力公司旗下的 315MW 容量的 Dalhousie 电厂中 WFGD 系统进行了 WESP 改造。该 WESP 系统被设计安装在 WFGD 的吸收塔上部的有限空间里，用来收集垂直上升气流中的硫酸雾，这种布置方式称为整体式 WESP。尽管有限的空间极大地限制了 WESP 的尺寸，因此也限制了其性能，但是这个单电场的 WESP 系统自投运以来一直很可靠。

　　FLS – AT WESP 的主要改造项目于 2001 年在 Xcel 能源公司的 Sherburne 县电厂完成。这是两台 750MW 的机组，该 WESP 系统改装项目解决了过去该电厂由于燃烧 Powder River Basin 煤的粉尘所造成的烟气混浊度问题。

　　2001 年，位于北达科他州 Buelah 的 Dakota 煤气厂一个大型改造项目采用了 WESP，WESP 系统设在氨氢吸收塔下游以控制氨和硫的混合物排放。这个改造项目有效地将烟气混浊度降低到 10% 以下。

　　在 2002 年，NB 电力与 B&W 公司签定合同，为 Coleson Cove 电厂的 3×350MW 机组提供两套配有整体式 WESP 的 WFGD 系统，该系统于 2004 年秋季投运。图 2 – 199 表示了 Coleson Cove 电厂的整体式 WFGD/WESP 的示意图。

　　上述 WESP 系统都是应用在特定情况下的，近来对新建燃煤电厂的排放控制越来越严格，电厂开始考虑采用 WESP 技术以达到必要的性能指标。

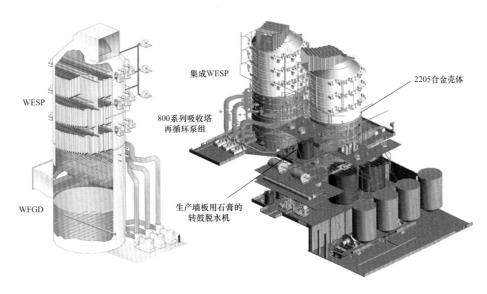

图 2 - 199 美国 Coleson Cove 电厂整本式 WESP/WFGD 系统示意

1. WESP 的主要形式

经过实际运行的验证，WESP 内部的收集电极既可用管状的也可以用平行板状。管状的 WESP 只用于垂直烟气流向，板状的既有水平烟气流向也有垂直烟气流向。绝大多数已经安装的 WESP 采用了垂直的烟气流向，这和北美电厂 WESP 的应用情况是一致的。垂直式的 WESP 已经象水平干式电除尘器一样在电厂中经常采用。目前有三种主要形式的 WESP。

（1）垂直烟气流独立布置。这种形式的系统可以以模件形式供货，然后在工地以多种方式连接起来，这种设计便于安装和解列维修。该形式广泛应用在工业领域中，但其需要提供专门的布置空间。AES Deepwater 电厂应用的就是这种形式。

（2）水平烟气流独立布置。这种形式也被提供给电厂或类似的工业领域。这种布置方式做成模块式的设计会有困难，同时，该布置方式需要专门的空间。Dakota 煤气厂就应用这种形式。

（3）垂直烟气流与 WFGD 系统整体式布置。这种方式是近些年来 WESP 最常用的布置方式，同时成本和运行费用也是最低的，占地面积也很小。Dalhousie 电厂和 Coleson Cove 电厂用的就是这种形式。

如果设计合理，上述的三种基本形式的 WESP 都可以在电厂成功运行。在实际选择时要考虑下列因素：

（1）垂直气流的 WESP 作为酸雾脱除装置已经成功地应用了几十年，而水平烟气流的 WESP 仅有为数不多的工程实例。

（2）整体布置 WESP 的高可靠性已经在 Dalhousie 电厂得到证明。此型设计在结构上没有活动内件，可靠的刚性电极，正确选择的结构材料，在线保养和维修量工作量很小。

（3）整体布置的 WESP 具有比任何一种独立布置的 WESP 大得多的优势：① 没有内部连接管道，因此也没有相应的压降；② 没有与独立布置式 WESP 相关的内部连接管道，支撑结构，检修门孔，土建和 BOP 等；③ 简化了酸液收集、存储、工艺系统；④ 由于接入烟囱的位置较高，减少了烟囱内衬费用。

（4）事实上，所有的 WESP 都需要一定形式的冲洗或洗涤来维持正常运行，洗涤可分为连续洗或定期喷雾清理。整体布置式的 WESP 较之水平布置式的 WESP 冲洗更强烈。

1）在一个在线工作的水平式 WESP 中，收集板上的冲洗水膜由于重力的作用而流下，但同时也因烟气流动的作用会水平运动到下游。这样就不能保证整个板上都会盖满水，尤其是在下部和上游的角部区域。对于为电厂设计的大型水平式 WESP 来说，庞大的烟气流量要求集灰板的高度大大增加，从而使得这个问题更严重，它会导致集灰板清理不彻底、湿界面分界有问题、集灰能力下降或维修量增加等。在整体式 WESP 中，优化了清洗水喷雾冲洗，能适用于顺流（向上喷水）和逆流（向下喷水），并能保证完全冲洗，且冲洗水能直接作为补给水被下面的 WFGD 所利用，整体式 WESP 的较短集灰板进一步提高了清洗效率；

2）为了在运行中使水平式 WESP 的内件得到适当的冲洗，冲洗水的耗量会比整体式的 WESP 大为增加，这种情况下，要考虑循环使用冲洗水。再循环水滴重新进入烟气中也会增加出口烟气的颗粒量，同时，必须考虑再循环冲洗系统的初投资和运行、维护费，以及设备维护和与之相关的停机或解列。通过比较可见，整体式 WESP 的清洗系统的高效率可以极大地减小冲洗水的用量。

3）对于水平式的 WESP 系统，还应该考虑来自临近电场的冲洗水和捕捉的酸液滴的携带可能会导致下游电场的电气故障（过早放电）从而增加总排放水平。从出口电场来的清洗水和酸液滴的携带，如果没有采用最后的除雾器，就能逃逸到烟囱中，增加排放量。通过对比，整体式的 WESP 收集的酸和冲洗水通过精心设计的内部流槽系统排除，减少潜在的、在运行和冲洗时出现的电场相互间的电气干扰，同时由于已考虑了最后的出口除雾器，最大程度地降低整个电厂的排放水平。

（5）整体式 WESP 系统省掉了独立式 WESP 系统的冲洗和酸处理系统相关的管道、阀门、箱罐、控制、仪表等设备，大大简化了运行，减少了维护。整体式 WESP 系统中，酸液直接流到下部 FGD 石灰石浆液中并在其中中和。

（6）对于现场的改造项目，WESP 系统的选择需要有针对性的考虑。除了设备和安装费用外，场地的约束和相关的停机次数也要考虑在运行成本中。对有些电厂来说，经过全面衡量，独立式的 WESP 是最好的选择。

2. WESP 的结构材料

对于设计用来作为酸液脱除设备的 WESP 系统，结构材料的选用一直是最主要的问题。以铜冶炼过程中的焙烧炉为例，被处理的烟气中 SO_2 的体积分数往往超过 10%，这是因为矿石中黄铁矿含量较高。为减少 SO_2 的排放量，要求回收 SO_2，并将其转化成一种可用的资源——硫酸。为此，WESP 对工艺过程中的氧化钒催化剂提供了额外的保护，通过减少酸转化设备前的颗粒物和 SO_3，防止其中毒和堵塞。同时，WESP 通过脱除烟气中所含的如砷、铬、铅等痕量元素，提高了硫酸的品质。由于这些原因，WESP 成为这个领域中的常用设备。

在 20 世纪 90 年代中期，典型的用于酸雾控制的 WESP 通常采用防腐的铅作为收集器和用铅包裹的高压电极（板和管子）、用铅保护低炭钢的高电压支撑系统，以及用铅在金属框架表面烧熔并覆盖从而保护金属护板和框架不受酸性烟气流的腐蚀。由于铅的机械性能较差，加之下游制酸设备运行压力和脉冲压力导致其泄漏，这样它下面的金属便会迅速地遭受严重的腐蚀。另外，在运行温度高于 65.6℃时，铅也易于加速机械故障。这些问题导致几乎每一次停机都需要进行彻底的保养和维修。

最终，包覆板设计发展为选择如玻璃纤维加强的塑料（FRP）来包覆铅和由其包裹的内件。这种新设计提高了 WESP 的寿命，同时也将对专门的烧铅技工的需求降到了最低。在这个进程中，一些制造厂开始使用塑料和 FRP 收集电极来进一步减少铅的用量，这要求专门设计来保证运行时的表面导电率。

在 20 世纪 70 年代到 80 年代，合金钢在 WFGD 系统的成功应用为此提供了足够的信心。今天，诸如 317、含 6% 的钼钢、C－276 等级的合金钢都已在 WFGD 系统中得以广泛的应用。WESP 系统中合金材料的选择也要考虑电厂的特殊情况，主要是受 WESP 系统中氯离子的浓度而定，而氯离子浓度决定于 FGD 除雾器性能、工艺水品质、煤的种类以及其他工艺过程等。

3. WESP 的充电和收集

在 WESP 运行并在处理硫酸雾滴时，会出现一种称为空间充电效应或电晕抑制的现象，电晕抑制对于干式 ESP 来说主要是与大量的超细颗粒的出现密切相关。SO_3 蒸气与烟气水分在一起会产生一种带有极细粉尘的酸雾，这种酸雾会严重地抑制运行时 WESP 的电晕电流，在 WESP 的入口电场中，和净空气荷载条件下的电流读数相比，其在线电流的衰减可达 90% 以上。电晕抑制将会导致 WESP 的功率和收集效率降低，当 WFGD 中的细硫酸雾滴和凝结水雾水平均很高时，在 WESP 中就会促成这些因素进一步加强。

为有效地对付预期的电晕抑制，ESP 集电极和放电电极几何形状必须合适和有效。目前，正在开发一种低电晕发生电压的具有特殊几何形状的中间电极，通过仔细考虑电晕电极和集电极之间的合理距离，电晕电流在进口电场中可以建立和保持一个适当的水平。这会降低下游电场的细颗粒的负荷和对电晕抑制影响，从而可使下游 WESP 电场在充足的功率水平下运行，使其达到设计的收集效率。现在已能解决电晕抑制问题，这是基于过去在 WESP 使用中获得的经验，同时也包括在造纸厂的黑液炉（主要是硫酸钠）和干水泥窑炉（发现有高浓度的细颗粒）等出现过电晕抑制问题的干式 ESP 中获得的经验。

4. WESP 的性能

WESP 和干式 ESP 有很大的区别，这些对决定 WESP 的尺寸和形状非常重要，空间充电效应或电晕抑制对于它们来说都是共同的因素。

电厂 WESP 是在较低的温度下运行的干式 ESP 在 148.9℃ 以上运行，而 WESP 大约在 54.4℃ 的饱和温度下运行。干式 ESP 的烟气湿度一般是低于 10%，而 WESP 的烟气湿度一般接近 100%。正常设计的 WESP 的功率密度要比干式 ESP 大得多。在干式 ESP 中，一般烟气速度为 1.524m/s（5ft/s），停留时间约为 10s；而 WESP 中的烟气速度可达 3.048m/s（10ft/s）以上，停留时间可根据要求的分离效率设计为 1~5s。颗粒的重新携带（收集到的颗粒物重新返回烟气流中的损失）和由于振打带来的损失对于干式 ESP 来说是需要考虑的，但是对 WESP 来说却不是问题。另外，粒子的比电阻，这是关系到干式 ESP 性能的重要因素，但对于绝大多数的 WESP 应用场合来说却没有影响。

AES Deepwater 电厂 WESP 系统的尺寸是基于工业应用的 WESP 的运行数据设计的。这是一个能满足严格性能要求的成功设计，该 WESP 设计为三电场，拥有 12 个平行模块，为烟气向上流动系统。

表 2-30 列出了 Deepwater 电厂的干式 ESP、WFGD 和 WESP 系统的相关数据。

在 Deepwater 电厂，对包括硫酸和凝结物在内的总颗粒排放要求为 11.442mg/m³（标态、干），因而对硫酸的脱除效率要高于 90%。WESP 系统对非酸颗粒的控制要求一般为 95%~97%。还不包括上游的干式 ESP、湿式文丘里前置塔和 WFGD 系统的对粒子脱除，这是极高的脱除效率。

NB 电力的 Coleson Cove 电厂的 WESP 系统展示了在电厂 WESP 性能设计上的改进。工艺流程与 Deepwater 电厂相似，即烟气向上流动和三个独立的电场等。Deepwater 电厂 1999 年合金内件改造过程中获得的并经过证实的经验也被应用在 Coleson Cove 项目的设计中。WESP 的设计可将排放硫酸体积分数控制在 5×10^{-6}（干，3% O_2 的情况下）以下，并将飞灰颗粒物限制在 6.45mg/MJ 以下。为了把硫酸的排放在任何时候都控制在这个水平，脱除效率必须超过 90%。

现在的新建电厂设计中有这样一种趋势，即在 WFGD 系统的下游布置 WESP 来达到排放要求。对总的颗粒排放（干态可滤过的加上后半部可凝结的）更高要求促使 WESP 成为新建电厂的一个附属设备，用来控制细颗粒和酸雾的排放。到目前为止，为了得到许可，美国下列新建燃煤电厂要求在 WFGD 下游布置 WESP 系统：Elm Road（Wisconsin）、Peabody Thoroughbred（Kentucky）、Peabody Prairie State（Illinois）。

表 2 – 30 AES Deepwater 电厂烟气污染控制系统规范

设备	项 目	数 值
干式 ESP	进口烟气流量（m³/h）	1077170（182.2℃下）
	比收集面积 [m²/（m³·s⁻¹）]	74.01
	粒子捕捉效率（%）	97
WFGD	SO₂脱除效率（%）	90
	前置吸收塔/冷却塔	文丘里型，逆流/顺流
	塔中烟气速度（m/s）	2.743
	除雾器	两级，百叶窗式
	烟囱烟气再热	再热到 79.4℃，顺列蒸汽加热器
	亚硫酸钙氧化	分塔，抽吸加压氧化
WESP	烟气流速（m/s）	2.804
	处理时间（s）	4.2
	SO₃ 体积分数（×10⁻⁶）	30～100（干态，3% O₂）
	粒子捕捉效率（%）	98.9（包括酸雾）
	出口总颗粒排放（mg/m³）	11.442（标态、干、包括硫酸）

一般地，配置 WFGD 再加上 WESP 系统的燃煤电厂颗粒物排放可以降低 95% 以上，即便是在干 ESP 和 FGD 系统后也一样，WESP 还可以降低 90% 以上的 SO₃ 排放，这些方法结合起来可以将新建电厂的湿烟囱排放的可见烟气混浊度降低到 10% 以下。此外，WESP 还可以有效地减少危险空气污染物和细颗粒中的微量金属的排放，如汞。

汞（Hg）是在常温下唯一的液体金属，银白色，易流动。在各种金属中，汞具有最低的熔点、沸点和汽化热。汞在常温下即能挥发，其蒸汽易被墙壁或衣物吸附，常形成持续污染空气的二次汞源。在煤燃烧产生的各种痕量重金属元素中，汞不仅毒性大，而且最易挥发，与非挥发性元素大部分迁移到炉渣或底灰中不同，绝大多汞以不同的形态存在与烟气中，对大气产生极大危害。因此，在众多的重金属元素中，汞是最先引起人们的极大关注的。

目前每年大约有 5000t 汞进入大气，主要来源于自然界和人为来源，包括汞矿和其他金属的冶炼、氯碱工业、电器工业、矿物燃料的燃烧等，其中燃煤工业的汞排放已经成为大气汞污染的主要来源。汞经由燃煤过程的迁移、转化已成为它在生物圈内循环的一个重要途径。

汞在燃烧过程的各个阶段，其形式是不同的。在炉膛的高温范围内，几乎所有的汞都是以单质汞的形式存在。在烟气流经锅炉的各个受热面时，烟气温度逐渐降低，汞进一步发生变化，单质汞一部分与烟气中的其他成分发生化学反应生成二价汞化合物。氯化汞的生成，即 Hg⁰（g）和 HCl（g）/Cl₂（g）反应生成 HgCl₂（g），通常被认为是冷却烟气中汞迁移转化的主要机理之一。因此，烟气中 Cl 含量对汞的形态和分布有着极大影响，是决定单质汞和离子汞比的主要因素，而烟气中其他组分如 SO₂、O₂、NO₂ 等的影响不大。另外，烟气中还存在固相汞（颗粒汞，它主要由煤种及燃烧条件决定）。图 2 – 200 反映了燃烧过程中汞元素的形态变化，在锅炉尾部汞的最终形态有单质汞 Hg⁰、离子汞 Hg²⁺ 和固相汞 Hg（p）三种，总的来说，燃煤系统

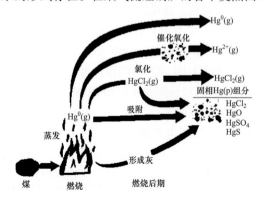

图 2 – 200 燃烧过程中汞元素的形态变化

产生的汞的各种形态分布和捕集效果由下列因素决定：煤的类型和性质、燃烧条件、烟气处理系统类型和操作温度。美国的研究表明，燃煤锅炉中应用的各种污染控制技术如电除尘器（ESP）、布袋除尘器、活性炭喷射吸附、喷雾干燥系统及湿法 FGD 系统等可使汞的排放削减 0 ~ 98% 不等。

单质汞 Hg^0 几乎不溶于水，但 $HgCl_2$ 的水溶性非常好。一旦氯化汞在溶液中发生溶解和电离，汞离子 Hg^{2+} 就可与吸收塔中的液相组分发生反应。因此，$HgCl_2$ 很容易在湿式 FGD 系统中被吸收，其脱除效率相对较高，可达 60% ~ 80%，而单质汞则很难被吸收。汞排放控制技术的关键是单质汞的控制能力。

20 世纪 90 年代末，美国 B&W 公司在强化湿法 FGD 系统汞去除性能的研究中发现，在某些条件下，最初在 FGD 系统被捕集的氧化汞又以单质汞的形态排出。这可能是由于一旦氧化汞在溶液中溶解和电离，Hg^{2+} 就可以和洗涤浆液中其他的溶解组分发生反应。这些组分主要包括硫化物、铁、锰、钴、锡等 2 价金属离子。吸收塔中金属离子的主要来源包括：吸收剂石灰石（石灰）及其研磨介质、工艺和由除尘器出口进入吸收塔的飞灰。在典型的石灰石吸收塔内存在足够多的还原剂将所有被吸收的 Hg^{2+} 再转化为单质汞 Hg^0。对于只有部分氧化汞再次重新转化为单质汞并进入烟气中这个问题，引发了一系列的理论和试验研究，结果发现：① 燃煤烟气中存在痕量的硫化氢（H_2S）；② 进入湿式 FGD 系统的 H_2S 的量取决于锅炉和上游的颗粒物控制设备的运行情况；③ 进入湿式 FGD 吸收塔内的 H_2S 可在气液表面上生成 HgS 沉淀。

烟气中的汞成为 HgS 沉淀后将大部分汞隔离成不可溶的固体物质。因此湿式 FGD 系统汞的二次逸出量取决于汞还原反应和 HgS 沉淀反应这些化学反应的竞争结果。另外，H_2S 和 HgS 也有可能在气相中发生反应，生成 HgS 蒸气并在液相中吸收沉淀。该假设已被 B&W 公司湿式 FGD 系统前向烟气中喷射 H_2S 的试验所证实，在喷射 H_2S 期间可完全消除原本出现的汞再排放的现象。在 B&W 公司利用湿式 FGD 系统强化汞控制的专利技术中，喷射 H_2S 需要系统产生并输送气体，还需要配气格栅。为简化起见，B&W 公司将一种可产生硫化物的液体吸收剂（氢硫化钠，NaHS）喷入湿式 FGD 浆液中，以模拟 H_2S 的影响。B&W 公司的小型石灰石强制氧化湿式 FGD 工艺系统的汞去除和解析结果与改进前的测试结果比较表明，当加入添加剂后，气相湿式 FGD 系统的汞去除效率由 47% 提高到 80%。

目前许多电厂都同时装设有选择性催化还原脱硝（SCR）单元和湿法 FGD 系统，SCR 单元的存在可影响其下游湿式 FGD 系统烟气中汞成分的构成。早期在欧洲的现场测试结果表明，为削减 NO_x 排放而安装的 SCR 反应器可促进氧化态汞的形成。最近在美国开展的现场试验研究也发现经过 SCR 反应器后烟气中氧化汞的浓度增加。实验室规模的 SCR 催化剂研究进一步证实了 SCR 系统可氧化单质汞的作用。特别是这些研究还发现，烟气中氯化氢（HCl）、氨（NH_3）及催化剂的空间速度对汞氧化有很大影响。通常情况下，NH_3 的存在阻止单质汞的氧化。提高烟气中 HCl 的含量和降低 SCR 催化剂空间速度（相当于延长了烟气停留时间）对汞的氧化都有促进作用。

2004 年 5 月，作为示范项目，B&W 公司在装机总容量为 1662MW 的 Mt. Storm 电厂的 2 号 545MW 机组上的湿式 FGD 系统中应用了汞强化工艺，并进行了测试。2 号机组的湿式 FGD 系统是利用二元酸（质量分数为 2.94×10^{-4} ~ 5.57×10^{-4}）的石灰石强制氧化系统。吸收塔直径为 16.76m，内衬鳞片的钢筋混凝土塔上布置有 4 层浆液喷嘴，每层喷嘴由 1 台专用循环浆泵供给循环浆液，浆液浓度为 14% ~ 16%。浆液池中的 5 只搅拌器的前面均布置 1 个氧化空气喷口，烟气经过喷淋段后，经过 2 级除雾器排出。设计 4 台循环泵运行，液气比为 $9.36L/m^3$，在 FGD 系统入口 SO_2 体积分数为 1.4×10^{-3}、pH = 5.6 时，SO_2 去除率大于 95%。2 号机组还安装了 SCR 系统和一台 ESP。前者利用 2 层总体积为 841.97m³ 的催化剂在 388.89℃ 的高温下处理 131.995t/h 的烟气。SCR 催化剂已经运行大约 2300h。ESP 的比收尘面积（SCA）为 $1.05m^2/(m^3 \cdot min)$。

为了解不同设备及其组合对 Hg^0 氧化程度及汞的总控制性能的影响，在 Mt. Storm 电厂的全部空气质量控制系统（AQCS）包括 SCR、湿式 FGD 系统及 ESP 中，利用 OHM（Ontario-Hydro Method）采样装置和在线分析仪在 4 个采样点对烟气中的汞进行测试分析，即省煤器出口（SCR 进口）；空气预热器出口（电除尘器进口），湿式 FGD 进口（ESP 出口）及湿式 FGD 系统出口。在试验过程中对固相和液相组分也同时进行了采样分析。

在最初的阶段，重点分析通过湿式 FGD 系统的汞再排放潜力。在试验开始前，SCR 系统被旁路，结果在 FGD 系统入口可监测到相当量的 Hg^0。当向 FGD 系统喷入 NaHS 后，FGD 系统出口的单质汞浓度有所下降。

第 2 阶段 SCR 系统投入运行，测量并考察了 SCR 对 FGD 入口烟气的 Hg 组分构成的影响及通过湿式吸收塔的总汞去除效率。

第 3 阶段 SCR 运行，对采用 B&W 公司的专利添加剂技术后通过湿式 FGD 系统的 Hg^0 再排放情况进行了研究。

在最后几天的测试中，重新建立包括 SCR 正常运行在内的基准条件（与第 2 阶段测试相似），考察化学喷射是否会造成显著的系统变化，结果没有发现任何显著的变化。

根据在 Mt. Storm 电厂开展的测试试验结果，可以得到如下的初步结论：

（1）当 SCR 退出运行且没有添加剂喷射时，FGD 吸收塔总汞去除效率为 70%。

（2）SCR 系统退出运行但采用添加剂喷射时，FGD 吸收塔的总汞去除率从 71% 提高到 78%。

（3）SCR 系统投入运行时，电厂采用 SCR/ESP/FGD 配置时可达到 90% 以上的总汞去除效率。

（4）当 SCR 系统运行时，向湿式 FGD 系统喷射添加剂不会提高汞的去除效率。

（5）在所有的测试期间，SO_2 脱除效率均大于 95%，这表明 B&W 公司的添加剂喷射技术对湿式 FGD 的脱硫性能没有影响。

2001 的美国第一能源公司所属的 BMP 电厂安装了由 316L 不锈钢制成的 WESP，处理来自 2 号机组 FGD 系统出口的部分烟气，以试验 WESP 削减颗粒物（PM2.5）和 SO_3 酸雾排放的性能。该机组额定装机容量为 835MW，燃煤含硫量为 3%。2003 年在 USDOE/NETL 的资助下进一步开展了关于汞排放控制性能的试验研究。2 次测试结果见表 2－31，其结果十分相似。

表 2－31　WESP 汞排放控制性能测试结果

序号	项　　目	颗粒汞	氧化汞	单质汞	颗粒汞	氧化汞	单质汞
1	测试时间	2001 年 9 月 1 日	2001 年 9 月 1 日	2001 年 9 月 1 日	2003 年 7 月 3 日	2003 年 7 月 3 日	2003 年 7 月 3 日
2	烟气流量（m^3/h）	226536	226536	226536	226536	226536	226536
3	测试单位	URS 公司	URS 公司	URS 公司	俄亥俄大学	俄亥俄大学	俄亥俄大学
4	进口质量浓度（$\mu g/m$）	0.011	0.689	6.245	0.030	1.400	6.200
5	出口质量浓度（$\mu g/m$）	0.004	0.158	3.474	0.010	0.300	4.000
6	脱除率（%）	64	77	44	67	79	36

表 2－32 是 BMP 电厂经过 FGD 系统和 WESP 后几种汞形式的脱除效率的增加情况。在 FGD 系统进口烟气中，汞的质量浓度为 $12.94\mu g/m^3$，其中有 46%（$6.02\mu g/m^3$）以氧化汞形式存在，34%（$4.37\mu g/m^3$）是颗粒汞，20%（$2.55\mu g/m^3$）是单质汞。

（1）颗粒汞。由于没有安装干式 ESP 或布袋除尘器，BMP 电厂 2 号机组上的脱硫塔也是机组唯一的收尘装置，FGD 系统脱除 80% 的颗粒汞，而 WESP 再脱除 76% 的汞。2 台设备的联合汞脱除效率大于 95%，使烟气中汞的质量浓度由进口的 $4.37\mu g/m^3$ 削减为出口的 $0.20\mu g/m^3$。

（2）氧化汞。脱硫吸收塔可脱除 69% 的氧化汞，WESP 再脱除 86% 的汞。值得注意的是，在较低的进口浓度下 WESP 在脱除氧化汞方面比脱硫吸收塔的效率更高。2 套设备的联合氧化汞脱除效率大于 95%。

（3）单质汞。表 2 - 32 中的负值表明 FGD 吸收塔发生吸收的氧化汞转化为单质汞并逸出重新进入烟气中。假设 FGD 的汞再排放是由于水化学和 pH 值控制造成的，WESP 仅脱除了 18% 的单质汞，远远低于前两次试验得到的 44% 和 36% 的脱除效率。通过脱硫吸收塔和 WESP 的单质汞总的脱除效率为 6%。

（4）总汞脱除效率。脱硫吸收塔进口测得的全部汞的质量浓度为 12.94$\mu g/m^3$，吸收塔的总汞脱除效率为 62%；在 WESP 出口测得的全部汞的质量浓度为 2.85$\mu g/m^3$，WESP 总汞脱除效率为 41%，2 台设备的联合总汞脱除效率达到 78%。如果控制水化学防止水溶性的氧化汞再次转化为单质汞进入烟气中，则脱硫吸收塔和 WESP 的联合总汞脱除效率将提高到 83%。

表 2 - 32   FGD 系统和 WESP 的汞脱除效率测试结果

序号	项目	FGD 进口质量浓度（$\mu g/m^3$）	FGD 出口质量浓度（$\mu g/m^3$）	FGD 脱汞效率（%）	WESP 出口质量浓度（$\mu g/m^3$）	WESP 脱汞效率（%）	总脱汞效率（%）
1	颗粒汞	4.37	0.85	80	0.20	76	95
2	氧化汞	6.02	1.88	69	0.26	86	96
3	单质汞	2.55	2.92	-15	2.39	18	6
4	总汞	12.94	4.88	62	2.85	41	78

为提高 WESP 的脱汞能力，美国 CRCAT（CR 洁净空气技术公司）及其技术合作伙伴 MSE 技术应用公司开发出一项利用脉冲等离子体物理改善 WESP 性能的专利技术——脉冲等离子体增强型 ESP 系统（Plasma - enhance ESP，PEESP）。采用该技术的目标是将烟气中的单质汞氧化为氧化汞，通过中心放电极向烟气中注入一种反应剂气体。当反应剂气体通过电晕放电极时，产生一种反应物质将单质汞蒸气氧化。当单质汞转化为氧化汞时，形成的微细颗粒物或水溶性物种在 ESP 电场中被带电荷。带电的汞颗粒在电场力的作用下向收尘极板移动，并进入 WESP 收尘极板上的液膜中，从而使汞从系统中脱除。

最初的试验结果清楚地表明，PEESP 技术可以将由干空气和痕量单质汞构成的工艺气体中的单质汞氧化。采用含 CO、NO、SO_2 及痕量单质汞构成的模拟气体完成的试验研究结果表明，PEESP 可达到很高的汞去除效率。进一步的考察结果发现，NO（以及 SO_2 在较低的程度上）通过竞争性反应，还原了有效臭氧 O_3 组分，从而降低了系统的汞去除效率。由于烟气中总有 NO 和 SO_2，而且其浓度远远大于单质汞的浓度，因此若不先脱除烟气中的 NO 和 SO_2 或选用一种选择性的汞反应剂气体，想要获得较高的汞脱除效率是很困难的。

在日本，WESP 也得到应用，日本三菱重工研究开发的 WESP 已有 10 多套在燃煤电厂上应用，如日本 Chubu 电力公司的 Hekinan 电厂 3×700MW 机组的 WFGD 系统后采用了 WESP，自 1992 年投运以来，运行状况良好。又如 MIZUE（水江）电厂为满足极其严格的排放要求，在 IHI 的 FGD 吸收塔后就加装了 WESP，该机组容量 194.89MW，燃用精炼油工艺中产生的真空残油和低热值气体。设计 FGD 系统入口烟气量为 685500m^3/h（湿），温度 180℃，入口 SO_2 体积分数为 1.81×10^{-3}（干），粉尘质量浓度 10mg/m^3（干，4% O_2），WESP 出口烟温 58℃，SO_2 体积分数 4×10^{-6}（干），粉尘质量浓度小于 2mg/m^3（干，4% O_2）。系统脱硫率高达 99.8%，产品石膏纯度在 95% 以上，2003 年 6 月 1 日投入商业运行，WEPS 冲洗水中加入了 NaOH 来控制 pH 值以及防止集尘极的腐蚀和堵塞。图 2 - 201 为水江电厂的 FGD 系统总貌。另外在德国、奥地利（如 PS Werndorf 电厂，燃 3% 硫含量的重油，烟气量为 49 万 m^3/h，1997 年投运）等国，WESP 也得到应用，在我国化工、冶金行业，WESP 也有应用，但大型火电厂的 WESP 尚未有应用。

在电厂 WFGD 系统之后加装 WESP 的技术是经过检验的，与常规的工业使用的 WESP 相比只是规模更大一些。过去在电厂中这项技术主要应用在燃烧特定燃料和特定情况下；今天它是被用来满足新建电厂的更低排放要求，并且事实证明它能够胜任；将来这项技术在现有电厂的应用可能基于一种或多种需要，如：满足出口烟气最低的混浊度要求、进一步减少硫酸排放、进一步减少微量元素及其他细微颗粒污染物等从而要求额外的颗粒控制设备。尽管商业运行的 WESP 过去和现在已在电厂中出现，但需不断地优化系统、降低 WESP 的设备成本，同时还要不断地提高设备的性能。

图 2 - 201　日本 MIZUE 电厂
WESP/WFGD 系统

（十六）　CFD 模拟技术

1. CFD 模拟技术概述

吸收塔为 WFGD 系统的核心设备，对其传统的研究和设计方法是先基于模化法建立实验台进行试验，得到一些参量之间经验或半经验的宏观关联式，然后再放大到实际工程中。但是，此法存在着许多不足之处，如所需试验量大、费用昂贵、周期长等，且所获得的数据比较有限，一些具有宏观特征的量在设备和工程中实际存在的分布和放大效应将会被忽略，难以形成对工程的进一步优化以及适应实际工程具体情况变化而提出的要求。喷淋塔的实验及检测数据显示，在吸收塔横截面上的不同区域，SO_2 的去除率也是各不相同的，其结果会造成吸收塔的总体脱硫效率降低。造成这种情况的原因是吸收塔中吸收区域内烟气流速与喷淋密度之间的不均匀分配，这种不均匀现象同时也表现在净烟气中 SO_2 浓度的分布，图 2 - 202 给出了吸收塔上部截面 SO_2 浓度的分布的一个例子，可明显看到这一点。

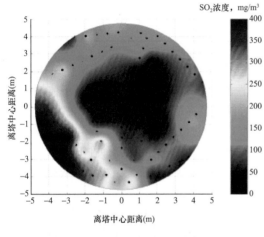

图 2 - 202　某吸收塔上部截面
SO_2 浓度的分布

随着设计直径成倍增加，特别需要了解物质接触区域的流体动态。烟气的流动和浆液的动态是决定因素，而吸收塔中真实的流动状态与 FGD 工艺设计时假想的一维流动条件是大相径庭的。然而，实验项目中广泛应用的按比例增加的模式是无法满足要求的，它无法精确反映某种三维状态，因此设计大型吸收塔应考虑使用多相流动的数字模拟，即 CFD（Computational Fluid Dynamics，计算流体力学）模拟技术。

CFD 是 20 世纪 60 年代起伴随计算机技术的发展而迅速崛起的，集流体力学、数值计算方法以及计算机图形学于一体，利用相应的数值计算方法求解数学方程和预测动量传递、热量传递、质量传递、化学反应以及相应的物理现象的一门科学。CFD 基本原理是基于数学方法建立单相或多相流动基本控制方程，利用数值方法对其进行求解。目前，用于解决工程中的流体流动、传热与传质问题比较好的商业 CFD 软件主要有，FLUENT、CFX、Phoenics、Star - CD 等，其中 FLUENT 是当前国际上比较流行的商用 CFD 软件包。这些商业软件都提供有大量的物理模型、高效的数值解法和友好的用户接口，大部分还提供有程序接口，用户可以根据需要添加自己的模型。

相对于传统实验方法，CFD 技术具有以下特点：

（1）数据全面。利用 CFD 技术比通过实验方法可以获得更加全面的数据，而且还可以获取一些通过实验难以得到的数据。

（2）灵活性高。CFD 模拟技术是基于基本物理定律的，当缺乏经验关系型和实验数据时，可以利用 CFD 进行设计、预测和解决工程问题，加快进程，从而节省大量人力、物力和财力。

（3）优化设计。CFD 模拟技术不仅可获得对过程机理的深入理解，而且可判断过程故障根本原因，进而提出各种改造和优化方案。

（4）技术创新。在传统开发环境中，设计者和工程师们对于大量的创新思路或设想难以进行验证，而利用 CFD 辅助模拟技术，可直接验证其新设想。

2. CFD 在大型 WFGD 系统中的研究与应用

通常 WFGD 系统比较复杂，影响 WFGD 系统运行效果的因素很多，其中作为 WFGD 系统核心设备的吸收塔对其影响是最大的，因此，吸收塔设计好坏将影响整个 WFGD 系统脱硫性能、投资及运行费用。对 WFGD 系统吸收塔的设计和优化必须考虑一系列的相关因素，包括塔内烟气流速、压降、SO_2 脱除效率、浆液液滴夹带以及塔的几何结构等。然而，吸收塔内情况比较复杂，涉及以下情况：① 气、液、固多相流场分布；② 气液之间的传热和传质；③ 水分的蒸发；④ 烟气和浆液之间的化学反应；⑤ 液滴的大小、聚并和破碎对塔内流场、传质和传热的影响；⑥ 除雾器区域液滴的捕集；⑦ 浆液池内的流场和化学反应等。

其中流场合理分布直接决定着塔内的传质、传热及反应进行程度。因此，对于塔内流场方面的研究已成为当前 WFGD 应用研究当中关注的热点，用传统实验方法因其局限性难以获得有效解决，而借助于 CFD 技术可以对其进行全面的研究和了解。

美国 B&W 公司首先将 CFD 技术引入 WFGD 的设计和改进当中。1992 年，由 T. W. STROCK 和 W. F. GOHARA 建立了一个比实际缩小 8 倍的模型，如图 2-203 所示，用实验的方法对喷淋塔的流场进行了研究；与此基础之上，Dudek 等人于 1999 年引入 CFD 方法，利用商业软件 CFX 对吸收塔内气液两相流场和气液分布进行了预测和了解，采用双流体模型对 WFGD 喷淋塔内的气液两相流场进行了二维和三维计算模拟。图 2-204 为针对不同入口速度塔内的气液流场二维计算模拟结果。图 2-205 则为在 3.1m/s 空气流速针对入口区及直壁基座和 30° 张角基座部分进行三维模拟的气相速度矢量和水的体积分数分布模拟结果。图 2-206 反映了 B&W 公司在 650MW 机组不加及加有合金托盘吸收塔的烟气流场 CFD 模拟结果。

图 2-203　B&W 吸收塔模型

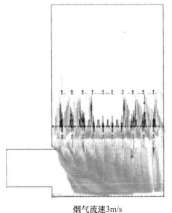
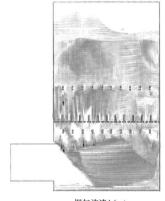

烟气流速3m/s　　　　　　烟气流速4.6m/s

图 2-204　水速度矢量分布

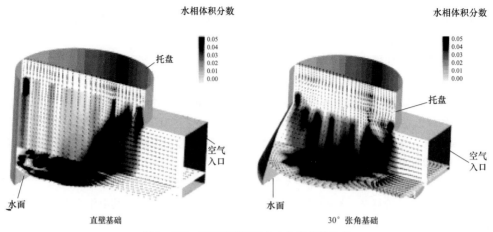

图 2-205 气相速度矢量与水体积分数分布

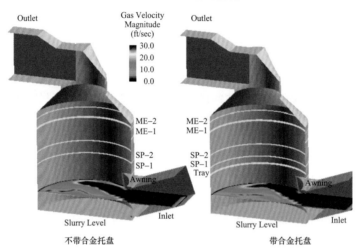

图 2-206 美国 B&W 公司不加及加有合金托盘吸收塔烟气流场的 CFD 模拟

日立公司利用 FLUENT 商业软件，把气相视为连续相，而由喷嘴喷射的液滴相则作为离散相来处理，再使用 FLUENT 的 UDF（User Defined Functions）功能，采用离散相模型（DPM：Discrete Phase Model）模拟了吸收塔内烟气中的 SO_2 被吸收的过程及 SO_2 浓度分布，计算结果与验证情况如图 2-207 所示。根据模拟结果，可以预测吸收塔内的 SO_2 浓度分布及脱硫率，从而可以优化塔内喷淋层及喷嘴设计。

吸收塔浆液池内部流场关系整个 WFGD 系统运行的稳定性。不合理的流场会影响 $CaCO_3$ 溶解、$CaSO_3$ 的氧化和石膏的结晶，进而影响脱水效果，同时还会产生塔内结垢和阻塞等问题，因此对浆液池内流场进行全面的分析研究和预测具有重要意义。在浆液池流场的模拟方面，Keskinen K. I 利用 FLUENT5.5 软件，采用标准的 $k-\varepsilon$ 双方程模型对浆液池内部的流场进行了模拟。模拟结果（见图 2-208）表明：合理的浆液池流场是氧化空气喷枪出口并非正对浆液池中心轴线，而是与其成一定角度而形成的旋转流场。

对已建 WFGD 系统出现的问题，借助于 CFD 技术也能很好地进行分析、判断，从而提出合理解决方案，如原德国费塞亚巴高克环境工程公司（FBE）对 Schkopau 电厂 2 台 400MW 机组的 WFGD 系统的改造，FBE 公司利用 FLUENT 软件，采用离散颗粒模型，对塔内气液流场进行了三维计算模拟分析，并根据模拟结果提出了改造方案。

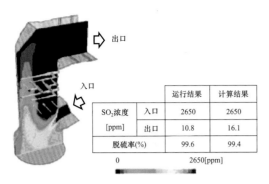

SO₂浓度		运行结果	计算结果
SO₂浓度 [ppm]	入口	2650	2650
	出口	10.8	16.1
脱硫率(%)		99.6	99.4

图 2 – 207　塔内计算模拟 SO_2 浓度分布预测

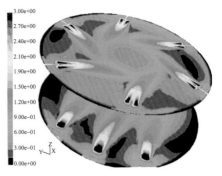

图 2 – 208　塔内浆液池速度场模拟结果

国际上各大 FGD 公司都将 CFD 技术引入了 FGD 系统的设计中，图 2 – 209、图 2 – 210 为意大利 Idreco 公司吸收塔烟气温度、压力和速度场 CFD 的模拟结果。图 2 – 211 为日本川崎公司利用开发的 HAMTAC 软件，进行吸收塔流体动态分析及应力分析。

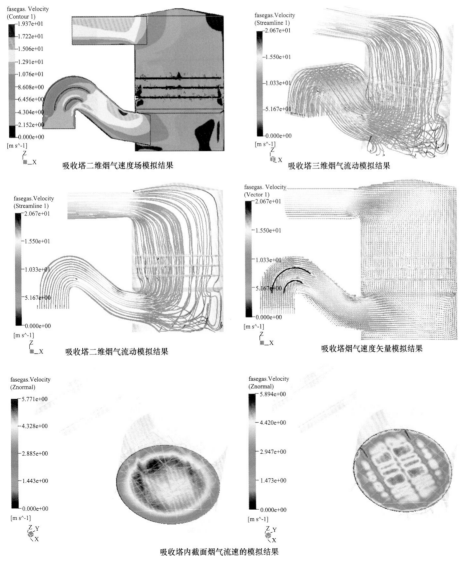

图 2 – 209　意大利 Idreco 公司吸收塔烟气速度场 CFD 模拟结果

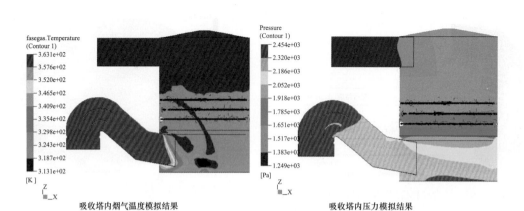

吸收塔内烟气温度模拟结果　　　　　　　　吸收塔内压力模拟结果

图 2 - 210　意大利 Idreco 公司吸收塔烟气温度、压力场 CFD 模拟结果

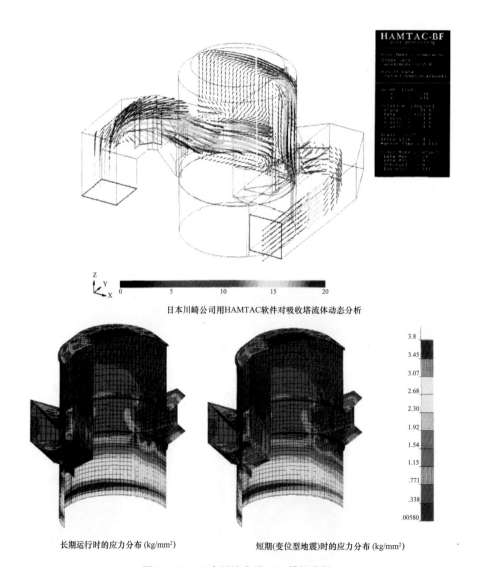

日本川崎公司用HAMTAC软件对吸收塔流体动态分析

长期运行时的应力分布 (kg/mm²)　　　　短期(变位型地震)时的应力分布 (kg/mm²)

图 2 - 211　日本川崎公司 CFD 模拟分析

3. 奥地利 AE&E 公司的 CFD 技术

奥地利 AE&E 公司的喷淋塔为典型的空塔结构，塔内上部除喷淋层和除雾器系统外，没有任何其他设备。在 1995 年，AE&E 公司就与多家大学合作研究开发使用 CFD 模拟湿式吸收塔，研究和改善 FGD 吸收塔的流动条件。研究焦点主要集中在实验项目研究和商业 CFD 的实际运用，同时，也对吸收塔内液体颗粒互相作用进行了数字模拟的开发，最终目标是将吸收塔中 SO_2 物质转换融入三维 CFD 模式。此模拟方式已成为 AE&E 吸收塔开发的标准模式。

使用 CFD 技术主要修正吸收区域由于下列因素引起的无效反应：

（1）烟气的不均匀流动。

（2）循环浆液（石灰石浆液）的不均匀喷淋密度。

（3）塔壁向上气流流速太高。

根据实测吸收塔内的流体分布和 SO_2 分布的结果，运用 CFD 工具优化喷嘴位置、不同型式的喷嘴配合使用，在整个吸收塔截面上达到 180% ~ 250% 的浆液覆盖率，从而避免 SO_2 吸收反应的不均匀及低的脱硫效率。

AE&E 公司将 CFD 模拟设计经验应用于新项目的设计，帮助该公司最终得到了德国 Neurath F/G 区燃褐煤电厂 2×1100MW 机组 FGD 系统总承包合同。两台吸收塔中的每台处理烟气量达 4750000m^3/h（湿），其 SO_2 质量浓度为 3811mg/m^3（干），FGD 系统内有目前世界上最大的吸收塔，原烟气分 2 个方形入口进入 1 个吸收塔中，净烟气通过冷却塔排放，设计脱硫率为 95%，此项目将在 2008 年投入运行。

AE&E 公司 CFD 模拟设计也用于旧厂 FGD 系统的改造，一个典型的例子是德国 Heyden 电厂 4 号机组 FGD 系统改造。原 FGD 系统由德国 SHU 公司供货，是 2 台逆流吸收塔，如图 2－212 所示。吸收塔设计主要参数如下：入口原烟气量为 2860000m^3/h（湿），入口 SO_2 质量浓度为 500 ~ 4500mg/m^3（干），脱硫效率不低于 98%，吸收塔直径为 20m，高度为 55m，浆液池体积为 4025m^3，6 台浆液循环泵（每台 10000m^3/h）对应 6 个独立的喷淋层，每层布置 76 个螺旋喷嘴，喷嘴喷淋角度为 120°。新吸收塔于 1998 年调试成功，但预先担保的脱硫效率无法达到。

2001 年 1 月，AE&E 接受了此项目 FGD 吸收塔改进计划。通过对喷淋层上部洁净烟气的测量，发现在接近塔壁区域 SO_2 含量升高，表示此处有 SO_2 漏出，这种现象降低了 SO_2 的去除率。接着，利用 CFD 对塔内多相流进行了优化。AE&E 利用软件 FIRE 7.3，把气相看做连续相采用欧拉法进行处理，液滴视为离散相采用拉格朗日法来处理，对吸收塔内气液流场进行了三维计算模拟分析。在 CFD 模型中，将吸收塔入口划分为 95000 个计算单元，吸收塔内划分为 870000 个计算单元，浆液滴计算单元达 230000 个，并假定边界速度条件，如图 2－213 所示。图 2－214 是模拟的烟气流动结果。图 2－215、图 2－216 是未改造前及改造后塔内 3 个不同高度的烟气流速模拟结果，可见在塔壁区域，改造后的烟气分布更为均匀了。

图 2－212　德国 Heyden 电厂 FGD 系统

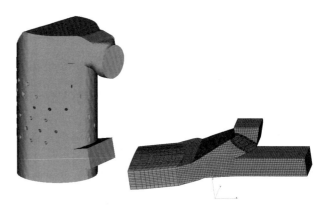

图 2－213　Heyden 电厂 CFD 模拟吸收塔和原烟气入口网格

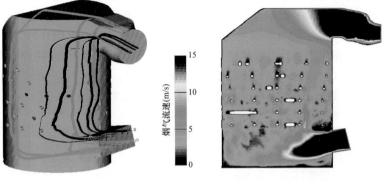

图 2 – 214　Heyden 电厂吸收塔在 100％负荷、4 层喷淋层运行下的烟气流动模拟

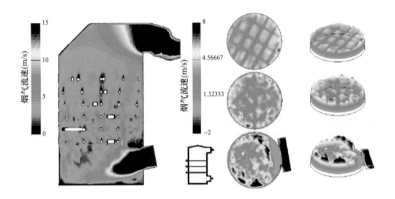

图 2 – 215　Heyden 电厂改造前 FGD 吸收塔各截面烟气速度（flow velocity）分布模拟结果

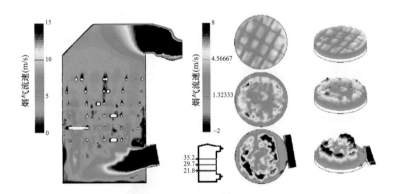

图 2 – 216　Heyden 电厂改造后 FGD 吸收塔各截面烟气速度分布的模拟结果

　　2001 年 11 月，根据 AE&E 的想法对喷淋层进行了改造，主要是在近壁区增加了一些与中间区域不同的喷嘴，如图 2 – 217 所示。重新投入运行后即感到有重大的改善。2002 年 6 月，对系统进行了测试，发现吸收塔壁区域的 SO₂ 高浓度几乎消失，而且净烟气的 SO₂ 浓度分布更均匀，这种改进在出口烟道中也很明显，测试结果见表 2 – 33。图 2 – 218、图 2 – 219 是未改造前及改造后塔内喷淋层上部和吸收塔出口净烟气的 SO₂ 浓度分布的比较。同时，液气比也降低了，几乎在任何工况下都能在少一层喷淋层的情况下正常运行，节省的电力消耗也意味着运行成本的大幅度减少。

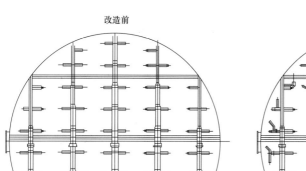
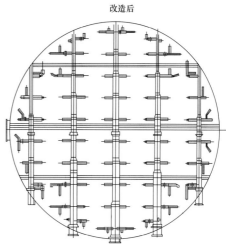

改造前　　　　　　　　　　　改造后

图 2-217　Heyden 电厂改造前（左）/后（右）吸收塔内喷淋层

表 2-33　　　　　　　　　　　Heyden 的电厂 FGD 系统优化前后的比较

项目	单位	测试时间		
		2001 年 2 月（优化前）	2002 年 6 月（优化后）	2002 年 6 月（优化后）
运行循环泵		1、2、3、4、5	1、2、3、4、5	2、3、4、5、6
FGD 入口烟气量	m³/h（湿）	2448000	2872000	2852000
吸收塔进口 SO_2 质量浓度	mg/m³（干）	2199	2762	2501
吸收塔出口 SO_2 质量浓度	mg/m³（干）	110	79	50
原烟气中 O_2 体积分数	%（干）	4.46	4.64	4.63
吸收塔浆液中 $CaCO_3$ 质量分数	%	1.28	1.22	1.50
吸收塔浆液 pH 值		5.4	5.6	5.6
吸收塔脱硫率	%	95.01	97.14	97.14

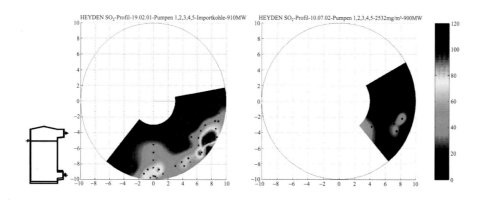

图 2-218　Heyden 电厂改造前（左）/后（右）吸收塔内喷淋层上横截面 SO_2 浓度（ppm）分布

注：坐标（0,0）点为塔中心，5 层喷淋层，910/900MW 负荷。

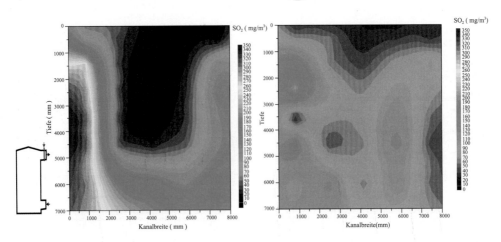

图 2 - 219 Heyden 电厂改造前（左）/后（右）吸收塔出口净烟道横截面 SO₂ 浓度（ppm）分布

注 1. 坐标为距烟道壁的距离，m；
    2. 5 层喷淋层，900MW 负荷；
    3. 模拟时间：左 2001 年 2 月，右 2002 年 7 月。

目前 AE&E 公司与国内多家 FGD 公司合作，已运行和在建的 FGD 工程有许多，其中，广东省连州电厂的 FGD 系统是其在我国的第一个项目，浙江省华能玉环电厂 2×1000MW 超超临界机组的 FGD 系统已投入运行。

4. 国内研究与应用

近几年来，随着国内 WFGD 技术的大规模应用，许多高校、脱硫公司也开始对 WFGD 系统的吸收塔内气液流场等进行了 CFD 数值模拟研究工作，但大部分模拟结果都未与实验或工程数据进行对比验证。

2004 年，江苏苏源环保公司以 FLUENT6.1 软件为骨架，采用混合网格和随机颗粒生成模型，将雷诺平均的 Navier - Stocks 方程作为控制方程，湍流模型为标准 $k - \varepsilon$ 方程、二阶精度，压力选用 SIMPLEC 算法，近壁面处进行壁面函数修正；基于微元建立能量方程和组分方程（仅考虑水蒸气和空气），对以上方程进行基于微元中心有限体积元离散，进行迭代求解，收敛条件为能量方程小于 10^{-6}，其他小于 10^{-3}，对某电厂 200MW 机组的 FGD 内隔板喷淋塔的热态流场进行了数值模拟，并对系统压力损失进行了较为详细的分析评价，在此基础上，进行了脱硫塔优化设计计算。同时还采用计算机有限元分析软件对扬州电厂 FGD 工程的烟道进行了综合分析。

清华大学、国电龙源环保公司以 300MW 机组湿法 FGD 喷淋塔（塔径 12m、高 36m）为研究对象，利用 CFD 通用软件对其内部两相流场进行模拟。气相湍流由标准 $k - \varepsilon$ 模型描述，喷淋液滴由拉格朗日颗粒轨道模型描述。预测了无喷淋和有喷淋两种条件下的气相湍流流场分布、沿塔高方向不同截面上的气速分布以及喷淋液滴的轨迹。模拟结果表明，引入喷淋液后，出口截面气速分布明显均匀化，其最大值由无喷淋时的 12m/s 降至 6m/s。该最大值出现在靠近塔壁处，是由塔壁附近喷淋密度较低造成的，可通过改进周边喷嘴的布置方式及喷嘴形式进行优化。图 2 - 211 是模拟结果。

浙江大学热能工程研究所与浙江大学蓝天环保工程公司利用 CFD 技术，对 WFGD 的核心部分吸收塔内气液流场、传质与传热及化学反应进行全面计算模拟，对 WFGD 系统进行优化，从而达到形成具有自主知识产权的技术以及降低投资和运行费用目的。目前针对所承担的某 300MW 机组 WFGD 工程吸收塔流场数值模拟已取得了阶段性成果。

此外，还有许多研究者对湍流塔 TCA（Turbulent Contact Absorber）、旋流板塔、降膜式 FGD 反

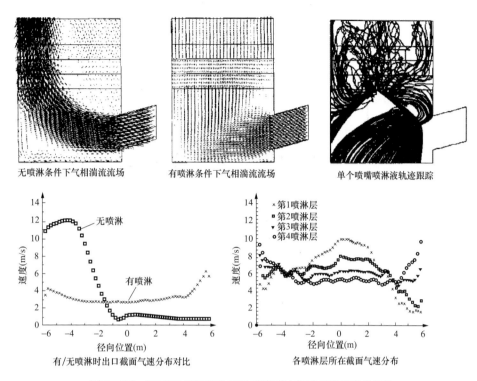

无喷淋条件下气相湍流流场　　有喷淋条件下气相湍流流场　　　　单个喷嘴喷淋液轨迹跟踪

有/无喷淋时出口截面气速分布对比　　　　各喷淋层所在截面气速分布

图 2-220　300MW 机组湿法 FGD 喷淋塔内部两相流场模拟结果

应塔及鼓泡式吸收塔内流场和反应进行了模拟研究。南京电力环境保护研究所、东南大学、华北电力大学、江苏大学等单位利用 ANSYS 的 CFD 模块、Fluent6.1 等工程计算软件，对吸收塔主要部件除雾器进行了数值模拟，从理论上分析了除雾器各内部结构（如高度、板间距、转折角、级数等）及外界影响因素（如气体流速、液滴直径）对除雾器除雾效率的影响关系，得出了一般情况下的除雾器分离性能的规律性结论，可应用于湿式 FGD 系统除雾器的设计。对单个吸收塔喷嘴的内部流场也进行了数值模拟，揭示了喷嘴内的流动规律，为其优化设计提供依据。

虽然利用 CFD 技术研究 WFGD 系统中吸收塔流场已经取得了很大进展，并逐渐显现出其所具有的强大优势。但是，将 CFD 引入 WFGD 中目前还存在以下亟须考虑的问题：① 计算结果的可靠性；② 网格生成技术；③ 模型的选择；④ 计算机的性能。此外还涉及对计算结果进行测试和验证的相关技术。尽管存在以上这些问题，但 CFD 作为一种新技术，随着对 WFGD 系统吸收塔内流动和微观混合的机理认识的深入以及现代计算机技术与现代测试技术等的发展，CFD 技术必将在 WFGD 系统工程获得更广泛的应用。

（十七）意大利 IDRECO 公司 FGD 技术

意大利 Idreco S. p. A 公司成立于 1976 年，主要从事的领域为：① 大气污染治理，包括 FGD 系统、脱硝系统、电除尘器和布袋除尘器、集成式空气清洁系统；② 工业和城市水处理；③ 医疗和工业废物焚烧；④ 离子交换树脂粉、树脂颗粒与预涂层惰性材料等。该公司的 FGD 技术为传统的喷淋空塔技术，如图 2-221 所示，采用强制氧化空气系统，吸收浆液质量浓度控制在 10% ~15% 范围内。

Idreco 公司 FGD 技术自 2003 年引进我国，在中国的第

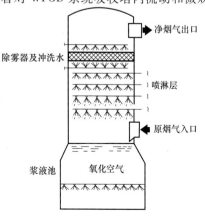

净烟气出口

除雾器及冲洗水

喷淋层

原烟气入口

浆液池　氧化空气

图 2-221　Idreco 公司典型的吸收塔示意

一个 FGD 项目为河北衡水电厂 2×300MW 机组 FGD 系统,该系统的吸收塔为变径塔,已于 2005 年 4 月 30 日通过 168h 试运行。广东省沙角 C 电厂 3×660MW 机组 FGD 系统也采用该技术,吸收塔为等径圆柱,其中第一台 3 号 FGD 系统已于 2005 年 12 月 23 日投运。FGD 工程现场如图 2 – 222 所示。另外,河北王滩电厂 4×600MW 机组、广东省沙角 A 厂 3×200MW + 1×300MW 机组、浙江乌沙山电厂 4×600MW 机组、湖南岳阳电厂 2×300MW 机组等 FGD 系统也采用 Idreco 公司技术。

意大利 C.T.E.ENEL – SULCI FGD 示范工厂

意大利 C.T.E.BRINDISISUD 2×640MW 燃煤/奥里油 FGD 系统

意大利 C.T.E.FUSINA 2×320MW 燃煤 FGD 系统

捷克 P.S.MELNIK(1×500MW+×110MW)燃煤 FGD 系统

河北衡水电厂 2×300MW 机组 FGD 系统

广东沙角 C 电厂 3×660MW 机组 FGD 系统

图 2 – 222　意大利 idreco 公司 FGD 技术的应用例子

（十八）江苏苏源 OI^2 – WFGD 技术

江苏苏源环保消化吸收国际先进的 FGD 技术,经过长期研究开发和大量工程实践积累,开发了具有自主知识产权的 OI^2 – WFGD 技术,特点如下:

（1）精准优化。OI^2-WFGD 技术具有整套高度集成的系统优化能力，优、精、准是其特色，每个项目的实施方案均贯穿着精准定量优化，从而保证 FGD 项目总性价比最优。

（2）集成化。OI^2-WFGD 是针对火电厂脱硫的 FGD 技术，融入了丰富的火电经验和对主机系统特点的深入研究，在 OI^2-WFGD 开发时力求从底层将 FGD 系统与主机系统有机嵌合，实现无缝连接、高度集成，充分整合利用电厂主体系统资源、简化运行维护使之成为最适合电厂、最易于运行的 FGD 系统。

（3）个性化。以单一数据库、参数化、基于特征、全相关的概念设计，可以快速适应不同机组的个性化设计需求。可以按用户实际要求，以度身定制、量体裁衣的方式，提供最适合其需求的FGD 系统，特别适合老厂改造项目场地狭小、条件多变等情况。

OI^2-WFGD 的多项创新技术如下。

（1）提出了 FGD 吸收塔吸收区气液耦合平衡的设计方法。采用实验或数值计算的方法获取吸收塔各截面的速度、压力分布的情况，并按其数值的相对大小进行分区。按传质效率最大化的目标函数对各区域分别寻优，从而确定吸收剂速度、覆盖范围及平均粒径大小应满足的要求，在此基础上对喷嘴及喷淋管系进行设计，并将设计结果再次回归优化修正。该方法对吸收塔各截面及截面的各个不同区域吸收剂分布进行差异化设计，使得气液相对速度达到最优，气液接触面积达到最大，从而使传质效能最大化，在达到同等性能的情况下有效地降低了能耗，或在同等能耗下达到最大效能。

图 2-223 所示为 OI^2-WFGD 气液耦合平衡设计理论原理。从图中可以看出，在没有喷淋的时候，吸收塔内有一个区域自然形成一个很大的旋涡。而随着喷淋的加入，旋涡逐渐变小，除雾器前沿的速度也逐渐变得均匀。通常除雾器要达到一定的除雾效果，对来流的速度分布及速度最大值有一定的要求。当均匀喷淋时，其速度偏差在40%左右，在这个区域旋涡变小，但还有一定的回流存在。而 OI^2-WFGD 技术对吸收塔各截面及截面的各个不同区域吸收剂分布的差异化设计，使除雾器前沿的速度分布趋于均匀，其偏差在15%左右，从而容许有更大的空塔流速。按 1 台 600MW 机组计，吸收塔阻力可降低10%，系统电耗降低5%，年节电达 2×10^6 kW·h。

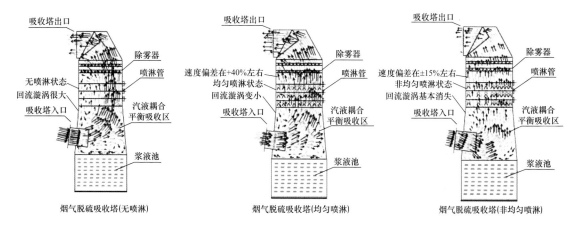

图 2-223　气液耦合设计理论原理

（2）吸收塔浆液池气氛控制系统的开发。如图 2-224 所示，在由搅拌器引起的浆液旋转方向上，合理地布置石灰石浆液进口、循环泵接口、石膏浆液排出口的位置；同时在石灰石浆液进口、循环泵接口处布置隔离板，对新鲜石灰浆液的扩散和混合进行分配、引导，使得在该局部形成一个气氛不同的特殊区域，以满足吸收剂过高 pH 值的要求。而该区域之外的浆液空间则仍保持 pH 值较低的气氛，以满足 $CaSO_3$ 氧化、石膏结晶、石灰石溶解的需要。这样可以针对浆液池的不同功能同时提供各自所需的气氛环境，提高生产能力，降低能耗，提高系统对脱硫效率扰动响应速度达数十倍，既提高了 SO_2 吸收效率又保证了石膏的品质。按 1 台 600MW 机组计，可降低循环泵电耗 10%，年节电达 $1.25 \times 10^6 kW \cdot h$。

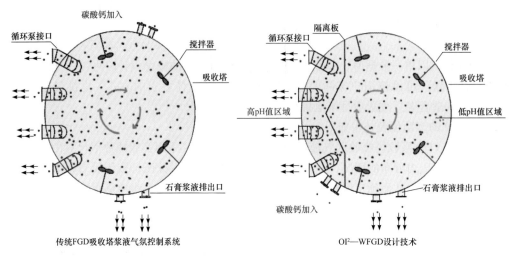

图 2-224　FGD 吸收塔浆液池气氛控制装置的设计技术比较

（3）提出叶脉状浆液喷淋管系的设计理论。效仿担负分配、输送、支撑等类似功能的植物叶脉在进化中形成的结构，将传统的喷淋管系改造为叶脉状喷淋管系统，在实现浆液输送功能的同时，保证了浆液的分配均匀性，从而改善浆液喷淋效果，提高 SO_2 吸收效率。能实现喷淋管系统的性能、造价比（价值）的最优化；降低了管系流动总阻力，节约了运行成本；降低了造价，节约了投资成本。

（4）采用自主开发的自洁、自调、积木式组合浆液喷嘴专利技术。使用该种组合而成的喷嘴工作时有自振，可以改变不同位置液滴的覆盖情况，能在一定程度上强化雾化效果，拓宽高效工作范围；并能实现喷嘴的自清洁，防止堵塞；同时改善气液接触效果，提高 SO_2 吸收效率。

（5）吸收塔烟气出口烟道改进成"象鼻形"烟道开口（见图 2-225），它是将吸收塔与出口烟道的流体特性组合成一体考虑，用圆形烟道替代长方形的烟道，依照烟气速度分布的规律来布置烟道的走向，以等阻力原则设置吸收塔出口的断面尺寸和烟道流线形状，提高下游换热器设备的工作效能；降低了压力损失，从而降低了整个脱硫系统的能耗；并尽可能得使烟道最短，减少了钢材耗量，提高了吸收塔及其出口烟道的整体稳定性，简化了支撑结构。

图 2-225　象鼻形吸收塔出口

（6）发明了流场适应型除雾器专利技术，将除雾器与其上、下游流道进行一体化设计。该设计可以在其上下游气体流场存在较大不均匀时保证除雾器效率，能够适应复杂的流场工作环境，而不增加流体阻力降。

OI^2-WFGD 技术已应用于江苏太仓环保发电有限公司的一、二期 FGD 项目（$2 \times 135MW + 2 \times 300MW$，2 炉 1 塔），又承建太仓一、二期 FGD 工程（$2 \times 300MW + 2 \times 600MW$）等多个项目。在 OI^2-WFGD 技术的基础上，苏源环保又开发了第二代技术"OI^2-WFGD-Ⅱ"，这是资源节约型先进的湿法烟气脱硫技术。它以 U 型平流式吸收塔代替了逆流喷淋塔，塔吸收区呈水平 U 型，吸收塔的烟气进出口在塔的同一侧。2006 年 12 月首次成功应用于江苏徐塘发电有限公司的 4 号、5 号（2×300MW）机组。2007 年 3 月，商丘裕东发电有限责任公司 2×300MW 机组 FGD 系统也相继通过 168h 整套试行，并通过环保检测，该系统未设增压风机。

（十九）国电清新旋汇耦合吸收塔

北京国电清新公司自主研制开发的旋汇耦合脱硫技术，已在北京大唐陡河发电厂 8 号炉 200MW 机组 FGD 工程中得到实际应用。2003 年，国电清新公司与韩国 Cottrell（克尘）公司建立技术合作关系，先后承担了陡河发电厂 7 号炉 200MW 机组 FGD 工程、内蒙古大唐托克托发电有限公司一至四期 8×600MW 机组 FGD 系统、河南信阳华豫电厂 2×300MW 机组 FGD 系统等工程。

国电清新公司研制开发的旋汇耦合吸收塔（如图 2-226 所示），是以喷淋塔为基础，吸收了填料塔延长气—液接触时间、双回路塔分区控制的技术特点，利用旋汇耦合技术，在吸收塔中对脱硫过程进行有效分区控制，在获得较高脱硫效率的同时，具有不结垢、适应性强、运行成本低等特点。

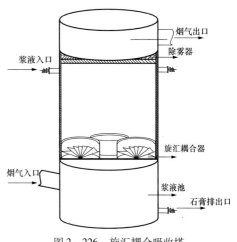

图 2-226　旋汇耦合吸收塔

旋汇耦合技术是利用气体动力学原理，通过特制的旋汇耦合装置产生气液旋转翻覆湍流的空间。在此空间内，气液固三相充分接触，迅速完成传质过程，从而达到气体净化的目的。从引风机引来的烟气进入吸收塔后，首先进入旋汇耦合区，通过旋流和汇流的耦合，在湍流空间内造成一个旋转、翻覆、湍流度很大的有效气液传质体系。在完成第一阶段脱硫的同时，烟气温度迅速下降；在旋汇耦合装置和喷淋层之间，烟气的均气效果明显增强；烟气在旋汇耦合装置反应中，由于形成的亚硫酸钙在不饱和状态下汇入浆液，避免了旋汇耦合装置结垢的形成。第二阶段进入吸收区，经过旋汇耦合区一级脱硫的烟气继续上升进入二级脱硫区，来自吸收塔上部喷淋联管的雾化浆液在塔中均匀喷淋，与均匀上升的烟气继续反应。净化烟气除雾后排放。图 2-227 为旋汇耦合器工作原理示意及应用该技术的 FGD 系统总貌。

由于旋汇耦合装置的作用，进入吸收塔的烟气迅速降温，有效实现了在没有 GGH 情况下对吸收塔防腐层的保护；均气效果的增强，提高了吸收区脱硫效果，降低了能耗和材料消耗；由于在旋汇耦合区已经完成了相当比例的脱硫工作量，减轻了吸收区脱硫工作压力，与空塔相比，降低了循环泵的工作负荷和浆液材料消耗。

除脱硫效率、运行成本等指标与国外技术一致外，旋汇耦合吸收塔还具有以下几个方面的特点：

（1）均气效果好。吸收塔内气体分布不均匀，是造成脱硫效率低、运行成本高的重要原因。安装旋汇耦合装置的脱硫塔，均气效果比一般空塔提高 15% ~ 30%，脱硫装置能在比较经济、稳定的状态下运行。

（2）传质效率高。传质速率是决定脱硫效率的关键指标，由于影响传质过程的因素非常复杂，在不同的环境条件、工艺技术及不同的流动状况和操作条件下，传质效率各不相同。获得传质速率最有效的方法是实验测定。

国电清新公司经过几年的反复试验，获得了在不同环境条件、工艺技术条件下的技术参数，并以实验获得的参数为基础开发生产关键设备，以达到增加液气接触机会和面积、提高气液传质效率的目的。

旋汇耦合器工作示意

陡河电厂8号200MW机组FGD系统

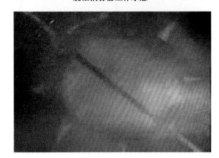

旋汇耦合器吸收俯视

旋汇耦合器侧视

图 2-227　国电清新旋汇耦合器及其应用

（3）降温速度快。从旋流器端面进入的烟气，通过旋流和汇流的耦合，经过在湍流空间内形成旋转、翻覆、湍流度很大的气液传质体系的过程，烟气温度迅速下降，有利于形成塔内液气充分结合、各种运行参数趋于最佳状态的稳态环境。

（4）国产化率高。由于旋汇耦合装置的安装，部分改变了吸收塔的内部结构，如喷淋层由通常的三层改为两层，并全部采用自主开发的喷嘴等设备，节省了建设投资，设备国产化率大大提高。

（5）适应性强。由于系统较强的温度自我调节能力，对不装配 GGH 的系统有较强的适应性，降低了建设和维护费用；由于较好的均气效果，脱硫效果受进口烟气含硫变化的影响小，对在不同工况下系统正常运行的适应性强，对煤种的适应性也较强；由于设备的国产化水平较高，项目建设受国际设备市场变化、汇率变化的影响小。

在陡河发电厂 8 号炉 200MW 机组脱硫工程中，国电清新公司选择性地使用了旋汇耦合装置、喷淋层喷嘴及相关附属非标设备，自主进行了 DCS 控制系统的组态编程工作，减少了项目实施的依赖性，增强了工程质量和进度把握的主动性。

五、其他 FGD 技术

国内已成功开发了多种独特的 FGD 技术，宁波东方环保的 DS-SO₂ 烟气治理技术是其中的一种。

宁波东方环保设备有限公司在 1993 年到 2001 年的 8 年时间里，试验了从半干法到湿法、从空塔喷淋、填料塔到鼓泡塔等十余种 SO₂ 烟气的治理方法，开发成功了"DS-SO₂ 烟气治理技术"并拥有完全的自主知识产权。其核心是一种全新的 SO₂ 烟气吸收塔——"DS-多相反应器"，已取得了 3 项发明专利和 2 项实用新型专利，被列为 2001 年和 2002 年国家重点技术创新项目、2003 年国家重点环境保护实用技术。2003 年 12 月获得中国有色金属工业科学技术进步一等奖。2001 年 6 月，在浙江宁波东方冶炼厂建成第一套 DS-SO₂ 烟气治理装置，目前在火电机组上也有业绩。

1. DS – 多相反应器的特点

DS – 多相反应器是脱硫装置的核心设备。该反应器采用气、液并流吸收，液体在反应器内部的分液、导流构件的作用下，被分散成多层液膜，同向流动的烟气在一次次通过液膜时，将液膜拉薄，并雾化成一定粒度的小雾滴，强化气、液间的传质。吸收液形成的液膜和雾滴在多相反应器中不断地改变流速和流向，液体内、液体与固体间发生强烈的相对运动，加速分子、离子的扩散，从而提高反应速度。

多相反应器由若干操作单元组成，在设计选型时，根据烟气中 SO_2 浓度、空塔操作气速、液气比、吸收剂浓度确定多相反应器所需操作单元数。根据烟气流量和空塔操作气速计算反应器截面积，确定并联反应器组数。

钙基吸收剂脱硫的反应速度取决于 4 个速度控制步骤，即 SO_2 吸收、HSO_3^- 氧化、吸收剂溶解和石膏的结晶。DS – 脱硫装置在设计上主要从三个方面提高吸收反应速度：① 增大气、液两相接触面积，强化气相、液相间传质；② 强化液体内、液体与固体间的相对运动，提高吸收剂溶解速度和化学反应速度；③ 控制石膏的结晶速度。

DS – 多相反应器具有如下特点：

（1）采用全高分子材料整体制作 SO_2 烟气吸收塔。与美国滚塑协会合作引进世界上最大规格的全方位滚塑机，多相反应器单元包括内部构件实现一次性整体成形。与中科院高分子材料研究所合作开发出特种工程塑料——改性聚醚乙砜，具有耐高温、耐磨损、抗静电、耐腐蚀、高强度的特点。

（2）优秀的耐腐蚀性能。由于采用高分子工程塑料一次性整体成型，材料本身优秀的耐腐蚀性能保证了反应器的高耐腐蚀性能；反应器的耐腐蚀寿命与设备本体寿命完全一致，在运行过程中，无防腐层脱落而影响主机运行的顾虑，省掉了繁琐的橡胶及玻璃鳞片防腐涂料的日常及年度维修工作。

（3）DS 吸收塔实现了标准化和模块化设计。针对不同 SO_2 烟气量和不同的 SO_2 烟气浓度，DS – 多相反应器采用并联和串联组合的方式来适应不同的工况条件。反应器单元实现了模块化的设计和制作，在塔体的安装过程中，只有简单的积木式拼装工序，安装完毕后即可投入工业调试及运行，无需条件复杂而苛刻的防腐及保养维护工序。

（4）真正实现无喷嘴设计。通过反应器内部的自调水气幕结构，利用烟气热动力和烟气与浆液的速度差、浆液的自身重力和重力加速度，达到了烟气和浆液的自动优化均布。浆液循环泵只需满足把浆液送至塔顶，无需考虑雾化压力损失，节省了浆液循环泵的运行功耗，彻底省略了吸收塔内结构复杂的浆液分布管和目前尚需进口而且价格昂贵的喷头。

（5）烟气和吸收液顺流运行。气液顺流运行，使得吸收塔阻力降至最小成为可能，而且气液顺流运行的方式加上多相反应器本身的特殊结构，使得吸收浆液对反应器截面积的覆盖率达到了 100%，也正由于如此之高的浆液覆盖率，使得系统的液气比降至 $7L/m^3$ 以下。

（6）出色的追随锅炉负荷运行功能。由于实现了独特的模块化设计，DS – 多相反应器将以单元的串联组合来适应不同烟气中 SO_2 浓度，以并联组合来适应锅炉烟气量的波动。特别是当锅炉降负荷运行时，多相反应器组可以追随负荷的变化实现在线调节，以最大限度地满足脱硫效率同时实现 FGD 系统对主机负荷变化的追随运行，把 FGD 系统的电耗降至最小。

2. 宁波东方冶炼厂的 DS – 脱硫装置

宁波东方冶炼厂有一条年产 3 万 t 粗铜的生产线，该生产线采用一种低硫复杂铜精矿来冶炼，铜精矿含硫约 8%～15%，在烧结过程中产生的烟气中 SO_2 质量浓度约为 8.58×10^3～$2.86 \times 10^4 mg/m^3$，在每年约一个月的返粉（含硫 <0.5%）回用期间的 SO_2 体积分数约为 780×10^{-6}。烧结烟气量为 1.6×10^5～$2.2 \times 10^5 m^3/h$。该厂采用 DS – 脱硫装置对此烟气进行处理，工艺流程见图 2 – 228，现场设备见图 2 – 229。

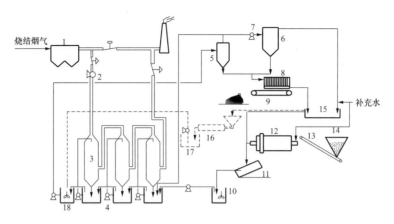

图 2 – 228　宁波东方冶炼厂的 DS – 脱硫装置

1—除尘系统；2—增压风机；3—吸收塔组；4—脱硫循环泵；5—水力旋流分离器；

6—DS – 袋式过滤器；7—渣浆泵；8—板框过滤机；9—皮带运输机；

10—调整槽；11—分级机；12—球磨机；13—定量给料皮带；14—吸收剂贮槽；

15—循环水池；16—石灰消化机；17—石灰浆液槽；18—中和槽

图 2 – 229　宁波东方冶炼厂 DS – 多相
反应器 FGD 系统总貌

DS – 脱硫装置主要包括四个部分，即渣浆制备系统、吸收系统、中和过滤系统、工艺循环水系统，工艺过程采用计算机控制系统进行控制。

（1）渣浆制备系统（见图 2 – 230）。吸收剂采用该厂的铜冶炼炉渣，研磨成细度为 $61\mu m$ 的粉末，调制成吸收渣浆，渣浆 pH 值为 7.0 左右。铜冶炼炉渣主要成分见表 2 – 34，其有效成分主要是 CaO、MgO、ZnO 和 FeO。

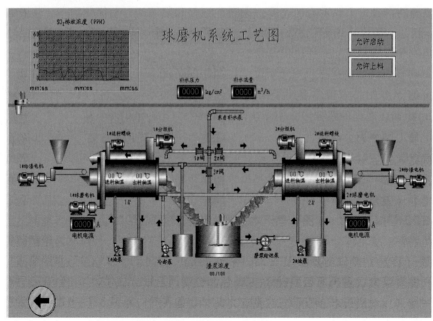

图 2 – 230　宁波东方冶炼厂 DS—多相反应器 FGD 吸收剂制备系统

表 2-34			铜冶炼炉渣的主要化学成分				
成分	Cu	Zn	FeO	SiO_2	CaO	MgO	Al_2O_3
质量分数（%）	0.3	4.0	28.8	27.7	22.2	1.0	5.2

铜冶炼炉渣和补充水按比例计量加入球磨机，研磨成含固量70%左右的渣浆，再与工艺循环水混合稀释成含固量10%的渣浆，经螺旋分级机分级，粗颗粒从机头返回球磨机重新研磨，细颗粒渣浆流进渣浆槽，通过渣浆输送泵送至吸收系统。

（2）吸收系统（见图2-231）。吸收设备是专利产品DS-多相反应器，采用三级串联组合，根据入口烟气中SO_2浓度的不同分别开启1号、2号或3号，一般情况下采用二级吸收。烟气依次流过1、2、3号多相反应器，与并流加入的吸收剂料浆在反应器内充分接触传质，SO_2被渣浆吸收。烟气经吸收、除雾后，降温至45℃左右，直接从烟囱排放。烟囱内壁作防腐处理。吸收渣浆从3号多相反应器循环槽加入，以溢流方式依次流入2号、1号多相反应器循环槽，循环吸收后，pH值控制在4.5左右，流入过滤系统。

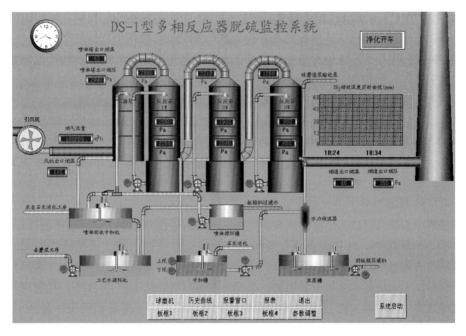

图 2-231 宁波东方冶炼厂 FGD 吸收系统工艺流程

吸收系统安装了CEMS烟气排放连续监测系统，对烟气SO_2浓度、温度、压力、流量进行连续监测。

（3）中和、过滤系统。根据最终产物的用途，在过滤前用石灰浆液进行中和处理，将pH值调为7.0~8.0。中和反应可调整渣浆颗粒的结构，提高过滤速度，使渣浆能适合"本肥"生产工艺要求（最终产物可作为土壤改良剂，称为"本肥"）。

中和后渣浆经水力旋流器分级，上清液一部分返回3号多相反应器循环槽作预加晶种；一部分进入DS袋式过滤机，滤液流入循环水池，袋式过滤器与水力旋流器底流浓浆一起送至板框压滤机过滤。滤渣用于"本肥"生产，滤液流至循环水池。

（4）工艺循环水系统。流入循环水池的滤液经循环水泵分别送入渣浆制备系统和石灰消化机调浆，全系统无废水排放。

（5）电气及控制系统。DS-脱硫装置的总装机功率640kW，实际出力功率500kW左右。工艺过程控制是通过计算机控制系统完成的。烟气流量和 SO_2 浓度发生变化时，计算机根据出口 SO_2 浓度与设定值进行比较，自动调节炉渣的加入量、渣浆浓度和渣浆循环量。根据各循环槽、中和槽、中间贮槽的液位与设定值比较，自动调节工艺循环水和补充水流量。渣浆制备系统分手动控制和自动控制，通过 PLC 连锁控制系统开、停车顺序。板框压滤机工作过程控制采 PLC 程序控制。

宁波东方冶炼厂的 DS – 脱硫装置自投入运行后，运行状况十分稳定，系统投运率高于 97%，脱硫效率高达 98% 以上，每吨 SO_2 治理费仅 420 元（"本肥"生产产生的效益尚未计入）。

DS – 脱硫装置主要技术指标如下：

空塔气速为 5.5m/s，液气比为 $6.0 \sim 8.0 L/m^3$，吸收液 pH 值为 $4.0 \sim 5.0$，渣浆浓度为 10% ～ 15%，系统阻力为 2250 ～ 3300Pa。在烟气 SO_2 体积分数不超过 6×10^{-3} 时，第 3 组吸收塔循环装置通常不启动，SO_2 吸收效率稳定在 98% 以上。

3. 针对 FGD 系统运行稳定性、经济性的设计

（1）防止结垢措施。结垢是钙基吸收剂湿法脱硫中的一个很普遍的问题，不论采取哪种形式的吸收装置都不能回避这个问题。能否成功解决结垢问题是决定脱硫系统能否稳定运行的关键。

当吸收液 pH 值大于 6.2 时，容易形成 $CaSO_3 \cdot 1/2H_2O$ 软垢和 $CaCO_3$ 软垢。控制吸收液呈酸性条件下可防止软垢形成，但仍可能形成 $CaSO_4$ 硬垢。$CaSO_4$ 结晶过程主要分两个阶段，即晶核形成阶段和晶体成长阶段。如果溶液中有足够的晶种，在吸收塔中形成的 $CaSO_4$ 就围绕晶种成长，不会在反应器器壁上结垢。如果吸收液中晶种不足，$CaSO_4$ 过饱和程度较大时，溶液中自生大量晶种，这些晶种会附着在溶液流速较慢的器壁上，并成为 $CaSO_4$ 的结晶中心形成结垢。

宁波东方冶炼厂 FGD 装置采用自然氧化法。针对结垢问题采取了以下措施：控制循环吸收液 pH 值为 $4.0 \sim 5.0$，将水力旋流器上清液返回吸收液循环槽作预加晶种，可以防止结垢。多相反应内部构件简单，避免形成容易结垢的死区。渣浆循环管中流速控制在 $5.0 \sim 6.0 m/s$ 以防止管内结垢。在宁波东方冶炼厂运行 2 年过程中，无明显结垢现象。

针对火电厂的 FGD 装置，采取强制氧化吸收工艺，在吸收液循环槽底鼓入空气，将 $CaSO_3$ 氧化成石膏，循环槽中固体含量较高，晶体成长占优势，避免结垢现象产生，同时还能提高石膏质量。

（2）防腐、耐磨措施。FGD 设备不仅要经受酸、碱交替腐蚀，同时还要经受渣浆的磨损。因此，防腐蚀和防磨损也是脱硫工程中必须解决的难题。宁波东方冶炼厂使用的 DS – 多相反应器是用改性高分子材料加工而成的，这是世界上第一套全塑结构大型 SO_2 烟气吸收塔，其防腐、耐磨性能远比金属材料防腐衬里优良。DS – 多相反应器独特的分液设计，不需安装喷头，避开了喷嘴磨损、堵塞的问题。

（3）降低阻力措施。脱硫装置的系统阻力，是关系到运行费用的一个重要经济指标。DS – 多相反应器内部构件简单，采用气、液并流方式，采用较低液气比，有效降系统阻力。与常用的脱硫设备进行比较，DS – 多相反应器系统与空塔相当。此外，由于采较低的液气比，吸收液循环量小，能耗低。

4. DS – 多相反应器对不同条件的适应性

（1）对不同吸收剂的适应性。由于 DS – 多相反应器内部结构简单，采用气液并流方式吸收，在使用不同的吸收剂的情况下都能稳定运行。宁波东方冶炼厂在多年运行过程中，先后用石灰石、石灰、铜冶炼炉渣作为吸收剂，还用粉煤灰、氧化锌粉、高炉钢渣、碱性泥土等作吸收试验，系统均能稳定运行，无结垢堵塞现象。因此，可根据不同脱硫厂家实际情况，因地制宜地选择吸收剂。

（2）对除尘要求的适应性。DS – 多相反应器主要是用来脱硫的设备。根据该设备的脱硫原理，在吸收时，吸收剂浆被雾化成很细小的雾滴，在与烟气接触传质过程中，小雾滴对烟气中的粉尘有较强的捕集能力。因此，该设备除尘效率也特别高，在适当的操作气速下能够实现脱硫和除尘一

体化，大大降低投资成本。宁波东方冶炼厂用一套小型 DS - 多相反应器给烧结破碎工段除尘，除尘效率高达 99% 以上。

（3）对不同 SO_2 浓度的适应性。宁波东方冶炼厂由于选用铜矿的含硫率变化幅度很大，加上生产负荷的变化，烟气 SO_2 浓度波动范围很大，体积分数通常在 $3 \times 10^{-3} \sim 1 \times 10^{-2}$。该套 DS - 多相反应器在几年的运行中，脱硫效率达到 98% 以上。因此，DS - 多相反应器能够适应冶金、化工电力等行业不同烟气的脱硫。火电厂烟气含 SO_2 浓度较低，DS - 多相反应器在设计选型时可削减吸收级数，实现单级吸收，系统阻力进一步降低，综合运行指标将会更好。

（4）对不同烟气量的适应性。DS - 多相反应器是通过若干操作单元组合成吸收塔组，对不同烟气量可采用多组吸收塔并联处理。

以上介绍了各 FGD 公司较有特色的技术，这些技术的大部分都已或将在我国得到应用，中国已经成为世界各国 FGD 技术的汇集之地，遗憾的是具有自主知识产权的 FGD 技术甚少。

第四节 典型的 FGD 系统实例

目前国内外火电厂 FGD 系统大致可分为 5 类设计：

（1）单炉单塔，带增压风机。

（2）单炉单塔，不带增压风机。

（3）两炉一塔（300MW 以下），带增压风机。

（4）两炉一塔，不带增压风机。

（5）多炉（3 炉及以上）一塔（对小锅炉）或一炉多塔（对大型机组如 600MW 以上）。如美国 Zimmer 电厂 1300MW 机组是 1 炉 6 塔，德国的 Linz 电厂 8 炉 1 塔，这是早期的设计，现在已很少见了。

本节举例详细介绍了前 4 类 FGD 系统，在后面的章节中，还会引用到这些例子。

一、单炉单塔、带增压风机的 FGD 系统

对大部分 300MW 及以上机组的 FGD 系统，一般采用单炉单塔，而 2 台及以上机组的单塔 FGD 系统都有公用设备，主要包括制浆系统，脱水系统，工艺水、压缩空气系统等。广东沙角 A 电厂 5 号机组 300MW FGD 系统是典型的单炉单塔、带增压风机的 FGD 系统。尽管电厂拥有 $3 \times 200MW + 2 \times 300MW$ 共 5 台机组，但 5 号燃煤机组作为早期的一个脱硫示范工程，独立配备了一套石灰石/石膏湿法 FGD 装置。该系统由美国常净环保工程公司提供，采用美国 MET 公司喷淋塔技术，设计处理锅炉的全部烟气量，在 Sar = 0.91% 时，脱硫率大于 95%。该套 FGD 系统已于 2004 年 3 月 16 日通过 168h 试运行，图 2 - 232 为现场 FGD 系统总貌。另外 4 台机组的石灰石/石膏湿法 FGD 系统也于 2006 年 11 月

图 2 - 232 沙角 A 电厂 5 号 FGD 系统总貌

前全部投入运行，全是单炉单塔、带增压风机，但脱水、制浆等系统公用。

（一）FGD 系统设计数据

锅炉设计煤种分析见表 2 - 35，表 2 - 36 为 FGD 系统处理的烟气参数。石灰石粉由厂外采购，设计是基于表 2 - 37 的品质。FGD 的工艺水由电厂工艺水提供，其参数见表 2 - 38。在 40% ~ 110% 负荷变化范围内、不燃油的条件下，FGD 石膏品质满足表 2 - 39 的要求。在上述设计参数的基础上，FGD 的设计保证值见表 2 - 40。

表 2-35　　锅炉设计煤种（烟煤）成分及其变化范围

项目	单位	数值	变化范围	项目	单位	数值	变化范围
水分（M_{ar}）	%	8.0	8~14.25	硫（S_{ar}）	%	0.91	0.5~1.5
灰分（A_{ar}）	%	22.336	9~26.5	Cl^- 质量分数	%	0.04	0.02~0.04
碳（C_{ar}）	%	55.66	43.81~61	F^- 质量分数	%	0.014	0.006~0.014
氢（H_{ar}）	%	3.69	—	低位发热量（$Q_{ar,net}$）	kJ/kg	21654	19231~25265
氧（O_{ar}）	%	8.46	—	耗煤量	t/h	131.2	124~135
氮（Nar）	%	0.89	—				

表 2-36　　FGD 系统入口原烟气参数

项　目	单位	设计值	备　注	
进 FGD 装置的烟气量	m^3/h	1219000	标准状态，干态，6% O_2	
进 FGD 装置的工况烟气量	m^3/h	1880000	运行状态，烟温 120℃，含湿量 10%	
ρ（SO_2）	mg/m^3	1800	设计值，S_{ar} = 0.91%	标准状态，干 6% O_2
ρ（SO_2）	mg/m^3	3000	最大值，S_{ar} = 1.5%	
ρ（SO_3）	mg/m^3	<50	-	
ρ（Cl^-）	mg/m^3	<50	如 HCl	
ρ（F^-）	mg/m^3	<10	如 HF	
ρ（NO_x）	mg/m^3	600~800	-	
FGD 系统入口烟尘质量浓度	mg/m^3	≤300	-	
设计烟温/最小烟温	℃	120/105	最大烟温 165℃，超过则烟气走旁路	

表 2-37　　设计的石灰石粉品质

项目	单位	数值	项目	单位	数值
湿度	%	5.0	SiO_2	%	0.27
CaO 纯度	%	50.0/52.0	Al_2O_3	%	0.93
MgO	%	2.0	颗粒大小	μm	44（过筛率为 90%）

表 2-38　　FGD 工艺水参数

项目	单位	指标	项目	单位	指标
压力	MPa	0.9	悬浮物	mg/L	20~60
ρ（SO_4^{2-}）	mg/L	12~80	平均温度	℃	20
ρ（Cl^-）	mg/L	20~150（冬天高、夏天低）	pH 值	-	6~7
全硬度	mmol/L	1.00~1.50			

表 2-39　　产品石膏特性参数

项目	单位	指标	项目	单位	指标
水分	%	≤10	白度	%	>60（比石灰石黑 10%）
纯度	%	≥85/90	MgO（水溶性）含量	%	<0.1
pH 值	—	6~8	Na_2O（水溶性）含量	%	<0.06
平均粒径	μm	>40（80%）	AL_2O_3 含量	%	<0.3
Cl^- 质量分数（水溶性）	$\times10^{-6}$	<100	Fe_2O_3 含量	%	<0.15
$CaSO_3\cdot1/2H_2O$ 含量	%	<0.35	SiO_2 含量	%	<2.5
$CaCO_3$ 和 $MgCO_3$ 含量	%	<1	K_2O 含量	%	<0.06

表 2-40 　　　　　　　　　　FGD 系统的设计保证值

项目	单位	指标	项目	单位	指标
脱硫效率	%	≥95	总的压力损失	Pa	≤3026
HCl 去除率	%	≥81	蒸汽量	t/h	≤2.41（0.5MPa/148℃）
HF 去除率	%	≥74	增压风机轴效率	%	86
FGD 系统出口 SO_2 浓度	mg/m³（干，6%O_2）	≤90/150*	GGH 漏风率	%	≤2.0
出口粉尘浓度	mg/m³（干，6%O_2）	<50	设备噪声（设备外1m）	dB（A）	≤85
除雾器出口液滴浓度	mg/m³（干，6%O_2）	<100	石膏含水率	%	≤10.0
烟囱入口烟温	℃	≥80	石膏纯度	%	≥85**/90***
石灰石耗量	t/h	≤3.52	石膏中 Cl^- 含量	%	0.01
钙硫比	—	≤1.03	FGD 系统可用率	%	≥98
工艺水耗量	m³/h	27.03**/28.00***	负荷变化范围	%	40～110
最大电耗	kW	≤3750	FGD 系统寿命	a	25
FGD 系统停止时的电耗	kW	≤112	质量保证期	a	3（验收证书发放后）

＊　FGD 系统入口处 SO_2 质量浓度为 3000mg/m³ 时。

＊＊　FGD 系统入口粉尘质量浓度不大于 300mg/m³，CaO 含量不小于 50%。

＊＊＊　FGD 系统入口粉尘质量浓度不大于 225mg/m³，CaO 含量不小于 52%。

（二）FGD 系统工艺

1. 烟气系统

图 2-233 为 FGD 烟气系统示意，锅炉烟气在电除尘器下游分成两路，每路都有 1 台引风机，分别接入烟囱前砖烟道，汇合后进入烟囱。通向 FGD 吸收塔的新烟道从引风机下游现有的 2 路烟道上接出，烟气经过增压风机和 GGH 后，进入吸收塔，在吸收塔内烟气向上流动被逆流的石膏浆液洗涤。脱硫后的洁净烟气从吸收塔顶部排出，经 GGH 再热，再从现有烟囱中排入大气。烟道及 FGD 烟气挡板的现场布置如图 2-234 所示。

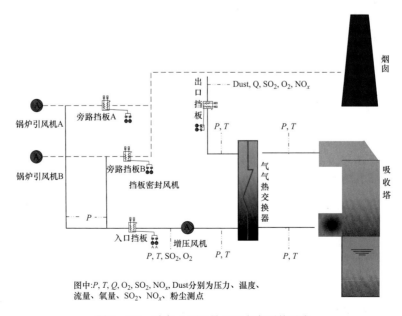

图中：P, T, Q, O_2, SO_2, NO_x, Dust 分别为压力、温度、流量、氧量、SO_2、NO_x、粉尘测点

图 2-233　沙角 A 厂 5 号 FGD 烟气系统示意

图 2-234　沙角 A 厂 5 号 FGD 烟道的现场布置和 FGD 烟气挡板

增压风机为动叶可调轴流式风机，如图 2-235 所示。GGH 日常吹灰采用锅炉吹灰用蒸汽，并配有高压冲洗水系统。GGH 设有密封风机，将 GGH 下游洁净烟气抽出，在转子原烟气侧至净烟气侧注入，以避免原烟气的泄漏。为防止 GGH 失电时停转，可用公用压缩空气经气动泵实现对 GGH 的驱动。

烟气挡板是 FGD 装置进入和退出运行的重要设备，分为 FGD 进、出口烟气挡板和 A、B 旁路烟气挡板。所有挡板均为双层挡板形式，双层挡板之间连接有密封空气。当某一挡板关闭时，需启动该挡板的密封空气系统，以保证该挡板的严密性。4 个烟气挡板的执行机构均为气动，其中 2 个旁路挡板的打开是利用弹簧推动气缸驱动，以实现旁路的快开（快开时间为 12s）。为保证系统失电后机组的安全运行和 FGD 装置的安全，设计了当挡板执行机构进气电磁阀失电后旁路挡板自动打开、进出口挡板自动关闭的功能。

图 2-235　FGD 增压风机和 GGH

2. 吸收塔系统

吸收塔尺寸（直径×高度，m）为 11.71×34.83，内设有 4 层喷淋层（3 用 1 备，见图 2-236），每层对应 1 台循环泵，共 4 台，塔外喷淋管为碳钢衬胶，内部为 FRP，喷淋层标高分别为 20.18m/22.16m/24.14m/26.12m，在每一喷淋层下沿吸收塔壁设有一圈防止壁面效应的合金浆液再分配环（见图 2-237）。烟气入口中心标高则为 14.655m，烟道尺寸为 9370mm（宽）×3230mm（高），入口处约 2m 的烟道为厚 4.76mm 的 C-276 合金（见图 2-238），在塔入口上部吸收塔壁设有一圈 C-276 合金"雨棚"，以避免浆液直对入口烟道，减小浆液的堆积，塔内及烟道主要采用玻璃鳞片涂层防腐。吸收塔顶部设有两层除雾器，除雾器用清水周期性冲洗，这样可以保持除雾器表面清洁，降低烟气压头损失。由清洗喷嘴组成的喷射层清洗第一层除雾器的上下两面以及第二层除雾器的底面，清洗周期频率可以调节，清洗水来自 FGD 工艺水系统，图 2-239 为两层除雾器及其冲洗水。

在吸收塔底部均布有 4 个侧进式搅拌器，氧化空气母管经减温后分 4 根小氧化空气管向下从标

图 2 - 236　沙角 A 厂吸收塔喷淋层、4 台循环泵及出入口

高 3.65m 处进入浆液池内伸至搅拌器前（见图 2 - 240），氧化空气由 3 台氧化风机提供（2 用 1 备，见图 2 - 240）。为在检修期间存放吸收塔内石膏浆液，系统设有一个直径 11.8m、高 14m 的事故浆液罐，玻璃鳞片涂层防腐。

图 2 - 237　吸收塔内合金浆液再分配环

图 2 - 238　吸收塔入口 C - 276 烟道及"雨棚"

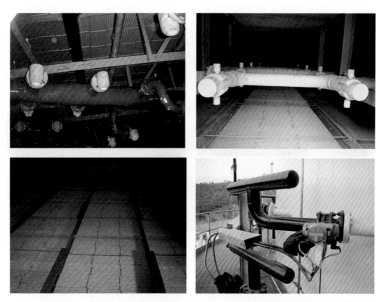

图 2-239　两层除雾器及其冲洗水系统

图 2-240　3 台氧化风机及塔内搅拌器和氧化空气管

3. 石灰石制浆系统

石灰石粉由厂外购买（90%的粒径不大于 44μm），用船运到码头后采用气力输送的方式输送到 2 个码头石灰石粉贮仓（见图 2-241）。用罐车将石灰石粉运至吸收塔边，用罐车上的压缩空气通过加注管线将粉气动输送到 2 个日粉仓，粉仓的总容量为系统设计条件时 2d 的储量。石灰石粉先下到一个小罐，后用可称重的旋转给料机（见图 2-242）将粉送到石灰石浆液罐内，与工艺水（滤液水）进行混合直至达到所需的浓度，下粉时流化风系统（见图 2-242）启动。石灰石浆液经由一条

图 2-241　2 个码头粉仓和塔边 2 个日粉仓

衬胶管线进行泵送，仅根据吸收塔浆液池 pH 值将石灰石浆液注入吸收塔。为防止结块，使浆液持续不停地运动以不断地进行循环，石灰石浆液罐装有一台立式搅拌器。为节约用水，溢流出的浆液进入吸收塔水坑，然后利用水坑泵打入吸收塔或事故罐。两台 100% 容量的石灰石浆液泵并联，1 用 1 备。图 2 - 243 是石灰石浆液罐、石灰石浆液泵以及石灰石浆液至吸收塔内的管路和阀门。

图 2 - 242 称重螺旋给料机和制浆用流化风机

石灰石浆液罐及浆液泵

石灰石浆液至吸收塔上的管路和阀门

图 2 - 243 石灰石浆液罐、浆液泵及浆液至吸收塔上的管路和阀门

4. 石膏脱水系统

吸收塔中的石膏浆液被 2 台石膏排出泵（1 用 1 备）泵送到一级水力旋流器（见图 2 - 244）进行预浓缩。底流石膏浆液固体含量为 50% 左右，溢流部分含固量为 0.5% ~ 3%，在重力作用下流到二级旋流器给料罐后被二级旋流器给料泵（见图 2 - 245）抽送到二级水力旋流器再次分离，二级水力旋流器的溢流水回流至吸收塔。一、二级水力旋流器的底流都依靠重力流到地面的一个石膏缓冲罐中，然后通过 2 台真空皮带机给料泵抽送到 2 个真空皮带机上，每台真空皮带机可以处理锅炉 BMCR 烟气量、入口 SO_2 质量浓度为 3000mg/m³ 时石膏量的 75%（见图 2 - 245），石膏浆液经真空皮带机脱水，生产出具有商品价值、表面水分不大于 10% 的石膏。石膏通过落料管排入石膏库（见图 2 - 246）进行堆放，再由翻斗车装车外运。过滤出来的水经真空泵的滤液接受罐自流到地面的 1 个滤液罐，由 2 台滤液泵打回吸收塔或用作石灰石粉制浆所需水的一部分。FGD 系统未设废水处理设备，滤液泵出口有一路可打至电厂地沟。一、二级水力旋流器布置在脱水楼的最上方，而真空皮带机布置在水力旋流器下一层，底层布置有 2 台真空泵、滤布冲洗水箱和泵、滤饼冲洗水泵、滤液泵、真空皮带机给料泵和脱水区地坑及泵（见图 2 - 247），组成了一个多层布置的建筑物。整个脱水区总貌见图 2 - 248。

图 2 - 244　2 台石膏排出泵及一、二级水力旋流器

图 2 - 245　二级旋流器给料罐、泵及 2 台真空皮带脱水机

图 2 - 246　石膏库内外

图 2 - 247　脱水楼 0m 2 台真空泵、滤液泵、皮带机给料泵和地坑

图 2-248 沙角 A5 号 FGD 脱水区总貌

5. 其他系统

主要包括工艺水系统、压缩空气系统、热控系统及电气系统等。

工艺水由电厂工业用水输送到 1 个直径 3.3m、高 3.8m 的工艺水箱中，所有 FGD 用水由工艺水箱供给，包括吸收塔用水、冲洗水、润滑水、密封水、冷却水等。系统安装有两台 100% 容量的工艺水泵，1 用 1 备。工艺水罐及工艺水泵见图 2-249。

图 2-249 FGD 工艺水罐、工艺水泵及压缩空气系统

FGD 系统的仪用压缩空气及公用压缩空气配备两台空气压缩机（见图 2-249），空气压缩机后配一缓冲罐用于除水及稳压。缓冲罐后配备一台干燥器，用于除去压缩空气中的水分并对压缩空气进行干燥。干燥器后的压缩空气分为两路，一路至公用压缩空气贮罐、一路经过滤器至仪用压缩空气贮罐。公用压缩空气用于检修、日常杂用、GGH 气动泵；仪用压缩空气用于气动执行机构和驱动机构。2 台空气压缩机 1 用 1 备，当运行压力低于 0.6MPa 时，两台空气压缩机同时运行。

FGD 的控制系统采用 MACS-3 系统。系统配备两台操作员站（OPU4、OPU5）、一台工程师站（OPU3）和两台服务器 [OPU1（主服务器）、OPU2（从服务器）]。四个现场控制站（DPU10~DPU13）。12 号站通过光纤和码头远程 I/O 柜连接。操作员站和现场控制站之间通过冗余的适时网进行通信。5 个 DO 继电器扩展柜和一个电源柜。DCS 系统的电源由一台专用的 UPS 和 APS 两路供电，在断电的情况下 UPS 能保证供电。配有一台彩色显示器和一台报警打印机。

FGD 的控制室没有设置 BTG 盘和声光报警系统，所有的报警都在 CRT 上显示，声音报警由计算机发出。DCS 的 I/O 分布情况如下：4~20mA 模拟输入 241 点、RTD 点 112 点、4~20mA 模拟输出 32 点、数字输入点 DI 为 848 点、DO 数字输出 527 点、热电偶输入 8 点，总共 1792 点。图 2-250 所示为现场控制室。

FGD 系统厂用电分为 TL6kV 工作 5A 段、5B 段，TL380V 工作 5A、5B 段、TL380V 公用 5A、5B 段及 TL380V 卸粉码头段。TL6kV 工作 5A 段、5B 段分别由高压脱硫变压器经工作电源开关送电，或从机组 6kV 工作 A、B 段经备用电源开关送电。TL6kV 工作 5A 段、5B 段可通过母联开关连通，脱硫变压器由 5 号发电机出口引出。图 2 – 251 为现场 6kV 和 380V 电气柜，FGD 系统的主要设备见表 2 – 41。

图 2 – 250　沙 A5 号 FGD 系统控制室

图 2 – 251　6kV 电气柜和 380V 电气柜

表 2 – 41　　　　　　　　　　沙角 A 厂 5 号 FGD 系统的主要设备

序号	名称	数量	规　格
		烟　气　系　统	
1	FGD 增压风机	1	丹麦 HOWDEN，ANN – 3220/1600B 型，1433196m³/h，3682Pa，3400kW，980r/min，配相应润滑、液压油站
2	增压风机电动机	1	上海电机厂，YKK800 – 6 型，3400kW，995r/min，空冷
3	旁路烟道挡板	2	美国 MESTEK. INC.，双百叶窗型，气动，快开时间为 12s
4	增压风机进口挡板	1	美国 MESTEK. INC.，双百叶窗型，气动
5	FGD 系统出口挡板	1	美国 MESTEK. INC.，双百叶窗型，气动
6	进出口挡板密封风机	2 + 2	美国 AFC，1460r/min，380V/29A
7	旁路挡板密封风机	2 + 2	美国 AFC，1460r/min，380V/29A
8	GGH 本体	1	美国 ALSTOM，换热面积为 18139m²，转子直径为 12.389m，1.07/0.5（r/min），配相应清扫风机、密封风机和蒸汽吹灰系统
	GGH 主驱动电动机	1	美国 Reliance Electric Co.，14.92kW，1465r/min
	GGH 备用气动电动机	1	Ingersoll-rand，7204 型
	GGH 密封风机	1	加拿大 Northern Blower，电动机为美国 BALDOR Electric Co.，5.3kW，2850r/min
	GGH 低泄漏风机	1	加拿大 Northern Blower，41944lb/h；电机为美国 BALDOR Electric Co.，37.3kW，2925r/min
	GGH 吹灰器	1	美国 Diamond Power Specialty Company，蒸汽温度 157℃，吹扫压力最大 0.79MPa，设计 1.724MPa
	GGH 高压冲洗水泵	1	美国 Aplex Industries Inc.，最大出口压力 11.6MPa；电机为美国 BALDOR Electric Co.，29.84kW，1465r/min

续表

序号	名称	数量	规 格
9	CEMS	2	德国 SIEMENS ULTRAMAT23
吸收塔系统			
10	吸收塔本体	1	直径 11.71m、高 34.83m，碳钢加玻璃鳞片涂层，4 层喷淋层，螺旋 SiC 喷嘴，FRP 管道
11	1 号吸收塔循环泵	1	美国 Warman Weir Slurry Group，4708m³/h，0.19MPa，563r/min；上海电机厂 YKK400 - 4 型电动机，385kW，1489r/min；循环管为碳钢衬胶
12	2 号吸收塔循环泵	1	美国 Warman Weir Slurry Group，4708m³/h，0.21MPa，563r/min；上海电机厂 YKK400 - 4 型电动机，430kW，1488r/min；循环管为碳钢衬胶
13	3 号吸收塔循环泵	1	美国 Warman Weir Slurry Group，4708m³/h，0.23MPa，606r/min；上海电机厂 YKK450 - 4 型电动机，485kW，1486r/min；循环管为碳钢衬胶
14	4 号吸收塔循环泵	1	美国 Warman Weir Slurry Group，4708m³/h，0.25MPa，627r/min；上海电机厂 YKK450 - 4 型电动机，530kW，1489r/min；循环管为碳钢衬胶
15	吸收塔除雾器	2	美国 KOCH - OTTO YORK，1 级高 177.8mm，2 级高 245.1mm
16	氧化风机	3	美国 BOC Edwards/Hibon Inc.，56kW，2161m³/h，出口压力为 165kPa；电动机为 Weg，132kW，1485r/min
17	吸收塔搅拌器	4	德国 EKATO，侧进式，机械密封，207r/min；电动机：德国 Loher，22kW，1465r/min
18	吸收塔石膏浆液排放泵	2	美国 Warman Weir Slurry Group，$Q = 2.77m^3/min$，$H = 36.85m$，1295r/min；电动机：Siemens，37.3kW，1475r/min
19	吸收塔区域排水坑	1	3m×3m×3m，钢筋混凝土结构加防腐涂层
20	吸收塔区域排水坑泵	2	美国 Warman Weir Slurry Group，电动机：Siemens，1.1kW，1470r/min
21	吸收塔区域排水坑搅拌器	1	顶部伸入式，德国 SWE - EURODRIVE，91r/min；电动机：德国 Loher，3.0kW，1410r/min
22	吸收塔 pH 计	2	美国 Honeywell
23	石膏浆液密度计	1	美国 Thermo Measure Tech.
石灰石浆液制备系统			
24	石灰石码头粉仓	2	直径 9m、高 10.4m，总高 27.25m，765m³/仓，共 7d 储量
25	吸收塔旁石灰石日粉仓	2	直径 5m、高 6.1m，总高 19m，109m³/仓
26	石灰石给粉机	2	浙江省电力设备总厂，螺旋称重式；电动机：2.2kW
27	石灰石浆液箱	1	直径 4.2m、高 5.5m，溢流口 5.0m，碳钢加玻璃鳞片涂层
28	石灰石浆液泵	2	石家庄泵业集团有限公司，68m³/h，$H = 37m$，1450r/min；电动机：河北电机股份有限公司，30kW，1470r/min
29	石灰石粉仓流化风机	2	长沙鼓风机厂责任有限公司罗茨鼓风机，2.61m³/min，3000r/min，升压 98kPa，加热器 10kW；电动机：长沙电机厂，11kW
30	石灰石浆液箱搅拌器	1	德国 EKATO，顶进式，66r/min；电动机：德国 Loher，4.0kW，1415r/min
31	石灰石浆液密度计	1	射线式
石膏脱水与储存系统			
32	石膏一级水力旋流站	1	美国 Multotec Process Equipment（PTY）LTD.，5 个手动旋流子
33	二级水力旋流站	1	8 个手动旋流子

续表

序号	名称	数量	规　格
34	真空皮带脱水机	2	英国 DELKOR Limited，聚酯纤维皮带 1.2m 宽，过滤面积为 7.0m²，供浆质量分数：44.5%，10100kg/h，生产石膏水分 10%，4498kg/h；电动机：Weg，5.5kW
35	滤液接收器	2	英国 DELKOR Limited，直径 1.0m，设计 0.1MPa（50℃）
36	滤布冲洗水泵	2	英国 Graham Precision Pumps Limited，7.7m³/h，3.0kW
37	石膏滤饼冲洗水泵	2	英国 Vanton Pumps，2.5m³/h，0.75kW
38	真空泵	2	英国 Graham Precision Pumps Limited，2016m³/h；电动机：Weg，55kW，1485r/min
39	石膏浆液缓冲罐	1	直径 3.4m、高 4.7m，溢流口 4.2m，碳钢加玻璃鳞片涂层
40	缓冲罐搅拌器	1	德国 EKATO，顶进式，66r/min；电动机：德国 Loher，4.0kW，1415r/min
41	真空皮带机给料泵	2	美国 Warman Weir Slurry Group，0.67m³/min，$H = 31.6$m，2474r/min；电动机：Siemens，14.92kW，1470r/min
42	二级水力旋流站供料罐	1	直径 1.8m、高 2.3m，溢流口 1.8m，碳钢加玻璃鳞片涂层；搅拌器：德国 SWE - EURODRIVE，134 r/min；电动机：德国 Loher，1.5kW，1420r/min
43	二级水力旋流站供料泵	2	美国 Warman Weir Slurry Group，0.67m³/min，$H = 40.4$m，2753r/min；电动机：Siemens，14.92kW，1470r/min
44	滤液水箱	1	直径 3.2m、高 4.5m，溢流口 4.0m，碳钢加玻璃鳞片涂层；德国 EKATO，顶进式，91r/min；电动机：德国 Loher，3.0kW，1410r/min
45	滤液水泵	2	美国 Warman Weir Slurry Group，0.35m³/min，$H = 19.6$m，2287r/min，电动机：Siemens，3.73kW，1460r/min
46	石膏库	1	7d 储量
47	石膏脱水区排水坑	1	3m×3m×3m，钢筋混凝土结构加防腐涂层
48	脱水区排水坑泵	2	美国 Warman Weir Slurry Group；电动机：Siemens，1.1kW，1470r/min
49	脱水区排水坑搅拌器	1	顶部伸入式，德国 SWE - EURODRIVE，91r/min；电动机：德国 Loher，3.0kW，1410r/min
其　他　系　统			
50	工艺水箱	1	直径 3.3m、高 3.8m，溢流口高 3.3m，碳钢加玻璃鳞片涂层
51	工艺水泵	2	石家庄泵业集团有限公司，134m³/h，$H = 87$m，1450r/min；河北电机股份有限公司电动机，90kW
52	事故浆液罐	1	直径 11.8m、高 14m，溢流口高 13m，碳钢加玻璃鳞片涂层
53	事故浆液罐搅拌器	1	德国 EKATO，顶进式，29.4r/min；电动机：德国 Loher，30kW，1465r/min
54	事故浆液返回泵	2	石家庄泵业集团有限公司，84m³/h，$H = 28$m，1460r/min；河北电机股份有限公司电动机，18.5kW
55	FGD 空压机	2	意大利 KAESER，CSD102 型，469m³/h，1.1MPa；电动机：55kW
56	DCS	1	北京和利时公司 MACS - 3 系统

二、单炉单塔未设增压风机的 FGD 系统

钱清电厂 1 号 125MW 机组采用 LIFAC 脱硫技术，2 号 125MW 机组 FGD 工程采用石灰石/石膏湿法工艺，其主要特点是没有配置增压风机，FGD 系统阻力由 2 台锅炉引风机来克服，该系统采用美国 B&W 公司的合金托盘技术。FGD 系统总貌如图 2-252 所示，系统设计参数及性能保证值见表 2-42。

图 2-252　钱清电厂 2 号机组 FGD 系统总貌

表 2-42　　　　　　　　　　　　　　FGD 系统设计参数及性能保证值

序号	项　目		保证值	设计条件
1	脱硫率（%）		90	100% BMCR 工况下烟气量：547000m³/h（标态、湿）；设计煤种：$S_{ar}=1.06\%$；FGD 入口烟温：119~146℃
2	Ca/S		1.03	—
3	FGD 出口烟温（℃）		≥80℃	100% BMCR 工况、脱硫率≥90%、FGD 入口烟温为 125~170℃
			≥75℃	50%~100% BMCR 工况、脱硫率≥90%、FGD 入口烟温为 110~125℃
4	吸收塔压损（Pa）		≤1620	设计煤种，循环泵运行层数≤2
5	FGD 总压损（Pa）		≤3035	各种工况
6	FGD 出口烟尘含量（mg/m³）		≤100	标态、干态，6% O_2
7	FGD 系统电耗（kW）		≤1700	不包括石膏储运及废水处理系统的电耗
8	工艺水耗量（t/h）		≤37	不包括 GGH 高、低压冲洗水，24h 平均
9	噪声［dB（A）］	主控室	≤60	
		设备	≤85	离设备 1m
10	石膏产量（t/h）		>3.3	设计煤种：$S_{ar}=1.06\%$，100% BMCR 工况 24h 平均
	石膏含固量（%）		≥90	质量比
	石膏含水率（%）		≤10	质量比
	石膏中 $CaSO_4 \cdot 2H_2O$ 质量分数（%）		≥90	质量比
	石膏中 $CaSO_3 \cdot 1/2H_2O$ 质量分数（%）		≤1.0	质量比
	石膏中 $CaCO_3$ 质量分数（%）		≤2.5	质量比
	石膏中 Cl^- 质量分数		≤1×10^{-4}	—
11	系统可用率（%）		≥95	—

1. 烟气系统

FGD 烟气系统见图 2-253。电厂燃煤锅炉烟气经电除尘器、2 台引风机（见图 2-254）及 FGD 系统入口挡板门进入 FGD 系统。烟气经 GGH 的吸热侧降温后进入吸收塔，经洗涤脱硫后的烟气温度约为 50℃，在 GGH 的放热侧被加热至 80℃以上，经 FGD 出口烟气挡板门由烟囱排入大气。FGD 系统还设有 100% 的旁路烟道。FGD 进出口挡板是双层烟气挡板，当关闭主烟道时，双层烟气挡板

之间连接密封空气,以保证主烟道上的防腐衬胶不受高温烟气的破坏。旁路烟气挡板安装在旁路烟道上,当烟气进入主烟道时,旁路烟道关闭,这时旁路烟气挡板间连接密封空气。正常情况,烟气走旁路采用渐开旁路挡板的方式,即旁路挡板采用脉冲步进式打开,时间约为4min,此时机组引风机仍采用液力耦合自动调整;但FGD系统保护动作时,旁路挡板在24s内快开。待旁路挡板全开时,手动关闭进、出口挡板。图2-255是GGH的电机及烟气挡板密封空气管现场照片。

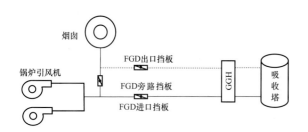

图2-253 钱清电厂FGD烟气系统示意

图2-254 机组引风机

图2-255 GGH电机、烟气挡板密封风

2. SO₂ 吸收系统

SO$_2$吸收系统是FGD系统的核心,吸收塔包括1个托盘、3层喷淋装置和两级除雾器,每层喷淋装置对应1台浆液再循环泵。从GGH出来的原烟气进入吸收塔后,烟气折流向上经过吸收塔托盘,使主喷淋区的烟气分布均匀,然后烟气和喷淋下来的石灰石浆液充分接触,烟气被浆液冷却并达到饱和,烟气中的SO$_2$、SO$_3$、HCl、HF等酸性组分被吸收,再连续流经两层锯齿形除雾器而除去所含的液滴。经洗涤和净化的烟气流出吸收塔,通过GGH进入烟囱。正常运行工况(燃煤含硫小于1.06%)下,运行2台循环泵,当含硫量增加时运行3台循环泵。

塔底部4台侧进式搅拌器保证固体颗粒保持悬浮状态,塔内浆液混合均匀,同时将氧化空气分散到浆液中。3台氧化风机(2运1备)送出的氧化空气经喷水增湿后通过矛状管送入吸收塔,把脱硫反应生成的亚硫酸钙(CaSO$_3$·1/2H$_2$O)氧化为石膏(CaSO4·2H$_2$O)。每根矛状管的出口都非常靠近搅拌器,空气被送至高沸腾的浆液区,使空气和浆液得以充分混和,实现高氧化率。吸收塔浆池中反应形成的石膏浆液通过石膏排出泵送至石膏旋流站,进入石膏脱水系统。

两级除雾器系统设有收集大颗粒的糙面百叶板和收集冲洗水滴及较小颗粒的抛光百叶板,3只冲洗水联箱分别设置在第一级除雾器的上、下表面和第二级除雾器的下表面上,通过水冲洗减少除雾器通道的堵塞，减少压降。冲洗水联箱前装有一只滤网，以阻止工艺水中的大颗粒杂质进入喷嘴，第一级除雾器下部的喷嘴冲洗第一级除雾器的下表面，上部的喷嘴冲洗第一级除雾器的上表面；第二级除雾器下部的喷嘴冲洗第二级除雾器的下表面，而第二级除雾器的上表面在检修时需进行人工清洗。每层除雾器喷淋管由 4 只独立的电动阀门组成，可根据水量需要按顺序开启阀门。

吸收塔溢流密封箱对吸收塔起到液封作用，防止烟气泄漏，密封箱的溢流浆液通过沟渠排到吸收塔区域浆池，浆池汇集吸收塔疏排系统的浆液，池内有一台搅拌器以防止颗粒沉积，通过浆液泵（1 用 1 备）将浆液送回吸收塔或事故浆池。当系统发生故障或因检修需要而将吸收塔反应池的浆液排空时，可通过石膏浆液排出泵（1 用 1 备）将浆液排至事故浆池临时储存，事故浆池内设有二台搅拌器。待故障排除或检修结束后，由一台事故浆液泵将浆液送回吸收塔。现场吸收塔系统及各设备见图 2 - 256 ~ 图 2 - 261。

图 2 - 256 吸收塔外观

图 2 - 257 吸收塔循环泵

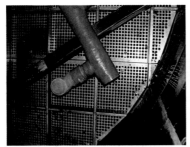

图 2 - 258 吸收塔内的托盘和喷淋层

图 2 - 259 吸收塔氧化风机及塔内搅拌器、氧化空气管

图 2 - 260　吸收塔除雾器及冲洗　　　　　　图 2 - 261　吸收塔地坑系统

3. 石灰石浆液制备系统

FGD 工程采用外购的成品石灰石粉作为脱硫剂，其品质要求是：$CaCO_3$ 纯度不小于 92%（可利用率），石灰石粒径不大于 40μm（80% 通过）。成品石灰石粉用密封罐车运至厂区，气动输送至 1 只钢制石灰石粉仓，其有效容量可满足 FGD 满负荷运行 3d。粉仓底部是一个倒双锥形结构，石灰石粉从锥体的底部出，粉仓底部有一台流化风机，运行时流化空气送入底部以保证石灰石粉顺利流出锥体。出口管各装有一只滑门阀，使粉仓与下部设备隔离。通过旋转式给粉机将石灰石粉送入倒圆锥形的混合箱。石灰石粉与来自滤水箱的滤水混合制成一定质量分数（28% ~ 30%）的石灰石浆，进入石灰石浆液箱。石灰石浆液通过 2 台浆液泵（1 用 1 备）输送至吸收塔，并设置再循环管路可将石灰石浆液送回石灰石浆液箱，石灰石浆箱的有效容量可满足 FGD 满负荷运行 4h。为了防止石灰石浆液沉淀，石灰石浆池配有一只搅拌器。现场石灰石浆液系统如图 2 - 262 所示。

图 2 - 262　石灰石浆液箱、泵及给粉机系统

4. 石膏脱水系统

FGD 吸收塔的石膏浆液含固率约为 15% ~ 20%，经 2 台石膏排浆泵（1 用 1 备）打入一级脱水系统——水力旋流站内浓缩至含固率不小于 50%。旋流站有 3 个小的旋流子，正常只有 2 个旋流子运行，另 1 个作为备用。旋流子上部溢流水含有的固体颗粒（细石膏、石灰石、不溶杂质和飞灰）质量分数约为 5.5%，部分溢流水回到吸收塔中，重新参与吸收塔的反应，部分溢流水送至废水箱，由废水泵送至废水处理设施处理。溢流水的分配由废水排放调节阀调节，根据飞灰的粉尘浓度、废水中的氯离子含量等不同进行调节。旋流子底部的浓缩浆液（水分约占 50%）则先进入石膏浆液缓冲箱进行暂时的储存，根据液位的高低，再启动真空皮带脱水机进行进一步的脱水。经脱水处理后的石膏固体物表面含水率不超过 10%，再用大倾角石膏输送机送入 300m³ 的石膏仓中存放待运。为了控制脱硫石膏中 Cl^- 等成分的含量，确保脱硫石膏质量满足作为建筑材料应用的要求，在石膏脱水过程中设置冲洗装置，用清水对石膏进行冲洗。石膏脱水装置滤出液、石膏及脱水装置冲洗水进入滤液箱，送入吸收剂制浆系统循环使用。图 2 - 263 ~ 图 2 - 268 为现场各设备。

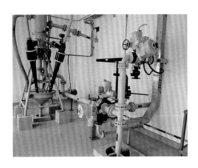

图 2 - 263 石膏一级水力旋流器及石膏浆液缓冲箱

图 2 - 264 真空皮带脱水机

图 2 - 265 2 台真空泵　　　　　图 2 - 266 废水箱及废水泵

图 2 - 267 大倾角石膏输送机（仰视与俯视）

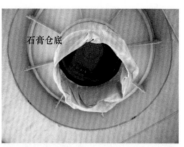

图2-268　石膏仓系统

5. 废水处理系统

为了保证 FGD 石膏的质量，使石膏中的 Cl⁻ 含量在允许的范围内，湿法 FGD 系统必须连续排放一定量的废水。钱清电厂的废水处理系统包括废水箱、加药装置、絮凝装置等设备，废水依次经过中和箱、反应箱、絮凝箱、澄清罐、净水箱进行处理，达标后排放。

6. 工艺水系统等

FGD 系统的工艺水由电厂补给水系统提供。FGD 系统中设 1 只工艺水箱，并配置 2 台工艺水泵（1 运 1 备），向各用水点供水。

为了保证吸收塔检修需要排空时，整个 FGD 系统石膏浆液不外排，该 FGD 系统设置了一个事故浆池，该浆池包括 1 台浆池泵和 2 个搅拌器。为了收集整个 FGD 系统停运或检修时，疏排浆液及水冲洗浆液，FGD 系统设置了一个区域浆液池，并配备 2 台浆液泵和 1 个搅拌器，浆液泵可将池中浆液送至吸收塔或事故浆池内。

FGD 系统的 DCS 由南京科远工程公司承包，硬件采用 NETWORK - 6000 分散控制系统，上位机采用 Windows NT，包括 T3500/DS 开发软件、T3500/RT 组态软件和 T550LINtools。硬件系统由以下子系统组成：系统网络、人机接口、控制网络、分散处理单元、I/O 网络和 I/O 模件。

图2-269 ～图2-274 给出了 FGD 系统 CRT 上主画面，其主要设备技术规范见表2-43。

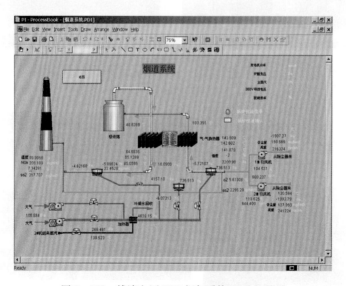

图2-269　钱清电厂 FGD 烟气系统 CRT 上画面

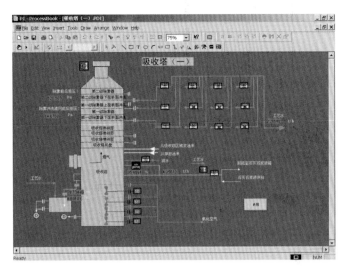

图 2－270　FGD 吸收塔系统 CRT 上画面

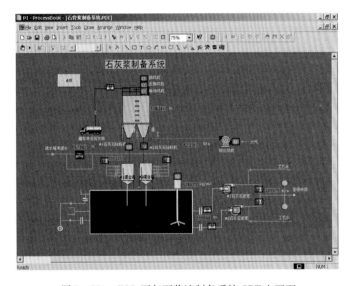

图 2－271　FGD 石灰石浆液制备系统 CRT 上画面

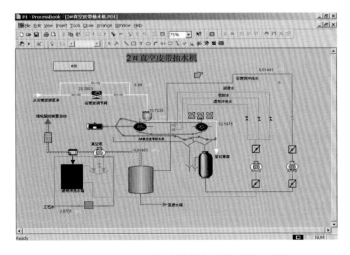

图 2－272　FGD 真空皮带脱水系统 CRT 上画面

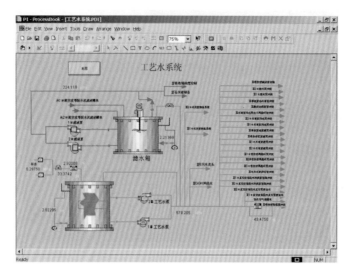

图 2-273　FGD 工艺水及滤液水系统 CRT 上画面

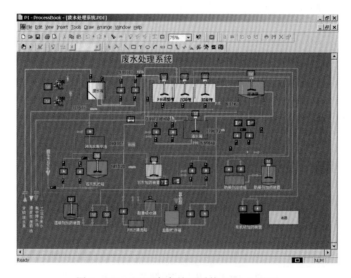

图 2-274　FGD 废水处理系统 CRT 上画面

表 2-43　　　　　　　　　　　　　　钱清电厂 FGD 设备技术规范

序号	名称	数量	规　格
烟 气 系 统			
1	锅炉引风机	2	上海鼓风机厂，液力耦合器调节；1788B/1615 型离心式风机，风量为 116.68m³/s，全压为 8254.5Pa，进口烟温为 146℃，950r/min，轴功率为 1120kW；电动机：1300kW
2	FGD 旁路烟气挡板	1	德西尼布公司，4000mm（宽）×3400mm（高），7.5kW，24s 快开
3	FGD 进口挡板	1	无锡华通环保设备有限公司，4512mm×3092mm×450mm，3kW
4	FGD 出口挡板	1	无锡华通环保设备有限公司，4512mm×3512mm×450mm，3kW
5	进出口挡板密封风机	2	浙江上风实业股份有限公司，10000m³/h，800Pa，4kW
6	旁路挡板密封风机	2	浙江上风实业股份有限公司，2600m³/h，5500Pa，7.5kW

续表

序号	名称	数量	规 格
7	GGH 本体	1	英国 HOWDEN 26.5GVN400 型，主/备用驱动电动机 7.5kW，转速为 2.0（运行）/0.5（清洗）r/min，换热面积为 3512m²，换热元件为低碳钢镀搪瓷；配套密封风机 11kW、低泄漏风机 75kW
	GGH 空气压缩机	1	上海复盛机械有限公司，螺杆式，25.5m³/min，轴功率为 160kW
	GGH 高压水泵	1	上海沃马－大隆超高压设备有限公司，10.5MPa，147L/min，35kW
	GGH 吹灰器	1	英国 Clyde，全伸缩式，耗气量为 0.47kg/s，工作压力为 0.5MPa，电动机功率为 0.55kW
吸 收 塔 系 统			
8	吸收塔本体	1	直径 8.2m、高 22.8m，碳钢衬胶，3 层喷淋层，156 个喷嘴，1 层合金托盘
9	1 号循环泵	1	KSB（上海）公司，3407m³/h，$H = 17.9$m；电机：南阳防爆集团有限公司，250kW，595r/min
10	2 号循环泵	1	KSB（上海）公司，3407m³/h，$H = 19.2$m；电机：南阳防爆集团有限公司，280kW，595r/min
11	3 号循环泵	1	KSB（上海）公司，3407m³/h，$H = 20.8$m；电机：南阳防爆集团有限公司，315kW，595r/min
12	氧化风机	3	长沙鼓风机厂，33.3m³/min，1100r/min，进气压力为 101.3kPa，排气压力为 222.3kPa，90kW
13	除雾器	2	德国 Munters，PP 材料
14	石膏浆液排出泵	2	石家庄泵业集团有限责任公司，57m³/h，$H = 40$m，22kW
15	吸收塔搅拌器	4	德国 EKATO 公司，18.5kW，侧进式
16	吸收塔区域浆池	1	3m×3m×3m，钢筋混凝土结构，内衬环氧树脂玻璃布
17	吸收塔区域浆池泵	2	石家庄泵业集团有限责任公司，57m³/h，$H = 15$m，7.5kW
18	吸收塔区域浆池搅拌器	1	江苏江阴石化电力机械厂，顶部伸入式三翼船用螺旋桨型叶轮，87r/min，4kW
石 灰 石 浆 液 制 备 系 统			
19	石灰石粉仓	1	直径 5.2m、高 11m，总高 13.7m
20	石灰石给粉机	2	杭州华力输送机械设备厂，转速 15～36r/min，给料能力 3～7m³/h，功率 1.5kW
21	石灰石浆液箱	1	直径 3.5m、高 4m
22	石灰石浆液泵	2	KSB（上海）公司，23.8m³/h，$H = 25.2$m，11kW
23	石灰石粉仓流化风机	1	长沙鼓风机厂罗茨鼓风机，15.8m³/min，1030r/min，进气压力 101.3kPa，排气压力 160.1kPa，30kW
24	石灰石浆液箱搅拌器	1	美国 Chemineer，2.24kW
石 膏 脱 水 系 统 等			
25	石膏水力旋流站	1	德国 KRUPP 公司，3 个手动旋流子，每个流量 12.95m³/h，入口压力 170kPa
26	真空皮带机	2	德国 KRUPP 公司，处理能力 7.47t/h，过滤面积 4.75m²，石膏（干）处理量为 3.74t/h，皮带速度为 1～6m/min，1.1kW

序号	名称	数量	规　格
27	滤液接收器	2	德国 KRUPP 公司，直径 0.6m、高 1.3m，0.370m³
28	滤布冲洗水箱	2	直径 0.7m、高 1.5m
29	滤布冲洗水泵	2	上海凯泉泵业（集团）有限公司，5.5m³/h，$H = 60$m，4kW
30	石膏饼冲洗水箱	2	直径 0.3m、高 2.3m
31	石膏饼冲洗水泵	2	上海凯泉泵业（集团）有限公司，2.8m³/h，$H = 16$m，0.75kW
32	真空泵	2	西门子真空泵压缩机有限公司，45kW
33	石膏浆液缓冲箱	1	直径 2.2m、高 2.7m
34	石膏浆液泵	2	石家庄泵业集团有限责任公司，30m³/h，$H = 30$m，11kW
35	石膏浆液箱搅拌器	1	美国 Chemineer，3.73kW
36	石膏仓	1	直径 6.0m、高 16.5m，仓高 22m，有效容积：300m³，卸料机出力 50t/h，汽车通道：4500mm（高）×3300mm（宽）
37	废水箱	1	直径 1.5m、高 2.0m
38	废水泵	2	石家庄泵业集团有限责任公司，2m³/h，$H = 20$m，1.1kW
39	工艺水箱	1	5m×5m×3m
40	工艺水泵	2	上海上一泵业制造有限公司，卧式单级单吸离心泵，70m³/h，$H = 54$m；电机22kW，2940r/min
41	滤液水箱	1	直径 3.2m、高 5m
42	滤液水泵	2	石家庄泵业集团有限责任公司，20m³/h，$H = 20$m，4kW
43	滤液水箱搅拌器	1	江苏江阴石化电力机械厂，4kW
44	吸收塔事故浆池	1	14m×20m×3m，钢筋混凝土结构，内衬环氧树脂玻璃布
45	事故浆液池搅拌器	2	江苏江阴石化电力机械厂，顶部伸入式三折叶可拆旋桨式叶轮，14r/min，30kW
46	事故浆池泵	2	石家庄泵业集团有限责任公司，68m³/h，$H = 15$m，11kW

三、二炉一塔设增压风机的 FGD 系统

目前，对 300MW 及以下的燃煤机组共用一套 FGD 系统已有众多的应用和设计，如已投运的重庆电厂 2×200MW、杭州半山电厂 2×125MW、原北京一热 I、Ⅱ期 2×410t/h 锅炉、广东黄埔电厂 2×300MW、珠江电厂 2×300MW 等，这里介绍广东瑞明电厂 2×125MW 机组的石灰石/石膏湿法 FGD 系统。

瑞明电厂 2×125MW 机组的 FGD 系统采用奥地利 AE&E 公司 FGD 技术，设计处理 2 台机组的全部烟气。2003 年 10 月 FGD 系统通过 168h 试运行，图 2-275 是 FGD 系统的现场照片。

图 2-275　广东瑞明电厂 2×125MW FGD 系统总貌

锅炉设计使用的原煤资料见表2-44，FGD入口烟气参数见表2-45。

表 2-44　　　　　　　　　　　　　锅炉设计使用的原煤分析

项目	单位	设计值	项目	单位	设计值
M_{ar}	%	8.0	S_{ar}	%	0.8
C_{ar}	%	52.21	A_{ar}	%	29.0
H_{ar}	%	3.25	V_{daf}	%	21.0
O_{ar}	%	5.67	$Q_{ar,net}$	kJ/kg	20348
N_{ar}	%	1.07			

表 2-45　　　　　　　　　　　　　FGD 系统入口烟气参数

项　目	单　位	设计工况 ($S_{ar}=0.8\%$ [*])	项目	单位	设计工况 ($S_{ar}=0.8\%$)
烟气体积流量	m^3/h（干，实际 O_2）	2×501506	FGD 入口 NO_x 质量浓度	mg/m^3（干，6% O_2）	600~800
烟气体积流量	m^3/h（湿，实际 O_2）	2×540557	FGD 入口 Cl^- 质量浓度	mg/m^3（干，6% O_2）	<50
FGD 入口 O_2 体积分数	%	7.11	FGD 入口 F^- 质量浓度	mg/m^3（干，6% O_2）	<10
FGD 入口 CO_2 质量浓度	mg/m^3（干，实际 O_2）	12.34	FGD 入口含尘量	mg/m^3（干，6% O_2）	<200
FGD 入口 SO_2 质量浓度	mg/m^3（干，6% O_2）	1829	FGD 入口温度	℃	138
FGD 入口 SO_3 质量浓度	mg/m^3（干，6% O_2）	<50	FGD 入口最高温度	℃	170 [**]

* 　FGD 设计最大含硫量 $S_{ar}=0.9\%$，SO_2 浓度 2032mg/m^3（干，6% O_2）。

** 　如果 FGD 前的烟气温度超过 170℃，烟气需从旁路经过。

FGD 系统的工艺水或补充水是由电厂的工艺用水提供的，水质资料见表 2-46。功率小于 200kW 的电机电压为 380V，功率大于 200kW 的电机电压为 6kV。

表 2-46　　　　　　　　　　　　　FGD 工艺水水质

序号	项目	单位	结果	序号	项目	单位	结果
1	含固率	%	<0.25	5	硬度	mmol/L	1.0~5.0
2	悬浮物	mg/L	20.0~60.0	6	pH	—	6~7
3	SO_4^{2-}	mg/L	12~80	7	平均温度	℃	20
4	Cl^-	mg/L	<250				

石灰石粉由厂外采购，FGD 系统设计是基于下列品质：碳酸钙含量不小于 90%、碳酸镁含量小于 4%、惰性物质含量小于 6%、水分不大于 5%、90% 的颗料尺寸不大于 44μm。

FGD 装置的产品是水分少于 10% 的石膏，以设计参数为准（$S_{ar}=0.8\%/0.9\%$），其产品在连续运行时具有表 2-47 的特性。

表 2-47　　　　　　　　　　　　　FGD 石膏浆液数据

项目	单位	$S_{ar}=0.8\%$	$S_{ar}=0.9\%$	项目	单位	$S_{ar}=0.8\%$	$S_{ar}=0.9\%$
总质量流量	kg/h	4627	5145	灰量	kg/h	43	46
总体积流量	m^3/h	4.6	5.1	惰性物质量	kg/h	50	60
石膏量	kg/h	3976	4418	氯化物质量分数	$\times10^{-6}$	250	250
亚硫酸钙量	kg/h	9	10	含固量	%	90	90
碳酸钙量	kg/h	62	71	温度	℃	48	48
碳酸镁量	kg/h	15	17				

按照设计工况（$S_{ar}=0.8\%/0.9\%$），在 100% 烟气体积流量、连续运行和前述条件下，FGD 系统保证值、消耗量和其他参数如表 2-48 所示。

表 2-48   FGD 保证值、消耗量

项目	单位	设计（$S_{ar}=0.8\%$）	$S_{ar}=0.9\%$
FGD 系统脱硫率	%	≥90	≥90
FGD 系统 SO_3 去除率	%	30	30
FGD 系统 HF 去除率	%	50	50
FGD 系统 HCl 去除率	%	80	80
吸收塔出口 SO_2 质量浓度	mg/m³（干，6% O_2）	≤182.9	≤203.2
吸收塔出口 SO_3 质量浓度	mg/m³（干，6% O_2）	≤35	≤35
吸收塔出口粉尘质量浓度	mg/m³（干，6% O_2）	<50	<50
吸收塔出口液滴含量	mg/m³	100	100
GGH 出口温度	℃	≥82	≥82
Ca/S	mol/mol	≤1.05	≤1.05
FGD 允许负荷变化	%	30~110	30~110
FGD 系统可用率	%	≥95	≥95
石膏含水率	%	≤10	≤10
石膏纯度	%	≥95	≥95
石膏粒径（50% 通过）	—	>32μm	>32μm
石灰石粉耗量	t/h	2.79	—
工艺水耗量	m³/h	41	—
FGD 系统压损	Pa	3000	3000
吸收塔压损	Pa	950	950
FGD 电耗（不含增压风机）	kW	1350	1350

1. 烟气系统

FGD 烟气系统如图 2-276 所示，每台锅炉的烟气在电除尘器后分成两路，每路设有 1 台引风机，烟气在 2 台引风机后又合成一股烟气，2 台锅炉的烟气分别经砖烟道进入烟囱。通向 FGD 系统的新烟道接入到位于引风机下游的砖烟道，每台机组设有一台静叶可调轴流式增压风机，风机前后都安装有一个挡板。烟气经增压风机后进入 GGH，降温后进入吸收塔，烟气向上流动，被向下喷淋的石灰石浆液滴以逆流方式所洗涤。饱和净烟气从吸收塔顶部离开，并被 GGH 加热。经过加热的净烟气（80℃以上）通过单轴百叶双密封挡板后进入原砖烟道。原砖烟道作为 FGD 旁路烟道，其上也装有 1 个单轴百叶双密封挡板风门，在 FGD 系统保护动作时，该风门具有 9s 的快开功能。因此该套 FGD 系统共有 2 台增压风机、4 个原烟气挡板、2 个净烟气挡板及 2 个旁路烟气挡板，烟气挡板都由 UPS 供电。GGH 日常吹灰则用压缩空气，在 FGD 停运检修时采用低压水或高压水冲洗。图 2-277~图 2-280 为 FGD 烟气系统各设备现场照片。

2. 吸收塔系统

吸收塔为典型的空塔，直径 11.0m，高 28.2m，内部衬胶，内有 3 层喷浆层，相应有 3 台独立的循环泵。循环泵房是一座 17.5m×18.2m 的单层厂房，主梁最大跨度 15m，与吸收塔紧密相连。循环泵房内布置有 3 台循环泵、2 台氧化风机、2 台石膏排出泵、1 台 GGH 吹灰器配套的空气压缩机。用作吸收剂的石灰石加入循环泵入口，与浆池的石膏浆液混合，通过循环泵将混合浆液向上输送到 FRP 喷淋层管道中，通过每层 88 个 SiC 螺旋喷嘴进行雾化，可使气体和液体得以充分接触。经过净

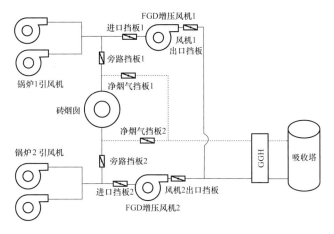

图 2 - 276　瑞明电厂 2 × 125MW 机组 FGD 烟气系统示意

图 2 - 277　瑞明电厂 2 × 125MW FGD 烟气系统

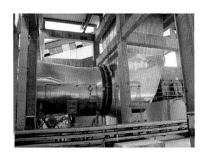

图 2 - 278　静叶可调增压风机内外

图 2 - 279　烟气挡板及其执行机构

图 2 - 280　GGH 及其驱动电机

化处理的烟气流经塔上部二级卧式除雾器，在此处将清洁烟气中所携带的浆液微滴除去，除雾器按照某种程序不时地进行冲洗，用工艺水进行除雾器的冲洗有两个目的，即防止除雾器堵塞，保持吸收塔中所需水位。

在吸收塔下部浆池中，SO_2 吸收反应生成的亚硫酸钙被空气氧化成硫酸钙，进而形成石膏晶体。系统设有 2 台氧化空气压缩机（1 用 1 备），氧化空气经喷水降温后通过 3 根开有许多小孔的 FRP 管喷入。为防止石膏沉积，吸收塔的底部均匀地设有 4 台相同的搅拌器。在吸收塔区设有一个排水坑，用以收集吸收塔系统在正常运行、冲洗和检修时的管道和水箱的排水。排水坑内设置了一台立式泵、一台超声波液位传感器和一台机械搅拌器。排水坑为混凝土构筑，位于标高 0m 以下。

图 2 - 281 ~ 图 2 - 284 为 FGD 吸收塔系统各设备现场照片。

图 2 - 281　吸收塔系统及粉仓、工艺水系统

图 2 - 282　循环泵、氧化风机及塔内三层喷淋层

图 2-283　除雾器及其冲洗水系统

图 2-284　氧化空气减温水及塔内氧化空气管

3. 石灰石浆液制备系统

符合要求的石灰石粉（90% 的颗粒直径小于 44μm）通过加注管线气动输送到石灰石粉仓，粉仓的容量为设计条件时系统 7d 用量。筒仓底为裤衩型，下有 2 台旋转给料机（1 用 1 备）及称重设备送到玻璃钢 FRP 制成的石灰石浆液罐（直径 3.8m、高 3m），在此处与工艺水进行混合直至达到所需的浓度，为防浆液沉淀，石灰石浆液罐设有一台立式搅拌器。石灰石粉筒仓及附属设备包括粉仓连续料位计、粉仓高低料位报警装置、顶部布袋除尘设备、安全（真空）压力释放门、检修门、流化风机系统等。石灰石浆液经由一条环形管线进行泵送，根据 FGD 系统负荷和吸收塔浆液池 pH 值由 2 台 100% 的石灰石浆液泵（1 用 1 备）和一个再循环管线，将其注入到吸收塔循环泵入口处。浆液的质量浓度设计为 1250kg/m³，该值对应约 30% 的固体含量，密度计安装在专门的测量管路上。图 2-285 ~ 图 2-290 为 FGD 石灰石浆液制备系统各设备现场照片。

图 2-285　石灰石粉仓及浆罐　　　　　图 2-286　石灰石浆罐顶部给粉机

图 2-287　石灰石粉仓流化风机

图 2-288　石灰石浆液泵

图 2-289　石灰石浆罐搅拌器

图 2-290　石灰石浆液密度测量

4. 石膏脱水系统

　　吸收塔中石膏浆液由 2 台石膏排浆泵（1 用 1 备）打入一级水力旋流器脱水，水力旋流器溢流出的滤液中含有 2%～3% 较细的固体颗粒，一部分在重力作用下送回吸收塔，另一部分溢流至废水处理装置（迷宫式沉淀设备）。水力旋流器的底流根据吸收塔中石膏浆液的密度大小返回吸收塔或直接送往一台真空带式脱水机进一步脱水，脱水后石膏含水率小于 10%。石膏通过落料管排入石膏库中，由一台 5t 桥式单梁起重机进行堆放，再用吊车转运至石膏料斗，装车外运。在真空皮带机故障情况下，水力旋流器的底流可暂存入一个事故浆液罐中，待其重新启动后，储存的石膏浆液用给料泵打回脱水机。脱水机的滤液被送到滤液罐，再用滤液泵打回吸收塔或石灰石浆液罐制浆。整个 FGD 装置设有 1 个事故浆罐，配备 1 台浆液返回吸收塔浆泵及 2 台脱水机给料泵、1 台立式搅拌器和 1 个超声波液位传感器、管道、阀门及就地指示仪表等。脱水区设有 1 个疏水坑，疏水由 1 台立式泵打回吸收塔。

　　石膏脱水及储存系统布置在电厂的扩建段，石膏库及脱水车间是一座 15m×21m 的三层（局部四层）厂房，屋面标高 24.5m。从功能上划分，三、四层主要是脱水车间，一、二层主要是石膏库，水力旋流器布置在最高层，位于真空皮带机上方，而真空皮带机布置在石膏库上，组成了一个多层布置的建筑物。石膏库的容积约 1200m³，能够储存 2 台 FGD 系统满负荷运行 7d 生产的石膏量（约 760m³）。在一层布置有车位，抓斗吊将石膏从石膏库中抓出通过漏斗卸到一层的汽车中运走；另外废水处理设备（迷宫沉淀装置）位于第三层的真空皮带机层，在第一层还布置了滤液罐及滤液泵。屋面布置了三台通风机和皮带机、真空泵的排风口。FGD 脱水系统各设备现场照片见图 2-291～图 2-297。

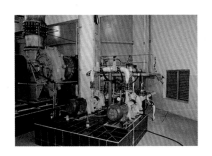

图 2 – 291　石膏浆液排出泵

图 2 – 292　石膏浆液至脱水楼及返回管线

图 2 – 293　石膏浆液水力旋流器总貌及皮带机喂料器

图 2 – 294　真空皮带脱水机及真空泵

图 2 – 295　石膏库内及石膏运输

图 2-296　事故浆液罐及脱水楼

图 2-297　脱水区地坑及泵

5. 废水处理系统

废水处理系统处理水力旋流器上部的溢流废水，为迷宫沉淀装置，有 4 个池（见图 2-298）。脱硫废水首先进入中和池，在 pH 自控装置的控制下，自动加入碱液，将脱硫废水的 pH 值调整为 6~9，生成沉淀物，池内配套安装混合搅拌器以促进中和反应。中和池出水顺次流入絮凝池，该反应器集絮凝、反应、沉淀为一体，通过自动计量泵定量加入絮凝剂，絮凝剂在 pH 值为 6~9 的环境下迅速反应，使污染物沉积出来。池内配套设置的设备有搅拌装置，使絮凝剂与废水在反应器内进行充分混合，生成絮体并得以沉淀，处理后的出水汇集到两个沉淀池然后溢流到滤液罐。废水处理过程中在中和池及絮凝池内产生的污泥定期排入冲灰沟内。

图 2-298　迷宫沉淀池废水处理系统外观及内部

系统有 4 个加药箱（见图 2-299），第 1、第 2 个为加碱箱，第 3、第 4 个为加絮凝剂箱。2 个加碱箱各配有 1 个搅拌器，2 个加絮凝剂箱配有压缩空气管进行混合，每个箱都配有 1 台计量泵将药剂打入迷宫。在第 1、第 2 个箱内加入氢氧化钠，加入工艺水，等液面升至搅拌器叶片以上后，启动加碱箱搅拌器；在第 3、第 4 个箱内加入聚合氯化铝和工艺水，待液面升至絮凝池布气管以上时，打开压缩空气阀门，调整气量搅拌。

图 2-299　迷宫沉淀池底部加药系统

6. 公用系统及热控、电气系统

公用系统主要包括工艺水及压缩空气系统。工艺水由电厂送到工艺水箱，设有 2 台 100% 容量的工艺水泵（1 用 1 备）。电厂提供仪用空气（用于阀门、仪表、石灰石粉仓等）和厂用空气，另外还专门设有一台空气压缩机用于 GGH 的日常吹灰（见图 2−300）。

FGD 控制楼是一座 15m×8m 的四层厂房，屋面标高 14.34m。从功能上划分，一层是高压室，二层是电缆夹层，三层是低压室，四层是 DCS 控制室（见图 2−301）。FGD 的控制系统采用西仪—横河公司 YOKOGAWA 的 DCS CENTUM CS−3000。系统配备两台操作员站、一台工程师站和两台现场控制站。

FGD 厂用电系统电压为 6kV 和 380/220V。6kV 系统中性点采用不接地方式，6kV 脱硫工作段为单母线接线，分别由 7 号机 6kV 工作 A 段或由 8 号机 6kV 工作 A 段供电，5 台 6kV 电动机（3 台循环泵、2 台增压风机）接于 6kV 脱硫母线。FGD 低压负荷由两台 1000kVA 低压工作变压器供电，低压工作变压器采用 D/Yn11。380/220V 工作段为单母线分段接线，当其中一台低压工作变压器故障时，另一台可带两段的全部负荷。现场电气柜见图 2−302。

图 2−300　GGH 吹灰空气压缩机

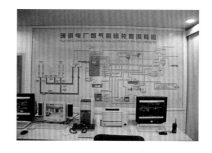

图 2−301　操作员站

图 2−302　6kV 电气柜和 380V 电气柜

FGD 系统的主要设备技术规范见表 2−49。

表 2−49　　　　　　　　　　　瑞明电厂 FGD 主要设备技术规范

序号	名称	数量	规　格
烟 气 系 统			
1	FGD 增压风机	2	成都电力机械厂，静叶可调轴流式，942480m³/h，全压 4010Pa，740r/min，轴功率：1297kW；电动机：湘潭电机股份有限公司：1400kW，6kV/167.7A，747r/min

续表

序号	名称	数量	规　格
2	旁路烟道挡板	2	无锡市华东电力设备有限公司，材料：碳钢、316L、C276（密封片）9s 快开，执行机构 AUMA
3	增压风机进口挡板	2	无锡市华东电力设备有限公司，材料：碳钢、316L、C276（密封片）
4	增压风机出口挡板	2	无锡市华东电力设备有限公司，材料：碳钢、316L、C276（密封片）
5	FGD 系统出口挡板	2	无锡市华东电力设备有限公司，材料：碳钢、316L、C276（密封片）
6	增压风机出口挡板密封风机	2	无锡市龙吉通风机械有限公司，2844m^3/h，5517Pa，7.5kW
7	旁路挡板及 FGD 出口挡板密封风机	2 + 2	无锡市龙吉通风机械有限公司，2536m^3/h，3765Pa，5.5kW
8	GGH 本体	1	Howden Power Ltd.，29GVN360 型，换热面积 5278m^2，换热元件 0.75mm 厚碳钢，镀 0.4mm 搪瓷
	GGH 主驱动马达 GGH 备用驱动马达	1 1	7.5kW 变频驱动
	密封风机	1	1500m^3/h，7.85kPa
	GGH 吹灰器	1	Scotland UK，CLYDE BERGEMANN Ltd.
	GGH 吹灰空气压缩机	1	上海 Ingersoll Rand 压缩机有限公司 ML160 型，28.0m^3/min，0.75MPa，160kW
	GGH 高压冲洗水泵	1	上海沃马—大隆超高压设备有限公司，10.0MPa，1.58L/s；电动机 ABB，37kW，735r/min
9	CEMS	3	德国 SIEMENS ULTRAMAT23
吸 收 塔 系 统			
10	吸收塔本体	1	直径11m、高28.2m，碳钢衬胶，3 层喷淋层，88 个螺旋 SiC 喷嘴/层，FRP 管道
11	1 号吸收塔循环泵	1	澳大利亚 Warman International Ltd.，4300m^3/h，$H = 17.3m$；电机：湘潭电机股份有限公司 YKK5002 - 10 型，355kW，595r/min
12	2 号吸收塔循环泵	1	澳大利亚 Warman International Ltd.，4300m^3/h，$H = 18.8m$；电机：湘潭电机股份有限公司 YKK5002 - 10 型，355kW，595r/min
13	3 号吸收塔循环泵	1	澳大利亚 Warman International Ltd.，4300m^3/h，$H = 20.3m$；电机：湘潭电机股份有限公司 YKK5003 - 10 型，400kW，595r/min
14	吸收塔除雾器	2	意大利 KOCH - GLITSCH 公司，聚丙烯
15	氧化风机	2	德国 Aerzen DELTA 系列罗茨风机，3400m^3/h，1770r/min，出口压力 90kPa，塔内 FRP 管；电动机：132kW，1485r/min
16	吸收塔搅拌器	4	德国 EKATO，侧进式，259r/min；电动机：ABB，15kW，970r/min
17	吸收塔石膏浆液排放泵	2	石家庄工业泵厂，60m^3/h，$H = 43m$，1470r/min，电动机：河北电机股份有限公司，22kW
18	吸收塔区域排水坑	1	3m×3m×3m，钢筋混凝土结构 + 防腐涂层
19	吸收塔区域排水坑泵	1	石家庄工业泵厂，60m^3/h，$H = 30m$，1470r/min，电动机：河北电机股份有限公司，18.5kW
20	吸收塔区域排水坑搅拌器	1	美国 Chemineer Inc.，顶部伸入式；电动机：0.75kW，1425r/min
21	吸收塔 pH 计	2	德国 ENDRESS + HAUSER 公司，liquisys S CPM 223 型
22	石膏浆液密度计	1	德国 KROHNE MFC085 型

续表

序号	名称	数量	规　　格
			石灰石浆液制备系统
23	石灰石粉仓	1	直径 7.5m, 高 14.7m, 容量 760m³, 7 天储量, 下部锥体, 裤衩型
24	石灰石给粉机	2	杭州高达机械有限公司 DSG 电动锁气给料机, 5m³/h, 功率 1.1kW
25	石灰石浆液箱	1	深圳吉凌玻璃钢, 直径 3.8m、高 3m
26	石灰石浆液泵	2	石家庄工业泵厂, $Q=20m^3/h$, $H=30m$, 2900r/min, 电动机: 河北电机股份有限公司, 5.5kW
27	石灰石粉仓流化风机	2	长沙鼓风机厂罗茨鼓风机, $Q=2.66m^3/min$, 2930r/min, 进气压力 101.3kPa, 排气压力 189.5kPa; 电动机: 长沙电机厂, 11kW
28	石灰石浆液箱搅拌器	1	美国 Chemineer Inc., 顶部伸入式; 电动机: 2.24kW, 1460r/min
29	石灰石浆液密度计	1	德国 KROHNE
			石膏脱水与储存系统
30	石膏一级水力旋流站	1	德国 DORR - OLIVER, 4 个旋流子, 出力 34m³/h
31	真空皮带脱水机	1	德国 DORR - OLIVER, 过滤面积 8.8m², 滤布 1.35m × 25.1m, 皮带宽度 1.6mm, 有效过滤长度 8m; 电动机: Siemens, 2.2kW, 变频调节
32	滤液分离器	1	武汉三联节能环保工程有限公司, 650L, 设计压力 -0.1MPa
33	滤布冲洗水泵	1	德国 KSB, 5m³/h, $H=35m$; 电动机: Siemens, 1.75kW
34	石膏滤饼冲洗水泵	1	德国 ASV Stübbe 公司 ETL32 - 125 型, 0.75kW
35	真空泵	1	德国 Stterling SIHI, 2200 ~ 2660m³/h, 735 ~ 880r/min, 50 ~ 64kW; 电动机 75kW
36	滤液水箱	1	直径 3m, 高 4m
37	滤液水泵	2	石家庄工业泵厂, 25m³/h, $H=28m$, 1460r/min; 电动机: 河北电机股份有限公司, 11kW
38	石膏库	1	7d 储量
39	石膏脱水区排水坑	1	3m × 3m × 3m, 钢筋混凝土结构 + 防腐涂层
40	脱水区排水坑泵	1	石家庄工业泵厂, 60m³/h, $H=30m$, 1470r/min, 电动机: 河北电机股份有限公司, 18.5kW
41	脱水区排水坑搅拌器	1	美国 Chemineer Inc., 顶部伸入式, 1425r/min, 0.75kW
			其 他 系 统
42	废水处理系统	1	天津市海岸带公司, 设计处理量为 16m³/h
43	工艺水箱	1	直径 5.5m, 高 7.8m
44	工艺水泵	2	广州佛山水泵厂有限公司离心泵, 110m³/h, $H=57m$, 2900r/min, 电动机: 广东顺德市信源电机有限公司, 30kW
45	事故浆液罐	1	直径 10.5m, 高 14m, 碳钢衬胶
46	事故浆液罐搅拌器	1	美国 Chemineer Inc., 顶部伸入式, 25r/min; 电动机: ABB, 22kW, 975r/min
47	事故浆液返回泵	1	石家庄工业泵厂, 65m³/h, $H=27m$, 1460r/min, 轴功率 8kW; 电动机: 河北电机股份有限公司, 15kW
48	皮带脱水机供给泵	2	石家庄工业泵厂, 10m³/h, $H=24m$, 2890r/min, 轴功率 1.6kW; 电动机: 河北电机股份有限公司, 4kW
49	DCS	1	西仪—横河公司 CS - 3000

四、二炉一塔不设增压风机的 FGD 系统

广东连州电厂 I 期为 2×125MW 燃无烟煤机组，2 台机组共用一套湿法 FGD 系统，2000 年 12 月 16 日完成 168h 试运行，2001 年 7 月完成了 FGD 系统的性能验收试验。这是广东省第一套石灰石/石膏湿法 FGD 系统。该系统为简易石灰石/石膏湿法 FGD 系统，表现在：

（1）2 台机组共用一套 FGD 系统，设计脱硫率仅为 81%。

（2）FGD 系统未设增压风机，系统阻力由锅炉引风机克服。

（3）未采用 GGH，经吸收塔后净烟气由管式蒸汽再热器加热后排放。

（4）采用石灰石粉制浆。

（5）未设二次脱水系统，即无真空皮带脱水机，副产品石膏浆液经一级水力旋流器脱水至 45% 含固率后打入锅炉灰渣水缓冲池内，直接由电厂灰渣泵打到灰场抛弃。

图 2-303 为现场 FGD 总貌，主要设备见表 2-50，系统设计条件见表 2-51。该系统已运行了近 7 年，总体情况良好。

图 2-303 广东连州电厂 2×125MW 简易 FGD 系统总貌

表 2-50 FGD 系统入口原烟气参数

项目	单位	设计工况（$S_{ar}=2.5\%$）
体积流量	m^3/h（湿，7.7% O_2）	2×545000
FGD 入口 SO_2 质量浓度	mg/m^3（干，7.7% O_2）	5132
FGD 入口含尘量	mg/m^3（干，7.7% O_2）	≤300
FGD 入口温度	℃	135
锅炉出口最高温度	℃	250*

* 如果 FGD 系统前的烟气温度超过 190℃，烟气需从旁路经过。

FGD 系统的工艺水或补充水是由电厂的工艺用水（星子河水）提供的，蒸汽再热器用的蒸汽来自汽轮机高压缸排汽及三段抽汽（0.50~0.69MPa，284~372℃）。FGD 系统电压等级：功率小于 200kW 的电机电压为 380V，功率大于或等于 200kW 的电机电压为 6kV。

由于 FGD 系统使用的石灰石品质可能差异较大，设计是基于下列品质：$CaCO_3$ 含量不小于 90%，$MgCO_3$ 含量小于 4%，惰性物质含量小于 6%，90% 的颗料尺寸不大于 44μm。

FGD 系统的副产物是来自水力旋流器底流和直接从吸收塔底槽中排出的石膏浆液。石膏浆液被送到石膏浆液罐，再由抛弃泵打至机组灰渣前池，由灰渣泵送到灰场。

表 2-51 FGD 系统保证值

序号	项目	单位	数值	序号	项目	单位	数值
1	脱硫率	%	≥81	8	耗电量	kW	1200
2	吸收塔出口 SO_2 含量	mg/m^3（干，6% O_2）	1100	9	FGD 系统压降	kPa	1.5
3	再热器出口烟气温度	℃	80	10	耗汽量	t/h	≤2×12
4	除雾器出口液滴含量	mg/m^3	100	11	凝结水量	t/h	≤2×12
5	石灰石粉耗量	kg/h	7910	12	石膏浆液量	kg/H	28500
6	Ca/S	mol/mol	1.05	13	可用率	%	≥95
7	工艺水耗量	kg/h	84000	14	FGD 系统寿命	年	25

1. 烟气系统

在锅炉引风机后，高温烟气经 FGD 入口烟气挡板直接进入吸收塔内向上流动，被向下流动的石灰石浆液滴以逆流方式所洗涤。脱硫后的烟气经两级除雾器进入蒸汽再热器，加热至80℃以上后进入烟囱排放。

烟气挡板分为 FGD 进口、出口烟气挡板和 2 块旁路烟气挡板。前者安装在 FGD 系统的进出口，由双层烟气挡板组成，当关闭主烟道时，双层烟气挡板之间连接密封空气，以保证 FGD 系统内的防腐衬胶等不受破坏。旁路挡板安装在原锅炉烟道靠近 FGD 系统进出口挡板处，单层设计，当 FGD 系统运行时，旁路烟道关闭，这时烟道内连接密封空气。旁路烟气挡板设有弹簧快开机构，保证在 FGD 系统故障时迅速打开（2s 内）旁路烟道，挡板由英国 EFFOX 公司生产，挡板的密封风机是共用的，旁路和 FGD 主路挡板互相自动切换。

再热器采用管式结构，管子总数2444 根，外径为24.8mm，内径为21mm，管长为9.3m；顺排、横向（面对烟气）188 排，间距为40mm；纵向13 排，间距为35mm，导热系数 $\lambda = 0.99$ W/（m·K），分四片组合而成，管子为套管结构。FGD 加热蒸汽经脱硫循环泵房内调节阀后，在再热器底部又分成 2 路进入再热器，这样 2 台机组共有 4 路。蒸汽在内管中自下而上流动，凝结水自上而下依靠重力汇集在 2 个凝结水箱中，凝结水经 2 组共 4 台凝结水泵打回至除氧器回收，由于 FGD 启动初期凝结水不合格，因此在锅炉定排处的回水管上设有100% 的排地沟旁路。FGD 蒸汽再热器设计主要参数列于表 2−52 中。

表 2−52   再热器本体设计主要参数

烟气参数	数值	蒸汽参数	数值	传热学参数	数值
入口烟气流量（m³/h）	979000	蒸汽流量（kg/s）	4.8	换热面积（m²）	1770.9
入口烟气温度（℃）	46.0	入口蒸汽温度（℃）	360	传热温差（K）	80.9
出口烟气温度（℃）	82.3	入口蒸汽压力（MPa）	0.43	传热系数［W/（m²·k）］	86.3
压降（Pa）	201	凝结水温度（℃）	146.2	换热量（kW）	12364

吸收塔出口烟道及再热器内壳表面采用了 KCH 公司供的 KORROPLAST VE310 涂料，再热器管子采用了不锈钢 + PFA 涂层。再热器管子在烟气方向上设有 8 根玻璃钢冲洗水管，每根上沿高度方向上均布有 12 个冲洗小喷嘴，再热器管子定期手动得到冲洗，冲洗水自动流入吸收塔内。

FGD 烟道上有两套烟气分析仪及一些温度、压力等测点，入口烟气分析仪型号为西门子的 OXYMAT 6 和 ULTRAMAT 6，监视烟气中的 O_2 和 SO_2。出口烟气分析仪型号为西门子的 ULTRAMAT 23，监视烟气的 O_2、SO_2 和 NO_x。FGD 系统出口还设有一套粉尘浓度测量仪，型号为 SICK 公司的 OMD41。烟气系统的现场设备见图 2−304 ~ 图 2−309。

图 2−304 双层烟气挡板

图 2−305 旁路挡板弹簧快开机构

图 2 – 306　烟气挡板密封风机

图 2 – 307　再热器管及其冲洗水

图 2 – 308　再热器管手动冲洗水阀门

图 2 – 309　再热器 2 组共 4 台凝结水泵

2. 吸收塔系统

烟气进入吸收塔内，经过二层喷淋层净化，处理后的烟气流经二个卧式除雾器，在此处将烟气携带的浆液微滴除去，除雾器按照某种程序不时地进行冲洗。新加的石灰石浆液进入吸收塔循环泵入口，与吸收塔内的石膏浆液混合，通过循环泵将混合浆液向上输送到喷淋层。在吸收塔底部区域，一台氧化风机供给的空气与洗涤产物进一步反应生成石膏，石膏浆液通过 2 台浆液泵（1 用 1 备）打入一台水力旋流器脱水，在排出管路上引出一不锈钢分支管用以测量吸收塔内的浆液密度。经过吸收塔出来的洁净烟气经蒸汽加热器加热后排入烟囱。吸收塔尺寸为直径 11m、高 27.4m，由碳钢衬胶制成。在吸收塔顶排气门有 1 个 $\phi800$ 的电动对空排气门，当 FGD 系统停运时排气门打开；当 FGD 运行时排气门关闭。

吸收塔设计主要参数列于表 2 – 53 中。

表 2 – 53　　　　　　　　　　　　吸收塔设计主要参数

几何尺寸	数值	烟气参数	数值	浆液参数	数值（范围）
烟气入口中心高（m）	13.35	入口烟气流量（m³/h）	1090000	pH 值	5.8（5.5～6.2）
入口尺寸（m）	8.8×4.0	入口烟气温度（℃）	135*	浆液密度（kg/m³）	1105（1060～1119）
喷淋层 1/2 高（m）	18.1/19.9	入口 SO_2 质量浓度（mg/m³，干，$6\%O_2$）	5805	Cl^- 质量分数（×10⁻⁶）	1943（1922～6856）
除雾器布置区域（m）	21.7～24.2	入口含尘（mg/m³，干，$6\%O_2$）	339	含固率（%）	15（8～17）
出口尺寸（m）	8.0×3.0	出口烟气流量（m³/h）	1171807	浆液温度（℃）	47.1（45.9～55.0）
氧化空气管入口高（m）	3.8	出口烟气温度（℃）	48.1	系统脱硫率（%）	≥81

* FGD 入口温度超过 190℃，烟气走 FGD 旁路。

（1）喷淋层。为使喷淋液沿整个吸收塔截面分布均匀，二层喷嘴交错布置，吸收剂浆液主输送玻璃钢管中心夹角为 23.6°，各支管对称布置。每个喷淋层有 88 个锥形喷嘴，2 层的喷嘴布置完全一样，喷嘴由 SiC 制成，这是一种脆性材料，但特别耐磨，且抗腐蚀性极佳。喷嘴仅有一个方向朝下的喷淋锥体，可确保大约95°的喷淋角度，其主轴线平行于吸收塔轴线，使用寿命为 20～25 年。

2 台循环泵布置在泵房内，为单流、单级离心泵，其进口处标高 1.75m，进出口管道皆为 ϕ800 的玻璃钢管，新鲜的石灰石浆液直接补充至泵进口管道上。为防止塔内沉淀物吸入泵体造成泵的堵塞或损坏及堵塞吸收塔喷嘴，循环泵及 2 台石膏泵前都装有网格状不锈钢滤网。单台循环泵故障时，FGD 系统可正常运行，若 2 台泵均停运，FGD 系统将保护停运，烟气走旁路。

（2）除雾器及其冲洗系统。吸收塔喷淋层上部有两级卧式除雾器，采用聚丙烯材料制成，除雾器的主要设计参数列于表 2－54 中。为维持除雾器系统的正常运行，设有冲洗水系统，对第一级采用双面冲洗，第二级单面冲洗。每层冲洗管路上有 6 个气动门，按顺序开启逐个冲洗除雾器的 6 个区域，三层冲洗一遍为一个周期。冲洗喷嘴为实心锥喷嘴，也由聚丙烯材料制成，扩散角为 120°，每个喷嘴流量为 63L/min，每层 120 个。

表 2－54 除雾器主要设计参数

参 数	数 值	参 数	数 值
湿烟气流量（m³/h）	1394073	除雾器压降（Pa）	150
烟气温度（℃）	47.1，45.9（min）/48.1（max）	冲洗水压（Pa）	2×10^5
平均烟气流速（m/s）	4.1/1.2（min）	冲洗周期	根据吸收塔液位而定
第 1 级叶片间距（mm）	41	冲洗耗水量（m³/h）	33
第 2 级叶片间距（mm）	29	除雾效果	出口液滴含量小于 100mg/m³
第 1、2 级叶片高度（mm）	203		

（3）氧化空气系统。该系统由一台罗茨氧化风机及电机、管路、喷水减温器和温度、压力测量仪表、冲洗水等组成，氧化风先由一根碳钢管引至塔前 10m 标高处，之后分 3 路由玻璃钢管引入吸收塔内，塔内的玻璃钢管（ϕ323.9×7.1mm）上均布有许多小孔，空气从这些小孔进入浆液中。

（4）其他。在吸收塔底部 1.3m 处均布有 4 台搅拌器，其作用是防止固体沉积和分配氧化空气。搅拌器由搅拌机构、轴及配备驱动电机的驱动系统组成。搅拌器轴与水平线成约 10°的倾角，与中心线成 7°的夹角，伸入塔内 1m，搅拌机构是一个三叶螺旋桨。

根据需要，在吸收塔不同高度设有人孔门，底部设有取样孔（0.9m）、排空口及低液位测点（0.9m），7.6m 处设有 3 个高液位测点，8.5m 处向上接出 1 根溢流管，2 台石膏浆泵入口高 0.7654m。系统还设有一个小排污池 2.5m×2.5m，高 3.0m，这是 FGD 系统内唯一的一个排污池，用来收集各种废水，如一些取样、冲洗废水，完全排空各浆液罐时也用它作过渡。废水根据液位由排污泵打入吸收塔或石膏浆罐。吸收塔系统的现场设备详见图 2－310～图 2－318。

图 2－310 吸收塔循环泵及 2 层喷淋层

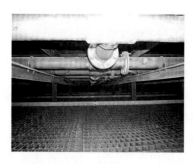

图 2 - 311　除雾器及其冲洗水系统

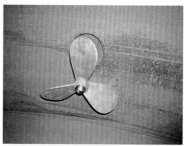

图 2 - 312　吸收塔循环泵前滤网及塔内搅拌器

图 2 - 313　氧化风机及隔音房　　　　　图 2 - 314　塔底 3 根氧化空风管

图 2 - 315　氧化空风管喷水减温水管　　　　图 2 - 316　吸收塔溢流管

图 2 - 317　吸收塔浆液密度测量　　　　　　图 2 - 318　吸收塔排污池

3. 石灰石浆液制备系统

石灰石粉由压缩空气通过加注管线气动输送到石灰石粉仓中，再由旋转给料机送到石灰石浆液罐，在罐中与工艺水进行混合直至达到所需的浓度。石灰石浆液经由一条环形管线进行泵送，并通过支管，根据负荷大小和吸收塔浆液池的 pH 值将其注入到吸收塔循环泵入口，由循环泵打至喷淋层。浆液的设计质量浓度为 $1250kg/m^3$，该值对应于约 30% 的固体含量。为了防止浆液沉淀，浆液罐设有一台立式搅拌机使得浆液持续不停地扰动。

石灰石粉仓设计储存容量为 FGD 系统满负荷运行 3.25d 所需要的石灰石粉量。粉仓设有料位指示器，防止满仓或空仓。仓底有两个出口溜槽，呈裤叉形，各设有一台旋转给料机。为防止底部石灰石粉搭桥，溜槽外配有振打器，在仓底四周还注入流化空气，使石灰石粉呈流态化，均匀地下到给料机。粉仓顶有一个小布袋除粉器，并开有一个小防爆门。

石灰石浆液罐为立式圆柱形，平顶可供行走，其内部设有断流器及一套立式带 4 个叶片的搅拌器，为防浆液的腐蚀，整个石灰石浆液罐由玻璃钢 FRP 材料制成，搅拌器采用不锈钢衬胶。罐体设有一个 $\phi800$ 人孔门、$\phi50$ 取样口、$\phi100$ 排空口、中心高 3.4m 的 $\phi100$ 溢流口及液位测量仪。各浆液取样点均采用不锈钢材料，浆液输送管及与浆液接触的各种溢流、排放管采用玻璃钢管。浆液灌液位测量仪为 Endress + Hauser 公司制造的超声波测量仪 prosonic FMU860，此外还在石灰石浆液灌 3.2m 处装了一个 Endress + Hauser 的液体音叉限位开关 FTL360。

石灰石浆液泵 2 台（1 备 1 用），泵为单流单级离心泵，三叶敞开式叶轮结构，可单独拆卸。通过一个控制阀来精确地将石灰石浆液给到 2 台循环泵入口，而不是直接给入吸收塔浆液内，这样可以提高吸收剂的利用率。泵出口设有玻璃钢管循环回路和不锈钢管浆液密度测量回路。密度计为 Endress + Hauser 公司的 Promass 型，能同时测量流量和密度。

流化风机 2 台（1 用 1 备），旋转活塞式，主要为给粉机提供密封空气、为粉仓及输粉管提供流化风，同时当给粉机运行制浆时，用于石灰石浆液罐上部溢流管的密封。为干燥空气，在风机入口设有 1 台瑞典 Munters Europe 的 ML690 型除湿器。现场设备详见图 2 - 319 ~ 图 2 - 324。

4. 石膏脱水及抛弃系统

吸收塔底部的石膏浆液通过 2 台浆液泵（1 用 1 备）打入脱水站，该站包括一台石膏水力旋流器及浆液分配器。在水力旋流器中，石膏浆液流进一个圆柱形箱中，并由此流到敞开的各个旋流子中，通过控制旋流器进口压力，可将浆液脱水至 45% 的含固率。通过一个分配器，流入各个旋流器底流的石膏或被送到石膏浆液罐，或再循环回到吸收塔中，而进入石膏水力旋流器溢流中的滤液会自然流入吸收塔。

图 2 – 319　石灰石粉仓及工艺水箱

图 2 – 320　石灰石粉给料机

图 2 – 321　石灰石浆液罐及流化风机

图 2 – 322　石灰石浆液罐搅拌器

图 2 – 323　石灰石浆液密度测量

图 2 – 324　石灰石浆液调节阀及流量计

石膏浆液罐中脱硫石膏浆液由 2 台石膏浆液抛弃泵（1 用 1 备）打入锅炉灰渣水缓冲池内，直接由电厂灰渣泵打到灰场抛弃。现有 3 台灰渣泵（1 用 2 备），石膏浆液在缓冲池上分三路进入灰渣泵入口处，机组正常运行时石膏浆液只开启运行灰渣泵的一路。系统有 2 根灰渣管（1 用 1 备）。石膏浆液抛弃系统不是 AE&E 公司设计的，因此其操作未纳入 FGD 的 DCS，而在灰渣泵房内启停。

脱水系统最主要的是水力旋流器，它主要由进液分配器（低碳钢内部衬硬橡胶）、7 个旋流子（聚氨酯材料）、上部稀液储箱及底部石膏浆液分配器（聚丙烯材料）组成，旋流子是利用离心分离的原理，其分离效果通过进液压力来控制，设计进液压力/温度为 0.4MPa/100℃，工作最大压力/温度为 0.2MPa/55℃，连接管为 φ85×7.5mm 的橡胶管。

按设计，FGD 系统连续运行时，石膏浆液罐用于储存脱水后的石膏浆液，并根据液位高低排放浆液。紧急状态或检修时，可存放吸收塔、石灰石浆罐、排污池的浆液。该罐为圆柱形、立式碳钢制，内部衬氯化丁基橡胶 KERABUTYL BS 4.0~4.2mm。为防止固体沉淀，在罐顶部设有一立式搅拌器，搅拌机构是二个双叶螺旋桨，分上下两级，间距 5.5m；底部 1.3m 高对称设有二台侧向搅拌器，搅拌器轴与水平线成约 10° 的倾角，与中心线成 7° 的夹角，搅拌机构是一个三叶螺旋桨，在罐内还设有断流器。顶部设有一根 φ168.3×7.1mm 玻璃钢管引出的通风口，二个液位测点也装在顶部。溢流口一个位于 13.7m 处，1.3m 高有 φ1200 的人孔一个，取样口高 1.5m，排空口高 0.327m，另外底部还预留有 4 个冲洗水孔。为防腐蚀，pH 计、浆液密度测量回路、各浆液取样点管道采用不锈钢，其他的石膏浆液输送管及与浆液接触的各种溢流、排放管均采用玻璃钢管。

从抛弃渣至灰渣池的管道及冲洗水管各一根，φ124×12mm 和 φ102×12mm，为钢骨架塑料复合管，管子采用电熔连接。二根灰渣管为铸石复合管，外套钢管 φ478×6mm，内衬铸石管 φ440×25mm，中间用 1:2 的水泥砂浆充填，管道每根长约 2.3km。一根灰水回收管为 φ478×7mm 的焊接钢管，直埋式敷设，长约 2.9km。

冲灰水主要是电厂循环水排水，另有引风机冷却水、化学水排放及灰场回收水，这些水要经过预处理，达到标准（悬浮物 100mg/L，pH=6~9）后方可进入清水池，由 3 台冲灰水泵用于电除尘器冲灰和炉底冲渣，灰渣水一道进入灰渣泵前缓冲池内打到灰场。

灰场位于厂区东北面，距厂区直线距离约 2.0km，灰坝与主厂房地面高差约为 20m，灰场容量约为 369 万 m³，可满足电厂储灰 20 年。系统现场设备见图 2-325~图 2-330。

图 2-325　2 台石膏浆液排出泵　　　　图 2-326　石膏水力旋流器

图 2-327　石膏浆液罐及抛弃泵　　　　图 2-328　石膏浆液进入缓冲池

图 2 - 329　锅炉灰渣缓冲池与灰渣泵

图 2 - 330　连州电厂灰场

5. 其他系统

FGD 的工艺用水来源于 2 号机组的工业水,由 2 台工艺水泵(1 用 1 备)从工艺水箱打到 FGD 各处,主要提供除雾器冲洗、各系统泵、阀门的冲洗、再热器的冲洗等。工艺水箱的水位维持在 5 ～ 7m,当水位低于 5m 时,进水管上一个气动门自动开启进行补水,直到水位到 7m,气动门自动关闭。在气动门前,水管上还有一个手动阀门,可通过该手动阀开启的大小来控制补水的快慢。FGD 仪用压缩空气提供各仪表、气动阀门等的用气,由二台仪用空气压缩机提供。

FGD 工程的 DCS 是西仪—横河公司生产的 CS - 1000 分散控制系统,它由 2 个操作员站(工程师站和操作员站公用)、3 个过程控制站 FCS、3 个继电器柜、2 台打印机及通信网络组成,主要完成 FGD 的数据采集(DAS)、顺序控制(SCS,19 个)、模拟量控制(MCS,3 套)。操作员站未独立设置,而是与锅炉零米灰渣泵控制室放在一起。FGD 的 DCS 主要特点有:① 无后备手操站,极少采用指示表、记录表、闪光报警及操作按钮;② FGD 的保护由 DCS 分散控制系统实现;③ FGD 的顺控系统逻辑在 DCS 分散控制系统内实现;④ FGD 的模拟量 MCS 由 DCS 完成。

FGD 系统厂用电分为 6kV 脱硫段、380V 脱硫工作段和 380V 脱硫保安段。6kV 脱硫段分别由 1 号机 6kV 工作ⅠA 段或 2 号机 6kV 工作ⅡA 段送电;380V 脱硫工作段由 6kV 脱硫段经 1 号、2 号脱硫变压器送电;380V 脱硫保安段由脱硫工作段经 475 开关送电或在紧急情况下由柴油发电机经 476 开关送电。

FGD 系统设有一台柴油发电机,由美国康明斯公司制造,额定功率为 145kW,额定电压为 380V,额定电流为 260A,水—风冷却系统。图 2 - 331 ~ 图 2 - 333 为现场设备图。

图 2 - 331　2 台工艺水泵和 FGD 仪用空压机

图 2 - 332　FGD 操作员站和 FGD 控制柜及 UPS

图 2 – 333 FGD 系统 6kV 电气柜 380V 电气柜

连州 FGD 系统的主要设备见表 2 – 55，FGD 系统 CRT 上主要画面见图 2 – 334 ~ 图 2 – 337。

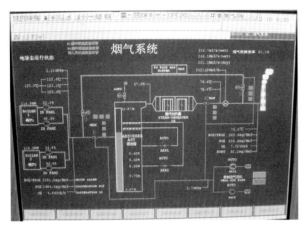
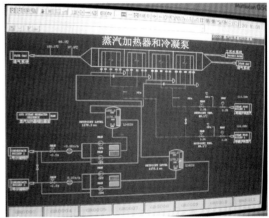

图 2 – 334 连州电厂 FGD 系统 CRT 上烟气与再热器系统画面

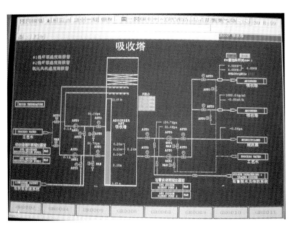
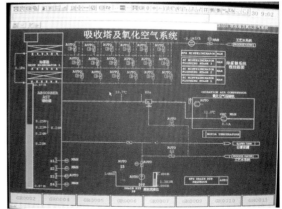

图 2 – 335 连州电厂 FGD 系统 CRT 上吸收塔系统画面

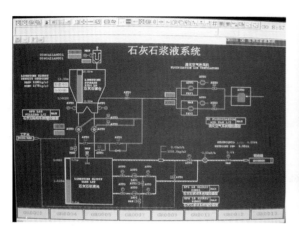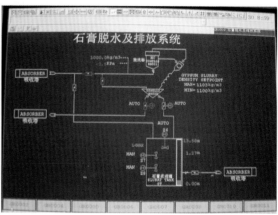

图 2-336　连州电厂 FGD 系统 CRT 上制浆与脱水系统画面

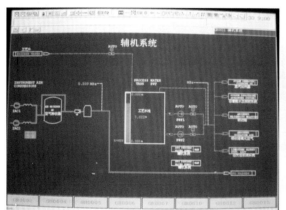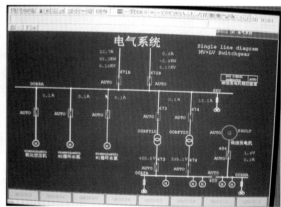

图 2-337　连州电厂 FGD 系统 CRT 上辅机与电气系统画面

表 2-55　　　　　　　　　　　连州 FGD 系统的主要设备参数

序号	设备名	数量	规　格
烟 气 系 统			
1	锅炉引风机	4	上海鼓风机厂有限公司，123.61m³/s，全压 6731.1Pa，960r/min；上海电机厂异步电机，1120kW，液力耦合器调节
2	FGD 进口烟气挡板	1	英国，EFFOX UK LTD，6m×5m（宽×高），1.5kW，执行机构 AUMA
	FGD 出口烟气挡板	1	英国，EFFOX UK LTD，3.8m×5.5m（宽×高），1.5kW，执行机构 AUMA
	FGD 旁路烟气挡板	2	英国，EFFOX UK LTD，前/后：5.5m × 4.8m/4.8m × 5.5m（宽 × 高），1.5kW，执行机构 AUMA，带弹簧快开机构
3	密封风机	2	德国 VEM，18.9kW，4.68m³/s
4	风机电机	2	德国 VEM，Y250M-2 型，22kW，2940r/min
5	再热器本体	1	德国 Steinmüller，设计温度 390℃，运行压力 500kPa
6	凝结水箱	2	广州广船国际股份有限公司，设计温度 220℃，设计压力 1.0MPa，耐压试验压力 1.3MPa，1.96m³
7	凝结水泵	2+2	德国 KSB Aktiengesellshafter，18m³/h，H=109m，2940r/min

续表

序号	设备名	数量	规　格
8	凝结水泵电机	2 + 2	德国 SIEMENS, 22kW, 2935r/min
		吸 收 塔 系 统	
9	吸收塔本体	1	直径11m、高27.4m, 碳钢衬胶
10	循环泵	2	澳大利亚 WARMAN Inter. LTD, (17.8/19.6) m, 5100m³/h, 593r/min, FRP 循环管
11	循环泵电机	2	上海电机厂, YKK500 – 10, 400kW, 593r/min
12	氧化风机	1	德国 Aerzen, GM150S, 254kW, 0.1MPa, 151m³/min, 塔内 FRP 管
13	氧化风机电机	1	上海电机厂, YKK400 – 40, 315kW, 1466r/min
14	除雾器及冲洗管	2	意大利 KOCH – GLITSCH 公司, 聚丙烯
15	浆液喷淋层	2	2 层 FRP 管, 88 个 SiC 喷嘴/层, 55 ~ 66m³/ (h · 个)
16	吸收塔搅拌器	4	德国 MUT – TSCHAMBER, 15kW
17	pH 计	2	德国 ENDRESS + HAUSER 公司 MYCOM CPM 152 型
18	石膏浆液密度计	1	德国 ENDRESS + HAUSER 公司 PROMASS 型号, ±0.004kg/L
		石灰石浆液制备系统	
19	石灰石粉仓	1	直径7.5m、高14.7m, 下部锥体, 裤衩型, 碳钢
20	给料机	2	德国 SEW – EURODRIVE 的 R60 AM80 型, 9t/h, 70r/min, 0.55kW
21	石灰石浆液罐	1	直径3.8m、高3.5m, 玻璃钢, 德国 FIBERDUR VANCK 公司
22	搅拌器	1	德国 MUT – TSCHAMBER, 4kW, 56r/min, 叶轮直径为1150mm, 轴长3196mm
23	石灰石浆液泵	2	广东佛山 ANDRITZ, S100 – 350, 38m³/h, H = 29m, 1500r/min, 15kW
24	浆液泵电机	2	上海电机厂 Y160 – L 型, 15kW, 460r/min
25	流化风机	2	ROBOX SRB41/2P 型, 690m³/h, 3920r/min, 13.3kW, 出口压力 151.3kPa, 意大利 TECHNOFLUID 公司
26	石灰石浆液密度计	1	德国 ENDRESS + HAUSER 公司 PROMASS 型号, ±0.004kg/L
		石膏脱水系统	
27	石膏浆液泵	2	广东佛山 ANDRITZ, S – 125 – 400 型, 115m³/h, H = 35m, 37kW, 1500r/min
28	浆液泵电机	2	上海电机厂, Y225S – 4, 37kW, 1480r/min
29	石膏水力旋流器	1	德国 DORR – OLIVER 公司, 7 个旋流子
30	石膏浆液罐	1	直径10.5m、高14m, 碳钢衬胶
31	搅拌器（顶部）	1	德国 MUT – TSCHAMBER, 30kW, 轴长 13.1m, 叶轮直径为4150mm, 不锈钢衬胶
32	搅拌器（底部）	2	德国 MUT – TSCHAMBER, 22kW, 轴长 1m, 叶轮直径为750mm, 不锈钢 + 涂层
33	石膏抛弃泵	2	石家庄水泵厂 211.5B – AH 型, 46.8m³/h, H = 40.5m, 2800r/min, 15kW
34	抛弃泵电机	2	北京市电机总厂 Y160M2 – 2TH 型, 15kW, 380V, 2930r/min
35	灰渣泵	3	石家庄工业泵厂 250ZJ – I – A65 型, 1151m³/h, 609.7Pa, 980r/min, 355kW, 液耦调速

续表

序号	设备名	数量	规　格
公 用 系 统			
36	工艺水箱	1	直径 5.5m、高 8.5m，溢流口 8.2m
37	工艺水泵	2	广东佛山 ANDRITZ，S100 - 350，160m^3/h，$H=62$m，55kW，3000r/min
38	工艺水泵电机	2	上海电机厂，Y250M - 2，55kW，2970r/min
39	空压机	2	意大利 KAESER 公司，1.1MPa
40	储气罐	1	意大利 KAESER，设计压力 1.1MPa，T：-10 ~ +50℃，$V=250$L
41	干燥器	1	意大利 KAESER，设计压力 2.1MPa，$T_{max}=64$℃
42	DCS	1	西仪—横河公司 CS - 1000

第三章
FGD 系统调试概述

第一节　FGD 系统调试的目的、任务及主要工作内容

一、FGD 系统调试的目的、任务

FGD 系统的启动调试就是对 FGD 系统的各种设备安装后进行试验性运行，以考核所有设备的各项性能指标是否符合要求，各项预定功能是否能实现，各种设备和系统是否能协调工作，从而保证整套装置的性能指标满足要求，实现安全、稳定、经济的运行。调试工作是 FGD 装置移交生产运行前的最后一道环节，也是使装置由设计蓝图转变成为可产生效益的实际运行装置的承上启下的重要环节，调试工期直接影响到装置的投产时间，调试质量控制将决定装置的长期安全、稳定、高效运行。

尽管目前还没有 FGD 系统调试的标准、规程、规范等，但可以借鉴已十分完善、成熟的火电机组调试的相关规定，如《火力发电厂基本建设工程启动及竣工验收规程》、《火电工程调整试运质量检验及评定标准》、《电力建设施工及验收技术规范》及相关规程。FGD 系统调试阶段可划分为：分部试运（包括单体调试、分系统调试）及整套启动试运行。

（1）单体调试，是指单台设备的试运转。例如增压风机在安装完毕后，首先进行电机空负荷试运，然后与风机相连，进行 8h 试运。经参加试运的各方检查，证明运转平稳、无卡涩，振动、轴承温度等符合有关规程与标准的要求后，办理试运签证。

（2）分系统调试，是在单体调试的基础上，按系统对动力、电气、热控等所有设备进行空载和带负荷的调整试验。例如对烟气系统进行分系统调试时，要考验增压风机的调节特性、烟气挡板的严密性、热工保护的可靠性以及增压风机运行的平稳性等。分系统调试合格后，应该由施工、调试、生产、监理等单位进行验收签证。

（3）FGD 系统整套启动试运阶段，即热态调试阶段，是指从 FGD 系统第一次通烟气开始，到168h 满负荷连续试运行结束，移交试生产的整个过程。机组的整套启动调试规定，300MW 以下机组实行（72 + 24）h 满负荷连续试运行后移交试生产，300MW 及以上机组实行 168h 满负荷连续试运行后移交试生产，对 FGD 系统，本书通称 168h 整套启动试运。

上述三个阶段不是截然分开的，在实际调试过程中，常常是交叉进行的。

FGD 系统调试的基本目的和任务包括如下内容：

（1）对 FGD 系统的设计和安装进行全面的检查，对安装质量和系统设计中不合理的地方提出修改和处理意见，为分部试运做好准备。

（2）对 FGD 系统的各类辅机和各分系统进行单项试运和调整，对各种转动部件进行单体试运转，检查各单体部件和辅机的安装质量，并通过它们运行的技术指标确认其制造质量是否满足要求，进而对各分系统进行调整和试运行，为系统的整套启动试运行奠定基础。同时特别针对 FGD 系统自动化水平较高的特点，对设备的各项连锁、保护及各分系统的顺控进行认真的检查和试验，确认各连锁、保护功能正确、可靠，各分系统的顺控能正确实现。

（3）在单体和分系统试运的基础上，对系统进行整体冷态注水运行试验，以确保系统能正常进行整套启动。

（4）实现 FGD 系统的整套启动运行。在系统接收烟气后，对主要运行参数进行调整以使系统在较佳工况下运行。考核各主辅设备和各分系统在接受机组烟气后的运行状况和性能。通过 FGD 负荷的调整考核系统在不同负荷条件下的运行状况和性能。对在系统热态运行中出现的问题进行原因分析和处理，以保证系统具备正常、连续、稳定的运行能力。

（5）进行 168h 连续稳定带满负荷运行试验。在 FGD 系统热态整套启动运行的基础上，对试运中出现的问题和设备缺陷进行处理和消缺后，让系统带满负荷（一般指进入 FGD 系统的烟气量和入口 SO_2 质量浓度达到设计值），投入所有设备和系统，投入所有自动调节系统和各种保护连锁，使系统在满负荷条件下连续运行 168h。考核系统连续带满负荷运行的能力，确认其具备移交试生产运行的条件。

（6）为了保证调试工作的顺利进行，调试单位应编制详细的调试大纲以及各专业的调试方案和各系统试运的技术措施、安全措施，以作为调整试验的技术依据。调试工作结束后，应提出各系统的调试报告、整套启动试运的技术报告、试运过程记录，为 FGD 系统竣工验收提供依据，并作为 FGD 工程建设的原始资料存档。

与火电机组调试相比，湿法 FGD 系统的调试有着自身的特点：

（1）化工型设备多。烟气脱硫的过程实质上是一个化学反应过程，系统中的核心部分吸收塔就是一个化学反应容器，FGD 废水处理系统也由各种化学药剂和化工设备组成，还有石灰石磨制系统、石灰石浆液的制备、石膏脱水系统等设备都是化工型设备，因此从一定意义上来讲，湿法 FGD 装置可以说是一个小型的化工厂。

（2）系统设备防腐要求高。从锅炉引风机出来的烟气经增压风机升压后，经 GGH、吸收塔进入烟囱，烟气在整个 FGD 系统烟道内特别是吸收塔出口后的温度比较低，烟气中含有粉尘、SO_2、HF、HCl、NO_x、水蒸气、H_2SO_3、H_2SO_4 等复杂的组分，酸碱交替，冷热交替，干湿交替，因此烟道必须进行防腐处理；从石灰石浆液的制备到石膏脱水及废水排放，整个脱硫岛管道中的介质，主要是石灰石浆液和石膏浆液，腐蚀性和沉降性较强，要求所有的浆液输送设备和储存设备，包括管道、泵、喷嘴、地沟、排水沟等和所有的箱、罐、坑、池等都必须防腐。为防止浆液沉积，所有的箱、罐、坑、池等浆液积聚的地方也必须有搅拌器不间断运行。FGD 系统采用的防腐工艺主要有：鳞片树脂、橡胶内衬、玻璃钢、不锈钢或镍合金衬里、耐酸胶泥等。

（3）对化学分析依赖性大。FGD 系统调试期间以及正常运行期间各浆液成分的分析尤其重要，运行参数的改变和优化调整，必须依赖于浆液化学成分的分析，如密度、pH 值、$CaSO_3$、$CaCO_3$、$CaSO_4 \cdot 2H_2O$、F^-、Cl^- 等，另外吸收剂石灰石的成分、活性、废水水质等也需定期分析，通过化学分析来指导运行。

（4）自动化水平高，仪控系统要求可靠。目前我国引进的湿法 FGD 技术多是美国、日本、德国等发达国家的技术，其自动化水平比较高，包括设备的启停、管路冲洗等都采用程控。另外，脱硫反应涉及的气—液接触是一个复杂的物理和化学过程，对反应过程的控制非常重要，设备的连锁保护、分系统顺控功能组、整套系统大顺控功能组的可靠运行是必不可少的。这就要求一些主要的在线仪表如 pH 计、液位计、密度计、烟气排放连续监测系统（CEMS）等准确可靠，运行稳定。

（5）分系统调试比重大。FGD 系统的整套启动调试是从接入烟气开始，在此期间主要通过一系列的试验进行参数的调整，包括增压风机入口压力的调整、吸收塔 pH 值的调整、吸收塔液位的调整、石灰石供浆量的调整、石膏排出及石膏品质的调整、皮带机运行方式的调整、废水系统的调整，使脱硫率、石膏品质及废水排放达到要求，大约需要 1 个月的时间。而分系统调试则从公用系统开始，进行泵、风机、阀门的连锁保护试验、顺控启停试验、顺控冲洗试验及冲洗时间的调整，到完全具备整套启动调试条件，一般需要 2~3 个月的时间。分系统调试是 FGD 系统整套启动的基础，分系统的调试质量直接影响到整套启动能否顺利进行，因此调试人员一定要认真对待分系统调试工作。

二、FGD 系统启动调试的主要工作及内容

为了出色完成 FGD 系统的调试任务，若条件具备，调试工作应深入到系统设计、安装、试运的全过程，掌握系统的各种技术资料，编制完整的调试方案，拟定合理的切实可行的计划，把握调试进度。一般湿法 FGD 系统各阶段启动调试工作有以下内容。

1. 工程前期

从 FGD 工程建设开始，调试单位就应参与并做好如下准备工作：

（1）参加工程初步设计审查。对系统设计布置、设备选型、工期安排是否合理提出意见和建议，为将来调试工作的顺利开展奠定基础。

（2）参加设计联络会。联络会的目的是保证 FGD 装置设计阶段工作的顺利进行，并协调和解决设计与各部分之间接口中的问题。设计联络会为调试单位提供了一个深入了解系统设计和各类设备的机会。调试单位应派出相应的专业技术人员（一般是将要参加调试的人员）参加设计联络会，一方面，同用户和设计单位一起对 FGD 厂家设备进行检查，掌握必要的资料；另一方面，从调试的角度对设备的制造和系统配置提出意见，同时，更深层次地掌握系统的情况。

（3）做好技术准备工作。收集工程设计和设备的有关技术资料和技术说明书，掌握 FGD 系统的特点和性能指标。针对设计中采用的新技术、新工艺进行消化吸收和技术培训，为调试工作做好技术准备。

（4）注重收集分散控制系统（DCS）的技术资料。目前，FGD 系统一般都采用 DCS 实现对 FGD 系统的监控。针对 FGD 所选用的 DCS 的类型，收集有关技术说明书和设计资料，掌握其硬件设备的功能和系统结构，了解所有自动、连锁、保护的控制策略、逻辑关系和保护功能。分析整理出各控制系统的输入信号和输出控制点以及各系统间信号传递的逻辑关系，以便制订调试计划、试验项目，指导分部试运和 FGD 系统整套启动试运行。

调试单位如果能从电厂脱硫可行性研究开始，参与 FGD 方法的选择、FGD 工程招标书的编制、评标、合同谈判、各次 FGD 系统设计联络会等，对电厂 FGD 系统的来龙去脉、设计意图等一清二楚，调试起来更能得心应手。

2. 调试准备阶段

在做好工程前期准备工作的基础上，进入调试工作前，应做好如下的各项工作：

（1）编写 FGD 系统启动调试大纲。明确分部试运、整套启动调试的任务、分工、范围、调试项目，结合工程进度制订调试计划安排，明确 FGD 系统启动调试必须具备的条件，确定调试工作应遵循的规程、规定、标准，指出为保证启动试运中设备和人身安全应注意的有关事项。

（2）编写启动调试方案和措施。各专业按照应完成的调试项目编写切实可行的调整试验方案，提出调试过程中应满足的技术要求和分系统试运、整套启动试运的条件，明确试验内容、试验方法、试验步骤和注意事项。必要时应注明测试指标，当需要增加临时措施时应附有试验的相关系统图等。

（3）准备并检查调试所需用的仪器、仪表、工具和设备。属于测试用的仪器仪表使用前应进行必要的校验和标定，属于量值传递的测试仪器应保证在校验合格期内，以保证符合现场使用的技术要求和标准。

（4）在设备安装过程中，调试人员应深入现场，熟悉设备和系统的现场布置。特别是对关键系

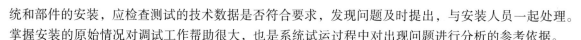

统和部件的安装，应检查测试的技术数据是否符合要求，发现问题及时提出，与安装人员一起处理。掌握安装的原始情况对调试工作帮助很大，也是系统试运过程中对出现问题进行分析的参考依据。

（5）属于分系统试运的大项目，如烟气系统冷态试验、FGD 系统总保护试验等，应事先编写方案、措施，做好参加这些调试项目的各单位人员的分工，准备好所需器材和临时设施，确定试验的方法、步骤，并做好安全措施。

3. 分部试运阶段

在 FGD 系统整套试运前，应做好分部试运工作。分部试运工作是在安装工作结束并完成了必要的检查验收之后开始的。分部试运包括单体试运和分系统试运两部分，从 FGD 系统受电开始到整套启动试运前为止。目前的 FGD 系统调试，单体试运一般由安装单位负责，分系统试运一般由调试单位负责，建设、生产、设计单位参加，主要辅机（如增压风机、循环泵、氧化风机、真空皮带机、湿式球磨机等）制造厂的人员参加。由于分部试运是对已安装结束的各类辅机设备和系统进行启动试运，而这些辅机和系统的启动试运结果将直接影响 FGD 整套启动试运的质量，因此分部试运是十分重要的工序。为了保证整套启动调试工作能顺利进行，调试人员在分部试运阶段应积极参与以下工作：

（1）按照任务分工，制定分部试运的方案和措施，包括试运条件、试运程序、试运范围、检测标准和安全措施等，经负责单位审查后执行。

（2）参加各单体设备的试运工作，掌握各设备的试运转情况和出现的问题，检查其是否满足设计技术指标并确认该设备是否达到单项试运转要求，是否符合参加分系统试运的条件。

（3）负责各分系统试运工作，对各系统（如烟气系统、吸收塔系统、石灰石浆液系统、石膏脱水系统、废水系统、公用系统、热控系统等）要有详细的方案、措施、试运步骤，编写好各系统的连锁试验卡。按照各分系统的功能要求做好分系统试运转工作。

（4）建立分系统试运检查卡，明确检查项目和技术指标，在试运中做好技术记录，作为整套启动试运的依据。

4. 整套启动试运阶段

在完成分部试运的基础上，经检查确认满足 FGD 系统整套启动条件后，经启动验收委员会讨论决定，由总指挥下令开始系统的整套启动试运行。FGD 系统的整套启动试运阶段是指装置从第一次接收烟气启动开始，直至 168h 连续试运合格移交试生产为止的调整试运过程。这一阶段是调试工作的重点，是各专业对所有设备和系统全方位进行调整试验的阶段。在这一阶段，应做好如下各项工作：

（1）整套启动前应对 FGD 系统进行一次全面的检查。确认各设备状况良好，各系统能正常运行，计算机监控系统工作正常，各种安全措施已落实。

（2）履行试运指挥组的职责，试运指挥组的调试总负责人应对系统的整套启动试运行进行全面指挥。各专业的调试人员随系统运行参加值班，指导运行操作，按系统启动顺序投入各种设备，按设计要求进行程序控制启动，投入各项保护，在系统启动运行过程中对各种设备和系统进行调整。

（3）按照调试方案和措施进行各项调整试验，使系统在不同的负荷下能正常运行。在系统具备带满负荷连续运行条件、各项指标满足 168h 试运的条件后，经有关各方同意，进入 168h 连续考核试运行，按标准通过 168h 带满负荷连续试运行。

（4）对系统试运启动、停止过程进行详细的记录，对试运过程中发生的设备损坏和中断运行故障进行统计和调查，分析原因，提出改进对策，以便消缺处理后继续启动试运行。

（5）完成 168h 连续试运后，结合设备制造、系统设计、安装等各方面存在的问题提出消缺意见，从运行方式的角度对保证系统稳定运行提出建议，以便系统消缺后能移交试生产正常运行。

（6）在整个试运期间，做好详细的试运记录，包括FGD系统启停情况、运行参数的调整、各设备和系统投运时间和过程、主要参数曲线等。试运结束后，及时提出系统试运行报告，整理调试记录，编写启动调试和试运行总结，提交调整试验技术报告，对试运中修改过的系统，应配合制造、设计单位整理出完整的图纸资料，一并移交生产单位。

5. 试生产阶段

FGD系统完成168h连续试运行后，移交生产单位投入试生产运行。进入试生产阶段的FGD系统，由生产单位全面负责其安全运行和正常维护。在许可条件下，尽可能创造条件满足系统运行和性能试验的要求，使系统在运行的各种工况下进行考验，进一步暴露和彻底消除各种缺陷，处理基建尾工项目。通过性能试验，确保FGD系统在最佳状态下能长期连续运行，按照设备合同要求实现系统移交生产达标。在试生产期间，应继续完成的调整试验和性能试验工作有：

（1）继续完成在系统试运期间由于条件限制未完成的调试项目，以保证所有设备和系统经过调试后能正常运行。

（2）在试生产期，应按设备合同要求，进行各项性能试验（若性能试验由调试单位承担）。FGD系统性能试验内容通常包括系统脱硫效率试验、除雾器性能试验、GGH性能试验（漏风率、加热效果），FGD系统石灰石粉耗量、工艺水耗量、电耗量试验，石膏品质试验等，详见第五章内容。每项试验都应事先拟订试验方案，制定安全措施，明确试验条件，做好试验记录，最后出具试验报告，对系统性能作出评价。在试生产期间，对某些达不到性能指标的项目要分析原因，从设备缺陷、运行方式等方面进行改进处理，使系统达到设计的性能要求，保证安全经济稳定运行。

第二节　FGD系统调试的组织与计划

一、启动调试的组织机构

FGD装置的启动调试涉及设计、制造、安装、运行各个方面，参加的单位多，专业全。其工作内容包括启动、调整、试验、运行、检查、验收、交接，以及安装中的消缺、制造厂的现场服务、对运行的指导、系统的性能考核试验等，因此FGD系统的启动调试过程是一个系统工程。为了保证启动调试工作的顺利进行，必须建立完善的组织机构，并明确各自的职责，使启动调试工作能有序进行。我国目前还没有专门针对脱硫工程的启动及竣工验收规程，但可以参考原电力工业部制定颁布的《火力发电厂基本建设工程启动及竣工验收规程》并结合脱硫调试的实践，建立如图3-1所示的调试组织机构。

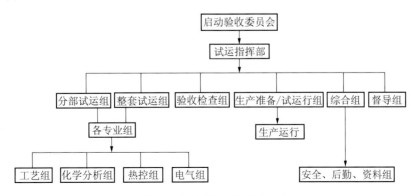

图3-1　FGD系统调试组织机构

FGD系统调试的组织机构设有启动验收委员会、试运指挥部，下设分部试运组、整套试运组、

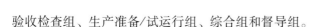

验收检查组、生产准备/试运行组、综合组和督导组。

（1）启动验收委员会。FGD 系统启动调试和验收的组织机构应是启动验收委员会，FGD 系统的调试工作是在启动验收委员会的领导下进行的。启动验收委员会一般由投资方、建设、质监、监理、施工、调试、生产、设计、制造厂等有关单位的代表组成。启动验收委员会设主任委员一名、副主任委员和委员若干名，经有关单位协商，提出组成人员名单，上报有关部门批准。启动验收委员会应在 FGD 整套启动前组成并开展工作，到办理完生产移交手续结束。

启动验收委员会的主要职责是：在 FGD 整套启动前，审议试运指挥部提交的有关整套启动准备工作情况的汇报；协调整套调试启动的外部条件；决定整套启动的时间和必备条件及其他相关事宜；研究决策整套启动试运中的重大问题。在整套启动结束后，审议试运行指挥部有关整套启动试运和验收交接情况汇报；协调整套启动试运后的各项事宜，决定 FGD 装置移交，主持移交签字仪式，办理交接手续。

（2）试运指挥部。试运指挥部一般在分部试运行之前一个月组成并开始工作，到办理完生产移交手续结束。设总指挥一名，由工程主管单位任命。副总指挥若干名，由总指挥与有关单位协商，提出任职人员名单，上报工程主管单位批准。

试运指挥部的主要职责是：全面组织、领导和协调 FGD 系统调试试运工作；对调试试运中的安全、质量、进度和效益全面负责；审批启动调试方案和措施；在启动验收委员会领导下主持整套启动试运的常务指挥工作，协调解决启动试运中的重大问题，组织、领导、检查和协调调试试运各组的工作以及各阶段的交接签证工作。

（3）分部试运组。分部试运组在分部试运行之前一个月组成并开始工作，到办理完生产移交手续结束。设组长一名及若干名副组长，由有关各方代表组成。

分部试运组主要职责是：负责分部试运阶段的组织、协调、统筹和指挥工作，编制试运计划，组织编写试运措施，负责分部试运的实施，组织分部试运后的验收签证和交接。受试运指挥部领导，向试运指挥部负责。

（4）整套试运组。整套试运组在整套启动试运行之前一个月组成并开始工作，到办理完生产移交手续结束。设组长一名及若干名副组长，由有关各方代表组成。组长一般由调试单位出任。

整套试运组的主要职责是：负责核查整套启动试运应具备的条件，提出整套启动试运计划，负责组织实施启动调试方案和措施，审查整套启动试运的有关记录，全面负责整套启动试运阶段的现场指挥和具体协调工作。受试运指挥部领导，向试运指挥部负责。

（5）验收检查组。验收检查组在整套系统启动试运行之前一个月组成并开始工作，到办理完生产移交手续结束。设组长一名及若干名副组长，由有关各方代表组成。组长一般由建设单位出任。

验收检查组的主要职责是：负责建筑和安装工程施工和调试试运质量验收及评定结果，安装、调试记录、图纸资料、技术文件的核查和交接工作，组织对厂区外与市政、公交有关工程的验收或核查其验收评定结果；协调设备、材料、备品配件、专用仪器和工具的清点移交等工作。受试运指挥部领导，向试运指挥部负责。

（6）生产准备/试运行组。生产准备/试运行组在分部试运行前组成并开始工作。一般由生产、建设等有关单位的代表组成，设组长一名及若干名副组长，组长一般由生产单位出任。

生产准备/试运行组的主要职责是：负责生产准备和试运行期间的监盘操作以及 168h 以后的试运行工作，包括运行检修人员的培训上岗、调试所需的规程、制度、系统图表、记录表格、工作票、操作票、设备挂牌和系统标识；必要的生产器材、设备的配备，设备系统的操作和移交接受。负责组织协调试运行期间的调试、消缺和实施未完成项目。负责与建设单位、生产单位的具体生产协调工作。受试运指挥部领导，向试运指挥部负责。

（7）综合组（试运办公室）。综合组在分部试运行之前一个月组成并开始工作，到办理完生产移交手续结束。一般由生产、建设、施工等有关单位的代表组成，设组长一名及若干名副组长，组长一般由建设单位和生产单位出任。

综合组的主要职责是：负责综合后勤服务管理工作，包括文秘、资料、信息发布、物资准备、核查、协调调试试运现场的安全、消防和治安保卫工作等。受试运指挥部领导，向试运指挥部负责。

（8）专业组。各专业组在分部试运行之前组成并开始工作，各专业组组长一般由调试单位分别出任。

专业组的主要职责是：负责各专业具体的调试工作，包括：编写调试措施、方案，参与调试的全过程，解决专业问题，为试运指挥部决策提供建议和方案，汇报调试情况，接受协调指挥，提出检验签证申请，参加验收签证，编写调试报告等。

另外在一些FGD系统各个阶段的调试过程中，FGD公司会委派调试督导人员，调试督导的主要职责是：对调试的全过程进行技术指导，对脱硫的主要设备厂家进行督导；负责调试期间对整套装置调试期间的技术监督和指导，解决在调试中的技术问题，并指导对设备参数的调整；在调试期间，督导人员有义务提供设备相关技术参数，指导调试单位对设备进行优化调整。

二、参与FGD系统调试的各单位的主要职责

（1）建设单位。全面负责调试期间的组织、指挥、协调等调试试运管理工作，组织和参加调试期间的设备检查、系统的临时移交代保管和验收移交，调试试运各阶段的指挥协调监督、进度控制、质量控制，组织验收签证工作，进行各个合同商的协调管理，组织调试会议。协调供货设备调试期间的调试工作。进行调试和试运期间的物资准备，包括消耗性材料和化学药品的准备。

（2）生产单位。负责运行、检修、试验人员的配备、培训、上岗；提供调试期间所需要的各种记录表格、操作票、工作票；调试期间设备、系统的检查和运行操作；建设单位、生产单位应记录的运行表格记录、运行日志的填写。参加调试的检查和验收移交，实施设备、系统的临时移交代保管和验收移交保管，对运行中发现的问题提出处理意见或建议，协调生产单位各个部门与调试工作的关系和联系。负责组织和协调与生产及公用系统设备之间的启停运行和状态调整。负责做好运行设备系统与调试设备系统之间的隔离和临时连接措施。移交生产后全面负责FGD设备和系统的运行及管理工作，保证各项指标达到要求。根据要求做好资料工作。调试和试运期间的物资准备，包括消耗性材料和化学药品的准备。组织运行、试验人员配合调试的运行、物化分析工作，提供分析报告，负责提供电气、热控等设备的运行定值。

（3）调试单位。对FGD调试负技术责任，按合同负责编写调试大纲、分系统试运及整套试运的方案和措施。全面检查FGD所有系统的完整性和合理性；组织指挥并完成整套试运全过程中的调试工作；在分系统及整套启动调试中安排每周、每天的试运计划；在FGD整套启动调试过程中作为调试的技术总负责、归口单位，对其他单位承担的调试工作质量予以把关；负责提出整套试运中重大技术问题的解决方案并协助解决；负责所承担的分系统调试工作；提交分系统及整套启动调试报告，负责所有调试资料的编制和出版等。负责对合同范围内的FGD装置的性能、调试质量进行监督、指导和控制。对合同范围外的设备系统的调试工作提出技术建议。参加其他分包商编写的调试方案和措施的讨论。确认各个阶段系统试运行条件和完成情况。协助组织专业会议。确认调试的技术数据和参数。组织并填写分系统和整套启动调试检验验收签证文件，填写质量文件，提出验收签证申请，参加验收签证工作。在各个调试阶段开始前，组织并提出启动调试物耗清单及临时设施和测点布置图，交甲方或施工单位实施。在整套启动试运中，承担指挥工作，主持整套试运组会议。在168h结束后，继续完成合同未完的调试项目，编写脱硫基建调试卡。

(4) 安装单位。按合同负责设备单体调试，包括仪器仪表校验。编写有关的调试措施，参加审查其他分包商编写的调试方案和措施；设备单体调试相关文件的填写、签证和移交；在分系统和整套启动调试和未移交前的调试配合工作；试运期间的消缺、设备维护和检查及运行记录；参加调试工作会议；确认各个系统的试运行条件和完成情况；填写相关质量文件，提出验收签证申请，参加验收签证工作；编写调试报告；负责分系统试运前的临时措施的制定和实施；配合建设单位和生产单位及其他分包商在调试期间的工作。

(5) FGD 合同商。在调试期间，执行合同规定的条款，团结协作，服从指挥，配合建设单位、生产单位和调试单位完成调试工作，使合同范围内的设备、系统达到合同规定的运行状态。提供调试督导。

(6) 设备制造单位。调试期间按合同对所供设备进行调试、启动、运行技术指导和技术支持，保证设备性能；及时消除制造缺陷；处理制造厂应负责解决的问题；协调处理非责任性的设备问题。

(7) 设计单位。配合设备系统调试的所有工作；参加调试会议；负责有关技术参数调整的确认；负责必要的设计修改，提交完整的设计图。

(8) 监理单位。按合同进行 FGD 系统调试阶段的监理工作。负责对调试全过程中的质量、安全和进度进行监督控制，对调试中的信息进行管理，组织并参加调试方案、措施的讨论，组织并参加质量验收签证，组织并参加重大技术问题解决方案的讨论，组织检查和确认进入分系统或整套试运行的条件是否符合要求，审查调试安全措施，并督促各项安全措施的落实执行。主持审查调试计划，参与协调工程的分系统试运行和整套试运行工作。

(9) 电网调度部门。审批 FGD 系统调试时所需的机组负荷计划。

三、调试技术力量配置

为了保证启动调试的质量，在确定 FGD 工程施工单位的同时，应同时选定具有调试资格的单位作为 FGD 系统启动调试的负责单位，并成为整个工程施工管理的一个组成部分。无论什么单位，一旦被确定为调试单位后，都应认真地配备调试技术力量。

1. 调试技术负责人的选定

对于一套 FGD 系统的调试工作，涉及多个专业，要经历大约 4 个月的时间，牵涉到与工程指挥、设计、施工、生产、FGD 合同商等单位的协调工作，因此应组织一个相对较为稳定的调试队伍。调试队伍的技术负责人（目前被称为调试经理）应该是对工艺、电气、热工、化学分析等专业的调试工作程序较为了解的专业技术人员，应是熟悉 FGD 系统的调试过程，了解各项技术规范和法规，有一定的组织协调能力的专业技术骨干。整个 FGD 系统的调试负责人将来代表调试单位出任试运副总指挥和试运指挥组的组长，他在调试队伍内部要领导各专业组的技术人员开展全面的调试工作，负责对调试方案和措施的审定，组织协调和指挥启动试运工作；在外部要在启动验收委员会和总指挥领导下，组织整个试运指挥组开展工作，与施工、生产、设计、制造单位共同协作，完成 FGD 系统整套启动试运任务。

2. 专业调试技术力量配备

针对 FGD 系统调整试验的要求，一般都设置了工艺（由锅炉和化学人员组成）、热工、电气和化学分析 4 个专业调试小组。调试小组的调试人员由相应的专业室组织，每个专业小组应有一个负责人，负责带领小组成员搞好本专业的调试工作。同样，小组负责人应对本专业的调试任务和内容十分清楚，对本专业与其他专业的工作联系有所了解，是具有一定组织协调能力的本专业骨干。各专业调试小组应有足够的技术力量，各专业小组内的人员应做到任务明确、责任落实，集中精力搞好自己承担的调试任务。在实际工作中，各专业小组还应互相协作，在某一项目中是负责人，在另外的项目中可能又是协作人员。这样，既可以避免造成人员的过多配置，又可以保证各项调试任务的完成。

3. 试验仪器和设备的准备

仪器设备是调试工作的必备工具，电力试验研究院（所）各专业室都有自己的仪器设备，作为参加调试工作的单位，应按调试工作的需要，在进入调试工作前做好充分的准备。

标准计量器具是量值传递的校验设备，在FGD系统安装过程中，各种传感器都应进行校验标定。属于工业用的仪表和传感器，在安装单位校验室就可进行校验。一些重要的传感器，应按计量法要求送标准校验室校验，以保证精确度。属于电能计量的表计应由有资质进行校验的电测校验室校验。除常规的调试设备外，工艺专业调试小组应准备皮托管、微压计、烟气成分分析仪；电气专业调试小组应准备好电气试验用的全套仪器设备；热工专业调试小组应有便携式的温度、压力传感器的校验仪器及信号发生器；化学分析专业调试小组应有用于石灰石粉、石膏浆液及石膏成分分析的仪器和药品（一般由化学分析专业人员协助电厂配备）。为了满足试生产期系统性能试验的需要，应配置试验的各种仪器设备和数据处理系统。在使用这些仪器设备前，应检查仪器设备是否完好，属于计量仪器，应检查是否在检定有效期内，否则应进行计量检定，保证仪器的使用精确度，确保在调试工作中能正常使用。

四、调试工作应遵守的规定

FGD系统的调试工作应至少遵守以下法规、规范和规程等有关规定的要求：

（1）《火力发电厂基本建设工程启动及竣工验收规程》（1996年版）及相关规程，电力部电建〔1996〕159号；

（2）《火电工程启动调试工作规定》，电力部建设协调司建质〔1996〕40号；

（3）《火电施工质量检验及评定标准》，电力部建设协调司〔1996〕；

（4）《火电工程调整试运质量检验及评定标准》，电力部建设协调司建质〔1996〕；

（5）《电力工业技术管理法规》；

（6）《电力建设施工及验收技术规范》；

（7）《电业安全工作规程（热力和机械部分）》；

（8）《模拟量控制系统变动试验导则》；

（9）《火电机组热工自动投入率统计方法》；

（10）《电力建设工程质量监督规定》，电建〔1995〕36号；

（11）《火电工程整套启动试运前质量监督检查典型大纲》；

（12）《火电工程整套启动试运后质量监督检查典型大纲》；

（13）《火电机组启动验收性能试验导则》，电综〔1998〕179号；

（14）《火电工程试生产后质量监督检查大纲》等。

五、FGD系统启动调试的工期安排

1. 影响启动调试工期的因素

对于湿法FGD系统的调试工作，根据实际的经验看，一个吸收塔的FGD系统，从系统受电、分部试运到整套启动试运并完成168h连续试运行，有4个月时间是可以完成的，而对于已调好公用系统的一套FGD系统（一个吸收塔）则只要2个月时间。但在这段时间内要全部完成各项调试任务，必须安排合理的工期进度并全面考虑。在整个工程进度中，又存在许多影响调试进度的因素，需要在调试工作中充分考虑：

（1）根据FGD系统的特点开展工作。每台FGD装置都有自己的特点，不能只凭以往的调试经验生搬硬套。如吸收塔有喷淋塔、鼓泡塔、液柱塔等；烟气加热有蒸汽加热、气气加热（GGH）等；克服烟气阻力有采用增压风机、也有采用引风机的；石膏浆液有二次脱水，也有直接抛弃的；石灰

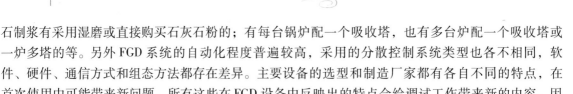

石制浆有采用湿磨或直接购买石灰石粉的；有每台锅炉配一个吸收塔，也有多台炉配一个吸收塔或一炉多塔的等。另外 FGD 系统的自动化程度普遍较高，采用的分散控制系统类型也各不相同，软件、硬件、通信方式和组态方法都存在差异。主要设备的选型和制造厂家都有各自不同的特点，在首次使用中可能带来新问题。所有这些在 FGD 设备中反映出的特点会给调试工作带来新的内容。因此深入了解设备性能和技术指标，掌握设计资料，制定出切实可行的调试方案和措施，同时结合以前调试的经验并针对被调试 FGD 系统的特点合理安排工期，是保证调试工作顺利进行、避免调试过程中走弯路的前提条件。

（2）FGD 系统的设计质量对调试的影响。FGD 技术在我国还处于刚刚兴起阶段，目前的 FGD 工程大多采用国内公司承包，国外 FGD 公司提供技术支持的模式。但经常国外 FGD 公司的技术支持力度不够，而国内公司对于技术的消化也不充分，系统的设计往往存在不少问题。另外，电厂迫于环保压力，对 FGD 工程的总工期一压再压。1997 年一个 300MW 的 FGD 工程建设时间为 24 个月，后慢慢地压缩成了 23 月、21 月、18 月，现在有的到了 16 个月。毫无疑问，工期的缩短会造成设计、安装等质量的下降，调试时修修改改是家常便饭。这将直接影响到调试的工作量及进度，而且给 FGD 系统的正常运行带来很大的安全隐患。

（3）设备供货对调试工作的影响。目前全国各地正大量而集中地进行发电机组和 FGD 装置的建设，而主要设备如增压风机、GGH 的生产厂家则仅有几家，有的设备如除雾器、喷嘴、浆液循环泵等还要从国外进口，这就会造成设备供不上，从而大大影响调试工期，有时甚至因一个小设备损坏而无备品备件造成调试中断。

（4）设备制造质量和安装质量对调试工作的影响。设备制造和安装质量的好坏直接影响到试运过程中设备的运行效果。由于设备制造或安装中存在的问题往往在试运过程中发生不正常的现象而影响试运进程，对调试工期造成很大影响，特别是防腐工作。

（5）热控系统对整个系统试运工作有很大的影响。一般 FGD 系统的自动化水平都较高，基本采用分散控制系统（DCS）对系统进行监视、控制和保护，通过模拟量控制系统、顺序控制系统、数据采集系统等对设备实现键盘操作和 CRT 监视。可以说，只要热控系统不正常，FGD 系统就无法启动和正常运行。因此，热控设备的调试工作在 FGD 系统的调试工作中占有很大的比例。热工各系统的调试工作涉及到检测元件及仪表的校验，机柜的现场就位和通电检查，信号及控制回路检查，逻辑条件的确认，执行机构的调整，自动调节系统参数整定和试验，保护功能的试验和投入等。热控设备涉及面广、要求高，每一个环节出现任何错误都会影响 FGD 系统的试运行。如果控制回路不通，就无法对执行机构进行操作；检测元件校验不准，就会显示错误参数，影响运行人员操作；如果关系到保护定值，还会产生保护误动，造成系统无故停运；逻辑回路的错误更会影响顺序控制的执行和保护跳闸条件的错误。因此，在启动试运过程中，热控设备和有关系统调试得不好将对 FGD 系统运行有很大影响。在调试过程中，对热控专业的调试工作要给予充分的重视。

（6）调试环境和安全问题对调试工期的影响。要使调试工作有条不紊地进行，必须有一个良好的调试环境。首先土建工程一定要按工期要求完成，为设备安装奠定基础，施工场地应该及时清理，特别是控制室的建设包括电子间和空调设备都应在进入分部调试前满足使用要求，以保证计算机系统的正常工作。在整个试运过程中，一定要把安全放在第一位，除了注意设备和人身安全外，还要注意电源短路损坏设备和燃油的着火等问题。任何原因引起的火灾事故都将影响整个工程的进展，例如某 600MW FGD 系统吸收塔施工中因火灾烧坏，拖延工期 3 个多月。

（7）要充分考虑机组建设及机组运行对 FGD 工程的影响。对于已投运机组来讲，FGD 烟气系统的接入、增压风机的试运和部分 FGD 保护试验均需要机组停机才能完成。而目前机组的发电任务往往十分紧张，因此一方面应建议工程承包方在烟气系统的设计、设备到货及安装尽量满足机组停机计划的要求；另一方面在调试阶段可采取先打开旁路挡板进行热态初步调试的方法，以加快调试进度、保证调试工期。另外FGD系统热调期间特别是168h试运行时需要机组安全稳定运行，机组的故障将直接影响FGD系统的调试，例如某600MW FGD系统按计划将进行168h试运行，但因发电机烧坏而造成试运后推近2个月。对于在建机组来讲，FGD系统的热调工作在机组热态调试时也是无法进行的，也需考虑相应的工程进度。

（8）其他因素。例如天气，FGD防腐施工有严格的要求；靠海运石灰石粉或石灰石块的，若热调期间刮台风、下暴雨暴雪等会使吸收剂供应难以保证；北方寒冷的天气会使FGD系统设备、管道损坏等。流行急病也对工程进度带来不利影响，例如2003年的"非典"流行期间，许多工程停工。

2. FGD系统调试工期的确定原则

（1）为了让投资尽快产生效益，FGD工程开始时就确定了整个工程的竣工时间和系统投运的时间。作为整个工程的一部分，调试工期必须服从整个工程进度的安排。

（2）根据近年来FGD系统调试的经验，对于1个吸收塔的FGD系统，从系统受电、分部试运到整套启动试运并完成168h连续试运行，一般情况下有4个月左右时间是可以完成的。其中分部试运的工作量相对较大，需2.5~3个月时间，整套启动需1~1.5个月时间。因此系统调试的计划应按此时间进行安排。而对于已调好公用系统的1套FGD系统（1个吸收塔），调试周期则只要2个月时间或更短。

（3）单体试运和分系统试运是整套启动试运的基础，是开展各项调整试验的先决条件。一定要安排充足的时间，按程序先进行必要的单项检查验收后，再开始单体试运和分系统试运。对试运结果要认真办理验收签证，不合要求的不能勉强通过，有问题的地方一定要认真处理。分部试运中马虎过关的地方就是将来整套启动试运的隐患点。

（4）制订调试工期计划安排时，清楚各控制点的工作内容，了解各控制点之间的相互影响，对于确定合理的调试计划是十分重要的。一套完整的湿法FGD装置由烟气系统、吸收塔系统、石膏脱水系统、石灰石浆液系统、废水处理系统和公用系统组成。其中公用系统的调试是其他系统调试的基础，需优先完成。烟气系统是唯一有可能对机组的安全、稳定运行造成影响的系统，同时其挡板和增压风机的调试需要机组停运，因此当该系统具备调试条件时应优先全力完成。吸收塔是FGD系统的核心，它连接其他各浆液系统，必须尽快完成吸收塔的进水及系统调试。

（5）热控设备和系统的调试对FGD系统调试的各阶段都有很重要的影响，因此在考虑工期安排时，必须充分考虑热控设备调试的工作量。在热控设备的调试过程中，应该做好统筹安排，结合每个工程控制点的要求，有秩序地开展调试工作。在设备安装接线完成后，应抓紧时间查线路，调整执行器。在FGD系统通烟气后，要对模拟量控制系统、顺序控制系统、FGD保护系统进行全面调整试验，以保证FGD整套启动试运的要求。

3. FGD系统启动调试进度安排实例

表3-1给出了一个完整的FGD系统（喷淋空塔）启动调试进度安排的例子，它包括了从FGD系统受电到168h满负荷连续试运行完成的全过程，共4个月时间。其中有FGD系统受电、烟气系统冷态试验、吸收塔注水、FGD系统第一次通烟气、FGD系统168h满负荷试运行是5个大的控制点，须掌握公用系统、烟气系统和吸收塔系统优先的原则，特别是烟气系统，需在机组停运时进行冷态试验。当然在实际调试过程中调试计划可根据设备安装的实际情况进行调整，一般每周有周调试计划、每日有日调试计划。在人员充足的情况下各系统、设备调试可以交叉进行，各试验可视具体情况灵活地调整，提前或放后，这样可以加快调试进度，调试工期可进一步压缩。事实上，表3-1是很理想的调试工期安排，在工期要求紧的情况下，常常是有什么就调试什么。

表 3-1　　　　　　　　　　　　　　FGD 系统调试进度安排的一个例子

序号	任务名称	工期（工作日）	开始时间	完成时间
1	**FGD 系统冷态调试**	**91**	**2006 年 4 月 18 日**	**2006 年 7 月 18 日**
2	**FGD 系统受电准备及受电**	7	2006 年 4 月 18 日	2006 年 4 月 25 日
3	**FGD 控制系统恢复**	14	2006 年 4 月 18 日	2006 年 5 月 3 日
4	**FGD 仪用空气系统调试**	**6**	**2006 年 5 月 4 日**	**2006 年 5 月 10 日**
5	检查并确认安装工作已结束	1	2006 年 5 月 4 日	2006 年 5 月 5 日
6	冷却水系统调整	1	2006 年 5 月 4 日	2006 年 5 月 5 日
7	首次系统启动，进行各项参数的测量、记录	1	2006 年 5 月 5 日	2006 年 5 月 6 日
8	空气压缩机安全阀校验	1	2006 年 5 月 6 日	2006 年 5 月 7 日
9	储气罐安全阀校验和严密性试验	1	2006 年 5 月 6 日	2006 年 5 月 7 日
10	干燥器自动切换与自动疏水调整	1	2006 年 5 月 6 日	2006 年 5 月 7 日
11	空气压缩机卸荷器调整	1	2006 年 5 月 6 日	2006 年 5 月 7 日
12	过滤器前后滤网冲洗	1	2006 年 5 月 7 日	2006 年 5 月 8 日
13	连锁保护校验	1	2006 年 5 月 7 日	2006 年 5 月 8 日
14	备用压缩空气母管吹扫	1	2006 年 5 月 7 日	2006 年 5 月 8 日
15	空气压缩机连续试运行，完成《分部试运签证验收卡》	4	2006 年 5 月 6 日	2006 年 5 月 10 日
16	**FGD 工艺水系统调试**	**6**	**2006 年 5 月 4 日**	**2006 年 5 月 10 日**
17	检查并确认安装工作已结束	1	2006 年 5 月 4 日	2006 年 5 月 5 日
18	进行水箱、管道冲洗	1	2006 年 5 月 5 日	2006 年 5 月 6 日
19	工艺水箱注水，液位校验	1	2006 年 5 月 6 日	2006 年 5 月 7 日
20	连锁保护试验	1	2006 年 5 月 7 日	2006 年 5 月 8 日
21	工艺水泵 8h 带水试运，各参数的测量、记录	3	2006 年 5 月 7 日	2006 年 5 月 10 日
22	完成《分部试运签证验收卡》	1	2006 年 5 月 9 日	2006 年 5 月 10 日
23	**FGD 烟气系统调试**	**20**	**2006 年 5 月 11 日**	**2006 年 5 月 31 日**
24	检查并确认安装工作已结束	1	2006 年 5 月 11 日	2006 年 5 月 12 日
25	连锁保护校验	1	2006 年 5 月 12 日	2006 年 5 月 13 日
26	FGD 进口、出口、旁路烟气挡板调试	3	2006 年 5 月 13 日	2006 年 5 月 16 日
27	挡板密封系统调试	3	2006 年 5 月 13 日	2006 年 5 月 16 日
28	FGD 系统保护试验	2	2006 年 5 月 16 日	2006 年 5 月 18 日
29	GGH 密封检查，试运	2	2006 年 5 月 18 日	2006 年 5 月 20 日
30	GGH 密封风机调试	2	2006 年 5 月 18 日	2006 年 5 月 20 日
31	GGH 吹扫装置调试	1	2006 年 5 月 20 日	2006 年 5 月 21 日
32	增压风机润滑油站调试	2	2006 年 5 月 21 日	2006 年 5 月 23 日
33	增压风机液压油站调试	2	2006 年 5 月 21 日	2006 年 5 月 23 日
34	增压风机动叶校验	1	2006 年 5 月 23 日	2006 年 5 月 24 日
35	**增压风机冷态启动试运**	**7**	**2006 年 5 月 24 日**	**2006 年 5 月 31 日**
36	检查启动条件具备，首次启动风机	1	2006 年 5 月 24 日	2006 年 5 月 25 日
37	风机喘振保护值整定试验	1	2006 年 5 月 25 日	2006 年 5 月 26 日
38	烟气系统冷态试验、风机负荷调节试运	2	2006 年 5 月 26 日	2006 年 5 月 28 日
39	总结缺陷并提交相关单位处理	1	2006 年 5 月 28 日	2006 年 5 月 29 日
40	增压风机启动连续试运，各参数的测量、记录	2	2006 年 5 月 29 日	2006 年 5 月 31 日

续表

序号	任 务 名 称	工期（工作日）	开始时间	完成时间
41	完成《分部试运签证验收卡》	1	2006年5月30日	2006年5月31日
42	**烟气在线监测系统（CEMS）调试**	**16**	**2006年5月13日**	**2006年5月29日**
43	**FGD排放系统调试**	**6**	**2006年6月1日**	**2006年6月7日**
44	检查并确认安装工作已结束	1	2006年6月1日	2006年6月2日
45	吸收塔地沟与排水坑检查、清理	1	2006年6月2日	2006年6月3日
46	浆液区地沟与排水坑检查、清理	1	2006年6月2日	2006年6月3日
47	浆液管道冲洗	1	2006年6月3日	2006年6月4日
48	连锁保护试验	1	2006年6月3日	2006年6月4日
49	吸收塔排水坑注水，液位校验、泵试运	2	2006年6月5日	2006年6月7日
50	浆液区排水坑注水，液位校验、泵试运	2	2006年6月5日	2006年6月7日
51	完成《分部试运签证验收卡》	1	2006年6月6日	2006年6月7日
52	**FGD吸收塔系统调试**	**16**	**2006年6月8日**	**2006年6月24日**
53	检查并确认安装工作已结束	1	2006年6月8日	2006年6月9日
54	吸收塔及各管道清理、冲洗	2	2006年6月9日	2006年6月11日
55	连锁保护校验、各泵入口门密封试验	2	2006年6月11日	2006年6月13日
56	吸收塔注水，液位仪表校验	3	2006年6月13日	2006年6月16日
57	氧化风机系统调试、鼓泡试验	3	2006年6月13日	2006年6月16日
58	吸收塔搅拌器试运	2	2006年6月16日	2006年6月18日
59	除雾器及冲洗水系统调试	4	2006年6月13日	2006年6月17日
60	吸收塔各循环泵试运、浆液喷淋试验	4	2006年6月17日	2006年6月21日
61	石膏排出泵试运	3	2006年6月19日	2006年6月22日
62	事故冷却系统调试	1	2006年6月22日	2006年6月23日
63	完成《分部试运签证验收卡》	1	2006年6月23日	2006年6月24日
64	**FGD石灰石储运系统调试**	**6**	**2006年6月11日**	**2006年6月17日**
65	检查并确认安装工作已结束	1	2006年6月11日	2006年6月12日
66	连锁保护试验	1	2006年6月12日	2006年6月13日
67	波纹挡板皮带机、提升机调试	2	2006年6月13日	2006年6月15日
68	石灰石给料机调试	2	2006年6月13日	2006年6月15日
69	除尘系统调试	1	2006年6月15日	2006年6月16日
70	石灰石储仓进料调试	1	2006年6月16日	2006年6月17日
71	完成《分部试运签证验收卡》	1	2006年6月16日	2006年6月17日
72	**FGD石灰石制浆系统调试**	**22**	**2006年6月18日**	**2006年7月10日**
73	检查并确认安装工作已结束	1	2006年6月18日	2006年6月19日
74	各箱罐、管道冲洗和吹扫	1	2006年6月19日	2006年6月20日
75	连锁保护校验	1	2006年6月20日	2006年6月21日
76	皮带称重给料机试运，称重值校验	2	2006年6月21日	2006年6月23日
77	球磨机油站调试	2	2006年6月21日	2006年6月23日
78	球磨机单体试运	2	2006年6月23日	2006年6月25日
79	石灰石浆液罐注水、液位校验	1	2006年6月25日	2006年6月26日
80	石灰石浆液泵试转、水循环试运	2	2006年6月26日	2006年6月28日

续表

序号	任 务 名 称	工期（工作日）	开始时间	完成时间
81	球磨机浆液箱注水、液位校验	1	2006 年 6 月 25 日	2006 年 6 月 26 日
82	球磨机浆液泵试转、旋流器水循环试运	2	2006 年 6 月 26 日	2006 年 6 月 28 日
83	**球磨机 A（B）试运**	**8**	**2006 年 6 月 28 日**	**2006 年 7 月 6 日**
84	球磨机 A 加钢球	1	2006 年 6 月 28 日	2006 年 6 月 29 日
85	球磨机 A 进料，进行 50% 负荷试运	3	2006 年 6 月 30 日	2006 年 7 月 3 日
86	进行制浆系统自动控制试验，优化控制参数	2	2006 年 6 月 30 日	2006 年 7 月 2 日
87	球磨机 A 停机检查消缺	1	2006 年 7 月 2 日	2006 年 7 月 3 日
88	球磨机 A 满负荷试运	3	2006 年 7 月 3 日	2006 年 7 月 6 日
89	优化各控制参数，石灰石浆液达到设计要求	3	2006 年 7 月 3 日	2006 年 7 月 6 日
90	**球磨机 B（A）试运**	**5**	**2006 年 7 月 5 日**	**2006 年 7 月 10 日**
91	完成《分部试运签证验收卡》	1	2006 年 7 月 9 日	2006 年 7 月 10 日
92	**FGD 化学分析实验室的建立**	**38**	**2006 年 5 月 23 日**	**2006 年 6 月 30 日**
93	**FGD 石膏脱水系统调试**	**20**	**2006 年 6 月 25 日**	**2006 年 7 月 15 日**
94	检查并确认安装工作已结束	1	2006 年 6 月 25 日	2006 年 6 月 26 日
95	管道冲洗与吹扫	1	2006 年 6 月 26 日	2006 年 6 月 27 日
96	系统连锁保护试验	2	2006 年 6 月 27 日	2006 年 6 月 29 日
97	滤布冲洗水箱注水，冲洗系统调试	2	2006 年 6 月 29 日	2006 年 7 月 1 日
98	滤液箱注水调试，校验参数	2	2006 年 6 月 29 日	2006 年 7 月 1 日
99	石膏水力旋流器溢流箱注水调试，校验参数	2	2006 年 7 月 1 日	2006 年 7 月 3 日
100	石膏水力旋流器底流水箱注水调试，校验参数	2	2006 年 7 月 1 日	2006 年 7 月 3 日
101	废水箱注水调试，校验参数	1	2006 年 7 月 3 日	2006 年 7 月 4 日
102	各水力旋流器调试	2	2006 年 7 月 4 日	2006 年 7 月 6 日
103	石膏输送设备调试	2	2006 年 7 月 6 日	2006 年 7 月 8 日
104	石膏筒仓设备调试	2	2006 年 7 月 8 日	2006 年 7 月 10 日
105	真空皮带机空载试运，校验、调整参数	4	2006 年 7 月 10 日	2006 年 7 月 14 日
106	完成《分部试运签证验收卡》	1	2006 年 7 月 14 日	2006 年 7 月 15 日
107	**FGD 废水处理系统调试**	**10**	**2006 年 7 月 3 日**	**2006 年 7 月 13 日**
108	检查并确认安装工作已结束	1	2006 年 7 月 3 日	2006 年 7 月 4 日
109	箱、罐、槽、管道冲洗与吹扫	2	2006 年 7 月 4 日	2006 年 7 月 6 日
110	系统注水	2	2006 年 7 月 6 日	2006 年 7 月 8 日
111	连锁保护试验	1	2006 年 7 月 8 日	2006 年 7 月 9 日
112	各泵、各设备试转	3	2006 年 7 月 9 日	2006 年 7 月 12 日
113	各仪表调整校验	3	2006 年 7 月 9 日	2006 年 7 月 12 日
114	完成《分部试运签证验收卡》	1	2006 年 7 月 12 日	2006 年 7 月 13 日
115	**首次通烟气调试前准备**	**5**	**2006 年 7 月 13 日**	**2006 年 7 月 18 日**
116	人员到位，计划、方案和措施审批、交底	1	2006 年 7 月 13 日	2006 年 7 月 14 日
117	全面检查系统，达到整组启动要求	1	2006 年 7 月 13 日	2006 年 7 月 14 日
118	吸收塔加入石膏晶种或石灰石浆液	2	2006 年 7 月 15 日	2006 年 7 月 17 日
119	FGD 各相关系统设备启动试运	2	2006 年 7 月 16 日	2006 年 7 月 18 日
120	FGD 系统检查消缺	2	2006 年 7 月 16 日	2006 年 7 月 18 日

续表

序号	任 务 名 称	工期（工作日）	开始时间	完成时间
121	**FGD 系统首次通烟气调试**	**6**	**2006 年 7 月 18 日**	**2006 年 7 月 24 日**
122	启动 FGD 系统通烟气	1	2006 年 7 月 18 日	2006 年 7 月 19 日
123	检查烟气系统与吸收塔系统运行状况，仪表调校	5	2006 年 7 月 18 日	2006 年 7 月 23 日
124	等待石膏的生成，石膏脱水机带负荷调试	2	2006 年 7 月 19 日	2006 年 7 月 21 日
125	FGD 废水系统接收废水，带负荷调试、优化各参数	5	2006 年 7 月 19 日	2006 年 7 月 24 日
126	FGD 旁路挡板关闭/快开试验	1	2006 年 7 月 21 日	2006 年 7 月 22 日
127	引风机与增压风机的联动试验	1	2006 年 7 月 22 日	2006 年 7 月 23 日
128	机组异常对 FGD 系统影响试验	1	2006 年 7 月 23 日	2006 年 7 月 24 日
129	增压风机跳闸试验	1	2006 年 7 月 23 日	2006 年 7 月 24 日
130	**停 FGD 系统检查、消缺**	**5**	**2006 年 7 月 24 日**	**2006 年 7 月 29 日**
131	**FGD 系统热态调整试运**	**11**	**2006 年 7 月 29 日**	**2006 年 8 月 10 日**
132	人员到位，计划、方案和措施审批、交底	1	2006 年 7 月 29 日	2006 年 7 月 30 日
133	检查，FGD 系统启动通烟气	1	2006 年 7 月 29 日	2006 年 7 月 30 日
134	FGD 低负荷运行调试	3	2006 年 8 月 1 日	2006 年 8 月 4 日
135	FGD 满负荷运行调试	3	2006 年 8 月 4 日	2006 年 8 月 7 日
136	FGD 变负荷运行调试	3	2006 年 8 月 7 日	2006 年 8 月 10 日
137	FGD 系统热态试验、优化参数	9	2006 年 8 月 1 日	2006 年 8 月 10 日
138	**FGD 系统 168h 满负荷试运行**	**7**	**2006 年 8 月 11 日**	**2006 年 8 月 18 日**
139	FGD 系统调试结束，完成《试运签证验收卡》	1	2006 年 8 月 17 日	2006 年 8 月 18 日

第三节　FGD 系统启动调试大纲和调试报告的编写

一、启动调试大纲的编写

1. 启动调试大纲的编写依据与要求

启动调试大纲是指导系统启动调试工作的重要文件，它反映了被调试系统的概貌，确定了调试的组织机构、原则和执行程序，规定了调试工作的任务、试验项目和进展程序。因此，编写好启动调试大纲有着很重要的指导意义。

在启动调试准备阶段，应收集 FGD 系统的技术说明书和设计资料作为编写调试大纲的基础。目前我国还没有 FGD 系统调试的规程，但编写大纲时可参考《火力发电厂基本建设工程启动及竣工验收规程》和《火电工程启动调试工作规定》；启动调试合同的任务要求是编写大纲的依据。启动调试大纲一般应由调试总负责人（即"调总"）或项目经理编写，反映对调试工作的总体安排和步骤，指导整个启动调试工作的进行。调试大纲涉及到安装、调试、生产运行各方面的工作，因此应由各有关单位的技术人员讨论通过并经总指挥批准执行。同时也应让各单位了解整个调试工作的进程和要求，以便工作中互相配合、协调一致，按大纲要求搞好整个调试工作。

调试大纲作为调试工作的指导文件，应反映工程概貌、调试各阶段安排、试验项目、注意事项等。因此在编写大纲时，应做到内容详实、文字简练，既能反映工程概貌，又能全面包括调试的内容。使得参加 FGD 系统启动的人员明确自己的任务和职责，有很强的操作性。大纲编写质量的好坏反映了编写者对被调试 FGD 系统的了解程度、对调试工作的经验和对调试工作有关规程和规定的掌握。一个好的调试大纲应是一份完整的调试工作指南。

2. 启动调试大纲的基本内容

启动调试大纲一般包括以下几个部分的内容：

（1）工程概况和设备配置。简要介绍被调试 FGD 系统的工程承建、设计、土建、安装、调试单位的组成，必要时介绍一下工程的特点，从而对工程及对调试工作的要求有所了解。

介绍 FGD 系统的主要设计参数，包括烟气参数、石灰石特性、水质特性，系统的脱硫效率、压力损失、电耗、水耗、石灰石耗量、石膏品质等各性能保证参数。介绍各系统的设备组成及主要特点。

（2）调试工作的依据。列出调试工作应遵循的各项规程、规定、工程主管部门的有关文件、设计资料和设备技术说明书等。

（3）调试的组织和职责。依照《火力发电厂基本建设工程启动及竣工验收规程》的要求，确立调试的组织机构，并对试运指挥组包括的安装、调试、生产各方人员在分部试运和整套启动试运过程中的任务、职责给予明确，并可根据具体情况规定一些注意事项。

（4）调试的范围。调试范围主要指系统启动应投用的设备和系统。并根据调试的要求明确在启动调试过程中应完成的调整试验项目。

（5）调试的计划、调试的原则和执行程序。包括各调试阶段的调试管理程序。

（6）调试的质量控制。主要包括调试质量/安全控制的方针、保证措施、质量目标等。

二、FGD 系统调试方案的编写

调试方案是指导调试工作的重要技术文件。它反映了被调试系统的状况，确定了调试的环境要求，确定了调试工作的具体方法和步骤，明确了调试的安全注意事项和人员要求及分工。因此，编写好启动调试方案对于调试工作的正确、安全进行有着很重要的指导意义。FGD 系统调试方案一般包括以下部分：

（1）FGD 热工调试方案。

（2）FGD 电气调试方案。

（3）FGD 公用系统调试方案。

（4）FGD 烟气系统调试方案。

（5）FGD 吸收塔系统调试方案。

（6）FGD 石灰石浆液制备系统调试方案。

（7）FGD 石膏脱水系统调试方案。

（8）FGD 废水处理系统调试方案。

（9）FGD 化学仪表调试方案。

（10）FGD 化学分析调试方案。

（11）FGD 系统整套启动调试方案。

调试方案一般包括以下内容：

（1）系统介绍。

（2）调试目的。

（3）编写的依据。

（4）调试的条件、环境要求。

（5）调试内容、方法及步骤。

（6）调试组织、人员要求及分工。

（7）安全注意事项。

（8）调试质量控制点。

（9）需形成的记录报告。

三、FGD 系统调试报告的编写

调试技术报告是对系统调试工作的总结，同时也是系统移交生产时交接资料的重要组成部分。因此，在整个系统调试过程中，应该按照调试大纲和试验方案认真完成各项调整试验，及时整理调试数据，做好试运记录，对试运过程中出现的问题要进行分析，并有处理措施和结论，以便在调试报告中得到反映。根据启动调试工作各阶段的要求，调试单位编写的调试技术报告应包括：整套启动试运前提出的分部试运工作的确认和系统满足整套启动试运条件的报告；各分系统调试报告和整套启动调试报告。

1. FGD 系统整套启动前的质检技术报告

FGD 系统整套启动前，要按有关的要求对系统整套启动前的工作进行检查。作为试运指挥组组长单位，调试单位应与安装、设计、制造部门一起提出 FGD 系统整套启动前的质检报告。

FGD 系统整套启动试运前的质检技术报告一般应包括：

（1）分部试运的检查结果，应有三方验收签证和分部试运的技术记录。

（2）为满足系统整套启动试运应完成的调试项目和各项工作的完成情况。

（3）为保证整套启动试运顺利的试运计划、技术方案以及安全技术措施的制定、审批情况。

（4）针对整套启动试运必须满足的条件进行检查的结果。

（5）整套启动试运前还需完成的工作和试运过程中应注意的问题。

（6）对 FGD 系统能否开始整套试运的自评意见。

2. FGD 分系统调试报告和整套启动调试技术报告

对应于所写的调试方案，调试技术报告一般应包括以下部分：

（1）FGD 热工调试报告。

（2）FGD 电气调试报告。

（3）FGD 公用系统调试报告。

（4）FGD 烟气系统调试报告。

（5）FGD 吸收塔系统调试报告。

（6）FGD 石灰石浆液制备系统调试报告。

（7）FGD 石膏脱水系统调试报告。

（8）FGD 废水处理系统调试报告。

（9）FGD 化学仪表调试报告。

（10）FGD 化学分析调试报告。

（11）FGD 系统整套启动调试报告。

各调试报告一般应包括以下内容：

（1）系统概述。

（2）编写依据。

（3）调试内容及过程。

（4）调试中出现的问题及解决方法。

（5）调试结论及建议。

第四节 FGD 系统调试的全面质量管理

一、调试质量的目标管理及质量考核标准

FGD 系统的调试是电厂机组调试的延伸，其工作在整个基建工程项目中占有很重要的地位，直

接关系到系统能否长期、稳定、安全地运行、影响到整个基建工程工期的长短、反映出系统工程质量的好坏。因此，调试是 FGD 系统施工全面质量管理的重要组成部分，应该优质、安全、高效和低耗地完成各项任务。

调试是一项十分细致的技术工作，涉及多个专业和所有设备，安全是首先应注意的问题，没有安全也就没有质量。任何人身和设备事故的发生都是启动调试质量不好的反映。现在，调试工作已纳入基建工程的一部分，除了技术管理外，又牵涉到经营管理。因此，优质、低耗地完成各项调试任务既是启动调试全面质量管理的要求，又是履行调试合同的需要。综合以上各方面的考虑，FGD 系统调试质量的目标管理应把握以下几点：

（1）FGD 系统带满负荷 168h 连续试运行的计时次数不多于两次，平均负荷率应高于设计负荷的 90%。

（2）热控自动调节系统投入率应≥90%，保护投入率应达到 100%。

（3）FGD 分系统调试质量优良率≥98%，合格率 100%。

（4）完成各阶段的调整试验和所有的试验项目，并提交完整的试验报告。

（5）调整试验过程中不发生任何人身和设备事故，做到安全调整试验。

（6）因 FGD 系统调试引起机组跳闸的事故为零。

（7）调试进度按计划完成。

（8）调试客户满意率为 100%。

为了确保调试的工作质量，对于调试各阶段的质量检验工作十分重要。但目前我国还没有专门针对脱硫工程的调试检验及评定标准。因此，在参考《火电工程施工质量检验及评定标准》和《火电工程调整试运质量检验及评定标准》相关内容的基础上，结合脱硫工程的实际情况，编写出调试各阶段的验评表，就显得十分重要。对于调试的验评表，可分为以下几个阶段：

（1）设备单体调试。

（2）分系统试运。

（3）系统热态整套试运。

（4）系统 168h 整套满负荷试运。

验评表应包括以下内容：

（1）系统各设备的主要试运参数及是否达到国家标准或合同规定的标准。

（2）各系统的功能是否完备，是否满足合同要求。

（3）各系统的连锁、保护、顺控是否合理、正确。

（4）系统保护、自动的投入情况是否达到要求。

（5）系统是否能满足在不同负荷条件下的运行。

（6）满负荷试运时系统各项指标是否达到设计值（包括烟气量、烟气中 SO_2 含量、烟气温度、脱硫效率、系统阻力、电耗、石膏品质、石灰石品质、废水品质等）。

作为例子，表 3-2 给出了石灰石粉制浆分系统调试质量检验评定表，供参考。

从表 3-2 中的要求可以看出，只有经过认真调试后的系统才能全面地达到上述要求，反映出装置的状况水平和调试质量。因此，调试工作必须做到：

（1）具备调试的条件后，再进行调试。这是保证调试的安全性和可靠性的先决条件。有的工程为了赶工期、抢进入热态调试的时间，而忽视了试运的环境条件；或者轻视了有些系统（如脱水、制浆、CEMS 系统）的调试，急于整套启动，因而造成设备发生故障，辅助系统工期跟不上，反而影响了下一步的试运进程。

表 3-2　　　　　　　　　　　FGD 分系统调整试运质量检验评定

工程名称：××电厂 FGD 调试　　　　　　试运阶段：分系统调试　　　　　　分系统名称：石灰石浆液系统

序号	检验项目			性质	单位	质量标准		检查结果	评定等级	
						合格	优良		自评	核定
1	连锁保护及信号			主要		项目齐全、动作正确				
2	热工仪表			主要		校验准确、安装齐全				
3	状态显示			主要		正确				
4	石灰石浆泵		轴承振动		mm	≤0.08	≤0.06			
5			轴承温度		℃	≤80				
6			泵出力			符合设计要求				
7			噪声		dB	符合设计要求				
8	石灰石浆液罐	搅拌器	轴承振动		mm	≤0.08	≤0.06			
9			轴承温度		℃	≤80				
10			电流		A	符合设计要求				
11			噪声		dB	符合设计要求				
12		密度指示		主要		指示正确				
13		密度计流量			m³/h	符合设计要求				
14		液位指示		主要		指示正确				
15		液位报警				正确				
16		溢流管				符合设计要求				
17	管道					无泄漏				
18	阀门					开闭正常、无泄漏				
19	冲洗	管道				无泄漏				
20		阀门				开闭正常、无泄漏				
分系统总评	共检验主要项目_____个，其中优良_____个。一般项目_____个，其中优良_____个。全部检验项目的优良率_____%。							分系统质量等级		

验收检查组：_____　　　　调试负责人：_____　　　　调试执行人：_____　　　　年　　月　　日

（2）必须完成所有的试验及调整工作。确保系统连锁、保护、顺控的合理和正确。

（3）应按冷态注水试运、热态低负荷试运、热态变负荷试运和 168h 满负荷连续试运的顺序启动试运行，并完成每一阶段需完成的试验及调整项目。

（4）应按要求整理所有的调试记录和调试报告，全部调整试验工作应规范，数据真实可靠，结论明确，报告完整。

二、调试工作的质量管理

调试工作关系到整个脱硫工程的建设质量，因而也是整个工程建设全面质量管理的组成部分。要使系统调试质量达到验收标准，必须加强调试工作的质量管理。脱硫的调试工作涉及多个专业、多个单位，必须在整个调试过程中执行全面质量管理。企业推行的全面质量管理方法（即 PDCA 循环法）无疑也适用于调整试验的全过程。PDCA 中，P 是计划（Plan），D 是执行（Do），C 是检查（Check），A 为处理与总结（Action）。

调试工作过程是一个典型的 PDCA 循环过程。调试工作的初期，必须制定完整的调试方案与措施，制订切实可行的计划，做好人员、技术、设备等各方面的准备，这就是循环中的 P 阶段；整个调试过程完成的各项调整试验工作是对调试方案和措施的实施过程，是执行计划的 D 阶段；

调试过程中各阶段的验收、质检，包括分部试运的验收、系统整套启动试运前和完成 168h 连续试运行结束后的质量检查都属于 C 阶段；而 A 阶段则是调试报告和总结的编写，投产后的回访等。

PDCA 循环不仅贯穿于整个调整试验的全过程，而且对于某一个试验项目，每一步调整试验工作也是一个 PDCA 循环过程。每一项试验都有一个试验方案和计划，调试过程中按所制定的方案进行试验，对试验结果进行检查和分析。如果试验成功达到预期的效果就按试验结果编写试验报告，如果试验没有完成则要总结和分析原因，提出新的试验方案和处理措施再重新进行调整和试验。这就是说，PDCA 循环始终是围绕总的目标要求不断地进行，确保启动调试的质量满足规定的要求。

为了加强全面质量管理工作，许多调试单位，特别是试验研究院（所）都在贯彻 ISO—9002 质量管理体系的标准。这对企业的质量管理工作是十分有效的。调试中都应按计量法的规定，所有现场使用的仪器仪表在计量传递周期内应是合格的；系统配置的所有仪表都应进行校验，并有合格的检定证书；所有进行仪表校验的工作人员必须持证上岗。所编写的方案、大纲、技术报告都应符合规范要求，应逐级审批。在调整试验过程中应自觉地按各种规范、标准、规定进行自检并接受检查，切实保证调试的质量。

三、启动调试检查记录卡

采用检查记录卡的方式对调整试运各阶段和对系统的各类设备进行检查、记录，这是保证调试质量的一种好办法。通常调试阶段宜准备以下内容的检查记录卡，具体内容可根据各工程的特点和需要。

（1）设备单体试运前检查卡。

（2）设备单体试运记录卡。

（3）分系统试运前检查卡。

（4）分系统试运记录卡。

（5）FGD 整套启动前检查卡。

（6）FGD 系统低负荷及变负荷试运记录卡（包括系统启停情况的记录、自动调节投入情况的记录，运行主要技术指标的记录等）。

（7）FGD 系统 168h 试运开始签证。

（8）FGD 系统 168h 满负荷试运行记录（包括系统设备启停情况的记录、自动调节投入情况的记录，运行主要技术参数和技术经济指标的记录等）。

（9）FGD 系统 168h 试运结束签证。

四、FGD 系统调试的安全措施

调试的质量是建立在安全的基础上的，没有安全就谈不上质量。因此在系统的调试过程中，安全问题应该是放在首位考虑的，无论是人身安全还是设备安全都要认真对待。任何疏忽大意、违反规程的操作都可能造成事故，甚至造成设备损坏，对调试工作和试运进程造成极坏影响。为了保证试运工作能安全顺利地进行，在各类调试方案和试验措施中都应考虑安全措施，以确保各项试验的正常进行。为了确保试运的安全，除了参加工程建设和调试的所有人员严格遵循《电力建设安全工作规程》和《运行操作规程》外，还需针对 FGD 系统调试的特点，制定防止各类重大事故发生的安全措施，做出事故预想和防范规定，特别是 FGD 系统对发电机组设备可能会产生重大影响的安全措施应事先拟定并认真执行。以下安全措施可供参考：

1. 调试安全通则

（1）进入调试阶段严格执行操作票、工作票制度。在进行技术交底的同时进行安全交底。

（2）设备系统启动前，严格检查设备系统状态，有隐患或缺陷的设备必须处理完毕，符合要求后再启动，设备启动后检查设备运行情况，确认良好。

（3）调试措施编写时，必须编写相关的反事故措施。

（4）严格控制设备系统运行参数，设备运行参数应符合厂家运行说明要求，系统参数符合设计要求，防止设备事故发生。

（5）严格操作程序，坚持操作审批制度，严禁进行未经审批的工作。

（6）调试区域有隔离设施和明显的警告牌，无关人员不得进入调试现场。

（7）加强运行监控，防止对已经运行设备的安全影响。

（8）电气系统与运行设备系统有关联的试验、操作，必须得到电厂运行检修人员的批准和监护。

（9）进入罐体和烟道工作时，注意通风，必须携带氧气测量仪，保证工作环境的氧气含量大于18%，并有监护人员。

2. 分部试运期间的安全措施

（1）对于某一设备或系统试运期间，做好与其他设备、系统的隔离工作。

（2）做好与机组DCS系统的隔离工作，在未得到确认时不得连接机组DCS系统。

（3）与锅炉控制系统连接调试时必须得到运行、检修和调试人员的确认和监护。

（4）FGD烟气系统冷态试验时必须得到机组运行值长的许可并加强与运行人员的联系。

3. FGD系统热态调试（接收烟气）期间的安全措施

（1）FGD烟气系统启动投入前通知机组运行值长。

（2）进入热态调试必须得到机组运行值长的许可，并不间断地保持与运行人员的联系。

（3）热态调试期间，加强与调试有关的运行设备、系统的联系和监护，出现问题及时处理，保证调试工作的顺利进行。

（4）FGD系统增减负荷时，必须得到机组运行值长的许可。

（5）在FGD系统启停和调试期间，锅炉侧做好防范措施，加强监护，有异常情况及时与FGD侧联系处理。

（6）热态调试期间进行浆液取样时，必须佩戴护目眼镜或防护面罩，防止浆液溅射伤人。在进行化学分析时，严格遵守有关规定。

4. 电气专业反事故措施

（1）防止继电器误动作：TA、TV在投入之前测量阻值以确保没有开路和短路；电气设备在运行中投入保护时，在确定未动作后再投入。在电气保护投入后，注意使用对讲机和移动电话时对屏幕的影响，应尽量远离设备。

（2）防止开关故障：做好开关机械部分的调整和电气试验，确保开关投运质量，首次送电时，必须远方操作，所有人员远离开关。开关操作不灵活时，严禁强行操作，查明原因处理后才能进行送电操作；与电厂运行系统有关的操作必须得到电厂运行人员的许可，并有电厂人员监控方可进行操作，在调试完毕后，应由电厂人员在调试人员的配合下操作。

5. 热工反事故措施

（1）DCS系统工作可靠性：供电系统切换功能试验，人为进行供电电源切换，检查切换正常，切换时，DCS系统运行达到设计要求。CPU冗余检查：人为进行CPU切换，检查切换正常，切换过程中DCS系统运行正常，不得发生出错和死机现象。通信冗余检查，人为切断任意通信，并进行模拟故障试验，试验时系统通信运行正常，系统响应时间测试，检查系统信号响应时间达到设计要求。

（2）当有操作员站出现问题时，由正常操作员站进行监控，同时立即排除故障。若出现全部操作员站故障时，应立即停止操作，立即判断故障，并相应手动停止设备。

（3）防止热工连锁保护拒动：保护电源供电可靠，总保险及各分保险必须符合设计要求。投入前对连锁保护进行模拟检查和静态传动，投入前检查与连锁保护相关的仪器仪表运行正常，符合设计要求。

（4）连锁保护投入前，严格检查连锁保护设定值符合设计要求。

6. 文明调试管理及预防措施

（1）树立文明调试的意识，工作完，场地洁。

（2）调试用的工具、器具应保护、保养好，确保它们的完好。

（3）调试用的试验与测量仪器、仪表应维护、保养，经检定合格，并在有效期内。

（4）不在调试现场禁止吸烟区内吸烟。文明，安全行为一贯化。

（5）调试人员统一着装，佩带相应标志，各种行为符合相应的规定。

（6）严格执行调试技术纪律，不得随意修改设计图纸、制造厂技术要求、规程规定。如要变更技术要求、规范等，须经有关方面确认批准后，方可进行。

（7）加强对设备成品保护，在调试过程中，采取有效方法，不使成品受到损伤。

（8）化学专业用的固、液体药品，要有检验后的合格证，物品的堆放位置明确、标识明显，并确保安全距离，防止质变。

（9）办公室内的生活用品，文件等归放整齐，合理。做好防火、防雨、防盗措施，定期进行大扫除，保持室内整洁。

7. FGD 系统调试反事故措施

调试单位应根据国家、地方政府、行业有关的法律法规，如《防止电力生产重大事故的二十五项重点要求》的相关内容，按照 FGD 系统设备和调试的特点，制订出 FGD 系统调试反事故措施。

8. 专项风险评估

一般说来，设计合理的 FGD 系统在正常情况下启停对锅炉机组运行的影响是不大的，但在调试过程中可能会出现意想不到的情况，会影响机组的正常运行，严重时会引起机组跳闸。特别是与机组联系的烟气系统，更加需要预测在运行中可能对机组的影响程度，制定相应的预防措施和对策，以减少对机组的影响。下列 4 个专项风险评估是在 FGD 系统调试时必须进行的：

（1）FGD 系统受电风险评估。

（2）增压风机试运启动风险评估。

（3）FGD 系统热态调试风险评估。

（4）FGD 系统 168h 满负荷试运风险评估。

这里以某 FGD 增压风机启动为例，来说明风险评估的组成内容。

（1）设备功能与主要技术参数。增压风机是从机组烟道中抽出原烟气，克服包括 GGH、吸收塔、烟道等的阻力，把脱硫后的干净烟气送入烟囱。增压风机为动叶可调轴流式风机，其性能应保证 FGD 装置能运行在 25% ~ 100% 负荷范围。主要技术指标如下：风量为 2344000m^3/h（标况下）、出口全压为 5921Pa、电机转速为 750r/min、额定功率为 6900kW、额定电压/电流为 6kV/790A。

（2）风险分析。FGD 增压风机首次启动可能出现的情况：

1）电机启动电流太大，计算工作电流为 1000A，启动电流可能是工作电流的 10 倍以上，启动时造成 6kV 母线低电压。同时风机的启动时间长，造成保护装置动作跳闸。

2）风机启动过程中可能出现喘振现象，容易损坏设备。

3）轴承润滑油冷却水量不足，致使润滑油温度升高。

4）增压风机运行中烟气系统出口挡板异常关闭，造成增压风机压力升高。

5）增压风机动叶机械故障（不能调整动叶）。

　　6）润滑油堵塞，润滑油量少，轴承温度升高。

　　（3）风险预防措施。启动增压风机应针对启动时可能出现的问题进行分析和制定相应的预防措施。包括：

　　1）增压风机启动前必须完成所有的保护试验，电机试运合格，保护装置定值合理。

　　2）试转现场应场地清洁，照明良好，通信畅通，现场无易燃易爆物品，消防设施齐全，无关人员不得进入试转现场，有碍试转工作的脚手架全部拆除。

　　3）试转范围内的扶梯、栏杆要完好，孔洞要作好防护措施，要做到人身安全及设备安全为原则。

　　4）试转前电动机绝缘必须合格才能启动。

　　5）首次启动尽可能在机组停机下进行，机组引风机应处于运行状态。同时将增压风机所在的6kV工作段上的负荷切换到其他工作段上，避免由于启动电流太大造成低电压跳闸。

　　6）启动时旁路挡板应处于全开状态，入口挡板关闭，出口挡板打开，动叶关至最小，待风机启动稳定后打开入口挡板。

　　7）增压风机试转时，所有人员不得停留在风机转动的切线方向。

　　8）增压风机试转时，事故按钮处应有专人值岗，当风机发生故障时，可根据实际情况，就地停止风机运行。

　　9）无调试人员指令，不得操作风机挡板和烟气挡板。

　　10）发生下列情况之一时，立即停止风机运行。① 冷却水中断，轴承温度大幅上升；② 增压风机剧烈振动、碰擦，振动超限；③ 润滑油系统故障；④ 增压风机运行电流长时间超限；⑤ 其他危及人身和设备安全时。

　　11）风机动叶机械故障（脱扣，卡死）现象：故障风机动叶开度无法调节。当调节器输出改变时，故障风机的动叶开度并不跟着改变。应及时停运故障风机进行抢修，待故障排除后，重新投入运行。

　　12）严格按照电机生产厂家的启动间隔时间进行再次启动。

　　（4）调试仪器，仪表。点温仪、测振仪、听棒、电流表等。

　　（5）风险责任。主要包括：

　　1）设备责任：由于设备质量问题造成的设备事故，责任有厂家或供应商负责，同时应追究由于设备质量问题造成系统事故的责任。

　　2）人为责任：调试前必须完成有关文件的签证，并取得试运指挥组的同意方可启动。增压风机的启动必须得到启动委员会的同意，在各方检查合格后方可进行。严格遵守电厂运行制度。由于人为造成的事故，应追究相关人员的责任。

　　（6）风险监测参数，至少包括风机振动、润滑油温度及流量、轴承温度、电机电流、喘振监测、液压油压力监控、锅炉炉膛压力、引风机运行状况等。

　　在调试完成后，根据调试期间设备的运行情况，对FGD系统对机组运行的影响因素提出风险报告，内容包括：可能出现的风险和对机组或设备造成的损坏、相应的对策和处理措施。

第四章

FGD 系统的现场调试

第一节　FGD 系统单体调试

FGD 系统主要由烟气系统、SO_2 吸收系统、石灰石浆液制备系统、石膏脱水及储存系统、废水处理系统、公用系统、DCS 等子系统组成，每个子系统有众多的设备，在进行分系统调试前，必须进行每台设备的单体调试，本节主要介绍 FGD 系统中有代表性或普遍性的设备调试。在实际调试过程中，单体调试往往与分系统调试同时或交叉进行，因此下面的介绍也有所交叉。

一、烟气挡板的调试

烟气挡板包括旁路挡板、FGD 入口原烟气挡板和 FGD 出口净烟气挡板，是 FGD 装置进入或退出运行的重要设备，对于保证发电机组的安全运行和 FGD 设备的安全具有重要意义。挡板门应能承受各种工况下烟气的温度（包括事故烟温）和压力，能够在最大的压差下操作，并且关闭严密，不会有变形或卡涩现象，能承受所有运行条件下工作介质可能产生的腐蚀。

FGD 烟气挡板主要有三类：单百叶窗式挡板、双百叶窗式挡板和闸板门，目前主要采用的是百叶窗且带有密封风的系统，如图 4-1 所示，旁路挡板还具有快速开启的功能。每个挡板全套包括框架、挡板本体、执行机构、挡板密封系统及必需的密封件和控制件等，旁路挡板、净烟气出口挡板的材料要求具有很好的防腐性能，例如框架和叶片采用 1.4529 或等同材料，轴和螺栓材料为耐酸不锈钢，密封片材料为 C-276 或等同材料等。

图 4-1　FGD 系统的烟气挡板

烟气挡板的执行机构为气动或电动（见图 4-2），执行机构设计有远程控制系统和就地人工操作装置，保证挡板（尤其是旁路挡板）的可靠动作。广东省连州电厂的 FGD 挡板为电动执行机构驱动，为保证系统失电、FGD 发生保护后旁路挡板能够打开，旁路挡板设有保安电源（由系统自配的柴油发电机提供），并设有弹簧快开机构，使旁路在 2s 左右的时间内快速打开。瑞明电厂的 FGD 挡板驱动也是采用电动执行机构，其旁路挡板为两路供电，一路为系统的 380V 供电，另一路为 UPS 供电，且执行机构经过专门的设计，可实现正常和快速两种打开方式。沙角 A 电厂 5 号机组 FGD 烟气挡板的执行机构均为气动，其中两个旁路挡板的打开是利用弹簧推动气缸驱动，以实现旁路的快开，当系统电源或气源故障时，旁路也可以打开，进、出口挡板可以关闭。从运行的实践看，沙角 A 电厂的挡板执行机构设计在安全性方面具有明显的优势，即系统发生任何的电源和气源故障，挡板均可处于使 FGD 系统和机组安全的位置。同时在造价方面，尽管气动执行机构的价格要高于电动执行机构，但由于其对系统电源的安全性无特殊要求，无需设置保安电源，总体造价并不高。

图 4-2　FGD 烟气挡板的电动和气动执行机构

挡板密封风系统主要包括密封风机及其管道，目前主要有两种设计方式：① 单元制布置方式，即每个烟气挡板或相近的 2 个挡板设 2 台密封风机（1 用 1 备）；② 集中布置方式，即整个 FGD 系统的所有烟气挡板共用 2 台密封风机（1 用 1 备）。

挡板的密封风有加热（一般为 100~130℃，比原烟气温度稍低）和不加热两种方式，有的在密封风机入口加热，如广东台山电厂，有的在密封风机出口加热，如瑞明电厂。连州电厂、沙角 A 电厂 5 号 FGD 系统挡板的密封风则不加热。在一些设计中，为了减少加热器的电耗，在 FGD 系统运行时，密封风采用 GGH 加热后的净烟气，再将其加热至一定温度。图 4-3 给出了各密封风设计的现场照片。

烟气挡板的调试要在 FGD 烟道与机组烟道隔绝的情况下或机组停运时进行，主要包括以下内容：

（1）挡板开关试验。分别采用就地手动操作和远程控制操作的方式开关烟气挡板，记录挡板的开关时间。进入烟道内部检查挡板的开、关是否到位，与外部指示的开、关位置是否一致，否则应重新调整。挡板应开关灵活，就地及 CRT 上位置反馈正确，无卡涩、异常声音等现象。

（2）挡板严密性检查。开启密封风，当挡板全关时，检查密封性，若有间隙，应调整相应的执行机构或密封，见图 4-4。

（3）旁路挡板快开试验。用快开功能操作旁路烟气挡板，检查挡板是否正常动作、打开时间是否符合设计要求。

（4）挡板密封风系统调试。对于挡板密封风系统，首先进行密封风机及加热器连锁保护试验。主要包括：两台密封风机互为备用；烟气挡板关闭时，密封风系统自动投入；烟气挡板打开时，密封风系统自动退出；密封风机运行时，加热器自动投入；密封风机停止时，加热器自动停止等。

(a)   (b)

(c)   (d)

图 4 - 3 各种类型的 FGD 挡板密封风系统

（a）单元制布置的密封风机（出口加热）；（b）单元制布置的密封风机（不加热）；
（c）集中布置的密封风机（进口加热）；（d）集中布置的密封风机（不加热）

图 4 - 4 烟气挡板开关试验与严密性检查

连锁与保护试验完毕，密封风机进行 4 ~ 8h 空载运转试验，要求达到运行平稳，轴承及转动部分无异常状态，无异常噪声，电机温升符合要求，无漏油、漏风等现象，密封风压力符合设计要求。

值得一提的是，烟气挡板特别是原烟气挡板的密封要十分认真地调整，原烟气的泄漏不仅会造成未防腐烟道、风机叶片等的腐蚀，而且会给 FGD 系统的安装、调试带来不利影响，这有许多教训。

二、增压风机的调试

1. 概述

目前 FGD 系统采用的增压风机以动叶可调轴流式风机为主，也有少数电厂采用静叶可调轴流式风机或高效离心风机，这里以动叶可调轴流式风机为例，介绍调试内容。

动叶可调轴流式风机主要由叶轮、转轴、导叶、整流罩、扩散筒、动叶调节机构等部件组成，见图4-5。

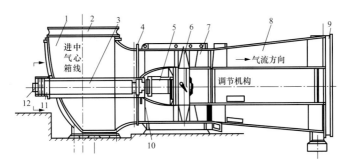

图4-5　动叶可调轴流式风机

1—进气箱；2、9—膨胀节；3—中间轴；4—软性接口；5—主轴承；
6—动叶；7—导叶；8—扩压管；10、12—联轴器；11—罩壳

（1）叶轮。叶轮由轮毂、叶片、叶柄及平衡重锤组成，其机构见图4-6，它是实现能量转换的主要部件。轴流风机的叶片多采用翼形扭曲叶片，安装在轮毂孔内与叶柄相连。把叶片做成扭曲形，可使叶根至叶顶处的全压相等，避免涡流损失。为了在变工况运行时有较高的效率，大型轴流风机的叶片一般做成可调的。轮毂是用来安装叶片和叶片调节机构的，平衡重锤的作用是辅助动叶片在运转中轻松地调节安装角。

（2）轴。轴是传递扭矩的部件。按有无中间轴分成两种形式，一是主轴与电动机轴用联轴器直接相连的无中间轴型；二是主轴用两个联轴器和一根中间轴与电动机轴连接的有中间轴型。有中间轴型的风机可在吊开机壳上盖后，不拆卸与电动机轴连接的联轴器情况下吊出转子，以方便检修。

（3）导叶。导叶包括进口前导叶和出口导叶。进口导叶的作用是使进入风机前的气流发生偏转，由轴向运动转为旋转运动，一般情况下是产生负预旋。进口导叶一般采用翼型或圆弧板型，是一种收敛形叶栅，气流流过时有些加速。对于变工况运行，为了提高运行经济性，常将进口导叶做成安装可调的或带有调节机构的可转动叶片。

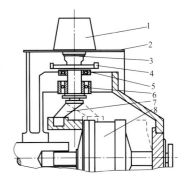

图4-6　轴流风机叶轮结构示意

1—动叶片；2—轮毂；3—叶柄；
4—平衡重锤；5—支承轴承；
6—导向轴承；7—调节杆；
8—液压缸

出口导叶的作用是将由叶轮出来的旋转气流引向轴向运动，同时使部分动压转换为静压。动叶可调轴流式风机采用后置式固定导叶，在动叶调节后，由于导叶安装角不能改变，气流在进入导叶处将使气流的撞击、旋涡能量损失增大。为避免气流通过时产生共振，导叶的叶片数与动叶片数是不相等的。

（4）整流罩。为使进气条件更为完善，降低风机的噪声，轴流式风机在叶轮或进口导叶前须安装整流罩，以构成风机进口气流的通道。整流罩的好坏对风机的性能影响很大，一般将整流罩设计成半圆或半椭圆形，也可与尾部整流体一起设计成流线型。

（5）扩散筒（扩压管）。扩散筒的作用是将出口导叶出来的气流的动压（占全压的30%以上）部分转化成静压，以提高风机的静压和流动效率。

（6）动叶调节机构。轴流式风机的动叶可调机构有电动传动和液压传动两类，电动机构通过连

杆使动叶片转动而改变角度。大型的风机以液压传动居多，主要由调节缸、活塞、液压伺服机构、进油管、回油管、放油管、平衡块等组成。压力油通过液压油泵打出，通过分配阀，送到伺服油缸，操纵叶片的开关。

调节缸可沿风机轴中心线移动，并随风机叶轮一起回转，它推动各个叶片根部下面的曲柄，以调整动叶的角度。活塞置于调节缸内，也随风机叶轮一起回转，但轴向位置是固定的。液压伺服机构固定在回转着的活塞柱上，用防磨轴承支承以保持同一轴线，它是固定的控制装置与回转部件之间的转换装置。

图4-7为现场动叶可调轴流风机的叶片、导叶、调节机构等。

(a)　　　　　　　　　　　　(b)

(c)　　　　　　　　　　　　(d)

图4-7　增压风机动叶及调节机构
（a）扭曲形动叶；（b）动叶及出口导叶；（c）调节机构；（d）密封风机

2. 增压风机试运前应具备的条件及检查内容

（1）脱硫岛内应具备的条件。

1）风机及电机的二次灌浆已结束，基础混凝土强度已达设计强度，设备周围的垃圾杂物应清理干净，脚手架拆除，沟盖盖好，地面平整，照明充足。

2）电机及风机的地脚螺栓应紧固不松动。电机接地良好，测量绝缘合格。

3）联轴器连接螺栓完整无松动，防护罩完整可靠。

4）打开人孔，进入风机内部检查调风挡板和叶片：① 挡板开关灵活，开关方向与气流进口转动方向一致，不得松动，关闭后叶片之间的间隙不大于5mm或者符合厂家规定；② 叶片固定牢固，与外壳应有适当的膨胀间隙；③ 叶轮的旋转方向、叶片弯曲方向及机壳的进、出口安装位置、角度均应符合设计或设备说明书的规定；④ 轮毂加热器电缆连接完毕；⑤ 检查叶轮的轴向、径向晃度和进口喇叭处的动、静部件间隙应符合规定；⑥ 检查入口风道内各加强筋、整流器等导流装置焊接是否牢固可靠，风道的膨胀伸缩节有无焊死而妨碍膨胀的，风机内部以及出、入口烟道应无遗留工具、无杂物，清扫干净后关闭孔门；⑦ 动叶调节机构螺栓紧固，油管道连接完好无泄漏。

5）风机及所有相应烟风管道安装完毕，人孔门关闭严密，全部管道连接处密封良好。

6）动叶连接螺栓拧紧力矩达到安全要求，动叶实际开度与表盘开度指示吻合，动作灵活，可远程操作。

7）油站油位正常，油系统管道阀门动作灵活可靠，系统无漏油，表计齐全、指示正确，油质合格。

8）冷却水流量充足，系统通畅，水温正常。

9）风机进出口挡板远程操作可靠准确，实际开度与表盘指示开度吻合。

10）手动盘车无卡涩及异常摩擦声。

11）轴流风机喘振报警装置安装完好，并确认。

（2）机组侧应具备的条件。

1）对于新建机组，如果设计时已经设计 FGD 系统，并且 FGD 系统和机组同时建设，则增压风机的试运可以和送、引风机的试运一起进行。

2）对于已建机组，增压风机的试运一般要求机组停机一次，或者利用机组大小修的停机机会进行，包括烟道的汇通等工作，这项工作一般要得到电厂相关人员的批准方可进行。对没有条件停炉的，也可采用热态试运增压风机，但要做好风险评估。

3．调试程序

（1）增压风机油站检查及油循环。增压风机油站包括液压油站和润滑油站。在油管道正式接入前，首先将进油管与回油管短路，启动油泵进行油循环，循环过程中化验油质，待油质合格后，将油管道正式接入，并更换新的滤网。

（2）增压风机油站调试及动叶调节。首先进行油站的连锁与保护试验，包括液压油站连锁保护试验和润滑油站连锁保护试验，其试验方法采用就地加信号模拟的方法，对于开关量，采用就地短接，对于模拟量则用信号发生器或电阻箱加电流、电压或电阻的方法。表 4-1 为某 FGD 增压风机润滑油站和液压油站的连锁与保护试验内容。

表 4-1　　　　　　　　　增压风机润滑油站/液压油站的连锁与保护

序号	润滑油站连锁与保护内容	液压油站连锁与保护内容
1	油泵启动允许条件：油箱油位不低且油温大于 15℃	油泵启动允许条件：油箱油位不低且油温大于 15℃
2	油泵连锁（A 运 B 备）：A 泵事故跳闸，B 泵自动启动	油泵连锁（A 运 B 备）：A 泵事故跳闸，B 泵自动启动
3	油泵连锁（B 运 A 备）：B 泵事故跳闸，A 泵自动启动	油泵连锁（B 运 A 备）：B 泵事故跳闸，A 泵自动启动
4	润滑油流量小于 11L/min，启动备用泵	油压小于 0.7MPa，低报警并启动备用泵，运行的泵自动停；油压大于 10MPa，高报警
5	油温大于 50℃高报警，油温小于 10℃低报警，延时 10min 油泵跳闸	油温大于 50℃高报警，油温小于 10℃低报警，延时 10min 油泵跳闸
6	油箱油温小于 15℃，自动投入电加热器；油箱油温小于 23℃，自动停止电加热器	油箱油温小于 15℃，自动投入电加热器；油箱油温小于 23℃，自动停止电加热器
7	过滤器差压大于 450kPa，报警	过滤器差压大于 450kPa，报警
8	油箱油位低，报警	油箱油位低，报警

油站连锁保护试验结束后，即可进行油泵 4～8h 试运，试运过程中详细记录有关数据，如油泵的轴承温度、振动、油压等参数，除记录外，试运过程中还应检查噪声特性、运行的平稳性，试运合格后及时办理签证。

在液压油站试运结束后，即可进行风机动叶的调节试验，检查和调整动叶的实际开度与就地指示、CRT 上反馈显示应一致。

（3）增压风机密封风系统调试。首先进行密封风机连锁保护试验，表 4 - 2 为某 FGD 增压风机密封风机连锁与保护试验内容。

表 4 - 2   增压风机密封风机的连锁与保护

序号	内　容
1	风机连锁（A 运 B 备） A 密封风机事故跳闸，B 密封风机自动启动
2	风机连锁（B 运 A 备） B 密封风机事故跳闸，A 密封风机自动启动
3	A 密封风机运行，密封风压力低，则 B 密封风机自动启动，压力正常后 A 风机密封自动停
4	B 密封风机运行，密封风压力低，则 A 密封风机自动启动，压力正常后 B 密封风机自动停
5	增压风机停止 30min 后，运行的密封风机在自动位则密封风机自动停
6	任一台密封风机运行，加热器在自动位，则加热器自动启动
7	两台密封风机全部停止，加热器在自动位，则加热器自动停

密封风机连锁保护试验结束后，即可进行密封风机 4~8h 试运，试运过程中详细记录有关数据，如密封风机的轴承温度、振动等参数，除记录外，试运过程中还应检查噪声特性、运行的平稳性等，试运合格后及时办理签证。

（4）闭式冷却水管道冲洗（对水冷电机）。检查冷却水管道、阀门及压力表是否安装完毕，管道最高点是否正确安装排空气门。检查结束后对冷却水管道进行水压试验，试验压力一般不低于设计压力的 1.25 倍，检查法兰、阀门等处是否渗漏，水压试验合格后对冷却水管道进行冲洗，直至水质合格。

（5）增压风机电机空转及风机试运。首先进行增压风机电机及风机本体的连锁与保护试验，表 4 - 3 为某 FGD 增压风机及电机连锁与保护试验内容。

表 4 - 3   某 FGD 增压风机及电机的连锁与保护

序号	内　容
1	风机驱动端轴承温度大于 85℃，报警；风机驱动端轴承温大于 100℃，跳闸
2	风机非驱动端轴承温度大于 85℃，报警；风机非驱动端轴承温度大于 100℃，跳闸
3	失速探头压力大于 500Pa，报警； 失速探头压力大于 500Pa 且动叶角度大于 42° 且持续时间大于 120s，跳闸
4	风机轴承振动大于 31μm（1.7mm/s），报警；风机轴承振动大于 80μm（4.4mm/s），跳闸
5	电机绕组温度大于 100℃，报警；电机绕组温度大于 110℃延时 5s，跳闸
6	电机驱动端轴承温度大于 70℃，报警；电机驱动端轴承温度大于 75℃，跳闸
7	电机非驱动端轴承温度大于 70℃，报警；电机非驱动端轴承温度大于 75℃，跳闸
8	风机润滑油流量小于 18L/min 且轴承温度大于 85℃，跳闸
9	电机润滑油流量小于 18L/min，延时 20s，跳闸
10	电机轴承振动大于 2.7mm/s，报警；电机轴承振动大于 4.1mm/s，跳闸
11	电机冷却水温度大于 43℃，报警；冷却水温度大于 48℃，跳闸
12	电机冷却水溢流开关流量小于 90L/min，报警
13	循环泵全部停运，延迟 3s，增压风机跳闸
14	GGH 的主辅马达全部停运，延迟 3s，增压风机跳闸
15	就地事故按钮动作，跳闸
16	电气保护动作，跳闸

　　增压风机及电机连锁保护试验完成，静态检查完毕，具备试运条件时，解下联轴器先单独试运增压风机电机2h，确认转动方向正确，事故按钮工作可靠。

　　电机试转结束后连上联轴器，送上电源，方可试转风机。风机试运前要做好风险分析，一般增压风机为全厂最大的风机，启动电流比较大，风机启动时可能会造成6kV母线电压过低，因此启动前要做好相关安全措施并得到机组运行人员或电厂相关领导的批准后方可启动。在风机进口挡板和动叶（或静叶）关闭的情况下，启动风机待达到全速后用就地事故按钮停止风机，观察轴承和转动部分，确认无摩擦和异常声响后，方可正式启动风机，开始8h单体试运。

　　增压风机8h单体试运时，应注意检查以下内容：

　　1）轴承温度应稳定，不允许超过规定值。滑动轴承不大于65℃，滚动轴承不大于80℃，采用循环油系统润滑时，其油压、润滑油流量应符合要求，各轴承无漏油、漏水现象。

　　2）各轴承振动一般不超过0.10mm，规定窜轴不大于1mm。各转动部件无异常现象，出、入口风箱、烟道振动不大，无异常声音。

　　3）监视增压风机电流不许超过额定值，电机运转正常，其噪声、振动、温升符合要求，绕组温度不超过厂家的规定值。

　　4）动叶调节装置开关应灵活，风机进、出口压力、风量指示正常。

　　5）冷却系统运行可靠，冷却水充足，回水畅通，无漏水、断水现象。

　　增压风机8h单体试运时，应详细记录有关数据，如轴承温度、电机绕组温度、振动、压力、风量、电流等，试运合格及时办理签证。除记录外，在试运过程中还应检查噪声特性、运行的平稳性、仪表的状态等。

　　4. 增压风机试运中常见问题

　　（1）增压风机跳闸。任何引起风机保护跳闸的因素都会使试运失败，这些因素主要有：电气保护定值、风机轴承振动、温度、喘振、风机润滑油流量低及电机保护动作等。调试经验表明，许多风机保护跳闸并不是真正到达保护条件，而常常是热工/电气线路不正确误动、线松动、电气保护定值设定不合理等引起的，启动增压风机前认真做好连锁保护试验、仔细地检查，可避免无谓的失败。

　　（2）轴承温度升高。其原因有：① 润滑油质量不良、变质；油管路堵塞；② 轴承箱盖、座连接螺栓紧力过大或过小；③ 冷却器工作不正常或未投入；④ 油箱内油位下降，低于最低油位；⑤ 轴承损坏等。根据故障原因可作相应处理。

　　（3）密封圈磨损或损坏。其原因有：① 密封圈与轴套不同心，在正常运行中磨损；② 机壳变形，使密封圈一侧磨损；③ 密封进入硬质杂物，如金属、焊渣等；④ 转子振动过大，其径向振幅之半大于密封径向间隙等。

　　（4）风机出力不能调节。主要原因有：① 控制油压太低（滤油器堵塞）；② 液压缸漏油；③ 调节杆连接损坏、电动执行机构损坏；④ 叶片调节卡住等。根据故障原因可作相应处理。

　　（5）振动。振动是增压风机运行中常见的故障，严重时将危及FGD系统及机组的安全运行。引起振动的原因多种多样，有时是多种因素共同造成的，在此仅列出运行中常见的几种原因：

　　1）转子质量不平衡引起的振动。其原因有：① 运行中叶轮叶片的局部腐蚀或磨损；② 叶片表面有不均匀积灰或附着物（如铁锈等）；③ 叶轮上的平衡块重量与位置不对，或位置移动，或检修、安装时未找平衡；④ 轴与密封圈发生强烈的摩擦，产生局部高温使轴弯曲等。

　　2）转子中心不正引起的振动。其原因有：① 增压风机安装或检修后中心未找正；② 轴承架刚性不好或轴承磨损；③ 设计或布置管路不合理，其管路本身重量使轴心错位等。

　　3）风机的基础不良或地脚螺栓松动、电动机的振动。

4）失速与喘振。失速与喘振是两个不同的概念，失速是风机叶片结构特性造成的一种流体动力现象，它的一些基本特征，比如失速的起始点、消失点等，都有它自己的规律，不受风机管路系统的影响。喘振则是风机性能与其管路系统耦合后振动特性的一种表现形式，它的振幅、频率等基本特性与风机管道系统的容积有很大关系，喘振的出现必然与失速有关系，但出现失速不一定发生喘振。

为了及时发现风机落在旋转失速区内工作，以便及时采取措施使风机脱离旋转失速区，有些风机装有失速检测装置。图4-8为增压风机的失速检测装置，其工作原理为：在失速检测装置的自由端安装了压力表，即可测量气流中的孔1和孔2直接的压力差；如风机工作点位于非失速区，叶轮进口的气流较均匀地从进气箱沿轴向流入，则压力差接近零；如果工作在失速区，叶轮进口前的气流除了轴向流动外，还受失速区流道阻塞的影响而向圆周分流。于是测压孔1压力升高，隔片后的测压孔2压力下降，则形成一个差压。将失速探测器测量到的差压信号通过电路放大连接到差压开关上，设定当差压大于某一值时（如500Pa），则认为风机进入失速区，即可启动报警装置。图4-8也给出了现场失速测孔与风机动叶的相对位置，它位于叶轮进口前。

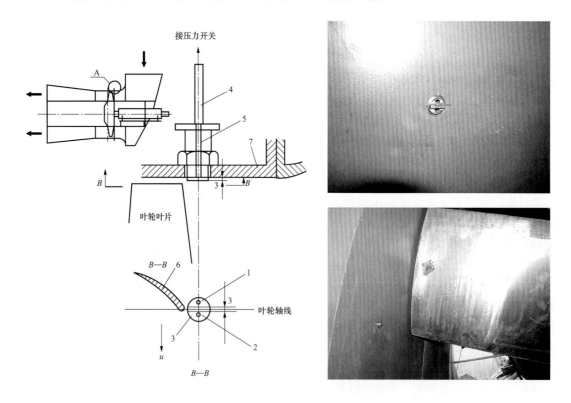

图4-8　风机失速检测装置与现场位置
1、2—测压孔；3—隔片；4、5—测压管；6—叶片；7—机壳

防止喘振的措施有：

1）在风机选型及管路设计时应尽量使工作点避开不稳定区；设计管路时应避免容积过大的管段。

2）通过调节增压风机的动叶或静叶，避开增压风机的喘振区。

3）避免增压风机小流量运行，当系统中所需的流量减小时，可以装设再循环管或放气阀来增大风机的排出流量，或减小叶片的安装角。

4）在动叶轮前加装分流器装置，如德国 KKK 公司生产的 AN 系列轴流风机的 KSE 装置，在叶轮前加装环形导流叶轮和环槽形旁路通道。当风机流量减小时，叶轮叶片外周产生旋转失速产生回流，回流经过锥形进口部件和旁路，它不再在叶轮前面阻塞进口通道。同时回流中存在的旋涡流向旁路内的转折叶栅，因此叶轮进口气流的流动仍然是有规律的。

三、烟气再热器的调试

1. 概述

如第二章所述，湿法脱硫后烟气的再热方式有多种，目前应用于国内 FGD 系统的加热器以气—气加热器（GGH）为主，因此本节关于烟气再热器的调试也以 GGH 为例。

GGH 是利用蓄热加热的原理，利用脱硫前未经过处理的原烟气的热量加热脱硫后的洁净烟气，一般加热到 80℃后排放。GGH 一般由转子、转子驱动装置、换热元件、外壳、转子支持轴承、转子导向轴承、密封装置（转子密封、径向密封、轴向密封等）、吹灰、清洗系统、过渡烟道（原烟气烟道、净烟气烟道）等部件组成。图 4 - 9 为 GGH 示意，图 4 - 10 为某 FGD 系统 GGH 的换热元件和径向密封，图 4 - 11 为 GGH 轴向和环向密封。

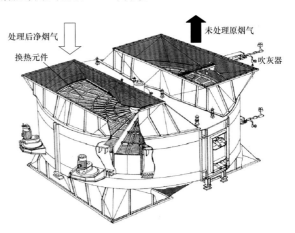

图 4 - 9　GGH 示意

与电站锅炉用的空气预热器相比，FGD 系统的 GGH 具有更高的防腐要求和低的漏风率。在 GGH 内部，未处理过的原烟气与净烟气以相反的方向流动，正常运行时原烟气温度一般在 120 ~ 150℃左右的范围内，而净烟气的温度在 45 ~ 55℃之间，因此 GGH 有"冷端"和"热端"之分。GGH 的运行条件是高腐蚀性的，过渡烟道和换热元件都必须采取防腐措施。GGH 常采用的防腐措施有：换热元件一般采用低碳钢镀专用搪瓷，外壳采用耐蚀钢、不锈钢、碳钢加玻璃鳞片涂层等。

图 4 - 10　GGH 换热元件与径向密封

图 4 - 11　GGH 轴向与环向密封

GGH 的驱动分中心轴式和围带式驱动两种，如图 4 - 12 和图 4 - 13 所示。上海空预器厂、英国 Howden 公司为中心轴式驱动，其驱动装置布置在 GGH 上部中间，由两台驱动电机与一系列减速齿轮和一直接固定在主驱动轴上的终极减速箱组成。德国巴克—杜尔罗特米勒（Balcke-Dürr Rothemüle）有限公司则采用围带驱动，图 4 - 14 是现场照片。

GGH 的传热元件有多种形式，如平直槽口形、双皱纹形、波纹板形、槽板形等，德国巴克—杜尔采用大通道、非紧凑波形，两波纹之间为平板形式，不是波浪形，如图 4 - 15 所示。据介绍，因波形平坦，冲洗介质易到达整个传热元件，石膏等无法残留，不易引起堵塞，所以 GGH 的清洗能力强，尤其适宜于 FGD 系统的 GGH。目前，广东省湛江 2×600MW 奥里油机组及浙江兰溪电厂 4×600MW 机组等 FGD 系统的这种 GGH 已投入使用。

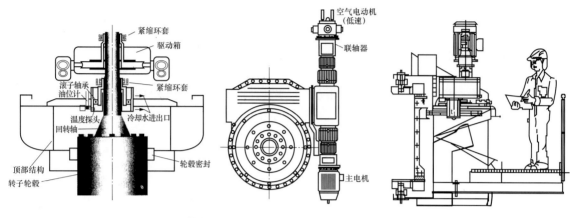

图 4-12　GGH 转子中心驱动示意　　　　图 4-13　GGH 围带驱动示意图

(a)　　　　　　　　　　(b)

图 4-14　GGH 中心轴驱动电机、密封风机及 GGH 的围带驱动
（a）GGH 中心轴驱动电机、密封风机；（b）GGH 围带驱动

　　为了防止烟气通过转子中心筒密封泄漏到大气中，GGH 都设有密封风系统，另外为提高内部中心轴密封的作用，在转子中心轴顶部和底部都设有密封空气，图 4-16 为某 GGH 密封风系统。

图 4-15　大通道非紧凑型波型换热元件　　图 4-16　GGH 中心密封风系统

　　当原烟气侧压力比净烟气侧压力高时，为了防止 GGH 运行中原烟气泄漏到脱硫后的净烟气中而降低系统脱硫的实际效果，许多 GGH 设有 1 套低泄漏风机系统，以达到低的漏风率要求，如小于 1.0%。该系统由 1 台低泄漏风机和相关管道组成，低泄漏风机抽取脱硫后净烟气升压后将其送入 GGH 顶部/底部结构通道，最后通过顶部/底部扇形板的槽孔排出，形成隔离风和清洗风，如

图 4-17 所示。隔离风的工作原理是通过在沿转子径向隔板上形成净烟气，并依靠这股净烟气气流的压力，降低未脱硫原烟气向净烟气的泄漏，以形成压力堡垒。清洗风的工作原理是用净烟气冲洗转子，清除转子径向隔板之间和传热元件盒内所携带的未脱硫烟气，使转子所携带的是脱硫后净烟气，消除携带漏风。图 4-18 是某 GGH 现场的隔离风和清洗风通道，图 4-19 是某两套 FGD 系统低泄漏风机系统总貌。

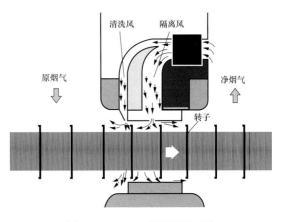

图 4-17 GGH 低泄漏风系统

GGH 的吹灰器分布置在外部的全伸缩式吹灰器和内部固定吹灰装置及摆臂式吹灰器，各

某GGH顶部扇形板隔离风槽孔

某GGH底部扇形板清扫风槽孔

图 4-18 某 GGH 隔离风和清扫风槽孔

图 4-19 GGH 低泄漏风机总貌

有其特点，图 4-20 为 GGH 的两种吹灰器布置示意，图 4-21 为 GGH 吹灰器现场实物。

2. GGH 调试前应具备的条件及检查内容

（1）GGH 施工结束，各传热元件组装完毕不松动，通道内无异物堵塞，与其连接的烟道内部应清理干净，人孔门关闭，保温工作结束。

（2）密封装置安装完毕，密封间隙调整好，密封面接触的紧度合适。

（3）检查顶部轴承、底部轴承的油位计，应安装完毕，密封完好，润滑油油质合格，油位正常。

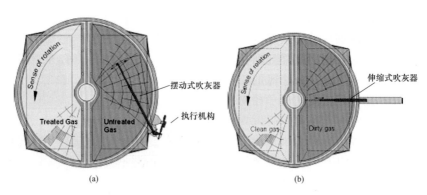

图 4 – 20　GGH 的二种吹灰器布置示意

（a）摆动式吹灰器；（b）伸缩式吹灰器

图 4 – 21　GGH 全伸缩式吹灰器

（4）检查吹灰器及其连接杠杆、喷嘴等，与端面距离符合设计值，动、静部分连接符合要求，不卡不漏。

（5）用手推方法将转子沿转动方向旋转一周，检查有无可影响转子旋转的外来物及卡涩现象，各径向、轴向和周向旁路密封间隙应符合厂家要求。

（6）检查密封风、低泄漏风系统运转正常。

（7）各温度、压力等仪表校验合格，可投入使用，热工信号正确。

（8）检查转子停运报警装置是否运转正常。

（9）采用气动马达的 GGH 还应检查马达的气源是否可靠，空气管道内部清洁无杂物，相应的阀门开关灵活，位置反馈正确。

（10）主、副电机空转合格。

3. GGH 的单体试运

上述内容检查合格后，即可开始 GGH 的单体试运。试运前先进行 GGH 连锁与保护试验。主要内容包括：GGH 主电机跳闸，备用电机或气动马达应连锁启动；转速低时应报警，并连锁启动备用电机；密封风压力低报警等。连锁与保护试验完成后，即可启动 GGH 电机，开始 GGH 试运。

为了确保设备的安全，在第 1 次启动刚开始转至全速时，应立即停机，利用其转动惯性观察轴承和各部件有无杂声和异常现象。转向是否正确，一切正常后方能正式启动。正式启动后，应注意检查齿轮油泵、管道、供油供水及油位等是否正常，不得有漏油、漏水等现象，一般至少每 0.5～1h 检查一次，并应作好记录；随时检查机械（尤其是轴承、传动装置）部分的温度高低、振动大小以及电流指示。在试转过程中，应按要求调整好各部分密封间隙，同时检验各调节传动机构的灵活性、准确性、可靠性。试运完毕，对密封装置及转动部分要复查一次，轴承要更换新的润滑油脂。

GGH 冷态试运 8h。试运合格，并完成外壳的绝热保温工作后，即可交付验收，办理试运签证。

4. GGH 吹灰器及清洗装置调试

为避免 GGH 的堵灰、黏结浆液，其清洗装置的可靠性很关键。目前 FGD 系统的 GGH 一般提供三种清洗传热元件的方式：压缩空气或蒸汽、低压水冲洗和高压水冲洗。日常 GGH 的运行吹灰主要用空气吹扫或蒸汽吹扫，当 GGH 积灰严重，蒸汽或空气吹灰效果不理想时，可采用高压水清洗，高压水由专用的高压水泵系统提供，图 4-22 为不同现场的三套高压水泵；低压水清洗应在 GGH 停运时低转速运转的情况下进行。吹灰频率依运行工况而定，以保持 GGH 压降接近设计值，正常情况下可以每 8h 吹一次。有的 GGH 设有两层吹灰器，即分别在"热端"和"冷端"装有吹灰器，"热端"可以每天吹一次，"冷端"每 8h 吹一次。

图 4-22　GGH 高压冲洗水泵

GGH 吹灰系统调试包括高、低压水程控冲洗、蒸汽或空气程控吹扫等。对于日常吹灰采用蒸汽的系统，在蒸汽接入吹灰器前要对蒸汽管道进行吹管，吹管一般采用目测的方法，直到吹出的蒸汽清洁无杂物即可，图 4-23 为 GGH 吹灰管道现场吹管。在调试 GGH 吹灰器时，为了查看 GGH 吹灰枪喷嘴的喷射效果及吹灰枪动作时与 GGH 换热片是否有摩擦、碰撞等现象，应启动高压水冲洗程序，打开 GGH 人孔门，观察吹灰枪的喷射效果，图 4-24 为 GGH 吹灰枪头部及高压冲洗效果。

(a)　　　　　　　　　　　　(b)

图 4-23　GGH 吹灰蒸汽管道吹扫　　　　图 4-24　GGH 吹灰枪头部及高压水冲洗
　　　　　　　　　　　　　　　　　　　　(a) GGH 吹灰枪头；(b) GGH 高压水冲洗

(1) 吹灰的一般步骤。

1) 吹扫前，对于采用空气吹灰的 GGH，确保气源管线里的所有水都排放干净；对于采用蒸汽吹灰的，确保蒸汽管道要充分疏水。

2) 先在就地 GGH 的控制柜上进行吹灰枪进退试验，之后由 DCS 来控制执行。

3) 通过 DCS 启动 GGH 程控吹灰。

4）吹灰枪进到位后按预先设定的程序吹扫，吹扫完毕吹灰枪自动退出。需要说明的是，使用适当的吹扫压力是很重要的，压力太低会导致吹灰效果不好，而压力太高会损坏换热元件并有可能使其发生位移。吹灰器都设有压力表，如果吹灰介质压力不合适，吹灰程序会不执行。

（2）高压水冲洗的一般步骤。

1）记录 GGH 压降。

2）确保冲洗水水源具备并且过滤器清洁，确保 GGH 底部烟道的放水阀打开。

3）启动高压水泵。

4）启动吹灰器的高压水冲洗程序。

5）吹灰枪伸进，进到位后按预先设定的程序清洗，清洗完毕吹灰枪自动退出。

6）记录 GGH 压降。

7）如果 GGH 压降没有显著改善，应重复高压水冲洗周期。

8）停止高压水泵，关闭烟道底部放水阀。

（3）低压水冲洗的一般步骤。

1）GGH 停运时，确保主电机和备用电机都已断电或气源已经隔离。

2）运行或检修人员最好进入 GGH 内部检查换热元件，确定换热元件的积灰程度。

3）通过截止阀切断压缩空气气源或蒸汽汽源。

4）打开低压水管路上的截止阀。

5）打开 GGH 烟道底部的放水阀。

6）启动 GGH 辅助电机或气动电机，保持 GGH 低速转动。

7）启动低压水冲洗程控。

8）吹灰枪进，进到位后按预先设定的程序清洗，清洗完毕吹灰枪自动退出。

9）冲洗完毕应检查换热元件表面，由于排出的水是酸性的，所以检查时要穿好防护服。

10）检查时最好由两个人进行，一个人在 GGH 底部照亮，另一个人在顶部检查换热元件，转子靠手动盘车转动。在转动转子的操作过程中一定要防止夹伤人。

11）换热元件清洗一定要彻底，否则会缩短其寿命。如果换热元件表面不清洁，有必要采取进一步的冲洗措施，第二次清洗可采用高压水清洗。

12）彻底清洗后，检查转子的所有扇形仓，然后停止转动转子。

13）清除烟道内部所有杂物，关闭所有的检修门、人孔门。

14）放掉吹灰器中的所有积水，关闭 GGH 烟道底部放水阀。

15）确保所有的清洗水隔离阀都关闭，打开压缩空气阀或蒸汽阀。

5. GGH 调试中常见问题

（1）主电机和备用电机故障。如果主电机和备用电机都无法工作，那么整个 FGD 系统也必须立即停止运行。两个电机都故障可能是因为过载或熔断器熔断而造成的，如果电源没问题，那么可能是电机故障或传动部分被卡住。手动盘车，如果旋转自如，则可以快速通上电源检查电机，电机若验证无误，那就必须拆开齿轮箱检查。备有气动电机的故障则可能是没有气源，或相应的阀门没有打开。

（2）轴承油温高。检查轴承箱油位，如果轴承箱失油，可能是油封系统有问题。加油后若油位很快消失，则应停机检查。

（3）吹灰器故障。引起故障的原因主要有：空气或蒸汽的压力低或压力高、控制系统故障、管路泄漏等。如果空气或蒸汽压力正常而空气量（蒸汽量）不够，表明密封泄漏或喷嘴堵塞，则应尽早维修或更换。

（4）吹灰器高压水冲洗管路或喷嘴堵塞，这主要是管路中的杂质、有时是铁锈造成的，对系统管路应彻底冲洗，对滤网及时清理或更换。

（5）密封风系统故障。密封风系统故障会造成烟气泄漏到空气中，最有可能发生的故障是管道泄漏。FGD装置运行中维护人员在检修时一定要采取必要的防护措施避免接触到烟气。

四、循环泵的调试

1. 概述

FGD系统中流量最大的泵是循环泵，循环泵大多为离心泵，它由转子部分（叶轮、轴及轴套等）、静体部分（吸入室、压出室及多级泵的导叶）、密封装置及平衡装置等部件组成。泵的吸入室和压出室与泵壳铸成一体，泵壳内腔制成截面逐渐扩大的蜗壳形流道，图4-25为离心泵示意。循环泵根据壳体材料的不同，主要分为全金属泵和衬胶泵两类，如图4-26所示，图4-27为现场FGD循环泵外观。

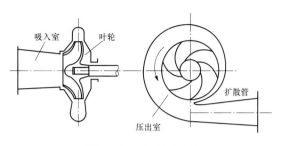

图4-25　离心泵示意

(a)

(b)

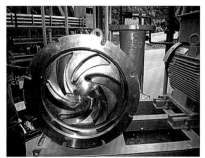

(c)

图4-26　衬胶与全金属离心泵

（a）全金属泵叶轮与壳体；（b）衬胶与去衬壳体；（c）离心泵的叶轮

图 4-27　FGD 循环泵外观

（1）叶轮。叶轮是离心泵的核心部件，其作用是对液体做功并提高液体的能量。由前盖板、后盖板、叶片及轮毂组成，通常采用后弯式叶片。叶轮形式根据叶片两侧有无盖板分为封闭式、半开式及开式三种，封闭式叶轮的叶片前后都有盖板，其叶轮效率较高，但要求输送的介质较清洁；半开式叶轮没有前盖板，适宜输送含有杂质的液体；开式叶轮只有叶片和轮毂，没有前后盖板，适宜输送液体中所含杂质的颗粒可大些、多些。

（2）吸入室。吸入法兰接口至叶轮进口前的空间称为吸入室，其作用是引导液体在流动损失最小的情况下平稳地流入叶轮，并使叶轮进口处流速分布均匀。如果吸入口处速度分布不均匀，则会使叶轮中流体的相对运动不稳定，从而使叶轮中的流动损失增大，同时也会降低叶轮的抗汽蚀性能。

（3）压出室。压出室指叶轮出口或末级导叶出口至出口法兰处的那部分空间。压出室的作用是收集从叶轮中高速流出的液体，使其速度降低，实现部分动能到压力的转化，并把液体在流动损失最小的情况下送入排出管路。

（4）轴端密封装置。由于泵轴端伸出泵壳，泵轴与固定的泵壳之间必然存在着一定的间隙，为了防止泵内压力较高的液体流出泵外，或当泵入口为真空时防止空气侵入泵内，通常在泵轴与泵壳之间设有轴端密封装置。目前电厂各种泵常用的轴端密封装置有：机械密封、压盖填料密封、迷宫式密封和浮动环式密封等，其中又以机械密封最为常见。

机械密封是无填料密封，如图 4-28 所示。它主要由动环（随轴一起旋转并能作轴向移动）、静环、弹簧、密封圈等组成。其工作原理是：动环靠密封腔中的液体的压力和弹簧的压力，使其端面紧贴在静环的端面上，形成微小的轴向间隙而达到密封的目的。由两密封环端面 A、静环和压盖的密封 C、动环和轴的密封 B 构成三道密封，封堵了密封腔中液体向外泄漏的全部可能的途径，实现可靠的密封。密封元件除起密封作用外，还起着缓冲振动和冲击的作用。机械密封的优点是：转子

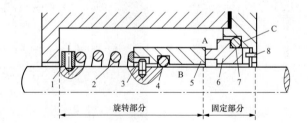

图 4-28　机械密封

1—弹簧座；2—弹簧；3—传动销；4—动环密封圈；5—动环；

6—静环；7—静环密封圈；8—防转销

转动或静止时，密封效果好，安装正确后可自动调整，对操作和维护要求不高，整个轴封尺寸较小，使用寿命长，功率消耗较少，轴或轴套都不易受磨损。缺点是：结构较复杂，对制造精度要求高，成本高、安装技术要求也高；运行时，若密封出口处中心线偏斜，动静部分难于维持同心位置，易引起泵的振动。图4-29是机械密封的现场照片。

图4-29　泵的机械密封

2. 循环泵试运前应具备的条件及检查内容

（1）泵及相关管道、阀门安装完毕，基础混凝土强度已达设计强度，设备周围的杂物已清理干净，脚手架拆除，沟盖盖好，地面平整，照明充足。

（2）电机及泵的地脚螺栓紧固不松动。电机接地良好，测量绝缘合格。

（3）联轴器连接螺栓完整无松动，防护罩完整可靠。

（4）润滑油油质合格，油位正常。

（5）吸收塔内喷淋层、氧化空气管、搅拌器、除雾器及其冲洗水系统已安装完毕，并通过检查。

（6）吸收塔内已清理干净，脚手架拆除，无遗留工具及杂物。

3. 调试程序

（1）检查循环泵的进口电动门，要求操作灵活，开关位置反馈正确，关闭紧密，如图4-30所示，记录阀门全开、全关的时间。

图4-30　循环泵进口电动门开/关检查

（2）检查循环泵入口滤网是否清洁，防止有杂物堵塞。图4-31为浆液泵各种形式的入口滤网。

（3）循环泵的连锁与保护试验。循环泵静态检查完毕，将循环泵电源送试验位，在单体试运前首先采用模拟的方法进行连锁保护试验。表4-4为某FGD循环泵连锁与保护试验内容。

（4）吸收塔注水。可通过专门的管路注水。对除雾器布置在塔上方的系统，可以结合除雾器系统的调试，由除雾器冲洗水加注。注水的水位不能太高，能满足试运要求即可。

图 4 - 31　浆液泵入口滤网

(a) 循环泵塔外入口滤网；(b) 循环泵塔内入口滤网；(c) 某浆液泵入口滤网

表 4 - 4　　　　　　　　　　　　某循环泵的连锁与保护

序 号	内 容
1	泵允许启动条件：循环泵入口门开且排污门及冲洗水门均关闭且吸收塔液位大于 9.36m，且至少有三台搅拌器在运行；或者至少有 2 台循环泵在运行
2	循环泵运行，循环泵入口门未开，泵保护停
3	吸收塔液位小于 7.04m，泵保护停
4	循环泵驱动端轴承温度大于 95℃，泵保护停
5	循环泵非驱动端轴承温度大于 95℃，泵保护停
6	循环泵非驱动端轴承温度大于 85℃，报警
7	循环泵驱动端轴承温度大于 85℃，报警
8	事故按钮动作，泵保护停
9	电气保护动作，泵保护停
10	电机驱动端轴承温度大于 85℃，报警
11	电机非驱动端轴承温度大于 85℃，报警
12	电机驱动端轴承温度大于 95℃，跳闸
13	电机非驱动端轴承温度大于 95℃，跳闸
14	电机绕组温度大于 130℃，报警
15	电机绕组温度大于 140℃，泵保护停

（5）循环泵的单体试运。循环泵及电机连锁保护试验完成，吸收塔液位满足要求，具备试转条件时，拆下联轴器，先单独试运电机 2h，确认运转正常，事故按钮工作可靠后，连上联轴器，送上

电源，试转循环泵。当循环泵首次启动运行平稳后，按下事故按钮，停泵过程中，观察各部件有无异常现象及摩擦声音，当确认没有问题后方可正式开始 8h 试运。循环泵 8h 试运时，应注意检查以下内容：

1）轴承温度应稳定，不允许超过规定值，电机绕组温度不得超过厂家的规定值；各轴承无漏油、漏水现象。

2）各轴承振动一般不超过 0.08mm，各转动部件无异常现象。

3）循环泵进、出口压力指示正常，电流不超过额定电流。

循环泵 8h 单体试运时，应详细记录有关数据，如轴承温度、电机绕组温度、振动、进出口压力、电流等，试运合格后及时办理签证，图 4-32 是某 FGD 循环泵单体试运温度变化。

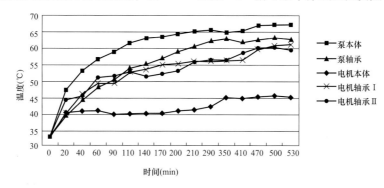

图 4-32 某 FGD 循环泵单体试运温度变化

4. 循环泵试运过程中应注意的几个问题

（1）吸收塔水位应满足要求。目前 FGD 系统采用的循环泵基本都是离心泵，而且一般不设出口门，只设进口电动门，因此循环泵启动前，要保证吸收塔水位满足要求，若吸收塔水位过低，则有可能造成循环泵启动电流过大，严重时烧毁电机。

（2）循环泵的启动程序。打开入口电动门，待入口电动门开到位后启动循环泵。对于装有减速箱的循环泵，应在启泵之前先启动减速箱的润滑油泵及冷却风机，然后再启动循环泵。

在某循环泵调试过程中发现，由于循环泵没有出口阀门，而泵输送液体的高度达 20m 左右，因此，循环泵一旦停止运行后，水回流造成循环泵出现约 50s 的反转现象，若立即启动循环泵，会造成电机电流增大。因此在循环泵每次投运后的第一次故障停止到再启动必须有足够的间隔时间，以保护设备的安全。

（3）循环泵运行过程中常见问题。① 轴封漏水及发热，其原因有：密封盘根磨损或安装不当；密封水及冷却水不足；填料选择或安装不当或填料磨损；冷却水质不良造成轴颈磨损。② 电动机过热，其原因有：循环泵装配不良，转动部件与静止部件发生摩擦或卡住；循环泵流量远大于许可流量；原动机冷却器脏污或堵塞，冷却水中断；启动时出口阀门开启或吸收塔液位过低，造成过载。③ 振动大，原因有：循环泵基础下沉，基础或机座的刚度不够或安装不牢固等，遇到这种情况就应当加固基础，紧固地脚螺钉；水力冲击引起振动，主要是由于泵内或管路系统中流动不正常引起的，它与泵及管道的设计等有关，也与运行工况有关；汽蚀引起的振动，这种振动如果在设计和运行上给予足够的重视，是可以防止的。另外由于轴、联轴器中心未准确对正、偏心大引起振动大也常有发生，这在安装时要认真对中。

5. 其他浆液泵的调试

除循环泵外，FGD 系统内的浆液泵还包括石灰石浆液泵、石膏浆液排出/返回泵、真空皮带机给料泵、旋流器给料泵、滤液泵、各排水坑泵、工艺水泵、废水系统泵等，采用的泵以离心泵为主，有卧式的也有立式的。其调试程序基本与循环泵相同。

目前 FGD 系统采用的浆液泵有三种驱动方式：联轴器直接连接、通过减速箱驱动和三角皮带驱动。对于通过三角皮带传递动力的，在调试前应检查三角皮带的张紧力是否合适。调整三角皮带时，在两个轮的跨距中心与三角皮带垂直的地方挂上一个弹簧秤或张力表，并加上一定的负载，根据不同泵厂家资料来调整弯曲负载和弯曲量。也可用手压来大致判断皮带的张紧情况。

浆液泵在运行中发生故障的原因很多，部位也不同，既有可能发生在管路系统，也有可能发生在泵本身，还有可能发生在电动机或泵与电动机的连接部位。浆液泵故障与制造安装工艺、检修水平、运行操作和维护方法是否合乎要求等因素密切相关。当运行中发生故障，应仔细分析原因，及时消除。表 4 – 5 列出了离心泵在运行中常见故障、故障产生的原因及消除故障的方法。

表 4 – 5　　　　　　　　　浆液泵运行中常见的故障、产生原因及消除方法

常见故障	产 生 原 因	消 除 方 法
启动后泵不输水	1. 泵内未灌满水，空气未排净； 2. 吸水管路及表计不严，水封水管堵塞，有空气漏入； 3. 吸水管路、底阀或叶轮有杂物堵塞	1. 重新灌水，排净空气； 2. 检查吸水管、表计及清洗水封水管； 3. 检查吸入管及底阀并进行清扫，拆下叶轮进行清理
运行中流量减小	1. 管路堵塞； 2. 叶轮或进口滤网堵塞； 3. 叶轮、导叶等过流部件由于腐蚀增大了各种间隙； 4. 密封环磨损过多，有空气漏入	1. 用工艺水冲洗管路； 2. 检查和清扫叶轮或滤网； 3. 检查叶轮、导叶等过流部件，调整间隙； 4. 更换密封环
电动机过热	1. 泵装配不良，转动部件与静止部件发生摩擦； 2. 泵的流量远大于许可流量	1. 停泵检查，找出摩擦部位，进行修理并调整； 2. 更换泵的叶轮或电机，调节泵的出口流量
轴封漏水及发热	1. 密封盘根磨损或安装不当； 2. 密封水及冷却水不足	1. 更换或重新安装盘根； 2. 要保证密封水压力和必要的冷却水
启动电流过大	1. 采用变频器驱动的，可能 V/F 曲线不正确或加减速时间不合适； 2. 过载，流量超过额定流量	1. 调整 V/F 曲线，调整变频器加减速时间； 2. 降低泵的流量，确认泵的选型是否正确
声音异常	1. 断断续续的声音，内部可能接触不良； 2. 连续的声音并且轴承温度上升，可能润滑不良、轴承损伤，或轴承偏心	1. 停泵检查、调整间隙； 2. 补充润滑油或更换润滑脂，调整维修轴承

五、氧化风机的调试

1. 概述

烟气中的 SO_2 与石灰石在吸收塔内反应主要生成亚硫酸钙，其中有少部分亚硫酸钙与烟气中的氧气反应生成硫酸钙，这个过程为自然氧化。要使大部分亚硫酸钙氧化成硫酸钙，就要利用氧化风机鼓入空气进行强制氧化。目前石灰石/石膏湿法 FGD 系统中都设有强制氧化系统，氧化风机以罗茨风机最为常见，图 4 – 33 为现场的氧化风机实物。

影响强制氧化装置性能的因素很多，如装置的类型和布置、自然氧化率、吸收塔的形状和几何尺寸、氧化空气鼓气点的浸没深度、气泡的最终平均直径和在氧化区的滞留时间、氧化风机的功率、浆液中的溶解物质、吸收塔浆液的 pH 值、温度等。因空气导入和分散方式的不同有多种强制氧化装置，如搅拌器与空气喷射管组合方式、管网喷射式、喷气混合器/曝气器式、多孔板式等。其中前两种应用最为普遍，见图 4 – 34 所示。

图 4-33　氧化风机

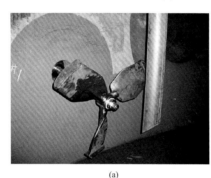

(a)　　　　　　　　　　　　　　　　　　(b)

图 4-34　两种常见的氧化风系统

(a) 氧化风机与搅拌器组合式氧化风系统；(b) 管网喷射式氧化风系统

对于搅拌器与空气喷射管组合的方式，氧化空气管布置在搅拌器的前方，由于氧化空气喷射管径一般比较大，氧化空气流量比较大，只要保证有适当的减温水流量，一般不用担心喷射管被堵塞。另外，搅拌器产生的高速液流使鼓入的氧化空气分裂成细小的气泡并散布至氧化区的各个地方，由于产生的气泡较小，由搅拌器产生的水平运动的液流增加了气泡的滞留时间，因此这种布置方式对浸没深度要求不高。但是氧化空气流量和搅拌器的分散性能应匹配，若氧化空气流量太大且超过液流分散能力时会导致大量气泡涌出，出现泛气现象，严重时搅拌器叶片吸入侧也汇集大量气泡，使得叶片输送流量下降。

管网喷射式是在吸收塔氧化区底部断面上均布若干根氧化空气母管，母管上有很多分支管。喷嘴均布于整个断面上，通过固定管网将氧化空气分散鼓入吸收塔氧化区。对于这种布置方式，要获得最佳的传质效率，应特别重视管网的分布、鼓入氧化空气的部位、浸没深度和空气流量等，一般要求喷嘴的最小浸没深度不小于 3m；气泡速度应小于 7cm/s，它是空气流量、氧化区的截面积、浆液温度、全压和浸没深度等的函数。

2. 氧化风机调试前应具备的条件及检查内容

(1) 试运范围内场地平整，道路 (包括消防通道) 畅通。

(2) 施工范围内的脚手架已全部拆除，环境已清理干净，现场的沟道及孔洞的盖板齐全，临时孔洞装好护栏或盖板，平台有正规的楼梯、通道、过桥、栏杆及其底部护板。

(3) 氧化风机及相应管道、阀门、滤网安装完毕，氧化风管保温完成，出口止回阀安装正确。

(4) 氧化风机基础牢固，螺栓紧固。

(5) 工艺水系统调试完毕，可投入使用。

(6) 相应阀门开关灵活，位置反馈正确，热工保护信号正确。

（7）润滑油油位在中心线位置，冷却水畅通。

（8）吸收塔水位满足要求。

3. 氧化风机单体试运

首先进行氧化风机连锁与保护试验，表 4 – 6 为某 FGD 氧化风机连锁与保护试验内容。

表 4 – 6　　　　　　　　　　　　　　某 FGD 氧化风机的连锁与保护

序　号	内　容
1	吸收塔液位大于 7.7m，氧化风机允许启动
2	吸收塔液位小于 6.0m，氧化风机保护停
3	风机出口管风温大于 70℃，报警
4	风机出口管风温大于 80℃，氧化风机保护停
5	任意一台循环泵运行，一台氧化风机停，另一台自启动
6	任一风机运行且氧化风管压力小于 50kPa，报警
7	FGD 进、出口挡板及通风挡板均关闭超过 5s，氧化风机保护停
8	事故按钮动作，氧化风机停
9	电气故障，氧化风机停
10	氧化空压机停，氧化空气管道减温水门自动关，冷却风扇 15min 后停
11	氧化空压机启动，冷却风扇自启动，氧化空气管道减温水门自动开

静态检查及连锁与保护试验完成后，即可进行氧化风机单体试运。先拆下联轴器，单独试运电机 2h，转向正确，事故按钮工作可靠后，连上联轴器，进行氧化风机 4 ~ 8h 试运。氧化风机首次启动达到全速后即用事故按钮停下，观察各部件有无异常现象及摩擦声音，确认没有问题后方可开始试运转。试运期间测量风机电流、出口压力、出口氧化风温度及减温后氧化风温度；定期检查轴承温度、振动及密封；试运期间氧化风机应运转平稳，无异常噪声，氧化风出口及减温后温度稳定。若发现异常情况应立即停止试运，处理后方可继续试运。

氧化风机试运期间可在吸收塔入口处人孔门进行氧化空气鼓泡均匀性检查，如图 4 – 35 所示。

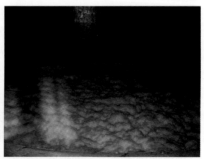

图 4 – 35　氧化风机鼓泡试验

4. 运行过程中常见问题及处理方法

氧化风机运行中常见问题及处理方法列于表 4 – 7。

表4-7 氧化风机常见故障及处理方法

常 见 故 障	产 生 原 因	消 除 方 法
运行中不正常噪声	(1) 旋转活塞脏污; (2) 旋转活塞之间或活塞与气缸之间有摩擦; (3) 齿轮有杂质; (4) 轴偏心; (5) 轴承损坏	(1) 清洗活塞; (2) 检查清洁度,调整间隙并检查有无破裂; (3) 清洗齿轮; (4) 测量轴的偏心度,检查齿轮的结合面; (5) 更换轴承
氧化风机过热	(1) 进口滤网脏污; (2) 周围环境温度过高; (3) 润滑油油位或油的黏性过高	(1) 清理滤网; (2) 提供足够的通风面积; (3) 放掉多余的油或更换润滑油
空气中带油	油室油位过高	放掉并清理输送室里面的油
减温水后氧化风温度升高	减温水喷嘴堵塞	清理喷嘴
皮带断裂或烧坏	未对中或皮带质量差	检查安装、更换好皮带

六、湿式球磨机的调试

1. 概述

卧式湿式球磨机作为脱硫剂制备的主要设备,已逐步在各个电厂的 FGD 系统中得到应用。相对普通的球磨机而言,虽然其结构和工作原理大致相同,但湿式球磨机携带的介质是水而不是空气,因此又有其自身的特点。

典型球磨机制浆系统有如下特性:① 球磨机筒体采用橡胶内衬,既可防腐又使系统运行中的噪声得到有效控制;② 由于在系统内设置了旋流分离,使该系统磨制出的石灰石浆液品质很高,可满足脱硫效率及石膏的纯度要求;③ 由于球磨机内介质是液体,故没有粉尘污染;④ 石灰石浆液旋流器一般由若干个小旋流子构成,可通过调节旋流子投入数量来调节旋流压力和流量,从而调节旋流强度。也有些系统采用变频再循环泵来调节旋流强度;⑤ 浆液密度调节可采用自动或手动方式;⑥ 石灰石磨损性和腐蚀性都很强,球磨机入口需采用耐磨耐腐蚀钢,浆液管道需内衬橡胶或采用玻璃钢管等防腐措施;⑦ 由于球磨机筒体内装有大量浆液,给球磨机入口的密封带来一定困难,时间长易出现漏浆;⑧ 球磨机出口至再循环箱装有旋转滤网用于分离石灰石中的杂物,旋转滤网孔径必须适中,过小易带出大量浆液,过大分离效果不好。

湿式球磨机主要由球磨机本体、球磨机驱动装置、球磨机油站、齿轮喷射系统等几部分组成,如图4-36所示。本体包括筒体、端盖、衬垫和大齿轮。主轴承与轴颈被固定在驱动端,在非驱动端轴颈提供间隙来容纳磨机的膨胀。球磨机驱动装置包括电机、减速箱、离合器、联轴器、小齿轮、大齿轮等。球磨机油站主要由油箱、高压顶轴油泵、低压润滑油泵、冷却风扇等组成,高压顶轴油泵在球磨机启动或停止前启动,在两个轴承处将磨机轴顶起来;润滑油泵用于球磨机轴承的润滑,齿轮喷射系统用于球磨机正常运行中大小齿轮的润滑,防止转动部件温度过高。图4-37为FGD球磨机及组成部件现场照片。

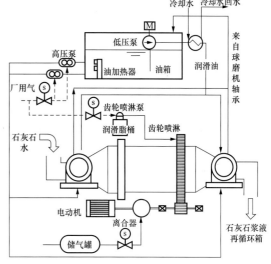

图4-36 湿式球磨机组成

图 4 - 37　FGD 湿式球磨机及其组件

（a）FGD 湿式球磨机；（b）湿式球磨机内壁衬胶；

（c）湿式球磨机出料端浆液再循环箱及泵；（d）球磨机油站；

（e）齿轮喷射系统；（f）磨离合器；（g）磨出口滤网

2. 湿式球磨机试运前应具备的条件及检查内容

（1）球磨机制浆系统各设备已安装完毕。

（2）施工范围内的脚手架已全部拆除，环境已清理干净，现场的沟道及孔洞的盖板齐全，临时孔洞装好护栏或盖板，平台有正规的楼梯、通道、过桥、栏杆及其底部护板。

（3）冷却水管应畅通，各冷油器外形正常，冷却水适量，无漏油和漏水的现象。

（4）离合器、传动装置、筒体螺栓及大齿轮连接螺栓牢固，进、出口导管法兰等螺栓应紧固、完整。

（5）大齿轮润滑油系统各油、气管道、支吊架完好，油管、气管无堵塞、无漏气漏油现象。喷雾板应固定牢固、完好，润滑油箱油位正常。大小齿轮内已加入了足够的润滑油。

（6）球磨机盘车装置的推杆进退自如，爪形离合器完好并处于断开位置。

（7）液力耦合器外形完好，充油适量，易熔塞完好无漏油现象，球磨机出口格栅完好、清洁无杂物。

（8）石灰石输送系统已调试完毕，能正常向磨机提供石灰石块。

3. 调试程序

（1）球磨机油站调试。

1）启动空压机吹扫空气管道，吹扫合格后将管道与高压顶轴油泵连接好。

2）将润滑油管道，高压油管道与回油管道短接，打油循环，至油质合格后将管道恢复，并更换滤网。

3）油站连锁保护试验。表4-8为某FGD球磨机油站连锁试验内容。

4）油站润滑油泵、高压顶轴油泵4~8h试运行。

表 4-8 　　　　　　　　　　　　某球磨机油站连锁保护

序　号	内　　　容
1	球磨机低压油泵启动条件：油箱油位不低，油温大于32℃
2	油箱油位低，球磨机低压油泵保护停
3	球磨机高压气动油泵启动条件：油温大于32℃
4	油箱油位低，球磨机高压气动油泵保护停
5	压缩空气压力低，球磨机高压气动油泵保护停
6	油箱加热器启动条件：油位不低
7	油温小于35℃，油箱加热器在自动位，则自动启动
8	油温大于42℃，油箱加热器在自动位，则自动停止
9	油位低，油箱加热器保护停

（2）球磨机电机试运行。断开联轴器，单独试运电机2h，转向应正确，事故按钮工作正确可靠。试运期间测量电动机的温度、振动、电流，若发现异常情况应立即停止试运，处理正常后方可继续试运。

（3）球磨机连锁保护试验，表4-9为某FGD球磨机连锁保护试验内容，不同的磨机有不同的条件。

（4）球磨机空负荷试运。球磨机电动机经过单独空负荷试运合格，连锁保护试验完毕，模拟试验动作灵活准确，即可进行球磨机的试运。

1）联上联轴器，裸露的部分应安装好保护罩。

2）启动低压润滑油泵与高压顶轴油泵。

表 4 – 9　　　　　　　　　　　　　　某球磨机连锁保护试验内容

序 号		内　容
1		球磨机电机启动允许条件：供料端轴承温度小于 55℃ 且出料端轴承温度小于 55℃ 且小齿轮轴承输入输出端温度小于 70℃ 且离合器未投
2	球磨机电机保护停条件	(1) 供料端轴承温度大于 60℃； (2) 出料端轴承温度大于 60℃； (3) 小齿轮轴承输入端温度大于 80℃； (4) 小齿轮轴承输出端温度大于 80℃
3		球磨机停止，球磨机电机空间加热器自动启动；球磨机运行，球磨机电机空间加热器自动停止
4	球磨机启动条件	(1) 磨机电机运行超过 60s； (2) 齿轮喷油系统无故障； (3) 供料端或出料端高压油压力无高高或低低延时 30s； (4) 磨机润滑油泵运行； (5) 供料端或出料端润滑油流量不低延时 5s
5	球磨机保护停条件	(1) 供料端高压油压力高高或低低延时 5s； (2) 出料端高压油压力高高或低低延时 3s； (3) 供料端或出料端润滑油流量低延时 5s； (4) 齿轮喷油系统故障

3）启动小齿轮与减速箱润滑系统。

4）启动球磨机电机。

5）离合器啮合，球磨机运行，球磨机齿轮喷射系统同时投入运行。

6）球磨机运行 5min 后停止高压顶轴油泵。

7）首次启动时在空载情况下运行（有的厂家要求磨机首次启动时先加入一定量的石灰石，但不加钢球），启动运行平稳后用事故按钮停下，观察各部件有无异常现象及摩擦声音，检查是否有足够的润滑剂。当确认正常后重新启动球磨机运转方可开始 8h 试运。

8）试运过程中记录球磨机轴承、减速箱轴承及电机轴承的温度和振动情况，有无异常的声音，同时观察润滑油的油位变化情况，记录运行电流等。若发现异常情况应立即停止试运，处理正常后方可继续试运。试运完毕及时办理试运签证。

（5）球磨机停运步骤。

1）启动高压顶轴油泵运行 5min。

2）离合器脱开，球磨机停止运转，同时停止齿轮喷射系统。

3）停止球磨机电机。

4）停止高压顶轴油泵。

5）停止低压润滑油泵。

（6）球磨机带负荷试运。球磨机经过 8h 空负荷试运合格后，即可进行带负荷试运，这一阶段的试运实际上是整个湿磨制浆系统的调试。带负荷试运主要包括部分负荷（如带 50% 负荷）和额定负荷试运，不同球磨机厂家或厂家代表对试运负荷和试运时间有不同的要求，要按说明书或调试经验进行。

1）按球磨机空负荷试运中的步骤空负荷启动球磨机。

2）球磨机注水。保持球磨机运行，启动石灰石浆液循环泵，首先向球磨机注水，注水过程中注意检查球磨机是否漏水，如有泄漏，停止球磨机运行，待处理正常后重新启动球磨机继续注水。

3）球磨机出料端有水溢流后，停止注水，保持球磨机带水循环 1~2h，运行过程中注意监视球磨机电流、轴承温度等参数，如有异常停止试运。

4）球磨机加石灰石。球磨机带水循环正常后，启动称重给料机，向球磨机加石灰石。初始加石灰石的量约为球磨机出力的 50%。加石灰石的过程中，要保持石灰石浆液循环箱—石灰石浆液漩流器——球磨机——石灰石浆液循环箱的水循环，避免下料过程中石灰石的堵塞。

5）球磨机加钢球。加完石灰石球磨机运行正常后，开始向球磨机加钢球，首先按照钢球总重的 50% 加钢球，先加直径小的，再加直径大的。加钢球过程中要注意球磨机电流的变化，同时加钢球的速度不要太快，否则容易发生堵塞。也可以在磨机停运时从人孔门一次性加入 50% 的钢球。

6）50% 的钢球加完后，保持球磨机运行一定时间。运行过程中，启动称重给料机，保持球磨机出力的 50% 的给料率。试运过程中注意监视球磨机电流、轴承温度等参数，如有异常停止处理。

7）50% 负荷试运完后，继续向球磨机加钢球至额定负荷。按要求运行足够时间，并进行湿磨系统的全面调整，包括浆液细度、密度、物料平衡等，制出合格的石灰石浆液。在磨机运行至一定时间后，要停机紧固螺栓。

磨机带负荷试运一开始就会产出大量的石灰石浆液，要预先考虑这些浆液的出路。开始可外排一些，石灰石浆液储罐一般无法满足磨机的长时间试运要求，可暂时将浆液储存在事故浆罐中，额定负荷试运调试可结合 FGD 系统热态调试进行。

4. 调试过程中的常见问题

（1）球磨机漏水、漏浆、漏石。在安装过程中球磨机筒体人孔门螺栓没有紧固，容易造成球磨机带水试运过程中漏水，紧固螺栓即可。入口端转动间隙处易漏浆，主要是密封问题。

（2）球磨机轴承温度高。主要有两方面的原因：① 润滑油流量低；② 密封圈过紧。安装时密封圈压得过紧，造成密封圈与轴承产生摩擦，引起温度升高。

（3）球磨机堵料或加钢球堵塞。某 FGD 球磨机进料装置设计不合理，进料端没有一定的坡度，而钢球加得过快，造成下落过程中在进料口堵塞（见图 4-38）；给料速度过快，容易造成下料时堵塞，运行过程中要保证最大给料率不要超过球磨机的额定出力；另外石灰石中含有大量杂质，如泥土等，在下料过程中与水混合后黏性较强，吸附在下料装置上，随着时间的增加，越来越多的石灰石粉末、泥土杂质等被吸附，造成下料口堵塞（见图 4-39）。

图 4-38 球磨机下料口钢球堵塞

图4-39　球磨机下料口及堵浆后的情况

七、真空皮带脱水机的调试

1. 概述

石膏浆液在旋流器中浓缩后，仍含有40%~60%的水分，为得到含水率较低的商用石膏（一般要求含水率小于10%），必须进行二级脱水，脱水机按脱水原理可分为两类：离心式和真空式。离心式脱水机是利用石膏颗粒和水密度的不同，在旋转过程中利用离心力使石膏浆液脱水，在早期的FGD系统中应用较多。真空式脱水机是利用真空泵产生的负压，强制将水与石膏分离，主要有真空筒式和真空皮带脱水机。由于真空皮带脱水机脱水效率高、处理量大、投资和运行费用低等优点，目前被广泛用于湿法FGD系统中。

FGD系统采用的真空皮带脱水机主要有两种：一是有橡胶输送带的；二是没有输送带的。配有输送带的滤布安装在输送带上面，通过输送带的转动带动滤布移动；不设输送带的皮带机滤布直接安装在台式支架上面，如台山电厂1号、2号机组FGD系统采用的真空皮带机，滤布不是连续移动而是间歇地前进，利用气缸驱动摇臂往复运动，从而使滤布移动。

（1）有橡胶输送带的真空皮带脱水机的结构。图4-40是某有橡胶输送带的真空皮带脱水机结构示意，主要有以下几部分组成。

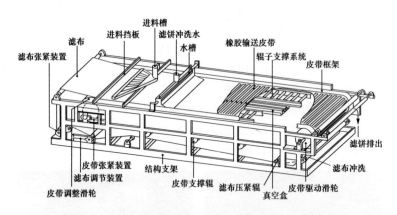

图4-40　有橡胶输送带的真空皮带脱水机的结构示意

1）结构支架。结构支架是由标准的滚动轴承和耐压金属型材组成的，各种材料（不锈钢、玻璃钢等）和处理工艺（喷漆或其他防腐措施）的选择取决于设备的运行环境。大型的过滤设备在现场安装，小型的过滤设备在车间内组装完成，以节省安装时间。

2）输送带。输送带支撑滤布，带动滤布一起移动，同时还提供干燥凹槽和过滤抽吸的干燥孔。输送带有一块自由的中央区域，这种技术的开发使得输送带寿命延长，并可以处理高温和腐蚀性很强的溶液。连续性的柔性裙边把输送带的两个边缘黏合起来，通过裙边支撑滤布，为浆液喂入和淋洗用水形成一个相当有效的小坝。输送带和滤布的安装一般在现场完成，包括输送带的底部打孔等。

3）真空室。真空室用不锈钢、玻璃钢、高密度聚乙烯制造，真空室干燥孔位于输送带的中间，在水平的方向有一狭长槽，通过此槽把滤液排出。

4）空气室。通过空气室供给空气浮力，支撑输送带。低压空气分布在输送带的宽度和长度所覆盖的区域内，使输送带的拖缀减小到最低程度。

5）台式支架。这种支架使用一种高密度聚乙烯盘直接安装在输送带的下面。在输送带和盘之间有一层水可减少摩擦，让输送带自由移动。

6）滤布。真空皮带机使用多种滤布，从粗糙型的单层滤布，到不漏水的、不同尺寸的针刺滤布。滤布最重要的是能够连续地清洗。

7）喂料装置。对于质量大、快速沉淀的泥浆，一般选用鱼尾状喂料器。对于泥煤，V 形槽过流给料器更加适合，类似的喂料槽用来淋洗分配浆料。

8）滤饼排料。多数情况下，滤饼排料是自然产生的，当处理非常稀薄的或非常有黏性的物料时，排料槽应确保能完整的排出物料，以尽可能减少滤布的清洗。

图 4－41 和图 4－42 给出了现场真空皮带机及其一些部件。

图 4－41 FGD 有输送带的真空皮带机

脱水机输送带及真空小孔

皮带机喂料装置

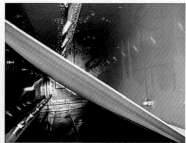

滤布及清洗喷嘴

图 4-42　真空皮带机部件

（2）无橡胶输送带的真空脱水机的结构如图 4-43 所示，主要有以下几部分组成。

1）给料箱（浆液给送机构）。给料箱将浆液连续地分配并给送到过滤机的滤布上，给料箱具有一个多级分配机构，它使得各级中给送的浆液相互干扰，以提高分配效果。

2）滤饼清洗箱（滤饼清洗机构）。滤饼清洗箱将冲洗水分配并提供到滤饼上，以除去滤饼中含有的杂质。滤饼清洗箱是一个多级分配的结构，它通过用冲洗水覆盖所需

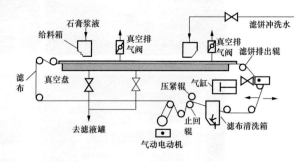

图 4-43　无输送带的真空脱水机

区域的方式来进行清洗，带有的薄板可防止冲洗水直接滴落在滤饼上造成滤饼穿洞。

3）摇臂（滤布驱动机构）。气缸驱动摇臂往复运动，从而使滤布移动。摇臂的左右两侧各有一个气缸，气缸的行程由限位开关来控制。

前进移动驱动压力为 0.4~0.5MPa，前进移动时间为 4~6s；

后退移动驱动压力为 0.3 ~ 0.4MPa，后退移动时间为 8 ~ 10s。

4）刮刀（滤饼刮除机构）。刮刀被压在滤布上，用于将滤饼从滤布上除去，刮刀是靠平衡重物的重量压在滤布上的，类似杠杆的原理。通过增加或减少平衡物或变更重物位置可以改变压挤压力。

5）止回辊、压紧辊、气动电动机等（滤布防倒转机构）。除了上述摇臂的运行之外，止回机构也是用来支持滤布的移动的，当滤布移动时，止回辊和压紧辊对它进行约束。上滤布移动时，它的上面有滤饼，载重辊则吸收真空盘下的滤布的行程。气动电机使止回辊转动，将滤布硬性拉紧，以消除摇臂向止回辊移动时滤布的松弛。止回辊和压紧辊是相互接触的，滤布位于它们之间。每个辊子有一个凸轮离合器，只以正常方向（即滤布移动方向）转动。

气动电动机通过一根链条与止回辊相连，驱动着止回辊。

气动电动机气源压力为 0.4 ~ 0.5MPa；转速为 10 ~ 20r/min。

6）真空阀和排气阀（真空开关机构）。真空阀和排气阀为自动气动蝶阀，每台脱水机各 2 个，其"开"和"关"是相反的，用来在过滤机表面切换真空压力和大气压力。由于这些阀门的作用，滤布可以在真空压力下进行过滤，而在大气压力下移动。

7）滤布清洗箱（滤布清洗机构）。当滤布经过时，滤布清洗箱采用工艺水对滤布的前后两面进行清洗。只有当滤布在清洗箱中移动时，它才得到清洗。因此只有当摇臂移回时，清洗水阀才会打开并进行清洗。

工艺水喷射到滤布上进行清洗，设有 18 个（上下各 9 个）喷嘴。滤布清洗箱采用箱式结构，其开口覆盖有密封板，用以防止工艺水喷溅。

8）追踪装置（滤布跑偏控制机构）。当滤布左右移动时，滤布传感器就会检测到，另一侧的追踪装置会对滤布的摆动作出反应，而追踪装置的双辊柱会将滤布压到正确的摆动范围。左侧或右侧的追踪装置总是不停地移动，来防止滤布收缩。当滤布传感器输出一个信号时，空气被给送到追踪装置膜片内，从而将追踪装置压到滤布上。追踪装置气源压力为 0.05 ~ 0.15MPa，追踪装置安装角为 7° ±2°。

9）真空盘（固/液体分离机构）。落在滤布上的石膏浆液通过真空盘的吸取，在滤布上形成固体物质，液体（滤液）从真空盘通过滤布流至滤液总管到滤液箱中。

真空盘上有一个格栅，格栅可以拆下进行清洗。

10）拉紧辊。滤布的伸长是通过移动拉紧辊来调节的，辊子可向上或向下移动。图 4-44 为现场设备照片。

真空泵是真空脱水系统中非常重要的设备，其性能的好坏直接关系到脱水石膏中水分含量的多少。常用的真空泵形式主要有水环式真空泵、罗茨真空泵、旋片式真空泵等，目前电厂石灰石/石膏湿法 FGD 真空脱水系统中采用的都为水环式真空泵。图 4-45 给出了国内 6 套 FGD 系统水环式真空泵的现场实物，可以看出其结构形式基本一致。

水环式真空泵（简称水环泵）是一种粗真空泵，它所能获得的真空为 2000 ~ 4000Pa，在水环泵中气体压缩是等温的，因此可用于抽除易燃、易爆的气体，此外还可抽除含尘、含水的气体。水环泵是靠泵腔容积的变化来实现吸气、压缩和排气的，它属于容积式真空泵。图 4-46 是水环泵工作原理示意：星状叶轮偏心地装在圆筒形工作室内，在泵体中装有适量的水作为工作液。当叶轮在电机带动下顺时针旋转时，水被叶轮抛向四周，由于离心力的作用，水形成了一个决定于泵腔形状的近似于等厚度的封闭圆环。水环的上部分内表面恰好与叶轮轮毂相切，水环的下部内表面刚好与叶片顶端接触（实际上叶片在水环内有一定的插入深度）。此时叶轮轮毂与水环之间形成一个月牙形空间，而这一空间又被叶轮分成与叶片数目相等的若干个小腔。在图中右半个气室 I 中，顺着叶轮的

台山电厂脱水机气缸与摇臂驱动机构

气动电动机、止回辊、压紧辊

真空阀（下）和排气阀（上）　　　　　　　真空盘上格栅（无输送皮带）

图4-44　台山电厂FGD真空脱水机部件

旋转方向，两叶片间小腔的容积由小逐渐变大，压力降低，且与端面上的吸气口相通，此时气体被吸入，当吸气终了时小腔则与吸气口隔绝；而在左半个气室Ⅱ中，当叶轮继续旋转时，小腔容积由大变小，使气体被压缩；当小腔与排气口相通时，气体便被排出泵外。叶轮每旋转一周，月牙形气室就使两叶片之间的容积周期性改变一次，从而连续地完成一个吸气和排气过程。叶轮不断地旋转，便能连续地抽排气体。

水环泵和其他类型的机械真空泵相比有如下优点：

（1）结构简单，制造精度要求不高，容易加工。

（2）结构紧凑，泵的转数较高，有的可与电动机直联，无需减速装置。故用小的结构尺寸，可以获得大的排气量，占地面积也小。

（3）压缩气体基本上是等温的，即压缩气体过程温度变化很小。

（4）由于泵腔内没有金属摩擦表面，无须对泵内进行润滑，而且磨损很小。转动件和固定件之间的密封可直接由水封来完成。

图 4-45 FGD 系统水环式真空泵

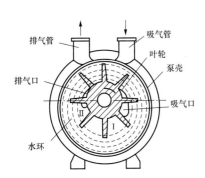

图 4-46 水环式真空泵结构示意

（5）吸气均匀，工作平稳可靠，操作简单，维修方便。

2. 真空皮带机试运前应具备的条件及检查内容

（1）试运范围内场地平整，道路（包括消防通道）畅通。

（2）施工范围内的脚手架已全部拆除，环境已清理干净，现场的沟道及孔洞的盖板齐全，临时孔洞装好护栏或盖板，平台有正规的楼梯、通道、过桥、栏杆及其底部护板。

（3）真空皮带机滤布、槽形皮带、滑道安装正确，各支架安装牢固，皮带上无杂物，皮带张紧适当。

（4）皮带和滤布托辊转动自如无卡涩现象，皮带主轮和尾轮安装完好，轮与带之间无异物，滤布无划伤或抽丝现象。

（5）真空泵、滤布冲洗泵、滤饼冲洗泵系统安装完毕，基础牢固，管路畅通。

（6）真空盒与皮带之间的间隙适当，其管路畅通，密封严密。

（7）滤液接收器、滤布冲洗水箱液位计安装完毕，电缆连接完好。

（8）工艺水至真空皮带机管道安装完毕，冲洗合格。

3. 调试程序

（1）阀门传动检查，包括真空泵密封水阀、真空泵进出口阀门、皮带机排水阀等，要求阀门开关灵活，反馈正确。

（2）滤布冲洗水箱、滤液接收器液位计校验。当液位计达到设定的高、低值时，CRT和就地应有信号显示并报警。

（3）滤布冲洗泵、滤饼冲洗泵不少于4h试运。要求达到无异常声音；润滑油脂无外溢，机械密封良好，无漏水现象；轴承温度、振动、电动机温度等符合验收规范要求。

（4）皮带跑偏调整。启动真空皮带机，进行皮带跑偏调整。

（5）滤布跑偏调整。皮带跑偏调整结束，安装滤布，启动真空皮带机，进行滤布跑偏调整。

（6）皮带润滑水、真空盒密封水流量调整。启动滤布冲洗泵，调整手动阀开度，使皮带润滑水、真空盒密封水流量满足厂家设定的流量要求。当流量低于设定的流量时，CRT应有报警。

（7）真空泵密封水流量调整。打开工艺水至真空泵手动总门，打开密封水阀，通过调节密封水阀后手动门的开度，使真空泵密封水流量满足厂家设定的流量要求。当流量低于厂家设定的流量时，CRT应有报警。

（8）真空皮带机、真空泵4~8h试运。待皮带跑偏、滤布跑偏调整结束，先后启动滤布冲洗泵、真空泵、真空皮带机，进入试运行。要求真空泵噪声达到厂家设计的要求；润滑油脂无外溢，机械密封良好，无漏水现象；轴承温度、振动、电机温度等符合验收规范要求。真空皮带机一般要进行不低于8h试运，试运过程中要求皮带、滤布无跑偏现象。

（9）连锁保护试验。连锁保护试验包括滤布冲洗泵、滤饼冲洗泵、真空泵、真空皮带机连锁保护等，表4-10为某FGD真空皮带机系统连锁与保护试验内容，在启动各设备之前应完成试验。

表4-10　　　　　　　　　　　某真空皮带机系统的连锁与保护

	滤布/滤饼冲洗泵连锁与保护内容	
1	冲洗泵启动允许条件：冲洗水箱液位不低	
2	冲洗水箱液位低低，冲洗泵保护停	
3	真空皮带机紧急停运，冲洗泵保护停	
4	事故按钮动作，冲洗泵保护停	
	真空泵的连锁与保护内容	
1	真空泵启动允许条件：滤液接收器液位不高、真空皮带机运行且真空泵密封水流量不低	
2	真空泵密封水流量低，真空泵保护停	
3	真空皮带机未运行，真空泵保护停	
4	滤液接收器液位高高，真空泵保护停	
5	真空皮带机脱水系统紧急停运，真空泵保护停	
6	事故按钮动作，真空泵跳闸	
	真空皮带机的连锁与保护内容	
1	真空皮带机启动允许条件（要求全部满足）	a. 无拉绳信号； b. 皮带无跑偏信号； c. 滤布无跑偏信号； d. 滤布冲洗泵运行且真空箱密封水流量不低； e. 滤布冲洗泵运行且皮带润滑水流量不低； f. 滤布冲洗泵无跳闸信号

续表

	真空皮带机的连锁与保护内容
2	拉绳开关动作，延时 5s 皮带机跳闸
3	皮带跑偏，延时 5s 皮带机跳闸
4	滤布跑偏，延时 5s 皮带机跳闸
5	滤布冲洗泵运行且真空箱密封水流量低，延时 5s 皮带机跳闸
6	滤布冲洗泵运行且皮带润滑水流量低，延时 5s 皮带机跳闸
7	滤布冲洗泵跳闸，延时 5s 皮带机跳闸
8	真空泵跳闸，延时 5s 皮带机跳闸
9	紧急事故按钮动作，皮带机跳闸

八、搅拌器的调试

1. 概述

搅拌器是湿法 FGD 系统中的重要设备之一，在浆液可能沉淀的吸收塔、箱、罐或排水坑里面都设有搅拌器。目前 FGD 系统采用的搅拌器有机械式搅拌器和脉冲悬浮搅拌器，机械式搅拌器主要由搅拌轴、叶片、密封装置、电动机及齿轮箱等组成；脉冲悬浮搅拌器是在浆液池上安装一个或多个抽吸管抽取浆液进行循环，向浆液罐底部喷射，该技术是德国 LLB 公司的专利。机械式搅拌器有侧进式（卧式）、顶进式（立式）两种，CT-121 的鼓泡反应塔采用立式搅拌器，喷淋塔大多数是卧式安装，有的吸收塔搅拌器分二层布置，如杭州半山电厂、北京第一热电厂的 FGD 系统；大的事故浆液罐的搅拌器卧式、立式也都有应用，而其他浆液箱（如石灰石浆液罐、滤液罐、废水罐等）、排水坑安装的多为立式搅拌器。图 4-47 ~ 图 4-49 给出了几种类型的搅拌器。

图 4-47 吸收塔卧式搅拌器及电动机

图 4 - 48 鼓泡塔内立式搅拌器及电动机

某石灰石浆液循环箱搅拌器　　　　　　　某石灰石浆液罐搅拌器

某废水处理反应池搅拌器　　　　　　　某废水加药系统用搅拌器

排水坑搅拌器　　　　　　　　吸收塔二层搅拌器

图 4 - 49 立式搅拌器

2. 搅拌器试运前应具备的条件及检查内容

（1）试运范围内场地平整，道路（包括消防通道）畅通。

（2）施工范围内的脚手架已全部拆除，现场已清理干净，现场的沟道及孔洞的盖板齐全，临时孔洞装好护栏或盖板，平台有正规的楼梯、通道、过桥、栏杆及其底部护板。

（3）搅拌器安装完毕，基础牢固，螺栓紧固。

（4）润滑油油位正常。

（5）箱、罐或水坑具备进水条件。

（6）液位计校验合格，准确。

（7）皮带张紧力合适，符合厂家的规定。

3. 调试程序

（1）测量搅拌器的安装高度。在浆液罐、箱或排水坑注水之前，应先测量搅拌器的安装高度，安装高度以搅拌叶片的上边缘为准，参考厂家说明书，确定搅拌器启动的最低液位。

（2）检查搅拌器齿轮箱润滑油位。确认齿轮箱中是否加入了合适的润滑油，润滑油油位以油标满刻度所示为准；对于带润滑泵的齿轮箱，当润滑油泵启动进行油循环后，必须再次检查油位。

（3）搅拌器转向检查。先手动盘动电机轴，检查转动是否自如。搅拌器电机送电前，测量绝缘应合格，如果绝缘电阻过小，可能绕组受潮，启动前应彻底干燥，电机绝缘合格后，点动搅拌器，检查转向是否正确。

（4）搅拌器连锁保护试验。搅拌器的连锁试验一般包括下列内容：

1）浆液罐或排水坑液位合适，搅拌器允许启动；

2）浆液罐或排水坑液位低，搅拌器在自动位则搅拌器自动停；

3）浆液罐或排水坑液位低低，搅拌器保护停。

（5）搅拌器单体试运。在完成静态检查及连锁保护试验完成后，浆液罐或排水坑注水至一定液位即可进行搅拌器的单体试运，启动搅拌器，待搅拌器运行稳定后用事故按钮停下，观察各部件有无摩擦等异常现象，确认没问题后方可开始试转。试运期间定期测量振动、轴承温度等，并注意检查机械密封和法兰连接等。试运期间搅拌器应运转平稳，无异常噪声，轴承温度正常。若发现异常情况应立即停止试运，处理正常后方可继续试运。由于浆液泵的启动条件一般要求搅拌器运行，因此搅拌器的试运可以和对应浆液泵的试运一起进行。

4. 搅拌器试运中的常见问题

（1）运行中轴承温度过高，可能原因是：① 润滑油过少；② 润滑油过多；③ 润滑油油质不合格；④ 缺少冷却水；⑤ 轴承损坏。

（2）机械密封问题，常见的主要是密封圈或 O 型圈损坏。

（3）驱动电动机转，搅拌器不动，可能原因是：① V 型皮带打滑；② 齿轮损坏；③ 填料箱过紧。由于填料占据了密封腔内径与轴外径之间的所有空间，所以填料应填压好但又允许搅拌轴能转动，如果填料装填太松，它将不能很好地起到密封作用，另一方面，如果填料装填太紧，过度的摩擦将加速轴的磨损以及使填料失效，甚至造成驱动电机转而搅拌器不动。一旦发现填料密封腔泄漏后，不要通过拧紧螺栓的方法来解决泄漏，因为这种方式只是暂时的，但可能导致轴和填料的永久损坏，正确的处理方式应停下搅拌器，重新装填填料。

第二节　FGD 系统分系统调试

分系统调试是在单体调试的基础上，按系统对动力、电气、热控等所有设备进行空载和带负荷的调整试验，是 FGD 系统整套启动联合试运的基础。在进行分系统调试之前，应具备以下条件：

（1）所有必须在分系统启动前应完成的单体试运、调试和整定项目，均已全部完成并进行了验收签证。

（2）各系统中的远方操作电动门、气动门、调节门、手动门等均试验完毕，开关灵活可靠，指示正确，挂有编号明确的标识牌。

（3）表盘上需要的表计或 CRT 上调试所需参数均能正确显示运行数值。

（4）厂用电源及照明电源可靠，事故照明电源能随时投入使用。分系统调试时，该系统设备附近及采取数据的位置应有充足的照明，系统周围无障碍物，与控制室之间道路畅通。

（5）试运范围内场地平整，道路（包括消防通道）畅通；施工范围内的脚手架已全部拆除，环境已清理干净，现场的沟道及孔洞的盖板齐全，临时孔洞装好护栏或盖板，平台有正规的楼梯、通道、过桥、栏杆及其底部护板；现场有足够的消防器材，消防水系统有足够的水源和压力，并处于备用状态。

（6）与不参加调试的系统有良好的隔绝。

（7）参加调试各方已做好各项准备，包括运行人员已全部到岗，岗位职责明确，现场已挂有关图表、调试说明及安全措施。

（8）设备、管道、阀门已命名且标识齐全，运行必需的备品配件、专用工具、安全工具、记录表格等备齐。

（9）调试人员已就调试方案，向参加调试的各方人员尤其是运行人员，进行了技术交底。

（10）进行调试的地方与主控室有良好的通信工具，如对讲机等，能确保通信畅通。

上述条件只是一般性的要求，当具体到各个系统时，还有针对系统特点的具体要求。

一、烟气系统的调试

烟气系统主要包括增压风机及辅助系统、烟道、FGD 进出口烟气挡板、旁路烟气挡板及其密封风系统、GGH 及辅助系统等。

（一）调试前应具备的条件及检查内容

（1）烟气挡板的叶片、密封垫、连杆及相应的执行机构，应安装完毕，所有的螺栓紧固完毕。

（2）增压风机及所有相应烟风管道安装完毕，螺栓紧固，风机及烟风管道内部清理干净，不得遗留任何工具和杂物。动叶叶片调节机构操作正常、指示位置正确，动作灵活，可远方操作，热工信号正确。

（3）烟道严密性试验完毕，所有人孔门关闭。

（4）增压风机润滑油站、液压油站液位正常，冷却水畅通。

（5）GGH 及辅助设备安装完毕，各径向、轴向和周向旁路密封间隙应符合厂家对安装间隙的要求；转子冷、热端应无杂物，密封片完好无损；GGH 内无临时踏板、钢架等散件，确保已完成所有的现场焊接。GGH 外形完整，现场控制柜、减速装置良好，具备启动条件。

（6）GGH 吹扫空气，高、低压冲洗水系统的检查，清洗管路安装完毕；清洗管路上的各个阀门、仪表均可投入使用；吹灰枪本体完好，连接管道无泄漏现象；高、低压冲洗水泵试运合格。

（二）调试程序

1. FGD 烟气系统连锁保护试验

FGD 烟气系统是与锅炉机组直接相连的，其逻辑设计应从保护机组运行安全和保护 FGD 系统的设备安全两方面出发。目前由于各电厂采用的 FGD 技术不同，因此逻辑设计也各有差别，调试人员要根据各个系统设计的逻辑进行逐项检查，另外对于逻辑的合理性也要作出正确的分析与判断。FGD 烟气系统连锁保护试验一般有以下内容（但不限于此）：

（1）增压风机入口压力高高/低低，FGD 保护动作。

（2）FGD 入口温度高高/低低，FGD 保护动作。

（3）FGD 入口粉尘浓度高高，FGD 保护动作。

（4）FGD 进出口挡板开，增压风机运行，循环泵或烟气冷却泵全部跳闸，FGD 保护动作。

（5）增压风机跳闸，FGD 保护动作。

（6）GGH跳闸，FGD保护动作。

（7）增压风机运行，FGD入口挡板未开，FGD保护动作。

（8）增压风机运行，FGD出口挡板未开，FGD保护动作。

（9）锅炉MFT，FGD保护动作。

（10）机组RB，FGD保护动作。

FGD保护动作时，旁路烟气挡板打开，增压风机停运，FGD入/出口挡板关闭。

2. 烟气系统顺控启停试验

包括烟气系统的顺控启动、顺控停止。启动增压风机液压油系统，润滑油系统、密封风系统。将FGD进出口烟气挡板、GGH及辅助系统、增压风机、旁路烟气挡板等投自动，试验烟气系统顺控启动、顺控停止步序是否正确。表4-11为瑞明电厂GGH顺控启停步骤，表4-12为1号烟气系统顺控启停步骤。

表4-11　　　　　　　　　　　　GGH顺控启停步骤

	启动程序		停止程序
1	关闭密封风机进口门	1	停止GGH主电机停止辅助电机
2	启动密封风机		
3	打开密封风机进口门	2	10min后停密封风机
4	启动吹灰器密封风机		
5	启动GGH主电机	3	关闭密封风机进口门
6	主电机高速启动		
7	GGH启动程序结束	4	GGH停止程序结束

表4-12　　　　　　　　　　　FGD烟气系统顺控启停步骤

	启动程序		停止程序
1	启动增压风机冷却风机1或2	1	打开旁路烟气挡板1
2	关闭FGD进口烟气挡板1 1号增压风机静叶置于最小	2	1号增压风机静叶关至最小
		3	停止增压风机1
3	打开出口烟气挡板1 打开净烟气挡板1 关闭吸收塔顶排气门	4	关闭进口烟气挡板1 打开吸收塔顶排气门
4	启动1号增压风机	5	关闭出口烟气挡板1 关闭净烟气挡板1
5	打开进口烟气挡板1		等待2h
6	关闭旁路烟气挡板1	6	停止冷却风机1 停止冷却风机2
7	1号烟气系统启动程序结束	7	1号烟气系统停止程序结束

3. 冷态试验

FGD烟气系统冷态试验的目的主要有三方面：一是让调试人员、运行人员熟悉整个FGD烟气系统的启、停操作；二是初步获取冷态情况下FGD系统的正常启停及事故停运时炉膛负压及增压风机入口压力的变化规律，同时试验FGD烟气挡板特别是旁路烟气挡板动作的可靠性及合理性；三是进行增压风机动叶的自动调节试验，初步获取动叶自动控制参数以及锅炉侧异常变化时增压风机的调节性能数据等，为锅炉和FGD系统热态运行的优化操作提供参考。对于根据锅炉风量对增压风机进行调节的系统，冷态试验还应包括风量的标定等内容。

试验内容主要包括：

（1）FGD 烟气系统程控启动时对炉膛负压的影响。

（2）FGD 烟气系统程控停止时对炉膛负压的影响。

（3）FGD 系统保护时（如增压风机跳闸）对炉膛负压的影响。

（4）增压风机动叶的自动调节试验（全关旁路烟气挡板）等。

烟气系统冷态试验可在增压风机单体试运后进行，准备工作要充分。

虽然冷态试验在一定程度上对机组和 FGD 系统的热态运行有一定的指导意义，但实践表明，FGD 系统冷态时与热态情况下特性仍有较大的区别，因此如果条件具备，应在热态情况下做 FGD 系统的保护试验，切实掌握在 FGD 系统发生保护时对机组的安全运行的影响。另外 FGD 增压风机与锅炉引风机的调节匹配要专门进行试验。

在实际 FGD 系统调试过程中，特别是对老机组，往往没有机会停下机组来进行增压风机单体试转及烟气系统冷态试验，因为非计划停机约 3d 的发电损失很大，而大小修时 FGD 系统又常常未具备试运条件。这时在热态情况下首次启动增压风机也是可行的，广东省沙角 C 电厂 600MW 机组、珠海电厂 2×700MW 机组等的增压风机单体试转就是在热态条件下进行的，即第一次启动增压风机烟气就进入吸收塔内进行脱硫了，这要求准备工作要做足，试运时旁路挡板先打开。尽管如此，建议有条件时先进行冷态试转和试运，及早发现潜在的问题并在热调前处理完毕。

二、吸收塔系统的调试

1. 吸收塔调试基本要求

FGD 吸收塔主要包括吸收塔本体、循环泵或烟气冷却泵、冷却喷淋系统、吸收塔搅拌器、除雾器、氧化风机、吸收塔区排水坑等，事故罐及相应的管道、阀门系统也可一起调试。系统调试前应检查以下内容：

（1）吸收塔本体安装完毕，内部防腐完成，喷淋层、除雾器及其冲洗水系统安装并紧固，符合验收规范并经验收合格。

（2）循环泵及管道、阀门安装完毕，基础牢固，管道防腐完成，符合验收规范并经验收合格。

（3）吸收塔搅拌器安装完毕，基础牢固，润滑油油位正常。

（4）吸收塔水坑防腐完成，吸收塔水坑泵及管道、阀门、搅拌器安装完毕，管道防腐完成并经验收合格。

（5）氧化风机安装完毕，基础牢固，氧化风管道、减温水管道、冲洗水管道安装完毕并经验收合格。

（6）事故罐本体安装完毕，防腐工作完成，事故返回泵、搅拌器及管道、阀门及防腐完成并经验收合格。

2. 吸收塔调试程序

（1）吸收塔（事故罐）内部检查。将吸收塔内部杂物清理干净，确认吸收塔内部无焊条、小铁块等杂物，防止运行过程中这些杂物损坏循环泵或石膏排出泵、事故返回泵等。

（2）阀门传动检查。在 CRT 上操作吸收塔系统范围内的阀门，应开关灵活，位置反馈正确，无卡涩现象；调节门应刻度指示准确，位置反馈正确。

（3）冲洗。包括管道冲洗和吸收塔、事故罐的冲洗，启动工艺水泵，冲洗管道，包括除雾器给水管道、浆液泵输送管道等。冲洗采用目测的方法，管道出水清洁即可，同时检查法兰等处有无泄漏，管道冲洗完毕冲洗吸收塔和事故罐，冲洗完毕关闭人孔门。

（4）除雾器系统调试。欧美国家的 FGD 公司除雾器一般布置在吸收塔的顶部，日本 FGD 公司常布置在吸收塔出口的水平烟道内，如日本川崎喷淋塔、日立水平流塔、荏原 CT－121 的鼓泡塔等。

　　除雾器冲洗系统主要由冲洗喷嘴、冲洗泵、管路、阀门、压力仪表及电气控制部分组成。其作用是定期冲洗由除雾器叶片捕集的液滴、粉尘,保持叶片表面清洁(有些情况下起保持叶片表面潮湿的作用),防止叶片结垢和堵塞,维持系统正常运行;同时维持吸收塔运行的正常水位。第一级除雾器一般采用双面冲洗,在最后一级除雾器上大多采用单面冲洗。

　　除雾器给水管道冲洗合格后,法兰恢复连接。通过除雾器给水管道上的压力调节阀调整除雾器冲洗水压力,压力过高可能会损坏除雾器叶片,压力过低则达不到好的冲洗效果,冲洗水压力一般在 0.2MPa 左右。

　　冲洗水压力调整好后,逐个打开除雾器冲洗阀门,对除雾器的喷淋情况进行检查。主要包括:冲洗阀门是否关闭严密、喷嘴是否堵塞、喷射方向是否正确等。图 4-50 反映了调试时发现的喷嘴安装方向相反、喷嘴堵塞等情况以及除雾器正常的冲洗情况。

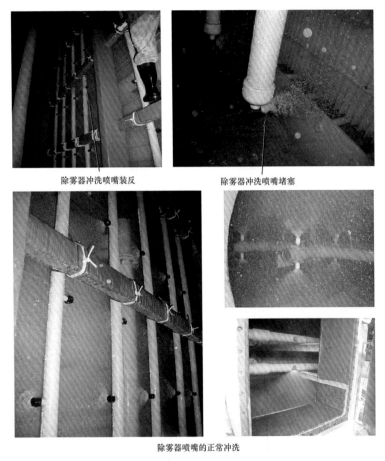

除雾器冲洗喷嘴装反　　　　　　　　除雾器冲洗喷嘴堵塞

除雾器喷嘴的正常冲洗

图 4-50　除雾器喷嘴的冲洗检查

　　FGD 系统正常运行中,喷淋塔液位一般通过除雾器的冲洗来控制,因此除雾器顺控冲洗程序非常重要,包括每个冲洗水阀门的间隔开关时间和冲洗时间,间隔时间设得过长,吸收塔液位可能降低并且除雾器也得不到及时清洗;冲洗时间设得过长,则会造成吸收塔液位的持续升高。除雾器冲洗程序一般都要在热态时根据实际运行工况进行调整,在冷态情况下主要试验冲洗程序执行的正确性。表 4-13 给出了某 FGD 除雾器的冲洗程序。将顺控投入自动,当液位低于 11.0m 时自动进行冲洗,下层和上层交替进行每个阀门冲洗 90s,直到液位到 11.36m 时自动停止冲洗。程序中断时记忆阀门号等液位低于 11m 从上次中断的阀门开始继续往下进行冲洗程序,如此循环不已。

表 4 – 13   除雾器冲洗程序的例子

启动冲洗程序		
1	打开下层 1 号冲洗水门	延时 90s
2	关闭下层 1 号冲洗水门，打开上层 1 号冲洗水门	延时 90s
3	关闭上层 1 号冲洗水门，打开下层 2 号冲洗水门	延时 90s
…	……关闭、打开交替进行	延时 90s
17	关闭上层 8 号冲洗水门，打开下层 9 号冲洗水门	延时 90s
18	关闭下层 9 号冲洗水门，打开上层 9 号冲洗水门	延时 90s
19	关闭上层 9 号冲洗水门	延时 90s
程控冲洗 1 个周期结束		

（5）吸收塔注水。在进行除雾器冲洗水程序试验的同时也给吸收塔注了水，利用除雾器冲洗水上水时，记录除雾器冲洗程序完成一个周期吸收塔水位的上升高度，为热态运行提供数据，也可直接通过吸收塔补水门上水。为了加快上水进度，也可两路同时上水，在上水过程中同时校验液位计。待吸收塔上水至溢流时，通知安装单位做24h 沉降试验，观察吸收塔是否有变形。

（6）吸收塔注好水后进行搅拌器、循环泵或烟气冷却泵、氧化风机系统试验，采用顺控启停，检查各个系统的顺控启停步骤是否正确，冲洗时间设置是否合理。表 4 – 14 给出了某循环泵的顺控启停步骤。

表 4 – 14   某吸收塔循环泵的顺控启停

启 动 程 序			停 止 程 序		
1	循环泵入口电动门 循环泵入口排污门 循环泵入口冲洗水门	自动关	1	循环泵	自动停
			2	循环泵入口门	自动关
			3	循环泵入口排污门	自动开 180s
2	循环泵入口门	自动开	4	循环泵入口排污门	自动关
等待 5s			5	循环泵入口冲洗水门	自动开 180s
3	循环泵	自启动	6	循环泵入口冲洗水门	自动关
循环泵启动程控启动程序结束			7	循环泵入口排污门	自动开 180s
			8	循环泵入口排污门	自动关
			9	入口冲洗水门	自动开 180s
			10	入口冲洗水门	自动关
			循环泵停止程序结束		

循环泵在试运过程中同时对喷淋层进行检查，如图 4 – 51 所示。

（7）吸收塔水坑注水。可采用吸收塔放水，或工艺水注水，吸收塔水坑注水过程中同时校验液位计。之后进行水坑搅拌器、水坑泵试运。搅拌器要求达到无异常噪声，齿轮无啮合不良等现象；润滑油脂无外溢，机械密封良好；轴承温度、振动、电机温度等符合验收规范要求。水坑泵要求达到运行平稳，出力稳定，无异常噪声，轴承温度、电机绕组温度、振动符合验收规范要求，润滑油脂无外溢，机械密封良好，无漏水现象。

（8）事故罐上水。事故罐上水可通过石膏排放泵或吸收塔水坑泵，上水过程中同时校验液位计，上水至事故罐溢流，通知安装单位做24h 沉降试验，观察事故罐是否有变形。

（9）事故返回泵、事故罐搅拌器连锁与保护试验。之后进行事故返回泵、事故罐搅拌器试运。搅拌器要求达到无异常噪声，齿轮无啮合不良等现象；润滑油脂无外溢，机械密封良好；轴

图4-51　循环泵喷淋试验

承温度、振动、电机温度等符合验收规范要求。事故返回泵要求达到运行平稳，出力稳定，无异常噪声，轴承温度、电机绕组温度、振动符合验收规范要求，润滑油脂无外溢，机械密封良好，无漏水现象。

事故返回泵顺控启停，检查泵的顺控启停步骤是否正确，冲洗时间设置是否合理。

三、石灰石浆液制备系统的调试

此阶段的目的是制备满足脱硫工艺设计要求的石灰石浆液，随时准备向吸收塔提供，并保证系统安全稳定运行，能耗最低。如前所述，目前电厂FGD系统的石灰石制浆主要有湿磨制浆和石灰石粉加水制浆两类，图4-52和图4-53反映了两类制浆系统的典型布置。

图4-52　石灰石湿磨制浆系统布置流程示意

（一）湿磨制浆

图4-54是典型的湿磨系统流程。经破碎的石灰石由称重给料机送入球磨机，在球磨机内被钢球砸击、挤压和碾磨。在球磨机入口加入一定比例的滤布水（或工艺水），此水汇同两级旋流器的底流流经球磨机筒体，将碾磨后的细小石灰石颗粒带出筒体进入一级再循环箱，而石灰石中的杂物则被球磨机出口的环形滤网滤出，进入置于外部的杂物箱。进入一级再循环箱的石灰石浆液被一级再循环泵打入一级旋流器进行初级分离，浆液中的大颗粒被分离到旋流器的底部，并被底流带回到球磨机入口重新碾磨。浆液中的小颗粒则被溢流携带进入二级再循环箱，由二级再循环泵打入二级旋流器进行二级分离。二级旋流器由若干个小旋流筒构成，石灰石浆液中的粗颗粒被底流带回到球磨机入口重新碾磨。溢流出的合格石灰石浆液进入石灰石浆液罐备用。为保证系统物料平衡、浆液浓度和细度合格，旋流系统设有再循环管道及浓度、液位、细度调节阀门。系统还设有冲洗水用于设

图 4-53 石灰石粉制浆系统现场布置

备停止或切换时冲洗泵、管路和旋流器。根据不同设计要求，水力旋流器可分为一级或两级（图4-54 中为两级），广东省台山电厂、珠海电厂的湿磨制浆系统就只有一级水力旋流器，其密度合格的溢流直接进入石灰石浆液罐中。

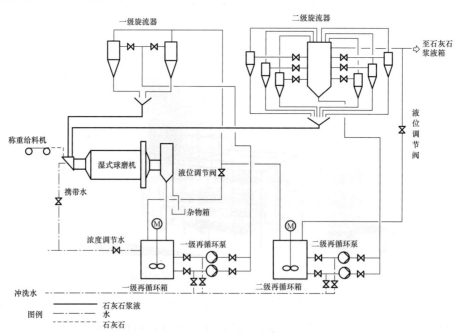

图 4-54 典型的湿磨制浆系统流程

1. 调试前应具备的条件及检查内容

（1）检查湿式球磨机、皮带输送机、石灰石仓及除尘器等安装完毕，基础牢固；球磨机润滑油系统经压力试验合格，油质符合要求。

（2）石灰石浆液循环箱及浆液循环泵、石灰石浆液罐及石灰石浆液泵、搅拌器、液位计安装完毕，循环箱、浆液罐及管道等防腐工作完成，内部杂物清理干净。

（3）称重皮带给料机安装完毕，进、出料口畅通，皮带主轮、尾轮应安装良好，托辊齐全，皮带无破裂、无损伤，不打滑，接头完好，皮带上应无杂物。受料槽安装正确，无破损，拉线开关连接正确可靠。

（4）斗式提升机驱动装置安装牢固，斗式提升机竖井内应无障碍物，斗与皮带连接应完好、牢固；各料斗外形正常，无磨损和变形。调紧装置应灵活，无卡涩，皮带无跑偏现象，且接头连接牢固。

（5）石灰石浆液旋流器各个旋流子安装正确，漏斗无堵塞。

（6）制浆区地坑系统安装完成，内部防腐完成，地坑泵、搅拌器及管道阀门安装完成。

（7）其他相关设备和系统皆已安装完毕。

（8）上述内容符合《电力建设施工及验收技术规范》，并经验收合格。

2. 调试程序

（1）设备单体调试。如振动给料机、石灰石输送皮带机、斗式提升机、石灰石浆液泵、搅拌器、湿式球磨机的调试等，系统处于备用状态。

（2）系统制浆。

1）石灰石储仓上料。启动卸料区除尘风机，依次启动斗式提升机、皮带输送机、金属分离器、振动给料机等设备，向石灰石储仓上料。此程序可单独提前进行。

2）启动球磨机油站，包括低压润滑油泵和高压顶轴油泵。

3）启动石灰石浆液循环箱搅拌器、浆液循环泵，浆液循环泵打循环。

4）启动球磨机，稳定运行几分钟后，启动称重给料机，向球磨机给料。经调整密度合格的石灰石浆液溢流进入石灰石浆液罐储存，底流返回球磨机。

（3）石灰石浆液细度调整。石灰石浆液中颗粒越细，则等量石灰石浆液在吸收塔中化学反应接触面积越大，反应越充分，脱硫效率、石膏浆液品质、脱水效果相应就会更好，但制浆系统电耗会增大。目前，脱硫石灰石浆液细度根据工艺设计不同，一般在 $30 \sim 60 \mu m$ 之间，其中以 90% 颗粒小于 $44 \mu m$ 最为广泛。

调整石灰石浆液细度的途径有：

1）保持合理的钢球装载量和钢球配比。石灰石是靠钢球撞击、挤压和碾磨成浆液的，若钢球装载量不足，细度将很难达到要求。运行中可通过监视球磨机主电机电流来监视钢球装载量，若发现电流明显下降，则需及时补充钢球。球磨机在初次投运时，钢球质量配比应按设计进行。经验表明，钢球补充一般只补充直径最大或次大的型号，因为磨损后，不同直径的钢球可计入其他型号之列。

2）控制进入球磨机石灰石粒径大小，使之处于设计范围。一般湿式球磨机进料粒径为 90% 颗粒小于 20mm。

3）调节球磨机入口进料量。一般为降低电耗，球磨机应经常保持在额定工况下运行。但有时由于种种原因，钢球补充不及时，则需根据球磨机主电机电流降低情况适当减小给料量，才能保证浆液粒径合格。

4）调节进入球磨机入口滤液水（或工艺水）量。球磨机入口滤液水的作用之一是在筒体中流动带动石灰石浆液流动，若滤液水量大则流动快，碾磨时间相对较短，浆液粒径就相对变大；反之变小。因此应调节球磨机入口滤液水量在合适范围内，不应过大。在有些湿磨系统中，为防止入口给料堵塞而人为加大入口水量，此做法不妥。相对于进入再循环箱的水量，一些磨机的入口水量较小，正常运行时可不用调节。

5）调节旋流器水力旋流强度即入口压力。旋流器入口压力越大，旋流强度则越强，底流流量相对变小，但石灰石浆液粒径变大；反之粒径变小。因此在运行中要密切监视旋流器入口压力在适当范围内。对于调节旋流器入口压力，若再循环泵采用变频泵则可调节泵的转速；若旋流器由多个旋流子组成，则可调节投入个数。

6）适当开启旋流器稀浆收集箱至浓浆的细度调节阀，让一部分稀浆再次进入球磨机碾磨。

7）加强化学监督，定期化验浆液细度，为细度调节提供依据。

在实际调试完成正常运行过程中，主要监督的是石灰石浆液密度。只要石灰石浆液密度在设计范围内，细度也基本满足要求。

（4）石灰石浆液密度调整。石灰石浆液必须满足一定的密度要求。密度过高易造成石灰石浆液泵及管道磨损堵塞，对石灰石浆液箱搅拌器和衬胶也极为不利。密度过低可能出现吸收塔给浆调节阀门全开，但石灰石量仍满足不了要求的情况。脱硫设计一般要求石灰石浆液密度为 $1200 \sim 1250 kg/m^3$。

石灰石浆液密度调节可采用自动和手动两种方法。自动调节通常应用于 1 台球磨机对应 1 台密度计，手动调节通常应用于多台球磨机对应 1 台密度计。自动调节是通过控制进入一级再循环箱滤液水（或工艺水）量，调节阀门开度来实现的。滤液水（或工艺水）量根据密度设定、石灰石给料量、已进入系统水量等在线监测数据来计算。因多台球磨机共用 1 台密度计，为避免反馈量相互干扰，影响制浆系统物料平衡和细度调节，密度反馈修正量不用在线监测数据改为手动设定修正量。

在必要的情况下，两种调节方法均可人为解除自动调节器，改为直接人工控制调节门开度，强制调节浓度。但此种情况应用极少。理论计算和实践表明，在石灰石给料量 B 一定时，控制进入湿磨系统的总水量为 $(2.5 \sim 2.7) B$，就基本满足石灰石浆液密度的要求。

（5）系统物料平衡调整。FGD 制浆系统在运行中必须保持物料平衡。进入系统的石灰石和滤液水总和随时应与离开系统的石灰石浆液总体上保持平衡。物料平衡在运行监视中表现为球磨机、两级再循环箱、两级旋流器稀浆和浓浆收集箱的液位应保持适中，即相对稳定的状态。若某个环节物料过多，会造成本环节漫浆、上环节循环泵保护跳闸；若某个环节物料过少，也会造成本环节循环泵保护跳闸、下环节物料随之减少等问题。这些都将导致系统不能连续运行，影响其安全。实际运行中，一般保持再循环箱液位在 40% ~ 70% 之间、稀浆及浓浆收集箱液位在 20% ~ 50% 之间为宜。

系统物料平衡调整方法有：

1）调节再循环箱液位调节阀开度，此调节为正常情况下主要的液位调节方法。通常该液位调节采用自动跟踪再循环箱液位的某一定值（如 60%）。但实践表明将再循环箱液位自动控制在某一定值的做法过于理想。对于只有一级再循环箱的湿磨系统，可以通过控制旋流器溢流出口分配箱阀门（设计选用）的方向来控制浆液循环箱的最低液位。进入循环箱的浆液量少于旋流器溢流排出量时，循环箱液位下降，当液位下降至某一设定低值如 1.0m 时旋流器溢流切换至循环箱，循环箱液位开始上升，当液位升至某一设定高值如 1.4m 时，旋流器溢流切换至石灰石浆液罐存储，继续排出成品石灰石浆液。这种控制方法虽会造成石灰石浆液浓度的一定波动，但运行简单可靠，运行人员无需监视。

2）保持浆液管线畅通，必要时停下冲洗。

3）保持再循环泵出力正常，特别注意入口有无堵塞现象。

4）合理调节旋流器旋流子投入数量，并保持所投旋流子畅通；若为变频再循环泵则设定合适的转速。旋流器的调整要配合浆液细度调节来综合调节水力旋流强度。旋流强度过大，则浓浆过浓，会堵塞再循环泵入口；旋流强度过小，则浓浆回得过多，再循环泵出力可能不够。因此要综合考虑细度和液位平衡，确定一个最佳的旋流器入口压力。

（6）FGD 制浆系统的电耗调整。制浆系统电耗是 FGD 系统主要能耗之一，调节原则是使磨制单位质量合格浆液的电耗最小。制浆电耗调整的途径有：

1）优化运行方式，尽量在额定负荷下运行。球磨机给料的多少对电耗影响不大。因此除特殊情况外，制浆系统不应采用降低给料来调节出力，而是采用启停整个系统来控制石灰石浆液箱液位。

2）控制进料粒径。若进料粒径超标，制浆系统电耗将增大。

3）选用适当的石灰石。石灰石中 Fe_2O_3 和 SiO_2 含量变大不但磨损性增强，而且会增加制浆电耗，运行中要密切关注石灰石化验报告。

3. 制浆系统调试注意事项

（1）制浆系统由于球磨机内的介质是液体，采用橡胶内衬，故没有粉尘污染，且噪声较小。但橡胶内衬有一定的使用寿命，若运行中听到球磨机筒体内有异常的撞击声，则可能是橡胶内衬损坏，需及时更换。

（2）石灰石及其浆液的腐蚀性、磨损性、沉积性都很强，所以运行中容易造成系统堵塞、泄漏。浆液循环泵和管道都需做防腐处理或采用特殊材料，并加装冲洗水，运行中若发现堵塞应及时冲洗。

（3）钢球装载量对制浆系统的影响非常大。若钢球不足，浆液密度、细度、电耗、物料平衡都很难达到设计要求。

（4）球磨机出力一般应按额定工况运行，由于特殊原因未及时补充钢球，应根据经验按实际钢球装载量的最大出力给料，这是降低电耗和钢球消耗的大前提。切忌为了平衡脱硫系统用浆量人为减少球磨机给料量。

（5）旋流器、再循环泵入口是制浆系统中最容易堵塞的两个部分，运行中应特别注意。水力旋流强度应在运行中摸索出一个最佳的入口压力范围，这对浆液细度、物料平衡调节有很直接的效果。

（6）调节旋流器入口压力若采用调节投入旋流子个数的方法，其闸阀应全关或全开，不宜处于中间位置。若处于中间位置，会大大增加闸阀的磨损及此处的堵塞。

（7）石灰石浆液的密度最好不要超过 $1250kg/m^3$，若超过此限，系统磨损、堵塞现象会明显加剧。

（8）加强对石灰石及石灰石浆液的化验监督，减少石灰石带入的杂物，对FGD制浆系统的正常运行很有必要。

（二）石灰石粉制浆系统的调试

石灰石粉制浆系统主要包括石灰石浆液罐及搅拌器、石灰石浆液泵、石灰石粉仓及除尘器、石灰石粉给料机及计量装置、流化风系统等。流化风系统一般由流化风机、油水分离器、加热器、流化风板及相应的管道、阀门组成。图4-55是某FGD石灰石粉制浆系统。

1. 调试前应具备的条件及检查内容

（1）检查石灰石粉仓、除尘器、粉仓顶部排尘风机、料位计等安装是否正确，粉仓内部清理干净无杂物，上粉管、阀门安装完毕，检查上粉管是否安装有完整无损的滤网。

（2）给料机及计量装置安装完毕，基础牢固，内部杂物清理干净。

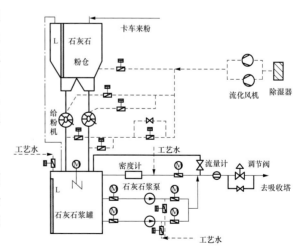

图4-55　石灰石粉制浆系统示意

（3）流化风系统安装完毕，流化风机、油水分离器、干燥器、流化板及相应的管道、阀门、滤网、仪表等安装完毕，出口止回门方向正确。

（4）石灰石浆液罐及搅拌器、液位计、石灰石浆液泵、管道、阀门、仪表等安装完毕，石灰石浆液罐防腐完成，内部清理干净无杂物。

（5）上述内容符合《电力建设施工及验收技术规范》并经验收合格。

2. 调试程序

（1）石灰石浆液罐及石灰石粉仓内部检查。确认内部清理干净无杂物，流化板表面清洁，无油漆等覆盖。

（2）阀门传动检查。在 CRT 上对制浆系统范围内的阀门逐个检查，包括泵进出口门、冲洗水门、石灰石浆液罐补水门、流化风机出口门、上粉阀门等，阀门应开关灵活，无卡涩现象，位置反馈正确；调节门应刻度指示准确，位置反馈正确。

（3）管道及浆液罐冲洗。启动工艺水泵，解开浆液输送管道法兰进行冲洗，目测出水清洁无杂物即可。管道冲洗完毕，恢复法兰连接，冲洗石灰石浆液罐，冲洗过程中同时检查法兰等处有无泄漏。

（4）石灰石浆液罐搅拌器转向检查。在电气开关柜就地启动搅拌器，启动后马上停止，确认搅拌器的转向是否正确。检查完毕关闭石灰石浆液罐人孔门。

（5）石灰石浆液罐上水。启动工艺水泵，通过石灰石浆液罐补水门上水，上水过程中同时校验液位计，同时注意检查浆液罐人孔门等处是否有漏，发现有漏时停止上水。

（6）连锁与保护试验，如石灰石浆液罐搅拌器、石灰石浆液泵等，表 4-15 为某石灰石浆液泵的连锁与保护内容。

表 4-15　　　　　　　　　　某石灰石浆液泵连锁保护试验内容

序　号	内　　容
1	泵入口门开且冲洗水门关且浆液罐液位大于 1.3m，泵允许开
2	浆液罐液位小于 0.8m，泵保护停
3	泵在运行而泵出口门超过 10s 未开，泵保护停
4	工艺水泵出口压力小于 0.3MPa，泵冲洗水门保护关
5	任一浆液泵运行，密度测量门 10s 后自动开
6	两台泵全部停止，密度测量门自动关

（7）石灰石浆液泵顺控启停及冲洗试验。检查泵的顺控启停步骤是否正确，冲洗时间设置是否合理。表 4-16 给出了某 FGD 石灰石浆液泵顺控启动步骤。

表 4-16　　　　　　　　　　某石灰石浆液泵顺控启停步骤

启　动　程　序		停　止　程　序	
1	关闭泵入口门 关闭泵出口门 关闭冲洗水门	1	停止石灰石浆液泵
		2	关闭出口门
2	打开泵入口门	4	打开冲洗水门 等待 15s
3	打开冲洗水门 等待 10s	5	关闭进口门
4	关闭冲洗水门	6	打开出口门
5	启动石灰石浆液泵	7	等待 150s
6	打开出口门	8	关闭出口门
7	泵启动程序结束	9	关闭冲洗水门
		10	泵停止程序结束

（8）石灰石浆液泵及石灰石浆液罐搅拌器4~8h试运。要求达到无噪声，皮带张紧力合适，无打滑现象，齿轮无啮合不良等现象；润滑油脂无外溢，机械密封良好，无漏水现象；轴承温度、振动、电机温度等符合验收规范要求。图4-56为某FGD系统石灰石浆液泵试运时温度的变化曲线。

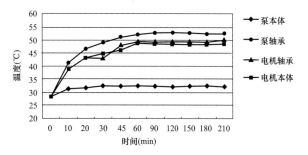

图4-56　某石灰石浆液泵试运时各部位温度变化

（9）流化风机连锁保护试验及流化风机与加热器4~8h试运。要求风机运转平稳，无异常噪声，风机出口压力及加热器出口风温度满足设计要求，振动、电机温升符合要求。同时记录流化风机电流、风机出口压力、加热器前后温度等。

（10）流化风机及称重给料系统顺控启停试验。检查确认启停步骤是否正确，同时采用标准块如秤砣校验称重装置是否准确。

（11）给料机4h试运。要求运转平稳，无卡涩现象；润滑可靠，无摩擦；无噪声，振动、电机温度符合要求。

（12）石灰石粉仓上粉，系统制浆。①启动粉仓顶部除尘器和排出风机，投入料位计，通过上粉管向石灰石粉仓上粉。②确认石灰石浆液罐水位合适，满足搅拌器和石灰石浆液泵启动条件，若水位不足则向里面补水。③启动石灰石浆液罐搅拌器和石灰石浆液泵，浆液泵打循环。④顺控启动流化风系统。⑤启动给料机。⑥投入密度自动控制，系统自动进行给料和给水制浆。

有的设计试图将石灰石粉与工艺水或滤液水按一定比例同时给入石灰石浆液罐并始终维持某一定的液位，但实践表明这过于理想化。一个简单可靠的制浆程序是：液位不够加水，密度不足加粉，并允许浆液罐液位在一定的范围内变化。因此石灰石粉给料机不需要调频、称重。

四、石膏脱水系统的调试

（一）概述

石膏脱水系统主要包括石膏排出泵、水力旋流器、真空皮带脱水系统、石膏输送系统、石膏储存系统等，其中水力旋流器和真空脱水系统是关键设备。典型的脱水流程为：吸收塔石膏浆液排出泵将塔内一定浓度（10%~20%）的石膏（$CaSO_4 \cdot 2H_2O$）浆液抽出，送往石膏水力旋流器，进行浓缩及颗粒分级。稀的溢流大部分返回吸收塔，其含固量一般在1%~3%（质量百分比）左右，主要为未完全反应的吸收剂、石膏小结晶等。前者继续参与脱硫反应，后者作为浆池中结晶长大的晶核，影响着下一阶段石膏大晶体的形成。固相中还有一部分始终不参与反应的惰性物质，主要由飞灰、石灰石杂质等组成，这些杂质少量可以通过废水排放从系统中清除。旋流器的底流含固量一般在45%~50%左右，固相主要为粗大的石膏结晶，被送往真空皮带脱水机。皮带脱水机的目的就是要脱除这些大结晶颗粒之间的游离水，使副产品石膏滤饼的含水率在10%以下，同时洗去部分杂质，如细灰、Cl^-等。目前，FGD石膏脱水系统根据有无石膏浆液缓冲罐分两种布置：一是不设缓冲罐，旋流器的底流直接流到真空皮带脱水机上脱水，如台山电厂、定洲电厂、瑞明电厂等；二是设一个石膏浆液缓冲罐，旋流器的底流先储存在缓冲罐中，由脱水机给料泵打到脱水机上脱水，如沙角A电厂、钱清电厂等。比较而言，石膏旋流器直接布置在脱水机上方显得更为简洁紧凑，脱水楼高度增高不了多少，如图4-57和图4-58所示。

水力旋流器是一种分离、分级设备，具有结构简单、占地小、处理能力强、易于安装和操作、维修保养少等优点，在矿冶、化工、电子、食品、石油等各行业中的应用十分广泛，FGD系统中主要用作石膏一、二级水力旋流器、废水旋流器、湿磨系统石灰石浆液一、二级水力旋流器等，图4-59为一些现场FGD用的各种水力旋流器，其结构原理如图4-60所示。水力旋流器主要由圆柱

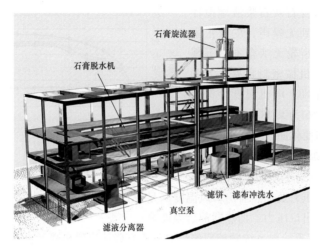

图 4 – 57　石膏系统的典型布置（旋流器在脱水机上方）

图 4 – 58　石膏旋流器直接布置在脱水机上方

体、锥体、溢流口、底流口和进料口组成。溢流口在圆柱体的上端与顶盖连接，进料口在圆柱体上部沿侧面切向进入圆柱腔内。混合物料沿切向进入旋流器时，在圆柱腔内产生高速旋转流场，混合物中密度大的组分在旋转流场的作用下同时沿轴向向下运动、沿径向向外运动，在达到锥体段沿器壁向下运动，并由底流口排出，这样就形成了外旋涡流场；密度小的组分向中心轴线方向运动，并在轴线中心形成一向上运动的内旋涡，然后由溢流口排出，这样就达到了两相分离的目的。旋流器的各个部件分别起不同的作用。进料口起导流作用，减弱因流向改变而产生的紊流扰动；圆柱体部分的主要作用就是使切向进口处的流体能够达到相对比较均匀的流场，在这一区域，大小颗粒受离心力不同而由外向内分散在不同的轨道，为后期的离心分离提供条件，圆柱段本身的分离作用并不明显；锥体部分为主分离区，浆液受渐缩的器壁的影响，逐渐形成内、外旋流，在强制离心沉降的作用下，大小颗粒之间发生分离；溢流口和底流口分别将溢流和底流顺利导出，并防止二者之间的掺混，为了减少由于短路作用而使进入旋流器顶部的固体颗粒直接从溢流管排出而降低分离效率，溢流管还要向旋流器内部插入一定的深度。

　　尽管旋流器的结构很简单，但其理论研究复杂而困难。在工程中，大家关心的是旋流器的分离、分级性能及操作性能，因此，可以抛开复杂的内部过程，依据实验中总结出的经验或半经验公式，合理选用适合的设备，并指导以后的运行。

图 4 - 59　FGD 系统中的各种水力旋流器

1. 旋流器选型

（1）选型原则。旋流器选型的主要任务是选定旋流器的直径和入口压力，而这两个参数综合起来，就是选定其分离粒度 d_{50}，即分级效率为 50% 的点所对应的颗粒粒度，又名切割粒径（cut point）、等概率粒度。d_{50} 的物理意义，直观地讲可以用来表征一个旋流器所能达到的分离效果，即粒径大小为 d_{50} 的颗粒经旋流器分离后，有 50% 进入溢流，50% 进入底流，而大于此粒径的颗粒大多进入底流，小于此粒径的颗粒大多进入溢流。减小 d_{50}，则大颗粒在底流中的比例提高，同时小颗粒在溢流中的量提高，大小颗粒之间实现更好分离，分级效率曲线变得更陡，旋流器分级效率更高。但

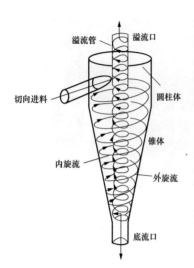

图 4-60　水力旋流器的原理示意

这并不意味着可以无止境地减小 d_{50}，来达到更好的分级效果。要减小 d_{50} 有两种途径：① 提高旋流器入口压力；② 选用小直径设备。但工程中，前者不利于石膏输出泵的选型，后者经济性较差。因为从布置上看，将石膏浆液远距离输送至高位布置的石膏旋流器，泵的扬程已经比较高了，这时如果管道尾端的旋流器还要求一个高的入口压力，要想选出流量与压力匹配的石膏输送泵是很困难的。即便退而求其次，选用大流量泵以匹配扬程，就必须在泵的出口增设回流管，以平衡超额的流量。这种不得已而为之的选型，一方面降低了浆液泵的性价比，另一方面也加大了泵体的磨损。而如果选用小直径旋流器，为达到设计处理量，则需增加旋流器的运行数量和相关的管件、阀门等，从而增加了工程的一次性投资。此外，不管采用以上何种方案，旋流器内部都将产生更为激烈的湍流流动，从而加剧了设备的磨损，缩短设备使用寿命。因此旋流器的分离效果需要结合整个 FGD 系统来考虑，小颗粒的分配在前后两级设备之间应找到一个最佳点。最佳分离粒度的选择是在工程中经过不断摸索总结出来的。在满足分离粒度要求的前提下，通常优先选择进料压力较低而设备处理量较大的方案。

（2）选型相关量。在选择旋流器的时候必须综合考虑浓缩和分级两个作用，二者之间又是紧密联系的，其中浓缩是比较具体的概念，从宏观上实现旋流器对 FGD 系统的物质分配，而分级是比较抽象的概念，从微观上对 FGD 系统的运行效果进行控制。针对浓缩和分级两个方面，可将设计输入条件分为以下两类：

1）明确条件。包括来流流量、含固量、固液两相密度、分离效率等物理量。明确条件是旋流器浓缩效果的保证，由 FGD 系统的设计计算决定。

2）模糊条件。包括来流固相颗粒的粒度分布、分离粒度要求、入口压力等物理量。模糊条件是与颗粒分级密切相关的，它从以往工程经验中获得，但又因系统方案及当地条件不同而异。

设备选型计算时，首先以模糊条件作为选型参考值，在此基础上试算初选设备类型，再利用明确条件确定旋流器运行数量。当然，由于计算条件是模糊的，选型结果可能与实际发生偏离。为此，计算取值在一定程度上应当保守一些，并为将来运行可能发生的偏离留出足够的变通余地和弥补措施。具体计算步骤如图 4-61 所示。

2. 材质

石膏旋流器的材质一直受到关注，因此也是设备选型的工作内容之一。带压浆液在旋流器内作强烈的旋转运动时，剧烈的冲刷将导致器壁严重磨损，此外，由于脱硫石膏浆液呈弱酸性（pH 值为 5.0～6.0 左右），将导致器壁的酸性腐蚀。器壁的磨蚀不仅会缩短设备使用寿命，而且会因关键部位的尺寸变化影响分离效率，导致溢流及底流流量发生改变。因此，旋流器的材质应综合考虑防腐、耐磨两个方面。目前普遍采用的石膏旋流器的防腐耐磨材料有两种：① 碳钢衬胶；② 聚氨酯。二者均具有优良的耐化学腐蚀及耐磨损性能，其中橡胶内衬可以制成可更换的活套橡胶内衬，更加便于使用。

由于旋流器内流场、压力场的分布极不均匀，各部件

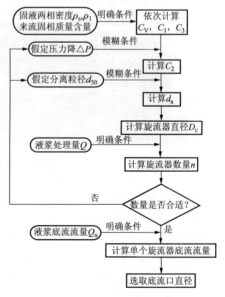

图 4-61　石膏旋流器选型计算流程

所受的磨损程度也不一致，磨损最严重的部位通常发生在湍流流动最为剧烈的部位—底流口，其次是进料口。因此，这两个部件可以选用更耐磨的碳化硅材料，以便从整体上提高设备的使用寿命。

（二）调试前应具备的条件及检查内容

在完成土建、安装和设备单体试运的情况下开始对分系统进行调试测试。为确保设备、系统试运的安全正常，对各个管道进行吹扫清洗，对各个箱罐进行吹扫清洗，从而保证管道、箱罐干净，避免在以后的试运过程中出现管道堵塞等问题。同时，在冲洗清扫管道的同时，对脱水区管道法兰连接处逐个进行检查，发现有多处漏水、漏气等现象。及时通知安装单位进行处理，确保整个管道系统无任何渗漏现象。调试前应具备的条件如下：

（1）石膏脱水区土建工作均已结束，验收合格，交付使用。

（2）石膏脱水区各系统管道、泵、阀门、搅拌器、箱罐、真空脱水机、输送皮带、石膏筒仓等安装结束，并经验收合格。

（3）各泵及电机、真空脱水机、各搅拌器、输送皮带等设备的单体试运完毕。

（4）电气安装、仪控系统安装结束并经验收合格；仪器仪表调试完毕，阀门传动试验完成，满足调试启动的要求。

（5）消防设施完备合格，照明系统安装验收合格并投入使用，试运区域内道路畅通，排水设施、沟道畅通。

（三）调试程序

（1）系统检查。确认箱罐内部清理干净无杂物，系统满足启动条件。

（2）系统水循环。进行连锁保护试验、设备程控启停试验。表 4 - 17 和表 4 - 18 给出了某 FGD 石膏浆液排出泵、真空皮带机的顺控启停步骤。

表 4 - 17　　　　　　　　　　　某石膏浆液排出泵程控操作步骤

	启 动 程 序			停 止 程 序	
1	入口电动门 出口电动门 泵冲洗水门 排污门	自动关	1	石膏浆液排出泵	自动停
2	入口电动门	自动开	2	泵出口电动门	自动关
3	冲洗水门	自动开 10s	3	冲洗水门	自动开 10s
4	冲洗水门	自动关	4	入口电动门	自动关
5	石膏排浆泵	自动启	5	出口电动门	自动开 30s
6	泵出口门	自动开	6	出口电动门	自动关
7	测密度电动门 测 pH 值电动门	自动开	7	泵后冲洗水门	自动关
	石膏排出泵启动程序结束			石膏排出泵停止程序结束	

表 4 - 18　　　　　　　　　　　某真空皮带机程控操作步骤

	启 动 程 序		停 止 程 序
1	打开真空泵用水电磁阀，等待 60s	1	脱水机继续运转 10min
2	启动滤布冲洗泵，等待 60s	2	停止滤饼冲洗泵，等待 60s
3	启动皮带机驱动电机，等待 60s	3	停止滤布冲洗泵，等待 60s
4	启动真空泵，等待 3s	4	停止真空泵，等待 60s
5	启动滤饼冲洗泵，等待 60s	5	停止皮带机驱动电机
6	滤饼厚度控制自动	6	真空皮带机停止程序结束
7	真空皮带机启动程序结束		

（3）带负荷调整。在 FGD 系统通烟气开始热调后，石膏浆液泵就一直打循环运行着，当吸收塔浆液密度达到设定值后，石膏水力旋流器底流就被送到脱水机上，脱水系统全部运行起来，此时系统调整的目的是稳定地运行并生成合格的石膏产品，最主要的是进行水力旋流器底流密度的调整。

目前石膏水力旋流器旋流子的组成有两种方式：一是全部手动调节投入的数量；二是手动和自动相结合。对前者，投入旋流子的数量一定，通过调节石膏浆液泵的转速来维持旋流子的入口压力，从而保证旋流器底流的密度一定。也可以固定石膏浆液泵的出力，手动调节返回吸收塔的浆液量来维持旋流子的入口压力不变，并根据吸收塔浆液密度来决定旋流器底流是去脱水机还是返回吸收塔。

在台山电厂 2×600MW 机组 FGD 系统中，石膏浆液去石膏水力旋流器的排放量和进入吸收塔的石灰石浆液量有确定的关系，通过 1 个调节阀来调节石膏浆液的排放量。石膏水力旋流器共有 8 个旋流子，3 个手动门，5 个电动门（A、B、C、D、E）。调试时，通过调整使旋流子的入口压力维持在 0.1MPa 左右，每个旋流子的流量约控制在 $10m^3/h$。试运及正常运行时，3 个手动阀打开 2 个，1 个作为备用，同时由石膏浆液排放量来对其他 5 个电动阀实现工艺控制。当流量升到 $20.4 \sim 30.6m^3/h$ 时，开 1 个电动阀；流量升到 $30.6 \sim 40.8m^3/h$ 时只有 1 个电动阀开或没有电动阀开，则打开 1 个阀，使电动阀的开数为 2 个；流量升到 $40.8 \sim 51m^3/h$ 时电动阀开数为 3 个；当流量升到 $51 \sim 61.2m^3/h$ 且有 4 个以下的电动阀开，则打开阀，使打开的电动阀数目为 4 个；流量升到 $61.2m^3/h$ 以上，A、B、C、D、E 电动阀全部开。当石膏浆液排放量降低时，则关电动阀。开电动阀和关阀的顺序都是按 A、B、C、D、E 的顺序进行的。

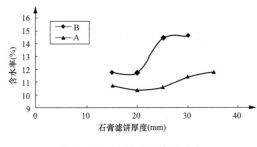

图 4-62　皮带机石膏水分与滤饼厚度的关系

当给到真空脱水机上的石膏浆液流量、浆液浓度及真空度基本不变时，浆液在滤布上的过滤时间决定了石膏滤饼的水分和厚度，可通过调节脱水机的行进速度来得到。脱水机的转速降低时，滤饼厚度增加，反之，滤饼厚度减小。对于滤布连续运行的脱水机，滤饼的水分与滤饼厚度有一定关系。图 4-62 是某两家皮带机的运行特性，从图中可以看出，随着滤饼厚度的减小，石膏含水率经历了一个逐渐降低然后又升高的过程，即相对于最低的含水率，存在着一个最佳的石膏滤饼厚度值。因此要获得最好的脱水效果，即得到最低的含水率，应将石膏滤饼厚度控制在某一范围内，这可根据试验来确定。过大或过小的滤饼厚度都会使含水率上升，影响脱水机的脱水效果。

在台山电厂，给到皮带机上的石膏浆液流量是变化的，而石膏浆液过滤时间却是一定的，约为 15s，因而其滤饼厚度也是变化的，但石膏滤饼的水分仍能达到小于 10% 的要求。在吸收塔石膏浆液质量分数为 12%～15%、进旋流器流量为 $40m^3/h$ 左右时，石膏滤饼厚度约为 28mm；在流量为 $60m^3/h$ 左右时，滤饼厚度为 45～55mm；可见这种真空脱水机的适应性是较强的。

影响石膏浆液脱水效果的因素很多，在后面的章节中将进一步分析。

在脱水系统调试中，还应注意各水罐、滤液罐的液位，因为泵的连锁与液位密切相关，如维持不好会造成跳泵乃至使整个系统停运。

（4）石膏储运系统的调试。目前 FGD 石膏处理方式主要有两种：一是抛弃法，我国是一个石膏矿资源丰富的国家，虽然分布不太均匀，但市场价不高；其次电厂 FGD 回收的石膏，由于燃煤煤质不稳定、电厂运行管理水平等，石膏质量不稳定。因此对一些地区，为减少 FGD 系统的投资，可采用抛弃法；二是石膏仓库或筒仓储存，回收利用。石膏可用于水泥生产、制作石膏板、用做建筑石膏；与粉煤灰、石灰混合做成烟灰材料等。图 4-63 给出了一些电厂 FGD 系统的石膏仓库和筒仓，在国外还有穹形石膏仓、带脱水系统的石膏筒仓等，如图 4-64 和图 4-65 所示。

广东沙角A电厂石膏库　　　　　　　　　　山东黄台电厂石膏库

半山电厂石膏仓　　　　　　　　　　　重庆电厂石膏仓

图 4 - 63　石膏库和石膏仓

1）石膏仓库储存。经脱水后的石膏直接落在石膏仓库内，或经过转运皮带输送至石膏仓库，在仓库内利用抓斗或铲车转运到装车料斗，装车外运。采用石膏仓库储存，投资少，操作简单，维护方便，沙角 A 厂、瑞明电厂、珞璜电厂等都采用这种储存方式。

图 4-64　穹形石膏仓

圆柱形石膏筒仓

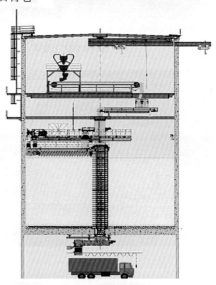

带脱水系统的石膏筒仓

图 4-65　石膏筒仓

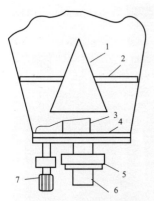

图 4-66　石膏筒仓示意

1—卸压锥体；2—横梁；3—清扫臂；4—转盘；
5—插板门；6—下料口；7—电动机

2）石膏筒仓储存。经脱水后的石膏直接落在石膏筒仓内，或经过皮带输送至石膏筒仓，筒仓底部设有石膏卸料装置和插板门，卸出的石膏直接落在卡车上，经卡车外运。采用石膏筒仓储存，初期投资大，设备的维护较仓库复杂，但地面清洁。如河北定洲电厂、台山电厂、钱清电厂、杭州半山电厂、重庆电厂、原北京一热的 FGD 系统等均采用此种方式。图 4-66 为一石膏筒仓示意图。石膏筒仓外部采用水泥结构，卸压锥体焊接在横梁上，横梁贯穿筒仓直径焊接在 4 个支架上。卸压锥体的底座上有 8 段调节套筒，可以改变石膏物料的斜坡，从而调节其容量。石膏筒仓底部均匀布置有 4 台电机，驱动转盘转动，清扫臂固定不动。清扫臂做成镰刀形，转盘转动过程中清扫臂将石膏物料刮至石膏筒仓中心的下料仓里面，卸料时只需打开插板门，物料落在卡车上。图 4-67 为石膏筒仓内的卸压锥体、清扫臂。

五、废水处理系统的调试

本节以台山电厂 1 号、2 号 600MW 机组 CT-121 FGD 系统废水处理为例，介绍废水处理工艺及系统调试。

石膏筒仓内的卸压锥体

石膏筒仓内的清扫臂

图 4-67　石膏筒仓内的卸压锥体和清扫臂

1. 台山 FGD 废水处理工艺

图 4-68 为台山电厂 FGD 系统废水处理系统流程。该系统主要包括三部分：化学加药系统、废

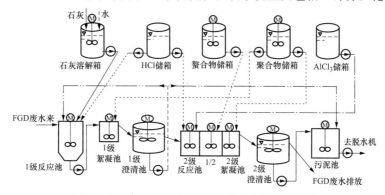

图 4-68　台山电厂 FGD 系统废水处理系统流程

水处理反应池系统及 PLC 控制部分。化学加药站包括石灰储仓与供给装置（包括 1 个在室内的石灰储仓、1 个石灰溶解箱及搅拌器、2 台供给泵）、盐酸供给装置（包括 1 个盐酸储罐、4 台供给泵、1 个酸雾洗涤器）、螯合物供给装置（包括 1 个螯合物稀释罐及搅拌器、2 台供给泵）、聚合物供给装置（包括 2 个聚合物溶解箱及搅拌器、1 台空气压缩机、4 台供给泵）、$AlCl_3$ 供给装置（包括 1 个 $AlCl_3$ 储罐、2 台供给泵），它们都布置在底层的房间内。布置在室外的废水处理反应池系统包括一

级反应池（包括 1 台搅拌器、2 台抽取泵、2 个 pH 计）、1 个一级絮凝池及搅拌器；一级澄清池（包括 1 台一级刮泥机、2 台一级污泥抽取泵）；二级反应池（包括二级反应池 1 及搅拌器、2 个 pH 计；二级反应池 2 及搅拌器、2 个 pH 计）、1 个二级絮凝池及搅拌器；二级澄清池（包括 1 台二级刮泥机、2 台二级污泥抽取泵）；污泥池（包括 1 台搅拌器和 2 台污泥抽取泵）；1 台污泥脱水机及电动卸泥斗，单独布置在脱水房中。废水处理系统的电气控制柜、PLC 控制系统布置在废水楼房内第二层，现场设备见图 4-69 和图 4-70。

图 4-69　台山 FGD 废水处理系统总貌

HCl和AlCl₃溶液箱及供给泵

石灰浆液箱及供给泵

聚合物溶液箱及供给泵

螯合物溶液箱及供给泵

二级澄清池及污泥抽取泵

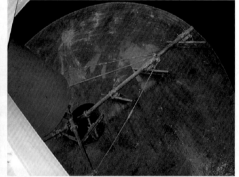
澄清池内刮泥机

污泥池内

污泥脱水机

图4-70 台山FGD废水处理系统设备

废水系统的相关设计数据见表 4-19~表 4-22。

表 4-19　　　　　　　　　　　　　　　　　煤质微量元素分析

项　目	单　位	数据	项　目	单　位	数据
w_F	$\times 10^{-6}$	27	w_{Zn}	$\times 10^{-6}$	20
w_{Cl}	%	0.063	w_{Cr}	$\times 10^{-6}$	0
w_{As}	$\times 10^{-6}$	6	w_{Cd}	$\times 10^{-6}$	0
w_{Cu}	$\times 10^{-6}$	10	w_{Ni}	$\times 10^{-6}$	30
w_{Pb}	$\times 10^{-6}$	10	w_{Hg}	$\times 10^{-6}$	0.17

表 4-20　　　　　　　　　　　　　　　　　石灰石分析资料

项　目	单　位	设计数据	成分变化范围	项　目	单　位	设计数据	成分变化范围
w_{CaO}	%	50	48.44~55.10	w_{SO_3}	%	0.13	0.130~0.140
w_{SiO_2}	%	0.210	0.088~0.220	As	μg/g	2.30	1.43~2.30
$w_{Al_2O_3}$	%	0.083	0.060~0.090	Zn	μg/g	3.60	—
$w_{Fe_2O_3}$	%	0.035	0.020~0.400	Hg	μg/g	0.028	0.024~0.028
w_{MgO}	%	0.54	0.300~6.470	Pb	μg/g	6.00	2.20~9.80
$w_{P_2O_5}$	%	0.011	0.011-0.020	Ni	μg/g	2.40	
F^-	μg/g	28	12~28	Mn	μg/g	0.00	
Cl^-	μg/g	0.00	—	Be	μg/g	0.00	
Cd	μg/g	0.00	—	可磨性系数 HGI	—	43	43~84
Cr_2O_3	μg/g	0.00	—	粒　径	mm	≤20	—

表 4-21　　　　　　　　　　　　　　FGD 入口烟气污染成分（标准状态）

项　目	单　位	设计煤种	校核煤种	项　目	单　位	设计煤种	校核煤种
SO_2	mg/m³	1576	1770	F（HF）	mg/m³	<25	—
SO_3	mg/m³	<40	—	NO_x	mg/m³	<350	—
Cl（HCl）	mg/m³	<80	—	烟尘	mg/m³	47	98

表 4-22　　　　　　　　　　　　　　　　　工艺水水质

项　目	单　位	设计值	项　目	单　位	设计值
硫酸根	mg/L	3.30	总硬度	mmol/L	0.08
氯离子	mg/L	35	pH	—	6.72
悬浮物	mg/L	3.6			

该废水处理工艺采用的"F-Ca 二阶段沉淀处理"工艺，第一阶段主要是沉淀悬浮的固体和 CaF_2；第二阶段用来沉淀残余的氟和带 $Al(OH)_3$ 的重金属。由于 JBR 中已完成了氧化，所以不需要对 COD 和 BOD 进行处理。该系统设计废水处理能力为 $16m^3/h$。

脱硫废水经废水排出泵送至第一级反应器，通过加入 $Ca(OH)_2$ 和 HCl 进行中和，pH 值控制在 7.0 左右，然后氟通过以下反应形成 CaF_2，即

$$2F^- + Ca^{2+} \rightarrow CaF_2$$

一级反应池排出泵将废水送至一级絮凝箱，在一级絮凝箱中加入聚合物，使废水中 CaF_2 和悬浮物进行絮凝，然后流入到一级澄清池，在一级澄清池中大部分絮凝物得到沉降。通过一级澄清器抽

出泵，将底部污泥输送至污泥储存池及部分回流至一级反应池。一级澄清池的上层液体流入二级反应池。在第一阶段，氟离子和大部分重金属离子被除去。

在二级反应池 1 中，加入 HCl 将 pH 值调节至 3.5，在这个 pH 值下，BF_4 也可以溶解，并且能除去一级反应池中没有除去的氟离子，加入絮凝剂 $AlCl_3$ 帮助絮凝。在二级反应池 2 中，加入 $Ca(OH)_2$ 将 pH 值调节至 7.0，形成氢氧化铝聚合块，氟与这个聚合块结合，同时加入螯合物与废水中重金属反应形成难溶于水的络和物。在二级絮凝箱中，为了使聚合块变得更大而加入聚合物，二级絮凝箱中的液体流入二级澄清池，大块的聚合块在这里沉淀。二级澄清池的上层液体经过处理后符合排放标准直接排放，底部污泥通过二级澄清器抽出泵输送至污泥储存池及部分回流至一级反应池或二级反应池。污泥储存池的浆液通过泥浆池输送泵被送至污泥脱水机脱水后外运。

2. 调试前应具备的条件及检查内容

(1) 废水处理站和化学加药站的所有设备、管道、阀门安装完毕，并参照设备说明书和施工验收技术规范有关章节的要求，进行检查验收，并清扫干净。

(2) 一级反应池、一级絮凝池、一级澄清池、二级反应池、二级絮凝池、二级澄清池及污泥池等防腐工作完成。

(3) 有关的电气、热工、仪表、自控程序均经校验可以投用。

(4) 现场照明、通信设备已能满足安全要求，主要通道平整、畅通。

(5) 现场系统设备都已经挂牌。

(6) 所有箱、罐、管道已进行过注水及水压试验。

(7) 石灰仓位、加药箱液位、废水储存罐液位、pH 值等测量装置经校验合格并可投入使用。

(8) 工艺所需的石灰、化学药品等都已准备就绪，并经检验合格。

3. 调试程序

(1) 加药罐、废水处理池等内部检查，确认清扫干净无杂物。

(2) 阀门传动检查。对废水系统范围内所有阀门进行传动检查，操作废水系统范围内阀门，应开关灵活，位置反馈正确，无卡涩现象；调节门刻度指示应准确，位置反馈正确。

(3) 管道、容器清洗。打开工业水手动阀门，利用工业水对加药站和废水站所有管道、容器进行冲洗，冲洗过程中同时检查法兰等处有无泄漏。

(4) 容器注水。管道、容器清洗干净后，利用工业水对容器注水，包括聚合物加药罐、螯合物加药罐、HCl 加药罐、$AlCl_3$ 加药罐、一级反应池、一级絮凝箱、一级澄清池、二级反应池、二级絮凝箱、二级澄清池、污泥池等。

(5) 连锁与保护试验。表 4 – 23 ~ 表 4 – 25 给出了废水处理系统主要的连锁与保护试验内容。

表 4 – 23　　　　　　　　　　　　　　$AlCl_3$ 箱的连锁与保护

序　号	内　　容
1	箱液位连锁：液位低报警；液位低低停所有排出泵
2	排出泵启动条件：没有液位低低信号，且搅拌机（如有）处于运行状态
3	排出泵跳闸条件：液位低低
4	搅拌机（如有）启动条件：没有液位低低（小于 0.2m）且手启
5	搅拌机停止条件：液位低低（小于 0.2m）或手停

注　HCl 箱、螯合物箱、聚合物箱、石灰浆液箱内容与此相同。

表 4 – 24 一级反应池的连锁与保护（二级反应池内容相同）

序 号	内 容
1	液位连锁：液位低报警；液位低低停搅拌机；液位低低低时停排出泵
2	排出泵启动条件：没有液位低信号且搅拌机处于运行状态
3	排出泵跳闸条件：液位低低低
4	搅拌器启动允许条件：没有液位低
5	搅拌器跳闸条件：液位低
6	泵的清洗：出口阀关闭后开放水阀，延时 5s 开冲洗水阀，放水阀开 60s 后关闭，冲洗水阀开 65s 后关闭
7	管道清洗：开供水阀和出口阀，延时 120s 后关闭

表 4 – 25 一级澄清池的连锁与保护（二级澄清池、污泥池内容相同）

序 号	内 容
1	池液位连锁：液位低报警；液位低低停搅拌机；液位低低低时停排出泵
2	排出泵启动允许条件：没有液位低信号且搅拌机处于运行状态
3	排出泵跳闸条件：液位低低低
4	搅拌器启动条件：液位不低
5	搅拌器跳闸条件：液位低
6	泵的清洗：出口阀关闭后开放水阀，延时 5s 开冲洗水阀，放水阀开 60s 后关闭，冲洗水阀开 65s 后关闭
7	管道清洗：开供水阀和出口阀，延时 120s 后关闭

（6）泵的试运。液位满足要求，连锁与保护试验完成后，泵开始 4~8h 试运，要求达到无异常噪声，润滑油脂无外溢，机械密封良好，无漏水现象，轴承温度、振动、电机温度等符合验收规范要求。

（7）化学药品制备。

1）石灰浆液的制备。启动顺序依次为石灰溶解箱搅拌器、2 号振打器、石灰输送机、给料机、1 号振打器、振动电机（其中 2 号振打器、1 号振打器动作 30s 停 30s 周期性的工作，振动电机动作 30s 停 40s 工作。时间可设定，另外给料机频率可调）；液位高时（＞0.95m）停止顺序为振动电机、1 号振打器、给料机、石灰输送机、2 号振打器。石灰浆液供水：完全由 1 个供水电动阀门自动控制，液位低时开阀进水，液位高时关阀停止进水。启动一台石灰供给泵打循环，在石灰溶解箱中制备质量分数为 10% 的石灰浆液。

2）HCl 的制备。HCl 通过槽车供应，通过管道输送到 HCl 储罐中。首先用工业水给烟雾洗涤器补水，烟雾洗涤器可防止在 HCl 加注过程中腐蚀性气体的侵入，当有高液位报警时，停止加注。

3）螯合物的制备。螯合物以液体状态用容器提供。启动螯合物箱搅拌器，启动一台排出泵打循环，向螯合物稀释箱加水，并通过箱的手孔加入适当的螯合物，制备成质量分数为 10% 的螯合物水溶液。

4）聚合物的制备。聚合物通过容器以粉末方式提供。启动聚合物箱搅拌器，启动一台排出泵打循环，向聚合物稀释箱加入适当的聚合物，制备成质量分数为 0.2% 的聚合物水溶液。

5）$AlCl_3$ 的制备。$AlCl_3$ 通过槽车供应，输送到 $AlCl_3$ 储罐中。

（8）废水处理系统的启动。

1）启动刮泥机和搅拌器。包括一级反应池搅拌器、一级絮凝箱搅拌器、一级澄清池刮泥机、二级反应池搅拌器、二级絮凝池搅拌器、二级澄清池刮泥机、污泥池搅拌器等。

2）泵投自动。下列泵投自动模式：石灰浆液供给泵、HCl 供给泵、$AlCl_3$ 供给泵、聚合物供给泵、螯合物供给泵等。

3）接收废水。启动废水排出泵，打开至一级反应池的入口阀，从 FGD 接收废水。

4）启动排出泵。启动下列排出泵：一级反应池排出泵、一级澄清池排出泵、二级澄清池排出泵。将污泥排出泵投自动，一级反应池液位控制投自动。

5）启动加药。通过按钮"启动所有的化学药品供给泵"启动加药泵，一级反应池、二级反应池的 pH 值投入自动控制。

（9）废水处理系统的停止。

1）停止接收废水。关闭废水至一级反应池入口阀，停止从 FGD 系统接收废水。

2）停止排出泵。停止下列排出泵：一级反应池排出泵、一级澄清池排出泵、二级澄清池排出泵、污泥池排出泵。

3）停止石灰下料及辅助设备。关闭下料出口门，停止石灰振打装置。

4）停止加药泵。通过按钮"停止所有的化学药品供给泵"停止加药泵，停止向废水系统加药。并将下列泵设为手动模式：石灰浆液供给泵、HCl 供给泵、AlCl$_3$ 供给泵、聚合物供给泵、螯合物供给泵等。石灰浆液系统在停运时，必须立即进行管道、箱体的排空和冲洗，防止堵塞。在调试过程中，发生过三次堵塞，分别是溶解箱出口三通阀、石灰回流管道穿墙处和一级反应池进石灰调节门。其中由于石灰回流管道弯头较多，堵塞严重，只好采用割管后再疏通，发现管道内石灰已硬化。

5）停止化学药品箱搅拌器。停止下列搅拌器并设为手动模式：石灰溶解箱搅拌器、螯合物稀释箱搅拌器、聚合物稀释箱搅拌器。

6）化学药品箱排空。将下列药品箱排空：石灰溶解箱、HCl 箱、AlCl$_3$ 箱、螯合物稀释箱、聚合物稀释箱。排空时注意 HCl 和 AlCl$_3$ 为酸性物质，石灰浆液和螯合物为碱性物质，排放时应使酸性和碱性物质在排水坑中中和，同时为了防止两种物质中和时大量放热，要及时在排水坑中补充稀释水。

7）停止废水站刮泥机和搅拌器。停止下列刮泥机和搅拌器并设为手动模式：包括一级反应池搅拌器、一级絮凝箱搅拌器、一级澄清池刮泥机、二级反应池搅拌器、二级絮凝池搅拌器、二级澄清池刮泥机、污泥池搅拌器等。

8）废水站排空。通过打开容器的排水阀将下列容器内的液体排空：一级反应池、一级絮凝池、一级澄清池、二级反应池、二级絮凝池、二级澄清池、污泥池等。

在调试过程中对石灰浆液、盐酸、聚合物、氯化铝溶液、螯合物的加药量进行多次调整，以获得最佳的处理效果。例如进水调试期间曾多次调整氯化铝溶液的加药量，经比较发现氯化铝溶液的加药量为 3.30L/min 时废水的絮凝效果较好，二级澄清池中的矾花大，而且结构紧密，沉降时间短，当氯化铝溶液加过量时，二级澄清池内矾花较疏松，不易沉降。经调试后，脱硫废水处理系统可根据流量、液位和 pH 值自动控制加药量大小和各抽出泵、搅拌机的启停。系统运行时，一级澄清器和二级澄清器连续排泥，同时根据一级澄清器、二级澄清器的泥量多少，调整回流至一级反应池或二级反应池和排至污泥池的流量。调试过程中，一级澄清池至污泥池流量控制为 2.5m^3/h，至一级反应池流量控制为 2.5～6m^3/h；二级澄清池至污泥池流量控制为 0.8～2.3m^3/h，至二级反应池流量为零。脱硫废水含泥量较大，脱水机可保持长时间运行。污泥排出流量为 10m^3/h，脱水剂配制浓度为 0.2%，加药量约为 306L/h，脱水效果较好。

调试期间台山电厂化验班曾多次对脱硫废水处理系统出水的 pH 值和氟离子浓度进行分析，结果见表 4-26。从结果看，经处理后的废水中的 pH 值和氟离子浓度已达到 DL/T 997—2006《火电厂石灰石—石膏湿法脱硫废水水质控制指标》的要求；未处理 FGD 废水中，pH 值为 4～6，氟离子浓度为 35.0mg/L。

表 4 – 26　　　　　　　　　　　　　　　　处理后废水的 pH 值和氟离子

日 期（2004 年）	pH 值	F$^-$（mg/L）	日 期（2004 年）	pH 值	F$^-$（mg/L）
11 月 13 日 8:30	7.45	9.00	11 月 17 日 8:30	8.54	12.10
11 月 14 日 8:30	7.18	7.68	11 月 18 日 8:30	8.50	9.63
11 月 16 日 8:30	7.55	1.35	脱硫废水排放标准	6 ~ 9	30

在中国广州分析测试中心进行了处理后废水全分析，结果见表 4 – 27。

表 4 – 27　　　　　　　　　　　　　　　　　处理后废水的分析

项目	单位	检测结果	脱硫废水排放标准	项目	单位	检测结果	脱硫废水排放标准
pH 值	—	8.2	6 ~ 9	总铜 Cu	mg/L	<0.01	无要求（0.5[*]）
悬浮物 SS	mg/L	43.8	70	总锌 Zn	mg/L	<0.01	2.0
硫化物	mg/L	0.84	1.0	总镉 Cd	mg/L	<0.01	0.1
总氰化物	mg/L	2.0	无要求（0.5[*]）	总汞 Hg	mg/L	<0.01	0.05
挥发酚	mg/L	0.0054	无要求（0.5[*]）	总铅 Pb	mg/L	<0.01	1.0
化学需氧量 COD$_{Cr}$	mg/L	339	150	总砷 As	mg/L	0.020	0.5
生化需氧量 BOD$_5$	mg/L	5.0	无要求（20[*]）	6 价铬 Cr^{6+}	mg/L	<0.02	1.5
总镍 Ni	mg/L	0.052	1.0				

* 为 GB 8978—1996《国家污水综合排放一级标准》的要求。

从分析的结果看，除 COD、总氰化物含量超过国家污水综合排放一级标准的要求外，其他各项指标均达到 DL/T 997—2006《火电厂石灰石—石膏湿法脱硫废水水质控制指标》的要求。图 4 – 71 为一级澄清池与二级澄清池内废水的比较，可见经处理后的废水已十分清澈了。

图 4 – 71　一、二级澄清池废水的比较

六、公用系统的调试

FGD 系统的公用系统一般包括工艺水系统、压缩空气系统及闭式冷却水系统，这是 FGD 工艺系统最先要调试的内容。

（一）工艺水系统调试

工艺水系统主要包括工艺水箱、液位计、工艺水泵及管道、阀门等。工艺水系统为整个 FGD 系统提供水源，包括管道冲洗、除雾器冲洗（有的 FGD 系统专门设有除雾器冲洗泵）、石灰石浆液制备、烟气冷却喷淋、GGH 冲洗、表计冲洗、真空皮带脱水系统用水等。

1. 调试前应具备的条件及检查内容

（1）工艺水泵、工艺水箱及相关管道、阀门安装完毕，管道支架牢固符合规范。

（2）工艺水管道用工业水冲洗完毕，并经过水压试验合格，水压试验压力一般不低于设计压力的 1.25 倍。

（3）FGD 系统工艺水管道最高点是否装有放空气门。

（4）工艺水箱液位计安装完毕，符合规范要求。

2. 调试程序

（1）工艺水箱内部检查。打开人孔门，检查工艺水箱内部是否清理干净，确保无焊渣、铁丝等杂物。

（2）工艺水箱的冲洗。通过工艺水箱补水门对工艺水箱冲洗，冲洗干净后关闭工艺水箱人孔门。

（3）阀门传动检查。在 CRT 上操作工艺水系统范围内的阀门，包括工艺水箱补水门，工艺水泵进、出口门等，要求阀门开关灵活，位置反馈正确；调节门应刻度指示准确，位置反馈正确。

（4）工艺水箱上水。打开工艺水箱补水门上水，同时检验液位计。

（5）工艺水泵、水箱连锁保护试验。表 4-28 为某 FGD 工艺水系统连锁与保护试验内容。有的 FGD 系统工艺水箱液位设计维持在某一定值，通过补水调节门来控制。

（6）工艺水泵 4~8h 试运。试运过程中记录泵及电机的轴承温度和振动情况，有无异常的声音，同时观察润滑油的油位变化情况，记录运行电流等。若发现异常情况应立即停止试运，处理正常后方可继续试运。试运合格后及时办理签证。

表 4-28　　　　　　　　　　　某 FGD 工艺水系统的连锁与保护

序　号	内　　　　　容
1	工艺水箱液位小于 2.0m，水箱补水门在自动位则自动开
2	工艺水箱液位大于 3.0m，水箱补水门在自动位则自动关
3	工艺水泵启动允许条件：工艺水箱液位大于 1.0m 且泵入口阀门打开
4	工艺水箱液位小于 0.5m，泵保护停
5	工艺水泵运行且入口阀门未开，泵保护停
6	水泵互为连锁
7	事故按钮动作，水泵停

（7）工艺水压力调整。启动工艺水泵，通过调整工艺水箱回水管道上的压力调节阀，调节工艺水压力符合设计要求。

（二）压缩空气系统调试

压缩空气分两种用途：一是供检修、GGH 吹扫等用气；二是热控仪表专用。前者非定期运行，后者连续运行。压缩空气系统主要包括空气压缩机、干燥器、油水分离器、空气过滤器、空气罐及管道等。有的厂不设单独的仪用空气压缩机，而是采用机组的压缩空气系统。

1. 调试前应具备的条件和检查的内容

（1）检查地脚螺栓的紧固及二次灌浆的强度是否达到要求，空气压缩机及相关管道、阀门、油水分离器、干燥器、空气过滤器、空气罐、滤网及仪表等安装完毕。

（2）检查空气压缩机的各运转部件和静止部件的紧固及防松情况，调整活动支撑并加润滑油。

（3）检查各部分的间隙是否符合要求。

（4）检查各部分供油情况应正常，油量足够、油质清洁。

（5）检查轴承、油路、填料、气缸等是否完好，出、入口各处的热工仪表是否安装妥当。

（6）压缩机周围地面应打扫干净。

2. 调试程序

（1）上述检查准备就绪后，启动空气压缩机。先瞬时启动，再立即停止检查。若无异常声音、摩擦等，再次启动空气压缩机，进行 8h 试运。试运过程中检查润滑油的供油压力、温度等情况；空气压缩机应运转平稳，各运行部件无异常声音；各连接法兰、轴封、进气阀、排气阀、气缸盖等处无漏油、漏水、漏气现象；测量各级排气温度、压力应符合设计规定；电动机的轴承温度、振动、电流等符合设计要求。

（2）压缩空气管道的吹扫。启动空气压缩机，对压缩空气管道进行吹扫，吹扫时可采用盲板或加装临时管道。吹扫干净后装上正式管道、仪表及安全阀。

（3）安全阀的调整。启动空气压缩机，缓慢升压，当达到规定的启跳值后，安全阀应动作，记录安全阀的启回座压力。合格后将其铅封。

（4）空气压缩机连锁试验。压力低时，空气压缩机应能自动启动，压力高时空气压缩机自动停止，两台空气压缩机之间应互为备用等。

3. 空气压缩机的调整

空气压缩机试运过程中，往往会发现一些问题，如排气量达不到要点，有异常声音，级间压力过高、过低，排气温度过高等，因此需要针对不同问题对空气压缩机进行调整。表 4－29 给出了空气压缩机常见故障的原因和消除方法。

表 4－29　　　　　　　　　　空气压缩机常见故障的原因和消除方法

常见故障	可能的产生原因	消除方法
排气温度超过正常温度	（1）气阀泄漏； （2）吸入温度超过规定值； （3）气缸或冷却器冷却不良	（1）检查排气阀，消除泄漏； （2）检查工艺流程，移开吸入侧高温物体，保持吸入侧足够的通风； （3）增加冷却器水流量，使冷却器畅通
运动部件声音异常	（1）连接螺栓、轴承盖螺栓、十字头螺母松动或断裂； （2）主轴连连杆、大小头滑道等间隙过大； （3）轴瓦与轴承座接触不良，有间隙； （4）曲轴与联轴器配合松动	（1）紧固或更换损坏件； （2）检查并调整间隙； （3）研刮轴瓦背背； （4）检查采取措施并消除
气缸内声音异常	（1）气阀有故障； （2）气缸余隙容积过小； （3）润滑油太多，或气体含水多产生水击； （4）气缸内有异物； （5）气缸套松动或断裂； （6）活塞杆螺母或活塞螺母松动； （7）填料破损	（1）检查气阀并消除故障； （2）适当加大气缸余隙容积； （3）适当减少润滑油量，提高油水分离效率或在气缸下加排泄阀； （4）检查并消除异物； （5）检查并采取措施消除； （6）紧固螺母； （7）更换填料
级间压力低于正常压力	（1）第一级吸、排气阀不良，引起排气不足，第一级活塞环泄漏过大； （2）一级排出，后一级吸入前的机外泄漏； （3）吸入管道阻力过大	（1）检查气阀更换损坏件，检查活塞环； （2）检查泄漏处并消除； （3）检查管路使之畅通
级间压力超过正常压力	（1）吸、排气阀不好或装反； （2）活塞环泄漏引起排出量不足； （3）第一级吸入压力过高； （4）后一级的吸、排气阀不好； （5）管路的阻力增大	（1）检查气阀； （2）更换活塞环； （3）检查并消除过高压力； （4）检查气阀，更换损坏件； （5）检查管路使之畅通

续表

常见故障	可能的产生原因	消除方法
排气量达不到设计要求	(1) 填料漏气； (2) 第一级气缸余隙容积大； (3) 第一级气缸设计余隙容积小于实际结构的最小余隙容积； (4) 气阀泄漏特别是低压级气阀泄漏	(1) 检查填料密封并消除泄漏； (2) 调整气缸余隙； (3) 若设计错误，修改设计，采取措施调整余隙； (4) 检查低压气阀并消除泄漏
气缸发热	(1) 冷却水过少或冷却水中断； (2) 气缸润滑油过少或润滑油中断； (3) 脏物带进气缸，使镜面拉毛	(1) 检查冷却水量，开大阀门或恢复供应； (2) 检查气缸润滑油压是否正常，油量是否充足； (3) 检查气缸并消除拉毛
填料漏气	(1) 油、气过脏或因断油使活塞拉毛； (2) 回气管不通； (3) 填料装配不良	(1) 换油，修复或更换活塞杆； (2) 疏通回气管； (3) 重新装配填料
气缸部分振动异常	(1) 填料或活塞环磨损； (2) 垫片松动； (3) 气缸内有异物掉入； (4) 配管振动； (5) 支撑不对	(1) 调换填料或活塞环； (2) 调整垫片； (3) 清除异物； (4) 消除配管振动； (5) 调整支撑间隙

（三）闭式冷却水调试

闭式冷却水主要用于 FGD 系统中需要采用水冷的设备，如增压风机油站及电机、湿式球磨机等，FGD 系统的闭式冷却水一般取自机组。

（1）检查冷却水管道、阀门及压力表是否安装完毕，管道最高点是否正确安装排空气门。

（2）对冷却水管道进行水压试验，试验压力一般不低于设计压力的 1.25 倍，检查法兰、阀门等处是否有漏。

（3）冲洗冷却水管道，直至水质合格。

（4）在首次通冷却水之前，首先应与机组侧进行沟通，待机组侧做好准备后，缓慢打开阀门，防止机组侧冷却水流量突然降低，影响机组安全运行。待管道内空气全部排出后，关闭排空门，使冷却水循环畅通。

第三节 FGD 系统整套启动调试

FGD 系统整套启动试运阶段即热态调试阶段是指从 FGD 系统第一次通烟气开始，到 168h 满负荷连续试运行结束，移交试生产的整个过程。它是 FGD 系统调整试验的最后一道工序，是对 FGD 系统设备制造、工程设计、安装质量和生产准备的全面检验与考核，是保证 FGD 系统安全、经济、稳定运行并形成生产力，发挥投资效益的关键环节。根据 FGD 系统调试的特点，热态调试一般按"168h 前带负荷热态调试、168h 满负荷连续试运行"两个阶段进行。

一、FGD 系统整套启动应具备的条件

FGD 系统整套启动是在完成单机、分系统试运以后，土建安装工作告一段落，FGD 系统满足以下条件后开始的。

（1）整套启动试运的组织已落实。在启动验收委员会领导下，试运指挥组已经开始工作，试运总指挥部及各专业组人员已经到位，各部门职责分工明确。

（2）试运指挥组已完成下列各项工作并经过严格检查确认：

1）分部试运已经完成，按质检验收的要求通过了各级验收，并有签证，分部试运的技术记录完整。

2）FGD 系统整套启动的计划、方案、调试大纲和措施已经过讨论并由总指挥批准，对试运程序和安排已向参加整套试运的各单位交底。有重大影响的调试项目的试验方案和措施，经总指挥审查批准并报工程主管单位，整套启动期间的机组负荷计划已向电网调度部门申请并被批准。

3）所有参加整套启动试运的设备和系统及与其有关的辅助配套设备均按设计要求配置并经验收，确认具备随时可以投运的条件。需经检查的设备和系统应包括：

① FGD 烟气系统主辅设备（增压风机、再热器、烟道挡板等）及其系统全部安装完毕，齐全完整，经过调整试验后具备投运条件。

② FGD 吸收塔系统主辅设备（循环泵、氧化风机、除雾器等）及其系统全部安装完毕，齐全完整，经过调整试验后具备投运条件。

③ FGD 石灰石浆液制备系统主辅设备（破碎机、输送机、给料机、湿磨、石灰石浆液箱泵等）及其系统全部安装完毕，齐全完整，经过调整试验已制备出合格的浆液，具备投运条件。

④ FGD 石膏脱水系统主辅设备（脱水机、真空泵、旋流器、石膏仓/库等）及其系统全部安装完毕，齐全完整，经过调整试验后具备投运条件。

⑤ FGD 公用系统主辅设备（工艺水、压缩空气、汽等）及其系统全部安装完毕，齐全完整，经过调整试验后具备投运条件。

⑥ FGD 废水处理系统主辅设备及其系统全部安装完毕，齐全完整，经过调整试验后具备投运条件。

⑦ FGD 热工仪表全部安装齐全，经检查试验工作正常；远方操作装置已能可靠操作动作、方向正确；报警信号及灯光音响、事故按钮等均已试验合格。

⑧ DCS 及所有机柜都已安装完毕并已通电，系统的输入输出信号检查合格，各项功能已具备投用条件；顺序控制和连锁逻辑经静态试验确认合理正确，FGD 系统的保护装置各功能可以投入。

⑨ 数据采集系统和控制系统所用的计算机 I/O 点接线均已经过检查校对准确，对参数检测精度符合设计要求。计算机机柜所处的环境条件已满足规定要求。

⑩ 电气系统的二次部分均已经过检查试验，各装置已具备投运条件。

⑪ 启动试运需要的合格的石灰石吸收剂已备足，化学分析实验室仪器、化学药品、备品备件及其他必需品已备齐，能正常进行分析。

⑫ 具备可靠的厂用电源和保安电源，现场的防雨、防冻、防暑降温设施、采暖通风、照明、通信、环保监测设施及消防、用水、排水、卫生设施均已齐全，能满足 FGD 系统启动的要求。

⑬ FGD 系统启动试运过程中要求的锅炉燃料（燃煤）已准备充足，机组各设备无重大缺陷，能满足 FGD 系统启动试运的负荷需要。

⑭ 参加试运的设备和系统已与正在运行中的或尚在施工中的相关系统做好了必要的隔离，以避免 FGD 系统试运过程中互相影响。

⑮ 投入使用的土建工程和生产区域的设施已按设计完成并经检查验收合格，生产区域中应做到场地平整，道路畅通，梯子、平台、走道、栏杆、护板及沟道盖板齐全，各种易燃物、障碍物、建筑垃圾等已彻底清除，现场的安全、文明条件已具备 FGD 系统启动的要求。

（3）生产准备组已完成以下各项工作并经检查合格：

1）参加 FGD 系统启动试运的运行人员均已经过技术培训，并在同类型（或相近类型）FGD 系统实习过，经考试合格已上岗到位，对 FGD 系统启动试运的任务明确，熟悉设备和系统，掌握操作要领。

2）已制定了该 FGD 系统的运行规程和各项规章制度，设备系统图表、控制和保护逻辑图册、设备保护定值清册、制造厂家的设计和运行维护手册已整理编好，在现场挂有各类系统图、启动步骤、安全措施和各阶段试运安排，以便操作人员掌握并执行。

3）试运区域已设有明显标志和分界，设备、管道、阀门、开关等已有命名和标志，危险区的设备已有醒目的标示牌、围栏和警告标志，各种管道按工质标有不同颜色，并有清晰的介质流向，以利于试运中对设备和系统的检查。保温、油漆完整。

4）已备齐必需的安全器具、防火器材、运行用的各类操作工具、测试用仪表、运行记录本和运行数据记录表，并备有维护用的备品备件。

5）生产运行指挥机构健全，值长、班长都已到位，运行人员按预定的安排轮班上岗，连续对 FGD 系统运行进行操作。

6）已按 FGD 系统整套启动需要配备了足够的检修维护人员，且有明确的岗位、职责，能胜任检修工作。

（4）交接验收检查组已对建筑工程和生产区域的建筑设施进行了检查验收，确认合格；对外委工程及市政公用单位的有关工程也已验收并确认满足 FGD 系统试运要求；对单机试运、分系统试运的所有项目组织了检查验收，并办理了签证手续。对整套启动试运的必备条件进行了自检，并报请质量监督中心站对 FGD 系统启动前进行质量检查。

（5）质量监督中心站按有关规定对 FGD 系统整套启动试运前的工作进行全面检查。对现场施工安装质量、分部试运记录和签证进行查阅和检查，并按机务、电气、热工、化学、生产准备、土建等专业组进行对口检查。质量监督中心站对 FGD 系统能否进入整套启动做出评价和结论。如果质监中心站提出的整改意见较多，应及时进行处理，直到质监中心站认为可以进行 FGD 系统整套启动试运后，才能进行 FGD 系统启动。

（6）召开启动验收委员会全体会议，听取并审议关于整套启动试运的汇报，并作出进入整套启动试运阶段的决定，由总指挥下令进行 FGD 系统的整套启动。

二、168h 前的带负荷热态调试

在满足 FGD 系统整套启动的条件后，当锅炉运行稳定，未投油且电除尘器正常运行时，FGD 系统可投入运行，系统将首次通热烟气。对吸收塔，除注水至比正常运行液位稍低外，可以进行以下操作：① 向吸收塔反应池投加一定量的石膏晶种，如对 JBR 系统，以加快石膏的生成和防止结垢；② 向吸收塔反应池投加一定量的石灰石吸收剂浆液。但上述操作并不需全部采取。

为确保 FGD 系统启动时对锅炉运行影响最小，首次通烟气时烟气系统一般不采用顺控操作而采用手动操作，即 FGD 烟气挡板手动开启，增压风机的导叶（动叶或静叶）调节采用手动操作，当导叶开至一定开度时，手动关闭 FGD 旁路挡板，第一次停运 FGD 系统时也采用手动操作。在获取手动启动 FGD 系统的数据后，修改烟气系统顺控操作程序（如烟气挡板开关时间控制、导叶开关幅度设定等），再进行烟气系统的顺控操作。

首次通烟气时要注意以下几项：

（1）增压风机的启动要得到电厂有关部门的同意，启动时现场有专人查看。

（2）加强 FGD 系统调试人员与锅炉运行人员的联系。

（3）进行烟气系统的挡板操作前，需通知锅炉侧做好准备，密切注意炉膛负压的变化。

（4）对增压风机导叶的调整应平缓，以免造成入口压力的大幅波动，在调节过程中若出现风机失速，运行人员应快速增加或减小动叶开度，尽快避开失速区域。

（5）当 FGD 系统开始接收烟气后，锅炉的引风机应仍维持原先的运行状态不调整，只通过增压风机导叶的改变来调整通过 FGD 系统的烟气量，增压风机的调整需保证炉膛负压正常。

（6）发生任何危及机组和 FGD 系统设备的事故或存在相应的安全隐患时，应立即停止通烟气，查明原因、消除隐患后方可重新启动。

（7）通烟气过程中，锅炉运行人员要时刻注意炉膛负压的变化，如果波动太大，要及时调整至正常范围内。

（8）FGD 系统接收烟气一切正常后，如要关闭旁路烟气挡板，则关旁路前要与锅炉运行人员联系，让锅炉运行人员做好准备；对可调节挡板，关闭时要缓慢进行，每关 10% 左右要观察一段时间，待一切正常后再操作。

（9）做好有关参数的记录。

在实际调试过程中，为确保 168h 前试运任务的顺利完成及机组的稳定运行，将旁路挡板保持常开，根据 FGD 系统的需要（主要是烟气量，它表示不同的 FGD 系统负荷）调节增压风机导叶的开度无疑是一种好方法。168h 前热态调试阶段主要进行的调试内容如下：

（1）校验各个关键仪表的准确性，包括 pH 计、密度计、流量计、CEMS、压力、温度、各浆液箱罐、排水坑液位计等。

（2）各个模拟量控制系统 MCS 的逐步投入，主要包括：① 增压风机导叶的自动调节；② FGD 出口烟气温度的自动调节（对蒸汽再热器、MGGH）；③ 凝结水箱水位的自动控制；④ 吸收塔 pH 值的自动调节；⑤ 吸收塔液位的自动调节；⑥ 石灰石浆液供给量的自动调节；⑦ 石膏浆液排出量的自动调节等；⑧ 各浆液箱罐、排水坑液位的自动调节等。

（3）当吸收塔内浆液密度达到一定值时（含固率为 10%～20%），启动石膏脱水系统，进行脱水系统的优化调整，如石膏水力旋流器入口压力、流量、投运旋流子个数、底流密度的调整、石膏滤饼厚度、冲洗水流量、真空度、滤液罐液位等的调整，使脱水系统能满足设计要求，生成合格的石膏产品。

（4）进行废水处理系统的调试，根据废水品质、废水流量，调节自动加药控制系统，使 FGD 系统废水经处理后满足设计要求。

（5）完善控制系统，对一些不合理的逻辑、控制方法进行修改，使之满足实际要求。

（6）对一些运行参数进行初步优化调整，主要有吸收塔浆液 pH 值、JBR 液位、吸收塔浆液密度、浆液 Cl^- 浓度（废水排放量）、石灰石浆液密度、石膏品质等。

（7）进行 FGD 系统的化学分析实际培训，使运行分析人员能熟练掌握 FGD 系统内各种化学分析方法，为 168h 试运及试生产打下基础。

（8）完成一些 FGD 系统热态试验项目，主要有：① FGD 系统负荷（烟气量）变动试验；② 增压风机的调节性能试验；③ 吸收塔浆液循环泵的切换、优化组合试验；④ FGD 旁路挡板关闭、保护开启试验；⑤ 增压风机跳闸对机组影响试验；⑥ 机组异常状况［如跳磨煤机、快速减负荷（RB）等］对 FGD 系统运行影响试验；⑦ pH 值扰动试验；⑧ 吸收塔液位扰动试验；⑨ FGD 入口 SO_2 浓度变动试验等。

在初步热调结束、168h 试运启动前，一般应停运 FGD 系统，对 FGD 系统进行全面检查和消缺工作。检查的重点是烟气系统（增压风机、再热器、烟道挡板、烟道防腐等）和吸收塔系统（喷淋层、除雾器等）。

三、168h 满负荷连续试运行

这一阶段是考核 FGD 系统带满负荷连续试运行的能力，以确认 FGD 系统能够投入生产形成生产力。

参照发电机组的调试规程，确定 FGD 系统进入 168h 连续试运行开始计时的条件应有：

（1）FGD 系统带满负荷（烟气量，旁路烟气挡板完全关闭）。

（2）FGD 各个系统投运正常，能满足 FGD 系统满负荷运行的需要。

（3）FGD 装置保护投入率 100%。

（4）主要仪表投入率100%。

（5）热控自动装置投入率≥90%。

（6）FGD系统脱硫率、再热后烟气温度等主要技术参数达到设计要求。

（7）石膏品质达到设计要求。

（8）废水处理达到设计要求。

在各项指标基本达到技术规范要求时，有关各方确认后，FGD系统按正常方式启动，逐渐增加负荷，带满负荷进行168h连续运行。在整个168h试验期间，连续平均负荷率应在90%以上，热控自动投入率大于90%，各项保护100%投入运行，FGD系统的所有设备（含辅助设备）应同时或陆续投入运行。在本阶段，原则上不再做较大的调整试验，但应严密监视FGD系统的运行状况，各系统均应工作正常，其膨胀、严密性、轴承温度及振动等均应符合技术要求，FGD系统各项运行参数均基本达到设计要求。

在168h连续试运期间，如果由于机组或其他非施工和调试原因，使试运FGD系统在此阶段不能带满负荷时，由总指挥报请启动验收委员会决定应带的最大负荷。试运期间出现FGD装置运行中断（烟气全部走旁路），168h计时将重新开始。FGD装置连续完成168h试运行，有关各方进行签字确认后，试运即告结束。

168h试运完成后，如果FGD系统有影响继续运行的较大缺陷，可以停下消缺；如果FGD系统运行正常，可继续运行下去，并由总指挥报请启动验收委员会决定移交生产单位进入试生产运行。

四、FGD系统调试/正常运行中的化学分析

（一）化学分析项目及分析频次

在FGD系统热态调试和正常运行过程中，建立FGD化学分析监测程序和进行FGD工艺物质中的化学分析十分重要，它有如下目的：① 校验在线运行仪表；② 进行日常的工艺控制和运行；③ 确定和分析FGD工艺的干扰和问题；④ 对FGD系统的性能进行评价和优化；⑤ 建立最初的FGD系统特性和性能测试数据以利今后的运行分析比较；⑥ 监测废水和副产品是否符合环保要求或合同要求。

要实行FGD化学分析监测程序，首先要决定分析的项目和分析的频率。总的来说，FGD化学分析可分为四类：

（1）运行和控制工艺系统的常规分析。这类分析的主要目的是校验在线运行仪表，为工艺控制和运行提供快速的反馈，例如吸收塔pH计、密度计等。如果使用了增强性能的添加剂，那么要分析添加剂的浓度。这类分析取决于工艺和参数的变动情况，一天或一周分析数次。

（2）监测FGD系统性能的日常分析。这类分析监测吸收塔和其他辅助系统如吸收剂制备、副产品处理系统等，目的是确定它们是否符合设计性能以及当FGD系统性能发生变化或恶化时能较早得到提示。例如：① 固相分析可以确定吸收剂的利用率和SO_3^{2-}的氧化程度；② 液相分析可以确定相对饱和度和几种重要可溶物潜在的结垢情况；③ 可溶性离子如SO_4^{2-}、Cl^-的液相分析可以评价液相SO_2的吸收能力和潜在的腐蚀情况等。

监测FGD工艺辅助系统的分析例子包括吸收剂粒径分布、脱水机给浆含固量、滤饼含固量等。准确的分析和分析频率取决于FGD系统、工艺变量和监测的目的。该类分析的最大特点是在整个FGD系统运行寿命里是例行的分析（每天、2次每周、1次每周等）。

（3）评价FGD工艺性能、说明FGD工艺特性及进行FGD工艺性能优化的分析。这类分析是为更进一步地评价和说明FGD工艺特性，通常在FGD系统启动时和最初的性能测试阶段进行，它提供了基本的性能和工艺特征信息。这类分析可帮助确定和解决工艺问题、对FGD工艺进行优化，包括吸收塔浆液、工艺水、吸收剂、固体副产品、废水等各种成分的分析。

（4）监测废水和副产品是否符合环保要求或合同要求的分析。该类分析取决于环保要求或合同要求，分析频率可能是每天、每季度或一年一次。通常该类分析主要针对排放的 FGD 工艺废水和固体，以及用作销售的固体副产品。这类分析的例子有 FGD 废水中 pH 值、悬浮物、可溶性固体和一些特定的主要离子（如 Ca^{2+}、Mg^{2+}、Na^+、Cl^-、SO_4^{2-} 等）。如副产品固体作为商用产品，则副产品的成分是必须分析的，如 Cl^-、总的可溶性离子、水分等，甚至一些用作废物抛弃处理的副产品固体也要进行一些特性分析。

在 FGD 系统热态调试中对吸收剂、各种浆液及石膏成分等进行必要的分析是十分重要的工作，它可以帮助调试人员及时判断 FGD 系统的运行状态是否正常，找出许多问题如脱硫率下降、管道堵塞等的原因，并及时正确地调整各个运行参数，从而使 FGD 系统在较优的状态下运行，达到设计要求。一般地，一个完整的湿法石灰石/石膏 FGD 系统调试中需要分析的项目见表 4 – 30 所列，具体的分析方法在第五章"FGD 系统的性能试验"中有详细介绍，在 FGD 正常运行时的分析项目则不需这么多。

另外，在 FGD 系统热调初期，对各水力旋流器底流/溢流浆液的含固率也作大量分析，以校验仪表及调整运行参数；锅炉燃煤成分参考电厂例行的分析数据；为校验 CEMS 仪表，烟气流量、主要成份如粉尘浓度、SO_2、O_2 等，根据需要会做一些分析。

表 4 – 30 中样品的采样与分析频次如下：

（1）石灰石。石灰石的采样应按 GB/T 15057.1—1994《化工用石灰石采样与样品制备方法》进行，采集的石灰石充分混合，再进行制样；石灰石粉可在运输罐车内采集。一般每车/罐分析一次表中的项目，来料稳定时也可减少分析频率。

（2）浆液（石灰石浆液、吸收塔内浆液等）。在各设备设计安装的采样点处采样。为使采集的样品具有代表性，所有样品采样前，都必须把采样点内的残留物冲洗干净，然后将热浆液灌入保温瓶中尽快送到实验室，到达后立即开始过滤样品，进行分析。调试时，根据需要随时进行浆液成分分析，分析项目根据调试需要确定，分析频率高的时候每班一次或数次。

表 4 – 30　　　　　　　　　FGD 系统热态调试中主要分析项目和方法

样品	分析项目	常用分析方法	样品	分析项目	常用分析方法
石灰石（粉）	粒径	光度法	产品石膏	水分	重量法
	水分	重量法		纯度（$CaSO_4 \cdot 2H_2O$）	重量法
	氧化钙 CaO	EDTA 容量法		碳酸钙 $CaCO_3$	容量法
	氧化镁 MgO	EDTA 容量法		亚硫酸钙 $CaSO_3$	碘量法
	盐酸不溶物	重量法		盐酸不溶物	重量法
	化学活性	滴定法		氯离子 Cl^-	硫氰酸汞分光光度法
石灰石浆液	密度（含固率）	重量法	工艺水	pH 值、硬度、氯离子 Cl^-、悬浮物等	FGD 系统正常时不作要求，有异常时才分析
吸收塔浆液	pH 值	玻璃电极法	FGD 废水	pH 值	玻璃电极法
	密度（含固量）	重量法		悬浮物	重量法
	碳酸钙 $CaCO_3$	容量法		氟离子 F^-	氟试剂分光光度法
	亚硫酸根 SO_3^{2-}	碘量法		COD_{Cr}	重铬酸钾法
	氯离子 Cl^-	硫氰酸汞分光光度法		汞 Hg	冷原子吸收法
	氟离子 F^-	氟试剂分光光度法		镉 Cd	直接吸入火焰原子吸收分光光度法
	盐酸不溶物	重量法		其他如重金属等需达标的成分	一般电厂实验室不具备分析废水中的一些重金属。只需定期分析

（3）石膏副产品。在皮带脱水机卸料口或设备设计安装的采样点处采样，应使采集的样品具有代表性，并尽快送到实验室进行分析。调试时，根据需要随时进行石膏成分分析。

（4）废水。在 FGD 废水处理设备入口及废水排放出口处取样，调试时 pH 值随时可分析，其他的项目至少分析一次。

（5）烟气监测。调试时，根据需要随时进行烟气的采样和分析，如流量、温度、SO_2 浓度等，测得数据与 FGD 在线监测仪表进行对比并校正。烟气的采样和分析，均按有关标准进行。

（二）FGD 实验室

上述分析一般都在现场 FGD 实验室中进行，由于在 FGD 系统投运后这些项目也要定期分析，因此电厂在 FGD 系统热调前应建立一个 FGD 实验室。该实验室一般与电厂机组原有实验室放在一起而不独立设置，这样做有很多好处，如：减少了重复的设备购置而节省了资金、提高了分析仪器设备的利用率、多个分析人员可一起讨论遇到的问题从而提高分析水平、加深对 FGD 系统工艺的理解等。一个完整的 FGD 实验室应由以下几部分组成：

（1）永久性的设施和设备。包括电源、自来水系统、水槽、排水管、去离子水系统、空调系统、储物柜、实验台、排气设施、安全的淋浴间、压缩空气系统、真空系统、储物区域等。

（2）分析设备和仪器。可分为以下几类：

1）辅助设备、非一次性消耗品，包括电冰箱、最小刻度为 0.1mg 和 0.01g 的电子天平、台式 pH 计和便携式 pH 计、加药装置、数显式烘箱、马弗炉、磁力搅拌器、搅拌台、热板、采样设备等，一台台式计算机也是十分有用的。各种分析方法都需要这些东西。

2）玻璃器皿，包括各种大小的量筒、烧杯、曲颈瓶、锥形瓶、吸液管等。

3）一次性消耗品，包括各种化学药品、反应剂、过滤纸、干燥剂、pH 电极、取样瓶等。

4）分析仪器。如粒径分布仪、分光光度计等。

另外应备有消防器材、急救箱、酸、碱伤害时急救所需的中和溶液及毛巾、肥皂等物品。

分析设备和仪器在很大程度上取决于分析的方法［仪器分析或湿化学手工分析（如滴定法、重量分析法）］。在选择购买设备和仪器时要考虑下面几个因素：

1）对于大量样品的分析，仪器分析更高效率，现代的仪器都带有计算机控制和自动制样、分析处理数据，无需人看管。但若只有少量样品时，调整和校验仪器使它的效率不如湿化学手工分析。

2）仪器分析可以同时测量多种成分。例如原子吸收光谱仪（AAS）、感应耦合氩等离子光谱仪（ICAP）可以分析多种 FGD 工艺中重要的阳离子；离子色谱仪可以分析多种阴离子。但这些仪器价格较贵，对于一般的电厂无必要。

3）湿化学手工分析费用低，在分析少量样品时更高效，在实验室经费受限时可选择采用手工分析的方法。

（3）FGD 分析人员。建立 FGD 实验室的另一个重要方面是选择和培训一群责任心强的实验室人员。这些实验室人员应有以下方面的专业知识和培训：

1）基本的实验室分析经验和分析基础知识。

2）在 FGD 系统中使用的分析方法、仪器的原理和操作步骤。

3）分析结果和 FGD 性能指标的计算、制表和总结方法。

4）基本的 FGD 工艺化学概念，以便将实验数据与系统的运行和性能联系起来进行分析。

实验室人员负责以下全部或部分工作：

1）FGD 工艺中样品的采集与工艺数据的收集。

2）校验仪器。

3）进行化学分析。

4）分析方法的调整。

5）计算、汇总分析结果并将分析结果及 FGD 系统的性能指标写成报告，给相关的电厂和 FGD 系统运行人员。

6）对 FGD 系统的运行和性能情况进行评估。

7）培训其他实验室人员。

8）如需要，与相关的电厂和 FGD 系统运行人员一起对分析结果进行讨论，并分析吸收塔的运行和系统性能情况。

9）对实验室的质量保证与控制 QA/QC（Quality assurance and Quality Control）及安全程序进行管理。

分析人员需进行专门的培训，培训师可来自 FGD 厂商及 FGD 调试单位。

（4）质量保证与控制 QA/QC。实验室的 QA/QC 是十分必要的，它使分析人员和使用者知道数据的精确度和可靠性。一个有效的 QA/QC 程序覆盖到采样、样品处理、分析、数据处理以及与数据质量有关的一切方面，另外还包括对实验室的性能和系统进行定期、独立的审查，并当有问题发生时采取有效的、正确的措施。一个成功的 QA/QC 程序关键的一点是选择合适的采样和分析方法与程序。分析方法应保证样品从取样到分析结束的完整性，并应当避免或消除其他化学成分的可能干扰。分析所用的仪器仪表必须经过相应的计量单位检定合格且在有效期内，不使用过期药品，应严格根据标准的分析方法进行分析。

文件控制是一个成功的 QA/QC 程序另一重要方面。对每一个收集的样品应有完整的、永久的文件记录，包括与分析有关的中间和最终数据、最终的分析结果、计算的性能指标以及 QA/QC 分析结果等。应对整个试验室运转的各个方面都有完善的记录和措施。最后还需建立记录、汇总和报告 QC 数据的程序等。

（5）安全程序。实验室的安全程序是建立 FGD 实验室的另一个元素。通常电厂的实验室的安全程序已经建立，FGD 实验室的安全程序是其中的延伸，它至少包括以下一些重要的内容：

1）总的实验室安全措施和操作规程。

2）安全处理化学和有害物质的措施。

3）安全处理压缩空气的措施。

4）总的急救措施。

5）保护眼睛、听力及防护衣使用的措施。

6）呼吸设备的使用措施。

7）防止电力伤害的措施。

8）火灾预防和保护措施。

9）其他应急措施。

建立一个 FGD 化学监测程序是成功运行 FGD 系统的一个重要要求。很难想象不进行一些关键数据的日常分析能使 FGD 系统可靠地运行并达到脱硫率的要求。分析的项目和频率必须定期以确保监测目标能达到。图 4-72 为某电厂实验室中 FGD 分析用的一些设备及用品。

（三）化学分析的作用

在使用 FGD 装置的早期，化学功能和机械功能经常被分离开，甚至在现在，FGD 的化学处理也只是由实验室人员定期检验 pH 值和取样分析，很少有人会结合系统运行现状对化学分析结果进行仔细分析，并改进系统的运行操作。FGD 系统的管理人员、运行和检修人员把注意力大部分集中在机械问题上，如清洗堵塞的喷嘴、除掉增压风机叶片和管线上的结污、结垢，清洗 GGH、除雾器的堵塞，更换吸收塔填料，修补被腐蚀的箱/罐衬胶或防腐涂层、泄漏的浆液输送管线等。殊不知，化学

各种规格的天平

pH计

自动定位滴定仪及分光光度计

马弗炉与烘箱

颗粒度分析仪

水分测定仪

磁力搅拌器

电加热板

分析台及各种器皿等

药品柜

COD分析仪

图4-72 某电厂FGD分析用设备

分析是解决许多机械问题之根本，许多严重的机械问题都可以通过化学分析的结果来进行预防。通过改变 FGD 运行参数，可以解决例如吸收塔和除雾器结垢、石灰石吸收剂利用率低、脱硫效率低、腐蚀等问题，可提高 FGD 系统可靠性、减少由于检修等所需的停工期，并节省运行和检修保养费用。本节结合调试中的主要化学分析项目，来说明这些分析的作用。

1. 石灰石的分析

（1）石灰石纯度。即石灰石中 $CaCO_3$ 的含量，毫无疑问，$CaCO_3$ 的含量越高，其能与 SO_2 反应的物质就越多，而其他的惰性物质就越少，FGD 系统的脱硫效果就好，副产品石膏的纯度也越高。

石灰石中 Mg 盐的含量值得关注，一般认为 Mg 盐对 SO_2 的吸收是有利的，实用中 MgO、Mg（OH）$_2$ 可单独作为脱硫剂来使用。但是，更多的实践表明，如未经煅烧的石灰石中含有较多的 Mg 盐（如白云石），那么由于镁钙混合形成的 $MgCO_3$ 而使得溶解极其缓慢，最终的吸收效果令人失望。目前，Mg 在商业上并不作为添加剂使用。另外 FGD 石膏含有过多的可溶性 Mg 盐时，会使石膏在应用过程中出现"盐霜现象"，因此应对石灰石中 Mg 盐含量有所限制。

（2）石灰石粒度。吸收剂石灰石颗粒度的大小对石灰石的利用率和 FGD 系统的脱硫率有很大影响。颗粒过大会使颗粒在水相中的接触面减少，致使石灰石在水相中的溶解速率变慢，从而影响石灰石对烟气 SO_2 的吸收。图 4-73 是不同石灰石颗粒度下的溶解特性，给定 pH 值下，颗粒度越小，溶解度越高，石灰石的利用率就越高，100% 的利用率意味着石灰石中所有以 $CaCO_3$ 形式进入吸收塔的钙在系统中生成硫酸盐或亚硫酸盐。

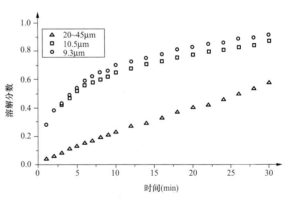

图 4-73　粒径对石灰石溶解的影响

在美国西科（Cilco）电厂，改变工艺使石灰石减小粒度，使小于 325 目（44μm）的石灰石颗粒总数从 70% 增加到 90%，在 pH 值为 5.8 时，石灰石的利用率从 58% 增加到 92%。使用粗的石灰石不仅存在石灰石的利用率问题，还存在满负荷时脱硫率低和除雾器结垢的问题。在得克萨斯能源公司（Tugco）马丁湖电厂的 FGD 系统上，有过类似的问题：石灰石的利用率低、除雾器和塔填料结垢并堵塞。将磨碎工艺改进后，使石灰石颗粒的 85%~90% 通过 325 目，石灰石的利用率从 75% 增加到 90% 以上，除雾器结垢得到了预防，每年可节省 350 万美元，提高石灰石的利用率相当于降低吸收剂费用 50 万美元。这里石灰石的利用率是指用于脱除 SO_2 的石灰石质量占加入到 FGD 系统内总的石灰石质量的百分比。

但过小的颗粒度必然大大增加制粉（浆）系统的技术结构复杂性和能耗，整个 FGD 系统未必处于最优状态，因此应有一个合适的范围。目前，大部分的要求是 90% 的颗粒通过 325 目（44μm）。

（3）石灰石活性。石灰石的化学活性是综合评价石灰石的脱硫性能的一项重要指标（具体内容详见本书第五章第四节），它直接反映了石灰石的脱硫能力的大小，但目前电厂 FGD 系统运行中一般很少进行该项测试。建议在 FGD 系统的正常运行中开展此项测试，它可以预测并帮助分析解决运行中遇到的许多问题，特别是脱硫率下降、石膏品质差等。

（4）石灰石浆浓度。石灰石浆液的配制及加入是根据吸收塔内浆液 pH 值、烟气中 SO_2 含量及烟气量来调节的，在实际运行中，由于锅炉负荷、燃用煤的含硫量变化较大，造成石灰石浆液给入量变化也大。石灰石浆液易沉淀，管道设计中首先要考虑的是防止发生石灰石浆液沉淀。管径和管道的倾斜度对沉淀的形成影响不大，主要是石灰石浆液的浓度和流速。提高流速对防止沉淀有利，但使管道磨损增加。在低负荷或燃用低硫煤时，需要加入的石灰石浆液较少，小流量运行易造成管线的堵塞，而且，在加石灰石浆液时易引起 pH 值的波动。因此选择合适的石灰石浆液密度对防止管道堵塞和磨损以及稳定吸收塔 pH 值都有很好的作用。运行经验表明，当石灰石浆液中的石灰石含量为 25% ~ 30% 时较合适，对应于浆液密度约为 1200 ~ 1250mg/m³。

另外石灰石的硬度在某些时候也需进行分析，硬度的降低意味着磨制电耗的降低。

2. 吸收塔浆液分析

（1）pH 值。SO₂ 气体呈酸性，需要碱性溶液才能有效除去，石灰石在反应池中的溶解可获取所需的碱性溶液。由于 pH 值反映溶液的酸碱度，因此在 FGD 系统运行中，pH 值是一个十分重要的参数。随着 SO₂ 的吸收，溶液 pH 值下降，溶液中溶有较多的 $CaSO_3$，并在石灰石粒子表面形成一层液膜。而 $CaCO_3$ 的溶解又使液膜的 pH 值升高，随着 pH 值的升高，脱硫反应中间产物 $CaSO_3$ 的溶解度减少，而 $CaSO_4$ 的溶解度则变化不大。溶解度的变小使液膜中的 $CaSO_3$ 析出并沉积在石灰石粒子表面，形成一层外壳，使粒子表面钝化。钝化的外壳阻碍了 $CaCO_3$ 的继续溶解，抑制了吸收反应的进行。过高的 pH 值会使吸收塔浆液中的碳酸钙过剩，致使石膏纯度降低，并增加了石灰石耗量，使成本增加。图 4-74 是某两个电厂石灰石利用率与 pH 值的关系曲线，从图中可清楚地看到 pH 值升高时，石灰石利用率明显下降，且不同的石灰石，利用率随 pH 值的变化也不同，实际运行中应选择好的石灰石。而如果 pH 值过低，又会严重阻碍 SO₂ 的吸收，不利于脱硫的进行。当 pH 值小于 4.0 时，浆液几乎不能吸收 SO₂ 了。从第二章第一节可知，溶液的 pH 值决定着 HSO_3^- 的氧化速率，而 HSO_3^- 的氧化速率的大小又影响浆液中石膏的相对过饱和度，这对防止系统的结垢十分重要。因此 pH 值的设定应存在一个最佳范围，目前实际运行的 FGD 系统的 pH 值大多在 5.0 ~ 6.0 之间，对具体的系统，可通过优化试验来确定最佳的 pH 值范围。

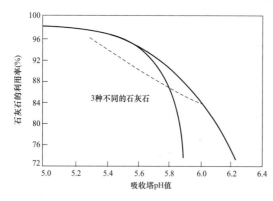
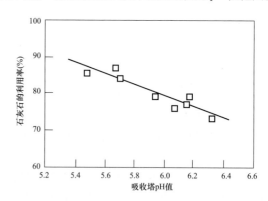

图 4-74　石灰石利用率与吸收塔 pH 值的关系

（2）吸收塔浆液浓度。SO₂ 被吸收后经氧化生成石膏 $CaSO_4 \cdot 2H_2O$，石膏浓度过饱和后才出现晶束，进而形成晶种、晶体。石膏结晶是一个动态平衡过程，新晶种的形成和晶体长大同时进行，只有在结晶到一定程度才被允许排出，因此石膏浆液在吸收塔内应有足够的停留时间，即保持石膏的过饱和状态。调试时可从吸收塔浆液的密度、化学成分、旋流站和脱水皮带机的运行状况等几方面综合判断石膏的结晶状况。使吸收塔循环浆液的固体浓度维持在较高水平可得到所需的母晶体，固体含量过低会导致沉淀出现，而过高又会造成浆液泵磨损增加等问题。因此，将固体含量控制在指定范围内十分重要，这个范围一般为 10% ~ 20%，在天津大港电厂 2 × 300MW 液柱塔中，吸收塔设计浆液浓度达 30%，这是少见的。通过脱水系统的循环来控制浆液的浓度，并根据预先确定的浆液浓度来决定是否启动石膏水力旋流器，这样可使固体含量达到所需范围。

实际运行中，仅仅关注吸收塔浆液密度是不够的，因为浆液 pH 值、温度、氧化空气、搅拌程度等都会影响石膏结晶过程和晶体颗粒的大小分布，应综合分析。

（3）浆液中 $CaCO_3$ 含量。$CaCO_3$ 作为脱硫剂在吸收塔中适量过量，可使系统的 pH 值保持在较高水平，从而保证浆液对 SO_2 的吸收。如果浆液的 $CaCO_3$ 含量过高，表明石灰石的利用率低，Ca/S 增加，运行成本增加，并使石膏纯度降低，影响石膏的品质。吸收塔浆液的 $CaCO_3$ 含量过高并且 pH 值维持不住，表明 $CaCO_3$ 的溶解已被抑制，出现了脱硫盲区，应立即查明原因并处理。

（4）浆液中 SO_3^{2-} 含量。在酸性条件下，电对 O_2/H_2O 和电对 SO_4^{2-}/SO_3^{2-} 的标准电极电势分别为 φ^θ（O_2/H_2O）$= 1.23V$ 和 φ^θ（SO_4^{2-}/SO_3^{2-}）$= 0.20V$，所以 O_2 对 SO_3^{2-} 或 HSO_3^- 的氧化反应所需的电势差 $E = \varphi^\theta$（O_2/H_2O）$- \varphi^\theta$（SO_4^{2-}/SO_3^{2-}）$= 1.03V$，是比较大的。在氧化风机的强制氧化作用下，氧化反应可以顺利进行。而在水中，$CaSO_3$ 的溶解度随着溶液 pH 值的降低而迅速增加，因此 pH 值越低越有利于 $CaSO_3$ 的氧化。吸收塔浆液中的 $CaSO_3$ 浓度比较低，说明脱硫反应中的中间产物 $CaSO_3$ 和 $CaHSO_3$ 得到了充分的氧化，从而保证了脱硫反应的顺利进行，同时 $CaSO_4$ 的含量就高，这正是所需的结果。高的 $CaSO_3$ 浓度，会造成石膏纯度下降，而且使石膏浆液难以脱水，严重时抑制 $CaCO_3$ 的溶解，造成脱硫率下降，这在后面章节中会举例说明。

（5）浆液中 Cl^- 含量。氯的主要来源有三：煤、脱硫剂以及工艺水。一般石灰石中含氯为 0.01% 左右，工艺水中含氯 10 ~ 150mg/L，FGD 系统中大部分的氯来源于煤。我国燃煤中的氯含量一般为 0.1% 左右，少数煤中氯含量为 0.2% ~ 0.35%，某些高灰分煤的氯含量可达 0.4%。

吸收塔浆液典型的温度为 40 ~ 60℃，$CaCl_2$ 极易溶于水，30℃ 和 50℃ 的溶解度（100g 水中）分别达到 102g 和 127g。因此，通常情况下，随石膏带走的氯非常有限，由于 FGD 系统水的循环使用，氯离子在吸收浆液中逐渐富集，浓度可达 1% 以上。氯离子的存在大大加快了 FGD 系统设备的选择性腐蚀，当 Cl^- 含量达 2% 时，大多数不锈钢已不能使用，要选用氯丁基橡胶、鳞片玻璃衬里或其他耐腐蚀材料，而且加工要求很高；当 Cl^- 浓度超过 6% 时，则需要非常昂贵的防腐材料或专设氯化物浓缩池。出于经济上的考虑，FGD 系统吸收浆液的氯化物含量最高设计限值为 6%，运行时要求保持在 2% 以下。

具有强配位能力的氯离子在高浓度下会迅速与 Al^{3+}、Fe^{3+} 和 Zn^{2+} 等金属离子发生配位反应，形成配位络合物：

$$2Cl^- + Al^{3+} \rightarrow (AlCl_2)^+$$
$$4Cl^- + Fe^{3+} \rightarrow (FeCl_4)^-$$
$$4Cl^- + Zn^{2+} \rightarrow (ZnCl_4)^{2-}$$

这些络合物会将 Ca^{2+} 或 $CaCO_3$ 颗粒包裹起来，使其化学活性严重降低，参加脱硫反应的 Ca^{2+} 或 $CaCO_3$ 减少，亦即惰性物增加，最终导致吸收塔浆液中的碳酸钙过剩，但 pH 值无法上升。这势必降低脱率效率、增加脱硫剂的消耗。

用 $CaCO_3$ 浆液吸收 SO_2 的速率与用水吸收 SO_2 的速率相当，均为气膜和液膜共同控制。氯离子较 HSO_3^- 或 SO_3^{2-} 具有更强的穿透液膜的能力，或者说扩散系数较大，溶解于液膜内或吸附于液膜表面的 Cl^- 具有排斥 HSO_3^-、SO_3^{2-} 的作用，从而影响 SO_2 的溶解（物理吸收）和反应（化学吸收）的进行，这样在整个 SO_2 的吸收过程中产生"瓶颈"，从而影响脱硫效率。

从以上分析可以看出，氯对 FGD 系统主要有以下影响：

1）能引起金属的孔蚀、缝隙腐蚀、应力腐蚀及选择性腐蚀。特别当其浓度富集到一定程度后，会严重影响系统的运行经济性、可靠性和使用寿命。

2）抑制吸收塔内物理和化学反应过程，改变吸收浆液的 pH 值（水解作用），影响 SO_2 吸收的传质过程，降低 SO_2 的去除率。

3）脱硫剂的消耗量随氯化物浓度的增高而增大，同时，氯化物抑制吸收剂的溶解。

4）氯化物会引起后续石膏脱水困难，导致成品石膏中含水量增大（一般要求石膏含水量 <10%）。

5）吸收浆液中氯化物浓度增高，引起石膏中剩余的脱硫剂（$CaCO_3$）量增大（一般要求石膏中

过剩 $CaCO_3$ 含量不大于3%)。

6)影响石膏的综合利用。石膏用作水泥缓凝剂时,对石膏中的氯含量有严格要求,一般要求小于0.1%。因此,氯化物含量高时需附加除氯措施,使后续处理工艺复杂,费用增加。

7)氯化物含量较高时,吸收浆液中不参加反应的惰性物增加,吸收浆液的密度增大,浆液循环系统耗电增加。

因此,应尽量控制吸收塔浆液中的氯离子含量,可适当增大废水的排放量,使吸收塔中的氯离子浓度达到平衡。

(6)浆液中 F^- 含量。氟离子(F^-)的影响与 Cl^- 是类似的,但由于 F^- 能与 Ca^{2+} 生成 CaF_2 而沉淀下来,它除了对石膏品位有所影响外,对塔体、管道的腐蚀要比 Cl^- 小得多。

F^- 对 FGD 系统可能发生的最大影响是"氟化铝致盲"现象,即电除尘后飞灰、石灰石粉及工艺水中的氟和铝含量较高时,会在吸收塔浆池内发生复杂的反应,生成氟化铝络合物 AlF_n (n 一般在2~4之间)。该络合物吸附在石灰石颗粒表面,极大地阻碍石灰石的溶解和反应,使其化学活性严重降低,导致石灰石调节 pH 值的能力下降,脱硫率降低,石膏中的残余 $CaCO_3$ 含量增加,石膏晶体颗粒粒径变小,并随着液相中 F^- 和 Al^{3+} 离子浓度的增加,负面影响加剧。图4-75是 F^- 和 Al^{3+} 共存时对石灰石溶

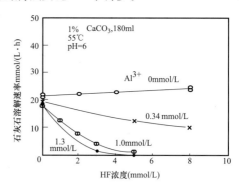

图4-75 F^- 和 Al^{3+} 共存时对石灰石溶解的影响

解度的影响,它们单独存在时对石灰石的活性影响不大,但当它们共存时,较小浓度下活性就急剧下降,因此运行中应尽量降低飞灰含量,适当增大废水排放。

由化学平衡方程计算和实验室的结果表明,当吸收液的 pH 值控制在5.0以内,液相中 AlF_3 是主要的成分,其次是 AlF_2^+ 和 AlF_4^- ,游离状态存在的 F^- 和 Al^{3+} 几乎为零,此时没有固态 CaF_2 和 $Al(OH)_3$ 产生;当 pH 值高于5.0时,液相中 AlF_3 和 AlF_2^+ 等急剧下降;当 pH 值高于5.5时,固态 CaF_2 和 $Al(OH)_3$ 为主要存在形式,此时 AlF_n 对 FGD 系统特性的影响很小;当 pH 值大于6.0时,几乎全部为固态 CaF_2 和 $Al(OH)_3$。因此,湿法 FGD 系统可通过提高吸收液 pH 值来分解 AlF_n,从而消除其对 FGD 操作带来的不利影响。

(7)盐酸不溶物。吸收塔浆液中的盐酸不溶物主要来自石灰石和烟尘中的飞灰,其成分主要是 SiO_2 和飞灰中未被完全燃烧的碳及其化合物。由于 FGD 系统是相对封闭的系统,盐酸不溶物在吸收塔内不断富集。它会覆盖在石灰石颗粒的表面,减少颗粒与水相的接触面积,从而使石灰石的活性严重降低,另外细小的飞灰将使后续的石膏脱水困难,因此应尽量减少盐酸不溶物在吸收塔中的含量。办法有:保证石灰石的品质、提高锅炉除尘器的效率、调整废水旋流器的旋流效果及增大废水的排放量等。

3. 副产品石膏的分析

(1)含水率。GB 5483—1985《用于水泥中的石膏和硬石膏》中规定了用作水泥缓凝剂的石膏的技术要求: $CaSO_4 \cdot 2H_2O + CaSO_4 > 60\%$,不得含有有害于水泥性质的杂质和外来夹杂物,石膏附着水分不得超过4%。而 FGD 系统排放的石膏, $CaSO_4 \cdot 2H_2O$ 质量分数一般在75%以上,杂质为少量的烟尘,显然不会对水泥性质产生有害的影响,从化学成分分析中也可以看到,FGD 石膏与天然二水石膏相似。剩下的就是石膏附着水分的问题,目前 FGD 石膏的附着水分一般低于10%,水泥生产中仅掺入3%~5%的石膏,直接使用未烘干的 FGD 石膏而带入水泥中的水分很少。

石膏的附着水分高,对其后的储存、下料、运输、加工利用等都会带来不利影响,分析脱水机后石膏的水分含量,就可以及时调整 FGD 系统的运行参数,使石膏水分满足设计要求。影响石膏水

分含量的因素很多,在第六章中有专门分析。

(2) 石膏纯度($CaSO_4 \cdot 2H_2O$ 含量)。在石灰石/石膏法中的氧化产物是石膏,其中 $CaSO_4 \cdot 2H_2O$ 含量一般在 90% 以上,呈白色粉末状(有时随杂质含量的变化呈黄白色或灰、褐色等),其主要杂质为 $CaCO_3$,有时还含有少量的粉煤灰。石膏的 $CaSO_4$、$CaCO_3$ 含量与吸收塔中的 $CaSO_4$、$CaCO_3$ 含量的变化趋势是基本一致的,因此控制好吸收塔中的成分就可以保证石膏的纯度。

(3) 石膏中 Cl^- 含量。石膏中的氯含量一般要求小于 100ppm,运行中如超标,则可适当增大真空皮带机的冲洗水量。

(4) 石膏中惰性物质。石膏中的盐酸不溶物主要来自石灰石,还有一部分来自烟尘中的飞灰。为减少盐酸不溶物以提高石膏纯度,应采取以下措施:① 保证石灰石的品质,减少其中的盐酸不溶物;② 提高锅炉除尘器效率,减少 FGD 烟气中的飞灰;③ 增大废水的排放量等。

第四节 FGD 系统测量仪表的调试

FGD 系统中的测量仪表对于监视和优化整个工艺过程参数、评估设备性能和检验设计效果至关重要。湿法 FGD 系统相关的测量仪表主要有烟气排放连续监测系统 CEMS(continuous emissions monitoring system)、pH 计、液位/料位计、密度计(固体浓度)、流量计、温度计及压力计等。

一、CEMS

(一) CEMS 的组成

早期的发电厂排放监测主要用于控制燃烧过程,奥氏仪的使用非常广泛,用来取样测量烟气中氧气(O_2)、一氧化碳(CO)和二氧化碳(CO_2)的浓度,但是,这种分析仪并不是一种连续监测装置。由于环境保护法规的要求越来越严格,美国、德国、日本等工业国家于 20 世纪 70 年代开始为大型工业污染源安装 CEMS,并相应制定了安装 CEMS 的标准,美国污染源的 CEMS 除监控污染物排放外,还作为污染物排放交易的依据。德国、日本等工业国家的 CEMS 都有自己开发的系统。韩国、泰国等国家在 20 世纪 80 年代以后,亦因环境日益恶化、为了解和监控污染的排放,提出安装 CEMS 的要求,其中一些国家的 CEMS 走了先引进,后国产化的道路(如韩国)。有些小国家(如泰国、马来西亚等),因其大型污染源不多,则完全采用引进的方针。在引进的过程中,他们特别重视的是生产 CEMS 厂商的技术能力和售后服务能力,以保证日后 CEMS 的正常运行。在 20 世纪 80 年代,CEMS 系统主要用于测量固体微粒、SO_2、NO_x 和 CO_2。到了 20 世纪 90 年代早期,用于监测氯化氢(HCl)、CO、氨和挥发性有机化合物(VOC)的 CEMS 系统也投入到商业应用中。

20 世纪 80 年代以前,我国火电厂几乎没有烟气连续监测装置。80 年代末,我国在部分引进的机组上同时配套引进了 CEMS,这些系统都是在一无法规要求,二无技术规范约束的情况下安装的,监测的数据得不到地方环保部门的认可,使得这些电厂的监测系统无法发挥作用,造成了经济上的浪费。1996 年,我国颁布了 GB 13223—1996《火电厂大气污染物排放标准》,开始提出大型火电厂必须安装 CEMS 的要求。标准的 5.2 条规定:Ⅲ 时段新、扩、改建的火电厂,应装设烟尘连续监测装置;在酸雨控制区和二氧化硫污染控制区内的火电厂和其他地区建有烟气脱硫设施的火电厂应装设二氧化硫连续监测装置;300MW 以上机组应装设氮氧化物连续监测装置。第 Ⅱ 时段火电厂应逐步实现连续监测。标准还明确规定连续监测装置经认定合格,其监测数据为法定监测数据。2003 年 12 月发布的 GB 13223—2003《火电厂大气污染物排放标准》中,再次明确规定火力发电锅炉必须安装 CEMS 的要求。1998 年 1 月 15 日国 [1998] 5 号文批发《酸雨控制区和 SO_2 污染控制区划分方案》,同年 4 月 6 日环发 [1998] 6 号《关于在酸雨控制区和 SO_2 污染控制区开展征收 SO_2 排污费扩大试点的通知》要求认真做好排污费的征收、管理和使用工作。4 月 24 日国务院印发《关于酸雨控制区和

SO$_2$ 污染控制区有关问题的批复》，对电力工业控制 SO$_2$ 提出了明确要求，明确重点污染源要安装连续监测装置。2001 年 9 月 30 日，国家环境保护总局发布了中华人民共和国环境保护行业标准 HJ/T 75—2001《火电厂烟气排放连续监测技术规范》及 HJ/T 76—2001《固定污染源排放烟气连续监测系统技术要求及检测方法》，并于 2002 年 1 月 1 日实施。这些政策和标准，使得安装 CEMS 的火电厂数目增加很快。而近年来，随着 FGD 系统大规模地安装投入，CEMS 已成为电厂不可缺少的装置。CEMS 对烟道中烟气污染物的浓度及烟气参数进行实时监测，同时为计算 FGD 装置的脱硫效率提供数据，FGD 运行人员据此来进行系统参数的调整，使 FGD 系统安全、高效地运行。为确保 CEMS 运行的可靠性和数据的准确性，需对其进行认真的调试。

一个全面的 CEMS 是由烟尘监测子系统、气态污染物监测子系统、烟气排放参数监测子系统、系统控制及数据采集处理子系统组成的，见图 4-76。通过采样分析（抽取式连续监测）或直接测量方式（现场连续监测）来测定烟气中污染物浓度，同时测试烟气温度、压力、流量、湿度、氧量等参数，并按国家有关标准显示与记录各项参数。

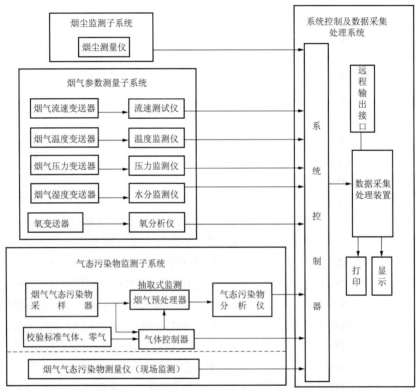

图 4-76　CEMS 组成示意

1. 烟尘连续监测

烟尘的连续监测方法主要有两种：① 浊度法。即光通过含有烟尘的烟气时，光强因烟尘的吸收和散射作用而减弱，通过测定光束通过烟气前后的光强比值来定量烟尘浓度。测尘仪分为单光程测尘仪和双光程测尘仪两种。单光程测尘仪的光源发射端与接收端在烟道或烟囱的两侧，光源发射的光通过烟气，由安装在对面的接收装置检测光强，并转变为电信号输出。双光程测尘仪的光源发射端与接收端在烟道或烟囱的同一侧，由发射/接收装置和反射装置两部分组成，光源发射的光通过烟气，由安装在对面的反射镜反射再经过烟气回到接收装置，检测光强并转变为电信号输出。② 光散射法。经过调制的激光或红外平行光束射向烟气时，烟气中的烟尘对光向所有方向散射，经烟尘散射的光强在一定范围内与烟尘浓度成比例，通过测量散射光强来定量烟尘浓度。根据接受器与光源所呈角度的大小可分为前散射法、后散射法和边散射法。前散射测尘仪接受器与光源呈±60°；后散射测尘仪接受器与光源呈±（120°～180°）；边散射测尘仪接受器与光源呈±（60°～120°）。

　　另外烟尘连续监测法还有β射线（质量浓度）法和电子探针法。β射线是放射线的一种，通过物质时和物质内的电子发生散射、冲突而被吸收，当β射线的能量恒定时，这一吸收量与物质的质量成正比，与物质的组成无关。由安装在β射线幅射源对面的射线接收器检测清洁滤膜与采集烟尘样品后的滤膜对β射线的吸收差异，计算出烟尘量。电子探针法是利用烟尘在烟气流中运动摩擦产生电荷，产生电荷量的多少与烟尘浓度相关，测量电荷量的多少间接定量烟尘浓度。根据我国的实际情况，在监测技术规范中没有列入电子探针法。

　　2. 气态污染物连续监测

　　烟气排放气态污染物（SO_2、NO_x）等连续监测方法按采样方式分为两大类：现场连续监测和抽取式连续监测。现场连续监测（在线式）由直接安装在烟囱或烟道（包括旁路）上的监测系统对烟气进行实时测量（不需要抽取烟气在烟囱或烟道外进行分析）；抽取式连续监测通过采样系统抽取部分样气并送入分析单元，对烟气进行实时测量，按采样方式不同又可分为稀释法和加热管线法（也称直接抽取法）。这些方法的优缺点对比见表4－31。

表4－31　　　　　　　　　　　　气态污染物监测方法的比较

序　号	方　　法	特　　点
1	加热管线法	抽取烟气量大，干法、专用设备、准确度高，分析因管道距离有滞后、有样气处理装置，采样管及过滤器易更换。相对易堵塞、易腐蚀。标气用量大，需加热线
2	稀释法	抽取烟气量大，采样管不易堵塞、不易腐蚀干法，但需防止稀释影响小孔堵塞。分析组件采用大气环境监测设备，引入稀释误差。标气用量大，需流量控制设备，需干燥零气
3	在线式	一般为光学法，利用红外或紫外光的吸收定量测量。非接触法，无需用标气校准。受烟道其他因素干扰大，维护工作量较大、不方便，光学部件需要有效的保护措施

　　（1）稀释法。采集烟气并除尘，然后用洁净的零气按一定的稀释比稀释除尘后的烟气，以降低气态污染物的浓度，将稀释后的烟气引入分析单元，分析气态污染物浓度。采样流量需大于0.5L/min，根据电厂附近环境与烟气排放实际情况，确定稀释比，稀释比一般不宜超过1:250，如从采样至分析仪的烟气产生结露，应采用加热与稀释相结合的方式，稀释比误差不超过±1%，稀释器温度变化应在±2℃以内。采用临界孔稀释时，临界孔前后压差不低于66666.7Pa。稀释探头分为内置式和外置式两种。稀释抽取法连续监测系统的示意见图4－77。

　　（2）加热管线法。通过加热管对抽取的已除尘的烟气进行保温，保持烟气不结露，输至干燥装置除湿，然后送至分析单元分析气态污染物浓度。采样流量需大于2L/min，流量误差在±0.1L/min以内，热管温度为140～160℃。加热管线法连续监测系统的示意见图4－78。

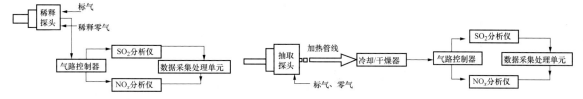

图4－77　稀释抽取法连续监测系统　　　　　　图4－78　加热管线法连续监测系统示意

　　表4－32列出了2003年浙江省内火电厂已安装和设计的CEMS采用的方法、监测参数、供货商。

表 4-32　　浙江省内火电厂 CEMS 状况（截至 2003 年底）

电厂	北仑 一期	北仑 二期	钱清	半山4、5号炉	温州二期	萧山	长兴四期	台州四期	金华燃机	嘉兴 一期	嘉兴 二期	舟山2号炉
机组容量（MW）	2×600	3×600	2×125（LIFAC 和湿法脱硫）	2×125（湿法脱硫）	2×300	2×125	2×300	2×300	2×55	2×300	4×600	125
安装套数	1	3	2	1	1	1	1	1	1	1	2	1
投用日期（年）	1996	1999	2003	2001	2001	2003	2003	2003	2003	2003	设计	设计
类型	稀释法	在线法	伴加热法	伴加热法	稀释法	伴加热法	伴加热法	伴加热法	伴加热法	伴加热法	伴加热法	伴加热法
探头安装位置	烟囱 40m（浊度、流速）；80m（其他）	烟囱 70m	烟道	烟道	烟道	烟道	烟道	烟道	烟道	烟道	烟道	烟道
监测参数	SO_2、NO_x、CO_2、浊度、流速、温度	浊度、SO_2/NO,CO/CO/CO_2/H_2O,O_2	SO_2、NO、浊度、O_2、流速、湿度、温度、压力	SO_2、NO,CO、O_2、浊度、温度	SO_2、NO_x、CO、浊度、流速/温度	SO_2、NO、浊度、O_2、流速、湿度、温度、压力	SO_2、NO_x、CO、O_2、浊度、流速、温度、压力	SO_2、NO、O_2、流速、温度	SO_2、NO、浊度、O_2、流速、温度、压力	SO_2、NO,CO、O_2、浊度、流速、温度、湿度、压力	SO_2、NO,CO、O_2、HF、浊度、流速、湿度、温度、压力	SO_2、NO_x、O_2、浊度、流速、湿度、温度、压力
主要厂商	Monitor Lab	Monitor Lab	ABB	Siemens	热电子	Rosemount	厦门华电	Rosemount	厦门华电	ABB	厦门华电	厦门华电

可以看到，早期安装的几个电厂在方法上比较多样，经过几年的运行论证，加热管线法逐步成为目前CEMS的主导方法，安装位置也从原来的烟囱全部移到了烟道，主要是国内的烟囱设计对监测仪器的安装因素考虑甚少。广东省火电厂早期的CEMS大多是稀释法，但投运情况不佳，主要是维护及备品备件问题，目前新上电厂大多采用加热管线法。

（3）气态污染物分析方法。

1）SO_2测试方法。美国国家环保局（EPA）规定CEMS分析烟气SO_2，稀释采样时，采用紫外荧光法；直接采样时，使用红外吸收法或紫外吸收法。日本的有关标准规定SO_2分析方法有电导法、紫外荧光法、红外吸收法、紫外吸收法4种。

2）NO_x测试方法。美国EPA规定的CEMS常用的NO_x测试方法为化学发光法，红外、紫外及可见光方法也可采用。日本国家有关标准中规定NO_x的分析方法有化学发光法、脉冲荧光法、红外吸收法、紫外吸收法及电解法。

我国CEMS规范中气态污染物采用的连续监测分析方法见表4-33。

表4-33　　　　　　　　　　CEMS规范中选择的气态污染物连续监测分析方法

分析项目	序号	方　　法	较适宜的采样方法
二氧化硫	1	紫外荧光法	稀释抽取采样法
	2	（非分散）红外吸收法（NDIR法）	直接抽取采样法
氮氧化物	1	化学发光法（CLD法）	稀释、直接抽取采样法
	2	（非分散）红外吸收法（NDIR法）	直接抽取采样法

3. 烟气参数连续测量

烟气参数包括烟气温度、压力、流量、湿度（水分含量）、O_2（或CO_2）。

温度一般采用热电偶或热电阻温度传感器连续测定，示值偏差不超过±3℃，使用前必须进行校验，使用中要定期校验。压力采用压力传感器直接测量。烟气流量的监测本质上是对烟气流速的监测，流速测量一般选用压差传感法、超声波法和热传感法。烟气湿度采用红外吸收法即通过测量对水较敏感波长的红外吸收量的变化来测量，或用测氧计算法（用氧传感器测定除湿前后烟气中的含氧量，利用含氧量的差计算）；烟气中的水分含量也可根据煤种情况通过定期标定作为常数输入CEMS中，一般每半年标定一次，如煤质发生重大变化，需及时标定。O_2监测法有顺磁法和氧化锆法，或通过CO_2检测仪测得的CO_2按下式进行换算：

$$CO_2 = CO_{2,max}\left(1 - \frac{O_2}{20.9}\right)$$

式中　$CO_{2,max}$——燃料燃烧产生的最大CO_2体积百分比，由$CO_{2,max}$近似值表4-34查得，%。

表4-34　　　　　　　　　　　　　　　$CO_{2,max}$近似值

燃料类型	烟煤	贫煤	无烟煤	燃料油	石油气	液化石油气	湿性天然气	干性天然气	城市煤气
$CO_{2,max}$（%）	18.4~18.7	18.9~19.3	19.3~20.2	15.0~16.0	11.2~11.4	13.8~15.1	10.6	11.5	10.0

4. 数据采集与处理系统

系统具有记录、存储、显示、数据处理、数据输出、打印、故障报警、安全管理和数据、图文传输功能，通信接口为RS232、RS422、RS485中的一种。以德国SIEMENS公司的ULTRAMAT23分析仪为例，其数据监视分析软件用于实时监视烟气成分和烟气参数的数值变化和曲线变化的情况，

并对监测数据进行浓度折算，求平均值、最大值、最小值、排放总量等数据处理。显示内容包括烟尘、SO_2、NO_x 的瞬间测试浓度、折算浓度、平均值、最大最小值及日、月、年排放量，烟气温度、压力、流量、含氧量。显示方式有图形显示和报表显示两种形式。图形显示是以曲线的方式显示实时瞬间测量值和历史测量值；报表显示是以表格方式显示用户选择单位时间段内的测量数据。系统提供查阅历史数据和历史曲线的功能，可随时打印。

CEMS 的烟气分析数据除在 CEMS 室内的显示器上显示外，还可即时传到 FGD 集控室，供 FGD 系统所用。数据也可传送到电厂环保室、总调室和地方环保部门。

（二）CEMS 的调试

1. 调试检查

在对 CEMS 进行校验时，认真仔细的检查是必不可少的，检查内容至少包括：

（1）安装检查。检查系统的监测孔、测量点的位置是否符合设计要求，采样管道倾斜度是否足够、管道是否泄漏、堵塞，管道加热、保温是否良好，是否有冷凝水存在等，要对采样管道进行泄漏测试。采样平台是否安全可靠、易于到达，是否有足够的操作空间等。检查光学镜头沾污、探头污染与否、滤料有无堵塞等。检查 AC 220（$1 \pm 10\%$）V、频率 50Hz 的供电电源是否正确，仪器应设有漏电保护装置等。

（2）仪器外观检查。仪器应有制造计量器具 CMC 标志（进口仪器应取得我国质量技术监督部门的计量器具型式批准证书）和产品铭牌，铭牌上应标有仪器名称、型号、生产单位、出厂编号、制造日期等；仪器各部件应连接可靠，表面无明显缺陷，各操作键使用灵活，定位准确；仪器各显示部分的刻度、数字清晰，涂漆牢固，不应有影响读数的缺陷；仪器外壳或外罩应耐腐蚀、密封性能良好、防尘、防雨等；检查仪器设备的环境是否符合标准要求等。

（3）系统功能检查。检查 CEMS 系统具有的记录、存储、显示、数据处理和数据通信、打印、故障报警、安全管理、数据查询和检索等功能是否完备。与热工调试人员配合，保证 CEMS 的测量结果能正确传送到 FGD 操作员站内及其他监测站。

在 FGD 系统热调阶段，主要进行 CEMS 仪器零点和量程校准，保证仪器能正常投入使用，运行调试时间不少于 168h。每天进行零点和量程校准检查，当累积漂移超过规定指标时，则调整仪器。对于 CEMS 的各个技术指标如零点漂移、量程漂移、响应时间、线性误差、准确度等不作考核，这些技术指标在 CEMS 验收性能试验时专门进行检测。

CEMS 检查常常可以发现许多设计和安装上的问题，例如在某电厂发现采样管在进入 CEMS 分析柜内与冷凝器连接之前，有一段约 30cm 管路未被伴热带加热，造成此管路上出现较多的冷却水，这会使仪器测量值略低于实际值；分析柜的排气口和空气自校验进气口安装在同一位置，这对自校验时空气质量有影响等。

2. CEMS 的校正

在 FGD 系统热态调试时，根据需要随时进行调整校验，确保 CEMS 读数的准确性。烟气由零气和标准气体校验。① 零气，要求 SO_2、NO_x 的体积分数均不超过 0.1×10^{-6}［即 SO_2、NO_x（以 NO_2 计）分别为 $0.3mg/m^3$、$0.2mg/m^3$］，当测定烟气中 CO_2 时，零气中 CO_2 的体积分数不超过 400×10^{-6}（即 $786mg/m^3$），零气中含有的其他气体浓度不得干扰仪器的读数或产生 SO_2、NO_x 或 CO_2（测定烟气中 CO_2 时）的读数。② 标准气体，有效期在一年以上（含一年）、不确定度不超过 $\pm 2\%$ 的国家标准气体。低浓度标准气体，20%～30% 满量程值；中浓度标准气体，50%～60% 满量程值；高浓度标准气体，80%～100% 满量程值；烟尘的浓度用网格重量法测量，与在线监测仪进行比较校验。烟气中的其他成分根据需要随时进行校验。

（三）CEMS 调试/运行中常见问题及解决

（1）烟气流量不准。在某 FGD 调试中发现净烟气流量的测试数据不准，数据忽大忽小，数据变化无规律性。烟气流量是通过压力传感器、皮托管等测量计算出的。分析认为净烟气流量测试不准与流量监测孔的安装位置有很大关系，现场净烟气流量测孔的位置位于进烟囱前的一段长度约5m的直管道的中间部位，直管道的截面为 3.2mm×6.3mm。根据 HJ/T 75—2001《火电厂烟气排放连续监测技术规范》中对流量监测孔的规定：若烟道直管段长度大于 6 倍烟道当量直径，则监测孔前的直管段应不小于 4 倍当量直径、且监测孔后的直管段长度不小于 2 倍当量直径；若烟道直管段长度小于 6 倍烟道当量直径，则监测孔前的直管段长度必须大于监测孔后的直管段长度。可见现场流量的安装位置不符合规范中的相关规定，从而会导致测量数据的不准确。

为了防止烟气中水分在采气管道冷凝，采样管道都用伴热带加热到150℃左右，但实际运行中，采样管道不可避免地出现水汽冷凝和冷凝水堵塞管路现象，出现 CEMS 分析柜内烟气的烟气流量几乎为零的情况，如在某 FGD 系统 168h 试运行期间就多次出现过。后对 PLC 中的程序进行了修改，将原手动吹扫样气管改为自动吹扫，吹扫频率为空气自校验三次后进行一次吹扫，调整后未出现样气管堵塞的情况。

另一 FGD 系统净烟气采样管堵塞，且采样管内有黑色沉积物，其原因是压缩空气不洁净，在吹扫时带入杂质。对采样管进行了水冲洗和用压缩空气吹扫的处理，除去了管中的堵塞物，并在压缩空气进入仪器前安装了过滤装置，使问题得到解决。

（2）氧量不准。在某 FGD 系统调试中发现原烟气的氧量测量值始终高出净烟气的氧量测量值许多，分析原因可能是原烟气管路存在泄漏。于是对柜内和柜外两部分进行管路检漏。先检查分析柜外烟道采样探头与分析柜进气口连接管路部分，不存在漏气情况；再检查分析柜内各连接管路，发现两处存在泄漏，一是冷凝器排水管连接处有漏气；二是吹扫/进样转化阀存在漏气。解决方法分别是拧紧冷凝器排水管；吹扫/进样转化阀经检查仍未排除漏气现象后，更换一个新的转化阀上述问题得到解决。另外氧量不准与其量程设定等也有关，若量程设定错误，其测量值也不准确。

（3）抽气流量小。在某 CEMS 分析柜上出现以下错误信息：① flow too low during measuring；② flow too low during AUTO。采取了以下检查措施：① 先检查采样管和探头，不存在堵塞现象。② 检查烟道取样探头处球阀 PB1 和 PB2 的电源和气源，发现两个球阀的电源已接好，但球阀的气源被关闭。球阀气源被关的原因是火电人员在压缩空气处加装过滤装置后未将压缩空气的阀门打开，导致 PB1 和 PB2 气动球阀不能按程序控制正常动作。打开压缩空气阀门，并将压力调节在 0.4 ～ 0.7MPa 范围内，系统恢复正常。

（4）某 CEMS 出现仪器在进行自动校验时气体流量接近零的现象。对各阀门和管路进行检查，发现在仪器由测量状态变为自动校验状态时，涉及到一个气路切换的问题，即气路由进烟气转为进空气，气路的切换是由一个电磁阀来实现的。由于烟气中含有细小颗粒物可能导致该电磁阀动作不灵活，所以出现仪器进行自校验时气路切换不过去，流量为零的现象。对该电磁阀用高纯氮气进行吹扫几次后，上述问题得到解决。

（5）某 CEMS 分析柜内不锈钢电磁阀在自动校验时发出声响。分析原因是烟气中的 SO_2 对电磁阀有腐蚀作用，于是将原烟气和净烟气分析柜内由样气进入冷凝器之前的电磁阀改换为防腐阀，此后的运行中电磁阀未发出尖鸣声的现象。

（6）分析柜的排气口和空气自校验进气口应相隔一定的距离，否则排气口的烟气影响空气自效验进气口处的空气质量，造成 CEMS 自效验不准。

（7）系统控制及数据采集处理子系统问题。在整个 CEMS 中，烟气分析、仪器校准、管路吹扫等所有功能的实现都要通过系统控制及数据采集处理子系统，该子系统程序文件编制的好坏直接关系到整个 CEMS 运行的稳定性、可靠性和准确性。在某电厂就出现过因程序文件编制不好而引起 CEMS 无法运行等情况；在某 CEMS 调试过程中发现，与净烟气分析柜连接的 DAS 计算机上的实时数据库的数据自动转存为历史数据库的数据时，有时出现数据库连接不上，导致数据转存不过去，因此系统之间的接口问题也需要引起注意。

CEMS 是 FGD 系统中最关键的仪表之一，除认真调试外，其日常运行维护十分重要，否则 FGD 系统难以调整和运行。电厂应建立一系列 CEMS 的运行管理责任制度、档案管理制度、零备件采购等制度，明确运行、维护人员职责，并加强人员的技术培训和上岗证制度等，这是保证 CEMS 正常运行的一项重要措施。在日常运行中，尤其要注意以下几点：

（1）CEMS 仪器正常运行期间应按仪器使用说明书提出的要求，定期进行日常管理和维护工作，并及时更换已到使用期限的零部件。有时为了节约，不及时更换已到使用期限的零部件和易损件，这是 CEMS 损坏、不能正常运行的主要原因之一。

（2）为确保 CEMS 能正常长久地运行，应定期对采样管进行空气吹扫和水冲洗的工作，以保证气路管道的畅通。

（3）为确保 CEMS 监测数据的准确性，除 CEMS 本身的自动校准和自动修正外，还需定期人工对其进行零点校验和量程值校验。

（4）在日常运行巡视中，注意观察分析柜上显示的烟气成分测试数据，如有明显不准确，应从以下几方面进行检查：

1）进行相关气体的零点校准和量程气校准。

2）检查气体管路是否存在泄漏或堵塞情况。

3）各阀门是否工作正常。

4）以上三个步骤执行后如果测试数据仍然不对，说明分析仪可能出现故障，联系检修或厂家进行处理。

二、pH 计

1. pH 值测量

pH 值即是溶液中氢离子浓度取对数的负值（$pH = -\lg[H^+]$），它表示溶液的酸度和碱度。FGD 吸收塔中浆液 pH 值是一个关键的检测和控制参数，pH 值高有利于 SO_2 的吸收但不利于石灰石的溶解，反之，pH 值低有利于石灰石的溶解但不利于 SO_2 的吸收，为了顾全两者，对于强制氧化的吸收塔，根据经验，一般将 pH 值控制在 5.0 ~ 6.0 范围内，根据锅炉负荷、入口 SO_2 浓度及石灰石浆液密度等通过调节加入吸收塔的新鲜石灰石浆液流量来控制 pH 值。

pH 值的检测仪表叫 pH 计，由于直接测量溶液中的 H^+ 浓度是有困难的，因此采用电极和电压表来测量。电极是一种电化学装置，与电池类似，其电压随着 pH 值（即 H^+ 浓度）的变化而变化。pH 计的电极中分为两部分，一部分是测量电极，另一部分是参比电极，其原理如图 4 - 79 所示。参比电极的电动势是稳定且精确的，与被测介质中的 H^+ 浓度无关，因此所有传感器的变化都是测量电极的函数。参比电极中含有氯化钾（KCl）溶液，该溶液中溶解一定量的氯化银（AgCl），一个银/氯化银电极被置入该电解液中。参比电压是氯化钾和氯化银浓度的函数，例如，1 摩尔氯化钾电解液产生 -8mV 的偏差量，或称为与理论值的电压偏差，而 3.3 摩尔氯化钾电解液则产生 -45mV 的偏差量。这个偏差量在整个量程范围内是相同的，可以通

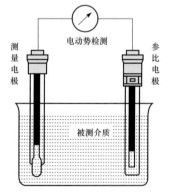

图 4 - 79 pH 计构造示意

过标定或校零来进行补偿。目前 pH 计都是由测量电极和参比电极组合而成的，测量中，电极浸入待测溶液中，将溶液中的 H^+ 浓度转换成毫伏电压信号，将信号放大并经对数转换为 pH 值。图 4 - 80 为固态和液态参比电极的 pH 值传感器。

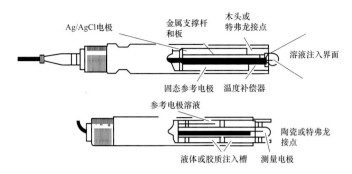

图 4-80 固态和液态参考电极的 pH 传感器

  pH 值传感器还会受到温度的影响，温度可以通过斜率、温度调整或者是自动温度补偿来进行补偿。

  在湿式 FGD 系统中使用的 pH 值传感器会受到污垢和老化的影响，这些影响是由于浆液的冲蚀或结垢而造成的。结垢会使氯化钾参考溶液与被测量溶液交汇的接点堵塞，这个接点可以是一个小孔，或者由纤维、木头、多孔陶瓷、特氟龙制成，它可以将电解液保持在探针内，使电解液与被测量溶液之间形成盐桥。

  pH 传感器有三种布置方式：浸入式、流经式（支管）和插入式，如图 4-81 所示。浸入式传感器安装在容器里，当需要维护和校准时可以取出来。FGD 喷淋塔浆液的 pH 值测量一般设在石膏浆排放泵出口；流经式传感器安装在石膏浆液测量支管上，仪表上下游装有隔离阀，还装有定期自动

浸入式pH值传感器（JBR内）

浸入式pH值传感器（废水池内）

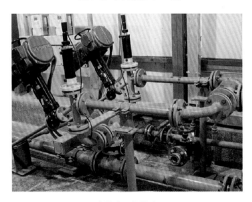

支管式pH值传感器

插入式pH值传感器（石膏排浆泵出口）

图 4-81 pH 计的三种布置方式

冲洗水阀。插入式传感器由流经式传感器变化而来，但不需要取样支管，它直接通过密封材料和一个隔离阀门插入到石膏浆液中，要维护和校准插入式传感器，就要先半抽出传感器，再关闭隔离阀门，切断液体的流动，然后再全部抽出传感器。

插入式传感器可斜插于竖直管或立式插于水平管上。实际运行发现，插入的探头不宜置于管中心高流速处，因流体冲蚀易磨损探头造成数值漂移。探头应置于流体边缘又始终能接触到流体。

任何一种传感器都有其优点和缺点。浸入式传感器易于维护，但当容器内为正压时容易引起泄露。流经式传感器的取样支管容易堵塞，插入式传感器和流经式传感器均易产生磨蚀。3 种传感器都易于结垢，可以采用超声波清洁装置来清除那些易碎的、不溶于水的污垢，并且有了一定的成功先例。间隔性地使用超声波清洁装置将可以取得最佳的效果，但也有可能导致传感器损坏。

2. pH 计的调整校验

在 FGD 吸收塔内，一般装有 2 套 pH 计；废水处理系统中也装设有多套 pH 计。为使 FGD 系统的在线 pH 计能准确地反映浆液的 pH 值，在热态调试期间，根据需要随时校验 pH 计，确保它们读数的准确度和精密度。

pH 计实际上是用来测量电极的电压表，它将每个特定温度下的电压转化为 pH 值并对异常的值进行纠正，pH 计的工作依赖于正确的标定和校准。标定和校准工作最好在 pH 值稳定的缓冲溶液中进行。在 25℃温度下测量的符合国家标准局规定的 4 种最好的缓冲溶液，其 pH 值分别为 4.01、6.87、9.18 和 12.45。

标定工作（偏差量或缓冲溶液调整）最好在等电势点进行（pH = 7），对偏差量进行标定，使得 pH 计的读数在 pH 值为 7.0 时为 0.0mV。校准工作，或者是斜率调整，用来对电极随 pH 值的变化而产生的改变进行修正。在进行校准时，缓冲溶液的 pH 值应与被测溶液有一定差值。例如，如果估计所测的工艺介质 pH 值为 5.4，则最好使用 pH 值大约为 4 的缓冲溶液。下面是某 pH 计的具体校验过程。

校验用具：① 500mL 或 1000mL 容量瓶；② 除盐水；③ 烧杯及洗瓶；④ 定性滤纸；⑤ 稀盐酸；⑥ 缓冲剂（如上海雷磁公司、MERCK 公司缓冲剂）。

按如下步骤校验 pH 计：

（1）设定 pH 计的量程为 2.0 到 10.0。

（2）选择缓冲剂，配置 pH 为 4.00 和 6.86 的两种缓冲液。

（3）根据所用的缓冲剂在 pH 计上设定校验点和标准参考值（见表 4 - 35）。

表 4 - 35　　　　　　　　　　某缓冲剂参考值（准确度为 ±0.01pH）

温度（℃）	缓冲液 1	缓冲液 2	温度（℃）	缓冲液 1	缓冲液 2
0	4.01	6.98	35	4.02	6.84
5	4.00	6.95	40	4.03	6.84
10	4.00	6.92	45	4.04	6.83
15	4.00	6.90	50	4.06	6.83
20	4.00	6.88	55	4.07	6.83
25	4.00	6.86	60	4.09	6.84
30	4.01	6.85			

（4）取出 pH 计的探头（包括玻璃电极、参比电极和温度计），用稀盐酸和除盐水洗净，滤纸擦干。

（5）将 pH 计的探头放入 pH 为 4.00 的缓冲液中，待 pH 读数稳定后根据温度把 pH 计的读数调整到标准值，储存在 pH 计中。

（6）取出 pH 计的探头用除盐水洗净，滤纸擦干。

（7）将 pH 计的探头放入 pH 为 6.86 的缓冲液中，待读数稳定后根据温度把 pH 计的读数调整到标准值，储存在 pH 计中。

（8）记录温度、斜率和零点。

（9）取出 pH 计的探头用除盐水洗净，放回测量池中，校验完毕。

FGD 热态调试时应随时对 pH 计进行调整和校验，使之准确无误，能满足 FGD 运行时监测的要求。

三、液位计/固体料位计

湿式 FGD 系统中设有许多容器，用于存储吸收塔浆液、石灰石浆液、石膏浆液、工艺水及废水等。常用的液位测量装置见表 4 – 36。

表 4 – 36　　　　　　　　　　　　　常用的液位测量装置

传感器类型	工作原理	应用场合	备　注
差压	用传感器来测量静态压力之间的差，传感器安装在容器壁上直接与液体接触	测量浆液容器的液位，经常与冲洗系统一起使用	性能可靠，但在测量浆液时可能会被堵塞。有两种形式：法兰安装和扩展隔膜
超声波	向液体表面发射超声波脉冲，将经液面反射回来的脉冲传输时间转化为液位	敞开式容器，包括大部分溶液	传感器不接触液体。有时会受到灰尘、蒸汽、泡沫等的影响。可以通过电子线路将环境噪声过滤
电容	通过测量探针与容器壁之间的电容来测量液位	高/低液位报警和开关，单独的液位电容探针可监测液位	在有固体堆积和结垢时会出现问题
浮子	浮子通过一根管子安装在容器内，随着液面的上下而移动	净水和研磨浆液容器（不会结垢），高/低料位报警或持续的料位值	可使用磁式浮子料位计，但在应用于会结垢的材料时并不可靠
电磁波射频	传感器发出一个电信号，分别从液面和传感器底部反射回来，通过检测这个信号的相位移动就可以得到持续的料位值	液体和固体料位	相对而言比较新式、有前景的技术，电场的范围比导体大得多

在吸收塔液位控制系统中，常采用性能可靠的差压液位变送器，但这种装置并不十分精确，因为浆液的密度变化等会导致误差。图 4 – 82 为吸收塔的差压液位测量现场图。差压式液位计是利用液柱或物料堆积对某定点产生压力的原理，当被测介质的密度 ρ（kg/m^3）已知时，就可以把液位测量问题转化为差压测量问题。如果被测介质具有腐蚀性，差压变送器的正、负压室与取压管之间需

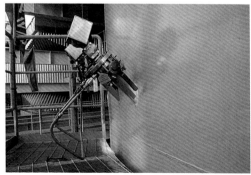

图 4 – 82　吸收塔的差压液位测量装置

要安装隔离容器，防止腐蚀性介质直接与变送器接触，如图 4-83 所示。隔离液不应与被测介质、管件及仪表掺混或产生化学作用，隔离容器的安装位置应尽量靠近测点，以减少测量管路与腐蚀性介质的接触。为减少隔离液的消耗，仪表应尽量靠近隔离容器，隔离容器和测量管路安装在室外时，应选用凝固点低于当地气温的隔离液，否则应有伴热措施。如果隔离液的密度为 ρ_1（$\rho_1 > \rho$），则差压变送器上测得的差压 Δp（Pa）计算式为

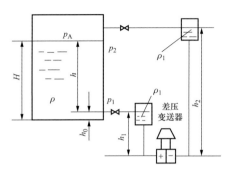

图 4-83 差压式液位测量原理

$$\Delta p = \rho g h + \rho_1 g (h_1 - h_2)$$

式中　g——重力加速度，$9.8\,\mathrm{m/s^2}$。

由于差压信号多了 $\rho_1 g (h_1 - h_2)$ 一项，因此，在 $h = 0$ 时，Δp 不等于 0，需要进行零点负迁移，以克服固定差压 $\rho_1 g (h_1 - h_2)$ 的影响。

容器中的实际液位 H（m）为

$$H = h + h_0 = \frac{\Delta p + \rho_1 g (h_2 - h_1)}{\rho g} + h_0$$

式中　h_0——液位测点距容器底部的高度，m。

其他各种液位测量装置的精度会由于容器条件的不同而有所差别。例如，在 FGD 系统的浆液罐中，搅拌器搅动时会产生波动，吸收塔的液面也会由于以下因素而波动：① 液体高速喷射到液面上；② 在反应期间或液体喷射时若释放出气体，这些气体会形成泡沫；③ 氧化空气鼓入液面下使液位上浮。浸入浆液的传感器还有可能遇到结垢。一些液位测量装置需要静态区域，以减少搅动的影响，并保护液位探针不受干扰。

许多用于测量液位的传感器同样可以用于测量固体料位。但是，固体料位测量装置常处于多粉尘环境，由于介质的架桥和安息角引起的表面不平、压紧、通风而导致密度或物性的变化，固体料位测量会遇到一些特有的问题。在 FGD 系统中，固体料位测量主要应用于存储仓内（灰、石灰石或石灰、石膏等），也可用于除尘器或干式洗涤器的料斗内。存储仓内使用的测量装置包括电容式、超声波式和电磁波射频式（相位跟踪）传感器。另外，荷载单元测量或者张力测量也很普遍，用来测量存储仓满或空时重量的变化。还有一种固体料位测量装置是垂线测量系统，即一个重锤或者浮子从存储仓的顶部向下降，当浮子接触到料的表面时，系统能够检测到拉线张紧力的减小，也就能够通过计算浮子收回时产生的电子脉冲数来测量移动距离。这样，测量到的料位就是存储仓内的最大料位。当存储仓内装满物料时，不能使用该系统。

放射性变送器是一种典型的用于测量高料位的装置。当料位升高超过传感器时，从放射源到接收器之间的信号强度将会减弱，将这个信号转化为料位指示信号。

另一种高/低固体料位测量装置是桨轮。由 1 台电动机来驱动桨轮，当物料上升到桨轮时，其旋转会停止，这时电动机因为堵转而导致的力矩增大就会触发一个微动开关发出报警信号。

在测量单点固体料位时，有时也使用振动音叉探针，插入容器的压力式转换驱动探针的振动会因为接触到物料而衰减，这就会形成电压的变化，经过电子放大后产生一个料位指示。

从具体应用来说，电容物位仪表在液体和固体料位、位式控制以及连接测量中都可应用。当物料是绝缘物质或虽不绝缘但非黏性的介质时，电容物位仪表比较适用。超声波物位仪表是近 10 年发展起来的非接触式仪表，由于它的传感器不与物料直接接触，无机械摩擦，不易受物料的直接损害和化学腐蚀，因而在物料测量以及强腐蚀液体测量中占有优势。

某湿法 FGD 箱罐料位测量仪表的选用实例见表 4-37。

表 4 – 37 某湿法 FGD 系统箱罐液位/料位测量（制造商德国 E + H）

序号	测量点	测量功能	仪表型号	备 注
1	石灰石湿磨浆液循环箱 1 和 2 液位	IICSHLAHL	超声波 Prosonic FMU860	循环箱 1 和 2 各用一个
2	石灰石湿磨浆液循环箱 1 和 2 液位开关	ISHAH	电容式 Multicap T DC11 TES	该型号常用于液位和轻质固体料位连续测量或限位监测
3	石灰石浆液箱液位	IISHLAHL	超声波 PMC 635	差压液位变送器，用于逻辑控制
4	石膏浆液箱液位	IISHLAHL	超声波 PMC 635	差压液位变送器，用于逻辑控制
5	旋流站溢流水收集箱	IISLAL	FTL361	振动音叉式
6	废水箱液位	IISLAL	FTL361	振动音叉式
7	滤液箱液位	IISHLAHL	PMC635	差压液位变送器
8	皮带机滤液分离箱液位开关	ISHAH	Conduct FTW131	电容式
9	工艺水箱液位	IISHLAHL	PMC635	差压液位变送器
10	吸收塔液位	IICRSHL	PMC635	差压液位变送器，用于逻辑控制
11	事故浆罐液位	IISHLAHL	PMC635	差压液位变送器
12	吸收塔区域地坑	IISHLAHL	超声波 Prosonic T FMU231E	用于液体和固体非接触式连续测量，探头含有一体化温度传感器以对声波脉冲传播时间进行温度补偿
13	石灰石磨区域地坑	IISHLAHL	超声波 Prosonic T FMU231E	
14	事故浆罐区域地坑	IISHLAHL	超声波 Prosonic T FMU231E	
15	石灰石仓料位	IIAHL	超声波 Prosonic FMU860	—
16	石膏仓料位	IIAHL	超声波 Prosonic FMU860	—

注 l—液位，I—指示，C—控制，S—开关，H—高值，L—低值，A—报警。

对于箱罐中液位计的调试，常采用实测液位后，对液位计进行修正。

四、浆液密度计

石灰石浆液密度和吸收塔内的石膏浆液密度（固体浓度）在湿法 FGD 控制系统中极为重要，必须长期在线、测量准确。由于 FGD 浆液的磨蚀性、腐蚀性及高的含固率（可达 30% 左右），无法采用常规的检测方法，使得密度计的选型具有很大限制。

在测量浆液密度时，最常用的装置是 γ 射线放射吸收测量计，其原理如图 4 – 84 所示，有核放射源发射的核辐射线（通常为 γ 射线）穿过管道中的介质，其中一部分被介质散射和吸收，其余部分射线被安装在管道另一侧的探测器所接收，介质吸收的射线量与被测介质的密度呈指数吸收规律，即射线的投射强度将随介质中固体物质浓度的增加而呈指数规律衰减。射线强度的变化规律为

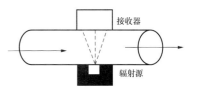

图 4—84 γ 射线密度计示意

$$I = I_0 e^{-\mu D}$$

式中 I——穿过被测对象后的射线强度；

I_0——进入被测对象之前的射线强度；

μ——被测介质的吸收系数；

D——被测介质的浓度。

在已知核辐射源射出的射线强度和介质吸收系数的情况下，只要通过射线接收器检测透过介质后的射线强度，就可以检测出流经管道的浆液浓度。

射线法检测的浓度计为非接触在线测量，可测定石灰石浆液、石膏浆液、泥浆、水煤浆等混合液体的质量浓度或体积百分比，也可检测烟气中的粉尘浓度。核射线能够直接穿透钢板等介质，使用时几乎不受温度、压力、浓度、电磁场等因素的影响。但放射性密度测量计存在以下一些缺点：① 需要有放射性使用许可证；② 不能区分悬浮固体和溶解固体；③ 一旦管道内出现固体沉积和结垢，就会出现错误信号。

放射性密度测试的维护量极小，在 FGD 系统的调试中，其精确度通过人工取样和测量来进行校验。

其他用于测量密度的仪表还有压差、超声波和簧片振动式仪表。簧片振动式仪表的原理是浆液浓度影响到电动线圈的振动，通过电子线路将该振动转化为密度测量值。但是，这种测量仪易受到管系振动的干扰，而且其接触性探头（簧片）易受到浆液的冲刷和腐蚀，运行寿命短，性能也不可靠，因此极少采用。

在一些 FGD 系统中不设浆液密度计，而采用固定距离的浆液压差通过差压变送器在 CRT 中来计算出浆液密度，在运行中通过不断地校验，才基本能满足生产要求，如广东珠海电厂 700MW 机组吸收塔浆液密度、石灰石浆液密度的测量。

五、压力、温度和流量计

压力、差压、温度和流量的测量在 FGD 系统中非常普遍，所测参数可反映出工艺的性能、能耗、运行中出现的问题以及是否符合设计和运行的要求。对它们的要求是：

（1）当浆液具有很强的腐蚀性或有潜在的腐蚀可能时，必须采取预防措施。

（2）在液体或气体的流动过程中，如果出现固体，要用水冲洗。

（3）选用流量计应了解其测量原理和应用场合。许多常规流量计（如孔板、喷嘴等）不宜用于腐蚀性浆液管道。FGD 系统中最合适的是电磁流量计，其特点是磁场稳定、分布均匀，适用于测量封闭管道中导电液体或浆液的体积流量，如各种酸、碱、盐溶液，腐蚀性液体以及含有固体颗粒的液体（泥浆、矿浆及污水等），被测流体的导电率不能小于水的导电率，但不能检测气体、蒸汽和非导电液体。在 FGD 装置中，电磁流量计被用于石灰石、石膏浆液体积流量的检测，与密度计联合使用能够检测质量流量。

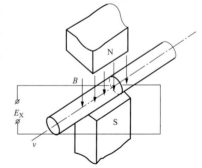

图 4 – 85　电磁流量计的测量原理

电磁流量计的测量原理是基于法拉第电磁感应原理，如图 4 – 85 所示。导电液体在磁场中以垂直方向流动而切割磁力时，就会在管道两侧与液体直接接触的电极中产生感应电势，其感应电势 E_X 的大小与磁场的强度、流体的流速和流体垂直切割磁力线的有效长度成正比，即

$$E_X = kBDv$$

式中　k——仪表常数；

B——磁感应强度；

v——测量管道截面内的平均流速；

D——测量管道截面的内径。

体积流量 q_V 为

$$q_V = \frac{\pi D}{4Bk} E_X$$

由于电磁流量计无可动部件与突出于管道内部的部件，因而压力损失很小。导电性液体的流动感应出的电压与体积流量成正比，且不受液体的温度、压力、密度、黏度等参数的影响。

另一类可用的流量计为科里奥利（Coriolis）力式质量流量计。它通过检测科里奥利力来直接测出介质的质量流量，是直接式质量流量检测方法中最为成熟的。科里奥利力式质量流量计是利用处于一旋转系中的流体在直线运动时，产生与质量流量成正比的科里奥利力（简称科氏力）的原理制成的一种直接测量质量流量的新型仪表。

图 4-86 为演示科氏力的实验，将充水的软管两端悬挂于一固定原点，并自然下垂成 U 形。当管内的水不流动时，U 形管处于垂直于地面的同一平面；如果施加外力使其左右摇摆，则两管同时弯曲，且保持在同一曲面上，如图中（a）所示。如果使管内的水连续地从一端流入，另一端流出，当 U 形管受外力作用左右摇摆时，它将发生扭曲，但扭曲的方向总是出水侧的摆动要早于入水侧，如图中（b）与（c）所示，这就是科氏力作用的结果。U 形管左右摇摆可视为管子绕着原点旋转，当一个水质点从原点通过管子向远端流动时，质点的线速度由零逐渐加大，也就是说该水质点被赋于能量，随之而生产的反作用力将使管子摆动的速度减缓，即管子运动滞后。相反，当一个水质点从远端通过管子向原点流动时，即质点的线速度由大逐渐减小趋向于零，也就是说质点的能量被释放出来，随之而产生的反作用力将使管子的摆动速度加快，即管子运动超前。使管子运动速度发生超前或滞后的力就称为科氏力。管子摆动的相位差大小取决于管子变形的大小，而管子变形的大小仅仅取决于流经管外的流体质量的大小。这就是利用科氏力直接测量流体质量流量的理论基础。科里奥利力式质量流量计应用最多的是双弯管型的，其结构示意见图 4-87，两根金属 U 形管与被测管道由连通器相接，流体按箭头方向分别通过两路弯管。在 A、B、C 三点各有一组压电换能器，在 A 点外加交流电产生交变力，使两个 U 形管彼此一开一合地振动，在位于进口侧的 B 点和位于出口侧的 C 点分别检测两管的振动幅度。根据出口侧相位超前于进口侧的规律，C 点输出的交变电信号超前于 B 点某一相位差，此相位差的大小与质量流量成正比。将该相位差进一步转换为直流 4~20mA 的标准信号，就构成了质量流量变送器。

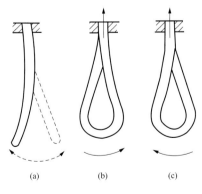

图 4-86 科氏力的演示实验

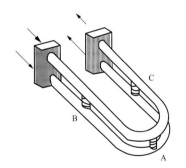

图 4-87 双弯管型科里奥利式
质量流量计结构示意

科里奥利力式质量流量计无需由测量介质的密度和体积流量等参数进行换算，并且基本不受流体黏度、密度、电导率、温度、压力及流场变化的影响，适于测量浆液、沥青、重油、渣油等高黏度液体以及高压气体，测量准确、可靠，流量计可灵活地安装在管道的任何部位。

第五节　FGD 热控系统的调试

一、FGD 热控系统的构成和特点

分散控制系统（distributed control system，简称 DCS）是当前 FGD 系统普遍采用的热控装置，国内部分湿法 FGD 装置所采用的热控系统见表 4 – 38。

表 4 – 38　　　　　　　　　　国内部分 FGD 装置的热控系统

序号	电　厂	FGD 合同商	热控系统
1	华能珞璜电厂（4×360MW）	日本三菱	山武 – 霍尼韦尔 MICRO TDC – 3000
2	重庆电厂（2×200MW）、杭州半山发电厂（2×125MW）、原北京第一热电厂（2×410t/h）	德国 LCS 公司	西门子 TELEPERM XP
3	广东省连州电厂（2×125MW）	奥地利 AE 公司	横河西仪 CENTUM – CS1000
4	广东省瑞明电厂（2×125MW）	广东广天明	横河西仪 CENTUM-CS3000
5	福建后石电厂（6×600MW）	日本富士化水株式会社	ALLEN-BRADLEY 的 PLC 系统
6	广东省深圳妈湾电厂（300MW）	挪威 ABB 公司	瑞士 ABB 的 Procontrol-P
7	浙江省钱清电厂（1×125MW）	浙江天地	南京科远 Network – 6000
8	广东省沙角 A 电厂 5 号机组（300MW）	美国 ECE（常净）	北京和利时 MACS – 3
9	广东省台山电厂（2×600MW）、河北定洲电厂（2×600MW）	北京博奇	南京西门子 TELEPERM XP
10	广东省沙角 C 电厂（3×600MW）、湛江奥里油电厂（2×600MW）	浙大网新武汉凯迪	北京 ABB – 贝利 Symphony
11	山东黄台电厂（2×300MW）	北京国电龙源	上海 Foxboro I/A 系统

DCS 实质上是一计算机网络，它采用以微处理机为核心的各种功能组件，构成包括数据采集与处理、PID 运算、控制输出等功能的连续控制和顺序控制系统。各种组件安装在统一的机柜中，一端与现场相连，构成控制系统；另一端与操作台相连，通过人—机接口运行人员与计算机进行对话，实现了运行人员对整个 FGD 系统的操作管理。

生产 DCS 的厂家有许多，其设计风格不同，但其核心结构却是一致的，一般都有一个骨架计算机网络，网络上有三种不同类型的"节点"，即面向被控过程的现场 I/O 控制站，面向操作人员的运行人员操作站和面向 DCS 维护管理人员的工程师站。一个 DCS 系统一般只需配备一台工程师站，而现场 I/O 控制站和运行人员操作站的数量根据实际需要进行配置，所有节点通过网络连接并进行信息交换，共同完成 DCS 的整体功能。

图 4 – 88 为广东省瑞明电厂 2×125MW 机组 FGD 控制系统的现场配置，它由以下几部分构成。

（1）现场控制站。DCS 配备 2 个现场控制站（field control system，简称 FCS）00CRA 和 00CRB，这是直接控制 FGD 系统的硬件和软件的有机结合体，是 DCS 的基础。它们接收来自现场的各种检测仪表送来的过程信号，对其进行实时的数据采集、噪声滤出、补偿运算、非线性校正、标度变换等处理后向数据通信系统传输。同时也用来接受上层通信网络传来的控制指令，并根据过程控制的组态进行运算，产生的控制信号去驱动现场执行机构，从而实现对过程的直接控制，满足 FGD 系统运

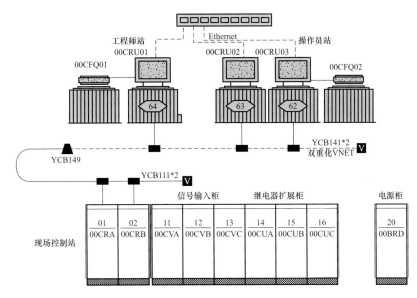

图4-88　瑞明电厂FGD控制系统（CENTUM-CS3000）的现场配置

行过程中连续控制、逻辑控制、顺序控制等的需要。

在不同的DCS中，现场控制站的名称各异，如称过程控制站、多功能处理器等，但其结构形式大致相同，都是一个以微处理器为核心的、按功能要求组合的各种电子模件的集合体，并配以机柜和电源等而形成的一个相对独立的控制装置。在瑞明DCS中，配有3个信号输入扩展柜00CVA、00CVB、00CVC，3个DO继电器扩展柜00CUA、00CUB、00CUC和一个电源柜00BRD，DCS的电源由一台专用的UPS和APS两路供电，在断电的情况下UPS能保证供电。另有一台彩色屏幕拷贝机和一台报警打印机。DCS的I/O分布情况如下：4~20mA模拟输入140点、RTD点112点、4~20mA模拟输出12点、数字输入点DI 704点、数字输出点DO 448点，总共1416点。

（2）工程师站（engineer's work station，简称EWS）。EWS是以个人计算机（PC）为基础的，用于工程师进行控制系统设计、组态、调试和监视的设备，瑞明FGD系统配备了1台工程师站00CRU01，包括主机（通用的PC机或兼容机）、彩色CRT显示器、标准键盘、打印机、外存（硬盘、软盘及驱动器）、系统软件及工程师站微处理卡。工程师站功能总貌如表4-39所示。

对于不同的DCS系统，虽然都以绘图的方式进行组态，但各系统所用设备不同，软件不同，因而操作方式也不会完全相同。在调试过程中，要进行控制系统的组态检查或对组态进行修改，事先必须认真阅读该系统EWS的使用说明，用工程师站进行组态时要用专用的组态软件包。

（3）运行人员操作站（human/operator interface station，简称HIS/OIS）。运行人员操作站是一个独立的计算机系统，它挂接在系统环路上，实现过程监视、过程控制和调整、数据采集和报警处理、过程数据记录等功能。瑞明FGD系统CS3000有2台操作员站00CRU02和00CRU03，显示器、专用键盘及所有模件均装在一个控制台内，通过相应的通信接口与外部设备进行数据交换，以实现以下功能：

1）对FGD系统运行过程通过画面进行控制和监视，它提供了监视和操作手段，操作接口主要是键盘。CS3000的监视和操作功能可以使用全屏幕方式和窗口方式，典型的窗口有流程图窗口、控制窗口、趋势窗口、过程报警窗口、调整窗口、顺序控制（sequence function control，SFC）窗口和顺控表窗口等。

2）趋势功能。趋势窗口同时显示8个采样数据，时间轴和数据轴的比率是可以改变的。通过工程师站可定义采样数据、采样方式（循环趋势和批量趋势）、采样周期（最小 1s）和记录周期，数据可保存于文件中以备日后使用。

3）过程报警功能。当发生报警时，过程报警标记开始闪烁、蜂鸣器鸣叫，提示操作人员对之引起注意。过程报警窗口按报警发生的顺序显示公告信息和报警提示。

4）报告功能，可以对封闭数据（平均值、最大值、最小值、总值）、历史趋势数据、报警事件信息、工位号信息、瞬时工艺数据、批量数据等产生日报和月报，并可随时打印。

5）可用于显示组态，也可用 OIS 对控制系统进行组态，通过 EWS 的专用软件实现这一功能。

FGD 的控制室未设置 BTG 盘和声光报警系统，所有的报警都在 CRT 上显示。

表 4-39　CS3000 工程师站的功能总貌

序号	项目	功能	描　述
1	BASIC 功能	系统总貌	系统生成功能窗口列出在分级系统中的工程数据，可直接调用组态程序
		组态器	组态器定义系统功能
2	公用功能	自文件	用文件格式打印工程数据
		方案公用	这是一个工具，可在指定范围内查找工位号并显示相关信息
3	外部接口功能	窗口数据交换	使用 Windows 应用软件如 Excel 和 Notepad 产生工程数据
		工程数据再使用	工程数据能被保存备用
4	调试功能	虚拟调试	不需实际的 FCS 而仅需 FCS 仿真器就可以进行工程数据的调试
		目标调试	需要一台 HIS 和实际的 FCS，可提供动态跟踪调试功能（不需现场界线）

（4）数据通信系统。在 DCS 中，数据通信系统是把过程控制级和 EWS、HIS 等控制管理级连接在一起的桥梁，同时也是 DCS 的中枢神经。DCS 中常用的传输介质有双绞线、同轴电缆和光缆。数据高速公路（data high way，DHW）是由传输介质构成的高速通信线路，所有通信网络上的节点都通过接口电路挂接到 DHW 上。各国自动化仪表公司的通信系统有着不同的网络结构类型，常见的通信网络有星形、环形和总线形三种结构类型，对应于不同的网络结构类型，要采用不同的信息送取技术，即介质访问技术，常用的介质访问方法有查询式、广播式和存储转发式等协议方式。瑞明FGD 系统 CS3000 的操作员站和现场控制站之间是通过冗余的适时网 DUAL VL-NET 进行通信的，操作员站和工程师站另有一条 TCP/IP 通信电缆。

FGD 系统 DCS 的特点为：

（1）可靠性高。DCS 除了装置本身具有很高的可靠性外，在系统的设计方面，也对可靠性做了充分的考虑，主要有以下几个方面：

1）功能分散。实现控制功能的最小单位是现场控制单元及相应的 I/O 卡件，每一个这样的单位，只实现整个 FGD 系统的一小部分功能。因此个别控制单元的故障将只影响一小部分功能，对整个控制系统将不会产生明显影响。

2）冗余配置。现场控制站、通信网络、热工电源等重要装置，都是双重配置，两套装置互为备用。操作员站至少有 2 台，而且每台功能都相同，互相通用，如果有 1 台操作站故障，其他操作站可以代替故障操作站工作。变送器冗余配置，对于重要的运行参数，通常是采取 3 选 2、3 选 1 或 2选 1。同一参数的变送器接到不同的 I/O 卡上，如果有某一个 I/O 卡故障，将不影响整个控制装置的正常运行。FGD 系统与机组间用于保护的信号采用硬接线方式，触发系统解列的保护信号单独设有变送器（或开关量仪表）。

3）信号隔离。对于有外电源的 4～20mA 模拟信号，采取用隔离器隔离的方式。对于数字量 I/O 信号，采取光电隔离或继电器隔离，防止外面的强电窜入，保证 I/O 模件的安全。

（2）功能强，可扩展。DCS 的硬件采用了积木式结构，软件实现了模块化。功能块的数量，考虑到分散性的需要，一般只用到总数的 1/3，大量冗余的空间，可以为今后控制系统的改造留有余地。这些冗余空间，也可以组态成一些模拟对象，可以实现自动控制系统的闭环模拟，并且可以根据需要随时增加功能块。

（3）组态方便，适应性强。现在，各种 DCS 系统都采用图形化的组态方法，只要将组态图按 CAD 程序在 EWS 上绘制出来，然后下载到控制器中，即可生成可以执行的程序。对于一个相同的控制器，只要组态的功能不同，那应实现的功能也就不同。因此，在 DCS 中，虽然要实现的功能多种多样，但其硬件大多相同。

（4）显示直观，操作方便。操作员站显示运行参数的方式多样、直观，如系统图、曲线图、参数表、报警显示等。如果需要进行操作，可以在 CRT 屏上调出模拟操作器，可以进行自动/手动切换、软手操、给定值设定等，操作极为方便。

现在新推出的 DCS，组态软件、操作软件全部汉化。对于各种操作，都有中文提示，极为方便。

（5）系统开放。系统开放主要表现在三个方面：其一是系统的操作员站、工程师站直接采用市面上的高性能工业 PC 机，市场货源丰富，因此无需考虑备品、备件，而且升级容易；其二是系统网络可以方便地与厂级信息管理系统相连，可以适时地将重要信息输入全厂管理系统；其三是系统可以向下连接各种 PCL 及智能仪表，完成全厂统一的信息管理。

二、DCS 的功能

FGD 系统自动化水平达到"无人值守、定期巡检"的能力，在 FGD 控制室或机组控制室内通过操作员站对 FGD 系统进行集中监视与控制，完成对 FGD 装置的正常启、停，完成正常的运行监视、操作和故障诊断。具体有如下功能：

（1）在少量就地巡检人员的配合下，完成整套 FGD 系统或各局部工艺系统的启动和停止。

（2）在机组正常运行工况下，对 FGD 系统的运行参数和设备的运行状况进行有效的监视与控制，能保证脱硫率达到设计要求，使污染物排放满足环保要求。

（3）在机组出现异常（如 RB、炉膛负压波动等）或 FGD 系统本身出现非正常工况时，能按预定的程序进行处理，使 FGD 系统与相应的事故状态相适应。

（4）当出现危及机组或 FGD 系统运行的工况时，能自动进行系统的连锁保护，停止相应的设备或解列 FGD 系统的运行。

（5）在 FGD 启动、停止、正常运行、异常工况或出现事故的过程中，自动对各参数进行巡检、数据处理、定时制表、参数越限时的自动报警和打印，对引起事故的原因进行事件顺序记录等。

一套完整的 FGD 装置的 DCS 包含以下系统：

（1）数据采集系统（data acquisition system，DAS）。能连续采集和处理所有与 FGD 系统运行有关的信号及设备状态信号，并及时向操作人员提供这些信息，实现系统的安全经济运行。一旦 FGD 发生任何异常工况，能及时报警，以提高 FGD 的可利用率。

（2）模拟量控制系统（module control system，简称 MCS）。是确保 FGD 系统安全、经济运行的关键控制系统，主要是系统重要辅机如增压风机、真空皮带脱水机及重要参数的自动调节。

（3）顺序控制系统（sequence control system，SCS）。能实现重要设备，如增压风机、循环泵等各种浆液泵、除雾器等的顺序控制，以及全系统阀门、挡板等执行机构的连锁保护与控制，以减少运行人员的常规操作。

（4）电气控制系统（electric control system，ECS）。随着 DCS 技术的不断发展，DCS 所包含的功

能也在不断扩大，现在的 DCS 还包含了 FGD 电气系统大部分参数的监视以及电气设备的控制与连锁，包括脱硫 6/0.4kV 变压器、高低压电源回路的监视和控制以及 UPS、直流系统、6kV 电动机及重要的 0.4kV 电动机的监视等。

另外，一些辅助系统采用了专用就地控制设备，即程序控制器（Programmable Logic Controller, PLC）加上位机的控制方式，例如皮带脱水机、石灰石卸料或卸粉、湿磨、GGH 吹灰、FGD 废水处理等的控制。

1. DAS 的功能

（1）数据采集功能：DAS 能对 FGD 系统内所有的模拟量和开关量进行连续采集。模拟量是运行参数，开关量是指阀门、挡板及电气开关的运行状态，这些量经过 I/O 卡输入到系统进行处理。

（2）数据处理功能：① 对所有模拟量输入信号，通过极值、变化率、相关比较等办法做正确判断和误差检查，包括对变送器信号故障的检查和处理，对不正确的或误差超限的信号进行自动显示报警。② 对波动较大的模拟量信号进行数字滤波，以消除噪声。③ 对热电偶、差压流量等非线性模拟量输入信号进行线性化处理。④ 具有热电偶冷端温度补偿和开路检查功能。⑤ 实现信号的工程单位变换，包括标度变换、标准校正、漂移测试、增益优化、偏移校正等。⑥ 对开关量输出信号进行有效性检查。⑦ 对脉冲量信号进行累积，并具有自清零和溢出指示。

（3）显示、报警功能：① 操作显示，包括厂区级显示（概貌显示）、功能组显示、细节显示、操作指导（如允许条件、操作步骤等），以满足 FGD 系统运行操作的需要。标准画面显示具有成组显示、棒状图显示、趋势显示、报警显示。图形文字可以是英文，也可以是汉字，画面便于运行人员调用，对系统运行进行有效监视。② 制表记录，包括定期记录，如交接班记录，日报、月报；运行人员操作记录，对运行人员操作行为的准确记录，可以在分析系统事故原因时提供运行人员的操作意图；事件顺序记录（sequence of event, SOE），系统应能提供足够的点数并满足事件顺序记录的分辨率要求；跳闸（事故）追忆记录应能保证跳闸前后一定时间的设备状态和参数记录，并能存储一定时间，以便随时调出打印；另外还有操作员记录和设备运行记录。③ 历史数据的存储和检索（HSR），可以保存长期的详细运行资料，随时记录重要的状态改变和参数变化，历史数据的检索可按指令进行打印或在 CRT 上显示。

（4）性能计算功能：FGD 系统中需实时计算的参数较少，主要有系统脱硫效率、Ca/S 比、耗电量、耗水量等，这些计算值及各种中间计算值均能打印记录并能在 CRT 上显示。

2. MCS 的功能

MCS 是对 FGD 系统重要辅机如增压风机及重要参数如 pH 值、液位等的自动调节。表 4-40 列出了部分 FGD 系统的 MCS，可见不同电厂的 FGD 系统有不同的 MCS 内容。

3. SCS 的功能

SCS 的功能是对 FGD 系统重要设备和辅机（包括电动机、阀门、挡板）的启、停和开、关进行自动控制。这种操作尽管量值关系简单，但在 FGD 系统启/停过程中，操作的对象多，且操作步骤复杂，人工操作工作量大，难免出现差错。而采用顺序控制后，对于一台设备，启、停操作只需按下一个按钮，则设备就会按安全启、停规定的顺序和时间间隔自动动作，运行操作人员只需在 CRT 上观察各程序步骤执行的情况，从而减少了大量复杂的操作。同时，由于在顺序控制系统设计中，各个设备的动作都设置了严密的安全连锁条件，无论是自动顺序操作还是单台设备手动，只要设备的动作条件不满足，设备将被闭锁，从而避免了运行人员的误操作，保证设备的安全运行。SCS 的输入量大多是开关量，处理的输入量大，控制的对象特别多，所以顺控系统所占用的控制机柜也是最多的。

表4-40   FGD 系统的 MCS 内容

序号	FGD 系统	MCS 内容	总套数	备 注
1	广东省连州电厂（2×125MW）	再热器出口烟气温度控制、凝结水箱水位控制、pH 值控制	5	2 炉共用，锅炉引风机代替增压风机，蒸汽再热，无二级脱水机，石膏浆液抛弃
2	广东省瑞明电厂（2×125MW）	增压风机入口压力控制、石灰石浆流量控制	3	2 炉共用，2 台增压风机，GGH，真空皮带脱水机，有废水处理设备
3	广东省沙角 A 厂 5 号机组（300MW）	增压风机入口压力控制、石膏滤饼厚度控制	3	1 台增压风机，GGH，真空脱水机，无专门的废水处理设备
4	重庆电厂（2×200MW）	增压风机入口压力控制、吸收塔液位控制、石灰石浆流量控制、吸收塔浆液排放控制、球磨机给水比率控制、球磨机浆液浓度控制、球磨机一、二级循环箱液位控制、再热器出口烟气温度控制、凝结水箱水位控制、石膏浆液箱液位控制	15	2 炉共用，1 台增压风机，蒸汽再热，真空皮带脱水机，有废水处理设备，湿磨
5	广东省台山电厂（2×600MW）	增压风机控制、吸收塔内 pH 值控制、吸收塔液位控制、吸收塔浆液排放控制、挡板密封风压力控制、GGH 低压泄漏风机入口挡板开度控制；滤液箱液位控制、石灰石浆液水力旋流器压力控制、石灰石浆液流量控制、水力旋流器至球磨机的流量控制、废水水力旋流器流量控制、石膏水力旋流器回流箱液位控制、废水箱液位控制、补给水箱液位控制	20	2 套 JBR，每套有 1 台增压风机、GGH；公用 2 套真空脱水机、2 套湿磨、1 个事故罐、补水箱、1 套废水处理设备等

顺控系统的功能分为两类：一类是重要辅机的顺控；另一类是电机、阀门挡板执行器的控制。

（1）顺控子功能组。不同电厂的 FGD 系统有不同数量的 SCS 功能组，表4-41 列出了几个 FGD 系统的顺控内容。这些系统各自独立工作，相互之间只有一些连锁关系，如 GGH 运行是烟气系统的启动条件之一。具体操作步骤与其他系统没有对应关系。

表4-41   一些 FGD 系统的主要顺控内容

序号	FGD 系统	主要顺控内容	总套数
1	广东省连州电厂（2×125MW）	烟气系统顺控、蒸汽再加热系统顺控、除雾器系统顺控、循环泵系统顺控、石灰石制浆系统顺控、氧化空气系统顺控、石膏泵系统顺控、辅机系统顺控、电气系统顺控	19
2	广东省瑞明电厂（2×125MW）	烟气系统顺控、循环泵系统顺控、除雾器系统顺控、石膏浆排浆泵系统、事故罐浆泵程控、脱水机系统顺控、排放坑泵系统控制、滤液泵、流化风机系统顺控、石灰石粉给料系统顺控、石灰石浆系统顺控、GGH 子程序顺控	29
3	广东省沙角 A 厂 5 号机（300MW）	除雾器系统顺控、循环泵系统顺控、石灰石粉给料系统顺控、石灰石浆泵系统顺控、石膏排浆泵顺控、事故返回泵顺控、石膏脱水系统顺控、氧化空气系统顺控	15
4	广东省台山电厂（2×600MW）	GGH 顺控、挡板密封风机顺控、JBR 顺控、烟气冷却泵顺控、除雾器冲洗水系统顺控、JBR 上下甲板冲洗顺控、石灰石浆泵系统顺控、石膏排浆泵顺控、公用系统顺控（空气压缩机、湿磨系统、脱水机系统、废水系统等）	41（每套）×2 + 41（公用）

现以某 FGD 循环泵为例来说明顺控的工作方式。首先检查启动条件，循环泵的允许启动条件为：① 循环泵入口门开；② 循环泵冲洗排污门关；③ 循环泵冲洗门关；④ 6kV 开关储能正常；⑤ 吸收塔的液位大于 9.5m 且循环泵处于停止状态。

当操作人员选择自动启动方式，按下循环泵顺控启动按钮时，顺控启动的步骤如下：① 关循环泵入口门、排污门、冲洗门；② 上述各阀门关到位后开循环泵入口门；③ 入口门开到位后延时 5s 启动循环泵；④ 泵运行顺控结束。

停止程序：当操作人员选择自动停止方式，按下循环泵顺控停止按钮时，首先检查停止条件，循环泵运行且 FGD 洁净烟气挡板关闭或循环泵至少两台在运行。条件满足后顺停步骤如下：① 停循环泵；② 泵停后关循环泵入口门；③ 入口门关到位后开排污门；④ 排污门开后延时 3min 再关掉排污门；⑤ 排污门关后开冲洗水门；⑥ 冲洗水门开后延时 3min 关掉冲洗门；⑦ 冲洗水门关后开排污门；⑧ 排污门开后等待 3min 关排污门；⑨ 排污门关后开冲洗水门；⑩ 冲洗水门开后延时 3min 关冲洗水门；⑪ 冲洗水门关，顺控停止结束。

自动启停程序每执行一步都要检查下一步操作的条件是否具备，只有当条件具备时才能执行下一步程序。如果选择手动操作方式，则由操作人员按以上步骤逐步操作。

循环泵保护停的条件如下：① 6 个电机绕组温度测点大于 120℃ 延时 3s；② 2 个电机轴承温度测点大于 90℃；③ 循环泵出口压力低于 30kPa；④ 吸收塔液位低于 5m。

出现以上条件中的任意一个时循环泵跳闸。

其他顺控子组的功能同循环泵一样，也包括自动启动程序、自动停止程序、自动保护和手动操作四部分，但各自的程序并不完全相同。辅机的启、停，都在 OIS 上操作，操作画面可以显示操作程序和正在进行操作的步骤。

（2）单控部分。属于单控这一类控制的有电动机的启、停控制，气动阀门、电动阀门、挡板的开、关控制，控制设备有许多，各自独立工作。对于如此多的设备，控制逻辑大同小异，因此可以大致设计几种控制逻辑，根据实际需要选用。例如电动阀门的开关控制：

开阀门信号——手动开、程序控制信号开、自动保护信号开等。

开阀门连锁信号——只有在连锁信号为允许开的情况下，出现任一开阀信号，阀门就会打开，直到全开为止。

关阀门信号——手动关、程序控制信号关，自动保护信号关等。

关阀门连锁信号——只有在连锁信号为允许关的情况下，出现任一关阀信号，阀门才会关，直到全关为止。

开信号和关信号之间的相互闭锁——当开信号和关信号同时出现时，只让其中一个信号起作用，防止开、关信号同时送到电机，造成电气短路或烧坏电机。

三、DCS 的调试

（一）DCS 调试目的和阶段划分

当一台 FGD 系统的热控设备安装完毕后，接下来的工作就是调试。调试的目的，就是将这些设备按照设计的要求，进行各项检查、试验和调整，并能正常投入运行，质量指标符合验收规定的要求。

DCS 的调试按工作的进程分为单体调试、分系统试运和整套启动试运三个阶段。

任何一台热控装置，在出厂前都应进行试验，由制造厂家负责，电厂、安装单位、调试单位应派人参加试验和出厂验收。只有达到出厂标准和技术协议所规定的各项要求时才能出厂。出厂试验除按厂家出厂规定的项目外，对设备的各项功能都应进行开环或闭环的模拟试验，性能指标应符合要求。

在调试工作开始前，应对安装情况进行检查，检查检测元件、取样装置的安装情况，应符合测量装置安装的技术要求；电缆接线应与设计图纸相符。检查电缆接线的绝缘情况，检查执行机构及基地式调节仪表的安装情况。

（1）热控装置的单体校验和控制装置的首次送电。热控设备在出厂后，经过长途运输，到达现场安装就位以后，难免会出现一些问题，所以制造厂家必须到现场进行安装指导和调试。制造厂家应将所提供的设备进行首次送电和系统恢复，即将设备恢复到出厂时的状况，并随时处理因设备质量而引起的各种故障，直到设备完全移交。对于单个变送器、保护开关、显示仪表，安装前在校验室校好，执行器等单个设备在分部试运前在现场调校好。

（2）分系统调试与分系统试运。这一阶段工作主要是为整套FGD系统的启动做准备。现场设备安装、测量管道安装、电缆接线工作都已完成，单体调试、控制机柜系统送电与恢复工作也已完成，这时的工作就是按系统功能进行联调。如DAS系统输入输出信号的检查，各控制装置之间的信号通信应正常，计算机显示、打印功能应正常，事故报警追忆功能正常，各保护系统模拟实动试验、保护系统各项功能都能正确实现。SCS系统可以对重要辅机进行自动启动和停止，各项连锁保护功能正常。

（3）热态调试。由于在分部试运阶段，各热控装置的逻辑功能、显示功能均已调好，热态调试的主要任务就是自动调节系统的投入试验，顺控和保护功能的实动试验。当FGD系统通烟气后，开始检查输入机柜的各项测量参数是否正确，自动调节系统各输入参数、反馈参数的方向是否正确。如果这些检查没有问题，在适当的负荷下，应陆续投入自动调节系统并调整控制参数。在试运过程中，适当进行扰动试验，应使自动调节品质符合要求。FGD系统运行过程中，原设计的自动调节系统与现场实际情况往往有很大的出入，特别是当这些系统的设计并不是很成熟时，问题也就会更多一些。因此在调试的过程中，往往会对原设计进行部分或全部地修改，直到所有系统均符合运行要求为止。

为了使调试工作能顺利进行，调试单位应尽早介入建设工程，建设单位也应为调试单位尽早介入工程建设提供条件。这样可以使工程设计更加符合实际，减少设计错误，同时也可以使调试单位尽早了解设计单位的设计意图，这对制定好调试方案，提高调试质量也是有好处的。

（二）安装情况的检查

调试单位在开始现场调试工作前，应当了解现场设备的安装情况。检查的重点有以下几项：

（1）检查操作员站、控制机柜及有关外设的安装情况。检查系统卡件的类型、安装就位情况和内部参数的设置。检查I/O卡件的类型、安装就位情况和内部参数的设置。检查机柜地、信号地的连接，保证单点接地。逐个机柜上电，保证各卡件的指示灯和通信的正确。

（2）测点位置及安装方式的检查。检查FGD系统增压风机前或旁路烟道挡板左右压力测点位置及安装方式，防止积灰堵塞。测量管道的安装，特别是烟气流量测量管道及CEMS取样管道的安装检查，防止积灰堵塞，影响测量的准确性。检查FGD系统内各箱罐等的液位计/料位计等。

（3）变送器及保护开关校验情况的检查。主要是检查校验报告，检查变送器量程、保护开关定值是不是按照FGD公司或制造厂家的要求进行，了解变送器量程，作为对控制机柜组态检查和参数补偿计算的依据。

（4）电缆接线、电源的检查。外部电缆的接线，应与施工图一致。电缆接线的工作量很大，施工单位在施工过程中进行过检查，调试单位应特别对其重要接线如电源线、重要测量参数的接线进行复查。检查电源，包括接入电源等级、类型、接线分配、节点等，测量绝缘电阻是否符合系统的要求等。

（三）DCS调试的一般步骤

DCS是FGD系统的最主要控制系统，也是FGD系统控制的核心。在对机柜送电前，应对电源线路进行严格认真的检查，只有在电源接线正确无误、供电安全可靠的情况下，才可以对控制机柜送电。对控制机柜的首次送电，应由制造厂家的人负责或由厂家的人负责指导，送电以后，调试工作正式开始。在上述检查工作中，如果发现错误或不符合要求的地方，应及时更正。

DCS 调试工作的第一步就是对 I/O 卡件进行检查，检查的内容是按照输入信号的类型检查跨接片的设置，输入参数的标度变换应与变送器的量程一致。温度测量的冷端补偿，标度变换应与测温元件的型号一致。

　　第二步是组态检查。DCS 的组态图，就是用计算机控制卡的功能模块，将控制系统的原理框图和逻辑框图，绘制成可以由计算机识别的系统图，组态图输入控制卡以后，可以自动编译成可执行的计算机程序，实现所需的控制功能。组态检查的目的，一是要求组态图应与原理框图一致，组态图只是原理图的另一种表达方式，是计算机能识别的表达方式，不应该出现与原理图不一致的地方。在组态图中，必须详细表达各个细节问题，如输入参数的选择方式，二选一、三选一或三选中等，自动/手动切换及跟踪方式等，都应有明确表示。组态检查的第二个目的是防止错位，即防止把控制卡 A 的组态送到控制卡 B。如果出现错位，则整个控制机柜的工作会发生混乱。

　　第三步是静态参数的设置。在组态检查时，只是对组态图，即各功能之间的连接进行了检查，组态图中有很多功能块是需要设置参数的，大致有这样几种：

　　第一类是运算模块，加法器和乘除器等，这些模块一般用于数据处理计算，应当按数据处理公式计算的结果设置这些模块的参数。

　　第二类是函数模块，可用于某些控制参数给定值的负荷函数曲线，这应按运行的要求设置；用于非线性补偿的函数曲线，如阀门特性非线性补偿，应按被补偿对象的非线性特性来设置。

　　第三类是比较模块，用于报警和保护信号，按报警值和跳闸值设置。应该注意，报警值与跳闸值设定的依据是被保护设备的制造厂家设计资料，原则上应由制造厂家提出，也可以从制造厂家设计说明书中查到。如果制造厂家提不出，在说明书上又查不到，也可以由相关单位如设计院、电厂、调试单位参照同类型 FGD 系统情况协商确定。报警值与跳闸值一经确定，就可以直接设置到组态图中，任何人都不得随意修改。比较模块的另一作用是发出切换信号。

　　调试单位在调试工作开始前，就可以按照系统及逻辑框图上的要求，收集资料并进行必要的计算，确定好所需要设置的静态参数数值，在调试过程中就可以将这些参数直接输入组态图中。

　　第四步是进行系统功能试验和热态试验，这将在各系统的调试方法中进行详细介绍。

　　（四）DAS 系统调试

　　DAS 是整套 FGD 系统的监控、报警系统，DAS 并不直接参与对 FGD 系统的控制，没有与现场设备直接连接的执行机构，可以说 DAS 是一个开环系统。DAS 的功能在整机出厂前经过调试，所有功能都应能实现，而且受现场运行情况的影响也较小。所以，DAS 系统现场调试的任务是恢复系统功能，检查输入参数，保证数据采集准确无误；以及根据运行的实际需要，对 DAS 的功能做必要的修改和调整，为运行人员提供方便快捷的操作工具。由于输入 DAS 系统的参数相当多，送入 DAS 的被测参数，一部分来自其他控制系统，如 SCS 等，通过通信网络直接送到 DAS 中来。这些参数，一般都经过了预处理，如标度变换、冷端补偿、压力温度补偿等。另一部分参数是 DAS 直接从现场采集，这些参数要在 DAS 的 I/O 卡中进行预处理。输入参数的检查不但工作量大，而且相当繁琐。

　　DAS 的调试步骤如下：

　　（1）外部接线检查。审查转接柜及远程 I/O 柜接线图，如发现错误则应尽快纠正或协助有关方面纠正，然后逐一查对机柜至外部的每一根电缆的接线，保证接线正确。

　　（2）I/O 模件调校。FGD 系统采集数据类型一般包括 4~20mA 模拟量、热电偶、热电阻、开关量等。根据不同信号类型的 I/O 通道，在相应端子排上用信号发生器、电阻箱、短接线等加入模拟信号或状态信号，逐点校验各 I/O 点，在操作站上观察相关参数，并填写《热控设备（系统）校验记录表》。然后分析每一个参数的误差，如达不到原设备的设计要求，则应作出适当调校或更换 I/O 卡。

　　（3）静态参数的设置和检查。检查所有模拟量的工程单位、量程设置是否正确。检查热电偶测量输入信号是否有冷端补偿及补偿运算是否正确。对需进行压力、温度补偿的测量参数，检查补偿公式及有关参数设置是否正确。检查有关参数的非线性修正、数字量滤波常数等设置是否正确。检查有关报警值设定是否符合生产要求和参数达到报警值时能否发出报警等。

（4）操作员站功能检查。检查I/O点显示画面、流程图画面、报警组画面、趋势画面、顺控画面等是否完整合理，有无错漏，如有错误应重新组态修改，直到满足运行要求。在OIS的键盘上进行操作，可以任意调出所需的画面、模拟系统图、曲线图、数值表格、报警信号等。在EWS上可以按照运行的需要，选择一组参数，构成成组画面，可以存储、修改或删除，并随时可以调出。检查其他外设如键盘、跟踪球、触屏、监视器等能否正常投入使用。

（5）报表记录打印功能检查。检查打印机是否能投入使用。FGD系统有一般记录、跳闸记录等。记录打印功能应能满足定期打印、状态变化打印、运行人员召唤打印等要求，能记录报警信息、跳闸信息、操作信息、系统维护信息等。跳闸打印功能应能满足任一跳闸条件满足时的触发打印要求，能按照设计要求打印跳闸前后的重要运行参数以及跳闸的顺序记录。

（6）历史数据存储功能检查。检查历史数据存储的组态，重要参数是否已按要求设置历史数据查询功能，各参数的存储频率根据其快速性和重要性判断是否满足要求。用历史趋势画面调出各重要参数，观察历史数据是否真实有效。

（7）DAS的其他各项功能的检查试验。当DAS各项功能试验正常后，即可将DAS投入运行状态，等待FGD系统通烟气启动。

FGD系统通烟气启动以后，DAS调试的主要工作就是对输入DAS的所有参数进行检查。在FGD系统通烟气前，虽然对一些重要测点可以加模拟信号进行检查，但数量毕竟有限，而且也只是检查I/O通道。FGD系统通烟气启动之后，各运行参数都送到DAS进行处理、显示，只有这时才可以检查送入DAS的各个参数是否正确。一般常见的情况有：数据采集不到，显示参数与运行情况相差太大，开关量在实际状态发生变化时显示状态未变化等。产生这些现象的原因一般都是接错线，如搞错了变送器的位置而接错线或是几个参数的电缆接线相互接错，造成显示的参数值不对，偏差过大；有的信号是经过几次转接，可能形成开路或短路；有的是一个测量参数几个装置共用，在分接或转接时搞错等。还有一种情况，就是施工图本身有错误，甚至还有一些测点根本就没有接线。当FGD系统通烟气运行后，进入DAS的所有参数经过检查和处理都正确无误时，DAS的调试才算完成。

DAS调试的另一个问题是对功能的完善。DAS的功能并不是一次就可以设计好的，在实际的运行过程中往往会出现一些新的问题。由于FGD系统刚刚在我国兴起，许多DCS厂家第一次做，加上现场设计会有改动，造成CRT上有些画面不能满足运行的要求，需要修改，缺少某些画面，需要增加，有些操作不方便，需要改变等。诸如此类问题很多，这需要调试人员熟悉DAS的组态方法、画面的生成方法，与制造厂家调试人员互相配合，将这些问题逐一解决，使DAS在指导运行方面，切实发挥作用。

（五）MCS调试

MCS是FGD系统及其主要辅机的运行参数自动调节系统，它是由调节对象和调节器共同构成的闭环调节系统。自动调节系统的调节品质和调节参数的设定，与调节对象的静态和动态特性有密切的关系，因此，MCS的调试是热控调试中较复杂的。对同一个运行参数的控制，可以有多种方式，不同的调节方案，其调试方法也不完全相同。因此，只有对调节系统方案进行认真分析，在分析的基础上确定调试的方法和步骤。

1. MCS在FGD系统通烟气前/后的调试工作

（1）手操系统试验与自动/手动切换试验。在自动调节系统中，设计了很多连锁条件，也就是投入自动运行的条件，如果这些条件得不到满足，自动就不能投入，或者在自动状态也会自动切换到手动状态。这些连锁条件，对于运行来说是必要的，但是也给调试工作带来了不便。所以在调试时应当临时解除这些连锁，或者利用信号源向对应的模拟量通道加上与实际工艺流程相对应的模拟量，满足自动投入条件，使自动系统的调试工作得以进行。需注意的是，当这些调试工作完成后，要及时恢复这些临时解除的连锁条件。

当系统组态检查无误，现场执行器已经调好，就可以进行手操试验了。在 OIS 的键盘上操作，自动/手动开关置手动位置，执行器动作应平稳，方向正确、动作速率应符合预先设定的速率。操作完毕后，位置指示器指示的阀位应与现场阀位一致，与调节器手操输出一致。由手动切换到自动或由自动切换到手动应无扰，执行器位置不变。以上检查试验如不符合要求，则应对手操系统进行检查、调整，如执行器动作方向不对或根本不动作，则应检查电缆接线是否有错，阀位指示不对，应调整执行器位置反馈、零位和量程。

（2）调节器方向性试验和手动跟踪试验。将自动/手动开关置于自动位置，输入被调量的固定模拟信号，改变给定值。当给定值与被调量相等时，则调节器应输出稳定不变信号。当给定值不等于被调量时，调节器输出应正向或反向积分，执行器也应同时动作。如发现积分方向不对，可以改变调节模块的正反作用方向。

跟踪试验的过程为，将自动/手动开关置于手动并手操增减键，检查调节器输出应始终跟踪操作器输出。经过以上检查和调整，自动调节系统各项性能完全合乎要求，就可以等待 FGD 系统通烟气，进行热态调试了。

在 FGD 系统通烟气前，DAS、SCS 的调试工作已经基本完成，热态调试是对系统功能在试运中做进一步检验，因此热态调试工作重点是 MCS。

对于一些单输入单输出的简单调节系统，如用蒸汽加热烟气温度时来汽电动门的调节、凝结水箱水位调节等，热态调试的主要内容就是调节 PID 参数，保证调节品质。调试步骤如下：当 FGD 系统通烟气后，检查输入信号是否正常，如果输入信号正常，则按运行要求设置调节参数定值，预设调节器 PI 参数后试投自动。当被调参数稳定后可做简单的扰动试验，根据扰动试验情况进一步修改 PI 参数，直到调节品质满意为止。

对于串级调节系统的调试，应当是先调副环回路，再调主环回路。对于有连锁关系的系统，应按连锁的次序进行调试。对于多层调节，则应从最基础的一层调起。

2. FGD 系统中典型的 MCS

（1）增压风机的控制。在 FGD 系统运行过程中，通过调节增压风机的动叶（静叶）开度来克服系统阻力，并使系统对锅炉炉膛负压的影响最小，这是 FGD 系统中最重要的控制。目前有两种控制方式：

1）控制增压风机的入口压力。增压风机控制系统以增压风机的入口压力作为控制变量，压力信号一般为"3 取 2"，作为前馈的信号可以是引风机挡板位置、机组负荷、锅炉送风量或烟气量等，应用这种方式的有很多，图 4 - 89 是其控制回路示意。不同 FGD 系统的增压风机入口压力的设定值根据具体情况有所不同，例如在广东瑞明电厂（2 × 125MW）FGD 系统热态调试和 168h 期间，以引风机挡板位置作为前馈信号，控制增压风机入口压力在 −200Pa 左右就能很好地保持炉膛的负压，两套增压风机入口压力自动一直投入，增压风机入口压力和炉膛负压无论是在稳定工况还是在 FGD 启、停及变工况时，其控制效果均比较理想。

在广东沙角 A 电厂 5 号机组 300MW 的 FGD 系统中控制增压风机入口压力在 −400Pa 左右，也以引风

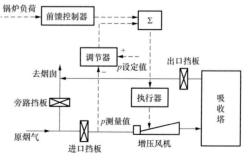

图 4 - 89　增压风机入口压力控制回路示意图

机挡板位置作为前馈信号。在热态调试和168h期间，增压风机入口压力入自动一直投入，控制效果如图4-90所示。增压风机入口压力定值扰动控制效果也非常良好。（为在一张图上将不同曲线的纵坐标数值表示出来，纵坐标数值排序从左到右与曲线的标识从左到右相对应，例如"0.0～310.0MW"是纵坐标左边第一个数值，图中曲线标识"负荷"也在左边第一位，本书的各曲线图都是这样处理的）。

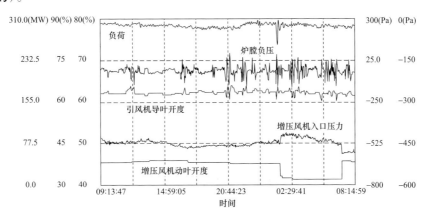

图4-90　增压风机入口压力的控制效果

在浙江半山电厂FGD系统中，首先测量增压风机前烟气的压力，和设定值相减得到差值信号送入PI调节单元，同时取2台机组负荷的信号分别乘以一个影响系数作用于PI调节器的输出，共同来实现增压风机压力的闭环控制，使增压风机稳定运行，增压风机前压力设定值为-250Pa。

原北京一热2×410t/h机组的FGD增压风机前压力设定值为-400Pa，以机组负荷作为前馈信号。在进行扰动试验时，自动控制偏差为±50Pa，正常运行时的最大偏差为±150Pa，能满足调节要求。

2）FGD旁路烟气挡板前后差压的反馈控制。日本公司的FGD系统上常采用这种控制方式，如广东台山电厂2×600MW的CT-121 FGD系统、河北定洲电厂2×600MW的FGD系统最初的设计就用此。在台山电厂，按设计增压风机动叶的控制是由前馈控制——锅炉送风机的入口空气量以及反馈控制——FGD旁路烟气挡板前后的差压两部分组成。另外，锅炉炉膛压力变动以及JBR的液位也作为增压风机前馈控制的一部分，分别通过函数变换以补偿相应的控制调节量。

在FGD旁路烟气挡板关闭运行的情况下，增压风机按"前馈+反馈"的闭环控制模式运行。在旁路挡板打开的情况下，增压风机则仅通过前馈信号—锅炉送风机的入口空气量来控制。

从理论上讲，一个正常运行的FGD系统应对机组不造成任何影响，FGD旁路烟气挡板前后差压为零是最理想的状态。但从本章第七节及实际控制效果来看，差压控制模式并不理想，而以增压风机入口压力的反馈控制更简单可靠。这里以河北定洲电厂FGD增压风机动叶的自动控制参数的几次变更来说明。

在定洲电厂2×600MW机组FGD系统中，原设计中，FGD增压风机动叶自动在旁路挡板关闭后主要用来控制流经FGD的烟气流量，辅以控制旁路挡板前后的差压（原定50Pa）。但在第一次关闭旁路挡板时就发现主炉侧负荷变动或旁路挡板做小幅度调整后，旁路挡板前后的差压由于烟气系统压力场达到稳定状态的过渡时间过长，而且原设计中提供的烟囱入口的压力200Pa与实际状况不符，实际上旁路挡板前后差压就从来没有达到或超过50Pa，这主要是由于烟囱的拔升力要远大于设计值，致使锅炉侧的引风机出口压力场等压线前移（开旁路时是这样，关旁路后，烟囱过大的拔升力也影响了增压风机出口及入口压力场的分布），使增压风机入口压力一般维持在-300Pa左右，正压区可能只在引风机出口极短的烟道及增压风机出口的一段烟道上，所以旁路挡板前后的差压这个原被控量不能及时反映流过系统的烟气量变化。另外 FGD 旁路挡板差压表的导压管由于安装的缺陷易积水而在冬季冻结，也给投运该表计带来不便。

后来热控人员采用了流经 FGD 烟气流量为主的、参考增压风机入口压力（3 取 1，压力定值 −200Pa）的双 PID 调节回路，辅以引风机导叶开度前馈，通过动作 BUF 动叶来控制以上参数，几次调整下来观察调节品质不佳；又将控制回路中的前一个 PID 回路取消，调节品质有所改善并且能够满足机组负荷在 300 ~ 600MW 之间的变动，在 BUF 入口压力为 −480Pa 及 +150Pa 之间都能回调过来。后来再次改进，将 BUF 动叶控制逻辑改为以 BUF 入口压力为主要被控量。经过系统的变负荷试验及变设定值试验，观察动叶自动调整品质有相当大的改观，BUF 入口压力一般控制在 −300 ~ 0Pa 之间。

（2）石灰石浆液补充量（pH 值或 FGD 脱硫效率）控制系统。给入吸收塔的石灰石浆液量也有两种控制模式：串级控制系统与 pH 值单回路反馈控制。

1）串级控制系统，这是一种常用的石灰石浆液补充量的闭环控制：吸收塔中的 pH 值为反馈信号，前馈是 FGD 烟气流量和烟气中 SO_2 含量，图 4 − 91 是其控制回路示意。根据 FGD 烟气流量和烟气中 SO_2 含量计算出烟气中含 SO_2 的总量，由设计的钙硫比计算相应所需的石灰石量，再根据算出的石灰石量和石灰石浆液密度算出所需的石灰石浆液流量，根据吸收塔的 pH 值对石灰石浆液流量做出一定的修正，图 4 − 91 给出了其控制系统方框图，这是由一个反馈闭环回路和一个开环回路叠加而成的。广东连州电厂、瑞明电厂（2 × 125MW）、贵州安顺电厂（2 × 300MW）等 FGD 系统中石灰石浆液流量的控制就是这种方式。

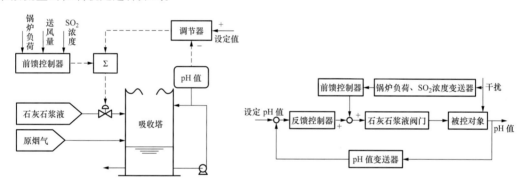

图 4 − 91　pH 值单回路 + 前馈的串级控制系统及其方框图

在上述控制中增加一个石灰石浆液流量作为前馈，就是 pH 值串级 + 前馈的控制系统，如图 4 − 92 所示。它将石灰石浆液流量引入副回路，改善了对象的特性，使调节过程加快，具有超前控制的作用，并具有一定的自适应能力，从而有效地克服滞后，提高了控制质量。

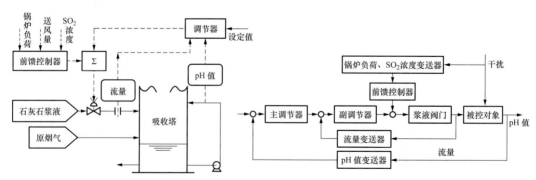

图 4 − 92　pH 值串级 + 前馈控制系统及其方框图

在浙江半山电厂（2×125MW）FGD 系统中，石灰石浆液补充闭环控制是通过获得 SO_2 的浓度及烟气流量值，得到一个进入吸收塔的 SO_2 的量 A，由实际测量的 pH 值和设定的 pH 值的差值进一个 PI 调节器，输出一个 pH 值的调节值 B；由石灰石浆液密度值、石灰石浆液流量和一个影响系数得到一个调节值 C，将 $A×B-C$ 得到的差值进入二级 PI 调节器进行对石灰石浆液补充的闭环控制。调试过程中发现由于浆液补充管路的冲洗时间过长，大量工艺水进入吸收塔，导致吸收塔液位控制回路出现问题，故将冲洗时间由原来的 3min 改为 1min，同时步骤也作相应的调整。在较长时间运行后发现由于石灰石浆液密度过大，导致在补充管线中浆液流速过慢，易堵塞，后将石灰石浆液的密度值从 1200kg/m³ 降到 1120kg/m³，增加了管路中浆液的流速，使系统稳定运行。

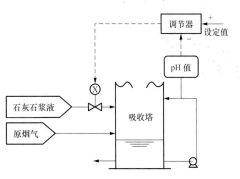

2）pH 值单回路反馈控制。石灰石浆液给料量仅根据吸收塔中的 pH 值来控制，例如在广东沙角 A 厂 5 号 FGD 系统中，当 pH 值高于某设定值如 5.2 时，石灰石浆液电动阀全开；当 pH 值高于某设定值如 5.4 时，电动阀全关，这样 pH 值在某一范围内有规律地波动。控制回路如图 4-93 所示，这种方式一个最大的优点是石灰石浆液管路不易堵塞。在上面第一种的控制过程中，如所需石灰石浆液量很小，则调节阀开度很小，易造成石灰石浆液沉淀堵塞，而且调节阀频繁地动作，远不如全开全关阀简单。在沙角 A 厂 FGD 系统中 pH 值单回路反馈控制系统运行得很不错，正由于吸收塔的持液量很大，pH 值跟不上烟气量及 SO_2 的变化，只要脱硫率正常，仅以 pH 值来控制石灰石浆液给料量也是一个不错的选择。

图 4-93 pH 值单回路控制系统示意

（3）吸收塔液位的控制。对喷淋塔，吸收塔液位的闭环控制是通过控制除雾器冲洗间隔时间来实现对吸收塔液位控制的。图 4-94 是半山电厂与国华北京热电分公司（原北京一热）的 FGD 吸收塔液位的控制系统示意。通过测量进入吸收塔的烟气量，变换后得到 A，A 经乘法器与实际测量液位值 h 相乘，再经除法器除以设定液位值 h_0，得到一个新的经烟气量补偿的比较值 B；设定液位值通过一个积分器输出积分值 C，再用一个比较器来比较 B 和 C 的值，当 $B=C$ 时，触发器输出 $W=1$，启动除雾器清洗顺控，同时将 C 清"零"；除雾器清洗顺控结束后进入新的等待时间，C 的上升速率由积

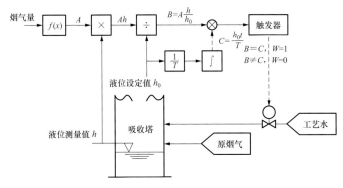

图 4-94 吸收塔浆池液位控制系统示意

分器设定的积分时间常数 T 来控制。该系统为单向补水调节，运行调整中需根据吸收塔中水分实际消耗量来调整除雾器阀门开启最长等待时间，延长等待时间，可相应减少吸收塔的补充水量，避免液位上升。例如在半山电厂 FGD 系统中，经冷态初步调整参数后，热态投运时发现由于进入 FGD 系统的烟温与设计值相差较大，吸收塔内水分损耗相应减少，原来设计的除雾器阀门开启最长等待时间为 300s，不能保持塔内的水位，即采用了最小的补水量时吸收塔内的水位也在不断上升，故相应增加了最长等待时间 T，减小对吸收塔的补充水量，改为 600s 后运行趋于正常。该控制回路含有较大的延迟，采用此类方法能保证塔内水位保持在设定值。

在广东连州电厂和瑞明电厂（2×125MW）FGD 系统中，除雾器的冲洗间隔时间 t（s）定义为

$$t = \frac{1266000 - V}{33000K(n)}$$

式中 V——烟气量，m^3/h；

$K(n)$——根据吸收塔液位 L 而选取的参数；

        $K(1) = 1$，$L > 9.50m$；

        $K(2) = 1.5$，$9.45m < L \leqslant 9.50m$；

        $K(3) = 3$，$9.40m < L \leqslant 9.45m$；

        $K(4) = 6$，$9.30m < L \leqslant 9.40m$；

        $K(5) = 12$，$L \leqslant 9.30m$。

该时间根据测量的烟气量和液位实时计算得到，从而根据具体情况随时调整除雾器的冲洗频率。2 套 FGD 系统的实际运行表明，采用这一控制方法，可以很好地控制吸收塔内的液位，并保证除雾器的清洁。

CT - 121 FGD 系统 JBR 液位的控制有其独特的方式，详见本章第七节。

（4）石膏浆液排放闭环控制。常见的有两种控制模式：根据吸收塔中浆液密度或根据进入吸收塔的石灰石量来控制石膏浆液的排放。

1）根据吸收塔中浆液密度来控制。该种方式有许多应用，如在广东连州电厂、瑞明电厂、沙角 A 厂、原北京一热的 FGD 系统上。自动控制时通过石膏水力旋流器下的双向分配电动阀的切换来实现，例如当吸收塔浆液密度达到 $1125kg/m^3$ 时，石膏水力旋流器下去脱水机的电动门自动开启进行脱水（若有石膏浆液缓冲罐且其液位不高时则去缓冲罐）；当吸收塔浆液密度低到 $1100kg/m^3$ 时（密度数值可设定），关闭水力旋流器下去脱水机的电动门，同时打开返回吸收塔的电动门，这样可保持吸收塔内浆液密度在一定范围内，控制示意如图 4-95 所示。

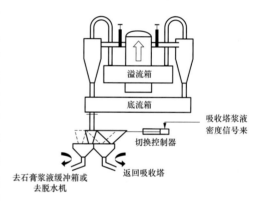

图 4-95 吸收塔浆液密度控制示意

2）根据进入吸收塔的石灰石量来控制。当吸收塔系统达到平衡时，石膏产生量与石灰石供给量是一一对应的，根据质量平衡，理论上 100g 的 $CaCO_3$ 可以产生 172g 石膏（$CaSO_4 \cdot 2H_2O$），因此可根据石灰石浆液的质量流量、吸收塔浆液密度计算出应排出的石膏浆液量。

在广东台山电厂 JBR 中，石膏浆液排出流量完全取决于进入 JBR 的石灰石浆液供给流量，由该流量反馈信号自动控制，两者有确定的关系，当石灰石浆液流量增大时，石膏浆液排放量也相应增加。在浙江半山电厂（$2 \times 125MW$）FGD 系统中，石膏浆液排放闭环控制是通过计算实际进入吸收塔的石灰石量得出 $CaCO_3$ 的量 A，设定的石膏浆液密度和实际测得的石膏浆液密度相减得到的差值进入 PI 控制器输出控制值 B，通过设定一个系数 C，使得 $A \times B \times C$ 得到一个 $0 \sim 100\%$ 的值 D；此值再与一个锯齿波发生器输出的锯齿波（T 为 15min）叠加得 E，E 再通过一个限值开关。当 E 大于限值时，输出排放信号，当 E 小于限值时，输出关闭排

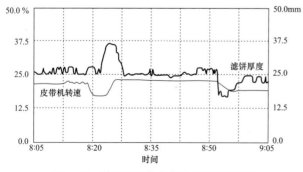

图 4-96 某 FGD 系统石膏滤饼厚度的控制

放信号。该系统投运后在不断调整中逐步正常。由于实际 FGD 系统引入烟气的总量和 SO_2 含量与设计值相差较大，调试过程中发现原参数无法满足系统运行要求，根据工艺情况，修改锯齿波发生器的时间周期调整为 7.5min，同时增加了石膏浆液罐液位低强制进行补充浆液条件，使石膏浆液罐在一定范围内运行。

（5）皮带机滤饼厚度控制。根据滤饼厚度控制皮带机的速度，是一个简单的 PID 控制。图 4 - 96 为某 FGD 系统中滤饼厚度控制曲线。

（6）净烟气温度/凝结水箱水位控制。对用蒸汽加热的再热器系统，FGD 出口烟气温度控制系统是典型的单冲量、单回路 PID 控制。被调量取温度的平均值，通过控制蒸汽调节门的开度来改变进汽量。

凝结水箱的水位控制系统也是典型的单冲量单回路 PID 控制。被调量取凝结水箱的水位，通过控制凝结水泵出口调节门的开度改变凝结水量来控制凝结水箱水位。

（六）SCS 调试

顺控系统（SCS）包括三部分内容。第一部分为单控部分，即单个电机、电动阀门、电磁阀的控制，包括启停、连锁和跳闸保护。虽然单个控制并不是很复杂，但数量很多，工作量也是很大的。第二个内容是子组控制，即 FGD 系统重要辅机的程序启停。子组控制建立在单控的基础之上，例如一台增压风机的启动，就包括风机油站油泵、进口挡板和风机电机等。每一步程序的执行，都是通过单控设备去完成的。第三部分是连锁保护，不仅有 FGD 系统的总保护，还有如增压风机、GGH 之间的连锁，石膏给料泵、真空皮带脱水机和真空泵之间的连锁等，这些连锁都是通过专门的逻辑回路来完成的。

（1）单控部分调试。每一台电机或电动阀门的控制包括启动允许条件，连锁启动条件（即自动启动条件、闭锁条件）、保护跳闸条件以及反馈信号等四部分。当一台电机或电动执行器安装好以后，现场与控制机柜之间的连接电缆接好并经检查无误，就可以进行单个电机或电动执行器的操作。当满足电机启动条件后，在键盘上操作启动按钮，电机应启动；按停止按钮，则电机应停止。投电机连锁，满足启动连锁条件，则电机应自动启动。电机运行时，出现任一闭锁条件，电机应立即停止。如果操作的结果不是按设计所要求的状况，则应对内部逻辑和外部接线进行检查处理，直到整个操作符合设计要求。单个电动阀门的操作试验也按同样的方式进行，这里所指的阀门是指只有全关全开两种状态的截止阀，而不是调节系统中的调节阀。

（2）顺控子组的调试。对于任何一套程序控制系统，都设计有相应的手动方式，程序中的每一步都可以由手动来完成。所以在程序控制系统整套试验前，对每一步骤都要进行手动操作试验，用 CRT、万用表，逐步用短路线或程序步控制开关模拟各步程序的启动触发条件，检查顺控系统的每一个程序步是否可按预定的步骤进行。如上一程序步的动作符合工艺要求，则继续检查下一程序步。如程序的动作结果不符合设计和工艺要求，则停止试验，检查设备的控制逻辑、外围接线和所加的模拟信号等，找出相关障碍。在程序的每个步骤的操作试验符合要求后，才可以进行整套程序控制系统的启停试验。

在 FGD 系统调试中所发现的设计错误很多，如有永远无法满足的启动条件、事故跳闸信号的设计错误、程序组态的设计错误等。这些错误虽然有一部分可以在审查图纸时发现，但大多数错误只有在试运行过程中才会充分暴露出来，只有经过不断的修改和完善，才能使程序控制正常运行。属于现场设备方面的问题，主要还是反馈信号的可靠性，控制程序前一步的完成往往是后一步的执行条件，如果前一步执行完后无反馈信号，后一步程序就无法进行。

（3）保护和连锁功能的试验。试验分三类：一是某一重要辅机的自身跳闸条件，如增压风机轴承温度高跳闸、电机绕组温度高跳闸、喘振跳闸等，可以在停止的状态下做模拟试验，也可在运行的状态下进行实动试验。二是辅机与辅机之间的连锁试验，如真空泵跳闸应停运皮带脱水机等。三是 FGD 系统的大连锁，如 FGD 增压风机跳闸，旁路烟气挡板应快开，烟气走旁路等。只有当所有保护功能和连锁功能都能实现，才能将设备投入运行。

（七）FGD 系统的扰动试验

FGD 系统的扰动试验分两大类：一是内扰，即 FGD 系统自身的扰动，如停 1 台循环泵、改变增压风机入口压力的设定值、FGD 旁路挡板开/关及 FGD 系统保护动作（失电、跳增压风机等）等；二是外扰，即机组侧对 FGD 系统的扰动，包括机组变负荷、炉膛负压波动、改变煤种（改变 SO_2 浓度等）等。扰动试验的主要目的是考验 FGD 系统的自动控制性能，试验 FGD 系统与机组间的相互影响关系，获取的数据可以很好地指导机组和 FGD 系统的运行操作。

本章第七节中给出了许多 FGD 系统扰动试验的例子，试验表明，一个设计合理的 FGD 系统，在正常运行及故障情况下，不会危及机组及 FGD 系统自身的安全运行。

（八）FGD 系统和机组之间的信息交换

为了保证锅炉机组与 FGD 系统的安全运行，使运行人员及时准确了解机组与 FGD 系统的工作状态，一般在锅炉和 FGD 系统间互送部分相关的信号，各 FGD 系统设计的互送信号内容和数量不尽相同。

FGD 系统向锅炉侧送出的信号，一般有：FGD 增压风机的运行状态，FGD 旁路烟气挡板的状态，FGD 入口烟气挡板的状态，FGD 出口净烟气挡板的状态，FGD 故障请求停炉信号，循环泵的运行状态，脱硫效率等。

机组侧送给 FGD 系统的信号，主要有：机组负荷，锅炉炉膛负压，锅炉油枪的运行状态，电除尘器的运行状态，引风机动叶的开度，锅炉 MFT 信号，锅炉送风量等。

当机组和 FGD 系统 DCS 之间电缆连接和对线完毕、机组侧的画面完成、FGD 系统侧逻辑试验完毕后，可进行 FGD 系统和机组信息的交换试验。在 FGD 系统侧模拟对应设备的运行（开）、停止（关）的状态，在机组侧 CRT 上检查收到的信号是否正确；在机组侧模拟对应设备的信号，检查 FGD 系统侧收到的信号是否正确。

第六节　FGD 电气系统的调试

一、FGD 电气系统的设计特点

FGD 电气系统一般由高压电源（6kV）、低压电源（0.4kV）、交流保安电源、直流系统和交流不停电电源（UPS）组成。FGD 电气系统的设计应从发电厂全局出发，统筹兼顾，按照 FGD 装置的规模、特点，合理确定设计方案，达到安全、经济、可靠和运行维护方便的要求。电气设备选型应力求安全可靠、经济适用、技术先进、符合国情，积极慎重地采用和推广经过鉴定的新技术和新产品。FGD 高压、低压厂用电电压等级应与发电厂主体工程一致，厂用电系统中性点接地方式也应与发电厂主体工程一致。

1. FGD 高压电源

FGD 高压电源的引接通常采用两种方案。

方案一：FGD 系统高压工作电源直接接于主厂房高压厂用工作变压器下的母线。此方案尤其适用于新建电厂，如安顺电厂（2×300MW）二期工程 FGD 工程，本体工程与 FGD 工程同时设计，因此初步设计时就考虑高压厂用工作变压器分裂绕组均预留 FGD 电负荷容量，这样高压厂用变压器容量较常规电厂有所增加，但可省去 1 台高压脱硫变压器。广东的连州电厂、瑞明电厂、台山电厂等的 FGD 系统都如此设计，典型的设计见图 4 – 97。但是目前我国脱硫设备国产率低，国外脱硫设备制造商由于各自的吸收塔结构不同，引起的电耗相差较大。对于预留 FGD 工程，由于脱硫方案待定，脱硫电负荷很难估计准确，因此给高压厂用变压器容量选择带来一定困难，有可能会导致选择结果不合适、不经济，这就需进行技术经济比较后决定。老机组扩建脱硫装置时，如果高压厂用工作变压器有足够备用容量，脱硫高压工作电源应从高压厂用工作段引接。

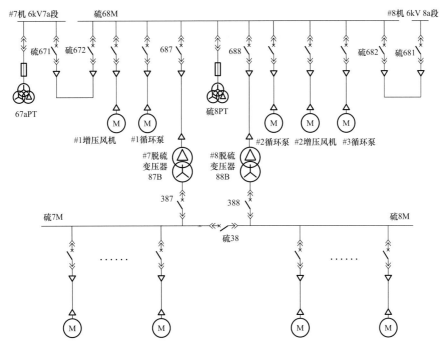

图 4 - 97　FGD 系统高压电源直接接于主厂房高压厂用工作变压器（广东瑞明电厂）

注：瑞明电厂用一套 FGD 系统处理 7 号、8 号燃煤发电机组（2×125MW）的全部烟气。脱硫厂用电系统电压为 6kV 和 380/220V。6kV 系统中性点采用不接地方式，6kV 脱硫工作段（硫 68M）为单母线结线，分别由 7 号机 6kV 工作 A 段经开关（硫 671 和硫 672）或由 8 号机 6kV 工作 A 段经开关（硫 681 和硫 682）供电，5 台 6kV 电动机（3 台循环泵，2 台增压风机）接于 6kV 脱硫母线。

脱硫低压负荷由两台 1000kVA 低压工作变压器（87B、88B）供电，低压工作变压器采用 D/Yn11。380/220V 工作段为单母线分段结线，380/220V PCA 段由 6kV 脱硫工作段经 687 开关、7 号脱硫变压器、387 开关供电，380/220V PCB 段由 6kV 脱硫工作段 688 开关、8 号脱硫变压器、388 开关供电。380/220V 工作段分段开关（硫 38）平时不投入，只有当一段失电时才将该段负荷通过手合分段开关切换到另一段母线。当其中一台低压工作变压器故障时，另一台可带两段的全部负荷。

　　方案二：单独设立 FGD 高压工作变压器。当脱硫负荷过大而无法从高压厂用变压器引接时，需单独设立脱硫高压工作变压器。例如广东沙角 A 厂 5 号 300MW 的 FGD 系统（见图 4 - 98）、沙角 C 厂 3×600MW 的 FGD 系统、山东黄台电厂（2×300MW）FGD 系统、浙江长兴电厂一期（2×300MW）FGD 工程等。许多老电厂的改造脱硫工程，高压脱硫变压器的电源从发电机出口主回路母线 T 接。

　　FGD 高压负荷可设 FGD 高压母线段供电，也可直接接于高压厂用工作母线段。脱硫母线段的设置应适应工艺专业对可靠性的要求，每台炉宜设 1 段 FGD 高压母线，并设置备用电源。高压备用电源宜由发电厂启动/备用变压器低压侧引接。当 FGD 高压工作电源由高压厂用工作母线引接时，其备用电源也可由另 1 高压厂用工作母线引接。如果每台炉有 2 段脱硫母线，可采用互为备用的方式。

　　在特定的条件下，FGD 电源引接尚有其他的方式，如果原厂用电系统容量过小，不足以引接

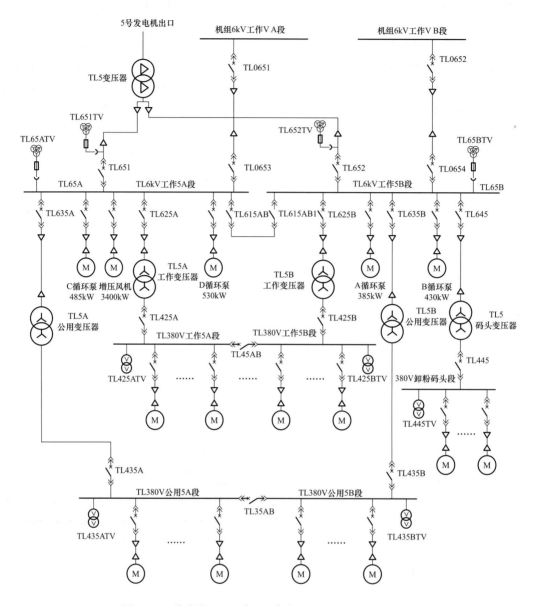

图 4 - 98　单独设立 FGD 高压工作变压器（广东沙角 A 电厂）

注：沙角发电 A 厂 5 号机组 FGD 厂用电系统电压为 6kV 和 380/220V 两个等级，6kV 系统中性点采用不接地方式，6kV 脱硫工作段为单母线分段接线。6kV 脱硫厂用电系统采用"双工作双备用电源"的供电方式，脱硫 6kV 工作电源由高压脱硫变压器（TL5 变压器）6kV 侧经工作电源开关 TL651、TL652 送电，高压脱硫变压器采用保定变压器厂的 SF9 - 10000/20 型双绕组变压器，其高压侧从 5 号机高压厂用变压器分支封母处 T 接；脱硫 6kV 备用电源从机组 6kV 工作 A、B 段经备用电源开关 TL0653、TL0654 送电。6kV 脱硫工作 5A、5B 段可通过分段开关（TL615AB）连通。4 台循环泵中 A 循环泵、B 循环泵接于 6kV 脱硫工作 5A 段；C 循环泵、D 循环泵和 1 台增压风机接于 6kV 脱硫工作 5B 段。

脱硫 380/220V 系统分 TL380V 工作段、TL380V 公用段，TL380V 卸粉码头段。TL380V 工作段、公用段为单母线分段结线，TL380V 卸粉码头段为单母线结线。TL380V 工作 5A、5B 段分别由两台 1000kVA 低压工作变压器（TL5A 工作变压器、TL5B 工作变压器）供电；TL380V 公用 5A、5B 段分别由两台 500kVA 低压工作变压器（TL5A 公用变压器、TL5B 公用变压器）供电；TL380V 卸粉码头段由一台 1000kVA 低压工作变压器（TL5 码头工作变压器）供电。低压工作变压器采用 D/Yn11。

FGD 电源，又不能在发电机出口增设变压器，这时可采用在厂内的其他电压等级引接 FGD 高压变压器。

2. FGD 低压工作电源

FGD 电气系统一般采用两个电压等级：高压 6kV 和低压 380/220V。380/220V 系统采用 PC（动力中心）、MCC（电动机控制中心）两级供电方式。FGD 低压工作电源由 FGD 低压工作变压器供电，该变压器由 FGD 高压工作母线引接。低压厂用电接线根据情况大致有两个设计方案，以安顺电厂二期（2×300MW）FGD 工程最初的设计为例进行分析。

方案一：两套 FGD 系统共设两台低压工作变压器，互为备用，为所有的 FGD 低压负荷供电。低压 PC 采用单母线分段，设 380/220V 脱硫 A、B 段，由两台低压干式变压器低压侧供电。380/220V 脱硫 A、B 段之间分别设联络开关。两台低压干式变压器分接于 6kV 两个脱硫段上。脱硫单元负荷分别接于脱硫 A、B 段，公用负荷分别接于各段。MCC 均采用双回路供电，两路电源互相闭锁。380/220V 系统为中性点直接接地系统，见图 4-99。

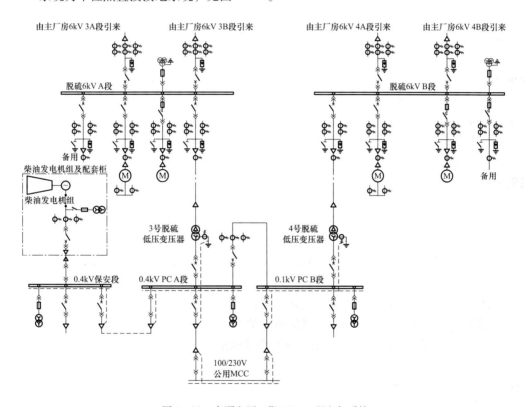

图 4-99 安顺电厂二期 FGD 工程电气系统

方案二：每套 FGD 系统各设两台低压工作变压器，互为备用，为所有的 FGD 低压负荷供电。低压 PC 采用单母线分段，设 380/220V 脱硫 3A、3B 段和 4A、4B 段。4 台低压干式变压器成对设置，3A、3B 段和 4A、4B 之间分别设联络开关。

方案一接线能满足供电可靠性要求，接线简单、清晰，投资少，运行费用低。方案二满足供电可靠性要求，接线单元性强，但投资高，因此安顺电厂二期工程采用了方案一。

另外有的 FGD 工程每台锅炉设 1 台脱硫低压变压器，由此引接的脱硫低压母线以刀开关分为 2 个半段，其备用电源从其他地方引接。

3. FGD 系统的保安电源、直流和不停电电源（UPS）

由于 FGD 工艺要求，在厂用电失电时，为了保证 FGD 系统安全停运，一些辅机需要继续进行供电，如工艺水泵、旁路挡板等。另外，对于热控的 DCS 以及电气的 UPS 电源同样需要提供保安电源。

200MW 及以上机组配套的 FGD 装置宜设单独的交流保安母线段。保安电源的引接是关键问题，对于新建工程主厂房柴油发电机应尽可能考虑脱硫岛保安负荷，这样既可解决上述问题又能减少电厂的维护工作量。对一些改造工程，主厂房柴油发电机组没有考虑足够的备用容量，在这种情况下，宜由单独设置的能快速启动的柴油发电机供电。FGD 装置与发电厂主体工程同期建设时，FGD 交流不停电负荷宜纳入机组 UPS 系统统一考虑。当 FGD 装置布置离主厂房较远时，也可考虑另设 UPS。老机组扩建 FGD 装置时，宜单独设置 UPS 向 FGD 装置不停电负荷供电。FGD 装置为预留时，机组 UPS 系统不考虑向脱硫负荷供电。UPS 宜采用静态逆变装置，UPS 在全厂停电后继续维持其所有负荷在额定电压下运行不小于 30min。

对于 200MW 以下机组，由于无保安电源，FGD 系统有些保安用设备如工艺水泵、烟气挡板等电源的解决需认真设计。可以考虑首先将保安负荷分类，对于工艺水泵属于经常连续负荷，可备用一台柴油泵，当工作泵故障时柴油泵自动投入。对于挡板类负荷属于短时经常负荷，且负荷容量较小、运行时间短，其电源可从输出为交流 380V 的不停电电源 UP5 引接，保证 FGD 电源消失后烟气挡板能正确动作。但是 UPS 的容量选择必须考虑电机的启动电流对母线电压的冲击，不能因为电机的启动影响 DCS 系统。必要时可采用软启动器，这样比专门设置 1 套保安电源系统既节省投资又减少运行维护，同时也可减少占地面积。

FGD 装置与发电厂主体工程同期建设时，FGD 系统直流负荷宜纳入机组直流系统统一考虑。FGD 装置为预留时，机组直流系统不考虑脱硫负荷。已建电厂 FGD 装置一般布置在炉后，与主厂房直流系统距离较远，通常单独设一套直流装置为 FGD 系统公用，供系统内 UPS、电气控制、信号、继电保护、6kV 及 380V 断路器合闸等负荷。直流系统采用单母线接线，电压等级采用 220V。直流系统包括 1 组铅酸阀控免维护蓄电池，1 套 $N+1$ 模块热备用的高频开关充电器及直流馈线屏。直流系统能保证在全厂停电后维持其所有负荷在额定电压下继续运行不小于 60min。由于直流系统只有一组蓄电池，在蓄电池放电维修时，必须保证交流电的绝对可靠，以使 FGD 系统安全运行。对于 200MW 以上机组，直流系统交流电源可分别从保安段和脱硫岛 PC 段引接。而对于 200MW 以下机组（不设保安电源）可采取直流系统的交流电源分别从主厂房 PC 段和脱硫岛 PC 段引接，或将主厂房蓄电池作为备用蓄电池。保证在蓄电池放电维修时，脱硫岛的直流电源能正常供电。

目前，FGD 电气系统都纳入 DCS 控制，不设常规控制屏。电气系统与 FGD 的 DCS 采用硬接线连接。FGD 控制室不设常规音响及光字牌，所有开关状态信号、电气事故信号及预告信号均送入 DCS。FGD 控制室不设常规测量表计，采用 4～20mA 变送器（变送器装于相关开关柜）输出送入 DCS。电气量送入 DCS 实现数据自动采集、定期打印制表、实时调阅、显示电气主接线、事故自动记录及故障追忆等功能。

FGD 电气系统备用电源切换一般采用先断后合操作方式以防止不同电源并列运行。电气接线将有闭锁接线。

与发电机组相比，FGD 电气系统相对比较简单，其调试过程大致可分为 FGD 厂用电受电及受电后的调试两大阶段。今以沙角 A 电厂 5 号机组 300MW 的 FGD 电气系统（参见图 4-98）为例，来说明 FGD 电气系统的主要调试内容。

二、FGD厂用电受电

（一）FGD厂用电受电前的主要工作

1. 6kV脱硫工作5A、5B段开关柜的单体调试

TL651、TL652、TL0653、TL0654、TL615AB、TL625A、TL625B、TL635A、TL635B、TL645、A循环泵、B循环泵、C循环泵、D循环泵、增压风机。

（1）检查保护、测量回路的TA二次接线正确。

（2）检查控制、自动、信号回路接线正确。

（3）检查开关柜机械闭锁正确。

（4）开关手动储能，手动合闸、分闸动作正确。

（5）送上±KM，±HM直流电源，小车开关在试验、工作位置，分别用操作把手合、分开关，动作正确。

（6）小车贮能指示，开关位置指示，合闸、分闸灯光信号正确。

（7）D—3000微机型保护装置校验整定（TL0653、TL0654、TL615AB、TL625A、TL625B、TL635A、TL635B、TL645）；

SEL—587微机型保护装置校验整定（增压风机）；

MP—3000微机型保护装置校验整定（A循环泵、B循环泵、C循环泵、D循环泵、增压风机）。

（8）检查TL651TV、TL652TV、TL65ATV、TL65BTV二次接线正确。

2. 380kV开关柜单体调试

TL425A、TL425B、TL45AB、TL435A、TL435B、TL35AB、TL445、A工艺水泵、B工艺水泵、A氧化风机、B氧化风机、C氧化风机。

（1）检查推进、拉出小车开关，在断开、试验、工作位置正确。

（2）检查测量、保护、回路的TA二次接线正确。

（3）检查控制、自动、信号回路接线正确。

（4）开关手动储能，手动合闸、分闸动作正确。

（5）送上±KM直流电源，小车开关在试验、工作位置，分别用按钮合、分开关，动作正确。

（6）开关合闸、分闸灯光信号动作正确。

（7）380V开关脱扣器校验。

（8）检查各段TV二次接线正确。

3. 6kV脱硫段电气设备的分系统调试

（1）TL0653、TL0654备用电源开关；TL651、TL652工作电源开关；TL615AB分段开关；TL625A、TL625B、TL635A、TL635B、TL645变压器高压侧开关。① 将小车开关推入工作位置，用DCS合、分开关，动作正确。② 检查DCS显示的开关位置、事故报警信号正确。③ 合上开关后，加电流到保护整定值，保护动作，开关跳闸动作正确。④ 保护回路TA二次侧通入1A电流，回路正确。⑤ 测量回路TA二次侧通入1A电流，回路正确，检查DCS显示的电流值正确。

（2）A循环泵、B循环泵、C循环泵、D循环泵、增压风机的6kV开关。① 将小车开关推入工作位置，用DCS合、分开关，动作正确。② 检查DCS显示的开关位置、事故报警信号正确。③ 合上开关后，加电流到保护整定值，保护动作，开关跳闸动作正确。④ 合上开关后，用就地紧急按钮跳开关，动作正确。⑤ 保护回路TA二次侧通入1A电流，回路正确。⑥ 测量回路TA二次侧通入1A电流，回路正确，检查DCS显示的电流值正确。

（3）TL65ATV、TL65BTV、TL651TV、TL652TV：① TV二次侧加三相正序交流电压100V，检查有关的6kV开关柜保护、测量交流电压回路正确，仪表显示正确，DCS显示的6kV母线电压值正确。

② 模拟 TV 二次侧任两相之间的电压低于 80V，其余线电压正常时，6kV 电压回路断线信号报警，DCS 显示正确。③ TV 开口三角绕组二次侧加入交流电压大于 10V 时，6kV 母线接地信号报警，DCS 显示正确。

4. 380V 脱硫电气设备分系统调试

（1）TL625A、TL625B、TL635A、TL635B、TL645、TL35AB、TL45AB、A 氧化风机、B 氧化风机、C 氧化风机、A 工艺水泵、B 工艺水泵开关。① 将框架式开关推入工作位置，用 DCS 合、分开关，动作正确。② 检查 DCS 显示的开关位置、事故报警信号正确。③ 合上开关后，使开关脱扣器动作，开关跳闸动作正确。④ 合上氧化风机或工艺水泵开关后，用就地紧急按钮跳开关，动作正确。

（2）TL425ATV、TL425BTV、TL435ATV、TL435BTV、TL445TV。① TV 二次侧加三相正序交流电压 100V，检查交流电压回路正确，仪表显示正确，DCS 显示的 380V 母线电压值正确。② 模拟 TV 二次侧任两相之间的电压低于 80V，其余线电压正常时，380V 电压回路断线信号报警，DCS 显示正确。

5. 6kV、380V 脱硫段 DCS 电气联锁试验

（1）投入联跳开关 1BK，跳开 TL0651 开关，联跳 TL0653 开关。

（2）投入联跳开关 2BK，跳开 TL0652 开关，联跳 TL0654 开关。

（3）跳开 TL625A 开关，联跳 TL425A 开关。

（4）跳开 TL625B 开关，联跳 TL425B 开关。

（5）跳开 TL635A 开关，联跳 TL435A 开关。

（6）跳开 TL635B 开关，联跳 TL435B 开关。

（7）投入联跳开关 3BK，当 TL6kV 5A 母线失压时，TL6kV 5A 母线上的所有 6kV 电动机联跳。

（8）投入联跳开关 4BK，当 TL6kV 5B 母线失压时，TL6kV 5B 母线上的所有 6kV 电动机联跳。

（9）当 TL380V 工作 5A 母线失压时，TL380V 工作 5A 母线上的所有电动机联跳。

（10）当 TL380V 工作 5B 母线失压时，TL380V 工作 5B 母线上的所有电动机联跳。

（11）当 TL380V 公用 5A 母线失压时，TL380V 公用 5A 母线上的所有电动机联跳。

（12）当 TL380V 公用 5B 母线失压时，TL380V 公用 5B 母线上的所有电动机联跳。

（13）当 TL380V 卸粉码头母线失压时，TL380V 卸粉码头母线上的所有电动机联跳，TL445 开关联跳。

以上试验应全部正确。

6. 6kV、380V 脱硫段 DCS 电气闭锁试验

（1）TL0653 开关在合位时，不能合 TL0651 开关。

（2）TL0654 开关在合位时，不能合 TL0652 开关。

（3）TL651 开关在合位时，不能合 TL0653 开关。

（4）TL0653 开关在合位时，不能合 TL651 开关。

（5）TL652 开关在合位时，不能合 TL0654 开关。

（6）TL0654 开关在合位时，不能合 TL652 开关。

（7）TL651、TL652、TL0653、TL0654 这四个开关有且只有一个开关在合位时，TL615AB 开关才能合上。

（8）TL425A 开关在合位时，不能合 TL625A 开关。

（9）TL425B 开关在合位时，不能合 TL625B 开关。

（10）TL435A 开关在合位时，不能合 TL635A 开关。

（11）TL435B 开关在合位时，不能合 TL635B 开关。

（12）TL625A 开关在断位时，不能合 TL425A 开关。

（13）TL625B 开关在断位时，不能合 TL425B 开关。

（14）TL635A 开关在断位时，不能合 TL435A 开关。

（15）TL635B 开关在断位时，不能合 TL435B 开关。

（16）TL45AB 开关在合位时，不能合 TL425A 开关。

（17）TL45AB 开关在合位时，不能合 TL425B 开关。

（18）TL35AB 开关在合位时，不能合 TL435A 开关。

（19）TL35AB 开关在合位时，不能合 TL435B 开关。

（20）TL425A、TL425B 开关都在合位时，不能合 TL45AB 开关。

（21）TL435A、TL435B 开关都在合位时，不能合 TL35AB 开关。

以上试验应全部正确。

（二）FGD 厂用电受电

FGD 厂用电系统能否早日受电将直接影响单机试运及以后的调试工作，因此调试人员应根据现场的具体情况和调试任务的要求，尽可能地利用现场已具备受电能力的设备创造条件以完成受电任务，为以后的试运工作奠定基础，也为缩短试运工期创造条件。

在 FGD 厂用电系统基本具备受电条件时，应根据现场具体情况编写厂用电受电方案并报试运指挥部批准。FGD 厂用电系统受电方案主要内容如下：

（1）FGD 厂用电系统受电应具备的条件及准备工作。

（2）FGD 厂用电系统一次系统图；根据现场情况和电气一次主接线图，制定厂用电系统受电范围的一次系统图，注明受电设备的名称、编号、电压等级和主要技术参数。

（3）确定受电顺序和操作步骤。

（4）每一步骤下应具备的操作条件；按受电顺序论述每一步骤下应具备的操作条件、安全措施、操作过程、检验项目、试验设备、注意事项等。

（5）受电工作日程；根据现场实际情况和受电顺序，安排厂用电系统受电工作日程。

（6）组织分工。

FGD 厂用电受电方案的编制依据主要有：

（1）各设备、装置生产厂家的技术要求及标准；

（2）DL/T 596—1996《电力设备预防性试验规程》；

（3）GB 50150—1991《电气设备交接试验标准》；

（4）《火力发电厂基本建设工程启动及竣工验收规程》；

（5）《电力建设工程调试定额》；

（6）《电业安全工作规程》等。

1. 受电前必备条件

（1）受电调试方案经调试单位、电厂等有关部门批准。

（2）电厂运行人员已根据受电方案编写好操作票，并按操作票执行。

（3）FGD 厂用电带电后有明确的管理方式和管理单位。

（4）受电范围内的土建工程已全部完工并经验收合格；受电范围内的电气设备已全部安装完毕并经验收合格，安装质量符合有关规程的要求。

（5）受电范围内的所有电气设备（包括二次回路）已按照交接试验标准和有关检验规程进行试验并经验收合格。

（6）一、二次设备已命名且编号正确，测量仪表、控制开关、转换开关、保护装置、自动装置、信号、连片等名称、编号、标记齐全，标志正确。

（7）主设备安装地点的通信已开通、抢修电源已安装、调试完毕。

（8）一、二次回路中可能存在的所有临时接地线及脚手架已拆除。

（9）各安装现场已全部清理完毕，受电范围内的道路平整、无障碍；受电部分与非受电部分及施工部分已隔离；围栏和各种警告标示牌已准备齐全并按要求配置到位。FGD 厂用电室的门应设置挡鼠板，电缆沟区盖好。

（10）充电设备现场室内工作照明、事故照明完好，消防设施齐备。

（11）检查并紧固所有二次回路端子接线螺丝，严防 CT 回路开路，PT 回路短路，做好 PT 二次回路的消谐措施，带电设备的外壳接地应完善可靠。

（12）受电设备的继电保护装置，已按有关部门提供的整定值进行整定完毕，并通过了整组试验。

（13）启动前，做好各开关的传动试验，各相应的保护信号回路应正确。

（14）电缆的防火阻火设施验收合格。

（15）脱硫变压器受电前，脱硫变压器喷淋装置要经试验并验收合格。

（16）FGD 系统接地网与电厂主接地网连接可靠。

（17）FGD 厂用电系统运行准备工作已完成，人员、图纸、规程、记录、工具等配置齐全。

2. 组织

（1）成立专门的受电指挥组，负责受电工作。

（2）由电厂运行人员根据受电方案编写好操作票，安装单位和调试单位派人监护。

所有操作与受电工作都必须严格按照《电业安全工作规程》执行，当发生危及运行中系统安全的事故时，由有关运行人员按照有关《电气运行规程》紧急处理。

（3）受电过程全体人员听从统一指挥。

（4）受电过程中设备操作由电厂运行人员操作，电气调试人员监护。

（5）测试工作由电气调试人员负责执行。

（6）受电完毕后各配电室门锁由专人管理，与受电无关人员不得进入配电室。

（7）受电后，受电设备带电运行 24h，受电设备运行期间由有关人员严格由有关运行人员按照有关《电气运行规程》及工作票制度进行管理，由施工方派人值班。运行 24h 后，所有受电设备停电。

3. 主要受电设备

尽管不同的 FGD 系统厂用电设计有所不同，但其受电过程中的主要受电设备却是相同的，或者说是大同小异，即有变压器（FGD 高压 6kV 变压器、低压 0.4kV 变压器）、FGD 6kV/380V 厂用母线等。

（1）变压器受电。变压器受电时应首先进行变压器的空载投入试验，即变压器在全电压下冲击合闸试验。其主要目的是检验变压器的差动保护能否躲开在变压器空投时的励磁涌流；检查变压器二次回路。

1）变压器受电前的准备工作及注意事项：① 对变压器及所连接设备进行全面检查并按规定使用绝缘电阻表测量其绝缘电阻，确认所有设备符合受电条件。② 检查变压器气体继电器的安装应符合要求，气体继电器的轻、重瓦斯保护经过检验，其定值符合要求。通过现场传动试验证实接线正确，动作可靠。③ 变压器的所有保护具备投入条件，且置于投入位置。与继电保护主管部门联系，采取临时措施将变压器后备保护的动作时间适当缩短，使其在主保护拒动时能以较快速度切除可能出现的故障；考虑到变压器开关由于某些原因而可能拒动，其相邻的上一级开关也应能以较快的速度切除故障，所以变压器的上一级保护定值亦应临时调整，待试验结束后再恢复正常定值。特别指出，变压器的瓦斯保护不仅可以保护变压器内部电气故障，而且对于非电气故障亦能起到很好的保护作用，因此在变压器空载投入时其轻、重瓦斯保护要分别投入信号和跳闸。另外，如果6kV变压器配置了差动保护，原则上应投入使用，以检验该保护躲过励磁涌流及不平衡电流的能力。为安全起见，可在变压器受电及6kV母线受电期间一直投入该保护，以检查其保护整定计算的正确性。④ 对于大容量三芯五柱铁芯变压器，在全电压冲击合闸时可能会造成系统的零序保护误动跳闸。为此应在冲击试验前与继电保护主管部门联系，临时改变系统零序保护定值。⑤ 检查变压器中性点接地装置完好符合运行条件，接地开关在合上位置。⑥ 准备录取变压器空投时电压、励磁电流波形的试验接线及试验设备，经检查接线正确，试验设备应完好。⑦ 变压器操作盘与变压器间应有电话联系，并委派对变压器性能熟悉的人员在现场监视变压器的情况。

2）变压器的全电压冲击合闸试验：① 第一次冲击合闸并录取电压、励磁电流波形。合闸后维持30min。监听并确认变压器内部声音正常，有关表计指示正常后再进行下一次合闸。② 冲击合闸共进行5次，每次间隔5min，后4次合闸后保持3~5min，变压器和表计指示应无异常。③ 冲击合闸时如果变压器开关跳闸，应查明原因，若非变压器引起的，则可将问题解决后继续试验。

试验中应注意在冲击合闸过程中，如果变压器差动保护误动，可能与差动保护定值躲不过变压器励磁涌流有关。应从录波图中测算变压器励磁涌流的大小并与保护定值核对，以判断定值的正确性。

3）带负荷试验。此试验在6kV、380V厂用母线受电及单机试运行后进行。在变压器带负荷达到一定水平之后即可进行带负荷试验。用相位伏安表测试变压器各侧电压、电流的数值及相位，画的电流相量六角图应符合相位要求；当变压器接近满负荷时，用高内阻交流电压表测量差动保护的差电压，亦应满足规定的要求。

（2）FGD厂用母线受电。

1）FGD厂用空载母线受电前应先用绝缘电阻表检查其绝缘情况。

2）事先与继电保护主管部门联系，对向FGD厂用母线充电的变压器或厂用分支的后备保护采取临时措施，以适当缩短其动作时间，加速母线故障时的切除时间。

3）FGD厂用空载母线受电后，测量电压互感器二次侧各相电压，检查相序及两段母线间的相位，核对相别。

4）FGD厂用空载母线受电时应注意监视母线各相电压及绝缘监视信号，一旦出现异常情况及时将母线断开，并查明原因。

（三）FGD厂用电受电实例

今以沙角A电厂5号机组300MW的FGD电气系统（参见图4-98）为例，来说明FGD厂用电受电的主要内容及操作步骤，供参考。

1. 受电范围

FGD厂用受电范围包括如下部分：

（1）6kV备用电源开关TL0651、TL0653开关及其之间的高压电缆；

（2）6kV备用电源开关TL0652、TL0654开关及其之间的高压电缆；

（3）6kV母联开关（TL615AB）；

（4）6kV脱硫工作A、B段母线及其有关的TV、避雷器；

（5）高压脱硫变压器（TL5变压器），容量10000kVA；

（6）6kV 工作电源开关 TL651、TL651 开关与 TL5 变压器之间的高压电缆；

（7）6kV 工作电源开关 TL652、TL652 开关与 TL5 变压器之间的高压电缆；

（8）TL5A 公用变压器、TL5B 公用变压器；

（9）TL5A、TL5B 公用变压器高低压侧开关 TL635A、TL635B、TL435A、TL435B 及与其连接的高压电缆；

（10）TL380V 公用 5A、5B 段母线及其有关的 TV、分段开关 TL35AB；

（11）TL5A 工作变压器、TL5B 工作变压器；

（12）TL5A、TL5B 工作变压器高低压侧开关 TL625A、TL625B、TL425A、TL425B 及与其连接的高压电缆；

（13）TL380V 工作 5A、5B 段母线及其有关的 TV、分段开关 TL25AB；

（14）TL5 码头变压器；

（15）TL5 码头变压器高低压侧开关 TL645A、TL445A 及与其连接的高压电缆；

（16）TL380V 卸粉码头段母线及其有关的 TV；

（17）与开关有关的 TA、TV、避雷器。

2. 受电顺序

（1）TL6kV 工作 5A 段、5B 段受电；

（2）TL5 变压器反受电；

（3）TL380V 公用 5A、5B 段受电；

（4）TL380V 工作 5A、5B 段受电；

（5）TL380V 卸粉码头段受电。

3. 受电前运行方式

（1）5 号机 6kV 工作段 A、B 母线带电运行状态。

（2）TL6kV 工作 5A 段、5B 段停电，TL6kV 工作 5A 段、5B 段母线的所有开关都处于隔离位置。

（3）TL380V 公用 5A、5B 段停电，TL380V 公用 5A、5B 段母线的所有开关都处于隔离位置。

（4）TL380V 工作 5A、5B 段停电，TL380V 工作 5A、5B 段母线的所有开关都处于隔离位置。

（5）TL380V 卸粉码头段停电，TL380V 卸粉码头段母线的所有开关都处于隔离位置。

4. 检查与操作试验

（1）检查 TL6kV 工作 5A 段、5B 段各开关处于分闸状态并在试验位置。TL0653 开关、TL652 开关拉至开关柜外。

（2）检查 6kV 脱硫备用电源开关 TL0651、TL0652 开关处于分闸状态并在试验位置。

（3）检查 TL380V 公用 5A、5B 段，TL380V 工作 5A、5B 段，TL380V 卸粉码头段上各开关处于分闸状态并在试验位置。

（4）检查脱硫变压器高压侧封闭母线与 5 号高压厂用变封闭母线连接已解开，之间保持足够的安全距离并用高压绝缘板隔离。

（5）检查 TL65ATV、TL65BTV、TL651TV、TL652TV 高低压熔断器型号符合设计要求，接触良好，电压互感器处于“断开”位置。

（6）检查各控制开关、转换开关位置正确，信号回路显示正确。

（7）测量各试验设备的绝缘电阻。用 2500V 绝缘电阻表测量，分相绝缘电阻值不小于 10MΩ。

（8）对各试验开关进行“合闸”、“分闸”及保护的传动试验正常。

以上试验结束后，应检查并确认各开关均处于“分闸”位置。

5. 受电步骤

（1）TL6kV 工作 5A 段、5B 段受电。

1）检查 TL0651、TL0652 开关，TL6kV 工作 5A 段、5B 段所有（包括非受电范围内的支路）断路器、隔离开关（包括电压互感器）和接地刀闸均应在试验位置和断开位置。检查 TL0653、TL652 开关已拉至开关柜外。

2）取下所有受电回路的控制保险和合闸保险，并检查其状况，应良好。

3）检查所有受电设备的绝缘，应合格。

4）检查所有受电设备的保护压板均已投入。

5）将 6kV 脱硫工作 A、B 段电压互感器 TL65ATV、TL65BTV 的一、二次保险送上并推至工作位置。

6）将 TL0651 开关送上控制保险并推至工作位置。

7）合上 TL0651 开关，对电缆支路第一次充电。

8）5min 后，手动跳开 TL0651 开关。

9）合上 TL0651 开关，对电缆支路第二次充电。5min 后，用电流速断保护跳开 TL0651 开关。

10）合上 TL0651 开关。对电缆支路第三次充电。5min 后，用过流保护跳开 TL0651 开关。合上 TL0651 开关。

11）将 TL0652 开关送上控制保险并推至工作位置。

12）合上 TL0652 开关，对电缆支路第一次充电。

13）5min 后，手动跳开 TL0652 开关。

14）合上 TL0652 开关，对电缆支路第二次充电。5min 后，用电流速断保护跳开 TL0652 开关。

15）合上 TL0652 开关。对电缆支路第三次充电。5min 后，用过流保护跳开 TL0652 开关。合上 TL0652 开关。

16）将 TL0654 开关送上控制保险和合闸保险并推至工作位置。

17）手合上 TL0654 开关，对 TL6kV 工作 5B 段母线第一次充电，检查 TL65BTV 二次电压、相位及相序应正确。

18）5min 后，手动跳开 TL0654 开关。

19）合上 TL0654 开关，对 TL6kV 工作 5B 段母线第二次充电，5min 后，用电流速断保护跳开 TL0654 开关，合上 TL0654 开关，对 TL6kV 工作 5B 段母线第三次充电。

20）手合上 TL615AB1 隔离联络开关，将 TL615AB 开关送上控制保险和合闸保险并推至工作位置。

21）合上 TL615AB 开关，对 TL6kV 工作 5A 段母线第一次充电，检查 TL65ATV 二次电压、相位及相序应正确。并与 TL65BTV 二次电压相比较，应正确。

22）5min 后，手动跳开 TL615AB 开关。

23）合上 TL615AB 开关，对 TL6kV 工作 5A 段母线第二次充电。

24）在 TL0653 开关柜用核相棒分别检查 6kV 母线 ABC 三相与 6kV 电缆 ABC 三相的压差应正确（由电厂负责一次核相）。

25）5min 后，用电流速断保护跳开 TL615AB 开关。

26）将 TL0653 开关送上控制保险和合闸保险并推至工作位置。

27）合上 TL0653 开关，对 TL6kV 工作 5A 段母线第三次充电，检查 TL65ATV 二次电压、相位及相序应正确。并与 TL65BTV 二次电压相比较，应正确。5min 后，手动跳开 TL0653 开关。

28）合上 TL0653 开关，对 TL6kV 工作 5A 段母线第四次充电，5min 后，用电流速断保护跳开 TL0653 开关。

29）合上 TL615AB 开关。

至此，TL 6kV 工作 5A、5B 段受电完毕。

（2）TL5 变压器受电。

1）检查 TL5 变压器低压 A、B 分支过流保护、脱硫变压器差动保护、脱硫变压器瓦斯保护、速动油压保护压板均已投入。

2）检查 TL5 变压器继电保护装置已按充电临时整定值进行整定完毕。

3）检查脱硫变压器的冷却系统运转正常。脱硫变压器受电前冷却系统退出运行。

4）检查 TL651 应在试验位置和断开位置。TL652 开关已拉至开关柜外。相关的接地开关均在断开位置。检查 TL 6kV 工作 5A、5B 段由机组 6kV 工作 VB 段供电运行。

5）将 TL651TV、TL652TV 的一、二次保险送上并推至工作位置。

6）将 TL651 开关送上控制保险和合闸保险并推至工作位置。

7）合上 TL651 开关，对 TL5 变压器进行第一次充电。

8）检查 TL651TV、TL652TV 二次电压、相位及相序应正确。并与 TL65ATV、TL65BTV 二次电压相比较，应正确。

9）5min 后，手动跳开 TL651 开关。合上 TL651 开关，对 TL5 变压器进行第二次充电。

10）在 TL652 开关柜用核相棒分别检查 6kV 母线 ABC 三相与 6kV 电缆 ABC 三相的压差应正确（由电厂负责一次核相）。

11）5min 后，用脱硫变压器差动保护跳开 TL651 开关。

12）合上 TL651 开关，对 TL5 变压器进行第三次充电。

13）5min 后，用 A 分支过流保护跳开 TL651 开关。

14）将 TL652 开关送上控制保险和合闸保险并推至工作位置。

15）合上 TL652 开关，对 TL5 变压器进行第四次充电。

16）检查 TL651TV、TL652TV 二次电压、相位及相序应正确。并与 TL65ATV、TL65BTV 二次电压相比较，应正确。

17）5min 后，手动跳开 TL652 开关。

18）合上 TL652 开关，对 TL5 变压器进行第五次充电。

19）5min 后，用脱硫变压器差动保护跳开 TL652 开关。

20）合上 TL652 开关，对 TL5 变压器进行第六次充电。

21）5min 后，用 B 分支过流保护跳开 TL652 开关。

至此，TL5 变压器受电完毕。按正常运行整定值恢复继电保护装置的整定值。

（3）TL 380V 公用 5A、5B 段受电。

1）将 TL635A 开关送上控制保险和合闸保险并推至工作位置。

2）合上 TL635A 开关，对 TL5A 公用变压器进行第一次冲击。

3）检查变压器的状况，应无异常。5min 后，手动跳开 TL635A 开关。

4）合上 TL635A 开关，对 TL5A 公用变压器进行第二次冲击。5min 后，用电流速断保护跳开 TL635A 开关。

5）合上 TL635A 开关，对 TL5A 公用变压器进行第三次冲击。5min 后，用过流保护跳开 TL635A 开关。

6）合上 TL635A 开关，对 TL5A 公用变压器进行第四次冲击。5min 后，用零序电流保护跳开 TL635A 开关。

7）合上 TL635A 开关，对 TL5A 公用变压器进行第五次冲击。

8）合上 TL435A 开关，对 TL 380V 公用 5A 段母线第一次充电，检查该段母线一次、二次电压及相序应正确。5min后，手动跳开TL435A开关。

9）合上TL435A开关，对TL380V公用5A段母线第二次充电。5min后，用电流速断保护跳开TL435A开关。

10）合上TL435A开关，对TL380V公用5A段母线第三次充电。5min后，用过流保护跳开TL435A开关。合上TL435A开关，对TL380V公用5A段母线第四次充电。

11）将TL635B开关送上控制保险和合闸保险并推至工作位置，操作同步骤1）～10），将TL635A换为TL635B、TL435A换为TL435B、公用5A段换为公用5B段，对TL380V公用5B段进行受电。

12）在TL35AB开关柜检查A、B段母线A、B、C相一次电压差应正确。

13）合上TL35AB开关，使TL380V公用5A、5B段合环，手动跳开TL35AB开关。

14）合上TL35AB开关，使TL380V公用5A、5B段合环，用电流速断保护跳开TL35AB开关。

至此，TL380V公用5A、5B段受电完毕。

（4）TL380V工作5A、5B段受电。

1）将TL625A开关送上控制保险和合闸保险并推至工作位置。

2）合上TL625A开关，对TL5A工作变压器进行第一次冲击。

3）检查变压器的状况，应无异常。5min后，手动跳开TL625A开关。

4）合上TL625A开关，对TL5A工作变压器进行第二次冲击。5min后，用电流速断保护跳开TL625A开关。

5）合上TL625A开关，对TL5A工作变压器进行第三次冲击。5min后，用过流保护跳开TL625A开关。

6）合上TL625A开关，对TL5A工作变压器进行第四次冲击。5min后，用零序电流保护跳开TL625A开关。

7）合上TL625A开关，对TL5A工作变压器进行第五次冲击。

8）合上TL425A开关，对TL380V工作5A段母线第一次充电，检查该段母线一次、二次电压及相序应正确。5min后，手动跳开TL425A开关。

9）合上TL425A开关，对TL380V工作5A段母线第二次充电。5min后，用电流速断保护跳开TL425A开关。

10）合上TL425A开关，对TL380V工作5A段母线第三次充电。5min后，用过流保护跳开TL425A开关。合上TL425A开关。

11）将TL625B开关送上控制保险和合闸保险并推至工作位置。操作同步骤1）～10），将TL625A换为TL625B、TL425A开关换为TL425B开关、工作5A段换为工作5B段，对TL380V工作5B段进行受电。

12）在TL45AB开关柜检查A、B段母线A、B、C相一次电压差应正确。

13）合上TL45AB开关，使TL380V工作5A、5B段合环，手动跳开TL45AB开关。

14）合上TL45AB开关，使TL380V工作5A、5B段合环，用电流速断保护跳开TL45AB开关。

至此，TL380V工作5A、5B段受电完毕。

（5）TL380V卸粉码头段受电。

1）将TL645开关送上控制保险和合闸保险并推至工作位置。

2）合上TL645开关，对TL5码头变压器进行第一次冲击。

3）检查变压器的状况，应无异常。5min后，手动跳开TL645开关。

4）合上TL645开关，对TL5码头变压器进行第二次冲击。5min后，用电流速断保护跳开TL645

开关。

5）合上 TL645 开关，对 TL5 码头变压器进行第三次冲击。5min 后，用过流保护跳开 TL645 开关。

6）合上 TL645 开关，对 TL5 码头变压器进行第四次冲击。5min 后，用零序电流保护跳开 TL645 开关。

7）合上 TL645 开关，对 TL5 码头变压器进行第五次冲击。

8）合上 TL445 开关，对 TL380V 卸粉码头段母线第一次充电，检查该段母线一次、二次电压及相序应正确。5min 后，手动跳开 TL445 开关。

9）合上 TL445 开关，对 TL380V 卸粉码头段母线第二次充电。5min 后，用电流速断保护跳开 TL445 开关。

10）合上 TL445 开关，对 TL380V 卸粉码头段母线第三次充电。5min 后，用过流保护跳开 TL445 开关。

至此，TL380V 卸粉码头段受电完毕。

受电时测量的数据表明：FGD 厂用电受电时各级母线电压数值、相序及相位、仪表指示正确无误，受电成功。

受电设备运行 24h 后，断开 TL651、TL652、TL0651、TL0652、TL0653、TL0654 开关并上锁，挂上"禁止合闸，有人工作"牌。

三、FGD 厂用电受电后的调试工作

在 FGD 厂用电系统受电结束并经 24h 运行正常后可进行单机试运。单机试运是指单台辅机的试运。合同规定由设备制造厂负责单体调试的项目，必须由建设单位组织调试、生产等单位检查验收。验收不合格的项目，不能进入分系统试运和整套启动试运。

在单机试运过程中电气调试的主要工作是辅机的电动机调试、二次回路及保护和电气仪表的检查。单机试运前应编写单机试运方案，单机试运方案的内容应包括试运前的准备工作、组织分工、编写依据、安全措施、操作步骤和检验项目等。

（一）单机试运前的准备工作

（1）提出单机试运计划表经试运指挥部批准。

（2）试运设备已全部安装就绪并经验收合格，静态调试已全部结束并已提交合格的试验报告。

（3）运行操作人员，参加分部试运的施工、调试、监理等有关人员均已到现场。

（4）试运设备周围杂物已清理完毕，做好安全措施，设置警告牌。

（5）将机、电部分的连接装置分开，并确认电动机转动时联轴器不会相碰；转子盘动灵活，没有碰卡现象。

（6）电机的引出线鼻子焊接或压接良好，编号齐全，裸露带电部分电气间隙符合产品标准的规定。

（7）测量一次回路的绝缘电阻值，合格后方可启动；如不合格，应查明原因并消除之。

（8）派专人监视电动机和事故按钮，当电动机情况异常时立即按事故按钮停机。

（9）操作在控制盘进行。控制盘内的各种电源熔断器应完好；控制盘与试运设备之间应有电话联系。

（二）单机试运的试验项目

1. 电动机的空载启动

（1）对断路器进行传动试验。电源开关置于断开位置并锁住，用操作开关对断路器进行合闸、跳闸试验；检查事故按钮跳闸是否正确；将保护出口连接片置于接通位置，检查用继电保护跳闸的

正确性。

（2）检查并确认断路器在断开位置，将电源开关合上，准备用断路器合闸。

（3）第一次合闸后待启动电流下降时即行断开，观察电动机的旋转方向是否正确。如果电动机反转，可更换电动机电源电缆的相序。

（4）第二次合闸启动，记录合闸前后的电压、合闸时的电压降、启动电流的最大值、启动时间、空载电流值，检查三相电流是否对称和轴承有否振动。

（5）空载运行 1～2h，检查轴承温升及定子外壳的温升应正常。

（6）当电动机的三相电流不对称、轴承振动或温升超过规定数值时应停机查明原因。

（7）电动机连续启动次数及时间间隔应遵照制造厂说明书或运行规程的规定。

2. 电动机的带负荷启动

电动机空载启动无异常后将电动机停下，将电动机与机械设备的联轴器连接好后再进行电动机的带负荷启动。

（1）启动前应对相关的机械部分和相关阀门的开、闭状态进行检查并符合要求；油路、水路及汽路均在正常运行状态。

（2）合闸启动。记录合闸前后的电源电压、合闸时的电压降、启动电流的最大值、启动时间、负荷电流值并检查功率表和电度表的转向应正确。

（3）检查轴承的振动，检查轴承及定子的温升是否正常。

带负荷运行 8h 后停机，并消除在带负荷试运中所发现的缺陷。

（三）单机试运中易发生的异常及处理办法

单机试运时电动机首次带电和带负荷，因而在启动过程中要严密监视。

（1）如果电动机在启动时声音出现异常或不转动，应立即切断电源并查明原因。应注重检查是否有机械擦碰或机械卡死现象，或检查电动机是否出现非全相运行。

（2）启动中若发现电动机出现冒烟或有焦糊味，说明电动机绝缘存在薄弱点，或定子绕组回路连接处存在接触不良。应立即切断电源，检查外观或采取试验手段找出故障点并进一步处理。

（3）新投运的电动机常发生制造不良、机械损伤、绕组松动及振动致使绝缘损坏而烧毁。因此在安装时就应详细检查电动机定子绕组的端部固定情况，槽楔紧固程度等。

（4）电动机带负荷启动时，由于启动电流大、启动时间长，有时可能出现保护误动将负荷切除。此时应先排除继电保护装置本体及二次回路中可能存在的问题，然后将情况反映给继电保护主管部门，审核保护整定值。

（四）分系统试运和热态整套启动

在单体调试和单机试运验收合格后进入分系统试运，电气的分系统试运按系统对其所有电气设备及其有关的控制、保护、测量、信号装置进行调试，调试合格后方可进入 FGD 系统的热态整套启动。在 FGD 系统中，一般包括以下的设备和系统：① 变压器系统；② 柴油发电机组及保安电源系统；③ 直流系统、UPS 电源系统；④ 接地和防雷保护装置；⑤ FGD 厂用电源的自动切换装置；⑥ 通信及远动装置；⑦ 工作及事故照明系统。⑧ FGD 系统内电缆的防火封堵和隔火墙等设施。

电气调试人员参加 FGD 系统热态调试及 168h 试运行值班，其主要任务是：① 解决试运期间出现的各种技术问题；② 做好 FGD 系统试运记录，定期采录统计运行数据；③ 处理与调试有关的缺陷及异常情况。

第七节　FGD 系统热态调试实例

本节以 3 套 FGD 系统的热态调试为例，来说明整套启动调试过程，供读者参考。这 3 套 FGD 系统分别是 2 炉 1 塔、单炉单塔及鼓泡塔系统，具有一定的代表性，各 FGD 系统的设计情况详见第二章介绍。

一、2 × 125MW 机组 FGD 系统热态调试

（一）概述

瑞明电厂 2 × 125MW 机组 FGD 系统热态调试分两个阶段：第一阶段通单台炉的烟气进行系统 168h 前的初步调试，第二阶段进行 168h 满负荷试运行。在完成 FGD 系统单体、分系统试运、经各方进行整套启动检查完毕后，2003 年 9 月 8 日下午，1 号炉满负荷运行，手动启动 1 号增压风机，FGD 系统首次开始通热烟气。为确保系统安全及进行 FGD 系统初步参数调试，旁路烟气挡板保持全开。9 月 18 日 FGD 系统首次全关旁路运行。经多次启停，9 月 23 日下午，FGD 系统通 1 号炉的烟气告一段落。在 9 月 27 日完成 2 号增压风机单体试运后，10 月 8 日下午，FGD 系统首次通 2 号炉的烟气，进行了 FGD 系统的旁路快开及跳增压风机试验。10 月 11 日，FGD 系统第二次通 2 号炉的烟气，直到 10 月 13 日，停运 2 号增压风机，至此，FGD 系统单炉运行的热态调试结束，各系统的功能都进行了很好的调整。

2003 年 10 月 15 日上午 10:35，FGD 系统顺控启动 2 号烟气系统；14:07，启动 1 号烟气系统，至 14:28，FGD 系统满足 168h 试运行条件，计时开始。经过连续 7 天 7 夜的正常运行，到 10 月 22 日 14:28，各方确认，FGD 系统一次通过 168h 试运行，至此，FGD 系统的调试圆满结束，整套启动调试的全过程列于表 4 – 42 中。

表 4 – 42　　　　　　　　　　瑞明电厂 FGD 系统整套启动调试过程

序　号	FGD 系统启停时间（2003 年）	备　　注
1	9 月 8 日 15:40 ~ 22:30	FGD 系统首次通 1 号炉烟气，旁路全开运行
2	9 月 9 日 17:09 ~ 9 月 10 日 14:19	1 号炉旁路全开运行，给粉机常卡
3	9 月 12 日 15:03 ~ 19:30	1 号炉旁路全开运行，粉仓无粉而停运
4	9 月 15 日 9:45 ~ 9 月 18 日 14:14	通 1 号炉烟气运行，9 月 17 日 9:59，皮带机运行，首次生产石膏。9 月 18 日 10:18，进行全关、全开旁路试验
5	9 月 23 日 8:38 ~ 15:22	通 1 号炉烟气运行，完成了 FGD 系统通单台炉烟气的各项调试任务
6	10 月 8 日 15:44 ~ 18:15	首次通 2 号炉烟气，做 FGD 保护旁路快开及跳增压风机试验
7	10 月 11 日 9:45 ~ 10 月 13 日 17:48	通 2 号炉 100% 烟气，旁路全关
8	10 月 15 日 10:35 ~ 10 月 22 日 14:28	FGD 烟气系统首次顺控启动，14:28，168h 试运行开始计时，至 10 月 22 日 14:28，168h 结束，做烟气系统顺控停运试验

（二）168h 前 FGD 系统的热态调试及试验

为加快调试进度，在 2 号增压风机尚未完成单体试运的情况下，试运指挥组决定 FGD 系统先进行通 1 号炉烟气的调试。2003 年 9 月 8 日，1 号炉满负荷运行，锅炉炉膛负压自动，手动启动 1 号增压风机，FGD 系统首次开始通热烟气。为确保机组及 FGD 系统安全及进行 FGD 系统的初步参数调试，旁路烟气挡板保持全开，增压风机的静叶也手动慢慢地开启，保持风机入口负压为 −200Pa，结果一切正常，对锅炉没有产生任何影响。在 22:30 停 1 号增压风机时也采用手动方式，对锅炉也没有产生任何影响。接下来的单炉热态调试中 FGD 系统启停操作都采用了手动操作。

9 月 15 日 9:45 第四次启动 1 号增压风机，旁路全开，FGD 系统通热烟气运行。9 月 17 日 9:59，

吸收塔石膏浆液密度达到 1101.6kg/m³，开启石膏水力旋流器去真空皮带脱水机的浆液阀门，5min 后，生产出首批石膏，同时对脱水机进行了带负荷调整。

9月18日，在经过充分准备后，进行了全关 FGD 烟气旁路试验。9:45，机组满负荷，开始手动慢慢地关1号炉烟气旁路挡板，到 10:18，1号炉旁路首次全关。关旁路挡板过程中各参数的变化见表4-43。12:55，机组负荷 125MW，手动开启1号旁路挡板，操作过程中对锅炉负压的影响详见表 4-44。14:14，停运1号增压风机。

表 4-43　　　　　　　　　关 FGD 旁路挡板各参数的变化（单炉满负荷）

时间（9月18日）	旁路挡板开度（%）	增压风机静叶开度（%）	增压风机入口压力（Pa）	炉膛负压（Pa）	引风机开度（%）
9:40	100	34.2	-198	-16.0	68.1
9:46	87.7	34.2	-195.2	-32.9	68.1
9:54	70	34.2	-184.2	-33.0	68.1
9:57	60	34.2	-167.6	-32.5	68.1
9:59	51.8	34.2	-136.6	-28.8	68.1
10:01	40.1	34.2	-57.1	-15.5	68.1
10:03	40.1	39.8	-130.3	-19.3	68.1
10:05	32.5	44.1	-111	-23.2	68.1
10:07	32.5	46.0	-133	-24.2	68.1
10:09	28.5	47.9	-147.5	-21.9	68.1
10:11	20.7	53.4	-136	-21.1	68.1
10:14	9.9	60.2	-211	-18.1	68.1
10:18	0	62.2	-182.8	-8.3	68.1

表 4-44　　　　　　　　　开 FGD 旁路挡板各参数的变化

时间（9月18日）	旁路挡板开度（%）	增压风机静叶开度（%）	增压风机入口压力（Pa）	炉膛负压（Pa）	引风机开度（%）
12:55	0	66.3	-114.7	-25.4	70.7
12:57	10.4	66.3	-254.7	-33.5	70.7
12:59	10.4	58.6	-203.5	-33.9	70.7
13:00	20.4	58.6	-239.1	-42.0	70.7
13:02	20.4	52.5	-190.8	-24.6	70.7
13:05	31.5	47.0	-143.2	-22.4	70.7
13:07	50.8	47.0	-186.9	-45.4	70.7
13:09	63.9	43.9	-200.7	-54.6	70.7
13:11	84.6	39.8	-195.1	-45.4	70.7
13:15	100	30.8	-197.1	-14.4	70.7

从表4-43和表4-44可以看出，由于采用手动操作而非程控操作，在 FGD 旁路挡板开关时，锅炉炉膛负压十分正常，对机组运行未产生不良影响。

10月8日，FGD 系统具备了通2号炉烟气的条件。14:58，启动2号增压风机，由于原烟气入口挡板故障不能正常操作，故停风机处理。15:44 重新启动2号增压风机，16:00 开始缓慢地关闭旁路挡板，FGD 系统首次通2号炉烟气。

按设计，当出现下列情况时，FGD 系统产生保护信号。

（1）三台循环泵都停运。正常情况下，三台循环泵都运行。当一台或两台泵出现故障时，系统仍能保持运行。三台循环泵都故障时，FGD 系统必须关闭以保证安全。

（2）GGH 入口温度超过允许的最大值。当 FGD 系统 GGH 入口温度超过允许的最大值时（170℃，3 取 2），系统必须关闭以保证安全。

（3）GGH 入口压力超过允许的最大值。当 FGD 系统 GGH 入口烟气压力超过允许的最大值时（3.5kPa，3 取 2），系统必须关闭以保证安全。

（4）GGH 马达转速低于允许的最小值。当 GGH 的马达转速低于允许的最小值超过 30s，FGD 系统必须关闭以保证安全。

（5）FGD 系统失电。

（6）增压风机跳闸。

（7）锅炉 2 台引风机全停。

当发生上述情况导致 FGD 系统保护动作时，旁路挡板会快速打开。FGD 系统保护按以下步骤进行：

（1）快速打开 FGD 旁路烟气挡板。

（2）停增压风机。

（3）关闭 FGD 进口挡板。

（4）关闭增压风机出口挡板和洁净烟气挡板。

10 月 8 日 17:09，进行了 FGD 系统保护（系统低电压保护）、旁路挡板快开试验，此时机组负荷 105MW，3 台循环泵运行。FGD 系统启动后在 18:17 手动停 2 号增压风机，旁路快开。2 次试验结果如图 4-100 和图 4-101 所示，可见当 FGD 系统发生保护时，只要旁路挡板能按设计在 15s 内（实际为 9s 左右）快开，系统对锅炉负压基本无影响，负压最大变化为 40Pa，波动完全在正常范围内。

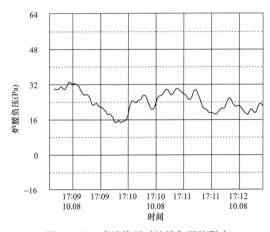

图 4-100　旁路快开对炉膛负压的影响

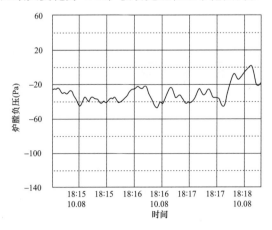

图 4-101　停增压风机对炉膛负压的影响

10 月 11 日 9:45 启动 2 号增压风机，关闭旁路挡板，FGD 系统通 2 号炉烟气运行。分析化验表明，吸收塔内吸收剂 $CaCO_3$ 含量很高，pH = 5.86，因此在 11 日一直未加石灰石浆液，pH 值缓慢下降，直到 10 月 12 日下午 14:30 左右，pH 值快速下降至 4.5 左右，脱硫率也呈下降趋势，才开始正常向吸收塔加入石灰石浆液。10 月 13 日下午 17:48，停运 2 号增压风机，整个阶段中，锅炉负荷都在 100～125MW 范围内，SO_2 浓度在 1500～2000mg/m³，FGD 进口烟温 125～130℃，经 GGH 后达 88℃ 以上（CRT 上显示），FGD 系统的脱硫效率都在 95% 以上，除石灰石浆液密度测量回路常发生堵塞故障外，其他各系统运行正常。这样除 FGD 烟气系统程控启停未试验外，其他的所有自动控制系统、设备保护逻辑、程控启停都调试正常。至此，FGD 系统单炉运行的热态调试任务圆满完成。

　　调试过程中各关键参数的变化如图4-102~图4-107所示。图4-102为单炉运行时FGD系统脱硫率的变化，图4-103为相应的FGD系统进出口SO$_2$浓度的变化，图4-104为吸收塔内pH值的调整，图4-105为吸收塔内石膏浆液密度的调整，图4-106为吸收塔液位的调整，图4-107反映了石灰石浆液密度测量回路常发生堵塞而使流量变小冲洗的情况。

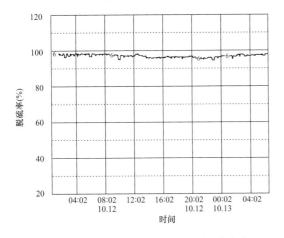

图4-102　单炉运行时FGD系统脱硫率变化

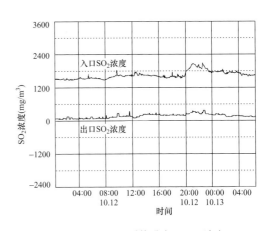

图4-103　FGD系统进出口SO$_2$浓度

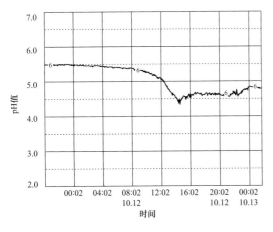

图4-104　吸收塔内pH值的变化

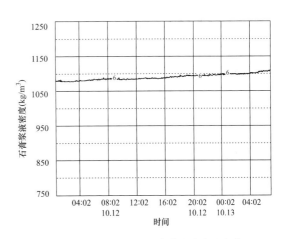

图4-105　吸收塔内石膏浆液密度的变化

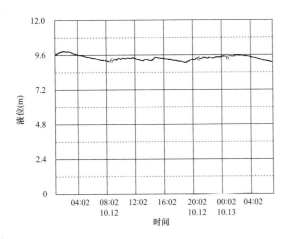

图4-106　吸收塔液位的调整

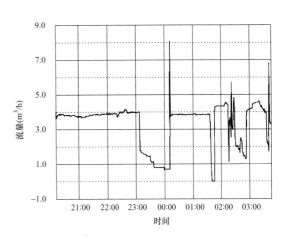

图4-107　石灰石浆液密度测量回路流量的变化

(三) FGD 系统 168h 试运行

FGD 系统在完成冷态、单炉热态的调试工作后，2003 年 10 月 15 日上午 10:35，经全面检查后 FGD 系统第一次顺控启动 2 号烟气系统，烟气系统的顺控启停步骤参见本章第二节。此时 2 号锅炉炉膛负压变化见图 4 - 108，波动在 100Pa 左右，2 号增压风机入口压力的变化见图 4 - 109，在 -300 ~ -100Pa，可见 FGD 系统的正常启动对锅炉的影响不大。14:07，顺控启动 1 号烟气系统，此时 2 台锅炉炉膛负压变化见图 4 - 110，1 号增压风机入口压力的变化见图 4 - 111，2 号增压风机入口压力的变化见图 4 - 109，都十分正常。至 14:28，FGD 系统满足 168h 试运行条件，经有关单位确认后 168h 试运计时开始。

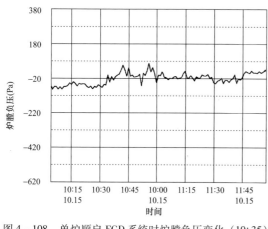

图 4 - 108　单炉顺启 FGD 系统时炉膛负压变化（10:35）

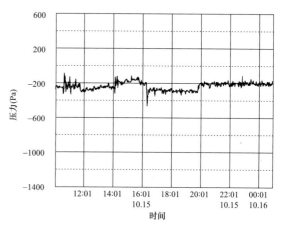

图 4 - 109　顺启时 2 号增压风机入口压力的变化

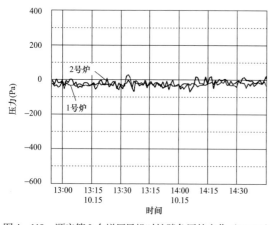

图 4 - 110　顺启第 2 台增压风机时炉膛负压的变化（14:07）

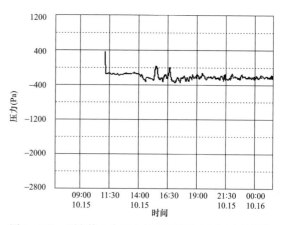

图 4 - 111　顺启第 2 台时 1 号增压风机入口压力的变化

1. 烟气系统

（1）机组负荷与 FGD 系统脱硫率。图 4 - 112 为 168h 期间 2 台机组的负荷曲线，在整个试运过程中，2 台机组的负荷变化基本一致，平均负荷在 110MW 左右。

图 4 - 113 为 168h 期间 FGD 系统的脱硫率变化曲线，在整个试运过程中，除个别时间外，脱硫率均大于 90%，平均在 92.9% 左右。但需说明的是，在 168h 后期，脱硫率的维持是通过添加 Ca（OH）$_2$ 实现的，原因是吸收塔内 pH 值持续下降维持不住，具体分析见下一节。

（2）FGD 系统进出口 SO$_2$ 浓度。图 4 - 114 为 168h 期间 FGD 系统进出口 SO$_2$ 浓度的变化曲线，在整个试运过程中，进口 SO$_2$ 浓度在 1093 ~ 2420mg/m^3（湿，6% O$_2$）之间，平均为 1800mg/m^3 左右，比设计值 FGD 入口浓度 1829mg/m^3（干，6% O$_2$，S$_{ar}$ = 0.8%）略低，这也可从表 4 - 45 中看出。

168h试运行期间的燃煤收到基含硫量在0.59%～0.67%之间，平均含硫量为0.63%，比FGD系统的设计要求值低。FGD系统出口SO$_2$的浓度范围为23～242mg/m^3。

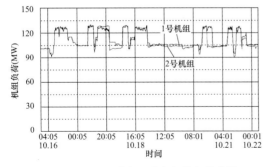

图4-112　168h期间2台机组的负荷曲线

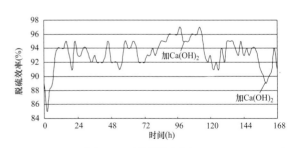

图4-113　168h期间FGD系统的脱硫率(15日14:28～22日14:28)

表4-45　　　　　　　　　　　试运期间锅炉燃煤成分分析（收到基）

日　期 2003年	炉　号	全水分 （%）	灰分 （%）	挥发分 （%）	固定碳 （%）	硫分 （%）	低位发热量 （kJ/kg）
10月15日	1	9.5	21.23	24.50	44.77	0.65	21110
	2	9.5	20.84	24.52	45.14	0.64	21460
10月16日	1	9.3	21.74	24.86	44.10	0.67	20817
	2	9.3	21.22	25.16	44.32	0.66	20801
10月17日	1	9.0	18.12	24.64	48.24	0.66	22840
	2	9.0	19.10	23.92	47.98	0.67	22463
10月20日	1	8.4	23.67	22.67	45.88	0.61	20506
	2	8.4	23.04	22.90	45.66	0.61	20603
10月21日	1	8.3	17.76	27.83	46.11	0.59	22412
	2	8.3	18.10	27.71	45.89	0.60	22118
10月22日	1	6.0	23.40	23.84	46.26	0.60	21115
	2	6.0	23.58	24.04	46.38	0.61	21106

（3）FGD系统烟气温度。在大部分时间里，FGD系统进口温度都在140～150℃之间，21日9:00～20:00时段烟温较高，在150～162℃，如图4-115所示。FGD系统出口温度即GGH出口温度一直很高，在87～96℃间，平均在90℃以上，超过了设计要求。

吸收塔进口温度基本稳定，除21日9:00～20:00因FGD系统入口烟温高而达到110℃外，其余都在97～105℃间，而吸收塔出口温度十分稳定，绝大部分时间在48～51℃之间，如图4-116所示。

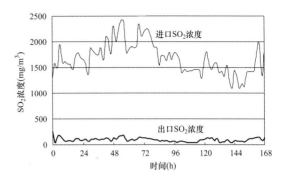

图4-114　168h期间FGD系统进出口SO$_2$浓度

（4）FGD系统压力。FGD系统入口压力即增压风机入口压力，增压风机静叶开度是以增压风机的入口压力作为控制变量、引风机静叶位置信号作为前馈信号来进行自动控制的。在整个168h试运期间，2台增压风机入口压力自动设定在-200Pa，十分稳定，如图4-117所示，但发生2次意外。在10月18日下午16:52，2号炉升负荷（114MW→125MW），相应地要增大2号增压风机静叶开度，

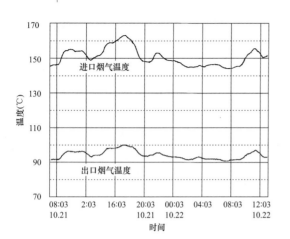

图 4 – 115 FGD 系统进出口烟气温度

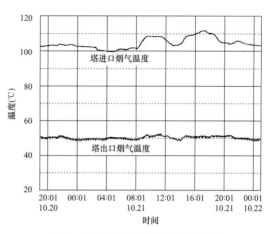

图 4 – 116 吸收塔进出口烟气温度

但发现静叶开度从 64% 调整至 78% 时（见图 4 – 118），增压风机电流未变，入口压力变正 120Pa（见图 4 – 119）。就地检查发现，静叶连杆已从电动头上掉出来了，就地实际静叶开度没有改变，因锅炉负压自动调节正常稳定，见图 4 – 120。同样的问题出现在 1 号增压风机上，10 月 19 日早 6:30 左右，调节 1 号增压风机静叶开度从 60% 至 100%（见图 4 – 121）时，风机入口压力都不能调节，一直升到了 1600Pa 以上（见图 4 – 122），由于锅炉引风机自动调节，保持了锅炉负压稳定（见图 4 – 120）。

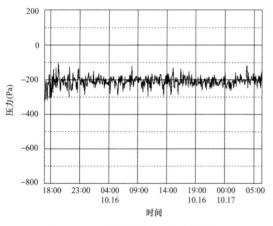

图 4 – 117 增压风机入口压力的控制

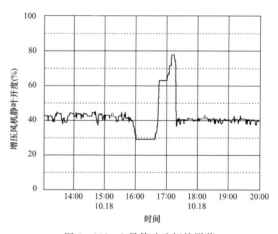

图 4 – 118 2 号静叶连杆的脱落

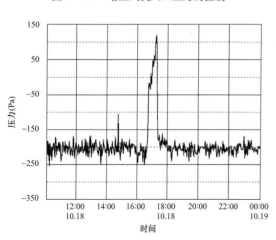

图 4 – 119 2 号增压风机入口压力波动

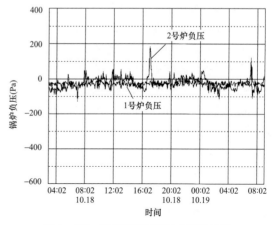

图 4 – 120 连杆脱落时锅炉负压的波动

GGH入口即2台增压风机出口公共烟道上的压力根据负荷略有变化，在1700～1900Pa之间，如图4-123所示。GGH一般每班吹扫一次，每次约40min，因此，无论是原烟气侧压差，还是净烟气侧压差都很平稳，说明没有堵塞现象发生，原/净烟气侧压差分别在340/450Pa左右。FGD系统出口净烟气压力十分稳定，在0Pa左右，如图4-124所示。

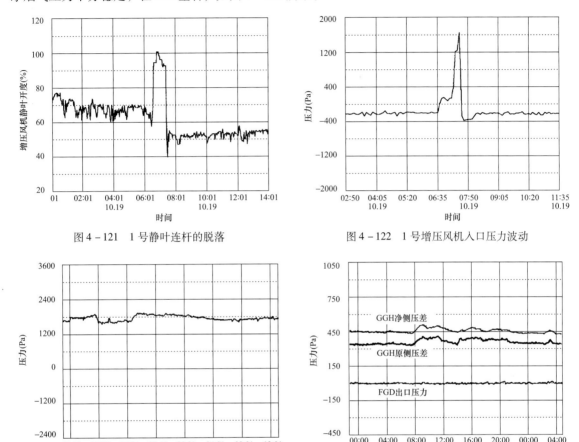

图4-121　1号静叶连杆的脱落

图4-122　1号增压风机入口压力波动

图4-123　典型的GGH入口压力

图4-124　GGH压差与FGD出口压力

2. 吸收塔系统

（1）吸收塔pH值。图4-125为吸收塔浆液pH值的变化，可见其变化是较大的。10月15日12:00时pH=5.1，随着脱硫的进行，pH值慢慢下降，到10月16日20:00左右，pH值基本稳定在4.2～4.4之间，直到10月19日15:00，发现pH值仍有下降趋势，于是便加Ca(OH)₂逐渐提高pH值，20日凌晨pH值至4.5，稳定运行至白班。取样化验结果表明，吸收塔内的CaCO₃含量很高，于是将pH值设定为4.0，使其慢慢下降。21日14:00后，pH值首次降到4.0以

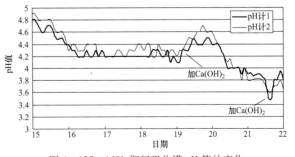

图4-125　168h期间吸收塔pH值的变化

下，之后pH值一直在4.0以下运行，最低到了3.5以下，脱硫率也出现90%以下，在pH值自动位时无法将其提高。主要原因分析为FGD入口粉尘含量高（1号炉电除尘器一直不正常，FGD系统入

口无粉尘测量装置，实测 1 号炉粉尘浓度高达 500mg/m³ 以上）、石灰石活性低等。

（2）吸收塔液位。正常情况下吸收塔液位自动控制在 9.0～9.6m 之间运行，除雾器按一定程序有规律地、间断地冲洗（见图 4－126），但由于除雾器第一层冲洗水门常常出现故障而不能开，造成有时除雾冲洗不能自动进行下去而没及时发现，致使液位有时低于 9.0m。另一种情况是该冲洗水门一直开着，致使吸收塔液位高而造成溢流，例如 10 月 22 日 11:40～13:10，除雾器一直冲洗着（见图 4－127）使吸收塔液位高过了 10m 造成溢流，图 4－128 表明了这点。

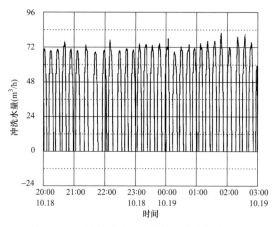

图 4－126　除雾器冲洗水量的正常有规律变化

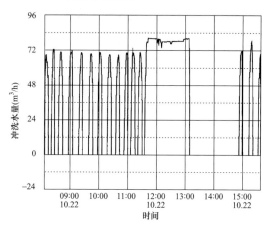

图 4－127　除雾器冲洗水阀门一直开引起异常

氧化风机系统运行正常，只是当循环泵停运冲洗时，由于循环泵冲洗水管过粗，导致循环泵冲洗时会造成氧化风减温水不够，降温不足，氧化风机出口温度不正常升高，如图 4－129 所示的尖点；同时造成脱水机各冲洗泵流量小保护停运。解决方法是当循环泵冲洗时，开启 2 台工艺水泵。

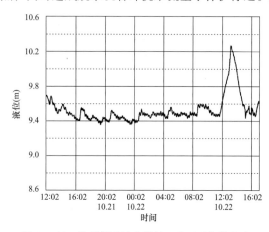

图 4－128　除雾器冲洗水阀门一直开引起塔溢流

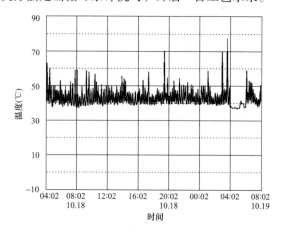

图 4－129　进入塔内的氧化风温度变化

3. 制浆系统

石灰石浆液密度根据设定值（例如 1220～1250kg/m³）自动地开关给粉机来控制，当密度低时启动给粉机，高时停止给粉，如图 4－130 所示。液位低时自动补入工艺水，液位高时停止补水。主要问题是石灰石浆液密度测量管路经常堵塞。在整个 168h 期间，几乎每班都有多次密度计流量小到 1m³/h 以下，开始只能手动冲洗，后改为 1h 自动冲洗一次 3min，但效果不大。例如图 4－130 中 10 月 16 日 4:00～8:00 间，多次冲洗也无效，只能手动化验密度值来制浆。拆开密度计测量管路，发现大量小石子堵塞在节流孔板处。另外，在调试初期，制浆系统还有其他一些问题。石灰石粉给料机下粉不畅，常有卡涩现象，一开始采用敲击振打的方式，但不能从根本上解决问题；石灰石粉仓料位测量装置经常故障；给料机易漏粉，造成周围环境的污染和设备的损坏；石灰石浆液泵机械密封多次发生泄漏等。经不断改进，系统运行日趋正常。

给入吸收塔的石灰石浆液量由调节阀自动控制，其控制原理如下：根据 FGD 烟气流量和烟气的 SO_2 含量计算出烟气中的含 SO_2 的总量，由设计的钙硫比计算出相应所需的石灰石量，再根据石灰石浆液密度算出所需的石灰石浆液流量。通过控制石灰石浆液流量来保证 FGD 的脱硫率，同时为控制吸收塔的 pH 值，再根据吸收塔的 pH 值对石灰石浆液流量做出 0.8～1.1 的修正。当石灰石浆液密度计正常时，调节阀在一定范围内调节，如图 4-131 所示。但当密度计堵塞而冲洗时，因密度降低，调节阀会开至 100%，其流量也随之变化，如图 4-132 和图 4-133 所示，这表明石灰石浆液量的自动控制系统运行正常。

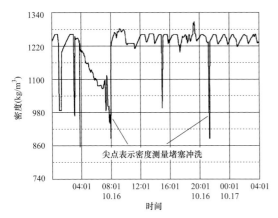

图 4-130 石灰石浆液密度的调整

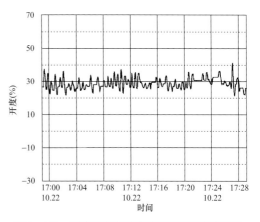

图 4-131 正常时石灰石浆液调节阀开度的变化

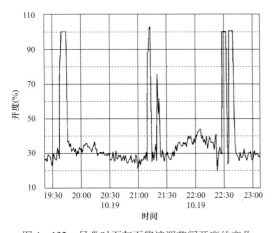

图 4-132 异常时石灰石浆液调节阀开度的变化

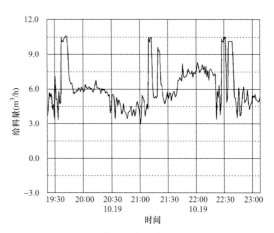

图 4-133 异常时石灰石浆液给料量的变化

4. 脱水系统

真空皮带脱水机可根据需要随时开启，例如自动控制时当吸收塔浆液密度达到 $1125kg/m^3$（密度数值可设定）时石膏水力旋流器下去脱水机的电动门自动开启进行脱水；当吸收塔浆液密度低到 $1100kg/m^3$ 时，关闭水力旋流器下去脱水机的电动门，同时打开返回吸收塔的电动门，这样可保持吸收塔内浆液密度在一定范围内，图 4-134 是一天中吸收塔浆液密度变化曲线。石膏浆液泵为调频泵，水力旋流器投运的旋流子为手动调节，在调试时调节石膏水力旋流器入口压力并维持不变，使旋流器底流密度在设定范围内，因而石膏浆液排出量有一些波动，如图 4-135 所示。脱水系统的主要问题是脱水机的滤布常跑偏而引起脱水机跳闸，在整个 168h 期间，几乎每班皮带脱水机都多次跳闸，特别是前期，经多次调整后脱水机逐步进入正常工作状态。

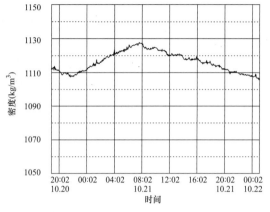

图 4-134　一天中吸收塔浆液密度变化曲线

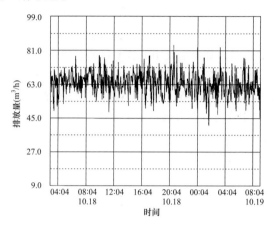

图 4-135　典型的石膏浆液排放量

表 4-46 为 168h 试运行期间的石膏化学分析结果。从分析结果看，石膏的水分均在 6.4% ~ 7.3% 之间，低于 FGD 的设计保证值。但是，除第 1 天石膏纯度达到 96%、碳酸钙为 1.27% 外，其余各天石膏纯度均未达到 FGD 系统的设计保证值（不小于 95%），其中 19 日、20 日两天的纯度更低至 86% 左右，碳酸钙含量高达 8% 以上，远大于设计保证值。主要原因同 pH 值连续降低一样，是 FGD 入口粉尘含量高、石灰石活性低等。石膏中的亚硫酸钙含量在 0.5% 以下，22 日更低至无法检出，达到了设计保证值，表明吸收塔内浆液得到了充分氧化。石膏中的氯含量均未超过 50×10^{-6}，低于设计的保证值（100×10^{-6}）。7 天的盐酸不溶物含量变化较大，在 0.68% ~ 3.19% 之间波动。石膏中的盐酸不溶物主要来自石灰石和烟尘中的飞灰。另外，分析各天结果发现，每天石膏中仍有 2% ~ 4% 的其他成分。这部分物质主要是来自石灰石和烟尘中的铁、铝、锌等金属化合物。

表 4-46　　　　　　　　　　168h 试运行期间的石膏化学分析结果

日　期 2003 年	水分 (%)	CaSO₄·2H₂O (%)	CaCO₃ (%)	CaSO₃·1/2H₂O (%)	Ca²⁺ (%)	Mg²⁺ (%)	Cl⁻ (×10⁻⁶)	盐酸不溶物 (%)
10 月 16 日 8:30	6.77	96.20	1.27	0.086	25.97	0.15	未检出	1.76
10 月 17 日 9:05	6.60	91.55	2.76	0.491	23.00	0.03	未检出	0.68
10 月 18 日 8:45	6.76	89.38	3.85	0.372	23.12	0.14	14	1.98
10 月 19 日 8:50	7.04	86.44	8.37	0.202	23.39	0.22	未检出	1.55
10 月 20 日 8:50	6.40	86.10	8.52	0.407	23.12	0.18	未检出	2.90
10 月 21 日 8:40	6.85	90.45	3.45	0.505	22.61	0.089	16	2.42
10 月 22 日 8:50	7.32	91.73	1.38	未检出	22.09	0.091	49	3.19

5. 废水处理系统

FGD 废水处理系统有 4 个池，石膏旋流器溢流液由人工控制首先排入中和池，在此加入氢氧化钠碱液，将 pH 值调整为 6 ~ 9。中和池出水流入絮凝池，该反应器集絮凝、反应、沉淀于一体，通过自动计量泵定量加入絮凝剂（聚合氯化铝），絮凝剂在 pH 值为 6 ~ 9 的环境下迅速反应，使污染物沉积出来。处理后的出水汇集到两个沉淀池，溢流到滤液罐，产生的污泥则定期排入冲灰沟内。经调试后的溢流清液 pH 值和悬浮物数据见表 4-47，可见出口清液指标达到了设计要求。

表 4 – 47　　　　　　　　　　　FGD 废水处理后溢流清液分析

项　　目	入口浆液	出口清液	设计要求
pH 值	5.95	7.55	6 ~ 9
悬浮物（mg/L）	61150	118.0	< 200

在调试中发现中和池及絮凝池极易堵塞，石膏浆液中固体物质容易沉积在池底部，运行时间长时浆液无法到达第 3 个池，甚至无法到达第 2 个池，在第 1 个池就已经溢流到冲灰沟了，石膏浆液中固体物质沉积在池底部根本无法排出，当沉积物淹没 pH 计后其读数就不会改变了，从而严重影响测量结果。其原因有：

（1）中和池搅拌器叶片过短，出力不够；

（2）絮凝池压缩空气管道布置的位置不够理想；

（3）石膏浆液中固体物质黏度大，容易黏在池底部，以致排放困难；

（4）进入迷宫的废水含固量大，超出它的处理能力。

此废水处理装置的设计处理量为 $16m^3/h$，而运行中进入迷宫的废水流量是 $3 ~ 5m^3/h$，远远低于设计值，在这样的情况下仍然有堵塞现象发生，可见这种迷宫沉淀池废水处理装置不太适合处理石膏浆液这种黏度大的废水，目前将池底排放阀改为定时（如 1h）开启几分钟，堵塞问题得以减少，但废水处理质量难以控制。

6. 其他

工艺水箱根据水位的高低（4.0 ~ 6.5m）有全开全关的电动门自动补入工艺水，如图 4 – 136 所示。工艺水泵出口压力十分有规律地变化，如图 4 – 137 所见。仪用空气由机组侧供给，压力十分稳定，如图 4 – 138 所示。

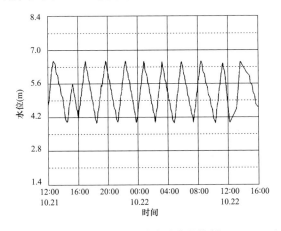

图 4 – 136　工艺水箱水位的控制

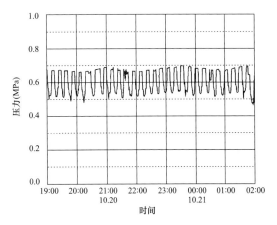

图 4 – 137　工艺水压力的变化

（四）FGD 烟气系统顺控试验

由于在 168h 前还未做过 FGD 烟气系统顺控停止试验，因此在 168h 后进行试验，以获取停 1 台增压风机对锅炉负压及运行中另 1 台增压风机的影响，并指导 FGD 系统今后的运行操作。试验从 2003 年 10 月 22 日 15:00 开始，此时 2 台机组满负荷运行，炉膛负压自动控制。试验顺序依次为：

（1）FGD1 号烟气系统顺控停止；

（2）1 号烟气系统顺控启动；

（3）FGD2 号烟气系统顺控停止；

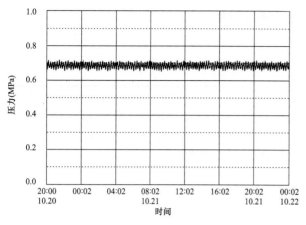

图 4 – 138　FGD 仪用空气压力的变化

（4）2 号炉烟气系统顺控启动。

试验过程中增压风机入口静叶自动，设定增压风机入口压力为 –200Pa。

图 4 – 139 为 FGD 1 号烟气系统顺控停止时（时间段为 15：05—15：13）1 号锅炉炉膛负压及增压风机入口压力的变化，图 4 – 140 为 FGD 1 号烟气系统顺控启动（15：24—15：34）对 1 号锅炉炉膛负压及增压风机入口压力的影响，可见 1 号烟气系统顺控启停时对自身炉膛负压几乎没有影响。图 4 – 141 反映了 1 号烟气系统顺控启停对运行中 2 号 FGD 烟气系统及 2 号锅炉的影响，可见当 1 号增压风机停止时，因 FGD 烟道阻力减小，2 号增压风机静叶自动减小以维持其入口压力，2 号炉负压十分正常，图中还表明了 FGD 2 号烟气系统顺控停止时（15：37—15：45）2 号锅炉炉膛负压及增压风机入口压力的变化，各参数正常。

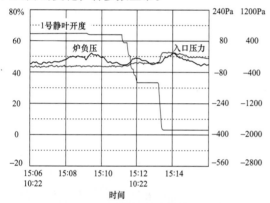

图 4 – 139　1 号烟气系统顺控停止时 1 号炉负压及
增压风机入口压力的变化

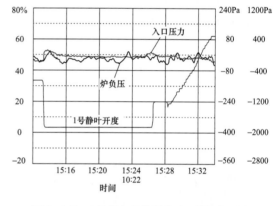

图 4 – 140　1 号烟气系统顺启时 1 号炉负压及
增压风机入口压力的变化

图 4 – 142 为 FGD 2 号烟气系统顺控停/启（15：58—16：08）对运行中 1 号 FGD 烟气系统及 1 号锅炉的影响，与 1 号增压风机停止对 2 号系统的影响有很大不同。从图中可见当 2 号增压风机停止时，因 FGD 烟道阻力减小很多，1 号增压风机入口压力瞬间由 –110Pa 左右下降到 –1370Pa，由于波动很大，增压风机静叶由自动切换到手动。1 号锅炉负压也下降了 150Pa 左右，因引风机自动及时调整，保证了锅炉负压的稳定。图 4 – 143 为 FGD 2 号烟气系统顺控停/启全过程对 2 号 FGD 烟气系统及 2 号锅炉负压的影响，进一步表明了 FGD 烟气系统启停时对应的锅炉运行工况变化不大。

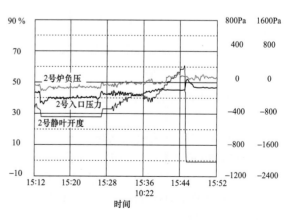

图 4 – 141　1 号烟气系统顺停/启时 2 号炉负压及
增压风机入口压力

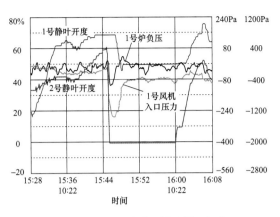

图4-142 2号烟气系统顺停/启对
1号烟气系统的影响

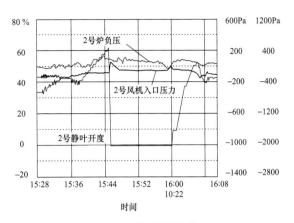

图4-143 2号系统顺控停/启时
2号炉负压及增压风机入口压力的变化

上述试验表明,对于2台机组共用1套FGD系统的设计,如果运行中两台增压风机有一台需要停止时,由于FGD系统内阻力减小,要注意调整运行中的增压风机,以免影响机组的安全运行,有电厂出现过因FGD系统操作不当造成锅炉跳闸的事故。在第六章第五节中介绍了2炉1塔启/停操作程序。

图4-144~图4-154给出了FGD系统运行期间CRT上各主要控制画面,供读者参考。

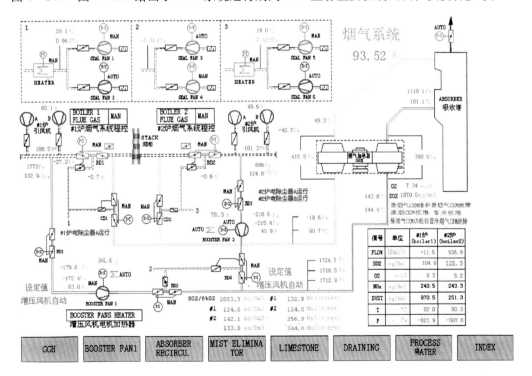

图4-144 瑞明电厂FGD系统CRT上烟气系统画面

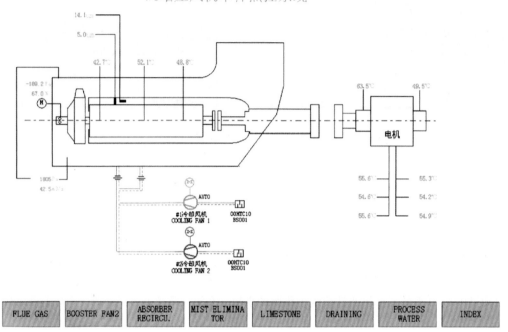

图 4 – 145　瑞明电厂 FGD 系统 CRT 上增压风机本体画面

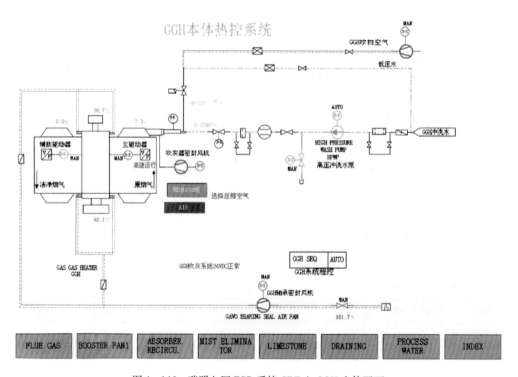

图 4 – 146　瑞明电厂 FGD 系统 CRT 上 GGH 本体画面

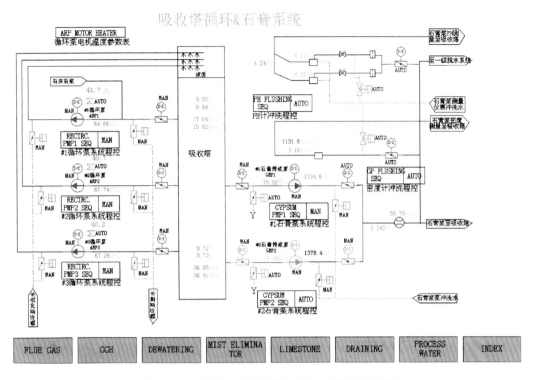

图4-147 瑞明电厂FGD系统CRT上吸收塔系统画面

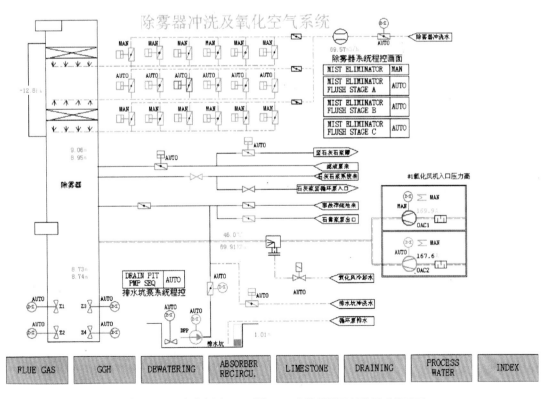

图4-148 瑞明电厂FGD系统CRT上除雾器及氧化风系统画面

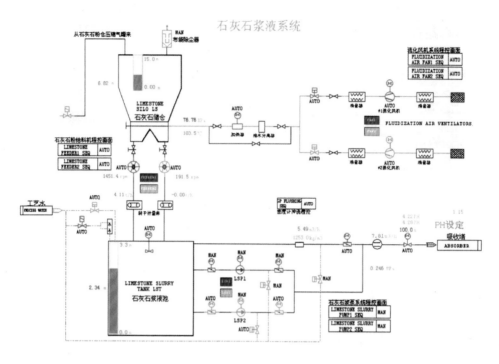

图 4 – 149 瑞明电厂 FGD 系统 CRT 上石灰石浆液系统画面

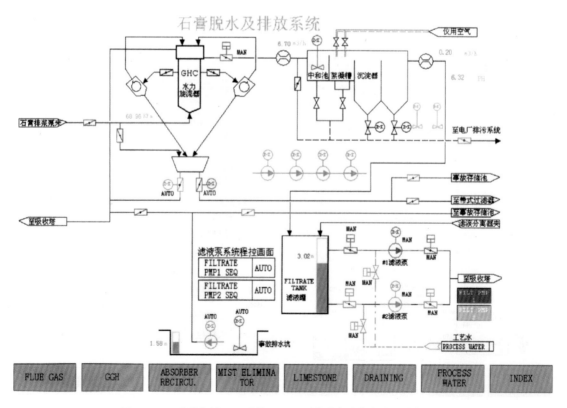

图 4 – 150 瑞明电厂 FGD 系统 CRT 上石膏脱水及废水处理系统画面

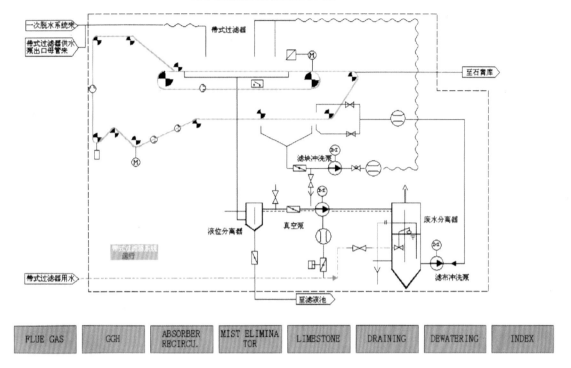

图 4 – 151 瑞明电厂 FGD 系统 CRT 上石膏脱水机画面

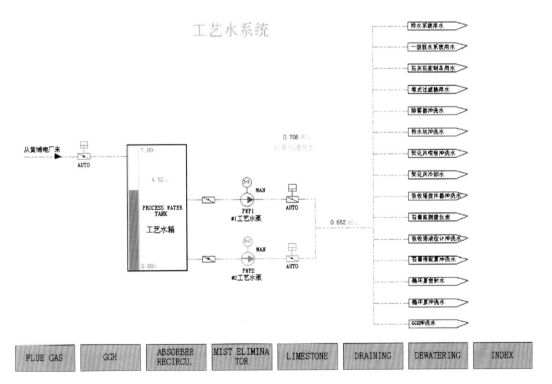

图 4 – 152 瑞明电厂 FGD 系统 CRT 上工艺水系统画面

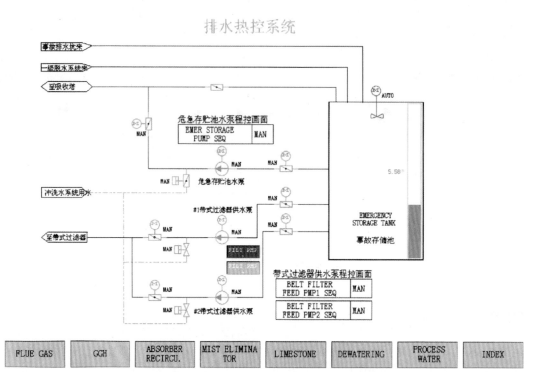

图 4 - 153 瑞明电厂 FGD 系统 CRT 上事故罐系统画面

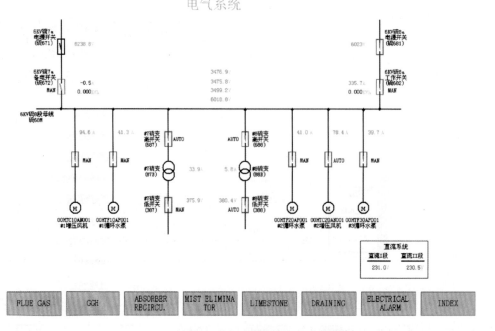

图 4 - 154 瑞明电厂 FGD 系统 CRT 上电气系统画面

二、300MW 机组 FGD 系统的热态调试

(一) 概述

沙角 A 电厂 5 号 300MW 机组 FGD 系统在完成 FGD 系统单体、分系统试运及经各方进行整套启动检查完毕后，2004 年 2 月 19 日 18:15，5 号机组负荷 250MW，A、C 循环泵运行，A、C 氧化风机运行，启动增压风机，FGD 系统首次开始通热烟气。2min 后，增压风机动叶开度为 20% 左右时，由于失速信号导致增压风机跳闸。经检查后发现逻辑不对，修改逻辑为"动叶开度大于 40% 且有失速信号时，增压风机延时 120s 跳闸"。逻辑修改后于 2 月 19 日 19:23 再次启动增压风机，同时作了全关旁路挡板的试验。为确保机组、FGD 系统安全运行及进行 FGD 系统初步参数调试，2 月 19 日 20:46 将 A、B 旁路打开运行。2 月 20 日 20:23 停增压风机，第一次通烟气结束。经相关单位对暴露出的问题进行处理后，2 月 24 日 12:26 再次启动增压风机，第二次通热烟气。3 月 1 日 9:07 由于 FGD 出口挡板状态信号丢失，引起增压风机跳闸，第二次通烟气结束。这两次调试由于 CEMS 在安装调试未完成而没有投入，在 CEMS 安装调试完后，3 月 4 日 11:11 再次启动增压风机，16:30 发现 3 台循环泵全部跳闸而增压风机未跳闸，于是手动停增压风机，检查为网络变量信号传输不可靠所致。

3 月 5 日 19:00，逐步启动 A、C、D 循环泵，开 FGD 出口挡板，启动 A、C 氧化风机。19:22，启动增压风机，保持旁路挡板全开运行，根据烟气流量和 FGD 系统压损判断，烟气已基本全部引入 FGD 系统。至 3 月 9 日，FGD 系统运行十分稳定，各项自动、保护均已投入，各主要参数达到设计要求。3 月 9 日 18:00，经各方确认，168h 试运计时开始。考虑到机组安全的因素，试运期间保持挡板全开运行。经过 7 天 7 夜的正常运行，到 3 月 16 日 18:00，各相关单位确认，FGD 系统一次通过 168h 试运行。2004 年 12 月 31 日，5 号机组将停运大修，配合此时机进行了 FGD 系统保护旁路快开及停运增压风机试验。FGD 系统整套启动调试的全过程列于表 4-48 中。

表 4-48　　　　　　　　　沙角 FGD 系统整套启动调试过程

序　号	FGD 系统启停时间 (2004 年)	备　注
1	2 月 19 日 19:23 ~ 2 月 20 日 20:23	首次通烟气，旁路挡板全开；19 日 20:02 ~ 20:46，做 A、B 旁路挡板全关试验，CEMS 未投入
2	2 月 24 日 12:26 ~ 3 月 1 日 9:09	GGH 无法吹灰，CEMS 未投入，A、B 旁路挡板全开；2 月 25 日 15:45，A 皮带机运行，首次生产石膏；3 月 1 日 FGD 出口挡板开状态丢失，增压风机跳闸
3	3 月 4 日 11:11 ~ 16:30	A、B 旁路挡板全开，3 台循环泵全部跳闸，手动停止增压风机，CEMS 投入
4	3 月 5 日 19:22 启动	3 月 9 日 18:00 ~ 3 月 16 日 18:00，168h 试运，A、B 旁路挡板全开，烟气基本引入 FGD 系统
5	12 月 31 日	FGD 系统保护旁路快开及停运增压风机试验

(二) 168h 试运前的热态调试

2004 年 2 月 19 日下午 18:15 启动增压风机，FGD 系统首次开始通热烟气。当时 5 号机组负荷 250MW，锅炉引风机自动位，开度 60%，A、C 循环泵运行，A、C 氧化风机运行。18:17 当增压风机动叶调至 20% 左右开度时，由于失速信号引起增压风机跳闸。经检查为逻辑错误，根据厂家说明书将逻辑修改为"当动叶开度大于 40% 且有失速信号时，则增压风机延时 120s 跳闸"。19:23 重新启动增压风机，并逐渐开大动叶，当增压风机动叶开度为 52.55% 时，进行了关 A、B 旁路烟气挡板

的试验。

先关 A 旁路烟气挡板，炉膛负压由 −216Pa 变为 −158Pa，增加了 58Pa；接着将 A 旁路烟气挡板打开，19：57 关 B 旁路烟气挡板，炉膛负压前后变化 65Pa。之后又将 A 旁路烟气挡板全部关闭，炉膛负压变化 94Pa，此时机组负荷 253MW，锅炉烟气全部引入 FGD 系统。为了确保系统安全运行，20：46 打开 A、B 旁路烟气挡板运行。整个过程增压风机动叶开度、入口压力、炉膛负压的变化见图 4−155，锅炉引风机的开度基本未变。该 FGD 烟气系统没有程控启停程序，FGD 系统各个烟气挡板、增压风机均需手动操作，从启动过程看，FGD 系统的正常启动不会对锅炉的稳定运行造成不利影响，开关 FGD 烟气挡板对炉膛负压影响很小。运行期间由于 GGH 吹灰一直无法投入，于 2 月 20 日 20：23 停增压风机，第一次通烟气结束。

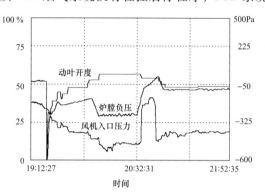

图 4−155 启动及关/开旁路时对风机
入口压力与炉负压的影响

2 月 24 日 12：26 第二次启动增压风机，A、B 旁路烟气挡板全开，增压风机动叶投入自动，控制增压风机入口压力在 −400Pa。2 月 25 日 15：45，吸收塔石膏浆液含固率达 14.2%，开始向 A 真空皮带脱水机供石膏浆液，首次生产石膏，同时对脱水机进行了带负荷调整。3 月 1 日 9：09 因 FGD 出口挡板开状态丢失，引起增压风机跳闸。这两次的启动调试过程中，FGD 各系统运行基本正常，存在的主要问题是：① 系统范围内液位计普遍存在问题，显示忽高忽低，如石灰石浆液罐、吸收塔水坑、脱水区水坑等；② 各分系统冲洗水门处、法兰处等多次出现泄漏现象；③ DCS 操作员站出现多次死机现象，重新启动则恢复正常；④ CEMS 没有投入，因而每隔一定时间采用人工方式向吸收塔内添加石灰石浆液，造成塔内 $CaCO_3$ 含量难以控制，2 月 20 日晚吸收塔内浆液取样化验表明，其中的 $CaCO_3$ 含量已高达 33.07%，FGD 系统停运后，塔内浆液 pH 值直线上升，见图 4−156。

CEMS 安装完毕经调试后以及 DCS 操作员站死机问题经过处理后，3 月 4 日 11：11 第三次启动增压风机，A、B 旁路烟气挡板全开，FGD 系统通热烟气运行，当时机组满负荷运行。下午 16：30 发现 3 台循环泵同时跳闸，但增压风机未跳，于是手动停增压风机。后查是网络变量传输不可靠，所以循环泵跳闸后增压风机未保护跳闸。针对该问题，后来将 DCS 的网络传输增加了硬接线。循环泵跳闸及停运增压风机对锅炉炉膛负压及引风机出口压力的影响见图 4−157。

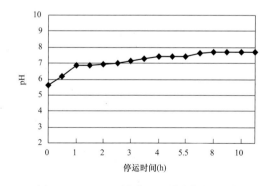

图 4−156 FGD 系统停运后塔内浆液 pH 值

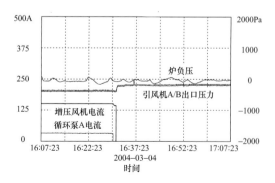

图 4−157 停运 FGD 系统时对炉负压的影响

3月5日19:22，第四次启动增压风机，FGD系统通热烟气，A、B旁路烟气挡板全开，各运行参数经调整，到3月9日下午18:00整，168h开始记时。

168h前的热态调试中，各系统运行基本正常，吸收塔液位、增压风机动叶、制浆系统，石膏浆液一、二级水力旋流器及真空皮带脱水系统，各浆液箱罐、地坑泵等逐步全部投入自动。图4-158是168h前FGD系统热态调试期间锅炉负压变化的典型曲线，图4-159为典型的FGD系统进出口压力变化，图4-160为典型的脱硫率、FGD进出口SO₂浓度、浆液pH值及给入吸收塔石灰石浆液量的关系曲线。

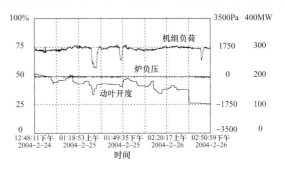

图4-158　168h前FGD系统对炉负压影响的典型曲线

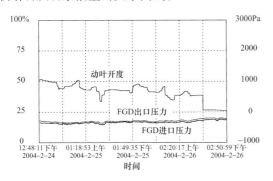

图4-159　FGD系统进出口压力变化

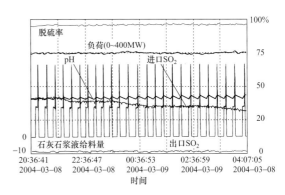

图4-160　168h前典型的脱硫率（0~100%）、SO₂浓度（0~3000mg/m³）、浆液pH值（2~10）及石灰石浆液给料量（-10~70m³/h）的关系

（三）FGD系统168h试运行

FGD系统在完成冷态、热态的初步调试工作后，3月9日18:00，FGD系统满足168h试运行条件，经有关单位确认后计时开始。为了确保机组安全运行及其他因素，FGD系统A、B旁路烟气挡板全开。但根据烟气流量及FGD系统范围内压损判断，锅炉烟气已全部引入FGD系统。至3月16日18:00，各相关单位确认，FGD系统一次性通过168h试运行。

1. 烟气系统

（1）机组负荷和FGD系统进出口SO₂浓度。图4-161为168h期间机组的负荷曲线，在整个试运过程中，除了3月13日中午由于一台磨煤机跳闸，机组负荷有一段时间降至209MW外，机组基本都是在290MW负荷以上运行，平均负荷为295.9MW。

图4-162为168h期间FGD系统入口SO₂浓度的变化曲线；图4-163为FGD系统出口SO₂浓度的变化曲线，曲线中有多处测量显示满量程，原因是CEMS净烟气测量管路堵塞，造成测不到净烟气中的SO₂浓度。在整个试运过程中，在线仪表测量的FGD入口SO₂浓度的波动范围为704~2366mg/m³

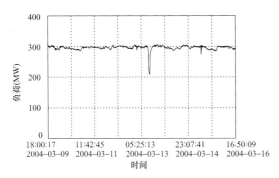

图4-161　168h期间机组的负荷曲线

（湿，$6\%O_2$），平均值为 $1619mg/m^3$（湿，$6\%O_2$），可见其波动是很大的，这是因入炉煤中含硫量变化较大，见表4-49。满负荷时，入口 O_2 基本稳定在 $5.2\% \sim 5.5\%$。FGD 出口 SO_2 浓度的波动范围为 $14.6 \sim 176mg/m^3$（湿，$6\%O_2$），平均值为 $93mg/m^3$（湿，$6\%O_2$），出口 O_2 基本稳定在 $5.3\% \sim 5.7\%$。

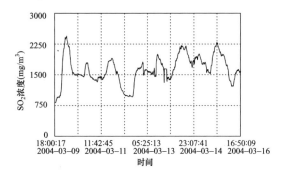
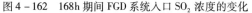

图4-162　168h 期间 FGD 系统入口 SO_2 浓度的变化

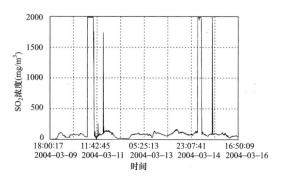

图4-163　168h 期间 FGD 系统出口 SO_2 浓度的变化

表4-49　　　　　　　　　　　168h 试运期间锅炉燃煤成分分析

日　期 2004 年	全水分 M_t（%）	灰分 A_{ad}（%）	挥发分 V_{ad}（%）	固定碳 FC_{ad}（%）	全硫 $S_{t,ad}$（%）	低位发热量 $Q_{ar,net}$（kJ/kg）
3 月 9 日	12. 95	13. 38	29. 86	55. 91	0. 61	22714
3 月 10 日	11. 14	19. 76	29. 73	49. 46	0. 45	21695
3 月 11 日	9. 32	25. 70	26. 02	47. 49	0. 83	20245
3 月 12 日	9. 41	25. 54	27. 07	46. 72	0. 89	20306
3 月 13 日	10. 26	19. 64	28. 82	50. 59	0. 64	21988
3 月 14 日	9. 91	20. 67	29. 59	49. 18	0. 82	21220
3 月 15 日	12. 20	20. 40	28. 61	49. 42	0. 77	21181
3 月 16 日	9. 69	20. 68	28. 85	49. 93	0. 96	21842

（2）FGD 系统脱硫率。图4-164 为168h 期间 FGD 系统的脱硫率变化曲线，基本上在 $90\% \sim 98\%$ 之间，波动较大，平均值为 94.07%，略低于 FGD 保证值 95%。主要是因为在168h 期间 FGD 系统的 pH 计一直无法正常运行，石灰石浆液的添加一直依靠人工监测 pH 值后再从 DCS 手动添加，这使 FGD 系统一直无法在最优的条件下进行运作，导致 FGD 系统出口 SO_2 浓度和脱硫效率略低于保证值。但以上均为在线仪表测量结果，系统的脱硫率最终需通过性能试验进行考核。

（3）FGD 系统温度。168h 试运期间的大部分时间里，FGD 系统进口温度都在 $120℃$ 左右，最高 $134℃$，平均为 $126℃$。吸收塔进口温度比较稳定，基本在 $67 \sim 78℃$ 之间，平均 $74℃$ 左右。吸收塔出口温度平均在 $46℃$ 左右。FGD 系统出口温度大于设计值 $82℃$，平均在 $90℃$ 以上，如图4-165 和图4-166 所示。

（4）FGD 系统压力。FGD 系统入口压力即增压风机入口压力，如图4-167 所示，在整个168h 试运期间，增压风机动叶投入自动，增压风机入口压力在 $-381 \sim -508Pa$ 之间波动，平均为 $-440Pa$，运行十分稳定。FGD 系统出口净烟气压力在 $-319 \sim -462Pa$ 之间波动，如图4-168 所示，吸收塔出口压力保持微正压，在 $0 \sim 170Pa$ 之间。

FGD 系统无直接的 GGH 差压测点，但可以从 GGH 进出口压力（分原烟气侧和净烟气侧）体现出来，对于原烟气侧即是增压风机出口压力和吸收塔入口压力之差，如图4-169所示，压差在200Pa左右；对于净烟气侧即为吸收塔出口压力和FGD系统出口压力之差，如图4-168所示，压差在430Pa左右，都很平稳，说明没有堵塞现象发生。在168h间GGH蒸汽吹灰间隔为：进口每天吹扫一次，出口每班吹扫一次。

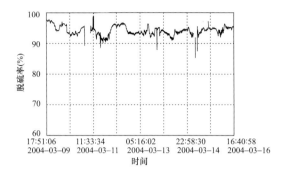

图4-164　168h期间FGD系统的脱硫率变化

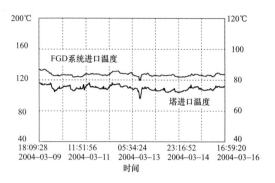

图4-165　FGD系统进口温度和吸收塔进口温度

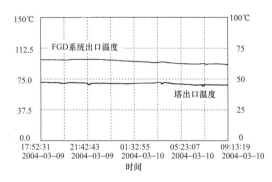

图4-166　FGD系统出口温度和吸收塔出口温度

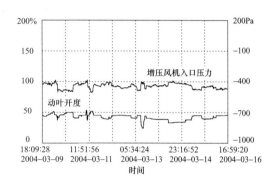

图4-167　FGD系统入口压力

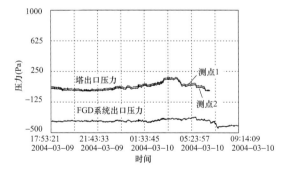

图4-168　塔出口和FGD系统出口压力

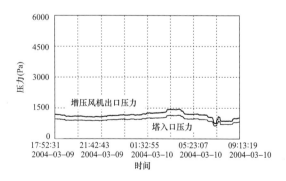

图4-169　增压风机出口压力和塔入口压力

2. 吸收塔系统

（1）吸收塔pH值。图4-170为吸收塔浆液pH值的变化，上下波动比较大，3月11日11:51左右有一处pH值突然上升和下降，是当时将pH计拆下校对所致。168h试运期间的大部分时间CRT上的pH值都在6.0以上，原因是pH计测量结果比人工测量的结果大0.8左右。如3月9日23:35时的pH值为：CRT显示6.04，手工测量为5.25。pH的自动控制比较单一，它仅由加入的石灰石浆液量来控制，当pH值低于某设定值如5.0时，石灰石浆液电动阀全开；当pH值高于某设定值如5.2时，电动阀全关，这样pH值在某一范围内有规律地波动。168h试运期间，pH计工作一直不正

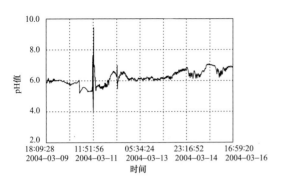

图 4-170　吸收塔浆液 pH 值的变化

常，pH 值的控制采用人工测量与 CRT 显示相比较的方式，控制 pH 值的相对变化量，根据 FGD 烟气量、入口 SO_2 浓度人为地进行石灰石浆液的添加，如连续加石灰石 10min，停 20min 等。初步分析 pH 计工作不正常的原因与安装位置有关，由于 pH 计安装在石膏排出泵出口母管的流量计后面，石膏浆液流量经过流量计后流速发生了变化，并且由于管道振动等原因，影响了 pH 计的正常工作。168h 结束后将 pH 计改装在流量计前面后，pH 计工作恢复正常。

（2）吸收塔液位。正常运行时，吸收塔液位低于 11.0m，除雾器自动冲洗；当液位大于 11.36m 时，除雾器停止冲洗，168h 试运期间吸收塔液位保持在 11m 左右，平均为 11.16m，如图 4-171 所示。

（3）吸收塔的化学分析。表 4-50 是 168h 试运行期间吸收塔浆液分析结果，可见其 pH 值变化较大，这是 pH 计故障所致。吸收塔浆液含固率在 13.20% ~ 16.46% 之间波动，得到了有效的控制。图 4-172 是 3 月 5 日~14 日的含固率曲线，从结果发现 CRT1 值与 CRT2 值之间存在较大的偏差，而实测值基本上处于 CRT1 和 CRT2 之间。为使 FGD 系统稳定正常运行，应对吸收塔浆液密度计进行校验，减少测量误差。

表 4-50　　　　　　　　　　168h 试运行期间吸收塔浆液分析结果

采样时间	pH 值	含固率 （%）	$CaCO_3$ （%）	$CaSO_3 \cdot 1/2H_2O$ （%）	盐酸不溶物 （%）	Cl^- （mg/g）
3 月 8 日 09:40	5.26	15.15	2.18	0.11	2.26	2430
3 月 9 日 0:40	5.10	14.86	1.65	0.227	5.16	3400
3 月 10 日 0:35	5.30	15.78	4.01	0.014	4.50	3890
3 月 10 日 08:43	5.35	15.55	4.65	0.049	5.08	3860
3 月 11 日 01:35	5.59	14.19	6.84	0.05	6.07	4170
3 月 11 日 09:20	5.70	13.20	3.04	0.013	5.84	4080
3 月 12 日 01:30	5.20	16.20	1.68	0.05	5.23	4800
3 月 12 日 08:45	5.73	15.71	2.83	0.021	5.95	4980
3 月 13 日 01:36	5.23	15.74	3.32	0.22	5.25	5140
3 月 13 日 08:40	5.48	15.63	2.93	0.216	5.51	5400
3 月 14 日 01:20	5.36	16.46	2.73	0.261	5.05	5400
3 月 14 日 08:40	5.49	16.29	2.42	0.20	5.81	5580
3 月 15 日 03:20	5.54	16.06	2.96	0.084	5.29	5880
3 月 15 日 08:45	5.62	15.93	2.43	0.05	5.06	5910
3 月 16 日 01:20	5.93	13.76	3.70	0.07	5.71	5960
3 月 16 日 08:45	5.99	14.41	3.41	0.05	4.80	6040

吸收塔浆液中碳酸钙含量在 1.65% ~ 6.84% 之间，而且每日的波动很大。究其原因，也是 FGD 系统 pH 计无法正常运行所致。吸收塔浆液中的 $CaSO_3$ 浓度都比较低，说明脱硫反应中的中间产物 $CaSO_3$ 和 $CaHSO_3$ 得到了充分的氧化。由于该 FGD 系统未设计废水排放系统，FGD 废水一直无法外

排而在吸收塔中不断富集。168h试运行期间，吸收塔浆液中的氯离子浓度从3400mg/L逐日上升，到3月16日达到6040mg/L，但仍未达到其设计最大值20000mg/L。浆液中的盐酸不溶物也比较高，它主要来自石灰石和烟尘中的飞灰，这对脱硫反应是十分不利的，现设有临时废水排放管道。

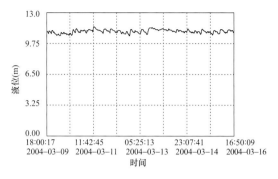
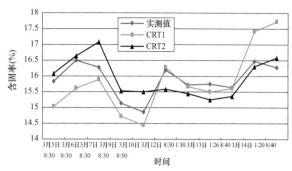

图4-171 吸收塔液位的自动控制　　图4-172 吸收塔浆液含固率实测值与CRT上显示值的比较

3. 制浆系统

调试初期，石灰石粉的下粉程序开启顺序如下：流化风子系统开启，开启给粉气动门、日粉仓下面1t容积的储粉罐满粉后关给粉气动门，启动螺旋给料机，1t容积的储粉罐无粉后延时停螺旋给料机。这一启动程序造成现场漏粉现象严重，且不能满足石灰石浆液罐对石灰石粉的需求。后修改了日粉仓下粉的逻辑，修改后的启动程序如下：石灰石浆液含固率小于28%，给粉气动门开、启动流化风机、启动加热器、启动螺旋给料机；当石灰石浆液含固率大于30%后，关给粉气动门、停加热器，延时30s停止流化风机，20min后停止螺旋给料机。修改后使漏粉现象基本得到解决，石灰石浆液密度稳定，满足了系统的参数要求。

图4-173为168h试运期间石灰石浆液含固率曲线，图中有一点含固率突降是由于石灰石浆液罐液位计工作不正常，造成石灰石浆液泵跳闸所致。石灰石浆液罐液位的控制如下：当液位小于3.5m且浆液罐补水门在自动位，补水门自动开；当浆液罐液位大于4.0m且浆液罐补水门在自动位，补水门自动关。液位的控制与石灰石浆液含固率的控制没有联系，实践证明这种控制方式简单有效。图4-174为168h试运期间石灰石浆液罐液位曲线，其上下波动很大，原因是液位计工作不正常。

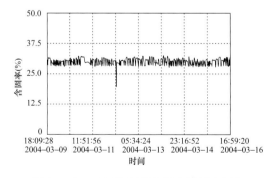
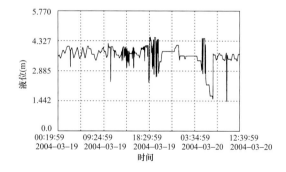

图4-173 168h试运期间石灰石浆液含固率　　图4-174 168h试运期间石灰石浆液罐液位曲线

表4-51为热调及168h试运行期间石灰石分析结果。从表中可知：氧化钙含量均在50%以上，平均值为51.80%，已明显高于设计要求值（50%）。氧化镁含量在0.19%~1.53%之间，平均值为0.32%，达到设计值（小于2%）的要求。水分含量在0.035%~0.445%之间。从石灰石的颗粒度结果看，数日颗粒度小于44μm含量的平均为91.05%，略高于设计值。但11日结果略低于设计值（90%），25日的结果更比设计值少3%。石灰石颗粒度过大会使颗粒在水相中的接触面减少，致使

石灰石在水相中的溶解速率变慢，从而影响石灰石对烟气 SO_2 的吸收，所以应要求生产厂家严格控制石灰石的颗粒度。

表 4-51　　　　　　　　热调及 168h 试运行期间石灰石分析结果

日期，采样位置	氧化钙（%）	氧化镁（%）	水分（%）	小于 44μm 颗粒度（%）
2月11日，A 日粉仓	51.95	0.60	0.088	89.01
2月12日，B 日粉仓	51.47	0.66	0.045	95.18
2月13日，石灰石槽车	52.05	0.47	0.097	—
2月14日，石灰石槽车	50.10	1.53	0.115	—
2月22日，石灰石槽车	52.36	0.20	0.035	91.29
2月25日，码头	52.08	0.36	0.445	86.85
2月25日，石灰石槽车	52.08	0.21	0.056	91.88
2月27日，码头	52.29	0.19	0.050	92.12
平均值	51.80	0.32	0.116	91.05

图 4-175 是 168h 试运行期间 FGD 所用石灰石的一条典型活性曲线。石灰石的活性曲线是石灰石品质的一个重要指标，曲线中平台的维持时间越长，表明石灰石中的有效反应成分就越多，就有利于对烟气 SO_2 的吸收。按厂家 MET 的要求 30min 时曲线的 pH 值不得低于 5.0。从分析结果看，石灰石的活性达到了 MET 的要求。

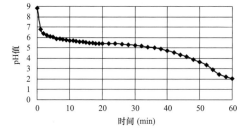

图 4-175　典型的石灰石活性曲线

4. 脱水系统

真空皮带脱水机可根据需要随时开启进行脱水。当吸收塔内石膏浆液的含固率大于 15.5% 且石膏缓冲罐（$\phi3400 \times 4700$mm）液位小于 2.5m 时，石膏脱水一级旋流器和二级旋流器投入运行；当石膏浆液的含固率小于 14.5% 时停止进入一级旋流器脱水，由此控制吸收塔内石膏浆液的含固率。168h 期间吸收塔内石膏浆液的含固率如图 4-176 所示，可见控制是有效的。石膏缓冲罐接收一、二级旋流器的底流，运行中石膏缓冲罐液位控制在 2.5~3.5m 之间，如图 4-177 所示，图中有几处缓冲罐的液位波动起伏比较大，液位最大波动低至 1.24m，最高时达 4.4m，原因为缓冲罐的液位计工作不正常。真空皮带机给料泵将缓冲罐内浆液泵到脱水机上脱水，脱水后直接入石膏库，石膏饼的厚度由皮带机转速控制。脱水滤液入滤液罐（$\phi3200 \times 4500$mm，标高 3.83m 处溢流）中，用于制浆或返回吸收塔内。168h 期间，滤液泵至吸收塔和石灰石浆液罐管路经常堵塞，运行中平均每天用工艺水冲洗管路 2~3 次，而

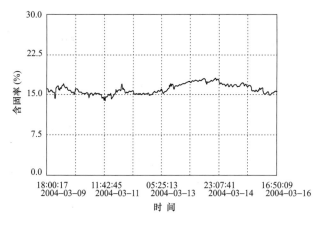

图 4-176　吸收塔内石膏浆液的含固率变化

且滤液罐经常溢流，如图 4-178 所示。溢流可能的原因为：一是滤液泵容量小；二是泵出口管结构问题，滤液还含有许多小粒子，流速低时易在弯头处沉积；三是液位计工作不正常。

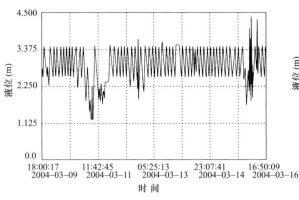

图4-177　石膏缓冲罐液位的控制

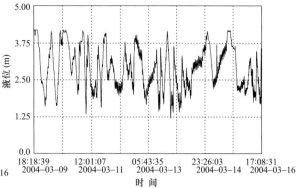

图4-178　滤液罐液位的变化

表4-52为168h试运行期间的石膏化学分析结果。石膏样品采自脱水机尾部的落料口处，采样后立即密封送至实验室进行分析。从表可见168h试运行期间石膏的水分均在6.52%~8.67%之间，低于FGD系统的设计保证值（10%），真空皮带机起到了应有的作用。石膏纯度除3月10日外均高于FGD系统的设计保证值（90%），但各日的碳酸钙含量均超过1%，未达到FGD系统的设计保证值。如前所述，石膏中碳酸钙含量高主要是由于pH计出现故障，石灰石的添加靠人工控制，致使吸收塔浆液中的碳酸钙含量偏高，石膏碳酸钙含量亦相应偏高。可见吸收塔浆液pH值的控制对整个FGD的正常运行起到十分重要的作用。石膏中的亚硫酸钙含量基本在0.26%以下，15日更低至0.01%，达到设计的要求值（0.35%）。由于吸收塔浆液中的亚硫酸根含量并不高，从而保证了石膏亚硫酸钙含量合格。石膏中的氯含量均未超过100×10^{-6}，低于设计的保证值。在168h试运行期间，为避免由于真空接收器液位经常高高报警而致使真空泵跳闸，滤饼冲洗泵一直没有运行，从测试结果看这并没有导致石膏中的氯含量超过保证值，这表明电厂飞灰及工艺水中的氯含量很低。盐酸不溶物含量变化较大，在1.81%~3.23%之间波动。石膏中的盐酸不溶物主要来自石灰石，还有一部分来自烟尘中的飞灰。为减少盐酸不溶物以提高石膏纯度，应采取以下措施：① 严格控制石灰石中的盐酸不溶物；② 提高静电除尘器效率，减少烟气中的飞灰；③ 加大废水排放。

表4-52　　　　　　　　　168h试运行期间的石膏化学分析结果

日　期	水分（%）	$CaSO_4 \cdot 2H_2O$（%）	$CaCO_3$（%）	$CaSO_3 \cdot 1/2H_2O$（%）	盐酸不溶物（%）	Cl^-（$\times 10^{-6}$）
3月9日9:15	7.46	95.21	1.56	0.173	3.16	23
3月10日8:43	6.65	88.25	3.81	0.19	3.32	24
3月11日9:15	7.54	93.26	3.10	0.148	3.17	50
3月12日8:45	7.80	95.47	1.90	0.172	2.23	45
3月13日8:35	8.09	92.67	2.34	0.260	2.30	60
3月14日8:30	8.67	94.63	2.12	0.250	2.11	41
3月15日8:40	7.13	93.44	1.91	0.01	2.09	46
3月16日8:42	6.52	94.60	1.80	0.08	1.81	31

5. 其他

工艺水箱根据设定的水位（2.0~3.0m）由自动补水电动门加入工艺水，如图4-179所示。仪用空气压缩机出力稳定，储气罐出口压力在0.66~0.69MPa之间有规律地波动，如图4-180所示。

整个 168h 期间 FGD 系统未对锅炉负压产生不利影响,如图 4-181 所示。

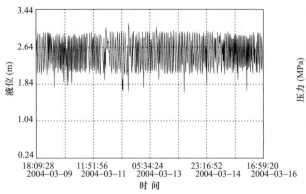

图 4-179 工艺水箱水位的自动控制

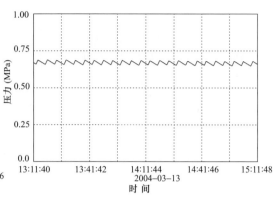

图 4-180 仪用空气压力

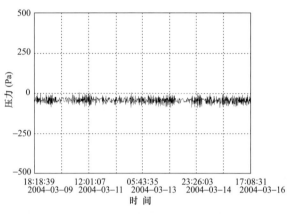

图 4-181 168h 期间炉膛负压的变化

pH 计工作不正常和液(料)位计普遍工作不正常是 168h 试运期间的主要问题,除上面看到的石灰石浆液罐、石膏缓冲罐、滤液罐的液位常出现异常外,吸收塔水坑、脱水区水坑等液位计工作也不正常,如图 4-182 和图 4-183 所示。初步分析原因可能与液位计的工作环境有关,在 168h 试运期间,当液位计工作不正常时,将液位计表面手动擦拭干净后再放回,液位计可以正常工作一段时间。

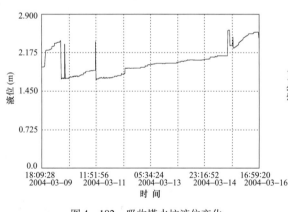

图 4-182 吸收塔水坑液位变化

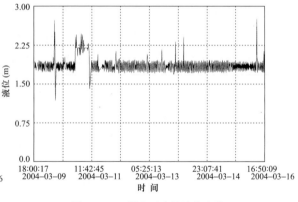

图 4-183 脱水区水坑液位变化

(四) FGD 系统典型运行参数和调整

1. 脱硫率与机组负荷

从图 4-161 中 168h 期间机组的负荷曲线可知,除了 3 月 13 日中午 11:20~13:30 负荷降至 209MW 外,机组都是在 290MW 负荷以上运行。图 4-184 反映了增压风机动叶开度的减增过程与风机出口的压力变化,这段时间脱硫率与 pH 值、SO_2 浓度的变化如图 4-185 所示,从图上可明显看到,FGD 系统未作其他调整,A、B、C 三台循环泵及两台氧化风机运行,pH 值基本不变

（6.10～6.20）、入口 SO_2 浓度变化不大的情况下（1460～1600mg/m³，实际状态，下同），脱硫率随着负荷的减小和增大而相应地增大和减小，从92.9%升到96.9%后降回，之后又随入口 SO_2 浓度的增大而继续降低。也就是说，负荷从300MW降至209MW，FGD系统脱硫率可增加4%。负荷的减少实际上相当于增加了FGD系统的液气比，毫无疑问，液气比的增大将提高FGD系统的脱硫率。

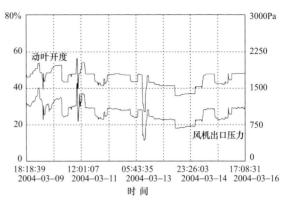

图4-184　增压风机动叶开度的减增过程与风机出口的压力变化

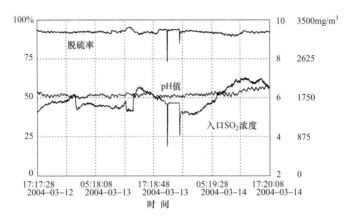

图4-185　脱硫率与pH值、SO_2 浓度的变化

2. 脱硫率与FGD入口 SO_2 浓度、浆液pH值

图4-186是3月9日18:12到3月10日8:43中脱硫率与FGD入口 SO_2 浓度的关系曲线，对应的pH值如图4-187所示。机组负荷290MW以上，B、C、D三台循环泵及两台氧化风机运行，FGD系统内未作其他调整。从图可明显看出，整个过程中pH值基本维持在6.0左右（实测5.2～5.3），入口 SO_2 浓度从814mg/m³慢慢升到最大值2472mg/m³，脱硫率则从97.0%（最大98.2%）减小到93.9%。之后随入口 SO_2 浓度的减小到1700mg/m³ 左右时，脱硫率又慢慢上升到96.5%。FGD脱硫率随入口 SO_2 浓度的增大而减小、减小而增大的规律得到了充分的反映。

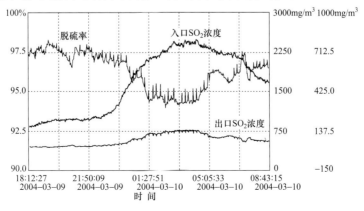

图4-186　脱硫率与FGD出、入口 SO_2 浓度

3 月 11 日下午 13:50，FGD 入口 SO$_2$ 浓度从 1460mg/m^3 慢慢升到 1927mg/m^3，到 3 月 12 日 10:49 又逐渐减少到 975mg/m^3，整个过程中 FGD 系统脱硫率及对应的 pH 值的变化曲线如图 4-188 所示。期间 FGD 系统负荷未变、系统内未作其他调整。从图可看出，在 11 日 13:50~21:00，pH 值在 5.5（CRT 上显示，实测约 5.1~5.2）左右，脱硫率随入口 SO$_2$ 浓度的增大从 93.5% 慢慢减小到 90.7%，减小了 1.8%。在 12 日 00:30~10:49，FGD 入口 SO$_2$ 浓度

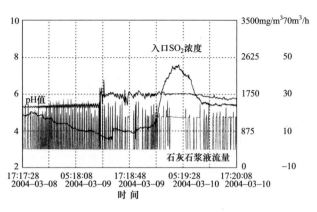

图 4-187　FGD 入口 SO$_2$ 浓度、石灰石浆液流量及 pH 值

继续下降，同时 pH 值也提高到 6.0~6.47（CRT 上显示，实测在 5.2~5.63），双重作用使 FGD 系统脱硫率明显增大，一直到 96% 以上。

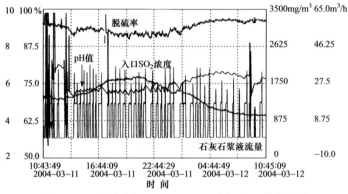

图 4-188　脱硫率与 FGD 入口 SO$_2$ 浓度及 pH 值的关系

图 4-189 是 3 月 14 日~3 月 16 日 2 天中脱硫率与 FGD 入口 SO$_2$ 浓度及 pH 值的关系，该图反映了 FGD 入口 SO$_2$ 浓度增大时，若 pH 值也适当增大，即给入吸收塔的石灰石浆液相应增加时，可保持脱硫率不变；反之亦然。当 FGD 入口 SO$_2$ 浓度减小或不变时，若 pH 值也不变或增大时（3 月 16 日 5:16~17:17），脱硫率将增大。

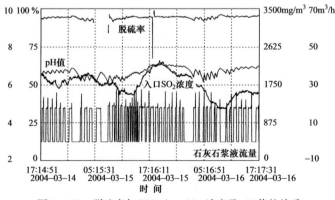

图 4-189　脱硫率与 FGD 入口 SO$_2$ 浓度及 pH 值的关系

3. 脱硫率与吸收塔循环泵的组合

FGD 系统设计有 4 台循环泵，3 用 1 备，调试中进行了循环泵的组合对脱硫率的影响试验，表

4-53列出了试验结果。

表4-53　　　　　　　　　　　循环泵的组合对脱硫率的影响试验结果

序　号	机组负荷 （MW）	增压风机 动叶开度（%）	FGD入口SO₂浓度 [mg/m³（实际状态）]	吸收塔浆液pH值 （实测）	运行的循环泵	脱硫率 （%）
1	298	50.7	1839	5.2	ACD	94.6
2	298	51.2	2088	5.3	ABCD	96.5
3	290	51.0	1750	5.2	ABCD	97.4
4	290	51.0	1750	5.2	BCD	95.1
5	295	46.5	1513	5.1	BCD	96.1
6	295	46.5	1513	5.1	BC	89.3
7	293	46.5	1513	5.1	ABC	93.7
8	295	46.1	1470	5.5	ABC	94.7~95.0
9	295	46.1	1470	5.5	ABCD	98.4~98.9

　　从表4-53可看出，不同循环泵的组合对FGD系统脱硫率有较大影响，4台泵同时投入要比3台泵至少高出2%~4%左右，3台泵的脱硫率要比2台泵运行高4.4%~5.8%，而且喷淋层高的脱硫效果比低层的好，下列两图可以看得更明显。图4-190是3月10日切换D、A循环泵时系统脱硫率的变化，当B、C、D泵运行时，脱硫率为96.1%，停运D泵后，B、C两台泵运行，2min内脱硫率降到89.3%；启动A泵后，A、B、C泵运行，脱硫率回升到93.7%，但比B、C、D泵运行时低了2.4%，也即最高处的D泵投入运行时要比最低处的A泵运行时脱硫效果明显增加，其原因是增大了气液接触的时间。但同时需注意的是D泵的电耗要比A泵高145kW。图4-191是3月11日中午10:49~11:14投、停D循环泵时系统脱硫率的变化，A、B、C泵运行时脱硫率为95.0%，增加D泵即4台泵全部投运后，脱硫率迅速增大，一直到98.9%，停止D循环泵后，脱硫率马上减小到94.7%。

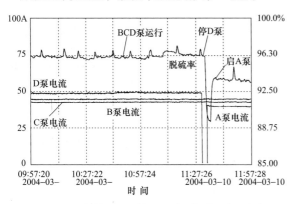

图4-190　切换D、A循环泵时系统脱硫率的变化

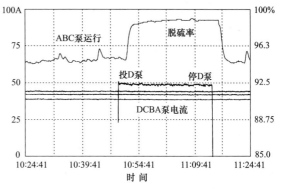

图4-191　投、停D循环泵时系统脱硫率的变化

　　综上所述，实际运行过程中，FGD系统的脱硫率与机组负荷、FGD入口SO₂浓度、浆液pH值及循环泵的不同组合有很大关系，在进行FGD系统性能试验时，应对系统进行优化调整，并尽量在设计工况下进行，否则即使经过修正，也难以达到考核FGD系统性能的效果。同时在FGD系统日常运行中，运行人员应根据具体情况适当调整系统运行参数和设备，使系统在满足环保要求的前提下，最经济地运行。

　　4. 循环泵的启停与浆液密度

　　图4-192是2台循环泵启动后在石膏排出泵出口管路上测得的吸收塔浆液含固率的变化，可见循环泵启动后5min内浆液含固率由30%下降到14.8%。反之，图4-193反映了2台循环泵停运后

2h 内浆液含固率由 14.9% 慢慢上升到 25.8% 的变化，此时吸收塔搅拌器都正常运行着。这充分表明了循环泵对浆液起到了很好的搅拌作用，也从侧面说明若采用脉冲悬浮搅拌系统的确可代替机械搅拌器。图 4-194 ~ 图 4-208 给出了 FGD 系统运行期间 CRT 上各主要画面。

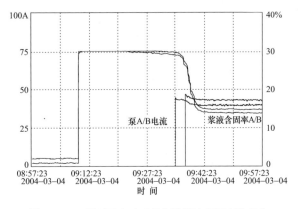

图 4-192　循环泵启动后吸收塔浆液含固率的变化　　图 4-193　循环泵停运后吸收塔浆液含固率的变化

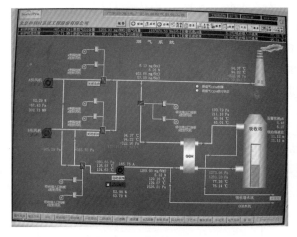

图 4-194　沙角 A 厂 5 号 FGD 系统运行时
CRT 上烟气系统画面

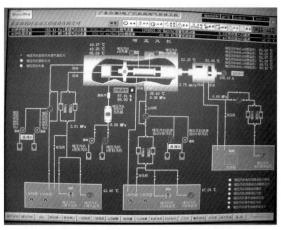

图 4-195　沙角电厂 FGD 系统运行时
CRT 上增压风机画面

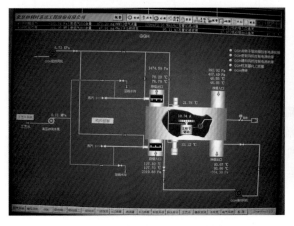

图 4-196　沙角电厂 FGD 系统运行时
CRT 上 GGH 系统画面

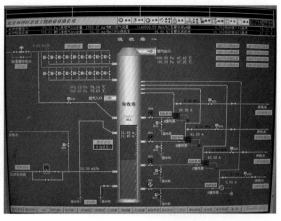

图 4-197　沙角电厂 FGD 系统运行时
CRT 上吸收塔系统画面 1

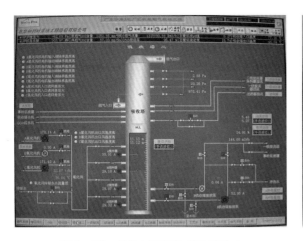

图 4 - 198 沙角电厂 FGD 系统运行时
CRT 上吸收塔系统画面 2

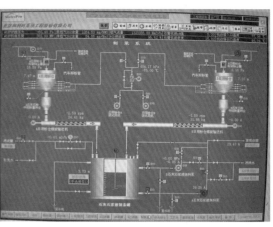

图 4 - 199 沙角电厂 FGD 系统 CRT 上
石灰石浆液制备系统画面

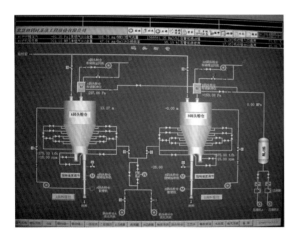

图 4 - 200 沙角电厂 FGD 系统 CRT
上码头粉仓画面

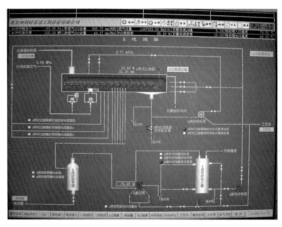

图 4 - 201 沙角电厂 FGD 系统 CRT
上石膏脱水系统画面

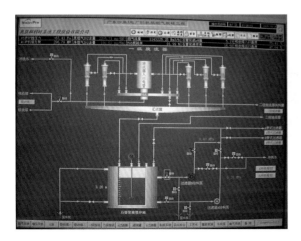

图 4 - 202 沙角电厂 FGD 系统 CRT
上一级旋流器系统画面

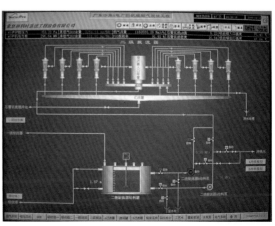

图 4 - 203 沙角电厂 FGD 系统 CRT
上二级旋流器系统画面

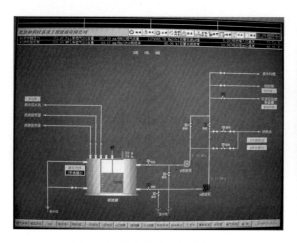

图4-204 沙角电厂FGD系统CRT
上滤液罐系统画面

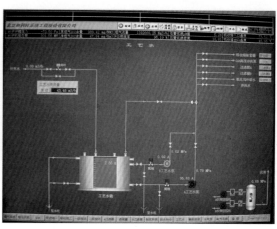

图4-205 沙角电厂FGD系统CRT
上工艺水系统画面

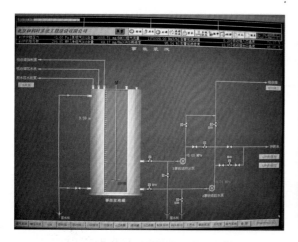

图4-206 沙角电厂FGD系统CRT上
事故浆液罐系统画面

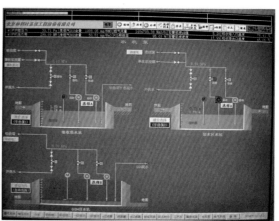

图4-207 沙角电厂FGD系统CRT上
排水坑系统画面

（五）FGD系统的保护试验

沙角A电厂5号FGD系统设置有4个烟气挡板，分别为FGD进口挡板（位于增压风机入口）、FGD出口挡板（位于洁净烟道GGH出口）和A、B旁路烟道2个旁路挡板。挡板的执行机构均为气动，其中两个旁路挡板的打开是利用弹簧推动气缸驱动的，以实现旁路的快开。当系统气源故障时，旁路也可以打开，而进、出口挡板维持原位。当系统电源故障时，旁路挡板可以打开，进、出口挡板可以关闭。FGD系统保护的设计如表4-54所示。

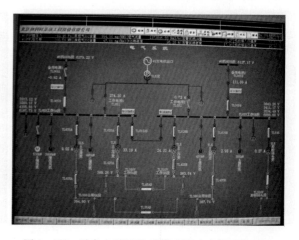

图4-208 沙角电厂FGD系统CRT上电气系统画面

表4-54　　　　　　　　　　　　　　　　　FGD系统总连锁

序号	内　　容	保　护　响　应
1	增压风机跳闸	旁路挡板快开
2	FGD系统运行，入口挡板出现未开信号	旁路挡板快开后，增压风机跳闸
3	FGD系统运行，出口挡板出现未开信号	旁路挡板快开后，增压风机跳闸
4	锅炉2台引风机跳闸	旁路挡板快开后，增压风机跳闸
5	锅炉MFT	旁路挡板快开后，增压风机跳闸
6	吸收塔出口温度大于60℃	旁路挡板快开后，增压风机跳闸
7	增压风机运行且进出口挡板打开，循环泵全部跳闸	旁路挡板快开后，增压风机跳闸
8	增压风机入口烟气压力大于460Pa	旁路挡板快开后，增压风机跳闸
9	FGD系统低电压保护	旁路挡板快开后，增压风机跳闸

2004年12月31日21:00，5号机组负荷255MW，按计划机组将停运大修。配合此时机，在完成现场FGD烟气挡板及系统逻辑检查的基础上，进行了FGD系统的保护试验。为确保试验成功，首先进行了单个挡板的快开动作试验。

21:08，关闭A旁路挡板，挡板动作正常。

21:10，停A旁路挡板电源，A挡板快速打开，动作正常，打开时间约为12s。

21:13，关闭B旁路挡板，但挡板无法关到位。现场检查发现B挡板的上百叶已关到位，将下百叶就地手动摇紧2圈后也关到位。

21:25，停B旁路挡板电源，B挡板快速打开，动作正常，打开时间约为12s。

21:30，将A、B旁路挡板均关闭。

21:40，FGD系统的运行参数如下（详见图4-209）：机组负荷257.75MW，炉膛负压-105Pa，FGD烟气量122.1万m³/h（标况），A、B、C共3台循环泵运行，FGD系统压损2276Pa，增压风机动叶开度45.54%，风机电流150.6A，风机入口压力-50Pa，锅炉炉膛负压投自动。

试验模拟增压风机入口压力大于460Pa，此时旁路挡板立刻快开，约12s快开到位后，增压风机跳闸，此时炉膛负压在10s左右的时间内由约-100Pa降至-293Pa，锅炉自动对炉膛负压进行了调节，约30s后负压已能保持相对稳定，约为-50Pa，如图4-210所示。

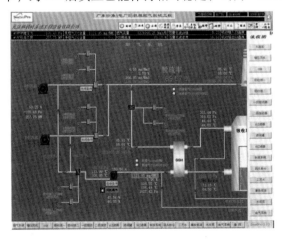

图4-209　FGD系统旁路快开试验时烟气系统画面

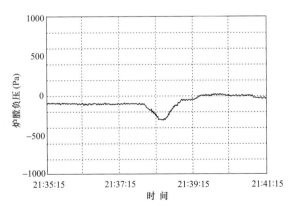

图4-210　旁路快开对炉膛负压的影响

22:00，再次启动增压风机，因当增压风机停运而旁路挡板打开的情况下，增压风机入口压力约为-450Pa，因此当再次启动增压风机后，增加了风机的动叶开度，以使风机入口压力达到约-450Pa。

22:13，全关A、B旁路挡板。

22:43, 停增压风机, 此时旁路挡板立刻打开, 动作正常。

第二次停风机前的运行参数如下（详见图 4 - 211）：机组负荷 249.8MW，炉膛负压 - 39Pa，FGD 烟气量 129.6 万 m³/h（标况），系统压损 2444Pa，增压风机动叶开度 47.33%，风机电流 161.8A，风机入口压力 - 460Pa。

停运增压风机后，旁路快速打开，此时炉膛负压在 10s 左右的时间内先由约 - 40Pa 上升至 106Pa，之后又降到 - 250Pa，与此同时锅炉自动对炉膛负压进行了调节，约 30s 后负压已能保持相对稳定，整个过程炉膛负压最大波动了 356Pa，如图 4 - 212 所示。

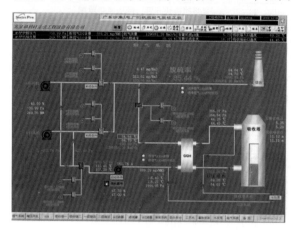

图 4 - 211　FGD 系统跳增压风机试验时烟气系统画面

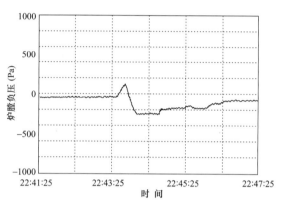

图 4 - 212　停增压风机对炉膛负压的影响

22:50, 试验结束, FGD 装置开始正常停运。

从整个 FGD 保护试验来看，当 FGD 系统保护动作发生后，只要旁路烟气挡板动作正常能在 12s 内打开，即不会影响机组的安全、稳定运行。因此在平时 FGD 系统的运行中，若系统采用关旁路挡板的运行方式，应定期（如每星期）进行旁路挡板开、关的操作，确保其开关灵活。

三、600MW 机组 CT - 121 FGD 系统的热态调试

广东省台山电厂 2 × 600MW 机组采用了 CT - 121 FGD 技术，本节以 1 号 FGD 系统为主，介绍 CT - 121 FGD 技术的热态调试过程。

1 号 FGD 系统的热态调试分两个阶段：第一阶段从 2004 年 10 月 25 日第一次通烟气，到 10 月 31 日共 6 天整，为 168h 前的热态调试阶段；第二阶段为 168h 试运阶段，从 2004 年 11 月 8 日开始启动，11 月 11 日开始 168h 计时，至 11 月 18 日 168h 满负荷试运行结束，同时移交给电厂进入试生产阶段。这是我国第一个投运的 600MW 等级机组的石灰石/石膏湿法 FGD 系统，具有特别重要的意义。之后进行了 30 天的运行优化试验，补做了 FGD 系统的各项热态试验，包括关 FGD 旁路烟气挡板、旁路烟气挡板快开、FGD 系统变负荷、实跳增压风机以及机组快速减负荷（RB）试验等，整个过程列于表 4 - 55 中。2 号 FGD 系统整套启动调试过程也一并列出，由于机组原因，2 号 FGD 系统的热态调试从开始到 168h 结束的时间相对较长。

（一）168h 前的热态调试

在 JBR 通烟气之前，除石膏脱水系统和废水系统未带负荷调整外，其余各分系统冷态调试均已完毕，满足 FGD 系统热调条件。启动前往 JBR 中加入 85t 石膏晶种，该晶种是另一电厂的 FGD 系统生产的石膏，通过 FGD 排水坑的浆液泵送到 1 号 JBR 中。图 4 - 213 反映了将石膏晶种加到 FGD 排水坑中的过程及 1 号 JBR 总图。

表4-55　　　　　　　　　　　　1、2号FGD系统热态启动调试过程

序号	时间	备注	序号	时间	备注
1	2004年10月25日 14:57～31日14:58	1号FGD系统首次热态启动调整	5	2005年2月2日 21:48～5日23:00	2号FGD系统首次热态启动调整
2	2004年11月8日 17:32～21日14:36	11月11日20:00～11月18日20:00，1号FGD系统168h满负荷试运行	6	2005年3月19日 10:30～15:07	进行关旁路试验、旁路快开试验及增压风机打闸试验
3	2004年11月30日～12月31日	1号FGD系统优化试验，31日进行关旁路试验及旁路快开试验	7	2005年3月19日 15:33～21日14:35	3月20日20:00，168h开始计时，3月21日7:54机组跳闸，停2号FGD系统
4	2005年2月24日～25日	1号FGD系统做变负荷、实跳增压风机以及机组快速减负荷（RB）试验，系统继续运行	8	2005年3月24日 13:45～31日	3月24日17:00至3月31日17:00，2号FGD系统完成168h，系统继续运行

　　根据冷态试验经验，在增压风机启动前，为减小风机启动阻力，防止风机失速，JBR液位不应高过鼓泡孔高度，即热烟气不注入浆液中，浸入深度为0。鼓泡孔中心高度为3860mm，在未启动氧化风机前，通过JBR上的2个ϕ260的玻璃镜观察孔（如图4-214所示，其中心高度是4000mm）来确认液位在鼓泡孔以下。

通过吸收塔地坑加入JBR的石膏晶种

1号JBR系统

图4-213　通过JBR地坑加入的石膏晶种及1号JBR总貌

图 4 - 214　JBR 上的 2 个玻璃观察孔及局部

2004 年 10 月 25 日 14:57，机组负荷稳定在 600MW。启动增压风机，运行稳定后缓慢开启 BUF 动叶（每次 5%），同时监视锅炉炉膛负压、风机运行电流及有无失速报警等（冷态调试时在 22% ~ 25% 容易出现失速）。15:15，增压风机动叶开大至 36%，烟气量约 80 万 m³/h（CRT 显示值，标准状态），运行稳定、正常。调整 JBR 液位后动叶开度稳定在 37%，运行至 26 日继续升负荷。图 4 - 215 反映了启动 1 号 FGD 系统时对锅炉负压没有影响，同样启动 2 号 FGD 系统时对锅炉负压也没有影响。可见，在 FGD 旁路挡板开启的状态下，按上述方法启动增压风机并逐步调整动叶对机组的运行没有影响。

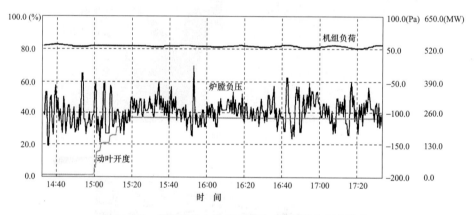

图 4 - 215　首次启动 1 号 FGD 系统时对锅炉负压的影响

　　10 月 26 日下午，将动叶调节至 45%，烟气量约 101.9 万 m³/h（CRT 显示值），27 日 16 时，逐渐将动叶调节至 61%，烟气量约 150 万 m³/h。28 日 14 时，按要求将动叶调节至 71%，烟气量约 180 万 m³/h（CRT 显示值），此时 FGD 入口烟气中有净烟气的回流。

　　10 月 30 日 20:00，当 JBR 内石膏浆液含固率达到 16% 时，启动石膏浆液水力旋流器并调整，其底流直接下到真空脱水机上进行脱水。初步调试后，真空脱水机至 22:00 结束运行。10 月 31 日 8:10，机组快速减负荷（RB），根据增压风机运行情况及系统情况，减小增压风机动叶开度，每次减小 2%，至 45% 为止。2h 后机组逐步升负荷，增压风机在机组负荷 500MW 以上时，开始调整动叶开度，调整到 63%（此时 FGD 的风量约 170 万 m³/h，接近锅炉满负荷时风量），稳定运行。

　　10 月 31 日 14:07，增压风机进行控制系统前馈调节试验，计算前馈量为动叶开度 60%。将动叶开度降至 60% 后投入前馈自动控制，运行稳定。

　　10 月 31 日 14:32，将增压风机动叶调节切为手动后，按每次 2% 的开度关小动叶，在动叶关至 25% 以后，每次关小 1%，增压风机动叶关小至 19% 后未发现失速现象发生。14:58，动叶开度关至

0%后停增压风机。JBR 系统第一次通烟气时间为 6 天整，在整个过程中，机组负荷基本在 550～605MW，随着增压风机动叶逐步开大，进入 FGD 系统的烟气量逐渐增加，pH 计、JBR 液位计、浆液密度计及其他各参数测量仪表逐步投入并进行校验，各自动也逐步投入。除废水处理系统因药品未到而没有试运外，其余各系统均进行了全面的调试，实现了热态初步调整的目的，为第二次热调 168h 满负荷试运行打下了坚实的基础。图 4 - 216～图 4 - 224 反映了 FGD 系统各参数的调整过程，整个过程（包括停止过程）对机组的正常运行没有影响。

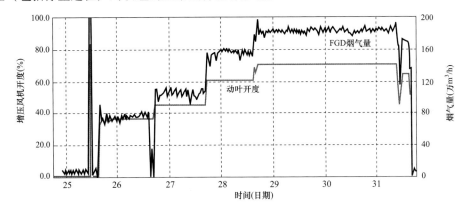

图 4 - 216 第一次热调增压风机开度与 FGD 入口烟量的调整

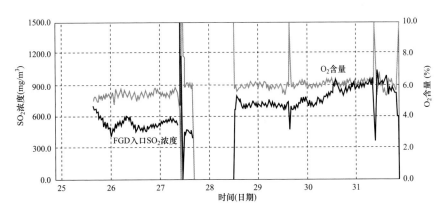

图 4 - 217 第一次热调 FGD 入口 SO_2 浓度和 O_2

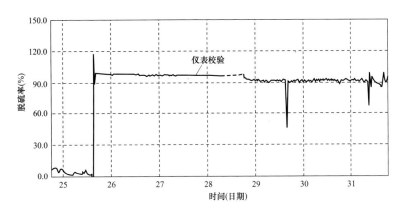

图 4 - 218 第一次热调 FGD 系统脱硫率的调整

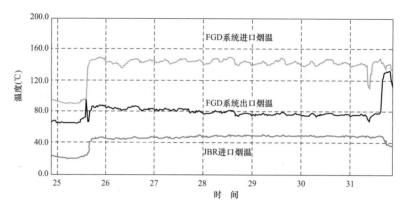

图 4 – 219 第一次热调 FGD 系统进出口
与 JBR 进口温度

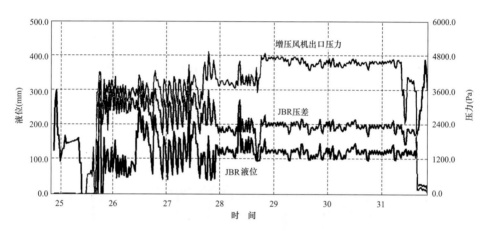

图 4 – 220 第一次热调 JBR 液位的调整及增压风机出口压力
与 JBR 压差的变化

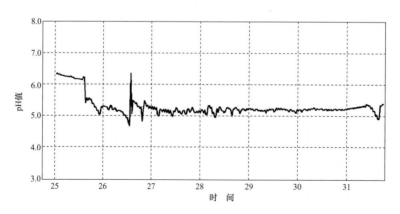

图 4 – 221 第一次热调 JBR 浆液 pH 值的调整

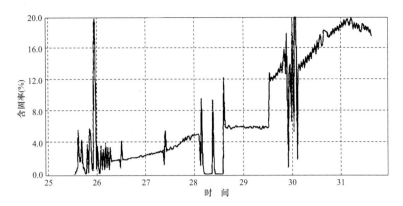

图 4 - 222 第一次热调 JBR
浆液含固率的变化

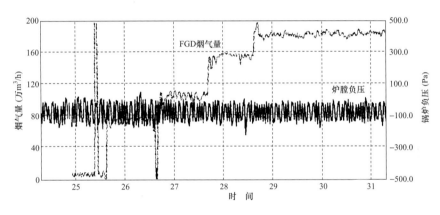

图 4 - 223 第一次热调 6 天中 FGD
系统对锅炉负压的影响

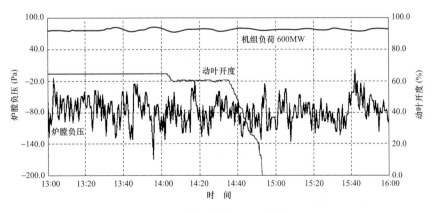

图 4 - 224 第一次热调 FGD 系统停运
时对锅炉负压的影响

停增压风机后按要求进行短期停运操作，11 月 1 日，进行系统检查、消缺工作。

（二）JBR 系统第一次热调后的检查

2004 年 11 月 1 日—7 日，对 JBR 系统进行了全面的检查，检查的重点是烟道、增压风机、GGH、烟气冷却器喷淋层及 JBR 出入口、上下甲板冲洗系统、除雾器等。图 4 - 225 ~ 图 4 - 228 反映了本次检查的结果。

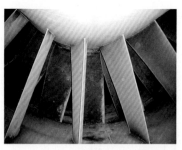

增压风机的叶片完好无损

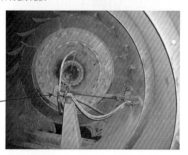

动叶的调节油系统在软管接头处有些渗漏

增压风机出口玻璃鳞片防腐涂层开裂

图 4 - 225　增压风机的检查

GGH防泄漏风机完好　　　　　　GGH原烟气进口处换热元件完好

GGH净烟气进口处的换热元件完好　　　烟气冷却器喷淋层基本干净

图 4 - 226　GGH 与烟气冷却器喷淋层的检查（一）

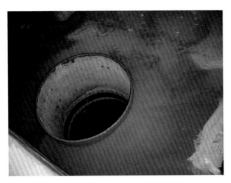
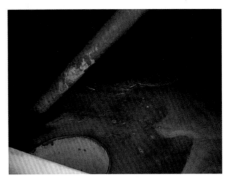

烟气冷却器喷淋层底部的浆液沉积

图 4 - 226　GGH 与烟气冷却器喷淋层的检查（二）

JBR 入口的烟道与下甲板石膏浆液的沉积

JBR 上甲板石膏浆液的沉积

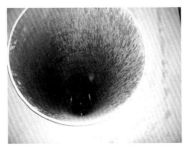

净烟气排出管内十分干净　　　　　　　上甲板冲洗水喷嘴的堵塞

图 4 - 227　JBR 甲板的检查

除雾器前的水平烟道上大量的石膏浆液沉积

两级除雾器元件基本干净

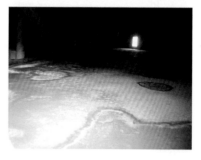

除雾器出口烟道上有少量的石膏浆液

图 4-228 除雾器区的检查

增压风机的叶片完好无损，没有腐蚀现象。风机动叶的调节油系统在软管接头处有些渗漏，进行紧固处理即可。在风机出口烟道上，发现有两处玻璃鳞片防腐涂层开裂。GGH 的防泄漏风机进出口烟道及本体都很干净，在 GGH 原烟气进出口处与净烟气进出口处的换热元件完好。在烟气冷却器喷淋层的烟道壁面上及喷嘴分布不锈钢管上有轻微的浆液黏结和结垢现象，但在喷淋层底部烟道上，因浆液回 JBR 的开口离烟道底面有一高度，因此有许多浆液沉积。

在 JBR 入口的烟道上，石膏浆液沉积厚达 1cm 之多，下甲板因有冲洗水，喷射管入口基本干净，但甲板上也有石膏浆液沉积。在上甲板，浆液沉积比较严重，厚的地方有 5cm 左右。净烟气排出管开口离甲板面有一高度，管内十分干净。冲洗水检查试验表明，上甲板有几个冲洗水喷嘴被类似软橡胶的小杂物堵塞，在除雾器冲洗水喷嘴上也有相同的情况。

在第一级立式除雾器前的水平烟道上，也有大量的石膏浆液沉积，这表明烟气经过 JBR 后携带有较多的浆液。在除雾器上有大量的冲洗，因此两级除雾器元件还是十分干净的，除雾器出口烟道上只有少量的石膏浆液。

（三）CT-121 FGD系统168h满负荷试运行

1. 168h启动调整

2004年11月8日17：32，在全面检查后第二次启动1号增压风机。同第一次热态启动一样，JBR液位确认不高过鼓泡孔高度，FGD旁路挡板保持开启的状态。增压风机以每次增加5%的速度缓慢调节动叶，每次操作后监视炉膛负压，压力稳定后约3min，进行下一次操作。当动叶开度至21%时，以每次1%的速度缓慢增大动叶开度，直到动叶开度至26%，恢复每次5%的操作（第一次热态启动在容易出现失速的区域22%~26%采用快开冲过风机的失速区，但本次启动时该方法出现了风机失速报警。以后采用每次开启动叶1%的速度缓慢开动叶，风机顺利通过失速区）。至18：05，动叶调整到63%并保持稳定运行，此时FGD系统入口烟气量约为168万m³/h（标准状态），入口SO₂浓度在830mg/m³左右，机组运行稳定，负荷在600MW左右。

启动时增压风机动叶的调整及FGD烟气的变化如图4-229所示，从图中可以看出，按上述方法启动增压风机时对机组的稳定运行基本没有影响。

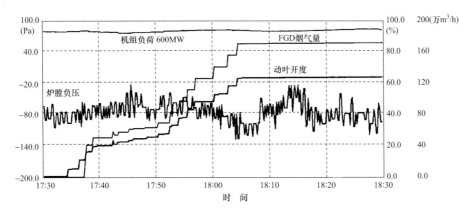

图4-229　168h期间启动FGD系统时的调整及对锅炉负压的影响

在增压风机运行稳定后，11月8日20：00通过事故浆液罐开始增加JBR的液位，如图4-230所示，pH值由启动前的5.5逐步稳定在4.0左右，脱硫率也有所升高（启动前JBR液位实际在0以下时，CRT上显示为97mm，当液位在喷射孔以上时，CRT上的数值方为实际值）。

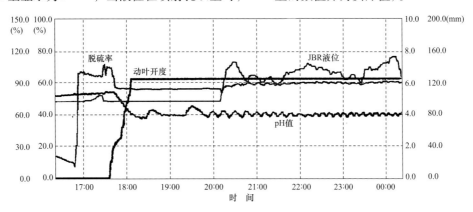

图4-230　启动后JBR液位、pH值的调整

经过3天的运行调整，JBR的液位、pH值及脱硫率等均已稳定，如图4-231所示，各系统及其自动和保护全部投入，到11月11日20：00，FGD系统开始168h满负荷试运行。

对2号FGD系统，2005年3月24日13：45，在一切准备就绪后，2号增压风机启动，同先前的

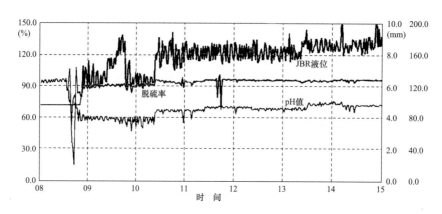

图 4-231 168h 前后脱硫率与 JBR 液位、pH 值的调整

热态启动一样，JBR 液位确认不高过鼓泡孔高度，FGD 旁路挡板保持开启的状态。增压风机开度以每次开启动叶 5% 的速度缓慢增大，每次操作后监视炉膛负压，稳定后约 3min，进行下一次操作。当动叶开度至 55% 时，投入增压风机动叶前馈自动控制。此时机组运行稳定，负荷在 600MW 左右。

由于有 1 号 FGD 系统的调试经验及 2 号系统前 2 次热态启动的经验，2 号 FGD 系统很快调整到稳定状态，3 月 24 日 17：00，FGD 系统进入 168h 试运行，整个启动调整过程如图 4-232 所示。到 3 月 31 日 17：00，2 号 FGD 系统 168h 试运行顺利结束。

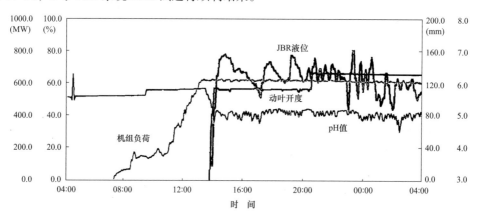

图 4-232 2 号 FGD 系统 168h 启动当天负荷、动叶、JBR 液位及 pH 值的调整

2. 1 号 FGD 系统 168h 期间各参数的调整与分析

（1）烟气系统。

1）机组负荷与 FGD 系统负荷。图 4-233 是 1 号 FGD 系统 168h 期间机组负荷、FGD 系统入口烟气量、增压风机动叶开度等参数的变化曲线，由图可见机组负荷稳定在 600MW 左右，FGD 系统入口烟气量为 170 万 m³/h，增压风机动叶开度在 60% ~ 65% 之间，整个 168h 试运期间锅炉负压在正常范围内变化，由于旁路始终保持开，增压风机运行稳定，因此 FGD 系统运行对机组未产生影响，如图 4-234 所示。

按设计进入 FGD 系统的烟气量是通过增压风机的动叶进行调节的。该控制是由前馈控制——锅炉送风机的入口空气量以及反馈控制——FGD 旁路烟气挡板前后的差压两部分组成。另外，锅炉炉膛压力变动以及 JBR 的液位也作为增压风机前馈控制的一部分，分别通过函数变换以补偿相应的控制调节量。

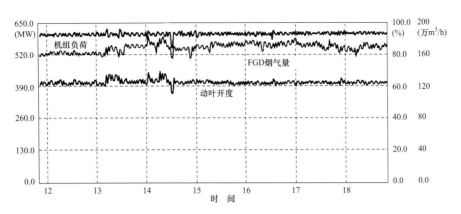

图 4-233 168h 试运行期间负荷稳定及 FGD 入口烟气量稳定

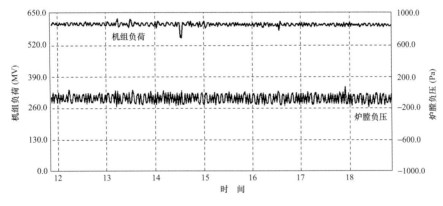

图 4-234 168h 试运行期间炉膛负压

在 FGD 旁路烟气挡板关闭运行的情况下,增压风机按"前馈+反馈"的闭环控制模式运行。在旁路挡板打开的情况下,增压风机则仅通过前馈信号——锅炉送风机的入口空气量等来控制。考虑到对增压风机的机械保护以及系统内部压力的稳定性等因素,在出现以下情况时控制器将由自动控制模式切换至手动控制模式:① 失速(差压大于 500Pa 且动叶开度大于 42%);② 动叶开度可调量超过 10%;③ PID 输入偏差超过 5%。另外,增压风机动叶的最大开度限制在 70% 以内。

2)SO_2 浓度和脱硫效率。表 4-56 为 11 月 8 日 1 号 FGD 系统启动至 11 月 18 日整个 168h 试运行期间锅炉的燃煤成分分析。统计各日结果得知燃煤成分的波动范围为:空气干燥基水分 2.74% ~ 8.54%,干燥无灰基挥发分 34.24% ~ 37.14%,干燥基全硫 0.50% ~ 0.59%,收到基灰分 7.79% ~ 13.72%,收到基低位热值 23.11 ~ 23.80MJ/kg。其中收到基硫分的平均值约为 0.51%,小于 FGD 系统 0.70% 的设计值。

图 4-235 是 168h 试运行期间 1 号 FGD 系统入口 SO_2 浓度及 FGD 系统的脱硫率曲线,可知入口 SO_2 浓度波动范围为 654 ~ 941mg/m³(标态,干,6%O_2),平均值为 770mg/m³(干,6%O_2),远低于 FGD 入口设计值 1567mg/m³(干,6%O_2)。FGD 脱硫效率在 93.63% ~ 98.98% 之间,除个别时间外 FGD 脱硫效率均在 95% 以上,平均值为 97.89%,高于 FGD 系统 95% 的保证值。FGD 出口 SO_2 浓度很低,波动范围为 7.86 ~ 48.36mg/m³(干,6%O_2),平均值为 26.8mg/m³(干,6%O_2)。从图中曲线的整体趋势来看,在 FGD 系统入口烟气量等其他参数基本不变时,FGD 系统的脱硫率与入口 SO_2 浓度有明显的直接关系,即入口 SO_2 浓度升高,FGD 系统脱硫率下降。

表4-56   **1 号 CT—121 FGD 系统 168h 试运行期间燃煤成分分析**

日期 2004 年	空气干燥基水分 M_{ad}（%）	干燥无灰基挥发分 V_{daf}（%）	干燥基全硫 $S_{t,d}$（%）	收到基灰分 A_{ar}（%）	收到基低位热值 $Q_{ar,net}$（MJ/kg）
11 月 8 日	7.78	34.83	0.59	11.90	23.08
11 月 9 日	5.30	35.52	0.57	11.37	23.80
11 月 10 日	6.67	37.14	0.58	12.14	23.92
11 月 11 日	8.54	35.73	0.56	9.92	23.82
11 月 12 日	8.46	34.24	0.56	7.79	24.20
11 月 13 日	4.09	36.72	0.53	12.98	23.17
11 月 14 日	4.14	35.46	0.53	12.15	23.90
11 月 15 日	2.74	35.48	0.52	11.60	23.56
11 月 16 日	4.32	36.98	0.53	13.72	23.11
11 月 17 日	4.62	35.08	0.53	11.78	24.41
11 月 18 日	6.71	35.12	0.50	10.54	24.26
波动范围	2.74 ~ 8.54	34.24 ~ 37.14	0.50 ~ 0.59	7.79 ~ 13.72	23.11 ~ 23.80

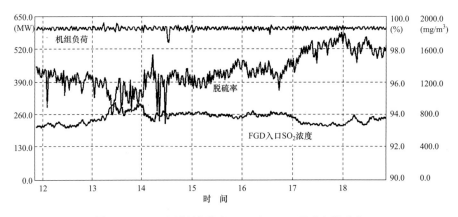

图 4-235 168h 试运行期间 FGD 入口 SO₂ 浓度与脱硫率

  3）FGD 进出口温度与压力。图 4-236 是 168h 试运行期间 FGD 系统进出口烟气温度与 JBR 进口烟气温度曲线。FGD 进口烟气温度稳定在 140 ~ 145℃，经过增压风机后会增高 3 ~ 5℃，这比设计值（123℃）要高。由于进入 JBR 之前烟气先经过冷却喷淋层达到饱和，因此稍高的入口温度对脱硫率影响不大。整个 168h 间，FGD 出入口温度及 JBR 入口温度较稳定，JBR 入口烟气温度都在 49 ~ 51℃，变动很小，JBR 内浆液温度与出口温度基本相同，相差 1℃ 左右。但经过 GGH 加热后的 FGD 出口烟气温度在 CRT 上显示为 78℃ 左右，实测表明 FGD 出口烟气温度能达到 80℃ 的设计要求，如表 4-57 所列；FGD 系统性能试验也表明刚能达到 80℃ 的要求。

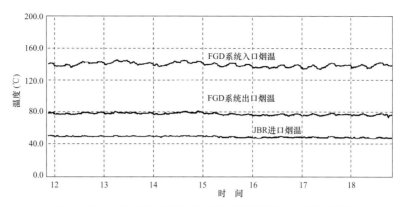

图4-236 1号FGD系统进出口烟气温度与JBR入口烟气温度

表4-57 1号GGH净烟气出口温度2次测量结果

不同测量地点温度 （深度）	温度 （0.75m，℃）	温度 （2.25m，℃）	温度 （3.75m，℃）	温度 （5.25m，℃）	平均值
GGH出口1	81.2	81.0	86.7	80.3	84.7
GGH出口2	80.4	82.6	84.1	78.6	
GGH出口3	82.7	85.6	83.1	84.5	
GGH出口4	93.3	92.5	90.0	88.3	
GGH出口1	81.3	81.0	86.9	80.7	85.5
GGH出口2	81.5	84.0	85.8	78.8	
GGH出口3	84.2	87.6	85.0	84.9	
GGH出口4	94.1	90.0	93.8	88.8	

图4-237是168h试运行期间的FGD进出口压力曲线。FGD出口压力为300±150Pa，FGD进口压力为0±150Pa。

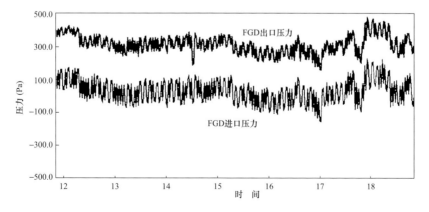

图4-237 168h试运行期间的FGD进出口压力曲线

4）FGD进出口烟尘浓度。图4-238是168h试运行期间FGD的进出口烟尘浓度变化曲线。从图中可知，由于电厂高效的电除尘器，试运行期间FGD入口烟尘浓度一直保持在较低的水平，在20～45mg/m³（干，6% O_2，标态）之间，低于设计值（47mg/m³）；FGD出口烟尘浓度维持在1～2mg/m³，达到设计保证值的要求（12mg/m³）。烟尘经过JBR后的脱除率在95%左右，这表明JBR技术有着非常显著的除尘效果，日本电厂要求烟尘排放浓度低于5mg/m³，这也是该技术在日本应用较多的一个原因。

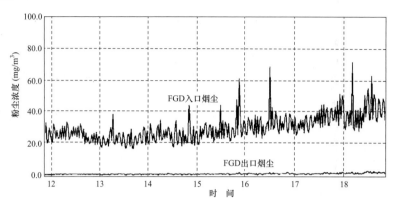

图 4 - 238   168h 期间 FGD 系统进出口粉尘浓度

5）GGH、除雾器的压差。图 2 - 239 反映了 168h 试运行期间 GGH、除雾器压差的变化情况。GGH 原烟气侧压差为 280Pa 左右，净烟气侧约为 320Pa，除雾器的压差约为 160Pa。168 试运期它们变化不大，表明冲洗是有效的。

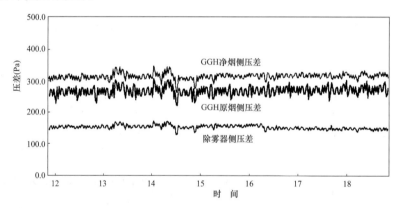

图 4 - 239   168h 试运行期间 GGH、除雾器压差的变化

（2）吸收塔系统。

1）JBR 液位与 pH 值。图 4 - 240 是 168h 试运行期间 JBR 液位与 pH 值的变化曲线。从图中可知，168h 期间 JBR 液位未有太多的调整，均保持在 160 ~ 180mm 之间。

在传统的喷淋塔中，烟气是连续相的，液态吸收剂扩散到烟气中去。液态吸收剂通过喷射进入烟气或通过塔内的填料或塔盘与烟气接触，致使传质过程和化学反应弱化。而鼓泡塔工艺正好与喷淋塔相反，液态吸收剂是连续相的，而烟气是扩散相的。烟气通过 JBR 喷射到塔内的吸收浆液中去，鼓泡区气泡大量、迅速不断地生成和破裂使气—液接触能力进一步加强，从而不断产生新的接触面积。在这种情况下，临界传质和临界化学反应速度都得到了加强，所以鼓泡塔可以在比喷淋塔更低的 pH 值下运行，并达到更高的脱硫效率。荏原公司认为该范围 pH 值可在 4 ~ 6 之间。

在 168h 试运行期间曾多次调整吸收塔的 pH 值，但为顺利完成 168h，调整的幅度很小。11 月 11 日 9:00 pH 值从 4.5 调至 4.7，12 日 18:52 pH 值从 4.7 调至 4.8，13 日 16:50 pH 值再升至 4.9，到 14 日又将 pH 值重新降为 4.8，然后保持在此 pH 值下运行到 168h 试运行结束，其变化过程可见图 4 - 240。JBR 中 pH 值的自动调节是通过石灰石浆液流量的增减来实现的，而进入 JBR 的石灰石供给量的控制是通过前馈信号（FGD 系统入口烟气流量和 SO_2 浓度）以及反馈信号（JBR 内 pH 值）而进行的串级控制。调试期间，为防止控制紊乱，先将 JBR 的 pH 值反馈控制值设为无效。先调整副回路中的石灰石浆液流量，通过优化相应比例带及积分时间，保证了副回路中 PID 控制器的快速反应及稳定性。之后再通过观察 pH 值的变化，稳定后切入 pH 值反馈控制，再调节主回路中的 PID 参数。

由于 pH 值是吸收塔系统中最重要的一个控制参数，它的准确与否将直接关系到 FGD 系统的正常运行，所以应经常性地对 pH 计进行校验，以确保 pH 值的正确。

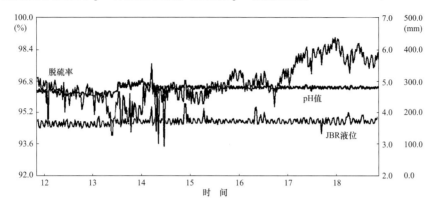

图 4 – 240 168h 试运行期间吸收塔 pH 值、液位调整与脱硫率的关系

2）JBR 的压差。图 4 – 241 是 168h 试运行期间的 JBR 液位与压差及增压风机出口压力的关系曲线。很明显，JBR 液位增大，其压差和风机出口压力也相应增大，它们基本上呈正比关系。

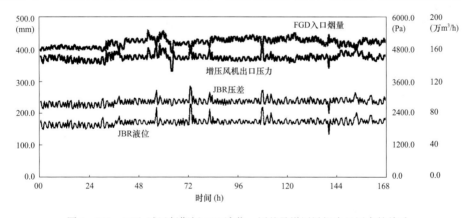

图 4 – 241 168h 试运行期间 JBR 液位、压差及增压风机出口压力的关系

3）吸收塔浆液分析。为了准确掌握 FGD 系统的各项化学技术指标，以便及时调整工艺参数，在热调和 168h 试运行期间，对吸收塔浆液进行了试验室分析，其结果见表 4 – 58。

按设计，吸收塔浆液含固率应控制在指定范围内（10% ~ 20%），这通过启停脱水系统来控制。从表 4 – 58 的分析结果看，吸收塔浆液含固率在 11.64% ~ 14.89% 之间波动，得到了有效的控制。图 4 – 242 是 168h 试运行期间 CRT 上显示的吸收塔浆液含固率变化曲线，11 月 11 日至 11 月 18 日每天 8：30 取样分析吸收塔浆液含固率，并与 CRT 显示值进行比较，结果发现 CRT 值与实测值存在较大的偏差，其中 15 日的偏差最大，达到了 2.08%，如图 4 – 243 所示。为使 FGD 系统稳定正常运行，应对吸收塔浆液密度计进行校验，减少测量误差。

表4－58　　　　　　　　　　　168h 试运行期间吸收塔浆液分析结果

采样时间 2004 年	pH 值	含固率 （%）	CaCO₃ （%）	SO₃²⁻ （mg/L）	Cl⁻ （mg/L）	F⁻ （mg/L）
11 月 8 日 13:30 启动前	—	16.69	7.21	89.95	839	—
11 月 9 日 8:30	4.02	14.89	1.71	113.73	1088	—
11 月 10 日 8:30	4.10	14.18	1.17	140.5	1244	—
11 月 11 日 8:30	4.52	13.50	1.57	未检出	1883	—
11 月 12 日 8:30	4.70	13.77	2.26	未检出	1926	—
11 月 13 日 8:30	4.55	12.08	3.34	未检出	1696	82.4
11 月 14 日 8:30	4.83	11.64	2.74	未检出	1289	34.0
11 月 15 日 8:30	4.83	14.16	2.52	未检出	1387	29.3
11 月 16 日 8:30	4.78	12.84	2.99	未检出	2531	32.8
11 月 17 日 8:30	4.80	13.17	3.16	未检出	2710	30.0
11 月 18 日 8:30	4.82	12.66	3.54	未检出	2872	30.5

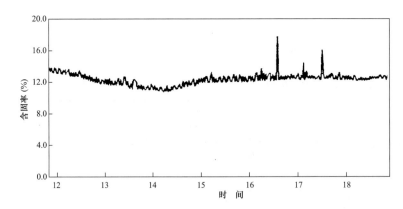

图 4－242　168h 试运行期间 CRT 上吸收塔浆液含固率

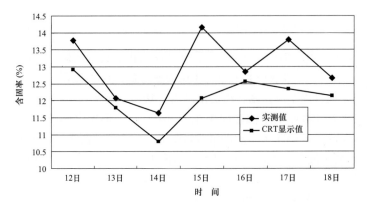

图 4－243　168h 试运行期间 JBR 含固率实测值与 CRT 显示值的比较

碳酸钙作为脱硫剂在吸收塔中适当过量，可以使系统的 pH 值保持在较高水平，从而保证浆液对 SO_2 的吸收。但如果浆液的碳酸钙含量过高，则会使 Ca/S 增加，提高成本，并使石膏纯度降低，影响石膏的品质。从测试结果看，168h 试运行期间碳酸钙含量在 1.17% ~ 3.54% 之间，总的趋势是随着吸收塔浆液 pH 值的调整升高，浆液中的碳酸钙含量也随之升高，达到 3% 左右。根据荏原公司提供的物料衡算参数，吸收塔浆液中碳酸钙的含量应在 1%，可见实际的浆液中碳酸钙含量仍然偏高，有待作进一步的优化。

由表 4 - 58 可见，FGD 系统热调期间，吸收塔浆液中的 $CaSO_3$ 浓度都比较低，168h 试运行期间更低至无法检出，说明脱硫反应中的中间产物 $CaSO_3$ 和 $CaHSO_3$ 得到了充分的氧化，从而保证了脱硫反应的顺利进行。图 4 - 244 是 168h 试运行期间 1 台氧化风机运行时鼓入 JBR 的空气流量曲线，氧化风机 1 用 1 备。氧化空气量是针对 FGD 入口 SO_2 浓度为 1567mg/m³（干，6% O_2）而设计的，实际运行时入口 SO_2 浓度只有设计值的一半左右，可以推测 JBR 内的氧化反应是十分充分的，浆液中的 $CaSO_3$ 浓度低是正常的。从图中还可看出，整个 168h 期间氧化空气流量略呈下降趋势，是因氧化风机入口滤网变脏所致，切换另一台风机运行，风量恢复正常。

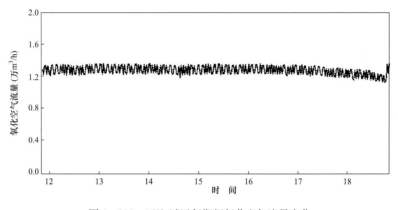

图 4 - 244　168h 试运行期间氧化空气流量变化

168h 试运行期间，吸收塔浆液中的氯离子浓度从 1088mg/L 逐日上升，11 月 18 日达到 2872mg/L，但仍未达到其设计最大值 20000mg/L。石灰石和工艺水中氯离子的含量都比较低，吸收塔浆液中的氯离子主要来自烟气中的 HCl，这表明煤中的氯含量较小。

高氯含量对脱硫反应及石膏品质都有不利影响，且会增加对系统的腐蚀，因此，应尽量控制吸收塔浆液中的氯离子含量。通过适当排出废水，可使吸收塔中的氯离子浓度达到平衡。168h 试运行期间 FGD 系统的废水排量基本控制在 16t/h，这是废水处理系统设计处理量。吸收塔浆液中氟离子浓度在 30mg/L 左右，也比较低。

（3）石灰石浆液制备系统。石灰石浆液是采用 2 台湿式球磨机系统来磨制的，运行中石灰石下料与工艺水配比为 0.375∶1。石灰石浆液旋流器开启两个旋流子，旋流器入口压力设定为 117kPa，浆液循环泵的转速控制投入自动，保持旋流器入口处压力，此时浆液循环泵流量为 80m³/h 左右。旋流器到石灰石浆液罐的阀门投入自动，浓度大于 22% 时，延时 1min 开阀门；浓度小于 19% 时，延时 1min 关阀门。制浆系统可实现自动控制，成品浆液浓度合格，保持在 20% 左右。图 4 - 245 是湿磨系统各参数的运行曲线，可见运行是十分平稳的。

进入 JBR 的石灰石浆液量自动控制，通过调节阀来改变流量的大小。图 4 - 246 是 168h 初期典型的石灰石浆液调节阀开度的变化曲线，石灰石浆液流量也一样变化，从图中可见石灰石浆液调节阀有规律地开大和关小，但不够平稳，调节太频繁。通过优化 PID 控制器的参数，石灰石浆液调节阀开度和流量供给逐渐变得平稳，如图 4 - 247 所示。

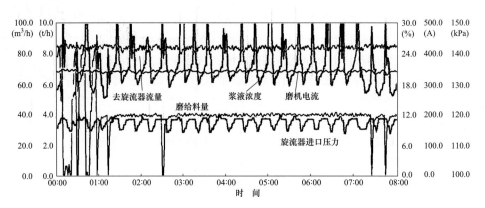

图 4-245　湿式球磨机系统各参数的控制

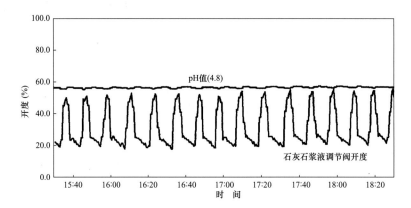

图 4-246　168h 期间典型的石灰石浆液调节阀开度曲线

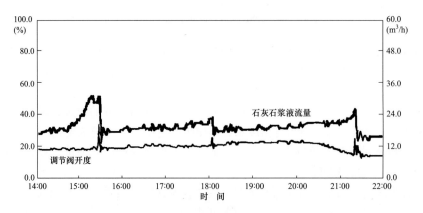

图 4-247　优化后石灰石浆液给料量与阀门开度的关系

　　表 4-59 是 168h 期间石灰石分析结果。从表中可知：各日石灰石的氧化钙含量波动范围在 52.62% ~ 54.52%，平均值为 53.65%，明显高于设计要求值（50%）。氧化镁含量在 1.11% ~ 1.55% 之间，平均值为 1.40%，高于设计值（小于 0.54%）的要求，但仍然满足氧化镁的设计波动范围。从石灰石的颗粒度结果看，粒径小于 63μm 的石灰石比例高达 99.54%，其中有 7 天的结果还达到了 100%，明显高于设计值（90%）。从上述结果看，热调与 168h 试运行期间石灰石的各项指标均达到了设计要求，这为 FGD 系统的正常运行提供了保障。

日期 （2004 年）	碳酸钙 （%）	氧化钙 （%）	碳酸镁 （%）	氧化镁 （%）	颗粒度 （<63μm,%）
11 月 9 日	95.52	53.51	3.04	1.45	97.58
11 月 10 日	93.92	52.62	3.25	1.55	100
11 月 11 日	96.64	54.14	2.79	1.33	100
11 月 12 日	97.32	54.52	2.32	1.11	100
11 月 13 日	96.32	52.31	3.13	1.50	97.99
11 月 14 日	95.99	53.78	3.03	1.45	100
11 月 15 日	96.79	54.22	3.02	1.44	99.86
11 月 16 日	96.09	53.83	2.81	1.34	100
11 月 17 日	95.88	53.71	2.97	1.42	100
11 月 18 日	96.16	53.87	2.82	1.35	100
平均值	96.06	53.65	2.92	1.40	99.54

表 4－59　　　　　　　　　　　热调及 168h 试运行期间石灰石分析结果

（4）石膏脱水系统。在 JBR 中，石膏浆液的浓度一般保持在 10% ～20% 左右。石膏浆液排出流量取决于进入 JBR 的石灰石浆液供给流量，当石灰石浆液流量增大时，石膏浆液排放量也相应增加。图 4－248 是 168h 初期石膏浆液的排放量与调节阀开度的对应关系。因石灰石浆液供给流量的脉动，石膏浆液的排放量也相应变动较大，优化控制后，浆液的排放量变得稳定了，如图 4－249 所示。

石膏水力旋流器总共有 8 个旋流子，3 个为手动门，5 个为电动门。调试时，通过调整下出液口的可调尾翼，使每个旋流子的流量控制在 10m³/h 左右。试运及正常运行时，3 个手动阀打开 2 个，1 个作为备用，同时由石膏浆液排放量来对其他 5 个电动阀实现工艺控制。例如当流量升到 20.4 ～30.6m³/h 且没有电动阀开时，开 1 个电动阀；流量升到 30.6 ～40.8m³/h 且只有 1 个电动阀开或没有电动阀开，则开电动阀，使电动阀的开数为 2 个；流量降到 18m³/h 以下电动阀全关等。运行中旋流器底流浆液浓度由旋流器浆液进口压力和流量来控制，浆液直接落在真空脱水机的滤布上进行脱水，该脱水机滤布的运行是间歇式的。表 4－60 为 168h 试运行期间的石膏成分化学分析结果。

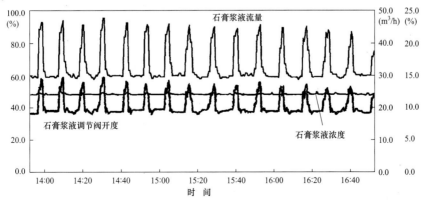

图 4－248　168h 试运行初期典型的石膏浆液排放量与调节阀开度

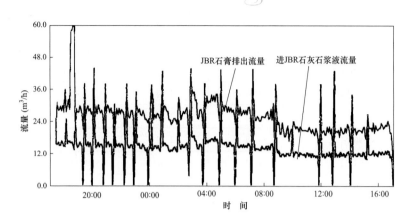

图 4 - 249　优化后石膏排放量与石灰石浆液给料量关系（2 号 JBR 168h 试运时）

（图中尖点是泵停运冲洗）

表 4 - 60　　　　　　　　1 号 FGD 系统 168h 试运行期间的石膏成分化学分析结果

采样时间 2004 年	水分 （%）	CaSO$_4$ · 2H$_2$O （%）	CaCO$_3$ （%）	CaSO$_3$ · 1/2H$_2$O （%）	MgO （×10^{-6}）	Cl$^-$ （×10^{-6}）	F$^-$ （×10^{-6}）	盐酸不 溶物（%）
11 月 9 日 8:00	6.32	94.39	1.97	0.16	2050	6.0	11	—
11 月 11 日 8:00	7.20	96.28	1.43	0.0749	3050	5.0	7.5	0.86
11 月 12 日 8:00	8.40	92.09	1.97	0.0601	7000	5.2	6.0	1.24
11 月 13 日 8:30	8.27	92.46	3.19	0.0618	17200	6.35	66.5	2.07
11 月 14 日 8:30	7.77	94.89	2.43	0.0125	1800	5.42	4.2	0.093
11 月 15 日 8:30	7.58	92.93	2.89	0.0084	3300	6.54	15.2	1.59
11 月 16 日 8:30	6.42	93.90	2.96	未检出	6400	7.13	12.2	1.58
11 月 17 日 8:30	6.31	94.77	2.65	未检出	2500	6.54	15.9	0.96
11 月 18 日 8:30	7.48	94.86	2.71	未检出	5400	5.98	7.14	1.10

　　从分析结果看，在整个 168h 试运行期间石膏的水分均在 6.31% ～8.40% 之间，低于 FGD 的设计保证值（10%），真空脱水机起到了应有的作用。石膏纯度均高于 FGD 系统的设计保证值（90%）；各日的碳酸钙含量除 11 月 12 日外，均小于 3% 的 FGD 系统保证值。石膏的碳酸钙含量与吸收塔的碳酸钙含量的变化趋势是基本一致的，11 月 11 日将吸收塔浆液的 pH 值从 4.5 升高至 4.7 后，吸收塔浆液中的碳酸钙含量开始增加，导致石膏中的碳酸钙含量也有所增加，但基本保持在 2% ～3% 之间。可见吸收塔浆液 pH 值的控制对整个 FGD 的正常运行起到十分重要的作用，增加 pH 值会使脱硫效率提高，同时也会增加石灰石的耗量和石膏中碳酸钙的含量。

　　石膏中的亚硫酸钙含量基本保持在较低的水平，达到设计的要求值（0.35%）。由于吸收塔浆液中的亚硫酸根含量并不高，从而保证了石膏中亚硫酸钙含量合格。

　　石膏中的氯含量均未超过 100×10^{-6} 的设计保证值。真空脱水机的冲洗水起到了应有的作用。石膏中的氟含量一直保持较低的水平，远小于设计保证值（100×10^{-6}）。石膏的氧化镁含量在 11 月 13 日达到 17000×10^{-6}，明显超过了设计保证值（450×10^{-6}），有待进一步的优化。7 天的盐酸不溶物含量变化较大，在 0.093% ～2.07% 之间波动。石膏中的盐酸不溶物主要来自石灰石，还有一部分来自烟尘中的飞灰。

　　（5）其他系统。图 4 - 250 是 1 号 FGD 系统 168h 期间 3h 内的工艺水流量和压力等参数的变化曲线，可见工艺水流量成脉动状波动，小至 50m^3/h，大至 280m^3/h，变化很大，当 2 套 FGD 系统同时运行时波动更大，如图 4 - 251 所示，这是 FGD 系统用水的特点。当工艺水用量增大时，其压力相应减小。按设计工艺水箱液位根据 FGD 系统用水量的大小通过水箱进口调节阀的开度来维持在 5.0m 左右，但在调试初期，发现 FGD 系统用水会造成机组工艺水母管压力有较大的波动，后来将调节阀的最大开度进行限制，不超过 13.0%。事实上，水箱调节门完全可以用一个全开全关的电动门代替，如前述瑞明电厂、沙角 A 厂 FGD 水箱的可变液位调节。

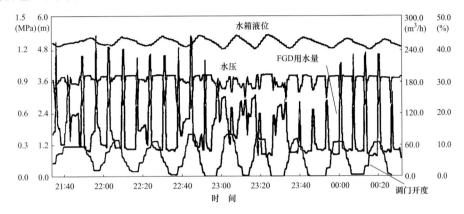

图 4-250 单台 FGD 系统运行时工艺水调门开度、液位、流量和压力的变化

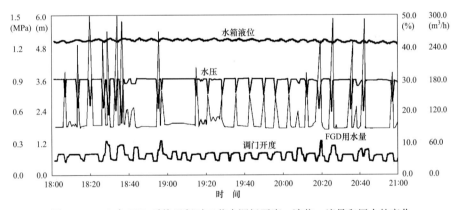

图 4-251 2 台 FGD 系统运行时工艺水调门开度、液位、流量和压力的变化

图 4-252 是 FGD 系统压缩空气压力的变化，十分平稳，维持在 650kPa 左右。EGD 系统废水排放量在 16m³/h，处理后的废水品质基本达到了要求。图 4-253 ~ 图 4-264 给出了 1 号 FGD 系统 168h 试运期间操作员站 CRT 上典型的系统画面。

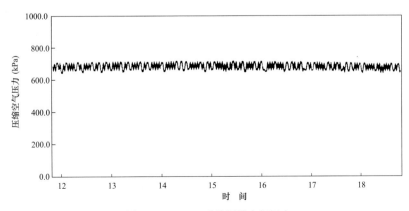

图 4-252 FGD 系统压缩空气压力

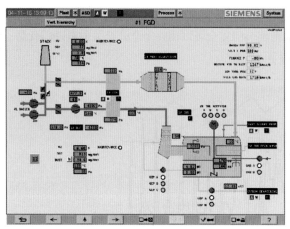

图 4 – 253　168h 中典型的 CRT 上 FGD 烟气系统画面

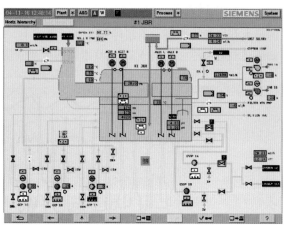

图 4 – 254　168h 中典型的 CRT 上 JBR 系统画面

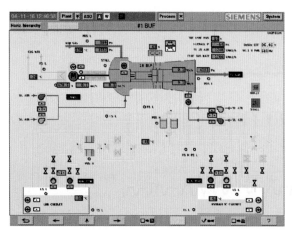

图 4 – 255　168h 中典型的 CRT 上增压风机系统画面

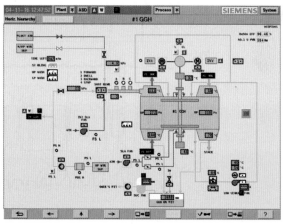

图 4 – 256　168h 中典型的 CRT 上 GGH 系统画面

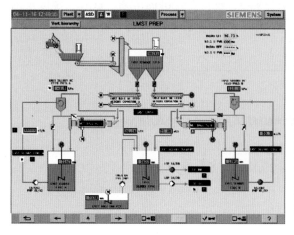

图 4 – 257　168h 中典型的 CRT 上湿磨制浆系统画面

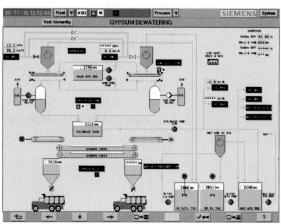

图 4 – 258　168h 中典型的 CRT 上脱水系统画面

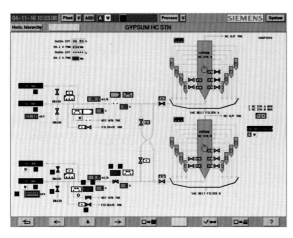

4 – 259 168h 中典型的 CRT 上石膏水力旋流器系统画面

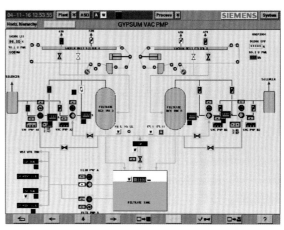

图 4 – 260 168h 中典型的 CRT 上真空泵系统画面

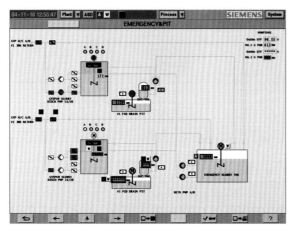

图 4 – 261 168h 中典型的 CRT 上 JBR
地坑与事故罐系统画面

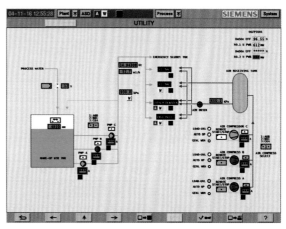

图 4 – 262 168h 中典型的 CRT
上工艺水与仪用空气系统画面

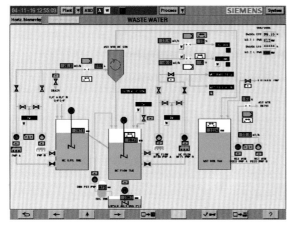

图 4 – 263 168h 中典型的 CRT 上废水排放系统画面

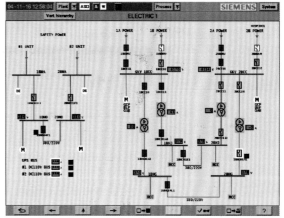

图 4 – 264 168h 中典型的 CRT 上电气系统画面

3. 2 号 FGD 系统 168h 期间各参数的调整与分析

2 号 FGD 系统 168h 满负荷试运行时间为 2005 年 3 月 24 日 17:00 ~ 3 月 31 日 17:00，整个过程机组负荷稳定在 550 ~ 600MW，锅炉负压在 −200 ~ 0Pa 的正常范围内波动。图 4 −265 是 168h 中 FGD 系统的脱硫率及 FGD 入口 SO_2 浓度、FGD 烟气量与吸收塔中 pH 值、液位的曲线，FGD 入口 SO_2 浓度波动范围为 500 ~ 780mg/m³（标态、干、6% O_2，下同），平均值在 600mg/m³ 左右，远低于 FGD 入口设计值 1567mg/m³。FGD 入口烟气 O_2 含量在 6.0% 波动，FGD 出口 SO_2 浓度的波动范围为 7.74 ~ 37.00mg/m³，平均值为 14.77mg/m³，出口烟气 O_2 含量在 6.8% 左右。FGD 脱硫效率在 95% 以上，平均值超过 97%，高于 FGD 保证值 95%。同 1 号 FGD 系统试运时一样，这是由于试运行期间的燃煤硫分比设计煤种低所致，表 4 −61 给出了 168h 试运行期间 2 号锅炉燃煤成分分析结果，可明显看出这一点。

表 4 −61　　　　　　　　　　　　　　2 号 FGD 系统 168h 试运期间煤质分析

日期 2005 年	空气干燥基水分 M_{ad}（%）	干燥无灰基挥发分 V_{daf}（%）	干燥基全硫 $S_{t,d}$（%）	收到基灰分 A_{ar}（%）	收到基低位热值 $Q_{ar,net}$（MJ/kg）
3 月 24 日	3.71	36.33	0.43	9.62	22.84
3 月 25 日	3.46	36.27	0.42	9.28	22.67
3 月 26 日	6.58	38.37	0.44	7.12	22.80
3 月 27 日	4.75	35.55	0.43	7.43	22.64
3 月 28 日	3.52	36.11	0.42	8.51	23.41
3 月 29 日	3.56	35.54	0.43	8.10	22.94
3 月 30 日	6.20	37.20	0.44	8.46	23.06
3 月 31 日	4.80	35.67	0.43	8.46	23.62
波动范围	3.46 ~ 6.20	35.54 ~ 38.37	0.42 ~ 0.44	7.12 ~ 9.62	22.64 ~ 23.62

在整个 168h 期间，吸收塔的 pH 值未作过多调整，稳定在 5.1 左右，同样根据 1 号 FGD 系统的优化经验，吸收塔液位设定在 125mm，这样既保证了脱硫效率，又可节约 FGD 用电。

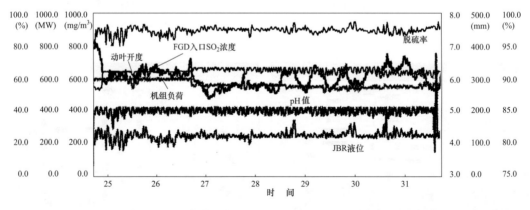

图 4 −265　2 号 FGD 系统 168h 机组负荷、动叶开度、入口 SO_2 浓度、脱硫率与 pH 值及液位的关系曲线

表 4 −62 是 2 号 FGD 系统 168h 试运行期间 JBR 浆液分析结果。同 1 号 FGD 系统相比，pH 值略有提高，因而脱硫效率更高。吸收塔浆液实际含固率在 15.48% ~ 18.42% 之间波动，也比 1 号 FGD 系统 168h 试运时要高些，一个原因是 CRT 显示值与实测值存在较大的偏差，图 4 −266 是二者的比较曲线，其中 27、29、30 日的 CRT 显示值低于实测值 4% 以上。图 4 −267 是 CRT 上石膏浆液密度

显示值，31 日密度计得到了校正，为使 FGD 系统稳定正常运行，应经常对石膏浆液密度计进行校验，减少测量误差。碳酸钙含量在 1.86%～2.53% 之间，比设计值（1%）要偏高些；Cl^- 及 F^- 浓度皆比较小；亚硫酸根含量很小，表明 JBR 内有着充分的氧化。

表 4－62　　　　　　　　　2 号 FGD 系统 168h 试运行期间 JBR 浆液分析结果

采样时间，2005 年	pH 值	含固率（%）	$CaCO_3$（%）	SO_3^{2-}（mg/L）	Cl^-（mg/L）	F^-（mg/L）
3 月 25 日 8:00	5.14	16.80	1.86	33.8	4671.78	28.0
3 月 26 日 8:00	5.13	17.91	2.53	27.60	5421.72	33.0
3 月 27 日 8:00	5.18	17.68	2.16	27.80	4786.28	46.9
3 月 28 日 8:00	5.08	18.42	2.44	16.00	3696.63	39.1
3 月 29 日 8:00	5.10	15.48	2.06	18.54	3301.71	52.1
3 月 30 日 8:00	5.09	16.58	1.98	41.20	3495.49	50.9
3 月 31 日 8:00	5.09	17.76	2.47	32.14	3303.71	50.9

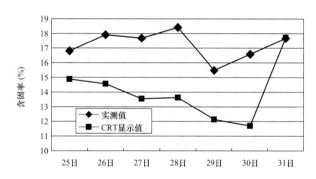

图 4－266　2 号 FGD 系统 CRT 上石膏浆液含固率与实测值的比较

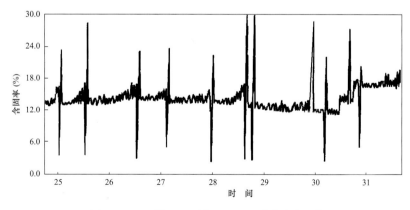

图 4－267　2 号 FGD 系统 CRT 上石膏浆液含固率

图 4－268 是 168h 运行期间 FGD 入口、GGH 原烟气出口、JBR 入口及 FGD 系统出口的温度曲线，可看出各温度均变化不大，FGD 系统出口的温度 CRT 上显示一直较低，在 73℃。FGD 系统进出口压力稳定，如图 4－269 所示，其中进口压力为 0～300Pa，出口压力为 300～500Pa。

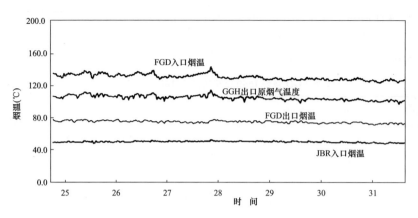

图 4 - 268　2 号 FGD 系统 168h 试运行期间的温度

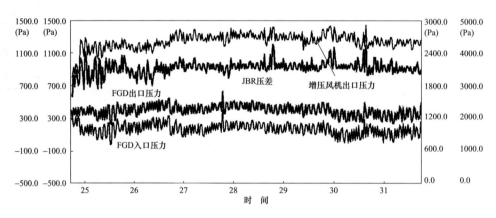

图 4 - 269　FGD 系统进出口压力等的变化

　　图 4 - 270 是 168h 中 JBR 液位与 JBR 压差及增压风机出口压力的关系,与 1 号 JBR 一样,JBR 液位与 JBR 压差是明显的正比例关系,增压风机出口压力也随 JBR 液位的增大而增加,这表明增压风机动叶的前馈自动控制正常。

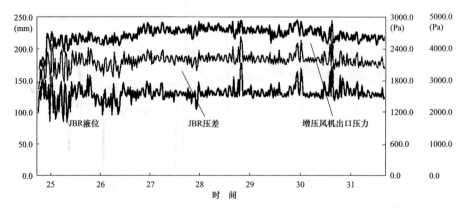

图 4 - 270　2 号 JBR 液位与压差及增压风机出口压力

　　图 4 - 271 是 168h 试运行期间的 GGH、除雾器的压差的关系曲线,GGH 原烟气侧压差最初为 340Pa 左右,净烟气侧约为 380Pa,到 168h 结束,GGH 原/净烟气侧压差升到了 420/490Pa,升幅近 30%,尽管用压缩空气每班吹一遍,但效果不大,这可能是烟气携带浆液比较多,FGD 系统停运时

应彻底检查。除雾器的压差在 180Pa 左右，变化不大，表明除雾器的冲洗是有效的。

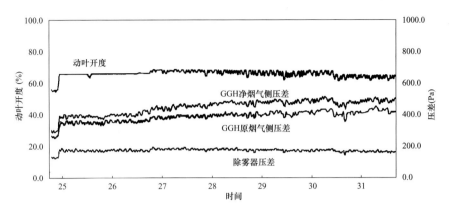

图 4 - 271　168h 试运行期间 GGH、除雾器的压差变化

图 4 - 272 是 168h 试运行期间 2 号 FGD 进出口烟尘浓度变化曲线，从图中可知，与 1 号 FGD 系统一样，由于电厂高效的电除尘器，试运行期间 FGD 入口烟尘含量一直保持在较低的水平，不到 40mg/m³，低于设计烟气参数值 47mg/m³；FGD 出口烟尘浓度很低，达到了设计保证值的要求 12mg/m³。

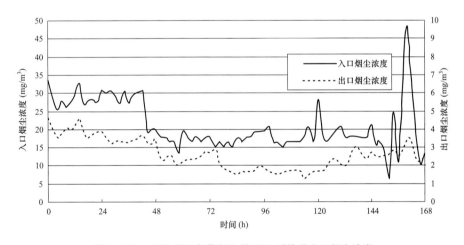

图 4 - 272　168h 试运行期间 2 号 FGD 系统进出口烟尘浓度

2 号 FGD 系统 168h 试运行期间石灰石成分分析见表 4 - 63。从表中可知，各日石灰石的氧化钙含量的波动范围为 51.14%～53.28%，平均值为 51.99%，高于设计要求值（50%）。氧化镁含量在 1.39%～1.94% 之间，平均值为 1.66%，未能达到设计值（小于 0.54%）的要求，但仍然满足氧化镁的设计波动范围。石灰石颗粒度小于 63μm 的百分比明显高于设计值（90%）。

2 号 FGD 系统进行 168h 试运行时，1 号 FGD 系统也正常运行，因此石膏脱水系统接收的是两套系统的石膏浆液。表 4 - 64 给出了脱水石膏成分的化学分析结果，从表中可看出，除石膏的氧化镁含量明显超过了设计保证值（450×10^{-6}）外，其余各项指标均达到设计要求，这可能与石灰石中氧化镁含量高有直接关系。

表 4 – 63   **热调及 168h 试运行期间石灰石分析结果**

日期 2005 年	碳酸钙 （%）	氧化钙 （%）	碳酸镁 （%）	氧化镁 （%）	颗粒度 （<63μm,%）
3 月 24 日	93.10	52.09	3.45	1.65	—
3 月 25 日	91.40	51.14	3.33	1.59	—
3 月 26 日	92.22	51.20	4.05	1.94	—
3 月 27 日	92.53	51.72	4.06	1.94	99.51
3 月 28 日	94.49	52.87	3.50	1.67	100
3 月 29 日	95.23	53.28	3.05	1.46	95.82
3 月 30 日	92.62	51.82	2.90	1.39	99.09
3 月 31 日	92.61	51.82	3.45	1.65	97.66
平均值	93.03	51.99	3.47	1.66	98.42

表 4 – 64   **2 号 FGD 系统 168h 试运行期间的石膏成分化学分析结果（2 套）**

采样时间 2005 年	水分 （%）	$CaSO_4 \cdot 2H_2O$ （%）	$CaCO_3$ （%）	$CaSO_3 \cdot 1/2H_2O$ （%）	MgO （%）	Cl^- （μg/g）	F^- （μg/g）	盐酸不溶物 （%）
3 月 24 日 8:00	7.41	96.51	1.12	未检出	1.37	14.33	33.32	0.97
3 月 25 日 8:00	8.31	96.65	1.35	0.047	1.15	7.24	32.89	0.91
3 月 26 日 8:00	8.07	93.75	1.20	0.034	0.68	5.62	35.19	2.14
3 月 27 日 8:00	8.27	94.34	1.90	0.022	1.55	5.51	47.04	1.66
3 月 28 日 8:00	8.76	95.16	1.21	0.034	1.08	5.89	33.77	1.20
3 月 29 日 8:00	8.54	94.54	1.26	0.010	1.14	6.76	42.75	1.11
3 月 30 日 8:00	8.23	95.06	1.46	0.022	0.81	6.22	41.22	1.63
3 月 31 日 8:00	8.73	91.67	1.51	0.022	1.08	5.61	39.18	1.08

    图 4 – 273 ~ 图 4 – 276 给出了 2 号 FGD 系统 168h 试运行期间某时刻 CRT 上烟气系统、JBR 系统、石膏浆液水力旋流器系统及 2 套 FGD 系统运行时的总画面。

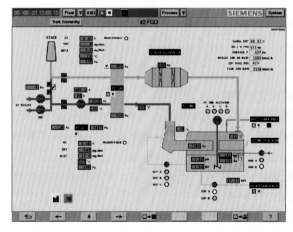

图 4 – 273   2 号 FGD 系统 168h 试运行期间
CRT 上烟气系统

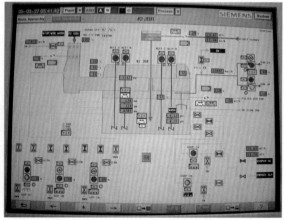

图 4 – 274   2 号 FGD 系统 168h 试运行期间
CRT 上 JBR 系统

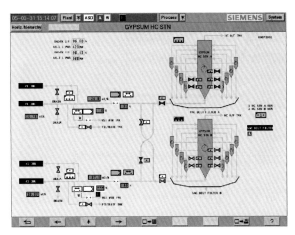
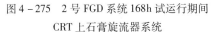

图 4 – 275　2 号 FGD 系统 168h 试运行期间
CRT 上石膏旋流器系统

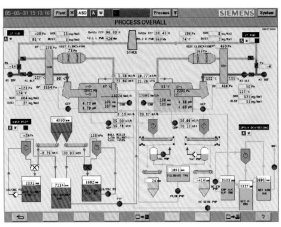

图 4 – 276　2 套 FGD 系统运行时 CRT 上总貌
（注：1 号 GGH 原烟气侧压差 3154Pa 为仪表故障所致）

4. CT – 121 FGD 系统 168h 试运典型数据与问题分析

（1）脱硫率与烟气量关系。图 4 – 277 是 11 月 9 日 22：10 增压风机减小动叶开度及 11 月 10 日 10：00 增压风机重新增大开度时 1 号 FGD 系统脱硫率与进入系统的烟气量关系曲线，从图中可明显看出当烟气量由 164 万 m^3/h 减少到 104 万 m^3/h，在入口 SO_2 浓度、pH 值（4.0）和 JBR 液位（125mm）不变的情况下，脱硫率增加了 2%。还可看出，烟气量、入口 SO_2 浓度不变时，同时提高 pH 值（4.0→4.5）和 JBR 液位（125mm→160mm），脱硫率增加了近 5%。

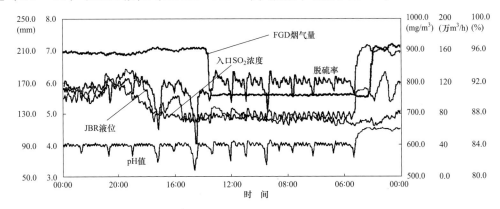

图 4 – 277　脱硫率（80% ~ 100%）与烟气量（0 ~ 200 万 m^3/h）的关系

（2）脱硫率与 FGD 入口 SO_2 浓度关系。图 4 – 278 是 11 月 13 日 FGD 入口 SO_2 浓度从 700mg/m^3 慢慢升到 950mg/m^3 时 FGD 系统脱硫率的变化曲线，在烟气量、pH 值（4.7）和 JBR 液位（170mm）基本不变的情况下，脱硫率也慢慢减小了 2%。相反，图 4 – 279 是 11 月 13 日 FGD 入口 SO_2 浓度从 920mg/m^3 减小到 720mg/m^3 时 FGD 系统脱硫率的变化曲线，在烟气量、pH 值（4.8）和 JBR 液位（165mm）不变的情况下，脱硫率增加了 1% 多。同时可以看到，当 FGD 入口 SO_2 浓度波动时，在其他条件基本不变时，脱硫率也随之增大或减小。在 1 号 JBR 优化试验中，脱硫率与 FGD 入口 SO_2 浓度的对应关系表现得非常典型，如图 4 – 280 所示。

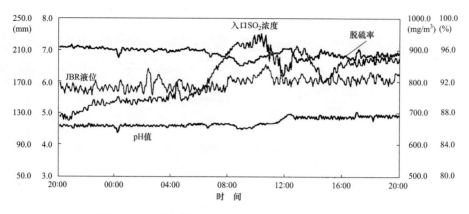

图 4-278 脱硫率与 FGD 入口 SO₂ 浓度（增大）的关系

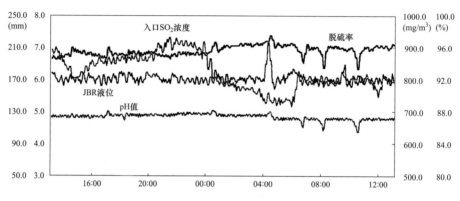

图 4-279 脱硫率与 FGD 入口 SO₂ 浓度（减小）的关系

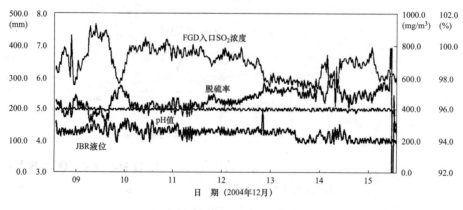

图 4-280 脱硫率与 FGD 入口 SO₂ 浓度的典型关系

（3）脱硫率与浆液 pH 值、液位的关系。图 4-281 是脱硫率与浆液 pH 值、液位的典型关系，在其他条件不变时，从图可看出，pH 值从 5.0 升到 5.2，JBR 液位保持在 170mm，脱硫率从 98% 增大到 99.3%。JBR 液位慢慢降到 130mm，pH 值保持 5.2 不变，脱硫率从 99.3% 减小到 98.1%。之后液位又上升，脱硫率也随之增大。pH 值从 5.2 变化到 5.4，JBR 液位 165mm，脱硫率从 98.9% 增大到 99.8%。

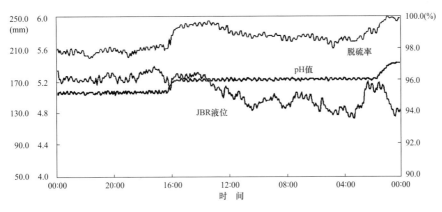

图 4 - 281　脱硫率与 JBR 浆液 pH 值、液位的典型关系

图 4 - 282 是 1 号 JBR 优化试验中，脱硫率与 JBR 液位的典型关系。在 FGD 烟气量（164.5 万 m^3/h）、入口 SO_2 浓度波动不大（600～800mg/m^3）及 pH 值稳定在 5.8 左右时，JBR 液位按 150、125、100、75mm 变化，脱硫率呈明显减小趋势。

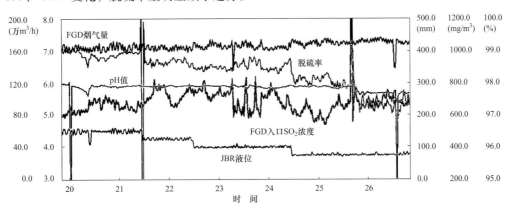

图 4 - 282　脱硫率与 JBR 液位的典型关系

需要说明的是，在 168h 前校验过 CEMS，为保证 168h 数据的可比性及系统稳定运行，在整个 168h 期间未重新校验 CEMS。168h 结束后，11 月 19 日下午 13:45～14:45 对 CEMS 重新进行校验，校验结束后 FGD 进口烟气含氧量比 FGD 出口氧量略小。由于 FGD 系统脱硫率计算要折算到 6% O_2 下，因此 CEMS 校验前，脱硫率要比校验后高出 1%～2%，如图 4 - 283 所示。

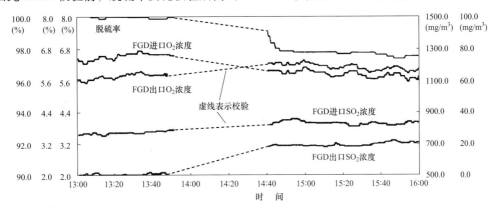

图 4 - 283　CEMS 校验前后脱硫率，SO_2、O_2 浓度的比较

（4）JBR 液位升高问题。在 1 号 FGD 系统 168h 期间发现，JBR 液位自动控制时，约每隔 26h 出现液位高现象。典型的一个例子见图 4-284。出现此问题时，首先暂时停止 JBR 上/下隔板的自动冲洗程序，控制液位的进一步上升，待液位稳定后再重新投入自动。

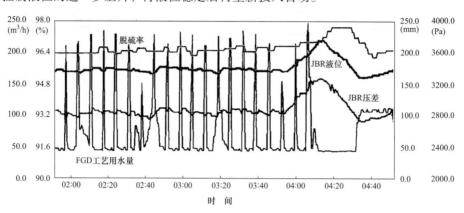

图 4-284 典型的 JBR 液位升高现象（11 月 14 日 4:13）

在正常运行中，JBR 液位由进入烟气冷却器的工艺水量进行控制。而补给水量则通过 JBR 液位的反馈控制及前馈控制信号（FGD 系统入口烟气流量）进行串级控制。其中，对于 JBR 下平台以及除雾器后侧的工艺水冲洗量进行了有效补偿。另外，当 JBR 入口烟气温度（三取一）超过 65℃后，JBR 补给水调节阀将强制全开来冷却烟气，以保护 JBR 内部组件及其内衬，直至三个温度测点均低于 65℃。JBR 液位由差压液位变送器测量并显示于 DCS 操作员画面上，由于 JBR 鼓泡塔的特性，液位的波动较大，在调试时确定以 120s 的移动平均值作为控制反馈量。调试初期，先设定 JBR 液位，将副调节回路置于自动控制模式进行初步检查。判断 PID 控制器的输出正确后，调节优化相应比例带及积分时间，保证控制器的快速反应及稳定性。之后投入串级控制，将 JBR 液位反馈、锅炉侧烟气流量的前馈以及 JBR 和除雾器的工艺清洗水补偿量引入控制系统进行综合调节，即调节主回路的 PID 参数。

JBR 系统的水源是工艺水箱来水，检查工艺水流量，没有任何异常。同时检查 FGD 进口烟气参数情况，锅炉负荷稳定，增压风机动叶开度也无变化，烟气温度也正常，FGD 烟气量随 JBR 液位的增大而略有减少，这也属正常现象。FGD 废水排放量控制在 16m³/h，基本平稳。经多次观测，认定 JBR 液位升高可能的原因有两个：① JBR 上隔板下层滤液冲洗水程序有 3 个阀门冲洗时出现重复冲洗；② FGD 地坑泵机械密封水流至地坑，每隔约 26h，地坑液位将从 2000mm 升至 3000mm（约 40m³）泵自启打水至 JBR，导致 JBR 液位约上涨 10~14mm。处理办法是：① 修正 JBR 上隔板下层滤液冲洗水程序；② 修改 FGD 地坑泵、搅拌器连锁：当液位达 2250mm 时泵自启，液位降至 2000mm 泵自停（之前为液位达 3000mm 时泵自启，液位降至 2000mm 泵自停），减少 FGD 地坑一次打水至 JBR 的水量。修改后 JBR 液位的自动控制更稳定了。需要注意的是：雨季暴雨时，要预防 FGD 地坑收集水打至 JBR 导致液位控制异常。

在 2 号 FGD 系统 168h 期间也发现，JBR 液位自动控制时，多次出现液位高现象，如图 4-265 液位曲线上的尖点所示。JBR 系统的水源是工艺水箱来水，检查工艺水流量，没有任何异常；废水排放量及石膏脱水系统也运行正常；同时检查 FGD 进口烟气参数情况，锅炉负荷稳定，增压风机动叶开度也无变化，烟气温度正常。经多次观测，认为可能的原因是 JBR 下隔板工艺水冲洗水电动门内漏严重，而冲洗程序并不因为液位高而停止。同样在出现此问题时，首先暂时停止 JBR 上/下隔板的自动冲洗程序，控制液位的进一步上升，待液位稳定后重新投入自动冲洗程序。在 168h 期间，关闭下隔板工艺水冲洗水内漏电动门前的手动门，定时开启冲洗。

　　JBR液位的控制与喷淋塔液位控制有较大不同。对喷淋塔，其液位一般仅由除雾器的冲洗水来自动控制，根据不同的负荷，设定不同的除雾器冲洗周期。JBR液位的控制则复杂些。在FGD系统运行时，JBR水源是工艺水箱来水，进入JBR的水可能有如下几路：① 烟气冷却器区域工艺水补水，正常运行时JBR液位由它自动调节；② 烟气冷却器区域工艺水事故喷水；③ JBR下隔板工艺水冲洗水；④ 第二级除雾器工艺水冲洗水；⑤ JBR上隔板上部/下部脱水机滤液箱来滤液冲洗水；⑥ 第一级除雾器前/后滤液冲洗水；⑦ 脱水机滤液箱来水（根据滤液箱液位调节）；⑧ 废水旋流器底流箱返回水（根据底流箱液位调节）；⑨ 氧化风减温工艺水（基本固定）；⑩ 给入的石灰石浆液中水分；⑪ FGD地坑回水、泵停运时的冲洗水等。

　　排出JBR的水有：① 烟气携带水；② 石膏浆液由排出泵打至水力旋流器，经真空脱水机脱水后生成副产品石膏所携带出的水；③ FGD系统排出的废水（基本为16m³/h）。

　　在系统投入自动控制后，工艺水冲洗水分高负荷（不小于450MW）、中负荷（450~300MW）和低负荷（小于300MW）三种模式按设定的程序循环，滤液冲洗水冲洗程序则分FGD高负荷（不小于450MW）、低负荷（小于450MW）和短时停运三种模式按设定的程序循环。以高负荷为例，其冲洗程序如表4-65和表4-66所示。JBR液位控制程序经多次修改为：根据机组高中低负荷，选择滤液、工艺水高中低负荷冲洗程序，冲洗时每次只允许开一个阀门，工艺水冲洗优先但在吸收塔液位高时暂停冲洗，滤液冲洗程序不因JBR液位高而停止，阀门故障时自动中止；当阀门故障修复后，冲洗程序将重新开始执行。当然运行中可以手动进行冲洗，修改后的液位控制比较稳定。

表4-65　　　　　　　　FGD系统高/中负荷运行时工艺水1个循环自动冲洗程序　　　　　　　　min

项目	步骤	T₁	T₂	5	10	15	20	25	30	35	40	45	50	55	60	…	275	280	285	290	295	300	305	310	315
*	1	1.0	4.0	★											★	重复共5次		★							
下隔板冲洗水阀门5个	2	0.75	4.25		★					★															
	3					★					★														
	4						★					★													
	5							★					★												
	6								★					★			★								
2级除雾器冲洗水阀门7个	7	1.0	4.0																★						
	8																			★					
	9																				★				
	10																					★			
	11																						★		
	12																							★	
	13																								★

注　FGD系统低负荷运行时只进行步骤1~6，步骤1的 $T_1 + T_2 = 0.50 + 19.50 = 20min$；步骤2~6的 $T_1 + T_2 = 0.40 + 19.60 = 20min$。
　　*代表"工艺水事故喷水阀1个"；T_1 为阀门全开到全关的时间，即冲洗时间，T_2 为等待时间，即上一阀门冲洗完后到下一个阀门开始开的时间；★表示程序执行到该阀门。

　　图4-285是CRT上JBR上/下隔板冲洗水画面和除雾器冲洗水画面，可清楚地看到冲洗水来源及各个阀门。图中"UPPER DECK WASH"是JBR上隔板上部冲洗，"LOWER DECK CEILING WASH"表面意思是"下隔板天花板冲洗"，实际就是JBR上隔板下部冲洗；"LWR DECK FLOOR WASH"是JBR下隔板冲洗。在图4-254和图4-274 CRT上JBR系统画面中左上角可以看到烟气冷却区域工艺水事故喷淋层和阀门以及工艺水补水调节阀。

　　从上面的介绍看，尽管JBR的液位仅由一工艺水调节阀来控制，但因进入JBR的水来路颇多，若程序设定不正确，易使 JBR 液位出现波动，在 FGD 旁路挡板关闭运行时会造成增压风机动叶调节频繁，这无论是对 FGD 系统本身还是机组的稳定运行都是不利的。另外日常运行时应经常维护各冲洗水阀门，使其开关正确，无内漏等故障，这对保证 JBR 液位的平稳十分重要。

（5）JBR 中两个 pH 计指示相差较大。一般的吸收塔设有两个 pH 计，运行时以其中之一为准或取两者的平均值来控制。在实际运行中，常出现两个 pH 计的指示值相差较大的现象，例如 2 号 FGD 系统 168h 中两个 pH 计指示相差最大达 0.5，这给优化运行带来了偏差，因此平时运行应加强 pH 计的校对工作。

表 4-66　　　　　　　　　FGD 系统高负荷运行时滤液水 1 个循环自动冲洗程序　　　　　　　min

项目	步骤	T_1	T_2	3	…	48	51	…	72	75	…	120	123	…	141	144	…	258	261	…	279
上隔板下部滤液水冲洗阀门 8个	1	0.50	2.50	★						★						★					
	2					依次冲洗共2遍						依次冲洗共2遍									
	3																				
	4																				
	5																				
	6																				
	7																				
	8					★						★				重复3~120min的步骤1次		★			
上隔板上部滤液水冲洗阀门 8个	9	0.75	2.25				★														
	10						依次冲洗1遍														
	11																				
	12																				
	13																				
	14																				
	15																				
	16								★												
1级除雾器前面滤液水冲洗阀 7个	17	1.0	2.0										★								
	18												依次冲洗1遍								
	19			在整个循环中只冲洗一次																	
	20																				
	21																				
	22																				
	23														★						
1级除雾器后面滤液水冲洗阀 7个	24	1.0	2.0																★		
	25																		依次冲洗1遍		
	26			在整个循环中只冲洗一次																	
	27																				
	28																				
	29																				
	30																				★

注　1　FGD 系统低负荷运行时步骤 1~8 的 $T_1 + T_2 = 0.40 + 4.10 = 4.50$min；步骤 9~16 的 $T_1 + T_2 = 0.50 + 4.00 = 4.50$min；步骤 17~30 的 $T_1 + T_2 = 1.00 + 3.50 = 4.50$min。

2　FGD 系统短时停运自动冲洗时步骤 1~30 的 $T_1 + T_2 = 1.00 + 0.25 = 1.25$min。

（6）浆液泵堵塞与磨入口堵塞。在调试期间，石灰石浆液泵及石膏浆液排放泵入口滤网经常堵塞，石膏排放泵前的膨胀节被抽变形。分析认为有两个原因：一是入口滤网不合规格，其开孔面积过小；二是浆液中有许多杂物。当发现堵塞时应停运堵塞的泵，检修清理滤网后，对入口管道进行冲洗，同时将滤网的开孔增多。

湿式球磨机在加钢球时，采用直接倾倒入球斗的方式，造成了球磨机入口堵塞。在球磨机进料斗内放置了斜钢板，增加了钢球的动量，加钢球的情况得到改善。但加钢球时，还需慢慢加入。制浆时石灰石下料至球磨机时，石灰石中含泥土过多，在进料斗内结块积累，容易造成球磨机入口堵塞。调试期间，接入一根软管对石灰石落料点进行冲洗，将积尘冲入球磨机内，避免堵塞，但这样会造成浆液循环箱液位上涨。因此控制石灰石的质量是关键。

（7）其他。试运期间难免会有各种各样的、大大小小的问题出现，有设计安装问题、设备质量问题、逻辑控制问题等。例如，真空脱水机排料斗由于设计问题在试运期间发生过积料问题（见图4-286），严重时曾导致滤布跑偏跳闸。在真空泵试运期间，由于轴封所用的工艺水压力波动较大，致使轴封水流量不稳定，时大时小，经常出现报警。在168h 试运前还出现过跳泵现象，并且一度因工艺水压力过高导致轴封水流量过大，从而使真空泵噪声过大，消声器积水很多等不正常现象。石膏输送皮带为定转速输送，带速约为0.8m/s，根据设计，皮带可正反向运转输送。在皮带调节过程中，由于安装、制造精度问题，很容易发生跑偏。在168h 前试运过程中，因皮带严重跑偏，导致输送皮带绞烂。虽然皮带配有跑偏开关，但并不能起到很好的保护设备作用，后经过不断调整，石膏输送皮带基本正常运行。当真空脱水系统出现严重故障报警时，真空泵、滤布、石膏水力旋流器进口阀同步停，而石膏冲洗水泵不同步停，从而造成保护停真空脱水机时，滤布上冲洗水和浆液往输送皮带上流的现象，对逻辑做一些修改即可避免。在168h 结束后，检查发现真空脱水机滤布上出现了几个1~2cm 大小的孔洞，如图4-287 所示，可能是焊接火花所致，12月初更换了滤布。

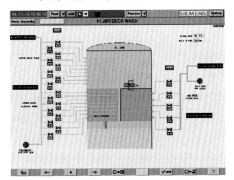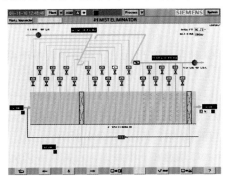

图4-285 CRT 上 JBR 上/下隔板冲洗水画面和除雾器冲洗水画面

图4-286 真空脱水机排料斗积料　　　图4-287 真空脱水机滤布有孔洞

台山电厂3 号、4 号、5 号 JBR 系统也于2006 年11 月全部投入运行，除了未设 GGH 外，FGD 系统的各个布置、参数基本与1 号、2 号相同。热态调试的主要问题是吸收塔浆液中 $CaCO_3$ 含量大。以3 号为例，168h 中，pH = 4.14 ~ 5.39，浆液 $CaCO_3$ 含量高达 5.38% ~ 6.23%，因而石膏中 $CaCO_3$ 的含量也超过设计保证的 3%，在 5.23% ~ 6.03%。分析认为其主要原因应是石灰石的品质下降了，石灰石的 $CaCO_3$ 含量只有 85% ~ 88%，低于设计要求，而 $MgCO_3$ 含量达 8%。其余各系统运行正常，图 4 -288 是 3 号烟气系统运行画面，从图中可以看到，省去 GGH 后系统阻力明显减少，增压风机电流、出口压力都远小于 1 号、2 号增压风机，不过系统耗水量增加，有时烟囱会出现细石膏降落到地面。

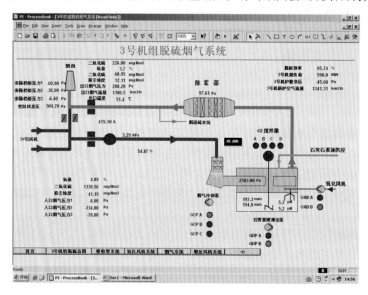

图 4 -288　无 GGH 的 3 号 FGD 烟气系统运行画面

（四）168h 试运后及优化试验后 FGD 系统的检查

2004 年 11 月 21 日 FGD 系统停运后，对 JBR 系统进行了全面的检查，检查的重点仍然是烟道、增压风机、GGH 及 JBR 出入口、上下甲板冲洗系统、除雾器等。

增压风机的叶片完好无损，没有腐蚀现象，如图 4 -289 所示。在风机出口烟道上，又发现玻璃鳞片防腐涂层开裂，如图 4 -290 所示。因此 2 号 FGD 系统的风机出口烟道上取消了玻璃鳞片防腐涂层。GGH 原烟气进出口与净烟气进出口的换热元件也都完好。烟气冷却喷淋层及喷管基本干净，只是人孔门上有些结垢，如图 4 -291 所示。

在 JBR 入口烟道和下甲板上，石膏浆液仍沉积如第一次检查所见。在上甲板上部，浆液沉积仍比较严重，在某电厂出现过上甲板冲洗不正常，致使浆液堆积，将上甲板压塌的事故。在上甲板下部，即烟气入口通道上部比较干净，如图 4 -292 所示。

在第一级立式除雾器前水平烟道上以及烟道的支架管上，石膏浆液沉积比第一次检查更为严重，最厚处达 400mm，如图 4 -293 所示，这表明烟气经过 JBR 后携带有较多的浆液，后进行了人工清理。在除雾器上有定时的冲洗，因此二级除雾器元件还是十分干净。

由于在冲洗喷嘴发现橡胶堵塞，因此本次对各衬胶管进行拆管检查，发现从滤液泵至除雾器冲洗水管道上的滤网上有一大的橡胶块，如图 4 -294 所示，估计是现场衬胶施工留下的，这是冲洗喷嘴屡屡堵塞的根源，因为喷嘴上的堵塞物与此完全相同。

2004 年 12 月 1 日 ~ 30 日进行了 JBR 的优化试验，12 月 31 日进行了 FGD 系统热态试验，之后 FGD 系统随 1 号机组大修而停运，进行了彻底的检查。

FGD 系统烟道、增压风机的叶片都完好无损，烟气冷却喷淋层及喷嘴也基本干净，但在冷却喷淋层底部有部分浆液沉积，如图 4 -295 所示。GGH 经高压水冲洗后基本干净（见图 4 -296），但局部有明显的浆液黏结堵塞现象（见图 4 -297），这可能是高压冲洗水未能冲洗到之故。

在 JBR 入口的烟道石膏浆液有轻微的沉积（见图 4-298）。在烟气入口通道上部和下甲板上，都比较干净，如图 4-299 和图 4-300 所示。在上甲板上部，因在停运 FGD 后进行了大量的水冲洗，故浆液沉积十分轻微，没有上两次那样沉积严重，如图 4-301 所示。

在 JBR 内，底部有浆液沉积现象，特别是在导流板附近有大量的石膏浆堆积，如图 4-302 所示。但整个 JBR 内的搅拌器、氧化空气管网、喷射管及塔内壁基本干净，如图 4-303 所示。检查发现，有 1 个搅拌器的叶片局部衬胶有脱落（见图 4-304）；在 C 烟气冷却泵入口及喷淋浆液回浆管上，也有局部衬胶脱落（见图 4-305）；在一些喷射管口内，有薄的石膏垢片（见图 4-306）。

除雾器入口烟道上仍有大量的石膏浆液堆积，最厚处达 450mm，在入口导流板及各支架上也有石膏浆液沉积，如图 4-307~图 4-309 所示。除雾器本体及后面的烟道上都十分干净，如图 4-310 所示。为减少浆液在除雾器入口烟道的堆积，在 2 号 FGD 除雾器前加装了冲洗管路，如图 4-311 所示，其冲洗水流入一级除雾器的冲洗水回流槽内。在 2005 年 4 月底及 5 月底运行后的检查表明，加装冲洗水后效果显著，除局部及冲洗死区有部分石膏浆液沉积外，水平烟道的其他地方没有过多的石膏浆液，如图 4-312 和图 4-313 所示。2005 年 5 月初，在 1 号 FGD 除雾器前也加装了冲洗管路，加装前后石膏浆液沉积的对比见图 4-314，在 3 号、4 号、5 号 FGD 除雾器前同样加装了冲洗管路，效果理想，如图 4-314 所示。基本解决了除雾器前入口烟道石膏浆液的堆积现象。

图 4-289   168h 后增压风机的叶片完好无损

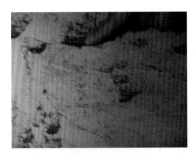
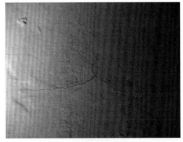

图 4-290   风机后玻璃鳞片防腐涂层再次开裂现象

图 4-291   烟气冷却区人孔结垢   图 4-292   上甲板下部基本干净

图 4 - 293　1 号 JBR 168h 后除雾器前烟道上大量的石膏沉积及清理

图 4 - 294　168h 后检查堵塞滤网的大橡胶块与 ME 冲洗喷嘴的堵塞

图 4 - 295　GGH 前原烟气烟道基本干净、烟气冷却泵底部烟道有少量浆液沉积

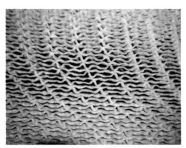

图 4 - 296　高压水冲洗后 GGH 总体基本干净

图 4 - 297　30 天试验后 GGH 局部有浆液堵塞

图 4 - 298　JBR 入口烟道底部有浆液沉积　　　　图 4 - 299　JBR 入口烟道顶部基本干净

图 4 - 300　JBR 内烟气入口下甲板基本干净

图 4 - 301　JBR 内上甲板下部和上部因冲洗彻底而基本干净

图 4 - 302　JBR 内底部有浆液的沉积

图 4 - 303　JBR 内氧化空气管及喷射管基本干净

图 4 - 304　1 个搅拌器局部衬胶脱落

图 4 - 305　冷却泵入口及回浆管处有小片衬胶脱落

图 4 - 306　少量喷射管内有薄垢

图 4 - 307　30 天试验后除雾器前烟道上浆液的沉积（一）

图 4 - 307　30 天试验后除雾器前烟道上浆液的沉积（二）

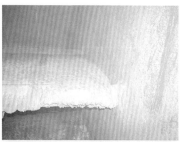

图 4 - 308　30 天试验后除雾器前导板及支架上浆液的沉积

图 4 - 309　除雾器前烟道上沉积浆液的清理

图 4 - 310　一、二级除雾器本体、中间及后部烟道基本干净（一）

图 4 - 310　一、二级除雾器本体、中间及后部烟道基本干净（二）

图 4 - 311　在除雾器前加装冲洗水管

图 4 - 312　2 号除雾器前加装冲洗水后 34 天石膏沉积现象

（第一次检查，局部有堆积）

图 4 - 313　2 号除雾器前加装冲洗水后 22 天石膏沉积现象

（第 2 次检查，局部有堆积）

1号除雾器前加装冲洗水前63天的石膏沉积及清理

1号除雾器前加装冲洗水后20天检查

图 4 - 314　1 号、5 号除雾器前加装冲洗水前后对比（一）

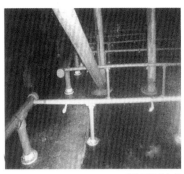

5号除雾器前加装冲洗水管后十分干净

图 4 - 314　1 号、5 号除雾器前加装冲洗水前后对比（二）

（五）FGD 系统的热态试验

尽管 1 号 FGD 系统已通过了 168h 试运行，但 FGD 旁路挡板一直是开启的。因此在 12 月 JBR 优化试验后进行了一系列的热态试验，内容包括：① FGD 系统关旁路挡板试验；② 旁路挡板快开试验；③ 增压风机闭环控制试验；④ FGD 系统变负荷试验；⑤ FGD 系统保护试验（实跳增压风机）；⑥ 机组快速减负荷（RB）时 FGD 系统跟踪试验。

试验的主要目的是获取 FGD 系统与机组运行之间相互影响的有关数据，以便指导 FGD 系统的日常运行。

1. FGD 系统关旁路挡板及旁路快开、增压风机闭环控制试验

2004 年 12 月 31 日，按计划 1 号机组要停运进行大修，配合此时机，1 号 FGD 系统进行了关烟气旁路挡板运行等试验。试验期间锅炉负荷一直维持在 550 ~ 560MW 之间，JBR 液位在 100 ~ 108mm，pH 值为 5.0 左右，增压风机动叶开度为 60% 左右，FGD 烟气进出口温度压力稳定，入口 SO_2 浓度在 750mg/m³ 左右波动，脱硫效率在 95% 以上，图 4 - 315 和图 4 - 316 为试验当天的 FGD 系统主要参数。

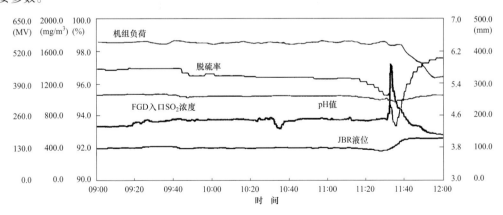

图 4 - 315　负荷、SO_2 浓度、FGD 脱硫率、pH 值和 JBR 液位

试验过程如下：

9:20，开始关旁路挡板上部挡板，因旁路挡板压差大而增压风机自动退出（设定值为：旁路挡板压差大于 50Pa），后将旁路挡板压差修改为 400Pa，投入增压风机前馈自动控制，风机运行正常。

9:28，开始关旁路挡板下部挡板，22s 关完。

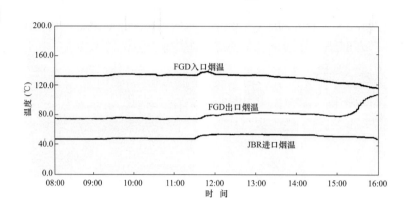

图 4 - 316　FGD 系统进出口温度与 JBR 入口温度

9：31，将增压风机动叶开度从 53% 调至 57%（旁路挡板差压 165Pa，锅炉负压 - 54Pa，烟气流量 170.1 万 m³/h）运行。

9：34，开始手动按 5% 的速度关旁路挡板中间可调挡板，在关至 20% 开度后以 3% 的速度关闭挡板，每操作 1 次观察 1 ~ 3min，到 10：12：40 全部关完。图 4 - 317 反映了这第一次关旁路对锅炉负压及旁路挡板差压的影响过程。从图上看，负压波动较大是在关旁路挡板至 30% ~ 20% 之间，锅炉负压波动在 85Pa 左右，但完全在正常范围内。

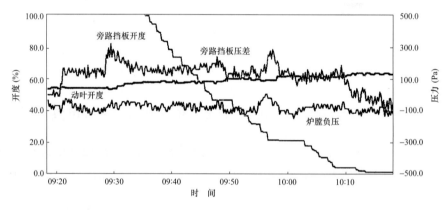

图 4 - 317　第一次关旁路对锅炉负压及旁路挡板差压的影响

10：10，将增压风机动叶调至 62%，2min 后动叶调至 63%。

10：29，模拟机组快速降负荷试验（RB），旁路挡板 22s 快开，此时锅炉负压及旁路挡板差压变化如图 4 - 318 所示，可见旁路挡板快开对负压几乎无影响。图 4 - 319 是旁路快开对 FGD 系统进出口压力的影响，同样快开时 FGD 进出口压力没有什么波动。

10：33，CRT 上第二次手动关上、下旁路烟气挡板。

10：36，CRT 上手动关旁路烟气挡板，这次关闭速度比第 1 次要快，以 20% 开度从 100% 关至 0（10：45），此时锅炉负压及旁路挡板差压变化如图 4 - 320 所示，可见对负压也无影响。

10：56，投入增压风机旁路差压闭环控制。

11：28，1 号锅炉负压为 + 190Pa，引风机开度 71%，旁路差压 896Pa，此时增压风机前馈和闭环控制自动退出。值长告知锅炉本体泄漏，机组滑参数降负荷准备停机，同时命令 FGD 系统侧的增压风机动叶不需调整。

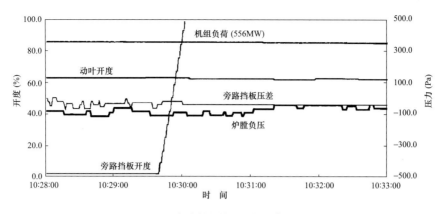

图 4 - 318　旁路挡板快开对锅炉负压的影响

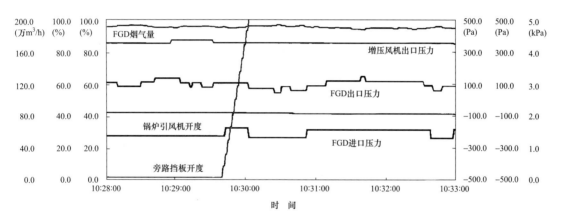

图 4 - 319　旁路挡板快开对 FGD 系统进出口压力的影响

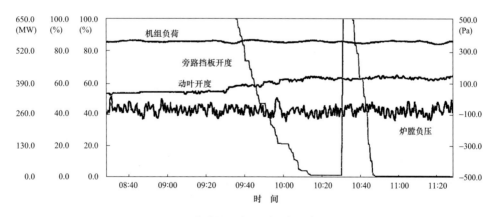

图 4 - 320　旁路挡板快开/关对锅炉负压的影响

11:35，FGD 系统入口压力高达 1500Pa 以上，3s 后旁路挡板快开动作，FGD 系统烟气走旁路运行，如图 4 - 321 所示。

15:20，停运增压风机，FGD 系统开始进入长期停运状态，准备进行检修工作。

2005 年 3 月 19 日 14:18，2 号 FGD 系统在 168h 试运前也做了旁路快开试验。整个过程对锅炉炉膛负压基本没造成影响，机组满负荷运行稳定，图 4 - 322 反映了这点。

FGD 旁路烟气挡板在如下情况将保护快开：① FGD 入口烟气压力高高或低低（±2450Pa）三取

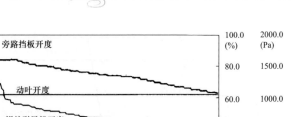
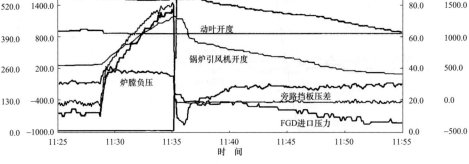

图 4 - 321　锅炉爆管 FGD 旁路快开时 FGD 系统各参数变化

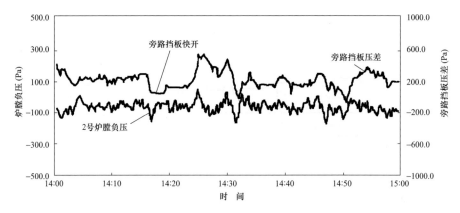

图 4 - 322　2 号 FGD 旁路挡板快开（14:18）对锅炉负压的影响

一，延时 3s；② 旁路挡板差压高高或低低二取一（±1500Pa），延时 3s；③ 锅炉送风机全停，延时 3s；④ 锅炉引风机全停，延时 3s；⑤ 锅炉快速减负荷（RB），保护开；⑥ 锅炉 MFT；⑦ 增压风机跳闸；⑧ FGD 入口或出口烟气粉尘浓度大于 $100mg/m^3$；⑨ GGH 停运；⑩ CRT 上紧急按钮开。

2. FGD 系统变负荷试验

2005 年 2 月 24 日 5:23，在做好一切启动前准备后，1 号机组负荷 350MW，启动 FGD 增压风机，而后风机动叶按 5%、10%、15%、20%、23%、27% 的开度增大，机组和 FGD 系统运行正常。

12:49，机组负荷 400MW，FGD 系统开始关旁路，至 13:30，旁路全关，整个过程对机组运行基本没有影响，如图 4 - 323 所示。按计划，机组升负荷，FGD 增压风机动叶投入闭环控制，设定的旁路挡板差压为 200Pa，当其值到达 1500Pa 时旁路挡板快开（22s）。

从图 4 - 323 可看出，在 FGD 系统关旁路运行的 2 月 24 日 13:30 ~ 25 日 4:00 期间，机组负荷先升至满负荷 600MW 后再逐渐降低，FGD 增压风机动叶自动跟踪控制，锅炉炉膛负压波动正常，旁路挡板差压也基本在正常范围内。但在 25 日 4:30 左右，由于锅炉侧一台磨煤机跳闸，引起炉膛负压波动，锅炉引风机自动调节。在引风机叶片调整过程中，引起 FGD 入口压力增大，旁路挡板差压瞬间增大，增压风机动叶来不及调节，最后当旁路挡板差压最高到达 1600Pa 时，旁路挡板保护快开动作，此时炉膛负压从快开前的 360Pa 迅速降至 -928Pa，幅度为 1288Pa，此时 FGD 增压风机动叶已切至手动状态，经引风机及时调整，锅炉负压逐步恢复正常。此过程如图 4 - 324 所示。

2 月 25 日 5:10，FGD 旁路挡板开始关闭运行，FGD 增压风机动叶闭环控制重新投入，6:25 机组负荷降至 310MW 后开始升负荷，到 9:10，机组带满了负荷。在整个过程中，FGD 增压风机动叶自动跟踪控制，炉膛负压波动正常，设定的旁路挡板差压在正常范围内，如图4-325所示。

从机组变负荷（升、降负荷）及FGD增压风机动叶闭环控制的整个过程看，在锅炉正常运行时，FGD系统能自动控制运行，不会对机组产生不利影响。但当锅炉负压本身有较大波动而锅炉风机调整较大时，FGD增压风机的自动闭环控制还不能跟上，此时若FGD保护动作，旁路挡板保护快开，会对炉膛负压造成较大影响，因此还需进一步完善机组与FGD增压风机的自动控制的配合。

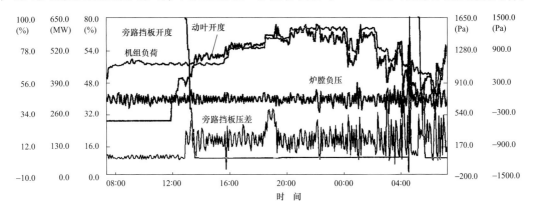

图4-323 旁路全关后FGD系统变负荷运行

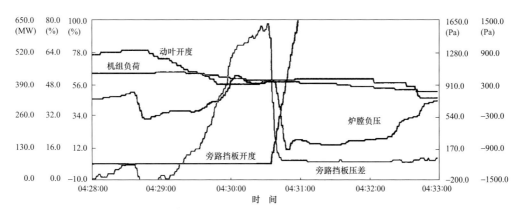

图4-324 磨煤机跳闸使FGD系统保护动作时的情况

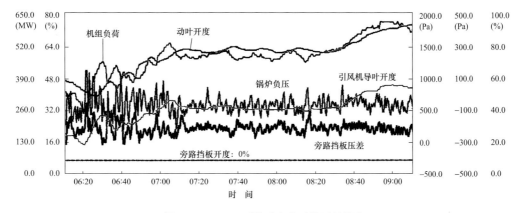

图4-325 FGD系统升负荷时的运行情况

3. FGD 增压风机跳闸试验

2月25日上午，为确保 FGD 系统跳增压风机试验的成功，首先热工人员模拟了增压风机跳闸信号，以验证 FGD 保护信号是否正常、旁路挡板快开动作是否正常。在确认正常后11:35 关回旁路挡板，此过程如图 4 - 326 所示。

11:45:46，机组600MW 负荷，增压风机动叶开度68%，FGD 系统烟气量在205 万 m^3/h 左右。停增压风机，FGD 旁路挡板快开动作时间为22s，此时对炉膛负压的影响如图 4 - 327 所示。炉膛负压先从 - 100Pa 升到 + 131Pa 后下降到 - 243Pa，变化幅度为374Pa，整个过程引风机自动调节。

由此可见，当 FGD 增压风机在运行过程中事故跳闸时，只要 FGD 旁路挡板快开动作正常（22s），对炉膛负压的影响很小。因此运行人员在平时的运行过程中应确保 FGD 旁路挡板快开能处于随时备用状态。此试验也表明，FGD 旁路挡板快开时间为22s 是合理的，没有必要对其提出过高的快开要求（如10s 以内，甚至2s）。

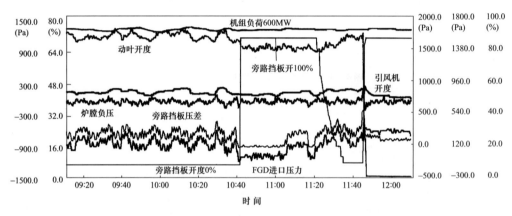

图 4 - 326 跳增压风机前模拟及实跳 FGD 系统对炉负压的影响

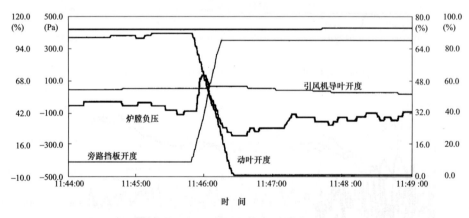

图 4 - 327 跳 1 号 BUF 时对炉膛负压的影响

3月19日15:02，2 号 FGD 系统在 168h 试运前同样做了增压风机跳闸试验，此时旁路挡板快开正确，整个过程对锅炉炉膛负压影响很小，如图 4 - 328 所示。炉膛负压从 - 64Pa 先升至9Pa，再降低到 - 239Pa，整个过程负压变化最大为248Pa。试验时机组负荷 554MW，增压风机动叶开度57.6%，JBR 液位 100mm 左右。这再一次证明了只要 FGD 旁路挡板快开动作正常（22s），运行中即使增压风机意外跳闸，也不会影响机组的正常运行。

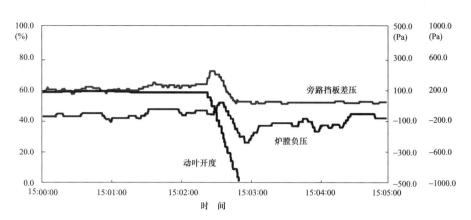

图 4 - 328　停 2 号增压风机对锅炉负压的影响

4. 机组 RB 时 FGD 系统跟踪试验

2005 年 2 月 25 日 17∶25，1 号 FGD 增压风机重新启动。21∶30 开始关旁路运行，22∶20 热工人员首先模拟了机组 RB 信号，以验证 FGD 保护信号是否正常、旁路挡板快开动作是否正常。在确认正常后 22∶27 关回旁路挡板，此过程如图 4 - 329 所示。

22∶57，机组负荷 600MW，锅炉磨 A、B、D、E、F 运行，开始 RB 试验，停运一次风机 B，此时锅炉磨 A、B、F 同时跳闸，机组快速降负荷。在 FGD 系统侧，旁路挡板快开动作 22s 正常，此时炉膛负压的变化如图 4 - 330 所示。炉膛负压先从 - 106Pa 很快下降到最低 - 1098Pa，变化幅度为1204Pa。整个过程 12s，旁路挡板还未开完，可见炉膛负压的变化是由锅炉本身引起的。锅炉引风机自动调节，风机叶片开度迅速减小，炉膛负压逐渐回升。FGD 增压风机动叶自动调节，风机动叶开度也迅速相应减小。

23∶02，锅炉侧 8 只油枪投入使用，使炉膛负压变正，经引风机调节后逐步正常，机组负荷从22∶57 的 600MW 降到 23∶08 的 275.6MW，降负荷速度为 29.5MW/min。增压风机动叶从 68.8% 减小到 29.6%，进入 FGD 系统的风量也减小了一半。

可见，当机组 RB 时，若机组侧自动调节无误，只要 FGD 旁路挡板快开动作正常，则 FGD 系统的运行也正常，不会对锅炉负压产生额外的影响。

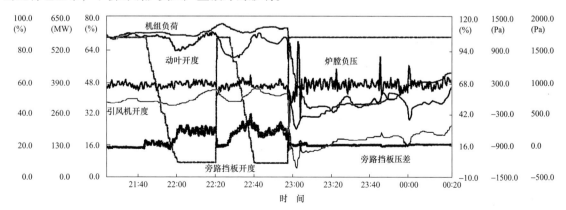

图 4 - 329　模拟机组 RB 及实际 RB 全过程各参数的变化

（六）JBR 系统 30 天的优化试验

在台山电厂 1 号 CT - 121 FGD 系统 168h 试运行结束检修消缺后，进行了 JBR 系统的优化试验，主要是通过调整 JBR 的 pH 值和液位，获得 FGD 系统脱硫率的变化规律，为 FGD 系统的优化运行提

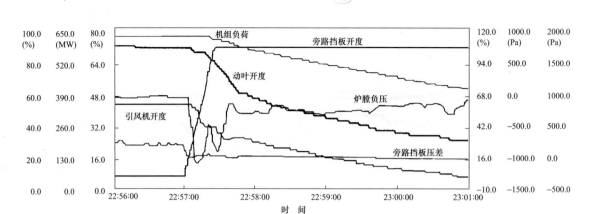

图 4 - 330　机组 RB 各参数的变化

供操作指导。FGD 系统于 2004 年 11 月 30 日下午 15：00 启动，经过 1 天多的工况调整，至 12 月 2 日 1：00 各参数稳定，试验正式开始，一直到 12 月 30 日优化试验结束，历时 30 天，为确保试验顺利进行，试验整个过程 FGD 旁路烟气挡板保持全开。

1. 试验负荷与 FGD 系统入口参数

图 4 - 331 是优化试验全过程的机组负荷曲线和 FGD 增压风机动叶开度及 FGD 烟气量的变化，除两次机组降负荷动叶开度相应降低外，其余时间基本稳定，增压风机动叶开度多在 57% ~63% 之间，FGD 烟气量在 160 万 ~170 万 m³/h。负荷的两次降低原因为：一是 12 月 5 日 6：49，机组跳闸，负荷降到 0MW，14：30 机组重新启动，至 12 月 6 日 0：15 FGD 系统重新启动运行。二是 12 月 14 日 2：00 机组降负荷，至 4：00 降到 300MW 左右，9：00 负荷升回 550MW 以上运行。其余时间机组负荷稳定，大多在 580 ~600MW 之间运行。

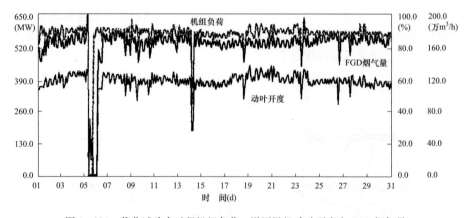

图 4 - 331　优化试验全过程机组负荷、增压风机动叶开度和 FGD 烟气量

图 4 - 332 是优化试验全过程的锅炉炉膛负压的变化曲线，可见除机组自身因素外，整个试验中 FGD 系统未对机组运行产生不利影响。

图 4 - 333 是优化试验全过程 FGD 入口 SO_2 浓度的变化，其范围在 550 ~750mg/m³ 之间，相对波动较大。图 4 - 334 是典型的 FGD 出入口氧量的变化，在 6% 左右，比较平稳，出口略高于进口，这是正常的状态。图 4 - 335 是优化试验全过程 FGD 入口、出口及 JBR 入口温度的变化，可知烟气温度十分稳定，FGD 入口在 135℃ 左右、FGD 出口为 78 ~80℃ （CRT 上显示）、JBR 入口稳定在 49 ~50℃。图 4 - 336 是优化试验全过程 FGD 进出口压力的变化，也十分平稳。

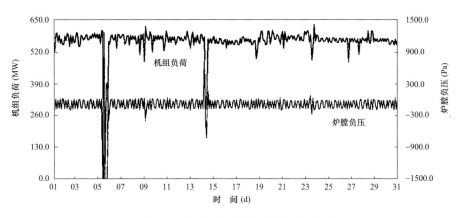

图 4-332 优化试验全过程锅炉炉膛负压的变化

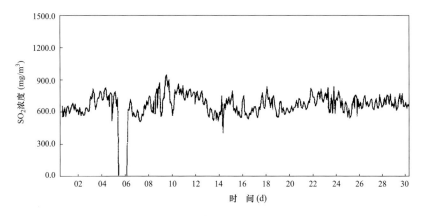

图 4-333 优化试验全过程 FGD 入口 SO$_2$ 浓度

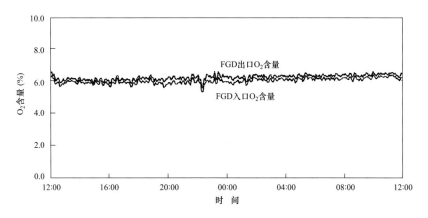

图 4-334 优化试验中典型的 FGD 进出口 O$_2$ 含量

图 4-337 是优化试验过程中典型的 FGD 进出口粉尘浓度的变化，进口粉尘浓度在 20~40mg/m^3 间，表明电厂电除尘器运行良好，FGD 出口粉尘浓度十分小，几乎为 0。

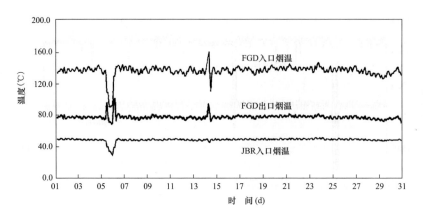

图 4 - 335　FGD 入口、出口及 JBR 入口烟气温度

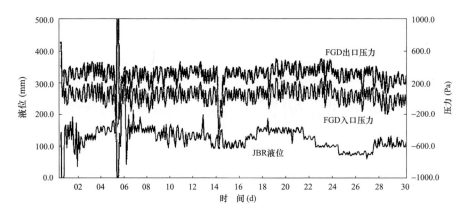

图 4 - 336　优化试验全过程 FGD 进出口压力变化

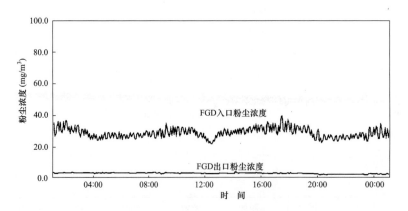

图 4 - 337　优化试验过程中典型的 FGD 进出口粉尘浓度

2. pH 值和液位的调整

优化试验是设定某一 pH 值不变，然后调整不同的 JBR 液位，观察脱硫率的变化。完成一个 pH 值后，再设定一个 pH 值，调整不同的液位重复进行。整个试验过程中主要设定了四个 pH 值 (5.6、5.0、4.0、5.8)，四个基本液位 (150、125、100、75mm)，其调整过程见图 4 - 338 和图 4 - 339。

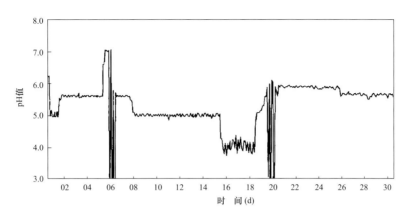

图 4 - 338　优化试验中 pH 值的调整

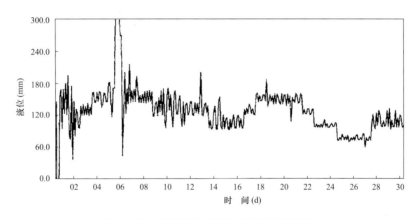

图 4 - 339　优化试验中 JBR 液位的调整过程

3. 试验结果与分析

图 4 - 340 是调整 pH 值及 JBR 液位时 CRT 上 FGD 系统脱硫率的相应变化曲线，表 4 - 67 给定了具体的数值，图 4 - 341 更直观地反映了表 4 - 67 的结果。从图中可看出，脱硫率随 pH 值和液位的调整有明显的变化，总的规律是 pH 值不变时，液位增大时，脱硫率也增大；保持液位不变时，pH 值增大，脱硫率随之增大。

在 pH = 4.0 时，即使增加液位到 150mm，FGD 系统脱硫率都小于 95%。pH = 5.0 时，FGD 系统脱硫率升到 96% ~ 97%；pH = 5.6 时，FGD 系统脱硫率升到 97% ~ 98%；pH = 5.8 时，在各种不同的液位下，FGD 系统脱硫率都在 98% 以上，可见 pH 值对脱硫率的影响很大。在同一 pH 值下，例如 pH = 5.8，液位从 75mm 升到 150mm，FGD 系统脱硫率从 98.07% 提高到 98.81%，增加不到 1%，但是 FGD 增压风机的电流却增多了 53.6A。液位从 75mm 升到 100mm，FGD 增压风机的电流增多 8.8A，液位从 100mm 升到 125mm，FGD 增压风机的电流只增多了 8.5A；而液位从 125mm 升到 150mm，FGD 增压风机的电流却增多了 36.3A，即每小时增加耗电约 306kW·h，按年运行 5000h 计，125mm 的运行液位要比 150mm 节约用电约 153 万 kW·h，效果显著。在其他 pH 值下，也有基本类似的结果，图 4 - 342 是不同液位下，增压风机的电流变化结果，可见在 JBR 液位为 125mm 以下时，电流的变化不是很明显，而当 JBR 液位为 125mm 以上时，增压风机的电流随液位的增加而显著增大。因此运行时 JBR 液位控制在 75 ~ 125mm 左右为宜。

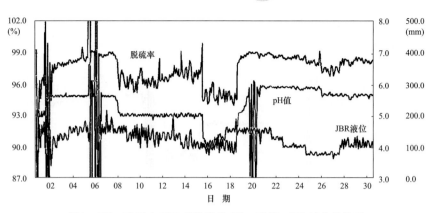

图 4 - 340　30 天中 FGD 系统脱硫率与 pH 值、JBR 液位的关系

表 4 - 67　　　　　　　　　　　　　　　主要优化试验结果

pH 值	JBR 液位 设定/显示（mm）	增压风机电流 （A）	FGD 入口 SO₂ 浓度 （mg/m³）	脱硫效率 （%）	统计时间
4.0	100/102	428	601	94.77	15 日 12:00 ~ 16 日 11:00
	125/128	433	593	94.83	16 日 12:00 ~ 17 日 10:00
	150/152.4	470	707	94.76	17 日 11:00 ~ 18 日 09:00
5.0	100/105	436	566	96.96	13 日 11:00 ~ 14 日 01:00 14 日 11:00 ~ 15 日 09:00
	125/129.5	444	661	96.31	08 日 12:00 ~ 13 日 10:00
	150/151.7	470	645	96.56	07 日 22:00 ~ 08 日 11:00
5.6	75/76.1	433.4	672	97.32	25 日 18:00 ~ 27 日 10:00
	100/109.8	434	587	97.66	02 日 01:00 ~ 02 日 11:00
	100/105.4	434.5	679	98.16	27 日 13:00 ~ 30 日 12:00
	125/129.9	442.8	650	97.87	02 日 12:00 ~ 03 日 10:00
	150/154.2	484.8	725	98.26	03 日 12:00 ~ 05 日 00:00
5.8	75/77	440.4	625	98.07	24 日 11:00 ~ 25 日 16:00
	100/100.1	449.2	694	98.48	22 日 11:00 ~ 24 日 10:00
	125/126.6	457.7	719	98.65	21 日 11:00 ~ 22 日 10:00
	150/152.2	494	664	98.81	20 日 09:00 ~ 21 日 10:00

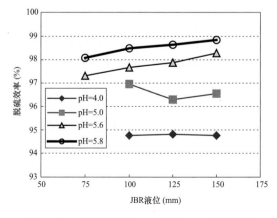

图 4 - 341　脱硫效率与 JBR 液位、pH 值的关系

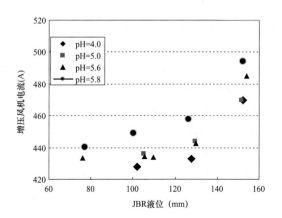

图 4 - 342　JBR 液位与增压风机电流的关系

　　JBR 液位降低，亦即 JBR 的阻力减少，相应地增压风机要克服 FGD 系统的阻力减小，风机出口压力减小，毫无疑问风机的电流减小。图 4-343 是 30 天中 JBR 液位、增压风机出口压力和 JBR 的差压的对应关系曲线，图 4-344 是 30 天中 JBR 液位、JBR 的差压和增压风机电流的对应关系曲线，从图中可以很明显地看到这样的趋势：液位增大，增压风机出口压力、JBR 的阻力及风机电流随之增加。

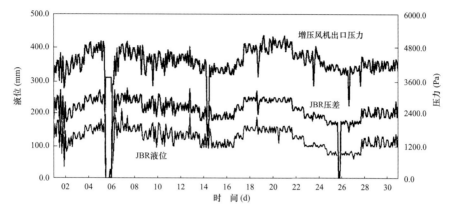

图 4-343　30 天中 JBR 液位、增压风机出口压力
和 JBR 压差的对应关系

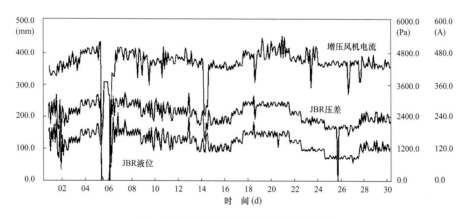

图 4-344　30 天中 JBR 液位与 JBR 差压和
增压风机电流的对应关系

　　表 4-68 给出了优化试验期间石灰石、吸收塔浆液及石膏成分取样分析结果。从表中可以看到，石灰石中 $CaCO_3$ 成分明显高于设计值（89.3%），磨制的粒径也好于设计值。JBR 浆液中含固率在 12 月 13 日升至最大，近 20%，这从图 4-345 中可明显看到。JBR 浆液中 SO_3^{2-} 未检出，表明塔内氧化充分。试验中废水排出量大部分时间设定控制在 $8m^3/h$（见图 4-346）；塔内 Cl^- 呈上升趋势，从 12 月 2 日 1311mg/L 到 27 日的 4147mg/L，但 F^- 基本稳定。JBR 浆液中 $CaCO_3$ 含量略偏高，因而使石膏产品中的 $CaCO_3$ 含量也略偏高（保证值小于 3%）。石膏产品中的水分均在 10% 以下，表明其脱水效果良好，石膏纯度均大于 90%。Cl^-、F^- 含量都很小，说明滤饼冲洗水起到了很好的作用。目前石膏均外卖到建材厂做水泥原料。

表4-68　　　　　　　1号JBR优化期间石灰石、吸收塔浆液及石膏成分分析

样品	成分 \ 采样时间	12月2日8:30	12月6日8:30	12月13日8:30	12月20日9:00	12月27日9:00
石灰石	CaCO₃（%）	未分析	95.81	96.31	94.38	95.78
	MgCO₃（%）	未分析	3.17	2.70	4.61	3.74
	浆液粒径（<63μm,%）	未分析	100	99.0	98.53	97.58
吸收塔浆液	含固率（%）	10.24	9.60	19.80	10.56	11.80
	CaCO₃（%）	4.02	2.87	3.01	3.70	3.47
	Ca^{2+}（mg/L）	1190	1367	1761	1235	2312
	Mg^{2+}（mg/L）	308	301	911	977	1265
	SO_3^{2-}（mg/L）	未检出	未检出	未检出	未检出	未检出
	Cl^-（mg/L）	1311	1542	3035	3501	4147
	F^-（mg/L）	14.2	16.2	31.7	30.0	25.0
石膏产品	游离水分（%）	8.84	8.34	7.59	9.04	7.11
	$CaSO_4 \cdot 2H_2O$（%）	94.62	94.93	93.44	93.74	92.28
	$CaSO_3 \cdot 1/2H_2O$（%）	未检出	未检出	0.046	未检出	未检出
	CaCO₃（%）	4.32	3.02	2.31	2.78	2.80
	MgO（%）	0.461	1.34	0.41	2.62	0
	Cl^-（×10⁻⁶）	3.83	6.60	7.02	6.03	6.01
	F^-（mg/L）	7.82	10.40	4.36	8.21	14.6
	盐酸不溶物（%）	1.13	0.98	0.47	1.60	1.43
说明（当时设定数据）		设定pH=5.6，液位=100mm	设定pH=5.6，液位=150mm，机组在升负荷	设定pH=5.0，液位=125mm	设定pH=5.5，液位=150mm	设定pH=5.6，液位=75mm

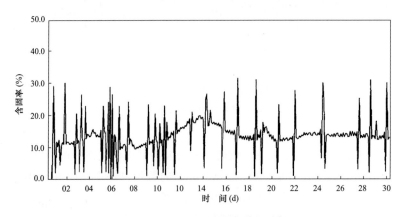

图4-345　30天中JBR浆液含固率

由上述分析可知，对台山电厂CT-121 FGD系统，实际运行时，pH值应选在5.0~6.0；当FGD入口SO_2浓度超过1000mg/m³后，为保证脱硫率，可适当提高pH值。同时JBR液位控制在75~125mm为宜，这样可以节约FGD系统的用电，提高系统运行的经济性。

在30天的优化试验中发现，GGH原烟气侧和净烟气侧的阻力成直线上升，原烟气侧压差从250Pa升到550Pa，25日用高压冲洗水冲洗后降到400Pa左右。净烟气侧差从300Pa升到580Pa，如

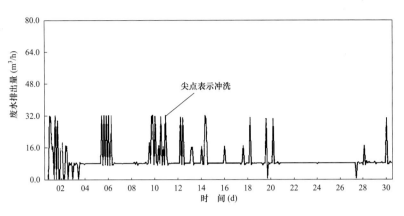

图 4 - 346 30 天中废水排出量

图 4 - 347 所示，25 日用高压冲洗水冲洗后降到 420Pa 左右，这表明烟气携带浆液严重，FGD 系统停运后检查也表明了这一点。除雾器因有不停的水冲洗，故其阻力基本未升，如图 4 - 348 所示。

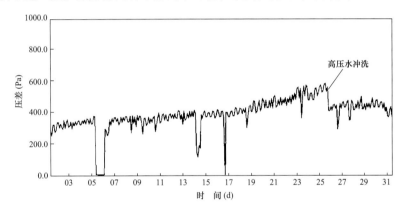

图 4 - 347 30 天的优化试验中 GGH 净烟气侧阻力的增加

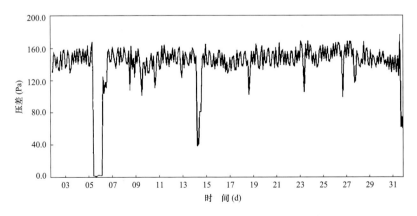

图 4 - 348 30 天的优化试验中除雾器阻力变化

（七）CT - 121 FGD 系统试运小结

（1）从调试结果来看，JBR 系统的运行基本平稳，其性能基本满足设计要求，脱硫效率在 95% 以上，这表明 CT - 121 FGD 技术是一种成熟的技术。

（2）CT - 121 FGD 系统的除尘效果好；石膏脱水效果好，表明 JBR 内的化学反应充分。

（3）实际运行时，改变系统脱硫效率可同时调节 JBR 的液位（浸没深度）和 pH 值。pH 值应控制在 5.0~6.0，同时 JBR 液位宜控制在 75~125mm，这样可以节约 FGD 系统的用电，提高系统运行的经济性。当 FGD 入口 SO_2 含量高时，为保证脱硫率，可适当提高 pH 值和 JBR 的液位。

（4）FGD 系统旁路关闭及快开时，只要挡板动作正常，对锅炉负压影响不大。因此对旁路挡板应定期进行开关试验，确保其动作正常。

（5）在机组变负荷（升、降负荷）及 FGD 增压风机动叶控制的整个过程中，锅炉正常运行时，FGD 系统能自动控制运行，不会对机组产生不利影响。但当锅炉负压本身有较大波动而锅炉引风机调整较大时，FGD 增压风机的自动闭环控制未能跟上，此时若 FGD 保护动作，旁路挡板保护快开，会对炉膛负压造成较大影响。因此应进一步协调机组与 FGD 增压风机的自动控制方式。

（6）当 FGD 增压风机在运行过程中事故跳闸时，只要 FGD 旁路挡板快开动作正常，对炉膛负压的影响很小，因此运行人员在平时的运行过程中应确保 FGD 旁路挡板快开能处于随时备用状态。同时试验也表明，没有必要对 FGD 旁路挡板快开时间提出过高的快开要求（如 10s 以内，甚至 2s），最重要的是 FGD 旁路挡板能正确动作，因此在设计时应确保旁路挡板的电源或气源。

（7）当机组 RB 时，若机组侧本身自动调节无误，只要 FGD 旁路挡板快开动作正常，则 FGD 系统的运行也正常，不会对锅炉负压产生额外的影响。

（8）1 号 FGD 系统除雾器前石膏浆液沉积十分严重以及 GGH 压差上升较快，这表明烟气携带 JBR 的石膏浆液比较严重，在设计时应很好地考虑它带来的不利影响。3 号、4 号、5 号机组的 CT-121 FGD 系统取消 GGH 而采用湿烟囱的做法无疑是正确的选择。

在除雾器前加装冲洗水，基本解决了石膏浆液的沉积现象，取得了很好的效果。

目前，1 号、2 号 JBR 系统运行的主要问题是 GGH 结垢堵塞严重。

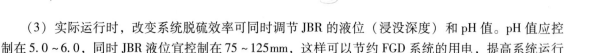

第八节　FGD 系统调试中常见问题分析

本节主要针对 FGD 各系统调试过程中常见的问题进行分析，对于 FGD 系统日常运行过程中出现的问题，将在第六章进行进一步的阐述。当然，试运时遇到的问题在日常运行时同样会出现，反之亦然，读者可互相参考。

一、烟气系统问题

1. 脱硫率下降

CEMS 显示不准会造成 CRT 上经计算而得的脱硫率数据降低，进行校验后能恢复正常。除此之外，在 FGD 系统热调期间发现脱硫率下降的主要原因有下面几个：

（1）原烟气 SO_2 浓度增大。

（2）吸收塔入口原烟气含尘增大。

（3）石灰石粉成分、活性达不到要求。

（4）吸收塔内氧化不充分。

（5）pH 计故障。

（6）废水排放不足等。

火电厂燃煤硫分变动的情况经常发生，原烟气中 SO_2 浓度并不稳定。一般情况下，FGD 入口 SO_2 浓度增大时，系统脱硫率会下降。若锅炉燃用煤的硫分长时间高于设计值，严重时会使 FGD 系统根本无法正常运行下去，只有开旁路以减少进入 FGD 系统的烟气量。调试中遇到 SO_2 浓度突然上升，致使吸收塔浆液 pH 值在短时间内下降的情况，如果此时自控系统跟不上工况变化，就可能造成 pH 值无法恢复到正常值，导致脱硫率大大下降。图 4-349 为某电厂调试期间 FGD 系统运行异常时吸收塔浆液成分的变化曲线。从第 2 天开始，SO$_2$ 浓度在短时内突然上升约 1000mg/m^3，导致浆液 pH 值从 5.6 降至 5.3。此时为自动控制模式，为了维持正常的设定值（pH = 5.6），自控系统不断地增加石灰石浆液的加入量。与此同时，浆液中有大量的 SO$_3^{2-}$ 形成，但来不及全部氧化，导致部分 CaSO$_3$·1/2H$_2$O 过饱和而沉积在石灰石颗粒表面，阻碍了石灰石的溶解，从而使浆液 pH 值进一步降低，直至低于 5.0，FGD 系统进入了 "脱硫控制盲区"，脱硫效率降低了 10% 左右。

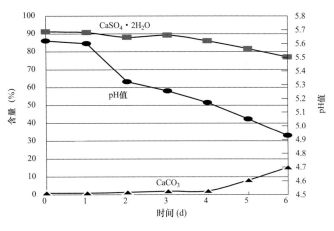

图 4 - 349　FGD 入口 SO$_2$ 浓度突增时吸收
塔浆液主要成分的变化

随后，pH 控制改为手动控制后才慢慢改观。首先停止石灰石浆液的加入，暂时忽略脱硫率，待 pH 值降至 4.2 左右，手控石灰石浆液加入阀，使 pH 缓慢升高约 0.1，稳定一段时间后再升高约 0.1，这样逐步提高，直至达到 5.6 的正常值。这样调整后副产物石膏中的 CaCO$_3$ 含量逐渐减少，CaSO$_4$·2H$_2$O 含量缓慢上升，脱硫率也稳步回升。

瑞明电厂 2×125MW 机组的 FGD 系统在 168h 试运行期间，出现过吸收塔中 pH 值不断下降的现象，最后是通过加入 Ca（OH）$_2$ 溶液来提高系统的脱硫率的。现详细分析如下。

168h 试运行开始时（注：168h 试运时间为 2003 年 10 月 15 日 14：28 ~ 10 月 22 日 14：28），pH 值在 4.8 左右（CRT 上显示）。之后 pH 值逐渐降低，24h 后降至 4.3，其后 pH 值一直稳定在 4.2 ~ 4.4 之间，期间 FGD 脱硫率波动正常。但在 10 月 19 日 11：00 后发现 pH 值有不断下降的趋势，见图 4 - 350，且入口 SO$_2$ 浓度减小时，脱硫率仍呈下降趋势。石膏滤饼分析结果表明石膏中碳酸钙含量已高达 8% 以上。于是在 10 月 19 日 15：40 左右加入 Ca（OH）$_2$ 溶液来逐渐升高 pH 值，pH 值上升至 4.5。10 月 20 日 10：00，pH 值又开始下降，脱硫率也降得很快，如图 4 - 351 所示。此时锅炉负荷并未增加，FGD 入口 SO$_2$ 浓度也未有多大变化，见图 4 - 352 和图 4 - 353。10 月 20 日 14：00 机组才升负荷，之后脱硫率随负荷的增减而波动属正常。当天化验发现石膏中碳酸钙含量没有下降，于是将 pH 值设定为 4.0，以进一步减少加入吸收塔的石灰石浆液。但 pH 值仍难以维持，一直下降到 3.5 以下，脱硫率也维持不住，降至 89% 以下。在 160h 处通过加入一些 Ca（OH）$_2$ 溶液来提高 pH 值，脱硫率也升高了些。

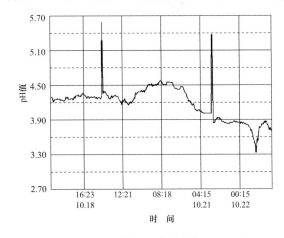

图 4 - 350　吸收塔中 pH 值的变化（CRT 上）

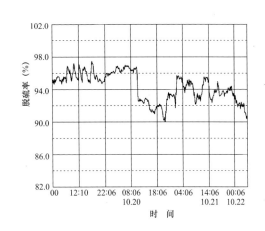

图 4 - 351　脱硫率的变化

pH 值下降，脱硫率也维持不住，经分析原因主要有 2 点。

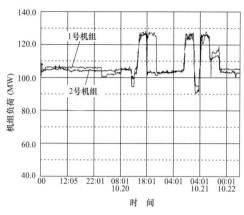

图 4 - 352　机组负荷的变化

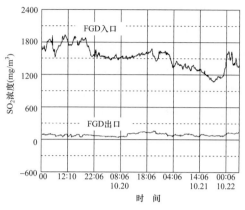

图 4 - 353　FGD 进出口 SO_2 浓度的变化

第一是原烟气中的烟尘含量过大。按设计，FGD 入口粉尘浓度不大于 $200mg/m^3$，但在 FGD 系统热调期间，电厂的一台锅炉电除尘器有故障，使得进入吸收塔内的粉尘含量很高，达 $400mg/m^3$ 以上。经过吸收塔洗涤后，烟气中大部分粉尘都留在浆液中，其中一小部分通过废水排出，另一部分仍留在吸收塔中。飞灰在一定程度上阻碍了 SO_2 与脱硫剂的接触，降低了石灰石中 Ca^{2+} 的溶解速率。同时，飞灰中不断溶出的一些重金属如 Hg、Mg、Cd、Zn 等离子会抑制 Ca^{2+} 与 HSO_3^- 的反应，这会导致吸收塔浆液的 pH 值缓慢下降。pH 值缓慢下降这种现象在各种不同的 FGD 系统中都曾发现过，被称作"石灰石屏蔽"，已有几家实验室进行过研究，并被认定是吸收塔浆液中的铝 - 氟（Al - F）混合物对石灰石溶解的影响。铝主要是通过飞灰被带入系统中，飞灰会导致吸收塔浆液出现高浓度铝（Al），氟可能作为 HF 从烟气中吸收。在太原第一热电厂 16 号燃煤机组（50MW）FGD 系统上，进行过 FGD 入口烟尘浓度对脱硫率的影响试验，结果见表 4 - 69。当 FGD 入口烟尘浓度在 $220mg/m^3$ 以内时，脱硫率都在 90% 以上，到达设计要求；烟尘浓度增加时，脱硫率下降很快。

表 4 - 69　　　　　　　　　　　FGD 系统烟尘浓度对脱硫率的影响

日期（2003 年）	时间段	烟尘浓度 (mg/m^3)	入口 SO_2 浓度 (mg/kg)	脱硫率 （%）	运行循环泵
7 月 6 日	08:00 ~ 12:00	678.1	1715	81.4	ABC
	14:00 ~ 17:00	476.3	2430	83.2	ABC
	17:00 ~ 18:00	415.4	2510	88.5	ABC
7 月 7 日	08:00 ~ 12:00	218.6	2480	95.05	ABC
	14:00 ~ 17:00	171.8	1820	95.73	ABC
7 月 8 日	08:00 ~ 09:30	189.1	1545	84.5	AB
	09:30 ~ 11:00	186.4	1626	93.3	ABC
	14:00 ~ 15:00	157.0	1436	97.27	AC

吸收塔内氧化不足也会造成亚硫酸盐致盲，但吸收塔浆液的化学分析表明氧化充分，如表 4 - 70 所示。168h 试运行期间，吸收塔浆液中的氯离子浓度逐日上升，氯离子会影响 SO_2 的物理吸收和化学吸收，抑制脱硫反应的顺利进行。石灰石粉中的氯含量一般比较低，所以吸收塔浆液中的氯离子也主要来自烟气中 HCl，采用加大废水排放的方法可以取得一定的效果。世界各地多种工艺中均发现了石灰石屏蔽的问题，在第六章"FGD 系统运行问题"中将进一步举例说明（注：瑞明 FGD 系统调试期间未对浆液中 F、Al 进行分析）。

表 4 – 70　　　　　　　　　168h 试运行期间吸收塔浆液分析结果

采样时间	含固量 （g/L）	密度 （g/L）	现场测 pH 值	CRT 显示 pH 值	SO_3^{2-} （mg/L）	Ca^{2+} （mg/L）	Mg^{2+} （mg/L）	Cl^- （mg/L）	F^- （mg/L）
10 月 16 日 8:30	211.8	1127	4.63	4.6	65.20	868.2	639.7	1301	212
10 月 17 日 9:05	239.9	1129	4.43	4.3	10.04	965.1	741.6	1330	187
10 月 18 日 8:45	221.6	1123	5.02	4.3	22.16	1053.1	869.9	1560	167
10 月 19 日 8:50	264.0	1138	4.84	4.40	14.48	1112.8	916.8	1790	170
10 月 20 日 8:50	214.8	1116	5.27	4.5	未检出	1102.4	785.8	2190	148
10 月 21 日 8:40	224.2	1115	4.32	4.0	未检出	1215.4	1008	2180	212
10 月 22 日 8:50	178.9	1091	4.00	3.8	未检出	1154.0	1050.1	2010	490

第二个原因是 FGD 所用的石灰石粉化学活性偏低，有效反应成分偏少，致使在浆液中的石灰石过剩的情况下，吸收塔浆液 pH 值仍一直偏低。对 FGD 热调及 168h 试运行期间所用的石灰石粉末进行化学分析，结果如表 4 – 71 所示。从表中可知，氧化钙含量基本上在 53% 以上，平均值为53.40%，已明显高于设计要求值（50%），折算成碳酸钙含量为 95.31%。氧化镁含量在 0.37% ~ 1.22% 之间，平均值为 0.82%。水分含量在 0.1% ~ 2% 之间，而石灰石的颗粒度小于 44μm 的含量均大于 90%，平均值为 92.8%。由此可见，石灰石分析结果的各项指标均符合 FGD 的设计要求。但对石灰石粉的化学活性测试表明，其化学活性严重偏低，如图 4 – 354 所示。反应 13min 后该石灰石粉的 pH 值已开始低于标准石灰石的 pH 值，并迅速下降，到 24min 后已降到 3.0，此 pH 值下已无法再进行对 SO_2 的吸收。热调期间还发现停止通烟气和停加石灰石后吸收塔浆液 pH 值不断上升，最后达到 7.0 以上，这也说明石灰石活性偏低，有效成分释放缓慢，参加反应明显滞后。

表 4 – 71　　　　　　瑞明 FGD 系统热调及 168h 试运行期间石灰石分析结果

日期（2003 年）	氧化钙（%）	氧化镁（%）	水分（%）	颗粒度（<44μm,%）
9 月 13 日	53.33	1.06	0.1	95.4
9 月 15 日	54.32	0.62	2.0	91.4
9 月 16 日	54.07	0.71	0.8	93.2
9 月 17 日	53.70	0.75	0.6	92.2
9 月 18 日	53.95	0.80	0.2	93.2
9 月 19 日	53.89	0.62	0.2	92.2
9 月 20 日	53.80	0.89	0.2	91.4
9 月 21 日	53.33	0.81	0.3	91.6
9 月 22 日	53.40	0.85	0.2	94.0
9 月 23 日	53.19	1.22	0.2	94.0
10 月 7 日	53.07	0.62	0.2	93.0
10 月 8 日	53.14	0.71	0.2	93.6
10 月 9 日	52.83	0.75	0.2	92.8
10 月 10 日	52.89	1.50	0.4	93.0
10 月 16 日	53.14	0.62	0.2	92.0
10 月 17 日	53.07	0.80	0.2	92.6
10 月 18 日	53.26	1.02	0.4	91.8
10 月 19 日	53.32	0.97	0.2	92.0
10 月 20 日	53.50	0.37	0.2	93.0
10 月 21 日	53.15	0.71	0.2	95.0
平均	53.40	0.82	0.4	92.8

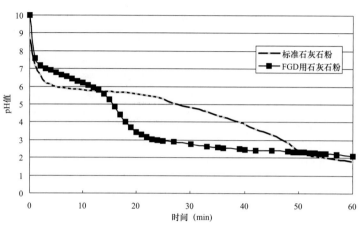

图 4 – 354　FGD 用石灰石粉与标准石灰石粉的活性曲线比较

此外，比较每天现场测定和 CRT 监测的 pH 值发现，除 16、17 和 22 日外，其他 4 天两者均有较大的偏差，最大达 0.77（10 月 20 日），如表 4 – 70 所示。现场测定所用 pH 计每天都进行校正，其测定的结果是准确的。CRT 显示的 pH 值偏低在一定程度上也影响了石灰石浆液的给入量，影响了 FGD 系统的正常运行。

在 FGD 系统运行中，吸收塔内 pH 值持续下降，此时尽管加大石灰石浆液供给量，但脱硫率依旧下降，达不到设计值，石膏中 CaCO$_3$ 含量上升，远超过设计要求。这种现象在国内外的许多 FGD 系统上都出现过。除瑞明电厂外，广东的沙角 A 厂 5 号 FGD 系统、湛江电厂 2 号 FGD 系统、浙江钱清电厂 2 号 FGD 系统、天津大港电厂 300MW 机组液柱塔 FGD 系统、山西太原一热 12 号机组水平流 FGD 系统等都出现了"石灰石屏蔽"现象，即吸收塔内 pH 值持续下降而维持不住。

图 4 – 355 是沙角 A 厂 5 号 FGD 系统 2005 年 1 月份运行中吸收塔内 pH 值持续下降的曲线。尽管锅炉负荷及 FGD 入口 SO$_2$ 浓度高低波动而对脱硫率有所影响，但从图中可以明显看出，系统脱硫率呈下降趋势。pH 值最初为 5.5，40h 后逐步降到了 5.0 以下，脱硫率从 97% 降低到 92% 左右。为维持 pH 值，开始时采用加大石灰石浆液供给量的方法，但不起作用。分析表明，石膏中的 CaCO$_3$ 含量高达 10% 以上，最大达 17%，远远超出了正常运行水平（1% ~ 2%），这表明吸收塔内石灰石浆液已大大过量。

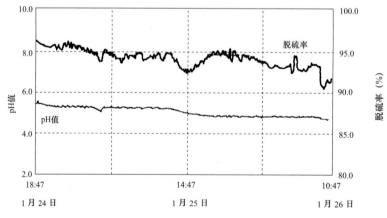

图 4 – 355　沙角 A 厂 5 号 FGD 系统 pH 值和脱硫率持续下降

首先检查锅炉燃煤情况，如表 4 – 72 所示，1 月 22 日及 24 日的含硫量明显偏大，特别是 24 日，达到了 1.82%，超出了 FGD 系统设计的高限。FGD 入口 SO$_2$ 浓度急剧增高，短时间内会造成系统失去平衡，pH 下降，同时脱硫率降低，这是一个原因。锅炉电除尘器运行正常，分析工艺水成分，如表 4 - 73 所示，吸收塔浆液 F⁻ 浓度为 20mg/L 左右、Cl⁻ 浓度在 3400 ～ 4260mg/L 之间，盐酸不溶物在 3% 左右，参数无异常，这样就基本排除了灰分及 F⁻、Cl⁻ 对 pH 值的影响。对吸收剂石灰石进行了分析，典型的成分如表 4 - 74 所示，从中可见，石灰石成分也满足设计要求。最后分析了石灰石活性 pH ～ t 曲线，并与标准曲线进行了比较，如图 4 - 356 所示。石灰石粉 1 是在 pH 值持续下降时制浆用粉，从曲线看，它比标准石灰石的活性要稍差些，这是第二个原因。

表 4 - 72　　　　　　　　　　　　　　　锅炉入炉煤分析结果

日期 (2005 年)	外在水分 M_f（%）	内在水分 M_{inh}（%）	全水分 M_t（%）	灰分 A_{ad}（%）	挥发分 V_{ad}（%）	固定碳 FC_{ad}（%）	全硫 $S_{t,ad}$（%）	低位热值 $Q_{ar,net}$（J/g）
1 月 21 日	9.80	1.43	11.09	18.24	26.32	54.01	0.71	22468
1 月 22 日	9.00	1.02	9.93	23.76	26.20	49.02	1.18	20968
1 月 23 日	9.20	1.27	10.36	19.88	27.69	51.16	0.84	22267
1 月 24 日	8.60	0.64	9.19	22.85	27.61	48.90	1.82	21642
1 月 25 日	10.80	0.90	11.60	14.67	30.26	54.17	0.88	23452
1 月 26 日	9.20	1.71	10.75	19.96	29.14	49.19	0.96	21983
1 月 27 日	8.40	1.32	9.61	18.51	30.45	49.72	0.94	22853

表 4 - 73　　　　　　　　　　　　　　　工艺水分析结果

项　目	单　位	结　果	项　目	单　位	结　果
pH	—	7.27	导电率	μs/cm	700
钙	mg/L	36.07	总盐	mg/L	296.50
镁	mg/L	4.86	锌	mg/L	0.00
F⁻	mg/L	1.37	汞	mg/L	< 0.0001
Cl⁻	mg/L	260	铵离子	mg/L	< 0.04

表 4 - 74　　　　　　　　　　　　　　　石灰石分析结果

项　目	单　位	结　果	设计指标	项　目	单　位	结　果	设计指标
水分	wt %	0.16	5.0	氧化镁	wt %	1.20	2.00
盐酸不溶物	wt %	0.661	/	氧化铁	wt %	0.1113	/
氧化钙	wt %	52.78	50.0/52.0	颗粒度	%，≤44μm	93.86	90.0

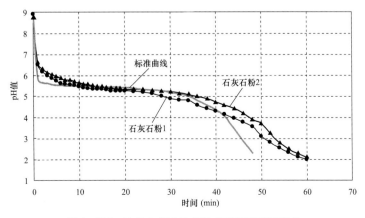

图 4 - 356　沙角 A 厂 5 号 FGD 系统石灰石粉活性

发生此现象后，采取了加入部分 Ca（OH）$_2$、加大废水排放量及更换石灰石粉的措施，最主要的是更换了活性更好的石灰石粉，图 4-356 中的石灰石粉 2，同时燃煤含硫量也较平稳，FGD 系统慢慢地恢复了正常进行。

在浙江钱清电厂 2 号 125MW 机组合金托盘 FGD 系统运行过程中，也遇到了多次"石灰石屏蔽"事件，经各方专家分析，认为是氟化铝致盲。即电除尘后飞灰、石灰石粉及工艺水中的氟和铝含量较高，在吸收塔浆池内形成一个稳定的化合物 AlF$_n$（n 一般在 2~4 之间），附着在石灰石颗粒表面，影响石灰石的溶解和反应，导致石灰石调节 pH 值的能力下降，脱硫率降低。

运行中出现此现象时，除控制烟气成分、吸收剂品质及各运行参数外，可暂时采用以下几种方法：

（1）饥饿疗法。首先停止向吸收塔内供浆，尽可能降低吸收塔内 pH 值，使吸收塔内过剩的石灰石消耗殆尽，并不断地向外排放石膏浆液和废水，降低系统内杂质含量。其次，恢复向吸收塔内供浆，观察脱硫率的变化情况，如系统不能恢复正常则需重复上一步骤，直至脱硫率恢复正常。

（2）大换血法。当氟化铝致盲相当严重时，需置换部分吸收塔浆液。钱清电厂有一次抛浆 1/4 才使系统恢复正常工作，而瑞明电厂曾全部排空吸收塔浆液。加入 NaOH 等碱性溶液也可暂缓 pH 值下降的趋势。

（3）减负法。即减少 FGD 系统的烟气量，这需打开旁路，降低增压风机的出力。例如山西太原一热 12 号机组水平流 FGD 系统在投运后的 3 年（1996 年 4 月~1999 年 3 月）内，实际运行中常常出现 pH 值越来越低，最后使 FGD 系统无法运行的现象。分析认为原因有三：① FGD 系统本身设计存在缺陷，有待改进，如吸收塔浆液罐容量偏小等。② 脱硫剂石灰石纯度不够，含杂质多，特别是含有较多反应性差的白云石（CaMg（CO$_3$）$_2$），在 5% 左右，表 4-75 是使用的典型石灰石成分分析结果。石灰石质量差还导致石灰石过剩率高及石膏品质变差。变更石灰石试验表明，通过使用纯度高、反应性高的石灰石，可提高脱硫性能、降低石灰石过剩率并提高石膏纯度。③ 锅炉煤质、电除尘器运行不稳定。实测表明，烟气中的 HF/SO$_2$ 浓度比有时比设计值高，pH 值异常时吸收塔浆液中的 Al^{3+}、F$^-$ 浓度比稳定运行时高，如表 4-76 所列。

表 4-75　　　　　　　　　太原一热 FGD 系统使用的典型石灰石成分分析

试样	CaO（%）	MgO（%）	Na$_2$O（%）	Al$_2$O$_3$（%）	SiO$_2$（%）	Fe$_2$O$_3$（%）	白云石[①]（%）	碱浓度（mmol/L）
太原（无黄土）	53.0	0.99	0.04	0.50	2.26	0.22	4.88	9.43
太原（有黄土）	52.0	1.14	0.04	0.62	2.54	1.03	5.73	9.31
附着黄土	44.6	1.72	0.07	0.46	4.71	0.91	10.34	8.32

① 假定 Mg 全部由白云石产生，白云石的比例则由 Mg 含量求得。

表 4-76　　　　　　　　FGD 系统正常时与 pH 值异常下降时的比较

状　态	吸收塔浆液 pH 值	脱硫率（%）	石灰石过剩率（%）	浆液中 Al^{3+} 浓度（mg/L）	浆液中 F$^-$ 浓度（mg/L）
稳定运行时	5.7	81	10	0.8	7.5
pH 异常下降时	4.6~5.0	75~78	>20	17.7	63

出现 pH 值异常下降时（下限值定为 5.2），作为应急措施，可以减轻 FGD 负荷运行，使 pH 值逐渐恢复。烟气量变化试验表明，减少 FGD 系统烟气量（旁路开启，减小增压风机导叶开度）可使系统的脱硫率升高许多，如表 4-77 所示。也可向吸收塔内加入 21% NaOH 的水溶液，使浆液中 Na$^+$ 浓度保持在 2500×10^{-6}g/g 以上；必要时可停运更换吸收塔浆液。

表 4-77　　　　太原第一热电厂 FGD 烟气量变化试验结果（1999 年 2 月 12 日）

处理烟气量 (m³/h)	吸收塔 pH 值	吸收塔液位 (m)	运行循环泵数 (台)	循环液量 (m³/h)	SO₂ 浓度 (×10⁻⁶)		脱硫率 (%)
					入口	出口	
450000	5.59	4.97	1	6530	1230	348	71.7
	5.57	4.95	2	9750	1167	181	84.5
	5.56	4.92	3	11180	1090	107	90.2
300000	5.61	4.89	1	7180	1217	238	80.4
	5.58	5.01	2	9750	1131	74	93.5
	5.56	4.94	3	11230	1037	45	95.7
600000（设计）	5.8	—	3	—	2000	<400	>80

（4）排废法。加大废水的排放可以减少粉尘等惰性小颗粒、氯离子等在吸收塔内的累积，提高脱硫率，并提高产品石膏的品质，这在许多电厂得到了印证。图 4-357 为某 125MW 电厂 FGD 系统启动期间浆液中 Cl⁻ 浓度的变化情况。在开始的 18 天内 Cl⁻ 升高很快，为了减缓 Cl⁻ 的上升，将废水排放量逐渐提高，从设计的 1.7m³/h 提高到 2.5m³/h 左右，Cl⁻ 的升高速度明显减慢，直至稳定在某一水平。

由于 FGD 系统热态调试的时间毕竟很短，脱硫率下降的现象在 FGD 系统投入运行后更易出现，在第六章中将作进一步的阐述。

2. 锅炉 MFT

锅炉 MFT 是最严重的事故，由于 FGD 系统调试而造成锅炉 MFT 的事故在重庆电厂 2×200MW 机组上发生过，其烟道系统的设计如图 4-358 所示。旁路挡板采用的是调节挡板，而 FGD 进口挡板（原烟气挡板）和净烟气挡板则是隔绝挡板；在 2 台炉通烟变成 1 台炉（假设退出 21 号炉）通烟运行时，首先要慢慢地打开 21 号炉旁路挡板，同时调节增压风机的动叶保持原烟道的压力。但因增压风机前强大的负压，一部分净烟气并没有进入烟囱，而是通过开启的旁路挡板重新进入原烟气烟道，形成了烟气再循环，增加了通过增压风机的风量。为保持原烟气烟道的压力，需要增大增压风机的动叶。运行数据显示，最大再循环烟气量可达设计进烟量的 30%~40%。旁路挡板开完后，应该关闭 21 号炉的原烟气挡板。但在 2min 左右的关闭挡板过程中，为保持原烟气烟道负压而调节增压风机的动叶，会对运行锅炉炉膛负压造成很大的冲击，调试中就因此发生了锅炉 MFT 的情况。相同的情况还发生在 1 台锅炉已经通烟，需对第 2 台锅炉通烟时，原因是原烟气挡板不能调节。将原烟气挡板设计成调节挡板，与旁路挡板配合调节，对锅炉负压冲击会得到缓解。另外，采取正确的操作可以避免锅炉负压较大的波动。

在 FGD 系统保护发生后，若旁路烟气挡

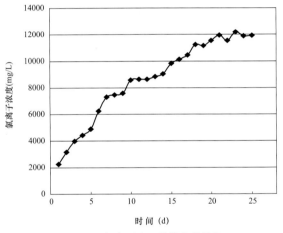

图 4-357　氯离子在吸收塔内的累积

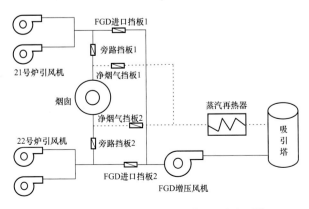

图 4-358　重庆电厂 2 炉一塔 FGD 烟气系统

板不能正确动作，例如未能及时打开，毫无疑问会使锅炉 MFT，这在某 FGD 系统运行中发生过。

3. 增压风机入口压力波动与跳闸

一般地，为保证 FGD 系统稳定运行，通过调节增压风机的叶片开度来使风机入口压力为某一恒定值，如自动设定在 −200 或 −400Pa 等。但在某 2×125MW 的 FGD 增压风机冷态调试时发现，叶片开度的微小调节如 2%，风机入口压力的波动就很大，高达 600Pa。分析表明，入口压力取样点设计不甚合理，设计只有一根等径取样管，直接接到了压力变送器上，而取样点设在一直角拐弯处，此处流场很不稳定。后进行了改造，加装 2 根取样管，并在取样管上设有稳压箱，采用 3 取 2 的方式送入 DCS 来进行叶片调节，效果显著。

试运期间有时增压风机油站漏油、轴承润滑油流量低、温度高、振动以及错误的风机喘振或失速报警等都会造成风机跳闸，这需要加强检查，把工作做细。

4. 气/气换热器（GGH）漏风

在某 2×410t/h 锅炉共用的 FGD 系统上采用 GGH，这是由国内在引进国外先进技术的基础上自行生产制造的，国产化率高达 90%。在安装及冷态调试过程中，设备运转良好。但是到了热态调试阶段，按照设计要求，轴承油室温度不能超过 70℃，而实际上始终是在 75℃ 以上运行，为此调试被停顿了下来。

最初考虑可能是由于润滑油不干净造成摩擦生热，或是油系统运行不畅引起油室温度过高。但在更换完润滑油后，并未达到预期效果。同时，运行和调试人员均反映，在热态调试过程中，每当检查到换热器周围时，就会感到热气，同时也会胸闷，喘不上气。在支撑轴承周围气体成分测量结果显示，轴承周围的气体中 CO_2 浓度相当高，证明换热器上肯定有烟气漏点。当拆除保温后发现，在换热器空气密封室及壳体上有几处宽 1cm 长近 20cm 的缝隙，高温烟气通过缝隙漏出，引起轴承周围环境温度高，油室也被高温环境加热。在随后的检查过程中又陆陆续续发现了一些，共计 20 余处。当安装单位补焊完毕，再次通烟气后，测量轴承周围空气质量与温度都合格，油室温度也降到了允许范围之内。

5. 烟道膨胀节漏水/漏气

烟道上的非金属膨胀节，特别是在吸收塔出口，烟气中的水分达到了饱和状态，在热调中发现，非金属膨胀节易漏出水来并冒出烟气，这在广东省的连州电厂、瑞明电厂、沙角 A 厂等 FGD 系统上以及国内其他许多 FGD 系统上都出现过。在定洲电厂 2×600MW 机组 1 号 FGD 系统试运期间，烟道膨胀节漏水情况较严重，漏水部位由于室外温度低，很快就结成冰，造成试运现场景观较差。在 2005 年 1 月底 FGD 系统停运期间，主要针对烟道系统的膨胀节漏水问题做了改进工作，改进后漏水情况得以改善，但由于新增的膨胀节疏水管没有加电伴热，又一次冻结，稍影响了改进效果。主要原因是一些连接的地方未密封好，膨胀节质量差，耐温耐腐性不够等。这需要在设计、安装过程中严格把关。

6. 密封风系统烟气泄漏

2004 年 9 月 20 日定洲电厂试运 1 号 FGD 系统挡板密封风机 A、B 后，风机至 FGD 进出口挡板处挡板手动阀门由一般的铸铁门换为不锈钢门，碟阀内部缺少密封圈，使该阀不严密，烟气由入口烟道泄漏至密封风系统。风机出口管道及密封风加热器内大量积水（见图 4−359），积水的 pH 值为 4.3，长时间积水会严重腐蚀管道及设备。

发现后更换该手动阀门，并在密封风加热器底部加装放水门，在挡板上部的密封风进风手动门后、密封风烟道连接处加装了不锈钢盲板，解决了密封风系统烟气泄漏的问题。

7. 腐蚀、积灰和结垢

尽管 FGD 系统的热态调试时间不会很长，但由于湿法脱硫后烟气的腐蚀性并未降低，它对系统的腐蚀也会发生。脱硫前烟气温度和烟囱内壁温度基本上大于酸露点温度，故烟气不会在尾部烟道和烟囱内壁结露，且在负压区不会出现酸腐蚀问题。而脱硫后烟气温度已远低于酸露点温度，净烟气中尽管 SO_2 含量低了，但 SO_3 却脱去很少，而且烟气的腐蚀性成分发生了很大变化，有 Cl^-、SO_3^{2-}、SO_4^{2-}、F^- 等，加上净烟气中的水分含量大大增加，SO_3 将全溶于水中，烟气会在尾部烟道和烟囱内壁结露，从而腐蚀烟道和烟囱。连州电厂调试期间再热器管子就出现了轻微变色现象，如图 4-360 所示。2000 年 11 月初，重庆电厂 $2 \times 200MW$ 的 FGD 系统通烟气 1 个月左右，再热器管子检查发现了更严重的变色现象，其中有三根已经破裂泄漏，德国专家认为是属于"静态腐蚀"（standstill corrosion）。对再热器后烟气携带的水分进行化验，其 pH 值低至 1.7，呈严重的酸性，对尾部烟道和烟囱的安全构成了严重的威胁。因此设计时对系统的防腐问题应特别关注。

图 4-359 挡板密封风出口管和加热器大量积水

图 4-360 FGD 调试时再热器管子的轻微变色现象

因吸收塔浆液呈酸性，又有一定的固体颗粒，对管道、阀门有较强的磨蚀作用，图 4-361 为真空皮带脱水机给料手动门的腐蚀情况。因施工不善而出现腐蚀的事件也有发生，图 4-362 为某 FGD 调试检查时发现的石膏事故浆罐底部某处出现的腐蚀。

在吸收塔入口处的干湿界面，会出现严重的积灰、结垢，图 4-363 就表明了这点。另外尽管 GGH 调试运行的时间不长，但其换热元件上的积灰结垢也不容忽视，如图 4-364 所示，在 CT-121 FGD 系统中就更明显了。

图 4-361 石膏给料手动门的腐蚀损坏

图 4-362 事故浆罐的腐蚀

图 4-363 吸收塔入口处的结垢

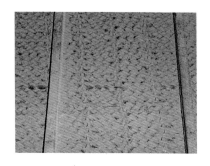

图 4-364 GGH 的积灰

另外，烟气系统调试中还会遇到许多问题，如烟道因设计不合理而振动大、挡板限位开关接触不良、GGH 密封压力低、GGH 故障、GGH 阻力升高等。

二、吸收塔系统问题

1. 吸收塔本体晃动大

在某 FGD 系统热态调试过程中，发现每当检查到 FGD 吸收塔顶层时，都会感到吸收塔晃动得相当厉害，同时发现顶层的电灯和检修电源箱也是左右摇摆，幅度相当大。为了防止晃动对吸收塔壳体以及内部设备造成疲劳性损伤，组织了众多专家，进行了大量实验，最后得出以下结论：吸收塔的晃动一是由顶层大量照明灯具、检修电源箱、照明配电箱等设备引起的；二是由于 3 号循环浆液泵出口管路固定部件不牢，造成管道牵引塔体一起晃动。通过改进管路固定部件的结构，解决了管道晃动的问题，然后又将顶层部分设备移到电控楼建筑上，从而彻底解决了这一问题。

2. 吸收塔浆液溢流

调试期间发生吸收塔溢流的主要原因有：

（1）调试期间循环泵启停较多，循环泵停运后管内的大量浆液和冲洗水进入浆液池，导致吸收塔液位升高。某 FGD 系统停运时，3 台循环管的浆液回至吸收塔，可使吸收塔液位上升约 0.2m。

（2）浆液泵停运后都要进行冲洗，产生大量的冲洗浆液，它们集中在吸收塔区域地坑浆池，通常这部分稀浆液都打回吸收塔，很容易引起溢流。

（3）氧化风机的强力鼓风使吸收塔浆池的表面出现波浪运动，当液位高时，浆液会晃动流至吸收塔入口烟道和发生溢流。

另外，吸收塔内含 Mg 元素和杂质较多、在浆液循环泵运行时吸收塔内液面容易产生泡沫，泡沫不会影响液位计数值，但会造成实际没有到吸收塔溢流管口就有泡沫溢流现象。

（4）除雾器的冲洗水阀门故障，运行时关不了，而运行人员又未及时发现造成溢流，如瑞明电厂 FGD 吸收塔溢流的一个例子。

（5）吸收塔液位计不准确，指示值低于实际液位。一般吸收塔的液位计是压力变送器形式的，在计算液位时要用到浆液密度，有的程序中取一个固定的相对密度如 1.2，而在正常运行时吸收塔浆液相对密度在 1.1～1.2 波动，这样会使 CRT 显示的液位值偏低而发生溢流。溢流的水会漫过入口烟道进入 GGH 废水坑，造成浪费，并使膨胀节处积水渗漏，而且在通烟后，烟气中的灰尘易黏在此处。如果吸收塔实际液位长期过高，入口烟道侧会积垢严重，堵塞烟气的通流。可通过将液位报警值调低来避免因测量不准而造成溢流。另外，也可通过密度值实时修正吸收塔的液位。其他还有因虹吸而发生的溢流等。

减少溢流发生的最主要办法是预防。在调试时，首先应尽快确定由浆池表面泡沫引起的液位虚高，以便确定运行液位，发生泡沫溢流时可向吸收塔内浆液加入消泡剂。其次，在循环泵或石膏脱水皮带机停运前，延长除雾器各喷嘴喷淋的间隔时间，以减少冲洗水量，使吸收塔液位先降低。正常运行发生吸收塔溢流后，要暂停除雾器的冲洗水，将溢流浆液冲洗干净，吸收塔区域地坑浆池内的浆液则暂时送到事故浆液罐，条件许可后再打回吸收塔。在吸收塔液位已经很高，短时间内又无法降低或已经出现少量溢流的情况下，吸收塔区域地坑浆池内的浆液就不能送回吸收塔，必须送至事故浆液罐。运行人员应密切关注吸收塔的液位，定期冲洗吸收塔液位计，必要时重新校验。

在调试时，其他许多浆液罐、地坑都有溢流发生。在沙角 A 厂，因滤液泵容量较小，当 2 台真空脱水机都运行而滤水量大时，滤液泵来不及打出去而导致滤液罐溢流。吸收塔地坑容量不大，有时因各浆液泵启停操作频繁，排污泵或其阀门故障，操作人员不熟练等原因而溢流满地，如图 4－365 所示。因液位计不准确而造成溢流的情况也常有。在某 300MW FGD 系统中，石灰石浆液箱、滤液罐、石膏缓冲罐、吸收塔地坑、脱水楼地坑等 2 个液位计数据相差悬殊，这样多次造成箱罐溢流、浆液泵保护跳闸等事故。

3. pH 计故障

喷淋塔浆液的 pH 值测量位置如果设在石膏浆排放泵出口，有两种设计：一是支管式，pH 计安装在石膏浆液测量支管上，仪表上下游装有隔离阀，还装有定期自动冲洗水阀。二是直接插入式，pH 计通过密封材料和一个隔离阀门插入到石膏浆液主管中，如图 4 - 366 所示。

直接插入式 pH 计

支管式 pH 计

图 4 - 365　地坑溢流

图 4 - 366　吸收塔 pH 计的两种设计方式

pH 计示值不准在调试时常有发生，除接线错误、变送器难调整以及探头老化等原因外，还与设计有关。如沙角 A 厂 5 号 FGD 系统的直接插入式 pH 计，在整个热调期间，2 个 pH 计一直不正常，只能人工加石灰石浆液。初步分析的原因与安装位置有关，pH 计安装在石膏排出泵的出口母管流量计后面，浆液流速很快，并悬挂在半空中，管道有振动，pH 计只有石膏排出泵停下来后才可以冲洗等，这都造成了 pH 计测量不准确。某 FGD 系统安装了支管式 pH 计，在调试时对 2 台 pH 计进行了多次的调整和校验，静态校验时 2 台 pH 计的读数都很准确，斜率基本相同，但放回测量管道后，2 台 pH 计测出的数据相差较大（0.2）且读数均偏小，分析认为 2 只 pH 计上下放置是造成偏差的可能原因，因为在另一 FGD 系统上，2 台 pH 计安装在同一水平面，pH 计的读数能很好地指示浆液的实际 pH 值，并且偏差很小（0.1 以内）。另外测量管路堵塞时也造成 pH 值不准，一些 pH 计冲洗水阀门内漏，造成 pH 计显示的数据远大于实际值，运行中只能通过手动测量来补石灰石浆液。每天比较现场测量结果与在线表计示值，定期对在线的 pH 计进行冲洗、校验，对于保证 FGD 系统的稳定运行是至关重要的，当然，浸入式的 pH 计最为准确。

4. 氧化空气不足和分配不匀

在重庆电厂 FGD 系统上，出现氧化空气不够和分配不均的问题。1 台氧化风机运行时无法使 FGD 系统正常工作，所以 2 台氧化风机必须全部运行而没有余量。如果 1 台风机故障，FGD 系统只能减负荷或退出运行。另外，在许多 FGD 调试过程中，由于初始氧化风机的皮带张紧度未调节好，出现皮带断裂现象，如图 4 - 367 所示。氧化风机噪声大、润滑油漏油也是常见之事。

图 4 - 367　氧化风机的皮带断裂

5. 循环泵等泄漏、电机轴承温度高

浆液泵如循环泵、石膏排出泵、石灰石浆液泵等及搅拌器的机械密封泄漏是调试中常见的问题，主要是由于机械密封安装不好或因浆液磨蚀性强所致，如图 4 - 368 所示。

在某吸收塔循环泵电机试运时，轴承加油较少，造成轴承温度高；此后给电机轴承加油，再次启动后温度还是表现为高；解体轴承后，发现油加得过多，放掉部分油脂后，再次试运，温度不高，

图 4 - 368   浆液泵泄漏

所以对于轴承而言，油脂过多或过少都可能使轴瓦温度异常。

6. 堵塞

除设计不合理外，堵塞主要是由杂物造成的，如前面介绍的台山电厂除雾器冲洗喷嘴被橡胶所堵的例子。在定洲电厂 FGD 系统热态调试及 168h 试运中，给吸收塔加石膏晶种时，工作人员用编织袋子装运石膏，不可避免地给吸收塔内带进了纤维质，造成管路堵塞，进而使室外的浆液管道冻结。另外，由于石灰石进料中掺杂着许多杂草类纤维物质，致使浆液系统中多处发生堵塞，比较明显的有废水旋流站、吸收塔喷嘴（见图 4 - 369）、石灰石浆液再循环管道、吸收塔排出泵的再循环管道，从这些管道的堵塞清理物中发现了许多杂草、编织袋类纤维物质。废水旋流站堵塞时，如不及时清理会造成上游设备的进一步堵塞，如缓冲箱去废水旋流站的管道；废水旋流站的堵塞还会造成去废水处理车间的废水量多数情况下未能达到设计值，而且废水旋流站的分流比例、分流后的浆液浓度也偏离设计值。石灰石浆液再循环管道、吸收塔排出泵的再循环管道的堵塞，造成石灰石浆液泵、吸收塔排出泵的机械密封损坏，给设备正常运行带来诸多不便。

为彻底解决该问题，在缓冲箱上游及石灰石浆液箱与石灰石旋流站之间加装了敞口箱式滤网，如图 4 - 370 所示，实施后系统堵塞情况大为改善。同时，在石膏脱水系统的缓冲箱前也加装了类似滤网。另外也需要在石灰石进料中把好质量关，要求进料车专车专用，不能既运茅草又运石灰石，至少不能在运完茅草后不清理车厢就运送石灰石；石灰石卸料口处要求清洁工不要将扫地后的垃圾扫入卸料斗。

图 4 - 369   吸收塔喷嘴的杂物堵塞   图 4 - 370   加装的敞口箱式滤网

三、制浆系统问题

（1）给粉机堵塞、卡。例如连州电厂 FGD 试运过程中 2 台给粉机均发生过堵塞现象。拆开检查，发现下粉制浆系统因石灰石粉上粉用压缩空气未经干燥，潮湿空气中水分为石灰石粉所吸收，致使石灰石粉存放久后易受潮、结块，堵塞下粉管道。现电厂已在粉仓旁新建一个空气压缩机房，专门制备上粉用冷干压缩空气。广东瑞明电厂、沙角 A 厂及浙江钱清电厂等许多 FGD 系统制浆时都出现过给粉机堵塞卡涩现象，堵塞常发生在给粉机上方落粉管以及给粉机本身。采用压缩空气吹扫落粉管，在一定程度上可缓解给粉机的堵塞问题。另外在 FGD 系统长时间停用时，运行人员定期运行给粉机也可起到防堵作用。

（2）漏粉、冒粉。在沙角 A 厂 5 号 FGD 系统上，原石灰石粉的下粉程序顺序为：流化风子系统开启，开启给粉气动门、日粉仓下面 1t 容积的储粉罐满粉后关给粉气动门，再启动螺旋给粉机、待 1t 容积的储粉罐无粉后延时停螺旋给粉机。这一启动程序造成现场漏粉现象严重，如图 4 - 371 所示，且不能满足石灰石浆液罐对石灰石粉的需求，漏粉位置在给粉机转动轴及给粉管与进、出粉管相连的地方。后调试人员修改了日粉仓下粉的逻辑，修改后的启动程序如下：石灰石浆液含固率小于 28%，给粉气动门开、启动流化风机、启动加热器、启动螺旋给料机；当石灰石浆液含固率大于 30% 后，关给粉气动门、停加热器、延时 30s 停止流化风机、20min 后停止螺旋给料机。修改后，漏粉现象基本得以解决，石灰石浆液密度稳定，满足了系统的要求。

在定洲电厂，由于振动皮带给料机、输送皮带给料机就地的电气控制箱密闭性不好，卸料斗下面的小间经常充满了粉尘，粉尘进入启动接触器的接点部位，经常造成这类设备不能远方启动，就地启动这些设备后，这部分设备就不参与 DCS 的热工连锁，后面的设备事故跳闸后，这些设备仍继续进料，造成后面的设备堵料。因此应解决好电气控制箱的密封问题（如在箱体盖周边加密封胶条），经常清理接触器的接点。

另外，在制浆时，石灰石浆液罐排气门及溢流管无水封等措施，易造成石灰石粉外冒，如图 4 - 372 所示，会对环境造成一定的污染。在连州 FGD 系统调试制浆时，石灰石粉通过浆液罐的溢流管冒出，严重污染周围环境。起初是用仪用空气密封，但效果不佳，并且造成仪用空气压力降低、备用空压机频繁启动的现象。后改用流化风机的风来密封，但仍有石灰石粉外冒。又临时用一皮管引至循环泵房的排污池中，以为可将冒出的粉溶入水中，然而皮管在不久就浮在水面上，喷出的粉弥漫在泵房内，造成更大的污染。更为严重的是，这一改动引起溢流管内浆液沉淀结块导致堵塞而运行人员没有及时发现，最终导致石灰石浆罐液位过高，罐内憋压将玻璃钢结构的石灰石浆罐顶鼓起，受损变形，并使搅拌器支架附着部位多处断裂的事故。后再次改造，将溢流管直接导至一个特制水罐的底部，但因水罐水量少，而溢出气流大，罐内储水很快飞溅出去，露出溢流管口，使水封及过滤作用失效。

图 4 - 371　给粉机漏粉

图 4 - 372　石灰石浆罐上的冒粉

最后将水罐上部也密封，制浆时开启少量浆罐取样工艺水将溢流粉溶于罐中，通过小水罐底部的管子流入排污池，彻底解决了这一问题，如图 4 - 373 所示。

（3）浆液密度计故障。石灰石浆液密度计故障主要是由于石灰石粉中杂质较多而引起的。在 FGD 系统调试时，通过输粉罐车自带的空气压缩机直接将石灰石粉送入粉仓。在连州电厂，石灰石粉中的杂质造成石灰石浆液密度计前后手动门的损坏，使密度计不准而无法制浆。在瑞明电厂，石灰石浆液密度测量管路经常堵塞。在整个 168h 期间，几乎每班都有多次密度计流量小到 $1m^3/h$ 以下，开始只能手动冲洗，后改为 1h 自动冲洗一次，但效果不大，如图 4 - 374 所示。拆开密度计测量管路,发现大量小石子堵塞在节流孔板处。这也是由于石灰石粉带有大量杂质,尽管在上粉管上已装有滤网,但实际上粉时却损坏了,如图4-375所示,这造成密度测量及给浆不正常。要避免这类情况的发生,一要保证石灰石粉的质量,尽量不带杂物,对石灰石粉的输送过程进行监控,在上粉管入口处加装的滤网要确保完好;二是少调石灰石浆液密度计手动阀门,出现堵塞时及时手动冲洗阀门;三是定期对石灰石浆液的密度和含固量进行实验室化验,以便与在线密度计的示值进行比较。

同样,石膏浆液密度测量管也常有堵塞现象发生,需用工艺水定期冲洗,图4-376反映了这一点。

图4-373 石灰石浆液罐溢流管冒粉的改造

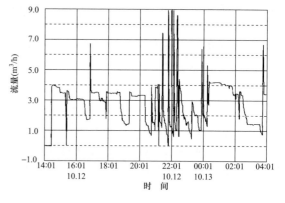

图4-374 石灰石浆液密度测量管堵塞冲洗

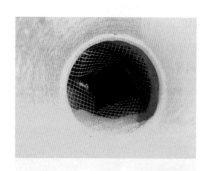

图4-375 上粉管滤网的损坏

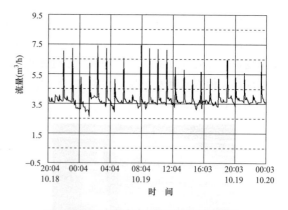

图4-376 石膏浆液密度测量管堵塞冲洗

(4)给浆管道堵塞。石灰石浆液至吸收塔的管道易堵塞,特别是在浆液调节门附近。瑞明电厂起初采用的调节门孔径太小,在调节门及调节门旁路门全开的情况下,流量只有5.5m³/h,后更换了孔径大一号的调节门,并加大水冲洗频率,情况有了较大改善。在连州电厂,因浆液中杂质多,初始堵塞很严重,需不停地手动冲洗。在浙江半山电厂FGD系统,在较长时间运行后发现由于石灰石浆液密度过大,导致在补充管线中浆液流速过慢,易堵塞,后将石灰石浆液的密度从1200kg/m³下降到1120kg/m³,增加了管路中浆液的流速,使系统得到了稳定的运行。在台山电厂,石灰石浆液泵出口滤网因杂物而常堵塞,需停泵定期冲洗和清理,后在进浆液箱前加装了滤网。在定洲电厂原设计中,石灰石浆液温度达60℃左右,石灰石浆液管道均未设计保温措施,但由于负荷变动,浆液调节阀有时自动关闭,时间过长且室外温度太低,导致管道堵塞冻结。同时发现浆液调节阀旁路由于正常运行时是常关的,并且该段管道上没有保温及电伴热,冬季易冻结,另外该段管道的手动门离主干管较远，长期不开此阀，由于浆液流动时的惯性分离作用使旁路管道易堵塞。因此应定时开启旁路，进行冲洗。

另外，沙角A厂5号FGD系统，来自滤液罐至石灰石浆液罐的补水管路也出现过堵塞，使流量降低到正常运行的1/4以下，初步分析原因是泵出口管径过小，滤液中还含有一定量的固体颗粒，而泵的出力太小。当滤液罐液位高，一部分滤水要进入吸收塔时，用于制浆的滤水压力不足，颗粒也易沉积而使滤水流量减小。定时冲洗管路可减少堵塞的发生。

（5）粉仓进粉阻力大。在钱清电厂，石灰石粉仓进粉系统运行一段时间后，发现进粉阻力大，上粉时间延长。经检查是由于粉仓顶部除尘器的运行方式不合理，上粉时除尘器的主风机一直保持运行，而脉动风机和反吹风机在运行5min后停止，粉仓内扬起的粉尘慢慢积在除尘器的布袋上，导致空气不流通，使上粉阻力增加。

解决方法是对除尘器的运行方式作一定的修改，上粉时主风机保持一直运行，脉动风机和反吹风机设定为间歇运行，运行5min，停止5min，直到上粉结束。经试验，这一程序的改变，有助于上粉顺畅。

另外，在某电厂码头粉仓上粉管振动较大，是因粉仓有30多米高，而上粉管无固定。现场实际操作时是通过降低上粉压力，延长上粉时间来解决振动过大的问题。

（6）制浆程序的问题。有许多设计制浆时采用调频称重来改变石灰石粉量，使粉与水按一定比例进入浆罐，达到制成一定密度的石灰石浆液的目的。然而众多的现场实践表明，这种理想化的设计是很难行得通的。实际情况是给粉管有时堵塞，使给粉机的输出料量经常变动，有时给粉量很大，有时极小甚至无粉落下，出粉顺畅时又有可能发生漏粉现象，并且称重机有时并不准确，这些因素都导致制浆时石灰石粉的输出量不稳定，而滤水量也不会很稳定，按系统设计的制浆程序常常导致制得的浆液浓度不稳定，影响吸收塔浆液pH值的控制以及脱硫效率功能组的正常投运。

对制浆程序修改如下：首先固定给粉机转速，滤水阀根据预先设定的浆液密度设定值进行自动开关，而不考虑滤水流量及压力的变化。当浆液密度低至某一定值（如1200kg/m³）时，启动给粉机运行，当浆液密度高至某一设定值（例如1210kg/m³）时，给粉机停止运行。当浆液箱液位低（如1.5m）时，滤水阀开进行补水，直到石灰石浆液箱的最高运行液位（如3.3m），停止补水。这种方式简单有效，制得的浆液浓度十分稳定。

（7）湿磨系统的堵塞、漏浆等。湿磨系统在调试初期极易发生漏浆、堵磨现象，一般地说，经过一段时间的运行磨合，这种现象会逐渐减少。例如定洲电厂热态调试及168h试运中存在的问题有：① 磨机进料端堵塞：因石灰石旋流站至石灰石浆液箱电动阀门误关，磨机内浆液浓度过大，磨机进料端堵塞。因此应注意当磨机系统启动后，旋流器应由自循环模式切换至供浆模式，并注意使石灰石浆液的浓度定值不要高出设计值太多。② 磨机浆液泵排放管堵塞：磨机系统试运一段时间后，当磨机浆液泵停运时，自动冲洗程序进行。发现排放阀管道因长久未操作而堵塞，无法开启。因此排放阀与水平管道连接管应定时开启，进行冲洗。图4－377反映了某湿式球磨机在调试和运行过程中出现的各种问题及改进。

四、脱水系统问题

1. 皮带、滤布跑偏

脱水系统的问题是最常见的问题，发生后也需要花较长时间来解决。

为了保护系统，一般都会在皮带两边设置防止皮带跑偏的传感器。当皮带跑偏后，传感器就会发送信号到DCS，发出皮带跑偏报警信号，皮带逐渐偏离中心，真空度明显上升且滤饼含水量增大。当皮带跑偏达到一定程度后，出于保护系统的目的，系统会自动紧急停车。

磨入口石灰石堵塞

临时和固定地加工艺水防堵

磨入口处漏浆及加密封水防漏

磨出口漏石　　　　　　　　　　漏至再循环箱中的石子

再循环泵出口管子的堵塞　　　　磨出口加装反向旋转装置防漏石

图 4 - 377　湿磨问题及改进

皮带跑偏一般是皮带驱动辊和皮带张紧辊的问题。这可能有两个原因，一是皮带驱动辊和皮带张紧辊不平行；二是皮带张紧辊和皮带驱动辊虽然平行，但是却没有对中，也即辊的轴线和真空室不垂直。这在组装时就应该注意。如果是正在运行中，对于第一种原因，则可以在停车后通过拉对角线和水平管或是水平仪来测定后调整，但要保证驱动辊的位置正确；对于第二种原因则需要重新测量中心点，根据中心点调整辊筒直至合格。

皮带跑偏中最严重的问题是皮带对接有问题，主要有斜接和喇叭口两种问题。除了更换新的皮带，无法采取其他的方法消除这个误差。一般在皮带对接时，应该多选择几个点进行测量，以保证皮带对接正确。

滤布跑偏也是真空皮带机的常见问题。一般的皮带机都会有滤布跑偏报警装置，并有自动纠偏装置。自动纠偏装置有电动或是气动两种方式，以气动自动纠偏装置为例，它由传感器、气源分配器、调节气囊组成。当滤布走偏时，气源分配器会根据滤布走偏的方向向两个调节气囊分配压缩空气，进而调节辊筒角度，达到纠正滤布走向的作用。一般情况下，调整好的纠偏装置能够保证滤布自动纠偏。需要注意的是，滤布在空转、加水空负荷运转和带负荷运转时均需调整传感器的位置和角度。如果只是在空转或是加水空负荷运转时调整纠偏装置，就会发生滤布跑偏现象，此时不须停车，只须再对纠偏装置进行调整即可。

值得注意的是，在上滤布之前，要将所有的滤布托辊复查一遍，防止滤布托辊移位。保证滤布托辊的平行很重要。

2. 真空度偏低或偏高

真空度偏低或偏高，在就地仪表或 FGD 控制室上可以看到，脱水后的石膏滤饼含水量会明显偏高。

真空度偏低的主要原因有：① 真空室对接处脱胶。真空室一般由高分子聚合物制造，这种材料的伸缩变形很厉害，如果没有及时固定或是没有固定好，就有可能造成脱胶。此种情况下，只有等停车后，放下真空室重新补胶并固定每段真空室。② 真空室下方法兰连接处泄漏，这通常会有吹哨声。这需要停车后放下真空室，检查垫片情况，如果垫片有问题则需更换垫片，如果不是垫片问题，那么只须将泄漏处的法兰螺栓拧紧即可。③ 滤液总管泄漏，只须拧紧泄漏处的螺栓，如果是垫片有问题则需要停车后更换垫片。④ 真空室密封水流量不足或喷嘴堵塞。⑤ 石膏浆液分布不均匀或太薄。⑥ 真空泵出力过小等。另外某厂出现过真空泵进出口管道接反，使得真空度上不去的问题。

滤布堵塞会使真空度超出正常范围，主要是浆液杂质过多或冲洗不干净；石膏滤饼太厚会阻碍滤饼中水分的脱除，也会使真空度偏高，将造成石膏含水量上升。

有时真空度呈周期性变化，脱水效率随着真空度的变化也呈周期性的变化，一般情况下，这主要是由于滤布对接处脱胶所造成的，只须停车重新上胶即可。

3. 结垢和堵塞

脱水系统中比较容易发生结垢和堵塞的地方有旋流器、石膏浆液管、脱水皮带机的石膏滤饼冲洗管等，调试阶段由于一些工艺参数的调整或不稳定，就更易发生。图 4 - 378 是水力旋流器底部结垢的一个例子，是因长久运行后，石膏黏附堆积日益严重所致。图 4 - 378 同时也给出脱水机给料分配器的堵塞，这是因经一级旋流器脱水后石膏浆液浓度大，设计时未有冲洗，时间一久便会堵塞。定洲电厂 1 号 FGD 系统试运期间，两台滤液水泵一运一备，备用泵长时间不运行，滤液水泵出口管道堵塞，因此应定时切换 2 台泵运行以防止堵塞；为从设计角度彻底解决此问题，需要考虑加装反冲洗装置。另外，废水泵停运时间过长，废水箱由废水泵自循环喷嘴搅拌。废水箱内有一定液位时，废水泵应保持自循环运行，否则浆液沉积导致管道堵塞。

图4-378　水力旋流器底部结垢及脱水机给料分配器的堵塞

一般地，滤布冲洗水使用的是工艺水，不会堵塞。而滤饼冲洗水一般使用的是工艺水+滤布冲洗水回水+真空泵循环水回水（采用水环式真空泵），主要是真空泵循环水+滤布冲洗水回水，工艺水只是偶尔进行补充。滤布冲洗水回水中石膏含量比较高，所以容易造成滤饼冲洗水喷嘴堵塞。

为了解决这个问题，可从以下几个方面来考虑。① 选择好的喷嘴或是更换好的喷嘴；② 停车后将滤饼冲洗水箱冲洗干净，一般在系统设计时就应考虑一个冲洗方案；③ 如果有可能的话，在滤布选择上尽量不要选择结构稀疏的滤布；④ 调节滤饼刮刀，尽可能将滤布上的石膏滤饼刮干净，减少排放到滤饼冲洗水箱中的石膏；⑤ 在滤饼冲洗水泵上的选择，应该选用砂浆泵，而不能选用清水泵；⑥ 增加循环管道，使浆液产生扰动并在泵之间形成循环，以减少石膏的沉淀。

调试期间系统启停频繁，所有浆液泵停运后都必须进行比较彻底的人工或自动冲洗，特别是石膏浆液泵，一般在泵停运后5min内就应该完成对石膏浆液管道和泵的冲洗。此外，还应根据相关设备的运行状态和各种浆液的化学分析结果来判断结垢的趋势，如通过分析石膏旋流器溢流和底流浆液的密度和含固量来判断旋流器的结垢状况等。

4. 石膏含水率高、品质低达不到设计要求

许多FGD系统调试初期生产的石膏，常常发现其含水率偏高（超过10%），达不到设计要求。常见的原因主要有：① 石膏浆液中含尘量偏高，因为在热调初期，FGD系统没有或很少往外排放废水，造成吸收塔内浆液中含尘量偏高。烟尘除影响脱硫副产物石膏的纯度、白度等质量外，更由于其粒径小，不易于分离且会堵塞真空皮带的毛细孔，影响脱水效率，最终造成石膏含水率升高。② 吸收塔中石膏浆液氧化不充分、密度过低。③ 滤饼厚度偏厚（超过40mm）或偏薄（小于15mm）。④ 石膏浆液旋流器底流达不到皮带脱水机所要求的50%左右的浓度。⑤ 石膏落料不均匀，造成滤布上整个滤饼纵向看呈凹凸不平形状，有明显凸起的长条滤饼，这需要调整石膏浆液喂料器。⑥ 真空度过高或低等。

滤饼中的Cl^-含量是检测FGD系统的一个重要指标。一般比较关注的是脱水率，所以对Cl^-含量没有给予应有的重视。有时为了达到脱水率，也会有意减少滤饼冲洗水的用量，这样会造成滤饼中Cl^-含量超标。要使滤饼中Cl^-含量达标，可使用正常的滤饼冲洗水量冲洗滤饼，在Cl^-含量比较高的工况下可采用高品质的水源如除盐水冲洗。

石膏品质优劣与脱硫效率的高低密切相关，如果脱硫率降低，石膏品质也往往较差。可从以下几个方面寻找原因或采取措施：① 原烟气参数，如烟尘浓度、烟气成分、GGH出口烟温等是否异常。② 检查关键设备如循环泵、氧化风机的运行状态，通过它们可间接了解是否发生循环管喷嘴堵塞或氧化空气量不足等情况。③ 在线监测仪如吸收塔浆液pH计、密度仪的示值准确性和稳定性，必要时重新校验。④ 分析石灰石粉的细度、纯度、活性指标、工艺水水质等。⑤ 检查废水排放是否足够等。图4-379是某FGD系统首次产出的石膏，因系统一直未排废水，可看见石膏上有厚厚的黑色物。

图4-380是某2×125MW的FGD系统168h期间石膏纯度（$CaSO_4 \cdot 2H_2O$的含量）的变化，设计应大于95%，但除第一天纯度达到96%外，其余各天石膏纯度和石膏中的碳酸钙含量均未达到FGD系统的设计保证值，其中两天的纯度更低至86%左右，碳酸钙含量高达8%。分析表明是石灰石粉活性低及入口烟尘浓度大的缘故。

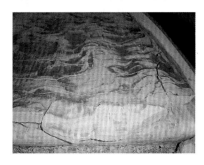

图4-379 某FGD系统首次产出的黑色石膏

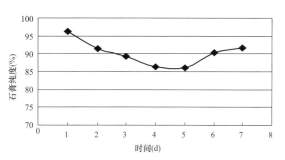

图4-380 某FGD系统168h期间的石膏纯度

影响石膏含水率及品质的因素有很多，在第六章中将有更详细的论述。

五、公用系统问题

1. 工艺水压力高或低

工艺水泵出口压力较高，则会造成分系统冲洗水门法兰泄漏现象。在某300MW FGD系统中，泵出口压力设计值为0.6MPa，实际运行中为0.92至0.94MPa；当除雾器及循环泵管道冲洗时，工艺水泵出口压力仍然达到0.82MPa。图4-381给出了工艺水泄漏的例子，这里安装质量及法兰垫片质量都有一定的问题。

图4-381 工艺水的泄漏

工艺水泵出口压力低，会使某些设备供水不足。如在某FGD系统中，当循环泵停运冲洗时，如果一台工艺水泵运行，会出现氧化风机喷水减温水压力和真空皮带机压力低，造成氧化风机、真空皮带机保护停的现象，这需2台工艺水泵同时运行。

2. 工艺水的水质比设计要求差，特别是悬浮物偏高

这对于FGD系统的正常运行及石膏品质都有不利影响。

另外还有工艺水箱补水门内漏，泄漏流量从小到大至40t/h。气动门关闭时发生振动、气动门关不到位、进水手动门没关时，造成工艺水箱满水溢流出来等。

3. 浆液泵机械密封冷却水系统问题

在某FGD系统中，石灰石浆液泵、石膏浆液泵、废水泵等浆液泵的机械密封是采用工艺水作为介质进行冷却的。所有泵的冷却水只是简单地接到冲洗排空沟道内，这些水又都汇集到吸收塔地坑

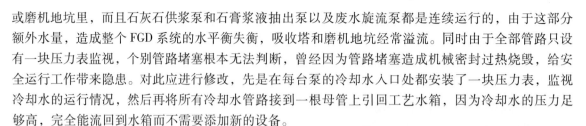

或磨机地坑里，而且石灰石供浆泵和石膏浆液抽出泵以及废水旋流泵都是连续运行的，由于这部分额外水量，造成整个 FGD 系统的水平衡失衡，吸收塔和磨机地坑经常溢流。同时由于全部管路只设有一块压力表监视，个别管路堵塞根本无法判断，曾经因为管路堵塞造成机械密封过热烧毁，给安全运行工作带来隐患。对此应进行修改，先是在每台泵的冷却水入口处都安装了一块压力表，监视冷却水的运行情况，然后再将所有冷却水管路接到一根母管上引回工艺水箱，因为冷却水的压力足够高，完全能流回到水箱而不需要添加新的设备。

4. FGD 系统失电

对于不产生 FGD 保护动作的一般的单个设备失电，FGD 系统还能正常运行，即使是单个循环泵，及时恢复即可。

在某 FGD 系统增压风机冷态调试过程，发生了 FGD 6kV 失电事故，发现各烟气挡板门因失电而全未动作，DCS 上也操作不了。这种事故若在热态运行时发生，则将因旁路不能打开而引起炉膛压力高导致锅炉 MFT。于是重新配置了一个 380V 的 UPS，给各个挡板门供电，以确保机组的安全运行。

FGD 系统调试实例表明，当 FGD 系统保护时，只要系统程序动作正常，对机组的正常运行影响不大。

5. 废水处理系统问题

对于 FGD 工艺来说，废水排放量越多对吸收塔的脱硫反应越有利，但当 FGD 的平均废水排放量大于最大设计处理能力时，由于澄清池的容量有限，系统对悬浮物的处理能力比较差，出水比较浑浊。因此运行时应控制进入废水系统的流量不能过大，才能保证清水的浊度和 pH 值达标。

石灰乳和盐酸是 FGD 废水处理的关键药品，它控制着反应的 pH 值，设计时一般应考虑连续加入。但在许多调试中发现，如果石灰乳流量太小，运行一段时间后管道会被石灰颗粒堵塞；如果流量太大，则会导致反应池的 pH 值上升快，无法控制反应进程。另外，有时浓石灰浆浓度不是很稳定，配制的石灰乳药品难以保证在设计的浓度。因此可将加药泵（包括盐酸泵）的运行方式调整为时开时停，使反应池的 pH 值保持一定程度的波动。为防止石灰颗粒在泵和管道结垢，每次停泵后必须进行冲洗。

FGD 废水系统易堵的重要原因之一是设计的理想化和不合理，对废水中可能出现的含固率高考虑不周。另外，运行人员的操作水平也有待加强。

6. 其他

在天气寒冷的地区，设备及管道冻结也是会遇到的一个大问题，例如定洲电厂 2×600MW 机组 FGD 系统调试期间，正是天寒地冻之际（2004 年 12 月~2005 年 2 月），由此发生了许多冻结问题。

（1）石膏仓冻结。在 168h 试运时，多处设备及管道冻结，其中以石膏仓冻结最为严重，且难以处理。设计时未考虑石膏仓加保温，要求必须保持石膏的连续卸装。但由于石膏卸料系统油温过低跳闸，石膏脱水机启动后，石膏卸料系统无法启动，导致石膏仓料位越来越高。夜间室外气温达到 −10℃ 左右，最后石膏仓严重冻结。后采取很多措施，比如多次人工挖掘石膏，在石膏仓内生火化冻，才恢复石膏卸料的正常运行。

石膏脱水机启动后，保持石膏卸料系统连续运行，保证石膏的连续卸装，避免石膏仓再次冻结。168h 试运结束后，为彻底解决石膏仓的冬季石膏冻结问题，采用石膏仓筒体外表面加保温及电伴热的方式。在日本，石膏储存有的电厂采用石膏库 + 刮板机的方式，这样储存一般不会有冬季石膏冻结及高料位石膏压实板结问题，但缺点是占用地方大，对于脱硫区域小的电厂不一定适用。

（2）仪表取样管冻结。168h 试运中，SO_2 分析仪取样管、旁路差压表取样管、pH 计冲洗管等多处仪表取样管冻结，SO_2 分析仪由于其排水管的冻结造成排水不畅，箱内两个滤芯曾两次更换，用上了备品。化冻后加装保温、伴热避免了再次冻结，但在冬季运行中应注意及时清理排水管附近的积冰。

（3）废水泵至废水处理区管道冻结。该段管道最低处未设计放水管，同时没有保温，废水泵停运后管道冻结。在没有加保温及电伴热时，该段管道应注意在没有废水流过时及时放水。

（4）湿式球磨机齿轮喷油系统油脂冻结。168h试运中，齿轮喷油系统油脂冻结导致湿式球磨机多次跳闸。后采取了保温措施，避免了管道冻结。对此将磨机房西侧的磨机进料通道敞开的山墙封闭，将磨机房其他几处管道穿墙处封闭，调整了磨机房的暖气设施，最终提升了磨机房的室内温度，齿轮喷油系统油脂冻结问题稍有改善。

（5）FGD水管冻结。FGD装置部分工业水、工艺水管道没有设计电伴热装置，在试运期间管道冻结。例如在工艺水主干管上接有许多检修用冲洗水管，这些管路设计中没有充分考虑冬季防冻问题，在接近主干管的部位没有加阀门，只是在远离干管的端部有阀门，并且没有管线放水阀。在冬季运行时这些管线多次冻裂，隔绝漏点时，经常停掉其他用户。所以这部分管线应在接近干管处再多加一道阀门，并在后面加放水门。

2号FGD工艺水主干管没设计电伴热，致使工艺水管道在FGD系统热态通烟前（2005年1月4日左右）大范围冻结，经过为期4～5天的割管化冻工作，问题得以解决，并在该段管道上也紧急加装了电伴热。

（6）几个地坑泵的进出口管道冬季也面临着管道冻的问题，所以经常采用安装公司备用的潜水泵，给试运现场的景观造成杂乱的印象。

在FGD系统调试过程中，各种各样的问题都会出现，调试人员要在充分理解系统的设计意图上，不断积累经验，大胆地对系统进行优化改进，使FGD系统安全、可靠、高效地运行，圆满地完成调试任务。

第五章

FGD 系统的性能试验

第一节　性能试验的目的、内容和依据

　　FGD 系统性能试验的目的是在供货合同或设计文件规定的时间内，由具有资质的第三方对 FGD 系统进行测试，以考核 FGD 系统的各项技术、经济、环保指标是否达到合同及设计的保证值，污染物的排放是否满足国家和地方环保法规的标准。性能试验一般在 FGD 系统完成 168h 满负荷试运行、移交试生产后 3~6 个月内完成，由建设单位（业主）或脱硫工程总承包公司组织，具体的试验工作由招标确定的试验单位负责。

　　典型的石灰石/石膏湿法 FGD 系统性能主要考核的指标如表 5−1 所示，图 5−1 是典型的 FGD 系统性能试验的界限，图 5−2 是 FGD 系统的输入与输出的物质平衡。

表 5−1　　　　　　　　　　石灰石/石膏湿法 FGD 系统性能试验考核指标

序号	测试项目		单位	备注
1	脱硫效率（原/净烟气 SO_2 浓度）		%（mg/m^3）	主要
2	烟尘脱除率（原/净烟气烟尘浓度）		%（mg/m^3）	主要
3	HCl 脱除率（原/净烟气 HCl 浓度）		%（mg/m^3）	一般
4	HF 脱除率（原/净烟气 HF 浓度）		%（mg/m^3）	一般
5	SO_3 脱除率（原/净烟气 SO_3 浓度）		%（mg/m^3）	一般
6	除雾器出口净烟气液滴含量		mg/m^3	主要
7	再热器出口烟气温度		℃	主要
8	石灰石（粉）消耗量（Ca/S 摩尔比）		t/h	主要
9	工艺水平均消耗量		m^3/h	主要
10	电耗	整个 FGD 装置的电耗	kW	主要
		FGD 装置停运后电耗	kW	一般
11	能耗（如蒸汽耗量、FGD 系统内燃料耗量）		t/h	主要
12	FGD 压力损失		Pa	主要
13	噪声		dB（A）	一般
14	FGD 系统各处粉尘浓度		mg/m^3	一般
15	热损失（保温设备的最大表面温度）		℃	一般

续表

序号	测试项目		单位	备注
16	石膏品质	石膏表面含水量	%	主要
		石膏纯度（CaSO$_4$·2H$_2$O）	%	主要
		CaSO$_3$·1/2H$_2$O 含量	%	主要
		CaCO$_3$ 含量	%	主要
		石膏白度	—	一般
		Cl$^-$ 含量	%	主要
		F$^-$ 含量	%	一般
		惰性物质含量	%	一般
17	球磨机出力		t/h	主要
18	GGH 泄漏率		%	一般
19	增压风机效率		%	一般
20	泵的效率损失		%	一般
21	FGD 废水品质	废水流量	t/h	主要
		pH 值	—	
		化学需氧量 COD$_{Cr}$	mg/L	
		悬浮物 SS	mg/L	
		重金属（如镉、铅、铬、砷、汞等）	mg/L	
		其他（如氟化物、氰化物等）	mg/L	
22	FGD 装置的负荷适应性等合同规定的其他内容		—	一般

不同的 FGD 系统及合同要求考核的性能指标略有不同，表 5-1 中所列的各项指标在实际考核中有所增减。这些指标大致可分为三类：

（1）技术性能指标。如脱硫率、除雾器后液滴含量、再热器后烟温、石膏质量、废水质量、球磨机出力等。

（2）经济性能指标。如系统压损、粉耗、电耗、水/汽耗等，这直接影响 FGD 系统投运后的运行费用。

（3）环保性能指标。如 FGD 出口 SO$_2$ 浓度、噪声、粉尘等，需满足环保标准的要求。当然，一些技术性能指标，如废水品质，也是环保性能指标。

除了表中所列外，压缩空气的消耗量、脱硫添加剂（如有）的消耗量等也得到测量；FGD 系统烟气中的其他成分如 O$_2$、含湿量等，烟气参数如烟气量、烟气温度、压力，石灰石（粉）品质，工艺水成分，吸收塔浆液成分、浓度、pH 值等，煤质成分等在试验中也同时得到测试和分析。需要指出的是，一些合同中规定的指标如 FGD 装置的可用率、装置和材料的使用寿命、烟气挡板的泄漏率等内容，不宜也没必要作为 FGD 性能试验的项目。

FGD 性能试验具体测试项目根据业主与 FGD 合同商签订的合同及相关合同附件和技术要求、设计技术规范等而定，在试验前经有关各方商议同意，内容体现在性能试验方案中。试验方案由试验项目负责人组织编写，一般应包括以下内容：

（1）试验目的、依据。

（2）试验计划安排，如日程等。

（3）FGD 系统的描述（主要设计数据、保证值、工艺流程等）。

（4）试验期间 FGD 系统、锅炉及其他辅助设备应具备的条件。

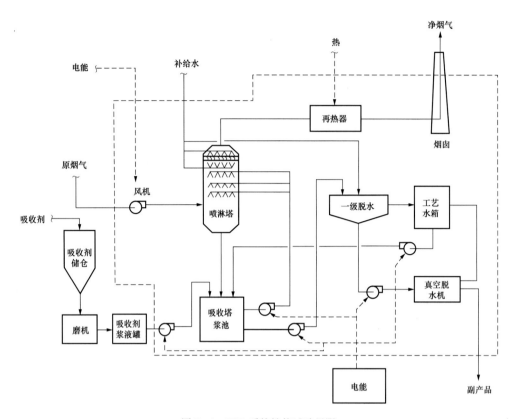

图 5-1 FGD 系统性能试验界限

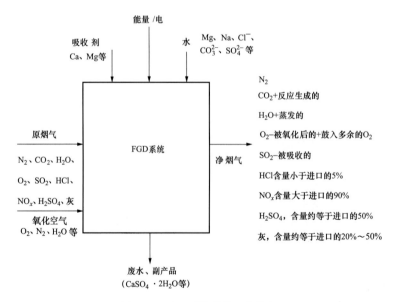

图 5-2 FGD 系统的输入和输出

（5）试验工况及要求，包括预定工况判断、工况数量、试验持续时间、间隔时间等。

（6）主要测点布置、测量项目和测试方法。

（7）试验测试仪器，包括测量精度范围和校验情况。

（8）采集样品（各种固态物、浆液、废水、燃料等）的要求、步骤、运输、保存方法等。

（9）采集样品的分析仪器、分析方法等。

（10）需要记录的参数、记录要求、记录表格等。

（11）相关单位试验人员的组织和分工。

（12）试验期间的质量保证措施和安全措施。

（13）试验数据处理原则。

（14）合同规定或双方达成的其他有关内容。

2006年5月6日，国家发展和改革委员会发布了DL/T 998—2006《石灰石—石膏湿法烟气脱硫装置性能验收试验规范》，并于2006年10月1日实施，该规范可作为FGD系统性能试验的指导性标准。但在实际工作中，有不同的FGD厂商或合同要求，只要相关各方认可。性能试验采用的技术标准、规程、规范等也可参考国内火力发电厂的部分标准及化学分析的一些标准方法，同时借鉴FGD技术支持方如美国、德国、日本等所采用的最新标准和方法。以下列出了FGD性能试验可参考的部分标准和文献，供读者参阅。

（1）中国

GB 10184—1988《电站锅炉性能试验规程》

GB/T 13931《电除尘器性能测试方法》

GB/T 16157—1996《固定污染源排气中颗粒物测定与气态污染物采样方法》

GB 13223—2003《火电厂大气污染物排放标准》

GB/T 15057（1～10）—1994《化工用石灰石采样与样品制备方法、各成分含量的测定》

GB/T 5484—2000《石膏化学分析方法》

DL/T 469—2004《电站锅炉风机现场性能试验》

《空气与废气监测分析方法》（国家环保局编）

《水与废水监测分析方法》（国家环保局编）

（2）美国

ASME PTC40 – 1991《Flue Gas Desulfurization Units Performance Test Codes（FGD系统性能试验规程）》

ASME PTC4 – 1998《Fired Steam Generators Performance Test Codes（锅炉性能试验规程）》

EPRI《FGD Chemistry and Analytical Methods Handbook［FGD化学和分析方法手册（1999）］》

EPA Method 1《Sample and Velocity traverses for stationary sources（固定污染源采样和速度测定）》

EPA Method 4《Determination of Moisture content in stack gases（烟囱中气体水分的测定）》

EPA Method 6《Determination of sulfur dioxide emissions from stationary sources（固定污染源SO_2排放的测定）》

EPA Method 19《Determination of sulfur dioxide removal efficiency and particulate matter, sulfur dioxide, and nitrogen oxide emission rates（SO_2脱除率和颗粒物、SO_2及氮氧化物排放量的测定）》

American Public Health Association（美国公众健康协会）《Standard Methods for the Examination of Water and Wastewater（水和废水的标准检测方法）》

（3）日本

JIS K 0103：1999《Methods determination of sulfur oxides in flue gas（烟气中硫的氧化物的测定方法）》

JIS K 0107：2002《Methods for determination of hydrogen chloride in flue gas（烟气中HCL的测定方法）》

JIS K 0301：1998《Methods for determination of oxygen in flue gas（烟气中O_2的测定方法）》

JIS Z 8808 – 1995《Methods of measuring dust concentration in flue gas（烟气中粉尘浓度的测量方法）》

JIS R 9011 – 1981《Chemical Analysis of Limes（石灰的化学分析）》

JIS R 9101 – 1986《Methods for Chemical Analysis of Gypsum（石膏化学分析方法）》

JIS Z 8731：1999《Acoustics-Description and measurement of environmental noise（声学 – 环境噪声的表述和测试）》

（4）德国

DIN 1942《蒸汽锅炉的检验试验》

VGB – R 123 C/2.6《烟气净化设备考核验收试验导则》

VGB – M701《脱硫石膏的分析 Ca 含量（CaCO$_3$）的测量》

VDI 2044《风机性能考核验收试验》

VDI 2055《工业设备保温（计算、保证值、测量方法）》

VDI/VDE 2640《流动截面的网格测量法》

VDI 2066《流动气体中的粉尘测量》

VDI 2462《烟气中 SO$_2$ 浓度的测量》

VDI 2470《HF 浓度测量》

VDI 3480 Part 1《烟气中 HCl 的测量》

第二节 试验测点与烟气采样

一、试验测点

流经烟道的烟气成分分布具有不均匀性。在流动烟气的横截面上，由于燃料和送风随时间的微小变化，这种成分不均匀也随时间而变化，因此从烟道中取得有代表性的烟气是保证分析结果准确性的关键。一般地，是通过对烟道横截面上若干个取样点（测点）进行反复多次取样的。多点取样将抵消分层的影响，并取得具有代表性的样品，烟温、流速的测量也在相同的测点上进行。取样点的位置需要认真考虑，一般要求是：

（1）取样点应尽可能避开有化学反应的位置；不要在有回流、停滞或泄漏处取样，即测点应远离局部阻力件如弯头、阀门和断面急剧变化的部位（即干扰源）；优先选择气流稳定且分布较均匀的直管段，优先在垂直管道上取样。

（2）取样位置应位于干扰源下游方向不小于 6 倍当量直径和距干扰源上游方向不小于 3 倍当量直径处（6D/3D 原则）。对矩形烟道，其当量直径 $D = 2AB/（A + B）$，式中 A、B 为边长。

（3）在试验现场，往往满足不了上述要求，可灵活处理。但测孔位置距干扰源的距离至少不小于 1.5 倍当量直径，且尽量设置在干扰源上游，并适当增加测点的数量。采样断面的气流速度最好在 5m/s 以上。

（4）测孔位置应避开对测试人员操作有危险的场所，要便于试验仪器的安放和试验人员的操作，并有安全措施。必要时应设置采样平台，平台面积应不小于 1.5m^2，并设有 1.1m 高的护栏，采样孔距平台面约为 1.2～1.3m。

（一）FGD 系统测试特点

同电站锅炉的烟气测量相比较，FGD 系统的测试有以下的特点：

1. 烟气温度低

电站锅炉的排烟温度一般在 120℃ 以上，而带有 GGH 的 FGD 吸收塔的进口温度在 90℃ 左右，吸收塔出口温度更是低至50℃上下，而烟囱的入口温度也只有80℃左右或更低。对于低温烟气的取样，大多数情况下都需要对取样枪和取样管进行加热，否则烟气会产生凝结，被取样物质如SO_2、SO_3等会吸附于凝结的液滴上，从而极大影响测量的准确性。

2. 烟气湿度大

烟气在经过吸收塔的洗涤后，水分基本已经达到饱和。即使经过GGH加热后，烟气湿度也要比原烟气明显增加。一般地，原烟气的湿度在5%~8%，而脱硫后洁净烟气的湿度可达12%以上。

3. 烟道尺寸大、测点位置普遍不理想

对于电站锅炉来讲，排烟处的水平烟道均分成左右2个甚至是4个烟道。即使是600MW等级的机组，烟道的深度一般也不会超过4m。而FGD装置进、出口的烟道一般只有1个，对于600MW等级的机组，烟道面积可达到$60m^2$左右，烟道的深度可达到6~10m。同时，由于GGH的设置，使得烟道的布置复杂，烟道直段很短或几乎没有，较难找到理想的测量位置。

4. 温度、浓度场分布不均

由于吸收塔本身的喷淋特点，吸收塔出口SO_2的分布十分不均匀；在GGH的出口，这一现象仍然存在。同样，FGD系统出口的温度在烟道截面上也高低不一。

5. 正压系统

若增压风机布置在A位（即在吸收塔之前，我国的FGD系统基本采用这种布置方式），则增压风机出口、吸收塔进口、吸收塔出口处均为正压区，最高处压力可达5kPa以上。对这些位置的测点必须采取密封措施，以减少测量期间环境的污染。测量人员也需配置相应的防护设备。

（二）FGD系统的测孔和测点

FGD系统性能试验的全部测孔位置和取样点一般应在FGD系统设计、安装阶段就已确定、实施完成，因为吸收塔出口后的烟道测孔需要做防腐处理。典型的FGD烟气系统至少需要的试验测孔布置位置如图5-3所示，DL/T 998—2006中建议的试验测点布置位置如图5-4所示，多达11处，实际上没有必要这么多。图5-3中，测孔A在增压风机前，测孔B在增压风机后、GGH前，测孔C在吸收塔出口，测孔D在GGH出口。若现场条件具备（如烟道足够长），同时考虑到性能试验时测试的项目较多，便于试验操作与获取数据的准确可比性，并加快试验进程，可以在增压风机前、FGD出口处多开一排测孔；如有测试需要，在吸收塔入口处、FGD净烟气挡板前/后的GGH净烟气

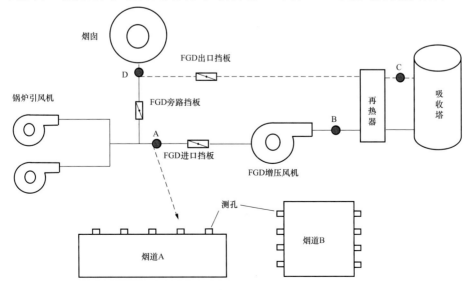

图5-3　FGD系统性能试验测点位置示意

出口烟道上都可开孔。根据采样要求，各位置处开一排数目不等的测孔，测孔用不锈钢管道连出，内径应不小于 $\phi80\text{mm}$，并高出保温层 100mm 左右，不使用时用盖板、管堵或管帽封闭。大部分电厂的烟道为矩形，一般情况下，测孔宜布置在烟道的顶部（如图 5－3 中的烟道 A）；但对于尺寸较深的烟道（如烟道深度大于 5m），也可考虑将测孔布置在烟道两侧（如图 5－3 中的烟道 B）。图 5－5 给出了某 FGD 系统现场的一些测孔，供设计时参考。

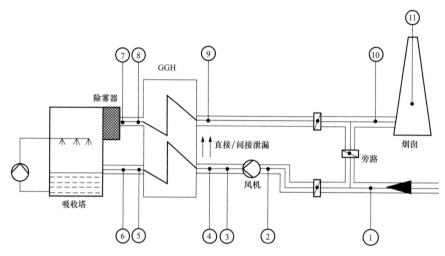

图 5－4　DL/T 998—2006 中建议的试验测点布置

①～⑪——测点

一般地，合同中 FGD 系统设计烟气参数为引风机出口、FGD 进口挡板处的烟气参数。在性能试验测点设计时，图 5－3 中的 A 点位置十分重要，原烟气的各种成分和参数应在此处测量，因为该处为负压；而增压风机出口 B 处为正压，压力高达 3～5kPa，对现场取样人员的安全十分不利。

对于 FGD 系统的测孔和测点数量，可参考 GB/T 16157—1996《固定污染源排气中颗粒物测定与气态污染物采样方法》或 GB 10184—1988《电站锅炉性能试验规程》，按网格法或多代表点法来确定。网格法等截面的划分原则及代表点的确定如下。

对矩形截面，用经纬线将整个截面分割成若干等面积的小矩形，各小矩形对角线的交点即为测点（见图 5－6）。矩形截面边长 A（或 B）与测孔个数 N 及测点数的规定见表 5－2，例如 500mm × 1250mm 的截面，如测孔开在 500mm 的边长上，则需开 3 个测孔，每个测孔的测点数为 5 个，共有 $3 \times 5 = 15$ 个测点总数。对较大的矩形截面，可适当减少 N 值，但每个小矩形的边长应不超过 1m。测孔应设在包括各测点在内的延长线上。

表 5－2　矩形截面测孔数和测点数的确定

边长 A（B）（mm）	≤500	500～1000	>1000～1500	>1500
测孔个数 N	3	4	5	边长每增长 500，N 增加 1
测点个数/测孔	3	4	5	边长每增长 500，测点增加 1

对圆形截面，可将其划分为 N 个等面积的同心圆环，再将每个圆环分成相等面积的两部分，测点即位于新分成的两个同心圆环的分界线上（如图 5－6 所示）。测点距圆形截面中心的位置计算式为

$$r_i = R\sqrt{\frac{2i-1}{2N}}$$

式中　r_i——测点距圆形截面中心的距离，mm；

FGD入口测孔

增压风机出口测孔

吸收塔入口测孔

吸收塔出口测孔

GGH净烟气出口测孔

烟囱入口测孔

图 5 - 5　某 FGD 系统现场试验测孔

R——圆形截面半径，mm；

i——从圆形截面中心起算的测点序号；

N——圆形截面所需划分的等面积圆环数。

实际试验时，换算成测点距烟道内壁的距离，并在取样管上做好标识，表 5 - 3 给出了圆形截面一条直径上各测点的相对距离，供查用。当测点距烟道内壁距离小于 25mm 时，取 25mm 或取样头内径两者中的较大值。若出现两个相邻点合并为一个点的情况，则在测量及数据处理时视为两个连续

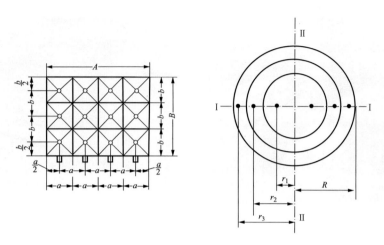

图 5-6　矩形截面和圆形截面的测点分布示意

的测点。图 5-7 是测点距烟道内壁距离的一个示例。

表 5-3　　　　　　　　　　测点距烟道内壁的距离（×烟道直径 D%）

测点序号	一条直径上的测点总数（等面积圆环数为测点总数的一半）											
	2	4	6	8	10	12	14	16	18	20	22	24
1	14.6	6.7	4.4	3.2	2.6	2.1	1.8	1.6	1.4	1.3	1.1	1.1
2	85.4	25.0	14.6	10.5	8.2	6.7	5.7	4.9	4.4	3.9	3.5	3.2
3		75.0	29.6	19.4	14.6	11.8	9.9	8.5	7.5	6.7	6.0	5.5
4		93.3	70.4	32.3	22.6	17.7	14.6	12.5	10.9	9.7	8.7	7.9
5			85.4	67.7	34.2	25.0	20.1	16.9	14.6	12.9	11.6	10.5
6			95.6	80.6	65.8	35.6	26.9	22.0	18.8	16.5	14.6	13.2
7				89.5	77.4	64.4	36.6	28.3	23.6	20.4	18.0	16.1
8				96.8	85.4	75.0	63.4	37.5	29.6	25.0	21.8	19.4
9					91.8	82.3	73.1	62.5	38.2	30.6	26.2	23.0
10					97.4	88.2	79.9	71.7	61.8	38.8	31.5	27.2
11						93.3	85.4	78.0	70.4	61.2	39.3	32.3
12						97.9	90.1	83.1	76.4	69.4	60.7	39.8
13							94.3	87.5	81.2	75.0	68.5	60.2
14							98.2	91.5	85.4	79.6	73.8	67.7
15								95.1	89.1	83.5	78.2	72.8
16								98.4	92.5	87.1	82.0	77.0
17									95.6	90.3	85.4	80.6
18									98.6	93.3	88.4	83.9
19										96.1	91.3	86.8
20										98.7	94.0	89.5
21											96.5	92.1
22											98.9	94.5
23												96.8
24												98.9

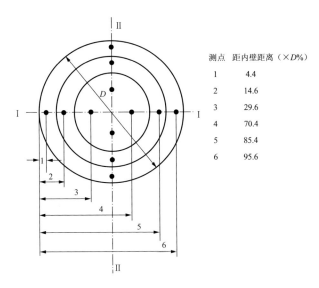

测点	距内壁距离（×D%）
1	4.4
2	14.6
3	29.6
4	70.4
5	85.4
6	95.6

图 5-7　圆形截面测点距烟道内壁距离的一个示例

当截面直径 D 不超过 400mm，可在一条直线上测量（即图 5-7 中的 Ⅰ—Ⅰ 或 Ⅱ—Ⅱ 直径）；若直径 D 大于 400mm，则应在相互垂直的两条直径上测量（即同时在图中的 Ⅰ—Ⅰ 和 Ⅱ—Ⅱ 上布置测点）。圆形截面直径 D 与划分圆环数 N、测点总数的规定见表 5-4。

表 5-4　　　　　　　　　　　　圆形截面直径 D 与划分圆环数 N 的规定

管道直径 D（mm）	300	400	600	$D>600$ 时，D 每增加 200
等面积圆环数 N	3	4	5	N 增加 1
测点总数	6	8	20	测点数增加 4

上述测点（取样点）的规定是按 GB 10184—1988《电站锅炉性能试验规程》中的要求，在锅炉性能验收试验时用来测试烟气的速度、温度与 O_2、SO_2、CO_2 等气体成分及飞灰取样的。但在 GB/T 16157—1996《固定污染源排气中颗粒物测定与气态污染物采样方法》中对测点数的规定有所不同，见表 5-5 和表 5-6，并建议原则上测点不超过 20 个。当烟道布置不能满足前述取样点的一般要求时，应增加采样线和测点。

表 5-5　　　　　　　　　　　圆形烟道分环及测点数的确定（GB/T 16157—1996）

烟道直径（m）	等面积圆环数（个）	测量直径数（根）	测点数（个）
<0.3	/	/	1
0.3~0.6	1~2	1~2	2~8
0.6~1.0	2~3	1~2	4~12
1.0~2.0	3~4	1~2	6~16
2.0~4.0	4~5	1~2	8~20
>4.0	5	1~2	10~20

表 5-6 矩（方）形烟道的分块和测点数的确定（GB/T 16157—1996）

烟道截面积（m²）	等面积小块长边长度（m）	测点总数（个）
<0.1	<0.32	1
0.1~0.5	<0.35	1~4
0.5~1.0	<0.50	4~6
1.0~4.0	<0.67	6~9
4.0~9.0	<0.75	9~16
>9.0	≤1.0	≤20

对于测点数量的要求，不同国家的标准也不尽相同。德国 DIN 标准中对于 SO_2 的测点要求为：原烟气 1.5 点/m²，洁净烟气 2 点/m²。美国 ASME PTC40-1991《FGD 系统性能试验规程》中规定了烟气颗粒物取样时最少的取样点数量，它根据测量位置距干扰源的距离来确定测点数量，距干扰源的位置越近，所需的测点数就越多。当测点满足距干扰源下游不小于 8D、距干扰源上游不小于 2D 时（8D/2D 原则），其最少测点数为：

（1）12 个，当当量直径 D 大于 0.61m（24in）时；

（2）8 个，当圆形截面直径 D 为 0.30~0.61m（12~24in）时；

（3）9 个，当矩形截面当量直径 D 为 0.30~0.61m（12~24in）时。

当测点位置不满足 8D/2D 原则时，但满足距干扰源下游不小于 2D、距干扰源上游不小于 1/2D 时最少的取样点数量如图 5-8 所示，按图由测点距干扰源下游距离 B 得到 1 个最少的取样点数以及由测点距干扰源上游距离 A 得到 1 个最少的取样点数，选定的最少的取样点数应是两者中的大值或选取更多的点数。例如，B=6.5D 时，最少的取样点数为 16；A=1.3D 时，最少的取样点数为 20，因此实际确定的最少的取样点数是 20 个。对圆形烟道，测点数是 4 的倍数；对矩形烟道，其测点按表 5-7 所列布置。

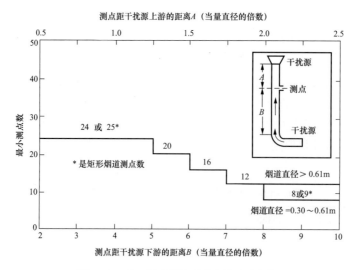

图 5-8 FGD 烟尘测量时最少的取样点数

表 5-7 矩形烟道的测点布置

网格点数	测点布置	网格点数	测点布置	网格点数	测点布置
9	3×3	20	5×4	36	6×6
12	4×3	25	5×5	42	7×6
16	4×4	30	6×5	49	7×7

DL/T 998—2006 中规定，对原烟气和净烟气 SO_2 浓度的测量，每个测点代表截面面积最大不大于 $3m^2$；对 SO_3、HCl、HF 气体浓度的测量，每个测量面的测点数不少于 2 点，每个测点最少测量 3 次。即便如此，对 SO_2 浓度的测量，太多的网格点是不必要和不切实际的，试验各方可根据需要和可能，在预备性试验后选定合适的取样点数，例如在许多 FGD 系统中原烟气 SO_2 浓度较为均匀的，可减少测量点数。若烟气的氧量或速度分布中有一项较均匀时，可采用多代表点取样，取样总数不少于 4 点。

代表点的确定在预备性试验或正式试验开始前进行。按上述等截面划分方式确定测点，并在各点位置上测量速度及被测参数（如温度、烟气成分等），可求得该参数的速度加权平均值，即

$$X_{pj} = \frac{\sum\limits_{i=1}^{n} v_i X_i}{\sum\limits_{i=1}^{n} v_i}$$

式中　X_{pj}——被测参数的速度加权平均值；

　　　X_i——各测点的被测参数实测值；

　　　v_i——截面各测点的实测流速，m/s。

在测量截面内找出与 X_{pj} 值相等的测点，该点即为代表点。若不能找得与 X_{pj} 相等的测点时，可选取与 X_{pj} 相近的实测值 X_D 测点作为代表点，可求得该点的修正系数 K，即

$$K = \frac{X_{pj}}{X_D}$$

此时，试验时测量截面修正后的代表点测量值 X 计算式为

$$X = K X_D$$

式中　X——测量截面修正后的代表点测量值；

　　　X_D——试验代表点的实测值；

　　　K——代表点被测参数的修正系数。

对比较小的管道或流场较均匀的截面，可以在一个测量面内取一个代表点。对于截面较大的管道，应采用多代表点测量法。按速度场及被测参数分布场或按测孔布置情况，将整个测量截面划分为多个测量区。在每个测量区内，按上述方法确定一个被测参数的代表点进行多代表点测量。此时，整个截面的测量值为各代表点被测参数算术平均值，即

$$X = \frac{\sum\limits_{i=1}^{N} K_i X_{Di}}{N}$$

式中　X——整个截面测量值；

　　　X_{Di}——各代表点实测值；

　　　K_i——各测量区内被测参数的修正系数；

　　　N——代表点数量，即测量区数量。

二、等速取样

为了正确测得气固两相流的浓度，并且使抽取的固体颗粒样品具有代表性，对于气固两相流的直接取样必须在等速的条件下进行。所谓等速取样，即让进入取样探头进口的吸入速度与探头周围的来流速度（例如锅炉烟道中的烟气流速）相等。对气固两相流进行取样，有以下 4 种情况：① 取样速度与来流速度相等，但取样探头没有正对气流方向，流线弯曲，烟气中的固体颗粒与气相严重分离；② 取样速度太高，流线收缩；③ 取样速度太低，流线膨胀；④ 等速取样，如图 5-9 所示。前三种情况都将使得探头进口附近的气流流线改变方向。由于固体颗粒的密度大多是气体密度的

1000倍以上，所以当取样时吸入速度和来流速度不相等时，固体颗粒会因惯性力的作用而脱离弯曲的气流流线，造成取样误差。例如，若取样时吸入速度小于来流速度，则进入探头的流量将小于管道中原来的流量，部分气流绕向探头外侧，气流流线向外扩张。探头边缘气流中的微小颗粒会跟随气流向外绕流，而较大的固体颗粒因惯性力的作用脱离弯曲的流线仍进入探头，造成取样浓度偏高和样品中的粗颗粒组分增加，平均粒径变大。当吸入速度大于来流速度时，探头入口附近的气流流线收缩，结果正好与上面相反。同样，取样时探头不正对来流方向，也将造成取样误差。各种取样工况导致测量偏差的结果如表5-8所示。

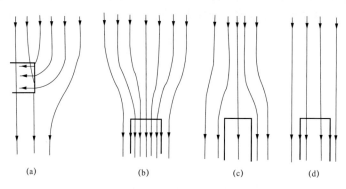

图5-9　气固取样工况

（a）等速取样，方向不一致；（b）高速取样，方向一致；（c）低速取样，方向一致；（d）等速取样

表5-8　　　　　　　　　　　　　　　　几种取样工况结果

取样工况	(a)	(b)	(c)	(d)
取样粉尘浓度	偏低	偏低	偏高	准确
取样粉尘平均粒径	变小	变小	变大	准确

为了不改变流线，除了上述情况外，取样管也不能设计得太大，取样管的截面仅占流通截面的1%~2%，最大不超过5%。

实现等速取样的方法有预测流速法、平行测速取样法及静压平衡采样管法等。

三、气态物采样方法

根据测试分析方法不同，气态物采样分化学法和仪器直接测试法。下述的采样系统可根据实际情况进行某些调整，例如在测量系统中加入氧量计，加入对SO_3测量专用的螺旋吸收管等。另外，不同国家标准中的采样系统也有差异，但其本质是相同的，都是为了取到符合实际的样品。

1. 化学法采样

通过采样管将样品抽入到装有吸收液的吸收瓶或装有固体吸附剂的吸附管、真空瓶、注射器或气袋中，样品溶液或气态样品经化学分析或仪器分析，得出污染物含量。采样系统如下。

（1）吸收瓶或吸附管采样系统。由采样管、连接导管、吸收或吸附管、流量计量箱和抽气泵等部分组成，见图5-10。当流量计量箱放在抽气泵出口时，抽气泵应严密不漏气。

（2）真空瓶或注射器采样系统。由采样管、真空瓶或注射器、洗涤瓶、干燥器和抽气泵等组成，见图5-11和图5-12。

（3）包括有机物在内的某些污染物，在不同的烟气温度下，或以颗粒物或以气态污染物形式存在。采样前应根据污染物状态，确定采样方法和采样装置，如系颗粒物，则按颗粒物等速采样方法采样。

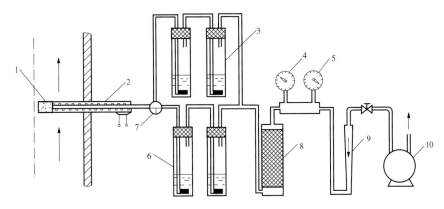

图 5-10　吸收瓶烟气采样系统

1—烟道；2—加热采样管；3—旁路吸收瓶；4—温度计；5—真空压力表；

6—吸收瓶；7—三通阀；8—干燥器；9—流量计；10—抽气泵

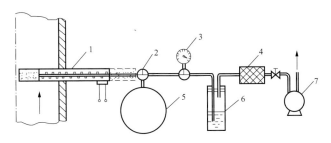

图 5-11　真空瓶采样系统

1—加热采样管；2—三通阀；3—真空压力表；4—过滤器；5—真空瓶；6—洗涤瓶；7—抽气泵

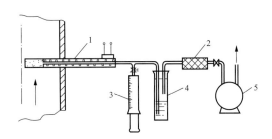

图 5-12　注射器采样系统

1—加热采样管；2—过滤器；3—注射器；4—洗涤瓶；5—抽气泵

2. 仪器直接测试法采样

通过采样管和除湿器，用抽气泵将样气送入分析仪器中，直接测量被测气体的含量。采样系统由采样管、除湿器、抽气泵、测试仪和校正用气瓶等部分组成，如图 5-13 所示。

3. 采样装置

（1）采样管。根据被测污染物的特征，可以采用以下几种类型的采样管，如图 5-14 所示，图（a）所示的采样管，适用于不含水雾的气态污染物的采样。图（b）所示的采样管，在气体入口处装有斜切口的套管，同时对装滤料的过滤管也进行加热；套管的作用是防止排气中水滴进入采样管内，过滤管加热是防止近饱和状态的排气将滤料浸湿，影响采样的准确性。图（c）所示的采样管，适用于既有颗粒物又有气态污染物的低湿烟气的采样，滤筒采集颗粒物，串联在系统中的吸收瓶则

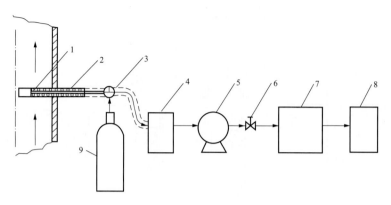

图 5 – 13 仪器测试法采样系统

1—滤料；2—加热采样管；3—三通阀；4—除湿器；5—抽气泵；6—调节阀；

7—分析仪；8—记录器；9—标准气瓶

采集气态物。在 FGD 系统性能试验中，用的是图（b）和图（c）所示的采样管。

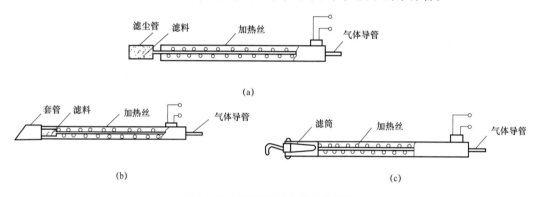

图 5 – 14 不同类型的加热式采样管

采样管的材质应满足以下条件：

1）不吸收亦不与待测气体起化学反应；

2）不被排气中腐蚀成分腐蚀；

3）能在排气温度和流速下保持足够的机械强度。

不同气体适用的采样管材质见表 5 – 9。考虑到采气流量、机械强度和便于清洗，采样管内径应大于 6mm，长度应能插到所需的采样点处，不宜小于 800mm。

为了防止烟尘进入试样干扰测定，在采样管入口或出口处装入阻挡尘粒的滤料，滤料应选择不吸收也不与待测气体起化学反应的材料，并能耐受高温排气。不同气体适用的滤料见表 5 – 9。

为了防止被采集气体中的水分在采样管内冷凝，避免待测气体溶于水中产生误差，需将采样管加热，几种气体的加热温度见表 5 – 9。加热可用电加热或蒸汽加热。使用电加热时，为安全起见，宜采用低压电源，且电源应有良好的绝缘性能。保温材料可用石棉或矿渣棉。

（2）连接管。应选择不吸收也不与待测气体起化学反应并便于连接和密封的材料，不同气体适用的材质见表 5 – 9。为了避免采样气体中水分在连接管中冷凝，从采样管到吸收瓶或从采样管到除湿器之间要进行保温，连接管线较长时要进行加热，连接管内径应大于 6mm，管长应尽可能短。

表5-9　　　　　　一些气态物所需加热的最低温度及使用的采样管、连接管和滤料的材质

序号	气体名称	加热温度（℃）[①]	采样管、连接管[②]	滤料
1	二氧化硫	>120	1，2，3，4，5，6，7，8	9，10
2	氮氧化物	>140	1，2，3，4，5，8	9
3	硫化氢	>120	1，2，3，4，5，6，7，8	9，10
4	氟化物	>120	1，5	10
5	氯化氢	>120	2，3，4，5，6，8	9，10
6	溴	>120	2，3，5，8	9
7	酚	>120	1，2，3，5，8	9
8	氨	>120	1，2，3，4，5，6	9，10
9	光气	>120	1，2，3，5	9
10	丙烯醛	>120	1，2，5，8	9
11	氰化氢	>120	1，2，3，4，5，6	9，10
12	硫醇	20~30	1，2，3，5	9
13	氯	常温	2，3，4，5，6	9，10
14	一氧化碳	常温	1，2，3，4，5，6	9，10
15	二氧化碳	常温	1，2，3，4，5，6，7，8	9，10
16	苯	常温	2，3，5，8	9
17	氧气	常温	1，2，3，4，5，6，7，8	9，10
18	三氧化硫	>120	1，2，3，4，5，6，7，8	9，10

① 考虑到温度对气体成分转化的影响以及防止连接管的损坏，加热温度应不超过160℃。

② 1—不锈钢；2—硬质玻璃；3—石英；4—陶瓷；5—氟树脂或氟橡胶；6—氯乙烯树脂；7—聚氯橡胶；8—硅橡胶；9—无碱玻璃棉或硅酸铝纤维；10—金刚砂。

（3）除湿和气液分离。在使用仪器直接监测气态物时，为防止采样气体中水分在连接管线和仪器中冷凝而干扰测定，需要在采样管气体出口处进行除湿和气液分离。

1）若含有少量水分而不影响测试结果，只是为了避免连接管线和仪器内部的管路和部件不产生冷凝水时，可根据条件利用自然空气冷却，也可采用强制空气冷却或水冷却装置，见图5-15。

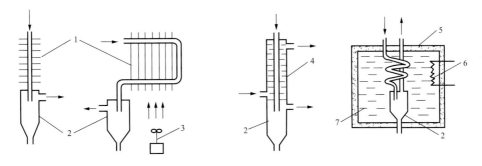

图5-15　常用的几种除湿器
1—冷却片；2—气液分离器；3—冷却用风机；4—冷却水；5—隔热材料；6—冷冻剂；7—不冻液

2）若水分干扰测定，应采用冷冻液或其他类型的冷却装置进行除湿，冷冻温度应使气样中水分不结冰。

3）也可使用干燥剂或其他方式除湿。

4）除湿装置的设计、选定，应使经除湿装置除湿后的排气中被测气态物的损失不大于5%。

5）除湿时，如能使通过除湿器气样中的水气含量保持恒定，其对测量值的影响经测定得出后，可作为常数进行修正，以减少水气对测定值干扰所产生的误差。

（4）吸收瓶。根据待测气态物不同，可选用如图 5 – 16 所列的几种吸收瓶。

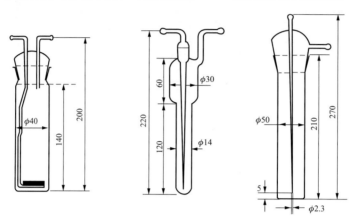

图 5 – 16　常用的几种吸收瓶

1）多孔筛板吸收瓶，鼓泡要均匀，在流量为 0.5L/min 时，其阻力应在（5 ± 0.7）kPa。

2）冲击瓶，应按图 5 – 16 所示的尺寸加工。

3）采用标准磨口瓶，应严密不漏气。

4）连接嘴应做成球形或锥形。

（5）吸附管。

1）吸附剂，可根据被测污染物性质选用硅胶、活性炭或高分子多孔微球等颗粒状吸附剂。

2）吸附管内吸附剂填充要紧密，不得松动或有隙流。采样前后，吸附管两端要密封。

3）吸附剂填充柱长度，应根据被测污染物浓度、采样时间确定。

（6）流量计量装置。用于控制和计量采样流量，主要部件应包括：

1）干燥器。为了保护流量计和抽气泵，并使气体干燥，干燥器容积应不少于 200mL。干燥剂可用变色硅胶或其他相应的干燥剂。

2）温度计。测量通过转子流量计或累积流量计的气体温度，可用水银温度计或其他类型的温度计，其精确度应不低于 2.5%。温度测量范围上限应不大于 60℃，最小分度值应不大于 2℃。

3）真空压力表。测量通过转子流量计或累积流量计气体的压力，其精确度应不低于 4%。

4）转子流量计。控制和计量采气流量，当用多孔筛板吸收瓶时，流量范围为 0 ~ 1.5L/min。当用其他类型吸收瓶时，流量计流量范围要与吸收瓶最佳采样流量相匹配，精确度应不低于 2.5%。

5）累积流量计。用于计量总的采气体积，精确度应不低于 2.5%。

6）流量调节装置。用针形阀或其他相应阀门调节采样流量，流量波动应保持在 ±10% 以内。

（7）抽气泵。是采样动力，可用隔膜泵或旋片式抽气泵，抽气能力应能克服烟道及采样系统阻力。当流量计量装置放在抽气泵出口端时，抽气泵应不漏气。

（8）采样用真空瓶。用硬质玻璃或不与待测物质起化学反应的金属材料制作，容积为 2L，如图 5 – 17 所示。

（9）采样用注射器。用硬质玻璃制作，容积为 100mL 或 200mL，最小分度值 1mL，如图 5 – 17 所示。

（10）仪器法采样装置的其他部件。

1）滤膜。为了保护仪器和抽气泵不被污染，可在分析仪入口处装置滤纸、微孔滤膜或玻璃纤维滤膜，以去除气样中的尘粒。所用滤料应不吸收亦不与待测污染物起化学反应。

2）干燥剂和去除干扰物质。为防止水分或其他干扰成分对测定结果的影响，所用干燥剂或去除干扰物质应不影响待测物质的测量精度。

3）当抽气泵装在仪器入口一侧时，要使用无油、不漏气的隔膜泵，制作泵的材料应不吸收亦不与待测物质起化学反应。

4）校正用气体。采用已知浓度的标准气体，高浓度应在量程的80%~100%，中浓度在50%~60%，零气应小于0.25%。

5）测量仪器性能。仪器的灵敏度、精确度等技术指标，应符合国家标准或经有关部门认可。

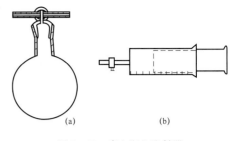

图5-17　真空瓶和注射器

(a) 真空瓶；(b) 注射器

第三节　FGD系统烟气的分析测试方法

在FGD系统调试及性能试验过程中，根据需要，烟气中分析测定的主要成分包括SO_2、O_2、HCl、HF、SO_3、水分、粉尘等。另外，CO_2、NO_x等其他一些成分也可能需要分析，烟气的温度、压力、流量等参数需要测量；FGD系统中的石灰石（粉、浆液）、吸收塔内石膏浆液、副产品石膏、工艺水、废水等的成分要作分析。本节主要介绍烟气中各成分及参数的分析、测试方法。

一、SO_2的分析

SO_2浓度的测试方法有很多。手工分析的方法有碘量法、分光光度法（如四氯汞钾—盐酸副玫瑰苯胺分光光度法、甲醛缓冲溶液吸收—盐酸副玫瑰苯胺分光光度法、钍试剂分光光度法）等；仪器分析方法有定电位电解法、紫外荧光法、溶液电导法、非分散红外线吸收法等；SO_2也可以使用火焰光度检测器、配以气相色谱仪进行测定。一些方法的原理及干扰影响列于表5-10中。

表5-10　　　　　　　　　　　　　　SO_2分析方法比较

序号	分析方法	原理	测定浓度范围（mg/m³）	干扰影响
1	碘量法	$SO_2 + H_2O \rightarrow H_2SO_3$ $H_2SO_3 + I_2 + H_2O \rightarrow H_2SO_4 + 2HI$	100~6000	共存H_2S、NO_2产生正干扰，O_2产生负干扰
2	四氯汞钾—盐酸副玫瑰苯胺分光光度法	SO_2被四氯汞钾溶液吸收，生成二氯亚硫酸络合物，再与甲醛及对品红作用，生成玫瑰紫色化合物，比色测定	≥0.015	臭氧、氮氧化物、重金属等有干扰
3	甲醛缓冲溶液吸收—盐酸副玫瑰苯胺分光光度法	SO_2被甲醛吸收，生成羟甲基磺酸加成化合物，加入碱后释放出的SO_2与盐酸副玫瑰苯胺作用生成蓝紫色络合物，比色测定	2.5~500	臭氧、氮氧化物、重金属等有干扰
4	钍试剂分光光度法	SO_2被H_2O_2吸收后，氧化成硫酸。用高氯酸钡滴定，以钍试剂为指示剂，比色测定	1~80000	重金属及高浓度的H_2S、氨对测定有干扰
5	定电位电解法	$SO_2 + 2H_2O \rightarrow SO_4^{2-} + 4H^+ + 2e^-$（标准氧化电位 +0.17V），电流与$SO_2$浓度成比例	15~11440	共存H_2S产生正干扰，NO_2产生负干扰
6	溶液电导率法	$SO_2 + H_2O_2 \rightarrow H_2SO_4$，溶液电导率决定于$SO_2$浓度	57~12870	共存HCl、Cl_2、CO_2、NO_2、H_2S产生正干扰，NH_3产生负干扰

续表

序号	分析方法	原　理	测定浓度范围（mg/m³）	干扰影响
7	紫外荧光法	SO_2 与紫外光产生荧光反应，荧光强度与 SO_2 浓度有一定的关系	$\geq 1 \times 10^{-9}$	水分、某些芳烃有干扰
8	非分散红外线吸收法	红外吸收光谱带的吸收强度与分子组成的含量有关	$0 \sim 2860$	—
9	库仑滴定法	电生试剂 I_2 或 Br_2 与 SO_2 定量反应，电解电流与 SO_2 浓度成正比	$\geq 4 \times 10^{-9}$	凡能与 I_2（Br_2）反应的物质都有干扰，还原性气体如 H_2S 产生正干扰，氧化性气体 O_2、Cl_2、NO_2 等产生负干扰
10	气相色谱法	用火焰测光法测定硫化物总量，用气相色谱仪区分	—	硫化物有干扰
11	中和法	$SO_2 + H_2O_2 \rightarrow H_2SO_4$，用碱滴定	≥ 1400	共存的其他酸性物质产生干扰

（一）碘量法

最经典的烟气中 SO_2 测定的方法是碘量法，这也是我国环保局的推荐方法。烟气中的 SO_2 被氨基磺酸铵和硫酸铵混合液吸收，用碘标准溶液滴定，按滴定量计算出 SO_2 浓度。该法测定的 SO_2 浓度范围为 $100 \sim 6000 \text{mg/m}^3$。反应式为

$$SO_2 + H_2O \rightarrow H_2SO_3$$
$$H_2SO_3 + H_2O + I_2 \rightarrow H_2SO_4 + 2HI$$

在标准溶液中有淀粉指示剂，这种指示剂可以指示溶液中 I_2 的存在。当有 I_2 时，指示剂呈深蓝色；反应进行后，溶液中的 I_2 转变成 I^-，指示剂就变成了无色。根据碘溶液的浓度和用量以及烟气的体积，就可计算出 SO_2 的百分含量。计算式为

$$\varphi(SO_2) = \frac{100 V_{SO_2}}{V_r \times \frac{p - p_{H_2O}}{101325} \times \frac{273}{273 + t} + V_{SO_2}}$$

$$V_{SO_2} = 10.945 N V_1$$

式中　$\varphi(SO_2)$——烟气中 SO_2 的体积分数，%；

$\quad\quad V_r$——反应后的余气体积，mL；

$\quad\quad p$——当地大气压，Pa；

$\quad\quad p_{H_2O}$——在 t℃时烟气中水蒸气的分压，Pa；

$\quad\quad t$——余气的温度，℃；

$\quad\quad V_{SO_2}$——与碘溶液反应的 SO_2 体积（标准状态下），mL；

$\quad\quad N$——与 SO_2 反应的碘溶液的当量浓度；

$\quad\quad V_1$——加入反应瓶中的碘溶液量，mL。

碘量法又分为间接碘量法和直接碘量法。间接碘量法是指先用溶液吸收 SO_2，然后加淀粉指示剂，最后由碘标准溶液滴定至蓝色终点。其使用试剂和试验步骤如下所述。

1. 试剂的配取

除特殊规定外，均采用分析纯试剂，水为去离子水或蒸馏水。

1）吸收液：称取 11.0g 氨基磺酸铵，7.0g 硫酸铵，加入少量水，搅拌使其溶解。继续加水至 1000mL，再加入 5mL 稳定剂摇匀，贮存于玻璃瓶中，冰箱保存，有效期 3 个月。

2）稳定剂：称取 5.0g 乙二胺四乙酸二钠盐（Na_2-EDTA），溶于热水，冷却后加入 50mL 异丙醇，用水稀释至 500mL，贮存于玻璃瓶或聚乙烯瓶中，冰箱保存，有效期 3 个月。

3）淀粉指示剂：称取 0.20g 可溶性淀粉，用少量水调成糊状物，慢慢倒入 100mL 沸水中，继续煮沸直到溶液澄清，冷却后贮于细口瓶中，现配现用。

4）3.0g/L 碘酸钾标准溶液：称取 1.5g 碘酸钾（KIO_3，优级纯，110℃烘干 2h），准确到 0.0001g，溶解于水，移入 500mL 容量瓶中，用水稀释至标线，冰箱保存，有效期 6 个月。

5）1.2mol/L 盐酸溶液：量取 100mL 浓盐酸，用水稀释至 1000mL。

6）0.1mol/L 硫代硫酸钠溶液：称取 25g 硫代硫酸钠（$Na_2S_2O_3 \cdot 5H_2O$），溶解于 1000mL 新煮沸并已冷却的水中，加 0.20g 无水碳酸钠，贮于棕色细口瓶中，放置一周后标定其浓度，若溶液呈现浑浊时，应加以过滤。冰箱保存，有效期 6 个月，每月标定一次。

标定方法如下：吸取碘酸钾标准溶液 25.00mL，置于 250mL 碘量瓶中，加 70mL 新煮沸并已冷却的水，加 1.0g 碘化钾，振荡至完全溶解后，再加入 1.2mol/L 盐酸溶液 10.0mL，立即盖好瓶塞，混匀。在暗处放 5min 后，用硫代硫酸钠溶液滴定至淡黄色，加淀粉指示剂 5mL，继续滴定至蓝色刚好退去。硫代硫酸钠溶液浓度的计算式为

$$c(Na_2S_2O_3) = \frac{1000W}{35.67V} \times \frac{25.00}{500.0} = \frac{50W}{35.67V}$$

式中　$c(Na_2S_2O_3)$——硫代硫酸钠溶液的浓度，mol/L；

$\qquad\quad$ W——称取的碘酸钾的质量，g；

$\qquad\quad$ V——滴定所用硫代硫酸钠溶液的体积，mL；

$\qquad$ 35.67——相当 1L 1mol/L 硫代硫酸钠溶液的碘酸钾的质量，g。

7）0.10mol/L 碘贮备液：称取 40.0g 碘化钾，12.7g 碘（I_2），加少量水溶解后，用水稀释至 1000mL。加 3 滴盐酸，储于棕色瓶中，保存于暗处。每月用硫代硫酸钠标准溶液标定一次。标定时，吸取 0.10mol/L 碘储备液 25.00mL，用 0.10mol/L 硫代硫酸钠标准溶液滴定，溶液由红棕色变为淡黄色后，加淀粉指示剂 5.0mL，继续用硫代硫酸钠标准溶液滴定至蓝色恰好消失为止，记下滴定用量（V），则碘储备液浓度的计算式为

$$c(1/2 I_2) = \frac{c(Na_2S_2O_3)V}{25.00}$$

式中　$c(1/2 I_2)$——碘储备液的浓度，mol/L；

$\qquad$ $c(Na_2S_2O_3)$——硫代硫酸钠标准溶液的浓度，mol/L；

$\qquad\qquad$ V——滴定消耗硫代硫酸钠标准溶液的体积，mL；

$\qquad$ 25.00——滴定时取碘贮备液的体积，mL。

8）0.010mol/L 碘标准溶液：吸取 0.10mol/L 碘储备液 100.0mL 于 1000mL 容量瓶中，用水稀释至标线，混匀。贮于棕色瓶中，冰箱保存，有效期 3 个月。

2. 烟气采样

采样时，接收装置使用两个 75mL 多孔玻板吸收瓶串接，瓶中各装入 30～40mL 吸收液，采样速度为 0.5L/min。为保证具有较高的吸收效率，对不同的烟气 SO_2 浓度，要控制不同的采样时间。当烟气中 SO_2 质量浓度低于 1000mg/m³ 时，采样时间为 20～30min；当烟气中 SO_2 质量浓度高于 1000mg/m³ 时，采样时间为 13～15min。加有稳定剂的吸收液，在测定范围内，其吸收效率大于 96%。

3. 滴定

采样后应尽快对样品进行滴定，样品放置时间应不超过 1h。将两个吸收瓶中的吸收液全部移入

一个碘量瓶中，用少量吸收液分别洗涤两个吸收瓶 1~2 次，洗涤液并入碘量瓶中，摇匀。加淀粉指示剂 5.0mL，以 0.010mol/L 碘标准溶液滴定至蓝色，记下消耗量（V）。另取相同体积吸收液，同法进行空白滴定，记下消耗量（V_0）。

4. SO_2 浓度的计算

SO_2 浓度的计算式为

$$C(SO_2) = \frac{32(V - V_0)c(1/2I_2)}{V_{nd}} \times 1000$$

式中　V、V_0——滴定样品溶液、空白溶液所消耗的碘溶液体积，mL；

　　$c(1/2I_2)$——碘标准溶液的浓度，mol/L；

　　　　V_{nd}——标准状态下干烟气的采样体积，L；

　　32.0——SO_2 的当量。

5. 注意事项

用这种方法检测烟气中的 SO_2 浓度时，需注意以下几个问题：

（1）当有硫化氢等还原性物质存在时，测定结果产生正误差，可在吸收瓶前串联一个装有乙酸铅棉的玻璃管，以消除硫化氢的干扰。锅炉在正常工况下，烟气中硫化氢等还原性物质极少，可忽略不计；垃圾焚烧炉排气中含有硫化氢，测定 SO_2 前，应先除去硫化氢。

（2）吸收液中的氨基磺酸铵可用来消除二氧化氮的干扰。吸收液的 pH 最佳值为 5.4±0.3，pH 值小，SO_2 易挥发，pH 值大，SO_2 易氧化。

（3）采样过程中应确保采样系统不泄漏，采样管应加热到 120℃ 以上（DL/T 998—2006 中要求高于 150℃），以防 SO_2 溶于冷凝水中，造成测试结果偏低。

（4）如果 SO_2 浓度很低，例如 FGD 系统出口净烟气，在滴定样品溶液时，可用微量滴定管，以减少误差。如果 SO_2 浓度很高，可将样品溶液定容后，取出适量样品溶液滴定。

直接碘量法是在采样前把淀粉指示剂加入碘标准溶液中，采样过程中生成的 SO_3^{2-} 与碘发生氧化还原反应，使溶液由蓝色变成无色，达到反应终点，这种方法被用于碘量法 SO_2 测定仪。测试过程中，通过控制吸收液的温度和控制烟气中 SO_2 与吸收液中碘的反应时间（3~6min）以及采样流量，防止碘的挥发损失，保证准确的测定结果。这种方法与间接碘量法、定电位电解法、电导率法等同时测定烟气中 SO_2，测定结果表明，方法之间不存在系统误差。

（二）分光光度法

各国普遍使用的分光光度法分为四氯汞钾—盐酸副玫瑰苯胺分光光度法（亦称对品红法，GB 8970—1988）、甲醛缓冲溶液吸收—盐酸副玫瑰苯胺分光光度法（GB/T 15262—1994）、钍试剂分光光度法。其中对品红法被国际标准化组织（ISO）定为 SO_2 的标准分析方法，由于考虑并消除了大气中的主要污染物如臭氧、氮氧化合物、重金属等对 SO_2 分析过程的干扰，所以这种方法灵敏度高、选择性好，适用于瞬间及长期采样；缺点是吸收液毒性较大。由于试剂条件（对品红纯度）的限制，目前选定的操作方法最终显色 pH 值为 1.1~1.3，溶液显蓝紫色，最大吸收峰在 575nm 处，试剂空白值较低，摩尔消光系数为 3.7×10^4。对品红法的原理是 SO_2 被四氯汞钾溶液吸收，生成稳定的二氯亚硫酸络合物，再与甲醛及对品红作用，生成玫瑰紫色化合物。根据产物颜色的深浅，用分光光度计测定其中的 SO_2 含量。国内外广泛采用该方法测定环境空气中 SO_2 的含量，当采样体积为 10L 时，最低检出浓度为 $0.015mg/m^3$。

由于温度对于显色有影响，所以样品测定的温度和绘制标准曲线的温度差要控制在 ±2℃ 的范围内。另外，对品红试剂必须经过提纯后才可以使用，否则其中所含的杂质会引起试剂空白值增高，降低方法的灵敏度。由于四氯汞钾有剧毒，在使用时应小心，如果溅到皮肤上，应立即用水冲洗。

含四氯汞钾废液的处理方法是在每升废液中加入约 10g 碳酸钠至中性，再加 10g 锌粒，罩于黑布下搅拌 24h。再将上层清液倒入玻璃缸中，滴加饱和硫化钠溶液至不再产生沉淀为止，将沉淀物装入一适当的容器贮存汇总处理。这种方法可以除去废液中 99% 的汞。

甲醛缓冲溶液吸收–盐酸副玫瑰苯胺分光光度法在灵敏度、精密度及准确度等方面均可与 ISO 认定的四氯汞钾–盐酸副玫瑰苯胺分光光度法相媲美，而且吸收液毒性小，样品采集后相当稳定，但在具体操作时要求较严格。其原理为样品气中的 SO_2 被甲醛缓冲液吸收后，生成稳定的羟甲基磺酸加成化合物，加入碱后释放出的 SO_2 与盐酸副玫瑰苯胺、甲醛作用生成紫红色络合物，再根据络合物的颜色深浅进行比色测定。这种方法的最低检测浓度为 $20\mu g/L$。

钍试剂分光光度法是另一个被 ISO 推荐的测定 SO_2 的标准方法。这种方法的优点是样品采集后相当稳定，而且吸收液无毒，适用于测定 SO_2 的平均浓度。原理为气体中的 SO_2 被双氧水吸收后，氧化成硫酸。硫酸根离子再与过量的高氯酸钡反应，生成硫酸钡沉淀。剩余的钡离子与钍试剂结合生成钍试剂–钡络合物。由于这是褪色反应，所以可以根据颜色深浅，进行比色测定。重金属及高浓度的 H_2S、氨对测定有干扰。这种方法的最低检测浓度为 $0.4\mu g/mL$，当采样体积为 $2m^3$，吸收液体积为 50mL 时，最低检测浓度为 $0.01mg/m^3$。美国 FGD 系统性能试验规程中采用这种方法。

（三）定电位电解法

定电位电解 SO_2 浓度测试仪用于烟气中 SO_2 浓度的检测，我国于 20 世纪 80 年代开始引进这类仪器，目前，已有十几家单位研制出该种仪器。

定电位电解传感器用于对气体的检测，基本用三电极和四电极传感器，这里简单介绍一下三电极传感器。它由浸没在液体电解液中的三个电极构成，传感器的三个电极分别称为工作电极（working electrode）、参比电极（reference electrode）、对电极（counter electrode），简称 W、R、C。三电极的电路示意如图 5–18 所示。工作电极是将具有催化活性金属的高纯度粉末，例如铂，涂覆在由醋酸纤维、聚四氟乙烯等憎水性材料制成的透气膜上。传感器的工作过程为：被测气体由进气孔经电解液扩散到工作电极表面，在工作电极、电解液、对电极之间进行氧化还原反应，工作电极输出与被测气体浓度对应的电流信号。传感器在氧化还原反应中，流出或流向工作电极的电流与被分析气体的浓度值成正比。传感器的基本工作原理为：待测气体扩散通过传感器的渗透膜，进入电解槽，SO_2 通过扩散介质扩散到工作电极表面，在工作电极上发生的氧化反应为

$$SO_2 + 2H_2O = SO_4^{2-} + 4H^+ + 2e$$

同时，在对电极上 O_2 发生还原反应

$$2SO_2 + O_2 + 2H_2O = 2H_2SO_4$$

如果没有外界电压，上述反应将很快达到平衡，电极电势与在电极表面和电极附近液膜之间的气体浓度关系符合能斯特方程的描述。传感器工作时，由外电路在工作电极和参比电极之间施加一个恒电位差，使之在工作电极上保持一个恒定电位，这样上述氧化还原反应就能连续不断地进行，在工作电极与对电极之间就会产生电流，这种电流是因为气体的扩散引起的，称为扩散电流。当电极的电势与催化活性足够高时，透过扩散介质进入电极的 SO_2 迅速反应，所产生的电流完全由气体的扩散决定，这时的扩散电流被称为极限扩散电流。由 Ficks 扩散定律可得出极限扩散电流与气体浓度的关系为

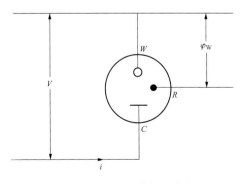

图 5–18   三电极极谱仪电路示意

$$I_L = \frac{ZFSDc}{\delta}$$

式中 I_L——极限扩散电流；

     Z——电子转移数；

     F——法拉第常数；

     S——气体扩散面积；

     D——气体扩散系数；

     δ——气体扩散层厚度；

     c——被测气体浓度。

在一定的工作条件下，Z、F、S、D、δ 均为常数，则可令

$$K = \frac{ZFSD}{\delta}$$

于是有

$$I_L = Kc$$

即极限扩散电流与被测气体浓度之间成正比。测量流经工作电极与同对电极间的电流，即可定量分析被测气体中 SO_2 的浓度。当被测气体通过传感器的非电量/电量变换后，其信号进入前置放大器，前置放大器由恒电位电路、I/U 变换电路、基准电压源、电源变换器、线性放大器等组成。传感器输出的信号首先经 I/U 变换放大，变换成电压信号，后进入线性放大器经整形滤波输出定量电量信号。恒电位电路可以向传感器提供电极电位。零点标准由电路设计保证。基准电压源的作用是保证定量输出。前置放大器的性能关系到传感器能否实现定量测量、能否使传感器的各项参数正常发挥以及直接关系到传感器的使用寿命。

由于定电位电解 SO_2 浓度测定仪小型轻便，便于携带，测试快捷，它的使用越来越广泛，但应注意以下的问题。我国大部分燃煤锅炉采用旋风除尘和静电除尘，其除尘方式均为干法除尘，FGD 系统入口烟气含湿量通常在 5% 左右。因此短时间的测试中，因烟气中的水分在采样管和采样管至除湿器之间的导气管中冷凝，而造成 SO_2 溶解损失对测定结果的影响不大。这样一来，仪器生产厂家就忽视了对采样管与导气管的加热和保温。在选用仪器和测试时一定要考虑这一影响因素，特别是对经 FGD 系统后的烟气中 SO_2 浓度的测定，就必须附加加热保温配件，因为此处烟气含湿量可达 10% 以上。另外，国外仪器很多在采样管前端安装的滤尘器是用多孔烧结材料制作的，空隙直径较小（通常在 $10 \sim 30 \mu m$ 之间），极易被颗粒物堵塞；并且采样泵的抽气量较小，在烟道负压较高的情况下，抽气量与空载时的抽气量相比下降较大，造成测定 SO_2 浓度的准确性下降，而在仪器设计上又没有采取补偿措施。而国内仪器在这两方面则更适合于我国的国情。

（四）紫外荧光法

紫外荧光法测定 SO_2，具有选择性好、不消耗化学试剂、适用于连续自动监测等特点，已被世界卫生组织在全球监测系统中采用。紫外荧光法 SO_2 分析仪已于 1976 年被美国 EPA 认可，目前广泛用于大气环境地面自动监测系统中。

1. 原理

荧光通常是指某些物质受到紫外光照射时，各自吸收了一定波长的光之后，发射出比照射光波长更长的光，而当紫外光停止照射后，这种光也很快随之消失。当然，荧光现象不限于紫外光区，还有 X 荧光、红外荧光等。利用测荧光波长和荧光强度建立起来的定性、定量方法称为荧光分析法。

不同物质的分子结构不同，其激发光谱和发射光谱不同，这是进行定性分析的依据。最直接的荧光定性分析方法是将待分析物质的荧光发射光谱与预期化合物的荧光发射光谱相比较，方法简便并能取得较好的效果。在一定的条件下，物质发射的荧光强度与其浓度之间有一定的关系，这是进行定量分析的依据，即

$$F = Kc$$

式中　F——总发射荧光强度；

　　　K——一定物质、一定测定条件下的系数；

　　　c——样品浓度。

这一线性关系仅限于很稀的溶液。影响荧光强度的因素有激发光照射时间、溶液温度和 pH 值、溶剂种类及伴生的各种散射光等。

2. 仪器

用于荧光分析的仪器有荧光计和荧光分光光度计等。它们由光源、滤光片或单色器、样品池及检测系统等部分组成。光电荧光计以高压汞灯为激发光源、滤光片为色散元件，光电池为检测器，将荧光强度转换成光电流，用微电流表测定。结构比较简单，测定微量荧光物质即可得到满意的结果。

如果对荧光物质进行定量研究或需要选择定量分析的适宜波长，则需要使用荧光分光光度计。它以氙灯作光源（在 $250 \sim 600nm$ 有很强的连续发射，峰值约在 470nm 处），棱镜或光栅为色散元件，光电倍增管为检测器。荧光信号通过光电倍增管转换为电信号，经放大后进行显示和记录；也可以送入数据处理系统经处理后进行数显、打印等。双光束自动扫描荧光分光光度计可以自动扫描记录荧光激发光谱和发射光谱。

紫外荧光 SO_2 监测仪由气路系统和荧光计两部分组成。

（1）荧光计部分。紫外光源发射的紫外光经滤光片 1（光谱中心为 220nm）进入反应室，SO_2 在此产生荧光反应，发射的荧光经滤光片 2（光谱中心为 330nm），投射到光电倍增管上，将光信号转换成电信号，经电子放大系统等处理后直接显示 SO_2 浓度。

（2）气路部分。空气样品经除尘过滤器后经采样阀进入仪器，首先经渗透膜除水器，除去水分。干燥后的样品再经除烃器，除去烃类物质后再进入荧光反应室，反应后的气体经渗透除水器的外管，由泵排出仪器。当仪器进行校准时，零气及标气经零点/标定阀和进样阀进入仪器。

3. 测定步骤

（1）准备 SO_2 零气及标气。用不含硫化物的空气或氮气作为零气，用它来校正仪器的零点。标气由 SO_2 渗透管配制或由标气钢瓶供给，用来校正仪器跨度。

（2）仪器操作。开启电源预热 30min，待稳定后通入零气，调节零点，然后通入 SO_2 标准气（浓度相当于满量程的 90%），调节仪器跨度电位器使读数指在所通入的标准气浓度值处，继之通入零气清洗气路，待仪器指零后即可采样测定。如果采用微机控制，可进行连续自动监测，其最低检测浓度可达 1×10^{-9}（V/V）。

4. 注意事项

（1）由于 SO_2 可溶于水造成损失，同时 SO_2 遇水将产生荧光猝灭而造成误差，所以测定时需采用半透膜气相渗透除水法或反应室加热法除去水的干扰。

（2）由于某些芳烃在紫外光的激发下也会发射荧光造成误差，应采用装有特殊吸附计的过滤器或反渗透膜过滤器，以除去芳烃的干扰。

（3）仪器可以连接气体采样管路进行现场连续测定，此时采气速度为 1.5L/min。仪器也可以连接样品储存器进行单个样品测定，此时进样量为仪器的响应时间与流速的乘积，测定结果由仪器直接显示。

（五）溶液电导率法

溶液在恒定温度时，电导率（电阻的倒数）与其浓度相应。当这种浓度吸收气体或与气体发生化学反应时，其电导率即发生变化。测定 SO_2 浓度时，用酸性过氧化氢溶液吸收气样中的 SO_2 生成硫酸，使吸收液电导率增加。其增加值决定于气样中 SO_2 的含量，故通过测量吸收液吸收 SO_2 前后电导率的变化，就可以得知气样中 SO_2 的浓度。在一定范围内，溶液电导率变化的大小与 SO_2 浓度成正比。

电导式 SO_2 自动监测仪有间歇式和连续式两种类型。间歇式测量结果为采样时段的平均浓度；连续式测量结果为不同时间的瞬时值。这种仪器有两个电导池，一个是参比池，用于测定空白吸收液的电导率 (k_1)；另一个是测量池，用于测定吸收 SO_2 后的吸收液电导率 (k_2)。由于空白吸收液的电导率在一定温度下是恒定的，因此，通过测量电路测知两种电导液电导率的差值 $(k_2 - k_1)$，便可得到任何时刻气样中 SO_2 的浓度。也可以通过比例运算放大电路测量 k_2/k_1 来实现对 SO_2 浓度的测定。当然，仪器使用前需用标准 SO_2 气体或标准硫酸溶液标定。

电导测量法的仪器结构比较简单，但易受温度变化、共存气体（如 CO_2、NO_2、NH_3、HCl、H_2S 等）的干扰，并需定期补充吸收液。

实践表明，对于 FGD 系统进口，无论是 1 台炉或是 2 台炉的烟气，SO_2 的分布一般是较为均匀的，因此可不用网格法而选定几个代表点进行测量。但在吸收塔后、GGH 净烟气侧，SO_2 的测量必须采用网格法测量，可根据预备性试验的结果确定最终的测点数。若 SO_2 的分布不均，应尽量增加测点数量。测量的其他注意事项如下：

（1）SO_2 的测量无需等速取样但一定要伴热，当然也可用等速取样。在美国 ASME PTC40 - 1991 中，采用如图 5 - 19 所示的采样装置，等速采集粉尘和烟气样品，经分析计算可同时得到烟气中水分含量、粉尘浓度及 SO_2 浓度。

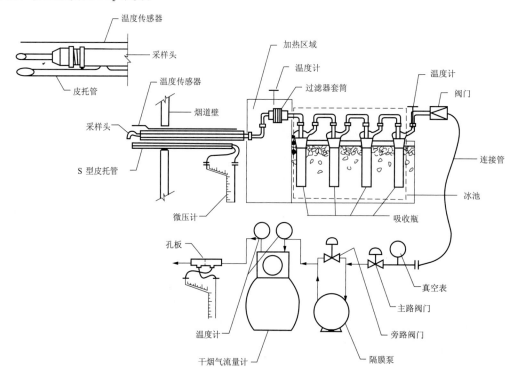

图 5 - 19　粉尘与 SO_2 采样装置示意

（2）在测量系统中宜加进氧量计同时监测 O_2 浓度。这样做有三点好处：

1）本身就需要通过测量 O_2 浓度将 SO_2 浓度换算到统一的基准。

2）可随时掌握工况的变化情况。因为锅炉负荷的变化和燃烧方式的变化都会影响 O_2 浓度。

3）可监测测量系统是否有泄漏。当测量时发现 O_2 浓度异常升高时，应对测量系统进行检查。

（3）若各方认可采用仪器法测量 SO_2，在测量前必须对仪器进行标定。严格按仪器说明书进行操作，如预热 4h 等。

（4）试验期间锅炉烟气量、烟气中 SO_2 浓度和吸收塔浆液 pH 值均需保持稳定。

二、O_2 的分析

在烟气成分分析中，氧量的测量非常重要，对燃煤锅炉污染物的排放浓度需折算至 6% 的 O_2 含量下（即过量空气系数为 1.4）。氧量的手工测定用奥氏分析仪来分析，仪器分析仪主要有热磁式、磁力机械式氧量计和氧化锆氧量计。手工测定比较麻烦、费时，在实际的 FGD 系统性能试验时一般都用校正过的 O_2 分析仪，按网格法来实时测定。

1. 热磁式氧量计

由电磁学可知，根据物质在磁场中被磁化的状况，可将其分为顺磁性物质和逆磁性物质两种。顺磁性物质又分成强顺磁性物质和弱顺磁性物质，而气体就是弱顺磁性物质。实验证明，氧是顺磁性物质，其磁化率虽比铁磁性物质小得多，但却比其他气体大很多。在标准状态下，以氧的磁化率为 100%，其他矿物燃料燃烧产物中的主要气体组分对氧气的相对磁化率见表 5 – 11。

表 5 – 11　　　　　　　　　　气体的相对磁化率

气 体	对氧的相对磁化率（%）	气 体	对氧的相对磁化率（%）
氧气（O_2）	100	氢气（H_2）	– 0.11
一氧化碳（CO）	– 0.31	氮气（N_2）	– 0.40
二氧化碳（CO_2）	– 0.57	甲烷（CH_4）	0.68
水蒸气（H_2O）	– 0.40	一氧化氮（NO）	36.3

对于混合气体，其磁化率为各组分磁化率的算术平均值，因此，除非混合气体中含有大量的 NO、NO_2，或者混合气体中的氧气含量极小，一般可以利用混合气体的磁性质来测定氧的含量。

磁化率与温度有关。温度是反映分子作无序热运动的物理量，它会使分子磁矩的取向产生无序化效应。温度越高，这种效应越大，磁矩排列得越不整齐，磁化率越小；温度越低，这种效应越小，磁矩排列得越整齐，磁化率越大。其关系遵循居里定律，即

$$\chi = c\,\frac{\rho}{T}$$

式中：χ 为介质的磁化率；ρ 为气体密度；c 为居里常数；T 为绝对温度。

另外，由气体方程 $\rho = \dfrac{M_1 p}{RT}$ 代入上式得

$$\chi = \frac{cM_1 p}{RT^2}$$

式中：M_1 为气体相对分子质量；R 为气体常数；P 为气体压力。

可见，气体的磁化率与绝对温度的平方成反比，这是磁性氧量计的基本工作依据。

图 5 – 20 是磁性氧量计的原理示意。图中的环形室为发送器，两侧有环形气体通道，中间为水平气体通道。水平气体通道上绕有两个铂热电阻 R1 与 R2，R1、R2 与固定电阻 R3、R4 构成一个电桥，电源 E 通过 R5 向桥路供电。m 为电桥另一对角上的指示仪表。在水平通道的左侧有一磁场。R1 与 R2 被电桥电流加热，使得水平通道内的温度高于两侧环形通道内的温度。当含有氧气的烟气由下部入口进入发送器，在水平通道左侧受到磁场吸引而进入水平通道，烟气被加热，温度升高，

烟气磁化率减小，所受吸引力也随着减小，再受到其后较冷烟气的推力，流向通道右侧，这样即形成了热磁对流，又称热磁风。当条件固定时，热磁风的大小只与烟气中的氧含量有关，氧含量越高，热磁风就越大。热磁风的大小又通过桥路转换成电信号输出，当氧含量为零、没有热磁风时，桥路处于平衡状态；当存在热磁风时，将从电阻R1、R2上带走热量，由于冷气体先经过R1，从R1带走的热量较多，使得R1的温度要低于R2，电桥失去平衡，磁风越大，R1与R2的温差越大，不平衡电压输出就越大。

2. 磁力机械式氧分析仪

磁力机械式氧分析仪也是利用氧的顺磁性而设计的。氧在非均匀磁场中受磁场吸引，使磁场周围的分子密度发生变化，产生沿磁场方向分布的密度梯度，而导致压力差，且此压力差随着氧浓度的变化而变化。在检测器中，悬挂了一个"哑铃"形的敏感元件，此元件受压力差的推动而转动，贴在"哑铃"形敏感元件中间的反射镜也跟着偏转。一束投射在反射镜上的光被反射到一对差动连接的硅光电池上，随着反射镜的偏转，反射光也跟着偏转角度，使两个硅光电池的光能量不相等，于是有差动信号输出，如图5-21所示。该信号的大小与被测气体中氧含量成正比。最低测量范围为0%～1%；最高测量范围为0%～100%；检出限为0.01%。

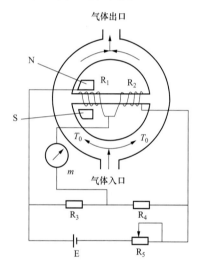

图5-20 磁性氧量计的原理示意

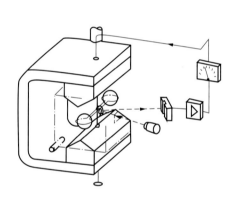

图5-21 磁力机械式氧分析仪原理示意

3. 氧化锆氧量仪

氧化锆（ZrO_2）陶瓷是一种固体电解质，它具有离子导电特性。纯净的氧化锆晶格结构中，载流子的数目不多；当在纯净的氧化锆中掺入一定数量的氧化钙（CaO）或氧化钇（Y_2O_3），并经高温焙烧即形成一种稳定的晶体结构，在这种结构中由于氧化锆被置换出来而留下了更多的氧离子空穴，这样晶体以O^{2-}通过空穴的运动来导电。实际氧化锆陶瓷体内外两侧还通过高温烧结附着有多孔性电极（多为海绵状多孔铂），将它进一步装置成浓差电池，感应氧量的含量。

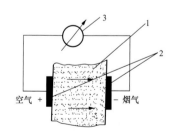

图5-22 氧化锆氧量仪的工作原理简图
1—氧化锆；2—多孔性铂电极；3—二次仪表

其基本原理如图5-22所示，当氧化锆陶瓷体两侧的氧浓度不同时，浓度大的一侧的氧分子就会在该侧氧化锆管表面电极上结合4个电子形成两个O^{2-}进入固体电解质，在高温（600～850℃）条件下，O^{2-}通过氧离子空穴向氧浓度低的一侧移动，并在该侧电极上释放电子形成氧分子释出，这样在电极上就造成了电荷积累，两电极之间产生电势。该电势会阻碍 O^{2-} 扩散运动的进一步进行，当这两种运动达到动态平衡时，两电极之间就形成了稳定的电势。这是一种浓差电池，它可表示为（假定电极为铂，掺杂为 CaO）

$$\text{Pt}, O_2(p_1) \mid \text{ZrO} \cdot \text{CaO} \mid O_2(p_2), \text{Pt}$$

其中，p_1、p_2 分别为两侧的氧分压，且 $p_1 < p_2$。在正极上进行还原反应，即

$$O_2(p_2) + 4e^- \rightarrow 2O^{2-}$$

在负极上进行氧化反应，即

$$2O^{2-} \rightarrow O_2(p_1) + 4e$$

氧浓差电池电动势的大小由能斯特（Nernst）方程给出，即

$$E = \frac{RT}{nF} \ln \frac{p_2}{p_1}$$

式中　E——氧浓差电势，V；

　　　F——法拉第常数，$F = 96487 \text{C/mol}$；

　　　R——理想气体常数，$R = 8.314 \text{J/ (mol·K)}$；

　　　T——电池的绝对温度，K；

　　　n——一个氧分子参加反应时输送的电子数，$n = 4$。

实际应用中，氧化锆陶瓷体一侧的气体取空气作为参比气体，其氧含量与氧分压固定不变，另一侧则为待测烟气，两种气体的总压均为 p，由气体方程和能斯特方程可得

$$E = \frac{RT}{nF} \ln \frac{\varphi_2}{\varphi_1}$$

式中：φ_2、φ_1 分别为氧气在不同混合气体中的体积浓度。

将 R、n、φ_2（空气中 $\varphi_2 = 20.8\%$）的值代入，即为

$$E = -T(0.0338 + 0.04961\varphi_1) \text{mV}$$

由计算式可以看出：

（1）氧浓差电势 E 与温度 T 有关，因此必须对测量系统保持恒温或对温度变化引起的误差进行补偿。

（2）仪器的灵敏度与绝对温度 T 成正比，为保证仪器有足够的灵敏度，应尽量使工作温度高一点。

（3）要求参比气体与待测气体的总压相等。在实际使用中，应保持二者相等且不变。

（4）氧浓差电池有使两侧氧浓度趋于一致的倾向，因此必须保证被测气体和参比气体都有一定的流速，以便不断更新。

三、氯化氢的分析

氯化氢气体的分析方法有硫氰酸汞分光光度法、硝酸银容量法和离子色谱法。

1. 硫氰酸汞分光光度法

氯化氢被吸收在碱溶液中，在酸性溶液中与硫氰酸汞反应置换出硫氰酸根，再与高铁离子作用生成硫氰酸铁橙红色络合物，于波长 460nm 处，测定吸光度，同时以试剂空白液作参比，比色定量氯化氢。本法可测氯化氢的浓度范围为 $0.5 \sim 50 \text{mg/m}^3$，烟气中含有的其他卤化物、硫化物和氰化物对测定有干扰。

$$2Cl^- + Hg(SCN)_2 \rightarrow HgCl_2 + 2SCN^-$$

$$SCN^- + Fe^{3+} \rightarrow Fe(SCN)_2 (橙红色)$$

此法具有准确、灵敏、快速、简便等特点。

2. 硝酸银容量法

氢氧化钠溶液吸收氯化氢气体后，在中性条件下以铬酸钾为指示剂，用硝酸银标准溶液滴定至红色不褪为止，由此定量氯化氢。本法可测质量浓度为 $40mg/m^3$ 以上的氯化氢。反应式为

$$Cl^- + AgNO_3 \rightarrow NO_3^- + AgCl\downarrow$$

$$2Ag+ + CrO_4^{2-} \rightarrow Ag_2CrO_4\downarrow（浅砖红色）$$

将采好样的吸收液移入 150mL 容量瓶中，用吸收液稀释至标线。吸取适量样液于白瓷皿中，加几滴酚酞，用 0.1mol/L 硝酸溶液中和至红色刚好消失，加适量水，加 1.0mL 铬酸钾溶液，不断搅拌，以 0.01mol/L 硝酸银标准溶液滴定直至产生不消失的橘黄色为止。同法作空白滴定。烟气中含有溴化物、碘化物、硫化物和氯气时有干扰。

3. 离子色谱法

用氢氧化钾—碳酸钠混合溶液吸收氯化氢气体，生成氯化钠，用离子色谱仪测定。本法测定范围广、准确、选择性好，能同时测定多种阴离子。质量浓度测定范围为 $25 \sim 1000mg/m^3$。

四、氟化氢的分析

烟气中氟化物以气态和尘态两种形式存在。气态氟多以氟化氢、四氟化硅等形式出现，尘态氟多以尘粒状和雾滴状出现，其中包括水溶性氟、酸溶性氟和难溶性氟。用于测定烟气中氟化物的方法主要有氟离子选择电极法、氟试剂分光光度法和硝酸钍容量法等。硝酸钍容量法只适用于高浓度范围的测定；氟试剂分光光度法灵敏度、精密度较好，但干扰因素多，测定范围窄；氟离子选择电极法具有快速、灵敏、适用范围宽、方法简便、准确、选择性好等优点。

当烟气中尘氟和气态氟共存时，需按照烟尘采样方法进行等速采样。在加热式滤筒采样管的出口，串联两个装有 50~70mL 吸收液的多孔玻板吸收瓶，分别捕集尘氟和气态氟。

当烟气中不含尘氟或只测定气态氟时，可按照烟气采样方法串联两个装有 50~70mL 吸收液的多孔玻板吸收瓶，以 0.5~2L/min 的流量采样 5~20min。

当采集温度低、含湿量大的烟气时，玻璃纤维滤筒能吸收较多的气态氟，如测定的是总氟，将不影响测定结果，否则滤料应采用吸附性小的合成纤维。否则，气态氟测定结果偏低，尘氟测定结果偏高。

（1）离子选择电极法。使用滤筒、氢氧化钠溶液采集尘氟及气态氟，加盐酸溶液处理后制备成样品溶液，用氟离子电极测定。氟离子电极在含氟离子的溶液中，当溶液的总离子强度为定值而且足够大时，其电极电位与溶液中氟离子活度的对数成直线关系，通过绘制标准曲线，从测得的电位值得到氟离子的含量。测定范围为 $1 \sim 1000mg/m^3$。

（2）氟试剂分光光度法。使用滤筒及氢氧化钠溶液采集尘氟及气态氟，经水蒸气蒸馏处理后制备成样品溶液。氟试剂（茜素络合酮）在 pH = 4.3 的溶液中，与硝酸镧反应生成红色的镧—茜素络合酮螯合物，此螯合物在一定酸度、有乙酸根离子存在下，能与氟离子形成蓝色的三元镧—氟—茜素络合酮螯合物，根据颜色深浅，用分光光度法测定。测定范围为 $0.1 \sim 50mg/m^3$。

（3）硝酸钍容量法。用滤筒及氢氧化钠溶液串联采集尘氟及气态氟，经水蒸气蒸馏处理后制备成样品溶液，以茜素磺酸钠—亚甲基蓝为指示剂，用硝酸钍标准溶液滴定氟离子，反应式为

$$4F^- + Th(NO_3)_4 \rightarrow ThF_4 + 4NO_3^-$$

到终点时溶液由翠绿色变为灰蓝色。测定范围：氯化氢含量 1% 以上。

五、SO_3 的分析

燃料中的硫在燃烧过程中生成 SO_2，其中少量 SO_2 被氧化为 SO_3。总体上，对于小型锅炉，烟气中 SO_2 转化为 SO_3 的转化率为 3.2%~7.4%；大型锅炉为 0.5%~4.0%。一般地，SO_3 在烟气中的体积分数为 $(5 \sim 50) \times 10^{-6}$。烟气中 SO_3 与烟气中水蒸气反应形成硫酸蒸气，研究结果表明，当烟

温 t 高于 $200 \sim 250\text{℃}$ 时（也有的认为 t 不小于 580℃ ，数据不一），SO_3 与水蒸气反应很少；烟温 t 低于 200℃ 后，SO_3 开始与烟气中水蒸气反应形成硫酸蒸气；而当烟温 t 不大于 110℃ 时，基本上全部反应生成硫酸蒸气。在 FGD 系统入口处，烟温一般在 $120 \sim 150\text{℃}$ 左右，烟气中 SO_3 与硫酸蒸气共存；在 FGD 系统出口，即使加热，SO_3 也全是以硫酸蒸气的形式存在。因此，FGD 系统烟气中 SO_3 浓度的测定实际是分析硫酸蒸气（硫酸雾）。硫酸雾的分析方法有铬酸钡分光光度法，适用于中、低浓度的测定；偶氮胂Ⅲ容量法，适用于化工厂排放的高浓度硫酸雾（包括三氧化硫）的测定。这两个方法所用仪器简单，易于推广使用。离子色谱法测定范围广，并能同时测定多种阴离子。三种方法测定的都是硫酸根离子，不能分别测定硫酸雾及颗粒物中的可溶性硫酸盐。

1. 铬酸钡分光光度法

用超细玻璃纤维滤筒进行等速采样，用水浸取，除去阳离子后，样品溶液中硫酸根离子与铬酸钡悬浊液发生交换反应，即

$$SO_4^{2-} + BaCrO_4 \rightarrow BaSO_4 \downarrow + CrO_4^{2-}（黄色）$$

在氨—乙醇溶液中，分离除去硫酸钡及过量的铬酸钡，交换释放出的黄色铬酸根离子与硫酸根浓度成正比，根据颜色的深浅，用分光光度法测定。测定范围为 $5 \sim 120\text{mg/m}^3$ 。

样品中有钙、锶、镁、锆、钛等金属阳离子共存时对测定有干扰，通过阳离子树脂柱交换处理后可除去干扰。

2. 偶氮胂Ⅲ容量法

用超细玻璃纤维滤筒进行等速采样，用水浸取，除去阳离子后，在酸性溶液中，以偶氮胂Ⅲ为指示剂，用乙酸钡–乙酸铅标准溶液滴定硫酸根离子，生成硫酸钡沉淀，微过量的钡离子使指示剂由红紫色变为蓝紫色。根据乙酸钡–乙酸铅标准溶液用量计算硫酸雾含量。测定范围为 60mg/m^3 以上。

样品中有钙、锶、镁、锆、钛等金属阳离子共存时，能与偶氮胂Ⅲ生成有色络合物，干扰测定。通过阳离子树脂柱交换处理后可除去干扰。

3. 离子色谱法

用超细玻璃纤维滤筒进行等速采样，用水浸取，除去阳离子后，用离子色谱仪测定硫酸根离子。测定范围为 $0.3 \sim 500\text{mg/m}^3$ 。

样品中有钙、锶、镁、锆、钛、铜、铁等金属阳离子共存时，对测定有干扰，通过阳离子树脂柱交换处理后可除去干扰。

SO_3 的采样可采用玻璃纤维滤筒法或凝结法，但滤筒取样样品中的金属离子等的存在对测定有干扰。凝结法的采样系统如图 5-23 所示，依次为带加热的采样管、连接管、螺旋管凝结器（放在水浴中）、采样仪（包括过滤器、抽气泵等，可调节流量）及氧量计。采样时，水浴的温度在 $80 \sim 90\text{℃}$ 之间，以确保仅有 SO_3 凝结在螺旋管中。采样流量需保持在 $15 \sim 20\text{L/min}$ ，采样时间取决于 SO_3 浓度及凝结器容积，一般约 30min 。采样完毕，用蒸馏水冲洗凝结器并定容。

测量注意事项：

（1）采样管加热温度应高些，在 150℃ 以上；采样管与凝结器之间的连接管也需加热，确保凝结器入口不能有凝结。需要加热的和易被硫化物氧化的接头、附件、石英橡胶管等应采用乙烯四氟化酯等材料。

（2）采样管内部管道最好为玻璃管，不宜采用金属管。

（3）螺旋管凝结器测量前必须干燥，应尽可能靠近取样点。如果从采样管到螺旋管的导管过长，可在螺旋管上安装一旁路旋塞，取样前，用样气置换导气管内的空气。

（4）灰尘进入吸收液会影响分析，因此在原烟气处测量 SO_3 时采样管需加滤料以滤尘。可用石

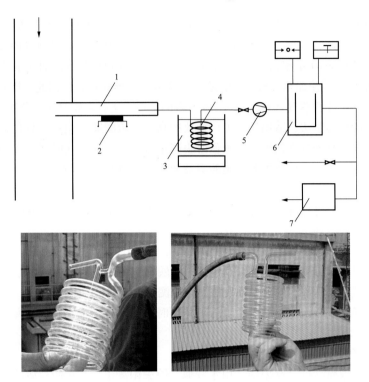

图 5 – 23　SO₃ 采样系统示意及螺旋管凝结器

1—采样管；2—加热装置；3—水浴（带温度调节）；4—螺旋管；5—抽气泵；

6—流量测量装置（带温度、压力测量）；7—氧量计

英棉作为滤料，且可能含有碱性物质的滤料在使用前必须用盐酸处理。在净烟气处测量时采样管不要加滤料。

（5）SO₃ 的采样无需等速。

（6）采样完毕，关掉抽气泵，取下螺旋吸收管，取一段约 20cm 长的硅胶管将入口和出口连接起来（防止 SO₃ 外泄，如图 5 – 24 所示）。

在 DL/T 998—2006 中，对 HCl、HF、SO₃ 的分析测试方法也有推荐，读者可参考。

六、氮氧化物的分析

20 世纪 70 年代以来，烟气中氮氧化物（NO$_x$，主要是 NO、NO₂）引起国内外普遍重视，GB 13223—2003《火电厂大气污染物排放标准》也明确规定了氮氧化物的最高允许排放浓度。尽管在 FGD 系统中，NO$_x$ 不作为一个测量对象，但它是电厂烟气监测的一个重要数据，这里对 NO$_x$ 含量的测量方法作一简单介绍。

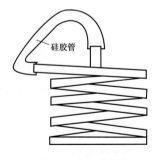

硅胶管

图 5 – 24　SO₃ 的保护

NO$_x$ 含量的测量方法很多，其中，中和滴定法简单易行，测定范围宽，适用于硝酸工厂生产尾气的测定；二磺酸酚分光光度法及肼还原—盐酸萘乙二胺分光光度法的测定范围宽，在计算结果时不须使用 NO₂（气）转换为 NO$_2^-$（液）的系数。前者被日、美等国家定为标准方法，后者在 1984 年成为国际标准化组织（ISO）推荐的方法。盐酸萘乙二胺分光光度法操作简单，适用于低浓度氮氧化物的测定，缺点是在计算时须使用经验转换系数［NO₂（气）→NO$_2^-$（液）］，影响测定的准确度；定电位电解法可进行连续、实时监测，检测仪为便携式，适用于现场监测，使用方便，但受 SO₂、芳香烃及一氧化碳等成分的干扰。此外，还有非分散红外法、紫外线吸

收法、化学发光法等。

1. 分光光度法

（1）二磺酸酚分光光度法（快速法）。氮氧化物用过氧化氢溶液氧化吸收后，生成硝酸根离子，在无水条件下与二磺酸酚反应生成硝基二磺酸酚，加氢氧化铵后生成黄色化合物，根据颜色深浅，用分光光度法测定。颗粒物中的硝酸盐、亚硝酸盐对测定产生正干扰，卤化物对测定产生负干扰。上述干扰物可通过采样管过滤头排除；SO_2 对测定产生负干扰，当增加吸收液中氧化剂的量时，可排除其干扰。测定范围为 $20 \sim 2000 mg/m^3$。

（2）盐酸萘乙二胺分光光度法。NO_2 被吸收液吸收后，生成亚硝酸和硝酸，其中亚硝酸与对氨基苯磺酸起重氮化反应，再与盐酸萘乙二胺耦合，呈玫瑰红色，根据颜色深浅，用分光光度法测定。在测定时应先用三氧化铬将 NO 氧化成 NO_2，再测定 NO_2 的浓度。用标准气测得 NO_2（气）转化为 NO_2^-（液）的转换系数为 0.72，因此在计算氮氧化物浓度时，应除以转换系数 0.72。当采样体积为 1L 时，本法的定性检出浓度为 $0.7\ mg/m^3$，定量测定的浓度范围为 $2.4 \sim 280 mg/m^3$。更高浓度的样品，可用稀释的方法进行测定。

（3）肼还原—盐酸萘乙二胺分光光度法。烟气中的氮氧化物在催化剂（Cu^{2+}）存在下，能较迅速地被碱性过氧化氢溶液吸收并氧化为硝酸根离子，再在催化剂（Cu^{2+}、Zn^{2+}）作用下，又被硫酸肼还原为亚硝酸根离子，然后与对氨基苯磺酰胺（即磺胺）及盐酸萘乙二胺反应生成玫瑰红色偶氮染料，根据颜色深浅，用分光光度法测定。SO_2 被吸收液氧化为硫酸根离子，不干扰氮氧化物的测定。测定范围为 $20 \sim 6000 mg/m^3$。

2. 定电位电解法

一氧化氮（NO）气体进入电化学气敏传感器后，NO 分子在恒电位工作电极上发生电催化氧化反应，即

$$NO + 2H_2O \rightarrow NO_3^- + 4H^+ + 3e^-$$

在对电极上空气中的氧分子发生电催化还原反应，即

$$O_2 + 4H^+ + 4e \rightarrow 2H_2O$$

上述电化学反应过程中，产生的极限扩散电流 i，在一定范围内，其大小与一氧化氮浓度成正比，即

$$i = \frac{ZFSDc}{\delta}$$

在一定工作条件下，电子转移数 Z、法拉第常数 F、气体扩散面积 S、扩散常数 D 和扩散层厚度 δ 均为常数，因此，测得的极限扩散电流 i 即与一氧化氮浓度 c 成正比。

一氧化碳、甲烷、乙烯、氢气对一氧化氮测定产生的干扰可以忽略；氮氧化物中二氧化氮含量在 5% 以下时，对测定引起的干扰可以忽略；水蒸气和 SO_2 对一氧化氮测定有干扰，SO_2 对一氧化氮测定产生正干扰，采样时，气体先经过 SO_2 清除液，再进入检测仪测定，可排除 SO_2 对测定的干扰。水蒸气易在传感器渗透膜表面冷凝，影响透气性能，使测定值偏低，因此对高湿度的气样要先经无水氯化钙管干燥后，才能进入仪器测定。燃料燃烧产生的氮氧化物主要成分为一氧化氮，其中二氧化氮约占 5%，因此，烟气中的氮氧化物可用本方法测定。

各检测仪的测定范围不同，大致为 $1.34 \sim 5360 mg/m^3$。

3. 紫外线吸收法

气体成分在紫外可见光区有特征吸收峰。NO、NO_2 和 SO_2 的紫外线吸收光谱的吸收强度服从郎伯—比尔（Lambert-Beer）定律，与其浓度成正比。在通常的燃烧烟气中，除了上述三种组分外，没有气体在这一区域（波长为 $190 \sim 400 nm$）有特征吸收，故可利用所测得的吸收强度对这三种成分进

行定量分析。

4. 化学发光法

NO 与臭氧 O_3 发生氧化还原反应，产生 NO_2，所生成的 NO_2 中，有一部分成为激发态的 NO_2^*。当 NO_2^* 从激发态恢复到低能态的稳定分子时，发出波长 $590 \sim 300nm$ 的光。当臭氧的浓度足够大时，发光强度与 NO 的浓度成正比，测出发光强度就可以得到 NO 的浓度。为测 NO_2 的浓度，可在 350℃ 的高温下，先将 NO_2 转化为 NO。

5. 中和滴定法

氮氧化物用过氧化氢溶液氧化吸收后，生成硝酸，用氢氧化钠标准溶液滴定，根据滴定量计算氮氧化物浓度。反应式为

$$2NO + 3H_2O_2 \rightarrow 2HNO_3 + 2H_2O$$
$$2NO_2 + H_2O_2 \rightarrow 2HNO_3$$
$$HNO_3 + NaOH \rightarrow NaNO_3 + H_2O$$

酸性氧化物及任何酸类物质对氮氧化物的测定产生正干扰，碱性物质则产生负干扰。因此本法只适用于硝酸厂工艺废气中氮氧化物和硝酸雾的测定。测定范围在 $2000mg/m^3$ 以上。

七、烟气中水分的分析

烟气中水分含量可选用冷凝法、干湿球法或重量法中的一种方法测定。

（一）冷凝法

1. 原理

由烟道中抽取一定体积的烟气使之通过冷凝器，根据冷凝出来的水量，加上从冷凝器排出的饱和气体中含有的水蒸气量，可计算烟气中的水分含量。

2. 测定装置及仪器

冷凝法测量烟气中水分含量的采样系统如图 5-25 所示，由烟尘采样管、冷凝器、干燥器、温度计、真空压力表、转子流量计和抽气泵等部件组成。

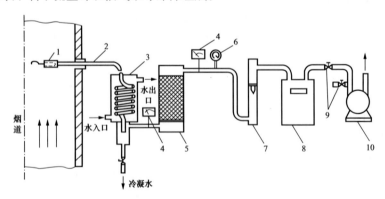

图 5-25 冷凝法测定排气水分含量装置

1—滤筒；2—采样管；3—冷凝器；4—温度计；5—干燥器；

6—真空压力表；7—转子流量计；8—累积流量计；9—调节阀；10—抽气泵

（1）烟尘采样管：用不锈钢制成，内装滤筒，用以除去排气中的颗粒物。

（2）冷凝器：用不锈钢制作。用于分离、储存在采样管、连接管和冷凝器中冷凝下来的水。冷凝器总体积应不小于5L，冷凝管（$\phi 10 \times 1mm$）有效长度应不小于1500mm，储存冷凝水容器的有效容积应不小于100mL，排放冷凝水的开关应严密不漏气。

（3）温度计：精确度应不低于2.5%，最小分度值应不大于2℃。

（4）干燥器：用有机玻璃制作，内装硅胶，其容积应不小于0.8L，用于干燥进入流量计的湿烟气。

（5）真空压力表：精确度应不低于4%，用于测定流量计前气体压力。

（6）转子流量计：精确度应不低于2.5%。

（7）抽气泵：当流量为40L/min时，其抽气能力应能克服烟道及采样系统的阻力。当流量计量装置放在抽气泵出口端时，抽气泵应不漏气。

（8）量筒：量程为10mL。

3. 测定步骤

（1）将冷凝器装满冰水，或在冷凝器进、出水管上接冷却水。

（2）将仪器按采样系统图正确连接。

（3）检查系统是否漏气，如发现漏气，应分段检查、堵漏，直到满足检漏要求。

若流量计量装置放在抽气泵前，其检漏方法有两种。

方法1。在系统的抽气泵前串一满量程为1L/min的小量程转子流量计。检漏时，将装好滤筒的采样管进口（不包括采样嘴）堵严，打开抽气泵，调节泵进口处的调节阀，使系统中的压力表负压指示为6.7kPa。此时，若小量程流量计的流量不大于0.6L/min，则视为不漏气。

方法2。检漏时，堵严采样管滤筒夹处进口，打开抽气泵，调节泵进口的调节阀，使系统中的真空压力表负压指示为6.7kPa，关闭连接抽气泵的橡皮管，在0.5min内如真空压力表的指示值下降不超过0.2kPa，则视为不漏气。

在仪器携往现场前，已按上述方法进行过检漏的，现场检漏仅对采样管后的连接橡皮管到抽气泵段进行检漏。

流量计量装置放在抽气泵后的检漏方法。在流量计量装置出口接一个三通管，其一端接U型压力计，另一端接橡皮管。检漏时，切断抽气泵的进口通路，由三通的橡皮管端压入空气，使U型压力计水柱压差上升到2kPa；堵住橡皮管进口，如U型压力计的液面差在1min内不变，则视为不漏气。抽气泵前管段仍按前面的方法检漏。

（4）打开采样孔，清除孔中的积灰。将装有滤筒的采样管插入烟道近中心位置，封闭采样孔。

（5）开动抽气泵，以25L/min左右的流量抽气，同时记录采样开始时间。

（6）抽取的排气量应使冷凝器中的冷凝水量在10mL以上。采样时每隔数分钟记录冷凝器出口的气体温度 t_v、转子流量计读数 Q'_r、流量计前的气体温度 t_r、压力 p_r 以及采样时间 t。如系统装有累积流量计，应记录开始采样及终止采样时的累积流量。

（7）采样结束，将采样管出口向下倾斜，取出采样管，将凝结在采样管和连接管内的水倾入冷凝器中。用量筒测量冷凝水量。

烟气中的水分计算式为

$$X_{sw} = \frac{461.8(273 + t_r)G_w + p_v V_a}{461.8(273 + t_r)G_w + (p_a + p_r)V_a} \times 100\%$$

$$V_a \approx Q'_r t, \ \text{L}$$

式中　X_{sw}——烟气中水分含量的体积百分数，%；

　　　p_a——大气压力，Pa；

　　　G_w——冷凝器中的冷凝水量，g；

　　　p_r——流量计前气体压力，Pa；

　　　p_v——冷凝器出口饱和水蒸气压力（可根据出口气体温度 t_v 查得），Pa；

　　　Q'_r——转子流量计读数，L/min；

t——采样时间，min；

t_r——流量计前的气体温度，℃；

V_a——测量状态下抽取烟气的体积。

（二）干湿球法

1. 原理

使气体在一定的速度下流经干湿球温度计，根据干湿球温度计的读数和测点处烟气的压力，计算出烟气的水分含量。

2. 测量装置及仪器

干湿球法采样装置见图5－26。干湿球温度计的精确度应不低于1.5%，最小分度值应不大于1℃。

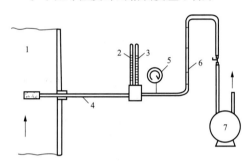

图5－26　干湿球法测定水分含量

1—烟道；2—干球温度计；3—湿球温度计；4—保温采样管；

5—真空压力表；6—转子流量计；7—抽气泵

3. 测定步骤

（1）检查湿球温度计的湿球表面纱布是否包好，然后将水注入盛水容器中。

（2）打开采样孔，清除孔中的积灰。将采样管插入烟道中心位置，封闭采样孔。

（3）当烟气温度较低或水分含量较高时，采样管应保温或加热数分钟后，再开动抽气泵。以15L/min的流量抽气。

（4）当干湿球温度计温度稳定后，记录干球和湿球的温度。

（5）记录真空压力表的压力。

烟气中水分含量 X_{sw} 的计算式为

$$X_{sw} = \frac{p_{bv} - 0.00067(t_c - t_b)(p_a + p_b)}{p_a + p_s} \times 100\%$$

式中　p_{bv}——温度为 t_b 时饱和水蒸气压力（根据 t_b 值查得），Pa；

t_b——湿球温度，℃；

t_c——干球温度，℃；

p_b——通过湿球温度计表面的气体压力，Pa；

p_a——大气压力，Pa；

p_s——测点处排气静压，Pa。

（三）重量法

1. 原理

由烟道中抽取一定体积的烟气，使之通过装有吸湿剂的吸湿管，烟气中的水分被吸湿剂吸收，吸湿管的增重即为已知体积烟气中的水分含量。

2. 采样装置及仪器

重量法测量烟气中水分含量的装置见图5－27。

（1）头部带有颗粒物过滤器的加热或保温的气体采样管。

（2）U 型吸湿管或雪菲尔德吸湿管，内装氯化钙或硅胶等吸湿剂。

（3）真空压力表，精确度应不低于 4%。

（4）温度计，精确度应不低于 2.5%，最小分度值应不大于 2℃。

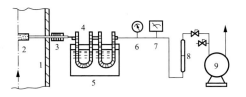

图 5-27 重量法测定水分含量
1—烟道；2—过滤器；3—加热器；4—吸湿管；
5—冷却水槽；6—真空压力表；7—温度计；
8—转子流量计；9—抽气泵

（5）转子流量计，精确度应不低于 2.5%。测量范围为 0~1.5L/min。

（6）抽气泵，流量为 2L/min 时，抽气能力应能克服烟道及采样系统的阻力。当流量计量装置放在抽气泵出口端时，抽气泵应不漏气。

（7）天平，感量应不大于 1mg。

3. 准备工作

将粒状吸湿剂装入 U 型吸湿管或雪菲尔德吸湿管内，并在吸湿管进、出口端充填少量玻璃棉，关闭吸湿管阀门，擦去表面的附着物后，用天平称重。

4. 采样步骤

（1）连接仪器。

（2）检查系统是否漏气。检查的方法是将吸湿管前的连接橡皮管堵死，开动抽气泵，至压力表指示的负压达到 13kPa 时，封闭连接抽气泵的橡皮管，如真空压力表的示值在 1min 内下降不超过 0.15kPa，则视为系统不漏气。

（3）将装有滤料的采样管由采样孔插入烟道中心后，封闭采样孔，对采样管进行预热。

（4）打开吸湿管阀门，以 1L/min 的流量抽气，同时记下采样开始时间。采样时间视烟气的水分含量大小而定，采集的水分量应不小于 10mg。

（5）记下流量计前气体的温度、压力和流量计读数。

（6）采样结束，关闭抽气泵，记下采样终止时间，关闭吸湿管阀门，取下吸湿管。

（7）擦去吸湿管表面的附着物后，用天平称重。

烟气中水分含量 X_{sw} 的计算式为

$$X_{sw} = \frac{1.24 G_m}{V_d \left(\dfrac{273}{273 + t_r} \times \dfrac{p_a + p_r}{101325} \right) + 1.24 G_m} \times 100\%$$

式中　G_m——吸湿管吸收的水分质量，g；

V_d——测量状况下抽取的干气体体积，$V_d \approx Q'_r t$，L；

Q'_r——转子流量计读数，L/min；

t——采样时间，min；

t_r——流量计前气体温度，℃；

p_r——流量计前气体压力，Pa；

p_a——大气压力，Pa；

1.24——在标准状态下，1g 水蒸气的体积，L。

八、温度的测量

温度是表征物体冷热程度的物理量，是七个基本物理量之一。温度测量方法的种类很多，各种测温方法都是基于物体的某些物理化学性质与温度有一定的关系。当温度不同时，物性参数中的一个或几个随之发生变化，根据这些参数的变化，即可求得被测物体的温度。根据作用原理，温度计可分为膨胀式温度计、压力表式温度计、电阻温度计、热电偶温度计、辐射式温度计等。在FGD系统中常用到电阻温度计、热电偶温度计，在FGD系统运行或试验时，测量环境温度和浆液温度，如吸收塔、水力旋流器、石灰石浆液的温度等会用到水银温度计。

九、压力的测量

压力是作用于单位面积的法线方向上的表面力。压力测量即通过压力传感件接受压力（或差压）的作用，产生与被测压力（或差压）存在一定关系的另一形式的物理量，使该物理量直接或通过变换间接地易于传送、放大与显示。当转化物理量与被测物理量之间的关系一旦确定以后，即可通过理论的或实验的方法对测量过程的显示输出值直接对压力予以分度。

目前并存的几种压力单位之间的换算关系见表5－12。

表5－12 压力单位换算简表

帕（Pa）(N/m²)	工程大气压(at)（kgf/cm²）	标准大气压（atm）	巴（bar）	毫米汞柱（torr）（mmHg）	毫米水柱(kgf/m²)（mmH₂O）	磅力每平方英寸(psi)（lbf/in²）
1	1.01972×10^{-5}	9.86923×10^{-6}	1×10^{-5}	7.50062×10^{-3}	1.01972×10^{-1}	1.45038×10^{-4}
9.8066×10^4	1	9.67841×10^{-1}	9.80665×10^{-1}	7.35559×10^2	1×10^4	1.42233×10^1
1.01325×10^5	1.03323	1	1.01325	7.60×10^2	1.03323×10^4	1.46959×10^1
1×10^5	1.01972	9.86923×10^{-1}	1	7.50062×10^2	1.01972×10^4	1.45038×10^1
1.33323×10^2	1.35951×10^{-3}	1.31579×10^{-3}	1.33322×10^{-3}	1	1.35951×10^1	1.93368×10^{-2}
9.80665	1×10^{-4}	9.67841×10^{-5}	9.80665×10^{-5}	7.35562×10^{-2}	1	1.42234×10^{-3}
6.89476×10^3	7.0307×10^{-2}	6.8046×10^{-2}	6.89476×10^{-2}	5.17149×10^1	7.0307×10^2	1

FGD试验中，通常采用单圈弹簧管压力表、液柱式压力计和倾斜管式微压计测量工质的压力和负压，最方便的是电子微压计。在精度符合试验要求的前提下，也可采用各种压力变送器（如膜式压力计、波纹管压力计及电接点压力计等）。压力测量仪表见表5－13。

表5－13 压力测量仪表

压力计名称		测量对象	测量范围（MPa）	型式及安装	技术规范	备注
	一般压力表	蒸汽、水	0～40	表盘或就地安装	GB 1226	使用环境温度为 $-40 \sim 60℃$
	精密压力表				GB 1227	℃
	静重式压力计		—	—	—	—
液柱式压力计	U型管压力计	烟风系统压力、压差	$-0.1 \sim 0.1$	控制盘或就地安装	—	可作校验流量计的标准压差计
	单管压力计		$-0.2 \sim 0.2$		—	—
	倾斜管式微压计		$-0.002 \sim 0.002$		—	—
动槽式大气压力计（水银压力计）		大气压力	$-0.1 \sim 0.1$		—	—
膜式压力计（膜盒式、膜片式）		大气压力及对膜片不起作用的气体微压和负压	0～0.04	控制盘或就地安装	JB 470	压力变送
波纹管压力计		烟风系统压力、压差、负压	—		JB 1033	灵敏度较高，能直接指示和记录
电接点压力计			$-0.2 \sim 0.2$		JB 1608	压力变送

　　气流压力的测量是 FGD 系统性能试验的一项内容，气流全压由静压和动压两部分组成。所谓气流的静压就是运动气流里的压力，换句话说，当感受器在气流中与气流以相同的速度运动时感受到的压力即为气流的静压。实际采用的静压测量方法有壁面静压孔法与静压管法两种。

　　壁面静压孔法是测量静压最方便的一种方法。由于壁面开孔后对流场的干扰是不可避免的，因此为减小干扰、提高测量精度，对静压孔的设计加工就有着非常严格的要求。

　　（1）静压孔的位置应选在流体流线平直的地方，即应开在烟、风道直段上，附近不应存在挡板、弯头等阻力部件及涡流区。

　　（2）开孔直径一般以 2～3mm 为宜。孔径越大，其附近的流线变形越严重，误差也就越大；孔径太小，会增加加工上的困难，而且易被堵塞，从而增加滞后的时间。

　　（3）静压孔的轴线应与管道内壁面垂直，孔的边缘应尖锐，无毛刺，无倒角，且壁面应光滑，否则会引起测量结果的极大误差。

　　（4）当测量含尘气流静压时，应采取适当措施严防测压孔堵塞（如测压孔避免从水平管道下部引出、在传压管上采用宝塔型扩容装置等）。

　　（5）当被测烟风道截面直径超过 600mm 时，同一测量截面上至少应有 4 个测压孔。壁面静压孔测得的压力即为气体静压。

　　当需要测量气流中某点的静压时就用静压管法。将标准皮托管伸入烟道近中心处，全压测孔正对气流，其静压管出口端测得的压力即为烟气静压，全压测孔的压力为烟气全压，用微压计连接两测孔，所得的压差即为气流动压，计算可得烟气流速。

十、流量的测量

　　对于烟气流量的测量，实际上是测量烟气的流速，差压法是应用最为广泛的一种，其结构简单，制作方便，测量数据可靠。差压法速度测量装置的原理是根据动压（即全压与静压之差）与流速之间的关系，来测量气体在流动中的速度，由伯努利方程计算气体的速度，即

$$V = \sqrt{\frac{2\Delta p}{\rho}}$$

由于实际测量中通常不能满足理想的伯努利方程，故必须进行修正，即

$$V = K\sqrt{\frac{2\Delta p}{\rho}}$$

式中　V——测量点的气体速度，m/s；

　　　K——结构修正系数；

　　　ρ——流体密度，kg/m^3；

　　　Δp——流体在流动过程中产生的压差，Pa。

　　进行流量测量的仪器装置见表 5－14。在 FGD 系统性能试验中常用压差表、U 型管和倾斜微压计作为压差测量仪器，烟气流速测量装置用得最多的是皮托管和靠背管。

表 5－14　　　　　　　　　　　　流量测量的仪器装置

序号	测量对象	仪 器 装 置	备 注
1	水或蒸汽	节流法（孔板或喷嘴）	如制造、安装符合要求，则不需标定
2	空气或烟气	标准动压测定管（皮托管）	可不标定
		靠背式动压测定管	逐根标定
		笛形管、文丘里、翼形管	逐根标定
		吸气式、遮板式动压测定管	逐根标定
3	浆液	电磁流量计、超声波流量计等	石灰石、石膏浆液

实际工况下烟气的体积流量 Q_s 计算式为

$$Q_s = 3600 F \bar{V}_s$$

式中　Q_s——工况下湿烟气的体积流量，m^3/h；

　　　F——测定截面的断面面积，m^2；

　　　$\bar{V}_s$——测定截面湿烟气的平均流速，m/s。

换算成标准状态下干烟气的流量 Q_{snd} 为

$$Q_{snd} = Q_s \frac{p_a + p_s}{101325} \times \frac{273}{273 + t_s} (1 - x_{sw})$$

式中　Q_{snd}——标准状态下干烟气的流量，m^3/h；

　　　p_a——大气压力，Pa；

　　　p_s——烟气静压，Pa；

　　　t_s——烟气温度，$℃$；

　　　x_{sw}——烟气中水分的体积分数。

实际状态下湿烟气的质量流量 Q_a（kg/h）计算式为

$$Q_a = Q_s \rho_s$$

$$\rho_s = \rho_n \frac{p_a + p_s}{101325} \times \frac{273}{273 + t_s}$$

$$\rho_n = \frac{M_s}{22.4}$$

$$M_s = \sum x_i M_i = \left[32 x_{O_2} + 44 x_{CO_2} + 28 (x_{CO} + x_{N_2}) \right] (1 - x_{sw}) + 18 x_{sw}$$

式中　ρ_s——实际状态下湿烟气的密度，kg/m^3；

　　　ρ_n——标准状态下湿烟气的密度，kg/m^3；

　　　M_s——实际湿烟气的摩尔质量，$kg/kmol$；

　　　x_i——烟气中各成分（O_2、CO_2、CO、N_2 及水分）的体积分数；

　　　M_i——各相应成分（O_2、CO_2、CO、N_2 及水分）的摩尔质量，$kg/kmol$。

这样可得到 ρ_s 为

$$\rho_s = \frac{M_s}{22.4} \times \frac{p_a + p_s}{101325} \times \frac{273}{273 + t_s} = \frac{M_s (p_a + p_s)}{R(273 + t_s)} \times 10^{-3}$$

式中　R——通用气体常数，$8.314 kJ/(kmol \cdot K)$。

近几年来，国内有十多家电力试验研究所（院）引进了环保节能测试车，锅炉烟气中的大部分成分和参数可以直接利用测试车内的各仪器进行测量，大大地提高了测试效率。测试系统包括：

（1）制粉系统的煤粉等速取样和分析系统。

（2）飞灰等速取样和分析系统。

（3）锅炉烟气成分分析和校验系统，包括 O_2、SO_2、CO、CO_2、NO_x；

（4）锅炉烟气温度场及压力测量系统；

（5）烟风道流体流量测量系统；

（6）各类电机功率测量系统；

（7）压力表和热电偶校验系统。

图 5-28 为"测试车"及内部仪器照片。

测试车外观和内部布置

烟气成分分析仪器

温度、压力、功率测量仪表

图 5－28　环保节能测试车及仪器

一、石灰石（粉）分析

石灰石粉制浆系统在来粉车上取样；对湿磨制浆系统，石灰石在磨机入口取样；浆液在石灰石浆液泵的出口管道取样，样品主要分析成分及其分析方法列于表 5 - 15 中。本书对分析方法仅作概要性介绍，供读者参考，分析时的具体要求和操作可参考有关标准和资料。在 FGD 系统调试和试验中，为校验石灰石浆液密度计，浆液的密度或含固率用重量法分析，浆液 pH 值用 pH 计直接测量。

表 5 - 15 石灰石（粉）主要成分分析方法

序号	项目	测量方法	备注
1	水分	重量法	在 105～110℃ 的干燥箱烘至恒重
2	盐酸不溶物	重量法	GB/T 15057. 3—1994
3	氧化钙（CaO）	EDTA（乙二胺四乙酸二钠）滴定法	GB/T 15057. 2—1994
4	氧化镁（MgO）	EDTA 滴定法	GB/T 15057. 2—1994
5	氧化铁（Fe_2O_3）	邻菲啰啉分光光度法	GB/T 15057. 6—1994，根据需要分析
6	氧化硅（SiO_2）	氢氧化钠滴定法	GB/T 15057. 5—1994，根据需要分析
7	氧化铝（Al_2O_3）	EDTA 滴定法	GB/T 15057. 7—1994，根据需要分析
8	颗粒度（粒径）	颗粒度分析仪	—
9	石灰石活性	H_2SO_4 滴定法	根据需要分析
10	石灰石粉反应速率	HCl 滴定法	根据需要分析
11	其他，如石灰石硬度，镉、汞、铅、锰含量等		根据需要分析

1. 水分

重量法，在 105～110℃ 的干燥箱烘至恒重，称量后计算。

2. CaO 和 MgO 含量

EDTA（乙二胺四乙酸二钠）滴定法，测定范围为 CaO 含量大于 49%，MgO 含量在 1%～4%。

试样经盐酸、氢氟酸和高氯酸分解，以三乙醇胺掩蔽铁、铝等干扰元素，在 pH 值大于 12.5 的溶液中，以钙羧酸作指示计，用 EDTA 标准滴定溶液滴定钙。在 pH = 10 时，以酸性铬蓝 K - 萘酚绿 B 作混合指示剂。用 EDTA 标准滴定溶液滴定钙镁总量，由差值法求得 MgO 的含量。

CaO、MgO 与 $CaCO_3$、$MgCO_3$ 的换算关系式为

$$x_{CaCO_3} = 1.786 x_{CaO}$$

$$x_{MgCO_3} = 2.1 x_{MgO}$$

式中　x_{CaCO_3}、x_{CaO}、x_{MgCO_3}、x_{MgO} 分别是石灰石中各成分的质量分数，%。

另外，MgO 的含量还可用火焰原子吸收光谱法（仲裁法）来测定。试样经盐酸、氢氟酸和高氯酸分解，加入氯化锶消除共存离子的干扰，在含有钙基体溶液的稀盐酸介质中，用火焰原子吸收光谱仪，以乙炔—空气火焰测量 MgO 的吸光度。

3. 盐酸不溶物

重量法，测定范围为 0.5%～10%。

约 1g 试样经盐酸分解后过滤，残余物置于 (950 ± 25)℃ 的高温炉中灼烧 60min、冷却后称重，重复灼烧 20min，直至恒量，计算得盐酸不溶物。

4. 氧化铁（Fe_2O_3）含量

邻菲啰啉分光光度法，测定范围为 0.05%～1%。

试样经碳酸钠—硼酸混合熔剂熔融，水浸取，酸化，以抗坏血酸作还原剂，用乙酸铵调节 pH≈ 4 时，亚铁与邻菲啰啉生成桔红色配合物，于分光光度计波长 510nm 处测量吸光度。

5. 氧化硅 SiO_2 含量

钼蓝分光光度法，测定范围为 0.05% ~5%。

试样经碳酸钠—硼酸混合熔剂熔融，稀盐酸浸取。在 pH≈1.1 的酸度下，钼酸铵与硅酸形成硅钼杂多酸，以乙醇作稳定剂，在草酸—硫酸介质中用硫酸亚铁铵将其还原成硅钼蓝，于分光光度计波长 680nm 处测量吸光度。

6. 氧化铝（Al_2O_3）含量

铬青天 S 分光光度法，测定范围为 0.01% ~1%。

试样经碳酸钠—硼酸混合熔剂熔融，盐酸浸取，以抗坏血酸掩蔽铁，苯羟乙酸掩蔽钛，在乙酸—乙酸钠缓冲体系中，铝与铬青天 S 及表面活性剂聚乙烯醇生成紫红色三元配合物，于分光光度计波长 560nm 处测量吸光度。

7. 石灰石活性分析

对石灰石的活性，目前还未有一个通用的定义。许多脱硫公司都建立了各自的石灰石活性测试体系。石灰石活性是衡量所取石灰石吸收 SO_2 能力的一个综合指标，该测试也可用于给石灰石反应性能评级并选取符合条件的石灰石。测试石灰石活性的试验方法分为两大类。

（1）在 pH 值恒定的条件下进行。通过向石灰石浆液中滴定酸来维持 pH 值不变，考察石灰石溶解速率（消溶速率）的大小。单位时间内溶解的石灰石越多，石灰石的消溶速率越大，石灰石的活性也越高。早期的研究者几乎都采用这种试验方法，得出了影响石灰石溶解率的众多内外部因素，例如石灰石的品种、颗粒分布、浆液的温度、pH 值、CO_2 分压、反应器的搅拌条件、各种添加剂与离子等。

（2）向石灰石浆液中加入酸，得到 pH—t 曲线，并通过与标准石灰石样的 pH—t 曲线的比较来判定石灰石活性的好坏。

第二种石灰石活性测试体系具有操作简单的显著特点，非常适合于 WFGD 系统中石灰石活性的测试。广东电网公司电力科学研究院在 2003 年就建立起这种测试方法，并应用于现场问题的分析，取得了较为满意的效果。在一定的温度、搅拌速率下，硫酸以固定速率持续添加到石灰石溶液中，约 50min 后，所加硫酸量理论上应能使石灰石中和。对溶液 pH 值持续测试 1h 并绘制 pH 值相对于时间的曲线图。在添加硫酸的过程中，溶液的 pH 值越高石灰石的活性就越强。最后，将 pH 值相对于时间的曲线与标准曲线进行对比。石灰石活性测试标准粒径分布如图 5 – 29 所示。具体测试程序如下。

（1）根据所附程序，测定石灰石样品的总浓度，以等价的 $CaCO_3$ 表示。

（2）对石灰石溶液取样。分析样品的粒径分布，所取样品应能使 90% 的颗粒通过 325 目（44μm）。

（3）称出与（5.00±0.02）g $CaCO_3$ 碱度相等的量的石灰石样品。

（4）将所称石灰石放入 800 ~1000mL 的烧杯中，再加入 400mL 的去离子水。

（5）将烧杯置于热钢板搅拌器上（或适当的恒温浴液中），用大小适度的磁搅拌棒搅拌，搅拌的速度为 600r/min，加热至 60℃。进行测定的余下事项时保持该条件不变。将温度计及 pH 计电极插入烧杯溶液中。

（6）所使用的硫酸浓度为（0.500±0.001）mol/L，将 1L 硫酸放于设有定容泵的容器中。

（7）将定容泵的抽送率设为 2.00mL/min，泵的抽送率与所设值的偏差不能超出 ±2%。如果定容泵的抽送率不符合规定标准，则有必要对其进行校准。

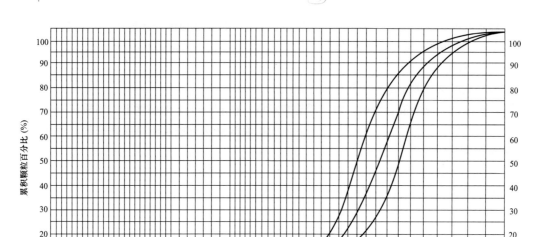

图 5 - 29　活性测试石灰石标准粒径分布

（8）清洗泵并将导管中的酸性溶液排入废水中。将导管插入石灰石样品溶液下，使其完全通过 pH 计电极但不与之接触。

（9）启动泵，使硫酸抽吸到石灰石浆液中。连续记录浆液相对于时间的 pH 值，精确到 0.01 个单位。前 10min 每 1min 记录一次，第二个 10min 每 2min 记录一次，后 40min 每 5min 记录一次，精确到 0.01 个单位。也可使用计算机自动化设备进行自动记录，图 5 - 30 给出了石灰石活性测试装置示意，图 5 - 31 是实际分析设备。

（10）将该程序持续 60min。往石灰石溶液添加过量硫酸以在 50min 内中和 5.00g 的等量 $CaCO_3$。

（11）程序完成后，① 重新检验 pH 仪及电极的标度，并确认其标度变化不超过 ±0.05 个 pH 值单位。② 确认直连式泵的抽送率为（2.00±0.04mL）；对于非直连式泵，使用泵的校准程序测定其抽送率。

当偏差超过上述规定时，测定的结果无效。

（12）使用 3 份独立样品〔由步骤 2）分别制备〕重复上述程序〔第 1）步到 11）步〕，计算不同次数石灰石浆液的 pH 值平均值。

（13）绘制石灰石浆液 pH 值相对于时间的曲线图，即为石灰石反应性的滴定特性。

（14）将样品石灰石的滴定特性曲线与标准曲线进行比较。标准曲线见图 5 - 32。

（15）分析样品的 $CaCO_3$、Ca^{2+}、Mg^{2+} 及惰性物质，以确认其成分与散装石灰石样品相同。

石灰石活性曲线中平台的维持时间越长，表明石灰石中的有效反应成分就越多，越有利于对烟气 SO_2 的吸收；同时要求 pH 值不应下降太快，一般要求 30min 时曲线的 pH 值不得小于 5.0。需注意的是，测试时应保证石灰石样品的粒径分布，否则得出的结果不具有可比性。

一般而言，$MgCO_3$ 的反应活性及溶解度均比 $CaCO_3$ 低，从而使石灰石总体反应能力下降。FGD 系统使用的石灰石中 $MgCO_3$ 的含量应尽可能低。要消除 $MgCO_3$ 对石灰石反应活性的影响即便可能也十分困难，这种校正技术在工业中既无法获取也未被常规使用。使用标准测试程序及反应曲线对石灰石进行鉴定、评级及决定是否用于 FGD 系统时未对 $MgCO_3$ 的存在进行校正。

8. 石灰石粉反应速率

石灰石粉反应速率是指石灰石粉中碳酸盐与酸反应的速率。DL/T 943—2005《烟气湿法脱硫用

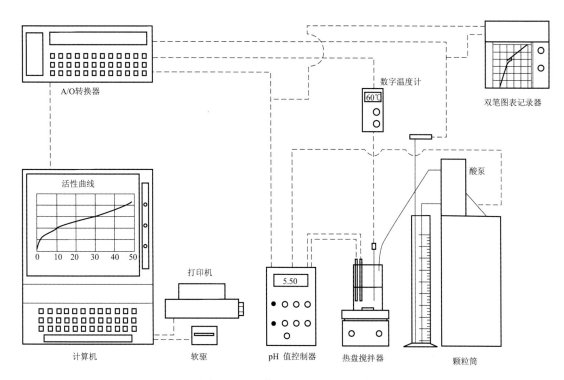

图5-30 石灰石活性测试装置示意

石灰石粉反应速率的测定》规定了烟气湿法脱硫用石灰石粉反应速率的测定方法。

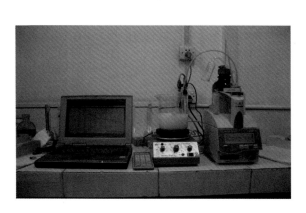

图5-31 石灰石活性分析系统

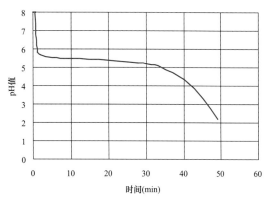

图5-32 石灰石反应性能测试标准pH—t曲线

（1）实验试剂和原料。标准所用试剂除另有说明外，均为分析纯试剂。所用的水指蒸馏水或具有同等纯度的去离子水。

0.1mol/L盐酸（HCl）溶液。

0.1mol/L氯化钙（$CaCl_2$）溶液。

所用原料石灰石粉应通过质量检测部门的检测，确定石灰石粉中碳酸钙（$CaCO_3$）和碳酸镁（$MgCO_3$）的质量百分数。

（2）实验仪器。实验仪器包括：① 自动滴定仪一台，有恒定pH滴定模式，分辨率为0.01pH，滴定控制灵敏度为±0.1pH。② 玻璃仪器，即500mL烧杯一个，500mL量筒一支。③ 水浴锅一台，温度误差为±1℃。④ 计时表一块，误差为±1s。⑤ 电子天平一台，感量在0.001g以上。

（3）实验方法与步骤。

1）试样的制备。选用的石灰石粉细度为 250 目，筛余 5%。

用量筒量取 250mL 0.1mol/L $CaCl_2$ 溶液注入烧杯中，把其放置在水浴中，控制温度为 50℃并使其恒温后，用电子天平称取 0.150g 石灰石粉，加入恒温的烧杯中，并插入搅拌器搅拌浆液，速度为 800r/min，连续搅拌 5min。

2）数据的测定。将 pH 计电极插入石灰石悬浮液中，注意电极不要碰到搅拌浆。自动滴定仪设定 pH 值为 5.5，用 0.1mol/L 盐酸溶液开始滴定，同时计时表开始计时，记录不同时刻 t 的盐酸溶液消耗量。本实验重复三次。

（4）结果表示与数据处理。

1）石灰石粉转化分数的计算。样品中石灰石粉转化分数的计算式为

$$X(t) = \frac{\frac{1}{2}c_{HCl}V_{HCl}(t)}{\frac{W\omega_{CaCO_3}}{M_r(CaCO_3)} + \frac{W\omega_{MgCO_3}}{M_r(MgCO_3)}}$$

式中　$X(t)$——t 时刻石灰石粉转化分数，取 0.8；

　　　c_{HCl}——盐酸的浓度，为 0.1mol/L；

　　$V_{HCl}(t)$——t 时刻滴定所消耗的盐酸体积，mL；

　　　　W——石灰石粉的质量，为 0.150g；

　　ω_{CaCO_3}——石灰石粉中碳酸钙的质量分数；

　　ω_{MgCO_3}——石灰石粉中碳酸镁的质量分数；

$M_r(CaCO_3)$——碳酸钙的相对分子质量，为 100；

$M_r(MgCO_3)$——碳酸镁的相对分子质量，为 84.3。

2）石灰石粉反应速率的计算。根据石灰石粉转化分数计算式，计算当石灰石粉转化分数为 0.8 时所需滴定盐酸的体积。测定当石灰石粉转化分数到达 0.8 所需的时间，以此时间作为表征石灰石粉反应速率的指标。

3）精密度。在置信概率为 95% 的条件下，置信界限相对值在 5% 以内，置信界限相对值 Δ 的计算式为

$$\Delta = \pm(1.96CV)/\sqrt{n}$$

式中　n——试样个数，$n \geq 3$；

　　CV——测试变异系数。

从上面的介绍可以看到，该方法实际上是石灰石活性测试的第一类方法，即测试石灰石溶解速率的大小，这里以时间来度量。标准虽然规定了石灰石粉反应速率的测定方法，但是没有给出石灰石粉好坏的判定标准，只有相对的意义。

9. 石灰石浆液密度（含固率）

取一定体积的石灰石浆液 V（mL），称重后得浆液质量 m（mg），则石灰石浆液密度计算式为

$$\rho = \frac{m}{V}(kg/m^3)$$

取一快速定性滤纸，称取其质量 A（精确至 10mg），用该滤纸对 V（mL）浆液进行真空过滤，用乙醇对滤块进行冲洗。然后在 105~110℃下将滤块干燥至恒重，称其质量 B（精确至 10mg）。

石灰石浆液的含固率 $x_{石}$（%），即浆液中固体浓度（质量百分数）的计算式为

$$x_{石} = \frac{B-A}{m} \times 100\%$$

石灰石浆液密度 ρ 与含固率 $x_{石}$ 的换算式为

$$x_{石} = \frac{\rho_{石}(\rho - 1000)}{\rho(\rho_{石} - 1000)} \times 100(\%)$$

$$\rho = \frac{1000\rho_{石}}{\rho_{石} - \dfrac{x_{石}}{100}(\rho_{石} - 1000)}$$

式中：$\rho_{石}$ 为石灰石固体的真实密度，一般在 2800kg/m^3 左右。

这样如测得石灰石浆液的密度 $\rho = 1250\text{kg/m}^3$，则石灰石浆液的含固率 $x_{石} \approx 31\%$；如 $x_{石} = 25\%$，则 $\rho \approx 1191\text{kg/m}^3$。

二、吸收塔浆液的分析

在 FGD 系统调试和性能试验调整过程中，需对吸收塔内浆液进行分析，其主要分析项目和方法见表 5-16。FGD 系统中其他地方，如石膏水力旋流器底流、溢流、脱水机滤液等某些成分需要分析时，其分析方法相同。浆液充分混合后分为不同体积的几份试样，根据需要用快速定性滤纸过滤，其滤液用于液相测定，滤渣用于固相分析。

表 5-16　　　　　　　　　　　FGD 吸收塔内浆液主要分析项目和方法

序号	分析项目	分析方法	序号	分析项目	分析方法
1	pH 值	玻璃电极法	6	亚硫酸根 SO_3^{2-}（滤液）	碘量法
2	密度	重量法	7	氯离子 Cl^-（滤液）	硫氰酸汞分光光度法
3	含固量（含固率）	重量法	8	氟离子 F^-（滤液）	氟试剂分光光度法
4	钙离子 Ca^{2+}（滤液）	EDTA 滴定法	9	碳酸钙 $CaCO_3$	EDTA 滴定法
5	镁离子 Mg^{2+}（滤液）	EDTA 滴定法	10	盐酸不溶物	质量法

1. pH 值

取样后就地立即测量，用校正过的便携式 pH 计分析即可。

2. 密度

取一定体积的石膏浆液 V（mL），称重后得浆液质量 m（mg），则浆液密度的计算式为

$$\rho = \frac{m}{V}$$

3. 含固量（含固率）的测定

取一快速定性滤纸称取其质量 A（精确至 10mg），用该滤纸对 V（mL）浆液进行真空过滤，用乙醇对滤渣进行冲洗。然后在 $45 \sim 50℃$ 下将滤渣干燥至恒重，称其质量 B（精确至 10mg）。浆液的含固量 $X_{石膏}$ 计算公式为

$$X_{石膏} = \frac{B - A}{V}$$

浆液的含固率 $x_{石膏}$（%），即浆液中固体的浓度（质量百分数）为

$$x_{石膏} = \frac{B - A}{m} \times 100(\%)$$

即

$$x_{石膏} = \frac{100X_{石膏}}{\rho}$$

式中：ρ 为吸收塔浆液密度。

同样，吸收塔浆液密度 ρ 与含固率 $x_{石膏}$ 的换算式为

$$x_{石膏} = \frac{\rho_{石膏}(\rho - 1000)}{\rho(\rho_{石膏} - 1000)} \times 100\%$$

$$\rho = \frac{1000\rho_{石膏}}{\rho_{石膏} - \dfrac{x_{石膏}}{100}(\rho_{石膏} - 1000)}$$

式中：$\rho_{石膏}$ 为吸收塔中固体物质的真实密度。

忽略其他各种杂质（正常运行工况下吸收塔中固体物质 90% 以上应是石膏），即是浆液中的石膏密度，在 2300kg/m³ 左右。这样如测得吸收塔浆液的 $\rho \approx 1060kg/m^3$，则吸收塔浆液的含固率 $x_{石膏} \approx 10\%$，如 $x_{石膏} \approx 20\%$，则吸收塔浆液的 $\rho \approx 1127kg/m^3$。大部分吸收塔正常运行时，其浆液的含固率在 10% ~ 20% 之间。运行人员可以计算并列出吸收塔浆液密度值和石灰石浆液密度值与含固率的对应关系表格，在运行控制参数时做到心中有数。

4. 浆液滤液中 Ca^{2+}、Mg^{2+} 离子的测定

（1）试剂。① 0.02mol/L 的 EDTA 标准溶液；② 1 + 1 的三乙醇胺溶液；③ 200g/L 的 KOH 溶液；④ pH = 10 的氯化铵—氨水缓冲溶液；⑤ 50g/L 的盐酸羟胺溶液；⑥ 钙羧酸指示剂；⑦ 5g/L 的酸性铬蓝 K 指示剂；⑧ 5g/L 的萘酚绿指示剂。

（2）测定方法。取 10mL（V）吸收塔浆液滤液置于 250mL 烧杯中，加入 100mL 去离子水、5mL 三乙醇胺溶液和 15mL KOH 溶液，搅拌均匀。再加少量钙羧酸指示剂，通过自动滴定仪，用 0.02mol/L 的 EDTA 标准溶液滴定至终点，记下 EDTA 的消耗体积 V_1。

另取 10mL（同样为 V）吸收塔浆液滤液置于 250mL 烧杯中，加入 100mL 去离子水、5mL 盐酸羟胺溶液、5mL 三乙醇胺溶液和 10mL 氯化铵—氨水缓冲溶液，搅拌均匀。再加入 2 ~ 3 滴酸性铬蓝 K 和 6 ~ 7 滴萘酚绿指示剂，通过自动滴定仪，以光度电极为指示电极，用 0.02mol/L 的 EDTA 标准溶液滴至终点，记下 EDTA 的消耗体积 V_2。

则 Ca^{2+}、Mg^{2+} 浓度计算式为

$$\rho_{Ca^{2+}} = \frac{c_{EDTA} V_1 \times 40.08 \times 1000}{V}$$

$$\rho_{Mg^{2+}} = \frac{c_{EDTA}(V_2 - V_1) \times 24.31 \times 1000}{V}$$

5. 浆液滤液中 SO_3^{2-} 的测定

（1）试剂。① 0.1N 的 H_2SO_4；② 0.1N 的 I_2 标准溶液；③ 0.1N 的 $Na_2S_2O_3$ 标准溶液。

（2）测试方法。将 10mL 0.1N I_2 溶液和 10mL 去离子水加入 250mL 碘量瓶中，用 0.1N 的 H_2SO_4 将 pH 值调至 1 ~ 2，另将 20mL 吸收塔浆液滤液加入碘液中，盖上塞子，磁力搅拌 5min。然后加入 100mL 去离子水，通过自动滴定仪，用 0.1N 的 $Na_2S_2O_3$ 滴定剩余的 I_2，记下 $Na_2S_2O_3$ 的消耗体积 V。计算式为

$$\rho_{SO_3^{2-}} = \frac{(10 - V) \times 0.1 \times 80}{0.02}$$

6. 浆液滤液中 Cl^- 的测定

氯含量测定方法有许多，硝酸银滴定法、硝酸汞滴定法所需仪器设备简单，适合于清洁水测定，但硝酸汞滴定法使用的汞盐剧毒，不宜采用。离子色谱法是目前国内外最为通用的方法，简便快速。电位滴定法、电极流动法适合于带色或污染的水样，在污染源监测中使用较多。

（1）硝酸银滴定法。在中性或弱碱性溶液中，以铬酸钾为指示剂，用硝酸银标准液滴定氯离子，生成氯化银沉淀，微过量的银离子与铬酸钾指示剂反应生成浅砖红色铬酸银沉淀，指示滴定终点，反应式为

$$Cl^- + AgNO_3 \rightarrow NO_3^- + AgCl\downarrow$$

$$2Ag^+ + CrO_4^{2-} \rightarrow Ag_2CrO_4\downarrow$$

该法适用的浓度范围为 $10 \sim 500\text{mg/L}$，高于此范围的样品，经稀释后可以扩大其适用范围；低于 10mg/L 的样品，滴定终点不易掌握，需采用离子色谱法。

（2）离子色谱法。利用离子交换的原理，连续对多种阴离子进行定性和定量分析。水样注入碳酸盐—碳酸氢盐溶液并流经系列的离子交换树脂，基于待测阴离子对低容量强碱性阴离子树脂（分离柱）的相对亲和力不同而彼此分开。被分开的阴离子，在流经强酸性阳离子树脂（抑制柱）室，被转换为高电导的酸型，碳酸盐—碳酸氢盐则转变成弱电导的碳酸（消除背景电导），用电导检测器测量被转变为相应酸型的阴离子，与标准进行比较，根据保留时间定性，峰高或峰面积定量。检出下限为 0.02mg/L。该法一次进样可连续测定 6 种无机阴离子（F^-、Cl^-、NO_2^-、NO_3^-、HPO_4^{2-} 和 SO_4^{2-}）。

（3）电位滴定法。以氯电极为指示电极，以玻璃电极或双液接参比电极为参比，用硝酸银标准液滴定，用毫伏计测定两电极之间的电位变化。在恒定地加入少量硝酸银的过程中，电位变化最大时仪器的读数即为滴定终点。该法的检测下限可达 10^{-4}mol/L（即 3.45mg/L）。

（4）电极流动法。试液与离子强度调节剂分别由蠕动泵引入测量系统，经过一个三通管混合后进入流通池，由流通池喷嘴口喷出，与固定在流通池内的离子选择性电极接触，该电极与固定在流通池内的参比电极即产生电动势，该电动势随试液中氯离子浓度的变化而变化。由浓度的对数（$\lg c_{Cl^-}$）与电位值 E 的校准曲线计算出 Cl^- 的含量。检出下限 0.9mg/L，线性范围是 $9.0 \sim 1000\text{mg/L}$。

7. 浆液滤液中氟离子的测定

氟离子主要的测定方法列于表 5–17 中，在 FGD 系统中，前三种方法用得较多。对于污染严重的样品以及含氟硼酸盐的水样，均要进行预蒸馏。

表 5–17　　　　　　　　　　　　　　　　　　　氟离子主要的测定方法

序号	方　法	特　点	测定范围（mg/L）
1	离子色谱法	较通用，简便快速、相对干扰较少	$0.06 \sim 10$
2	氟离子选择电极法	选择性好，适用范围宽，水样浑浊、有颜色均可测定	$0.05 \sim 1900$
3	氟试剂分光光度法	适用于含氟较低的样品	$0.05 \sim 1.8$
4	茜素磺酸锆目视比色法	适用于含氟较低的样品，由于是目视，误差较大	$0.1 \sim 2.5$
5	硝酸钍滴定法	氟化物含量大于 5mg/L 可以用	≥ 5.0

（1）氟离子选择电极法。当氟电极与含氟的试液接触时，电池的电动势 E 随溶液中氟离子浓度 c_{F^-} 的变化而改变（遵守能斯特方程）。当溶液的总离子强度为定值且足够时，计算式为

$$E = E_0 - \frac{2.303RT}{F}\lg c_{F^-}$$

可见，电动势 E 与 $\lg c_{F^-}$ 成直线关系，$\dfrac{2.303RT}{F}$ 为该直线的斜率，也为电极的斜率。

（2）氟试剂分光光度法。氟离子在 pH = 4.1 的乙酸盐缓冲介质中，与氟试剂和硝酸镧反应，生成蓝色三元络合物，颜色的强度与氟离子浓度成正比。在 620nm 波长处定量测定氟化物。

（3）茜素磺酸锆目视比色法。在酸性溶液中，茜素磺酸钠与锆盐生成红色络合物，但样品中有氟离子存在时，能夺取该络合物中的锆离子，生成无色的氟化锆离子（ZrF_6）$^{2-}$，释放出黄色的茜素磺酸钠。根据溶液由红褪至黄色的色度不同，与标准色列比色定量测定氟。

8. 吸收塔中浆液的 $CaCO_3$ 与盐酸不溶物含量的测定

实际上是测定固相即石膏中 $CaCO_3$ 与盐酸不溶物的含量。

三、副产品石膏成分分析

在 FGD 系统调试和性能试验过程中，需对副产品石膏进行分析，表 5 – 18 列出了其分析项目和 GB/T 5484—2000《石膏化学分析方法》中石膏的分析内容，该标准适用于天然石膏、硬石膏的化学分析，化学石膏及其他石膏的分析可参照。在 FGD 石膏中，还有未反应的 $CaCO_3$、未完全氧化的 $CaSO_3$ 及 Cl^-，GB/T 5484—2000 则没有这些分析项目。另外，日本 JIS R 9101—1986《Methods for Chemical Analysis of Gypsum（石膏化学分析方法）》分析项目内容要多些，但也不包括 $CaCO_3$、$CaSO_3$ 的分析，德国则制定了专门的 FGD 石膏分析标准 VGB – M701《脱硫石膏的分析》，石膏中的 $CaCO_3$、$CaSO_3 \cdot 1/2H_2O$ 及 Cl^- 都有分析。表中的主要分析项目在调试和性能试验时是必须分析的，其他项目根据需要而定。本书介绍了 $CaCO_3$、$CaSO_4 \cdot 2H_2O$、$CaSO_3 \cdot 1/2H_2O$ 的分析方法以供参考。

表 5 – 18   FGD 石膏分析项目和方法

序号	项 目	测量方法	备 注
1	附着水（游离水）	重量法	主要，√
2	结晶水	重量法	√
3	二水硫酸钙（$CaSO_4 \cdot 2H_2O$）	重量法	主要，×
4	1/2 水亚硫酸钙（$CaSO_3 \cdot 1/2H_2O$）	碘溶液滴定法	主要，×
5	碳酸钙（$CaCO_3$）	NaOH 滴定法	主要，×
6	酸不溶物	重量法	√
7	三氧化硫（SO_3）	氯化钡沉淀法	√
8	氧化钙（CaO）	EDTA 滴定法	√
9	氧化镁（MgO）	EDTA 滴定法	√
10	氯（Cl^-）	硝酸银滴定法等	主要，×
11	氟（F^-）	氟离子选择电极法	主要，√
12	三氧化二铁（Fe_2O_3）	邻菲啰啉分光光度法	√
13	三氧化二铝（Al_2O_3）	EDTA 滴定法	√
14	二氧化钛（TiO_2）	二安替比林甲烷分光光度法	√
15	氧化钾（K_2O）	火焰光度法	√
16	氧化钠（Na_2O）	火焰光度法	√
17	二氧化硅（SiO_2）	氢氧化钠滴定法	√
18	五氧化二磷（P_2O_5）	钼酸铵分光光度法	√
19	烧失量	重量法	√
20	颗粒度（粒径）	颗粒度分析仪	×
21	白度	—	×
22	pH 值	玻璃电极法、便携式 pH 计	×

注 表中√表示 GB/T 5484—2000 中有此测试项目，×则无。

1. 水分分析

（1）附着水的测定（标准法）。称取约 1g 试样（m_3），精确至 0.0001g，放入已烘干至恒量的带有磨口塞的称量瓶中。于（45 ± 3）℃的烘箱内烘 1h（烘干过程中称量瓶应敞开盖），取出，盖上磨口塞（但不应盖得太紧），放入干燥器中冷至室温。将磨口塞紧密盖好，称量。再将称量瓶敞开盖放入烘箱中，在同样温度下烘干 30min，如此反复烘干、冷却、称量，直至恒量（m_4）。

附着水的质量分数 x_1 的计算式为

$$x_1 = \frac{m_3 - m_4}{m_3} \times 100\%$$

式中　x_1——附着水的质量分数，%；

　　　m_3——烘干前试料质量，g；

　　　m_4——烘干后试料质量，g。

同一试验室允许差为 0.20%。

（2）结晶水的测定（标准法）。称取约1g试样（m_5），精确至0.0001g，放入已烘干、恒量的带磨口塞的称量瓶中，在（230±5）℃的烘箱中加热1h，用坩埚钳将称量瓶取出，盖上磨口塞，放入干燥器中冷至室温，称量。再放入烘箱中于同样温度下加热30min，如此反复加热、冷却、称量，直至恒量。

结晶水的质量分数 x_2 的计算式为

$$x_2 = \frac{m_5 - m_6}{m_5} \times 100\% - x_1$$

式中　x_2——结晶水的质量分数，%；

　　　m_5——烘干前试料质量，g；

　　　m_6——烘干后试料质量，g；

　　　x_1——附着水的质量分数，%。

同一试验室允许差为 0.15%；不同试验室允许差为 0.20%。

2. 二水硫酸钙（$CaSO_4 \cdot 2H_2O$）含量

将2g干石膏样品（A）以0.1mg的精确度进行称重，并将其放入一个250mL的烧杯，与此同时加入大约100mL的去离子水和10mL的30% HCl溶液，并煮沸大约30min。该溶液通过一张分析性慢速过滤纸进行过滤。使用去离子水冲洗滤纸和可能存在的任何残留物，直到过滤液没有酸性为止。在完全冷却后，将所有的过滤液（包括水）装入到一个250mL的量瓶中，并灌注到标记处。

在250mL的烧杯中利用滴管加入 V [mL] 的上述酸性蒸煮溶液（约50mL），同时加入100mL的去离子水和5mL的浓缩HCl。将该溶液加热到沸点。然后，逐滴加入10mL的10% $BaCl_2$ 溶液。将该溶液静置至少4h（彻夜更好）。

以800℃温度烧热一个孔隙率为1（孔隙宽度约6μm）的瓷钵，直到获得恒定的质量，在干燥器中进行冷却，确定空钵的质量（G）。然后经过该瓷制过滤钵对沉淀的 $BaSO_4$ 进行过滤，且用热的去离子水对沉淀物进行冲洗，直至过滤液中没有任何氧化物的迹象。钵和冲洗过的沉积物以800℃的温度进行煅烧，直至获得恒定的质量，在干燥器中进行冷却，并确定质量（H）。则样品中 $CaSO_4 \cdot 2H_2O$ 的质量含量 $x_{CaSO_4 \cdot 2H_2O}$（%）的计算式为

$$x_{CaSO_4 \cdot 2H_2O} = \frac{(H - G) \times 172.17 \times 250}{233.4VA} \times 100\%$$

3. $CaSO_3 \cdot 1/2H_2O$ 含量

在250mL三角烧瓶中加入10mL 0.1mol/L的 I_2 溶液（V_{I_2}）和约10mL去离子水，以0.1mg的精确度称1g左右的干石膏 m，加入三角烧瓶的溶液中，滴加0.1mol/L的硫酸进行酸化，然后用磁力搅拌器搅拌大约5min。此时应保证溶液不能改变颜色。若碘量不够，再加入 VmL的 I_2 溶液，使混合物pH值在1和2之间。再加入100mL去离子水，通过自动滴定仪，用0.1mol/L的 $Na_2S_2O_3$ 滴定，加入2mL 0.5%的淀粉溶液作指示剂，滴定直至溶液的蓝色刚好消失，记录各溶液用量。$CaSO_3 \cdot 1/2H_2O$ 含量的计算式为

$$x_{CaSO_3 \cdot \frac{1}{2}H_2O} = \frac{(V_{I_2} + V - V_{NaS_2O_3})}{2m} \times 0.1 \times 129.14 \times 100\%$$

式中　$x_{CaSO_3 \cdot \frac{1}{2}H_2O}$——$CaSO_3 \cdot 1/2H_2O$ 的含量，%；

$\qquad V_{I_2} + V$——消耗的 I_2 溶液总体积，mL；

$\qquad V_{NaS_2O_3}$——消耗的 NaS_2O_3 体积，mL；

$\qquad m$——分析的固体石膏量，mg。

4. $CaCO_3$ 含量

称取 m（mg）（约1g，精确至0.1mg）的干石膏，放入250mL烧杯中，加入100mL去离子水和1mL 30% 的双氧水 H_2O_2，约2min后，加入20mL 0.1mol/L 的 HCl 和20mL 去离子水，将该溶液在50～70℃的温度下静置约15min。冷却之后加入约200mL去离子水，搅拌5min左右。过量的 HCl 使用自动滴定仪用 0.1mol/L 的 NaOH 溶液滴定至 pH 值为4.3为止。在碳酸盐含量较高的情况下，应增加 HCl 的量。对残留碳酸盐含量不大于2.0%的石膏，确定采用20mL 0.1mol/L 的 HCl。CaCO3 含量的计算式为

$$x_{CaCO_3} = \frac{(V_{HCl} - V_{NaOH})}{2m} \times 0.1 \times 100.09 \times 100\%$$

式中　x_{CaCO_3}——$CaCO_3$ 的质量含量，%；

$\qquad V_{HCl}$——消耗的 HCl 溶液的体积，mL；

$\qquad V_{NaOH}$——消耗的 NaOH 的体积，mL；

$\qquad m$——分析的固体石膏量，mg。

5. 酸不溶物的测定（标准法）

称取约0.5g试样（m_7），精确至0.000lg，置于250mL烧杯中，用水润湿后盖上表面皿。从杯口慢慢加入40mL盐酸（1份36%～38%的HCl+5份蒸馏水），待反应停止后，用水冲洗表面皿及杯壁并稀释至约75mL。加热煮沸3～4min，用慢速滤纸过滤，以热水洗涤，直至检验无氯离子为止（用硝酸银滴定无浑浊）。将残渣和滤纸一并移入已灼烧、恒量的瓷坩埚中，灰化，在950～1000℃的温度下灼烧20min，取出，放入干燥器中，冷却至室温，称量。如此反复灼烧、冷却、称量，直至恒量。

酸不溶物的质量分数 x_3 的计算式为

$$x_3 = \frac{m_8}{m_7} \times 100\%$$

式中　x_3——酸不溶物的质量分数，%；

$\qquad m_8$——灼烧后残渣的质量，g；

$\qquad m_7$——试料质量，g。

同一试验室允许差为0.15%；不同试验室允许差为0.20%。

6. 氧化钙的测定（标准法）

在 pH = 13 以上强碱性溶液中，以三乙醇胺为掩蔽剂，用钙黄绿素—甲基百里香酚蓝—酚酞混合指示剂，以 EDTA 标准滴定溶液滴定。

称取约0.5g试样（m_{11}），精确至0.000lg，置于银坩埚中，加入6～7g氢氧化钠，在650～700℃的高温下熔融20min。取出冷却，将坩埚放入已盛有100mL近沸腾水的烧杯中，盖上表面皿，于电炉上加热，待熔块完全浸出后，取出坩埚，用水冲洗坩埚和盖，在搅拌下一次加入25mL盐酸，再加入1mL硝酸。用热盐酸洗净坩埚和盖，将溶液加热至沸腾，冷却，然后移入250mL容量瓶中，用水稀释至标线，摇匀。此溶液A供测定氧化钙、氧化镁、三氧化二铁、三氧化二铝、二氧化钛用。

　　吸取 25.00mL 溶液 A，放入 300mL 烧杯中，加水稀释至约 200mL，加 5mL 三乙醇胺及少许的钙黄绿素—甲基百里香酚蓝—酚酞混合指示剂，在搅拌下加入氢氧化钾溶液至出现绿色荧光后再过量 5～8mL，此时溶液 pH 值在 13 以上，用浓度为 0.015 mol/L EDTA 标准滴定溶液滴定至绿色荧光消失并呈现红色。

　　氧化钙的质量分数 x_{CaO} 计算式为

$$x_{CaO} = \frac{T_{CaO}V_5 10}{m_{11} \times 1000} \times 100\% = \frac{T_{CaO}V_5}{m_{11}}$$

式中　x_{CaO}——氧化钙的质量分数,%；

　　　T_{CaO}——每毫升 EDTA 标准滴定溶液相当于氧化钙的质量，mg/mL；

　　　V_5——滴定时消耗 EDTA 标准滴定溶液的体积，mL；

　　　10——全部试样溶液与所分取试样溶液的体积比；

　　　m_{11}——试料的质量，g。

　　同一试验室的允许差为 0.25%；不同试验室的允许差为 0.40%。

　　7. 氧化镁的测定（标准法）

　　在 pH = 10 的溶液中，以三乙醇胺、酒石酸钾钠为掩蔽剂，用酸性铬蓝 K—萘酚绿 B 混合指示剂，以 EDTA 标准滴定溶液滴定。

　　吸取 25.00mL 溶液 A，放入 400mL 烧杯中，加水稀释至约 200mL，加 1mL 酒石酸钾钠溶液、5mL 三乙醇胺，搅拌，然后加入 pH = 10 的缓冲溶液 25mL 及少许酸性铬蓝 K—萘酚绿 B 混合指示剂，用浓度为 0.015mol/L EDTA 标准滴定溶液滴定，近终点时应缓慢滴定至纯蓝色。

　　氧化镁的质量百分数 x_{MgO} 的计算式为

$$x_{MgO} = \frac{T_{MgO} \times (V_6 - V_5)}{m_{11}}$$

式中　x_{MgO}——氧化镁的质量分数,%；

　　　T_{MgO}——每毫升 EDTA 标准滴定溶液相当于氧化镁的质量，mg/mL；

　　　V_6——滴定钙、镁总量时消耗 EDTA 标准滴定溶液的体积，mL；

　　　V_5——测定氧化钙时消耗 EDTA 标准滴定溶液的体积，mL；

　　　m_{11}——试料的质量，g。

　　同一试验室允许差为 0.15%；不同试验室允许差为 0.25%。

　　8. 三氧化二铁的测定

　　标准法方法提要。用抗坏血酸将 Fe^{3+} 还原为 Fe^{2+}，pH = 1.5～9.5 的条件下，Fe^{2+} 与邻菲罗啉生成稳定的桔红色配合物，在 510nm 处，测定吸光度，并计算三氧化二铁的含量。

　　代用法方法提要。在 pH = 1.8～2.0，温度 60～70℃ 的溶液中，以磺基水杨酸钠为指示剂，用 EDTA 标准滴定溶液滴定。此法可作为代用方法。

　　9. 三氧化二铝的测定

　　标准法方法提要。调整溶液 pH 值至 3.0，在煮沸下用 EDTA - Cu 和 PAN 为指示剂，用 EDTA 标准滴定溶液滴定铁、铝合量，并扣除三氧化二铁的含量。

　　代用法方法提要。在滴定铁后的溶液中加入对铝、钛过量的 EDTA 标准滴定溶液，pH = 3.8～4.0，以 PAN 为指示剂，用硫酸铜标准滴定溶液回滴过量的 EDTA。

　　10. 氧化钾和氧化钠的测定（标准法）

　　试样经氢氟酸—硫酸蒸发处理除去硅，用热水浸取残渣。以氨水和碳酸铵分离铁、铝、钙、镁。滤液中的钾、钠用火焰光度计进行测定。

11. 二氧化硅的测定（代用法）

在有过量的氟、钾离子存在的强酸性溶液中，使硅酸形成氟硅酸钾（K_2SiF_6）沉淀，经过滤、洗涤及中和残余酸后，加沸水使氟硅酸钾沉淀水解生成等物质量的氢氟酸，然后以酚酞为指标剂，用氢氧化钠标准滴定溶液进行滴定。

12. 三氧化硫的测定（标准法）

在酸性溶液中，用氯化钡溶液沉淀硫酸盐，经过滤灼烧后，以硫酸钡形式称量。测定结果以三氧化硫计。

四、FGD工艺水和废水等的分析

FGD工艺水一般分析项目有pH值、悬浮物、总硬度（钙、镁）、氯化物（Cl^-）、氟化物（F^-）、硫酸盐（SO_4^{2-}）等。FGD系统排放的废水成分需满足环保标准的要求，根据设计和需要来选择分析项目，一般包括：pH值、悬浮物、氯化物（Cl^-）、氟化物（F^-）、化学需氧量（COD_{Cr}）、生化需氧量（BOD_5）、氰化物、硫化物以及各种金属/重金属（如Cu、Zn、Cd、Cr、Hg、Ag、Pb、As等）。各项目可用的分析方法如表5-19所列，详细的操作分析方法可参考相关资料。

表5-19　　　　　　　　　　　FGD工艺水（废水）各成分的分析方法

序号	分析项目	单位	常用的分析方法
1	水温	℃	温度计
2	pH值	—	玻璃电极法、便携式pH计
3	悬浮物	mg/L	重量法，0.45μm滤膜，经103~105℃烘干的不可滤残渣
4	总碱度	mg/L	酸碱指示剂滴定法、电位滴定法
5	导电率	μS/cm	电导率仪
6	总硬度（钙、镁）	mg/L	EDTA滴定法、火焰原子吸收法、电感耦合等离子体原子发射光谱（ICP-AES）法
7	总盐量（矿化度）	mg/L	重量法
8	氯化物（Cl^-）	mg/L	离子色谱法、硝酸银滴定法、电位滴定法、电极流动法
9	氟化物（F^-）	mg/L	氟离子选择电极法、离子色谱法、氟试剂比色法、硝酸钍滴定法
10	硫酸盐（SO_4^{2-}）	mg/L	硫酸钡重量法、离子色谱法、铬酸钡光度法、铬酸钡间接原子吸收法、EDTA容量法
11	硫化物	mg/L	亚甲蓝法、碘量法、间接火焰原子吸收法、气相分子吸收光谱法
12	氰化物	mg/L	硝酸银滴定法、异烟酸—吡唑啉酮光度法、异烟酸—巴比妥酸分光光度法、催化快速法
13	硼	mg/L	姜黄素光度法
14	溶解氧（DO）	mg/L	碘量法、膜电极法、便携式溶解氧仪法
15	化学需氧量（COD_{Cr}）	mg/L	重铬酸钾法
16	生化需氧量（BOD_5）	mg/L	稀释接种法、重铬酸钾紫外光度法、微生物传感器快速测定法、活性污泥曝气降解法
17	氨氮（NH_3、NH_4^-）	mg/L	纳氏试剂比色法、苯酚（或水杨酸）—次氯酸盐比色法、气相分子吸收光谱法、电极法、蒸馏-酸滴定法（含量较高时）
18	硝酸盐氮（$NO_3^- - N$）	mg/L	酚二磺酸光度法、镉柱还原法、戴氏合金还原法、离子色谱法、紫外法、电极法
19	亚硝酸盐氮（$NO_2^- - N$）	mg/L	离子色谱法、N-（1-萘基）—乙二胺光度法、气相分子吸收光谱法
20	汞（Hg）	mg/L	冷原子吸收法、冷原子荧光法、原子荧光法、双硫腙分光光度法
21	锌（Zn）	mg/L	原子吸收分光光度法、双硫腙分光光度法、阳极溶出伏安法、示波极谱法、ICP-AES法

续表

序号	分析项目	单位	常用的分析方法
22	砷（As）	mg/L	二乙氨基二硫代甲酸银分光光度法、新银盐分光光度法、氢化物发生原子吸收法、ICP – AES法、原子荧光法、
23	镉（Cd）	mg/L	直接吸入火焰原子吸收法、APDC – MIBK萃取火焰原子吸收法、在线富集流动注射火焰原子吸收法、石墨炉原子吸收法、阳极溶出伏安法、示波极谱法、ICP – AES法
24	铬（Cr）	mg/L	火焰原子吸收法、ICP – AES法、二苯碳酰二肼分光光度法、硫酸亚铁铵滴定法
25	铜（Cu）	mg/L	二乙氨基二硫代甲酸钠萃取光度法、火焰原子吸收法、APDC – MIBK萃取火焰原子吸收法、在线富集流动注射火焰原子吸收法、石墨炉原子吸收法、阳极溶出伏安法、示波极谱法、ICP – AES法
26	铁（Fe）	mg/L	火焰原子吸收法、邻菲啰啉分光光度法、ICP – AES法
27	铅（Pb）	mg/L	双硫腙分光光度法、火焰原子吸收法、APDC – MIBK萃取火焰原子吸收法、在线富集流动注射火焰原子吸收法、石墨炉原子吸收法、阳极溶出伏安法、示波极谱法、ICP – AES法
28	镍（Ni）	mg/L	火焰原子吸收光度法、丁二酮肟光度法、ICP – AES法、示波极谱法
29	钒（V）	mg/L	石墨炉原子吸收法、钽试剂（BPHA）萃取分光光度法、催化极谱法、ICP – AES法
30	锰（Mn）	mg/L	双硫腙分光光度法、原子吸收光度法、高碘酸钾氧化光度法、ICP – AES法

在FGD系统调试和性能试验过程中，燃料煤的分析项目及标准见表5 – 20，具体操作详见相应的标准。对FGD系统的运行来说，主要关注的是FGD系统本身的入口参数如烟气量、温度、SO_2浓度、含尘量等，燃料的分析数据仅供参考。

表5 – 20　　　　　　　　　　　　　　煤的分析项目及标准

序号	项　目	标准	序号	项　目	标准
1	煤的元素分析方法	GB 476—2001	5	煤中全硫的测定方法	GB/T 214—1996
2	燃料元素的快速分析方法	DL/T 568—1995	6	煤中各种形态硫的测定方法	GB/T 215—1996
3	煤的工业分析方法	GB/T 212—2001	7	煤的发热量测定方法	GB/T 213—2003
4	煤中全水分的测定方法	GB/T 211—1996	8	煤灰熔融性的测定方法	GB/T 219—1996

第五节　现　场　试　验

FGD系统的性能试验分预备性试验和正式性能试验两个阶段。预备性试验主要检验测试仪器性能、培训试验观测人员和进行FGD系统的初步运行调整使之达到正式性能试验的要求。正式性能试验则全面考查FGD系统的各项技术经济指标。

一、试验准备

1. 试验应具备的条件

（1）性能试验方案已由相关各方确认并批准，现场测点、临时设施已装好并通过检查。

（2）电厂已准备好充足的、符合试验规定的燃料。试验煤种（或油等）应尽可能接近FGD系统设计值，燃料波动应尽可能小，特别是燃料的含硫量、灰分及发热量。当燃料特性改变后，FGD系统的运行指标也会相应发生变化；尽管可以通过修正的方法得到燃用非设计煤种时系统的性能指标，但由于性能修正曲线是由 FGD 承包商提供的，在以往的实践中出现过性能修正曲线有利于 FGD 承包商的情况。因此，应尽可能在试验期间燃用设计煤种。

（3）电厂准备好了充足的、符合设计要求的吸收剂，试验要用到的水、气、汽、电源都已备好，化学分析实验室能正常使用。

（4）所有参与试验的仪表（器）都已进行校验和标定，并在使用有效期内。

（5）准备好足够的数据记录专用表格，记录至少应包括下列项目：

1）试验名称。

2）工况序别。

3）试验日期。

4）试验开始与结束时间。

5）测试时间和数据。

6）仪器类型及精度。

7）修正系数或修正值。

8）与数据处理有关的其他项目。

9）记录、计算人及负责人。

（6）试验所需机组负荷已向电力调度部门申请并批准。

（7）试验组织人员分工已明确。

1）试验单位负责的工作包括：① 性能试验方案的编写；② 完成现场测试工作；③ 负责测试工作中的安全；④ 完成试验数据的处理及报告编写工作。

2）电厂负责的工作包括：① 按试验要求调整工况并保持负荷的稳定，保证有充足的燃料、吸收剂等；② 提供试验所需要的设计参数、技术资料；③ 提供试验所需的电源、检修用压缩空气等；④ 做好工作平台、楼梯、护栏的搭建及工作场所的安全措施；⑤ 做好 FGD 系统的化学分析工作；⑥ FGD 系统的运行及运行参数的记录；⑦ 锅炉机组的运行及运行参数的记录；⑧ 负责消防、保卫等工作，共同解决不可预见的问题。

3）FGD 系统供应商的工作包括：① 确认试验方案；② 提供试验时的指导，共同解决试验中遇到的各种问题；③ 提供性能修正曲线，确认试验结果。

4）监理的工作包括：① 确认试验方案；② 做好试验时的协调工作，共同解决试验中遇到的各种问题；③ 确认试验结果。

2. 试验安全措施

（1）所有工作人员应严格执行《电业安全工作规程》。

（2）工作人员进入测试现场应严格遵守有关安全规程的规定。

（3）检测人员通过的道路应平整、有充足的照明。

（4）采样、测试场地应有足够面积的工作平台，确保工作人员能安全、方便地操作。平台面积应不小于 1.5m^2，并设有 1.1m 高的护栏，采样孔距平台面高度约为 $1.2 \sim 1.3 \text{m}$。

（5）试验人员按要求着装，佩带个人劳动保护用品，烟道测试人员应穿戴帆布手套等防护用品，防止烫伤；化学分析人员应严格遵守分析规定。

（6）在任何危及试验人员或机组、FGD 系统安全的情况下，应立即停止试验；在危险解除后再根据具体情况决定是否继续试验。

3. 试验质量检查控制点

（1）各测点的安装位置和取样点的位置是否正确。

（2）测点数量和取样点的数量是否足够。

（3）测试项目和记录是否完整规范。

（4）测试、分析方法是否正确。

（5）测试和取样、分析仪器及设备是否精确完好、符合试验要求。

（6）测试、化学分析人员是否具有相关资质。

（7）试验过程中 FGD 装置、机组及设备运行工况及参数是否符合试验要求。

4. 试验负荷与工况的确定

FGD 系统性能试验的负荷根据合同规定而确定。一般考核指标是在设计工况下，即机组 BMCR 的工况下，燃用设计煤种。有的指标在不同的负荷下进行测试，如电耗、水耗等，或者在不同的煤种（主要指含硫量不同）下进行测试。在实际试验时，FGD 系统的设计工况基本上是达不到的，因为机组不可能在 BMCR 的状态下连续长时间运行，而更多的是在 ECR 状态下运行，因此试验结果需进行修正。

在每个负荷下，至少要进行 2 次试验，如 2 次试验结果相差较大，则需进行第三次试验。参照锅炉性能试验的要求，试验前 FGD 系统应连续稳定运行 72h 以上；正式试验前 12h 中，前 9h 系统负荷不低于试验负荷的 75%，后 3h 应维持预定的试验负荷；正式试验时，维持预定的试验负荷时间至少为 12h。

判定 FGD 系统的工况是否达到稳定状态，可从以下参数确定：进入 FGD 系统的烟气量（或机组负荷）、FGD 入口 SO_2 浓度、吸收塔浆液 pH 值、浆液密度（含固率）、浆液的主要成分（如 $CaCO_3$、SO_3^{2-}）、脱硫率等。当这些主要参数的波动在正常范围内，即 FGD 系统运行稳定后方可进行试验。在 FGD 系统试验期间，运行参数的波动范围，目前我国还没有针对性的标准。与锅炉机组的性能验收试验有所不同，FGD 系统的性能试验测试的一些项目可以不用同时进行，可以分项进行，而且不同的测量项目对运行参数的要求也有所不同。例如，测量 GGH 加热能力时，只需 FGD 入口烟气量和烟气温度保持稳定，而 SO_2 浓度、pH 值等的变化不会影响测量结果；而用 SO_2 浓度法测量 GGH 漏风率时，就要求 SO_2 浓度的稳定等。因此，应根据 FGD 系统性能试验的特点，尽量减少测试项目时相关运行参数的波动。

根据实际经验，推荐的各测试项目最小采样/测试持续时间列于表 5 - 21 中，供参考。一些标准中规定的时间远大于表中所列，如 DL/T 998—2006 中规定保证值应至少进行连续 7d 的测试，但当工况稳定时，时间可缩短。

表 5 - 21　　　　　　　　　FGD 系统性能试验部分测试项目最小测试持续时间

序号	测试项目	测试持续时间（h）	序号	测试项目	测试持续时间（h）
1	烟气成分（SO_2、O_2）	4	6	压力	2
2	烟气成分（SO_3、HF、HCl 等）	2	7	水耗	8
3	烟尘含量	4	8	电耗	12
4	烟气流量	4	9	粉耗	8
5	温度	2	10	其他	2 ~ 4

二、预备性试验

电站锅炉的性能试验，在正式试验前须按正式试验的测试项目及要求进行一次预备性试验，并且经试验各方认可。对试验结果无异议的情况下，预备性试验也可作为正式试验的一部分，但 FGD 系统预备性试验并不完全按正式试验的测试项目及要求进行。在正式试验前，基于以下目的，进行预备性试验：

（1）检查试验用的各种仪器设备。

（2）使参与试验的人员熟悉试验仪器和试验步骤。

（3）校验 FGD 系统的在线运行仪表，如 CEMS、pH 计、流量计、密度计、液位计等。

（4）对吸收剂成分、工艺水、石膏品质等进行初步分析，检查是否满足设计或保证值要求，以便查找原因并及时调整。

（5）根据测试结果，初步得到 FGD 系统的一些性能指标。根据这些结果及在线仪表显示的数据，来调整锅炉和 FGD 系统的运行参数，如燃煤含硫量、吸收塔浆液 pH 值、脱硫率等，使得 FGD 系统满足正式试验的要求。

（6）通过预备性试验结果，最终确定正式试验方案。

对于预备性试验的结果，只要满足试验要求，经各方同意，可作为正式试验结果的一部分。

表 5 – 22 所列是某 FGD 系统的预备性试验的测试内容，其测试内容并不需要全面。根据具体情况，预备性试验可进行 1 ~ 2 次。

表 5 – 22 预备性试验主要内容

序号	测点	单位	测量仪器	方法	备注
原烟气（BUF 或 GGH 或吸收塔入口）					
1	烟气温度	℃	已校热电偶	网格法	选定代表点
2	O_2 体积分数	%	氧量仪等	网格法	校对仪表
3	SO_2 浓度	mg/m³	碘量法等	网格法	校对仪表
4	烟尘浓度	mg/m³	等速取样、称重	网格法	校对仪表
5	烟气流量	m³/h	靠背管或皮托管	网格法	校对仪表
吸收塔出口烟气					
1	烟气温度	℃	已校热电偶	网格法	选定代表点
净烟气 GGH 出口（烟囱入口）					
1	烟气温度	℃	已校热电偶	网格法	校对仪表
2	O_2 体积分数	%	氧量仪	网格法	校对仪表
3	SO_2 浓度	mg/m³	碘量法、SO_2 分析仪等	网格法	校对仪表
4	烟尘浓度	mg/m³	等速取样、称重	网格法	校对仪表
5	烟气流量（若有）	m³/h	靠背管或皮托管	网格法	校对仪表

三、正式试验

正式试验对合同中的测试项目及要求进行全面的测量和计算，典型的主要测试内容见表 5 – 23 和表 5 – 24。由于在预备性试验中对有关在线仪表进行了校对和修正，因此若试验各方同意，一些参数的测量可直接采用校正过的在线仪表的数据，这些参数可以包括：FGD 系统进口 SO_2 浓度、O_2 含量、粉尘浓度、烟气量、FGD 进口烟温，工艺水流量、蒸汽（冷凝水）流量（若有）、箱罐液位等，它们在 FGD 操作站的 CRT 上可直接记录。对 FGD 净烟气 SO_2 浓度、O_2 含量、FGD 系统出口烟温，宜网格法采样或多点分析。

表 5 – 23 典型的 FGD 系统正式试验测试内容

序号	内容	单位	测量仪器、方法	备注
原烟气（BUF 或 GGH 入口或吸收塔入口）				
1	烟气温度	℃	已校热电偶	代表点法或 CRT 上数据
2	O_2 体积分数	%	氧量仪等	网格法或 CRT 上数据

续表

序号	内 容	单 位	测量仪器、方法	备 注
原烟气（BUF 或 GGH 入口或吸收塔入口）				
3	SO_2 浓度	mg/m^3	碘量法等	网格法或 CRT 上数据
4	烟气流量	m^3/h	靠背管或皮托管	网格法或 CRT 上数据
5	烟尘浓度	mg/m^3	等速取样、称重	网格法或 CRT 上数据
6	HF 浓度	mg/m^3	化学法	就地取样
7	HCl 浓度	mg/m^3	化学法	就地取样
8	H_2O	%	冷凝法等	就地取样
9	SO_3 浓度	mg/m^3	化学法	就地取样
10	烟气全压或静压	Pa	微压计	代表点法就地测量
吸收塔入口烟气（原烟气 GGH 出口）				
1	烟气全压或静压	Pa	微压计	代表点法
吸收塔出口烟气（净烟气 GGH 入口）				
1	烟气温度	℃	已校热电偶	代表点法或 CRT 上数据
2	SO_2 浓度	mg/m^3	SO_2 分析仪或碘量法等	网格法
3	液滴浓度	mg/m^3	Mg^{2+} 示踪法或撞击法等	就地取样
4	烟气全压或静压	Pa	微压计	代表点法就地测量
净烟气 GGH 出口（烟囱入口）				
1	烟气温度	℃	已校热电偶	网格法就地测量
2	O_2 体积分数	%	氧量仪	网格法或 CRT 上数据
3	SO_2 浓度	mg/m^3	SO_2 分析仪或碘量法等	网格法或 CRT 上数据
4	烟气流量	m^3/h	靠背管或皮托管	网格法或 CRT 上数据
5	烟气全压或静压	Pa	微压计	代表点法就地测量
6	SO_3 浓度	mg/m^3	化学法	就地取样
7	烟尘浓度	mg/m^3	等速取样、称重	网格法或 CRT 上数据
8	HF 浓度	mg/m^3	化学法	就地取样
9	HCl 浓度	mg/m^3	化学法	就地取样
10	H_2O	%	冷凝法等	就地取样
其他测量				
1	石灰石耗量	kg/h	液位差法或流量计	计算值
2	工艺水耗量	m^3/h	液位差法或流量计	计算值
3	电耗	kW	功率表	运行仪表
4	蒸汽耗量（对蒸汽再热器）	t/h	运行流量计	
5~9	工艺水分析、石灰石分析、产品石膏分析、废水分析、燃料分析	—	实验室	—

表 5 – 24   FGD 性能试验其他测试项目

序　号	项　目	单　位	备　注
1	FGD 系统设备的噪声	dB（A）	噪声表
2	FGD 系统各处粉尘浓度	mg/m³	粉尘测试仪
3	所有保温设备的最大表面温度	℃	表面温度传感器
4	球磨机出力	t/h	称重或计算
5	GGH 泄漏率	%	计算
6	增压风机效率	%	计算
7	泵的效率损失	%	计算
8	FGD 负荷变化率	%	调节 FGD 进口烟量
9	FGD 负荷调节范围	%	调节 FGD 进口烟量

图 5 – 33 反映了某 FGD 系统性能试验时的现场工作情况。

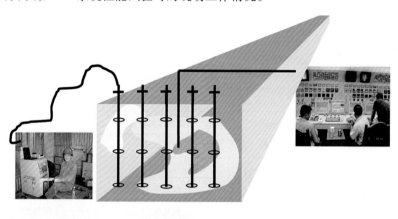

图 5 – 33   FGD 系统性能试验现场测试

四、数据处理

试验数据应尽快得到处理，争取当天的试验当天就知道结果，这对于发现测试或数据的问题十分有帮助，并在下一个工况时得到改进。

（一）脱硫率等

严格来说，某种物质如 SO_2 的脱除率应是被脱除的 SO_2 质量流量占 FGD 系统进口的 SO_2 质量流量的百分数，但目前的合同中则是以进出口的浓度来计算的，实际测试时是按合同的要求进行的。

FGD 系统的 SO_2 脱除率（脱硫率）、HCl 脱除率、HF 脱除率、SO_3 脱除率、烟尘脱除率的计算式为

$$\eta_x = \frac{C_{x-rawgas} - C_{x-cleangas}}{C_{x-rawgas}} \times 100\%$$

式中　η_x——相应成分 x 的脱除率，%；

$\quad C_{x-rawgas}$——折算到标准状态、规定的过量空气系数 α 下的干原烟气（FGD 进口挡板前）中相应成分的浓度，是各测量值或 CRT 上记录数据的平均值，mg/m^3；

$\quad C_{x-cleangas}$——折算到标准状态、规定的过量空气系数 α 下的干净烟气（再热器出口）相应成分的浓度，是各测量值或 CRT 上记录数据的平均值，mg/m^3。

标态下换算成过量空气系数 α 下的浓度的计算式为

$$C_x = C_x^* \alpha^* / \alpha$$

式中　C_x——折算后烟气成分的排放浓度，mg/m^3；

$\quad C_x^*$——实测的烟气成分的排放浓度，mg/m^3；

$\quad \alpha^*$——实测的过量空气系数；

$\quad \alpha$——规定的过量空气折算系数。

对燃煤锅炉，$\alpha = 1.4$（对应 $6.0\% O_2$）；燃油锅炉，$\alpha = 1.2$（对应 $3.5\% O_2$）；燃气轮机组 $\alpha = 3.5$（对应 $15.0\% O_2$）。

α^* 与实测的 φ_{O_2}（%）的关系为

$$\alpha^* = \frac{21}{21 - \varphi_{O_2}}$$

对脱硫率和烟尘脱除率等 DCS 上可采集的数据，若允许采用，则可以直接求得 CRT 上记录数据的平均值，记录数据的间隔时间不应太长，以不超过 5min 为宜。应根据修正曲线，再将它们修正到设计工况下。

（二）吸收剂消耗量

吸收剂是指任何单独加入到 FGD 系统中用于吸收 SO_2 的化学物质、或产生直接吸收 SO_2 的物质而加入的二次化学物质，以及为提高脱硫率而单独加入的添加剂。不包括加入到 FGD 系统中但不会提高脱硫率的化学物质，例如废水处理系统中浓缩器加入的絮凝剂；不包括加入到 FGD 工艺水中用来提高工艺水质的化学物质以及机组碱性的飞灰（在某些工艺中是重要的并要计量）。对于目前大多数火电厂湿法 FGD 系统，吸收剂就是指石灰石（粉）。石灰石消耗量可根据具体情况进行计算和直接测定。

1. 计算法

在整个试验时段内，测得净烟气、原烟气中 SO_2 和 O_2 的浓度，取得平均值。取石灰石粉或浆液罐中样品进行石灰石纯度分析，取石膏样进行 $CaSO_4 \cdot 2H_2O$、$CaSO_3 \cdot 1/2H_2O$ 和 $CaCO_3$ 的分析，由钙硫摩尔比和脱硫量来计算石灰石消耗量。石灰石消耗量可以通过计算的方法来确定，即

$$m_{CaCO_3} = \frac{V_{rawgas}(C_{SO_2,rawgas} - C_{SO_2,cleangas})}{10^4} \times \frac{M_{CaCO_3}}{M_{SO_2}} \times \frac{1}{f_{CaCO_3}} R$$

或

$$m_{CaCO_3} = \frac{V_{rawgas}\eta_{SO_2}C_{SO_2,rawgas}}{10^6} \times \frac{M_{CaCO_3}}{M_{SO_2}} \times \frac{1}{f_{CaCO_3}} R$$

式中　　m_{CaCO_3}——石灰石耗量，kg/h；

　　　　V_{rawgas}——原烟气平均体积流量（标准状态，干烟气，6% O_2），m^3/h；

　　　　$C_{SO_2,rawgas}$——FGD 系统进口烟气中 SO_2 浓度（标准状态，干烟气，6% O_2），mg/m^3；

　　　　$C_{SO_2,cleangas}$——FGD 系统出口烟气中 SO_2 浓度（标准状态，干烟气，6% O_2），mg/m^3；

　　　　M_{CaCO_3}——$CaCO_3$ 摩尔质量，100.09kg/kmol；

　　　　M_{SO_2}——SO_2 摩尔质量，64.06kg/kmol；

　　　　f_{CaCO_3}——石灰石纯度，%；

　　　　η_{SO_2}——系统脱硫率，%；

　　　　R——Ca/S 摩尔比。

略去 FGD 废水中排放的 $CaCO_3$，R 的计算式为

$$R = 1 + \frac{\dfrac{x_{CaCO_3}}{M_{CaCO_3}}}{\dfrac{x_{CaSO_4 \cdot 2H_2O}}{M_{CaSO_4 \cdot 2H_2O}} + \dfrac{x_{CaSO_3 \cdot 1/2H_2O}}{M_{CaSO_3 \cdot 1/2H_2O}}}$$

式中　　x_{CaCO_3}——石膏中 $CaCO_3$ 的质量含量，%；

　　　　$x_{CaSO_4 \cdot 2H_2O}$——石膏中 $CaSO_4 \cdot 2H_2O$ 的质量含量，%；

　　　　$x_{CaSO_3 \cdot 1/2H_2O}$——石膏中 $CaSO_3 \cdot 1/2H_2O$ 的质量含量，%；

　　　　$M_{CaSO_4 \cdot 2H_2O}$——$CaSO_4 \cdot 2H_2O$ 的摩尔质量，172.18kg/kmol；

　　　　$M_{CaSO_3 \cdot 1/2H_2O}$——$CaSO_3 \cdot 1/2H_2O$ 的摩尔质量，129.15kg/kmol。

此式计算出的是干石灰石粉的耗量。

需说明的是，对于 FGD 系统，Ca/S 摩尔比 R 有两种定义。

$$R_1 = \frac{\text{加入 FGD 系统的脱硫剂摩尔数}}{\text{FGD 系统进口 } SO_2 \text{ 的摩尔数}}$$

$$R_2 = \frac{\text{加入 FGD 系统的脱硫剂摩尔数}}{\text{FGD 系统脱除的 } SO_2 \text{ 的摩尔数}}$$

R_1 常用于湿法 FGD 工艺中，而 R_2 则常用于喷雾干燥等 FGD 工艺中，但也可用于湿法 FGD 工艺。在上面的计算式中实际上是 R_2，在性能试验结果中应加以注明。根据定义，R_1 计算式为

$$R_1 = \frac{Q_{石} M_{SO_2}}{Q_{SO_2} M_{石}} \approx \frac{32Q_{石}}{100Q_{SO_2}}$$

式中　　$Q_{石}$——石灰石的质量流量，kg/h；

　　　　Q_{SO_2}——FGD 系统进口的 SO_2 质量流量，kg/h。

根据进口的烟气流量 Q_{snd}（m^3/h）和 SO_2 浓度 c_{SO_2}（mg/m^3）（标准状态，干烟气），可计算出 FGD 系统进口的 SO_2 质量流量，即

$$Q_{SO_2} = C_{SO_2} Q_{snd} \times 10^{-6}$$

由于试验时上述各参数或成分都要测量分析，因此该计算吸收剂消耗量的方法常得到应用。特别注意的是，计算时数据的单位不要搞错，否则计算结果会有数量级的差别。

2. 液位差法

当石灰石浆液罐足够大时，例如可不制浆供应吸收塔用4h，则在性能试验之前制满浆液，在试

验开始时和结束后分别记录浆液罐液位，同时记录总试验时间 t（h），根据消耗掉的石灰石浆液的体积、浆液的密度 $\rho_{石}$（kg/m^3）、含固率 $x_{石}$（%），可计算出石灰石粉的消耗量，即

$$m_{CaCO_3} = \frac{(L_0 - L_1)A\rho_{石} x_{石}}{t}$$

式中　L_0——试验开始时浆液罐初始液位，m；

　　　L_1——试验结束时浆液罐液位，m；

　　　A——浆液罐截面积，m^2。

3. 流量法

在表计校验后，石灰石的消耗量还可以根据一定时间 t（h）内加入吸收塔的累积石灰石浆液流量 $Q_{石}$（m^3）和石灰石浆液的平均密度 $\rho_{石}$（kg/m^3）、含固率 $x_{石}$（%）来计算，即

$$m_{CaCO_3} = \frac{Q_{石} \rho_{石} x_{石}}{t}$$

也可用石灰石粉仓料位降来计算，或湿磨称重皮带机来计量，但实际试验时较少用到。

（三）液滴含量（除雾器性能试验）

除雾器性能试验主要是测量第二级除雾器出口的液滴含量，即离开除雾器单位体积烟气所携带液滴的质量，一般要求液滴含量小于 $75mg/m^3$ 或 $100mg/m^3$（DL/T 998—2006 中指直径不小于 $20\mu m$ 的液滴）。液滴含量过高，对于除雾器后的设备是不利的。目前国内外尚无 FGD 系统除雾器性能试验的标准，这里介绍一些国外 FGD 公司提供的方法，供参考。

1. 镁离子示踪法

实际经验表明，除雾器出口净烟气中的液滴尺寸、数量和分布是十分不均匀的，在同样地方或同样的间距测量得到的结果是不可能完全相同的，采样的一致性是关键。示踪法是测量液滴含量的一种方法，该法选择一种在吸收塔浆液中可溶的、不挥发的化合物或离子，且它在净烟气流中不以其他形式存在，例如 K^+、Na^+、Mg^{2+} 等，可以通过测量这些物质的含量来得到液滴含量。镁离子示踪法的测量方法如下。

（1）在除雾器出口，用带加热采样管和尘分离器的标准除尘设备对气体进行等速采样。采样体积约为 $5m^3$，然后用超纯水对采样管和采样设备进行反复冲洗，倒入 250mL 容量瓶中定容。混匀后用 EDTA 法测定 Mg^{2+} 含量。

（2）用稀释的高氯酸和超纯水对采样后的微纤维过滤器进行反复冲洗，洗液用厚滤纸过滤到 250mL 容量瓶中，定容。混匀后用 EDTA 法测定 Mg^{2+} 含量。取另一新的微纤维过滤器作空白样，用上述同样方法测定 Mg^{2+} 含量。

（3）在气体采样过程中测定吸收塔浆液密度，再取 500mL 吸收塔浆液样品，用厚滤纸过滤，测定 Mg^{2+} 含量。

（4）同时用烟尘采样仪等速采集吸收塔进口烟尘，测定其中 Mg^{2+} 含量。

除雾器出口液滴含量计算公式为

$$C = 1000\rho\left(\frac{C_1 V_1 + C_2 V_2 - C_3 V_3}{C_0 \cdot V_0} - 1000\frac{M_0}{C_0}\right) \tag{5-1}$$

式中　C——除雾器出口清洁烟气所携带的液滴含量，mg/m^3（干）；

　　　C_1——微纤维过滤器洗液中 Mg^{2+} 浓度，mg/L；

　　　V_1——微纤维过滤器洗液体积，mL；

　　　C_2——采样管洗液中 Mg^{2+} 浓度，mg/L；

　　　V_2——采样管洗液体积，mL；

C_3——空白微纤维过滤器洗液中 Mg^{2+} 浓度，mg/L；

V_3——空白微纤维过滤器洗液体积，mL；

ρ——吸收塔浆液密度，t/m^3；

C_0——吸收塔浆液滤液中 Mg^{2+} 浓度，mg/L；

V_0——采气标准体积，m^3；

M_0——吸收塔进口以细尘形式存在的 Mg^{2+} 浓度，mg/m^3。

表 5-25 是在某 FGD 系统性能试验时实测的除雾器出口液滴含量，供参考。

表 5-25   镁离子示踪法测量液滴含量

序　号	测　试　参　数	数　据
1	微纤维过滤器洗液镁离子浓度 C_1（mg/L）	18.90
2	微纤维过滤器洗液体积 V_1（mL）	250
3	采样管洗液镁离子浓度 C_2（mg/L）	2.64
4	采样管洗液体积 V_2（mL）	250
5	空白微纤维过滤器洗液镁离子浓度 C_3（mg/L）	15.63
6	空白微纤维过滤器洗液体积 V_3（mL）	250
7	吸收塔浆液密度 ρ（t/m^3）	1.095
8	吸收塔浆液滤液中镁离子浓度 C_0（mg/L）	170.2
9	采气标准体积 V_0（m^3）	4.816
10	吸收塔进口镁浓度 M_0（mg/m^3）	0.2999
11	除雾器出口洁净烟气液滴含量 C（mg/m^3，干）	44.3

2004 年 12 月，德国专家在广东沙角 A 厂 5 号 300MW 机组 FGD 系统性能测试培训中介绍了镁离子示踪法的简化测量方法。吸收塔浆液中含有镁离子，烟气经浆液洗涤后，烟气中含有大量吸收塔浆液。经除雾器后，大部分烟气吸收塔浆液中的水滴和几乎全部的浆液固态物（主要为石膏）都被除雾器除下来返回吸收塔中，只有少部分水滴从除雾器逸出，由于 99% 以上的镁离子存在于液态水滴中，而不存在于石膏和烟气湿度的水汽中，所以在吸收塔除雾器出口对烟气等速采样并将烟气中的液滴和水蒸气进行冷凝采集，记录采气体积和冷凝水质量。通过分析冷凝水中 Mg^{2+} 含量，同时分析试验期间吸收塔浆液中 Mg^{2+} 含量，则液滴含量可得到，即

$$C = \frac{M_1 m}{M_2 V_0} \tag{5-2}$$

式中　C——烟气中液滴含量，mg/m^3；

M_1——冷凝水中 Mg^{2+} 含量，mg/mL；

M_2——吸收塔浆液中 Mg^{2+} 含量，mg/mL；

V_0——采气的烟气量，m^3（标态下）；

m——冷凝水质量，mg。

式（5-1）与式（5-2）在本质上是完全一致的，所不同的是采样时未用过滤筒而直接收集冷凝液，并且忽略了吸收塔进口 Mg^{2+} 含量，从理论上讲，式（5-2）的精度不如式（5-1），但实际操作起来更简单。

上述方法的采样系统如图 5-34 所示。由带加热的等速采样管、2 个串联的接收瓶（放在冰浴中）、干燥器、抽气泵、流量计和氧量计等组成。烟气经加热的采样管和连接管进入接收瓶，加热温度以 90~110℃ 为宜。由于液滴密度比烟气的密度大，在烟气中像烟尘一样会慢慢沉降，因此试验测

点的布置应像烟尘一样采用网格布点法，进行等速采样，采样流量为30L/min，采样总时间在60min左右。试验前用去离子水把接收瓶洗涤干净，采样前后分别对两个接收瓶进行称重。采样管和接收瓶之间的管段应尽量短，接收瓶的高度应低于取样管。采样过程中根据需要加入冰块，保证冷凝瓶始终处于0℃的冰水中。

在进行液滴试验时，不能进行除雾器清洗。因此在试验开始前，应尽量提高吸收塔的液位，以保证足够的测量时间。

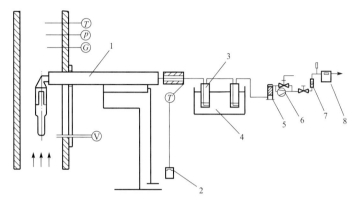

图5-34　液滴试验采样系统示意

1—加热采样管；2—温度调节；3—接收瓶；4—冰浴；5—干燥器；6—抽气泵；

7—流量计；8—氧量计

根据上述测试方法进行试验，得到表5-26的结果。从表中可以看出，该法是可用的。

表5-26　　　　　　　　　　　　　除雾器出口烟气中液滴含量测量

项　目	符　号	单　位	工况1	工况2
大气压	P_a	kPa	100.9	100.9
烟道截面积	F	m^2	43.964	43.964
烟道静压	Ps	Pa	520	450
烟道全压	Pq	Pa	620	590
烟气温度	t_s	℃	50	49
采样嘴直径	d	mm	8	8
标态下采气体积	V_0	m^3	1.1267	1.2252
冷凝水质量	m	mg	51.8	54.1
冷凝水中Mg^{2+}含量	M_1	mg/mL	0.00216	0.00243
吸收塔浆液中Mg^{2+}含量	M_2	mg/mL	1.2228	1.2374
液滴含量（实际O_2）	C_1	mg/m^3	81.21	86.71
烟气中氧量	φ_{O_2}	%	5.66	5.66
液滴含量（6%O_2）	C_2	mg/m^3	79.41	84.79

2. 重量法

日本某FGD公司采用专用的液滴采样装置，以等速抽吸烟气，使烟气通过液滴收集装置，由圆筒滤纸收集烟气中的液滴，称量收集液滴前后滤纸的质量即可算得液滴的质量。其现场FGD系统试验的液滴采样装置如图5-35和图5-36所示。

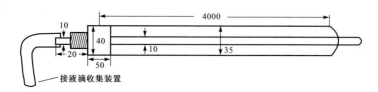

图 5-35 液滴采样管示意

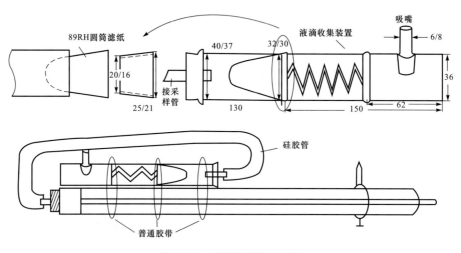

图 5-36 液滴采样装置示意

（1）液滴采样装置的安装步骤。

1）去掉原采样管两端口的胶带，卸下采样管接头，连接头一起将内管从外管中取出。

2）卸下内管和采样管接头的连接，在内管接口处顺着螺纹方向缠上密封胶带，再将两者接上，并用扳钳固定紧，用耐热胶带密封接口（3~5 圈）。

3）将内管插入采样管外管。

4）在采样管外管接口处顺着螺纹方向缠上密封胶带，连接外管和采样管接头，并用扳钳固定紧，再用耐热胶带密封接口（4~6 圈）。

5）取一段长约 60cm 的硅胶管，套入采样管接口。

6）取出液滴收集装置并衔接，用普通胶带固定接口 6~8 圈。

7）取滤纸固定塞，用力压入圆筒滤纸中。

8）将滤纸插入滤纸固定管小口径中，用力塞紧，再连接液滴收集装置。

9）取一段长约 4cm 的特氟隆管，插入橡胶塞中，再将橡胶塞塞入滤纸固定管大口径端，用力压紧，用普通胶带密封接口。

10）将吸嘴插入液滴收集装置接口处，用密封胶带固定，以防脱落。

11）按图 5-36 将采样管和液滴收集装置连接起来，并将液滴收集装置固定在采样管顶端，图 5-36 中的 3 处地方用普通胶带固定即可。

12）在采样管末端套上一方向标，使其方向与吸嘴朝向一致后，旋紧方向标。

13）以吸嘴中心为起点，根据除雾器出口采样点尺寸在采样管上标上采样点刻度线。

注意事项：① 吸嘴口径要根据测量点流量而定；② 圆筒滤纸、吸嘴和液滴收集装置在使用前均需要编号、烘干、称重并记录；③ 采样管不需要电热保温带加热保温；④ 管口螺纹要保护好，以便以后再次使用；⑤ 液滴收集装置要固定并密封好，以防吸收烟气时泄漏；⑥ 吸嘴用密封胶带固定，并检查其是否会脱落；⑦ 液滴收集装置是玻璃制品，要轻拿轻放，且安装在采样管上时也要固定紧，不能松动，更不能脱落；⑧ 方向标要与吸嘴口朝向一致，保证吸嘴正对气流方向吸气。

（2）现场测试。1）温度、压力的测量。使用热电偶、皮托管、压力表等测取各采样孔各个采样点的温度和压差等，计算出该点的流速，为等速采样液滴做准备。

2）液滴的测量。① 根据计算出的各采样点的流速，选择适当的吸嘴口径。② 打开一个采样孔短管盖，缓慢插入采样管（保持吸嘴背对烟气流向）至采样点，用固定夹将法兰盘固定在短管口上。③ 连上吸气装置，吸气装置如图 5－37 所示。④ 取一段长约4cm的特氟隆管，连上吸气装置橡胶管和采样管导气管；打开真空泵，将湿式气表调零，旋紧气流调节阀，关掉真空泵。⑤ 旋转采样管至吸嘴垂直向下；打开真空泵，调节气流控制阀至气表指示流量与计算出的流量相等，等速吸引（误差在 ±5% 以内）；同时记录采样时间、气表起始读数和温度计读数。⑥ 每个采样点等速吸气 20min后，往外拉出采样管至下一个采样点抽吸。⑦ 测量完一个采样孔后，旋转采样管，使吸嘴朝上，慢慢取出采样管，盖上短管盖。⑧ 取下液滴收集装置，拿回实验室称重，与初始质量相减即得液滴质量。⑨ 换上第二个液滴收集装置，按上述步骤继续收集其他各个采样孔的液滴。

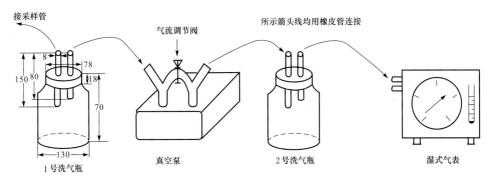

图 5－37　采样系统吸气装置示意（单位：mm）

注意事项。① 两个洗气瓶形状大小相同，橡胶塞和钢管可自配。② 在 1 号洗气瓶和真空泵之间安装一气流控制阀，用于调节等速吸引或具体要求流量时吸引气体的快慢。③ 湿式气表在使用前要装入自来水，加入量为气表液位指示表中液面和指示针尖端相切即可，进、出水端都旋上螺栓。④ 吸收的气体中含有较大量的水分，且含有较大量的具有腐蚀性的成分，故不能使之进入真空泵和湿式气表。1 号洗气瓶可冷凝收集大量的水分，但经 1 号洗气瓶处理的烟气中仍然含有少量的水分，故在真空泵和湿式气表之间加上了 2 号洗气瓶，保证烟气中的含水量降低，具有腐蚀性的气体就无法滞留在真空泵和湿式气表中，从而避免了腐蚀。⑤ 气表在使用时，应现场进行水平调节。⑥ 插入或拔出采样管时，应特别注意液滴收集装置不能破碎。⑦ 等速吸气时气流控制阀的调节要迅速。

（3）液滴含量的计算。除雾器出口烟气中液滴含量的计算式为

$$C = \frac{1000m}{\dfrac{273.15V}{273.15+t} \times \dfrac{P_a + P_m - P_v}{101325}}$$

式中　C——液滴含量，mg/m^3；

　　　m——液滴的质量，mg；

　　　V——吸入烟气的总体积，L；

　　　t——湿式气表温度计温度，℃；

　　　P_a——大气压，Pa；

　　　P_m——湿式气表压力，Pa；

P_v——t℃时的饱和蒸汽压力，Pa。

3. 撞击法

上述各法测出的是除雾器出口烟气中各种尺寸的液滴的总含量，若能同时测得液滴尺寸的分布，则对于改进除雾器的设计是十分有帮助的，因为除雾器叶片的形式影响液滴尺寸的分布。德国除雾器生产厂家开发了新型撞击采样装置，现介绍如下。

（1）撞击采样装置的组成。撞击采样头由撞击器及其固定装置组成，如图 5-38 所示，对于尺寸在 15~200μm 的液滴，撞击器采用了一块玻璃板，上面镀有一层 MgO。当玻璃板正对着烟气，烟气中的液滴撞击在 MgO 板上，留下各种大小的凹坑，根据这些凹坑，通过校正曲线就可以得到液滴的尺寸了。对于较大尺寸的液滴（200~2000μm），撞击器采用感应纸，在液滴撞击点上感应纸会变色，根据变色面积的大小和校正曲线同样可以得到液滴的尺寸。

在实际测量时，撞击采样头安装在一根保护管中，这样可以插入烟道中。撞击采样头还带有一个机械装置，能按设定的时间开、关撞击器使之暴露在烟气中或与烟气隔绝开。液滴撞击时间由一个电子计时器来控制，图 5-39 为采样装置的基本组成。

图 5-38　测量中的撞击采样头

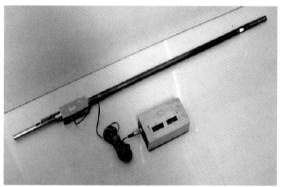

图 5-39　撞击采样装置的基本组成

（2）测试步骤。① 将撞击器（涂 MgO 的玻璃板、感应纸）及其固定装置安装在一根保护管上，加热至烟气温度。② 将撞击采样头插入烟道中并固定在测量点上，采样头正对气流方向。③ 使用特制的机械装置打开撞击器使之暴露在烟气中，持续时间根据液滴含量的大小从 0.5s 到数分钟不等。④ 关闭撞击器使之隔绝烟气，用一个电子计时器记录暴露在烟气中的时间。⑤ 从烟道中取出采样头，小心保存撞击器待分析。⑥ 在采样位置用皮托管等准确地测量烟气的流速。

（3）数据处理。按下列步骤进行分析。

1）采用显微镜或视频分析系统确定撞击器上凹坑的数量和直径。图 5-40 是 MgO 玻璃板撞击器上看到的凹坑情况（局部，放大约 60 倍）。

2）通过相应凹坑的直径和校正曲线，得出液滴的尺寸。

3）考虑到撞击采样头的效率，依据通行的惯性参数，对结果进行修正。

根据上面的处理，可以得到不同液滴尺寸的数量分布（频率分布），如图 5-41 所示。

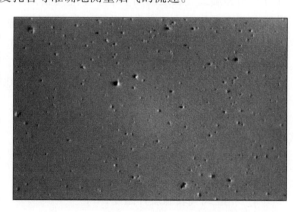

图 5-40　MgO 玻璃板撞击器上看到的凹坑

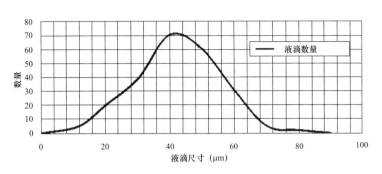

图 5 - 41　不同液滴尺寸的数量分布

4）计算液滴含量。根据撞击器暴露在烟
气中的时间及烟气速度，烟气中液滴含量的计算式为

$$B = \frac{V_{\mathrm{L}} \cdot \rho_{\mathrm{L}}}{A \cdot C_{\mathrm{A}} \cdot t_{\mathrm{E}}}$$

式中　B——烟气中液滴含量，kg/m³；

V_{L}——撞击器面积上的液滴体积，m³；

ρ_{L}——液滴密度，kg/m³；

A——撞击器面积，m³；

C_{A}——撞击器前的烟气面速度，m/s；

t_{E}——撞击器暴露在烟气中的时间，s。

撞击器面积上的液滴体积 V_{L} 的计算式为

$$V_{\mathrm{L}} = \sum_{D_{\mathrm{Kmin}}}^{D_{\mathrm{Kmax}}} \left\{ \frac{1}{\eta(\psi)} \sum_{i=1}^{n} \left[(D_{\mathrm{K}} Y_{\mathrm{K}})^3 \frac{\pi}{6} \right]_i \right\}$$

式中　D_{K}——撞击器上的凹坑直径，m；

Y_{K}——系数，体现相应凹坑直径 D_{K} 与实际液滴直径 D_{TR} 的关系；

n——直径为 D_{K} 的凹坑个数；

ψ——惯性参数；

η——撞击器效率（考虑被撞击器收集到的液滴与实际到达撞击器的液滴之间的差别），$\eta = \eta(\psi)$；

D_{Kmin}——撞击器上最小凹坑的直径，m；

D_{Kmax}——撞击器上最大凹坑的直径，m。

该测量方法在原理上很简单，但从上面的计算公式看，要得到液滴含量和分布，需要专业的、仔细的分析。测试结果可以表示为液滴尺寸与累积液滴含量的曲线关系，如图 5 - 42 所示。从图中可以一目了然地得到：① 烟气中总的液滴含量；② 在某一液滴尺寸间的液滴含量；③ 液滴尺寸分布。

5）惯性参数的影响。以速度 C_{A} 到撞击器表面的液滴只有一部分被捕集和记录，另一部分随烟气而去，因此必须弄清楚有多少液滴被撞击器捕集，撞击器的效率就考虑这一点。有众多的因素影响撞击器的效率，如液滴尺寸、液滴密度、到达撞击器表面的液滴面速度、烟气的动力黏度、采样头的几何形状、尺寸等。通过量纲分析法可以将这些影响因素归纳成无量纲系数。这些无量纲系数中最重要的一个是惯性参数（Stokes 数），定义为

$$\psi = \frac{\rho_{\mathrm{L}} C_{\mathrm{A}} D_{\mathrm{TR}}^2}{18 \eta_{\mathrm{G}} D_{\mathrm{S}}}$$

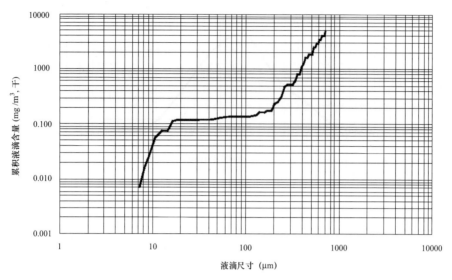

图 5 – 42　液滴尺寸与累积液滴含量的测试结果

式中　ψ——惯性参数；

　　ρ_L——液滴密度，kg/m^3；

　　C_A——撞击器前的烟气面速度，m/s；

　　D_{TR}——液滴直径，m；

　　η_G——烟气的动力黏度，$kg/(m \cdot s)$；

　　D_s——采样装置的特征直径，m。

许多研究者提出了撞击器效率与惯性参数的函数关系，对此，Munters 公司也开发了一套计算程序，用来计算圆柱形的防护管和平的撞击器板的撞击器效率，图 5 – 43 是该公司计算的一个例子，并与 Langmuir 的计算结果以及 May 的测试结果做了比较，可见他们的结果是有很好的一致性的。

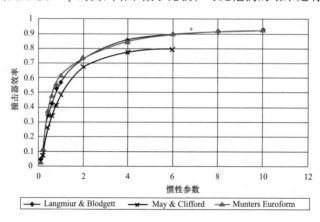

图 5 – 43　撞击器效率与惯性参数的关系

2006 年 10 月，Munters 公司在广东省台山发电厂 1 号、2 号 JBR 系统中进行了除雾器液滴测试，除雾器及现场照片在第二章中有介绍，两级除雾器为立式，19.15×6（宽×高，m），一、二级叶片间距分别为 38、25mm。2 号 FGD 系统的测试位置为除雾器后 1m 处的 8 个测孔，在最后一天测试冲洗水携带期间，由于 GGH 压降过高打开了旁路挡板，因此在 1 号 FGD 系统上的 2 个测孔进行重复测试。另外在 1 号机组上测试了除雾器进口液滴含量，撞击器采用了一个较小的不锈钢探测器，因此它比2号FGD系统测量采用的6m多的撞击采样器更容易操作，由于探测器较短，所以只能测试除雾器的上半部分。

测试的基本工况是原烟气流量为200万m³/h（标态）、除雾器不冲洗，测试期间流量十分稳定，波动在99.3%～107%之间。之后测试有冲洗水情况下除雾器后的液滴含量，在撞击器完成准备后，测试人员给出信号，然后打开一个指定的冲洗层阀门，在预先确定的位置伸入撞击器进行液滴测试，然后关闭冲洗层，取出撞击器。此程序在不同的测试点重复进行。

图5-44是2号FGD除雾器后用皮托管测得的速度分布，可见速度很不均匀。最低速度为1.9m/s，最高到达8.8m/s，1号FGD除雾器后的速度分布也同样很不均匀。这意味着除雾器后的液滴含量分布也是很不均匀的，液滴含量的测试需采用网格法才行。

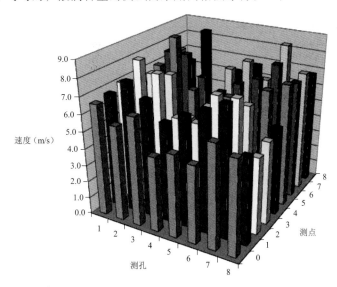

图5-44　2号除雾器出口烟气速度分布

由于在基本工况下液滴含量较小，所以撞击器的暴露时间较长，大约为20～120s，同时也采用了来回移动的方式，即撞击器在2～3m的轴向位置缓慢移动而不是单测一个点。这种方式的优势在于可以更好地检测到携带发生的区域位置，而劣势在于液滴含量计算不如单测一点精确，因为速度是平均值，而单测一点时对应一个速度值。在测量除雾器冲洗时及除雾器进口的液滴含量时，因液滴含量大，故撞击器的暴露时间短，对一、二级除雾器不同的冲洗工况，在0.20～25s。

图5-45是测试的7个工况下液滴含量分布曲线，对2号除雾器，基本工况下残余液滴含量为3.9mg/m³（标态，干基），其中约1mg/m³是由粒径小于或等于除雾器极限液滴颗粒（约30μm）而引起的，剩下的2.9mg/m³是由随机发生的携带颗粒引起的。1号除雾器基本工况下，残余液滴含量仅为2.2mg/m³（标态，干基）。值得注意的是除雾器进口液滴量也非常小，为151mg/m³（干基）。按此测试结果，JBR只产生很少量的5～2000μm的液滴。在2号一级除雾器向前（顺着烟气方向）冲洗时，用一个测点测得的液滴含量仅为0.6mg/m³，结果令人怀疑。在2号二级除雾器向前（顺着烟气方向）冲洗时用一个测点测得的液滴含量为199.7mg/m³。1号一级除雾器向后（逆着烟气方向）冲洗时用2个测孔测得的液滴含量为115.7mg/m³，而当二级除雾器向前（顺着烟气方向）冲洗时用2个测孔测得的液滴含量高达4342mg/m³。在某喷淋塔内卧式除雾器后测得的残余液滴含量为21.2mg/m³，如图5-46所示，表明台山电厂的除雾器性能良好。典型的液滴分布照片如图5-47所示。

在测试期间还用管道镜观测烟道内的情况，使用的管道镜是一个固定内视镜，长度为1.4m，光

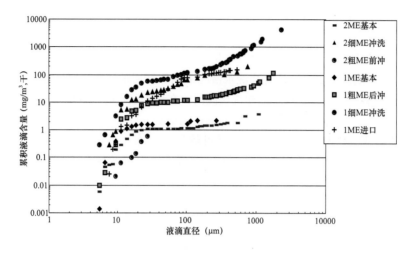

图 5-45　台山除雾器液滴含量测试结果

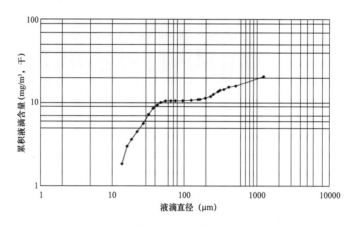

图 5-46　某喷淋塔内卧式除雾器后的液滴含量

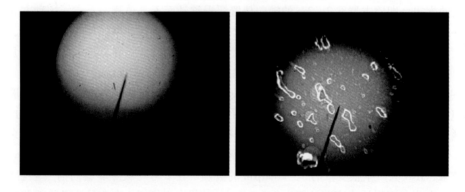

图 5-47　典型的液滴分布照片（左：2 号除雾器不冲洗；右：细除雾器冲洗，针厚约为 30μm）

源功率为 150W，它可以观测直径 1m 区域内的物体，另外也可以观测距离 30mm 内直径约 300μm 及以上的颗粒，大的携带颗粒被照亮后像闪电。管道镜主要用于发现除雾器是否清洁，烟道墙壁是否有凝结，携带是否明显等。通过管道镜观测烟气可看到雾，雾的产生说明有悬浮微粒（粒径小于 5μm）。这些悬浮微粒可能和烟气中的灰尘有关。

　　比较几种测试方法，撞击法测量得到的液滴含量比其他各法要小些，其结果处理需要由有丰富实践经验的专业人员来进行，而 Mg^{2+} 法和重量法更标准化些。

（四）工艺水耗量

当水箱足够大时，采用液位差法，即在一定时间内根据工艺水箱液位变化计算出工艺水耗量。当然可以通过经标定的系统自身的流量计或水表测量，或安装一个流量计进行测量。在水耗的测量中，需注意以下问题。

1. 测量时间

如第四章所介绍的，FGD 系统的用水量是成周期性变化的。除雾器的冲洗是影响用水量周期的最主要因素，其次废水是否在排放、石膏浆液是否在进行二次脱水都会影响当时的用水量。用水量周期的长短和烟气量、烟气温度、SO_2 浓度等因素有关，因此在进行水耗试验前，应了解该系统用水量变化的周期，试验时间应为变化周期的整数倍。一般应大于 8h，至少测量 2 次。

2. FGD 系统的运行状态

烟气量、烟气温度和 SO_2 浓度等因素会对 FGD 系统的水耗产生影响。因此试验期间必须保证上述参数的稳定，若和设计值有偏差，应对水耗测量值进行修正。

3. 工艺水箱液位修正

当采用流量计或水表进行测量时，也应记录试验开始和结束时的工艺水箱液位，对总水量进行修正。

（五）FGD 系统电耗

电耗可以在 FGD 系统的相关电源上安装独立的经校验合格的电功率表（0.2 ~ 0.5 级）或电能表（0.5 ~ 1.0 级）测量得到，如 6kV 输入母线上，或根据 DCS 采集的数据进行计算。对不属于 FGD 系统的电能，应安装独立功率表予以扣除。非工艺的电耗如照明、空调、通风、电梯等，是否计入根据合同而定。在电耗的测量中，需注意以下几个问题。

1. 测量时间

当采用电能表进行测量时，存在一个合理测量时间的问题。目前我国并未有统一的标准，在一些 FGD 设备的技术协议中，要求的测量时间达到 14d。按目前我国发电机组运行的实际情况（机组负荷和燃料状况频繁变化），是难以达到如此长的时间要求的。测量时间应考虑一些间歇运行的主要设备如球磨机、真空皮带机的启停周期，尽量做到测量时间包含了主要设备完整的启停周期，一般应大于 12h，推荐为 24h，测量次数至少 2 次。

同样原因，当采用电功率表测量时，间歇运行设备的投运情况直接会影响系统的电耗。因此应在各方认可的设备运行状态下对电耗进行测量。

2. FGD 系统的运行状态

在测量系统电耗时，FGD 系统必须在设计的参数下运行且保持稳定。因为烟气量、烟气含硫量、脱硫率等的不同会影响增压风机的出力、循环泵的组合方式以及间歇运行设备的启停周期，从而影响测量结果。若实在无法满足设计条件，应对试验结果进行修正。

3. 增压风机的运行状态

增压风机是 FGD 系统耗电最大的设备。对于机组的整个烟气流程来讲，系统的阻力是由锅炉引风机和增压风机共同克服的。在试验期间，应维持锅炉引风机的出力与未投运 FGD 系统时的水平一致，做到 FGD 系统的阻力不多不少刚好由增压风机来克服。若增压风机开度偏小，则引风机的出力需增加，测量的 FGD 电耗会偏小；相反，若增压风机开度偏大，则引风机的出力可减少，测量的 FGD 电耗就会偏大。增压风机的合适出力可通过控制风机入口压力、旁路挡板压差等方式实现。

4. GGH 的运行状态

随着运行时间的延长，GGH 的阻力会不断增加，相应会增加增压风机的电耗。因此试验前各方应对 GGH 是否进行高压水的清洗等问题达成一致。

FGD 系统停运时电耗需在停运后进行，此时 FGD 系统内运行的设备主要有：FGD 烟气挡板密封风机及其加热器、各浆液箱罐如石灰石浆液罐、石膏浆液罐、球磨机循环箱、排水坑和吸收塔的搅拌器等。

（六）FGD 系统的能耗与压损

FGD 系统的能耗主要指系统工艺设计要求维持某一状态所需要的热能消耗量，典型的如用于脱硫后烟气再热的蒸汽耗量（对蒸汽再热器）或热烟气混合加热时所消耗的燃料量等，可根据相应的热力学参数计算出实际能量消耗。

蒸汽耗量与冷凝水流量相等，因此由 DCS 采集现场校验过的冷凝水流量计读数即可，也可在管道上安装流量孔板来测量。试验中需注意试验期间烟气量和烟气温度应保持稳定，加热器出口温度应达到设计值，并且试验前后凝结水箱的液位应保持一致，否则应进行修正。

FGD 系统总的压力损失 Δp（Pa）的计算式为

$$\Delta p = p_1 - p_0 + p_{BUF} \qquad (5-3)$$

式中　p_1——FGD 系统进口（FGD 增压风机入口）烟气全压平均值，Pa；

p_0——FGD 系统出口烟气全压平均值，Pa；

p_{BUF}——FGD 增压风机（如有）出口烟气全压平均值，Pa。

当不设增压风机时，FGD 系统的压损就等于进出口烟气压差。在实际工程中，进出口烟道截面高度会有不同，但由此产生的压力损失很小，式（5-3）有足够的精度；用烟气静压来计算也没有太大的误差。

同样，其他设备的压损如吸收塔压损、GGH 压损等，可由各自进出口的烟气全压差而得。

（七）GGH 泄漏率

参照锅炉空气预热器漏风率的定义，GGH 泄漏率可定义为漏入 GGH 净烟气侧的原烟气质量与进入 GGH 的净烟气质量之比。因 GGH 密封风机的空气量相对很小，可忽略不计，故 GGH 泄漏率的计算式为

$$A_L = (m_2 - m_1)/m_1 \times 100\% \text{ 或 } A_L = (m_0' - m_0'')/m_1 \times 100\%$$

式中　A_L——GGH 泄漏率，%；

m_1——GGH 净烟气入口烟气质量，kg/m³；

m_2——GGH 净烟气出口烟气质量，kg/m³；

m_0'——GGH 原烟气入口烟气质量，kg/m³；

m_0''——GGH 原烟气出口烟气质量，kg/m³。

如图 5-48 所示，根据 SO₂ 的质量平衡，可以得到

$$\Delta V C_{SO_2} + V_1 C_{1SO_2} = V_2 C_{2SO_2}$$

且有

$$\Delta V + V_1 = V_2$$

由此可得

$$\frac{\Delta V}{V_1} = \frac{C_{2SO_2} - C_{1SO_2}}{C_{SO_2} - C_{2SO_2}}$$

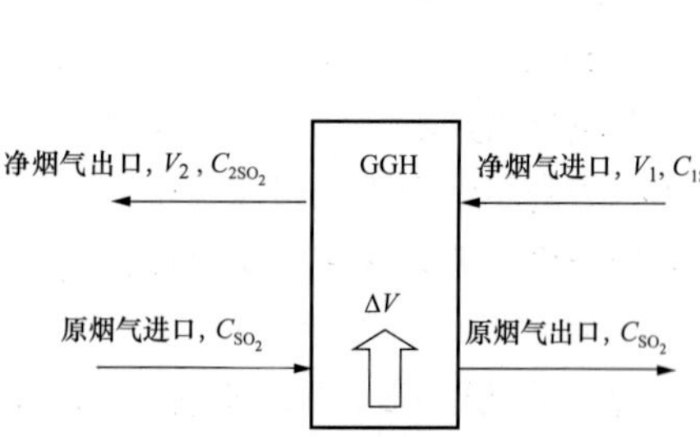

式中　ΔV——漏到净烟气侧的原烟气量，m³/h；

V_1——进入 GGH 净烟气侧的实际烟气体积，m³/h；

V_2——GGH 出口净烟气的实际烟气体积，m³/h；

图 5-48　GGH 进出口 SO₂ 的质量平衡

C_{SO_2}、C_{1SO_2}、C_{2SO_2}——原烟气、GGH 进口净烟气、GGH 出口净烟气中 SO₂ 的浓度，mg/m³。

以上均基于标准状态、实际湿烟气。

根据定义，GGH 的泄漏率可由 SO_2 浓度计算得到，即

$$A_L = \frac{\Delta V \rho}{V_1 \rho_1} \cdot 100\% = \frac{C_{2SO_2} - C_{1SO_2}}{C_{SO_2} - C_{2SO_2}} \cdot \frac{\rho}{\rho_1} \cdot 100\%$$

式中　ρ——漏到净烟气侧的原烟气密度，kg/m^3；

　　　ρ_1——进入 GGH 净烟气的密度，kg/m^3。

但在实际试验中，FGD 系统的脱硫率并非 100%，在吸收塔出口净烟气中仍有一部分 SO_2，由于 GGH 泄漏率很小（目前要求为 0.5% ~ 1.5%），加上吸收塔出口烟气水分很高（近饱和状态），SO_2 或多或少会有一部分溶于水中，这样测得的洁净烟气侧 GGH 出口 SO_2 浓度难以反映出原烟气的泄漏情况，泄漏率的准确性不能保证。用测量其他气体成分如 O_2、CO_2、N_2 等的浓度变化来计算泄漏率也很困难，因其在原烟气和净烟气中的浓度变化不大。因此必须另找一个合适的方法来测量 GGH 的泄漏率。脉冲示踪气体技术就是一种可用的方法。

该技术采用一定数量的 SF_6（或氦气）作为示踪气体，在 GGH 入口原烟气烟道某处的整个截面上快速、均匀地注入到烟气中，在 GGH 出口净烟气侧用专门仪器测量 SF_6 的浓度，如图 5 - 49 所示。由于有泄漏，首先会测到低浓度的泄漏到净烟气中的 SF_6 气体，其浓度出现第一个峰值；大部分示踪气体同烟气一起进入吸收塔，一定时间间隔后，会测得 SF_6 气体浓度的第二个峰值，如图 5 - 50 所示，这样，GGH 的泄漏率 A_L 可计算为

$$A_L = \frac{A_{leak}}{A_{main}} \times 100\%$$

式中　A_{leak}——泄漏的 SF_6 气体浓度曲线（第一个峰值曲线）所包的面积，$ppm \cdot s$；

　　　A_{main}——主 SF_6 气体浓度曲线（第二个峰值曲线）所包的面积，$ppm \cdot s$。

之所以选用 SF_6 气体作示踪气体，是因为 SF_6 在烟气中呈惰性，对人身和环境无害，并且极易被探测，其可测浓度可低至 1ppb（10^{-9}）。测得的 GGH 泄漏率可至（0.1 ± 0.02）%。

该测量系统主要由以下设备组成。

(1) 示踪气体注入枪和取样枪。注入枪和取样枪必须保证在整个烟道截面各个点上能同时、均匀地注入或取出示踪气体，其阻力要相同，确保每个点上注入和取样时间差在 0.1s 内。这需要在实验室里做大量的试验以选择合理的内部结构。

(2) 注入系统。为方便使用，采用管子作为示踪气体的储存箱。注入前预先设定示踪气体的压力，当气体通过注入枪进入烟道、压力降到某一值时，关闭气体，同时取出注入枪通大气，这样不会使枪内剩余的示踪气体再进入烟气中，从而能测得更明显的气体浓度脉冲曲线。通过调整压力设定，可以改变注入气体的体积和脉冲宽度，一般地，在 2.4 ~ 2.6s 内注入约 20L 的气体。

(3) 检漏仪。由于 SF_6 的负电特性，可以采用电子捕捉技术来测量低浓度的示踪气体，检漏仪包括加热器（用于防止气体冷凝）、低温泵、流量计、计时器以及数据处理设备。

为保证试验的准确性，要求两个浓度脉冲曲线尽可能没有重叠部分。一般地，这可以通过选择合适的注入和取样截面、足够数量的注入和取样点，使注入和取样均匀来达到。另外要注意注入枪和取样枪不能有堵塞，检漏仪及管线不要有积水。最后，由于该技术是采用"快照"的方式来测量的，因此有必要重复多次测量，直至得到足够的、可信的结果。

（八）其他数据

1. 石灰石湿式球磨机出力试验

测试之前对石灰石皮带秤进行标定，调整球磨机运行参数，旋流器溢流至石灰石浆液罐的浆液粒径、密度等到达设计要求后，球磨机进行连续 8h 以上的运行，通过 DCS 采集球磨机出力，取平均值。

2. FGD 装置各处的粉尘排放浓度

主要测量位置应为粉尘浓度较大的地方，对湿磨系统有石灰石破碎机附近、石灰石卸料间和石灰石卸料除尘器出口、输送皮带等处。对石灰石粉制浆系统主要有石灰石粉仓顶部、石灰石粉仓人孔门处、石灰石浆液箱顶部及石灰石粉卸车处等。其测量原理为：采用检验合格的粉尘取样器，抽取一定体积的含尘气体，将粉尘阻留在已知质量的滤膜上，由采样后滤膜的增量，求出粉尘浓度（mg/m³），可参见 DL/T 799.2—2002《电力行业劳动环境监测技术规范 第 2 部分：生产性粉尘监测》。

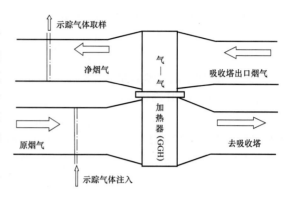

图 5 – 49 GGH 泄漏率测量示意

3. 噪声水平

声波是通过动量转移进行传播的，所以声波在传播过程中必然包含能量的传播，因此，某点声强为单位时间内，通过垂直于声波传播方向单位面积上声波的能量，单位为 W/m²，符号为 I。声强是度量声音强弱的物理量之一，声强大表明声音强。声强一般用声强级来度量，其计算式为

$$L_I = 10\lg \frac{I}{I_0}$$

式中　　L_I——声强级，dB；

$\quad\quad\quad I_0$——基准声强，$I_0 = 10^{-12}\,\mathrm{W/m^2}$。

引起人耳听觉的声强为 $10^{-12}\,\mathrm{W/m^2}$（听阈声强），被称为基准声强。

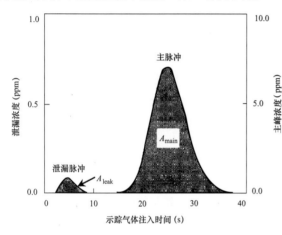

图 5 – 50 示踪气体浓度变化曲线

由于直接测量声强比较困难，通常测量声压。声压是指当声波传播时，在介质中产生以平均压力（如大气压力）为中心的疏密压力波动的大小。用声压与基准声压的比值平方的对数定义为声压级 L_p。

$$L_p = 10\lg \frac{p^2}{p_0^2} = 10\lg \frac{p}{p_0}$$

式中　　L_p——声压级，dB；

$\quad\quad\quad p$——声压，以均方根平均值（有效值）表示，Pa；

$\quad\quad\quad p_0$——基准声压，即频率为 1000Hz 引起正常人耳听觉的声压，$p_0 = 2 \times 10^{-5}\mathrm{Pa}$。

声压的值是随时间的起伏的，计算时以它的有效值表示，即

$$p = \sqrt{\frac{1}{T}\int_0^T p^2(t)\,\mathrm{d}t}$$

式中　　$p(t)$——瞬时声压；

$\quad\quad\quad t$——时间；

$\quad\quad\quad T$——声波完成一个周期所需的时间。

声音的大小决定于振幅（振幅大，空气被压缩量大），声压大，声音强。

将噪声的声压级经过计权网络处理得到声级。当噪声信号通过A计权网络计权后，得到A声级。实践证明，A声级基本上与人耳对声音的感觉相一致，用它来评价噪声的危害有很好的效果，所以目前普遍使用。

国际标准化组织（ISO）提出环境噪声标准，住宅区室外环境噪声允许标准基数为35～45dB（A）；车间（不同用途）噪声允许标准数为85dB（A）。我国卫生部与国家劳动总局规定，新建、改建工业、企业工人工作地点稳态连续噪声级不得大于85dB（A），对于现有工业、企业不得大于90dB（A），并逐步向85dB（A）过渡；并且每增加3dB（A），工作时间减半。

目前FGD系统中各设备的噪声都要求满足国家规定。在FGD系统性能试验时，在FGD系统满负荷及各设备正常运行的情况下，按合同选点测量。主要的测量点一般有：增压风机、石灰石磨机、氧化风机、循环泵（或烟气冷却泵）、真空泵、控制室办公楼及类似房间内等处。

采用的噪声测量仪表符合我国有关的标准，扣除的最大背景噪声为3dB（A）。

4. 散热损失保证值（保温表面温度）

在所有能够到达的保温表面，根据事先选定的测点，在FGD系统满负荷运行条件下，用表面温度传感器等仪器进行直接测量。

5. FGD增压风机效率

在FGD满负荷运行、正常积灰的条件下，增压风机的效率要达到保证值。试验可按DL/T 469—2004《电站锅炉风机现场试验规程》或按照其他如VDI2044《风机考核和性能测试方法》、ASME标准等进行。风机入口和出口截面压力和温度由安装的静压测管和热电偶进行采集，增压风机的电耗在6kV处用功率表测量。测量当地大气压，并在控制室通过DCS采集原烟气流量、各气体成分如O_2浓度等、增压风机动叶开度、转速。通过烟气流量和测得的风机全压，计算风机的净功率，再通过测量的电机电耗，计算或查得电机效率，计算风机的轴功率，从而计算出风机的全压效率。

6. 循环泵效率损失

采用运行仪表测量各泵的进出口压力、浆液的密度、吸收塔液位、电流和电压，在泵运行一定的小时数后（如8000h），在同样条件下（吸收塔液位和浆液密度相同）进行相同内容的测量，并进行比较。相对效率损失的计算式为

$$\Delta\eta = \left(1 - \frac{p_o - p_i}{p_{o0} - p_{i0}} \times \frac{I_0 V_0}{IV}\right) \times 100\%$$

式中　$\Delta\eta$——效率损失，%；

p_o、p_i——8000h后循环泵出、入口的压力，kPa；

p_{o0}、p_{i0}——性能测试时的循环泵出、入口的压力，kPa；

I、V——8000h后循环泵的输入电流、电压，A、kV；

I_0、V_0——性能测试时循环泵的输入电流、电压，A、kV。

7. 负荷调节范围及负荷变化率

根据合同要求，FGD系统及所属辅助设备的负荷调节一般应达到40% BMCR～100% BMCR（有不同的要求）调节范围。试验时采用标定过的运行仪表测量烟气流量，对烟气旁路挡板为全开/全关型的，通过调整增压风机导叶开度或调整机组负荷等方法来改变FGD系统的烟气流量；对烟气旁路挡板可调的，则可通过调节挡板开度来调节进入FGD系统的烟气量，由DCS采集运行数据（包括烟气流量、原烟气SO_2浓度、净烟气SO_2浓度、脱硫效率）来验证。同时可以考察FGD系统及所属辅助设备的负荷变化率。

该项试验可以在FGD系统调试中完成，各方认可即可。

五、计算修正

在 FGD 系统实际性能试验期间，锅炉负荷（烟气量）、烟气温度、烟气中 SO_2 含量等与设计值会有一定的偏差，因此 FGD 系统的一些重要保证值如脱硫率、粉耗、水耗、电耗、系统压损等应逐项换算到设计参数下的值。不同的脱硫厂家有不同的设计特点，不可能对这种换算提出一套通用的曲线或公式。脱硫厂家在合同中或性能试验前应提供其设计的 FGD 系统的修正曲线等资料，并得到有关各方事先的认可，在性能试验换算时就以此为依据。主要的性能试验修正曲线如表 5-27 所列。

表 5-27　　　　　　　　　　　FGD 系统性能试验主要的修正曲线

序　号	修　正　曲　线	序　号	修　正　曲　线
1	脱硫率—FGD 入口烟气量（负荷）	8	FGD 系统电耗—FGD 入口烟气量
2	脱硫率—FGD 入口 SO_2 浓度	9	FGD 系统电耗—FGD 入口 SO_2 浓度
3	石灰石粉耗—FGD 入口烟气量	10	FGD 压力损失—FGD 入口烟气量
4	石灰石粉耗量—FGD 入口 SO_2 浓度	11	再热器出口温度—FGD 入口烟气量
5	工艺水耗量—FGD 入口烟气量	12	再热器出口温度—FGD 入口烟气温度
6	工艺水耗量—FGD 入口 SO_2 浓度	13	石膏纯度—石灰石纯度
7	工艺水耗量—FGD 入口烟气温度	14	石膏纯度—烟尘浓度

图 5-51~图 5-54 给出了某 300MW 机组 FGD 系统典型的几个修正曲线例子，供参考。FGD 设计值为：烟气入口流量为 1201432m^3/h，SO_2 浓度为 1996mg/m^3（干态，6% O_2），原烟气温度为 120℃。

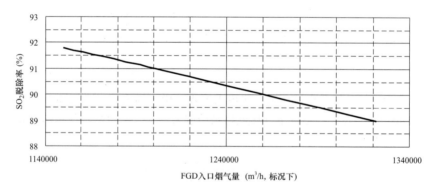

图 5-51　脱硫率与 FGD 入口烟气量的关系

六、性能试验报告

在完成性能试验后，应按要求编写试验报告。试验报告是 FGD 系统性能试验详细的技术性总结，其基本内容应包括：

（1）试验结果摘要。

（2）FGD 系统的概况，包括系统流程、设计数据、保证值等。

（3）试验目的、标准，试验日期、工作人员等。

（4）试验主要测点布置及试验工况。

（5）测量项目和详细的采样、分析方法、测试仪器及测试步骤。

（6）数据处理及试验结果的详细分析与讨论。对合同中要求的每个测试考核指标逐一分析比较，特别是对未满足保证值且有罚款条款的项目，一定要有足够的说明。

（7）性能试验结论与建议。

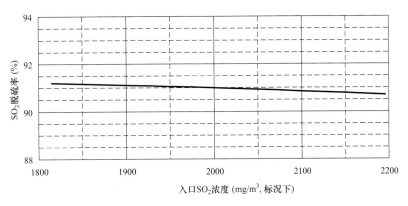

图 5－52　脱硫率与 FGD 入口 SO₂ 浓度的关系

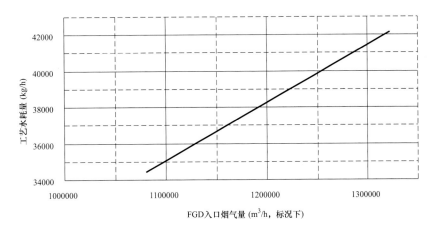

图 5－53　工艺水消耗量与 FGD 入口烟气量的关系

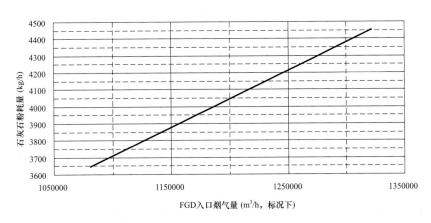

图 5－54　石灰石粉消耗量与 FGD 入口烟气量的关系

（8）附录。包括试验数据记录表、主要运行参数记录表、试验室化学分析结果、必要的计算过程、性能修正曲线、参加试验的单位及证明试验有效的签证等。

试验报告应由试验负责单位编写，征求各参加试验单位意见后，由试验负责单位技术负责人批准。在规定的时间内提交给电厂或 FGD 系统总承包商。

ASME 脱硫性能试验标准（ASME PTC40—1991）给出了在正常条件下各主要试验项目的不确定

度（Uncertainty），如表 5 – 28 中所列，供参考。不确定度分析是定量表达试验结果精确度的一种方法，读者可参考有关文献。作为一个完整的试验报告，应有结果的不确定度分析，但不确定度分析考虑的因素很多，目前在机组性能试验中还未开展此项工作。

表 5 – 28   FGD 系统主要试验项目的不确定度

序 号	试 验 项 目	不 确 定 度	序 号	试 验 项 目	不 确 定 度
1	脱硫率	±6%	5	电耗	±1%
2	脱硫剂耗量	±8%	6	热耗	±1%
3	钙硫比	±7%	7	机械能耗	±6%
4	工艺水耗量	±2%	8	石膏量	±2%

第六节　FGD 系统性能试验实例分析

本节主要以表 5 – 29 所列的湿法石灰石/石膏 FGD 系统的一些性能试验数据为例，来分析 FGD 系统性能试验反映的一些问题及应注意的事项。

表 5 – 29   FGD 系统例子

FGD 系统代号	机组容量	FGD 系统说明
FGD1	2×125MW	瑞明电厂，2 炉共用一套，2 台增压风机，GGH
FGD2	2×200MW	重庆电厂，2 炉共用一套，1 台增压风机，蒸汽再热
FGD3	2×125MW	连州电厂，2 炉共用一套，锅炉引风机代替增压风机，蒸汽再热
FGD4	1×200MW	北京石景山电厂，1 台增压风机，GGH
FGD5	1×300MW	沙角 A 厂 5 号机组，1 台增压风机，GGH

其中，沙角 A 厂 5 号机组 FGD 系统性能试验烟气系统现场测点的布置如图 5 – 55 所示，表 5 – 30 列出了现场测量的项目。

表 5 – 30   现场测量项目基本情况

位置序号	测点位置	测孔数	截面尺寸（mm）	测量项目
1	FGD 进口（风机入口）	6	6850×5000	SO_2、O_2、HCl、HF、粉尘、温度、静压、烟气流量
2	增压风机出口（GGH 原侧入口）	12	12014×4394	温度、静压
3	吸收塔进口（GGH 原侧出口）	9	9370×3230	温度、静压、烟气流速
4	吸收塔出口（GGH 净侧入口）	8	11600×3790	SO_2、O_2、液滴含量、温度、静压、烟气流速
5	净烟气 GGH 出口	12	12014×4300	SO_2、O_2、温度、静压、烟气流速
6	FGD 出口	4	4780×5600	SO_2、O_2、NOx、HCl、HF、粉尘、温度、静压、烟气流量

一、烟气中 O_2 含量

图 5 – 56 为性能试验时 FGD 入口烟道不同测孔和深度的原烟气中 O_2 浓度的实测值。对于单炉单

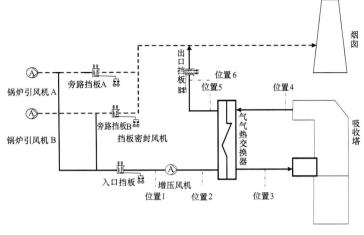

图 5－55　FGD5 性能试验测点位置示意

FGD 系统来说，由于 FGD 系统位于引风机后，且经增压风机混合，原烟气中的 O_2 应该是比较均匀的，如 FGD4 系统。2 台锅炉共用的 FGD 系统，则视 2 台锅炉的燃烧情况，烟气中 O_2 有均匀的（如 FGD2、FGD3），也有差别很大的（如 FGD1）。为区分各个数据点，图中每个测孔对应的不同深度的测点用测孔序号附近的数来作横坐标，如图 5－56 中的 FGD4 的数据中，烟道测孔序号 1 左右的 0.8、0.9、1、1.1 对应了 4 个不同深度，用图例 1～4 来区分，实际上都是 1 号测孔用网格法确定的高度方向上的测点。测孔序号按烟气流动方向从左到右排列。后面各图都作了同样的处理。

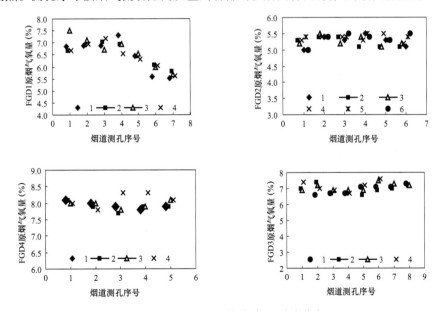

图 5－56　FGD 入口原烟气中 O_2 浓度分布

　　FGD 再热器后净烟气中的 O_2 含量，如图 5－57 所示，同样有分布比较均匀的，也有相差较大的。

　　表 5－31 和表 5－32 是 FGD5 系统进出口氧量测量的正式试验结果，共进行了 2 次，分别为工况 1 和工况 2，机组负荷对应为 296 和 291MW。可见，无论在 FGD 系统的进口还是出口，氧量的分布都是较为均匀的，且与 CRT 上显示的相差并不悬殊。出口处均匀是与测点位置有关，位置 6 前后直

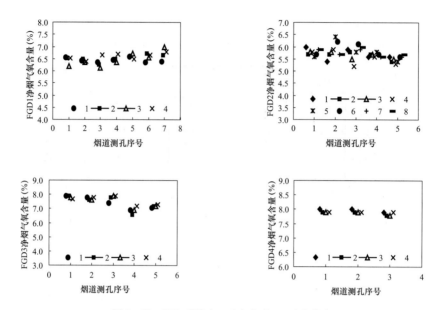

图 5 – 57   FGD 系统出口净烟气中 O_2 浓度分布

管段很长，烟气已充分混合。

表 5 – 31   FGD5 进口氧量测量结果（位置 1）   （%）

工 况	测 孔	1	2	3	4	5	6
1	0.9m 深处	5.6	5.7	5.6	6.0	5.8	5.8
	1.5m 深处	5.6	5.7	5.5	5.7	5.8	5.9
	2.1m 深处	5.4	5.7	5.7	5.9	5.6	5.8
	2.7m 深处	5.5	5.6	5.6	5.7	5.5	5.7
	3.3m 深处	5.4	5.6	5.8	5.6	5.8	5.5
	3.9m 深处	5.5	5.4	5.8	5.7	5.9	5.6
	4.5m 深处	5.6	5.3	5.7	6.0	5.8	5.7
	实测平均	5.67		CRT 显示		5.51	
2	0.9m 深处	5.3	5.6	5.5	5.2	5.4	5.4
	1.5m 深处	5.2	5.5	5.5	5.4	5.3	5.6
	2.1m 深处	5.4	5.6	5.6	5.3	5.3	5.6
	2.7m 深处	5.8	5.8	5.7	5.4	5.4	5.6
	3.3m 深处	5.9	5.7	5.6	5.5	5.3	5.4
	3.9m 深处	5.8	5.6	5.4	5.4	5.4	5.4
	4.5m 深处	5.4	5.4	5.3	5.3	5.5	5.6
	实测平均	5.48		CRT 显示		5.99	

表 5-32 FGD5 出口氧量测量结果（位置6） （%）

工 况	测 孔	1	2	3	4
1	0.9m 深处	5.6	5.5	5.6	5.8
	1.5m 深处	5.4	5.4	5.4	5.8
	2.1m 深处	5.7	5.6	5.3	5.7
	2.7m 深处	5.4	5.6	5.7	5.8
	3.3m 深处	5.6	5.5	5.5	5.9
	3.9m 深处	5.6	5.6	5.6	5.6
	4.5m 深处	5.5	5.4	5.4	5.7
	平均	5.58	CRT 显示		5.66
2	0.9m 深处	5.6	5.6	5.8	6
	1.5m 深处	5.6	5.5	6	5.8
	2.1m 深处	5.6	5.7	5.6	5.6
	2.7m 深处	5.7	5.7	5.4	5.5
	3.3m 深处	5.7	5.5	5.5	5.6
	3.9m 深处	5.8	5.9	6.2	5.7
	4.5m 深处	5.8	5.9	6.1	5.9
	平均	5.74	CRT 显示		6.03

二、烟气中 SO_2

与烟气中 O_2 含量相比，FGD 入口原烟气中的 SO_2 浓度更为均匀，如图 5-58 所示（标态、6% O_2）。对 2 台锅炉共用的 FGD 系统，若各锅炉排放的 SO_2 浓度有较大不同，则 FGD 入口 SO_2 浓度的分布情况视烟气混合情况而定，这与 O_2 分布类似。

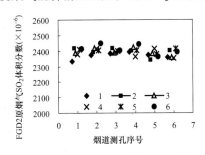 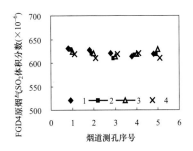

图 5-58 FGD 系统原烟气中 SO_2 浓度

但是对于 FGD 系统出口净烟气，情况有很大不同，图 5-59 表明，净烟气中 SO_2 的分布是十分不均匀的。因烟气经过吸收塔时，在塔内截面上流场难以均匀，SO_2 的吸收情况不会相同，故在吸收塔后，若取样点前后的直管段较短，烟气还未混合均匀，则 SO_2 的分布也将不均。在第二章中，我们也看到了 AE&E 公司在吸收塔后 SO_2 的分布不均的模拟和实测结果。当取样点前后的直管段越长，其均匀性自然越好，FGD5 的数据充分表明了这一点，见表 5-33。

表 5-33 是满负荷时 FGD5 进出口 SO_2 浓度分布的两次测量结果。锅炉烟气在经过电除尘器、引风机及较长烟道后，在增压风机进口的整个断面，SO_2 浓度的分布已十分均匀。表 5-34 是 FGD5 出口位置 6 的 SO_2 浓度分布的 2 次测量结果，可见在 FGD 系统出口的整个断面，SO_2 浓度的分布也相对较为均匀了。

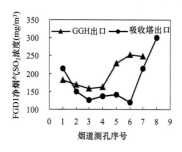

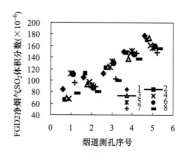

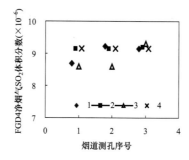

图 5－59 FGD 系统出口净烟气 SO_2 的分布

表 5－33 　　　　　　　　　　　**FGD5 原烟气 SO_2 浓度测量结果（实际 O_2，位置 1）**　　　　　　　　　mg/m³

工　况	测　孔	0.9m 深处	2.5m 深处	4.1m 深处	平均
1	1	2054	2090	2093	2079.00
	2	2095	1978	2038	2037.00
	3	2013	2039	2076	2042.67
	4	2004	2098	2153	2085.00
	5	2076	2094	2057	2075.67
	6	2067	2145	2075	2095.67
	平均	2051.50	2074.00	2082.00	2069.17
2	1	1766	1865	1932	1854.33
	2	1942	1723	1964	1876.33
	3	1963	1803	1887	1884.33
	4	1952	1925	1920	1932.33
	5	2108	1945	1961	2004.67
	6	2073	1910	1974	1985.67
	平均	1967.33	1861.83	1939.67	1922.92

　　在负荷为 296MW 时，对净烟气 GGH 入口位置 4 及 GGH 出口位置 5（离 GGH 很近）进行的 SO_2 浓度测量表明，吸收塔出口呈现出烟道两侧烟气中 SO_2 浓度高、中间低的趋势；经过 GGH 后，GGH 出口仍然是两侧烟气的 SO_2 浓度高于中间的烟气，如图 5－60 和图 5－61 所示。由于 GGH 出口位置 5 和 FGD 出口位置 6 之间烟道较长，还存在多个弯烟道，因而在 FGD 出口的整个断面处，烟气已基

本混合均匀，SO_2 浓度的分布也较为均匀。

表 5-34　　　　　FGD5 出口烟气 SO_2 浓度二次测量结果（实际 O_2，位置 6）　　　　mg/m^3

工　况	测 孔	0.9m 深处	2.5m 深处	4.10m 深处	平　均
4 台循环泵运行	1	79	52	48	59.67
	2	64	80	55	66.33
	3	47	65	57	56.33
	4	52	60	50	54.00
	平均	60.50	64.25	52.50	59.08
3 台循环泵运行	1	123	136	146	135.00
	2	117	134	121	124.00
	3	118	108	120	115.33
	4	142	150	147	146.33
	平均	125.00	132.00	133.50	130.17

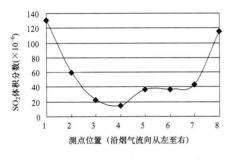

图 5-60　净烟气 GGH 入口 SO_2 浓度分布

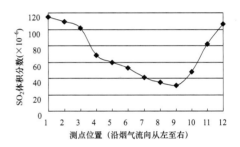

图 5-61　净烟气 GGH 出口 SO_2 浓度分布

图 5-62 是太原一热水平流 FGD 吸收塔除雾器出口各测点处三次 SO_2 浓度的测量结果。由图可知，在除雾器出口处 SO_2 浓度的分布是不均匀的。

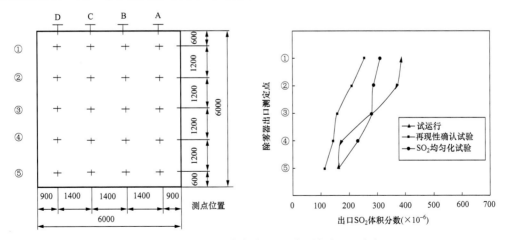

图 5-62　FGD 吸收塔除雾器出口各测点处 SO_2 浓度

三、烟气温度

大量锅炉试验表明，对于单台锅炉来说，锅炉尾部烟道引风机后原烟气温度是十分均匀的，因此 FGD 系统入口的原烟气温度自然均匀；但对 2 炉共用的 FGD 系统，FGD 入口处原烟气温度是否均匀取决于 2 股烟气的温度及烟气混合后烟道的情况。FGD1 系统不同温度的烟气混合后烟道很短，FGD 入口温度十分不均，有明显的一边高一边低的规律；而 FGD3 系统 2 台炉的烟气混合后烟道较长，FGD 入口温度就比较均匀了，如图 5-63 所示。

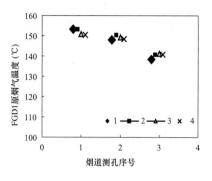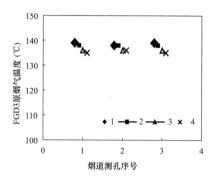

图 5-63　FGD 系统入口原烟气温度的分布

烟气经吸收塔后，此时烟气中的水蒸气基本上达到饱和状态，其温度是很均匀的，大量的测试结果都证明了这一点。图 5-64 中各点温度最大相差 3℃ 左右，CRT 上的温度能反映实际烟温。

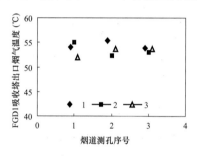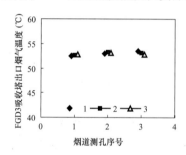

图 5-64　FGD 吸收塔后烟气温度的分布

大量的实测结果表明，对于再热器后的烟温，除非测点离再热器后有足够的距离，烟气得以充分混合（如 FGD2 及下述的 FGD5 系统），加热后的温度分布一般是十分不均匀的，最高温度与最低间相差达 17℃ 以上，如图 5-65 所示。比较实际测量结果与 FGD 的 CRT 上显示的数值，两者数据也相差很大。

图 5-65 中 FGD2 和 FGD3 系统都是采用蒸汽来加热脱硫后烟气的。试验结果说明，在实际运行中，再热器后烟温都达不到设计要求（80℃ 以上）。分析主要有以下两个原因。

（1）加热蒸汽流量偏小，参数（压力、温度）比设计值低，造成再热器换热量不足而使烟温不够。而此时蒸汽至 FGD 加热器的所有手动门、电动门、调节门已全开。

（2）污垢热阻增大。换热器运行一段时间后，表面会积起水垢、石膏浆液、烟灰之类的覆盖物垢层等，所有这些垢层都表现为附加的热阻，使传热系数变小，换热器性能变差，有时会成为传热过程的主要热阻。在连州电厂的 FGD 系统上，检查再热器，发现管壁上积有许多层垢。

表 5-35～表 5-40 是 FGD5 系统内各测量位置（见图 5-55）的温度分布。试验在满负荷（工况 1 负荷为 298MW，工况 2 负荷为 301MW）下进行了两次，从表中的结果看，在 FGD 进口（增压风机入口，位置 1）、增压风机出口（位置 2）处，各温度分布基本均匀；经 GGH 后到吸收塔进口（位置 3），烟温分布变得不均，最大相差 20℃。烟气经过吸收塔后，在塔出口即 GGH 净烟气入口（位置 4）处，各温度分布十分均匀，最大温差不到 2℃。在 GGH 净烟气出口（垂直烟道，位置 5）处，对于每一测孔，其不同深度的烟温基本均匀，但不同测孔的温度从左至右明显逐步降低，测孔 1

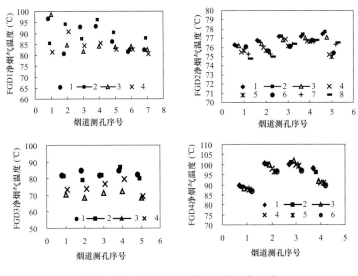

图 5-65 FGD 出口再热器后净烟气温度

的平均温度为 101.0℃，测孔 12 的平均温度只有 86.0℃，两者相差 15℃，图 5-66 更直观地反映了这一点。而到了 FGD 出口（位置 6），因烟道足够长，烟气已充分混合，故各测点温度十分均匀了，相差只在 1℃ 以内。CRT 上温度和实测值相比较，仅增压风机出口温度偏低，其余均十分接近。

表 5-35　　　　　　　　　FGD5 进口烟气温度测量结果（位置 1）　　　　　　　　　　℃

工 况	测 孔	1	2	4	5	6
1	0.5m 深处	120.4	118.9	120.8	119.1	122.3
	1.3m 深处	120.1	118.4	120.4	118.8	121.7
	2.1m 深处	–	120.1	101.5	116.9	108.8
	2.9m 深处	120.9	116.2	118.8	123	119.1
	3.7m 深处	120.4	119.6	117.9	121.3	119.0
	4.5m 深处	114.9	111.5	114.2	120.6	115.2
	实测平均	118.3		CRT 平均		118.9
2	0.5m 深处	121.0	120.9	121.4	121.8	121.2
	1.3m 深处	119.8	120.5	121.0	121.6	121.0
	2.1m 深处	120.0	120.2	119.9	121.2	120.8
	2.9m 深处	121.3	121.5	121.8	122.0	121.3
	3.7m 深处	120.7	120.8	121.5	121.6	121.0
	4.5m 深处	120.3	120.8	121.0	121.2	121.2
	实测平均	121.2		CRT 显示		121.3

表 5-36　　　　　　　　　FGD5 增压风机出口烟气温度测量结果（位置 2）　　　　　　　　　℃

工况	测孔	2	3	4	5	6	7	8	9	10	11	12
1	1m 深处	124.4	126.2	121.7	125.2	126.5	125.1	124.9	124.9	124.9	125.9	124.9
	2m 深处	125.6	125.4	125.4	—	126.5	126.5	126.1	124.6	125.2	125.4	—
	3m 深处	—	124.3	124.7	126.4	—	126.4	123.2	126.1	125.7	125.9	127.2
	实测平均				125.5		CRT 显示				123.4	
2	1m 深处	128.8	129.6	—	128.1	129.7	129.5	129.4	129.8	131.1	129.6	130.9
	2m 深处	128.6	128.9	128.4	—	129.9	130.8	130.2	130.7	131.0	131.2	—
	3m 深处	—	129.1	127.9	128.8	129.4	130.3	122.4	131.6	131.1	131.4	131.3
	实测平均				129.6		CRT 显示				120.3	

表 5-37　　　　　　　　　FGD5 吸收塔进口烟气温度测量结果（位置 3）　　　　　　　　　℃

工况	测孔	2	4	6	8	9
1	1m 深处	62.3	72.1	78.2	68.2	67.9
	2m 深处	77.4	76.9	78.7	82.4	—
	3m 深处	78.9	77.7	80.2	81.3	82.5
	实测平均		76.0		CRT 显示	75.8
2	1m 深处	72.8	75.3	79.0	67.9	69.4
	2m 深处	76.9	76.7	78.9	83.8	—
	3m 深处	78.4	75.7	80.6	82.4	83.7
	实测平均		77.2		CRT 显示	76.9

表 5-38　　　　　　　　　FGD5 吸收塔出口烟气温度测量结果（位置 4）　　　　　　　　　℃

测孔	1	3	5	8
1m 深处	48.4	47.3	47.9	47.7
2m 深处	47.8	48.0	49.2	49.1
3m 深处	49.2	49.2	49.7	48.9
实测平均		48.5	CRT 显示	46.1

表 5-39　　　　　　　　FGD5GGH 出口烟气温度测量结果（位置 5，工况 2）　　　　　　　　℃

测孔	1	2	3	4	5	6	7	8	9	10	11	12
0.6m 深处	97.2	96.2	95.1	95.0	92.8	93.0	92.2	90.5	89.3	87.3	87.5	—
1.2m 深处	100.9	98.9	97.3	95.5	94.1	93.5	91.4	90.3	88.2	86.9	88.1	86.7
1.8m 深处	102.1	100.8	98.0	97.6	95.2	94.9	93.6	90.6	88.9	86.9	88.4	86.4
2.4m 深处	102.4	101.2	99.2	97.3	95.3	93.2	92.1	90.3	88.6	87.5	87.9	84.3
3m 深处	102.5	101.5	99.4	97.3	95.3	94.2	93.4	90.7	88.7	88.3	87.5	86.2
实测平均			93.1			CRT 显示			92.6			

表 5 – 40　　　　　　　　　　FGD5 出口烟气温度测量结果（位置 6）　　　　　　　　　　　℃

工　况	测孔	1	2	3	4
1	0.5m 深处	91.2	92.2	92.0	91.7
	1.3m 深处	91.8	93.0	92.6	92.0
	2.1m 深处	91.6	92.6	92.4	92.0
	2.9m 深处	91.8	92.3	92.0	91.9
	3.7m 深处	92.2	92.8	92.4	92.4
	4.5m 深处	92.0	92.6	92.4	92.2
	实测平均	92.3	CRT 显示		91.0
2	0.5m 深处	91.6	91.7	91.8	91.8
	1.3m 深处	91.9	92.3	92.4	92.2
	2.1m 深处	91.7	92.1	92.0	92.3
	2.9m 深处	91.5	91.6	92.0	92.0
	3.7m 深处	91.9	92.0	92.5	92.5
	4.5m 深处	91.9	92.3	92.5	92.5
	实测平均	92.1	CRT 显示		92.3

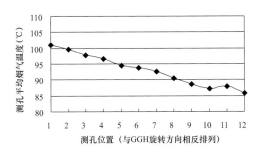

图 5 – 66　洁净烟气 GGH 出口烟温测量结果（表 5 – 39）

四、烟气流速

实际试验表明，无论是 FGD 系统入口还是出口，大尺寸烟道的速度场总是十分不均匀的，这从图 5 – 67 可看出。当测点前后的直管段足够长时，烟气速度分布会均匀些，见表 5 – 41 和表 5 – 42 中所列 FGD5 出口（位置 6）的烟速分布。

表 5 – 41　　　　　　　　　　FGD5 出口烟气速度测量结果（位置 6）　　　　　　　　　　m/s

机　组　功　率	测孔	1	2	3	4
298MW	0.8m 深处	14.71	16.11	16.11	15.19
	1.6m 深处	19.98	15.65	14.71	14.71
	2.4m 深处	17.40	15.65	14.71	13.69
	3.2m 深处	16.11	15.19	15.65	14.21
	4.0m 深处	16.11	16.11	15.65	13.15
	平均			15.39	
301MW	0.8m 深处	15.68	15.68	16.13	15.21
	1.6m 深处	17.01	14.73	15.68	14.73
	2.4m 深处	16.13	15.68	15.21	14.73
	3.2m 深处	16.13	15.21	14.73	14.23
	4.0m 深处	15.68	14.73	15.68	13.71
	平均			15.33	

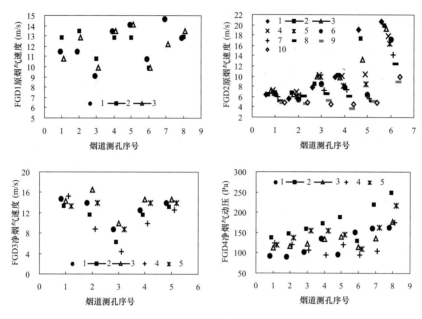

图 5 - 67　FGD 系统烟道内的速度场

表 5 - 42	FGD 出口烟气速度测量结果（位置6，210MW）			m/s
测　孔	1	2	3	4
0.5m 深处	10.71	11.36	11.68	10.37
1.2m 深处	11.36	11.68	11.04	10.71
1.9m 深处	11.36	11.04	10.71	10.71
2.6m 深处	11.98	10.71	11.04	10.71
3.3m 深处	10.71	10.71	10.71	9.66
4.0m 深处	11.04	10.71	10.71	10.37
平均	10.91			

五、烟尘浓度

与烟道速度场一样，烟气中的烟尘含量分布也是十分不均匀的，图 5 - 68 反映了这一点，图中每个测孔所对应的数据是该测孔各点的平均值。

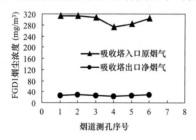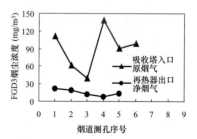

图 5 - 68　烟气中的烟尘含量分布

六、其他

表 5 - 43 是三个 FGD 系统性能试验时测得的 FGD 系统进出口 HCl、HF、SO_3、粉尘浓度（标态、干、$6\% O_2$）及各自的脱除率。从表中数据可看出，对 HCl，其脱除率为 81.0% ~ 93.7%，HF 的脱

除率为 70.2% ~92.6%，SO_3 的脱除率达 89% 以上，粉尘的脱除率为 82.9% ~91.0%。各成分的脱除率都比较高且范围变化大，一个主要的原因是 FGD 出口各成分浓度本身就低，要取得准确的样品比较困难，实际试验时 HCl、HF、SO_3 只选取一二个测孔取样分析，因此这些气态污染物的脱除率数据仅供参考。

表 5－43　　　　　　　FGD 系统进出口 HCl、HF、SO_3 和粉尘浓度及各自的脱除率

FGD 系统	HCl 浓度（mg/m³）		脱除率（%）	HF 浓度（mg/m³）		脱除率（%）	SO_3 浓度（mg/m³）		脱除率（%）	粉尘（mg/m³）		脱除率（%）
	进口	出口		进口	出口		进口	出口		进口	出口	
FGD1	8.74	0.63	92.8	24.33	1.86	92.4	未　测			299.9	27	91.0
	9.43	0.59	93.7	26.21	1.94	92.6						
FGD2	40	<5	>87.5	2.2	<0.2	>89.5	14.9	1.6	89.3	81.1	~1.05（CRT 显示）	—
							16.5	1.2	92.7			
	49			1.9			17.3	1.2	93.1			
FGD5	31.26	6.89	78.0	2.95	0.59	80	未　测			108.17	13.45	87.6
	56.72	7.33	87.1	2.08	0.62	70.2				75.61	12.93	82.9

　　粉尘的脱除率是湿法 FGD 系统中关心的一个问题，在大多数性能试验中，尽管进行了此项测试，但工况数不够多。在山西太原一热 16 号 50MW 机组 FGD 系统中，山西省环境监测中心进行过较多的现场性能测试，其数据有一定的说服力，见表 5－44。16 号 FGD 系统为典型喷淋塔，设有 3 层喷淋层，总有效高度为 24.4m，塔径为 6.0m，下部浆池直径为 8.0m，液面高度为 7.5m。主要设计数据如下：FGD 入口烟气量为 255000m³/h，入口 SO_2 浓度不大于 5714mg/m³，入口烟气温度为 120 ~140℃，入口粉尘不大于 300mg/m³，液气比为 16L/m³，Ca/S 不大于 1.04，塔内烟气流速为 2.51m/s；脱硫率不小于 90%，出口粉尘不大于 50mg/m³。测试期间机组负荷为设计负荷的 82% ~100%，锅炉出力在设计出力的 79% ~97% 之间。表 5－44 中的平均数据表明，喷淋塔的除尘率与多种因素有关，如烟气量、入口粉尘浓度等。测试数据变化范围很大，粉尘脱除率低至 40.2%，高至 96.8%，平均为 75.7%。

　　吸收塔的除尘机理主要有以下几方面：① 惯性碰撞作用。喷淋形式的液滴与烟气接触，尘粒与分散在气流中的水滴发生有效碰撞，并被黏附于水滴上而分离出来，该过程与尘粒和水滴间的相对速度有关。在喷淋塔中，尘粒和水滴逆向接触，相对速度一般大于 2m/s，非常有利于尘粒和水滴的黏附。② 液滴对尘粒的拦截作用。取决于液滴粒径的大小，粒径越小拦截作用越强。③ 除雾器的捕集作用。尘粒和水滴在上升过程中与除雾器表面撞击而凝聚，气流通过曲折的挡板，流线多次偏转，动能大幅度下降，尘粒和水滴由于惯性撞在挡板上被捕集下来。④ 增湿作用。在吸收塔中，粉尘的湿度增加，尘粒之间发生凝聚作用，有利于尘粒的捕集分离。

表 5－44　　　　　　太原一热 16 号 FGD 系统粉尘脱除率的测试结果

项　目	处理烟气量（m³/h）	FGD 入口粉尘（mg/m³）	FGD 出口粉尘（mg/m³）	除尘效率（%）
1	305238	145	95.2	40.2
2	321724	263	105	65.1
3	296413	251	90.6	65.7
4	285415	378	55.1	85.5
5	282039	192	25.5	86.9
6	284247	248	74.8	70.8

续表

项　目	处理烟气量（m³/h）	FGD 入口粉尘（mg/m³）	FGD 出口粉尘（mg/m³）	除尘效率（%）
7	279822	351	36.9	89.6
8	286010	251	61.8	76.2
9	281436	428	42.3	90.5
10	282104	712	23.5	96.8
11	290018	198	53.4	74.2
12	283568	195	16.5	91.7
13	295891	220	104	55.0
14	293028	266	72.2	74.5
15	292919	264	78.4	72.1
平均值	290658	291	62.4	75.7

对 FGD 系统进出口处烟气中 NO_x 浓度的测试分析表明，两者数据基本相同，这表明石灰石/石膏湿法 FGD 系统对 NO_x 没有脱除作用，主要原因是 NO_x（NO）是一种几乎不溶于水，不与酸、碱发生化学反应的中性气体，要脱除它还需其他方法才行。

分析众多 FGD 系统的性能试验实测数据，可得到如下一些结果。

（1）在几乎所有的电厂进行 FGD 系统性能试验时，都不会在 FGD 系统的设计工况即 BMCR 下进行，最多为 ECR 工况，因此很多重要考核指标都要进行修正。为尽可能地减少由于修正而引起的争议，电厂在进行试验时应尽量燃烧接近于 FGD 设计煤种的燃料，保持高的稳定负荷，保持 ESP 的良好运行状态，同时石灰石（粉）的质量要有保证。试验一定要在关旁路挡板下进行，否则试验没有意义。试验前对试验方案要进行详细讨论，各方达成一致意见，如测量方法、修正方法等。

（2）在大多数情况下，FGD 系统进口烟气成分如（SO_2、O_2 等）是均匀的，可用代表点法测量。

（3）吸收塔出口、GGH 净烟气出口的烟气成分一般是十分不均匀的，SO_2、O_2 等必须用网格法测量。

（4）烟气速度、粉尘浓度都十分不均匀。吸收塔出口烟气温度基本均匀，但加热后的烟气温度各测点相差悬殊，相差达20℃以上，必须用网格法测量。

（5）除雾器出口液滴含量分布十分不均匀，需用网格法测量，测量时不应进行冲洗。

（6）FGD 系统出口的 HCl、HF、SO_3 等成分含量较少，可以不用作为 FGD 系统性能测试项目。

因此，在 FGD 系统性能试验过程中，应根据各个测试参数的不同位置、不同分布及重要程度等实际情况，选择测试项目及合适的测试方法，在保证取得准确、真实的数据的基础上，减少不必要的工作。性能试验的结果可为综合评价整个 FGD 系统的性能提供可靠的依据，同时可以校正 CRT 上显示的数值与实际值的差别，为 FGD 系统的日常运行提供很好的指导。

第六章
FGD 系统的运行

第一节　FGD 系统的状态划分与启动前工作

一、FGD 系统的状态划分

FGD 系统的状态大致可分为四种：正常运行状态、短时停运状态、短期停运状态和长期停运状态。正常运行状态是指 FGD 系统稳定地运行，各参数正常调整，各设备正常启停和切换。短时停运主要停运烟气系统增压风机，烟气短时间内走旁路，其余设备正常运行或处于随时启动状态，一般停运时间在 24h 内，FGD 系统可快速启动。短期停运是指停运时间在 1 ~ 7d 或更长时间，FGD 系统主要设备或机组临时检修，FGD 制浆系统、脱水系统、废水处理系统等基本停运。长期停运指 FGD 各系统完全停运，原则上，除了事故浆液箱和事故浆液箱搅拌器以外，所有的设备都停运并且所有的管道和容器都被清空，有些公共设备例如补给水泵、空气压缩机、干燥机如果有必要的话可运行；长期停运状态一般指 FGD 系统及锅炉 A、B 检修（大、小修）时的状态，停运时间在 7d 以上。

表 6－1 给出了 FGD 系统四种运行状态的大致划分及相应的锅炉运行状态。需要说明的是，FGD 系统短时停运与短期停运的停运时间及各设备状态是相对的，短期停运的停运时间及停运设备更多些，它与短时停运的最大区别在于它有时不能随时启动。有些划分将短时停运与短期停运合为一起，通称"短期停运"。

表 6－1　　　　　　　　　　　　　　FGD 系统状态划分

序号	状态	主要停运设备	运行设备	锅炉主要状态	停运时间
1	正常运行	备用设备和检修设备	运行烟气脱硫系统的所有设备	正常运行	0
2	短时停运	增压风机、循环泵、氧化风机等大容量辅机设备（有时仅增压风机停运）	浆液系统保持循环运行	夜间或周末停机，低负荷投油或正常运行	小于 24h
3	短期停运	增压风机、再热器、循环泵、氧化风机、脱水系统、制浆系统及浆液输送管线、废水系统等大部分系统	公用系统、防止浆液沉淀的设备（各浆液箱、罐搅拌器）等	正常运行或临时检修等	1 ~ 7d 或更长
4	长期停运	除事故浆液罐外的各浆液箱、罐等容器清空；除事故浆液罐搅拌器外的几乎所有辅机设备停运	事故浆液罐搅拌器、烟气挡板密封风机（根据需要）	锅炉 A、B 级检修（大、小修）或 FGD 系统大修	大于 7d

二、FGD 系统启动前的检查

FGD 系统停运后，尤其是经长期停运后，再次启动前要对整个系统进行全面细致的检查，检查内容包括现场各种设备、电气、热工、各种测量仪表等。这里以 FGD 系统长期停运后（如大修后）启动为例，介绍启动前的各项工作。由于各个电厂 FGD 系统的设计、设备千差万别，因此下述内容包括本章后面的一些内容仅供参考。

（一）一般性检查

（1）全部的检修工作票已终结，检修工作已全部结束；脚手架拆除，各通道、栏杆、楼梯完好畅通，各沟盖板齐全并盖好，各烟道、管道完好，保温齐全；各设备及构架等处油漆无脱落现象，新更换的管道油漆颜色应符合要求，各种流程标志方向正确；所有设备齐全、完好，现场无杂物。

（2）烟道、地沟、排水坑、罐、仓、吸收塔等内部已清扫干净，无杂物，内部防腐层应完好无脱落，各人孔门、检查孔检查完毕后应严密关闭。

（3）所有机械、电气设备的地脚螺栓齐全牢固，防护罩完整，连接件及紧固件安装正常；各手动门、电动门、调节门开关灵活，指示准确，CRT 显示应与就地指示相符。

（4）DCS 系统投入，各系统仪用气源、电源投入，各组态参数正确，测量显示及调节动作正常。

（5）就地显示仪表、变送器、传感器工作正常，初始位置正确；压力、压差、温度、液位、料位、流量、浓度及 pH 计、CEMS 等测量装置应完好并投入，就地控制盘及所安装设备工作良好，指示灯试验合格。

（6）配电系统表计齐全完好，开关柜内照明充足，端子排、插接头等无异常松动和发热现象。

（7）开关、接触器及各种保险管齐全完好，保险的规格与设计值相符；各种开关的分合闸指示明显、正确，分合闸试验合格；空间加热器投入，各电机绝缘合格。

（8）电气各变压器及母线运作正常，各电动机绝缘合格。

（9）所有设备就地，具有完整清晰的标志牌（名称及 KKS 号）。

（10）锅炉及厂内水系统已具备向 FGD 系统供汽、供水条件。

（二）转动机械检查通则

（1）减速器、轴承油室油位正常，油镜清晰，油质良好，有高低、正常油位标志；轴承带油良好，用润滑油脂润滑的轴承，应有足够的油脂；手拧油杯应灵活。

（2）各设备的油质良好，油位计及油镜清晰完好，各油箱油位在正常范围以内；电加热器完好，油过滤器安装正确，切换灵活。

（3）联轴器连接牢固，旋转灵活无卡涩；地脚螺栓紧固，保护罩安装完整、牢固。

（4）转动机械周围应清洁，无积油、积水及其他杂物。

（5）电动机绝缘合格，电源线、接地线连接良好，旋转方向正确；电流表、启、停开关指示灯应完好，电流表应标有额定电流红线。

（6）轴承及电动机绕组温度测量装置完好、可靠。

（7）各冷油器冷却风机进、出口管路畅通，连接牢固。

（8）各传动皮带轮连接牢固，皮带无打滑、跑偏现象。

（9）各事故按钮完好并加盖。

（三）烟气系统的检查

1. 烟气挡板及密封风系统的检查

（1）FGD 进、出口烟气挡板和旁路挡板安装完好，旁路挡板应开启，进、出口烟气挡板应关闭，挡板的插销拔下（为安全起见，旁路挡板的插销可在烟气系统启动后，准备关闭旁路烟气挡板时拔下）。

（2）各挡板电动或气动、弹簧执行装置应完好，连杆、拐臂连接牢固，在就地用手摇各挡板应开关灵活，无卡涩现象，挡板开关位置指示正确。

（3）挡板的密封风机外形完好，旋转灵活，无卡涩现象；密封风机地脚螺栓牢固，保护罩完整牢固；密封风机的进、出口管道应安装牢固；密封空气进气电动门、冷烟气进气电动门应关闭，其电加热装置完好并处于停运状态。

（4）各挡板密封装置完好，密封管道畅通；各膨胀节应完好，安装牢固，膨胀自如。

2. 增压风机的检查

（1）风机的入口集气箱和出口扩压管的膨胀节连接牢固，膨胀自由。

（2）液压油系统油温、油位正常，液压油泵试转正常，压力满足要求，冷却器完好。

（3）润滑油系统油温、油位正常，润滑油泵试转正常，流量、压力满足要求，冷却器完好。

（4）各密封风机及加热器完好无异常，密封风机试转正常，转向正确，加热器可投入。

（5）动叶或静叶叶片角度在最小位置；手摇就地操作机构，液压调节机构动作灵活，检查风机实际开度与指示相符后，将手动切换为远程控制；用DCS远方操作增压风机导叶调节机构，检查开度与指示值是否相符，动作是否灵活。

（6）冷却水畅通；轮毂加热器可正常投入。

（7）其他各附属部件正常。

3. 再热器的检查

（1）检查GGH。

1）进出口烟道应无变形，支吊牢固，膨胀节安装正确，电动机、减速器、气动马达安装牢固。

2）吹灰装置及系统完整无异常，吹灰枪进退自如，无卡涩现象；吹灰管道疏水门打开。

3）润滑油系统及部件按规定加油，油位计油位正常、清晰；手动盘车一圈以上，GGH内部无异常声音，动静部件间无摩擦。

4）GGH密封风机、清扫风机等设备正常，转向正确。

（2）检查蒸汽再热系统。

1）对管道系统、加热器进行更换和较大维修后，应对该系统进行全面冲洗，并进行水压试验合格。

2）各冲洗喷嘴应完好，无堵塞。

3）冷凝水箱内应干净无杂物；冷凝水泵安装牢固，外形完好；盘动冷凝水泵应灵活，泵内无异声。

4）冷凝水至机组管道上的止回门应完好，安装方向正确。

5）投入再热器冲洗装置，对每组模件按顺序进行冲洗，冲洗完毕后停止冲洗装置。

（四）吸收塔系统的检查

1. 吸收塔的检查

（1）吸收塔内部防腐涂层或衬胶等完整无老化、无脱落，吸收塔壁无腐蚀，且防腐层与塔壁黏接牢固无起泡现象。

（2）吸收塔搅拌器叶片完好，无损坏、腐蚀、结垢现象。

（3）吸收塔各层喷嘴排列整齐，连接牢固，各喷嘴完好无磨损，无堵塞；各喷嘴连接管道无破裂、老化、腐蚀现象。

（4）除雾器连接牢固无堵塞，且完好无老化、腐蚀、积浆或积灰现象；除雾器冲洗喷嘴安装牢固、齐全，各喷嘴喷射方向正确，无堵塞；外部各气动或电动门开关灵活，无卡涩泄漏。

（5）吸收塔氧化空气管道完好，出口无结垢和异物堵塞。

（6）对脉冲悬浮管道，连接牢固完好，出口无结垢和异物堵塞。

（7）对JBR，各喷射管、石灰石浆液注入管、上升管等无损坏、积垢堵塞现象；上下隔板冲洗干净，冲洗喷嘴安装牢固、齐全，各喷嘴喷射方向正确，无堵塞。

（8）吸收塔内其他部件（如合金托盘、文丘里棒、烟气均布板等）应安装牢固，无磨损、腐蚀、结垢等现象。

（9）吸收塔进、出口烟道完好无腐蚀、无积灰、积浆、结垢现象；膨胀节完好无变形，膨胀自如。

（10）吸收塔的外形完整、无变形；各焊接处焊接牢固，各管道膨胀自由。

2. 氧化风机的检查

（1）氧化风机本体和电动机外形正常，空气管道消声器、过滤器清洁无杂物。

（2）氧化风机出口止回门方向正确，润滑油已按规定加油，油位正常。

（3）氧化风机隔音罩完好，排风扇、冷却风扇正常，转向正确。

（4）减温水阀门开关正常。

（5）将风机电源开关置于试验位置，合上控制电源，检查开关无异后就地分、合闸一次，其开关动作应正常。

3. 浆液泵的检查

浆液泵主要包括循环泵（烟气冷却泵）、石膏排出泵、石灰石系统浆液泵、脱水系统石膏浆液泵、滤液泵等。

（1）检查各泵的机械密封装置，应完好无漏泄；各泵机械密封冲洗水管路无堵塞，水压正常；各泵吸入口滤网清洁无杂物；各泵轴承油杯应有足够润滑油。

（2）各电源线、接地线应连接良好。

（五）湿式球磨制浆系统的检查

1. 湿式球磨机的检查

（1）冷却水管应畅通，各冷油器外形正常，冷却水适量，无漏油和漏水的现象。

（2）减速器、传动装置、筒体螺栓及大齿轮连接螺栓牢固，进、出口导管法兰等螺栓应紧固、完整。

（3）球磨机周围应无积浆、杂物；球磨机出口格筛完好、清洁无杂物堵塞，其杂物斗内应无杂物和积浆；人孔门应严密关闭。

（4）大齿轮润滑油系统各油、气管道、支吊架完好，油管、气管无堵塞、漏气、漏油现象；喷雾板应固定牢固，完好，润滑油箱油位正常；大小齿轮内已加入了足够的润滑油。

（5）就地盘内各设备应整洁；油泵电动机、空气压缩机电动机及电源线完好；空气压缩机皮带完好，松紧适当；空气压缩机出口门应开启，启动前应开启储气罐的放水门疏水，空气入口滤网应完好无堵塞。

（6）球磨机盘车装置的推杆进退自如，离合器完好并处于断开位置。

（7）就地操作盘上各表计、指示灯应完好齐全。

（8）球磨机检修完毕，筒体内应按规定加入一定数量、大小合格的钢球。

2. 称重皮带机的检查

（1）皮带主轮、尾轮应安装良好，托辊齐全。

（2）称重皮带机进、出料口应畅通，石灰石厚度调节装置调整适当。

（3）就地盘称重测量装置应完好准确，并已校核。

（4）皮带无破裂、损伤，不打滑，接头完好，皮带上应无杂物；受料槽安装正确，无破损。

（5）皮带机拉线开关连接可靠。

3. 石灰石仓的检查

（1）除尘器的振打装置及除尘风机应完好，滤袋无破损、积灰。

（2）外形正常，进、出口管道应畅通，且无磨损。

（3）仓内应无水源进入。

（4）各仓料位测量显示应准确，并已校核。

4. 斗式提升机的检查

（1）提升机竖井内应无障碍物，底部无石灰石堆积。

（2）料斗与皮带连接应完好、牢固；各料斗外形正常，无磨损和变形。

（3）调紧装置应灵活，试转提升机应正常（无卡涩），皮带无跑偏现象，且接头连接牢固。

（4）斗式提升机驱动装置安装牢固，皮带无破裂、无损伤，不打滑。

5. 破碎机的检查

（1）破碎机的外形正常，地脚螺栓及弹簧减振装置应完好、牢固，检查孔应严密关闭。

（2）击锤和磨道应完整，无断残、脱落和严重磨损；击锤与前后反击板距离及磨道的间隙调整适当。

（3）破碎机的进、出口应畅通，机内杂物应清除干净。

（4）前后反击板及磨道的调节杆应完好，调节灵活。

6. 振动给料机及金属分离器的检查

（1）卸料斗格栅应完好，格栅上无杂物。

（2）振动给料机的机座及减振弹簧应完好、牢固，各支架、螺栓连接应无裂纹和松动。

（3）振动给料机的进、出口应畅通，无严重磨损；振动装置完好；试转振动给料机正常，给料方向正确。

（4）金属分离器弃铁皮带应无跑偏、破损现象；应保持金属分离器吸铁距离合适。

（5）电磁铁试转正常，弃铁箱应清理干净。

7. 螺旋输送机的检查

（1）螺旋输送机内应无杂物和积块，外形正常，地脚螺栓牢固，并严密关闭检查孔。

（2）试转电动机正常，旋转方向正确，电动机绝缘合格，电源线、接地线连接良好。

（3）靠背轮连接牢固，旋转灵活、无卡涩现象；地脚螺栓紧固，保护罩完整，牢固。

（4）轴承润滑油脂充足，手拧油杯灵活。

（5）各转机的速度测量应正确可靠。

8. 除尘器的检查

（1）除尘器风机冷却风道畅通，各部件连接牢固；消声器外形正常，入口应无破损；滤网上无积灰和杂物。

（2）除尘器滤袋应完好、清洁、无积灰，各空气管道应畅通、无堵塞。

（3）试转螺旋输送机及旋转锁气器，应正常，旋转方向正确，速度测试正确可靠。

（4）检查反吹压缩机的进口滤网，应清洁无杂物堵塞。

（5）反吹压缩机贮气罐外形完好；开启贮气罐疏水门，疏水 3～5min 后关闭；贮气罐安全门排气口应畅通。

（6）检查就地盘的开关、指示灯，标志应齐全、准确。

（7）试投除尘器，工作正常后停止其运行。

9. 石灰石浆液（石膏）旋流器的检查

（1）浆液分配箱外形完好，各个旋流子安装正确，漏斗无堵塞，旋流子与分配箱之间的手动门应关闭。

（2）开关双向分配器，动作灵活无卡涩。

（3）各旋流器底流出口应无磨损，底流箱和溢流箱内部清洁无杂物，无浆液沉积。

（4）石膏旋流器浆液分配箱溢流应畅通无堵塞，至废水处理系统的阀门应开启。

（六）石膏脱水系统的检查

1. 真空皮带机的检查

（1）真空皮带机滤布、皮带、滑道安装正确，各支架安装牢固，皮带上无剩余物，皮带张紧适当。

（2）皮带和滤布托辊转动自如，无卡涩现象；皮带主轮与皮带之间应无异物；皮带和滤布应完好，无划伤或抽丝现象；检查滤布位置偏移传感器是否准确、灵敏。

（3）皮带下料处石膏清理器安装位置适当，下料口清理干净。

（4）皮带进浆分配器畅通、均匀、无堵塞。

（5）滤布冲洗水、滑道冷却水、真空盒密封水管路畅通，无堵塞。

（6）真空盒与皮带之间间隙适当，其管路畅通、密封严密。

（7）真空泵、滤液水泵、冲洗水泵、滤饼冲洗水泵安装完好，管路畅通。

（8）检查并确认脱水机调频盘工作正常，将控制方式置远程，确认 DCS 石膏厚度输出值为零。

（9）真空皮带机拉线开关连接可靠。

（10）试转脱水机，其走带正常，滤布重锤位置正常，张紧度适当；将走带速度逐渐增加至100%，检查运转声音是否正确，确认皮带及滤布位置正常后，停止其运行。

2. 皮带输送机

（1）输送机皮带安装正确，各支架安装牢固，皮带上无剩余物，皮带张紧适当。

（2）启动石膏皮带输送机，检查其前进、停止是否可靠，试运正常后停止其运行。

3. 真空泵的检查

（1）真空泵润滑油油位正常；手动盘车，真空泵电动机应转动自如，无卡涩现象。

（2）真空泵密封水门打开，密封水流量满足要求。

4. 石膏仓及刮刀卸料机的检查

（1）各仓的缓冲锥体和刮刀卸料机的刮刀安装牢固，无磨损。

（2）齿轮转动机构应完好，并有足够的润滑油脂。

（3）齿轮转动机构的电动机冷却风机完好，其进、出口应畅通。

（4）齿轮箱油位正常，油泵完好，其供油管路畅通。

（5）刮刀卸料机的下料管应畅通，无磨损。

（6）各仓的进料管应畅通无堵塞。

（7）各仓的防腐沥青应均匀，无脱落。

（8）各仓料位测量显示应准确，并已校核。

（七）箱、罐、水坑、池及搅拌器的检查

（1）各箱、罐、水坑等外观完整无变形，各焊接处焊接牢固，各管道膨胀自由。

（2）各箱、罐、水坑等内部已冲洗清理干净，无杂物；防腐层完整无变形、老化、腐蚀，且防腐层与容器壁黏接牢固无起泡现象；液位计安装正确。

（3）各箱、罐内的折流板安装牢固，无磨损、腐蚀。

（4）各搅拌器叶片无磨损、腐蚀；对于卧式搅拌器其安装下倾角及切圆角度应正确；对于立式搅拌器应垂直安装；双叶轮搅拌器的连接轴连接牢固且同心。

（5）各搅拌器机械密封装置完好，已按要求加入适量的润滑油脂；各搅拌器冲洗水管道畅通无堵。

（八）公用系统的检查

（1）检查工艺水泵、空气压缩机，润滑油油位正常；工艺水泵联轴器连接牢固，保护罩安装完整、牢固。

（2）检查工艺水箱回水管压力调节阀后手动门、补水门前手动门是否打开。

（3）压缩空气系统干燥器、油水分离器、过滤器已投入；压缩空气至各用气处手动门已打开。

（4）DCS各设备检查正常。

（5）电气设备、开关等检查正常。

（6）FGD废水系统检查正常。

三、FGD系统启动前的试验

（一）转动机械的试运

（1）转动机械新安装或大修后应进行试运转，试转时间不少于2h，以验证其可靠性；转动机械试运时，应遵守《电业安全工作规程》的有关规定。

（2）试转完毕后，将负荷减至最小，然后分别用事故按钮逐个停止转机运行。

（3）转机试运合格应符合下列要求：① 转动方向正确；② 转动机械应无磨擦、撞击等异声；③ 轴承温度与振动应符合有关规定；④ 轴承油室油镜清晰，油位线标志清楚，油位正常，油质良好，轴承无漏油、甩油现象；⑤ 检查转机各处无油垢、积灰、积浆、漏风、漏水等现象；⑥ 各风门应关闭严密，以防止停用中的风机反转；⑦ 皮带应无跑偏、打滑现象；⑧ 转机试转后，将试转情况及检查中发现的问题，做好详细记录，汇报有关部门。

（二）阀门试验

（1）FGD系统新安装或检修后的电动门、气动门、调节门和调节挡板，在启动前应进行操作灵活性和准确性试验，试验应至少由热工人员、机务检修人员、运行人员三方参加。

（2）试验前联系送电（气）并检查阀门控制装置是否良好。

（3）全开全关所试电（气）动门，要求开关灵活，无卡涩现象。

（4）阀门关完时要求无漏流并且可靠。

（5）电动门试验应做好如下记录：全开、全关时丝杆总圈数，电动门开或关的行程时间。

（6）对调节门、调节挡板试验时，电动远程操控全开、全关一次，观察传动装置及阀门、挡板动作应符合试验要求：传动装置无卡涩，轻便灵活，风门、挡板、调节门开关方向应与指示方向一致，开、关应到位，漏流应符合要求。

（三）FGD系统的联锁保护试验

FGD系统在启动前，各系统必须按连锁试验卡的内容做各种连锁和保护试验，试验由有关单位参加，同时向值长联系该项工作。此项工作应在各设备检修工作全部结束后，并经验收合格方可进行。

1. 各系统及设备的连锁保护试验

（1）断开各试验转机的工作电源，送上试验电源。

（2）联系热工，送上有关电动执行器、仪表、信号、DCS等装置的操作电源、保护电源。

（3）制浆系统、石灰石预处理系统、增压风机、吸收塔循环泵、氧化风机、脱水机等系统装置的连锁或联动投入。合上各转机开关，分别用事故按钮，逐个试验各设备，应动作正常。

（4）重新合上上述开关，依次进行各设备的联动或连锁试验。

（5）声光信号试验。联系热工、电气进行事故音响、报警和光字牌试验。

2. FGD系统的总连锁保护（保护动作）试验

从第四章的介绍来看，各个FGD系统设计的总保护动作（FGD旁路挡板快开）条件略有差别，但一般包括以下内容：

（1）增压风机跳闸。

（2）FGD 系统运行，入口挡板或出口挡板出现未开信号。

（3）循环泵全部跳闸。

（4）FGD 系统 GGH 停运。

（5）FGD 系统入口温度高高。

（6）FGD 入口烟气压力高高或低低。

（7）FGD 旁路挡板差压高高或低低。

（8）FGD 系统失电。

（9）锅炉所有引风机或送风机跳闸。

（10）锅炉 MFT。

（11）CRT 上紧急按钮动作。

另外还有许多报警信号，如锅炉电除尘器跳闸、FGD 入口粉尘浓度高、锅炉低负荷、投油枪等，以提醒 FGD 运行人员进行相应的操作。

试验采用模拟的方法，将相关设备的工作电源断开，送上试验电源，根据试验表格，逐项进行试验。在 FGD 系统通烟后，至少进行一次旁路烟气挡板实际快开试验。

3. 试验注意事项

（1）球磨机、增压风机及氧化风机作总连锁或低油压试验时，均做操作电源试验，严禁做动力电源试验（连锁控制部分检修时除外）。

（2）做各连锁及保护试验时，发现的问题应报告值长，由电气、热工人员消除后再做，直至合格。

（3）各连锁在大修或连锁回路检修后必须做动态试验。

（4）转动设备试验前按转机启动前检查要求进行。

（5）各连锁、保护试验合格后，将各连锁保护开关至于"投入"位置，做好记录，汇报值长。

第二节　FGD 系统的启动

FGD 系统启动是根据既定操作程序把设备从停止状态转变为运行状态的过程。FGD 系统整套启动成功的标志是增压风机开始运行，FGD 系统进出口烟气挡板开启，烟气进入吸收塔开始脱硫。本节介绍典型 FGD 系统长期停运后的首次启动操作，供读者参考。短时、短期停运后或实际启动时有的步骤或已操作完成，运行人员可根据具体情况灵活执行。对于各种方式的 FGD 系统，其总体启动/停止步骤大同小异，如图 6 - 1 所示。

一、公用系统的启动

1. 压缩空气系统启动

（1）联系电气、热工，给设备动力电源、控制电源送电，包括空气压缩机、干燥器等。

（2）检查压缩空气系统管道至各分系统管道是否畅通，干燥器、油水分离器、过滤器已投入。

（3）在空气压缩机就地控制面板上设置空气压缩机为遥控模式。

（4）启动干燥器。

（5）在 DCS 上启动空气压缩机。

（6）保持压缩空气压力在设定值范围内。

（7）检查系统运行是否正常。

2. 工艺水系统启动

（1）联系有关人员送工艺水系统动力电源、控制电源。

（2）检查工艺水至各个系统供水管道，应畅通，节流孔板应无堵塞。

（3）工艺水箱补水门设为自动，工艺水箱进水至正常液位。

（4）开启工艺水泵入口手动门、电动门或气动门。

（5）启动其中1台工艺水泵，打开工艺水泵出口门。

（6）将另外工艺水泵设为自动模式。

（7）对于工艺水系统装有过滤器的，工艺水泵启动后应按以下步骤对过滤器进行反冲洗：① 关闭工艺水进口总门和工艺水箱进口门；② 开启工艺水过滤器反冲洗电动门及过滤器前母管放水手动门；③ 冲洗3～5min，确认冲洗合格后，关闭工艺水过滤器前母管放水手动门；④ 开启工艺水进口总门和工艺水箱进口门；⑤ 关闭工艺水反冲洗电动门。

3. 闭式循环冷却水系统投入

（1）联系机组侧，做好闭式循环冷却水系统投入前的准备工作。

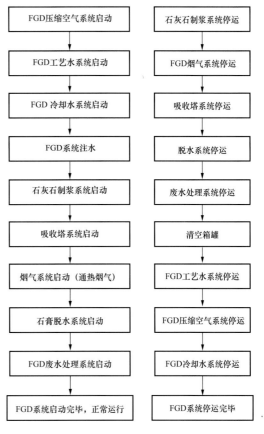

图6-1　FGD系统启动/停运总体步骤

（2）打开闭式循环冷却水至FGD系统的手动门、电动门。

（3）打开闭式循环冷却水管道上排空气门，待有连续的水流出时关闭排空气门。

（4）缓慢打开闭式循环冷却水回水手动门，调节冷却水流量至正常值。

二、浆液箱、罐、池及水坑等注水与冲洗

1. 吸收塔注水与冲洗

（1）开启工艺水系统至吸收塔手动门，利用除雾器冲洗水向吸收塔上水，或直接利用吸收塔补水门向吸收塔上水。

（2）吸收塔上水至搅拌器启动条件，各搅拌器自动启动运行。

（3）吸收塔至一定液位时，开启吸收塔底部排浆手动门。

（4）确认吸收塔放水水质清洁无杂物后，关闭吸收塔底部排浆手动门；若吸收塔内杂物较多，应将吸收塔内水放尽后，再重新向吸收塔上水，直至冲洗合格。

（5）吸收塔注浆。FGD系统通烟气前，有些要求需向吸收塔注入约3%的石膏浆液作为晶种，认为通过这种方式可以防止吸收塔内结垢（但作者认为没有太大的必要，只需向吸收塔注入一定量的石灰石浆液即可）。其配浆方式有2种，一是由吸收塔区域集水坑配浆（如前述CT-121 FGD系统的调试）；二是由事故浆液罐配浆，如事故浆液罐内已有原吸收塔的石膏浆液，可直接泵回塔内。

吸收塔区域集水坑配浆方式：① 开启吸收塔底部排浆手动门，向吸收塔区域集水坑上水；② 集水坑内液位达到搅拌器自动启动液位时，确认搅拌器启动运行；③ 启动集水坑泵，开启该泵出口手动一、二次门及去吸收塔的手动门，关闭该泵至事故浆液罐手动门，调整吸收塔底部排浆手动门，保持集水坑水位一定；④ 确认系统倒换正常后，向吸收塔区域排水沟内人工加入事先准备好的一定量的石膏晶种；⑤ 配浆完毕，关闭吸收塔底部放水手动门，视集水坑液位情况，停止集水坑泵运行，关闭泵进、出口各手动门。

事故浆液罐配浆方式：① 用临时管道向事故浆液罐上水；② 事故浆液罐液位达到一定时，启动该浆池搅拌器运行；③ 当液位在适当的位置（如达到事故浆液罐检修人孔处），人工向事故浆液罐内加入事先准备好的石膏晶种；④ 开启事故浆液罐排出泵至吸收塔管道上各手动门，启动事故浆液罐排出泵；⑤ 配浆完毕，视事故浆液罐液位情况，停止搅拌器运行和事故浆液罐排出泵运行，关闭其出口手动门。

需注意的是，吸收塔注水及浆液后，其液位不能太高，在通烟气前，液位最好比正常运行液位的下限低一点。

2. 石灰石浆液罐、球磨机浆液循环箱等注水与冲洗

（1）打开各箱罐的工艺水补水手动门、电动门或气动门。

（2）通过工艺水向石灰石浆液罐、浆液循环箱等注水至高液位。

（3）开启底部排浆手动门，进行冲洗。确认放水水质清洁无杂物后，关闭底部排浆手动门；若杂物较多，应将水放尽后，再重新上水，直至冲洗合格。

（4）上水至满足搅拌器启动液位，启动搅拌器。

3. 排水坑注水

FGD 系统的水坑有吸收塔水坑、脱水区水坑、GGH 水坑等。

（1）通过水坑泵冲洗管道注水。

（2）关闭水坑泵出口门，打开冲洗水门向水坑注水至满足搅拌器启动液位。

三、石灰石制浆系统启动

（一）石灰石粉制浆系统的启动（参见图 4-55）

1. 上粉

一般地，向石灰石粉仓上粉根据 FGD 系统启动安排，适当提前完成。

（1）启动粉仓除尘器。

（2）通过石灰石粉运输罐车自带的或专门提供的压缩空气由上粉管上粉。

（3）进粉过程中应注意粉仓压力，当粉位达 70% 左右时可停止上粉。

（4）上粉完毕，停止除尘器，关闭上粉门。

2. 制浆

（1）确认石灰石浆液罐液位满足搅拌器启动条件，启动搅拌器。

（2）启动 1 台石灰石浆液泵打循环，投入密度计，石灰石浆液至吸收塔调节门或电动门关闭。

（3）将 1 台流化风机、流化风机出口门、流化风加热器、流化风至粉仓电动门、给料阀、石灰石粉给料机投自动。

（4）开启下粉闸板，顺控启动石灰石制浆系统，系统开始制浆。

（5）给料系统投自动，工艺水门、滤液系统至石灰石浆液罐补水门投自动，根据石灰石浆液密度和浆液罐水位自动给料或补水，石灰石浆液密度控制在 1200~1250kg/m³，对应的含固率在 20%~30% 左右。

（6）当浆液罐液位适当时，可向吸收塔内注入一定量的石灰石浆液。

（二）湿磨制浆系统的启动（参见图 2-20）

1. 石灰石仓上料

一般地，向石灰石仓上料根据 FGD 系统启动安排适当提前单独完成。

（1）用卡车将合格的石灰石（粒径一般小于 20mm）送到石灰石卸料斗。

（2）启动卸料斗除尘风机，启动石灰石仓除尘风机。

（3）启动斗式提升机。

（4）启动除铁器和石灰石输送皮带机。

（5）启动振动给料机，向石灰石储仓上料至正常料位。

若有石灰石破碎系统，则启动破碎机将石灰石破碎至合格粒度后送至石灰石储仓。

2. 球磨机系统启动（带一级循环）

（1）确认石灰石浆液循环箱、石灰石浆液罐液位满足搅拌器启动条件，启动搅拌器。

（2）顺控启动石灰石浆液循环泵，打开石灰石旋流器至球磨机入口门，浆液通过石灰石旋流器、球磨机、浆液循环箱打循环。

（3）将球磨机油站加热器投自动，油温低，加热器自动启动。

（4）启动球磨机润滑油泵、高压顶轴油泵及润滑油冷却风扇。

（5）启动球磨机电动机。

（6）球磨机电动机运行一定时间后，启动离合器、球磨机运行，同时启动齿轮油喷淋系统。

（7）离合器啮合几分钟后，停止高压顶轴油泵。

（8）启动称重给料机，打开石灰石仓插板门，向球磨机进料。

（9）启动完毕，应及时调整球磨机进水量和给料量；合格的石灰石浆液进入石灰石浆液罐。

（10）启动石灰石浆液泵打循环，投入密度计，随时准备向吸收塔供浆。

四、吸收塔系统启动

1. 喷淋塔的启动

（1）确认吸收塔液位正常，所有搅拌器（或脉冲悬浮系统）运行。

（2）顺控启动 1 台循环泵，当连续启动多台泵时，等待已启动泵运行正常和吸收塔液位正常后，方可启动下台泵。在 FGD 系统进热烟气前，一般至少要有 2 台循环泵运行。

（3）打开氧化风减温水手动门，启动 1 台或 2 台氧化风机（该步骤应在吸收塔通风挡板打开或 FGD 出口挡板开启的情况下执行），打开氧化风减温水阀。

（4）除雾器冲洗程序投自动。

（5）石灰石浆液泵至吸收塔的调节投自动，管道冲洗水门投自动。

（6）石膏浆液排出泵的启动。

1）开启石膏旋流器底部至吸收塔的电动门，关闭旋流器至脱水机或石膏浆液缓冲罐的电动门。

2）投入吸收塔密度计、pH 计运行。

3）开启石膏排出泵进口电动门及该泵至石膏旋流器管道上各手动门。

4）启动一台石膏排出泵，开启其出口电动门。吸收塔的石膏浆液通过旋流器进行循环。

2. JBR 塔的启动（以台山 FGD 系统为例）

（1）确认 JBR 塔液位大于 2.2m，同时确认 JBR 液位在喷射管的喷射口以下，防止增压风机启动时阻力太大，启动 JBR 塔搅拌器。

（2）顺控启动一台烟气冷却泵，待烟气冷却泵运行正常和 JBR 塔液位正常后，再启动一台烟气冷却泵，另外的泵投备用。

（3）打开氧化风机增湿水电动门，各氧化风管手动门，调节增湿水流量合适，启动一台氧化风机，另外一台投备用（氧化风机的启动待 FGD 出口烟气挡板打开后进行）。

（4）烟气冷却器事故喷水电动门投自动。

（5）石灰石浆液泵至 JBR 塔顶部浆液分配箱电动门投自动。

（6）启动石膏浆液排出泵打循环，投入吸收塔密度计。

这样，吸收塔就为进热烟气做好了准备工作。

五、烟气系统的启动（FGD 系统通热烟气）

以图 6 - 2 所示的 FGD 烟气系统为例来说明烟气系统的启动。

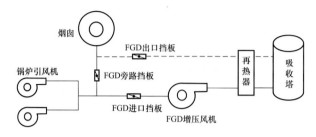

图 6 - 2　1 炉 1 塔设 1 台增压风机的 FGD 烟气系统

1. GGH 的启动

（1）启动 GGH 密封风机。

（2）启动 GGH 主电动机，辅助电动机投自动。

（3）启动 GGH 清扫风机，就地检查运行是否正常。

2. 增压风机的启动

（1）视油温情况，投入润滑油箱及液压油箱加热器。

（2）启动刹车系统（如有）。

（3）启动密封风机及加热器。

（4）开启润滑油泵及液压油泵出口各手动门，启动冷油器冷却风机运行。

（5）启动一台润滑油泵及液压油泵运行，调整润滑油压及液压油泵油压正常，检查轴承下油是否正常，回油是否适当。

（6）将增压风机压力控制置于手动，确认导叶（动叶或静叶）开度在最小位置。

（7）通知机组侧 FGD 系统准备进烟气，让锅炉运行人员做好准备。

（8）打开 FGD 出口烟气挡板，相应的密封风门关闭。

（9）启动增压风机，检查风机电流应正常；投入轮毂电加热器。

（10）待增压风机电流稳定后，打开 FGD 入口挡板，FGD 系统进烟，关闭吸收塔排空门（如有）。

3. 关 FGD 旁路烟气挡板

（1）根据进烟量的需要，缓慢调大导叶角度，逐渐增大增压风机负荷。同时应注意检查增压风机的振动、温度、声音等，应无异常。增压风机的调节应根据风机入口压力，尽量保证入口压力与增压风机启动前一致，使 FGD 系统增加的阻力完全由增压风机来克服，增压风机调节时，尽量保证锅炉引风机不作调节。

（2）通知机组，让锅炉运行人员做好关旁路烟气挡板的准备。

（3）缓慢关闭旁路烟气挡板，开启旁路挡板密封空气门。对于有 2 个旁路的（如沙角 A 电厂 5 号机组），应先关闭其中一个挡板，待机组稳定后再关闭另一个挡板。在关闭旁路烟气挡板的过程中，应根据增压风机入口压力及时调节增压风机动叶或静叶开度，以保证锅炉炉膛负压尽量平稳。

（4）投入增压风机控制自动。

（5）投入 GGH 吹灰。FGD 系统进入正常运行状态。

如采用蒸汽再热器，则按下述步骤启动蒸汽再热系统。

（1）暖管（在 FGD 系统进烟前提前完成）。①开启蒸汽管路各疏水手动门进行疏水；②联系机组侧向 FGD 系统供汽；③关闭冷凝水箱顶部空气门；④确认冷凝水箱底部放水手动门及冷凝水泵进口放水手动门关闭；⑤ 开启冷凝水泵进口手动门；⑥ 开启蒸汽进口电动门；⑦ 缓慢开启蒸汽调节门及旁路调节门前后手动门，缓慢开启蒸汽旁路手动调节门；⑧ 当冷凝水箱水位达到一定高度时，可视情况停止暖管。

（2）投入再热器。① FGD 系统进烟后根据需要逐渐开大蒸汽调节门；② 开启冷凝水泵进口手动门及吸入管放水手动门，对该吸入管进行冲洗，确认冲洗合格后，关闭该放水手动门；③ 启动一台冷凝水泵，开启该泵出口电动门，冷凝水暂先排地沟；④ 根据再热后烟温情况，将蒸汽调节门投入自动，将冷凝水箱水位投入自动，保持冷凝水箱水位稳定。

（3）回收冷凝水。① 通知化学化验冷凝水品质，如果水质不合格，则冷凝水继续排地沟。② 如冷凝水品质合格，则关闭泵出口管道排地沟手动门，同时开启至相应除氧器前的冷凝水母管电动门及手动门。通知机组侧，脱硫再热器冷凝水回收。

注意事项：

（1）FGD 系统通烟气时，应加强与机组运行人员的联系，确保安全。

（2）有的 FGD 烟气系统有顺控启动程序，可以顺控启动。作者建议 FGD 旁路烟气挡板的开关不必要纳入程序控制中，而由运行人员手动操作为好。

（3）实际运行过程中，许多 FGD 系统旁路烟气挡板一直开着，此时应注意调整 FGD 系统的进烟量，增压风机导叶不能开的太大而使净烟气回流。

（4）对其他不同设置的 FGD 烟气系统（如 2 炉一塔、不设增压风机等）的启停操作，本章第五节将详细介绍。

六、石膏脱水系统启动（参见图 2 – 22）

该系统是否投入，由吸收塔内石膏浆液密度（含固率）来决定。一般脱水系统投入前，吸收塔内浆液含固率至少要达到 10% 以上。

（1）确认石膏浆液排出泵启动打循环。

（2）启动石膏缓冲罐（如有）搅拌器，启动真空皮带机给料泵，打循环。

（3）启动滤液罐搅拌器和滤液泵（各箱罐在启动前应注入一定液位的工艺水）。

（4）启动滤布冲洗泵，调整皮带机真空盒密封水和皮带润滑水流量至合适。

（5）开启滤液水泵进口手动门、出口滤液至球磨机入口及至循环箱的手动门（对湿磨制浆系统）。

（6）启动一台滤液水泵，开启其出口手动门、滤液至球磨机入口及电动总门（或滤液至循环箱、滤液返回吸收塔的电动总门）。视球磨机运行情况，逐渐开大球磨机滤液调节门。若无湿磨系统，则滤液直接返回吸收塔内。

（7）启动石膏皮带输送机（如有）。

（8）将真空皮带机控制模式设为远程控制，启动真空皮带机。

（9）打开真空泵密封水门，调整密封水流量至合适。

（10）启动真空泵，调整真空度至合适。

（11）关闭真空皮带机排水门，启动滤饼冲洗泵（可根据滤液中 Cl^- 浓度启停滤饼冲洗泵，在真空皮带脱水系统投运初期可以不启动）。

（12）打开真空皮带机给料手动门或电动门（来自石膏浆液缓冲罐或石膏旋流器底流），真空皮带机进料，投入滤饼厚度自动控制。

（13）投入系统中的各项自动。

（14）石膏仓达到一定料位时，启动卸料机外运石膏。

七、废水处理系统启动

在第四章中介绍了台山电厂 FGD 废水处理系统的调试，读者可参见其启动过程。一般的废水处理系统启动步骤主要如下。

1. 废水处理站注水

（1）向反应器、絮凝箱、澄清池、污泥池等注入工业水，满足搅拌器或刮泥机的启动条件。

（2）启动搅拌器或刮泥机。

2. 化学加药站药品制备

根据要求，制备一定浓度的各药品溶液，包括石灰浆液、HCl 溶液、螯和物水溶液、聚合物水溶液等药品。

3. 从脱水系统接收废水

FGD 废水来自于石膏浆液旋流器溢流，有的还设有一个废水旋流器，直接流入或通过废水泵打入一级反应池。调节相应电动阀或手动门，接收一定流量的废水。

4. 开始废水处理

（1）将有关设备设置为自动控制。

（2）启动各化学药品供给泵，将化学药品根据控制参数供给相应的反应池、絮凝箱等。

（3）启动污泥脱水机脱水。

至此，整套 FGD 系统启动完毕，系统进入正常运行调整。

第三节　FGD 系统的正常运行与调整维护

一、FGD 系统运行与调整的主要任务

FGD 系统运行与调整的主要任务包括：

（1）在主机正常运行的情况下，满足机组烟气脱硫的需要，实现 FGD 系统的环保功能。

（2）保证机组和 FGD 装置的安全稳定运行。

（3）保持各参数在最佳工况下运行，降低电耗、粉耗、水耗等各种消耗。

（4）保证 FGD 系统的各项技术经济指标在设计范围内，脱硫效率、石膏品质、废水品质等满足要求。

二、总的注意事项

（1）运行人员必须注意运行中的设备以预防设备故障，注意各运行参数并与设计值比较，发现异常及时处理、汇报。

（2）严密监视循环泵（烟气冷却泵）、增压风机、球磨机等大功率电机运行电流及阀门、挡板、箱罐等设备的状态，发现异常，立即查找原因并采取相应措施，保证 FGD 系统安全运行。

（3）必须保证 FGD 系统内的备用设备处于备用状态，运行设备故障后能正常启动，并做好各项规定的定期维护、切换、试验工作，如发生不正常情况应及时报修并汇报。

（4）FGD 系统运行中应保持系统的清洁性，对管道的泄漏，固体的沉积，管道结垢、堵塞及管道污染等现象及时检查，发现后应进行清洁。浆液传输设备停用后必须进行冲洗。

（5）运行人员必须做好运行参数完整、清楚、准确的记录（至少 2h 一次），并分析其趋势，及时发现问题，如测量仪表是否准确，设备是否正常等，并可积累经验，有助于事故分析，提高运行水平。运行参数记录一般包括：① 机组的主要参数，如机组负荷、炉膛负压、风量、引风机开度等；② FGD 进口烟气参数，如 SO_2 浓度、O_2 含量、烟尘含量、温度、压力、流量、脱硫率等；③ FGD 出口烟气参数，如 SO_2 浓度、O_2 含量、烟尘含量、温度、压力、流量等；④ 增压风机电流，动叶或静叶开度，进、出口压力，轴承温度，绕组温度等；⑤ GGH 电流、GGH 压差；⑥ 吸收塔压降、循环泵电流、入口压力、循环泵轴承温度、绕组温度、氧化风机电流、氧化空气减温后温度等；⑦ 吸收塔 pH 值、浆液密度、除雾器冲洗水流量、除雾器冲洗水压力等；⑧ 石灰石浆液密度，湿式球磨机电流、电动机绕组温度，旋流器入口压力等；⑨ 石膏浆液旋流器入口压力、浆液流量、滤饼厚度等；⑩ 工艺水总流量、压力，压缩空气压力，废水流量，反应器中 pH 值等；各箱罐仓液位、料位；FGD 系统 6kV 母线电压、变压器电流等。

三、FGD 各系统主要的运行调整

1. 烟气系统的调整

（1）脱硫率的调整。影响脱硫率的因素很多，在第四章中已做了一些分析，如原烟气参数（SO_2 浓度、烟尘含量等）、吸收塔 pH 值、循环泵的组合方式、氧化充分程度等，运行中可通过提高吸收剂品质、增加循环泵的投运数量、改变循环泵的组合方式、控制合适的 pH 值、提高电除尘器效率使烟尘含量合适等手段来提高脱硫率。

（2）增压风机的调节主要是维持其入口压力，或使 FGD 旁路烟气挡板两侧的烟气压差在一定范围内。尽管调节方式不同，但其目的是相同的，即要求增压风机的运行出力刚好克服 FGD 系统增加的阻力。若增压风机出力过大，则机组引风机的出力必然减小；反之若增压风机出力过小，系统的阻力需要机组引风机加大出力来克服。若 FGD 系统保护动作，旁路挡板快速打开，将不利于锅炉炉膛负压的稳定。

（3）GGH 压差调整。运行中应注意监视 GGH 压差，GGH 压差增大时应加强吹灰。吹灰频率依运行工况而定，以保持 GGH 压降接近设计值。正常情况下可以每班吹一次。也有的采用两层吹灰器，即分别在"热端"和"冷端"装有吹灰器，应按时吹扫。当 GGH 积灰严重、蒸汽或空气吹灰效果不理想时，可采用高压水清洗。

对蒸汽再热器，正常情况下每班冲洗换热管一次。

2. 吸收塔系统的调整

（1）吸收塔液位调整。吸收塔液位对于脱硫效率及系统安全性有一定影响。对于喷淋塔，吸收塔液位太高会造成吸收塔溢流，如果地沟坡度不够或没有及时冲洗，溢流浆液在地沟内沉积，造成溢流管堵塞；液位太高甚至会造成热烟道进浆。如液位低，会降低氧化反应空间，影响石膏品质，严重时可能造成搅拌器振动损坏等。对于 JBR，更要注意控制液位；在 pH 值保持不变的情况下，随着液位的升高，脱硫率会有一定的升高，但 FGD 系统阻力增加，增压风机出力增加，电耗增加，严重时更可能影响增压风机的安全运行。

各个吸收塔都有设计的液位运行范围，运行中应注意控制液位在正常范围内。如果液位高，在石膏浆液排出泵正常运行的情况下，应适当延长除雾器冲洗时间间隔，确认除雾器冲洗水门及吸收塔补充水门无内漏现象或因故障而一直开启的现象。必要时，可开启底部排浆阀排浆至正常液位。反之，如果液位太低，应确认吸收塔补充水管道无泄漏或堵塞，除雾器冲洗水控制正常，同时开大除雾器冲洗水门及吸收塔补充水门。对于 JBR，还可以通过烟气冷却器的喷水增加吸收塔液位。

（2）吸收塔浆液密度调整。正常运行中应控制吸收塔浆液密度在设计范围内，如果调整不当，可能造成管道及泵的磨损、堵塞等，或者影响脱水效果，从而影响 FGD 装置的正常运行。如果吸收塔浆液密度低，可停运真空皮带脱水机。反之，如果吸收塔浆液密度高，可适当提高真空皮带机出力；对于设有 2 台真空皮带机的，应启动另外一台真空皮带机；在控制吸收塔液位的前提下，适当增加进入吸收塔工艺水量或滤液等。

（3）pH 值的调整。合适的 pH 值是 FGD 系统正常运行的关键，pH 值过低或过高直接影响脱硫率及石膏品质。当 pH 值过高时，石灰石中 Ca^{2+} 的溶出就减慢，SO_3^{2-} 的氧化也受到抑制，浆液中 $CaSO_3 \cdot 1/2H_2O$ 就会增加，易发生管道结垢现象，而且石膏中石灰石含量增加。反之，如果浆液 pH

值降低，石灰石 Ca^{2+} 的溶出就容易，对 SO_3^{2-} 的氧化也非常有利，但过低 pH 值使 SO_2 的吸收受到抑制，脱硫效率将大大降低。pH 值的调整应兼顾脱硫率、钙硫比、石膏品质三者的要求。经验表明，吸收塔内浆液 pH 值总体应控制在 5.0～6.0 之间，各 FGD 系统应根据脱硫率及浆液成分分析来确定合适的 pH 值范围。

正常运行时，pH 值通过加入石灰石浆液来自动控制，当出现异常时，应立即分析原因，可手动加浆。

（4）除雾器压差调整。运行中应注意监视各级除雾器压差，如果压差增大，可通过除雾器冲洗来减小压差，应确保每个冲洗阀门动作正常。

3. 制浆系统的调整

制浆系统调整的主要任务是：保证合格的石灰石浆液品质，使制浆系统经常在最佳出力下运行，以满足 FGD 装置安全、经济运行的需要。在第四章中石灰石浆液制备系统的调试部分已比较详细地介绍了制浆系统的运行调整，读者可参考。

对湿磨制浆系统，影响出力的主要因素有：石灰石给料量、石灰石给料粒径、球磨机入口进水量、钢球装载量及钢球大小配比、石灰石浆液旋流器投运台数、石灰石可磨性系数、磨机出口分离箱分离效果及系统是否有杂物堵塞等。

（1）运行中应严格控制石灰石给料量和进入球磨机滤液量的配比，及时调整称重皮带机转速，保证球磨机内给料量在额定值。

（2）运行中若发现球磨机电流小于设定值，应及时补充合格的钢球。

（3）及时调整石灰石浆液循环箱液位在一定范围内，严禁循环箱溢流。

（4）控制进入球磨机的石灰石粒径在设计值范围内，若运行中发现石灰石给料粒径过大，应及时通知检修，适当调整破碎机磨道间隙或控制石灰石粒径。

（5）运行中要密切监视石灰石浆液旋流器入口压力在适当范围内。

（6）定期化验浆液细度和密度，为调节提供依据。

（7）运行中若石灰石浆液品质不符合要求，且通过调整仍不合格时，应及时通知化学化验石灰石给料品质。

（8）对石灰石粉制浆系统，主要调节浆液密度。石灰石浆液必须满足一定的密度要求，密度过高易造成石灰石浆液泵及管道磨损堵塞，对石灰石浆液箱和衬胶也极为不利。密度过低可能出现吸收塔给浆调节阀全开仍不能满足石灰石用量要求。脱硫设计一般要求石灰石浆液含固率在25%左右，通过校验密度计的准确性及调节制浆程序，石灰石浆液密度可自动得到控制。

4. 石膏脱水系统的调整

主要是石膏品质（水分、纯度等）的调整。影响石膏品质的因素很多，如烟气中含尘量、SO_2 浓度、石灰石品质、氧化空气量等，在本章将会更详尽地分析。

（1）若水分含量高（大于10%），可通过调整真空皮带机给浆量、真空皮带机转速和真空泵的真空度等手段来控制石膏水分含量。

（2）若石膏中 $CaCO_3$ 过多，说明吸收塔内的石灰石过剩，应减少给浆量，并联系化学化验石灰石浆液品质及石灰石原料品质。如果石灰石浆液粒径过粗，应调整细度在合格范围。如果石灰石原料中杂质过多，则应通知有关部门，保证石灰石原料品质在合格范围。

（3）如果石膏中 $CaSO_3$ 过多，应及时调整氧化空气量，以保证吸收塔中 $CaSO_3$ 充分氧化。

（4）如石膏中盐酸不溶物过大，应及时检查并调整电除尘器运行情况，降低粉尘含量。

滤饼厚度可通过调整真空皮带机给浆量、真空皮带机转速等手段来调节。

5. 其他系统的调整

（1）保持各浆液箱、罐、地坑等的液位在正常范围内，各备用泵处于自动位，搅拌器运行正常。

（2）保持工艺水箱的液位、压缩空气的压力在正常范围内。

（3）FGD废水处理系统应控制废水处理量、各处理池的pH值。

四、FGD系统运行中的检查和维护

（一）检查通则

（1）设备外观完整，部件和保温齐全，设备及周围应清洁，无积油、积水、积垢及其他杂物，照明充足，栏杆平台完整。

（2）各箱、罐、池及其人孔、检查孔和排浆阀应严密关闭，各备用管座严密封闭，溢流管畅通。

（3）各浆液管道、工艺水、汽/气管道法兰连接完好，无泄漏情况。

（4）所有阀门、挡板开关灵活，无卡涩现象，位置指示正确。

（5）所有传动机构完好、灵活，销子连接牢固。

（6）电动执行器完好，连接牢固，并指向自动位置。

（7）所有测量表计、指示表计完整无损，数值正确。

（8）对转动设备的检查内容：① 转动设备各部、地脚螺栓、联轴器螺栓、保护罩等应连接牢固，满足负荷正常运行要求，测量及保护装置、工业电视监控装置齐全并正确投入。② 转动设备的润滑。绝不允许没有必需的润滑剂而启动转动设备，运行后应常检查，各部油质应正常，油位指示清晰并在正常油位，检查孔、盖完好，油杯内润滑油脂充足；应定期补充合适的润滑油，加油时应防止润滑油中混入颗粒性机械杂质。③ 转动设备运行时，注意检查设备的压力、振动、噪声、温度及严密性。应无撞击、磨擦等异声；电流表指示不超过额定值，电动机旋转方向正确；轴承温度、振动不超过允许范围，油温不超过规定值。④ 转动设备的冷却。对电动机、风机、空气压缩机等设备的冷却状况，应经常检查以防过热；检查设备冷却水管、冷却风道是否畅通，冷却水量应正常。⑤ 电动机电缆头及接线、接地线完好，连接牢固；轴承及电动机测温装置完好并正确投入，一般情况下，电动机在热态下不准连续启动两次。⑥ 运行中皮带设备皮带不打滑、不跑偏且无破损现象，皮带轮位置对中。⑦ 所有皮带机都不允许超出力运行，第一次启动不成功应减轻负荷再启动，仍不成功则不允许连续启动，必须卸去皮带上的全部负荷后方可启动，并及时汇报。⑧ 事故按钮完好并加盖。

（9）对泵设备的检查内容：① 泵的机械密封应完好，无漏浆及漏水现象。② 泵的出口压力正常，出口压力无剧烈波动现象，否则进口堵塞或汽化。③ 如果泵的进口压力过大，应及时调整箱罐池的水位正常，以免泵过负荷；如果泵的进口压力低，应切换为备用泵运行，必要时通知检查处理。④ 泵启动前必须有足够的液位，其吸入阀应全开；另外，泵出口阀未开而长时间运行是不允许的。⑤ 大多数输送浆液的泵在连续运行时形成一个回路，根据经验，最主要的是要防止固体沉积于管底或泵的进口滤网堵塞等，这可从以下现象得到反映，如浆液流量随时间而减小、泵的出口压力随时间而增加，但短期内压力增加不明显。

若不能维持正常运行的压力或流量时，必须停泵对管道进行冲洗，冲洗无效时只能拆开管子除去沉积物或堵塞物。表6-2给出了浆液泵的检查和维护内容，供参考。

（10）搅拌器。启动前必须使浆液浸过搅拌器叶片以上一定高度，否则叶片在液面上转动易受大的机械力而遭损坏，或造成轴承的过大磨损。机械密封应完好，无漏浆及漏水现象。

（二）FGD各系统运行中的检查和维护

1. 烟气系统

（1）烟道。检查烟道膨胀是否正常，膨胀节无拉裂，无漏风、漏烟现象。

（2）烟气挡板。检查密封系统是否正确投入，且密封气压应高于热烟气压力在规定值以上，密封气管道应无漏风、漏烟现象。挡板位置指示正确。

表 6 – 2   浆液泵的维护、维修与保养

项　目	周　期			判定基准
	每日	每月	每年	
出口压力及入口压力	CRT 监视或用表测量	用表测量	用表测量	在规定压力范围无变化
电流	CRT 监视或电流表测量	CRT 监视或电流表测量	CRT 监视或电流表测量	在额定电流值以下
电压	CRT 监视	用控制柜内的电流表测量	用控制柜内的电流表测量	在额定电压的 90% ~ 110% 以内，无相间电压不平衡
轴承温度	手摸或温度计测量	手摸或温度计测量	手摸或温度计测量	轴承温度在容许值以下
有无异常声音	耳听确认	耳听确认	耳听确认	无撞击、摩擦等异声
振动	手摸或振动表测量	手摸或振动表测量	手摸或振动表测量	在基准值以下
轴封部	目测	目测	目测	无明显泄漏
润滑脂/油	目测	目测	目测	定期补充润滑脂/油
皮带	目测	定期用张力表测量	定期用张力表测量	无松动，在基准范围内
外观	目测	目测	目测	无泄漏、无生锈

　　FGD 系统的入口烟道和旁路烟道可能结灰，一般的结灰不影响 FGD 的正常运行。当在挡板的运动部件上发生严重结灰时，对挡板的正常开关会有影响，因此应当定期（如每个星期）开关这些挡板以除灰，对旁路烟气挡板，定期的开启还可检验挡板动作的可靠性。当 FGD 系统和锅炉停运时，要检查这些挡板并清理积灰。

　　(3) 增压风机的检查。

　　1) 刹车装置（如有）处于脱开位置，且其储油罐油位和油压正常。

　　2) 密封风机系统及轮毂加热器正确投入。

　　3) 增压风机本体完整，人孔门严密关闭，进出口法兰连接牢固，无漏风或漏烟现象。

　　4) 导叶调节灵活，指示正确。

　　5) 增压风机滑轨及滑轮完好，滑动自如，无障碍。基础减振装置无严重变形。

　　6) 液压油站/润滑油站的要求如下：① 当油过滤器前后压差高于规定值时，应切换为备用油过滤器运行，同时清理原过滤器；② 如果油箱油温低，投入油箱电加热器运行；如果油箱油温高，应查明原因；如果油箱油位过低，应检查系统严密性并及时加油；如果油的流量低，必须对油路及轴承进行检查；③ 定期换油，或每 6 个月进行一次油分析，可根据分析结果确定是否更换；定期更换过滤器。

　　(4) 再热器的检查。

　　1) 对 GGH 系统，① 检查原烟气侧和净气侧压降，当 GGH 的压降超过设计压降 30% 且加强吹灰仍不能使情况改善时，必须启动高压水清洗程序。② 每周检测一次顶部和底部轴承箱的油位；每 3 个月检测一次轴承噪声、固定及漏油情况，如有需要，更换润滑油。建议每隔一段时间采样测量油中的金属含量。③ 定期检查整个驱动组件的紧固情况，每 3 个月检查减速箱的润滑油通气口，每月检查减速箱油位。④ 检查密封风、低泄漏风机系统，检测整个管路是否泄漏、阀门和压力表是否有损坏、系统是否平衡等。⑤ 吹灰器系统，检测整个装置的紧固性，检测是否漏油、漏水及漏风；

每 3 个月检测阀门、仪表功能是否正常；停运时及时检测吹枪及喷嘴的腐蚀情况，如有损坏及时更换。

2）对蒸汽再热系统，① 检查蒸汽压力和温度是否在合格范围内，加热器出口烟温应大于 80℃，如发现烟温长时间低于 80℃，应查明蒸汽参数是否合适，管路是否泄漏等，并及时通知检修处理。② 再热器无泄漏、无堵塞，烟气侧进出口压差适当。如果加热器前后压差过大，可能加热器管子堵塞，应及时检查、冲洗，必要时应短时停运 FGD 装置对加热器进行冲洗。③ 蒸汽管道各疏水门、空气门及安全门严密关闭。④ 就地检查冷凝水箱水位，并校对控制室液位信号是否与就地一致。

2. 吸收塔系统

（1）吸收塔本体无漏浆及漏烟、漏风现象，其液位、浓度及 pH 值应在规定范围内，溢流管无浆液流出。

（2）吸收塔循环泵电流、进出口压等运行参数正常，无漏浆漏水现象。

（3）除雾器进出口压差适当，除雾器冲洗水畅通，流量、压力在合格范围内。除雾器自动冲洗时，冲洗程序正确。运行中严禁开启上层除雾器冲洗水门（如有）。

（4）氧化风机。① 氧化空气管道连接牢固，无漏气现象，进出口调节装置灵活。② 氧化空气出口压力、流量、温度正常。若出口压力太低，应检查耗电量情况，必要时应切换至另一台氧化风机运行；若出口温度过高，应及时检查喷水管路。③ 检查风机进口滤网，应清洁，无杂物；过滤器前后压差正常，若压差过大，应切换为备用氧化风机运行，并及时清洁过滤器。④ 润滑油/脂的油质必须符合规定，每运行一定时间，应进行油质分析，定期更换。⑤ 风机电流、振动、噪声、轴承温度等正常。

3. 制浆系统

（1）石灰石系统（对湿磨）。① 卸料斗篦子安装牢固并完好。② 除尘器正确投入，反吹系统启停动作正常。③ 振动给料机下料均匀，给料无堆积、飞溅现象。④ 人员靠近金属分离器时，身上不要带铁质尖锐物件，如刀子等，同时防止自动卸下的铁件击伤人体；应检查并防止吸铁件刺伤弃铁皮带。⑤ 运行中应及时清除原料中的杂物，如果原料中的石块、铁件、木头等杂物过多，应及时汇报，通知有关部门处理；及时清除弃铁箱中的杂物。⑥ 破碎机运行平稳，出料均匀、合格。⑦ 输送机转动方向正确，输送机各部无积料现象。斗式提升机底部无积料，各料斗安装牢固并完好。⑧ 石灰石仓无水源进入。⑨ 刮刀卸料机给料均匀，齿轮润滑油充足。⑩ 所有进料、下料管道无磨损、堵塞及泄漏现象。

（2）称重皮带机给料均匀，无积料、漏料现象，称重装置测量正确。

（3）球磨机。① 制浆系统管道及旋流器应连接牢固，无磨损和漏浆现象。若旋流器漏泄严重，应切换为备用旋流子运行，并通知检修处理。② 球磨机进、出料管及滤液水管应畅通，运行中应严密监视球磨机进口料位，严防球磨机堵塞。若球磨机进、出口密封处泄漏，应检查球磨机内料位及密封磨损情况。若筒体附近有漏浆，应通知检修检查橡胶瓦螺丝是否松脱、是否严密或存在其他不严密处。③ 齿轮喷淋装置喷油正常，空气及油管道连接牢固，不漏油，不漏气。④ 润滑油系统管道无泄漏或装配松懈，油泵运行正常；检查润滑油温度、压力和流量、油箱的油位、过滤器的差压是否正常。若油箱油位不正常升高时，应及时检查冷却水管是否破裂、是否油管破裂或管路堵塞。⑤ 经常检查球磨机出口篦子的清洁情况，及时清理分离出来的杂物。⑥ 电动机运行正常。⑦ 保持球磨机最佳钢球装载量，定期或根据需要添加合格的钢球。⑧ 禁止球磨机长时间空负荷运行。

（4）给粉制浆。① 给粉机无漏粉、堵塞，称重准确。② 流化风系统运行正常。

4. 脱水系统

（1）检查浆液分配管（盒）进料是否合适均匀、无偏料，石膏滤饼厚度应适当，出料含水量正常且无堵塞现象。

（2）脱水机走带速度适当，皮带调偏装置正常投入。运转时声音正常，气水分离器真空度正常。

（3）滤布张紧适当、清洁无滤饼黏结、无划痕、无孔洞或收缩。

（4）脱水机所有托辊应能自由转动，托辊周围干净、无固体沉积物。

（5）检查工艺水至滤饼冲洗水箱、滤布冲洗水箱管路是否畅通，各路冲洗水及密封水量、水压正常。

（6）真空泵冷却水流量正常，真空泵运行正常。

（7）脱水机不宜频繁启停，应尽量减少启停次数。短时不脱水时，可维持脱水机空负荷低速运行。

（8）石膏浆液旋流器无磨损和漏浆现象。若旋流器漏泄严重，应切换为备用旋流子运行，并通知检修处理。

5．其他系统

（1）检查工艺水流量、压力是否正常，管道无泄漏。

（2）检查压缩空气压力是否正常，管道无泄漏。

（3）废水处理系统运行正常。

（4）DCS 各设备运行正常。

（5）电气系统设备运行正常。

（三）运行中设备紧急停止条件

1．转动机械

（1）发生人身事故，不停止运行不能解除危险时。

（2）发现电动机冒火花、冒烟或出现焦臭味中任一现象时。

（3）轴承温度不正常升高，经采取措施无效并超出允许极限时。

（4）突然发生撞击声或电流表指示突然超出红线时。

（5）振动值超过保护值，经降低负荷无效；或突然发生剧烈振动并继续增大超出允许振幅值100%时。

2．皮带设备

皮带设备发生以下情况之一时，应紧急停运：① 皮带严重跑偏；② 皮带打滑或速度明显减慢；③ 进、出口料口堵塞；④ 设备发出明显异声；⑤ 危及设备及人身安全。

（四）定期工作

（1）每班对 FGD 系统巡回检查不少于 3 次。

（2）每班冲洗各浆液箱及吸收塔液位不少于 1 次。

（3）pH 计和浆液密度计应每隔一定时间冲洗 1 次，当发现指示不准确时，应及时冲洗。若反复冲洗后指示仍不准确，应立即通知热工进行处理，并通知化学人员取样化验和校验。

（4）GGH 吹灰或蒸汽再热器冲洗每班至少一次。

（5）CEMS、压力、温度等测量仪表定期校验。

（6）定期切换。对有备用的设备，应定期切换至备用设备运行，以避免设备长期不运行产生故障。对小容量的设备如烟气挡板密封风机、增压风机润滑油泵、石灰石浆液泵、球磨机润滑油泵、石膏排出泵、水泵等可一周一次，或根据需要随时可切换。各厂一般都规定有设备定期切换的时间和原则。

（五）运行中的化学分析

在 FGD 系统正常运行时，推荐的主要分析项目和分析频次如表 6-3 所列，仅供参考。

表 6 - 3　　　　　　　　　　　　FGD 系统正常运行的主要化学分析项目

序号	分析样品	分析项目	分析频率
1	石灰石（粉）	纯度（$CaCO_3$） 粒径 $MgCO_3$ 惰性物质 可磨性系数（对石灰石）	每批、每车或每罐，质量稳定时可延长分析间隔。其他成分如 SiO_2、Fe_2O_3、Al_2O_3 及石灰石活性等，根据需要和可能分析
2	石灰石浆液	浆液密度或含固率	1 次/天
3	吸收塔浆液	pH 值 密度（含固率） $CaSO_4 \cdot 2H_2O$、 $CaSO_3 \cdot 1/2H_2O$ $CaCO_3$ Cl^- F^-	1 次/天 1 次/天 1 次/周 1 次/周 1 次/周 1 次/周 1 次/周
4	石膏产品	水分 $CaSO_4 \cdot 2H_2O$ Cl^- $CaSO_3 \cdot 1/2H_2O$ $CaCO_3$ 可溶性物质（如 Mg） 惰性物质	1 次/周 1 次/周 1 次/月 1 次/月 1 次/月 1 次/月 1 次/月
5	FGD 废水	pH 值 悬浮物 COD、F^-、重金属等	1 次/天 1 次/天 1 次/月

另外，其他的一些项目如吸收塔浆液 Al^{3+}、Mn^{2+} 含量，水力旋流器底流的浆液密度、成分，滤液成分，工艺水成分等根据需要分析或每 3 个月定期分析一次，废水中重金属含量一般电厂不具备分析条件，可定期外送分析。当 FGD 系统出现异常时，则随时进行各种项目分析。

第四节　FGD 系统的停运

FGD 系统停运是根据既定操作程序把设备从运行状态转变为停止状态的过程。FGD 系统整套停运成功的标志是增压风机停运、FGD 系统进出口烟气挡板关闭、烟气停止进入吸收塔。本节介绍典型 FGD 系统（见图 6 - 1）长期停运的步骤，其中包含了短时停运和短期停运的步骤，供读者参考。运行人员可根据具体情况灵活执行。

一、石灰石浆液制备系统的停运

应根据 FGD 系统的停运计划，提前做好停运制浆系统的准备工作，尽量使 FGD 系统停运时卸料斗、石灰石（粉）仓及石灰石浆液罐中的剩余物料少些。

1. 石灰石系统的停止（对湿磨系统）

（1）待卸料斗中没有石灰石后，停止振动给料机和金属分离器。

（2）停止破碎机（如有）。

（3）待石灰石输送机料尽后，停止输送机。

（4）停止斗式提升机。

（5）停止斗式提升机后石灰石输送机及金属分离器。

（6）停止卸料斗除尘风机。

（7）停止除尘器反吹压缩机。

（8）停止石灰石仓除尘器。

2. 湿磨系统的停止

（1）待石灰石仓料磨尽后，停止刮刀卸料机及其冷却风机、齿轮润滑油泵。

（2）石灰石仓料排尽后，将称重皮带机转速减至最低，待称重皮带机走空后停止其运行。若滤液水进水手动门未关闭，则关闭该手动门。

（3）启动球磨机高压顶轴油泵。

（4）确认一、二级旋流器（有的只有1级）冲洗干净；球磨机长时停机排浆30min（短时5min）后，脱开离合器，球磨机停止运行。离合器脱开3～5min后停止高压顶轴油泵运行，同时停止球磨机电动机和齿轮喷射系统。

（5）停止一、二级循环泵运行。关闭其出口门、球磨机进出口大瓦冷油器、减速器齿轮冷油器水侧进出口手动控制门及其总门。

（6）开启一、二级循环泵吸入管放水门及一、二级循环箱底部放水手动门，对一、二级循环水箱放水。

（7）待一、二级循环水箱液位低于某一值时，一、二级循环水箱搅拌器自动停止运行。

（8）开启一、二级循环冲洗水门，冲洗一、二级循环泵。确认冲洗合格后，关闭一、二级循环泵入口门、放水门及其冲洗水门。

（9）确认一、二级循环水箱放完水后，冲洗一、二级循环水箱，确认冲洗干净后关闭放水门。

（10）球磨机停运1h后，视球磨机轴承温度情况，停止润滑油泵运行。

（11）石灰石浆液罐搅拌器投自动，尽可能地将石灰石浆液打至吸收塔内。

（12）待石灰石浆液罐液位低于某一值时，搅拌器自动停止，石灰石浆液泵自动停止，同时冲洗石灰石浆液泵及其管道，冲洗密度计。

（13）将石灰石浆液罐剩余浆液排入排水坑，用工艺水适当冲洗浆液罐，排水泵将这些浆液打入吸收塔或事故浆液罐。

3. 石灰石粉制浆系统的停运

（1）待石灰石粉仓清空后，停止粉仓除尘器，停止石灰石粉给料机。

（2）停止流化风机、流化风加热器，关闭流化风机出口门、石灰石粉仓流化风门，制浆系统手动控制。

（3）适当降低石灰石浆液罐密度后关闭石灰石浆液罐各补水门，尽可能多地将浆液打向吸收塔。

（4）待石灰石浆液罐液位低于某一值时，搅拌器自动停止，石灰石浆液泵自动停止，同时冲洗石灰石浆液泵及其前后管道。

（5）将石灰石浆液罐剩余浆液排入排水坑，用工艺水适当冲洗浆液罐，排水泵将这些浆液打入吸收塔或事故浆液罐。

二、烟气系统的停运

（1）通知机组运行人员，做好停增压风机的准备。

（2）打开FGD旁路烟气挡板，停止旁路烟气挡板密封风。如果设有2个旁路烟气挡板，应逐个打开。在打开旁路挡板的过程中，要及时调整增压风机动叶或静叶开度，防止锅炉炉膛负压波动过大，影响机组安全运行。

（3）逐渐减小FGD系统烟气量，待增压风机动叶或静叶开度减至最小后，停止增压风机运行，关闭FGD进、出口烟气挡板，打开吸收塔排气门，投入烟气挡板密封风。

（4）若风机转速低于50r/min时，投入刹车系统（如有）。风机停运1h后，确认风机转速到零，可停止轴承及液压系统供油泵、冷油器风机及油加热器运行。48h后，停止密封风加热器、密封风机运行。

（5）停止GGH清扫风机、密封风机。

（6）GGH吹灰一次，必要时采用高压水冲洗。

（7）切除GGH主辅电动机联锁，停止GGH主电动机。

若采用蒸汽再热系统，在停运增压风机前，即可按下述步骤停止蒸汽再热器。

（1）通知机组侧FGD系统停用蒸汽再热器。

（2）缓慢关闭蒸汽管道入口调节门，控制冷凝水箱液位稳定。

（3）关闭蒸汽进口电动门、手动门。

（4）停止冷凝水泵运行，关闭其出口电动门、进口手动门，开启泵吸入管放水手动门，关闭疏水至汽轮机除氧器或锅炉疏水箱电动门、手动门。

（5）开启再热器疏水门、冷凝水箱顶部空气门及冷凝水箱放水手动门。

（6）确认放水完毕，关闭冷凝水泵前吸入管放水门及冷凝水箱放水手动门。

烟气系统的停止可采用顺控方式（如有），停止时要注意与机组侧协调配合，尽量减少对锅炉运行的影响。

三、吸收塔系统的停运

在停运增压风机前，先切除吸收塔液位自动控制、除雾器自动冲洗程序，进行手动冲洗，适当降低吸收塔液位。

（1）停止氧化风机系统运行，关闭氧化风减温水门，并打开氧化空气管冲洗水手动门，冲洗每根管子大约1min。

（2）当吸收塔前烟气温度降至80℃以下时，可顺控停止循环泵运行。循环泵停运时应逐台停运，待冲洗完一台循环泵后再停止另外一台。若循环泵在正常运行中停运备用或检修，应确认将循环泵出口管应注水至一定高度。

（3）利用石膏排出泵将吸收塔浆液打至脱水系统，至适当液位后将吸收塔浆液打向事故浆液罐。搅拌器在液位低时自动停运。若确定FGD系统长期停运需清空吸收塔，则在烟气系统停运前有计划地将吸收塔浆液脱水，这样事故浆液罐不需储存大量的浆液。

（4）在吸收塔液位低至某一值时，自动或手动停止石膏排出泵运行（配合脱水系统停运），对石膏排出泵前后管道、滤网、石膏旋流器、pH计、密度计进行冲洗，确认冲洗合格后关闭各手动门及电动门。

四、脱水系统的停运

（1）关闭石膏浆液旋流器至脱水机的进料门，脱水机停止进料，将石膏浆液返回至吸收塔（对无石膏浆液缓冲罐的脱水机）。将石膏滤饼厚度自动控制切为手动。

如有石膏浆液缓冲罐，则第一步改为：待缓冲罐液位降至真空皮带机给料泵停运液位时，停运给料泵并冲洗泵及其前后管道。停止搅拌器运行后放空缓冲罐并冲洗干净。

（2）停止石膏浆液排出泵运行，对石膏排出泵前后管道、滤网、石膏浆液旋流器进行冲洗，确认冲洗合格后关闭各手动门及电动门。

（3）停止滤饼冲洗泵，打开真空皮带机排水阀。

（4）待皮带机上面没有石膏滤饼后，停止真空泵，关闭真空泵密封水门。

（5）用滤布冲洗水冲洗真空皮带机，确认干净后停止滤布冲洗泵，关闭各工艺水门。

（6）将真空皮带机转速减至最小，停止真空皮带机。

（7）停止石膏皮带输送机运行。

（8）停止滤液水泵、冲洗泵及其前后管道，关闭其进出口各电动门、手动门及至球磨机或球磨机一级循环箱各手动门（湿磨系统未停则不停）。

（9）放空滤液水箱、滤饼/滤布冲洗水箱等，关闭各放水门。

（10）及时将石膏仓内的积料彻底排干净，防止石膏结块。

五、废水处理系统的停运

（1）停止接收废水。停止废水供给泵，关闭 FGD 系统至废水处理系统的阀门。

（2）停止各种化学药品的供给并冲洗泵及管道。当计划长期停运 FGD 系统时，应事先停止配药，尽量使各药品箱罐药量最少。

（3）将化学药品排除干净。

（4）停止废水处理站各泵、搅拌器运行。

（5）将废水处理站系统排空并清洗干净。

六、清空箱罐

当 FGD 系统长期停运时，若所有箱罐都要进行维修工作，则需清空它们，在系统停运的同时，即可进行清洗排空工作。首先要确定所有的泵、挡板、搅拌器等电源切断，确保没有任何杂物能通过任何管道进入箱罐内。清空的大致顺序如下：制浆系统各箱罐（石灰石浆液箱、磨循环箱等），脱水系统各箱罐（石膏缓冲罐、溢流箱、滤液罐等），废水系统各箱罐，吸收塔、再热器凝结水箱（如有）、排水坑/池、工艺水箱等。在清空作业时，有些可交叉进行，根据具体情况来确定。

（1）在 FGD 系统运行最后的几个小时即可停止制浆。尽量排空石灰石浆液箱，放入排水坑的稀释石灰石浆液也最好打入吸收塔内，此时吸收塔 pH 值会有所下降，这没关系。

（2）冲洗各箱罐的水一般都进入相应的排水坑，通过水坑泵打入吸收塔或事故浆液罐，目前设计事故浆液罐的容量一般与运行时吸收塔浆液池体积相当。在某 FGD 系统实际清空操作时发现，事故浆液罐容不下吸收塔及其他箱罐的浆液，其原因是在停运 FGD 过程中，各泵、管道、箱罐都要冲洗，这部分水量很大。因此在停运脱水系统前要将吸收塔浆液的液位降低一些，即多脱些吸收塔石膏浆液。

（3）当排水坑需要清空时，可用临时泵将浆液排至事故浆液罐。当事故浆液罐到某一液位后，启动事故罐搅拌器。

（4）当事故浆液罐需要清空时，可通过事故浆液泵将浆液打至吸收塔或外排，底部浆液排空并冲洗至水坑。

七、公用系统的停止

（1）确认 FGD 系统所有浆液泵、浆液输送管道、pH 计、密度计、液位计等全部冲洗完毕后，将工艺水箱补水门切为手动，关闭工艺水箱补水门、补水门前手动门等。

（2）将工艺水泵之间的联锁切除，停止工艺水泵运行。

（3）开启工艺水系统管道上各放水手动门、空气门及工艺水箱放水手动门。确认各处放水完毕，关闭各处放水手动门、空气门及工艺水箱放水手动门。

（4）停运空气压缩机系统。

（5）关闭机组至 FGD 系统闭式循环冷却水手动门。

（6）当确认烟气挡板密封系统可以停止时，停运挡板密封风系统。

本节给出了FGD系统停运的总体步骤，实际操作时有些步骤可以交叉进行，比如氧化风机和循环泵的停运，原则上没有先后区别，各箱罐排空也可灵活，不同的FGD系统设计有所差别，运行人员应根据具体情况操作。应注意：设备停运后的冲洗应逐个进行，不宜多台设备同时冲洗。

第五节 二炉一塔及不设增压风机的 FGD烟气系统的启停操作

实际工程中，还存在有二炉一塔带增压风机或不带增压风机的FGD系统等，其烟气系统的操作有其自身的特点，调试和运行时应特别注意。

FGD烟气系统还有其他几种布置，如图6－3所示：① 二炉一塔设一台增压风机，如重庆电厂2×200MW等；② 二炉一塔设二台增压风机，如瑞明电厂2×125MW等；③ 一炉一塔不设增压风机，如钱清电厂125MW等；④ 二炉一塔不设增压风机，如连州电厂2×125MW等。另外对1000MW等级机组或部分600MW机组的一炉一塔FGD系统，会设置二台增压风机。在国外早期的FGD系统中还有一炉六塔和一塔八炉的FGD系统，目前已极少见。

一、二炉一塔设一台增压风机FGD烟气系统的启停

由于FGD烟气系统采用二炉一塔的进烟方式，系统较复杂，操作难度大，应注意利用旁路挡板和增压风机导叶的调节来实现启停的操作。为了防止运行操作过程中造成锅炉故障或FGD装置设备损坏，烟气系统操作应注意：

（1）烟气系统启动、停运前，应确保吸收塔系统和再热器系统以及主机系统运行正常。

（2）启动、停运过程中，避免增压风机由于流量过低，造成发出失速信号，或其出口压力异常升高。

（3）通过增压风机导叶调整FGD装置进烟量，避免增压风机入口压力过高或过低，以免影响锅炉运行。

（4）调整过程中，加强与主机的联系，维持炉膛压力正常。

（5）密切注意增压风机本身参数的正常，如风机振动等。

（6）在增大烟气量的过程中，注意吸收塔除雾器、再热器的差压正常，若超过设计值，应停止操作，查明原因。

（7）操作过程中，注意吸收塔浆液pH值的变化，及时供给石灰石浆液，维持其pH值的稳定。

（一）单炉操作

单炉操作指的是FGD吸收塔等系统运行正常，而只对1号或2号炉烟气的操作。由于只投入或退出一台锅炉的烟气，烟气系统的烟气量只有额定的一半，只有相应的一台炉的烟道挡板动作，增压风机的余量较大。其操作类型有：单炉通烟、单炉停运、一台炉切换为另一台炉通烟。

1. 单炉通烟

当FGD装置已准备好，并且1号或2号炉运行正常时，就可进行单炉通烟操作，其操作步骤与常规烟气系统的启动部分的内容完全一致。由于增压风机的余量过大，操作过程中特别要控制其导叶开度，要设定一最大导叶开度数值。在FGD系统调试过程中，应找出增压风机导叶开度与FGD烟气量的关系，用于指导FGD系统的运行操作。

2. 单炉停运

当FGD装置故障或2台锅炉装置将停运的时候，就可进行单炉停运的操作，其操作步骤与本章第四节的烟气系统的停运完全一致。与单炉通烟一样，由于增压风机在低负荷运行，不易控制其入口压力。为确保锅炉炉内压力稳定，在调整旁路挡板和增压风机导叶时，速度不宜过快。

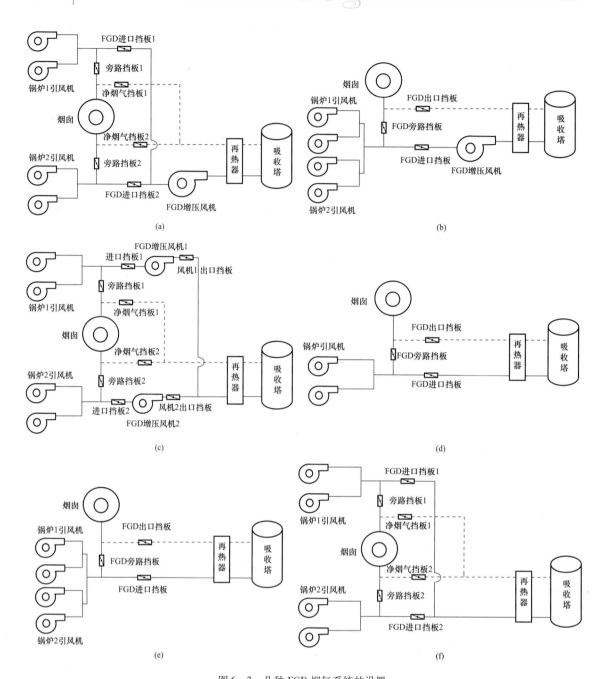

图6-3　几种FGD烟气系统的设置

（a）二炉一塔设一台增压风机；（b）二炉一塔设一台增压风机；（c）二炉一塔设二台增压风机；

（d）一炉一塔不设增压风机；（e）二炉一塔不设增压风机；（f）二炉一塔不设增压风机

3. 二台炉切换通烟

当在脱硫的一台炉需退出脱硫而另一台炉运行正常要脱硫时，就可将运行的原脱硫炉切换为另1台锅炉通烟。其操作过程如下［见图6-3（a）］：① 联系主机运行人员，准备操作；② 将增压风机导叶控制设为手动；③ 逐步开启旁路挡板，关小增压风机导叶，注意维持烟道负压，待旁路挡板开完，将增压风机导叶关至最小；④ 开启预通烟炉的净烟气挡板、FGD进口烟气挡板；⑤ 关闭原通烟炉的FGD进口烟气挡板、净烟气挡板；⑥ 逐步关闭旁路挡板、增大增压风机导叶开度，维持烟道负压，严禁增压风机入口压力大幅度波动，同时密切注意增压风机出口压力不超压；⑦ 旁路挡板关闭后，投入增压风机导叶控制自动。

整个操作过程是将原脱硫炉的旁路挡板打开，减少增压风机的出力至最小后，再打开要通烟气的另一台炉的 FGD 进口烟气挡板、净烟气挡板。然后关闭原脱硫炉的 FGD 进口烟气挡板、净烟气挡板，最后进行单炉通烟操作。

对图 6-3（b）所示的系统，由于二台炉共用一个烟道，当二台炉运行正常时，只存在二台炉同时脱硫或不脱硫的情况，而没有运行中的一台炉脱硫而另一台不脱硫的状态。

（二）双炉操作

双炉操作是指 FGD 吸收塔等系统运行正常，同时投入或退出 1 号或 2 号炉或者 2 号炉切换为 1 号炉、1 号炉切换为 2 号炉的 FGD 操作。如果二台炉是满负荷运行，则通烟操作完成后，FGD 装置即进入额定烟气量的运行状态，因而双炉操作除了要考虑烟气中 SO_2 含量，以免脱 FGD 装置过负荷外，还要考虑两炉的烟道压力、烟气温度等参数，确保二台锅炉的安全、稳定运行。双炉的主要操作有：双炉通烟、双炉停运、一台炉切换为二台炉通烟、二台炉切换为一台炉通烟。

1. 双炉通烟

对图 6-3（b）中，二台炉共用一个烟道的 FGD 系统，FGD 烟气系统的启动、停运操作同单炉操作基本相同。

对图 6-3（a）的系统，其操作过程如下：① 联系主机运行人员，准备双炉通烟操作；② 检查增压风机导叶角度已关至最小；③ 开启 1 号炉的 FGD 进口烟气挡板；④ 启动增压风机，检查正常；⑤ 开启 1 号炉的净烟气挡板；⑥ 开启 2 号炉 FGD 进口烟气挡板、净烟气挡板；⑦ 逐步关闭旁路挡板 1 和旁路挡板 2、开启增压风机导叶，维持烟道压力在正常范围内，严禁增压风机入口大幅度波动，同时密切注意增压风机出口压力不超压；⑧ 二个旁路挡板关闭后，投入增压风机导叶控制自动；关闭吸收塔排空门（如有）。

显然，这种情况增压风机的出力比单炉操作大，同时运行人员要兼顾二台锅炉的烟道压力，烟气量也大得多，有时超过量程。所以整个操作过程要稳定增压风机的入口压力，以确保增压风机不超过负荷和二台炉的炉膛压力没有大的波动。

2. 双炉停运

当二台锅炉停运或 FGD 装置故障停运进行检修时，双炉停运，其操作过程下：① 联系主机运行人员，准备双炉停运操作；② 将增压风机导叶控制设为手动；③ 逐步开启二台炉的旁路挡板 1 和旁路挡板 2，关闭增压风机导叶，维持烟道压力在正常范围内，待旁路挡板开完，增压风机导叶关至最小；④ 停止增压风机；⑤ 打开吸收塔排空门；⑥ 关闭二台炉的炉净烟气挡板 1 和 2；关闭二台炉的 FGD 进口烟气挡板 1 和 2。

双炉停运的操作要点是首先打开二台炉的旁路挡板，同时减少增压风机的出力，降低烟气量，然后关闭二台炉的原、净烟气挡板。

3. 一台炉切换为二台炉通烟

一台炉切换为双炉通烟的操作过程如下：① 联系主机运行人员，准备操作；② 将增压风机导叶控制设为手动；③ 逐步开启原通烟炉的旁路挡板，关闭增压风机导叶，维持烟道压力在正常范围内，待旁路挡板开完，增压风机导叶关至最小；④ 开启另一台炉的 FGD 进口挡板、净烟气挡板；⑤ 逐步关闭二台炉的旁路挡板，同时开大增压风机导叶，维持烟道压力在正常范围内，严禁增压风机入口压力大幅度波动，同时密切注意增压风机出口压力不超压；⑥ 二台炉的旁路挡板关闭后，投入增压风机导叶控制自动。

整个操作过程也是打开通烟炉的旁路挡板，减少增压风机的出力至最低后，再打开另一台炉的

FGD 进口挡板、净烟气挡板，进行双炉通烟操作。

4. 二台炉切换为一台炉通烟

二台炉切换为一台炉的操作过程如下：① 联系主机运行人员，准备操作；② 将增压风机导叶控制设为手动；③ 逐步开启二台炉的旁路挡板，关闭增压风机导叶，维持烟道压力在正常范围内，待旁路挡板开完，增压风机导叶关至最小；④ 关闭不通烟炉的 FGD 进口挡板、净烟气挡板；⑤ 逐步关闭通烟炉的旁路挡板、开启增压风机导叶，维持烟道压力在正常范围内，严禁增压风机入口压力大幅度波动，同时密切注意增压风机出口压力不超压；⑥ 旁路挡板关闭后，投入增压风机导叶控制自动。

操作要点是先打开两台炉的旁路挡板，减少增压风机的出力至最低，再关闭停运炉的 FGD 进口挡板、净烟气挡板，进行单炉通烟操作。

FGD 装置采用二炉一塔的设计方式，烟道系统的复杂程度远远超过一炉一塔的进烟方式，从而造成其操作难度大、操作类型多，易出现失误。因此要在实践中探索，总结二炉一塔进烟方式的操作方法，保证锅炉的正常运行和 FGD 装置的安全运行。

在重庆电厂 2×200MW 的 FGD 烟气系统操作过程中，曾造成多次失误，主要原因有：

（1）增压风机入口压力高，不开旁路挡板。2000 年烟气系统调试过程中，FGD 装置通烟操作完毕，忽然增压风机失速信号发出，德国专家便关闭增压风机导叶，减少其出力，但未打开旁路挡板，造成增压风机入口压力高，升至 +1.3kPa，22 号锅炉 MFT。事后检查发现，增压风机的失速信号为误发。为了避免这种情况再次发生，在控制逻辑中增加了当增压风机入口压力达 0.8kPa 时，自动打开旁路挡板的功能。

（2）不用旁路挡板，而用增压风机导叶调整去跟踪原烟气挡板的开关，来控制增压风机的入口压力。2000 年，烟气系统调试过程中，准备将单炉通烟切换为双炉通烟。德国专家直接打开原烟气挡板，同时调整增压风机的导叶来维持其入口压力，结果增压风机入口压力晃动过大，超过 −1.5kPa，增压风机跳闸，二台炉的旁路挡板保护打开。所幸锅炉没有灭火，只是炉内压力波动大，事后对 FGD 装置的检查没有发现异常，系统其他部分也运行正常。

（3）关错净烟气挡板。2002 年在二台炉切换一台炉通烟的操作过程中，当二台旁路挡板打开，关闭停运炉的原烟气挡板后，运行人员将运行炉的净烟气挡板关闭。结果增压风机跳闸，整个过程中其出口压力高达 3.0kPa，但锅炉运行正常没有受到影响。事后对吸收塔、烟道膨胀节等各部检查均正常。经过此事后，该厂加强了对运行人员的培训，以后的操作中再也未出现过这种情况。

二、二炉一塔设二台增压风机 FGD 烟气系统的启停

如图 6−3（c）所示，二台炉各自带增压风机，旁路挡板与净烟气挡板独立设置，在增压风机出口 2 路烟气合并进入吸收塔，脱硫后烟气分二路进入烟囱。

（一）单炉操作

单炉通烟、单炉停运的操作与单炉单塔的 FGD 系统操作完全相同。

二台炉切换通烟时，按单炉停运的操作将通烟炉切换走旁路，停运增压风机，之后按单炉通烟的操作进行另一台炉的脱硫操作。

（二）双炉操作

1. 双炉通烟

其操作过程如下：① 联系主机运行人员，准备双炉通烟操作；② 检查二台增压风机导叶角度已关至最小；③ 开启 1 号炉的 FGD 进口烟气挡板 1；④ 启动增压风机 1，检查正常；⑤ 开启 1 号炉的净烟气挡板 1、增压风机 1 出口挡板；⑥ 开启 2 号炉 FGD 进口烟气挡板 2；⑦ 启动增压风机 2，检查正常；⑧ 开启 2 号炉的净烟气挡板 2、增压风机 2 出口挡板，关闭吸收塔排空门（如有）；⑨ 逐步关闭旁路挡板 1 和旁路挡板 2、开启相应增压风机导叶，维持烟道压力在正常范围内，严禁增压风机入口大幅度波动，同时密切注意增压风机出口压力不超压；⑩ 二个旁路挡板关闭后，投入 2 台增压风机导叶控制自动。

操作要点是启动一台增压风机后，不关旁路挡板，风机导叶保持最小不动，待另一台增压风机启动后，再慢慢关旁路挡板，二个增压风机导叶交叉缓慢增大。

不能等 1 号炉旁路挡板关闭后再启动 2 号增压风机，这样可能会出现 2 号增压风机启动后失速跳闸、根本启动不了的情况。

2. 双炉停运

当 2 台锅炉停运或 FGD 装置故障停运进行检修时，双炉停运，设其操作过程如下：① 联系主机运行人员，准备双炉停运操作；② 将二台增压风机导叶控制设为手动；③ 逐步开启二台炉的旁路挡板 1、旁路挡板 2，同时逐步关小相应增压风机导叶，维持烟道压力在正常范围内，待旁路挡板开完，增压风机导叶关至最小；④ 停止增压风机 1 和 2；⑤ 打开吸收塔排空门（如有）；⑥ 关闭二台炉的净烟气挡板 1 和 2、增压风机出口挡板 1 和 2；关闭二台炉的 FGD 进口烟气挡板 1 和 2。

双炉停运的操作要点是首先打开二台炉的旁路挡板，同时减少二台增压风机的出力，降低烟气量，最后关闭二台炉的原、净烟气挡板。

3. 一台炉切换为二台炉通烟

一台炉切换为双炉通烟的操作过程如下（以通 2 号炉烟为例）：① 联系主机运行人员，准备操作；② 将增压风机 1 导叶控制设为手动；③ 逐步开启 1 号炉的旁路挡板 1，关闭增压风机 1 导叶，维持烟道压力在正常范围内，待旁路挡板开完，增压风机 1 导叶关至最小；④ 开启 2 号炉的 FGD 进口挡板 2；⑤ 启动增压风机 2；⑥ 开启净烟气挡板 2、增压风机出口挡板 2；关闭吸收塔排空门（如有）；⑦ 逐步关闭旁路挡板 1 和旁路挡板 2、开大相应增压风机导叶，维持烟道压力在正常范围内，严禁增压风机入口大幅度波动，同时密切注意增压风机出口压力不超压；⑧ 二个旁路挡板关闭后，投入二台增压风机导叶控制自动。

整个操作过程是打开通烟炉的旁路挡板，减少增压风机的出力至最低后，再打开另一台炉的 FGD 进口挡板、净烟气挡板，进行双炉通烟操作。

4. 二台炉切换为一台炉通烟

二台炉切换为一台炉的操作过程如下（以停 2 号烟气系统为例）：① 联系主机运行人员，准备操作；② 将增压风机 1 和 2 的导叶控制设为手动；③ 逐步开启二台炉的旁路挡板，关小增压风机导叶，维持烟道压力在正常范围内，待旁路挡板开完，增压风机导叶关至最小；④ 停止增压风机 2；⑤ 关闭 FGD 进口挡板 2；⑥ 关闭增压风机 2 出口挡板、净烟气挡板 2；⑦ 逐步关闭 1 号炉的旁路挡板 1，同时相应开大增压风机 1 导叶，维持烟道压力在正常范围内，严禁增压风机入口压力大幅度波动，同时密切注意增压风机出口压力不超压；⑧ 旁路挡板 1 关闭后，投入增压风机 1 导叶控制自动。

操作要点是先打开二台炉的旁路挡板，减少增压风机的出力至最低，再关闭停运炉的 FGD 进口挡板、净烟气挡板，进行单炉通烟操作。

三、一炉一塔不设增压风机的 FGD 烟气系统的启停

该种设计的 FGD 烟气系统启停较为简单，见图 6-3（d）。

（1）启动步骤。① 联系主机运行人员，准备操作；② 打开 FGD 进口烟气挡板；③ 打开 FGD 出口烟气挡板，关闭吸收塔排空门（如有）；④ 逐步关闭 FGD 旁路挡板，同时调整锅炉引风机导叶开度，维持炉膛负压的稳定。

（2）停运步骤。① 联系主机运行人员，准备操作；② 逐步打开 FGD 旁路挡板，同时调整锅炉引风机导叶开度，维持炉膛负压的稳定；③ 关闭 FGD 进口烟气挡板；④ 关闭 FGD 出口烟气挡板，打开吸收塔排空门（如有）。

最主要的是要密切联系锅炉操作人员，及时调整锅炉引风机导叶开度，开、关 FGD 旁路挡板时速度宜缓慢。

四、二炉一塔不设增压风机的 FGD 烟气系统的启停

（一）单炉操作

对图 6 - 3（e）、图 6 - 3（f）所示的 FGD 系统，单炉通烟、单炉停运的操作与上述单炉单塔不设增压风机的 FGD 系统操作完全相同。

对图 6 - 3（e），由于二台炉共用一个烟道，当二台炉都运行时，要么二台炉同时脱硫，要么二台炉同时不脱硫，不存在一炉脱硫而另一炉走旁路的情况。对图 6 - 3（f），二台炉各自有独立的烟道，切换通烟时可按单炉停运的操作将通烟炉切换走旁路，之后按单炉通烟的操作进行另一台炉的脱硫操作。

（二）双炉操作

1. 双炉通烟

对图 6 - 3（e），二台炉共用一个烟道，启动或停运 FGD 系统时与单炉系统没有差别，需注意的是要及时调整二台锅炉引风机导叶开度，维持炉膛负压的稳定。而引风机导叶开度的大小可根据单炉通烟时不同负荷下所获得的数据来调整。在广东连州电厂 2 × 125MW 机组上，由于 FGD 系统阻力较小，而锅炉引风机有较大余量，只调整一台引风机的导叶开度就可以了

对图 6 - 3（f），二台炉各自有独立的烟道，目前还未见有此种设计的，双炉通烟时可按以下步骤进行：① 联系主机运行人员，准备双炉通烟操作；② 开启 1 号炉的 FGD 进口烟气挡板 1；③ 开启 1 号炉的净烟气挡板 1；④ 开启 2 号炉 FGD 进口烟气挡板 2；⑤ 开启 2 号炉的净烟气挡板 2；⑥ 逐步关闭旁路挡板 1 和旁路挡板 2，同时调节相应锅炉引风机导叶，维持炉膛负压和烟道压力在正常范围内；⑦ 二个旁路挡板关闭后，根据需要投入相应锅炉引风机的导叶控制自动；关闭吸收塔排空门（如有）。

操作要点是开启一台炉的 FGD 进、出口挡板后，先不关旁路挡板，待另一台炉的 FGD 进、出口挡板打开后，再慢慢关旁路挡板，同时调节相应锅炉引风机导叶。

不要等一台炉旁路挡板关闭后再启动另一台炉的 FGD 烟气系统，以确保锅炉负压平稳。

2. 双炉停运

当二台锅炉停运或 FGD 装置故障停运进行检修时，双炉停运，其操作过程下：① 联系主机运行人员，准备双炉停运操作；② 将二台锅炉的引风机导叶控制设为手动；③ 逐步开启二台炉的旁路挡板 1、旁路挡板 2，同时逐步调整相应引风机导叶，维持锅炉负压和烟道压力在正常范围内，待旁路挡板开完，引风机导叶调整至不脱硫时相应的开度；④ 关闭二台炉的净烟气挡板 1 和 2、FGD 进口烟气挡板 1 和 2；⑤ 打开吸收塔排空门（如有）。

双炉停运的操作要点是首先打开二台炉的旁路挡板，同时逐步调整相应引风机导叶，降低 FGD 烟气量，最后关闭二台炉的原、净烟气挡板。不宜先停运一台炉通烟，再停第二台。

3. 一台炉切换为二台炉通烟

一台炉切换为双炉通烟的操作过程如下（以通 2 号炉烟为例）：① 联系主机运行人员，准备操作；② 将 1 号锅炉引风机导叶控制设为手动；③ 逐步开启 1 号炉的旁路挡板 1，并调整引风机导叶，维持炉膛负压和烟道压力在正常范围内，待旁路挡板开完，引风机导叶调整至步脱硫时相应开度。④ 开启 2 号炉的 FGD 进口挡板 2、净烟气挡板 2；⑤ 逐步关闭旁路挡板 1 和旁路挡板 2，同时调节相应锅炉引风机导叶，维持炉膛负压和烟道压力在正常范围内；⑥ 二个旁路挡板关闭后，根据需要投入相应锅炉引风机的导叶控制自动；关闭吸收塔排空门（如有）。

整个操作过程要点是打开通烟炉的旁路挡板后，再打开另一台炉的FGD进口挡板、净烟气挡板，进行双炉通烟操作。

4. 二台炉切换为一台炉通烟

二台炉切换为一台炉的操作过程如下（以停2号烟气系统为例）：① 联系主机运行人员，准备操作；② 将1号、2号锅炉的引风机导叶控制设为手动；③ 逐步开启二台炉的旁路挡板，同时调节相应锅炉引风机导叶，维持炉膛负压和烟道压力在正常范围内；④ 关闭FGD进口挡板2、净烟气挡板2；⑤ 逐步关闭1号炉的旁路挡板1，同时调节1号炉引风机导叶，维持炉膛负压和烟道压力在正常范围内；⑥ 旁路挡板1关闭后，根据需要投入1号炉引风机导叶控制自动。

操作要点是先打开二台炉的旁路挡板，再关闭停运炉的FGD进口挡板、净烟气挡板，进行单炉通烟操作。

以上介绍的是各种不同FGD烟气系统的手动操作步骤，是经实践检验可以遵照执行的。读者也可根据实际运行经验，针对自己的FGD系统特点，制定相应的操作步骤。在许多FGD系统平时的启、停过程中，采用程控顺序启动和停运，这些程控步骤在调试时应先进行手动操作，确认对锅炉及FGD系统本身无不利影响后才可以在平时运行中执行。对各种FGD烟气系统的启动和停运操作，总体上有两点要求：① 尽量减少对锅炉负压的影响，特别注意不要导致MFT；② 减少增压风机启动失败，避免发生损坏设备事故。

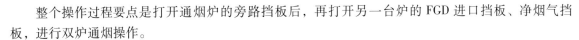

第六节　FGD系统运行常见问题分析

本节主要介绍FGD系统运行中出现的典型问题，主要包括：① FGD系统脱硫率低；② FGD系统的腐蚀；③ FGD系统的磨损；④ FGD系统的结垢；⑤ FGD系统的堵塞；⑥ FGD系统副产品石膏质量差；⑦ FGD系统安全性等。

一、FGD系统脱硫率低

湿法石灰石/石膏FGD工艺涉及到一系列的物理和化学过程，脱硫效率的影响因素很多，作者将其归结为如表6-4所示的五大类原因，以下将分别对此进行具体的论述。

（1）FGD系统设计因素：液气比（L/G）、烟气在塔内停留时间（烟气流速）、浆液停留时间（浆液池大小）、氧化空气量及布置、改善气流均匀性的设计、喷淋层设计等；

（2）FGD系统入口烟气因素：烟气量（负荷）、入口SO_2浓度（煤种）、烟气温度、烟气含尘量（电除尘器运行状况）、烟气中O_2、Cl、F含量等；

（3）FGD吸收剂因素：石灰石活性（成分、粒度等物理因素、运行环境）、添加剂（有机和无机）、工艺水质（pH值、Cl^-、Mg^{2+}等）等；

（4）FGD系统运行控制参数因素：吸收塔浆液pH值、吸收塔浆液浓度（浆液过饱和度）、氧化程度、钙硫比（Ca/S）、循环泵投运台数、废水排放量等；

（5）其他各种因素：仪表显示不准、旁路挡板泄漏、GGH泄漏等。

（一）FGD系统设计因素

1. 液气比（L/G）

液气比是指与流经吸收塔单位体积烟气量相对应的浆液喷淋量，通常以洗涤1m³（标准状态）湿烟气所需的循环浆液升数来表示，单位为L/m³，它直接影响设备尺寸和操作费用。液气比决定酸性气体吸收所需要的吸收表面，在其他参数值一定的情况下，提高液气比相当于增大了吸收塔内的喷淋密度，使气液间的接触面积增大；同时也增大了可用于吸收SO_2的总碱度，故脱硫效率也将增大。因此要提高吸收塔的脱硫效率，提高液气比是一个重要的技术手段。各种实验和实际结果都证实了这一点，图 6-4 是太原第二热电厂 6 号炉 50MW 机组简易湿法 FGD 系统中液气比对脱硫率影响的试验结果。当液气比超过一定值后，脱硫率的提高非常缓慢，故液气比有一定的合适范围。在实际工程中，提高液气比将使浆液循环泵的流量增大，从而增加设备的投资和能耗；同时，高液气比还会使吸收塔内压力损失增大，增加风机能耗。研究表明，加入添加剂（如镁盐、钠碱、已二酸）的 $CaCO_3$ 浆液，可以克服其活性较弱的缺点，可适当降低液气比，同时还可提高脱硫率。

表 6-4　　　　　　　　　　　　　　　　影响 FGD 系统脱硫效率的 5 大类因素

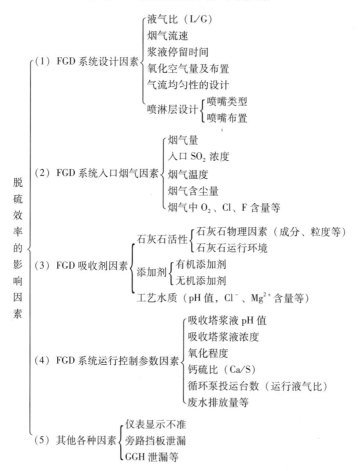

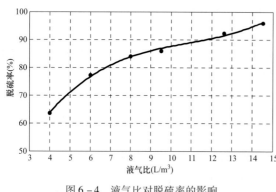

图 6-4　液气比对脱硫率的影响

2. 吸收塔内烟气流速

在其他参数恒定的情况下，提高塔内烟气流速有如下结果：

（1）提高气液两相的湍动，降低烟气与液滴间的膜厚度，因而提高了传质效果。

（2）将使喷淋液滴的下降速度相对降低，单位体积内持液量增大，增大了传质面积，可增加脱硫效率。

（3）气速增加，又会使气液接触时间缩短，脱硫效率可能下降。

（4）使吸收塔内的压力损失增大，增加增压风机能耗。

（5）增加净烟气携带石膏浆液滴现象，并影响吸收塔除雾器的性能。

因此，从脱硫效率的角度来讲，吸收塔内烟气流速有一最佳值，高于或低于此气速，脱硫效率都会降低；从能耗来看，也要求烟气流速有一定的范围。图6-5是AE&E公司在喷淋塔中的试验结果，可见将喷淋空塔内烟气流速控制在3.5~4.5m/s是较合理的。

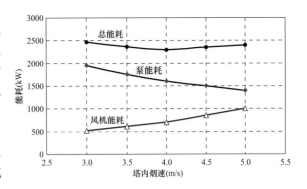

图6-5　塔内烟气流速与能耗关系

3. 浆液停留时间

浆液在反应池内停留时间长，将有助于浆液中石灰石与SO_2完全反应，并能使反应生成物$CaSO_3$有足够的时间完全氧化成$CaSO_4$，形成粒度均匀、纯度高的优质脱硫石膏，如图6-6所示。因此设计时应有足够的吸收塔浆液池体积以保证石灰石溶解时间；为$CaSO_3$提供充分的氧化空间和氧化时间，确保良好的氧化效果；也为石膏晶体长大提供充分的停滞时间，确保生成高品质的粗粒状（而非片状和针状）石膏晶体。但过长的浆液停留时间会导致反应池的容积增大、氧化空气量和搅拌机的容量增大，土建和设备费用以及运行成本增加。目前典型设计的浆液循环停留时间（浆池容积与循环泵总流量之比）在4~8min，浆液在吸收塔中的停留时间（浆池容积与石膏排出泵流量之比）通常不低于15h。

大于25h　　　　　　　大于15h（商业运用）　　　　　　　小于15h

图6-6　不同结晶时间的不同石膏产品

4. 氧化空气量及氧化空气系统设计

目前都采用了强制氧化空气FGD系统，即在吸收塔浆液池底部设氧化空气管，通入空气对浆液进行曝气，将$CaSO_3$氧化成产品石膏。其总体反应式为

$$SO_2 + CaCO_3 + \frac{1}{2}O_2 + 2H_2O = CaSO_4 \cdot 2H_2O + CO_2 \tag{6-1}$$

理论上氧化1mol的SO_2只需要0.5mol的O_2，但实际上O_2的利用率不可能是100%的，设计时必须有一定余量，典型的设计O_2量是理论需要量的2.5倍以上。

氧化空气量不足会导致浆液中$CaSO_3$含量过高，引起石灰石屏蔽现象，造成脱硫率下降，而且会使石膏脱水困难，这在后面会举例说明。另外，良好的氧化空气系统设计可使空气分布均匀，不仅氧化效果好，而且节能降耗。

5. 改善吸收塔内气流均匀性的设计

烟气一般水平方向进入吸收塔、水平方向引出吸收塔，而且塔横截面随容量增大；吸收区路程短，使得吸收区烟气速度分布难以均匀。为使吸收塔内气流更均匀分布，各FGD公司都开发出有特色的专利技术。

（1）第二章中介绍的合金托盘、文丘里棒、液体再分配环ALDR、旋汇耦合器等技术，对烟气进行整流。这一方面可使烟气分布均匀，另一方面可强化气液接触传质，在保证同样脱硫率的条件下，L/G 可减小。虽然烟气阻力增加，但循环泵费用的降低远大于风机能耗的增加，使系统投资、运行总费用下降。

（2）采用较大的烟气进口宽高比，进口宽度占到塔径的 80% 以上。

（3）进口向下倾斜一定的角度。

（4）增加吸收区高度，采取吸收塔顶部出口垂直向上。

（5）采用长方形的吸收塔等。

采用 CFD 模拟技术可对吸收塔不同结构尺寸进行比较，并选择最优的结构型式和塔内件的布置，使得烟气流场分布更合理，减少烟气泄漏的可能，从而提高系统脱硫率。

另外，除雾器的合理设计也十分重要，除雾器的堵塞等会改变气流分布，进而影响脱硫率。浆液池搅拌系统的设计也间接影响着吸收塔脱硫性能，设计良好的搅拌系统能使石灰石更好地溶解、$CaSO_3$ 氧化更为充分及利于石膏晶体的成长。

6. 喷淋层的设计

吸收塔是 FGD 系统的核心。对喷淋塔，按照完成功能的不同一般分为 3 个区，即中部的喷淋吸收区（喷淋层）、下部的氧化结晶区（浆液池或氧化槽）及上部的除雾区。其中喷淋层喷嘴的性能和布置设计直接影响到湿法 FGD 系统的性能参数和运行可靠性，对保证 FGD 系统的正常运行有着至关重要的意义。

（1）喷嘴。

雾化喷嘴的作用是将大量的石灰石浆液转化为提供足够接触面积的雾化小液滴，有效脱除烟气中的 SO_2。喷嘴的性能对整个系统的脱硫率有着重要影响，如果从喷嘴雾化出来的浆滴直径太大，则减少了脱硫剂浆滴与烟气中 SO_2 的有效接触面积，降低了气液反应速率，使系统脱硫率下降。反之浆滴直径太小，浆滴会随着气流向上流动，减少了脱硫剂浆滴与烟气中 SO_2 在塔内接触时间，从而降低系统脱硫率；且细粒子易被烟气带出喷雾区，给下游设备带来影响；浆液压力要求高，能耗也高，因此，小于 $100\mu m$ 的液滴要尽量少。在实际工程应用中，喷嘴雾化液滴的大小，既要满足吸收 SO_2 传质面积的要求，又要使烟气携带液滴的量降至最低水平。喷淋塔中典型的液滴直径为 1300 ~ 3000μm，并要求尽量均匀。

目前喷淋塔通常采用压力雾化喷嘴。压力式雾化喷嘴主要由液体切向入口、液体旋转室和喷嘴孔等组成，如图 6 - 7 所示。利用高压泵使浆液获得较高的压力，从切向入口进入喷嘴的旋转室，浆液在旋转室获得旋转运动。根据旋转动量矩守恒原理，旋转速度与旋转半径成反比，越靠近轴心的浆液，其旋转速度越大，静压力越小，结果在喷嘴中央形成一股压力等于大气压力的空气旋流。而浆液则形成绕空气心旋转的环行薄膜，浆液静压能在喷嘴孔处转变为向前运动的旋转浆液动能，并从喷嘴喷出。浆液膜伸长变薄，最后分裂为小雾滴，并形成空心锥形状的浆液雾。喷嘴的雾化性能取决于浆液进口压力、浆液的黏度、表面张力和喷嘴结构参数等。

目前在湿法喷淋塔内通常采用空心锥切线型、实心锥切线型、双空心锥切线型、实心锥、螺旋型等 5 种喷嘴，如图 6 - 8 所示。

对于空心锥切线型喷嘴，石灰石浆液从切线方向进入喷嘴的旋涡室内，然后从与入口方向成直角的喷孔喷出，喷嘴内无内部分离件。喷嘴内可自由通过的颗粒尺寸约为喷孔尺寸的 80% ~ 100%，

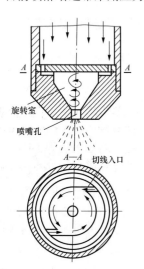

图 6 - 7　压力雾化喷嘴组成示意

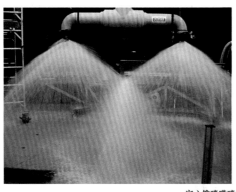

空心锥喷嘴喷淋效果示意

螺旋喷嘴

实心锥喷嘴　　　　　　　　　　　　　双向喷嘴

图 6-8　FGD 吸收塔中几种典型的喷嘴

其工作压力通常在 0.1~0.2MPa。

实心锥切线型喷嘴与空心锥切线型喷嘴相近，所不同的是在涡流室封闭端的顶部使部分浆液转向喷入喷雾区域的中央，以实现实心锥形喷雾的效果。该喷嘴所允许通过的颗粒尺寸约为喷孔尺寸的 80%~100%，它所喷射的浆液滴平均直径比相同尺寸的空心锥形喷嘴的约大 30%~50%。

实心锥喷嘴是通过内部的叶片使吸收塔喷淋浆液形成旋流，然后以入口的轴线为轴从喷孔喷出，根据不同的设计，该种喷嘴允许通过的最大颗粒直径为喷孔直径的 25%~100%。在相同条件下，该种喷嘴所能提供的雾化粒径为相同尺寸的空心锥切线型喷嘴的 60%~70%。

双空心锥切线型喷嘴是在一个空心锥切线腔体上设计两个喷孔，在吸收塔内，一个喷口向上喷，一个喷口向下喷。该种喷嘴允许通过的颗粒尺寸为喷孔直径的 80%~100%。

螺旋型喷嘴是随着连续变小的螺旋线体，喷淋浆液不断地经螺旋线相切后改变方向呈片状喷射成同心轴状锥体。该喷嘴内无分离部件，自由畅通直径为喷孔直径的 30%~100%，在同等条件下，这种喷嘴的平均直径相当于相同尺寸的空心锥切线型喷嘴的 50%~60%。该种喷嘴的工作压力为 0.05~0.1MPa。

喷嘴的主要性能参数包括：

1）喷雾角。指浆液从喷嘴旋转喷出后，形成的液膜空心锥的锥角。影响喷雾角的因素主要是喷嘴的各种结构参数，如喷嘴孔半径、旋转室半径和浆液入口半径等。

2）喷嘴压力降。指浆液通过喷嘴通道时所产生的压力损失。喷嘴压力降越大，能耗就越大。喷嘴压力降的大小主要与喷嘴结构参数和浆液黏度等因素有关，浆液黏度越大，喷嘴压力降越大。

3）喷嘴流量。指单位时间内通过喷嘴的体积流量。喷嘴流量与喷嘴压力降、喷嘴结构参数等因素有关。在相同喷嘴压力降条件下，喷嘴孔半径越大，喷嘴流量越大。喷嘴流量的计算公式为

$$Q = C_D \pi r_0^2 \sqrt{2\Delta p/\rho} \tag{6-2}$$

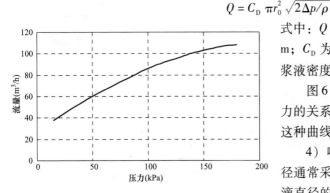

图 6-9 喷嘴流量-压力特性曲线

式中：Q 为喷嘴流量，m^3/s；r_0 为喷嘴孔半径，m；C_D 为流量系数；Δp 为喷嘴压力降，Pa；ρ 为浆液密度，kg/m^3。

图 6-9 是试验台上获得的某一喷嘴流量与压力的关系曲线，可见压力越大，喷嘴流量也越大，这种曲线对于循环泵的选型、喷嘴布置十分重要。

4）喷嘴雾化浆滴平均直径。雾化浆滴平均直径通常采用体积—面积平均直径来表示。影响浆滴直径的因素很多，如喷嘴孔径、进口压力、浆液黏度、表面张力和浆液流量等。目前只能依靠实验的办法来建立方程，例如对于切线入口喷嘴，其浆液直径的计算公式为

$$D_{VS} = 572.8 d_0^{1.589} \sigma^{0.594} \mu^{0.220} Q^{-0.537} \tag{6-3}$$

式中：D_{VS} 为体积—面积平均直径，μm；d_0 为喷嘴孔径，mm；σ 为表面张力，N/m；μ 为浆液黏度，$Pa \cdot s$；Q 为体积流量，m^3/s。

喷嘴选择时，首先确定喷嘴型式，然后再选定喷嘴入口工作压力、喷雾角、喷嘴流量等。在选定喷嘴雾化角度时，必须与喷嘴在塔内布置相结合，来保证吸收塔内覆盖率和覆盖均匀度，通常喷嘴雾化角选为 90°。喷嘴流量通常按工艺计算来确定，根据喷嘴流量来确定喷嘴入口工作压力。一般来说，对于某一喷嘴厂商，喷嘴流量与喷嘴入口工作压力是相对应的。此外，在喷嘴选择过程中，还必须考虑雾化喷嘴的连接方式，即喷嘴的连接尺寸、连接类型等。喷嘴的连接尺寸主要由与喷嘴相连的分管中浆液的流速来确定。喷嘴的连接类型主要有法兰连接、螺纹连接和直接黏接三种方式，具体选择哪种连接类型与喷嘴材料、喷管类型以及预算费用和环境条件有关。

（2）喷嘴在塔内布置设计。

喷嘴在吸收塔内布置是非常重要的，在单个喷嘴性能满足设计要求的条件下，还需要进行合理、优化的喷嘴布置设计，即喷嘴密度和覆盖率与脱硫塔内烟气流速分布相对应，这样才能达到高效脱硫的系统设计要求。进行喷嘴在塔内布置设计中应该注意以下问题。

1）选择合理的喷嘴覆盖高度 H，通常根据喷嘴特性及两层喷淋之间距离来确定。喷淋层间距一般在 2m 左右。

2）选择合适的喷淋吸收区高度、喷淋层数和合理的单层喷嘴个数。吸收区高度一般指入口烟道中心线至最上一层喷淋层中心线的距离，如果最上一层喷淋层的喷嘴为双向喷嘴时，这个高度增加 1~2m。吸收区高度决定了烟气与吸收剂的接触时间，它的确定与诸多因素有关，如液气比、塔径、烟气速度、雾化浆液滴停留时间等。图 6-10 是某 FGD 吸收塔试验结果，液气比越高，达到相同脱

硫率所需吸收区高度就可以小些；反之，吸收区高度越大，所需液气比就越小。当吸收区达到一定高度时，再增加时对脱硫率影响不大，高的吸收区高度将增加循环泵的电耗。因此实际设计时吸收区高度有一定的合适值，不同的 FGD 公司略有不同。目前对 600MW 机组，FGD 喷淋层数一般在 3~4 层，并交错布置，每层的喷嘴个数根据工艺计算来确定。

3）当喷嘴覆盖高度确定以后，就可以计算单个喷嘴的覆盖面积 A_0，即

$$A_0 = \pi H^2 \tan^2(\theta/2) \qquad (6-4)$$

式中：θ 为喷雾角。

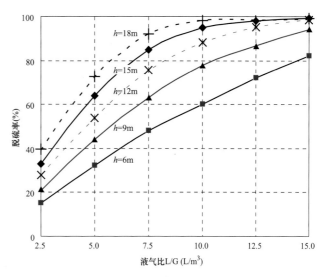

图 6-10 不同液气比下脱硫率与吸收区高度 h 的关系

4）当在吸收塔内布置喷嘴时，应适当选择喷嘴与所在浆液母管、与相邻浆液母管以及喷嘴之间的距离，不能太近或太远。通常根据喷嘴个数和吸收塔直径来选择喷嘴间距，并要与连接喷嘴的喷管布置方案整体考虑。

5）选择合理的经济流速，并根据喷管产品的标准来确定浆液母管和支管直径，保证每个喷嘴的压损与流量平衡。

6）当检验喷淋层在吸收塔覆盖率时，不仅要考虑喷嘴液流与母管、支管和支撑的碰撞对覆盖率的影响，还要考虑所有喷嘴在吸收塔内覆盖均匀度，即要考虑"覆盖质量"，如果有未覆盖的区域存在，那么大量未覆盖小区域要比一个大的未覆盖区域的覆盖质量高。喷淋层在吸收塔内覆盖率定义为：

$$喷淋覆盖率 = \frac{N_{喷嘴}A_{喷嘴}}{A_{塔}} \times 100\% \qquad (6-5)$$

式中　$N_{喷嘴}$——喷淋层喷嘴数量；

　　　$A_{喷嘴}$——单个喷嘴在其出口一定距离 H 处的喷淋面积，m^2；

　　　$A_{塔}$——H 处吸收塔的截面积，m^2。

在石灰石/石膏湿法 FGD 系统中，喷嘴是关键设备，喷嘴性能和喷嘴布置设计直接影响到湿法 FGD 系统性能参数和运行可靠性。因此，喷嘴性能参数的选择和喷嘴在塔内的布置必须慎重。当对单个喷嘴性能参数选择时，必须同脱硫工艺计算和喷嘴布置相结合来决定单个喷嘴的流量、喷雾角和喷嘴个数。在满足喷嘴流量条件下，优先选择进口工作压力低的喷嘴，这样可以降低循环泵的能耗。在吸收塔内布置喷嘴过程中，应该使喷嘴在吸收塔内喷嘴密度合理，合理确定喷嘴之间的距离，使喷嘴覆盖率和喷嘴均匀度高，这样才能达到系统设计的脱硫率。

目前各 FGD 公司充分运用 CFD 工具优化喷嘴位置、采用多种类型喷嘴的配合使用、高的浆液覆盖率等措施使 FGD 系统到达很高的脱硫效率，来满足各种用户的要求。例如美国 B&W 公司开发出了 RDD（Rule Driven Design）计算机软件，对吸收塔喷淋系统，包括喷嘴密度、浆液管布置、每个管子喷嘴数量、喷淋覆盖率等进行计算机设计，最后生成三维的喷淋层模型。同时对吸收塔内喷淋管道支撑系统、吸收塔壳体等也进行优化设计。美国电力试验研究所（EPRI）开发了一种名为"FGD 工艺整体化和模拟模型（Flue Gas Desulfurization Process Integration and Simulation Model）"的计算机程序，可用于计算石灰石/富镁石灰 FGD 工艺系统的物料平衡，预测 FGD 系统的运行工艺性能

如脱硫率、吸收剂利用率等。图6-11给出了2个FGD喷淋层现场布置实例。

图6-11　现场交错布置的FGD喷淋层

美国PEGS电厂（Plains Escalante Generating Station）1号机组容量为245MW，对应的806t/h蒸汽锅炉由CE公司提供，设计燃用当地的低硫煤，自运行以来，实际燃用过多个煤矿的煤种。机组配有2个布袋除尘器，并采用CE公司传统的石灰石/石膏FGD系统来除去SO_2，该FGD系统由3个直径为10.5m（34.5ft）、高25.3m（83ft）的立式吸收塔组成，分别被命名为1A、1B、1C。每个吸收塔能处理全部烟气量199.4万 m^3/h（1173700acfm，实际状态）的60%，正常运行时2用1备，并设有旁路。脱硫后烟气没有加热而采用耐酸砖内衬的湿烟囱排放。吸收塔2层独立的喷淋层上设有一个浆液滴分离器BES（Bulk Entrainment Separator）和V型除雾器。设计吸收剂石灰石70%通过325目（44μm），液气比L/G为52gal/1000ft^3（即6.97L/m^3，实际状态），在吸收塔的停留时间为7min。设计保证：当燃煤中含硫量最高不大于0.43mg/kJ（1lb/MBtu）时，脱硫率不小于95%。

1984年11月1日，部分烟气首次进入1C吸收塔，然后投入1A，运行了大约1周。1984年12月机组检修停机，重新启动后，1A、1C吸收塔同时投入，首次全部烟气进行脱硫。然而显示的总脱硫效率只有60%~62%，远远低于设计的保证值，为此电厂进行了一系列提高FGD系统脱硫率的改进工作。

第一次改进。增大运行pH值。鉴于石灰石的利用率很高（97%~98%）而脱硫效率却很低，开始怀疑加入吸收塔的石灰石量不够，于是将pH值从设计的5.5提高到6.0，脱硫效率升高到大约80%，再提高到6.5，同时增大吸收塔密度，但对脱硫效率的增加起不到任何明显的作用，而试验时石灰石的利用率依然很高（96%~98%）。1985年4月10日进行第一次达标检测，SO_2的脱除率只有82%，达不到设计要求和环保排放标准。

第二次改进。清理堵塞的喷嘴。1985年7月进行了一次测试，以确定脱硫率低是液相碱性有限还是气/液接触不足。将pH值提高到6.7，脱硫效率升高到大约89%，但石灰石的利用率跌到了60%，这表明浆液输送出现了问题。对1A、1C吸收塔循环泵输送量检测表明，其出力只有设计的73%，液气比从6.97L/m^3降到了4.7L/m^3。1985年8月拆开喷淋管和喷嘴检查发现，每个吸收塔中30%~40%的喷嘴被松动后掉到塔浆液池中的BES叶片元件堵塞，经清理后出力正常。但1985年9月第二次环保测试显示，整体SO_2的脱除率只有85%，仍达不到设计要求和环保排放标准。

第三次改进。改进喷淋管布置、增加新的喷嘴。通过分析表明，浆液输送是问题所在，FGD公司提出了两项改进措施：装设2倍以上的喷嘴；在喷淋覆盖不足的区域布置喷嘴。

最初设计的喷淋层及喷嘴布置如图6-12所示，整个吸收塔共有50个全锥喷嘴，每层25个，每个喷嘴流量为1.89m^3/min，图中也给出了喷嘴喷淋覆盖示意图。图6-13显示了喷淋覆盖不到的区域，喷嘴不能覆盖的面积为22.3m^2（240ft^2），约占吸收塔横截面积的26%。改进的方案是替换原喷淋分管,并以新的直角中空全锥型喷嘴代替原有喷嘴,每层60个,整个吸收塔共有120个喷嘴,喷嘴流量为0.87m³/min,喷嘴特性如表6-5所示。其最大的效果就是提高了喷嘴的喷淋覆盖率,如图6-14所示,喷嘴不能覆盖的面积降低到15.98m²(172ft²),占吸收塔横截面积的18.4%。该种新喷嘴还有以下优点:① 减少了喷嘴的堵塞。原来的喷嘴只能通过1.9cm(0.75in)的颗粒,新喷嘴则允许3.49cm(1.375in)的颗粒通过。② 提高了液气比。通过减少循环系统的压力损失,新的喷嘴提高了循环流量384m³/h,即原总量的14%,L/G从6.97L/m³提高到7.9L/m³。③ 增大了气液接触面积。新的喷嘴使石灰石微粒尺寸从原来的4300μm降低到2550μm,实质上提高了气液接触面积。

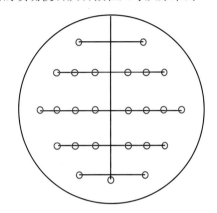

图6-12 最初设计的喷嘴布置及喷嘴喷淋覆盖示意

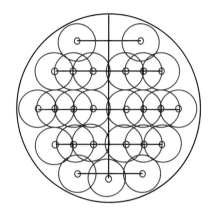

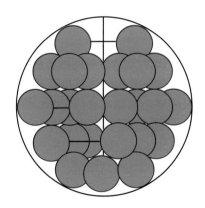

图6-13 喷淋覆盖不到的区域(空白处)

图6-14 改进后的喷嘴喷淋

表6-5　　　　　　　　　　　　PEGS电站FGD吸收塔喷嘴性能的比较

序号	内　容	最初喷嘴	第1次改进后的喷嘴	最终的喷嘴
1	喷嘴厂家	Sprayco	Sprayco	Bete
2	喷嘴形式	螺旋全锥型	中空全锥式	猪尾巴型
3	每个吸收塔喷嘴总数(个)	50	120	144
4	液滴尺寸(μm)	4300	2550	1400
5	喷雾角度	120°	120°	120°
6	单个喷嘴流量(m³/min)	1.89	0.87	0.75
7	液气比(L/m³)	6.97	7.9	7.9
8	尺寸(英寸)	5	3	2
9	喷嘴材料	碳化硅耐火材料	碳化硅耐火材料	钨铬钴合金

在全部改进工作完成后，1986年3月进行了性能测试，表明在机组90%负荷即220MW时，脱硫率已提高到了93%；但在满负荷时，脱硫率只有90%，仍低于保证的95%。

第四次改进。采用更细的石灰石。降低吸收剂石灰石的粒度无疑可以提高其溶解度，增强其吸收SO$_2$的能力。1986年7月，在认为气/液接触问题已解决、喷淋覆盖率足够的情况下，将原70%通过325目（44μm）的石灰石碾磨的更细，提高到85%~90%通过325目。脱硫率增加到94.3%，提高了1.2%。然而在后面的一系列吸收塔改进工作后，脱硫率采用原细度的石灰石就可以满足设计要求了，因此后来石灰石粉仍采纳原细度。

第五次改进。加入添加剂。尽管合同中不允许使用添加剂来满足FGD性能要求，但还是对添加剂的可用性和费用进行了不同的试验。1986年11月，采用临时供应系统进行了FGD吸收塔加入添加剂DBA（二元酸）来提高脱硫效率的试验。最初估计要到达95%的脱硫率需要9.07kg/h的50%二元酸溶液，二元酸浓度约为300ppm。实际上将DBA浓度提高到预计的4倍，脱硫率都未有明显的提高。在满负荷、pH值为6.1、二元酸浓度为500~600ppm时，脱硫率仅达到93%；保持pH值6.1，继续增大DBA浓度为1100~1200ppm时，脱硫率才提高到94%。在保持DBA浓度不变的条件下，降低pH值，脱硫率也跟着下降。为验证DBA对脱硫率的作用，1987年3月进行了第二次测试试验。在机组负荷为190MW、石灰石浆液储罐中DBA浓度为763ppm，吸收塔内DBA浓度为860~900ppm时，脱硫率达到了94%~95%；但负荷增加到238MW时，脱硫率又下降到91%，这表明添加剂DBA对脱硫率的提高作用有限。

1987年3月，将少量电厂水处理站的污泥添加到石灰石浆中，污泥是电厂就地进行石灰软化处理的废物，其中CaCO$_3$含量很高，早在设计阶段就被作为潜在的添加剂来研究。然而试验结果表明污泥对脱硫率的提高没有明显作用，该方案在优化试验中未被继续采用。但作为处理电厂废水副产物的一个方法，污泥仍被保留为一种可用的吸收剂。

添加剂的试验进行了一年后，乙二酸被应用到试验中。当时认为气/液接触问题已被解决，乙二酸的缓冲能力可以提高脱硫率。但测试结果显示，脱硫率只是从93%升到94%，提高了有限的1%。

第六次改进。加装多孔板。1987年2月用网格法对1C吸收塔上部截面进行了SO$_2$浓度分布测试，结果显示吸收塔壁面的SO$_2$浓度明显高于塔中部，特别是在进口侧，脱硫率只有88%。测试时补充水中钠的浓度为2000~3000ppm，比正常运行时的11000~15000ppm要低，以Na$_2$SO$_3$形式存在的高钠含量有助于提高脱硫率，因而测试脱硫率比以前低些。根据烟气测试结果，FGD系统供应商提议在1C吸收塔第一层喷淋层下面安装一个局部的多孔板。该钢板由一个0.91m宽的环构成，围绕在吸收塔壁面上，大约占20%的截面，其目的是使气流从壁面向中间的雾化层流动。1987年8月的测试结果表明，与1987年2月的测试相比，脱硫率从88%提高到90%，测试时FGD入口SO$_2$浓度要高出44%，且堵塞的喷嘴多些，但1987年2月浆液的Na含量低，因此实际脱硫率有多大提高还不能确定。有趣的是，SO$_2$浓度分布不均的现象没有明显好转，尽管如此，FGD系统供应商认为这种多孔板的理念方向是正确的。于是将多孔板的宽度增加到大约占吸收塔截面的70%，并且安装在两层喷淋层的中间，它迫使尽量多的气流集中到吸收塔中部，以减少SO$_2$分布的不均匀性。

1988年2月测试结果表明，脱硫率提高到了约93.5%，增加了2%~3%，但始终低于保证值95%，烟气中SO$_2$分布的不均匀性虽有所减少，但始终存在。于是在1C吸收塔中加装了覆盖整个截面的多孔板进行试验以试图到达95%的脱硫率。1988年3月测试结果表明SO$_2$分布的不均匀性得以减小，但脱硫率下降到了91%。分析认为与70%截面的多孔板测试时相比，循环泵的流量减少了17%，且过剩的CaCO$_3$量（高出理想配比的部分）小了62%，这可通过提高pH值和调整循环泵的叶轮间距来解决。

FGD系统供应商在1A、1B吸收塔也加装了100%截面的多孔板，同时将1A吸收塔入口处认为影响到SO_2浓度分布的所有原有梯形叶片以及最靠近1C吸收塔入口前4级梯形叶片拆除。1988年6月对改造后的1A、1C吸收塔进行测试，结果令人失望，1C吸收塔的脱硫率是94%，1A吸收塔的脱硫率只有92%。1987年12月，在安装多孔板的同时，对石灰石的纯度和活性也进行了测试，目的是确定FGD系统现用的石灰石品质是否合格。但3个多星期的试验结果表明，满足设计要求的石灰石对脱硫率的提高作用微不足道。

第七次改进。再次增加喷嘴并交错布置。多次的改进和测试结果再次说明吸收塔气液接触存在问题，迫于各方压力，喷淋层及喷嘴布置的第二次改进方案被提出来，目的是提高喷淋层的覆盖率及气/液接触程度。首先将原有的中空全锥喷嘴换成猪尾巴型喷嘴，其雾化液滴的尺寸为$1400\mu m$，而原来的液滴的尺寸为$2550\mu m$，这样就提高了气/液接触面积。表6-5是喷嘴性能的比较。

其次，将上层喷淋层的喷嘴位置改进为与下层喷淋层的喷嘴相交错，并增加了24个喷嘴以弥补喷淋不足的区域，这样每个吸收塔的喷嘴数目增加到了144个，几乎是最初50个喷嘴的3倍。上层喷淋层喷嘴排列的最终位置如图6-15所示，下层喷淋层的60个喷嘴排列基本保持不变。如图6-15中所示，这种喷嘴的布置明显增大了喷淋层的喷淋覆盖率，使得喷嘴覆盖不到的面积由原先占吸收塔横截面积18.4%的$15.98m^2$降低到$0.41m^2$，仅占了吸收塔横截面积的0.472%。

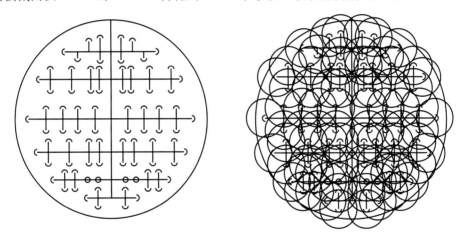

图6-15　最终上层喷嘴的布置和喷淋覆盖

在全部改进工作完成后，1989年5月底FGD系统的性能测试结果表明，1A和1C吸收塔的脱硫率分别到达了约95%和97%，平均脱硫率到达96%。此后的运行也证实了FGD系统的脱硫率始终能到达95%，有时甚至到达97%~98%，满足了设计要求。

从PEGS电站FGD系统为提高脱硫率的改进过程来看，改进措施中最为关键的是进行了喷淋层和喷嘴布置的改进。通过增加新型喷嘴和喷淋层交错的布置，提高了喷淋覆盖率，使雾化液滴的尺寸减小，增强了气/液接触面积，同时液气比也得以增大，从而对FGD系统脱硫率的提高起到显著的作用。提高吸收塔浆液运行pH值、减小石灰石粉的粒径、加入添加剂和装设多孔板等措施在一定程度上也提高了FGD系统的脱硫率，但其作用有限。

（二）FGD系统入口烟气因素

1. 吸收塔入口烟气量的影响

入口烟气量的变化实质上是液气比（L/G）的变化。当进入FGD系统的烟气量减少时，其他条件不变，意味着L/G的增大，脱硫效率自然增大；烟气量增加时，L/G减小，脱硫效率也会有所减小。第四章中太原—热12号水平流FGD系统的试验结果就说明了这点。实际运行中若烟气量减少到一定程度时，可以停运一台循环泵来减少系统电耗。

2. 烟气中 SO_2 浓度的影响

根据化学反应动力学，其吸收过程是可逆的，各组分浓度受平衡浓度制约。在 Ca/S 摩尔比一定的条件下，当烟气中 SO_2 浓度很低时，由于吸收塔出口 SO_2 浓度不会低于其平衡浓度，所以不可能获得很高的脱硫效率。当烟气中 SO_2 浓度适当增加时，有利于 SO_2 通过液浆表面向液浆内部扩散，加快反应速度，脱硫效率随之提高；但随着 SO_2 浓度进一步的增加，受液相吸收能力的限制，脱硫效率将下降，图 6 – 16 是实验室条件下烟气中 SO_2 浓度对脱硫效率影响的试验结果。实际 FGD 系统运行时，按某一入口 SO_2 浓度设计的 FGD 装置，当烟气中 SO_2 浓度升高时，脱硫效率常常下降；图 6 – 17 是太原第一热电厂 16 号 50MW 机组 FGD 系统运行试验结果，广东省沙角 C 电厂 660MW 的 FGD 系统在 168h 试运过程中（2005 年 12 月 16 日 0:00 ~ 23 日 0:00）入口 SO_2 浓度与脱硫效率的关系也证明了这一点，如图 6 – 18 所示。在图 6 – 18 中，在 96h 之后，随着烟气中 SO_2 浓度的升高和降低，脱硫效率显著地下降和上升，此时吸收塔浆液 pH 值也随着变化。在第四章第七节 FGD 系统热态调试实例中也有许多例证。

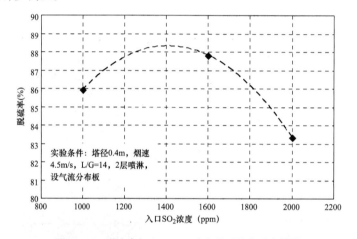

图 6 – 16 脱硫率与入口 SO_2 浓度关系的实验台结果

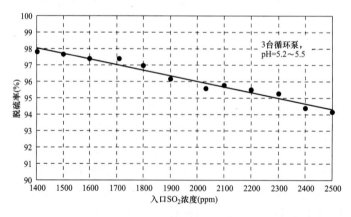

图 6 – 17 太原一热 50MW 机组 FGD 系统脱硫率与入口 SO_2 浓度的关系

3. 吸收塔入口烟气温度的影响

小型试验表明，吸收塔进口烟气温度较低时，脱硫效率会增加，如图 6 – 19 所示。这是因为脱硫反应是放热反应，温度升高不利于脱除 SO_2 化学反应的进行；另外吸收温度降低时，吸收液面上的 SO_2 的平衡分压也降低，有助于气液传质。实际 FGD 系统运行结果也证实了这一点，在杭州半山 $2 \times 125MW$ 机组 FGD 系统中，在运行 2 号、4 号循环泵，进口烟气 SO_2 浓度和氧量基本不变的工况

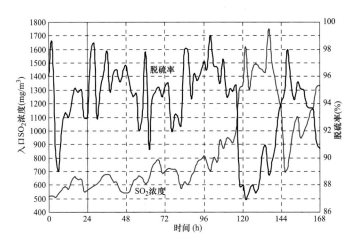

图6-18　沙角C厂660MW FGD系统168h试运中SO₂浓度与脱硫率的关系

下，当进入吸收塔的烟温为96℃时，脱硫率为92.1%；当烟温升到103℃时，脱硫率已下降至84.8%。而接收一台机组烟气时烟温对脱硫率的影响就更明显了。典型的FGD系统用GGH降低烟温，或在进吸收塔前布置预喷水，如CT-121工艺等。

4. 烟气含尘浓度的影响

锅炉烟气经过高效静电除尘器后，烟气中飞灰浓度仍然较高，一般在100~300mg/m³（标准状态下）。经过吸收塔洗涤后，烟气中约75%的飞灰留在了浆液中。飞灰中的F^-、Cl^-在一定程度上阻碍了石灰石的消溶，降低了石灰石的消溶速率，导致浆液pH值

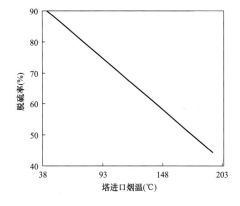

图6-19　脱硫效率与吸收塔进口烟温的实验结果

降低，脱硫效率下降。同时飞灰中溶出的一些重金属如Hg、Mg、Cd、Zn等离子，会抑制Ca^{2+}与HSO_3^-的反应进而影响脱硫效果。此外，飞灰还会降低副产品石膏的白度和纯度，增加脱水系统管路堵塞、结垢的可能性。

在实际FGD系统的运行过程中，因进入FGD系统烟气中飞灰浓度过高造成"石灰石的屏蔽效应"，导致吸收塔pH值下降、脱硫效率下降的例子很多，如广东瑞明电厂的FGD系统，在投运后发生过多次，并导致除雾器和GGH堵塞严重，最终无法运行。图6-20是太原第一热电厂12号水平流FGD系统和16号50MW机组FGD系统运行试验结果，从图中可以清楚地看到飞灰浓度高时脱硫效率严重下降的情况。因此，应做好电除尘器的运行维护工作，使之高效运行。通过在FGD系统入口装设粉尘测量仪来监视烟气含尘量的变化，以便及时调整运行。

5. 烟气中O₂浓度的影响

在石灰石吸收剂与SO₂反应过程中，O₂参与其化学过程，使HSO_3^-氧化成SO_4^{2-}。图6-21反映了浙江省半山电厂2×125MW机组FGD系统在烟气量、SO₂浓度、烟气温度等参数一定的情况下，烟气中O₂浓度对脱硫效率的影响。从图中可看到，随着烟气中O₂含量的增加，脱硫效率有增大的趋势，当烟气中O₂含量增加到一定程度后，脱硫效率的增加逐渐减缓。但在实际FGD系统运行过程中，并非烟气中O₂浓度越高越好。因为烟气中O₂浓度很高则意味着系统漏风严重，进入吸收塔的烟气量大幅度增加，烟气在塔内的停留时间减少，会导致脱硫效率下降。

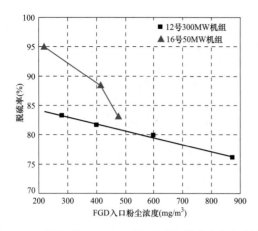

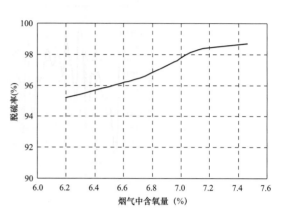

图 6-20　太原一热 FGD 入口粉尘浓度与脱硫率的试验结果　　图 6-21　烟气中含氧量对脱硫率的影响

6. 烟气中 Cl、F 含量等的影响

烟气中的 Cl、F 元素进入吸收塔浆液，除引起腐蚀外（Cl^-），还会与浆液中的一些金属离子如 Al^{3+} 等形成络合物，这些络合物会将 Ca^{2+} 或 $CaCO_3$ 颗粒包裹起来，使其化学活性严重降低，参加脱硫反应的的 Ca^{2+} 或 $CaCO_3$ 减少，也即惰性物增加，最终导致吸收塔浆液中的碳酸钙过剩，但 pH 值却无法上升的"石灰石屏蔽现象"。

锅炉在给粉机故障或燃烧不稳时投油枪助燃，以保证锅炉的安全运行。此时未燃尽的油污将随烟气进入吸收塔内，有时甚至投油后还要停止部分电除尘器的运行，这就使大量的油污和粉尘进入吸收塔浆液中，这些物质都将影响石灰石的活性、阻碍脱硫化学反应的进行，使得浆液的 pH 值维持不住，脱硫率也随之下降。因此在锅炉较长时间投油运行时，应根据具体情况减少进入 FGD 系统的烟气量或完全走旁路运行，待锅炉停油稳定运行后再恢复 FGD 系统的运行。

（三）吸收剂因素

1. 石灰石

在石灰石/石膏湿法 FGD 系统中，石灰石的活性直接影响脱硫过程中 SO_2 的溶解、吸收和氧化反应，对脱硫率的影响很大。对石灰石的活性，目前还未有一个通用的定义，它可以看作是衡量所取石灰石吸收 SO_2 能力的一个综合指标。石灰石的活性越好，其脱硫性能就越好。在第五章已介绍了石灰石活性测试的 2 大类方法，溶解速率（消溶速率）法和 pH—t 曲线法。

石灰石的活性可以用消溶速率来表示，在 pH 值恒定的条件下，通过向石灰石浆液中滴定酸的速度来维持 pH 值不变，考察石灰石消溶速率的大小。消溶速率定义为单位时间内被消溶的石灰石的量，消溶率定义为被消溶的石灰石的量占石灰石总量的百分比。在相同的消溶时间内，石灰石消溶率大，则其消溶速率高，石灰石的活性也越高。早期的研究者几乎都采用这种方法，得出了影响石灰石溶解率的众多内、外部因素，例如石灰石的品种、颗粒分布、浆液的温度、pH 值、CO_2 分压、反应器的搅拌条件、各种添加剂与离子等因素，这些因素可归结为两大类，石灰石物理性质和石灰石所处运行环境。

（1）石灰石物理性质对活性的影响。

1）石灰石的品种。石灰石的品种不同，活性也不同。石灰石中主要有效成分是 $CaCO_3$，因此石灰石中 $CaCO_3$ 的含量对活性有重要影响，$CaCO_3$ 含量越高，其活性越大。图 6-22 是两种石灰石的消溶率，石灰石 A 的 $CaCO_3$ 含量为 94.06%，石灰石的 B 的 $CaCO_3$ 含量为 83.93%，可见 A 的消溶特性好于 B。

石灰石中的杂质对石灰石颗粒的消溶起阻碍作用，且杂质含量越高，这种阻碍作用越强。由于白云石（$MgCO_3 \cdot CaCO_3$）比方解石（$CaCO_3$）的溶解速率低，当石灰石纯度较低（$CaCO_3$ 含量小于 85%）或者要求对石灰石要有较高的利用率时，白云石等杂质会大大降低石灰石的溶解。$MgCO_3$ 含量过高时，还容易产生大量可溶的 $MgSO_3$，减小 SO_2 气相扩散的化学反应推动力，严重影响石灰石化学活性。石灰石粉中 Mg、Al 等杂质对提高脱硫效率虽有利的一面，但更不利的是，当吸收塔浆液 pH 值降至 5.1 时，烟气中的 F^- 与 Al^{3+} 化合成 F–Al 复合体，形成包膜覆盖在石灰石颗粒表面；Mg^{2+}

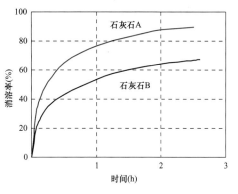

图 6–22　不同石灰石的消溶率

的存在对包膜的形成有很强的促进作用，这种包膜的包裹引起石灰石的活性降低，也就降低了石灰石的利用率。另一方面，杂质 $MgCO_3$、Fe_2O_3、Al_2O_3 均为酸易溶物，它们进入吸收塔浆液体系后均能生成易溶的镁、铁、铝盐类。由于浆液的循环，这些盐类将会逐步富集起来，浆液中大量增加的非 Ca^{2+} 离子将弱化 $CaCO_3$ 在溶液体系中的溶解和电离。所以，石灰石中这些杂质含量较高时，会影响脱硫效果。此外，石灰石中的杂质 SiO_2 难以研磨，若含量高就会导致研磨设备功率消耗大、系统磨损严重；石灰石中的沙子、泥土等各种杂质含量高，必然导致脱硫副产品石膏品质的下降。因此设计时对石灰石中 $CaCO_3$ 含量一般要求高于 90%，即 CaO 含量在 50% 以上。

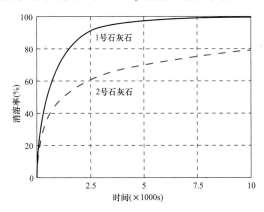

图 6–23　不同粒径的石灰石溶解特性

　　2）石灰石粒径。石灰石粒径越小，比表面积越大，液固接触越充分，从而能更有效降低液相阻力，石灰石活性就越好。图 6–23 是在典型的实验条件下 2 种成分基本相同的石灰石的溶解特性曲线，1 号 $CaCO_3$ 含量为 96.0%、$MgCO_3$ 含量 1.5%；2 号 $CaCO_3$ 含量 96.1%、$MgCO_3$ 含量 1.1%。实验结果表明，石灰石溶解速率在初始 2500s 内非常快，表现出表面反应控制的特征，随后速率明显下降，为传质速率控制。1 号石灰石比 2 号石灰石表现出更大的溶解反应速率，这主要是 2 号石灰石颗粒的粒径比 1 号石灰石的大所致，如图 6–24 所示。采用定 pH 值滴定法研究石灰石溶解特性时，发现石灰石溶解速率

是溶液组成、粒径分布的函数，与其表面粗糙度等无关。对于纯度较高的石灰石（$CaCO_3$ 含量在 >85% 以上），石灰石粒径对石灰石活性的影响远大于石灰石的种类和成分的影响。采用定 pH 值研究活性的研究都得出了粒径越小活性越大的结论，通过测定 pH 值和粒径随时间变化研究活性时也得出了相同的结论。因此，较细的石灰石颗粒的消溶性能好，各种相关反应速率较高，脱硫效率及石灰石利用率较高，同时由于副产品脱硫石膏中石灰石含量低，有利于提高石膏的品质。综合考虑粒径对溶解的影响和磨制能耗问题，一般要求石灰石粉细度 90% 通过 325

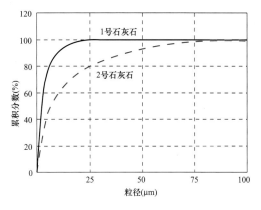

图 6–24　2 种石灰石的粒径分布

目（44μm）筛。当石灰石中杂质含量较高时，石灰石粉要磨制得更细一些。

石灰石形成的地质年代越晚，存在的微晶结构越多，因此结构越疏松，能提供更多的反应面积，故活性越高，在中试试验中也证实了这一点。因此选择脱硫剂时优先考虑形成地质年代较晚的石灰石。

从图 6-23 中可以看出，石灰石的消溶率随消溶时间的延长而增大，对于实际运行的 FGD 系统，消溶时间可以用石灰石在消溶设备中的平均停留时间来表示。在反应初期，石灰石的消溶率随消溶时间的延长增加很快，随着反应进行，石灰石的消溶率增加幅度减小。因此，较长的消溶时间可以使更多的石灰石消溶，对提高石灰石的利用率是有利的。但是，在实际的石灰石浆液制备系统中，过长的消溶时间并非有利。这是因为，一方面，过长的消溶时间并不会进一步显著提高石灰石的消溶率；另一方面，较长的消溶时间必然要求相关反应设备有较大的容积，这不仅增加占地面积和投资成本，而且也将导致消溶单位质量石灰石的能耗增大，从而增加运行成本。同样，过短的消溶时间不能保证消溶反应的充分进行，将导致石灰石的利用率下降，而且由于石膏中含有未溶解的石灰石颗粒会造成石膏品质的恶化。因此，对于某一种石灰石，在一定的消溶条件下，有一个适宜的消溶时间或平均停留时间。

（2）石灰石所处运行环境对活性的影响。

1）pH 值的影响。pH 值不仅影响 SO_2 的吸收和亚硫酸钙的氧化，也影响石灰石溶解，因此对石灰石活性有极重要的影响。根据第二章石灰石溶解反应式和 SO_2 吸收反应式可看出，H^+ 扩散对石灰石溶解有重要影响。石灰石浆液 H^+ 扩散驱动力与浆液的 pH 值成比例关系，故 pH 值对石灰石溶解有强烈影响，pH 值越低，液相阻力越低，越有利于石灰石的溶解，试验室的结果如图 6-25 所示（注：图中石灰石浆液补给速度越快，表明在试验条件下石灰石的相对溶解速度越慢，即石灰石的消溶率越小；反之，石灰石的溶解速度越快。以下各图含义相同）。很多研究者都建

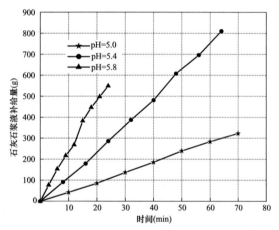

图 6-25　pH 值对石灰石溶解的影响

立了石灰石溶解的数学模型，如 H^+ 传质控制模型和传质/表面反应共同控制模型，模型计算结果能很好地与实验结果吻合，这些模型都很好地解释了 pH 值对于溶解的影响。pH 值低虽然有利于石灰石溶解，但从 SO_2 气相扩散来说，pH 值低时 H^+ 浓度高，会使气相阻力增加，对脱硫反应有抑制作用。因此在确定浆液 pH 值时，必须综合考虑气相阻力和液相阻力两个方面的影响。

2）温度的影响。根据化学反应动力学的观点，温度升高时，分子运动加强，化学反应速率提高。研究发现，石灰石浆液温度升高时石灰石的溶解率提高，且在高 pH 值时作用更明显。H^+ 传质控制模型与膜理论模型均认为温度的升高促进了 H^+ 的扩散，从而提高了石灰石的溶解。图 6-26 是不同温度下石灰石的消溶率随时间的变

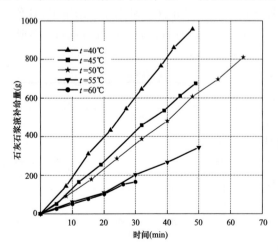

图 6-26　温度对石灰石消溶的影响

化关系，可以看出，在相同的消溶时间下，随着消溶温度的增加，石灰石的消溶率增大。因此，提高消溶温度对石灰石的消溶是有利的。实际FGD系统中，石灰石的消溶主要在石灰石浆液罐中进行，其温度取决于所加入水的温度。

3）SO_2浓度的影响。含有SO_2的烟气经石灰石浆液洗涤，对石灰石的消溶有正面影响。SO_2溶于水可为浆液提供H^+，使浆液的pH值降低，有利于石灰石的消溶。同时，SO_2溶于水后生成的HSO_3^-，可进一步氧化为SO_4^{2-}，SO_3^{2-}和SO_4^{2-}与Ca^{2+}反应生成的$CaSO_3$和$CaSO_4$沉淀物从溶液中析出，消耗Ca^{2+}，使反应向有利于石灰石消溶的方向进行，促进石灰石的消溶。因此，在其他条件一定的情况下，随着烟气中SO_2浓度的增大，石灰石的消溶率增大。图6-27是烟气中SO_2浓度对石灰石消溶率的影响，从图中可以看到，当烟气中SO_2浓度升高时，石灰石的消溶率大幅度增加。

4）氧浓度的影响。烟气中O_2浓度对石灰石的消溶特性有正面影响。当氧浓度较高时，随着氧浓度的增大，石灰石消溶率明显增加。这是因为增加氧浓度可以加快HSO_3^-向SO_4^{2-}的氧化进程，导致浆液中H^+浓度增大，pH值降低，石灰石消溶率增大；同时，由于$CaSO_4$的溶度积比$CaCO_3$小得多，亦即$CaSO_4$有更小的溶解度。因此，SO_4^{2-}与Ca^{2+}反应生成的$CaSO_4$沉淀物从溶液中析出会消耗更多的Ca^{2+}，使反应向有利于石灰石消溶的方向进行，促进石灰石的消溶，消溶率增加。图6-28是烟气中O_2浓度对石灰石消溶率的影响，从图中可以看出，石灰石消溶率随着氧浓度的增大而增加。

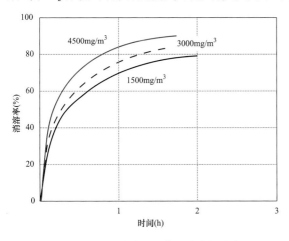

图6-27　SO_2浓度对石灰石消溶的影响

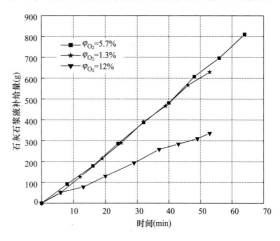

图6-28　O_2浓度对石灰石消溶的影响

5）CO_2浓度的影响。pH值范围在$4.5 \sim 5.5$之间时，CO_2分压增加会促进石灰石的溶解，但在pH值较低时效果不明显。一方面，烟气中CO_2浓度较高，则气相中CO_2分压较大，根据亨利定律，液相中CO_2浓度较高，由于H_2CO_3是很弱的酸，在液相中电离产生H^+浓度略有升高，pH略有降低，对石灰石消溶起促进作用，但这种促进作用不大；另一方面，由于石灰石消溶过程也产生CO_2，烟气中CO_2分压较大，达到溶解平衡时液相中CO_2浓度较高，对石灰石的消溶有抑制作用。研究发现CO_2分压对石灰石的促溶作用仅在无其他缓冲剂且针对大粒径（$>50\mu m$）的颗粒时效果才明显。一些石灰石溶解的数学模型（如H^+传质控制模型，膜理论模型等）都很好地解释了CO_2分压的促溶作用。在火电厂锅炉排烟中CO_2浓度的范围内，烟气中CO_2浓度对石灰石的消溶率影响很小。图6-29是烟气中CO_2浓度对石灰石消溶率的影响。随着CO_2浓度的增大，石灰石消溶率稍有增加。实际运行中，为保持CO_2的分压，需要加强搅拌和曝气。

6）各种离子的影响。吸收塔内石灰石浆液所处的化学环境复杂，含有多种阴阳离子，这些离子对于石灰石活性有重要影响。研究发现，SO_3^{2-}/HSO_3^-的存在对石灰石溶解率有双重作用，H^+传质/表面反应共同控制模型认为，当溶液中含有SO_3^{2-}时，石灰石溶解受H^+从液相主体向石灰石颗粒表

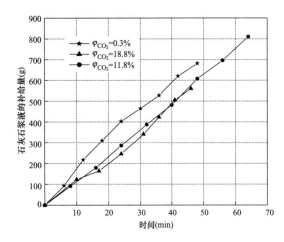

图 6-29 CO₂浓度对石灰石消溶的影响

面的传质和表面反应共同控制，SO_3^{2-}/HSO_3^-的存在可以补充颗粒表面溶解反应所消耗的 H^+，从而促进了石灰石的溶解；但另一方面，当 SO_3^{2-} 超过一定值时，$CaSO_3$ 在石灰石表面的溶解抑制了 $CaCO_3$ 的溶解，导致石灰石溶解度下降，造成"石灰石屏蔽现象"，图 6-30 的实验室石灰石溶解试验显微照片就充分说明了这一点。

图 6-30 (a) 是未溶解的原始石灰石粉样表面（10μm），可看到方型的石灰石晶体。图 6-30 (b) 是在没有 SO_3^{2-} 的条件下溶解了 55% 的石灰石粉样表面，可看到石灰石方型晶体的棱角变得光滑。图 6-30 (c) 是在加了 6.1mmol SO_3^{2-} 的条件下溶解了 55% 的石灰石粉样表面，很明显，石灰石表面出现了大量的尖端和不规则的球状物，这些物质堵塞了石灰石粉表面，抑制了 $CaCO_3$ 内部的进一步溶解。

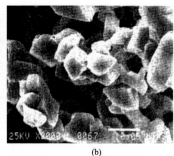
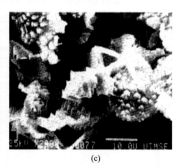

(a)　　　　　　　　　　(b)　　　　　　　　　　(c)

图 6-30 SO_3^{2-} 对石灰石溶解影响的显微照片

(a) 原始石灰石粉；(b) 无 SO_3^{2-}。试验条件：pH = 5.3，0.1mol $CaCl_2$，0.85atm CO_2，55℃；

(c) 试验条件：pH = 5.3，0.1mol $CaCl_2$，0.85atm CO_2，55℃，6.1mmol SO_3

另外，SO_3^{2-} 浓度过大时会抑制 SO_2 的气相扩散，影响脱硫效率。因此实际运行中必须确定合适的操作参数，加强氧化，防止因 SO_3^{2-} 浓度过大而影响石灰石活性，造成 FGD 系统脱硫率的下降及石膏浆液脱水困难。

浆液中的 Cl^- 主要来自燃煤中的氯，Cl^- 对石灰石的消溶特性有明显的抑制作用。当溶液中含有 Cl^- 时，Cl^- 与 Ca^{2+} 生成 $CaCl_2$，溶解的 $CaCl_2$ 浓度增加，同离子效应导致液相的离子强度增大，抑制 H^+ 的扩散，从而阻止了石灰石消溶反应。图 6-31 是浆液中 Cl^- 浓度对石灰石消率的影响，浆液中含有微量的 Cl^-，即可导致石灰石消溶率的明显下降。而当含有 SO_4^{2-} 时，由于 HSO_4^- 的生成，为 H^+ 从液相主体向石灰石颗粒表面的扩散提供了新的通道，从而促进了溶解。一般认为，吸收塔中浆液吸收 SO_2 的速率与水的吸收速率相当，均为气膜和液膜共同控制，Cl^- 比 SO_3^{2-}/HSO_3^- 具有更大的扩散系数，液膜中的 Cl^- 会排斥 SO_3^{2-}/HSO_3^-，影响 SO_2 的物理吸收和化学吸收。此外 Cl^- 的存在也会造成强烈的腐蚀性，因此运行时应加强废水排放，确保 Cl^- 浓度处于稳定范围内。

浆液中 F^- 浓度对石灰石的消溶特性也有抑制作用。图 6-32 是浆液中 F^- 浓度对石灰石消溶的影响，随着浆液中的 F^- 的增加，石灰石消溶率略有减小。这说明 F^- 对石灰石的消溶率有微弱的抑制作用。浆液中的 F^- 主要来自燃煤烟气中的氟化合物。

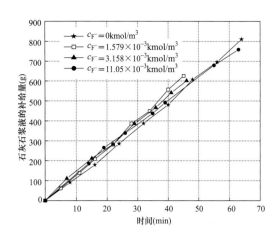

图6-31　Cl⁻对石灰石消溶的影响　　　　　图6-32　F⁻对石灰石消溶的影响

运行过程中烟尘中的 Al^{3+}、Fe^{3+} 和 Zn^{2+} 等离子会在吸收塔不断富集，具有强配位能力的 Cl^-/F^- 在高浓度下会迅速与这些金属离子发生配位反应，形成配位络合物，这些络合物会包覆石灰石，影响其化学活性。Toshikatsu Mori 等人在一套工业应用的湿法 FGD 系统上进行了 Al^{3+}、F^- 等离子对脱硫率影响的试验，该系统处理烟气量为 90 万 m^3/h（标态下），吸收塔 $L/G = 10L/m^3$，石灰石浆液停留时间为 10min，石灰石过剩率为 5%。试验时燃用了多种不同的煤种，表 6-6 是试验分析的结果。

表6-6　　　　　　　　　Al^{3+}、F^- 等离子对脱硫率影响的工业试验结果

项　　目		工况 A	工况 B	工况 C	工况 D
FGD 入口烟气成分	SO_2（$\times 10^{-6} V/V$）	1700	720	410	630
	HCl（$\times 10^{-6} V/V$）	42	14	24	12
	HF（$\times 10^{-6} V/V$）	7	31	7	12
	粉尘（mg/m^3）	140	460	1390	1070
脱硫率（%）		95	84	95	96
浆液 pH 值		6.1	4.2	6.0	5.9
浆液成分（mol/L）	$CaCO_3$	0.114	0.169	0.076	0.10
	$CaCO_3 \cdot 1/2H_2O$	0.604	0.007	0.340	0.376
	$CaSO_4 \cdot 2H_2O$	0.167	0.522	0.554	0.520
浆液过滤水中离子浓度（mmol/L）	Ca^{2+}	35.3	34.1	39.5	39.0
	Mg^{2+}	29.6	22.4	30.5	31.3
	Al^{3+}	0.01	2.90	0.04	0.07
	Cl^-	69.1	53.8	89.0	81.7
	F^-	0.41	7.30	0.84	0.68
	SO_3^{2-}	0.0	1.1	0.5	—
	SO_4^{2-}	27.3	30.5	16.7	19.5

从表 6-6 中明显看到，工况 B 的脱硫率只有 84%，远低于其他工况，且吸收塔浆液 pH 只能维持在 4.2，比其他工况都小。工况 B 烟气中的 HF 浓度比工况 D 高出许多（不到 3 倍），但其浆液过滤水中 F^-、Al^{3+} 离子浓度却高出 10 倍以上，这表明工况 B 的脱硫率低、pH 值低的原因与 F^-、Al^{3+} 离子有关。注意到工况 B 吸收塔浆液中 $CaSO_3 \cdot 1/2H_2O$ 的含量极低，表明在低 pH 值的情况下 SO_3^{2-} 的氧化更快和充分。

为进一步验证 F^-、Al^{3+} 离子对脱硫率的影响，在小型试验台上运用酸滴定法对石灰石反应性进行研究，石灰石反应速率 r [mmol/(L·h)] 近似计算式为

$$r \approx \frac{F \cdot c_0}{V}$$

式中：F 是 H_2SO_3 的滴定速度，L/h；c_0 是 H_2SO_3 的浓度，mmol/L；V 是反应器中石灰石浆液体积，L。r 越大表明石灰石反应性能就越好。研究发现 Al^{3+} 与 F^- 单独存在时，对于石灰石活性影响不大，但是当它们共存时，较小浓度下活性就急剧下降。

表 6-7 是改变石灰石浆液中 Al^{3+} 与 F^- 浓度时石灰石反应性的试验结果。工况 1 用的是纯净水，可见石灰石的活性最大。工况 2~5 浆液中加入了粉尘（来自工业试验工况 B，Al_2O_3 含量为 29.7%）和 HF，其 pH 值通过加入 H_2SO_4 或 Ca(OH)$_2$ 调节在 3.75~5.85 以改变浆液中 Al^{3+} 与 F^- 浓度，未调节的浆液 pH=4.5，石灰石加入浆液 1h 后过滤分析。可见在低 pH 值下浆液中 Al^{3+} 与 F^- 浓度就大，在 pH 小于 5.0 时，石灰石的反应性极小或完全丧失（工况 2、3、4）。对石灰石表面的 Al、F 含量进行分析表明，与反应性高的石灰石相比，Al、F 含量要大得多，且 F/Al 的摩尔比在 5.0 左右。图 6-33 是石灰石表面的显微照片，可见没有反应性能的石灰石（工况 2）表面覆盖有大量的小颗粒，其直径在 0.1~0.3μm，这些微小颗粒堵塞了石灰石表面，强烈阻碍了石灰石的传质过程，抑制了石灰石的进一步溶解，也使 pH 值降低，大大减弱了浆液吸收 SO_2 的能力，使脱硫率下降。这些微小颗粒被认为是不可溶络合物氟磷灰石，例如 $CaAlF_3(OH)_2 \cdot CaF_2$。因此在工业 FGD 系统运行过程中，要尽量降低烟气中飞灰含量，适当增大废水排放，以减少发生"石灰石屏蔽现象"。

表 6-7　　　　　　　　　　Al^{3+} 与 F^- 对石灰石反应性的影响试验结果

工况	溶液 pH 值	溶液中 Al^{3+} 与 F^- 浓度（mmol/L）		石灰石反应速率 r（mmol/L）	石灰石中 Al 与 F 浓度（mmol/L）		F/Al 摩尔比
		Al	F		Al	F	
1	—	—	—	21.0	0.01	0.01	—
2	3.75	5.7	24.6	0.0	0.89	4.7	5.3
3	3.90	3.5	16.2	0.0	0.85	4.2	5.0
4	4.50	3.0	10.8	5.0	0.30	1.5	5.0
5	5.85	0.09	0.7	19.5	0.15	0.84	5.6

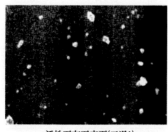　　

活性石灰石表面(工况1)　　　活性石灰石表面(工况5)　　　无活性石灰石表面(工况2)

图 6-33　不同活性的石灰石表面显微照片

7）搅拌强度的影响。石灰石浆液搅拌强度的增加，液固相之间的接触更加充分，因而强化了石灰石的溶解。研究发现搅拌速率加快，石灰石的溶解速率常数随之加快，如图 6-34 所示（pH=4，60℃，在 250mL 的 0.1mol CaCl$_2$ 中加入 0.15g 石灰石）。有研究认为搅拌对活性有影响，但远不如 pH 值影响大。

8）添加剂的影响。FGD 系统的添加剂对石灰石的溶解也有很大影响，图 6－35 是旋流板塔实验台上得出的 $CaCO_3$ 的利用率与有机酸添加剂己二酸的关系。由图可见，无添加剂时，$CaCO_3$ 的利用率为 62%；随着己二酸添加浓度的增大，$CaCO_3$ 的利用率逐渐提高且趋势变缓；当己二酸的添加浓度为 0.15% 时，$CaCO_3$ 的利用率达 87.7%，提高了 25%，效果显著。这说明，己二酸的添加大大促进了 $CaCO_3$ 的溶解，从而能大大提高脱硫率。

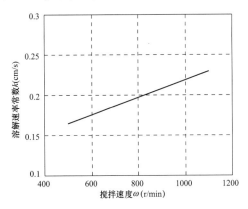

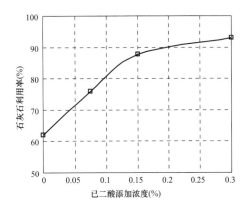

图 6－34 搅拌对石灰石溶解速率常数的影响　　　　图 6－35 己二酸浓度对石灰石利用率的影响

一定溶解速率下，无机盐可以改变石灰石溶解时的 pH 值（相当于一定 pH 值下改变其溶解速率）。试验结果表明，硫酸钠对石灰石的溶解有明显的促进作用，与不加钙盐的石灰石相比，硫酸钙、硝酸钙、氯化钙这三种钙盐对石灰石的溶解均起抑制作用。

综上所述，为保证脱硫反应效果，目前对脱硫剂石灰石及其运行环境一般有如下要求：

（1）石灰石中 $CaCO_3$ 含量不小于 90%，杂质要少，且形成地质年代较晚，易于碾磨。

（2）石灰石粉粒径越小活性越高，综合考虑能耗，石灰石粉粒径一般在 325 目（$44\mu m$）左右。

（3）合理控制吸收塔浆液 pH 值范围，pH 值不应过低或过大。

（4）加强氧化，控制浆液中 SO_3^{2-} 浓度在合适的范围。

（5）控制进入吸收塔烟气中烟尘的含量，同时适当加强废水排放，控制 Cl^- 等的浓度，避免浆液中发生 Al^{3+}、Fe^{3+} 和 Zn^{2+} 与 Cl^-/F^- 发生配位反应降低石灰石活性。

（6）适当保温，加强搅拌，确保 H^+ 的良好扩散。

（7）合理选用添加剂以提高石灰石利用率和脱硫效率。

2. 添加剂

目前 FGD 的脱硫剂仍以石灰、石灰石为主。研究表明，通过改进设备及操作条件、采用添加剂等措施，可使 FGD 系统的脱硫率大幅度提高。

用于石灰石/石膏湿法 FGD 系统的添加剂主要分为有机添加剂和无机添加剂两大类。有机添加剂又称为缓冲添加剂，多为有机酸，如 DBA、苯甲酸、乙酸、甲酸、戊二酸、丁二酸等。理论上任何酸度介于碳酸与亚硫酸之间且其钙盐具有适当溶解度的有机酸都可以作为添加剂，理想的有机添加剂应具有适宜的 pH 缓冲作用、挥发性低、价格便宜、无毒等条件。在 FGD 系统中，有机添加剂既能提高脱硫率和吸收剂的利用率，还能防垢，从而提高系统运行的可靠性和稳定性，降低运行费用。目前工业上运用最为成功的是 DBA。无机盐添加剂主要包括镁盐、钠盐、铵盐等，如 $MgSO_4$、MgO、$Mg(OH)_2$、$NaCl$、Na_2SO_4、$NaNO_3$、$(NH_4)_2SO_4$ 等，其中 $MgSO_4$ 用得最多。钠强化脱硫过程与镁强化脱硫过程很类似，所不同的是镁强化是利用亚硫酸镁（$MgSO_3$）来提高脱硫率，而钠强化则是靠亚硫酸钠（Na_2SO_3）。

（1）有机添加剂。图 6-36 为丹麦的 Jan B W Frandsen 等提出的己二酸强化脱硫机理。由 SO_2 的溶解产生的 H^+ 由液膜中的 AH^-、A^{2-} 传递到液相主体，从而提高 SO_2 的溶解度；在固相外表面形成的液膜中 H^+ 的存在提高了 $CaCO_3$ 的溶解度。研究认为有机添加剂能增强气液界面与液相主体间的 pH 值缓冲能力，从而提高脱硫率。

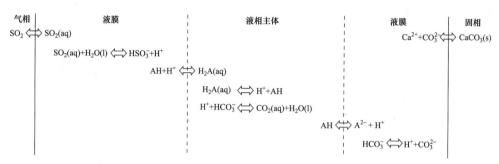

图 6-36 己二酸强化脱硫机理

在国外，尤其是美国，DBA 强化 FGD 过程获得了广泛应用。如 Southwest 电站通过添加 DBA 使平均脱硫率由 26% 提高到 82% 以上，系统的可靠性也由 40% 提高到了 95% 以上。德国 SHU 公司的湿法 FGD 过程，就通过加入甲酸添加剂来提高 SO_2 的吸收效率，减少 FGD 系统的总能耗，同时增加石灰石的利用率。加入甲酸能降低操作 pH 值，而对脱硫效果不产生任何副作用。

图 6-37 所示为不同己二酸添加浓度 c（%）时脱硫率随过程时间的变化关系。由图可见，脱硫率随时间 t 的延长呈线性下降，但添加己二酸后下降速度明显变缓，同时不同 c 时的下降速率相近。己二酸的加入明显提高了脱硫率，同一时刻下，c 越大对应的脱硫率越高。当 c 分别为 0.075%、0.15% 和 0.3% 时，对应的脱硫率比无添加剂时分别提高约 5%、10% 和 12%。

图 6-38 所示为添加己二酸后入塔浆液 pH 值随时间 t 的变化情况。由图可见，入塔浆液 pH 值随时间 t 的延长呈下降趋势。加入己二酸后，入塔浆液 pH 值随时间 t 的下降变缓，且己二酸的添加浓度 c 越高，pH 值变化越小。特别在 60min 后，加入己二酸的 pH 值变化较小，而未加添加剂时 pH 值变化较大。这说明己二酸的加入大大缓冲了浆液 pH 值的下降，从而加快了传质反应速率，有利于提高脱硫率和吸收剂的利用率。

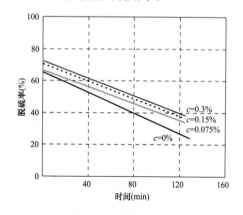

图 6-37 不同己二酸添加浓度对脱硫率的影响

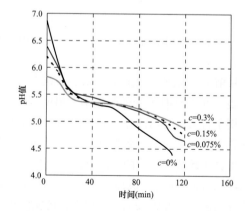

图 6-38 不同己二酸添加浓度对 pH 的影响

图 6-39 为脱硫率随入塔浆液 pH 值的变化情况。由图可见，pH 值对脱硫率影响显著，随着 pH 值的增大，脱硫率呈非线性增大。当 pH <5.2，脱硫率均随 pH 值的增大而增加较缓；当 pH 从 5.2 增大到 5.5 左右，脱硫率随 pH 值的增大急剧增大约 20%；当 pH >5.5 以后，脱硫率随 pH 值增大又

增加变缓。从整体上看，相同 pH 值时，己二酸添加浓度越大，脱硫率越高。当 pH 为 6.0 左右，无添加剂时脱硫率在 60% 左右，而己二酸添加浓度为 0.15% 和 0.3% 强化时对应的脱硫率达 70%，大大提高了脱硫率。

图 6-40 为入塔浆液 pH=6.0 时己二酸添加浓度对脱硫率的影响。由图可见，随着己二酸添加浓度的增加，脱硫率相应增大。当己二酸添加浓度小于 0.15% 时，脱硫率增加较快；当浓度大于 0.15% 时，脱硫率增加变缓。综合考虑效果和经济性，添加剂浓度有一个较适宜的范围。

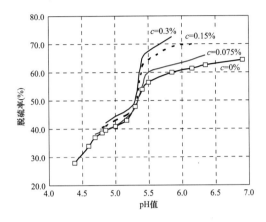

图 6-39　脱硫率随 pH 值的变化

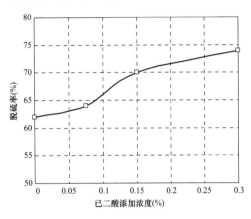

图 6-40　己二酸添加浓度对脱硫率的影响

不同己二酸添加浓度下液气比 L/G 对脱硫率的影响实验结果如图 6-41 所示（pH=6.0）。由图可见，两条曲线形状相似，脱硫率均随液气比的增大而增加，但增幅逐渐趋缓。总体上，加入添加剂后脱硫率提高 10% 以上。从相同脱硫率下所需的液气比来看，添加己二酸后效果更加明显。由图可知，当脱硫率为 60% 时，无添加剂需液气比 L/G 约为 3L/m³，而添加 0.15% 的己二酸后需液气比 L/G 约为 1.8L/m³，L/G 降低了约 40%；且效率越高，相同脱硫率下 L/G 降低越大。这说明，在相同脱硫率要求时，己二酸的加入可大大降低液气比，从而降低脱硫运行成本。

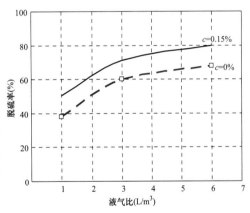

图 6-41　液气比对脱硫率的影响

（2）无机添加剂。早在 20 世纪 60 年代末 Dravo 公司就用氧化锰作为石灰脱硫系统的添加剂，结果发现氧化锰可提高 SO₂ 的脱除率，防止洗涤塔沉积污垢。之后 PULLMAN INC 采用浓度为 3%～27% 的可溶性硫酸镁，提高了石灰和石灰石系统吸收效率，使之能采用接触时间很短的卧式喷淋吸收塔。Harrison 电站因所用消石灰含有少量氢氧化镁而实现镁强化目的，其 FGD 系统的脱硫率达 98%。Dravo Lime Company 开发的 Thio Clear 过程也是向 FGD 系统中引入 Mg（OH）₂，其脱硫率亦达 98%。与传统的镁强化消石灰脱硫过程不同的是，该过程的循环吸收液所含固体很少，其副产品为石膏和氢氧化镁，可用于建筑业。钠强化石灰脱硫过程（Sodiu Lime Slurry Process）与镁强化石灰脱硫过程很类似，所不同的是以亚硫酸钠代替亚硫酸镁来提高脱硫率。

日本 Naohiko 等人进行了各种不同的盐对石灰石溶解度的影响试验，结果表明，浆液中的 NaCl、MgCl₂、CaCl₂ 对石灰石的溶解有抑制作用，而 Na₂SO₄、MgSO₄ 起强化作用，石灰石的溶解度可增加 20%～80%，如图 6-42 所示。图中石灰石相对溶解速率 R 是石灰石溶解 70% 时的反应速率 r 与未

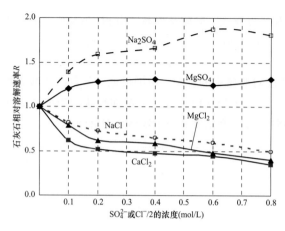

图 6-42　无机盐浓度对石灰石溶解的影响

加盐时的反应速率之比。而且随着盐浓度的增加，其抑制与强化作用更大。因此从石灰石的溶解度考虑，应采用硫酸盐作添加剂，从而能达到提高脱硫率的目的。

图 6-43 是硫酸镁和硫酸钠添加剂强化湿法石灰石脱硫的另一个实验室试验结果，可见脱硫液中添加剂浓度 c 增大，脱硫率也随着提高，而硫酸镁的幅度更大些。当浓度超过 0.2mol/L 时，脱硫率的提高已不甚明显。0.2mol/L 的硫酸镁强化时的脱硫率比非强化过程提高约 16%，而 0.2mol/L 硫酸钠强化时的脱硫率提高约 10%。在不同的 pH 值、不同液气比的条件下都有类似结果，如图 6-44 和图 6-45 所示。在实验测定的 pH 范围内，脱硫率基本上与 pH 值呈线性变化，pH 值增大，脱硫率提高。但实际 FGD 系统中，为有利于提高石灰石利用率，控制 pH 值低一些。液气比较低时，脱硫率随其增大提高幅度较大；液气比达到一定值后提高幅度明显减小。

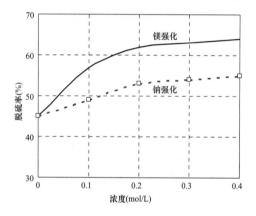

图 6-43　硫酸镁和硫酸钠强化对脱硫率的影响

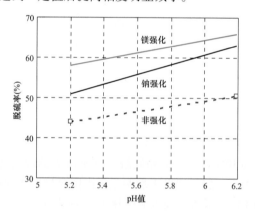

图 6-44　不同 pH 值对脱硫率的影响

硫酸镁强化石灰石浆液脱硫过程中起主要作用的是中性离子对 $MgSO_3^0$，其形成促进了 SO_2 的吸收和石灰石及亚硫酸钙的溶解，总反应式为

$$Mg^{2+} + 2HSO_3^- + CaCO_3 \rightarrow MgSO_3^0 + Ca^{2+} + SO_3^{2-} + CO_2 \uparrow + H_2O$$

循环浆液槽为该反应提供了所需的反应时间。$MgSO_3^0$ 在镁强化脱硫过程中起主要作用，其脱硫反应式为

$$SO_2 + H_2O + MgSO_3^0 \rightarrow Mg^{2+} + 2HSO_3^-$$

硫酸镁的加入和中性离子对 $MgSO_3^0$ 的形成，可促进 SO_2 的吸收和石灰石的溶解，从而提高脱硫率。

为了考察添加剂混合使用时是否存在协同效应，在试验台上作了硫酸镁和腐殖酸钠相混合的实验，如图6-46 所示。腐殖酸是高分子有机酸，含有羧基、酚羟基、醌基等，腐殖酸钠是其钠盐，实验时保持腐殖酸钠浓度为 1.5g/L 不变，逐步增大硫酸

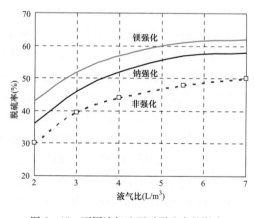

图 6-45　不同液气比下对脱硫率的影响

镁的浓度，测定脱硫率随硫酸镁浓度的变化情况，并与单独用镁强化进行对比。对应混合添加剂强化过程的实验曲线，硫酸镁浓度为零时脱硫率高是腐植酸钠强化的结果；提高硫酸镁浓度，脱硫率提高，但浓度在 0.2mol/L 以上时并不比单用硫酸镁强化高，故混合添加剂强化达不到单独强化效果的叠加，更没有协同效应。

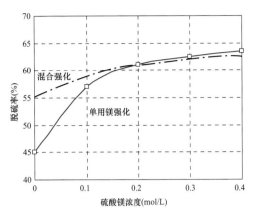

图 6 – 46 混合添加剂强化对脱硫率的影响

从工业应用情况来看，在吸收液中添加镁盐或有机酸，既有利于提高脱硫率，又利于防止结垢，若在 FGD 系统设计时就考虑采用添加剂则可最大限度地发挥其优点。目前在国内，对 FGD 过程中添加剂的研究已有很多，但尚未见到在火电厂 FGD 系统中付诸工业应用的实例，而国外的工业应用较多，美国主要集中于镁盐强化和 DBA 有机酸强化，德国主要采用甲酸和甲酸钠的混合液强化。有机酸与镁盐相比，能够缓冲浆液的 pH 值，降低脱硫成本，因此选择有机酸作添加剂更有优势。有机酸添加剂的加入会改变石灰石浆液的物理化学性质，从而影响其脱硫和结垢性能。其研究领域涉及到多相复杂体系的传递和热力学性质，包括有机酸强化添加剂的物理化学性质变化、脱硫过程操作参数对其脱硫性能的影响、经济效益评价等，国内有待在这些方面进行进一步的研究和应用实践。

3. FGD 工艺水的影响

FGD 工艺水的水质对 FGD 系统的运行性能也有一定程度的影响，例如工艺水应非酸性，其中的 Ca^{2+}、Cl^-、F^- 等离子及悬浮物等杂质进入吸收塔后都会对脱硫率不利；GGH、除雾器的冲洗水若不干净将堵塞冲洗喷嘴，最终造成结垢堵塞，这会影响吸收塔气流场的改变，间接地影响脱硫率。为保证脱水机的正常运行和石膏品质，滤布、滤饼的冲洗也同样对水质有一定的要求。

（四）FGD 系统运行控制参数的因素

1. 吸收塔浆液 pH 值

浆液 pH 值是石灰石湿法 FGD 系统的重要运行参数。如果浆液 pH 值升高，一方面由于液相传质系数增大，SO_2 的吸收速率增大；另一方面，由于在 pH 值较高（大于 6.2）的情况下脱硫产物主要是 $CaSO_3 \cdot 1/2H_2O$，其溶解度很低，极易达到饱和而结晶在塔壁和部件表面上，形成很厚的垢层，造成系统严重结垢。如果浆液 pH 值降低，则 SO_2 的吸收速率减小，但结垢倾向减弱。当 pH 低于 6.0 时，SO_2 的吸收速率下降幅度减缓；当 pH 值降到 4.0 以下时，浆液几乎不再吸收 SO_2。

浆液 pH 值不仅影响 SO_2 的吸收，而且影响石灰石、$CaSO_3 \cdot 1/2H_2O$ 和 $CaSO_4 \cdot 2H_2O$ 的溶解度。随着 pH 值的升高，$CaSO_3 \cdot 1/2H_2O$ 的溶解度显著下降，$CaSO_4 \cdot 2H_2O$ 的溶解度增加，但增加的幅度较小。因此，随着 SO_2 的吸收，浆液 pH 值降低，$CaSO_3 \cdot 1/2H_2O$ 的量增加，并在石灰石颗粒表面形成一层液膜，而液膜内部 $CaCO_3$ 的溶解又使 pH 值升高，溶解度的变化使液膜中的 $CaSO_3 \cdot 1/2H_2O$ 析出并沉积在石灰石颗粒表面，形成一层外壳，使石灰石颗粒表面钝化。钝化的外壳阻碍了石灰石的继续溶解，抑制了吸收反应的进行，导致脱硫效率和石灰石利用率下降。

可见低 pH 值有利于石灰石的溶解和 $CaSO_3 \cdot 1/2H_2O$ 的氧化，而高 pH 值则有利于 SO_2 的吸收，二者互相对立。因此，选择一合适的 pH 值对烟气脱硫反应至关重要。新鲜石灰石浆液的 pH 值通常控制在 8～9，实际的吸收塔浆液 pH 值通常选择在 5.0～6.0 之间，其控制是通过控制石灰石浆液流量来调整的。

图 6 – 47 是太原第一热电厂 16 号 50MW 机组 FGD 系统上运行试验的结果，在 A、C 两台循环泵

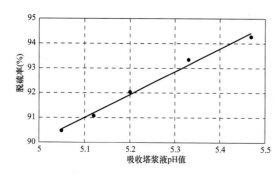

图 6-47　50MW 机组 FGD 系统
吸收塔浆液 pH 值与脱硫效率的关系

运行、FGD 入口 SO_2 浓度基本不变时，随着吸收塔浆液 pH 值的升高，脱硫效率也增大，在 pH = 5.05～5.47 时，pH 每变化 0.1，可使脱硫效率变化 0.8%。图 6-48 是广东省沙角 C 电厂 660MW 的 FGD 系统在 168h 试运过程中 pH 值与脱硫效率的关系，总的趋势是 pH 值降低，脱硫率也降低，其变化趋势是基本一致的。在实际试运时，吸收塔浆液 pH 值是随着 FGD 系统入口 SO_2 浓度的升高而降低的。结合图 6-18 可见，96h 之后入口 SO_2 浓度升的过快，pH 值出现降低，脱硫率下降；人为加大石灰石浆液流量调高了 pH 值后（132h 后），脱硫率也有回升。

2. 吸收塔浆液密度

随着烟气与脱硫剂反应的进行，吸收塔的浆液密度不断升高，通过吸收塔浆液化学成分的取样分析结果可知，当密度大于 $1085kg/m^3$ 时，混合浆液中 $CaCO_3$、$CaSO_4 \cdot 2H_2O$ 的浓度已趋于饱和，$CaSO_4 \cdot 2H_2O$ 对 SO_2 的吸收有抑制作用，脱硫率会有所下降；而石膏浆液密度过低（小于 $1075kg/m^3$）时，说明浆液中 $CaSO_4 \cdot 2H_2O$ 的含量较低，$CaCO_3$ 的相对含量升高，此时如果排出吸收塔，将导致石膏中 $CaCO_3$ 含量增高，品质降低，而且浪费了石灰石。因此运行中应严格

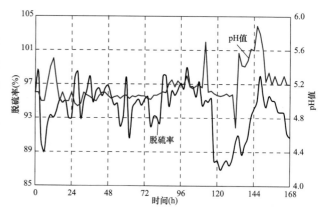

图 6-48　660MW 的 FGD 系统 168h 试运中
pH 值与脱硫效率的关系

控制石膏浆液密度在一合适的范围内，将有利于 FGD 系统的有效、经济运行。对于石灰石湿法 FGD 系统，典型的吸收塔浆液质量分数一般在 10%～20%，个别高达 30%，相应的浆液密度在 $1060～1127kg/m^3$，运行人员通过投运/停止真空皮带脱水机的运行来控制。

3. 吸收塔浆液过饱和度

石灰石浆液吸收 SO_2 后生成 $CaSO_3$ 和 $CaSO_4$。石膏结晶速度依赖于石膏的过饱和度，在循环操作中，当超过某一相对饱和度值后，石膏晶体就会在悬浊液内已经存在的石膏晶体上生长。当相对饱和度达到某一更高值时，就会形成晶核，同时石膏晶体会在其他物质表面上生长，导致吸收塔浆液池表面结垢。此外，晶体还会覆盖那些还未及反应的石灰石颗粒表面，造成石灰石利用率和脱硫效率下降。正常运行的脱硫系统过饱和度一般应控制在 120%～130%。

由于 $CaSO_3$ 和 $CaSO_4$ 溶解度随温度变化不大，所以用降温的办法难以使两者从溶液中结晶出来。因为溶解的盐类在同一盐的晶体上结晶比在异类粒子上结晶要快得多，故在循环母液中添加 $CaSO_4 \cdot 2H_2O$ 作为晶种，使 $CaSO_4$ 过饱和度降低至正常浓度，可以减少因 $CaSO_4$ 而引起的结垢。$CaSO_3$ 晶种的作用较小，通常是在 FGD 系统浆液槽中将 $CaSO_3$ 氧化成 $CaSO_4$，从而不致干扰 $CaSO_4 \cdot 2H_2O$ 结晶。

4. 浆液循环量

新鲜的石灰石浆液喷淋下来与烟气接触后，SO_2 等气体与吸收剂的反应并不完全，需要不断地循环反应，以提高石灰石的利用率。在实际运行时，通过启停不同高度的吸收塔循环泵的数量来增

加浆液循环量，其实质是增大或减小 L/G、增加或减少浆液与 SO₂ 的接触反应时间，从而影响脱硫效率。图 6-49 是太原第一热电厂 16 号 50MW 机组 FGD 系统上运行试验的结果。在第四章沙角 A 电厂 300MW 机组 FGD 系统的热态调试中切换循环泵时脱硫效率的变化也证实了这一点。

此外，增加浆液循环量，将促进混合液中的 HSO_3^- 氧化成 SO_4^{2-}，有利于石膏的形成。但是，过高的浆液循环量将导致初投资和运行费用增加。在实际 FGD 系统运

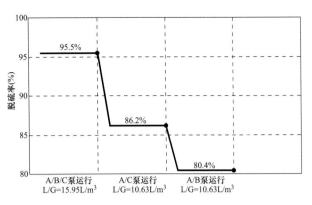

图 6-49 不同循环泵运行方式对脱硫效率的影响

行时可根据接收的烟气量和 SO₂ 浓度的具体情况增减或调换循环泵，在确保脱硫效率的同时，经济、有效地使用不同的循环泵组合方式。

5. 钙硫比（Ca/S）

在保持液气比不变的情况下，钙硫比增大，注入吸收塔内吸收剂的量相应增大，引起浆液 pH 值上升，可增大中和反应的速率，增加反应的表面积，使 SO₂ 吸收量增加，提高脱硫效率。但是，由于石灰石的溶解度较低，其供给量的增加将会引起石灰石的过饱和凝聚，最终使反应的表面积减小，脱硫效率降低；同时使石膏中石灰石含量增大、纯度下降。图 6-50 是广东省沙角 C 电厂 660MW 的 FGD 系统在热态试运行过程中实测的吸收塔浆液 pH 值与 $CaCO_3$ 含量的关系，在 pH = 4.9 ~ 5.2 间，$CaCO_3$ 含量稳定在 3.0% 左右；12 月 21 日由于入口 SO₂ 浓度升的过快，为保持脱硫率，人为加大石灰石浆液流量调高 pH 值至 5.45 时，$CaCO_3$ 含量也随之增大，竟达到 18.92%，Ca/S 高达 1.31，同样使石膏中 $CaCO_3$ 含量增大到 14.72%，石膏的纯度大大降低，只有 80.73%，如图 6-51 所示。

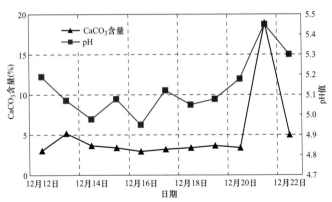

图 6-50 实测的吸收塔浆液 pH 值与 $CaCO_3$ 含量的关系（660MW）

在瑞明电厂 2×125MW 机组 FGD 系统的运行过程中，因 pH 值下降而加大石灰石浆液量时，脱硫率仍下降，并最终造成系统无法运行的情况。可见并非 Ca/S 高就能使 FGD 系统脱硫率上升。在实际 FGD 系统运行中，为了控制吸收塔浆液中 $CaCO_3$ 的含量和脱硫率，应合理控制 pH 值，使 Ca/S 在 1.02 ~ 1.05 之间。

6. 氧化风量

在湿法石灰石/石膏 FGD 工艺中有强制氧化和自然氧化之分。被浆液吸收的 SO₂ 有少部分在吸收区内被烟气中的氧气氧化，这种氧化称自然氧化，这在早期的湿法 FGD 系统上用得较多。强制氧

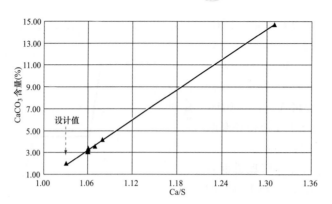

图 6 - 51　实测的 Ca/S 与石膏中 $CaCO_3$ 含量的关系 （660MW）

化是向吸收塔的氧化区内喷入空气，促使可溶性亚硫酸盐氧化成硫酸盐，控制结垢，最终生成副产品石膏。强制氧化工艺不论是在脱硫效率还是在系统运行的可靠性等方面均比自然氧化工艺更优越，目前国际上强制氧化工艺的操作可靠性已达99%以上，成为 FGD 中的主流。

2001 年 9 月连州电厂 2×125MW 共用的 FGD 系统中进行了停氧化风机的试验（注：FGD 系统只有 1 台氧化风机），历时 9h 55min。试验时，2 台炉的负荷基本在 105MW ~ 125MW 之间，比较稳定，FGD 系统入口 SO_2 浓度大部分时间稳定在 2400 ~ 3000mg/m³。

图 6 - 52 是系统脱硫率变化曲线。从图可看出，停运了氧化风机后脱硫率降低较多，从试验前的 89% 左右降到 62% 左右。比较图 6 - 53 吸收塔内 pH 值的变化可知（注：曲线 1、曲线 6 是 2 个 pH 计指示），pH 值在停了氧化风机后一直在缓慢下降，从停氧化风机前的 5.75 下降到 5.12。尽管加大了吸收剂石灰石浆液的流量，pH 值依然维持不住，脱硫率继续降低，吸收塔内的 $CaCO_3$ 含量已经超出了正常运行时的，增加了也不能更好地溶解。其原因可解释为"亚硫酸盐致盲"，产物 SO_3^{2-} 盐由于没有被氧化，造成饱和及过剩，这些物质会附着在石灰石颗粒表面，阻止了石灰石颗粒的溶解及与 SO_2 的吸收反应，这是氟化物致盲外的另一种石灰石致盲形式。吸收塔内氧化不充分将引起石膏脱水问题。

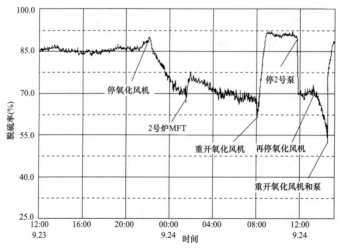

图 6 - 52　FGD 系统脱硫率的变化

合理的氧化风量可通过石膏中 $CaSO_3$ 的含量来确定，其含量越低，则氧化效果越高，石膏品质越好。保持吸收塔浆液内充足的反应氧量，不但是提高脱硫效率的需要，也是有效防止吸收塔和石膏浆液管路 $CaSO_3$ 垢物形成的关键所在。

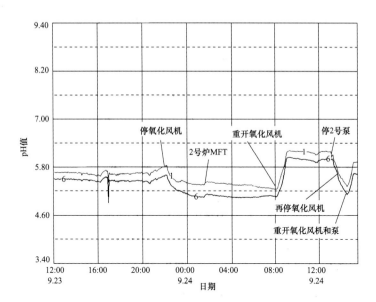

图 6 - 53 吸收塔内 pH 值的变化

7. 废水排放量

原烟气中的 HCl、HF 和飞灰等都被带入吸收塔浆液中，长期运行后吸收塔浆液的氯离子和飞灰中不断溶出的一些重金属离子浓度会逐渐升高，不断增加的重金属及浆液中过量的沉淀物都会对烟气 SO_2 的去除有负面影响。因此 FGD 工艺设计中将一部分石膏旋流站的溢流液通过废水旋流器进入废水箱，由废水泵排入废水处理系统进行处理。在实际 FGD 系统运行过程中，增大废水排放量可在一定程度上提高脱硫效果，这在众多的系统中都得到了证实。

另外，在 CT – 121 FGD 系统中，可通过改变喷射管的浸入深度来调整脱硫率，这在第四章有详细的例子。

表 6 – 8 反映了杭州半山电厂 2 × 125MW FGD 系统在满负荷状态下，在原烟气的主要参数基本稳定、循环泵和氧化风机运行方式不变的工况下，其中某一烟气参数改变或人为改变某一设备运行方式后，FGD 系统脱硫率变化情况。从中可以发现吸收塔浆液的 pH 值、石膏浆液密度、烟尘含量、循环泵和氧化风机的运行方式等的改变都影响脱硫效果。

表 6 – 8　　　　　　　　　　　各种参数变动时脱硫率的变化情况

序号	参数变动情况	脱硫率（%）	影响程度（相对于正常的 96% ~97% 的脱硫率）
1	吸收塔浆液 pH 值降为 5.0 左右	70 ~ 85	降低脱硫率 10% 以上
2	循环泵采用低扬程的 3 台（1 号、2 号、3 号）	92 ~ 94	降低脱硫率 2% ~4%
3	少投运一台氧化风机	94 ~ 96	降低脱硫率 2% ~3%
4	烟气中氧量持续小于 6%	95 ~ 96	降低脱硫率 1% ~2%
5	石膏浆液密度大于 1090kg/m^3	94 ~ 96	降低脱硫率 2% 以上
6	废水排放量低于 2.3m^3/h	95 ~ 96	降低脱硫率 2% 以上
7	烟尘含量持续大于 400mg/m^3	94 ~ 96	降低脱硫率 1% 以上

（五）其他因素

在 FGD 系统实际运行过程中，还有许多其他因素对脱硫率造成影响。

当 FGD 系统旁路打开运行时，往往有原烟气直接进入烟囱，使整个机组的脱硫率降低；如有净烟气循环，则 FGD 系统的脱硫效率也会有所下降。FGD 旁路烟气挡板有泄漏或 GGH 泄漏大时，自然使整个系统的脱硫率降低。在有的 FGD 系统中，CEMS 安装在 FGD 净烟道上，当系统不投运时，CRT 上脱硫率显示 100%，反而比投运时高。在 2 炉一塔的系统中，有的安装有 2 套 CEMS，它们的测量数据不尽相同，切换选择某一 CEMS 数据时，计算出的脱硫率或高或低。当然测量仪表故障或不准确时，会使 FGD 系统的自动控制发生偏差，从而影响实际的脱硫率，运行中应及时维护检修。

（六）改进 FGD 系统脱硫效率的措施

从上面的分析看出，影响 FGD 系统脱硫率的因素很多，这些因素又相互关联，因此，在实际的 FGD 系统运行过程中，当出现脱硫率下降或不正常时，可对照表 6 - 4 检查这些因素，找出根本原因，然后对症下药。运行人员应不断地总结积累经验，使 FGD 系统安全、稳定、高效地运行，充分发挥 FGD 装置的环保作用。以下提出了改进 FGD 系统脱硫效率的一些原则措施，供参考。

（1）FGD 系统的设计是关键。根据具体工程来选定合适的设计和运行参数是每个 FGD 系统供应商在工程系统设计初期所必须面对的重要课题。参数选择不当，将使系统造价和运行成本大大增加，严重的会使系统无法正常运行。

（2）控制好锅炉的燃烧和电除尘器的运行，使进入 FGD 系统的烟气参数在设计范围内。

（3）选择高品位、活性好的石灰石作为吸收剂。

（4）保证 FGD 工艺水水质。

（5）合理使用添加剂。

（6）根据具体情况，调整好 FGD 各系统的运行控制参数。

（7）做好 FGD 系统的运行维护、检修、管理等工作。

二、FGD 系统的腐蚀

在湿法 FGD 装置中存在多种多样的化学、高/低温和机械腐蚀。据美国电力研究院（EPRI）的测定，在正常运行工况下，FGD 系统钢制设备的腐蚀率达 1.25mm/a，个别部位甚至达 5mm/a。表 6 - 9 给出了 FGD 系统内不同部位的主要腐蚀环境。

FGD 系统中金属的腐蚀主要是点腐蚀、缝隙腐蚀、应力腐蚀、电化学腐蚀、冲刷腐蚀等主要腐蚀综合作用的结果。腐蚀的发生也是起伏变化、日积月累的，同时气候、温度、运行工况等因素都会对腐蚀有影响。图 6 - 54 给出了几种腐蚀形式示意。

在 FGD 系统中，有机非金属材料衬里用于防腐得到了广泛应用。在正确的腐蚀选材、设计的前提下，非金属材料的化学腐蚀是一个较缓慢的过程，而物理腐蚀破坏则是较迅速的过程，物理腐蚀是造成非金属材料失效的主要原因。就衬里物理腐蚀破坏而言，实质上是各种破坏力与衬里内聚强度、基体界面黏接强度相互作用的结果。在腐蚀环境中，可以将渗入介质的膨胀力、热环境下的热应力视为破坏力，衬里对介质的渗透阻力越大，对残余应力、热应力的松弛能力越强，其抵抗破坏力的性能越强，耐蚀性越好。有机非金属材料发生物理腐蚀破坏主要表现为溶胀、鼓泡、分层、剥离、脱粘、龟裂、开裂等。

以下通过实例来说明 FGD 系统内的腐蚀情况。

（一）烟气系统的腐蚀

1. 吸收塔前烟道和设备的腐蚀

吸收塔入口和 GGH 区域是腐蚀较严重的地方。在广东省连州电厂 FGD 系统中（无增压风机、无 GGH），对于原烟气挡板至吸收塔入口前 2m 的烟道，设计材料采用碳钢，运行不到 2 年，烟道的钢板已有腐蚀，有的已掉落下一层，露出新的锈面，如图 6 - 55 所示。初步原因分析有以下几点：① 原烟气尽管有 140℃，但仍具有一定的腐蚀性；② 锅炉的燃烧工况是多变的，当 FGD 停运时，尽管有密封风，但烟气泄漏不可避免，其总量很大，会在烟道上冷凝。在连州当 2 台锅炉都运行时，可以明显地感到停运的 FGD 吸收塔内有浓烈的刺鼻的热烟气味，人不能进入其中。

表 6 – 9　　　　　　　　　　　典型湿法 FGD 系统内的主要腐蚀环境

序号	位　置	腐　蚀　物	温度（℃）	备　注
1	原烟气侧至 GGH 热侧前（含增压风机）	高温烟气，内有 SO_2、SO_3、HCl、HF、NO_x、烟尘、水汽等	130 ~ 150	一般来说，原烟气温度高于酸露点，但 FGD 系统停运时烟气可能漏入等，可适当考虑防腐
2	GGH 入口段、GGH 热侧	部分湿烟气、酸性洗涤物、腐蚀性的盐类（SO_4^{2-}、SO_3^{2-}、Cl^-、F^- 等）	150 ~ 80	应考虑防腐
3	GGH 至吸收塔入口烟道	烟气内有 SO_2、SO_3、HCl、HF、NO_x 等，烟尘、水汽等	80 ~ 100	烟气温度低于酸露点，有凝露存在，应防腐
4	吸收塔入口干湿界面区域	喷淋液（石膏晶体颗粒、石灰石颗粒、SO_4^{2-}、SO_3^{2-} 盐、Cl^-、F^- 等），湿烟气	45 ~ 80	pH = 4 ~ 6.2，会严重结露，洗涤液易富集、结垢，腐蚀条件恶劣
5	吸收塔浆液池内	大量的喷淋液（石膏晶体颗粒、石灰石颗粒、SO_4^{2-}、SO_3^{2-} 盐、Cl^-、F^- 等）	45 ~ 60	pH = 4 ~ 6.2（有时会更低），有颗粒物的摩擦、冲刷
6	浆液池上部、喷淋层及支撑梁、除雾器区域	喷淋液（石膏晶体颗粒、石灰石颗粒、SO_4^{2-}、SO_3^{2-} 盐、Cl^-、F^- 等），过饱和湿烟气	45 ~ 55	pH = 4 ~ 6.2，有颗粒物的摩擦、冲刷，温度低于酸露点
7	吸收塔出口到 GGH 前	饱和水汽、残余的 SO_2、SO_3、HCl、HF、NO_x，携带的 SO_4^{2-}、SO_3^{2-} 盐等	45 ~ 55	温度低于酸露点，会结露、结垢，pH 会低至 2.0 以下
8	GGH 冷侧	饱和水汽、残余的 SO_2、SO_3、HCl、HF、NO_x，携带的 SO_4^{2-}、SO_3^{2-} 盐等，热侧进入的飞灰	45 ~ 80	温度低于酸露点，会结露、结垢，pH 会低至 2.0 以下
9	GGH 出口至 FGD 出口挡板	水汽、残余的酸性物 SO_2、SO_3、HCl、HF 等	≥60①	会结露、结垢，pH 会低至 2.0 以下
10	FGD 出口挡板至烟囱	水汽、残余的酸性物 SO_2、SO_3、HCl、HF 等	≥60 ~ 150	FGD 系统运行时会结露、结垢，停运时要承受高温烟气
11	烟囱	水汽、残余的酸性物	≥60 ~ 150②	FGD 系统运行时会结露、结垢，停运时要承受高温烟气
12	循环泵及附属管道	喷淋液（石膏晶体颗粒、石灰石颗粒、SO_4^{2-}、SO_3^{2-} 盐、Cl^-、F^- 等）	45 ~ 55	有颗粒物的严重摩擦、冲刷
13	石灰石浆供给系统	$CaCO_3$ 颗粒的悬浮液，工艺水中的 Cl^-、盐等	常温	pH ≈ 8，有颗粒物的严重摩擦、冲刷
14	石膏浆液处理（如旋流器、脱水机）系统	石膏浆液（石膏晶体颗粒、石灰石颗粒、SO_4^{2-}、SO_3^{2-} 盐、Cl^-、F^- 等）	20 ~ 55	pH < 7，有颗粒物的严重摩擦、冲刷
15	其他如排污坑、地沟等	各种浆液	< 55	一般 pH < 7，需防腐
16	废水处理系统	浓缩的废水，Cl^- 含量极高，可达 40000ppm	常温	需防腐

① 实际测量表明，再热器出口温度分布极不均匀，从 60 ~ 90℃甚至更高或更低。

② 当无烟气再热器时，吸收塔出口后烟气中水分已饱和，烟温即是吸收塔出口烟温 50℃左右或更低。

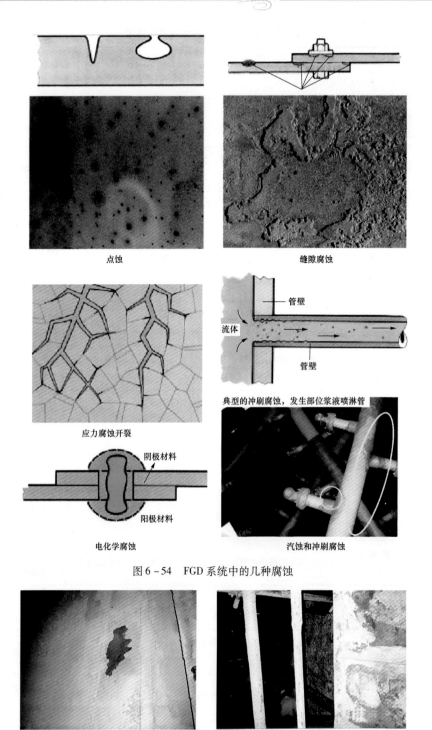

点蚀

缝隙腐蚀

应力腐蚀开裂

管壁

流体

管壁

典型的冲刷腐蚀，发生部位浆液喷淋管

阴极材料

阳极材料

电化学腐蚀

汽蚀和冲刷腐蚀

图 6 – 54   FGD 系统中的几种腐蚀

连州吸收塔入口处烟道的腐蚀

太原一热FGD入口烟道腐蚀

图 6 – 55   FGD 入口烟道的腐蚀

常熟电厂 3 × 600MW 机组 FGD 系统示意见图 6 – 56，有时是开旁路运行，无 GGH。一般地，引风机出口到吸收塔入口段，烟气的温度应接近于锅炉的排烟温度，即 120℃左右，所以此段烟道不会出现很严重的腐蚀。但 2005 年底对 1 号 FGD 系统的烟道检查却意外地发现：2 台增压风机的入口挡板后一直到吸收塔入口烟道，腐蚀严重，烟道剥皮约有 0.8 ~ 1.2mm，引风机至增压风机入口挡板及至旁路挡板也存在轻度腐蚀，从2005年4月份1号FGD系统通烟到年底只有短短的8个月。后来通过对现场的数据记录进行了分析，找到了如下一些原因。

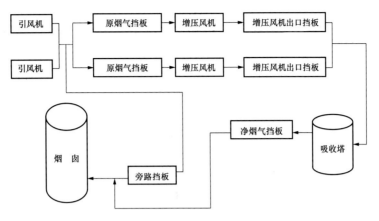

图6-56　常熟电厂600MW机组FGD系统示意

机组在未投运FGD系统的时候，锅炉的尾部烟气直接通过旁路挡板排向烟囱，但此时，引风机出口到增压风机入口挡板前的这一段盲管中，亦有烟气存在，且这段烟道里的烟气基本不流动，温度会逐渐降低，当低于烟气的露点温度时，对钢烟道产生腐蚀。从现场情况来看，这段烟道的腐蚀情况相对较轻。

在一次偶然的增压风机临时检修中发现，增压风机集气箱、后段扩压器和吸收塔入口烟道中，在锅炉负荷大于500MW时也有烟气存在，且随着机组负荷的上升，漏烟也更多。由于吸收塔出口烟道在脱硫未投运时是负压，排除了从吸收塔反灌烟气的可能性。后经过试验，不管密封风机启停与否，此段烟道里都存在烟气，在密封风机开启时情况较好，但依然有烟气存在。由于增压风机入口挡板少量泄漏，当烟气漏进风机集气箱后，绝热膨胀，温度下降得很快，导致了风机入口到吸收塔入口段烟道的腐蚀。在机组低负荷时，FGD系统采用单侧增压风机运行，此时同样由于挡板不能完全隔断烟气，特别是备用风机的出口挡板处，亦会向备用风机里漏烟气，这也是烟道腐蚀的一个原因。

在机组高负荷时，由于开着旁路挡板运行FGD系统，因此并不排除部分吸收塔出口的湿烟气被增压风机反抽回增压风机入口烟道，和热烟气混合后再次进入吸收系统。因此会造成干湿烟气混合、原烟气烟道段温度下降等现象，这也是腐蚀的一个原因。

基于烟道腐蚀的现实情况和电厂对FGD系统的重视，常熟电厂于2005年底投资500多万元对3套FGD系统的原未做防腐处理的热烟气段（约1万多平方米）进行了防腐。防腐后运行情况良好，实际生产过程中为运行调节提拱了更大的余地。

事实上，国内有许多电厂FGD原烟气烟道出现腐蚀现象，严重者竟将增压风机的外壳腐蚀穿孔。例如在广东省珠海电厂2×700MW机组的FGD系统中，因在450MW负荷以上时原烟气挡板处就是正压，满负荷时压力高达+270Pa以上，原烟气大量漏入FGD系统中，集中式设置的密封风机根本起不了作用，工人也无法进入系统工作。另外在循环运行而FGD未通烟气时，塔内循环浆液会产生"飘雨"现象，水汽也会飘到原烟气烟道。以上原因造成FGD原烟气烟道腐蚀严重，增压风机叶片也出现腐蚀，风机振动偏高。后采用了SH高强度耐酸碱耐磨涂料进行了防腐，该防腐涂料在连州电厂FGD原、净烟道上已应用了4年多，最新的检查表明防腐层基本完好。珠海电厂FGD烟囱也采用该涂料防腐。

太原第一热电厂水平流FGD系统在2002年7月大修时，发现FGD入口烟道玻璃鳞片开裂等现象，造成烟道腐蚀，于是将鳞片全部打掉，重新涂抹，如图6-55所示。解决这一问题的办法一般为用高耐蚀的合金材料制作该区域（如 C—276），或者改变鳞片树脂防腐层的结构。前者欧美国家应用较多，国内某些 FGD 装置中也有应用，但价格昂贵；后者在华能珞璜电厂检修中应用，并取得了良好的效果。

增压风机的运行环境类同锅炉引风机，按理腐蚀很小。但有许多 FGD 系统运行时常将旁路挡板也开着，由于压力波动，脱硫后腐蚀性很强的净烟气也有部分倒抽至增压风机，造成风机叶片的腐蚀，图 6 – 57 反映了广东沙角 A 厂 5 号 300MW 机组的 FGD 系统增压风机叶片的腐蚀情况，而此时 FGD 系统才通烟运行不到 2 个月。图中某 200MW 机组增压风机叶片腐蚀则更为严重。

沙 A FGD 增压风机叶片的腐蚀

某 FGD 增压风机叶片的腐蚀

图 6 – 57　FGD 增压风机叶片的腐蚀

气气换热器（GGH）是一个腐蚀重灾区，尤其是在净烟气侧，且常常伴随着结灰结垢。图 6 – 58 是沙角 300MW 的 FGD 系统原烟气 GGH 入口处运行不到 2 个月的腐蚀情况及净烟气 GGH 入口处的腐蚀情况。

图 6 – 58　GGH 原烟气入口处及净烟气入口处的腐蚀

　　国华电力北京热电分公司（原北京第一热电厂）、杭州半山电厂采用德国进口技术 FGD 系统的 GGH，在运行过程中都有不同程度的积灰、腐蚀和磨损。德国也不例外。图 6-59 给出了一些 GGH 的结垢腐蚀的情况。

图 6-59　FGD 系统 GGH 的结垢和腐蚀

珞璜电厂一期湿式石灰石/石膏格栅塔 FGD 系统于 1992 年投产，二期液柱塔于 1999 年投产，采用的无泄漏型热媒式 GGH，即 MGGH。它们都存在一个共同的问题，腐蚀现象很严重，腐蚀主要发生在 MGGH 的降温换热器和气气再加热器。它们均为鳍片管式换热器，由日本三菱公司设计、生产供货。换热器管内是闭式循环的除盐水，并添加有联氨和磷酸三钠以调整 pH 值防腐，所以管内腐蚀较小。降温换热器和再加热器的基管、鳍片的材质相同，基管为 JIS STB35（锅炉换热器用碳钢钢管），壁厚 35mm；鳍片为 JIS SPCC（一般用冷轧碳钢薄板及带材）3 片，尺寸为：25.4（肋距）× 1.4（肋厚）mm。降温换热器管束组件的框架、顶板和底板以及支撑管束的梳形板均为 SS41（一般结构用轧钢），而再加热器的这些部件的材质均为 SUS3l6L（奥氏体不锈钢），这种选材是三菱公司开发的 GGH 的典型设计。

按原设计用材为准，并根据实际使用情况分为 4 级进行评价：优、良、基本可用、差，详见表 6 - 10 所列，设计的烟气条件见表 6 - 11。

表 6 - 10　　　　　　　　　　　　　珞璜电厂 MGGH 的材料情况

设备名称		一期设计材料	材料评价	二期设计材料	材料评价
降温换热器	基管	JIS STB35	差	09CrCuSb 耐硫酸露点腐蚀用无缝钢	可
	鳍片	JIS SPCC	差	—	—
	主柱，框架	SS41	可	Q235 - A	可
	管板	SS41	差	Q235 - A	差
	密封板	SS41	差	Q235 - A	差
	集箱	SS41	可	20（普通含锰优质碳素结构钢）	可
	壳板（烟道）	SS41	可	CS + 6H（换热器低温区烟道底板） 耐腐蚀漆（拐角烟道）	差 差
再加热器	基管（前四组）	CRIA + CRIA（前 4 列） STB35 + SPCC（后 4 列）	可	09CrCuSb（迎风面 5 列） 20g（背风面 5 列）	可 可
	基管（后四组）	JIS STB35	可	—	—
	鳍片	JIS SPCC	差	09CrCuSb 耐硫酸露点腐蚀用无缝钢 20（普通含锰优质碳素结构钢）	可 差
	框架	316L	优	Q235 - A	差
	管板	316L	优	Q235 - A	差
	密封板	316L	优	Q235 - A	差
	集箱	SS41	可	20	可
	壳板（烟道）	SS41 + 6R	良	SS41 + 6R	良

表 6 - 11　　　　　　　　　　　　　珞璜电厂设计要求的烟气条件

项　目	ECR 负荷 （硫分 4.02%）	MCR 负荷 （硫分 5%）	项　目	ECR 负荷 （硫分 4.02%）	MCR 负荷 （硫分 5%）
IDF 出口烟气流量（m³/h）	1087200	1170000	IDF 出口 O_2 体积分数（%）	4.91	4.91
	1023100	1101000	IDF 出口 CO_2 体积分数（%）	13.18	13.18
IDF 出口烟气温度（℃）	142	147	IDF 出口 N_2 体积分数（%）	75.94	75.94
IDF 出口压力（Pa）	170	200	IDF 出口 HCl 体积分数（10^{-6}）	12	12
锅炉负荷波动（%/min）	3	3	IDF 出口 HF 体积分数（10^{-6}）	33	33
ESP 出口 SO_2 体积分数（10^{-6}）	3500	4700	IDF 出口 SO_3 体积分数（10^{-6}）	3（实际 13）	3（实际 13）
	3707	4978	IDF 出口烟尘含量（mg/m³）	213	273
IDF 出口 H_2O 体积分数（%）	5.59	5.59			

1 号 FGD 降温换热器仅运行约 3400h，第一级 A 组迎风面正中宽约 500mm 范围内的鳍片厚度明显减薄并开始脱落，这种情况越靠近烟道的下方越严重。运行到 5000h 左右，迎风面的鳍片已大面积脱落。运行约 10000h 后，鳍片已基本全部脱落，几乎成光管，但管壁厚减薄并不突出。管束组件框架的顶板和底板以及梳形支撑板均严重腐蚀和磨蚀。由于降温换热器处于高温区，烟道用 6mm 厚的碳钢板制作，未做防腐。运行约 4600h 后烟道底板已出现腐蚀穿孔；运行到 7400h 左右，底板已多处腐蚀穿孔。酸腐蚀严重的地方是换热器出口侧的底板。2 号 FGD 再加热器在运行约 20000h 后首次出现管束腐蚀穿孔、漏泄，运行到 25000h 左右已频繁漏管，约 30000h 后更换了第一级的四组（A—D）和第二级最下层的 E 组。被更换的换热器的鳍片均明显减薄，严重的部位鳍片已呈参差不齐的锯齿状，厚仅 0.2mm 左右。个别部位也有鳍片脱落现象。但管束腐蚀穿孔较严重，据不完全统计至少有 30 余腐蚀穿孔部位且分布无明显规律。总体上，腐蚀情况第一级较后一级严重，下层的较上层的突出。采用 SUS316L 的部件未出现明显腐蚀。在低温区的底板上采用可耐 140℃ 干烟气的 6H 玻璃鳞片树脂防腐层，但投运不久树脂表面即出现碳化变黑、鳞片裸露的现象，并逐渐出现开裂损坏的情况。未采取防腐措施的碳钢管束支撑构架也腐蚀减薄严重。

1994 年 10 月珞璜电厂对 1 号 GGH 的腐蚀状况进行过一次调查，结果显示热换热器高温管束前几排鳍片管被腐蚀得十分严重，鳍片厚度明显减薄，多数从管子上脱落，如图 6 - 60 所示。高温段的后排鳍片管和低温段的前排鳍片管也有腐蚀减薄，但与前排相比明显较轻。低温段的后排鳍片管也有从管子脱落的情况。再热器管束腐蚀情况显得较轻，管束腐蚀减薄情况较均匀，在排气通道地板可以看到有较多铁的氧化物沉积。根据测量得到的管子腐蚀数据推断，热换热器高温段的第一排的最大腐蚀厚度约为 1.2mm。

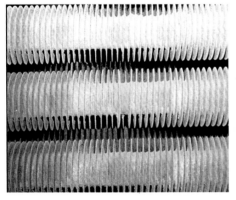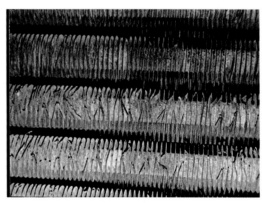

图 6 - 60　初始螺旋肋片管及运行 2 年后 GGH 降温侧的磨蚀情况

调查同样显示，MGGH 管束和护板、侧墙所有表面都积有硫酸粉沫、硫化物、氯化物和其他腐蚀性物质、液体流过的痕迹（估计是被稀释的硫酸），特别是在吹灰枪嘴下面附近残留物较多。表 6 - 12、表 6 - 13 是对附着物成分的分析结果。

（1）热交换器区域：经 100 倍的水稀释，其 pH 值为 1.8 ~ 2.6。它说明沉积物可能是强酸，硫酸（H_2SO_4）的浓度能达到 7.4%，鳍片管在强烈的腐蚀环境中运行。所沉积物是灰和腐蚀物质的混合物，腐蚀物质包括含铁的硫酸盐，如 $FeSO_4$ 和 $Fe_2(SO_4)_3$ 等。在 GGH 进口处的支撑构架上和落下的鳍片上的沉积物是硫酸铁 $FeSO_4$。Cl^- 值为 500mg/L 浓度，在 GGH 的环境中，被认为是正常的。

（2）再热器区域：pH 值同热交换器一样的低，这是因为从吸收塔出来的烟气及夹带的水雾和 SO_4^{2-} 产生反应后成为 H_2SO_4，但与热交换器比较而言，产生的 H_2SO_4 量是较少的。因此，产生的腐蚀较少。沉积物的成分是硫酸铁、灰尘和石膏。

表 6-12　　　　　　　　　　　　MGGH 附着物的成分（降温换热器）

项　目		pH 值*	SO$_4^{2-}$ (%)	CL$^-$ (mg/L)	Fe^{3+} (%)	H$_2$SO$_4$ (%)	H$_2$O (%)	Fe$_2$O$_3$ (%)	Al$_2$O$_3$ (%)	SiO$_2$ (%)	CaO (%)	酸不溶解的 SiO$_2$ 和其他 (%)
			水中抽取成分					酸溶解成分				
地面（液）	高温管束的前排	2.62	11.9	75	8.8	1.2	—	—	—	—	—	8.5
地面（固）		2.08	37.7		10.5	4.1						
管束框架上（湿）		1.83	39.4		6.95	7.2						
管束框架上（干）		2.28	26.8	—	16.6	2.6						
管子（鳍片）		2.25	28.5		15.1	2.7						
管子		1.82	35.0		2.8	7.4						
地面（液）	高温管束的后排	2.34	—			2.3						
地面（浆糊）		2.04	38.2	540	9.95	4.5	42.6	17.22	1.75	0.10	0.13	0.9
管束框架		1.93	37.8		3.65	5.8						
管子（鳍片）		1.90	42.1		3.95	6.2						
地面（浆糊）	低温管束的后排	2.23	31.3	250	6.55	2.9	26.0	16.64	3.95	0.13	0.93	13.9
地面（液）		2.54				1.4						
地面（液）		2.31				2.4						
管束框架上		1.93	43.6		6.85	5.8						
管子（鳍片）		2.34	30.2		2.46	2.2						

* pH 值是 100 倍水稀释溶液中测量的。

表 6-13　　　　　　　　　　　　GGH 附着物的成分（再热器）

项　目		pH 值*	SO$_4^{2-}$ (%)	CL$^-$ (mg/L)	Fe^{3+} (%)	H$_2$SO$_4$ (%)	H$_2$O (%)	Fe$_2$O$_3$ (%)	Al$_2$O$_3$ (%)	SiO$_2$ (%)	CaO (%)	酸不溶解的 SiO$_2$ 和其他 (%)
			水中抽取成分					酸溶解成分				
地面（液）	低温段前排	3.36	—	380	—	—						
密封板		3.37		1050								
主架		2.09	29.6	730	8.75	—	18.3	22.12	4.10	0.29	0.51	7.70
鳍片管		—		410								
入孔		3.20	—	30								
主架		1.99	32.4	170	14.6	—	20.8	26.35	2.81	0.12	0.56	6.67
鳍片管	高温段后排	2.63	—	170								
地面（固体）		2.94	—	300								

* pH 值是 100 倍水稀释溶液中测量的。

腐蚀的原因主要是烟气成分的变化，烟气中携带 SO$_3$ 量因烟气温度升高而比设计值大得多。MGGH 区域是典型的低温腐蚀，SO$_3$ 浓度越高，引起的酸露点温度也愈高，气态 SO$_3$ 在鳍片管表面结露，形成黏稠状 H$_2$SO$_4$，加剧管束及壳体的酸性腐蚀，缩短设备的使用寿命。而且硫酸黏结烟尘，尤其当电除尘器运行工况不佳时烟尘浓度骤增，管束间通流面积因积灰而减少，因起 MGGH 的压损 Δp 升高，这在稍后会进一步说明。另外蒸汽吹灰的凝结水，停机冲洗管束时的污水形成的酸液又加剧设备腐蚀，造成管束减薄穿孔。

珞璜电厂在 10 余年 FGD 系统运行过程中，影响 FGD 设备投运最主要的因素是腐蚀问题，而以 MGGH 的腐蚀问题最为突出。在每年的检修维护及设备大修中都投入大量的资金对设备进行检修、更换或改造，以保证设备能正常运行。以下介绍 MGGH 的改造情况。

降温换热器管束共 8 组，高温段 A～D 和低温段 E～H 各 4 组。在换热器内按烟气流向又分为前侧和后侧，如图 6-61 所示。前、后侧换热组件结构形式基本相同，均由联箱、螺旋鳍片管管束（材质为碳钢）和构架组成，只是螺旋鳍片管的几何参数有些差别。

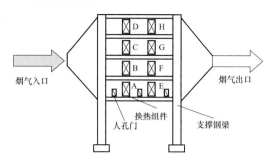

图 6-61　换热器组成示意

（1）换热器管束改造情况。1995 年 10 月，为珞璜电厂 1 号烟气降温换热器按原结构形式，进行了国产化设计、制造。根据降温换热器管束高温段 A～D 4 组先损坏的情况，确定一次更换前 4 组换热组件。改造前针对设备损坏的特点和原因，从材料选择、结构调整方面进行广泛的分析、研究和论证。将原设计管束用碳素钢改为 09CrCuSb 耐硫酸露点腐蚀钢，这种钢材的化学成分分类似日本新日铁公司研制的 S-TEN 钢；结构上的改变主要是将高温段前几排鳍片管的基管管壁加厚、鳍片厚度由 1.6mm 增为 2mm、肋间距加大，以减少烟尘聚集和提高抗磨蚀寿命，每件换热组件重量为 25t，总重 100t。并对容易出现问题的弯头、焊缝进行抗腐蚀保护处理，使得改造后的新型换热器使用寿命较原换热器增加 1～2a。另外，还对管束支撑框架进行了加强，对支撑梳型管板结构进行了改造，防止了因梳型板断裂而引起的管束弯曲变形。

1997 年 3 月，对 2 号 FGD 装置的烟气降温换热器 A～D 换热组件也进行了更换，更换的方式与 1 号 GGH 相同。

1998 年 5 月，对 1 号烟气降温换热器后侧 4 组换热组件（E～H）进行了更换。材料仍选用了 ND 钢，且在前两次成功改造的基础上，对螺旋鳍片管几何参数进行了调整。顺烟气流向前两排基管由 $\phi38 \times 3.5$mm 变为 $\phi38 \times 4$mm，鳍片厚度由 1.6mm 增为 2mm，鳍片间距由 8mm 变为 12mm，鳍片高度仍为 17mm，管子横纵向间距不变（$S_t = 84$mm，$S_l = 106$mm），后 6 排仍采用基管 $\phi38 \times 3.5$mm 管子，鳍片厚度为 1.6mm，鳍片间距由 8mm 变为 10mm。在确保换热效果的基础上减轻了设备重量，并更有利于防止积灰和磨损，设备投运后达到了预期的目的。

再热器的损坏情况较降温换热器轻，使用寿命也相对较长（7～8a），实施第一次改造的时间是 1998 年。再热器率先锈蚀损坏的也是迎风面 4 组管束。原设计的支撑框架采用的是 316L 不锈钢，在更换时除有轻微的点蚀坑外，基本完好。拆除时就采用了保护性拆除措施，送到设备加工厂家在新管束组合时再利用。新加工的鳍片管束基本上按原设计制造，只是将迎风面的前几排管段全部采用 20G 钢管加工，因为原用的部分 CRIA（S-TEN）与碳钢管损坏情况及使用寿命无明显差别。另外将管束组顶板由固定式改为可拆装顶盖，以便于停机时水冲洗方便。

（2）烟道底板改造。一期降温换热器烟道底板及烟道全部采用碳钢板制作，未作防腐处理，腐蚀异常严重。为了解决腐蚀问题曾先后采用玻璃鳞片胶泥内衬和镍铬合金（Ni-Cr-Mo）喷涂板防腐，但都未获得成功。玻璃鳞片胶泥内衬损坏的主要原因是耐温性能不强，使用不久后树脂表面出现碳化变黑、鳞片裸露的现象，并逐渐出现开裂损坏的情况。而 Ni-Cr-Mo 喷涂防腐板的损坏，问题主要是工艺质量达不到要求。因为热喷涂工艺成型的材料致密性本身就较差，虽然表面采用涂层（树脂）封闭技术实施隔离保护处理，但仍然出现了合金与碳钢板开裂、剥离、起层脱落的情况。1999 年采用 59 合金板及 59 合金复合板（爆炸复合的碳钢基材 8mm 和 59 合金面 2mm）作为内衬防腐，解决了该区域烟道底板的防腐蚀问题。但由于该区域的强腐蚀环境，59 合金表面还是出现了轻微的点蚀现象。

二期在低温区的底板上采用了可耐 150℃ 干烟气的 6H 玻璃鳞片树脂防腐层，但投运 1a 后树脂表面已出现碳化变黑、鳞片裸露的现象，未采取防腐措施的高温区底板已多处腐蚀穿孔。最后也只得改用59合金板复合板，才解决了腐蚀问题。

另外，二期降温换热器出口至吸收塔顶部的拐角烟道涂抹了耐高温耐腐蚀漆，效果也不好，早已全部脱落。后来全部改换为乙烯基脂玻璃鳞片胶泥防腐层。

（3）吹灰器改造。FGD装置换热器管束原设计采用蒸汽吹灰器方式清除管束表面积灰。而烟气中的SO_3在FGD换热器的热交换过程中结露析出，与烟气的粉尘混合形成乳状物黏附在换热器管束表面，使该区域处于强腐蚀状态。而蒸汽吹灰器间断吹灰的方式，又将带水的湿蒸汽喷向管束表面，把本来就较潮湿的积灰搅成糊状，使鳍片管束肋间脏污加剧。吹灰次数越多，积灰黏附越多越严实，直至堵满管束表面，既影响换热，又严重腐蚀管束，并使换热器前后压差增大，向吸收塔进烟困难。每运行$1.5 \sim 2.0$个月，就得采用高压水进行冲洗，而频繁的水冲洗又加剧管束腐蚀。另外，蒸汽吹灰器吹灰对换热器管束吹损较重，造成管束的鳍片脱落、管壁减薄。

为了改善GGH换热器的腐蚀状况，将原设计的蒸汽吹灰器改为燃气脉冲除灰装置，使得换热器的腐蚀环境有所改善。一是燃气脉冲吹灰器克服了蒸汽吹灰器在烟气低温露点区域的缺点。没有湿蒸汽喷洒在换热器管束表面，使得积灰疏松，易于清除。二是消除了运行中蒸汽带水对管束的冲刷、磨蚀，特别是消除了吹灰器伸缩旋转出现卡涩故障时对管壁的局部冲刷。三是积灰率降低，减少了停机冲洗的次数及时间，减少了冷态时管束的腐蚀（由于水冲洗初期冲洗水对设备上沉积的硫酸进行了稀释，使得腐蚀异常严重）。由此，使得换热器能保持较高的换热效率，提高了FGD系统长期安全经济运行的可靠性。

（4）改善烟气条件。锅炉方面加强燃烧调整，减少烟气中SO_3含量。烟气中SO_3的多少与燃料硫分、火焰温度、燃烧热强度、燃烧空气量、飞灰的性质与数量以及锅炉受热面的催化作用等因素有关。当燃烧空气量增加时，火焰中的氧原子浓度增加，形成的SO_3量也增加，因此在运行中应加强燃烧调整，保持合适的过量空气系数，减少SO_3生成，从而最大限度地降低换热器的腐蚀。保证电除尘器的正常和高效运行，减少烟气中的粉尘含量，加强换热器出、入口差压的监视，加强换热器的吹灰工作或水冲洗，减少换热器积灰堵塞。加强换热器入口水温监视，适时投入辅助蒸汽加热系统，提高低温受热面壁温，使低温受热面壁温高于烟气露点，减少硫酸蒸气在金属表面凝结。

由于加强了MGGH设备的检修维护和持续的设备改造，华能珞璜电厂自一期FGD从投产至今已运行16年，二期FGD也已运行9年。目前4套FGD系统全部运行正常，2004年该厂FGD系统年运行小时数已达7077h/台。其运行经验值得借鉴。

2. 吸收塔出口烟道和设备的腐蚀

脱硫后吸收塔出口烟气温度只有$45 \sim 55℃$左右，若不加热，必然会对尾部烟道产生腐蚀。在连州FGD系统吸收塔出口的烟道上，运行不到2年，涂有玻璃鳞片涂层的烟道也遭到腐蚀；出口再热器管子（不锈钢+PFA防腐涂层）出现了严重的变色现象，如图6-62所示。

在重庆电厂的FGD系统上，蒸汽再热器同连州电厂的基本相同，2000年11月初，FGD装置通烟气1个月左右，检查发现了22根再热器管子类似连州的严重变色现象，其中有三根已经破裂泄漏（表面有0.4mm厚的PFA防腐涂层，管材为碳钢），如图6-62所示。图中还列出了某FGD管式换热器严重腐蚀穿孔的现象。德国专家认为是属于"静态腐蚀"（standstill corrosion）。另外在对再热器水冲洗时底部有水泄露出来，如图6-63所示，这在连州FGD系统上也有出现。2002年初，由于换热面管子泄漏和管组上部偏斜，导致FGD净烟道（树脂防腐内衬）与原有混凝土水平烟道接口处大量漏水，其pH值低至1.7，呈严重的酸性，对尾部烟道和烟囱的安全构成了严重的威胁，于是对再热器进行了第三次检修。

分析认为再热器设计缺陷是主要原因。表现在：

连州FGD再热器管子严重变色

重庆FGD再热器管子变色破裂

管式换热器的腐蚀穿孔

图 6-62　FGD 再热器管子严重变色

（1）管组聚四氟乙烯塑料隔板（每组四块）用热焊方式固定在位于四个角的管子的防腐衬层（PFA，1mm 厚）上，在运行中，由于隔板（15mm 厚）没有可靠的固定而发生了几百毫米不等的向下位移量，造成此处的 PFA 衬层损坏而腐蚀爆管。在第 3 次检修中发现有问题的 26 根管子属此原因的占 80%。

（2）由于管组刚度不够，管组（共 8 组，每组 608 根管子）自身、管组之间以及管组与再热器外壳侧壁之间没有可靠的固定支撑，使得管组上部经较长的时间运行后发生错位、偏斜并在靠外壳一侧形成短路通道，影响了加热效果且让部分低温烟气未经加热就流过了再热器。

（3）再热器外壳与内部管组不是同一个供货商，在尺寸配合和防漏处理方面存在误差和疏漏，导致了再热器底部泄漏。

（4）管子（外管和内管）壁厚仅为 1mm（合同值为"~2mm"），在防腐衬层稍有损伤发生管子腐蚀后易爆管。

在检修中，德方对再热器进行了设计改进工作：

（1）改进了隔板的固定方式，固定在增设的不锈钢管上；

（2）8 个管箱组之间用不锈钢板条互相固定，避免运行中的错位、偏斜；

（3）在再热器烟道内底部补焊 PFA 薄片并用不锈钢板条压紧。改造后解决了净烟道漏水和再热器底部漏水的问题。

图 6-63　FGD 蒸汽再热器向外泄漏

目前，我国许多电厂 FGD 系统要求烟气经 GGH 再热后达到 80℃以上，但国内外众多的湿法 FGD 系统运行实践表明，在 FGD 中安装 GGH 并不能很好地解决烟气对尾部烟道和烟囱内部的腐蚀问题，因为再热烟气的温度仍然低于烟气的酸露点。2003 年 7 月初，连州电厂 2 台机组停运，对 FGD 系统出口烟气挡板后的烟道和烟囱进行了全面检查，结果发现，烟囱入口约 20m 的原烟道遭到了严重腐蚀。烟道材质为 A3 钢，厚度原为 6mm，检查结果为 4.8～5.2mm，即腐蚀了 1mm 左右，而 FGD 系统累计的运行时间不到 1 年，并且运行时燃煤含硫量（约 0.8%）大大低于设计值（2.5%）。图 6-64 是烟道腐蚀的照片，用手可以剥下 3～4 层。后对引风机出口的所有烟道进行了防腐处理，用环氧树脂涂料浸透 6 层玻璃钢纤维布（总厚约 2mm）敷满整个烟道（旁路烟道腐蚀较轻）。2001 年珞璜电厂 FGD 系统停运，检查 FGD 后的尾部烟道时发现，一些边角位置的钢板被腐蚀得如薄纸，有些部位甚至已腐蚀光了；太原一热 FGD 运行 3 年后，尾部干、湿烟气混合处的砖砌烟道底部、两侧已开始流出酸液，图 6-65 为 2002 年 8 月机组大修时拍摄的烟道侧渗出的液迹，FGD 出口膨胀节也已损坏。

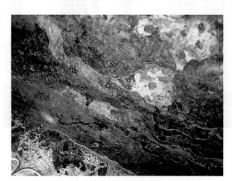

图 6-64　连州电厂 FGD 再热器后尾部烟道的腐蚀

图 6-65　太原一热 FGD 出口烟道酸液渗出

但取消 GGH 后吸收塔出口烟气的腐蚀性更强，对某电厂的塔后烟道上冷凝水多次化验表明，其 pH 值为 1.81～2.42。烟囱入口处烟道防腐鳞片涂层损坏后，5mm 厚的钢板不到一年就穿孔了，如图 6-66 所示，膨胀节经常出现漏水。

（二）脱硫烟囱

同尾部烟道一样，湿法 FGD 系统的烟囱也处于腐蚀区。例如荷兰最大的燃煤电厂 Amercentrale 电厂原烟囱为钢筋混凝土，内衬瓷砖，湿法石灰石/石膏 FGD 系统排出的再热烟气温度为 60℃。1996 年检查发现最下面的 3 段腐蚀严重，大量酸液从内衬瓷砖的连接处渗入环形空间，然后向下汇集到混凝土支撑结构上，形成酸液坑，图 6-67 是烟囱内部砖衬上的酸性沉淀物。

我国的许多老电厂烟囱为耐酸砖加防腐涂料制成，如广东连州电厂、重庆珞璜电厂。湿法 FGD

图 6 - 66　FGD 烟囱入口处鳞片损坏后腐蚀穿孔及修补

系统运行后也曾对烟囱内壁进行过检查，2003 年 7 月初及 2006 年 9 月，连州电厂对烟囱进行了全面检查，暂没有发现腐蚀现象，如图 6 - 68 所示。连州电厂烟囱高 180m，出口直径 6.0m，为锥形单筒烟囱，由此在标高 24.0m 处开孔，尺寸为 4.81m（W）×6.163m（H）。由烟气进入。筒身及各层牛腿混凝土采用 425 号以上的普通硅酸盐水泥加花岗岩碎石和河沙配制，烟囱的内衬在烟道口处（标高在 24.0 ~ 37.0m 处）采用 230mm 厚的耐酸陶砖，37m 以上采用 200mm C15 页岩陶粒砼。隔热层采用岩棉板材，厚 90mm（24.0 ~ 37m 处），37m 以上厚 120mm。内衬内表面涂有山西电建四公司烟囱特种涂料

图 6 - 67　荷兰 Amercentrale 电厂烟囱内部砖衬上的酸性沉淀物

厂生产的 OM 型烟囱耐酸防腐涂料。珞璜电厂湿法 FGD 系统是国内最早的脱硫装置，一期 2 × 360MW 的格栅塔 FGD 系统于 1992 年投运，2001 年 9 月对其烟囱进行了全面检查，发现 240m 烟囱内壁结灰严重，灰厚 88 ~ 150mm，清灰后的耐酸砖的腐蚀不是很严重，陶土砖表面侵蚀深度约 10mm，如图 6 - 69 所示。

图 6 - 68　连州电厂耐酸砖烟囱的检查情况（2006 年 7 月）

　　在我国，大多数 FGD 系统是新建工程，运行时间较短。因此，烟气脱硫后烟囱腐蚀的调查和研究资料都较少，经验也有限，难以对脱硫后烟气的腐蚀机理和腐蚀防范措施的效果做出明确的判断。在国家和电力行业烟囱的现行设计标准中，均未对进行脱硫处理的烟囱防腐设计作出具体规定，只是从烟气的腐蚀性等级对烟囱的防腐设计进行了要求。国内各电力设计院主要是依据自己的经验和参考资料进行设计。

烟囱顶向下2m的结灰（清扫前）

烟囱顶口向下130m结灰（清扫前）

烟囱顶部内壁（清扫后）

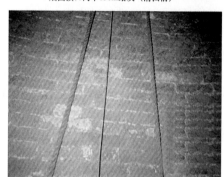
烟囱顶部向下200m（清扫后）

图6-69　珞璜电厂脱硫后烟囱的结灰与腐蚀情况

对于脱硫后烟气对烟囱结构的腐蚀性分析，主要是借鉴国外的资料和做法。国际工业烟囱协会（International Committee On Industrial Chimneys，缩写CICIND）在其发布的《Model Code For Steel Chimneys（钢烟囱标准规程）》（1999年第1版）中对脱硫后的烟气腐蚀性能（烟气腐蚀性能对其他类型烟囱同样适用）有这样的说明。

（1）烟气冷凝物中氯化物或氟化物的存在将很大提高腐蚀程度，在20℃和1个标准大气压下，HF（300mg/m^3）、氯元素（1300mg/m^3）和HCl（1300mg/m^3）的质量分数分别超过0.025%、0.1%和0.1%时，腐蚀等级（化学荷载）为高级。

（2）处于FGD系统下游的浓缩或饱和烟气条件通常被视为高腐蚀等级（化学荷载）。

（3）确定含有硫磺氧化物的烟气腐蚀等级（化学荷载）是按SO$_3$的含量值确定。凝结过程中SO$_3$离子与水蒸气结合为硫酸，对烟囱形成腐蚀。

（4）亚硫酸的露点温度取决于烟气中SO$_3$的浓度，一般约为65℃，稍高于水的露点。燃煤中如含有污染，则在同样的温度下还会有像盐酸、硝酸等其他酸液。

（5）尽管在FGD过程中已除去了大部分硫的氧化物，但在FGD装置下游，随着硫的氧化物的减少，烟气的湿度会增大，且温度会降低，当低于80℃时，烟气中会浓缩有酸液。另外净化后的烟气中还含有氯化物。

（6）烟气中的氯离子遇水蒸气形成氯酸，它的化合温度约为60℃，低于氯酸露点温度时，就会产生严重的腐蚀，即使是很少量的氯化物也会造成严重腐蚀。

按照国际工业烟囱协会的设计标准要求，湿法FGD系统后烟气通常被视为高化学腐蚀等级，即强腐蚀性烟气等级，因而烟囱应按强腐蚀性烟气来考虑烟囱结构的安全性设计。

按照国家标准 GB 50051—2002《烟囱设计规范》第 10.2.2 条和电力行业标准 DL 5022—1993《火力发电厂土建结构设计技术规定》第 7.4.4 条的要求，当排放强腐蚀性烟气时，宜采用多管式或套筒式烟囱结构型式，即把承重的钢筋混凝土外筒和排烟内筒分开，使外筒受力结构不与强腐蚀性烟气相接触。另外还要求 600MW 机组宜采用一台炉配一座烟囱（一根排烟管）方案。

从目前了解的国外烟囱资料看，火电厂烟囱基本上都是套筒式或多管式烟囱，且以钢内筒多管式烟囱为主，单筒式烟囱很少看到。单筒式烟囱（包括改进型单筒式烟囱）一旦建成投运，便很难再对它进行内部的检修和维护。采用套筒多管式烟囱主要有以下优点。

（1）脱硫后烟气湿度大，当采用单筒式烟囱时，由于材料、结构致密度差，含有腐蚀性介质的烟气，在烟气压力和湿度梯度的双重作用下，烟囱结构内部（包括筒壁、保温和内衬）很易遭到腐蚀，影响结构耐久性和使用寿命。而套筒式烟囱具有检修和维护空间，一旦需要，可立即对排烟内筒实施维护和补强。

（2）2 台炉运行工况有可能不同，采用一炉一管方式，烟气运行互不影响，同时也符合设计规范的要求。

（3）维修条件好，一旦某个排烟筒有腐蚀问题，可立即对其进行局部补修，不会影响到发电设施的正常运行。

（4）套筒式多管烟囱由于排烟量大，上升热浮力大，较多地增加了排烟的抬升高度，扩散稀释效果好，对环境保护也有着较大的意义。

对套筒式或多管式烟囱，排烟内筒的结构材料选择一般有两种：钢内筒型结构和砖砌内筒型结构。从材料的抗渗密闭性来看，钢内筒优于砖砌内筒，但经济性差些（限于国内条件）。对于钢内筒结构，在烟气湿法脱硫（无 GGH 装置）的情况下，国际工业烟囱协会建议采用普通碳钢板，在其内侧（与烟气接触侧）增加一层非常薄的合金板或钛板。对于砖砌内筒结构（加设 GGH 装置），对砖和胶泥提出了很高要求，即特殊的耐酸砖用硅酸钾耐酸胶泥砌筑，一般分两层错缝布置，并设封闭层。砖的抗渗性能要求高，主要目的是防止烟气渗透形成冷凝腐蚀和对排烟筒外包裹的保温隔热材料性能带来不利影响。

脱硫烟气对烟囱的不利影响主要有：

（1）腐蚀。脱硫后的烟气温度一般在 40～50℃之间，且湿度很大并处于饱和状态。由于温度低于烟气结露的温度，烟气易于冷凝结露并在潮湿环境下产生腐蚀性的液体。一般的烟气湿法脱硫处理中是采用加设烟气加热系统（GGH）来提高脱硫处理后排放的烟气温度（约 80℃及以上），以减少烟气因冷凝结露产生的腐蚀性液体。从理论上讲，采用烟气加热系统（GGH）有利于减缓烟气的腐蚀（即提高烟气温度，减少结露），但烟气湿度、水分这些诱发腐蚀的因素依然存在，况且 GGH 的运行能否满足运行温度值的要求，尤其是在发电机组低负荷运行、机组开启和关停期间及其他不利工况时能否满足运行温度的要求值得关注和重视。

（2）减少烟气的抬升高度。温度低、湿度大，烟囱内的烟气上抽力就降低，它影响着烟气的流速和烟气抬升高度及烟气扩散效果，这对排放的烟气满足环保要求（特别是氮氧化物 NO_x 指标）带来不利的因素。

（3）烟囱内正压区增大。烟气运行压力与烟气的温（湿）度和烟囱结构型式密切相关。烟气温度低，其上抽力小、流速低，容易产生烟气聚集并对排烟筒内壁产生压力。锥形烟囱结构型式（如单筒式烟囱）中的烟气基本上是处于正压运行状况，而等直径圆柱状烟囱（如双管和多管式烟囱中的排烟筒）是负压运行状况。烟气正压运行时，易对排烟筒壁产生渗透压力，加快腐蚀进程；负压运行时，烟气渗透和腐蚀速度将大为减缓。

从对烟气的抗渗防腐考虑，烟囱内筒应选用密闭性好、整体性强、自重轻和无连接接头的钢内筒。砖砌内筒由于其分段支承处的接缝及形成砌体后的砖缝抗渗密闭性和整体性较差的原故，都不可避免地存在渗透和腐蚀的问题，存在检修和维护、甚至内筒更换的问题，而这不但导致发电机组的停运，而且内筒更换的施工也相当繁琐和复杂。目前条件下，钢内筒是一种合适的选择。

加装湿法 FGD 系统后烟囱主要在以下几种工况下运行：

（1）排放未经脱硫的原烟气。进入烟囱的烟气温度为原烟气温度，此时烟囱内壁处于干燥状态，烟气对烟囱内壁材料腐蚀属气态均匀型，腐蚀程度可由 DL 5022—1993《火力发电厂土建结构设计技术规定》中规定的腐蚀性指数 K_c 来判断。

（2）排放脱硫并经加热后的净烟气。进入烟囱的烟气温度在 80℃ 左右，烟囱内壁有轻微结露，导致排烟筒内侧积灰。根据排放烟气成分及运行条件的不同，结露腐蚀状况将有所变化。腐蚀程度可由脱硫后烟气腐蚀性指数 K_s 来判断。

（3）排放脱硫净烟气和原烟气的混合烟气，其温度根据混合比例有所不同，烟气腐蚀性强，特别是在混合区。

（4）排放脱硫后未经加热的净烟气。此时进入烟囱的烟气温度在 50℃ 左右，烟囱内壁有严重结露，沿筒壁有酸液流淌。此时的烟囱称之为"湿烟囱"。

因此，FGD 烟囱内壁必须进行内衬防腐处理。选择一个合适的内衬，须考虑以下几方面的因素：

（1）技术可行性，满足复杂化学环境下的防腐要求；

（2）经济合理，较低的建筑成本，一次性投资费用要低；

（3）施工容易进行，速度快，周期短；

（4）运行维护费用低，并且方便检修。

另外烟囱的防腐蚀设计中还应该考虑到以下几个综合因素：残留的灰粉平均粒度、灰粉的硬度、灰粉的冲击能量、灰粉的质量浓度、烟囱的最大曲率变化等。需注意的是，用材的选择不仅应考虑初期成本，还应考虑装置的可靠运行周期（即大修周期）和总使用寿命等相关问题，以便作出经济上的合理决定。欧美等发达国家电厂烟气脱硫开始的时间比较早，根据国内外的经验，目前湿法脱硫后的烟囱内衬防腐主要有以下几种类型：

（1）贴衬薄板，采用耐酸腐蚀的金属合金薄板材作内衬，内衬材料包括钛板、镍基合金板或铁—镍基耐蚀合金板等；

（2）采用耐腐蚀的轻质隔热的制品黏贴，隔绝烟气和钢内筒接触，典型的如发泡耐酸玻璃砖 Pennguard 内衬；

（3）采用玻璃鳞片涂层等防酸腐蚀涂料；

（4）采用耐酸砖等。

另外还有采用整体玻璃钢 FRP 材料制造的烟囱，以下分别作详细介绍。

1. 钛板内衬

钛是一种很耐腐蚀的材料，这是由于钛的表面容易生成稳定的钝化膜，钝化膜是由几纳米到几十纳米厚的极薄的氧化钛构成，在许多环境中是很稳定的，并且一旦局部破坏还具有瞬间再修补的特性。因此，钛在酸性、碱性、中性盐水溶液中和氧化性介质中具有很好的稳定性，比现有的不锈钢和其他有色金属的耐腐蚀性都好，甚至可与铂媲美。但是这层氧化膜被破坏后，若不存在修复的环境介质，这时钛的腐蚀速度比铁还大。常用的钛（TA2）主要机械物理性能如表 6—14 所示。

烟囱内衬钛板有 2 种工艺：一种是采用挂板；一种是采用钛钢复合板。钛钢复合板是一种较合适的组合材料，也是国际烟囱设计标准推荐的方案。它真正做到了结构（钢）、防腐（钛）各司其职，发挥各自的优势。钛钢复合板是一种成熟的组合材料，有专门的国家标准对其设计、安装和检验提出要求。

表 6 - 14　　　　　　　　　　钛（TA2）机械物理性能

项　目	数　值	项　目	数　值
密度（g/cm³）	4.51	热膨胀系数（℃）	9.0×10^{-6}
抗拉屈服强度（MPa）	140	溶点（℃）	1668
抗拉强度（MPa）	220	延伸率（%）	54
弹性模量（MPa）	10.6×10^4		

　　国内已有大量采用钛复合板烟囱的工程实例。江苏省常熟第二发电厂 3×600MW 超临界燃煤发电机组三管烟囱的钢内筒采用普通 Q235B 钢板 + 1.2mm 厚钛板复合而成的复合板，已投入运行；福建省漳州后石电厂投资建设 6×600MW 燃煤发电机组，由于建有海水 FGD 装置且脱硫后烟气未加热，在二座钢内筒多管式烟囱的钢内筒内表面，都挂贴有 1.6mm 的钛板；浙江宁海电厂 2×600MW 机组和广东台山电厂 3×600MW 机组烟囱（240m）都采用了普通 12mm 厚 Q235B 钢板 + 1.2mm 厚 TA2 钛板复合而成的复合板。图 6 - 70、图 6 - 71 为某电厂钛复合板烟囱的现场制作过程。使用钛板

钛复合板材及现场打卷

现场焊接与打磨

焊缝检查、焊保温钉

图 6 - 70　钛复合板烟囱的现场制作

价格很贵，如后石电厂一根烟囱总造价达 8000 万元，常熟电厂 3 根烟囱总造价也达 5650 万元。

将烟筒放置烟囱附近准备吊装　　　　　　　烟筒保温

装好的烟囱底部与外观

钛复合板烟囱入口处及内部总貌

图 6-71　钛复合板烟囱的现场制作

2. 镍基耐蚀合金板内衬

FGD 系统中常用的防腐超级不锈钢和镍基耐蚀合金如表 6-15 所列，这里的镍基耐蚀合金材料以德国 thyssenkrupp VDM（蒂森克虏伯）公司为例。耐蚀合金的选用主要根据腐蚀溶液的 pH 值、温度、Cl⁻ 含量确定，生产厂家有材料选择图供用户参考。

表 6 – 15　　　　　　　　　　　　FGD 系统应用耐蚀金属材料

材料牌号			成分（质量分数,%）						
厂家牌号	ASTM 编号	欧洲编号	Cr	Ni	Mo	N	W	Fe	其他
Industeel，17.13.5LN	S31726	1.4439	18.0	14.0	4.5	0.16	—	基	—
Industeel，UR45N +	S32205	1.4462	22.5	6.0	3.2	0.18		基	
Industeel，UR52N +	S32520	1.4507	25.0	7.0	3.5	0.25		基	
Industeel，UR B26	N08926	1.4529	20.0	25.0	6.2	0.20		基	
C – 926 合金	N08926	1.4529	21.0	25.0	6.5	0.20		基	Cu（0.9）
Industeel，UR B66	S31266	1.4659	24.0	22.0	5.8	0.40	2	基	
AL – 6XN	N08367		20.5	24.0	6.2	0.22		基	Cu（0.2）
C – 31 合金	N08031	1.4562	27.0	31.0	6.5	0.20		基	Cu（1.3）
C – 625 合金	N06625	2.4856	22.0	63.0	9.0	—		3	Nb（3.4）
C – 276 合金	N10276	2.4819	15.5~16.0	基	16.0	—		5	W（3.0~4.0）
C – 59 合金	N06059	2.4605	23.0	59.0	16.0	—		1	
C – 22 合金	N06022	2.4602	21.5	基	13.5	—		4.0	W（3.0）

在 FGD 系统中，表中的 C – 926、C – 31、C – 625、C – 276 和 C – 59 这 5 种合金在烟囱的内衬材料中均有应用，而 C – 31、C – 276、C – 59 应用较多。美国 FGD 烟囱配用的都使镍基复合板（Q235 + C – 276）钢烟囱，工业制造标准为 1.6mm 厚 C – 276 复合钢板，基材厚度由强度和高度决定。C – 276 是一种含钨的镍—铬—钼合金，其硅、碳的含量极低，在氧化和还原状态下，对大多数腐蚀介质具有优异的耐腐蚀性，出色的耐点腐蚀、缝隙腐蚀和应力腐蚀性能。较高的钼、铬含量使合金能够耐氯离子的侵蚀，钨元素也进一步提高了其耐腐蚀性，C – 276 的主要机械物理性能见表 6 – 16。图 6 – 72 为美国 Louisville 市 LG&E 电厂 C – 276 烟囱。

表 6 – 16　　　　　　　　　　　　C – 276 机械物理性能

项　目	数　值	项　目	数　值
导热系数（W/（m·K））	7.2	弹性模量（kN/mm²）	209~200（0~200℃）
密度（g/cm³）	8.89	热膨胀系数（℃）	11.2×10^{-6}
屈服强度（MPa）	≥283	延伸率（%）	≥40
抗拉强度（MPa）	≥690	溶点（℃）	1325~1370

图 6 – 72　美国 LG&E 电厂 C – 276 复合钢板 FGD 烟囱的制造及烟囱内部

在国外，镍基复合板比钛钢复合板便宜，但国内生产的镍基复合板要比钛复合板（TA2）价格要高，因而目前国内还没有镍基复合板钢烟囱的业绩。

C-31合金在经济性及防腐性能作了恰当的折衷，被大量地应用在电厂烟囱的防腐内衬上。例如在台湾的麦寮电厂7×700MW、兴达电厂4×600MW、台中电厂10×600MW、高雄电厂4×600MW等。

C-59合金耐稀硫酸及氯化物腐蚀能力远远强于C-276、C-625这两种合金，所以在FGD系统被应用到腐蚀最为严重的部位。在重庆电厂2×200MW，北京一热2×125MW，半山电厂2×125MW烟气进口段均使用了C-59合金，在德国Niederaußem电厂978MW超临界机组吸收塔中，塔底、塔内衬、塔烟气进口段和净烟气出口烟道均使用了C-59合金，喷淋管为C-31合金，循环浆液管使用了C-926合金。图6-73为现场的一些照片。但是由于C-59合金昂贵，在烟囱防腐内衬中全部使用C-59的不多，一般只在烟囱内部腐蚀最严重的部位如烟囱出口部分采用。

图6-73　C-59合金和C-31合金的应用

3. 发泡耐酸玻璃砖内衬

典型的是美国Henkel Technologies公司的产品Pennguard（宾高德）砖，有20年以上的使用经验，其突出的特点为：

（1）在高温和高浓度的SO_2和SO_3气氛中有很强的抗腐蚀能力。

（2）低的热膨胀特性可耐受热冲击和高温。

（3）保温性能优异，即使在湿的或浸泡的条件下都能保持隔热性能，因此可取消外部保温层，节约投资。

（4）紧密的蜂窝网状结构，其渗透性、毛细作用和吸水性近乎为0。

（5）质量轻（190kg/m³），容易切割，适宜于车间或现场施工。

Pennguard玻璃砖根据需要可提供多种厚度，如38mm、51mm，可直接黏贴在钢板、混凝土、砖和FRP等基体上。Pennguard玻璃砖作为烟囱的材料用于脱硫电厂烟囱，具有耐腐蚀和保温的双重性能，使原来的烟囱内衬和保温层结构合二为一。它由专用的黏合材料直接黏贴于钢烟筒内表面，并且由黏合材料对玻璃砖间的缝隙勾缝，阻断了烟气对烟囱内筒结构的腐蚀。它是以优质的泡沫硼硅玻璃结合人造橡胶技术形成的防腐衬里，在化学环境与温度大幅度变化的情况下，都具有防腐能力。表 6 - 17 为 2 种型号 Pennguard 玻璃砖的基本性能。图 6 - 74 是 Pennguard 玻璃砖在烟囱内的结构示意。

表 6 - 17　　　　　　　　　　　　　　**Pennguard 玻璃砖的基本性能**

序号	特　性	55 号	28 号
1	成　分	无机硼硅酸玻璃、无粘合剂	无机硼硅酸玻璃、无粘合剂
2	使用温度限制	199℃。最大使用温度是耐热冲击性、加载下的抗变形能力以及合适的工程安全系数的函数。在一些条件下可更高些。	517℃（无荷载）/425℃（使用荷载下）。最大使用温度是耐热冲击性、加载下的抗变形能力以及合适的工程安全系数的函数。
3	平均导热系数（ASTM C - 117、C - 518）（38℃/93℃/149℃/204℃）（W/（m·K））	0.087/0.098/0.110/ -	0.084/0.095/0.105/0.117
4	比热容 J/（kg·K）	0.84	0.84
5	密度（ASTM C - 303）（kg/m³）	190	190
6	抗压强度（ASTM C - 165 热沥青包覆）（kPa）	827	1380
7	抗弯强度（ASTM C - 203、C - 240）（kPa）	621	620
8	弹性模量（kg/cm²）	12600	12600
9	线涨系数/（1/℃）	5.5×10^{-6}	2.8×10^{-6}
10	燃烧性	无	无
11	毛细作用	无	无
12	吸湿率（%）	0.2（仅表面潮湿）	0.2（仅表面潮湿）
13	水汽渗透性	0.0	0.0
14	储存期	无限期	无限期

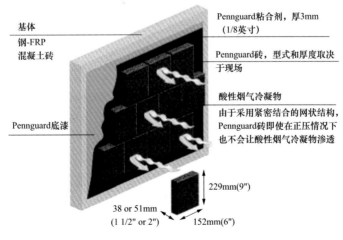

图 6 - 74　Pennguard 玻璃砖的结构示意

　　Pennguard 玻璃砖由专用的黏结胶泥黏贴，称 Pennguard 黏合剂/黏胶膜，这是一种两组分、弹性的、用泥刀涂抹的氨基甲酸乙酯（尿胶）沥青黏合剂，在各种不同的酸、碱和盐溶液都有极好的抗化学腐蚀性。黏合剂有 2 个作用：一是在基体和 Pennguard 玻璃砖间起黏结作用，二是和 Pennguard 玻璃砖一起构成防腐内衬系统，避免基体的腐蚀。其突出的特点有：

（1）极好的抗烟气腐蚀能力。

（2）在其使用温度范围内保持弹性和挠性。

（3）耐中等浓度的无机酸和盐溶液。

（4）能填补混凝土和砖基体的细裂纹。

表 6 - 18 列出了 Pennguard 黏合剂的基本特性。对混凝土基体需先涂抹 PENNTROWEL 环氧树脂底漆；在钢基体上，黏结时没有涂底漆要求，但建议在喷砂后为防生锈而涂上一层红色的 Pennguard 砖底漆。

表 6 - 18 Pennguard 黏合剂的基本特性

序号	特 性	说 明
1	在 Pennguard 砖后黏合面的使用温度	-40℃~90℃（经验表明，在砖侧缝处的黏合剂的使用温度远高于上述值）
2	抗拉强度（23.3℃，ASTM D412）（kPa）	1000
3	延伸率（ASTM D412）（%）	>100
4	对碳钢的粘结强度（ASTM D4541）（kPa）	930
5	对碳钢拉伸的抗剪强度（ASTM C273）（kPa）	540
6	抗压强度（ASTM C273）（kPa）	410
7	固化膜在 93.3℃ 的流动	无
8	组分 A 闪点（彭马氏闭式闪点，Pensky Martens closed Cup ASTM D93）	100℉（38℃）
	组分 B 闪点（克利夫兰开式闪点，Cleveland Opened Cup）	415℉（213℃）
9	混合比例组分 A：组分 B	62:1（质量比）
10	湿的混合密度（ASTM D71）（kg/L）	1.04
11	在 21℃ 下的适用期（min）	约 55
12	储存期（在 -18℃~32℃ 间）（a）	1
13	颜色和外观	黑色弹性橡胶
14	喷砂时的耐磨性（FED-TT-C-520）	极好

Pennguard 玻璃砖已有许多应用于烟囱的业绩，1976 年，美国 Pennsalt 23 号、24 号机组上的钢烟囱上就衬有 Pennguard 玻璃砖，一直运行至 1988 年因电站关闭而拆除。表 6 - 19 列出了部分应用 Pennguard 玻璃砖的电厂，这里再详细举例说明 Pennguard 玻璃砖的应用施工情况。

（1）Amercentrale 电厂瓷砖烟囱。Amercentrale 是荷兰最大的电厂，共有两台燃煤机组，即 8 号机组（645MW）和 9 号机组（600MW），如图 6 - 75 所示。9 号机安装有低氮燃烧器和湿法石灰石/石膏 FGD 系统，脱硫效率为 90%；8 号机安装有烟气脱硝装置以及与 9 号机类似的湿法 FGD 系统，脱硫效率为 88%。9 号机组的烟囱为钢筋混凝土，内衬瓷砖。FGD 排出的再热烟气温度为 60℃，烟囱内径 8.25m、高 175m，脱硫后烟气在标高 75m 处进入烟囱。内衬瓷砖分成 9 段，1996 年检查发现最下面的 3 段腐蚀严重，大量酸液从内衬瓷砖的连接处渗入环形空间，然后向下汇集到混凝土支撑结构上，形成酸液坑。

表 6 – 19　　　　　　　　　　　　　　Pennguard 玻璃砖烟囱的部分应用业绩

序号	电厂和机组名称	Pennguard 烟囱安装时间	说　　　明
1	韩国 Yosu 1 号、2 号	1999.6、2003.11	1 号 200MW、2 号 300MW 燃油机组，WFGD 原钢烟囱加 Pennguard
2	韩国 Seoul 4	2002.6	138MW LNG 机组，WFGD 原瓷砖烟囱加 Pennguard
3	韩国 Boryong 3、4、5、6	1998.2、1997.11、1999.3、1998.11	4 × 500MW 燃煤机组，烟温 61 ~ 85℃，WFGD 原瓷砖烟囱加 Pennguard
4	韩国 Yong – dong 1	1998.12	125MW 燃煤机组，WFGD 原瓷砖烟囱加 Pennguard
5	韩国 Ulsan 4、5、6	1998.2、1998.6、1999.9	3 × 400MW 燃油机组，正常烟温 85℃，WFGD 原瓷砖烟囱加 Pennguard
6	韩国 Youngnam 1、2	1999.7	2 × 200MW 燃油机组，原瓷砖烟囱加 Pennguard
7	韩国 Taean 1、2、3、4	1998.3、1998.5、1998.5、1998.5	4 × 500MW 燃煤机组，烟温 61 ~ 85℃，WFGD 原瓷砖烟囱加 Pennguard
8	菲律宾 Sual	1998.7	2 × 609MW 燃煤机组，WFGD 系统，30% 旁路加热，正常烟温 75 ~ 85℃，新钢烟囱加 Pennguard
9	罗马尼亚 Craiova	2002	400MW 燃煤机组，正常烟温 141℃，最大 160℃，原混凝土烟囱加 Pennguard
10	西班牙 Teruel	1999.7	3 × 350MW 燃煤机组，烟温 75 ~ 85℃，182℃ 走旁路。热空气加热，WFGD 原砖烟囱部分加 Pennguard
11	我国台湾和平电厂	2001	2 × 660MW 燃煤机组，正常烟温 90℃，140℃ 走旁路。WFGD 系统 GGH 加热，250m 高混凝土烟囱 2 个钢内筒加 Pennguard
12	美国 Duck Creek	1986	416MW 燃煤机组，烟温 53℃，WFGD 系统，157m 高钢烟囱，1986 年烟囱顶部部分加 Pennguard，2000 年补加，共 30.5m
13	美国 Tanners Creek	1988	580MW 燃煤机组无 WFGD 系统，烟温 154℃，122m 高钢烟囱加 Pennguard，2003 年因当时侧边接头薄而重加 Pennguard
14	美国 Petersburg 1、2	1985	2 × 400MW 燃煤机组，旁路钢烟囱加 Pennguard
15	美国 Endicott	1989	ϕ5.18m × 67m 高钢烟囱加 Pennguard，WFGD 系统，烟温 53℃，168℃ 走旁路。1996 年 FGD 系统火灾损坏 Pennguard 后重加
16	美国 McCracken	1986	干法脱硫，原砖烟囱部分加 Pennguard，正常烟温 71℃，高于 204℃ 时走旁路
17	美国 San Juan 1	2002.11	原砖烟囱部分修补加 Pennguard
18	美国 Abbot	1985	30MW 燃煤机组，鼓泡塔 FGD 系统，61m 高原砖烟囱加 Pennguard

图 6 – 75　荷兰最大的燃煤电厂——Amercentrale 电厂

电厂决定对烟囱进行重新防腐。经比较，最后选用 Pennguard 砖作为新的内衬材料，选用原因如下：

1）Pennguard 砖可以直接铺设在原有的瓷砖上，对此已有 10 年以上的经验。

2）Pennguard 砖具有不渗透性，可以有效地防止酸液的侵蚀。

3）Pennguard 砖具有良好的隔热性，可以保护瓷砖的表面免受热冲击。

4）Pennguard 砖可以直接贴在有缺陷的瓷砖表面上。

施工步骤如下：

1）喷砂，清除所有瓷砖表面的脏物和沉淀物。

2）待表面完全干燥后，用滚筒或刷子涂上 Penntrowel 环氧树脂底漆，进行密封。

3）由有经验的砌砖工进行 Pennguard 砖的黏贴。

1997 年 9 月开始对烟囱底部约 1500m² 的面积进行施工，共 17 个施工人员分两班，24h 施工，每班 7 人在活动平台上工作，平均每人 1 小时可以贴砖 1.5m²。表面清洁和修补伸缩缝、黏贴 Pennguard 砖共 20d，其中黏贴 9d，刚好满足电厂要在 3 周内完成防腐的计划。图 6-76 反映了黏贴 Pennguard 砖的现场情况。

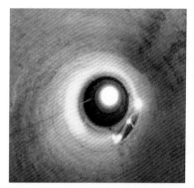

图 6-76 Amercentrale 电厂烟囱内瓷砖衬和内部粘贴 Pennguard

（2）Dunamenti 电厂现有烟囱改造。Dunamenti 电厂是匈牙利最大的电厂，距首都 Budapest 30km，如图 6-77 所示。电厂共有 10 台锅炉，总容量超过 2000MW，为全国提供 20% 的电力并供热和蒸汽。其中有 6 台 220MW 锅炉，燃重油渣，来自附近的 MOL 炼油厂，烟气有很强的腐蚀性。共

图 6-77 匈牙利最大的电厂

有两座高度为 200m 的烟囱，混凝土外壳内有 3 根钢制通烟筒，排烟温度为 150～160℃，运行问题是烟囱腐蚀严重，尤其是在冷点周围。产生冷点的原因是保温设计或制作不当、使用日久造成损坏、钢制的加强部件造成散热点。冷点持续将烟气热量向外散放，造成局部低温、酸性气体凝结，加剧了钢制通烟筒的腐蚀。

燃烧重油有如下特殊问题：

1）重油中含有较多的重金属如钒，在燃烧过程中作为催化剂，使烟气中有更多的的 SO_2 转化为 SO_3。

2）对于油的含硫量为 2%～3% 时，烟气中的 SO_3 含量可高达 $150mg/m^3$。

3）酸露点的温度高于 150℃。

4）烟气温度在 125℃ 时，凝结物中硫酸的浓度约为 75%～80%。

5）大部分材料在如此高温环境中的耐酸性能是很差的。

从 1994 年开始，电厂逐步对烟囱进行防腐改造。在原有的钢管上部分铺设 Pennguard 砖，至 1998 年 3 月全厂共改正了 4 根，铺设面积约 $2200m^2$。

由于原烟囱部分钢制通烟筒已经严重腐蚀，因此在改造前进行了更换，但大部分的烟筒仍然使用。尽管在黏贴前进行了喷砂处理，但是仍有少量酸和氯化物的点腐蚀残留。由于原先没有考虑要加内衬，原烟囱的焊缝非常粗糙，但上述各种不利因素没有影响玻璃砖内衬的寿命。图 6-78 反映了 Dunamenti 电厂在烟囱内部黏贴 Pennguard 砖，图 6-79 是 Dunamenti 电厂原烟囱及 Pennguard 改造后结构。

图 6-78　Dunamenti 电厂在烟囱内部粘贴 Pennguard 砖

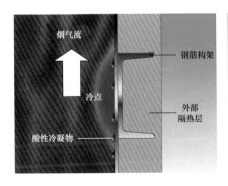
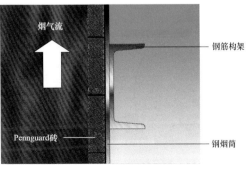

图 6-79　Dunamenti 电厂原烟囱及 Pennguard 改造后结构

（3）Hadong 电厂现有烟囱改造。韩国 Hadong（河东）电厂如图 6－80 所示，共 6 台 500MW，先后分 3 期建设。1994 年 KEPCO 决定对下属的所有燃煤电厂安装 FGD 装置，此时 1 号、2 号机组已投运，3 号、4 号机组正在施工，5 号、6 机组正在规划中。电厂燃煤含硫量为 $0.8\% \sim 1.2\%$，烟气体积流量为 $1635000m^3/h$（标态），烟气中 SO_2 浓度脱硫前为 $2761mg/m^3$，FGD 系统脱硫率为 90%。电厂的 6 座烟囱分属 3 期建设，每期烟囱的内部结构有各自的特点，对于防腐内衬，有 3 种不同的处理方法。

图 6－80　韩国 Hadong 电厂总貌

1）1 号、2 号机组的烟囱。高度为 150m，材料为钢筋混凝土、分段内衬瓷砖，瓷砖内衬和混凝土之间有空隙，作为隔热层。

增加烟气脱硫后，排烟温度降至 $61 \sim 85$℃；降温后烟气产生凝结，酸性液渗入瓷砖砌缝进入隔热层，最后侵袭钢筋混凝土外壳，影响了烟囱的整体强度。

电厂决定采用加设内衬的方法，对内衬材料的要求是：① 直接黏贴在瓷砖或混凝土表面上；② 必须有极好的抗酸腐蚀和防烟气渗透性；③ 施工时间要短；④ 无需更改烟囱的结构。

最后，Pennguard 砖被选来作为内衬材料。1998 年 9 月与 1999 年 2 月改造完毕。

2）3 号、4 号机组烟囱。由于是在施工期间，决定使用 Pennguard 砖内衬，因此烟囱内部的设计和 1，2 号机组烟囱相同，但是没有黏贴瓷砖，内衬必须直接黏贴在混凝土表面上，1997 年 4 月与 1997 年 6 月建成。

3）5 号、6 号机组烟囱。完全按 Pennguard 砖内衬的要求设计，内衬直接黏贴在混凝土表面上，由于 Pennguard 砖密度很小，因此，无须任何支撑结构。1999 年 11 月与 2000 年 7 月建成。图 6－81 是各烟囱的结构示意。

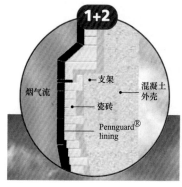

1号、2号烟囱的结构

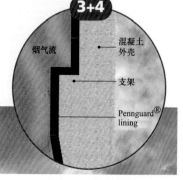

3号、4号烟囱的结构

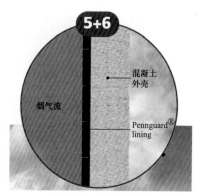

5号、6号烟囱的结构

图 6－81　韩国 Handong 电厂烟囱的结构

图6-82反映了Hadong电厂烟囱内Pennguard的施工情况。一个烟囱需黏贴4500m²，平均工期42d。

在混凝土表面涂底漆

图6-82　Hadong电厂烟囱内Pennguard的施工

（4）英国West Burton电厂新建烟囱。电厂装机容量为4×500MW，燃用当地煤的含硫量为1.7%~2.8%，4台机组全部安装湿法FGD系统，脱硫率为94%。安装FGD系统的同时建设新烟囱，烟囱高度为200m，每个烟囱内部有2个直径6m的钢制通烟筒，FGD系统设有GGH，加热后排烟温度为88℃。2座烟囱的钢制通烟筒内衬为Pennguard砖，2001年建成。图6-83是West Burton电厂总貌。

图6-83　英国West Burton电厂总貌

该电厂的特点是：

1）电厂只有在冬季才能带基本负荷，其余季节特别是夏天每天早启晚停运行以满足电力市场的要求。因此，电厂的所有系统，包括 FGD 系统，每年有 200 次以上的启停。

2）频繁的启停对烟囱和环境造成不良影响：① 启动时，烟气量小，不能及时加热烟囱壁，造成烟囱内壁上酸性物凝结；② 启动时，由于烟囱温度低，会降低烟羽温度，致使烟气抬升动力不够、扩散能力差。

由于 Pennguard 砖有良好的保温性能，因而可以解决机组频繁启动带来的问题。

1）启动时通烟筒可以很快被加热。

2）由于这种"快速热反应"，大大地减少了酸性凝结物的生成。

3）烟羽可以很快得到加热至正常运行温度。

图 6-84～6-86 是锅炉启动时 Pennguard 烟囱与瓷砖烟囱对烟囱温度及酸液形成的影响的比较。由图可见，烟囱内衬 Pennguard 砖后可以解决机组频繁启动带来的不利影响。

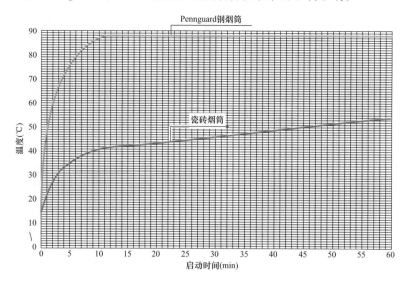

图 6-84 启动时烟囱内表面的温度变化比较（烟气温度 110℃）

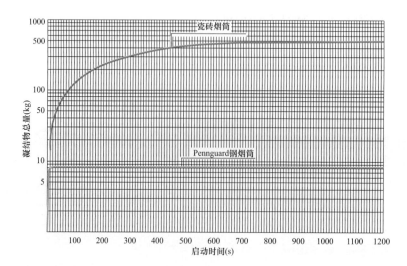

图 6-85 启动时烟囱内酸性凝结物的产生量比较

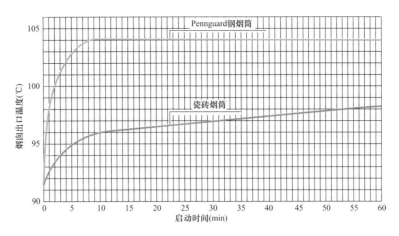

图6-86　启动时烟羽温度的变化

Pennguard 烟筒施工过程如下。烟囱中的2根通烟筒（160m 长）是顶吊式安装的，Pennguard 的施工是在通烟筒安装之前就进行的，每节钢筒的直径为6m，高度约9m，在车间内，先对每节钢筒的内壁进行喷砂处理，然后涂上专用底漆（Pennguard Block Primer），运输到烟囱附近的现场，通烟筒垂直放置，然后粘贴玻砖内衬。图6-87 为 West Burton 电厂 Pennguard 通烟筒的制作与安装实况。图6-88 为制作好的通烟筒。

在预制的通烟筒中的黏贴玻璃砖　　　　　　　　　　　已经焊接和表面清洁处理的通烟筒

图6-87　West Burton 电厂 Pennguard 通烟筒的制作与安装

考虑到节省时间和费用，通烟筒之间的连接未用传统的焊接，而用螺栓连接，法兰边的宽度为100mm，厚度为20mm，如图6-89 所示。在地面上黏贴玻璃砖时，要留出法兰附近的表面，不要黏贴，等通烟筒就位、法兰上紧后再黏贴留下的部分。

采用法兰连接的优点是：

1）所有的焊接工作均可在车间中完成，现场焊接费时费钱。

2）安装之后，法兰本身起到通烟筒的加强筋的作用。

（5）越南 Pha Lai 2 电厂新建烟囱。Pha Lai 2 电厂是越南最大的燃煤电厂之一，首都河内东北方65km。装机容量 2×300MW，燃用当地无烟煤，灰分为27%～33%，挥发分小于5%，含硫量为0.5%～0.7%。85%的烟气进入湿法 FGD 系统，脱硫率为90%，脱硫后的烟气与15%旁路烟气混合后进入烟囱，烟温为58℃。烟囱为混凝土，高度为200m，内有两根直径为4.5m 的钢制通烟筒，内衬 Pennguard 玻璃砖，总面积为 5400m²，1999 年 10 月建成。图 6 - 90 是电厂总貌。

图 6 - 88　安装完的通烟筒

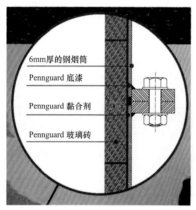

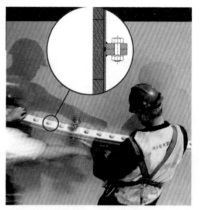

6mm 厚的钢烟筒

Pennguard 底漆

Pennguard 黏合剂

Pennguard 玻璃砖

连接法兰示意图

通烟筒的法兰连接

图 6 - 89　Pennguard 通烟筒的法兰连接

图 6 - 90　越南 Pha Lai 2 电厂总貌

FGD 系统的排烟特点为：

1）85% 的脱硫烟气和 15% 的原烟气混合排放。

2）原烟气温度为 120℃，脱硫后烟气温度为 48℃，混合后的烟气平均温度为 58℃。

3）混合烟气的温度虽然高于水露点，但仍低于酸露点。

4）凝结的酸液受到旁路烟气的加热、蒸发，逐渐浓缩，造成对通烟筒的腐蚀。

Pha Lai 2 电厂 Pennguard 烟囱的施工过程如下（见图 6 - 91 和图 6 - 92）：

1）直径为 4.5m，高度为 7.2m 钢制通烟筒预制件在车间中进行喷砂处理。

2）在通烟筒内表面上喷涂 Pennguard 砖底漆。

3）将预制件运到现场靠近烟囱的地方，直立放置。

4）预制通烟筒在没有吊装之前，由当地的工人黏贴玻璃砖。

5）已经预先做好内衬的通烟筒进入烟囱，和已经安装好的通烟筒进行焊接。通烟筒的外部必须进行加固，以免过度变形。焊接时应注意防火。

6）现场检验焊缝，然后清洁焊缝，将玻璃砖黏贴在焊缝上。

喷沙处理和涂底漆

运至现场再黏贴玻璃砖

图 6 - 91　越南 Pha Lai 2 电厂 Pennguard 烟筒制作

所采用施工方法具有省时、高效的优点。

1）黏贴工作可以在地面上进行。

2）黏贴和安装分成两组同时进行工作。

3）两个通烟筒的施工时间为 8 周。

焊接通烟筒

检验、清洁焊缝并黏贴玻璃砖

接近完工的烟筒

图 6-92　越南 Pha Lai 2 电厂 Pennguard 烟筒制作

（6）菲律宾 Sual 电厂新建钢烟囱等。菲律宾 Sual 电厂 2×609MW 燃煤机组是菲律宾最大的燃煤机组，距首都 Manila 190km，于 1999 年投入商业运行。电厂燃用不同的进口煤，含硫量各不相同。为满足环保要求，安装了湿法 FGD 系统。在烧高硫煤时，70% 烟气进行脱硫，脱硫后的烟气与 30% 旁路烟气混合后进入烟囱，烟气温度为 75~85℃，SO_2 浓度为 800mg/m³。在燃用低硫煤时，烟气直接走旁路进入烟囱，烟温为 132℃。烟囱为双套筒式，钢筋混凝土外筒，底部外径为 18.8m，高度 220m，内设两根直径为 8.0m 的钢制通烟筒，中心间距 8.8m。钢制通烟筒的内衬采用了 Pennguard 玻璃砖，1998 年 5 月开始施工，防腐总面积为 9950m²。

Sual 电厂烟囱防腐面临三大问题：

1）脱硫烟气腐蚀性强。70%的脱硫烟气和30%的原烟气混合至75～85℃排放，凝结的酸液受到旁路烟气的加热、蒸发，逐渐浓缩，造成对通烟筒的腐蚀。

2）地震。电厂处于世界上地震活动频繁区域，因此烟囱设计应兼顾安全和经济，所用材料首选轻型的且能减少地震时对烟囱外壳和基础的破坏力。

3）不利的天气。一年中大部时间天气又热又湿，对烟囱防腐的施工带来困难。

Pennguard 玻璃砖有很好的隔热防腐功能，通烟筒也无需保温，这减轻了质量和地震负载，且黏结胶泥有很好的弹性，对地震时可能造成的变位有一定的调节功能，加上合理施工，能解决上述各问题。

Pennguard 砖烟囱的施工过程分两个独立的阶段，第一阶段小段的烟筒预制件在车间中进行喷砂处理后喷涂底漆，它在烟囱外进行的，可以消除湿热天气的影响，同时减少了在有限空间的烟囱内施工的危险和人力物力，缩短烟囱建造工期。第二阶段烟筒安装完后在活动平台上直接黏贴玻璃砖，厚度为41mm，黏贴时钢表面必需干燥，但高湿度的天气对黏结胶泥的干燥和固化没有负面影响。Pennguard 砖的黏贴由当地工人进行，活动平台上8人，每人平均可贴 $2.0m^2/h$，以每天工作10h计，一根烟囱耗时31d。

FGD 运行时会造成未保护砖烟筒的许多风险，其中之一是热冲击。在许多 FGD 设计中，运行工况可从"FGD 系统运行"通过烟气挡板的开关数秒内转换到"FGD 烟气走旁路"的情况，反之亦然。烟温短时间的急剧变化对砖烟筒形成巨大的热应力，最终将导致破坏性裂纹的产生。Pennguard 砖内衬可以大大减小这种影响，使得砖烟筒的应力最小，从而最终消除破坏性裂纹的风险。这可通过图 6-93 和图 6-94 来说明。

图 6-93 为不设和加衬 Pennguard 砖后烟筒壁面温度的比较。当烟气走旁路时，烟气温度从近60℃（140°F）迅速变为135℃，未加 Pennguard 砖的瓷砖烟气侧温度也很快上到100℃（212°F），背面的温度变化也同样较大；而衬 Pennguard 砖后烟气侧和背面温度都十分平稳地变化，24h 内增加10℃左右，在 FGD 系统启动时情况类似。图 6-94 给出了烟温急剧变化时烟筒产生的应力，这表明Pennguard 砖可大大减弱烟囱热应力。

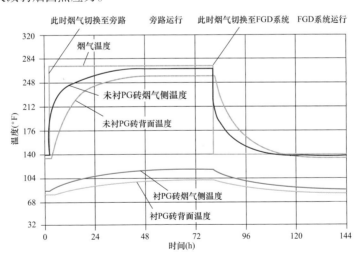

图 6-93　未衬 Pennguard 砖和衬 Pennguard 砖烟囱壁面温度的比较

在 FGD 系统中，Pennguard 砖除应用于烟囱外，还可用于吸收塔进出口烟道上。1992 年西班牙 Teruel 电厂 3×350MW 机组进行了湿法 FGD 系统的改造，每套 FGD 系统处理烟气量为 125.7 万 m^3/h。该厂燃用当地高硫（7%）低热值褐煤与进口煤，平均含硫 4.5%，烟气中 SO_2 浓度高达 $18035mg/m^3$，

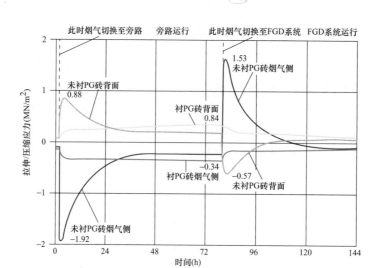

图 6 – 94　未衬 Pennguard 砖和衬 Pennguard 砖的烟囱壁面应力的比较

FGD 系统脱硫率大于 90%。脱硫后烟气和空气预热器来的热风混合到 75 ~ 85℃，由于烟气中 SO_3 浓度平均高达 $140mg/m^3$，且大部分未被脱除，因此烟气的酸露点在 120 ~ 160℃ 之间，具有很强的腐蚀性。1998 年 9 月 ~ 10 月对吸收塔出口直径 6.2m 的圆形钢烟道进行了内衬 Pennguard 砖，由当地工人施工，6 ~ 8 人同时进行，每人每小时可贴 $1.5m^2$。在膨胀节法兰处和人孔处加焊 2mm 厚的特殊防腐合金条，所有烟道底部 1/6 的区域增加 30mm 厚的硅酸盐混凝土来保护底部 Pennguard 砖免受可能发生的损害。内衬 Pennguard 砖后钢烟道外部无需加保温层。图 6 – 95 反映了现场施工的情形。

（7）我国的应用。近年来，我国大规模进行 FGD 系统的安装，Pennguard 砖也逐渐得到应用，目前我国国内也开始生产这种发泡耐酸玻璃砖。江苏利港电厂 2 × 600MW 机组、广东湛江奥里油 2 × 600MW 新建机组、珠海电厂一期新建 2 × 600MW 超临界机组等的 FGD 烟囱都采用了碳钢衬 Pennguard 玻璃砖，这里以湛江奥里油电厂的烟囱为主来说明 Pennguard 玻璃砖的施工应用。

湛江奥里油电厂一期 2 × 600MW 机组分别于 2006 年 12 月和 2007 年 1 月分别投入运行。奥里油的特点是黏度大、S 含量高（400 号奥里油 S 含量为 2.85%），因此需加装有 FGD 系统才能满足环保要求。湛江奥里油机组采用湿法石灰石/石膏 FGD 装置，吸收塔内设合金托盘，设计脱硫率不低于 96%。

2 台机组共设一座钢筋混凝土烟囱，烟囱内设独立的 2 根直径为 5.7m、高 210m 的钢内筒，顶部 10m 为不锈钢，其余为 Q235B 钢，钢内壁厚度从 16mm 到 10mm，烟气入口 18m 范围内加厚至 22mm。2005 年 12 月 ~ 2006 年 1 月，对钢烟囱进行了 Pennguard 玻璃砖防腐工作，整个防腐面积约 $7456m^2$。玻璃砖为 Pennguard 55 号砖，有 2 种厚度尺寸，即 152mm × 228mm × 38mm 和 152mm × 228mm × 76mm，钢内筒壁贴衬 38mm 厚砖，只在烟气入口处加厚。

为安全施工，在钢内筒内设计安装了 2 个升降平台，中间小平台用于运输 Pennguard 玻璃砖、黏结胶泥等原料，紧靠筒内壁的为施工黏贴平台，从地面到烟囱入口处则临时搭建架子，供施工人员上下，从仓库运来的原料和工具先放在地面，再用吊篮运至钢内筒底部木板平台上。

在衬 Pennguard 砖时有一定的温度要求，基体表面温度应在 10 ~ 32℃ 之间，并且比水露点高出至少 2℃，因此若要在寒冷的冬天或炎热的夏季施工，需采取一定的措施来满足要求。Pennguard 砖内衬在 32℃ 条件下安装好 2d 后、21℃ 条件下 72h 后、10℃ 条件下 7d 后可投入使用。

施工人员分两班，10h/班进行工作，每班 6 人在活动平台上黏贴 Pennguard 砖，1 人配备黏结胶泥，2 人在烟筒内上运送原料，另 2 ~ 3 人在地面准备和吊运原料到烟筒底部平台（兼任安全工作）。

西班牙Teruel电厂6.2m钢烟道Pennguard砖的施工和检验

焊接合金挡条　　　　　　　　钢烟道外部无需保温

图 6-95　西班牙 Teruel 电厂吸收塔出口钢烟道 Pennguard 砖的施工

表面清洁和修补伸缩缝、黏贴 Pennguard 砖等工作一共花 15d 时间，其中黏贴 10d。这样 2 条钢内筒烟囱衬 Pennguard 砖的施工总计 1 个月左右便可完成了，黏贴好后的钢内筒外部无需再进行保温。图 6-96 和图 6-97 反映了湛江奥里油电厂烟囱黏贴 Pennguard 砖所用原料和现场施工的情况。

珠海电厂 3 号、4 号 600MW 新建超临界机组设 2 条高 240m、内径 6m 的钢内筒烟囱，贴 Pennguard 砖（38mm 厚）。施工时用一个升降平台，较为简单，中间没有小升降平台。每班贴砖时先

湛江奥里油电厂

2种厚度的Pennguard砖

将Pennguard砖及胶泥运到烟囱内施工

施工和运料用的活动吊篮

混和前2种专用黏贴胶泥及现场混配

混配好的专用黏贴胶泥

混配好的专用黏贴胶泥局部（黑色沥青状）

图 6-96　湛江奥里油电厂 Pennguard 砖施工

先在烟筒钢内壁涂上一层胶泥

再在砖上抹一些胶泥

将Pennguard砖黏贴在壁面上

砌好1块Pennguard砖

现场贴Pennguard砖局部场面

烟囱内贴好的Pennguard砖

图 6-97 湛江奥里油电厂 Pennguard 砖施工程序

一次性将要用的 Pennguard 砖、黏结胶泥等从地面搬上平台,由烟囱外卷扬机通过钢丝绳升降平台。图 6-98 各图反映了烟囱黏贴 Pennguard 砖现场施工情况。

烟囱底部贴砖

贴砖工作平台

烟囱中和烟囱顶部贴砖

已贴好部分砖的烟囱

贴好砖的烟囱顶部

图 6-98　广东省珠海电厂 600MW 机组烟囱贴 Pennguard 砖

从湛江、珠海两电厂施工情况看，Pennguard 砖黏贴施工是比较方便的，但砖本身很轻脆，一碰就有细颗粒掉下来，施工时要轻拿轻放。另外黏合剂的使用温度也受限，是否易老化失效有待进一步观察。

目前国内已有多家公司生产泡沫玻璃砖防腐蚀非金属衬里。如上海某公司研制开发出了适用于不同基材烟囱的"汉盾 FGD 泡沫玻璃砖防腐内衬系统材料及施工技术"，包括汉盾 CDT 基材界面剂层、汉盾 CDN 耐温型胶黏剂、汉盾 CDP 泡沫玻璃砖。上海另一公司也研发出"神华 SH 泡沫玻璃烟囱防腐内衬防护系统"。目前国产化的泡沫玻璃砖烟囱防腐业绩众多，如华能上海石洞口第二电厂 2×600MW 机组配套 $\phi 6.5$m $\times 240$m 套筒式双管烟囱（钢筋混凝土外筒，钢制内筒）、徐州华润电力有限公司 2×300MW 机组配套 $\phi 7.36$m$/21.4$m $\times 210$m 单筒式烟囱（钢筋混凝土外筒，砖内胆）、国电川股白马发电厂 1×200MW 机组配套 $\phi 5$m$/17.43$m $\times 210$m 单筒式烟囱（钢筋混凝土外筒，砖内胆）、华电国际邹县发电厂三期 2×600MW 机组配套 $\phi 10.5$m$/22.5$m $\times 240$m 单筒式烟囱（钢筋混凝土外筒，耐酸砖内胆）、甘肃张掖发电有限公司一期工程 2×300MW 机组配套 $\phi6.2m×210m$ 套筒式单筒烟囱（钢筋混凝土外筒，钢制内筒）、甘肃靖远第二发电有限公司三期工程 2×300MW 机组配套 $\phi6.2m×210m$ 套筒式单管烟囱（钢筋混凝土外筒，钢制内筒）、大唐甘肃甘谷发电厂以大代小 2×330MW 机组配套 210m 烟囱（钢筋混凝土外筒，钢内筒）、白音华金山坑口电厂 2×600MW 机组配套 210m 套筒式单筒烟囱（钢筋混凝土外筒，钢制内筒）、河南南阳热电有限责任公司 2×210MW 机组配套 $\phi6.0m×180m$ 套筒式单筒烟囱等。国产化的玻璃砖大大降低了 FGD 烟囱防腐费用，但其效果有待在实践中进一步检验。图 6-99 为国产泡沫玻璃砖产品。

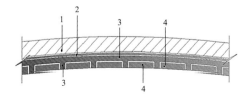

汉盾CDP泡沫玻璃砖原料及窑炉高温烧制

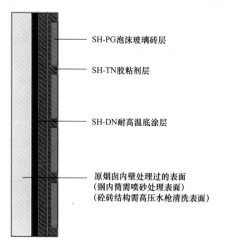

SH-PG泡沫玻璃砖层

SH-TN胶粘剂层

SH-DN耐高温底涂层

原烟囱内壁处理过的表面
（钢内筒需喷砂处理表面）
（砼砖结构需高压水枪清洗表面）

神华SH泡沫玻璃砖烟囱防腐内衬防护系统及产品

图 6-99　国产泡沫玻璃砖烟囱防腐系统及产品
1—烟囱基材；2—汉盾 CDT 基材界面剂层；3—汉盾 CDN 耐温型胶粘剂；4—汉盾 CDP 泡沫玻璃砖

4. 玻璃鳞片涂层等

玻璃鳞片具有优良的耐腐蚀性能，其成分主要由树脂、玻璃鳞片、表面处理剂、悬浮触变剂等组成。其中，对其性能影响最大的是玻璃鳞片添加量及表面处理剂量，对施工性能影响较大的是悬浮触变剂等。以国内某公司生产的 VEGF 鳞片胶泥（涂料）为例，它是以乙烯基酯材料为主材，加入 10%～40% 片径不等的玻璃鳞片等材料配制而成。在涂料施工完毕后，扁平型的玻璃鳞片在树脂连续相中呈平行重叠排列，从而形成致密的防渗层结构。腐蚀介质在固化后的涂料中的渗透必须经过无数条曲折的途径，因此在一定厚度的耐腐蚀层中，腐蚀渗透的距离大大延长，相当于有效地增加了防腐蚀层的厚度。鳞片涂料具有以下特点：

（1）耐腐蚀性能好。由于鳞片涂层采用的基体树脂是高性能的乙烯基酯树脂，具有较环氧树脂更好的耐腐蚀性能。

（2）较低的渗透率。鳞片涂层的抗水蒸气渗透率比普通环氧树脂涂料高 6～15 倍，比普通环氧 FRP 高 4 倍。

（3）鳞片涂层具有较强的黏结强度。不仅是树脂基体与其中的玻璃鳞片之间的黏结强度较高，而且鳞片涂层与基材之间的黏结强度也非常高；同时不易产生龟裂、分层或剥离，附着力和冲击强度较好，从而保证好的耐蚀性。

（4）耐温差（热冲击）性能较好。由于涂层中含有许多玻璃鳞片，消除了涂层与钢铁之间线膨胀系数的差别，它与钢铁线膨胀系数相近，因此，鳞片涂层适合于温度交变的重腐蚀环境。

（5）耐磨性好。固化后的鳞片涂层硬度较高，且有韧性，对粒子的冲刷耐磨性较好。鳞片涂层的破坏是局部的，其扩散趋势小，易于修复。

（6）造价适中。与钛复合板、不锈钢、整体镍基合金、整体玻璃钢等相比，具有更好的性价比。

（7）工艺性较好。由于鳞片涂层的固体成分和添加剂可根据需要调节，使涂料能适应多种气候，多种工艺要求，能解决低温气候的固化和每道工艺之间的施工间隙问题。

玻璃鳞片涂层等在 FGD 装置的吸收塔、烟道等部位有较多的应用，但用于 FGD 烟囱则相对较少。日本已成功地应用鳞片复合材料内衬于烟囱中，目前国内也开始采用鳞片涂层作钢烟囱的内衬。沙角 C 电厂烟囱直径为 24.4m，高为 240m，内包 3 根独立的排烟烟道。标高 29m 以上的烟道外墙采用 110mm 耐酸及钾硅酸灰浆批面砌成，内墙采用 225mm 耐酸砖砌成；标高 194m 以上采用耐酸涂料油漆。内墙与外墙之间填有 50mm 厚的隔热层（矿棉或玻璃纤维），烟道内径 6.92m，外径 7.25m。标高 6.9m 至 29m 采用变段钢烟道，2005 年加装湿法 FGD 系统后采用了涂玻璃鳞片涂层来防腐。图 6 - 100 是沙角 C 电厂玻璃鳞片涂层烟囱的施工和局部烟囱情况，鳞片涂层最令人担心的是开裂，图 6 - 100 中出现的开裂怀疑是因防腐后再焊接而造成的。山东邹县电厂 2 × 1000MW 机组 $\phi 8m \times 240m$ 套筒式双管烟囱采用了国产的 VEGF - 1 涂料进行防腐，广东省汕尾电厂 2 × 600MW 超临界机组、惠来电厂 2 × 600MW 超临界机组的 FGD 烟囱中也采用了钢内筒涂玻璃鳞片涂层，已全部投运。汕尾电厂一期 1 号、2 号机组合用 1 个烟囱，烟囱为上小下大的锥形混凝土外筒，烟囱内有对称布置的两支等直径 Q235B 钢内筒 $\phi 6m \times 210m$，其中标高 195～210m 材质为不锈钢，壁厚为 12～16mm。脱硫后钢内筒内壁防腐采用了 1.2mm 厚的 VE 310 酚醛型乙烯基树脂玻璃鳞片涂层，烟囱底部斜板在作鳞片防腐的基础上加了一层黑色胶泥衬 65mm 厚耐酸瓷砖，以防烟囱底部酸水腐蚀和顶部落物损伤鳞片，如图 6 - 101 所示。

在广东省珠海电厂，一期 1 号、2 号 700MW 机组 245m 高的原有钢内筒烟囱在加装湿法 FGD 系统后采用了 SH 高强度耐酸碱耐磨涂料进行防腐。

珠海电厂烟囱为双套筒式结构，由 2 个直径为 6.2m、高为 245m 的圆柱形钢制排烟管和 1 个出口内径为 15.7m、高为 240m 的钢筋混凝土外筒组成，其布置如图 6 - 102 所示。钢筒采用进口钢材，其材质符合美国 ASTM A36 或日本 JIS 400 规范的要求，壁厚有 2 种（10mm 及 8mm）。筒顶部 6.2m 范围内用厚 6mm 的 316L 不锈钢作内壁，以抵抗大气腐蚀。钢内筒外壁刷耐热耐酸油漆，并设厚 80mm 的矿棉板保温层，以防止内壁结露。外筒与双钢内筒之间设置 3 个平台，标高分别为 85、165、

烟囱下部涂玻璃鳞片前处理

烟囱下部涂玻璃鳞片后

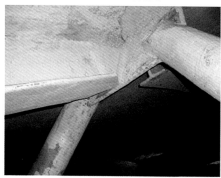
烟囱下部涂玻璃鳞片局部

烟囱下部玻璃鳞片脱落

图 6 - 100　广东沙角 C 电厂烟囱玻璃鳞片涂层防腐

图 6 - 101　广东汕尾电厂烟囱玻璃鳞片涂层防腐（1.0～2.0mm）

235m，筒身顶位于 240m 标高处设钢平台，然后浇筑厚 250mm 的混凝土封顶。筒身内沿筒壁设 1 座螺旋爬梯和 1 台垂直电梯，供检修用。此外，外筒与钢内筒之间每隔 40m 左右设置 1 道拉杆，以增加钢内筒的稳定性。烟囱基础采用圆板式整体基础，下设 φ1000 冲孔灌柱桩 136 条，烟囱基础直径为 45m，厚度为 1.5～3.4m，承台上设有 2 个直径为 4.2m 的圆柱状钢筒基础。

　　由于烟囱高达 245m，防腐作业属超高空作业，给防腐实施带来很大困难，对设备、材料的提升准确性要求较高。烟囱为金属体，其壁较薄，整个负重余量不多，防腐层的施工要求严格。另外，该烟囱混凝土体内有 2 个独立的金属烟囱，当对其中 1 个进行防锈工程时另 1 个烟囱仍在运行中。

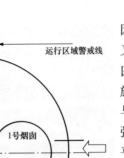

图6-102　珠海电厂烟囱及防腐施工布置

因此辅助设备成为关键，既要工作平稳、方便，又要确保人身、设备安全，并且不影响另一个烟囱的正常运行。在金属内筒里设计安装了一安全施工升降平台，由型钢焊接而成，直径为5.8m，与烟囱金属筒壁四周有20cm的间隙，四周安装高强塑料滚轮，便于平台升降时不跑偏、不卡死。平台由6根带可调螺杆吊起，横梁上设置起重滑轮组，钢丝绳通过滑轮组与安全施工平台的6根螺杆节点相连，由卷扬机带动，以升降安全施工平台，地面钢丝绳的导向滑轮基座固定在混凝土地锚上。整个升降装置起重量为5.9t，工作开始前要用1.2倍的静载荷和1.1倍的动载荷做可靠性及稳定性运行试验。

FGD烟囱防腐工程采用SH高强度耐酸碱、耐磨的防腐涂料，它由PAPI、特种树脂、活性氧化物、耐磨粉、催化剂、添加剂、颜填料等组成。鉴于高强度耐酸碱、耐磨涂料的刷涂工艺技术要求极为严格，同时考虑到烟囱垂直高度达245m，为确保防腐工程的质量和可操作性，喷砂和涂刷防腐涂料分为8段施工，整根烟囱内壁防腐面积为4772m²，共用涂料4.87t。

经过防腐处理后，钢制烟囱防腐内衬层间结构为：钢基体+底漆2道+中间漆第1道+玻璃纤维纱1道+中间漆第2道+面漆2道。

面漆涂刷完毕后需养护5~10h。经测厚仪检测防腐层厚度在500~1250μm之间，5kV电火花检测不漏电，表面状况平整、光亮、均匀、坚固。2号烟囱和1号烟囱在2005年5月和2006年6月机组大修期间分别完成全部防腐工作。图6-103和图6-104反映了烟囱防腐施工过程的情况。施工

防腐前的烟囱内壁

防腐施工平台及喷砂设备

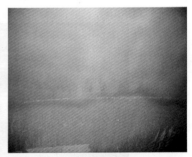

烟囱内壁喷砂前后

烟囱内壁喷砂后的检查

涂完底漆后的内壁

焊缝涂腻子

图6-103　珠海电厂1号、2号烟囱的涂料防腐

工期很大程度上取决于天气状况，以 1 号烟囱为例，从停炉到防腐完成封人孔，共耗时 49d，其中喷砂涂底漆 15d，平台准备和拆除恢复用了近 11d，这中间因天气潮湿影响工期 7d 以上。2 套烟囱防腐包括施工总费用不到 600 万元，这种防腐工艺在锅炉烟道、废水处理中已有很多应用，但在脱硫烟囱中尚属首次。

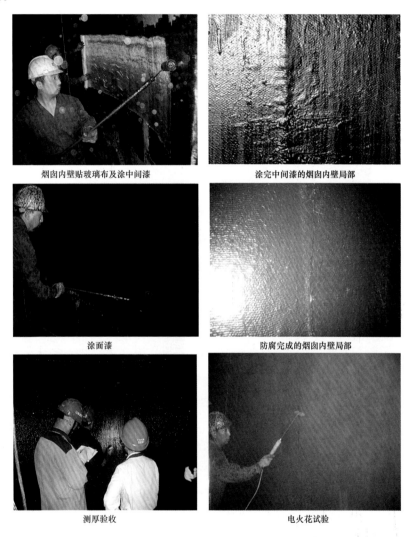

烟囱内壁贴玻璃布及涂中间漆　　　　　　涂完中间漆的烟囱内壁局部

涂面漆　　　　　　防腐完成的烟囱内壁局部

测厚验收　　　　　　电火花试验

图 6 - 104　珠海电厂 1 号、2 号烟囱的涂料防腐

5. 耐酸砖等

有些老电厂烟囱本来就是耐酸混凝土或耐酸砖加防腐涂料的，如连州电厂、黄埔电厂、珠江电厂等，加装带 GGH 的湿法 FGD 系统后未再进行专门的防腐。广东省大唐潮州三百门电厂 2×600MW 超临界机组的湿法 FGD 系统，没有设置 GGH，其 210m 高钢筋混凝土烟囱设计的结构为钢筋混凝土 + 高温涂料 + 0.6mm 呋喃树脂玻璃钢板 + 憎水珍珠岩保温层 + 0.6mm 呋喃树脂玻璃钢板（第二层）+ 耐酸胶泥砌 240mm 厚砌 TNL 型专利釉面榫槽式轻质耐酸砖 + 面涂，烟囱已于 2006 年 5 月投入运行。同样情况的还有唐山电厂 2×300MW 机组湿烟囱，2005 年 6 月投运，其防腐结构为钢筋混凝土 + 高温涂料 + 憎水珍珠岩保温层 + 呋喃树脂玻璃钢网片 + 耐酸胶泥砌切釉面耐酸砖，造价较无防腐烟囱高 600 万元。

2007 年 5 月，在潮州三百门电厂烟囱入口耐酸砖烟道有冷凝液渗出，检查发现，耐酸砖烟道表面沉积有一层石膏,部分耐酸砖釉面(约1mm厚)已剥落,砖表面一层象粉一样可用手刮下,表明它已受到了较为严重的侵蚀,该处是腐蚀最为严重的区域之一,如图6-105所示。查阅运行记录,发现吸收塔浆液中的 Cl⁻ 浓度很高,从 2007 年 1 月到 4 月,Cl⁻ 浓度从 10000ppm 逐步增加到47500ppm,原因主要有二个,其一是 FGD 工艺水采用了电厂机组处理过的废水,其中 Cl⁻ 浓度本身就高;其二是 FGD 废水系统运行不佳,出力达不到要求,造成 FGD 废水排放量少。

潮洲三百门2×600MW机组湿砖烟囱FGD系统总貌

烟囱入口耐酸砖烟道有水渗下

烟囱入口耐酸砖釉面有损坏

烟囱入口耐酸砖表面石膏层

图 6 - 105　潮洲三百门 FGD 湿砖烟囱问题

FRP 烟囱在大型火电厂也有应用,如 2005 年 9 月德国 Voerde 电厂 2×760MW 燃烟煤机组 FGD 系统就采用了 FRP 湿烟囱,烟囱外部为钢筋混凝土,内筒为 $\phi 8m \times 230m$ 的 FRP 材料,烟速小于18m/s,可耐 180℃ 的高温,当时 2 根烟囱总造价约 800 万欧元,见图 6 - 106。每套 AE&E 公司设计的 FGD 系统处理原烟气量为 2555000m³/h(干),135℃,负荷变化范围为 37.5%~105%,吸收塔$\phi 17m \times 36m$,碳钢衬6mm厚溴丁基橡胶,入口处采用59合金,4层PP喷淋层,FRP再循环管,循环叶轮为 SiC 材料,出力为 8800m³/h。塔内设有三级 PP 除雾器,出口液滴含量小于 20mg/m³。国内火电厂也开始应用 FRP 烟囱。

图 6 - 106 德国 Voerde 电厂 FRP 湿烟囱

在国外和国内，冶金化工系统用于烟囱防腐的材料还有许多，如喷涂聚脲弹性体防腐材料、聚苯硫醚轻质板材等，见图 6 - 107。

在国外，对于现有电厂的烟气脱硫改造，有的电厂保留原有的干烟囱用于排放未脱硫高温原烟气，另建一根湿烟囱排放脱硫烟气，如匈牙利 Oroszlany 电厂、捷克 EPRIMA 电厂等，国内也有电厂这样做。湿烟囱可以安装在吸收塔的顶部，合金钢制作，可利用吸收塔的高度，节省合金钢材、简化烟道、节约用地。国内一些老电厂在 FGD 烟囱防腐时，为不影响机组发电，在吸收塔顶部设一个临时的烟囱。在国外，也有将吸收塔置于烟囱内的例子。

图 6 - 107　聚脲防腐烟囱

湿法 FGD 烟囱防腐设计是一个新课题，无论是否有 GGH 等加热措施。在国内没有试验和检测数据支持并形成一套成熟的设计方案之前，参照国外的标准和工程实践进行设计无疑是安全的和可靠的。由于烟囱内筒结构的特殊性，应考虑烟囱的长期运行和稳定，不希望中途由于腐蚀严重而进行更换（施工难度大）。因此，从长期运行安全的角度考虑，烟囱内筒采用钛钢复合板或镍基复合板、Pennguard 砖等抗渗防腐和耐久的材料是一种可行的选择。不过，由于国内 FGD 系统大多是近几年才建成的，各种类型的防腐烟囱包括钛板、Pennguard 玻璃砖、玻璃鳞片涂层等的性能还未得到充分的比较，其效果如何，将拭目以待。

（三）冷却塔排烟

除湿烟囱外，FGD 烟气还可以通过自然通风冷却塔排放，即"烟塔合一"技术，国外从 20 世纪 70 年代开始研究，1977 年德国研究技术部和 Saarbergwergwerke AG 公司联合设计了 Völklingen 电厂，该厂烟塔合一机组于 1982 年 8 月运行，1985 年完成一系列测评。自此烟塔合一技术得到广泛应用，迄今全世界已有超过 30 台机组采用该技术，最大单机容量已到达 978MW，冷却塔排烟的 1100MW 机组正在建设中。在德国新建火电厂中，已广泛地利用冷却塔排放脱硫烟气，成为没有烟囱的电厂，同时部分老机组也完成改造工作。德国通过自然通风冷却塔排放烟气的电厂资料见表 6 - 20。图 6 - 108 和图 6 - 109 是其中一些电厂冷却塔排烟的现场照片。

表 6 - 20　　　　　　　　德国通过自然通风冷却塔排放烟气的机组

序号	通过冷却塔排放的电厂	燃料	容量（MW）	序号	通过冷却塔排放的电厂	燃料	容量（MW）
1	Neurath	褐煤	2 × 1100	7	Jänschwalde	褐煤	6 × 500
2	Niederaußem	褐煤	总计 3678	8	Schwarze Pumpe	褐煤	2 × 800
3	Frimmersdorf	褐煤	总计 2400	9	Lippendorf	褐煤	2 × 936
4	Weisweiler	褐煤	总计 2300	10	Völklingen	烟煤	1 × 300
5	Boxberg Block	褐煤	1 × 900	11	Rostock D	烟煤	1 × 500
6	Boxberg	褐煤	2 × 500	12	Staudinger 5	烟煤	1 × 510

烟塔合一工艺系统通常有 2 种排放方式：外置式和内置式。

（1）外置式。即把 FGD 装置安装在冷却塔外，脱硫后的洁净烟气引入冷却塔内排放。净烟气一般经水平穿过冷却塔壳的管道而进入冷却塔，壳体开口高度一般在冷却塔配水装置之上。由于开口会引起外壳稳定性的降低，可通过加强开口的边缘来补偿。冷却塔外，净化气管道通过柔性波纹管与 FGD 出来的管道相连，这些管道支撑在固定构件上。烟气由烟道进入冷却塔后的排放方式有二

希腊Florina，Public Power Corporation，Meliti-Achlada蒸汽电力站330MW褐煤机组，塔入口SO$_2$体积分数为4040ppm（干基），脱硫率为96.5%，2003年10月2日商业运行

匈牙利 MÁTRA 电厂，干式FGD系统烟塔合一

德国Lippendorf电厂冷却塔排烟及未带支架的高位排气管

德国Boxberg Block Q电厂冷却塔排烟及带支架的高位排气管

图 6 - 108　冷却塔排放脱硫烟气

种。第一种方式是通过烟道上的喇叭口直接排放至冷却塔内并与冷却塔中的水气混合后通过冷却塔的出口排入大气中，如图 6 - 110（a）所示（图中数据参考 5000m^2 双曲线自然通风冷却塔）。这种方法简单易行，是目前国际上采用较多的一种方法，这种方法需要在烟气进入冷却塔前过滤掉其中的固体物质（主要是脱硫后的石膏）。第二种方法是通过排气室排入冷却塔并与塔内水气混合后再经由冷却塔出口排入大气中。排气室内安装有三角可调叶片，可用来改变烟气排入冷却塔的方向。这种方法可以使烟气在不同工况时充分地与冷却塔内的水气混合。如图 6 - 110（b）所示。目前由于FGD 装置运行稳定，冷却塔外一般不设 FGD 旁路烟囱。图 6 - 111 为烟气通过自然通风冷却塔排放示意。经过处理的烟气通过冷却塔中心的垂直出口喷嘴进入冷却塔，气流在冷却塔水滴分离层上方，烟气难以与塔内气流混合，相反，它被抑制在冷却塔中心部位，在这种情况下，冷却塔外壳几乎不与烟气接触。但冷却塔内部混凝土表面和冷却塔内部上部1/3 部分必须用耐磨树脂衬。

　　（2）内置式。即将 FGD 装置布置在冷却塔里面，脱硫塔与冷却塔合一。近几年，随着烟塔合一技术的进一步发展，开始趋向内置式。这使布置更加紧凑，节省用地，其脱硫后的烟气直接从冷却塔顶部排放。由于省去了烟囱、烟气热交换器，减少了用地，可大大降低初投资，并节约运行和维

德国Niederaußem电厂全景，2002年运行

德国Jänschwalde电厂12套FGD装置

德国Schwarze Pumpe（黑泵）电厂冷却塔排烟

图 6-109 冷却塔排放脱硫烟气

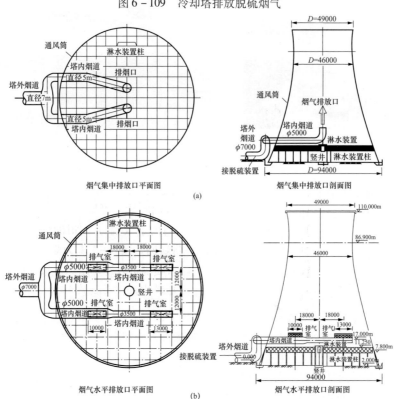

（a）

（b）

图 6-110 外置式排烟冷却塔示意图

（a）净烟气直接排入冷却塔；（b）净烟气通过排气室排入冷却塔

图 6-111　烟气通过自然通风冷却塔排放示意

护费用。在德国 SHU 公司的湿法 FGD 系统中，都采用了这种二塔合一的形式，如图 6-112 所示。

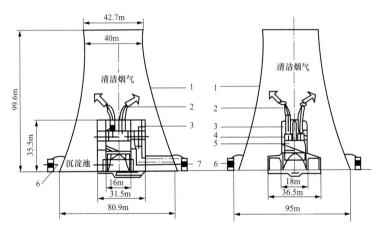

图 6-112　内置式排烟冷却塔示意图

1—冷却塔烟囱；2—清洁烟气排放口；3—湿法脱硫系统；4—旋转洗涤器；5—综合氧化器；6—对流冷却系统；7—烟气进口

采用冷却塔排放 FGD 烟气，必须关注其对电厂环境、经济性和安全性的影响，化解或控制其可能带来的风险。

1. 对烟气排放的影响

从环保角度来看，冷却塔排烟和烟囱排烟的根本区别在于：① 烟气或烟气混合物的温度不同；② 混合物的排出速度不同；③ 混合处的初始浓度不同。从图 6-113 可以看出，烟塔合一技术与传统的烟囱排烟有较大的不同。

（1）烟气抬升高度。从 FGD 吸收塔中排放出的净烟气温度约为 50℃，高于冷却塔内湿空气温度，发生混合换热现象，混合后的结果改变了冷却塔内气体流动工况。一般地，由于进入塔内的烟气密度低于塔内空气的密度，对冷却塔内空气的热浮力产生正面影响。此外，进入冷却塔的烟气相对很少，故烟气能够通过冷却塔顺利排放。烟气的排入对塔内空气的抬升和速度等影响起到了正面作用。

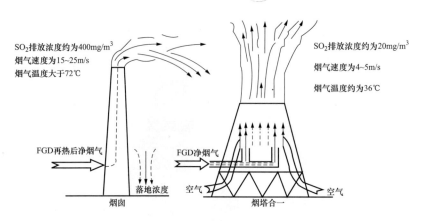

图 6-113 烟塔合一排烟与传统烟囱排烟的对比

在排放源附近,烟气的抬升受环境湍流影响较小。大气层的温度层不是很稳定时,烟气抬升路径主要受自身湍流影响,决定于烟气的浮力通量、动量通量及环境风速等。这段时间大约为几十秒至上百秒,这段时间内烟气上升路径呈曲线形式。烟气在抬升过程中,由于自身湍流的作用,会不断卷入环境空气。由于烟气不断卷入具有负浮力的环境空气,同时又受到环境中正位温度梯度的抑制,它的抬升高度路径会逐渐变平,直至终止抬升。

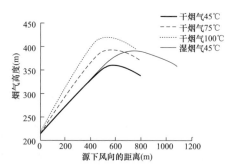

图 6-114 干、湿烟气抬升高度的对比

湿烟气也遵循同样的抬升规律,不同的是饱和湿烟气在抬升过程中,会因为压强的降低及饱和比湿的减小而出现水蒸气凝结。水蒸气凝结会释放凝结潜热,这会使湿烟气温度升高,浮力增加。在不饱和的环境下,湿烟气中只有很小的一部分水蒸气会凝结,因水蒸气凝结所释放的潜热使烟气的浮力增加不会很大。然而,当饱和的湿烟气升入饱和大气环境中,这种潜热释放会明显改变抬升高度,抬升高度会成倍地增加。图 6-114 是干、湿烟气抬升高度的对比,从图中可以看出同样体积的湿烟气的抬升高度相当于将干烟气加热了几十度。

目前国内大型火电厂机组烟囱高度一般在 180~240m,冷却塔高度在 110~150m,高度相差较大。在相同条件下,湿烟气的抬升高于干烟气。

根据 GB13223—2003《火电厂大气污染物排放标准》中推荐的烟气抬升高度计算方法,烟气抬升高度 ΔH 是正比于烟气热释放率 Q_H 和烟囱高度 H_S、反比于烟囱出口处的环境风速 U_S;而热释放率正比于排烟率和烟囱出口处烟气温度与环境温度之差 ΔT。冷却塔的烟气量是烟囱排烟烟气量的 10 倍左右,热释放率很大。相对来说,汽轮机排汽通过冷却水带走的热量占全厂的 50% 左右(按热效率分摊),尾部烟气带走的热量只占 5% 左右,冷却塔烟气的温度虽然较低,但水蒸气巨大的热释放率弥补了冷却塔高度的不足,从而较低的冷却塔排烟的实际抬升高度不低于高架烟囱,这是在环境湿度不饱和的状态下的情况。在环境处于饱和状态时,冷却塔烟气抬升高度将大大高于烟囱排烟。德国科学家在 Völklingen 实验电站测得的烟气抬升结果也证实了冷却塔排烟抬升高度高于烟囱排烟。

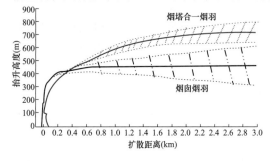

图 6-115 烟塔合一与烟囱排放烟羽抬升对比

图 6-115 为 Völklingen 电厂烟塔合一和烟囱排放

烟羽的"照相"对比图。其中烟囱标高为170m，在距离排放点附近抬升很快，之后烟气中心高度基本停留在450m，烟羽轮廓上下宽度较大。虽然冷却塔标高仅为100m，由于其总含热量较大，冷却塔排烟烟羽的抬升高度迅速超过烟囱排烟烟羽的抬升高度，达到600m仍然缓慢上升，最后在700m时升势趋缓，其烟羽的轮廓相对较窄，扩散的距离更远。

Völklingen 电厂的 FGD 净烟气流量为 75.6 万 m^3/h，燃用烟煤时 FGD 净烟气温度为 50℃，排放的 SO_2 小于 $400mg/m^3$，冷却塔高度为100m，冷却循环水量为1.656万 t/h，但环境温度为6℃时，热空气流量为1740万 m^3/h。在烟塔合一投产后，于1984年11~12月进行了冬季塔的技术监测和大气扩散测量，在1985年5~6月进行了同样工作。从2架飞机上观测到，冷却塔排放的烟气比烟囱排放的烟气更加稠密，上升时间也更长，因而冷却塔排放烟气的扩散抬升高度更高，其污染比烟囱排放的烟气要小。图6-116是某电厂冷却塔排放与烟囱排放的烟羽实际照片。

图 6-116　冷却塔排烟与烟囱排烟的比较

（2）SO_2 落地浓度。德国某电厂冷却塔与烟囱排放烟气年平均落地浓度的比较见图 6-117，从图中可以看出，对于干烟囱和冷却塔排放的烟气，污染物 SO_2 的落地浓度相差不多。

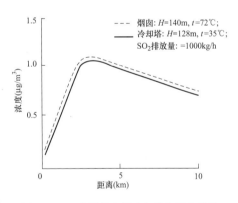

图 6-117　德国某电厂冷却塔与烟囱排放
烟气 SO_2 年平均落地浓度

值得注意的一点是，有时大气边界层基本处于近中性状态，但有一层或几层是逆温的。在逆温情况下，低层空气中上下交换受到阻碍，如果上下交换能够进行，就要消耗能量。电厂烟气具有较高的能量和较大的浮力时，可以比较容易地穿过逆温层。如果烟气全部都穿透了逆温层，它就不再返回下部、对地面造成污染；如果烟气的浮力不足以穿透逆温层，那么它就被封闭在逆温层以下，从而造成较严重的污染。由于烟塔合一排放的混合烟气含有大量的水蒸气，水蒸气中的热量大于空中烟气漂走带的热量，具有较大的浮力，所以上下层交换能够进行。因此在天气不好的情况下，利用冷却塔排烟优于烟囱排烟。

（3）不同形式的冷却塔对 SO_2 落地浓度的影响。因为冷却塔的高度和出口内径对烟气的落地浓度有影响，所以冷却塔的高度和出口内径的选择，不能只从冷却方面考虑，还要从环保角度考虑选择最佳方案。

研究变异塔就是改变一个选定的基准冷却塔的几何形状，观测其特殊的热力状况。假设在下列情况下研究所有的冷却塔：在扬程相同的情况下，将相同流量的水从相同的热水温度冷却到相同的冷水温度，基准冷却塔高为140m，其基础直径约为102m，出口直径为57.5m，它是为一台容量590MW的抽汽供热机组设计的，冷却水的流量为12300kg/s，在大气温度为10℃，湿球温度为8℃，大气压力为101.3kPa，冷却水温度为18℃时，可以冷却1台550MW的发电机组，该发电机组的烟气是由冷却塔排放。

假设变异冷却塔的条件为：

1）改变冷却塔的高度H，但保持全部淋水面积不变，即淋水面直径D_r为常数。

2）改变冷却塔的高度H，但保持冷却塔出口直径（D_a）与淋水面直径比（D_a/D_r）为一定值，设D_a/D_r分别为0.5、0.6、0.7。

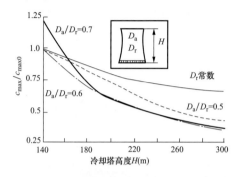

图6-118 不同冷却塔变异体的最大落地浓度

H. Damjakob等人根据假设条件对变异体冷却塔的污染扩散进行了计算。计算是根据自然大气层10m高处，平均横向风速为6.0m/s条件下进行的。采用迎风面的最大落地浓度作为代表值，计算得出不同的冷却塔变异体的污染物最大落地浓度曲线。如图6-118为变异塔迎风面污染物最大落地浓度（C_{max}）与基准冷却塔迎风面最大落地浓度（C_{max0}）之比（C_{max}/C_{max0}）。

由图6-118可知，C_{max}/C_{max0}不仅与冷却塔高度有关，而且冷却塔出口直径也起着重要的作用。高度越高，污染物落地浓度就越小，污染就越轻。出口直径越小，使得出口处的烟气流速增大，速度越高，烟气上升的高度就越高，环境污染就越小。

冷却塔出口直径与淋水直径比D_a/D_r的最佳值约为0.6。在同样的直径比和扩散水平情况下，当塔高为180m时，在迎风面的最大落地浓度，C_{max}/C_{max0}约为72%~75%；在冷却塔高度为200m时，C_{max}/C_{max0}约为62%；而冷却塔高度为230m时，C_{max}/C_{max0}仅在50%左右。

从以上分析可知，如果烟塔合一，不应只利用常规的冷却塔，可以适当增加冷却塔的高度，改变直径比，从而更好地降低大气污染物的落地浓度。对常规的冷却塔进行方案选型优化，具有明显的环境效益。

（4）华能北京热电厂冷却塔排烟计算。

国内首家实施烟塔合一技术的是华能北京热电厂（以下简称HB电厂），HB电厂2×167MW和2×220MW机组（4×830t/h）的烟塔合一FGD系统于2006年底全部投入运行。河北三河电厂二期新建2×300MW机组均采用烟塔合一技术，它是第一个采用国产化的烟塔合一技术的机组，引风机与脱硫增压风机合二为一，已于2007年底投产发电。另有多个电厂正在或计划使用该技术。

由于国内尚无冷却塔抬升计算模式，因此采用德国VDI 3784《环境气象学冷却塔烟气排放扩散模型》标准，该标准规范了冷却塔排放评估的启准条件和用S/P模式作为烟羽抬升计算的标准方法。同时依照德国2000年空气洁净标准研制的污染物扩散模式（VDI 3945）计算冷却塔排放污染物的落地浓度。

1）烟气抬升高度的计算。HB电厂采用S/P模式，在给定其他输入值，如冷却塔出口直径45.7m，冷却塔高度104.5m，烟气排放速度3.2m/s，烟气温度36℃，烟气含液态水量0.003（即3g/kg）等前提下，计算不同稳定度条件下不同环境风速冷却塔烟气的抬升高度。图6-119显示了在极不稳定（稳定度的分类和确定采用我国1993年发布的环境影响评价技术导则中的方法）大气状况下不同环境风速时冷却塔烟气的抬升高度。由图6-119可见，风速越小，烟气抬升越高。在静风时烟气可迅速抬升至1100m以上；当风速小于3m/s时，烟气可以抬升至800m以上；当风速大于3m/s时，烟气仅可抬升至300m。

在不稳定状态下，当风速大于0.8m/s时，烟气抬升小于600m；当风速大于2m/s时，烟气仅可抬升至200m。在中性大气状态下，烟气最大抬升到800m左右；当风速大于2.2m/s时，烟气抬升高度在 200m 以下；当风速大于 6m/s 时，烟气抬升高度在 100m 以下。在稳定和极稳定大气状况下，烟气最大只能抬升 210m 和 130m。图 6 – 120 给出了同样风速（2m/s）不同稳定度状况时烟气抬升情况。由图 6 – 120 可见，大气状态越不稳定，烟气抬升越高。

2）烟气排放速度对烟气抬升高度的影响。在给定其他输入值，如冷却塔出口直径 45.7m，冷却塔高度 104.5m，环境风速 1.6m/s，烟气温度 36℃，烟气含液态水量 0.003 等前提下，计算不同烟气状况下不同烟气排放速度冷却塔烟气的抬升高度。图 6 – 121 为不稳定大气状况下不同烟气排放速度冷却塔烟气的抬升高度情况。

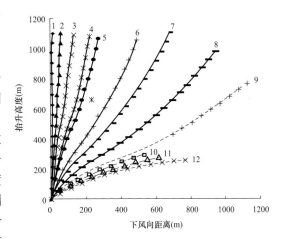

图 6 – 119　极不稳定状况下不同风速烟气抬升高度

风速（m/s）：1—0.1；2—0.3；3—0.5；4—0.7；
5—0.8；6—1.2；7—1.5；8—2.1；9—2.9；
10—3.3；11—3.8；12—4.4

在不稳定大气状况下，当烟气排放速度从 3m/s 增大到 9m/s 时，烟气最大抬升高度由 360m 变为 800m。在中性大气状况下，当烟气排放速度从 3m/s 增大到 9m/s 时，烟气最大抬升高度由 320m 变为 580m。在稳定大气状况下，当烟气排放速度从 3m/s 增大到 9m/s 时，烟气最大抬升高度由 140m 变为 220m。

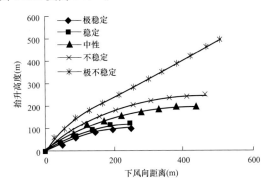

图 6 – 120　风速 2m/s 时不同
稳定度烟气抬升情况

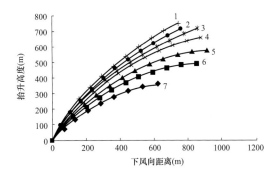

图 6 – 121　不稳定大气状况下不同烟气排放
速度冷却塔烟气的抬升高度

烟气排放速度（m/s）：1—9.0；2—8.0；3—7.0；
4—6.0；5—4.5；6—3.5；7—2.5

M. Schatzmann 汇集了 27 次实验室和 60 次观测数据，用于校正和验证 S/P 模式。每个模式计算结果用最少 2 个实时观测数据作对比，包括其抬升轨迹、局地稀释和宽度，实验室数据与计算结局比较一致。按 Argonner 标准，计算结果和实际观测数据相比，模式计算的抬升高度相对准确度可达 75%，而烟气宽度的相对准确度可达 80%。

3）从冷却塔排放和从烟囱排放烟气抬升高度的对比计算。为了对比的一致性，使用德国导则规范（VDI 3782）的烟囱排放烟气抬升高度的计算公式。利用 S/P 模式和抬升高度公式，计算不同大气稳定度条件下不同风速的烟气抬升高度。

① 大气不稳定状况下，不同风速的抬升高度计算结果见图 6 – 122。当风速为 1.5m/s 时，通过冷却塔排放烟气可抬升到 1100m，而通过烟囱排放则只能达到 600m；当风速为 3.0m/s 和 4.5m/s 时，通过冷却塔排放烟气可抬升到 550m 和 400m，而通过烟囱排放则只能达到 300m 和 200m。

② 中性大气状况下，不同风速的抬升高度计算结果见图 6 – 123。不同风速下通过冷却塔排放，

烟气可抬升到 200～380m；而通过烟囱排放则只能达到 70～200m。

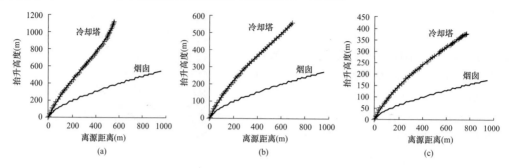

图 6-122　不稳定大气状况下不同风速的抬升高度
（a）风速为 1.5m/s；（b）风速为 3.0m/s；（c）风速为 4.5m/s

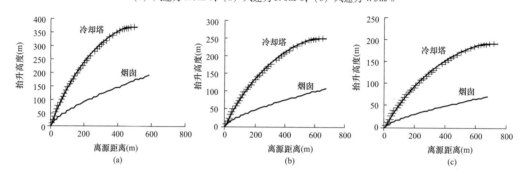

图 6-123　中性大气状况下不同风速的抬升高度对比
（a）风速为 1.5m/s；（b）风速为 3.0m/s；（c）风速为 4.5m/s

③ 稳定大气状况下，不同风速的抬升高度计算结果见图 6-124。通过冷却塔排放比通过烟囱排放烟气多抬升 30m 左右。

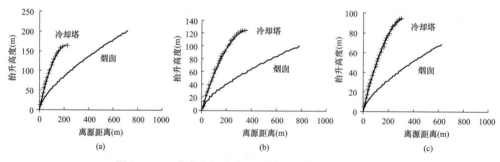

图 6-124　稳定大气状况下不同风速的抬升高度对比
（a）风速为 1.5m/s；（b）风速为 3.0m/s；（c）风速为 4.5m/s

计算结果表明，在弱风情况下，冷却塔排放的烟气有明显的抬升；在大风状况时，情况相反，冷却塔排放烟气抬升高度低于烟囱排放。但是在多大风速时冷却塔排放烟气抬升高度低于烟囱，取决于许多因素。在计算的个例中，冷却塔出口直径 45.7m，高度 104.5m，烟气排放速度 3.2m/s，烟气温度 36℃，烟气含液态水量 0.003 等条件不变，在极不稳定状况下，当风速大于 4.5m/s 时，冷却塔排放烟气抬升高度低于烟囱。

4）污染物浓度计算。

对于湿法脱硫后的烟气，是使用烟塔合一排放对环境影响有利，还是通过烟囱排放对环境影响有利，国内目前没有这方面的经验。德国自 20 世纪 80 年代以来就广泛使用了烟塔合一技术，烟塔合一排放技术在实际应用中已体现出明显的优势。同时在德国已形成了经专家、企业界和政府管理部门共同确认有法律意义、代表德国科技水平的规范污染物扩散模式的导则（VDI 1945）。使用该导则规范的扩散模式，通过比较冷却塔排放的烟气和烟囱排放的烟气对环境的影响可以确定和解决这个问题。

HB 电厂利用该扩散模式计算了 1999 年烟气通过冷却塔排放时对地面造成的附加质量浓度。作为对比，同时计算了同一年同样烟气排放量情况下通过烟囱排放时对地面的附加质量浓度。主要考虑 SO_2、烟尘和 NO_x 排放对环境的影响。考虑到电厂除尘效率较高，排放的烟尘主要为细颗粒，因此采用 PM_{10} 的环境质量标准进行评价。

① 模式计算所需初始资料。

冷却塔：高度 120m，出口直径 49.4m。

冷却塔排出废气（烟气与水蒸气的混合物）：冷却塔出口烟气排放速度为 3.7m/s，各污染物排放量（这些值在计算年变化时也可按其时间变化输入模式）。

气象：水平风速的垂直分布，温度的垂直分布，相对湿度的垂直分布，计算稳定度所需的云量，低云量，降水和混合层厚度。

采用平面直角坐标系，网格距为 250m×250m，考虑到 HB 电厂对北京市的影响，预测范围取为 30km×30km。采用北京十八里店气象站 1999 年每日 24h 的观测数据建立气象输入文件，逐小时计算污染物质量浓度，并在此基础上得出逐日的日均质量浓度和年均质量浓度。

根据德国相关资料，冷却塔排出的污染物对周围环境空气的最大附加影响发生在 50 倍冷却塔高度的半径内，即大约 5km 内。

② 电厂机组脱硫前后烟囱排放参数。

表 6－21 为电厂机组脱硫前后污染物排放情况，由表可见，脱硫后 SO_2 排放量降低了约 96%，而烟尘排放量也减少了 50%。

表 6－21　　　　　　　　　　　　　　　　电厂机组脱硫前后烟囱排放参数

烟囱		烟气温度（K）	烟气量（m³/s）	SO_2 排放量（g/s）	PM_{10} 排放量（g/s）
脱硫前	1 号	403.0	515	511.3	8.7
	2 号	403.0	515	511.3	8.7
脱硫后	1 号	353.0	534	28	2.4
	2 号	353.0	534	28	2.4

③ 年均质量浓度预测及评价。从图 6－125 可以看出，在不稳定大气条件下，120m 冷却塔排放烟气造成的地面 SO_2 质量浓度随着风速的增加，落地质量浓度逐渐升高，升高的原因是风速大时烟气抬升高度变小。最大落地质量浓度出现的下风向距离随风速增大逐渐缩短，在电厂下风向 3.5km 左右。由于 120m 冷却塔出口以西北为主导风向，因此最大值主要出现在东南方向。

120m 冷却塔排放烟气中 SO_2 年均质量浓度分布见图 6－126，由图可知，计算范围内 SO_2 年均质量浓度最大值为 $0.16\mu g/m^3$，约为空气质量二级标准的 0.26%，最大值位于电厂以南约 5km 处。

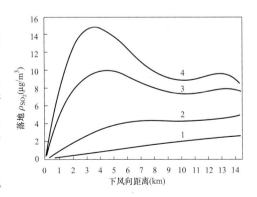

图 6－125　不稳定大气状况下冷却塔
造成的地面 SO_2 质量浓度

风速（m/s）：1—0；2—1.5；3—3.0；4—4.5

电厂 PM_{10} 年均质量浓度最大值为 $0.02\mu g/m^3$（见图 6 – 127），为标准值的 0.02%。

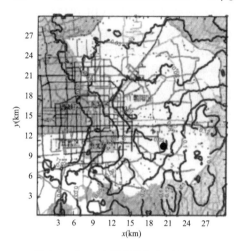

图 6 – 126　冷却塔排放烟气时的 SO_2
年均质量浓度分布（$\mu g/m^3$）

● 电厂位置

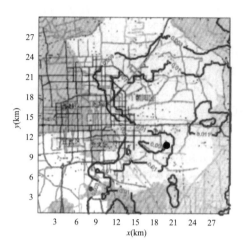

图 6 – 127　冷却塔排放烟气时的 PM_{10}
年均质量浓度分布（$\mu g/m^3$）

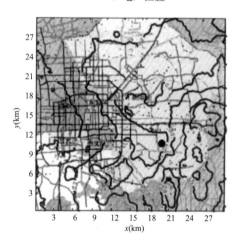

图 6 – 128　冷却塔排放烟气时的 NO_x
年均质量浓度分布（$\mu g/m^3$）

NO_x 年均质量浓度分布与 SO_2 基本一致（见图 6 – 128）。

在中性大气条件下，SO_2 最大落地质量浓度出现在电厂下风向 10km 左右。

④ 240m 烟囱和 120m 冷却塔排放烟气对地面质量浓度的影响比较。作为对比，计算用 240m 烟囱排放相同的烟气量对地面的影响。表 6 – 22 列出了烟囱排放和冷却塔排放二种情况下污染物的年均值，日、小时最大值。烟囱排放 SO_2 年均质量浓度分布最大值与 120m 冷却塔排放时相比略大，由 $0.16\mu g/m^3$ 增到 $0.36\mu g/m^3$，最大值出现位置向南移动了 1km。PM_{10} 年均质量浓度分布与 120m 冷却塔比，其趋势一致，最大值由 $0.02\mu g/m^3$ 增到 $0.04\mu g/m^3$，最大值出现位置变化不大。

表 6 – 22　　　　　　　　　　　污染物年均值、日最大值和小时最大值　　　　　　　　　（$\mu g/m^3$）

项　　目	120m 冷却塔	240m 烟囱
SO_2 年均值	0.16	0.36
SO_2 日最大值	21.55	26.12
SO_2 小时最大值	466.51	487.05
PM_{10} 年均值	0.02	0.04
PM_{10} 日最大值	2.31	2.19

总体上，冷却塔排放的污染物最大值比烟囱排放的要小些。

用 240m 烟囱排放时的地面质量浓度减去 120m 冷却塔排放时的地面质量浓度看其差异。对 SO_2 年均值浓度（见图 6 – 129），冷却塔排放的地面附加值在大部分模拟区域小于烟囱排放的附加值，在源附近两者差值为 $0.05\sim0.2\mu g/m^3$。

对于 PM_{10} 年均质量浓度（见图 6 - 130），烟囱排放和冷却塔排放 2 种情况的绝对值和差异数值都非常小，表明烟囱排放和冷却塔排放的效果相近。

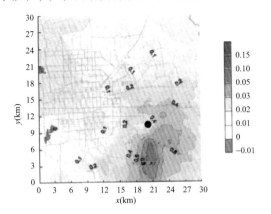

图 6 - 129　烟囱和冷却塔排放烟气时
年均 SO_2 质量浓度差值（$\mu g/m^3$）

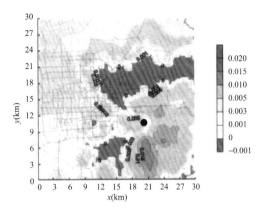

图 6 - 130　烟囱和冷却塔排放烟气时
年均 PM_{10} 质量浓度差值（$\mu g/m^3$）

对于 NO_x 年均质量浓度（见图 6 - 131），在大部分模拟区域冷却塔排放的地面附加值小于烟囱排放，在源附近两者差值为 $0.4\sim1.0\mu g/m^3$。

烟囱排放和冷却塔排放二种情况下，日均 SO_2 和 PM_{10} 最大质量浓度差异在计算区域分布比较分散，差别不大。

从图 6 - 132 可以看出，在静风或弱风气象条件下，烟囱排放烟气造成的落地 SO_2 质量浓度比烟塔合一略高，出现的下风向距离也略短，这主要是在静风或弱风气象条件下，冷却塔对烟气的抬升比烟囱略好所致。在出现最大落地质量浓度后，2 种方式最终造成的落地 SO_2 质量浓度几乎完全相同，并迅速减少。

在大风气象条件下，烟囱排放烟气造成的落地 SO_2 质量浓度比烟塔合一略低，出现的下风向距离也略长，这主要是因为在大风气象条件下，冷却塔对烟气的抬升比烟囱略差所致。

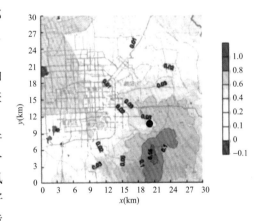

图 6 - 131　烟囱和冷却塔排放烟气时
年均 SO_2 质量浓度差值（$\mu g/m^3$）

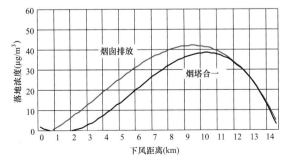

图 6 - 132　静风或弱风条件下烟囱排放和烟塔合一
排放落地 SO_2 质量浓度

2. 对冷却塔的影响

（1）热力性能。烟气通过冷却塔排放，将烟气送入冷却塔内配水装置的上方集中排放，这给冷却塔带来了 2 个方面的影响：① 配水装置上方的气体流量增加使流速有所增加，带来额外的流动阻力，而塔内布置的烟道对冷却塔的通风也形成了局部阻力；② 排入冷却塔的烟气与配水装置上方的湿空气发生混合换热，改变了塔内气体的密度。这两个因素都影响冷却塔的通风量，进而影响到冷却塔的热力性能。

因冷却塔内气体的流速很低，一般为 1.0m/s 左右，而增加的烟气量一般不超过 20%，故额外的流动阻力增加有限；同样，因为塔内气体流速低，加上塔内烟道的覆盖面积不大（一般在 15% 以下），故烟道和支撑件的局部阻力也不大。这两项阻力之和与冷却塔原有阻力相比，还是比较小的，所以冷却塔总阻力的增加非常有限，对通风量的负面影响也不大。

当烟气密度比淋水层上方气体的密度低时，烟气的排入会降低冷却塔淋水层上方气体的密度，从而增大了塔内外气体的密度差，使冷却塔的通风量增加，冷却塔效率提高；反之，则会使冷却塔效率降低。湿法脱硫后的烟气密度相对固定，而淋水层上方气体密度则受环境温度、循环水进水温度、循环水量等的影响，其中，环境温度的影响最大。在我国北方地区，烟气的密度大都低于冷却塔淋水层上方气体的密度，因而，烟气的排入会对冷却塔的热力性能起正面影响，只有在极少数的时间里（如夏季达到极端环境温度时）才可能起负面影响。

（2）冷却塔的强度。烟气通过冷却塔排放，需在冷却塔体上开设孔洞。如不采取特殊措施，所开孔洞必然会削弱塔体强度。为此，必须对冷却塔的结构进行力学强度计算，分析和对比冷却塔开孔前后、不同的开孔方位、开孔位置和开孔形状的条件下，冷却塔及孔洞周围应力和应变的大小，评价其对冷却塔体安全性的影响和需采取的加强措施。

对于自然通风冷却塔的改造，孔洞周围的加强工艺和施工工序至关重要，同时还需考虑烟道在塔内部分的支撑和地基的附加承载力。

（3）冷却塔的腐蚀与防腐。湿法脱硫后的烟气在冷却塔内上升过程中接触的是饱和湿空气，烟气中部分水蒸气也会遇冷凝结成雾滴，一些雾滴会在冷却塔壁面聚集成液滴。液滴中含有的酸性气体（特别是 SO_3），会对混凝土壳体形成腐蚀。烟气中酸性气体形成液态酸的多少受 FGD 系统运行条件和环境的影响。例如冬季脱硫后湿烟气与环境空气温差加大，会有更多的液滴形成；大风会将在冷却塔中心排放的烟气吹向壁面，特别是外壁，造成混合湿气的下洗；烟气低位排放比高位排放更易形成酸；当脱硫塔停运，未脱硫烟气直接进入冷却塔时，形成液态酸的数量可能会是正常情况的数倍；在冷却塔排放遇到逆风时，混合后的烟气也会冲刷冷却塔的外部壁面。因此，排烟冷却塔内部以及从塔顶至喉部的塔外壁面必须采取适当的防腐措施。

冷却塔的防腐主要有二种方法：① 采用防酸水泥，如 Niederaußem 电厂新建 978MW 机组冷却塔。这种方法效果较好，但价格较高，为保证固化时间，冷却塔的建造周期较长。德国目前开发了名为 SRB-ARHPC85/35 的新型高抗酸性高性能混凝土并得到了成功应用，这种混凝土的改进成分是高浓度的混凝料和少量水泥，它具有高强度、高结构密度和高抗冻性，为烟塔合一耐久性的扩展提供了一个改进的材料平台。该材料的基本性能测试结果如下：压缩强度 82.01N/mm^2，拉伸强度 2.88N/mm^2，抗弯强度 6.31N/mm^2，弹性系数 40400N/mm^2。② 采用防腐涂层，如 Schwarze Pumpe 电厂冷却塔。这种方法内外壁都必须进行防腐，一般用环氧树脂涂层进行防腐处理，内壁施 3 层防腐层，厚度 150μm，外壁施 2 层防腐涂层，厚度 80μm。另外可采用玻璃鳞片树脂防腐涂层，根据需要将不同的配方涂刷若干层。德国采用这种防腐技术的冷却塔有的已经运行 14 年，未发现防腐层有老化脱落的现象。国内同类防腐层的寿命不长，主要原因是施工工艺和施工质量存在问题，所选材料的性能略差。冷却塔作为烟气外排的通道，关系到机组的安全运行，一旦冷却塔的防腐层需要修补，如果没有其他的排烟通道，就只能停机，用相当长的时间进行防腐修补。在目前情况下，长时间修补对几台炉共用一座冷却塔的电厂是难以接受的。因此，防腐层的施工工艺和质量很关键。

为了防腐，配水管道和喷溅装置、淋水填料和填料托架可选用玻璃钢或性能优良的玻璃纤维增强塑料（FRP）、工程塑料（ABS）、聚氯乙烯（PVC）等材料。

3. 对循环水系统的影响

脱硫烟气通过冷却塔排放，对循环水的影响主要有以下几个方面。

（1）循环水系统浓缩倍率增大。一般地，烟气的排入会使冷却塔填料上方混合气体的密度比原来低，从而增大了塔内外气体的密度差，导致冷却塔的通风量增加，冷却塔效率提高。烟气密度与填料上方空气密度的差距越大，冷却效率提高的幅度越大，因此会增加循环水的蒸发损失量。如果循环水的排污水量仍然保持不变，循环水中的杂质和盐类的浓缩倍率将增加。要维持循环水的浓缩倍率不变，就必须增加排污水量，这将导致循环水的补水量增加。

（2）烟塔排放时的冷凝。烟气进入冷却塔，在上升过程中接触到温度较低的湿空气，其中一部分水蒸气会冷凝成雾滴，在冷却塔壁面形成大液滴落入冷却塔水池，进入循环水系统，烟气中的部分可溶性气体（CO_2、SO_2、SO_3、HCl、HF、NO_2等）和固体颗粒随之进入循环水系统，造成循环水杂质和盐类浓度的增加。由于烟塔内的液态水含量可达到$350mg/m^3$，直径可大于$1mm$，这些液态水在不断沉降的过程中会吸收污染物，pH值可降低到2，甚至到1（见表6-23）。由于冷凝水中含有大量的污染物，因此最终必有一定量的污染物进入到循环冷却水系统中。如不采取措施，将导致循环水质的持续恶化，增加冷凝器结垢、腐蚀速度，威胁机组的安全运行。为此，需采取措施维持循环水水质符合相关标准。为了防止冷凝的酸液腐蚀烟塔塔壁，在烟塔内外壁需采取防腐措施，水池也不例外。

表6-23　　　　　　　　　　　　　德国某电厂烟气冷凝水成分分析

序号	项目	数值	序号	项目	数值
1	氯化物（mg/L）	~5500	4	氟化物（mg/L）	~50
2	硫酸根（mg/L）	~7600	5	pH值	~1.0
3	硝酸根（mg/L）	~500			

（3）烟塔合一后带入到循环水系统的杂质含量。德国某电厂脱硫后的烟气及烟塔排放混合气体的部分污染物浓度见表6-24。

表6-24　　　　　　　　　　德国某FGD出口和烟塔出口污染物浓度　　　　　　　　　　（mg/m^3）

项　目	FGD出口烟气		烟塔出口混合气体		烟塔出口混合气体与入口污染物的比例（%）	
	夏季	冬季	夏季	冬季	夏季	冬季
二氧化硫（SO_2）	450	375	27	18	6.00	4.80
三氧化硫（SO_3）	6	9	1.20	1.50	20.00	16.67
一氧化氮（NO）	540	490	33	27	6.11	5.51
二氧化氮（NO_2）	24	36	1.10	0.90	4.58	2.50
氯化物	2.50	2.10	0.50	0.50	20.00	23.81
碳氢化合物	22	22	1.00	1.50	4.55	6.82

因NO微溶于水，故以NO为基准可计算出烟塔入口FGD净烟气量与烟塔出口混合气体流量比例（不考虑烟塔入口空气带入污染物），表6-24该数值约为5.5%，折算成净烟气，烟塔出口带出SO_2、NO的浓度约为净烟气SO_2、NO浓度的96%、90%。按净烟气与混合气体流量比例计算，SO_3比例偏高的原因可能是SO_2在填料上方的空气中发生了氧化，但同时也发生了转化，其他污染物也有部分溶解在水滴和雾滴中。

HB电厂为供热机组，冬季大量供热，循环水量大大下降；夏季少量供热，循环水量急剧增加；机组与冷却塔之间为母管制布置，5台机组的循环水通过2根母管分别进入4台自然通风冷却塔，4台锅炉FGD的净烟气只进入其中一个冷却塔排放。HB电厂根据相关计算和经验，对进入冷却塔的污染物浓度的估计值见表 6-25，$CaSO_3$、$CaSO_4$、$MgSO_3$、$MgSO_4$ 的浓度由脱硫工艺决定。该厂烟塔进口 FGD 净烟气与出口混合气体的比例约为 15%～20%，初步设计烟气的质量流量约为 4700t/h（密度为 1.3kg/m³），假设其中 20% 污染物进入循环水，这样每小时会有 5.4kg 粉尘、35.6kgSO_2、10.8kgSO_3、7.2kgHCl、7.2kgHF、2.08kgNO_2 进入循环水系统，实际运行时预计留在烟塔内的污染物比例可能会更高。

表 6-25　　　　　　　　国内 HB 电厂对进入冷却塔的污染物浓度估算

序号	冷却塔入口烟气中污染物	浓度（mg/m³）	脱硫塔的脱除率（%）	序号	冷却塔入口烟气中污染物	浓度（mg/m³）	脱硫塔的脱除率（%）
1	粉尘	7.5	70	5	HF	10.0	90
2	SO_2	49.6	95	6	NO	400.0	0
3	SO_3	15.0	50	7	NO_2	3.0	80
4	HCl	10.0	90				

按上述估算，HB 电厂由于烟塔进口 FGD 净烟气与出口混合气体的比例约为 15%～20%，留在烟塔内的污染物量约为 FGD 出口的 2.5%～3.5%（3.0% 左右），则估算的循环冷却水水质见表 6-26。

表 6-26　　　　　　　　HB 电厂留在烟塔内的污染物估算结果

项目	FGD 出口污染物量（kg/h）	留在烟塔内污染物量（kg/d）	使循环冷却水增加的浓度[mg/（L·d）]	循环冷却水原水质（mg/L）	烟塔运行 6000h 后的循环冷却水水质（mg/L）	循环冷却水水质标准（mg/L）
烟尘（悬浮物）	～60	～45	～0.7	～10	～180	≤20
二氧化硫 SO_2	～100	～70	～1.0	～500	～800	250～1000
三氧化硫 SO_3	～80	～60	～0.9			
氟化物 F⁻	～20	～15	～0.2	～1	～60	≤10
氯化物 Cl⁻	～30	～20	～0.3	～300	～400	≤300
氮氧化物 NO_x	～700	～350	～0.01	～400	～500	≤50

注　1　循环水系统排污率为 0.5%。
　　2　氮氧化物可溶物按 2% 的二氧化氮计算，不考虑一氧化氮的转化，在水中按硝酸根计算，不考虑亚硝酸根。
　　3　硫氧化物溶于水后按硫酸根计算，不考虑亚硫酸根。
　　4　烟尘在水中以悬浮物计算。
　　5　6000h 为运行一年、100% 负荷的时间（每天按 24h 计算）。

　　如仅将硫酸盐折算成相应的酸类，则相当于每天向循环水系统加了约 70kg 硫酸。根据循环水运行控制 pH 值（8.0～8.3）计算，循环冷却水 pH 值每天将下降 0.017～0.033 左右。将留在烟塔内的杂质折合成盐类，大约为 2.4mg/（L·d），运行 6000h 后，循环冷却水电导率可上升约 860μS/cm。

　　由于水的蒸发和污染物的溶入都是累计和持续作用的，从表 6-26 可以看出，在运行一年后，即使有部分排污，循环冷却水大部分指标已超过标准，悬浮物增加很快，会超过填料允许的极限值（70mg/L）。如不采取措施，将导致循环水质的持续恶化，对循环水系统带来的主要问题是凝汽器铜管腐蚀加剧，循环水系统形成污垢和结垢的倾向增加，机组的正常运行受到威胁。对此可采取以下措施。

　　1）补充水处理。为了提高循环冷却水的碱度，维持循环冷却水的 pH 值在 8.0～8.3 左右，必须适当提高循环冷却水补充水的 pH 值，或者在循环冷却水中加入碱性物质。补充水 pH 值提高的幅度和循环冷却水碱性物质的加入量可根据具体情况进行调节。

2）循环冷却水处理。德国电厂冷却水系统分为直流冷却和循环冷却，对循环冷却水系统，其控制指标见表6 – 27。

表 6 – 27　　　　　　　　　　电厂开式循环冷却系统水质指标

项　目	德国水质指标	国内标准	备　注
pH 值	>7	7.0 ~ 9.2	含不锈钢系统
电导率（μs/cm）	<3000	<3000	
碱度（mmol/L）	0.5 ~ 5.0	≤10	
氯化物（mmol/L）	12 ~ 17	≤8.45	
硬度（1/2Ca）（mmol/L）	<23	1.5 ~ 10	
硫酸盐（mmol/L）	<20	2.6 ~ 10.4	

德国电厂采取的措施是：① 加入硬度稳定剂，即阻垢剂，通常为无机磷酸盐、有机磷酸盐、带极性基团的中性分子有机聚合物、聚羧酸等。加入这些药品的目的是防止循环冷却水系统结碳酸盐垢。② 加入分散剂（阴离子或阳离子型），以分散悬浮物，防止系统产生污垢。③ 如果有沉积，在机组检修时停运冲洗，为此专门在烟塔底部设计有冲洗脏物的排放沟槽，冲洗废水用污泥泵抽走。④ 如果凝汽器长期运行后结垢，必要时进行酸洗。

HB 电厂由于循环水补水采用二级城市污水，因此循环冷却水的腐蚀性较强，采用烟塔合一技术，冷却水腐蚀性可能会加重。同时，因腐蚀产物增加、烟尘累积等因素，在填料、水池甚至凝汽器的低流速部位产生严重的污染物沉积及微生物黏泥，致使污垢和黏泥下腐蚀加剧。对黏泥和污垢，可在停运时进行冲洗，但由于该电厂的烟塔是全厂机组共用的，无法长期停运检修，因此采用这一方法不能有效控制循环冷却水的水质。

3）循环冷却水系统的材料和流速控制。德国电厂除了在循环冷却水中添加某些药剂外，还通过选择耐腐蚀材料来减缓系统腐蚀。如以河水作为补充水的开式循环冷却水系统，当氯化物小于500mg/L 时，凝汽器管选择 X5CrNi1810 或 CuZn28Snl，端板和循环水管道选择 St37—2 或 HⅡ 环氧树脂涂层或者 CuZn30Pb0.5，水室选择 St 环氧化物、焦油树脂或环氧树脂涂层，小管道内镀锌管、不锈钢管或厚壁塑料管（如 PP）。管径大于 200mm 时，有的还用塑料或橡胶内衬钢管或玻璃钢管等。

德国电厂凝汽器管内冷却水流速一般为 1.5 ~ 2.7m/s，当悬浮物含量较高时控制为 1.5 ~ 2.2 m/s，对 B30 管道而言，控制流速为 2.2 ~ 2.4m/s，以防止悬浮物沉积。

国内电厂凝汽器管材一般选择铜管，水室为碳钢，且有的刷了涂料；进出水管道用普通碳钢，内刷防锈漆，小直径管内没有防腐层。因此，在材料的选择上，国内电厂与德国电厂差异较大。对新建机组考虑在系统选材上尽量符合水质要求，但对改造机组，只能采取其他措施来减缓烟塔的腐蚀问题，如加入带渗透和清洗功能的缓蚀剂。

国内电厂凝汽器管内流速一般为 1 ~ 2m/s，有的电厂采取少开循环水泵的方式节能，因此流速有时小于 1m/s，HB 电厂实际流速仅为 0.67 ~ 1m/s。因此循环冷却水中同样的悬浮物含量，在德国电厂可能不会发生沉积和形成污垢等问题，或者即使沉积，仍然可以利用机组停运进行清理。但对于国内电厂，低流速可能会引发严重的沉积问题。对此，在进行循环水系统管理时应引起足够重视，即必须根据技术经济比较，适当提高流速。

4）循环冷却水系统的监测。德国电厂对循环水系统的监测分连续监测和人工监测。连续监测的项目包括温度、电导率、pH 值；人工监测的项目包括补充水的 P 碱度、M 碱度、硬度、氯化物、硫酸盐、总磷、铜、铁、悬浮物等。国内电厂一般均采取人工监测方式，有些电厂分析项目增加了余氯。

5）其他措施。由于国内电厂循环冷却水系统存在差异，结合 HB 电厂计划实施的烟塔工程的具体情况，以及污染物在循环冷却水系统中的累积情况，有必要采取以下措施对循环冷却水进行净化处理。

① 每年停运一次排放 FGD 净烟气的冷却塔，彻底放空水池的存水，检查系统和填料的脏污情况，必要时进行冲洗，确保污染物在循环冷却水中的累积量不超过水质控制的最高限值。

② 对循环水补水进行深化处理，如德国电厂将各种排水经处理后，再经过反渗透（RO）处理补充到循环冷却水系统，但对此需要进行技术经济比较。

③ 采用简单的旁流处理，结合上述措施共同进行。即设计一个容量不太大的旁流处理系统，根据冷却塔群的运行情况，在负荷较低时，不断更换冷却水。此方案也要进行技术经济比较，以确定旁流处理系统的容量和冷却塔群换水的频次和容量。在缺水地区和补充水源较特殊（如补充水为城市污水）的电厂，不适宜采取大量换水的方式，建议采取旁流处理的方式。旁流处理的容量和型式可根据有关试验研究确定。

HB 电厂处于空气中含尘量相对较高的市区，且循环水补水为二级城市污水。为了控制循环冷却水中的菌藻量，减缓微生物腐蚀，控制 pH 值，该电厂定期进行杀菌灭藻，此时悬浮物含量最高可达 60mg/L，而且有很多黏泥，加上凝汽器冷却水流速偏低，实施烟塔合一工程后又无法停运检修冲洗。因此，采用旁流处理系统，既可大量减少二级城市污水深度处理的费用，又可有效清除杀菌灭藻时剥离的悬浮物，同时还能去除 FGD 带入的大量烟尘、石膏等杂质。

4. 其他问题

（1）余热利用。脱硫原烟气的温度为 120～170℃左右，当 FGD 装置不设烟气换热装置时，高温烟气直接进入吸收塔，不仅浪费了热能，而且增加了吸收塔的蒸发水量。为利用这部分热能，国外有些公司选择使用烟气冷却热交换器（烟气热交换器）回收这部分余热，以提高电厂的热效率。但是，由于锅炉排烟温度已经较低，热品位低，传热温压较小，回收这部分热量需要体积庞大的热交换器，且烟气热交换器运行在烟气酸露点温度以下，对热交换器的材质要求很高。目前，工作在此环境温度下的热交换器材质有 ND 钢、镀搪瓷换热管、碳钢外包聚四氟乙烯套管以及镍基合金钢，但这些材料或寿命不长，或价格太高，不是很理想。另外，热交换器增加了烟气系统阻力，既需增加风机的电耗，又需增设吹灰器。

但通过经济性分析，一般认为，余热回收还是取得较显著的经济收益。如果条件允许，热交换器最好布置在吸收塔入口垂直烟道上，这样既便于疏水，又可节约设备用地。

（2）烟道。设置烟道热交换器后，烟气温度已降至酸露点温度以下，必须进行烟道内壁防腐（涂防腐层）；进入冷却塔的烟道必须内外防腐，国外一般采用 FRP 烟道。由于大直径的 FRP 烟道运输很困难，通常在现场缠绕制作。

FRP 烟道的优点是质量轻、维护简单、寿命长。国内目前已经有加工大直径 FRP 烟道的能力。根据 FRP 基体材料的不同，FRP 管道的耐温程度也不同。普通 FRP 管连续运行温度一般不超过 80℃，乙烯基 FRP 管道可长期在 150℃运行，短期可耐温 200℃。

还可采用碳钢加内外衬鳞片树脂的烟道，其造价只有 FRP 的 30%～40%，耐温特性比 FRP 好，缺点是较 FRP 烟道重，但对新建冷却塔，设计时可增加塔内支撑。

采用合金或合金衬里烟道初投资相对较高，但其使用寿命长，也可考虑使用。

另外，净烟道设计时应采取疏水措施，疏水管线也应防腐。

（3）设备布置。对于已建电厂脱硫改造工程，现有烟道和冷却塔的距离往往相距较远，FGD 系统的增压风机、烟气热交换器、脱硫塔等设备可靠近现有锅炉布置，也可靠近冷却塔布置。靠近冷却塔布置有以下优点：造价相对低廉；从脱硫塔出口到冷却塔的烟气温降小，利于冷却塔冷却和烟气扩散；烟气排放位置高，烟道弯头少阻力低，对烟气的排放效果和缓解腐蚀有利；原烟道长，只需使用普通的烟道补偿器，因此补偿的投资较少；防腐烟道的距离较短，烟道的可靠性高。

（4）经济性对比。与烟囱排放相比，脱硫烟气通过冷却塔排放省去了烟囱（对新建机组）和热交换器、钢结构、基础和烟道的投资及热交换器的运行、保养费，但增加了冷却塔的改造、防腐以及循环水水质控制（如果有）的费用，如果要回收热量还需增加烟气热交换的投资。两种排烟方式的烟道投资会因具体工程而异，运行费用也可能会在系统电耗、节能收益、设备维修等方面呈现差异。另外，对老机组改造工程还要考虑停机时间带来的效益损失。这些都是在经济对比中应该考虑的。一般来说，回收烟气余热的冷却塔方案可以取得明显的经济优势。表 6-28 为德国某 600MW 机组在方案论证阶段所作的一个比较数据，可见采用冷却塔排放烟气的经济效益是非常显著的。

表 6-28　　　　　　　　　　　　　　烟气排放方式费用比较　　　　　　　　　　　（百万马克）

项　目	常规系统*	外置式冷却塔系统	内置式冷却塔系统
原烟道部分	4.0	7.5	1.0
脱硫后净烟道部分	4.0	9.0	12.0
冷却塔烟道接口开孔	0	2.0	2.0
FGD 装置建筑物	10.0	10.0	3.0
烟囱	8.0	0	0
冷却塔内防腐	0	8.0	8.0
FGD 装置在冷却塔内特殊布置	0	0	0.5
烟气加热系统的投资	15.0	0	0
FGD 装置在冷却塔内特殊安装	0	0	1.5
安装工期少发电的费用	0	0	1.0
运行费用的增加（15a）	5.0	0	0
总费用（未计节约用地的费用）	46.0	36.5	29.0
百分比（%）	159	126	100

* 常规系统是指利用热交换器加热净烟气通过烟囱排放的 FGD 系统。

（5）对机组安全性和可靠性的影响。湿法脱硫烟气通过冷却塔排放采用的是一条非传统的排放通道，在这条通道上，有增压风机、烟气热交换器、吸收塔、防腐烟道、冷却塔等设备，一旦其中的一个或几个设备出现故障，就可能影响机组的发电甚至造成机组停运，这就意味着降低了系统的可靠性。湿法脱硫烟气通过烟囱排放，目前是靠设置旁路来降低这种风险的，当取消旁路烟道后，两种排放方式对机组的影响就无明显差别了。

综上所述，冷却塔排放脱硫烟气的优势如下：

（1）新建机组时取消烟囱，节省烟囱的建筑费用，并消除其视觉污染。电厂土建施工的重点和难点为烟囱施工。由于烟囱高达 200m，底面积较小，因此底部荷重较大。烟囱区域地质勘探难度较大，打桩要求较高，同时烟囱施工在电厂土建中工期较长。利用烟塔合一技术可避免烟囱建设和施工，既可以节省烟囱地下基础和烟囱本身建设费用，又使电厂施工场地安排更加合理，建设工期更加容易控制。

（2）取消湿法脱硫后的烟气再加热器装置，降低造价、占地面积和运行费用。常规烟囱排放烟气加热常采用 GGH，由于运行温差较低，该设备需较大的换热面积；同时由于运行温度在酸露点下，需要昂贵的防腐处理；为防止原烟气泄漏，该设备用大功率风机提供密封风，功率消耗较大。在脱硫系统中 GGH 设备体积最大、单项设备价格最高、设备维护费用最大。利用烟道设计非常简洁，同时可以避免大约1%的原烟气泄漏。由于脱硫后净烟气污染物占总量的20%～30%，对脱硫效率打了一定折扣。

（3）通过回收进入脱硫塔前烟气的余热，可提高电厂的热效率。由于没有GGH，电厂可以利用脱硫前烟气温度较高的特点来设计换热器回收余热，把脱硫前较高温度烟气的热能利用起来，用来加热凝结水或对热网供热，从而提高电厂的热效率，创造一定的经济效益。例如德国黑泵（Schwarze Pumpe）电厂在电除尘器后设计管式余热换热器，加热的热水作为锅炉给水，为工业用户和居民供热。

（4）在绝大部分情况下，烟气通过冷却塔排放对冷却塔的冷却效果有利，因而可以提高凝汽器的真空度或降低循环水泵的功耗，提高电厂的热效率。

（5）因电厂热效率的提高减少了燃煤消耗量，可相应减少总污染物排放量。

（6）不饱和的环境下，冷却塔排烟的抬升高度不低于干烟囱；饱和的环境下，冷却塔排烟效果大大好于干烟囱。对于干烟囱和冷却塔排放的烟气，电厂污染物SO_2的落地浓度相差不多。在大气逆温的情况下，冷却塔排烟环保效果优于干烟囱排烟。从环保角度考虑，可以选择不同的冷却塔形式（冷却塔的高度和出口内径），以期达到最佳的环保效益。

（7）有些在役老电厂现有烟囱的内衬材质抗酸腐蚀性能较差，如采用常规方法排放再热后的湿法脱硫烟气，必须对烟囱内壁进行防腐处理，所需停机时间较长，带来较大的发电损失，几台锅炉共用一根烟囱时更甚；而通过冷却塔排放烟气的方案停机时间相对较短。

存在的问题主要有：

（1）FGD出口净烟气通过冷却塔排放，会提高循环水系统的浓缩倍率，并在循环冷却水系统中留下一定量的污染物，使循环水中的杂质增加，pH值降低，加剧系统腐蚀，进而影响到机组安全发电。

（2）锅炉点火或低负荷烧油时，未完全燃烧的油烟可能会对FGD系统和冷却塔的防腐材料及塑料造成损失与黏污。

（3）高温烟气直接进入冷却塔，会影响塔内防腐层和塑料构件的寿命。

对于上述问题，应采取适当的措施加以防范。表6－29列出了烟塔合一技术的风险分析，评价风险可能带来的后果和风险等级，并提出控制风险的可能措施，供参考。

5. 烟塔合一技术特点及应用实例介绍

（1）冷却塔设计技术。冷却塔设计技术作为烟塔合一技术的核心，其基本要求是冷却塔在保证正常汽轮机循环水冷却的情况下，使排入的FGD净烟气达到环保正常排放的要求，其关键技术为冷却塔线形及尺寸、冷却塔强度（开孔技术）、冷却塔防腐和汽轮机循环冷却水冷却几个方面。

设计的主要原则是：

1）最低热负荷要求。采用FGD净烟气在冷却塔中心、淋水层上方高速（16～20m/s）排放，冷却塔巨大的热湿空气对脱硫后净烟气形成一个环状气幕，对FGD净烟气形成包裹和抬升。为保证脱硫后净烟气正常排放和抬升，烟塔合一的设计要求为汽轮机冷却循环水水量不能小于设计值的50%或者不能低于冷却塔热负荷的30%。

2）冷却塔防腐和脱硫后净烟气排烟温度限制。冷却塔内部需施以一层基层和二层表层防腐，总厚度不小于150μm；冷却塔外部需施以一层基层和一层表层防腐，总厚度不小于80μm。理论上，冷却塔的寿命取决于防腐层厚度，因此需限制高温烟气排入。

由于烟塔合一技术已经比较成熟，现在德国烟塔设计公司通过一批项目的实施和长时间风洞试验的数据积累，已经可以根据电厂锅炉烟气量、脱硫后净烟气品质和环保要求，迅速给出冷却塔的概念设计。

表6-29   烟塔合一技术的风险分析

序号	可能的风险	风险等级	风险后果	减少风险的措施
1	夏季温度极热（40℃以上）排不出烟	小	如果烟气的温度较低，可能造成烟气无法从烟塔排出或排出不畅	设置烟气旁路系统，提高排烟温度
2	烟塔因开设孔洞导致其整体安全性减弱，因环境运行等的原因导致烟塔壳体出现裂痕甚至倒塌	很大	需要烟塔停运处理，导致相应的机组停运，产生重大人身设备事故	聘请国外有资质和业绩的设计单位，开孔前进行力学强度计算； 在设计中选取较大的安全裕量； 在施工中严格控制质量； 制定相应的运行规程，减少不恰当的运行对烟塔强度的破坏
3	烟塔内壁的防腐层损坏脱落严重	很大	需要烟塔停运检修，导致机组全部停运	选择合适防腐材料并严格施工； 烟囱拆除前，可通过烟囱排烟； 烟囱拆除后，可通过吸收塔上部预设的临时排烟口排烟
4	烟塔内淋水层以下设备腐蚀或损坏	中	需要停循环水检修	烟塔可以短期无水排烟
5	烟气中的污染物进入循环水的比例超过预期	很大	循环水质变差，增加冷凝器腐蚀和结垢，威胁机组生产安全；增加水工构件的腐蚀	水质控制系统留有较大的设计裕量； 选择合适材料； 加强监测，进行循环水质处理
6	循环水水质控制系统故障	很大	循环水质变差，增加冷凝器腐蚀和结垢，威胁机组生产安全；增加水工构件的腐蚀	选取可靠成熟的水处理技术和设备； 短时间可以用增加循环水排污量的方法加以缓解
7	设计的循环水水质控制系统达不到控制水质的目标	很大	循环水质变差，增加冷凝器腐蚀和结垢，威胁机组生产安全；增加水工构件的腐蚀	对烟气对循环水水质的影响进行调研、试验、研究，掌握其机理和规律
8	FGD系统故障，原烟气短时通过旁路进入冷却塔	中	循环水质变差，增加冷凝器腐蚀和结垢，威胁机组生产安全；增加水工构件的腐蚀。烟气温度过高，可能会影响塔内防腐层和塑料构件的寿命	选用成熟可用率高的FGD工艺和设备； 净烟道上设紧急喷水降温设施； 选择合适防腐材料
9	吸收塔出口的净烟气烟道防腐层损坏脱落严重	大	需要净烟道停运检修，导致相应的机组停运	加强运行检查维护； 烟囱拆除前，可通过烟囱排烟； 烟囱拆除后，可通过吸收塔上部预设的临时排烟口排烟
10	锅炉点火低负荷要烧油	中	未烧净的油烟对FGD系统和烟塔的防腐材料及塑料会造成损害和粘污	提高操作水平，减少烧油时间； 锅炉改为等离子点火
11	烟气余热回收交换器腐蚀严重，寿命短于预期	大	增加了设备的投资和维修费用，增加了机组停机时间	选择合适防腐材料； 加强运行维护
12	烟气余热回收交换器运行故障	小	影响余热回收，增加FGD系统的水耗	设计中采用双母管供水，增加系统的可靠性
13	增压风机故障	中	相应的机组停机	选用可靠的风机产品； 加强运行管理

（2）净烟道设计技术。初期的烟塔合一是冷却塔低位开洞和塔内烟气均布方式。随着设计技术的不断进步，1993 年黑泵电厂建设时已经采用冷却塔中心排烟技术，设计脱硫后净烟气从中心孔排出时烟气速度为 18m/s，不但减少塔壁腐蚀的可能性，而且有利于 FGD 净烟气的扩散。1998 年建设 Niederaußem 电厂新机组时，净烟道采用从脱硫塔顶高度直接水平（下倾 1°）进入冷却塔中心技术，减少了净烟道长度和烟气系统阻力，见图 6-133 和图 6-134。

图 6-133　德国黑泵电厂冷却塔中心净烟道　　　　图 6-134　Niederaußen 电厂新建机组净烟道

净烟道水平段设计有 1° 的倾斜度是为了疏水，同时排烟装置一般采用竖直管口向上排放，为保证 FGD 净烟气垂直向上，原则上设计竖直向上出口高度为烟道直径的 1.5 倍。

（3）烟塔合一实施工艺。

1）烟塔合一冷却塔技术工艺。冷却塔上的开孔一般在淋水层除水器的上方，此处壳体较薄，这样对稳定性很重要的壳体下部就不会产生大的影响。由于开孔会导致壳体稳定性降低，壳体开孔处必须通过边缘的加强来补偿。补偿的措施一般为架高封闭，肋梁尺寸和洞口加固钢筋需通过应力计算确定。为防止周围冷空气进入塔内，烟道穿过壳体部分用 PVC 材料或帆布包裹密封，见图 6-135。

冷却塔的防腐可采用防酸水泥和防腐涂层。德国运行经验表明完全可以采用防腐措施克服腐蚀难题，重要的是施工质量要保证。

冷却水塔填料一般为 PVC，现在大机组冷却塔也有采用压型薄钢叠片制成的填料，防止腐蚀和堵灰。

图 6-135　净烟道穿过冷却塔壁及边缘封堵

2）净烟道工艺。一般选择 FRP 作为冷却塔净化烟气管道的材料。由于这种材料的密度低，用这种材料制造的管道产生的荷载只有钢管的 1/3，因此多数情况下，用塔支撑架构件作为净烟气管道的支架。Niederaußem 和黑泵电厂净烟道是采用特殊缠绕法在现场制作的，对于直径 6.5m，壁厚 30mm 的管子，一次生产出 15m 长，约 1.5t/m，价格约为 2 万欧元/m。单节烟道从现场用特殊工具运到冷却塔，提升到固定结构的导轨上一节一节推进塔内进行安装，支撑或吊在塔内及塔外支撑架上，最后装配导轨可拆除。

净烟道的重力不能作用在冷却塔壁上，必须由塔外钢架及塔内立柱支撑。对于改造机组，一方面更换轻结构的填料，另一方面冷却塔钢筋混凝土支架基础用混凝土基座加固。支架顶连在一起，用拉杆和压杆将其与支撑构件的固定点相连，并且塔外设计支撑钢架，见图 6-136。净烟道与冷却塔之间设有帆布样密封，烟道重力不作用在冷却塔壁上，而是由塔外钢架及塔内立柱支撑。烟道设计有膨胀节，如图6-137所示。

图6-136　Niederaußem冷却塔内净烟道　　　　　图6-137　净烟道膨胀节及维修平台

（4）Niederaußem电厂和黑泵热电厂（见图6-109）。

德国Niederaußem电厂是一个具有几十年历史的老厂，位于德国科隆市西30km。扩建之前电厂已装有2×150MW，4×300MW，2×600MW等8台机组，共计2700MW。新建烟塔合一机组为978MW燃烧褐煤的超临界机组，于2002年11月启动运行。锅炉为法国Alstom-EVT生产的塔型炉，燃烧器八角布置单切圆燃烧，采用低氮燃烧器，没有建设脱氮设备。烟气分二路分别进入2个石灰石/石膏湿法FGD吸收塔，脱硫后净烟气在脱硫塔顶部直接进入冷却塔中心（下倾角为1°）。烟塔合一设计脱硫后净烟气流量为2×191万m³/h，对应冷却塔热空气量为8208万m³/h。电厂其他机组也进行了烟塔合一改造。改造机组采用烟塔合一后，对旧烟囱进行了部分拆除后将顶部封闭，见图6-138。

图6-138　Niederaußem电厂原机组改造后净烟道走向

德国黑泵热电厂在柏林东南方向约130km处，该电厂原有一些小型供热机组，通过将小机组拆除建成2台发电能力为800MW的大型供热机组。2台新机组建成后较原来老厂少排放91%的SO_2。

新建机组为2×800MW超临界发电机组，凝汽工况时电厂发电效率为41%，供热时电厂发电效率可达到55%。电厂锅炉为法国Alstom-EVT生产的塔型炉，燃烧器采用低氮燃烧器（无脱氮装置）。锅炉高160m，蒸发量为2420t/h。在电除尘和FGD装置中间布置给水加热装置，将烟气由170℃降至130℃后分别进入2套FGD装置，脱硫后净烟气量为2×195万m³/h，从脱硫塔顶部下弯降低高度后水平进入冷却塔中心，对应冷却塔热空气量为4073万m³/h。黑泵热电厂的FGD装置为优化双循环系统，在第2章中有介绍，读者可参考。表6-30为Niederaußem和黑泵热电厂烟塔合一的实际数据。

（5）Lippendorf电厂（见图6-108）。

Lippendorf电厂位于莱比锡市以南15km，是全世界最大的燃褐煤的现代化环保型电厂，装机容量为2×936MW，锅炉机组分别为S机组和R机组。Lippendorf电厂还向莱比锡市及附近用户和居民集中供热，供热负荷为230MW。

表 6 – 30　　　　　　　　德国 Niederaußem 和黑泵热电厂烟塔合一实际数据

参数名称	黑泵热电厂	Niederaußem 电厂	参数名称	黑泵热电厂	Niederaußem 电厂
机组发电能力	800	978	当地政府规定 SO$_2$ 排放值（mg/m^3）	400	400
锅炉蒸发量（t/h）	2320	2620	脱硫后净烟气 SO$_2$ 保证值（mg/m^3）	400	200
凝汽器额定背压（kPa）	0.0475/0.0355	0.0291/0.0358	脱硫后净烟气 SO$_2$ 实测值（mg/m^3）	120	—
对应循环冷却水温度（℃）	23.6/27	23.6/27	冷却塔热空气流量（万 m^3/h）	4073	8208
烟塔循环水热负荷（MW）	641	1060	远距离测量噪声最大允许值（dB）	38（A = 648m，B = 478m）	37（距冷却塔 520m）
冷却塔循环水流量（t/h）	65664	91073	冷却塔底部直径（m）	104	143.45
循环水热水温度（℃）	26.4	24.5	冷却塔出口直径（m）	61.12	86
循环水冷水温度（℃）	18.0	14.70	冷却塔水池直径（m）	109	141
大气干球温度（℃）	9.2	9.5	冷却塔喉部直径（m）	61.10	85.9
大气湿球温度（℃）	7.2	7.6	冷却塔进风口直径（m）	7.30	13
大气相对湿度（℃）	76	77	冷却塔高度（m）	141	200
大气压力（kPa）	101.3	101.3	脱硫后净烟道直径（m）	6.5	7.0
脱硫后净烟气温度（℃）	65	64	脱硫后净烟气排烟方式	脱硫塔顶向下弯后水平排入冷却塔	脱硫塔顶直接水平排入冷却塔中心
脱硫后净烟气流量（万 m^3/h）	390	2 × 191（382）	烟道距地面高度（m）	6（距布水层高层）	50

　　锅炉采用塔式布置，其中炉膛高度为 100m，炉膛分两级布置，下级采用螺旋盘绕，上级垂直上升结构形式；分离器垂直布置，长度 30m；分离器水箱卧式布置，长度 50m，直径 ϕ3.8m；锅炉总重 14000t，其中水容积 700m^3，负荷变化范围 40% ~ 100%。每台锅炉配 8 台风扇磨煤机。燃烧器沿锅炉四面墙分两层布置，每层 8 支共 16 支燃烧器，燃烧器一次风量占全部风量的 85%。采用直径 4.3m、700r/min 的 ID 风机。锅炉燃用褐煤低位发热值 12000kJ/kg，每台锅炉煤耗约 750t/h，褐煤燃料来自于邻近的 Schleehain 露天煤矿。

　　锅炉为强制直流炉，蒸发量 2420t/h，主汽压力/温度：26.75MPa/554℃；再热汽压力/温度：5.2MPa/583℃，给水温度 270℃，电厂净效率 42.5%，集中供热效率 46%。汽机每台炉一台，凝汽式，5 汽缸，3000r/min。电机名义功率 1167MVA，额定电压 27kV，氢/水冷。每套机组配 1 个自然通风水冷冷却塔，直径 120m，高度 174.5m，冷却水量 84600m^3/h。

　　FGD 系统为 LEE 公司设计，采用脉冲悬浮搅拌系统，其主要数据见表 6 – 31。FGD 烟气流程为锅炉原烟气→ID 风机→特氟龙管式换热器（与汽轮机低压加热器进行热交换）→吸收塔→冷却塔。通过换热器回收进入吸收塔的烟气余热量，从而使锅炉效率提高 1%。由于是新建冷却塔，其塔体上就预留有 FGD 净烟气 FRP 管的开口，如图 6 – 139 所示。FRP 净烟道是在现场制作的，而后运输到塔处进行安装，如图 6 – 140 所示。

表6-31 **Lippendorf 电厂 FGD 系统设计数据**

序号	内容	数据
1	吸收塔数量,尺寸	2台/炉,$\phi16000 \times 42500mm$
2	吸收塔材质	塔体内衬59合金,喷淋管59合金,喷嘴SiC,分隔管、氧化空气管为FRP,循环管FRP
3	FGD入口烟气量	2×180万m^3/h(湿,标准状态),负荷范围为40%BMCR~100%BMCR
4	FGD进/出口烟温	195℃(最大)/68℃
5	FGD进/出口SO_2浓度	$10000mg/m^3$(湿,标准状态)/小于$400mg/m^3$(湿,标准状态)
6	脱硫率/吸收剂	96%/CaO
7	建设资金	7.67亿欧元
8	其他	原烟气烟道CS+PFA衬,净烟气烟道FRP,箱罐与管道FRP,澄清器CS+FRP涂层

图6-139 Lippendorf冷却塔提前预留净烟气孔

图6-140 在电厂附近工地生产FRP管道及运输

(6)Staudinger电厂。

全厂总装机容量2000MW,共5台机组。1号(250MW)、2号(250MW)、3号(320MW)、4号(622MW,燃气机组)机组为U型炉,5号(510MW)机组为T型炉。

全厂燃煤锅炉均装设有选择性催化还原(SCR)烟气脱硝装置和石灰石/石膏湿法FGD装置。FGD装置吸收塔分别为LEE公司早期设计的第一代和二代产品。其中5号炉FGD净烟气由电厂冷却塔排放,吸收塔底部呈锥型,采用脉冲悬浮搅拌系统,FGD系统的主要设计数据见表6-32。

(7)Jänschwalde电厂和Boxberg电厂。

德国Jänschwalde电厂$6 \times 500MW$机组和Boxberg电厂$2 \times 500MW$机组中加装WFGD系统并成功改建了冷却塔,这2个电厂的改造几乎相同。

为满足环保要求,电厂加装了WFGD系统,同时比较了对净烟气进行再加热排放和通过冷却塔排烟两种方式,认为烟气再加热有如下缺点:

表 6－32   **Staudinger 电厂 5 号 FGD 系统设计数据**

序号	内容	数据
1	吸收塔数量/尺寸	1 台/炉，$\phi14800 \times 55500$mm
2	吸收塔材质	塔体碳钢衬胶，喷淋管碳钢衬胶，喷嘴硬合金 6，分隔管碳钢衬胶
3	FGD 入口烟气量	2×182.8 万 m³/h（湿，标准状态）；负荷范围：40% BMCR ～ 100% BMCR
4	FGD 进/出口烟温	最大 126℃/50℃
5	FGD 进/出口 SO_2 浓度	3560mg/m³（湿，标准状态）/小于 200mg/m³（湿，标准状态）
6	脱硫率/吸收剂	95%/石灰石
7	燃料	烟煤，硫含量 1.5% 左右
8	冷却塔	高度 141.5m
8	其他	原烟气烟道：碳钢 + 鳞片涂层；净烟气烟道：碳钢衬胶；箱罐与管道：碳钢衬胶，循环泵涡壳：碳钢衬胶

1）烟气再加热技术设备的投资和运行费用非常高。

2）由于使用了额外的设备技术，FGD 系统可用率受到了限制。

3）再热设备需要很大的额外空间。

4）由于再热设备自重很大，建筑方面的投入很高。

5）再热后的污染给运行带来问题。

电厂最终决定采用冷却塔排烟，其优点有：

1）充分利用冷却塔的热交换能力，烟气在大气中的扩散因此而受到了积极的影响。

2）较低的投资和运行费用。

图 6－141 是 Jänschwalde 电厂 6×500MW 机组总貌，图 6－142 是加装了 WFGD 系统前后电厂设备布置示意。采用冷却塔排放脱硫烟气，需采取一些措施如对冷却塔进行的建筑措施，增强烟气排放的扩散措施，使用 FRP 管道来满足净烟气排放的材料要求等。

图 6－141   德国 Jänschwalde 电厂 6×500MW 冷却塔排烟总貌

1）对冷却塔需进行的改建措施。① 为将净烟气管道穿入冷却塔需在冷却塔壁上开孔；② 全面更新支撑系统（水冷式炉篦）和所有的水分配系统，包括冷却件；③ 对冷却塔的水泥外壁进行修整，包括内外刷涂料。

部分冷却塔外壁的清理和外壁上穿孔的工作是在冷却塔运行时进行的，当时对操作区进行了隔离，该区域内的配水系统保持干燥。

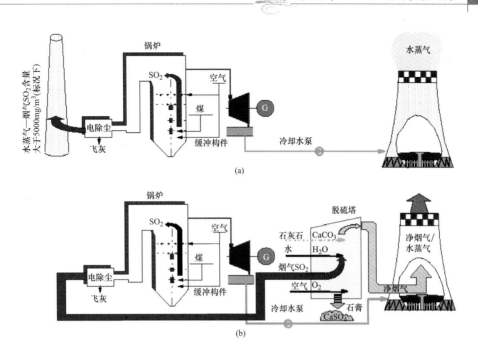

图 6-142 Jänschwalde 电厂加装 FGD 系统前后电厂布置示意

(a) 改造前；(b) 改造后

以 Jänschwalde 电厂为例，改造的工作包括：改造和清理所有 9 座冷却塔，其中 6 座冷却塔将被用于烟气排放。6 座冷却塔上各开了两个内径为 8.5m 的开口，开口的下沿高约 10m，上沿高约 18.5m，另外还规划了在开口周围对冷却塔进行额外的加固。在对冷却塔进行改造之前，对原塔进行了全面的静力学计算，并对开口的冷却塔也进行了静力学计算模拟，因为每个冷却塔壁的 8.5m 开口都意味着对塔壁张力的破坏。计算结果表明：

① 在开口周围冷却塔壁所受的支撑力仅有小幅增加。

② 这一增加的受力可以在没有任何额外措施的情况下被现有的支撑断面和钢筋所承受。

③ 但在新开口处需采取加固措施，即在开口周围使用环形钢筋混凝土，宽度为 3m、厚度为 0.35m 的加固圈。受力从冷却塔壁向加固圈的转换是通过在预压接触缝中的摩擦件来实现的，所需的压力是通过平均布置在加固圈的压力构件（每个加固圈 250 个，预应力 440kN）产生的。

加固圈施工时，电厂在正常负荷下运行，部分冷却塔正在运行，部分紧靠冷却塔处悬挂着高压线，狭小的施工场地受到施工范围的局限，部分施工是在冬天进行的。工地直接设在冷却塔旁，进行加固圈施工时采用了混凝土喷浆的方法，这样就避免了在上述施工条件下大范围地使用吊装起重机。

图 6-143 是冷却塔壁上的额外加固圈以及在冷却塔前配有缓冲构件和预留的排放监测套管的净烟气管道。

由于要将烟气引入冷却塔，因此必须要给水泥尤其是冷却塔内壁的水泥增加防腐涂层。内涂层为 2 层环氧树脂 + 1 层带有聚氨脂类涂料的覆盖层系统，外涂层为 1 层含丙稀酸树脂成分的涂料体系。

2）烟气的排放。研究显示，如果高浓度的净烟气在冷却塔出口处同水汽一起抬升将有助于净烟气在大气中的扩散，由此就要求净烟气在冷却塔出口处应尽量集中，并从中间排出，而不必追求烟气和冷却塔中的水汽在冷却塔内尽量均匀的混合，在 Jänschwalde 电厂首次实现了准单点输入。从脱硫塔出来的烟气高浓度、点状地通过冷却塔排放有利于其在大气中的扩散。

图 6 – 143　额外加固及配有缓冲构件和预留的排放监测套管的净烟气管道

通过直弯管道、垂直管道向冷却塔中心的倾斜以及对管道弯头中变向叶片的布置，可以达到所希望的结果。此外净烟气同冷却塔内壁的接触明显减少了，这对水泥表面的保护起到了积极的作用。由于净烟气是以 20 ~ 25m/s 的速度冲出管道末端的，只有很少一部分净烟气会同水汽混合。在冷却塔出口处进行的浓度测试也证明了规划阶段所做模型试验的正确性。

3）FRP 管道的使用。冷却塔内部净烟气管道对材料的选择要求很高，一方面含饱和水蒸气的净烟气的冷凝液温度是 50 ~ 70℃，pH 值可低到 1.0，且含有残余的 SO_2、HCl 和 NO_x 等会对管道的内壁造成损害；另一方面管道外部被冷却塔的饱和水蒸气所包围。

经相应的力学设计的 FRP 构件在使用过程中可以满足所有的机械、化学和热能的要求，管道的设计使用寿命为最短 25a。

Jänschwalde 电厂和 Boxberg 电厂的净烟气管道的直径是 6.0m，支撑片的壁厚可至 24mm，支撑方案来自于按力学确定的净烟气管道的摆放，专门为此设计的支撑壁除了确保坚固之外，还可以承担在支架上的管道的重量。

图 6 – 144 反映了 FRP 管道的现场运输情况，图 6 – 145 是改造后冷却塔切面的示意。在安装 FRP 管道时，管道将会通过安装轨道被推装入冷却塔，如图 6 – 146 所示。在 Boxberg 电厂安装进气

图 6 – 144　FRP 管道的运输

管道时，用吊车（70m）越过冷却水渠，吊装重约 35t、长约 35m 的净烟气管道，在冷却水渠上方脱硫塔和冷却塔之间架起净烟气管道，如图 6 – 147 所示，图 6 – 148 是 Jänschwalde 电厂低位的 FRP 管道。在冷却塔改造成功后，原有的烟囱就被拆除了，如图 6 – 149 所示。图 6 – 150 是 Boxberg 电厂改造后净烟道复杂的支架结构及管道缓冲圈连接。

（8）烟塔合一技术在我国的应用。

国内首家实施烟塔合一技术的电厂是华能北京热电厂（简称 HB 电厂）。电厂 4 台锅炉为德国 BABCOCK 公司设计制造的 830t/h、超高压、W 型火焰、液态排渣、带飞灰再燃系统的塔式布置直流煤粉炉。设计燃用高挥发分、低灰熔点的神府烟煤，4 台锅炉于 1998 年 1 月 ~1999 年 6 月先后投产，配有 5 台汽轮发电机组，装机总量为 845MW。

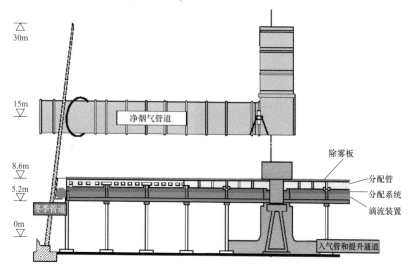

图 6 – 145 改造后冷却塔示意

图 6 – 146 FRP 管道的安装

图 6-147 在 Boxberg 电厂安装进气管

图 6-148 Jänschwalde 电厂低位的净烟气管道 　　　　图 6-149 拆除第一个烟囱

图 6-150 Boxberg 电厂改造后净烟道复杂的支架结构及管道缓冲圈连接

2005 年 4 月 25 日，FGD 项目合同签字，采用奥地利 AE&E 的石灰石/石膏湿法 FGD 工艺技术。对 4 台锅炉各加装 FGD 装置。FGD 系统主要性能参数为：入口烟气量 102.93 万 m^3/h（标态，湿，实际 O_2）、烟温 130℃，SO_2 含量为 1100mg/m^3（标态、干、6% O_2，对应的 S_{ar} = 0.5%；校核煤种为 0.6%、SO_2 含量 1300mg/m^3）、脱硫率不小于 96%。4 套 FGD 系统分别于 2006 年 10 月 1 日、10 月 15 日、11 月 28 日和 12 月 20 日通过 168h 试运行。2007 年 4 月和 8 月分别对该塔进行了冬季工况以及夏季工况的热力性能考核试验。

FGD 系统设计时，与常规的石灰石/石膏湿法 FGD 系统相比区别不大，均包括烟气系统、SO_2 吸收系统、石膏脱水系统、吸收剂制备与供应系统、工艺水系统、压缩空气系统等，主要的区别在于

没有 GGH, 仅有进入吸收塔前的烟气降温装置即烟气冷却器。FGD 烟气系统的流程为

2 台锅炉引风机→汇合烟道→FGD 入口原烟气挡板→1 台静叶可调轴流式增压风机→2 排事故烟气喷淋管→烟气冷却器→吸收塔 (3 层喷淋层, 两级平板式除雾器) →FGD 出口净烟气挡板→FRP 汇合烟道→烟塔。

由于是老机组改造工程, FGD 系统暂时设有旁路烟道, 当锅炉启动、FGD 装置故障停运时, 旁路挡板开启, 烟气改由旁路经原有烟囱排放。但 FGD 系统仍按不设旁路考虑, 因此具有很高的可靠性, 主要的设计特点如下:

1) 系统具备备用功能和性能优良的设备。除石灰石卸料系统外, 几乎所有的系统和设备均能做到一运一备, 如制浆系统、供浆系统、排水系统、石膏脱水系统、石膏卸料系统等。吸收塔的氧化风机、排浆泵、浆液循环泵、搅拌器等选择性能优良的设备。

2) 关键系统连接保安电源。在电源接线上, 要确保 FGD 系统故障时不会引起烟气温度过高, 因此关键的设备连接保安电源。连接保安电源的设备包括 DCS 电源、吸收塔搅拌器电源、氧化风机电源、工艺水泵电源等。有些设备的电源接在不同的保安段上, 如工艺水泵 (即除雾器冲洗水泵) 的电源接在不同的保安段上, 保证除雾器可在任何情况下正常运行。浆液循环泵虽未连接保安电源上, 但仍分 2 段连接, 确保至少有 1 台浆液循环泵运行, 从而保证烟气温度降低到设计值。

3) 设有事故喷淋冷却系统。为了防备烟气温度超过设计值影响到 FRP 烟道, 设计了 1 层包括多个喷头的事故冷却水系统。冷却水水源来自消防水, 如果消防水系统检修, 还备用 1 路脱硫岛补充水应急。事故冷却水的伴热不采用常规伴热带伴热, 而采用烟气冷却器的热网水伴热, 以防止伴热带故障失去伴热作用。

4) 良好的热控联锁和完整的保护。热控联锁、保护相当重要, 应考虑周全, 一旦浆液循环泵全部停运, 增压风机必须跳闸, 在增压风机跳闸后, 事故喷淋冷却水系统可以不必启动, 吸收塔出口净烟气温度不会上升, 如果增压风机不跳闸, 则事故喷淋冷却水系统启动。对吸收塔出口、FRP 烟道内的烟气温度进行实时监测, 当烟气温度高于定值 1 时 FGD 报警, 高于定值 2 时 FGD 跳闸。

电厂循环冷却水采用母管制闭式循环, 有 4 台夏季循环水泵和 2 台冬季循环水泵, 原设有 3 个自然通风冷却塔。为了减少 FGD 净烟道长度, 节约投资, 在主厂房北、3 个煤仓南、2 个烟囱之间新建了一个脱硫专用的冷却塔。4 套 FGD 装置以新建烟塔纵向轴线为中心布置, 左侧布置 1 号、2 号机组吸收塔及循环泵、烟气冷却器、增压风机、电控楼。右侧对称布置 3 号、4 号机组吸收塔及循环泵、烟气冷却器、增压风机、电控楼和公用系统。从吸收塔出来的 1 号、2 号 FGD 净烟气汇集在一根玻璃钢 (FRP) 烟道, 从一侧进入自然通风冷却塔塔心垂直排放。3 号、4 号 FGD 净烟气汇集的另一根玻璃钢烟道, 从另一侧进入塔内。FGD 冷却塔的工艺设计及筒壁防腐涂料等由德国公司负责, 大型 FRP 烟道由国内公司负责工程设计。烟道分塔内和塔外两部分, 最大直径达 7m, 最大跨度为 40m。塔外 FRP 烟道共分 4 段, 总长约 180m; 塔内部分长度为 85m。烟塔内烟道的支撑由混凝土基础加 FRP 支撑组成, 烟塔外的烟道安装不锈钢支撑。无论在烟塔附近是否安装支撑, FRP 烟道与烟塔塔壁均不直接接触, 中间留有非金属材料密封的缝隙。烟道之所以选用 FRP 复合材料制作, 是因为其耐腐蚀性和耐久性能良好, 使用寿命长、节省成本。FRP 管道使用寿命长达 30a, 与电厂的生命周期吻合, 避免了更换管材带来停产的经济损失和麻烦; FRP 管道本身具有良好的耐腐蚀性, 节省了对烟道的防腐费用; 同时玻璃钢管道自重较轻, 无需过多的支架支撑, 节省了这部分施工费用。

烟塔工况设计主要考虑循环水量和水质。为了保证冷却塔的抬升效果, 冷却塔出口混合气体的垂直上升速度必须大于 3m/s, 这样就要求进入冷却塔的循环水达到一定水量和热量。一般来说, 每加热 50℃、$10^6 m^3/h$ 的脱硫后净烟气, 至少需要约 60MW 的热量, 最大甚至到 200～250MW。对带供热机组的电厂, 冬季大量供热导致循环水量大大下降, 夏季少量供热又导致循环水量急剧增加, 因

此全厂总的循环水量波动较大。但一般冬季时，混合气与环境气温的温差也很大，其抬升并未因循环水量小而受到明显影响，因此设计主要针对夏季的运行参数。烟塔的热交换由于热烟气的进入变得更加明显，因此损失量可能比常规冷却塔高些，其补充水量也略有增加。

为保证烟塔填料的清洁，烟塔循环水的水质必须达到一定的要求，特别是悬浮物的含量，一般要求满足普通循环水质量标准即可。但由于脱硫净烟气带入的石膏等影响，因此烟塔的悬浮物含量可能会增加，需要加强运行监督和定期清理。

HB 电厂烟塔的高度 120m，底部直径 70m，出口直径 42m。烟塔构件包括：塔壳、壳支柱、环基、桩基、进水管道、塔内竖井管道、布水槽、冷却水池、冷却水出口等。

1）烟塔壳体采用典型的双曲线结构，烟塔内外壁均有加厚层，以提高烟塔壳体的强度。烟塔所用混凝土等级比较高。在烟塔的壳体上，设计有直径比圆型 FRP 烟道孔大 1.5～2.0m 的圆孔，在 FRP 烟道安装完毕后，这个缝被封闭。

2）地基处理和人字柱。烟塔的人字柱可以为预制混凝土，也可以现浇筑，采用负荷地基处理技术，地基的处理采用粉煤灰灌注桩形式。与常规冷却塔相比，人字柱直径比较大，但数量少，柱子为加强型混凝土。其中一对人字柱之间的夹角稍大，主要目的是运输 FRP 烟道用通道。

3）烟塔上水管和配水系统。去中央竖井的循环水管道仍然布置在水池底上面，整个循环管道除接口部分采用碳钢管道连接外，其他管道均采用 PCCP 管。烟塔进中央竖井的上水管采用混凝土浇注而成。烟塔热水进水方沟设计流速比国内的设计流速高约 20%，进水槽将冷却水送入主竖井管道和槽管式布水系统，布水管道由支撑架构、横梁支撑。

烟塔的配水采用槽管式相结合的方式，即从中央竖井来的热水通过 4 路配水槽分布，配水槽内的水再通过 PP 管分配，最后再通过 PP 管上的喷头喷出。如果关闭各配水槽的阀门，热水则从中央竖井旁的旁路自流到水池中。

4）冬季运行系统包括分区运行、化冰管开启运行和旁路运行等。烟塔有 6 个分区，分区及化冰管的阀门采用不锈钢手动闸阀，布置在塔内中央竖井里。当气温低于 5～8℃时，进入冬季运行状态，此时要打开化冰管，化冰管开启后，循环水温差可比不投前降低 5℃，烟塔周围的结冰也基本消除。

烟塔化冰管从中央竖井通过配水槽端部引到塔周围，化冰管采用玻璃钢（FRP）管道。随着气温的降低，逐步关闭冷却塔中央的分区，以满足冷却塔出口循环水温维持在 13～14℃左右；随着气温继续降低，冷却塔出口循环水温也继续降低，这时再逐渐关闭其他区域。当淋水面积小于整个烟塔的 50% 时，设计有旁路系统，当手动阀门关闭时，循环水直接通过竖井旁路向下流到水池中。

操作分区既可自动，也可手动操作。自动运行时，由安放在填料下的测量槽内的 PT—100 铂电阻温度测量仪测量循环水温度，根据测得的温度平均值以及当地的气象站测得的环境温度来进行控制。

5）其他事项。德国设计的冷却塔池底有一个斜坡通向塔外沟道，在清淤时用水将淤泥冲至沟道，再用吸泥泵抽走。为了减小大风情况下冷却水雾穿过冷却塔淋水区，通过进风口飘逸而影响周围设备的运行，造成湿滑、结冰，在填料与水池水面间有 4 面挡风墙，防止风对流，挡风墙是格栅式的，水泥浇注，这样可以减小风对墙的冲击。

防雷系统的设计按照 GB 50057—1994《建筑物防雷设计规范》的要求进行，在塔外与全厂防雷接地网连通。走道、栏杆均采用防酸腐蚀的不锈钢或 FRP，较少用碳钢。FRP 烟道的基础是混凝土浇注而成，预埋不锈钢板，FRP 导向支撑用耐腐蚀不锈钢做成。

与国内普通自然通风冷却塔设计不同，烟塔的塔芯填料直接铺设在最下层淋水构件上，而不是在淋水构件再设支架进行铺设。配水管也是铺设在中层淋水构件上，而不是吊在淋水构件上。收水器是铺设在上层淋水构件上，而不是铺设在配水管上。喷头的方向向上。

塔芯设备包括中央竖井、主水槽、支管、喷头、填料、收水器、分区阀门、化冰管等，塔芯设备均在国内采购。

中央竖井设计比较复杂，由于有 FRP 烟道支座，烟道采用高位进入，因此中央竖井比较高，比普通塔高约 10m，包括旁路水槽出水层（第 1 层）、填料层（第 2 层）阀门操作平台（第 3 层）和烟道导向支座平台（第 4 层）。

淋水填料采用薄膜式，为了保证淋水填料层分区效果，采用挡风板进行隔绝。收水系统位于布水系统的上部，直接放在横梁上，而不是放在配水支管上，因此在烟塔的淋水层，看不到淋水构件，也便于检修更换。收水器由普通波形板组成。烟塔设计淋水密度比普通塔高，最高时可到 50%，因此非常利于烟气抬升。

为了防止低 pH 值酸性冷凝液腐蚀烟塔，德国专门为烟塔设计了防腐，采用了喷涂防腐涂料的方法。

HB 电厂运行表明，烟塔热交换良好，最大运行流量可比设计大 20% 左右，混合气的抬升比较理想，最高可超过 3 根 240m 烟囱的高度。但烟塔对循环水水质的影响、烟塔低流量运行带来的一些负面影响以及烟塔对环境的影响还需进一步进行实际监测。

图 6-151～图 6-153 为 HB 电厂烟塔合一 FGD 系统及 FRP 管道、烟塔烟气抬升的现场照片。

国内第二个应用"烟塔合一"技术的电厂是国华三河电厂。电厂一期工程已安装 2×350MW 凝汽式汽轮发电机组，1、2 号机组分别于 1999 年 12 月、2000 年 4 月投产，二期工程安装 2 台 300MW 供热机组。烟气采用脱硫、脱硝、"烟塔合一"技术。与 HB 电厂不同的是，它是第一个采用国产化的"烟塔合一"技术，立足于自主开发设计和建造；取消了传统的烟囱，是国内第一个没有旁路和烟囱的石灰石/石膏湿法 FGD 系统；取消了增压风机与 GGH，引风机与脱硫增压风机合二为一。2007 年 8 月 31 日 3 号机组顺利完成 168h 试运行，FGD 系统同步投入运行。4 号 FGD 系统也于 2007 年 11 月完成了 168h 试运行。

三河电厂二期工程项目决定采用烟塔合一技术，主要基于以下几方面的考虑：

1) 采用石灰石/石膏湿法 FGD 系统排放烟气温度只有 50℃ 左右，若采用烟囱排放须对其进行再加热，而采用冷却塔排烟则无此限制，这可节省 GGH 系统和烟囱初期投资及运行费用。

2) 由于该项目距机场较近，采用烟塔合一技术可有效避开其对航空影响。

3) FGD 系统所用的增压风机与锅炉所用的引风机合二为一，既节省了设备的初期投资，又为整个机组的经济运行打下了良好的基础。

经测算，通过 120m 高的冷却塔排烟，对地面造成的 SO_2 和 PM_{10}、NO_x 年均落地浓度总体好于 240m 高烟囱排烟对地面造成的落地浓度。

该工程具有 4 大特点：烟塔合一、脱硫脱硝、热电联产、利用中水。每台机组配一座淋水面积 4500m^2 的逆流式自然通风冷却塔，冷却塔高 120m，出口直径 49m，进风口高度 7.8m，环型基础外侧直径 94m，淋水装置顶标高 11.5m。同 HB 电厂一样，脱硫后的烟气通过 FRP 管道由收水器上部的壳体进入塔内。FRP 管道内径 5.2m，壁厚 30mm，最大跨度 48m，全长 236m，原料采用乙烯基酯树脂、优质 ECR 玻纤（无捻粗纱、单向布、短切毡）在施工现场缠绕分段制作，施工单位配合安装工作。

由于大口径烟道的引入，需要在冷却塔筒壁上开孔，采用大型有限元结构分析软件，对排烟冷却塔筒壁开孔及冷却塔结构稳定性进行分析，分析认为在冷却塔上开洞对冷却塔的结构稳定性影响不大，但局部应力的改变却比较显著，因此有必要在开洞周围进行局部加固。加固的方法是在孔洞的周围加肋，相当于对局部的塔体增加了一倍的厚度，这时候应力明显下降。为防止冷空气进入塔内，烟道穿过壳体部分用柔性材料封堵。为配合脱硫吸收塔后烟道的直接引入，避免 FRP 烟道弯头的制作，减小烟道阻力，冷却塔采用高位开孔方式，开孔中心标高约为 38m，在直径 5m 范围内进行加固。由于开孔及其加固使得冷却塔筒壁的施工方案与常规的冷却塔施工有不同之处，同时也会对

HB电厂烟塔合一总貌

4套FGD系统吸收塔和烟道总貌

塔外FRP管及支撑

图 6 – 151　华能北京热电厂烟塔合一 FGD 系统

施工进度带来不利因素，需针对性地制定特殊施工措施。

排烟冷却塔塔体、塔芯结构特殊防腐设计和防腐材料选择是排烟冷却塔技术应用的核心部分，为此进行了一系列的试验项目。主要有：确定排烟冷却塔腐蚀的介质、腐蚀机理和冷却塔结构不同部位的防腐蚀设计要求；选择适应排烟冷却塔防腐要求的 3 ~ 5 组防腐涂料体系作为测试对象；确定防腐体系的基层、中间层和面层组合；进行各种腐蚀条件下的耐腐蚀性测试（pH = 1、pH = 2.5）；进行防腐涂料的性能对比性测试和综合价格比较，最终确定合理的防腐技术方案。经过试验分析，排烟冷却塔的防腐范围划分为四个区域：冷却塔风筒外壁、冷却塔风筒内壁喉部以上、冷却塔风筒内壁喉部以下、竖井及烟道支架和淋水架构部分等。

烟塔底部　　　　　　　　　　　　　　　烟塔内FRP管混凝土支撑

烟塔内FRP管

FRP管道的吊装

图 6-152　华能北京热电厂烟塔合一 FGD 系统冷却塔和烟道

由于取消了 FGD 旁路烟道，在 FGD 系统设计上有了更高的要求，即要把 FGD 系统当作锅炉烟风系统的一部分，其运行不能影响机组任何工况下的稳定；同时锅炉运行的操作不能损坏吸收塔本体和出口 FRP 防腐材料，不能污染吸收塔内浆液。综合这两方面的考虑，在 FGD 系统设计上采用了如下对策。

（1）石灰石制浆系统、石膏脱水系统等与一期二台机组的设有旁路的 FGD 系统共用，这样保证了足够的系统裕量。

（2）设置了独立的 2 条石灰石浆液供应管道，保证了供浆的可靠性。

（3）在吸收塔入口处设置了事故喷淋系统，并设有两路，在烟温高时按预设的控制方式自动进行喷淋降温，以防止高温烟气对吸收塔内部件及 FRP 烟道的损坏。

事故喷淋系统主要包括事故喷淋水箱、喷淋管道、阀门、喷嘴等。事故喷淋水箱有效容积为 $100m^3$，安装在原烟道上方 10m 左右。喷淋系统采用自流方式。烟道截面尺寸为 4252mm（高）×

HB电厂内外事故喷淋管

广东沙角C电厂烟道顶部FGD事故喷淋水箱及内部事故喷淋层

HB电厂FGD烟气冷却器管及外观

图 6 – 153　华能北京热电厂 FGD 系统设备

7798mm（宽），喷淋管道从烟道顶部竖直进入，喷淋母管为 DN200 的 Q235B 管，烟道内喷淋支管为 DN80 的 316L 管。每层共布置了 7 根喷淋管，每根喷淋管上布置了 3 个喷嘴，单层喷嘴总数为 21 个。喷嘴为实心锥型，316L 材质，喷射角度为 90°，喷射直径为距喷嘴出口 1m 处 2000mm，喷射面积覆盖了整个烟道，喷淋压力为 0.1MPa，每个流量为 8m³/h，喷雾粒径为 2 ~ 3mm，喷嘴与喷淋支管采用锥管螺纹连接。每根喷淋母管上串联了 2 个气动阀门，气动阀门可保证在失电的情况下快速开启。另引入一路氧化空气对烟道内的喷嘴进行定期吹扫，以防止喷嘴长时间不运行造成堵塞。

事故喷淋水箱采用自动补水方式，在喷淋期间自动保持水箱水位。水源来自除雾器冲洗水泵（配保安电源），事故时可用消防水补水。

（4）浆液循环泵、氧化风机等大容量设备的供电分段。

（5）采用了性能优良的设备和材料。如吸收塔循环泵、搅拌器等为进口设备；氧化风机、排浆泵采用优良设备；塔内防腐内衬、除雾器、喷淋层等采用进口材料，其选型也考虑了高温烟气的影响。

由于不设旁路烟道，FGD 系统的调试和运行控制操作也有不同于常规的特殊要求，主要表现在以下方面。

（1）将吸收塔循环泵先投入运行，后启动锅炉引风机、送风机等。

（2）为防止或降低锅炉启停、吹扫、煤油混烧期间对吸收塔内石膏浆液及冷却塔内的污染，电除尘器（ESP）在吸收塔循环泵投入前就投入，投入ESP第一至第五电场，控制二次电压数值高于起晕电压和小于闪络电压，并对二次电流限流运行。为防止ESP的内部燃烧，应密切监视ESP出入口烟气温度变化情况。锅炉冷态启动时ESP的灰斗加热、绝缘支柱套管加热及放电极绝缘室加热提前24h投入。

（3）锅炉采用了等离子点火技术。由于等离子点火时的飞灰未完全燃烧，未完全燃烧的煤粉不可能全部由ESP收集，吸收塔浆液有一定的污染可能，要根据运行情况可进行部分浆液置换，即大量补充新鲜的石灰石浆液同时排放部分被污染的吸收塔浆液。点火时尽量不用油枪助燃，以防止油灰混合物黏在ESP极板和极线上而影响ESP的运行，也避免油污污染浆液和加速塔内内衬橡胶的老化。

（4）为防止浆液遭受粉尘的污染，在运行期间应密切监测ESP出口和入口的粉尘浓度、CEMS系统的主要参数等，并维护好ESP的正常运行。① 每台锅炉配置2台ESP，每台除尘器有2个通道，共4个通道。锅炉运行期间如果ESP中的一个通道跳闸，机组也跳闸。② 如果ESP中的若干电场或供电区因故障停运，造成出口浓度大于$250mg/m^3$，锅炉根据实际情况降负荷运行，FGD系统则通过观察吸收塔内浆液的化学吸收反应情况以及石膏品质情况，来确定能否继续运行。③ 如果ESP中的若干电场或供电区因故障停运，但出口浓度不大于$250mg/m^3$，则FGD系统继续保持运行，但需长期监控运行。

（5）锅炉运行期间如果负荷出现骤变，如机组故障降负荷、MFT、RB等，则ESP、干除灰系统、FGD系统应正常运行，吸收塔浆液循环泵继续运行。吸收塔对锅炉运行没有影响，不用停运FGD系统。

（6）由于没有GGH，因此要严格控制进入吸收塔的烟气温度。如果出现吸收塔3台循环泵停1台或2台的情况，可能会造成进入塔内的烟气超温，因此运行期间应密切监测CEMS系统的主要参数及吸收塔入口、出口温度的变化。如果出现烟气温度高，应根据具体情况决定锅炉降负荷或停炉。

当锅炉停炉后烟风系统不通风、且引风机出口温度小于或等于65℃时，可以停吸收塔循环泵，同时密切注意吸收塔出入口温度的变化。如果锅炉有运行操作或锅炉余温使吸收塔、吸收塔的入口温度超过90℃或吸收塔出口超过65℃，需再次启动循环泵减温。事故喷淋的情况，应确保FGD事故喷淋系统能正常运行。

图6-154为三河电厂烟塔合一FGD系统及FRP管道等的现场照片。

鉴于冷却塔排烟的许多优点，国内一些城市附近的火电厂也考虑采用冷却塔排烟技术，如大唐哈尔滨第一热电厂新建"上大压小"2×300MW机组工程采用了"烟塔合一"技术；国电哈尔滨平南热电厂新建2×300MW亚临界燃煤抽凝式供热发电机组，采用烟塔合一技术，冷却塔高度105m等。

湿法脱硫后烟气通过自然通风冷却塔排放的技术尽管在国外已经应用了三十多年，并且有了一定规模的商业应用实绩，但在国内的研究和应用刚刚开始。能否将该技术应用于某一具体电厂，还必须在环境影响、技术、工艺、材料、施工条件、运行、经济性、风险等方面进行科学的对比和论证。因此，应总结国内外成功应用该技术的经验，找出共性和差异，力求在技术上采取措施，化解或控制冷却塔排放可能带来的风险。若确定采用该技术，应在设计、施工、安装、运行等方面确保冷却塔排放烟气相关设备的运行可靠性。

（四）吸收塔内及其他系统的腐蚀

吸收塔内的腐蚀环境是FGD系统中最为恶劣的，这里存在着FGD系统中几乎所有的腐蚀因素：酸的腐蚀、氯的腐蚀、高速流体及其携带颗粒物的冲刷腐蚀等。连州FGD系统运行2年半后检查发现，吸收塔内的四个搅拌器的所有叶片顶部都不同程度的损坏，在杭州半山电厂等的FGD系统中也

中国首个自主设计的烟塔合一工程（三河电厂）

三河电厂直径5.2m的玻璃钢烟道

FRP烟道的吊装

FRP烟道的支撑

图6-154　河北三河电厂烟塔合一工程

存在同样现象，如图6-155所示。

连州电厂FGD吸收塔内的搅拌器叶片的磨蚀

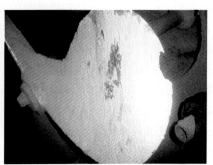
半山电厂FGD吸收塔内的搅拌器叶片的磨蚀

图6-155　吸收塔搅拌器叶片的磨蚀

　　珞璜电厂一期1号、2号FGD系统吸收塔中的一些部件采用奥氏体不锈钢316L，而二期3号、4号FGD吸收塔内除干湿界面冲洗水管仍采用316L材质外，其他金属部件则改用奥氏体304L，表6-33列出了FGD吸收塔中的用材情况。表6-34列出了4套FGD系统调试时测得的吸收塔浆液池浆液的pH值、温度和影响腐蚀的主要离子浓度。需要说明的是，表中所列的数据范围并非最低值和最高值。例如吸收区浆液的pH值低于浆液池中的pH值，顺流塔喷浆管区域的pH值最低。通常运行时为提高石膏纯度，浆液pH值一般控制在5.0左右，在pH计出现故障时，pH小于4.5也有可能。

表6-33　　　　　　　　　　珞璜电厂一、二期FGD吸收塔中的用材情况

部件名称	一期FGD			二期FGD		
	用材	壁厚（mm）	用材评价	用材	壁厚（mm）	用材评价
吸收塔喷浆管	316L	4.5	优	304L	6.0	差
吸收塔喷嘴	316L	5.0	优	陶瓷	—	优
氧化空气管母管	316L	3.4	优	304L	4.0	差
氧化空气管支管	316L	2.5～2.8	优	304L	4.0	差
氧化空气管支架	316L	≤5.0	优	304L	≤5.0	差
干湿界面冲洗水管	316L	2.8	劣	316L	2.8	劣

表6-34　　　　　　　吸收塔浆池浆液的pH值、温度和影响腐蚀的主要离子浓度

FGD系统	pH值	温度（℃）	Mg^{2+}（mg/L）	SO_4^{2-}（mg/L）	Cl^-（mg/L）	F^-（mg/L）
1	4.39～4.94	44.4～49.7	16.1～572	0～1782	222～427	65～100
2	4.61～5.60	42.7～50.0	845～1444	2611～5020	504～827	50～137
3	5.05～5.33	46.6～48.6	1087.1～1444.6	2162～4362	674～1028	52.4～70.8
4	5.59～5.62	47.2～48.5	882.7～916.9	3519～3891	395～418.4	36～42

　　一期吸收塔干/湿界面冲洗水管在使用18000h后严重腐蚀，全部更换，腐蚀的主要形态为垢下缝隙腐蚀、点蚀和烟尘引起的磨蚀。此处是FGD装置中腐蚀最严重的区域之一，应该选用如C—276，合金59等级的材料。

　　从表6-34中可看出，4台FGD吸收浆液除pH值较低外，其腐蚀环境相对较为温和，其特点是Cl^-浓度不太高而SO_4^{2-}浓度相对较高。一期吸收塔中316L的部件（除干/湿界面冲洗水管外）在使用了7年5个月后仅在局部部位有轻微的点蚀，蚀坑深不到0.5mm，多为0.3mm左右，蚀孔开口大多在0.1～0.2mm。垢下的缝隙腐蚀也仅使金属表面呈黑色，出现了麻点状蚀坑。相对而言喷浆管的坑蚀较氧化空气管稍严重些。因此，采用316L是合适的，其耐化学腐蚀寿命估计应不低于15年。

　　二期3号、4号吸收塔干湿界面冲洗管仅运行约8400h已腐蚀折断，这除了前面提到的垢下腐蚀和点蚀外，可能与二期顺流塔烟气流速（空塔）高达近10m/s有关（一期仅为4.4m/s）。顺流塔喷浆管运行1000～2000h出现点蚀和垢下缝隙腐蚀，氧化布气管的同类腐蚀发生在7700h左右，而逆流塔则出现在8400h，这与各自腐蚀环境的差异相符。运行7700～8400h后的详细腐蚀状况描述如下。

　　顺流塔喷浆管表面密布蚀孔，蚀孔的直径较大，坑深多为0.5mm，已发现的最大深度超过1mm；逆流塔喷浆管表面也普遍出现了点蚀孔，但蚀孔直径小，总的情况要稍好于顺流塔喷管；氧化布气管的腐蚀形态主要为垢下以及管件与支架或固定件之间形成的缝隙腐蚀，无垢处也散布有孤立的点蚀坑，点蚀坑的剖面形貌呈椭圆形，坑深约1～1.5mm。缝隙腐蚀的坑深多为1mm左右，也发现有深达2.5mm的。一些垢下腐蚀已成蜂窝状，这表明缝隙腐蚀已进入后期发展阶段，蚀孔将会加速发展。2001年8月中旬3号FGD大修（累计运行93000h）中发现顺流塔喷浆管已严重磨蚀，多达10

余处管壁减薄穿孔。

1995年5月，珞璜电厂1号FGD装置吸收塔在检修时发生意外，引燃了塑料格栅，造成吸收塔鳞片衬里较大面积损坏。在修补过程中发现，用来支撑格栅质量的水平支撑梁腐蚀较严重，特别是两端与塔壁的连接部分，还有多处从上面穿孔。经对工艺情况分析后认为原因如下：① 石灰石浆液的正面冲刷磨蚀。石灰石浆液在往下流的过程中，对大梁有持续的冲刷磨蚀作用，特别是塔壁与格栅之间的空隙处，浆液会直接冲击大梁上表面，对防腐层造成机械损伤。② 与塔壁连接处附近的交变应力。水平支撑梁两端固定，是简支梁结构，承载着整个格栅区的质量，在运行过程中，还有格栅中溢流浆液的质量及烟气的冲击力，由于发电机组负荷的变化引起烟气量的变化，使作用在大梁上的烟气冲击力成为变量，造成支撑梁在运行中上下振动，在两端产生交变应力，使防腐层产生应力开裂。

在杭州钢铁集团炼铁厂的湿法FGD系统中，曾出现过除雾器因选材不当，运行不久整体塌落的事故。在广东某化工厂试验性的FGD系统中，为回收高浓度的S，在进吸收塔前设立了一预洗涤塔以除去烟尘，提高S产品纯度。但洗涤塔的循环泵的叶轮（316L材质）运行不到3个月便不知去向。吸收塔后烟气未再热，砖烟道很快渗出液体来。由此可见FGD吸收塔内浆液及吸收塔后的烟气腐蚀性之强。

与石膏浆液接触的设备如泵体、输浆管道、旋流器、浆液箱罐、废水处理设备等都可能发生腐蚀，如图6-156为某石膏排出泵运行1年后壳体的腐蚀情况，图6-157是石膏水力旋流器的外部腐蚀情况。

图6-156 石膏排出泵壳体腐蚀情况

图6-157 石膏水力旋流器的外部腐蚀

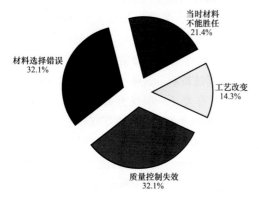

图6-158 1982~1993年美国FGD材料失效原因

（五）FGD系统防腐措施

FGD系统中的防腐非常重要，被称为FGD系统的生命线工程。针对系统材料失效的原因来采取相应的对策，对保证FGD系统的正常运行、减少维护费用、提高系统的安全性都有重要意义。

美国曾对1982~1993年间FGD系统材料失效的原因进行了调查，结果如图6-158所示。材料失效的原因可分为4大类。

（1）材料选择错误。主要是设计时对材料在FGD系统中的运行环境预计不够、在当时条件下对材料使用的经验不足，这占了32.1%。

（2）当时的材料本身不过关，不能胜任一些FGD系统中恶劣的运行条件。例如在早期的FGD系统中用旁路烟气直接加热净烟气，在冷、热烟气混合区域，即使是最耐腐的合金材料也避免不了发生腐蚀。这可以通过改进材料来避免，这类失效占了 21.4%。

（3）质量控制（QC）失效。共占了 32.1%。包括① 设计 QC 失效，如设计时不能保持一致性，改动设计，这占了 7.4%。② 材料 QC 失效，如材料规格不符、现场验收不力，这占了 10.6%。③ 安装 QC 失效，表现在安装防腐材料的过程中未按要求严格施工，这占了 7.4%。④ 工艺控制 QC 失效，如运行参数不能维持在合适的范围、超出了设计极限，这也占了 7.4%。

（4）工艺的更改，这占了 14.3%。主要是对工艺流程或工艺化学的更改，2 个主要的改变是：① 为满足环保要求实现"零排放"而导致吸收塔中 Cl^- 含量大大增加，这加剧了腐蚀。② 为抑制氧化和控制结垢的发生添加了硫代硫酸盐而引起材料失效。

从分析可见，约 64% 的材料失效可以通过选择合适的防腐材料和加强质量控制来避免，因此减少 FGD 系统的腐蚀损坏可从以下几方面来控制。

（1）在设计时针对不同的腐蚀环境选用合适得当的材料。选择适用于 FGD 的金属或其他材料（如玻璃钢、橡胶衬里、鳞片涂层等）的基本思想应是：基于不锈钢、镍基合金等耐蚀性的基本知识，依据实验室和现场试验的结果，以及 FGD 系统应用防腐的长期经验，并根据 FGD 不同部位的腐蚀环境（Cl^-、F^-、pH 值、温度和是否存在沉积物腐蚀状况等）来安全、经济地选择用材。表 6-35 列出了影响 FGD 工艺材料腐蚀性能的主要因素。目前国内外湿法 FGD 系统中普遍使用的防腐材料如表 6-36 所列，主要有镍基耐蚀合金、橡胶衬里（特别是软橡胶衬里）、合成树脂涂层（特别是带玻璃鳞片的）、玻璃钢 FRP、耐蚀塑料（如聚四氟乙烯）、PVC、耐蚀硅酸盐材料（如化工陶瓷）等，图 6-159 是典型的吸收塔防腐系统图。

表 6-35　　　　　　　　　　　影响 FGD 工艺材料腐蚀性能的因素

项　目		影　响
物理参数	温度	橡胶、强化树脂和 FRP 材料有明确的温度限制，防腐合金在 FGD 系统正常运行范围内没有温度限制，但随着温度的升高，腐蚀通常将加快
	湿态/干态过渡区	这个区域集中了腐蚀性的盐类和沉降的酸，因而腐蚀十分严重
	颗粒和浆液特性	通常浆液和颗粒特性的变化对 FGD 的材料性能影响相对较小，但当颗粒尺寸太大或浆液中含有过量坚硬物质时，侵蚀将加快
	速度	在浆液管道设计中速度是一个关键因素。浆液从喷嘴中喷出时产生的直接冲击将导致严重侵蚀；浆液罐的底部由于搅拌浆液流速较高，也易受到侵蚀
	几何特性	几何特性是和速度问题相关的一个重要因素。易于凝结物聚积的几何形状是有害的，应当最大限度地减少
化学参数	氯	在 FGD 系统中使用的各种合金都有氯含量的限制值，高于此值时将发生点蚀，因此氯含量限定了合金材料的选择。氯含量的限制值取决于 pH 值、温度和合金的成分，橡胶、强化树脂内衬、玻璃瓷砖、耐酸砖、泡沫硼硅酸玻璃砖和 FRP 对氯浓度不敏感，至少可承受 50000mg/L 的氯浓度
	pH 值	降低 pH 值（酸性增大）会降低不锈钢、镍合金和钛发生点蚀的的氯离子浓度，低的 pH 值会使发生的点蚀加快，在干/湿过渡区存在的大量浓缩的酸性液膜不仅对合金有害，而且对橡胶和强化树脂内衬也造成侵蚀
	缓冲容量（残余碱性）	缓冲容量或液膜中残余的碱性抵消了连续吸收酸性气体引起的酸性增加，降雾器下游的凝结液呈酸性，是因为残余碱性唯一来源于吸收塔雾的夹带
	氟化物	在干/湿过渡区形成的酸性氟化盐将加速镍基合金和玻璃防腐材料的腐蚀。大部分氟进入 FGD 系统被钙沉淀析出或与铝形成络合物；除了干/湿过渡区的一些情况外，氟的影响可能很小
	多价金属离子	多价金属离子如铜、铁、镁和铝浓度的微小变化对工艺中合金的腐蚀性能有显著影响，既有有利的一面，也有不利的一面
	强化工艺性能的添加剂	强化工艺性能常用的有机添加剂如乙二酸和甲酸，它们对 FGD 系统的结构材料是否有负面影响尚不清楚；在造纸工艺中，已证实硫代硫酸钠将促进某些不锈钢的腐蚀，但对 FGD 系统中使用的合金的潜在不利影响程度尚未知

表 6 – 36 湿法 FGD 系统中使用的主要防腐材料

项目	设备或部件		使用材料	项目	设备或部件		使用材料
烟道和烟囱	原烟气侧至 GGH 热side前（含增压风机）		碳钢、耐酸钢、碳钢 + 防腐涂层（如玻璃鳞片）	石灰石浆液制备系统	湿磨内壁		防磨橡胶
	GGH 入口段、GGH 热侧		碳钢 + 防腐涂层、耐酸钢		磨浆液循环罐		碳钢 + 防腐涂层、碳钢衬胶、整体 FRP
	GGH 至吸收塔入口		碳钢 + 防腐涂层、耐酸钢		石灰石浆液旋流器		聚氨酯、碳钢衬胶
	吸收塔入口干湿界面区域		碳钢 + 防腐涂层、合金钢（如 C – 276）		石灰石浆液罐		碳钢 + 防腐涂层、碳钢衬胶、整体 FRP
	吸收塔出口到挡板处		碳钢 + 防腐涂层		浆液罐搅拌器		碳钢衬胶
	FGD 出口挡板至烟囱入口		碳钢 + 防腐涂层（耐酸胶泥、合金钢内衬）、耐酸砖		石灰石浆液泵	外壳	橡胶内衬、合金钢
						叶轮	合金钢
	烟囱		碳钢 + 防腐涂层、耐酸砖、轻质玻璃砖、碳钢 + 合金钢内衬（如钛板）、整体合金钢或玻璃钢 FRP		石灰石浆液密度测量管路		不锈钢
	旁路烟道		碳钢、碳钢 + 防腐涂层		石灰石浆液输送管道		碳钢衬胶、FRP
	烟气挡板		耐蚀钢、合金钢、碳钢	石膏脱水系统	搅拌器类		碳钢衬胶、合金钢
风机	本体		碳钢		真空皮带机	滤布	聚乙烯等
	叶片		碳钢，耐蚀钢，合金钢			槽类	橡胶内衬、不锈钢
烟气再热器	GGH	换热元件	搪瓷涂料		泵类	外壳	合金钢、橡胶内衬
		外壳	碳钢（+ 防腐涂层），耐蚀钢			叶轮	合金钢、陶瓷
	热媒循环式	传热管	碳钢 + 防腐涂层、耐蚀钢		石膏浆液旋流器		聚氨酯、碳钢衬胶
		外壳	碳钢（+ 防腐涂层）、耐蚀钢		石膏浆液缓冲罐		碳钢 + 玻璃鳞片涂层、碳钢衬胶
	蒸汽换热管		耐蚀钢，碳钢 + 防腐涂层		石膏浆液密度、pH 值测量管路		不锈钢
吸收塔系统	塔本体及浆液池内		碳钢 + 玻璃鳞片涂层、碳钢衬胶、碳钢 + 镍基合金钢内衬、整体玻璃钢 FRP（对小尺寸塔）		滤液箱		碳钢 + 防腐涂层
	喷淋管道		碳钢衬胶、合金、FRP、PVC、BEKA 塑料等		真空泵滤液接收罐		碳钢 + 防腐涂层、碳钢衬胶
	喷雾喷嘴		陶瓷（如碳化硅）、合金		石膏浆液输送管道		碳钢衬胶、FRP
	除雾器		聚丙烯 PP、FRP	公用系统	事故罐		碳钢 + 玻璃鳞片涂层、碳钢衬胶
	氧化空气管（接触浆液部分）		合金钢、FRP		工艺水箱		碳钢 + 防腐涂层（如环氧树脂）
	除雾器和氧化空气管等支撑管		碳钢衬胶、不锈钢		各地坑、地沟		混凝土 + 防腐涂层
	脉冲悬浮管		合金钢、FRP		各浆液溢流、取样、排放管		不锈钢、FRP
	合金托盘或文丘里棒		合金钢	废水处理系统	废水旋流器		聚氨酯、碳钢衬胶
	JBR 的喷射管		PVC		废水箱		碳钢 + 玻璃鳞片涂层、碳钢衬胶
	吸收塔系统的泵	外壳	橡胶内衬、合金钢		各废水泵	外壳	橡胶内衬、合金钢
		叶轮	合金钢			叶轮	合金钢
	吸收塔搅拌器		不锈钢衬胶、合金钢		各反应池、澄清池		混凝土 + 防腐涂层
	循环管、石膏浆液管		碳钢衬胶、FRP		搅拌器		碳钢衬胶、合金钢
	塔内填料		塑料、不锈钢				

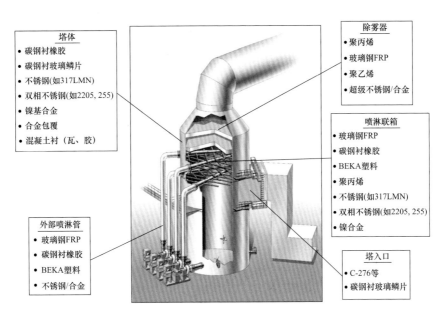

塔体
• 碳钢衬橡胶
• 碳钢衬玻璃鳞片
• 不锈钢(如317LMN)
• 双相不锈钢(如2205, 255)
• 镍基合金
• 合金包覆
• 混凝土衬(瓦、胶)

除雾器
• 聚丙烯
• 玻璃钢FRP
• 聚乙烯
• 超级不锈钢/合金

喷淋联箱
• 玻璃钢FRP
• 碳钢衬橡胶
• BEKA塑料
• 聚丙烯
• 不锈钢(如317LMN)
• 双相不锈钢(如2205, 255)
• 镍合金

外部喷淋管
• 玻璃钢FRP
• 碳钢衬橡胶
• BEKA塑料
• 不锈钢/合金

塔入口
• C-276等
• 碳钢衬玻璃鳞片

图 6 – 159 典型的吸收塔防腐系统

FGD 防腐设计时可按以下迭代步骤进行材料的选择。

1）确定 FGD 系统的运行参数。

2）将 FGD 系统各个区域可用的防腐材料列一个清单，考虑系统的正常运行、启动、停运及最坏条件下的情况（如锅炉空气预热器故障和循环泵故障同时发生等）。

3）全面考虑每种材料选择下设计和运行间的相互关系，包括辅助系统（如事故喷淋系统）的要求等；

4）进行经济性比较，包括辅助设备增加费用或去除特殊材料减少的费用等。在许多情况下，要在 FGD 系统寿命期运行费用和初投资费用之间作出选择。一般来说，初投资费用越低，其维护费用越高，即初投资费用低必将付出高额维护费。

5）考虑系统运行参数是否可更改并节约费用。若是，修改系统的运行参数，再回到第2）步。

6）确定材料。

（2）在材料规范、验收、施工安装过程等各方面做好全面质量控制，把好质量关。

（3）在运行中应建立一套有效的制度来防止或减少腐蚀的发生，保证设备长期无故障地运行。

1）监测氯化物含量和 pH 值范围。监测氯化物含量本身并不能防止腐蚀，但可以发现潜在的问题。控制 pH 值对提高脱硫效率和防止氧化皮有重大作用，不适当地降低 pH 值会加速腐蚀。

2）防止氯化物的浓缩，及时排走高浓度氯化物的浆液。

3）保持表面无污泥沉积或氧化皮。沉积物和氧化皮的聚积会增加点蚀和缝隙腐蚀的危险，因此在有条件时应及时清洗。

4）加强检查，发现有腐蚀现象时应及时采取措施，防止腐蚀的扩大。

5）更改工艺或运行方式时要慎重考虑可能造成的后果。

总之，FGD 系统的防腐工程绝不只是某种防腐材料的选取，它还包括方案设计、结构设计、试验研究、施工制造、工程验收、调试、运行和检修维护等多个环节，而其中某个环节控制得不好都将前功尽弃。因此要做好防腐工程，就必须按照有关要求和标准严格把关，控制好每一个环节，做到全面腐蚀控制。

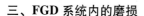

三、FGD 系统内的磨损

磨损是指含有硬颗粒的流体相对于固体运动，固体表面被冲蚀破坏。磨损可分为冲刷磨损和撞击磨损。冲刷磨损是指颗粒相对于固体表面冲击角较小，甚至于平行的磨损；撞击磨损是指颗粒相对于固体表面冲击角较大或接近于垂直时以一定速度撞击固体表面而使其产生微小的塑性变形或显微裂纹，在长期、大量颗粒反复撞击之下，逐渐使塑性变形层整片脱落而形成的磨损。在 FGD 系统内循环流动的主要是石灰石和石膏浆液及其他一些杂质，这些流体既具有磨损性又有一定的酸性，接触这些浆液的设备的磨损和腐蚀是免不了的；另外有时又有汽蚀现象发生，使设备和材料损坏加快。FGD 系统中主要的磨蚀设备有吸收塔循环泵、吸收塔搅拌器叶片、石膏浆液泵、石灰石浆液泵及浆液管道、阀门、石膏浆液水力旋流器等。

在珞璜电厂一期 FGD 系统内，浆液泵、内衬、管道等均出现磨损。珞璜电厂除石灰石浆输送泵和 GGH 热媒水循环泵为金属泵外，其余大量采用美国 BGA 公司生产的内衬橡胶、卧式离心泵和立式液下泵。这种泵的涡壳、前后护板、叶轮、副叶轮（干密封式）以及吸入口套管均采用美国 500 号橡胶衬覆。所有的衬胶灰浆泵的过流件，除泵涡壳的衬胶和驱动侧护板外，其寿命均不超过 10000h。吸收塔循环泵前护板运行仅 6500h 已严重磨蚀，大部分过流件的寿命在 7000h 左右。磨蚀最严重的部位是吸入侧护板和叶轮，护板磨蚀的外观是密集的蜂窝状半圆凹坑。闭式叶轮汽蚀、磨损的部位主要在叶片的进、出浆液处以及叶轮吸入侧边缘和轮毂。吸收塔循环泵吸入侧护板和叶轮磨蚀是典型的汽蚀、冲刷磨损的结果。出现蜂窝状圆坑后磨蚀速度增加很快，如未能及时发现将磨穿护板，侵蚀泵的涡壳，造成严重损坏。二期循环泵的叶轮冲刷汽蚀比较明显，如图 6 - 160 所示。

汽蚀是水力机械以及一些与流体流动有关的系统和设备，如阀门、管道等都可能发生的一种现象。汽蚀对泵产生如下危害：

（1）产生噪声和振动。在汽蚀发生的过程中，汽泡溃灭的液体质点互相冲击，会产生各种频率范围的噪声，一般频率为 $600 \sim 25000Hz$，也有更高频的超声波。在汽蚀严重的时候，可以听到泵内有"劈劈啪啪"的声音。汽蚀过程本身是一种反复冲击、凝结的过程，伴随着很大的脉动力。如果这些脉动力的某一频率与水泵的自然频率相等，就会引起泵的振动，泵的振动又将促使更多气泡的发生和溃灭，互相激励，最后导致水泵的强烈振动，严重时会损坏泵体。因此发生这种现象时必须停泵。

（2）缩短泵的使用寿命。泵的汽蚀部位一般为叶轮的进口或出口处。汽蚀发生时，由于机械侵蚀和化学腐蚀的共同作用，不可避免地使泵的叶轮或涡壳变得粗糙多孔，产生纤维裂纹，严重时出现蜂窝状或海绵状的侵蚀，甚至呈空洞，因而缩短了泵的使用寿命。目前为了提高泵的抗汽蚀性能，广泛采用抗汽蚀性能好的材料，如高镍铬合金钢。FGD 系统为了考虑防腐也采用高合金钢加橡胶衬里的方式。

（3）影响泵的运转性能。当泵内流体中含有少量气泡时，称为"潜伏"性汽蚀，对泵的正常工作没有明显的影响，但泵的材料仍要受到破坏。一开始往往不被注意，以至经过一段时间运行后才发现部件的汽蚀损坏。当大量气泡发生时，叶轮流道被气泡严重堵塞，汽蚀破坏泵内流体的连续性，使泵的扬程、效率和功率显著下降。

在广东省沙角 C 电厂 3 号 660MW 机组 FGD 系统中，3 台吸收塔浆液循环泵仅运行 2 个月，叶轮就磨损得相当严重（特别是叶轮根部），如图 6 - 160 所示。3 号 FGD 装置于 2005 年 11 月 26 日首次通烟气后连续运行，在运行期间，通过对浆液循环泵发出的声音和一些参数进行分析，怀疑三台循环泵均可能存在比较严重的汽蚀现象。这些泵发生汽蚀的主要原因可能是泵设计的流量过大造成的（循环泵设计流量为 $8100m^3/h$，最大流量为 $9000m^3/h$，制造厂设计时在 $9000m^3/h$ 的基础上又作了

衬胶循环泵的磨损

金属循环泵的磨损

循环泵叶轮跟部磨损及叶轮外壳磨穿（2个月）

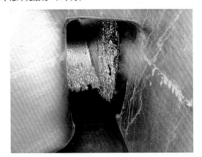

循环泵叶轮的磨蚀（16个月）

图 6-160　某电厂循环泵叶轮的磨蚀

10% 左右的余量），根据循环泵的性能曲线发现其运行工况点刚好偏移到泵的汽蚀区域，造成泵在运行中产生汽蚀现象，引起叶轮严重磨损。在 2006 年 1 月 7 日 3 号 FGD 装置由于其他设备故障退出运行期间，拆下 3B 浆液循环泵并运输到工厂检查，这时已发现该泵叶轮已有一定的磨损。到 2006 年 2 月 20 日 3 号 FGD 系统停运消缺时，该装置三台浆液循环泵全部返厂处理。泵解体后检查发现，三台浆液循环泵的叶轮磨损比较严重，特别是叶轮根部位置，有些地方已磨穿；另外泵壳也有一定的磨损。经研究后确定处理方案如下：通过计算确定叶轮的切割量，切割叶轮以降低泵的流量，把泵的运行工况点牵引至正常的范围即偏离泵运行的汽蚀区域，避免泵运行时产生汽蚀。根据厂家的处理建议，把磨损后的叶轮补焊修复后再切削部分叶轮，以降低泵的流量，这样就可防止泵发生严重的汽蚀。A、B 循环泵按此方案处理好后于 3 月 30 日投入运行，而 C 循环泵的叶轮由于磨损得过于严重已报废，更换一个经切削后的新叶轮于 4 月 15 日投入运行。重新投入运行后的泵，经厂家服务人员现场检查判断认为汽蚀现象已基本消除，不会再有快速磨损。

至 2006 年 8 月 28 日 3 号 FGD 装置停运检查时，拆开 3C 浆液循环泵后却再次发现其叶轮磨损得相当严重，相继拆下的 A、B 泵叶轮也已严重磨损。经详细检查发现，经过叶轮进口边的叶片磨损较严重，叶片出口边表面有沟槽状，痕迹方向与介质流动方向一致，前盖板进口处有成片状的尺寸较大的凹坑，部分位置有穿孔；耐磨环叶轮侧磨损严重，表面有明显沟槽状破坏痕迹，痕迹方向与介质流动方向一致，耐磨环内圆直径增大约 8mm；泵壳整体完好，流道区域未见明显磨损，在易损件耐磨环附近发现有沟槽状破坏痕迹，痕迹方向与介质流动方向一致。对此，厂家认为这批叶轮已不适宜使用，而应该使用类似材质且经特殊硬化处理过的叶轮（叶轮表面镀陶瓷）。因此 3 号 FGD 装置的三台浆液循环泵更换了经硬化处理过的叶轮后重新投入运行。但此处理方案并未就如何消除泵的气蚀现象采取进一步措施，因此是否可行，还有待运行时间的考验。2 号 FGD 系统的 3 台原有浆液循环泵在运行 16 个月后已磨损得不可用，如图 6-160 所示，在 C 级检修时更换为国产循环泵。

汽蚀主要是由于泵和系统设计不当而造成的，包括泵的进口管道设计不合理，出现涡流和浆液发生扰动；进入泵内的气泡过多以及浆液中的含气量较大也会加剧汽蚀。磨损速度主要取决于材质和泵的转速。1996 年珞璜电厂将一期吸收塔循环泵的橡胶叶轮改为高铬合金铸造件，石家庄水泵厂采用 WARMAN 泵的技术，选用 A49 合金，成分为 Cr27.5%、Ni1.8%、Mo1.8%，硬度达到 430HB，可以使用 6 年左右。这种合金由于含 Cr、Mo 以及高硬度，使其具有良好的抗点蚀性和耐冲刷磨损。

泵与系统的合理设计、选用耐磨材料、减少进入泵内的空气量、调整好吸入侧护板与叶轮之间的间隙是减少汽蚀、磨损，提高寿命的关键措施。

在国华北京热电分公司、杭州半山电厂、重庆电厂等的 FGD 系统中，各浆液泵也都出现过磨蚀现象，德国的情况也类似。磨蚀的部位还包括泵护板、涡壳等，如图 6-161 和图 6-162 所示，这是运行中出现的最大问题之一。表 6-37 是北京热电分公司 2 号 FGD 循环泵运行参数的对比，从表中可以看出，2 号泵运行 2.7 万 h 后，压力降低 4000Pa，压力损失达 4.3%。根据 KSB 设备厂家提供的叶轮寿命和实际使用情况看，可继续使用，以最大限度的利用其残值，节约检修费用。3 号泵更换为国产叶轮后，压力降低 -5000Pa，压头升高 5000Pa，通过性能曲线分析，泵出力有所增大，能满足脱硫运行需要，但叶轮的耐磨性能要在运行一定的时间后才能得出结论。

杭州华电半山发电有限公司 2×125MW 机组 FGD 系统利用德国政府贷款，全套引进原德国 Steimüller 公司的 FGD 技术和设备，投资四亿八千万人民币。同时引进的还有重庆电厂 2×200MW、国华北京热电分公司 2×410t/h 机组。该装置于 2001 年 3 月 18 日投入商业运行。

该套 FGD 系统投运半年后，测试的平均脱硫效率达到了 98% 左右（设计值为不小于 95%），主

珞璜电厂二期循环泵叶轮的冲刷汽蚀　　　　　　德国Voerde电厂循环泵的磨损

半山电厂吸收塔循环泵的磨损

北京热电厂护板和蜗壳的磨损

图 6-161　FGD 系统浆液泵等的磨损

体设备比较稳定，日常维护处于可控之中。出现最主要的问题之一是石膏脱水系统中的浆液泵、管道、阀门等频频出现磨损。如 2 台型号为 KWPK65-400 的 "KSB" 石膏浆液给料泵（给往皮带脱水机）使用不足 4000h，泵体等均告磨穿，如图 6-163 所示，从而造成石膏浆液不能及时脱水，严重影响了整套 FGD 装置的可用率。究其原因，主要是该类泵运行工况较为恶劣，作为流体介质的石膏浆液浓度很高、黏度很大，另外浆液中的 SiO_2 含量偏高（源于石灰石中的 SiO_2 含量偏高），如表 6-34 所列，这样就加剧了浆液泵的磨损。如果从国外进口该类泵的备品配件，价格约 30 万元/台，供货周期 9 个月左右。2001 年下半年起，开始在国内寻求和试用替代泵类，但使用情况未达到理想的效果。为此投入了较高的维护成本，仅石膏浆液泵一项就花费 40 余万元。备品、配件从国外进口，价格昂贵，每台约 324800 元，而且从国外采购，交货周期需 9 个月，货物进口，报关手续繁锁等。

吸收塔循环泵的磨损

石膏浆液泵耐磨板的磨损

图 6 - 162　吸收塔循环泵及护板的磨损

表 6 - 37　　北京热电 2 号 FGD 循环泵运行参数对比

时间	2001 年 4 月 4 日 (性能考核测试值)			2005 年 4 月 20 日 (小修后)			运行时间 (h)
循环泵	入口压力 ($\times 10^5$, Pa)	出口压力 ($\times 10^5$, Pa)	电流 (A)	入口压力 ($\times 10^5$, Pa)	出口压力 ($\times 10^5$, Pa)	电流 (A)	
1 号	1.33	2.08	34.12	—	—	—	19356
2 号	1.32	2.25	37.53	1.25	2.14	35.4	27099
3 号	1.32	2.52	39.57	1.25	2.50	39.5	17473
$H = 13.97$m; $\rho = 1099$kg/m³				$H = 13.6$m; $\rho = 1089$kg/m³			

图 6 - 163　浆液泵的磨损

表 6 – 38　　　　　　　　　　　　　　石灰石成分分析

项目（%）	适用范围	设计值	实际值	项目（%）	适用范围	设计值	实际值
CaO	51.50 ~ 54.88	> 51.50	50.56	Al_2O_3	0.10 ~ 0.23	< 0.15	0.23
MgO	0.19 ~ 0.43	< 0.20	1.85	Fe_2O_3	0.05 ~ 0.28	< 0.15	0.12
SiO_2	0.47 ~ 4.20	< 2.50	4.52 ~ 5.10	湿度	2	0	—

　　使用不同的抗磨材料，能延长设备的寿命，但潜力有限，效果不够理想。半山电厂则针对石膏脱水系统的生产流程，改变了设备的运行工况，即降低石膏浆液泵输送介质的密度，大大地延长了设备的寿命，取得了事半功倍的效果。其优化改进对 FGD 石膏脱水系统的设计有很大的启发，介绍如下。

　　石膏脱水系统是将吸收塔内石膏含量为 12% ~ 15% 的浆液经旋流分离、真空脱水等措施，生成含量大于 90% 的石膏固体的工艺过程。图 6 – 164、图 6 – 165 是原系统流程及设备布置示意。

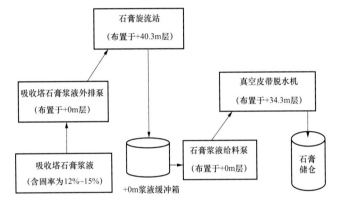

图 6 – 164　原石膏脱水系统工艺流程示意（厂区实际标高）

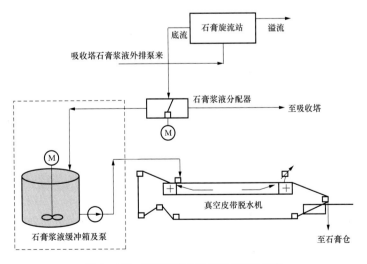

图 6 – 165　原石膏脱水系统设备布置示意

　　将在吸收塔内生成的石膏浆液经外排泵输送至石膏旋流站进行一级脱水。脱水后的石膏含固率为 50% ~ 60% 的浓浆液自流入石膏浆液缓冲箱中。2% ~ 3% 含固率的溢流液进入循环水收集箱。石膏浆液缓冲箱的有效容积为 8m³，石膏浆液给料泵的出力为 60 ~ 120m³/h，即石膏浆液缓冲箱内的浆液，浆液泵在 8min 内就可泵完，这说明石膏浆液缓冲箱没有浆液储存的功能，只起到稳定介质的作用。

石膏浆液缓冲箱中的石膏浆液,通过石膏浆液给料泵输送到带式真空皮带机上进行二级脱水,将石膏浆液进一步脱水成含水量小于10%的石膏固体。

经以上两个环节脱水后的石膏输送到石膏仓中待装车外运。分离出来的滤液储贮在滤液罐中,回吸收塔或供石灰石粉制浆用。

输送含固体微粒、高浓度介质是影响浆液泵使用寿命的最主要不利要素。原设计石膏浆液脱水流程中石膏浆液给料泵的运行条件恶劣。为此半山电厂进行了设计改造,将吸收塔生成的含固率在12%~15%的石膏浆液直接从0m处经外排泵提升至高于真空皮带脱水机的位置上进行一级旋流脱水,含固率50%~60%的底流浆液,通过自流到34.3m处的真空皮带机进行二级脱水。这样取消了石膏浆液缓冲箱及脱水机浆液给料泵等设备,新选泵增加的扬程不多,而输送的介质浓度则大为降低,运行条件将大为好转。改造后的石膏脱水系统生产流程如图6-166所示。

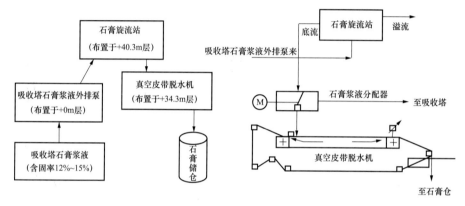

图6-166 改造后的石膏脱水系统工艺流程及设备布置示意(厂区实际标高)

上述脱水系统的改造着重解决以下几个问题:① 取消了石膏浆液缓冲箱和浆液泵的流程环节,必须保证石膏浆液外排泵介质流量的稳定;② 重新调整设备布置标高,必须保证自流进真空皮带脱水机入口处石膏浆液分配系统的浆液流量;③ 为了达到最佳的节能效果,应注意石膏浆液外排泵和相应管道的选型;④ 必须对生产流程的DCS控制系统作出相应的修改。

FGD石膏脱水系统流程优化的主要目的是减少设备磨损、延长设备使用寿命,因此,吸收塔石膏浆液外排泵是关键设备。原泵的参数如下:流量为60~120m³/h,扬程为26.7m,出口压力为0.4MPa,旋流器压力为0.9~1.2MPa,电动机功率为18.5kW。

由于改造后设备安装位置发生了变化,需要把石膏旋流站移至40.3m处,总高度增加了21.3m,加上弯头、管线阻力,泵的总扬程需提高30m。经过计算和生产厂家的反复比较,最后选择国产的125—100—450型浆液泵,泵的参数如下:流量为60~120m³/h,扬程为60m,出口压力为0.75MPa,电动机功率为55kW,材质具有防腐防磨功能。

原管道设计按防腐防磨考虑,选用工业衬胶管和PV管。这次改造后,反复比较了目前工业管材的优劣,从防腐、防磨、防结垢诸方面考虑,选用了钢塑复合管。此种管道不仅具有防腐、防磨、防结垢的特性,还因管道内壁较光滑,磨擦阻力小于金属管和金属衬胶管;加之已有钢塑复合管在FGD排污管道使用的经验,认为该材质的管道适合要求,所以主材选用了钢塑复合管。

为了保证一级脱水旋流站自流进真空皮带脱水机入口处石膏浆液分配系统的浆液流量,搬迁后的一级脱水旋流站需放置于标高40m以上,因原厂房无此层面,故决定安装于40.3m的电梯楼顶上。

由于取消了石膏浆液缓冲箱及石膏浆液给料泵,其相应的浆液箱搅拌机、浆液箱液位计、浆液泵出口电动阀等控制、保护定值需重新设置;对石膏脱水功能组块程序、石膏浆液池功能单元程序、石膏浆液给料泵自动切换系统程序、石膏浆液给料泵1号、2号的循序控制程序等控制程序需重新修改。

改造后进行了冷态调试和热态调试。冷态调试时在石膏浆液外排泵——石膏旋流器——吸收塔进行浆液循环运行状态下，外排泵实际运行参数优于设计指标。泵出口压力为0.77MPa，8个旋流子全部工作状态下旋流子出口压力为0.14MPa，电动机电流为80A。

接收烟气后，两路分配器、废水旋流器、废水循环泵、真空皮带机等运行情况正常；石膏浆液外排泵在5个旋流子工作情况下参数如下：出口压力为0.77MPa，旋流子出口压力为0.18MPa，石膏旋流器出力平稳，真空皮带机运转稳定，带速、石膏厚度变化不大；在同等条件下，真空皮带机改造前后的运行比较见图6-167。DCS控制系统编程符合实际的功能要求。

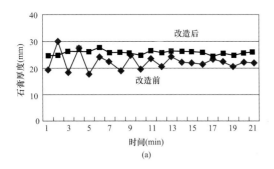 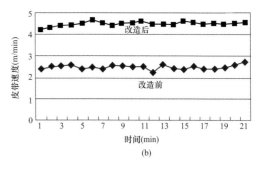

图6-167 脱水系统改造前后皮带机石膏厚度、带速变化的比较
（a）石膏厚度变化；（b）皮带转速变化

石膏浆液外排泵大修寿命预测。原石膏浆液给料泵（含固率50%~60%）大修寿命小于4000h，原石膏浆液外排泵（含固率12%~15%）大修寿命大于1万h。该系统进行了优化后，虽然新石膏浆液外排泵的排出压力和扬程有了提高，工况较原来恶劣。但新石膏浆液外排泵在固体含量仍保持12%~15%，估算大修寿命也接近1万h。

石膏脱水系统改造成功实施后，既使得整套FGD装置提高了可用率、具有较大的社会环保效益，同时可较大幅度地降低生产运行、维护成本。

（1）提高了整套FGD系统的可用率：不再会发生因浆液泵的故障而影响装置的正常运行，而据投运前两年的统计，该类故障引起FGD装置停用的几率为平均1d/月。

（2）减少了浪费和二次污染：减少发生因浆液泵的故障而抛弃已制成的石膏浆液所造成的浪费和二次污染，按实际统计，以前浪费约为100t/次。

（3）石膏浆液缓冲箱系统设备的取消，省去了该系统日常维修人工和维修材料等的费用。经测算，节约设备配件费、材料费、人工费等约70万元/a。

（4）由于简化流程和减少设备而节约厂用电：节约用电量为（18.5kW+37kW+3kW-55kW）×24h×360=30240(kW·h)/a，按0.5元/(kW·h)电价计算，可节约成本约1.512万元/a。

（5）省却因浆液泵故障而启用事故浆液系统而节约事故启动用电量：（22kW×3+11kW+15kW）×300h/a=27600(kW·h)/a，按0.5元/(kW·h)电价计算，可节约成本约1.38万元/a。

（6）若在新建或老电厂改造同类烟气脱硫装置设计时应用本方案而可节约基建投资：减少设备投资费约100万元。

半山电厂FGD石膏脱水系统工艺流程优化改造的成功实施，既简化了系统和设备、降低了设备投资和设备安装场地，同时又提高了设备运行的可靠性和FGD装置的投入率，极大地降低了运行维护成本和提高了环境保护效果，其成功经验值得借鉴。该项目已于2004年11月通过华电集团公司的验收。

太原一热水平流 FGD 系统自 1996 年投产以来，其吸收塔循环泵、石膏浆液泵、石灰石浆液泵及浆液管道、塔内均存在着较严重的磨损腐蚀，表现为泵的叶轮和出入口处、管道的入口、弯头处和浆池内有麻点、斑点、均匀及不均匀的坑陷。设备的磨损是冲刷磨损和撞击磨损综合作用的结果，通过对设备磨损部位、磨损情况、运行情况分析，认为浆液的流速、入口烟尘浓度、石灰石粉的纯度和粒度、浆液的成分是影响设备及管道磨损的主要因素。在连续运行过程中，要求以上各项数据按设计值（或在设计范围内）运行，但实际运行时以上各项均不同程度超过设计范围。① 浆液流速高于设计流速，当流过通道时，湍动加剧，造成通道磨损。② 入口烟尘浓度高于设计值的 $500mg/m^3$，烟尘浓度增加，浆液中的固体颗粒浓度增加，加剧了磨损。③ 石灰石细粉的粒度和纯度实际操作中达不到设计值，杂质多，增加了浆液中固体颗粒的浓度，加剧了磨损。④ 该 FGD 统中，组成浆液的成分除石膏外，还有 CaO、SiO_2、Al_2O_3、Fe_2O_3 和 MgO，其中 SiO_2 增加了固体颗粒的硬度，也会加剧磨损。针对以上几个因素，要减轻磨损应采取以下措施：① 严格控制浆液流速在设计值范围内；② 必须保证入口烟尘浓度低于 $500mg/m^3$；③ 保证石灰石细粉品质、粒度、纯度符合设计要求；④ 采用耐磨材料或耐磨涂层。

2005 年 5 月，台山电厂 1 号 JBR 的 1 台石膏浆液排出泵护板出现磨穿现象，其累计运行时间不到 3 个月，磨损前（备件）及磨损后的护板见图 6-168。宏观上，损坏区域的外观具有很好的金属

完好的护板　　　　　　　　　　　磨损的护板

磨损局部图

图 6-168 石膏浆液排出泵护板的磨损

光泽，并且具有很多类似与"韧窝"状的空穴，这些空穴凹凸不平，具有很强的方向性。空穴深度大小不等，最深处已经穿透板壁。护板设计材质为 Cr（28.4%）、Ni（7.09%）、Mo（2.18%），光谱分析表明使用材质的化学成分和设计材质相符合。对备品和损坏件进行硬度测量，两者的实际测量值均为 265～290HB。初步分析认为护板损坏是由于石膏浆液中的固体粒子的冲蚀磨损所导致。另外，板体表面还发现在制造过程中所产生的缺陷，如砂眼、表面气孔等，也促进了固体粒子对板体金属的冲蚀磨损。后采用了国产泵进行试验。

吸收塔搅拌器叶片的损坏也是常见现象，主要是腐蚀和磨损共同作用的结果。如连州电厂和半山电厂 FGD 吸收塔搅拌器叶片的损坏，图 6–169 反映了 FGD 吸收塔搅拌器的磨损情况。

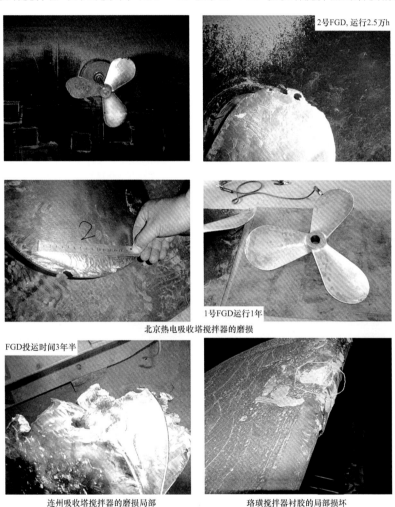

图 6–169　吸收塔搅拌器的磨损

珞璜电厂一期、二期所用的搅拌器桨叶基本都是包胶叶片，长时间运行后有些叶片的衬胶有局部损坏的情况，如图 6–169 所示。二期吸收塔结构修改后，FGD 公司增加提供了 4 个金属搅拌器，其叶片端部也有冲刷痕迹。

浆液喷淋层下的塔壁也是磨蚀易发的部位，冲刷与腐蚀共存。在广东台山电厂 CT–121 FGD 系统的烟道冷却区，运行半年后发现，浆液从烟道壁漏出。检查表明在喷淋层下的烟道壁局部都被冲蚀，6mm 厚的钢板竟被穿透，喷淋层下有一根安装用未拆除的临时钢管，正对喷淋浆液处被冲成一个个孔洞，如图 6–170 所示。在某电厂的喷淋层下靠近喷嘴的涂鳞防腐支撑管很短时间内被冲刷穿孔，后对喷嘴的喷淋方向进行了改进，使之冲刷不到临近的支撑管。在一些 FGD 吸收塔中，在靠近喷嘴的喷淋层支撑管上放置 PP 板及 FRP 板来减缓喷淋浆液的冲刷，如图 6－171 所示。许多电厂的塔内衬胶出现过脱落，甚至将塔壁穿孔，在半山电厂吸收塔喷淋层附近的内衬橡胶，由于长时间受到冲刷作用，引起胶皮与内壁发生分离，使得局部 T 字型接口处的胶皮脱落。

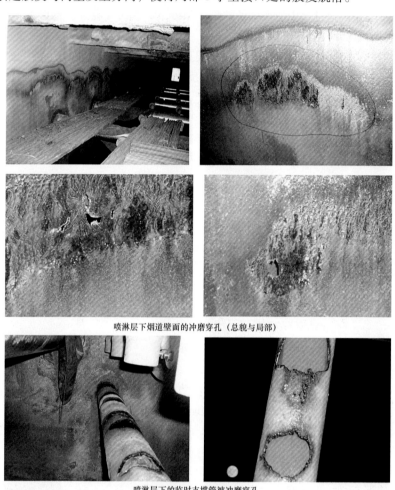

喷淋层下烟道壁面的冲磨穿孔（总貌与局部）

喷淋层下的临时支撑管被冲磨穿孔

图 6－170　烟气冷却区喷淋层下的冲刷磨蚀情况

　　珞璜电厂一期 FGD 系统采用的防腐措施主要是采用 6H、6R 玻璃鳞片树脂内衬，防腐的范围从吸收塔的干湿界面至再加热器出口的内壁和内部所有固定支撑梁柱，所有浆池、罐体以及相互连络的地沟。这两种树脂的耐温、防腐、附着力和抗渗透等性能均较好，运行 3 年未出现剥落、龟裂、脱层和化学变质的现象。但耐磨性不理想，不如橡胶。使用超过 10400h 后吸收塔内壁被大量浆液流淌冲刷的部位（约占塔壁 65% 的面积）的面层树脂已被冲刷绰，裸露出玻璃鳞片，须再覆盖一层树脂。两层格栅床的支撑横梁与塔壁连接的端头约 100mm 处由于没有格栅遮挡缓冲，在下落浆液的冲刷下，约 18900（2 号 FGD）～22500h（1 号 FGD）后由两层玻璃纤维布增强的树脂层被磨损，方型钢梁被腐蚀穿孔。随后，横梁的其他部位也相继发现多处类似的情况。每层格栅的上面用不锈钢管制成的框架通过四周的顶盘与塔壁顶紧，来达到向下压紧格栅床的目的，防止在烟气和浆液作用下格栅晃动。衬有橡胶的顶盘可通过顶杆的丝杆调节顶紧的程度，当顶盘松动时，顶盘与壁面摩擦，树脂层被磨损，进而腐蚀钢板造成穿孔。当格栅床末压紧，或格栅在整齐堆放时离塔壁过近，运行

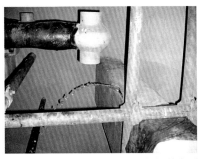

喷淋层支撑管被冲刷穿透及喷嘴方向的改进

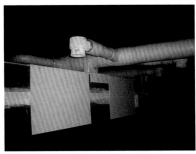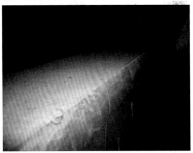

在喷淋层支撑管上加PP板及FRP板防冲刷

吸收塔衬胶的剥落

图 6 - 171　吸收塔内的冲刷及改进

中晃动的格栅摩擦塔壁也会损坏树脂层。同样，安装检修中遗留的机械杂物以及从干湿界面落入的垢块卡在塔壁和格栅床之间也会磨损树脂层，最终使塔壁穿孔漏浆。涂敷树脂施工时留下的针眼以及检修时脚手架等碰伤树脂也是造成结构腐蚀的原因之一。

　　FGD 系统橡胶内衬主要用于石膏浆液输送管道，橡胶种类是丁基橡胶（ⅡR）。衬胶弯管和直管的设计寿命分别为 3 年和 5 年。从实际运行情况来看，一般都能达到。磨损部位主要发生在管道法兰连接处和多通道管件、装有节流孔板的出口侧管道，特别是当节流孔磨损后。衬胶管道中的蝶阀只能全关或全开，当未关到位或运行中用来调节流量、阀门处于非全开时，阀体内衬和阀门出口侧的衬胶管道很快将磨损。浆液流速越大，磨损越快。

　　珞璜电厂一期 FGD 系统投运初期（1993～1994 年）投运率不高的主要原因是灰浆泵过流件磨损太快，大大出乎预料，由于对此缺乏认识，导致进口备件准备不足。在解决此问题后投运率明显提高。

　　太原一热 FGD 系统有一组用于石膏浆液浓缩的水力旋流器，由 24 支 φ50 长锥聚胺酯旋流器组成，在 FGD 装置投运很长一段时间一直没有浓缩效果，造成脱水机压力增大，脱水机处理能力明显降低。至 1999 年 3 月 31 日日方技术人员撤离时也一直未能解决。后经技术人员检查和试验确认，旋流器组的浓缩效果差是由于内部磨损所致，材料易磨损及旋流子尺寸过小是磨损主因，该旋流器的正常运行寿命只有 2～3 个月。

在重庆电厂 FGD 系统中，制浆系统采用了湿式球磨机，各级再循环箱返回球磨机的浆液管采用了玻璃钢管，在实际运行不到 9 个月的时间，管道局部已被磨穿。

FGD 系统中磨损是必然的，在工艺设计上要合理布置并选用耐磨性能好的材料；在运行过程中及时总结材料磨损规律，不断改进，如对浆液管道弯头，可采用陶瓷或合金材料等；运行中备好足够的备件以便及时处理泄漏事件。

四、FGD 系统内的结垢

FGD 系统的结垢主要发生在与石膏浆液、石灰石浆液接触的箱罐、管道及设备部件上。常出现的地方有吸收塔进口、吸收塔内壁及支撑结构、吸收塔喷淋层、喷淋管路内部、托盘、反应槽壁面、除雾器、GGH 等。

（一）吸收塔入口处及 GGH 的结垢

在吸收塔入口干湿交界处，高温烟气中的灰分在遇到喷淋液的阻力后，与喷淋的石膏浆液一起堆积在入口，越积越多。例如在连州 FGD 吸收塔的入口处冷热交界的 1m 左右区域，结垢、积灰现象十分严重，运行 1 年多，烟道底部垢层厚达 20 ~ 30cm，人可踩在上面；入口处两侧壁面、中间支柱上都积有垢山。在珞璜电厂吸收塔干湿交界处也同样存在灰垢，积垢速度与烟尘含量有直接关系，灰垢会堵塞干湿界面冲洗管喷嘴，造成恶性循环。在广东瑞明电厂、沙角 A 厂 5 号 FGD 系统吸收塔入口处都有结垢现象，有的高达 1m 以上，如图 6 - 172 所示。在北京热电分公司 2 号 FGD 的检修过

连州吸收塔入口

沙角A厂5号吸收塔入口

图 6 - 172　吸收塔入口处的积灰积垢

程中检查发现，吸收塔入口处积灰垢也十分严重，GGH下部烟道排水沟被积灰垢堵塞，不能正常排水，如图6-173所示。积灰垢的主要原因是吸收塔运行液位设定不合理和消泡剂加入方式、加入量控制不好。吸收塔入口烟道设计标高为15.1m，而吸收塔液位设定在14.5m下运行，液位控制过高造成吸收塔内浆液溢流至烟道，与灰一起黏成垢物；吸收塔消泡剂的加入以吸收塔烟气温度的下降为依据，烟温测点安装在吸收塔入口烟道与GGH烟道导流板之间，当发现吸收塔入口烟温下降时，泡沫溢流已进入GGH。为了解决这一问题，将吸收塔液位设定值降至13.5~14.0m，核算消泡剂的加入量并调整了加入方式，采取上述措施后，解决了吸收塔入口浆液溢流问题。

图6-173　北京热电2号FGD系统吸收塔入口处的固体堆积

图6-174是钱清电厂FGD系统吸收塔入口膨胀节和入口导流板处的固体堆积情况。吸收塔入口干湿界面处膨胀节伸缩段被浆液中固体堵满，主要成分是灰和石膏。原烟气中灰在入口导流板上沉积厚达60mm。原因为吸收塔液位计不准，使浆液产生溢流。设计的溢流口又太小，有时吸收塔外的溢流排出管及溢流箱未定期冲洗使其堵塞，致使浆液反流至吸收塔入口（见图6-175，从吸收塔入口烟道人孔处看），最后甚至流至GGH，使GGH结垢和固体堆积。图6-176是某600MW机组吸收塔入口烟道浆液固体的堆积情况，在塔入口未设置遮雨篷及冲洗系统的烟道上堆积会更严重些。

图6-174　钱清电厂吸收塔入口膨胀节和入口导流板处的固体堆积

加拿大Lambton电站位于Sarnia市南部，全厂总装机容量为$4 \times 510MW$，燃煤含硫量为2.5%。

图6-175　钱清电厂吸收塔入口烟道的固体堆积和人孔堵塞

图6-176　某FGD系统吸收塔入口处浆液的沉积

为满足环保要求，对3号、4号机组加装了两套石灰石/石膏湿法FGD系统，分别于1994年7月和10月投入运行。FGD系统采用喷淋空塔，设5个喷淋层，设计脱硫效率为90%。1995年初停运检修时发现，在吸收塔入口烟道的突出段下部120°范围内，有30cm厚的固态沉积物层，它与合金内衬之间的附着并不是很紧密，外观呈深浅不一的层状结构，主要化学成分是石膏，约占90%。现场测试分析表明，造成固态物在入口烟道内沉积的主要原因是烟气流速较小（入口烟道原设计采用砖内衬，后改为合金内衬，因而增大了流通直径，降低了入口烟气流速），出现逆向烟气流动，并携带浆液倒灌进入烟道，与热烟气接触，蒸发固结成石膏硬块。而烟道内的大块石膏沉积物落入氧化槽后，随再循环液输至喷淋母管，造成喷嘴的堵塞。

为控制入口烟道内石膏固体物的沉积，决定在每个入口烟道内焊装一块钢板作为烟道的底板，自入口烟道出口端延伸至上游4.6m处的烟气联箱，使入口烟道高度减少28%，流通截面减小13%，从而提高烟气流速，消除烟道内的逆向气流。焊装钢板的上游顶端安装了一排冲洗喷头，定时冲洗板上沉积物，每隔2h冲洗2min。同时修正了吸收塔的运行程序，在入口烟道风门关闭后，吸收塔再循环泵运行时间不得超过30min，否则控制系统将自动关闭循环泵。

此外，由于一、三喷淋层的循环液来自氧化槽底部，为防止入口烟道和石膏壁面结垢带入的大片固态物堵塞喷嘴，在母管底部的每个喷嘴前安装了管状过滤网。

自1995年5月改造后，入口烟道底板一直非常干净，喷嘴堵塞也显著减少。干湿界面的沉积物仅出现在出口处的顶板上部120°范围内，呈眉状，约5cm宽，2.5cm厚。在喷淋液冲刷不到的位置，如入口烟道突出段下部，吸收塔内侧仍不断有固体物沉积，但这些沉积物没有入口烟道内部的沉积物坚硬。

GGH 换热元件上也存在着严重的结垢、腐蚀、堵塞现象，在长久的运行过程中，即使加大冲洗也不能解决问题。结垢引起堵塞，使得 GGH 的阻力大大增加，增压风机的电耗增加，后面会再详细介绍。

（二）吸收塔内的结垢

吸收塔内的设备表面如吸收塔壁面、循环泵/石膏泵入口滤网、喷淋层管道、人孔门等接触石膏浆液的地方都易结石膏垢，如图 6 - 177 所示。在吸收塔底，尽管均布有搅拌器，但仍存在死区，沉积的石膏堆积在此处，达到很高，如图 6 - 178 所示，有的硬如石块。在除雾器的叶片上以及蒸汽再热器管壁上，由于冲洗未能完全彻底，都有明显的浆液黏积和结垢现象，除雾器的结垢堵塞将在下节中进一步介绍。在吸收塔顶部、出口烟道上都会结垢，如图 6 - 179 所示，这是塔内浆液被烟气携带出来黏在壁面上而形成的。在第四章中介绍过台山电厂 CT - 121 吸收塔出口水平烟道上浆液严重堆积的现象，加了冲洗水后大有改善。

吸收塔壁面的垢层

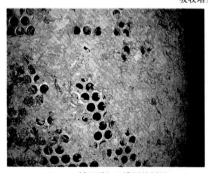

循环泵入口滤网的垢层

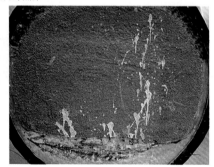

人孔门的结垢1

人孔门的结垢2

图 6 - 177　吸收塔内的结垢

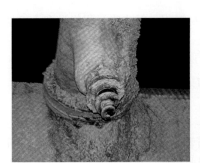 

喷淋层的结垢

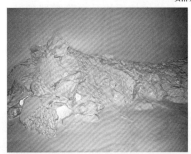 

吸收塔底沉积的石膏

除雾器的浆液黏积与结垢

图 6 - 178　吸收塔内的结垢与固体沉积

吸收塔内形成的垢有两种类型，一种是当吸收塔石膏浆液中的 $CaSO_4$ 相对过饱和度大于或等于 0.4 时（即过饱和度为 140%），溶液中的 $CaSO_4$ 就会在吸收塔内各组件表面析出结晶形成石膏垢。

另一种垢是当浆液中亚硫酸钙浓度偏高时就会与硫酸钙同时结晶析出，形成这 2 种物质的混合结晶 $[Ca(SO_3)_x \cdot (SO_4)_x \cdot 1/2H_2O]$，即 CSS 垢（Calcium Sulfate and Sulfite），CSS 在吸收塔内各组件表面逐渐长大形成片状的垢层，其生长速度低于石膏垢。在早期自然氧化方式的 FGD 系统中往往结垢严重，当充分氧化时这种垢就较少发生。

当在吸收塔内生成的 $CaSO_4$ 未能充分在石膏晶种表面结晶时就容易形成 $CaSO_4$ 的过饱和溶液。相对过饱和度 σ 越大，结垢形成的速度就越快，仅当 $\sigma < 0.4$ 时才能获得无垢运行。要使 $\sigma < 0.4$，需适当地设计吸收塔内石膏浆液浓度、液气比和提高氧化率。日本三菱公司的试验认为液气比越小，σ 越高，使 $\alpha < 0.4$ 的最低液气比为 11；石膏浆液浓度与 σ 的关系亦是如此，浓度越低，σ 越大。

1995 年 5 月，加拿大 Lambton 电站在 3 号机组停运 4 周改造 FGD 入口烟道的突出段时，发现氧化空气管附近壁面的石膏垢已厚达 25mm。较高处的垢层呈补丁状，较薄，约 10～20mm，这表明大片垢层已经剥落。结垢主要集中在氧化槽锥形段的上部，并向上延伸至氧化槽液面处。垢层一般由

除雾器的浆液黏积　　　　　　　　再热器管壁上的浆液黏积

吸收塔顶部、上部壁面、出口烟道的结垢和固体沉积

图6-179 结垢和固体沉积

许多柱状晶体构成，每个晶体直径约1~2mm，紧密结合，伸出壁面。分析认为结垢与较高的相对过饱和度有关，其原因可能是石膏晶种不足，或单循环石膏生成量较高（指通过氧化槽的一次循环中每升浆液生成的石膏量）。目前的解决措施是，将吸收塔浆液中的石膏浓度（含固量）从原来的8%~12%提高到12%~15%，并作为一项永久性的运行规程。

珞璜电厂一期FGD的吸收塔是填料塔，结垢主要发生在格栅床内、吸收塔内的构件表面，特别是不易被浆液湿化的死角；吸收塔罐体内壁、吸收塔干湿交界处以及非动力输送的石膏浆回流管道。填料塔塔内有两层格栅床，每层高为4m，相距1.5m。2号吸收塔下部的罐体在运行不到2000h已出现0.3mm厚的壁垢。1号FGD运行5000h，吸收塔罐壁最厚的垢已达10mm。其下层格栅床结垢较少，塔中间的格栅基本无垢。而上层格栅床靠塔壁四周1~2m范围内的格栅结垢较多。同一床中越下层的结垢越严重，格栅几乎全部被垢堵塞，大部分垢呈灰黑色略带浅棕色，坚硬，断面呈针状结晶。

1号、2号FGD投运3a后更换了约50%的格栅，并对其余格栅进行了除垢清洗。逐渐生长的垢将496mm×496mm×104mm的单块格栅块相互黏结成一个整体，拆开十分困难，需用钢钎破坏性地拆除。

吸收塔罐体内壁的垢呈片状、坚硬、表面粗糙，断面亦呈针状结晶。罐内壁脱落的垢块在石膏浆液中会逐渐长大，曾发现重约25kg的垢块。

三菱专家认为填料塔结垢较为严重的主要原因是氧化不充分。具体原因分析如下。

(1) 烟尘含量较高,在干湿交界处冲洗管与塔壁上缩积成粗大的灰垢,坠落的灰垢卡在格栅孔中成为垢生长的"中心"。

(2) 格栅床与塔壁之间有 150mm 左右的间隙(防止格栅擦伤塔内壁防腐层),造成烟气"短路",使局部液气比偏小。

(3) 循环喷淋管被异物(施工遗留物、脱落的垢片等)堵塞,造成个别部位喷液减少甚至无浆。吸收塔循环泵出口压力波动,使各喷头喷出的浆液量不稳定、不均衡。

(4) 由于未设计事故储浆罐,长时间停机后再启动时重配的石膏浆浓度偏低,达不到不低于15%的设计要求。

(5) 格栅填料、塔内繁多的支撑构件使塔内表面积大、死角多,增加了结垢的可能性。因此二期采用了液柱塔,这大大减轻了结垢的发生。

(6) 保持格栅表面光滑清洁是减缓结垢的措施之一,因此有些工艺设计中在格栅上方布置有事故喷水装置,正常停机时则用来冲洗格栅。珞璜 FGD 则无此设计。

(7) 珞璜 FGD 吸收塔罐体直径达 20m,垂直布置的搅拌器叶片直径 4.5m,但偏心布置。除紧靠循环浆出口管一侧外,其他各方罐体内侧边缘均有石膏沉淀缩积"死区",严重的"死区"在搅拌器偏离的一侧,该处沉积的石膏高达 1m 多。由于氧化空气喷嘴距罐底仅 300mm,"死区"的氧化空气喷嘴被堵,估计被堵的喷嘴占全部喷嘴数的 10%～15% 左右,造成氧化不充分。

(8) 三菱传统设计的氧化配气管是固定布置在罐体的下部,在直径 20m 的罐体中布置了 856 个 ϕ16.7 口朝下的喷嘴管,喷嘴密度达 2.74 个/m^2,采用的是一槽系统。从罐体抽出的循环浆量设计为 28000m^3/h,大量空气随浆液进入循环泵内,不仅造成汽蚀而且降低了泵的出力,使液气比下降。为缓解此情况,只好取消紧靠循环浆出口管的一排氧化空气管,带来的副作用是又减少了 12% 的喷管。

(9) 7 台吸收塔循环泵的入口是通过母联管与罐体相连,母联管设计成变径管,其目的是使各泵的出力平衡,但实际上不仅每台泵的出力极不稳定,而且各泵的出力也相差较大。这反映在泵的电动机电流波动大,且各泵电流相差较大。出现了泵入口压力不稳定,各泵相互抢负荷、泵出口流量不稳定并低于设计值的情况。达到额定流量时单台泵的电流应达 51A,实际电流为 38～50A,各泵电流波动达 2～14A。根据泵的性能曲线,按电流降低来估算,循环泵流量降低是相当大的,实测下降 13.1%,液气比的下降是不容忽视的。

(10) 由于泵的吸入侧护板的磨损,使护板与叶轮的间隙增大,泵的总效率下降。

江西贵溪发电厂 1 号 400t/h 锅炉尾部配有 4 台捕滴器,直径为 4.1m 的文丘里水膜除尘器,采用生石灰粉为吸收剂,脱硫、除尘集为一体,2001 年 4 月投入试运行。运行中循环浆液管道及其岔道管沉积区易结垢堵塞,其原因主要有:① 该系统前面没有除灰装置,锅炉 97% 的飞灰在除尘器内脱除,并进入循环浆液,加上石灰乳悬浊液夹带着硬性杂质颗粒进入循环浆液,所以循环浆液中的含尘量很高;② 循环浆液中的脱硫产物硫酸钙和亚硫酸钙有易结垢的特点,在浆液流速较低的管道内或浆液停止了流动的岔道管内容易结垢堵塞;③ 因停用的岔道管与有浆液流动的管道相通,但又没有浆液流动,浆液中的脱硫结晶产物及固体颗粒在此逐渐沉积,直到岔道管中积满为止。由于沉积物中的亚硫酸钙软垢长期、缓慢地与浆液中的溶解氧反应,会有部分生成硫酸钙硬垢,把岔道管堵死,使其失掉随时投入运行的可能。

为防止结垢堵塞,设计时应尽可能地缩短岔道管长度,以减少其沉积空间;设备投运时应保证循环浆液达到一定的流速以防沉积。设备及其管道的备用或停运,应严格按照运行规程制度,进行定期倒换运行或足够地冲洗,以防沉积物长期缓慢地黏结固化堵塞管道。

另一个问题是氧化风管标高较低、浆液倒流管内结垢。FGD 氧化系统的送风总管在循环浆液池中安装的位置相对较低，其管道已经浸在浆液之中，当浆池中的浆液没有排空、罗茨风机停止运行时，浆液沿着布风管迅速倒流道管内沉积，长此以往造成管内沉积物增多、结垢，堵塞氧化风管。所以设计时应使送风管的底部标高高于液面的最高标高，防止浆液倒流管内结垢，并设有冲洗水，在风机停运时冲洗氧化风管道。在现有情况下，运行操作应在液面浸到送风管之前，启动罗茨风机运行，在浆液排空后，停止罗茨风机运行，以防浆液倒流管内结垢。

（三）石膏脱水系统与石灰石制浆系统等的结垢

这些系统的结垢主要是由于浆液沉积、未及时充分冲洗所致的。图6-180为某石膏水力旋流器的结垢，图6-181为某石灰石浆罐内的结垢情况，图6-182为某湿磨石灰石浆液水力旋流器底部的固体沉积。

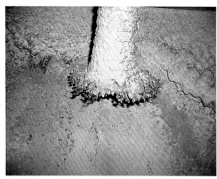

图6-180　水力旋流器的结垢

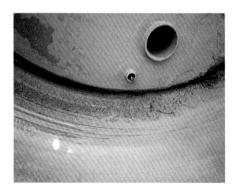

图6-181　石灰石浆罐内的结垢　　　　　　图6-182　石灰石浆液旋流器底部的固体沉积

FGD系统内另一种结垢是因水的硬度高而结的水垢。在国华北京热电分公司皮带脱水机的水环式真空泵运行中，多次发生内部结垢情况，致使转子无法转动，2001年5月还因真空泵结垢造成两台西门子开关烧毁、FGD系统长时间停运的事件。造成转子不能转动的主要原因是真空泵工作介质水硬度高，水中钙、镁化合物沉积造成泵转子与壳体之间间隙变小、堵塞，进而引起真空泵不能正常运行。为此，制定了如下措施：① 启动前手动试转；② 出现试转困难时采取柠檬酸清洗；③ 增加泵停运后水冲洗，确保停运泵体内的清洁，维持真空泵的正常运行；④ 若有条件，可将真空泵密封水更换为软化水。但这给检修带来了较大的工作量。2002年10月份以来，泵酸洗的频率有所增加，10天左右就要清洗一次，直接影响石膏脱水系统的运行，为此对泵的工作介质进行了化验，结果见表6-39。可见运行泵的Cl^-和硬度增加，停运后$CaCO_3$等沉积在泵体和叶轮之间造成堵转。图6-183是2003年10月18日对泵解体检查时的结垢情况，垢样分析表明垢成分基本为碳酸钙，这证明了与泵工作水质硬度高有关。对真空泵停运程序进行修改，停后增加了3min干净水冲洗，取得了初步效果。

表6-39　　　　　　　　　　　　　　　真空泵出入口水质化验结果

项目	分离罐	运行泵出口	停运泵出口	密封水（向阳闸水）
硬度（mmol/L）	560	10	5.4	6.6
Cl^-（mg/L）	12500	165	65	25.5
HCO_3^-（mol/L）	3.5	3.63	3.55	5.3
pH值	6.0	5.4	6.5	7.67

1号真空泵前端盖结垢情况

1号真空泵涡壳结垢情况

1号真空泵叶轮结垢情况

涡壳垢样（4～5mm）

图6-183　真空泵的结垢

　　同样的问题发生在江苏扬州发电厂5号机组的FGD系统（日本川崎公司内隔板喷淋塔）真空脱水系统的真空泵上。真空泵设计时其密封水由工业水提供，要求水温在39℃以下。由于电厂工业水接自5号机凝汽器出口，温度较高，特别是气温较高的时候水温不能达到要求，影响真空泵出力。后来改用深井水作为密封水的补充水，但是其硬度较大，经过一段时间运行后发现真空泵电流增大，解体检查发现泵内部结垢严重。日方采用了自动加酸装置，根据密封水池的pH值自动控制加盐酸，使pH值稳定在一定范围内，但从一年来的运行情况看，自动加酸装置运行不太稳定，pH值测量准确性也存在一定问题，而且还出现泵体内部腐蚀的现象。目前，电厂在水温允许的情况下尽量用工业水作为密封水。

　　FGD系统内的结垢和沉积将引起管道的阻塞、磨损、腐蚀以及系统阻力的增加，应尽量减少。解决的方法应从FGD系统的设计和运行两方面考虑。

　　在设计时应选择合理的工艺，尽量避免选用塔内部件多的吸收塔（如填料格栅塔等）；选择合适的液气比及充分氧化；在吸收塔入口烟道增加冲洗水喷嘴，定期冲洗；减少管道弯头等；选择合适的烟气速度、选择合适的材料等减少结垢的发生。在运行时可以从以下几方面来预防结垢的发生：

　　（1）提高锅炉电除尘器的效率和可靠性，使FGD入口烟尘在设计范围内；当FGD入口含尘量严重超标时，应果断开旁路停运FGD系统。

（2）控制吸收塔浆液中石膏过饱和度最大不超过140%，实际运行中要保持吸收塔内石膏浆液浓度在设计范围内，一般含固率在10%～20%，对应的密度在1060～1127kg/m³。

（3）选择合理的pH值运行，尤其避免pH值的急剧变化。低pH值时，亚硫酸盐溶解度急剧上升，硫酸盐溶解度略有下降，会有石膏在很短时间内大量产生并析出，产生硬垢。而高pH值时亚硫酸盐溶解度降低，会引起亚硫酸盐析出，产生软垢；高pH值时CaCO₃含量也高，易结垢。在碱性pH值运行时会产生碳酸钙硬垢。

（4）保证吸收塔浆液的充分氧化，减少CaSO₃和CaSO₄形成的CSS垢，这对提高脱硫率和石膏品质也大有好处。

（5）向吸收液中加入石膏或亚硫酸钙晶种以提供足够的沉积表面，使溶解盐优先沉积在晶种表面而减少向设备表面的沉积和增长。

（6）可以向吸收剂中加入添加剂，如镁离子、乙二酸等。乙二酸可以起到缓冲pH值的作用，抑制SO₂的溶解，加速液相传质，提高石灰石的利用率。镁离子的加入生成了溶解度大的MgCO₃，增加了亚硫酸根离子的活度，降低了钙离子的浓度，使系统在未饱和状态下运行，以防结垢；另外，氢氧化镁或碳酸镁的溶解度远较石灰石大，所以设计中为了降低液气比，采用石灰石中添加氢氧化镁或碳酸镁，称为加强镁石灰石/石膏法。在当地镁盐产量丰富的情况下，该法是有很大优势的，其效果高于传统的石灰石/石膏法。

（7）对接触浆液的管道、设备在停运时及时冲洗干净。

（8）定期检查，特别是除雾器和GGH，及时发现潜在的问题。

五、FGD系统的堵塞

FGD系统内引起堵塞的原因有许多，如系统设计不合理、沉淀结垢、浆液中杂物、运行中冲洗不及时等，有时是多种因素的综合结果。

（一）设计不合理引起的堵塞

石膏浆液的磨蚀性强，沉淀快，沉淀有自密实的倾向。因此，管道设计中首先要考虑的是防止发生石膏浆液沉淀。管径和管道的倾斜度（0～20°）正常运行时对沉淀的形成影响不大，主要是石膏浆液的浓度和流速。提高流速对防止沉淀有利，但使管道磨损增加。浆液浓度为10%～14%，流速为0.67m/s是沉淀形成的临界值。此外在布置设计中要力求避免管道下凹，否则应在管道的最低点安装排空阀，停运时用水冲洗。对于斜度不大，较长的管道也应设置停运自动冲洗装置。

装有调节阀的管道要在阀门入口端的管道上安装回流管。当阀全关时，回流浆液流速不低于引起沉淀的最低流速，否则调节阀要设定最小开度。

某FGD系统的石膏真空皮带脱水机的给料管多次出现堵塞，原因是设计时有一段管道为水平布置，当停运皮带机时，管道没有冲洗，这样时间一久，水平处便发生堵塞。后将水平段改造成斜管，解决了此问题。图6-184为改造前后的对比。

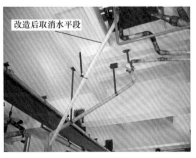

图6-184　脱水机给料管防堵塞改造前后的情况对比

在重庆电厂 $2 \times 200MW$ 机组 FGD 脱水系统中，运行中需大量的滤布冲洗水将残留石膏冲掉，并汇集在滤饼冲洗水箱中，再通过滤饼冲洗水泵打向脱水机。由于滤饼冲洗水箱没有搅拌器，很容易造成石膏沉淀。石膏在滤饼冲洗水箱内大量沉淀，堵塞滤饼冲洗水泵，使其不能正常工作。同时滤饼冲洗水箱内石膏不断堆积，将逐渐向脱水机下部漫延，使脱水机下部堆满石膏，脱水机也无法正常工作，只能停机用人工进行处理，每次清理都要耗费大量的人力。另外脱水机上管路除石膏供浆管外，没有考虑冲洗水，这就导致管路、喷嘴、泵等被堵塞后也无法冲洗疏通。目前堵塞后唯一的办法就是将堵塞设备或管道拆开进行人工清理，这也使脱水机的投入率大受影响。

广西南宁冶炼厂液柱喷射 FGD 系统的堵塞是该系统在调试运行过程中最易出现的问题。首先是因为管道中为固液两相流，一旦流速降低，马上沉淀，而且沉淀物结构致密，用清洗水很难冲洗。特别是在用电石渣作为脱硫剂时，由于固相杂质较多，问题更为严重。另外，氧化不充分，亚硫酸钙的含量太多，也会使管道易堵塞。经对堵塞物取样分析，石膏含量为 60.45%，$CaSO_3 \cdot 1/2H_2O$ 含量为 22.5%，还有其他一些较大杂质颗粒。一些设计欠妥处最易出现堵塞，如弯头、节流阀、管径变化处和浓缩部；还有一些"U"、倒"U"型垂直下弯和上弯的管道也是最易出现堵塞的地方。

解决堵塞的办法如下：阀门关闭时及时清洗管道，修改不合理管道布置，对易堵管道加一定坡度，排浆管采用 PVC 管等。另外，脱硫反应塔的正常运行会使亚硫酸钙含量降低，堵塞发生频率可大大降低。

在实际运行中，由于锅炉机组的负荷、SO_2 含量常有变动，会使供入吸收塔的石灰石浆液流量不断波动，有时长时间在极低流量下运行，这样一来造成石灰石浆液管道堵塞，因此设定定期自动冲洗管道十分必要。

（二）沉淀结垢引起的堵塞

1. 喷淋层喷嘴的堵塞等

贵州某电厂 $2 \times 300MW$ 机组，采用内隔板 FGD 工艺，设计单塔处理烟气量 119 万 m^3/h（5% O_2，标况下），燃煤收到基含硫量为 2.29%，脱硫效率不小于 95%，2004 年初建成投产。但实际燃煤收到基含硫量都在 4.5% 以上，造成 3 层喷淋层及喷嘴结垢、堵塞严重，1/3 的喷嘴被浆液垢堵死，如图 6-185 所示，系统根本无法运行，只能进行吸收塔的全面改造。

2006 年 6 月，广东省连州电厂检查发现 FGD 吸收塔内部分喷嘴已经堵塞且有损坏，在下部 FRP 喷淋分管上，有十余处出现穿孔现象，喷淋管的衬胶支撑管也有衬胶穿孔，如图 6-186 所示。后更换了喷嘴及对穿孔处重新进行防腐加固。从堵塞物看，绝大部分是吸收塔内的浆液，且夹杂有一些 FRP 材料。堵塞是一个渐进过程，这可能是进入吸收塔的灰分过大、塔内浆液浓度过大所致。浆液有磨损 FRP 管道现象，局部浆液黏附在喷嘴上后慢慢堵塞，使浆液的通路减少；停下循环泵后，可能没有及时冲洗干净。最后浆液不能形成 95° 的喷淋角度而是正对着往下冲，下方的 FRP 喷淋管及衬胶支撑管便逐渐被穿孔。

加拿大 Lambton 电站 3 号机组 FGD 系统 1995 年初停运检修时发现，25% 以上的喷嘴已经堵塞，其中 63% 位于第三喷雾层。堵塞物主要是黏土状物质，呈深浅不一的层状结构，其主要成分为石膏，约占 90%。其原因是入口烟道和石膏壁面结垢带入的大片固态物堵塞喷嘴，后在母管底部的每个喷嘴前安装了管状过滤网、改善入口烟道，喷嘴堵塞显著减少。

循环泵故障而长久不运行，会造成停运喷淋管石膏浆液漏入沉积，最后堵塞喷嘴及喷淋管，运行中一些杂物进入喷嘴也会造成喷嘴的逐步堵塞，如图 6-187 所示。可见应常换用喷淋层，备用的循环泵不能停运太久；FGD 停机检修时，应逐个检查喷嘴的堵塞情况。在 FGD 运行时，若发现循泵出口压力升高，可怀疑为出口管道或喷嘴堵塞。反之，可怀疑为喷嘴磨损使出口加大，或循环泵叶轮磨损。

图 6 - 185　某 300MW 内隔板 FGD 吸收塔喷嘴结垢堵塞

图 6 - 188 是氧化风喷口被石膏垢堵塞的现象，是由于氧化风机出口增湿水故障未投入所致。高温的空气进入浆液中，会使附近的石膏浆液水分蒸发而致结垢。管道、箱罐内沉淀结垢将引起堵塞，如前所述江西贵溪发电厂循环浆液管道及其岔道管沉积区的结垢堵塞、氧化风管浆液倒流的结垢堵塞。

国华北京热电分公司真空皮带机滤饼冲洗水从皮带机滤布冲洗水槽底部引出，运行过程中频繁出现冲洗喷嘴堵塞、滤饼冲洗泵不能正常运行，造成石膏中 Cl^- 含量超标、品质下降。开始时在泵的出口加装了循环管路和喷嘴，目的使槽内含有石膏的浆液产生扰动并在泵之间形成循环，减少沉淀，并通过滤饼冲洗水泵送入滤饼冲洗喷嘴，但没有达到预期的效果。后对滤饼冲洗水源进行了改造，将冲洗水改为洁净的工业水，水源从皮带机冲洗水泵出口引接，将滤饼冲洗水槽的水引入磨机地坑。改造后有效地解决了滤饼冲洗管路及喷嘴堵塞的问题，取得了良好的使用效果。同样在重庆电厂，滤布冲洗时将残留石膏带进滤饼冲洗水箱，但滤饼冲洗水箱中未采取防沉淀措施，易造成石膏沉淀，堵塞滤饼冲洗泵及喷嘴。同时因管路中没有设冲洗水泵，管路和喷嘴堵塞后无法冲洗疏通。

吸收塔石膏浆液排出泵设计为一用一备，备用泵入口门设定为全开，DCS 控制为自动备用状态。

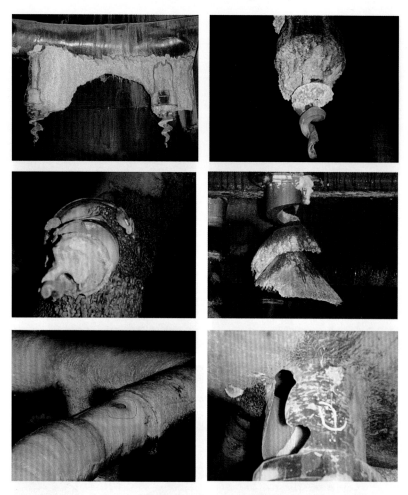

图 6 - 186   连州 FGD 喷淋层喷嘴的堵塞和喷淋管的穿孔（2006 年 12 月）

运行一段时间后发现备用泵经常堵塞，更为严重的是冬季由于泵壳内的浆液不流动造成泵体冻裂。分析认为，排出泵在吸收塔底部，而塔内浆液密度高达 1100kg/m³，泵停止后由于浆液的沉淀、凝固，短时间内就有可能发生堵转，备用泵无法正常启动，根本起不到备用的作用。为此改变了泵投运自动控制程序，将 1 号、2 号石膏浆液排出泵由自动改为手动备用，即在一台泵运行时，将备用泵入口门关闭，泵体内浆液放空，冲洗干净。运行一段时间后，未再发生泵堵转和冬季冻结现象。

脉冲悬浮管也会堵塞。2007 年 6 月，广东某电厂 2 × 300MW 机组 FGD 系统大修，检查发现运行 1 年的吸收塔（直径 17m，运行液位 10 ~ 11m）内堆满石膏，除靠近循环泵一侧石膏堆积成一斜坡外，塔内其余地方已堆至池分离器高度（约 7m），如图 6 - 189 所示。7m 高的石膏山不是一次形成的，这可以从清理的石膏山剖面上清楚地看出，石膏山有明显的分界线，线上是带黑色的，如图 6 - 189 所示；这与其他地方石膏颜色不同，现场观察堆积的石膏至少有 6 层，每层厚度在 0.5 ~ 1m 左右。循环泵入口侧山坡上覆盖着一层黑色物，应是细的灰分。整个吸收塔成了一个石膏储箱，这是迄今为止国内所见的最为严重的吸收塔石膏沉积现象。而塔内脉冲悬浮喷嘴及管道基本被石膏堵死了。

脉冲悬浮泵的原理是将一定流量和一定压力的流体喷入吸收塔底部，以达到搅拌的效果。设计悬浮泵流量为 2110m³/h，扬程为 25m，功率为 220kW；脉冲喷嘴 12 个（φ55），流量为 150m³/(h·个)，压力为 0.2MPa。由于脉冲悬浮喷嘴的高度为 1.1m，而正常运行情况下一次吸收塔浆液完全沉积石膏的平均高度约为 80 ~ 90cm，因此脉冲悬浮泵是可以停运一段时间的（FGD 商推荐的时间是可

吸收塔喷嘴的结垢堵塞　　　　　　　　喷嘴杂物造成堵塞

停运喷淋母管和分支管浆液的沉积和堵塞

图 6 - 187　吸收塔喷嘴及浆液管的结垢堵塞

停运 7d)。

推测吸收塔内石膏大量沉积的过程是，当某次脉冲泵停运后，石膏会沉积，再次启动时由于各种原因，脉冲泵未能将塔底沉积的石膏完全搅拌起来，则下次停运脉冲泵时，石膏又沉积在原来未搅拌起来的石膏上，这样逐步累积。当沉积的石膏超过塔内脉冲悬浮管喷口后，便会使脉冲悬浮的作用逐渐削弱，并开始堵塞喷口。一旦有喷口堵住，该处的石膏马上沉积并逐步扩展到其他地方。如此恶性循环，最终脉冲悬浮系统的搅拌作用就会基本丧失，则以后每次系统停运，都会造成石膏的沉积。事实上，本次发现吸收塔内的所

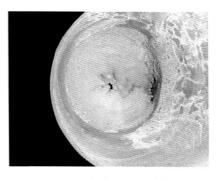

图 6 - 188　氧化风口的结垢堵塞

有脉冲悬浮管全部堵满石膏了，一直堵到塔外入口阀门后的母管，如图 6 - 190 所示。由于循环泵仍有运行，因此在循环泵入口侧没有被完全堵塞，滤网下部有一半则被完全堵死了，在循环泵侧形成了一个石膏"大峡谷"，往外侧石膏逐步堆高成一山坡形状。

脉冲泵未能将石膏完全搅拌起来可能的原因有以下几方面：

（1）脉冲悬浮系统的设计出力不够。如泵的选型偏小、脉冲管路分布不合理、脉冲喷嘴出力不足等。

由于在调试期间脉冲悬浮泵的停运时间不长，较长时间的停运只有 3 次（第 1 次 5d、第 2 次 2d）。尽管塔内已出现一定的石膏沉积和喷嘴的堵塞，但还不算严重，仍可实现吸收塔的正常清空。从运行数据来看，自从 2006 年 6 月份吸收塔清空再次投运后，至少在 2006 年 7 月底，脉冲悬浮系统已出现了明显的堵塞，因为脉冲泵的电流只有 21.6A（该泵的空载电流就达 20A）。调试时某次脉冲泵停运后再次启动的运行参数也证明了有部分喷嘴已发生堵塞，因为此时（2 台循环泵投运后）脉冲泵的电流只有 24A（此前为 27A），而出口压力达到 0.41MPa（此前为 0.34MPa），说明系统的阻

塔内沉积7m的石膏山（已清理一半）

石膏已堆积至7m高的池分离器管

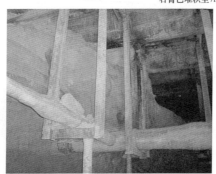

池分离器管下堆积的石膏局部　　　　　　　　　明显的石膏堆层及循环泵入口处的石膏山谷

图6-189　吸收塔内7m高的石膏堆积

力增加了而泵的流量有减少。通过对历史运行数据和化学分析数据的检查，吸收塔各项数据均在FGD商要求的范围内，包括石膏晶种加入量、吸收塔液位、浆液密度（1090～1110kg/m³）等。但吸收塔从运行初期就出现了石膏沉积和喷嘴堵塞，可以认为脉冲悬浮系统的设计出力不够，它不能将吸收塔内沉积的石膏完全搅拌起来，这是导致石膏沉积严重的一个重要原因。

（2）设备在运行过程中出现故障，影响脉冲悬浮系统出力。

脉冲悬浮泵叶轮在2006年9月已出现磨损情况，目前磨损已十分严重。而且从2006年11月开始，由于脉冲泵2个下位阀一直因故障未得到维修而无法操作，脉冲泵均采用打开上位阀的方式运行。脉冲泵的运行参数也发生了明显变化，压力达到0.43MPa、电流仅有22A，而投运初期的约为27A，且时常出现泵体温度过高的情况（接近100℃）。这影响了脉冲悬浮系统的出力。

（3）脉冲悬浮泵过长时间的停运，石膏沉积严重，再次启动后无法被完全搅拌起来。

FGD系统在试生产期间由于各类设备问题，很难长期连续运行，一年内系统启停已有20余次。通过检查历史记录，自FGD系统2006年5月168h后正式投运以来，脉冲悬浮泵由于磨损、机械密封泄漏等各种原因，进行了大量检修工作，脉冲泵停运的次数更多，停运的时间长短不一，仅 FGD 系统投产后的 3 个月内（2006 年 6 月～9 月），停运超过 100h 的情况就有 6 次，其中最长停运时间达 260h（2006 年 8 月 10 日～21 日），近 11d，远远超出了 7d 的期限。脉冲悬浮泵的多次长期停运，势必造成石膏的逐步沉积并最终使脉冲悬浮系统失效。

因此，本次吸收塔石膏沉积 7m 的事件的主要原因是吸收塔 2 台脉冲悬浮泵多次长时间停运以及设计和运行造成的脉冲悬浮系统出力不足。

另外本次石膏的严重沉积与 FGD 系统的运行人员及管理人员的专业知识不足也有很大关系。尽管脉冲悬浮系统与机械搅拌器相比有一些优点，可以停运一定时间，但是长久多次的停运脉冲悬浮泵，塔内石膏必然堆积成恶性循环。用上位吸入口也是非正常运行状态，悬浮泵的多次异常现象未被重视等。因此应对运行管理人员进行足够的专业培训。

清理石膏采用人工铲、高压水冲洗及铲车铲运等多种方式，如图 6－190 所示。脉冲悬浮母管及各分支管堵塞则只有先割管再清通，整个清理耗时 15d。

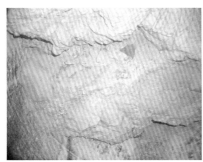

脉冲悬浮泵出口进塔母管及塔内悬浮管喷口被完全堵死

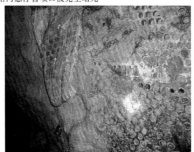

脉冲悬浮泵下位吸入口 2 个阀门全故障　　　循环泵入口滤网下部完全堵塞/塔壁衬胶有剥落

冲洗及清理石膏

图 6－190　石膏堆积原因及清理

2. GGH 的堵塞

GGH 的结垢、腐蚀、堵塞是 FGD 系统运行中常见问题。从目前国内已投运的 GGH 情况来看，大多数 GGH 的运行情况不佳。由于运行时间尚短，腐蚀的问题还没有完全暴露出来，目前主要的问题是换热元件的结垢堵塞。堵塞使得 GGH 压损大大增大，系统阻力增加，电耗增大，严重时 FGD 旁路烟气挡板被迫打开；在一些电厂出现过增压风机喘振现象，甚至威胁到锅炉的安全运行。造成 GGH 结垢堵塞的因素是多方面的，有设备、运行、设计等各方面的原因。

（1）GGH 吹扫或冲洗不正常或故障。毫无疑问，运行时 GGH 不吹扫自然会结垢。有的 FGD 系统未能按运行规程进行 GGH 的定期吹扫，或吹扫的周期长、每次吹扫的时间较短，不能及时去除积灰/垢而形成累积；吹扫气/汽源参数不满足设计要求，不能达到吹扫效果；当 GGH 压差高时未采用高压水在线冲洗、或没有冲洗干净，黏积物板结成硬垢，造成结垢越来越严重等。

浙江温州电厂三期 2×300MW 机组 FGD 系统自 2005 年 4 月及 7 月通过 168h 满负荷试运行后，GGH 差压一直偏高，平均每 1 个多月需退出 FGD 系统对 GGH 进行人工高压水冲洗。GGH 上下吹灰日常使用压缩空气，每班吹扫一次，持续约 2h，实际吹灰压力约 0.65MPa，与设计值 0.80MPa 有一定差距，又加上吹灰空气压缩机时常因排气温度高而无法连续运行，仅采用压缩空气吹扫无法满足 GGH 稳定运行的要求。GGH 差压偏高时只能进行在线高压水冲洗，高压水设计压力为 10.5MPa，有很长一段时间内由于高压水泵故障，实际压力小于 6.0MPa。频繁使用高压水吹扫短时间可降低 GGH 差压，但其所带来的大量水分，会使换热元件表面更易积灰，形成恶性循环。另外，高压水喷嘴时有堵塞，也影响了冲洗效果。

2002 年 9 月，国华北京热电分公司一期（德国）GGH 高压冲洗水泵启动后频繁跳闸，不能正常冲洗；GGH 压差不断升高，达 800Pa 以上；增压风机电流上升了 18A，最后紧急停运 FGD 系统。检查发现高压冲洗水泵出口滤网堵塞，通流面积已减少了 1/2，冲洗喷嘴也有部分堵塞。另外有时高压冲洗水枪密封出现泄漏，也影响了 GGH 的正常冲洗。在二期 GGH 上也同样存在这个问题，图 6-191 反映了高压冲洗水泵出口滤网及冲洗喷嘴的堵塞情况，图 6-192 为密封泄漏的情况。在 2005 年 3 月份发现二期 GGH 严重堵塞，于 5 月 12 日对堵塞的 GGH 进行了高压水清洗。冲洗时停运 FGD 系统，采用了人工移动式高压水枪，压力 30MPa，但冲不干净。将水压调到 50MPa 再冲洗才到达较好的效果。清洗前后的效果对比见表 6-40。在相同烟气条件下，冲洗后仅 GGH 净烟气侧差压就下降了 380Pa，增压风机电流降低 41.5A，在该烟气负荷条件下，1h 节电 380kW·h 以上，按 0.436 元/（kW·h）计算，一年 5000h，则可节电近 82.8 万元，节电效果非常明显。为此，对一期 GGH 也进行了清洗，清洗前后比较见表 6-41。在相同烟气条件下，冲洗后 GGH 净烟气侧差压下降 450Pa，增压风机电流降低 34.6A，在该烟气负荷条件下，1h 节电 300kW 以上，节电效果同样非常明显。图 6-193 为一期 GGH 冲洗前的堵塞情况及冲洗下的污物。从这次清洗后的效果看，为降低脱硫运行成本，应定期对 GGH 进行高压水除垢清洗，同时作为小修的标准项目列入检修计划。

图 6-191　高压冲洗水泵出口滤网及冲洗喷嘴的堵塞

图 6 - 192　GGH 高压冲洗水枪密封泄漏

表 6 - 40　　　　　　　　　　　　　　　　二期 GGH 高压水冲洗效果

序号	项　　目	清洗前	清洗后	差值
1	烟气量（万 m³/h）	87.5	87.5	0
2	GGH 净烟气侧差压（Pa）	1010	630	380
3	增压风机电流（A）	148	106.5	41.5
4	动叶开度（%）	71	48	23
5	耗电量（kW·h）	1372.7	987.8	384.9

表 6 - 41　　　　　　　　　　　　　　　　一期 GGH 高压水冲洗效果

序号	项　　目	清洗前	清洗后	差值
1	锅炉负荷（t/h）	820	820	0
2	烟气量（万 m³/h）	97.4	97.2	0.2
3	GGH 净烟气侧差压（Pa）	960	510	450
4	增压风机电流（A）	135.2	100.6	34.6
5	耗电量（kW·h）	1268	944	324

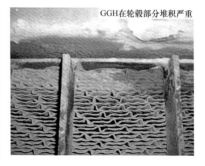

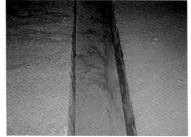

图 6 - 193　北京热电 GGH 的堵塞及冲洗物

（2）净烟气携带浆液的沉积结垢引起的堵塞，这是最根本的原因。锅炉烟气经过吸收塔后，烟温降低、水分饱和，虽经两级除雾器除下大部分液滴，出口液滴含量在 $75mg/m^3$ 以下或更低，但因烟气总量大、GGH 连续运行的时间长，携带的石膏浆液和粉尘总量很大，这些浆液通过 GGH 时会黏附在换热元件上，烟气的冷热交替通过，使得部分水分蒸发，留下溶质或固形物并逐渐加厚形成恶性循环，最终堵塞换热元件通道。对 GGH 而言，这些物质非常难以清除，运行时间一长，GGH 的阻力便大涨了。在有的 FGD 系统上，因除雾器设计不合理如烟速过高、除雾器极限液滴颗粒过大，或运行监控不利使除雾器堵塞、损坏等原因，会使后部 GGH 的堵塞更为严重。当吸收塔内 pH 值较高时，烟气携带的 $CaCO_3$ 含量也多，它们会与原净烟气中 SO_2 继续反应生成结晶石膏而黏附在 GGH 换热元件上，引起堵塞。

在台山 JBR2 系统上，调试时 GGH 的阻力直线上升，很快被迫停运 FGD 系统进行检修。图 6-194 是台山电厂 600MW 机组 FGD 系统 GGH 运行中阻力增加的实际曲线，从图中可以看出，在 23d 的运行过程中，GGH 的原烟气侧压差从 400Pa 增加到 1180Pa，净烟气侧压差从 400Pa 增加到近 1200Pa，二者之和达到了近 2400Pa。设计有单枪压缩空气吹扫正常，但几乎没有作用。直到高压水冲洗后 GGH 压降才有明显降低。检查发现，GGH 换热元件波纹片中黏满了石膏浆液，后用 45.0MPa 的高压水在烟道内人工冲洗了三天三夜才冲洗干净，如图 6-195 所示。分析认为主要原因有二：一是吸收塔后烟气中夹带石膏浆液的现象不可避免，如前所述 GGH 烟气冷热交替使石膏浆液沉积结垢；二是除雾器设计的烟气流速过高，且流速分布极不均匀，造成除雾效果不佳，使石膏浆液夹带更为严重，这可能是本次短时间内 GGH 阻力上升如此之快的重要原因。

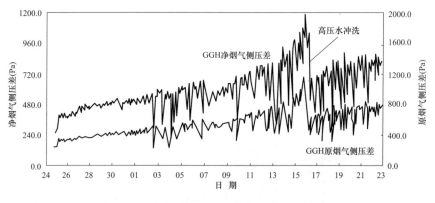

图 6-194　台山 600MWFGD 系统 GGH 阻力的增加

图 6-196 是广东沙角 A 厂 300MWFGD 系统运行时 GGH 阻力增长的曲线，从图中可见，仅三个月，GGH 总压损从 480Pa 增大到 980Pa，增加了一倍多，期间 GGH 正常冲洗。1 年后，GGH 压差到达了 3400Pa（平时 FGD 旁路是全开运行的）。停运彻底检查发现，GGH 原烟气出口侧（上部）完全堵塞，堵塞物厚度达 300mm（搪瓷换热元件总高 1066.8mm），硬如水泥，并且许多换热元件表面已严重腐蚀，用手可轻易地剥落。检修人员将换热元件一个个（共 190 格）从超过 20m 的烟道顶部吊出放到 0m，先将堵塞面浸入石灰水中 1h 以上，然后吊出用 35MPa 的高压水枪人工冲洗干净，每天冲洗 12h 以上，耗时 2 个星期。GGH 原烟气入口侧则基本干净。图 6-197 反映了 GGH 的堵塞、腐蚀及人工冲洗的情形。

同样在广东瑞明电厂 2×125MW 机组 FGD 系统中，GGH 原烟气出口侧（上部）最外一环堵塞严重，中间环局部有堵，以致第二台增压风机启动后 FGD 旁路便因系统阻力大而保护开启。检查压缩空气吹扫正常，如图 6-198 所示，怀疑运行时吸收塔液位过高有泡沫溢流所致，但中间堵塞令人费解。图 6-199 同时反映了某 FGD 系统 GGH 46 天前停机时人工操作移动式高压冲洗水枪彻底冲洗

图 6 – 195　某 600MW GGH 的堵塞及烟道内高压水冲洗

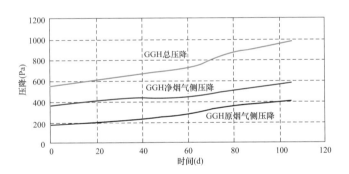

图 6 – 196　300MW 机组 GGH 运行中阻力的增加

过的换热元件，又如此被堵。

（3）灰分引起的 GGH 堵塞。

因吸收塔出口烟气处于饱和状态，并携带一定量的水分，GGH 加热元件表面比较潮湿，在 GGH 原烟气侧特别是冷端，烟气中粉尘会黏附在加热元件的表面。另外，飞灰具有水硬性，飞灰中的 CaO 可以激活飞灰的活性，烟气中的 SO_3（在有 SCR 时量更大）以及塔内浆液等与飞灰相互反应形成类似水泥的硅酸盐，随着运行时间的累积硬化，即使高压水也难以清除，这同样引起堵塞问题，在烟尘量大时堵塞更快。例如深圳西部电厂 4 号 300MW 机组海水 FGD 系统中，GGH 的堵塞物几乎均来自烟气中的飞灰；在萧山电厂 2×125MW 机组 FGD 系统中，当锅炉燃烧灰分达 30% 以上的煤种时，GGH 差压会大幅上升。

珞璜电厂一、二期 FGD 系统都采用多管式、热媒水闭合循环、无泄漏的 MGGH，一期设备由三菱重工在日本制造，二期改由国内生产。一期 MGGH 在运行中出现了严重的腐蚀和堵灰，主要发生在降温侧，其原因是锅炉排烟温度超过设计值，进入 FGD 系统的原烟气通常在 160℃以上（见图 6 – 199），造成烟气中携带 SO_3 量比设计值[$(3～8) \times 10^{-6}$]大三倍多，高达 30×10^{-6}（见图 6 – 199）。

GGH堵塞原貌

GGH堵塞局部

GGH换热元件从烟道中吊出

单个GGH换热元件堵塞面

换热元件的腐蚀

将GGH元件浸泡在石灰水中

人工高压水冲洗

GGH元件冲洗前后比较

GGH元件干净的一面

图 6-197 某 300MW 机组 FGD 系统 GGH 的人工冲洗

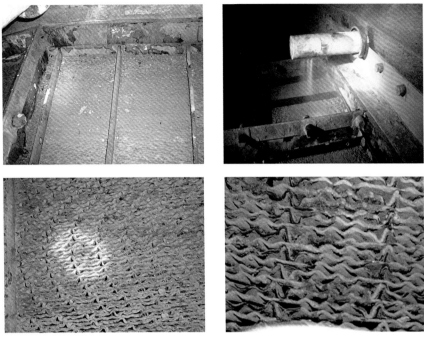

图 6-198 GGH 的堵塞

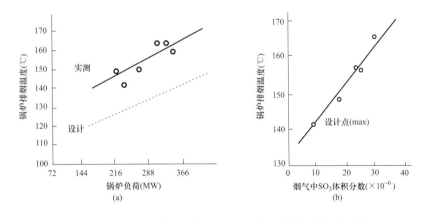

图 6-199 珞璜电厂负荷、SO_3 浓度与排烟温度关系

(a) 负荷和排烟温度；(b) SO_3 浓度与排烟温度

SO_3 浓度越高，引起的酸露点温度也愈高，气态 SO_3 在 MGGH 降温侧的翅片管表面结露，形成黏稠状 H_2SO_4，不仅加剧管束及壳体的酸性腐蚀，缩短设备的使用寿命；而且硫酸黏结烟尘，尤其当电除尘器运行工况不佳、烟尘浓度骤增时，管束间流通面积因积灰而减少，MGGH 降温侧的压损 Δp 逐渐升高，超过 600Pa 时装置被迫停运清洗，从而影响装置的正常投运。图 6-200 为一期 FGD 装置 1992 年投运前期的 Δp 变化规律，可见 MGGH 的堵塞速度惊人。

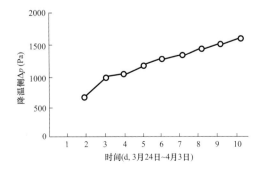

图 6-200 珞璜电厂一期 FGD 系统 MGGH 的压损

在定洲电厂 2×600MW 机组 FGD 系统上，GGH 差压大的问题同样存在。FGD 烟气系统流程如下：从锅炉电除尘器出来的烟气经 FGD 入口挡板、增压风机、GGH 进入吸收塔，向上流动且被通过喷嘴雾化后向下喷淋的 3 层石灰石浆液以逆流方式所洗涤。净化后的烟气流经二级除雾器除去浆液微滴。脱硫后的烟气被 GGH 加热到 80℃以上，经出口烟气挡板进入烟囱。FGD 系统设有旁路烟道，有 1 个旁路挡板。FGD 烟气系统主要设计参数见表 6－42。

表 6－42　　　　　　　　　　　　定洲电厂 FGD 烟气系统主要设计参数

项　目	单位	BMCR	100% ECR	75% ECR	50% ECR	30% ECR
烟气流量（湿基）	m^3/h	2130613	1950142	1500692	1077685	781732
烟气流量（干基）	m^3/h	1968047	1783983	1374166	988460	718751
烟气温度	℃	126	123	111	97	83
烟气压力	Pa	200	—	—	—	—
烟气灰尘浓度	mg/m^3	47	47	47	47	47
烟气 SO_2 体积分数	$×10^{-6}$	553.9	553.9	553.9	553.9	553.9
O_2 体积分数	%（干）	5.93	5.93	5.93	5.93	5.93
CO_2 体积分数	%（干）	13.76	13.76	13.76	13.76	13.76
水分体积分数	%（湿）	7.63	8.52	8.43	8.28	8.01
N_2 体积分数	%（干）	80.25	80.25	80.25	80.25	80.25
SO_3 含量	mg/m^3	40	40	40	40	40
HCl 含量	mg/m^3	80	80	80	80	80
HF 含量	mg/m^3	25	25	25	25	25
NO_x 含量（6% O_2）	mg/m^3	350	350	350	350	350

FGD 系统设计原烟气侧压损 0.54kPa、净烟气侧压损 0.49kPa。设有压缩空气吹扫和在线清洗装置，压缩空气压力为 0.98MPa、空气消耗量为 37.8m^3/min；在线高压清洗水压力为 0.98MPa、流量为 8.4t/h。

GGH 自运行以来，原烟气侧差压和净烟气侧差压均比设计值大。1 号 FGD 系统 168h 试运期间 GGH 原烟气侧差压就达到 0.981kPa，2 号 FGD 系统 168 试运期间 GGH 原烟气侧差压达到 1.100kPa。168h 后，两台 GGH 运行效果逐渐变差，虽多次启动 GGH 在线冲洗进行清灰，但效果不好，不能恢复到差压 1.0kPa 以下。表 6－43 和表 6－44 给出了 GGH 在刚开始投运时、168h 期间及运行 3 个月后系统阻力增加的数据，图 6－201 更直观地看到系统阻力增加的情况。

表 6－43　　　　　　　　　　FGD 烟气量与系统阻力关系（初期）

烟气量（万 m^3/h）	入口压力（kPa）	出口压力（kPa）	BUF 出口压力（kPa）	系统阻力（kPa）
148.0	－0.413	－0.218	2.368	2.173
150.6	－0.387	－0.220	2.409	2.242
160.7	－0.422	－0.222	2.656	2.456
171.5	－0.426	－0.265	2.914	2.753
180.8	－0.420	－0.273	3.163	3.016
190.0	－0.476	－0.266	3.386	3.176
196.0	－0.446	－0.256	3.477	3.287

表 6 – 44   FGD 装置系统阻力

	烟气量（万 m³/h）	入口压力（kPa）	出口压力（kPa）	BUF 出口压力（kPa）	系统阻力（kPa）
168h 期间	159.2	– 0.358	– 0.453	2.501	2.596
	184.2	– 0.184	– 0.403	3.072	3.291
	197	– 0.189	– 0.351	3.401	3.563
运行 3 个月后	141	– 0.332	– 0.209	2.529	2.406
	169.2	– 0.283	– 0.148	3.357	3.222
	176.8	– 0.389	– 0.257	3.485	3.353
	183.2	– 0.510	– 0.359	3.655	3.504

2005 年 4 月 20 日到 4 月 27 日，1 号 FGD 原烟气侧差压最大到 1.484kPa，系统总阻力超过 3.96kPa，增压风机电流最大 619A，接近额定电流。在 4 月 25 日，对 2 号 GGH 进行内部清灰检查，发现 GGH 换热元件冷端积灰严重，如图 6 – 202 所示。黏附物的成分如下：SiO_2 占 18.2%，Al_2O_3 占 12.7%，Fe_2O_3 约占 20%，$CaSO_4 \cdot 1/2H_2O$ 约占 35%，$CaCO_3 + Ca(OH)_2$ 约占 10%。可以判断黏附着的结垢是因为烟灰黏附在换热元件的低温部，有一部分灰中的碱与排出烟气中的硫酸雾起化学反应所形成的。

最后对 GGH 换热元件进行人工高压水冲洗，如图 6 – 202 所示，高压水冲洗对除去元件下部附着的结垢是有效的。

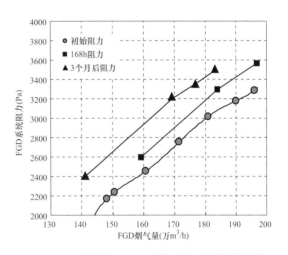

图 6 – 201　定洲电厂 FGD 系统运行阻力增加的比较

GGH换热元件冷端积灰照片

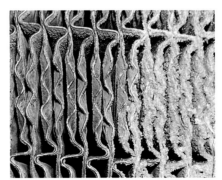

高压水清洗前后对比照片

图 6 – 202　定洲电厂 FGD 系统 GGH 的结灰垢与冲洗前后比较

对 GGH 运行 3 个月后和首次试运时的系统阻力增加与电耗进行了对比，见表 6 – 45。由表中可见，接近满负荷时，因 GGH 阻力增加所增加的电耗为 1000kW，因此必须采取必要的措施。

为保证 GGH 的换热性能和避免堵灰，目前 GGH 都配有清洗装置，有的 GGH 在原烟气侧上部（原烟气出口）及下部（原烟气入口）都安装有可伸缩的吹灰器。

GGH 清洁装置可执行 3 种清洁方式：

1）蒸汽/压缩空气吹灰。一般的积灰可通过压缩空气（约0.8MPa）或具有一定过热度的蒸汽（如1.0MPa，300～350℃）在线吹扫而清除。清扫频率一般每班一次、每天3次或更多次。

表6-45　　　　　　　　　　　　　系统阻力增加对电耗影响

FGD 烟气量 （万 m³/h）	最初系统阻力 （Pa）	最初 BUF 电 功率（kW）	3 个月后系统阻力 （Pa）	3 个月后 BUF 电功率（kW）	3 个月后增加 阻力（Pa）	3 个月后增加 电耗（kW）
180.8	2953	3500	3479	3921	526	421
190.0	3176	3904	3761	4480	585	576
198.0	3287	4180	4082	5180	795	1000

2）高压水冲洗。长期积累下来的、不能通过正常吹灰而清除的黏附物，导致了烟气阻力升高达到原设计值的1.5倍时，可以进行在线高压水（10.0MPa）冲洗，以大幅降低阻力。

3）低压水冲洗。GGH长期停机前，必须采用低压水（0.5MPa）冲洗，冲去转子上黏附的松散酸性沉积物。这时，FGD停机，GGH低转速（0.3～0.5r/min）。冲洗水可通过与压缩空气共用的喷枪步进移动时吹扫，也可通过固定在原烟侧进出口处的大流量冲洗水管（上海锅炉厂的GGH加此装置）喷出。

从介绍的例子及目前已投运的其他GGH运行情况看来，其换热效果和堵灰状况往往令人头痛，许多时候是被迫停FGD专门对GGH做清洁维护。GGH故障的原因并非其机械性能，而主要是GGH的积灰和结垢使换热元件阻力太大造成的。

表6-46给出了3个已运行1年以上的GGH清洗装置使用情况的综合分析。从表中可见实际GGH运行的差压都已到达原设计值的1.5倍或更多，即使在线高压水冲洗也显得力不从心。最终的结果是停下FGD系统进行人工高压水冲洗，高压水的冲洗频率比厂家说明书上建议的要高得多。实际上，每1～2个月就得执行高压水冲洗的程序，有的是每星期就冲一次或更频繁。

（4）设计不合理引起的GGH堵塞。GGH本身因素，如GGH换热面高度、换热片间距、换热片类型、吹灰方式、布置型式、吹灰器数量、吹灰器喷头吹扫位置、覆盖范围等，对GGH积灰、结垢均有影响。例如浙江温州电厂三期的GGH换热元件高度相对较高、间距较小（换热元件净高度为775mm，而一般300MW机组GGH换热元件高度为430mm左右），使烟气流通通道狭长，阻力增大，且更易堵灰。每次GGH差压高后，检查发现堵灰现象一般发生在换热元件上部十几厘米内，而换热元件下部较干净。另外吹扫介质为压缩空气，不如蒸汽吹扫效果好；一支吹灰枪的效果也不如2支；在吹扫效果方面，平板式的换热元件应该优于波纹板式等。

喷淋层和除雾器的设计要合理。合理布置喷淋层喷嘴，使喷出的循环浆液能均匀覆盖吸收塔平面，避免吸收塔截面因浆液分布不均而产生空隙。浆液分布不均会影响到吸收塔内流场分布不均，为烟气携带液滴提供了有利条件，浆液分布量少的区域烟气会携带大量液滴。流场分布不均增加了除雾的难度，不能除去的液滴将进入GGH。合理地选用喷嘴，喷嘴出口浆液雾化粒径越小，与烟气接触的比表面积越大，对烟气中SO_2与液滴中的石灰石反应越有利；但粒径太小的液滴易被烟气带走而进入GGH，液滴粒径太大则不利于反应，因此喷嘴雾化粒径应在合理的尺寸范围内。吸收塔顶层喷嘴喷射方向不宜向上喷射，应向下喷射，向上与烟气流同向喷射，同样粒径的液滴更易被烟气携带走。净烟气流经除雾器的流速应在合适的范围内，不应太高；流速越高，随着净烟气被带走的液滴越多；粒径范围越大，大粒径的液滴也可能被带走，严重影响除雾效果等。另外GGH前后直烟道过短，导流板不能使流场分布均匀，这将使得GGH局部会先产生浆液黏结堵塞，继而形成恶性循环。

表 6 – 46　　　　　　　　　　　　　　　GGH清洗装置使用情况分析

典型用户	钱清电厂2号机组（135MW）	北京热电二期机组（200MW）	镇江电厂二期（2×140MW）
GGH厂家	豪顿华 26.5GVN400　设计原烟气和净烟气侧压降均为 450Pa，转子直径 8400mm，换热元件高度 400mm	德国 ABB-AGT，上锅空预器公司配合制造转子框架和壳体等。　设计原烟气和净烟气侧压降均为 370Pa，转子直径 11060mm，换热元件高度 675mm	上锅空预器公司引进美国 Alstom APC 技术。　设计原烟气和净烟气侧压降分别为 450Pa。转子直径 11000mm，换热元件高度 635mm
清洗装置（吹灰器）特点	英国 Clyde 生产。　一个全伸缩式吹灰装置安装于上部，其中高压水管及喷嘴和压缩空气通道安置在单根枪管内。　6 个喷嘴集中布置，使得冲洗介质流量集中，冲力大	德国 Bergeman PS-AL 生产。　上下各一个半伸缩式吹灰装置，每个装置中分别为压缩空气和高压水二根枪管。　压缩空气管中，前端 3 个喷嘴，后端 4 个；高压水管中，前后端各 2 个喷嘴，当上下 2 根高压水枪同时冲洗时，有 8 个喷嘴分 4 处同时在喷	上下各一半伸缩式吹灰装置，每装置中二根枪管，Bergeman 上海公司生产
在线清洗过程说明	用压缩空气吹灰时，转子转速 2.0r/min，1.1h，空气量 1692kg/h；高压水冲洗时，转速 2.0r/min，6h，冲洗水流量 5.7t/h	用压缩空气吹时，转子转速 1.4r/min，先用上枪吹，再用下枪吹，共约 1.5h，单根枪空气量 1321kg/h；高压水冲洗时，转速 0.7r/min，两枪同时冲 7～8h，冲洗水流量共 6t/h。高压水冲洗后，喷枪退回，再用压缩空气对其干燥吹约 10min	用压缩空气吹时，转子转速 1.2r/min，先用下枪吹，再用上枪，共 1.5～2h，单根枪空气量 1400kg/h；高压水冲洗时，转速 0.6r/min，两枪同时冲 7～8h，冲洗水流量共 6t/h
清洗效果	性能测试时单侧烟道差压约 350Pa，运行 1 年后单侧差压 500～600Pa	性能测试时单侧烟道的差压约 360Pa，目前单侧差压约 600Pa	性能测试时单侧烟道的差压约 660Pa，目前单侧差压 900～1000Pa
差压变化因素	1. 有时原烟气含尘量大于 300mg/m³。　2. 当吸收塔偶尔出现溢流时（这时溢流管又堵），浆液反流到 GGH 原烟侧	1. 烟气流量大于设计值，使差压显著增大。　2. 吸收塔很少溢流。由于一直用消泡剂，塔内浆液很少起泡	烟气流量稍大于设计值，其他情况类似于钱清电厂。吸收塔浆液有泡沫
强化吹灰的方法	用高压水冲效果不理想时，人工用移动式高压水枪（30～40MPa）才能冲干净	用高压水冲达不到效果时，人工用移动式高压水枪（50MPa）才能彻底冲干净	停机时反复用高压水冲，有时人工用移动式高压水枪才能冲干净

（5）其他原因引起的 GGH 堵塞。在运行中有时吸收塔液位过高，溢流管排浆不畅，浆液从吸收塔原烟气入口倒流入 GGH。吸收塔在运行时由于氧化空气的鼓入使液位有一定的上升，另外吸收塔运行时在液面上常会产生大量泡沫，泡沫中携带石灰石和石膏混合物颗粒；液位测量反映不出液面上虚假的部分，造成泡沫从吸收塔原烟气入口倒流入 GGH。原烟气穿过 GGH 时，泡沫在原烟气高温作用下，水分被蒸发，泡沫中携带的石灰石和石膏混合物颗粒黏附在换热片表面。在此过程中，原烟气中的灰尘首先被吸附在泡沫上，随着泡沫水分的蒸发进而黏附在换热片表面，造成结垢。即便瞬间反流，GGH 积污也非常严重。在吸收塔入口烟道设计不合理，循环泵长时间启动而 FGD 系统未通烟时，可使吸收塔浆液飘流黏附在 GGH 上，这应当避免。另外 GGH 吹灰步序、步长、停留时间设置不合理，如有未吹到的死角等，便会造成堵塞。这些事件在 FGD 系统中都实际发生过。

不但 GGH 会堵塞，蒸汽再热器的管子或热管换热器也有结垢堵塞现象发生。例如 2006 年 6 月连州电厂检查时发现，烟气进口侧蒸汽再热器第一排管束外结有一层膜状灰浆，高度在3m以下，浆液结垢将下部换热管几乎完全堵塞，如图6-203所示。后部的管束内积灰不多，再热器管子在烟气方向上设有8根玻璃钢冲洗水管，每根上沿高度方向上均布有12个冲洗小喷嘴，再热器管子定期得到冲洗，冲洗水流入吸收塔内。通蒸汽查漏未发现漏点，检查冲洗水喷嘴没有堵塞。分析原因认为之前进入FGD系统的飞灰含量过高。另外，除雾器叶片变形使其效果变差引起大量浆液进入烟道内。

蒸汽加热管子的堵塞

完全堵塞的蒸汽加热管局部

清理干净的管子

图6-203 蒸汽加热器管子的堵塞情况

为保持FGD系统GGH的清洁，应从设计和运行两方面着手，主要的措施如下。

（1）改进设计。

1）改进GGH本体的设计，如合理的换热面高度、换热片间距、换热片型式等。

2）改进GGH吹灰的设计。对于GGH供货商，GGH本体和清洗装置分别从2家供货，很多时候货到现场安装和调试时才发现在设计阶段并未精确地算好枪杆伸缩限位尺寸和步进尺寸。所以，应从已投运的吹灰装置使用效果中取得大量一手数据，在以后设计中准确地计算吹灰步序和调整步长，改善清洗程控。比如每步进一次吹扫的环之间要有重叠，不应在每环间有未冲洗到的地方，尤其注意在最内环和最外环的冲洗，不应有冲不到的死角。在GGH上下都设置吹灰器比只设一支吹灰枪效果要好，有些FGD系统上就进行过加吹灰枪的改造，可以延缓GGH堵塞的趋势。

运行实践证明，蒸汽吹灰的效果比压缩空气要好，压缩空气对锅炉用GGH吹扫有效果，但用于FGD系统的GGH便起不了什么作用。萧山发电厂2×125MW机组FGD系统原GGH采用压缩空气吹灰，但效果不佳。电厂于 2006 年 3 月在脱硫公司及吹灰器厂家的支持下，完成了对 GGH 吹灰装置的改造工作，将原压缩空气（低压水）吹灰管路截断，改接从 1 号、2 号锅炉空气预热器蒸汽吹灰联络管两侧堵板间引出（1 号炉侧加装堵板）的冷段再热蒸汽（进口压力 2.72MPa、温度 324℃）；控制程序基本采用原压缩空气吹灰程序，取消原空气压缩机的联锁保护，修改控制按钮；利用现有吹灰器，将一个 $\phi6.5$ 低压喷嘴改成 $\phi20$ 喷嘴，另外四个 $\phi6.5$ 喷嘴保留；高压水吹灰系统继续保留。吹灰器改用蒸汽后，GGH 的差压有所改善，从改造前单侧 700 ~ 850Pa，下降到单侧 600 ~ 700Pa。蒸汽吹灰电动阀后压力一般为 1.2MPa 左右，温度为 230℃ 左右。

3）改进烟道设计。吸收塔入口烟道建议向下倾斜地插入吸收塔，以避免万一塔内浆液溢流或泡沫大时反流到 GGH；GGH 高位布置自然不会出现这种情况。合理布置烟道导流板，使气流分布均匀。

4）改进喷淋层、除雾器系统的设计。喷淋覆盖率小、除雾器效果不好或其叶片冲洗不净而积石膏等，使吸收塔出口烟气携带浆液，其下游的受害者就是 GGH。所以喷嘴合理布置和选择、除雾器的选型和注意除雾器的清洗效果尤为重要。

（2）在 GGH 正常运行过程中采取的措施。

1）加强正常吹灰。一定要形成一个制度，用压缩空气或蒸汽至少每班吹扫一次，也可增加频率。常用汽/气吹不伤换热元件，不必到积重难返时，再伤害性地用高压水冲洗。若吹灰后差压未降到设定值，可再走一次程控继续吹灰。某 FGD 系统长久运行能基本保持 GGH 干净，主要原因是连续不断地用足量的压缩空气对 GGH 进行吹扫，这样耗气量很大，但能防患于未然。图 6 - 197GGH 堵塞之所以如此严重，一个主要原因是平常用蒸汽吹扫不彻底。平时应加强空气压缩机、吹灰器、高压冲洗水泵等设备的检修，保证良好的设备状态。

2）在线高压水冲洗。当 GGH 的压差 Δp 高达正常值的 1.5 倍时，用 10 ~ 15MPa 的高压冲洗水在线冲洗，这是一般 GGH 厂家的要求。但到 1.5 倍时再冲洗已迟了些，应定期进行检查，发现有结垢的预兆就应进行处理，即要摸索出合理的高压水冲洗投入时机。结垢后吹扫时一定要吹扫干净，不要留余垢，否则以后很难清理。采用高压冲洗水在线冲洗时，一定要彻底冲洗干净，否则停留时间太长结成硬垢后，更难清理，并且会越来越严重。应保持喷嘴的通畅，不应被管道中的杂质或铁锈堵住，管道不应有泄漏。但是，并不建议常用在线的高压水冲洗，更不建议频繁地移动式更高压力的水枪冲洗，这样易损坏换热元件上的搪瓷镀层。

为减少 GGH 在线高压水冲洗时对机组和 FGD 系统运行的影响，可将旁路挡板暂时打开并将增压风机导叶关小，待冲洗完毕并干燥后再重新加大 FGD 烟气负荷并关旁路。

3）离线人工高压水冲洗。若在线高压水冲洗效果不明显，只能停运 FGD 系统，用 40.0MPa 或更高压力的移式式高压水泵及枪离线人工冲洗，这样才能彻底冲干净。但经常用高压水冲洗对换热元件的寿命必有影响，且耗时耗力耗财，实为无奈之举。

4）化学清洗。离线人工高压水冲洗并不能彻底清洗换热元件，因此一些电厂开始尝试使用化学清洗的方法。经过各种试验，化学清洗的工艺为：

水冲洗→碱洗（NaOH 溶液）→水冲洗→酸洗（HCl 溶液）→水冲洗→（碱洗→水冲洗→酸洗）→机械辅助清理→水冲洗。

图 6 - 204 反映了某电厂 600MW 脱硫系统 GGH 化学清洗的过程及其效果。从重新投运后 GGH 的实际差压增加的情况看，化学清洗还是取得了较好的效果。但是化学清洗工艺复杂，必需进行很好的过程控制，否则将对 GGH 换热片表面搪瓷造成损伤，且不同的换热片适用的清洗介质有所不同，需试验确定。一台 600MW 脱硫系统 GGH 化学清洗耗时近 1 个月，费用超过 100 万元。因此对电厂来说需慎重选用，也为无奈之举。

5）加强 FGD 系统运行监控，善于总结。吸收塔浆液密度计不准将直接导致到其液位不准，应

将GGH换热元件浸入药液中　　　　　　　临时药池及蒸汽加热

人工水冲洗　　　　　　　　　　　　　未清洗的GGH换热元件

未清洗的GGH换热元件（局部）　　　　　　1次清洗后的效果

清洗完成的GGH换热元件局部　　　　　　清洗完成的整个GGH换热元件

图6－204　GGH换热元件的化学清洗及效果

经常校正密度计、液位计，避免浆液溢流，甚至反流到GGH。运行过程中应注意监测吸收塔液位，记录、分析运行数据，总结吸收塔真实液位以上虚假液位的规律。运行过程中应严格将浆液浓度、pH值控制在设计范围内。记录、分析GGH运行数据，掌握GGH结垢规律，确定经济合理的吹扫周期和吹扫时间，把握高压冲洗水投运的时机和持续时间。通过掌握的运行资料，修编适合本厂情况的 GGH 运行规程。

6）做好锅炉的燃烧调整，提高电除尘器效率。当锅炉电除尘器故障、原烟气含尘量达到高报警或 FGD 保护连锁停的条件时（一般为 $250 \sim 300 mg/m^3$），应暂时停运 FGD 系统，让烟气走旁路；入口未设置烟尘仪的，建议加装一个，这对整个 FGD 系统的安全运行是十分有利的。

事实上，当 GGH 堵塞影响 FGD 系统的运行时，各厂都积极进行了改进，例如国华电力公司等专门成立了脱硫 GGH 技术攻关小组，投入了大量人力物力，做了许多有益的工作。作为一个典型的例子，这里介绍广东省台山电厂 3 年来对 1 号、2 号 JBR 系统 GGH 防堵塞所做的努力和所取得的效果，见表 6-47，值得学习和推广。但这还不能根本解决 GGH 的堵塞问题。最彻底的方法是取消 GGH，代之以其他可行的加热方法或采用湿烟囱、冷却塔排烟。图 6-205 是现场部分改进措施。

表 6-47　　　　　　　　　　　GGH 防堵塞措施和效果

序号	改 进 措 施	效 果
1	改变 GGH 吹扫方式。如将压缩空气改为连续吹扫、用高压水连续吹扫	效果不大
2	进行 GGH 吹扫压缩空气的压力衰减实验和压缩空气湿度的测定；最后改造压缩机，增设了空气净化装置，降低空气湿度	空气压缩机的出口压力从 0.75MPa 提高到 1.3MPa，储气罐处为 1.0MPa，确保吹灰器就地压缩空气压力约为 0.9MPa；同时降低了压缩空气中的含水量，增强了吹扫效果
3	在 GGH 底部再增加了一台吹灰器；增加了 2 台高压冲洗水泵	增强了吹扫效果；提高了高压水冲洗的可靠性
4	JBR 液位（鼓泡管浸入深度）试验和 pH 值调整试验，pH 值在 5~5.5	浸入深度越大，GGH 差压上升速度愈慢。但 JBR 阻力越大，系统电耗增大。无法判定 GGH 差压与 pH 有直接关系
5	3 种 GGH 换热元件板型试验	3 种换热片结垢状况无明显区别
6	GGH 换热片结垢物的成分和元素分析。同时分析不同煤种的灰分并进行比较	GGH 结垢主要由 SiO_2、CaO、Fe_2O_3、Al_2O_3 等组成，其成分和水泥很接近，导致 GGH 蓄热元件上积垢清洗困难。粉煤灰中 CaO 的含量增加，会加速 GGH 积垢
7	减少除雾器冲洗次数，并将除雾器前段冲洗水源由滤液水冲洗改为工业水	GGH 的差压上升的趋势有少许缓解
8	分析除雾片干净的原因并试验	除雾效果不理想，造成净烟气中携带的石膏浆液通过除雾器，形成 GGH 蓄热元件积垢的垢源
9	烟气量标定和 ESP 效率试验	烟气量和 ESP 效率在设计范围内
10	对除雾器进、出口烟气流场分布进行实际测量	原除雾器进、出口烟气流场分布十分不均匀
11	除雾器雾滴试验。由德国 Munters 等多家单位采用氧化镁撞击法及镁离子示踪法测试除雾器后净烟气中液滴含量	净烟气携带量非常小，基本载荷下极限液滴颗粒为 $15\mu m$ 以上的残余液滴含量为 $3.9^{+0}_{-1.4} mg/m^3$（干）。但经过除雾器后的烟气大量携带了小液滴，这种小浆液液滴导致了 GGH 的堵塞
12	2006 年 9 月，首次根据 CFD 技术分析对除雾器前导流板进行改进，目的使流场分布均匀	除雾器差压略有降低，但 GGH 差压上升趋势反而加快
13	再次对与除雾器相关的烟气流场进行数值模拟	根据计算和试验结果改造了除雾器入口烟道的导流板，测试表明流场分布比较均匀
14	确定了 3 个研究方向：① 形成液滴的原因分析及减少携带量的方法；② 除雾效果恶化的原因分析及提高除雾效率的方法；③ 除垢效果差的原因分析和增强除垢能力的方法	烟气携带的小液滴首先是在鼓泡塔发生的，形成机理有：① 液流被机械破碎；② 气泡在液面上逸出、破裂时形成

续表

序号	改 进 措 施	效 果
15	小液滴控制试验。根据台山鼓泡塔的技术参数，模拟创建了鼓泡塔的试验平台，进行试验论证	试验表明：① 控制 JBR 液位，在风机压头允许的范围内，适当增大液位，将有助于减少小液滴的数量；② 设置网栅以破坏气泡，减少小液滴的产生；③ 网栅尺寸越小越有利于减少小液滴的数量
16	吸收塔内加装网格。根据小液滴试验报告，采用网栅来控制速度和气泡的大小	网格采用了耐腐蚀材料。网栅一方面控制了小液滴的生成总量，另一方面也影响了液滴的粒径分布
17	GGH 换热元件清洗试验。请三家单位进行 GGH 换热片清洗试验，比较清洗效果	通过小试和部分中试试验，确定了现场 GGH 换热片清洗使用工艺
18	现场 GGH 换热片的化学清洗	除垢率在 95% 左右，换热片基本光亮平整，没有发现有明显的损伤
19	以上各种综合措施	大大延缓了 GGH 阻力上涨速度。但仍需定期停运人工清洗

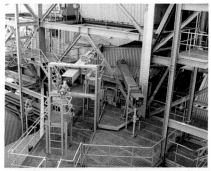 

GGH底部增加了1台吹灰器

GGH吹扫增加的空气净化装置和2台高压冲洗水泵

除雾器雾滴试验和流场测试

图 6 – 205 部分改进措施

3. 关于取消 GGH

要取消 GGH，首先得搞清楚 GGH 的作用及取消后的问题。

（1）GGH 的主要作用和局限。

1）提高排烟温度和抬升高度，这是 GGH 的第一个也是最主要的作用。湿法 FGD 系统中，吸收塔出口净烟气温度一般为 47~55℃，设置 GGH 可将净化后的饱和湿烟气加热到 80℃ 以上，从而提高烟气从烟囱排放时的抬升高度。

但是，从环境质量的角度来看，主要的关注点是在安装和不安装 GGH 时，主要污染物（SO₂、粉尘和氮氧化物）对地面浓度的贡献。表 6-48 为根据某电厂实际情况，在 2 台 300MW 机组合用 1 个烟囱、烟囱高度为 210m、环境湿度未饱和的条件下，安装和不安装 GGH 时，主要污染物对地面浓度的贡献计算得到的结果。

表 6-48　　　　　　　　　　　　主要污染物对地面浓度的贡献

污染物	SO₂ 国家二级标准限值 (0.15mg/m³)		粉尘国家二级标准限值 (0.15mg/m³)		氮氧化物国家二级标准限值 (0.12mg/m³)	
	有 GGH	无 GGH	有 GGH	无 GGH	有 GGH	无 GGH
日均值/标准值（%）	1.13	2.57	1.99	4.51	1.30	9.74

从表中计算结果可看出，由于 SO₂ 和粉尘的源强度在除尘和脱硫之后大大降低，因此无论是否安装 GGH，它们的贡献只占环境允许值的很小一部分。由于 FGD 不能有效脱除氮氧化物，氮氧化物的源强度并没有降低，因此是否安装 GGH 对于氮氧化物的贡献有较大影响；但从表中看出，无 GGH 时仍然只占环境允许值的 10% 左右，因此对环境的影响不会很显著。实际上，降低氮氧化物对环境影响的根本措施是安装脱硝装置，通过扩散来降低落地浓度只是一种权宜之计，只能减轻局地环境污染，不能减轻总体环境污染。

但如果电厂的环境湿度处于饱和状态，则湿烟气的抬升与其处于环境湿度未饱和时明显不同，此时 FGD 系统安装和不安装 GGH 对烟气抬升高度差异不大，不会造成地面污染浓度的增大。

2）减轻湿法脱硫后烟囱冒白烟问题。由于 FGD 后从烟囱排出的烟气处于饱和状态，在环境温度较低时凝结水汽会形成白色的烟羽。在我国南方城市，这种烟羽一般只会在冬天出现；而在北方环境温度较低的地区，出现的概率较大。一般而言，FGD 系统后冒白烟是很难彻底解决的，如果要完全消除白烟，必须将烟气加热到 100℃ 以上。安装 GGH 后排烟温度约 80℃，因此只能使烟囱出口附近的烟气不产生凝结，使白烟在较远的地方形成。图 6-206 是某电厂烟囱出口的白烟照片以及与附近冷却塔水汽的比较，同附的是潮洲三百门湿烟囱白烟照片。

白烟问题不是一个环境问题，也就是对环境质量没有影响，而是一个公众的认识问题，更何况与冷却塔相比，烟囱的白烟要少得多。

3）GGH 不能减轻尾部烟道和烟囱的腐蚀性。实践证明，烟气经 GGH 加热后，烟温仍低于其酸露点，仍会在尾部烟道和烟囱中产生新的酸凝结。1997 年，在广东省第一套湿法石灰石/石膏 FGD 系统（连州电厂）的设计中就没有对 FGD 出口主钢烟道设计防腐，结果造成腐蚀严重。因此，认为采用 GGH 后不会对尾部烟道和烟囱产生腐蚀的概念是错误的。无论是否安装 GGH（除加热温度特别高外），湿法 FGD 工艺的烟囱都必须采取防腐措施，并按湿烟囱进行设计，这一点已被国内及国外几十年的实践所证实。

（2）安装 GGH 带来的问题。

1）投资和运行维护费用增加。据初步推算，目前国内火电厂 FGD 采用 GGH 的约占 80% 以上，若按每年新增 FGD 容量 3000 万 kW 计算，安装 GGH 的直接设备费用就达 11 亿元左右，如计及因安

图 6-206　冷却塔水汽与白烟

装 GGH 而增加的增压风机提高压力、控制系统增加控制点数、烟道长度增加和 GGH 支架及相应的建筑安装费用等，其和约占 FGD 总投资的 20%。GGH 本体对烟气的压降约为 1000Pa，而如上介绍实际的压损远超过这个数。为克服这些阻力，必须增加增压风机的压头，使 FGD 系统的运行费用大大增加。而 GGH 的各种问题也使其维修费用大增。

2）降低脱硫效率。GGH 的原烟气侧向净烟气侧的泄漏会降低系统的脱硫效率，尽管回转式 GGH 的原烟气侧和净烟气侧之间的泄漏可控制在 1.0% 以下，但毕竟是一种无谓的损失。

3）FGD 系统运行故障增加。原烟气在 GGH 中由 130℃ 左右降低到酸露点以下的 80℃ 左右，因此，在 GGH 的热侧会产生大量黏稠的浓酸液。这些酸液不但对 GGH 的换热元件和壳体有很强的腐蚀作用，而且会黏附大量烟气中的飞灰。另外，穿过除雾器的微小浆液液滴在换热元件的表面上蒸发后，也会形成固体结垢物。上述这些固体物会堵塞换热元件的通道，进一步增加 GGH 的压降，国内已有电厂由于 GGH 黏污严重而造成增压风机振动过大的例子。对于取消旁路的 FGD 系统将严重影响机组的运行。

4）增加相应的能耗、水耗。GGH 在运行和停机后需用压缩空气、蒸汽和高压水进行冲洗，以去除换热元件上的积灰和酸沉积物，因此增加相应的能耗、水耗。GGH 冲洗后的废水含有很强的腐蚀性，必须进行专门的处理后才能排放。

（3）不安装 GGH 带来的问题。

一是由于对原烟气的降温幅度有所增加，因此 FGD 系统的工艺水耗要比安装 GGH 时约增加 30% ~40%。二是由于净烟气温度较低，在环境空气中的水分接近饱和、气象扩散条件不好时，烟气离开烟囱出口时会形成冷凝水滴，形成所谓"烟囱雨"，在烟囱周围的地面上，有细雨的感觉，有时会有石膏粉落下。三是由于 FGD 系统不能有效去除氮氧化物，因此需对氮氧化物落地浓度和最大落地浓度点离烟囱的距离进行核算。四是不安装 GGH 对脱硫后净烟气引起的尾部烟道和烟囱的腐蚀问题必须予以足够的重视。

因此，烟气 FGD 后烟气不升温，湿烟气直接排放可能会带来两个潜在的问题：抬升高度降低、可能造成地面污染浓度增高和尾部烟道及烟囱的腐蚀。但脱硫后烟气抬升高度的降低可通过脱硫后烟气中的污染物的减少来补偿，因而不会造成环境污染的加大；而尾部烟道和烟囱的腐蚀与安装 GGH 与否关系不大，可采取防腐措施加以解决。

借鉴国外的经验，为我所用，可以少走弯路，以下是德国、美国、日本等国的做法。

1）德国。德国大规模建设 FGD 的时间是 20 世纪 80~90 年代，由于当时法规的要求，烟气的排放温度不得低于 72℃，因此在此期间建设的 FGD 全部安装了 GGH，而且主要是回转式 GGH。经多年运行，发现 GGH 是整个 FGD 系统的故障点，大大影响了 FGD 的可用率。据介绍，几乎所有的 GGH 在运行中都出现了故障。德国加入欧盟以后，大部分欧盟成员国对烟气排放的温度没有法规上的限制。从 2002 年开始，德国采用欧盟的标准，取消了对烟气排放温度的限制。因此，近期建设的 FGD 已有部分不再安装 GGH。德国脱硫公司认为，不安装 GGH 是今后 FGD 发展的趋势。德国已有越来越多的电厂将脱硫后的烟气通过冷却塔排放，这样既可不安装 GGH，又可省去湿烟囱的投资，而且也大大提高了烟气中污染物的扩散能力。最新设计的位于 Neurath 地区的 2×1100MW 机组 FGD 系统就采用冷却塔排烟，2008 年投运。

2）美国。美国环保标准对烟囱出口排烟温度无要求，因此美国自 20 世纪 80 年代中期以后安装的 FGD 系统基本都不设置 GGH，FGD 系统中设置 GGH 的仅占 25%。美国一些电厂考虑到 FGD 不安装 GGH 因烟温过低可能对周围环境产生不利影响，采用在烟囱底部安装燃烧洁净燃料的燃烧器，在气象条件不利于扩散时，对脱硫后的烟气进行临时加热。这种方法投资很低，运行费用也很低，同时，保护了环境，是一种结合实际的解决方案，值得我们借鉴。

3）日本。为了减轻烟气对日本本土的污染，一直采用较高烟温排放，以增强烟气的扩散能力，因此，日本所有的 FGD 装置均安装了 GGH。但是日本的 GGH 有别于传统的回转式 GGH，确切地说它是 MGGH，即无泄漏型、以水为媒介的管式换热器。尽管在我国珞璜电厂使用中有许多问题，但在日本本土，因其燃煤质量好、锅炉燃烧方式先进，加上电除尘效率高、管理到位，MGGH 使用良好。另外日本还使用热管换热器。加热后进烟囱的烟气温度也绝非我国的 80℃，而是高许多，大于 92℃，有的甚至到 110℃。

关于 GGH 是否需要设置，以及取消后对烟气抬升的影响等，国家环保总局于 2004 年 5 月召开过会议，对火电厂湿法烟气脱硫后是否需要进行烟气升温提出了意见：① 电厂湿法烟气脱硫后的烟气升温，主要是在一定条件和程度上提高烟气温度和有效烟温源，进而在一定程度改善烟气扩散条件，而对污染物的排放浓度和排放量没有影响。② 对燃煤电厂较为密集地区，对环境质量有特殊要求的地区（京津地区、城区及近郊、风景名胜区或有特殊景观要求的区域），以及位于城市的现有电厂改造等，在景观要求和环境质量等要求下，火电厂均应采取加装 GGH 等设备和工艺，进一步改善烟气扩散条件。③ 在有环境容量的地区，比如农村地区、部分海边地区的火电厂，在满足达标排放、总量控制和环境功能的条件下，可暂不采取烟气升温措施。④ 新建、扩建、改造火电厂，其烟气排放是否需要升温，应通过项目的环境影响评价确定。作者的建议是 GGH 能取消就取消。

（三）机械异物（包括衬橡胶管损坏后的胶片）的堵塞

管道中的异物在滤网、喷嘴、阀门或大小头等处造成堵塞，这在运行中很常见。国华北京热电分公司制浆系统的堵塞是 FGD 系统运行中突出的问题，严重影响系统设备的安全稳定运行，清理工作量比较大。分析认为堵塞的主要原因为：石灰石原料中混有杂物，浆液系统的设计不完善，废水旋流管径及旋流子口径过小等。针对上述问题，先后进行了系统改造，这些改造在国内许多 FGD 系统中均有应用。

（1）磨机旋流器出口加装过滤网，从石灰石浆液的源头控制来料中的杂物。石灰石一般为露天开采，开采过程中植被的混入在所难免，虽然矿区也进行了筛分，但细小的草根树枝仍有部分随石灰石原料进入现场。磨机出口虽设有篦子，但不能将浆液中植被等杂物完全过滤掉，细小的草根树枝随浆液进入系统，造成浆液管路堵塞，尤其是废水旋流管路及旋流子堵塞较为严重，每天清理 3~5 次，造成废水系统不能连续运行，废水不能正常处理和排放。在磨机二级旋流器出口加装开放式过滤网（如图 6-207 所示），不仅清理和维护较为方便，而且从源头上将来料中的杂物清除，保证了浆液的清洁，减少了系统的堵塞，从改造后的运行情况看，效果显著，每天从过滤网处清理出的细小的草根树枝在2kg左右。

磨机出口箅子滤杂物

磨机二级旋流器出口加装的过滤网

磨机二级旋流器出口滤出的杂物

图6-207 北京热电湿磨系统的杂物及旋流器出口加装过滤网

（2）浆液沟道加装过滤网。FGD系统设置3个地下浆池（吸收塔、磨机、事故浆池），用来收集和储存有关箱罐、管道的溢流和排放液。浆液通过管道或沟道进入浆池，从沟道进入浆池的浆液往往受现场环境的影响，带入大量杂物。为防止杂物进入系统造成浆液系统的堵塞，在沟道进入浆池的入口处加装过滤网。

（3）磨机入口堵塞，浆液溢流，磨机不能正常运行，主要原因是磨机入口水管设计不合理。脱硫磨机设计为湿式球磨机，运行过程中石灰石和工艺水同时进入磨机系统，水源主要来自过滤水箱的过滤水，水温在50℃左右，入口水管安装位置在弯头下部约200mm处，这样来水中的蒸汽在弯头上遇冷凝结，使石灰石下料中的粉状物逐渐黏附在弯头上部，积到一定厚度便造成下料口堵塞。另外磨机入口振荡器没有设计报警信号，振荡器因故障停运时运行人员很难发现，也是造成磨机入口堵塞的原因之一。解决的措施为：① 将入口来水管变更在弯头上部，减少水汽对下料的影响；② 将振荡器信号加报警装置引入控制室，便于运行人员及时发现和处理堵塞，防止堵塞溢流造成环境污染。

浆液中有异物，泵前的滤网常被堵，图6-208（a）是某石灰石浆液泵前滤网的堵塞，图6-208（b）是某废水旋流器的堵塞，图中2个旋流子的底流流量差别很大，单个试验表明流量差4倍，拆开检查为杂物堵塞所致。吸收塔喷嘴及除雾器冲洗水喷嘴也常被堵塞，图6-208（c）是某喷淋喷嘴被一橡胶片所堵，图6-208（d）是某冲洗水喷嘴被杂物所堵。

在石灰石粉制浆系统中，有时粉中的杂质较多，石灰石浆液中常夹带有细沙之类的硬物，造成密度计阀门堵塞和损坏，密度计不准便无法制浆。要避免这类情况的发生，一要保证石灰石粉的质量，尽量不夹带杂物，对石灰石粉的输送过程进行监控，在临时上粉管入口加装滤网；二要少调阀门，出现堵塞时及时手动冲洗阀门。某电厂FGD制浆系统因石灰石粉上粉用压缩空气未经干燥，潮

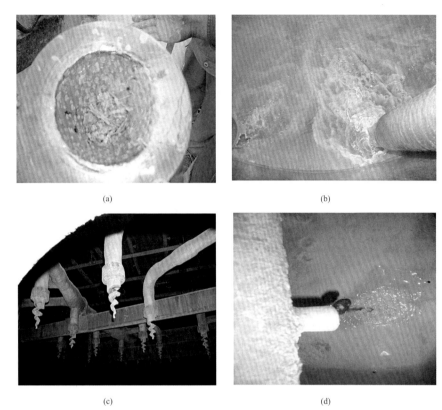

(a)   (b)

(c)   (d)

图 6-208 FGD 系统中的堵塞

（a）滤网的堵塞；（b）废水旋流器的堵塞；

（c）某喷淋喷嘴被一橡胶片所堵；（d）冲洗水喷嘴被杂物所堵

湿空气中水分为石灰石粉所吸收，致使石灰石粉存放久后易受潮、结块，堵塞下粉管道。后用冷干压缩空气，解决了问题。另外在 FGD 系统长时间停用时，运行人员定期运行给粉机也可起到防堵作用。

（四）除雾器堵塞与损坏

除雾器堵塞的原因在很多时候与 GGH 堵塞是一致，主要有以下几类因素。

（1）正常黏结堵塞。目前吸收塔除雾器一般设二级，第一级除雾器两边都有冲洗水，第二级大多只在前部设单面冲洗，因而未冲洗面时间久了常有浆液黏结现象，即使是正常冲洗的除雾器也如此，见图 6-209。一般这种堵塞不会很严重，定期的检查和清理不会影响 FGD 系统的正常运行。

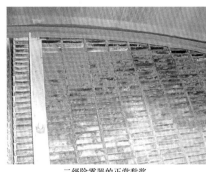

二级除雾器的正常黏浆

一级除雾器冲洗水压不足引起的堵塞

图 6-209 除雾器的堵塞

（2）除雾器本体设计。包括除雾器材料、叶片形状、通道数、叶片间距、叶片的倾角及特殊结构、除雾器的布置方式等。例如 PP 材料比 FRP 材料表面光洁度好，不易黏结石膏浆液；叶片间距过小，则冲洗困难更易堆积堵塞；除雾器叶片倒钩、沟槽等复杂结构处则易结垢等。

（3）除雾器冲洗系统设计。除雾器冲洗系统除维持吸收塔正常运行水位外，其最大的功能就是冲洗除雾器以除去叶片上黏积的固体物如石膏浆液、灰分等，保持除雾器叶片的清洁和湿润，防止除雾器结垢堵塞，保证除雾器的除雾效率。冲洗系统设计不合理势必引起恶性循环的结垢堵塞。重要设计参数如冲洗覆盖率、冲洗强度、压力、流量、冲洗持续时间及频率、冲洗喷嘴的选择等都要认真考虑。冲洗水阀门、稳压阀质量要保证，实际运行中许多冲洗水阀门内漏，不仅破坏 FGD 系统的水平衡，而且使除雾器得不到有效的冲洗，逐步形成结垢堵塞。冲洗水阀门的开关时间不宜过快，应在 2s 以上，实际运行中发生过多起因阀门的开关时间过快（不到 1s）造成吸收塔内除雾器冲洗水管因水击现象而断裂损坏。在冲洗程序设计上，宜先打开下个一冲洗水阀门再关闭前一个阀门。为保证冲洗水压力，独立设置的除雾器冲洗水泵很有必要，在一些 FGD 系统中计算准确，不设母管冲洗水稳压阀，冲洗水压力能保持 0.2MPa 的设计要求。

图 6-209 中还显示了某电厂一级除雾器迎风面因冲洗水压不足引起了堵塞。

（4）除雾器冲洗水质。主要是指冲洗水中石膏相对饱和度和固体杂质含量。冲洗水一部分会黏附在叶片上，试验表明除雾器内会吸收 10% ~30% 烟气中残留的 SO_2，加上叶片本身捕集的吸收塔石膏浆液，叶片上浆液的石膏相对饱和度将增加，处于亚硫酸钙和/或硫酸钙的饱和状态，易产生结垢堵塞。在一些 FGD 系统中，除雾器冲洗水含 Ca^{2+} 很高、或来自真空皮带脱水机的滤液水，其石膏相对饱和度在 50% 以上，易造成除雾器结垢。为避免此类情况，可以混入质量较好的工艺水，或在设计时不用滤液水作为除雾器冲洗水而直接采用干净的工艺用水，滤液水用于制浆或直接打入吸收塔中。

冲洗水固体杂质易堵塞冲洗喷嘴，应在冲洗水母管上安装滤网。

（5）吸收塔喷淋层的设计和浆液特性。吸收塔喷嘴产生的浆液雾滴尺寸对除雾器效率也有很大影响，雾滴太小易穿过除雾器，太大易黏于叶片上。最上层喷嘴与除雾器的间距应合适，双向喷嘴离除雾器太近浆液会直接喷在叶片上，这显然是不行的。运行不当吸收塔浆液 pH 高时，$CaCO_3$ 利用率不高，含量增大，在除雾器捕集的浆液中过多的 $CaCO_3$ 将吸收烟气中残留的 SO_2，使其中的相对饱和度不断升高直至结垢。当 $CaCO_3$ 利用率低于 85% 时，除雾器堵塞可能成为运行中的严重问题。当吸收塔氧化不充分时 SO_3^{2-} 高，会在除雾器上产生 CCS 垢，新的结垢会以原有结垢为基础不断发展壮大，进入恶性循环，最终使除雾器严重堵塞而无法运行。另外浆液的密度也对结垢有一定影响。

某电厂 660MW 机组 FGD 装置在 168h 试运结束后已发现除雾器冲洗水管有部分断裂，但当时只修补好中间层的除雾器冲洗水管，下层除雾器冲洗水管的几个断裂口没有修补，这样造成下层除雾器长期（近 16 个月）冲洗效果不好，使其沉积过多的石膏浆液，最终不能承受其重量而坍塌，继而压坏下层除雾器冲洗水管。后又发现吸收塔喷嘴中有除雾器碎片造成堵塞，按理该碎片不应进入该位置，后经仔细检查发现有一台浆液循环泵的入口滤网松脱，除雾器碎片经循环泵进入喷嘴。另外发现 GGH 也堵塞严重，怀疑主要是除雾器除雾效果差引起大量石膏浆液从吸收塔中带出，继而沉积在 GGH 换热片上所致。在电厂机组 C 级检修时对除雾器及冲洗水管进行更换，并人工采用 45MPa 的高压水冲洗 GGH，如图 6-210 所示。

（6）烟气流场均匀性。烟气流速对除雾器的性能有着重大影响，不能太低，也不能高于除雾器临界流速（即通过除雾器断面且不产生二次带水的烟气流速），一般要求偏差不超过平均流速的 ±15%。实际运行中除雾器前后烟气流速不均匀会使局部结垢堵塞，特别是对布置在水平烟道上的

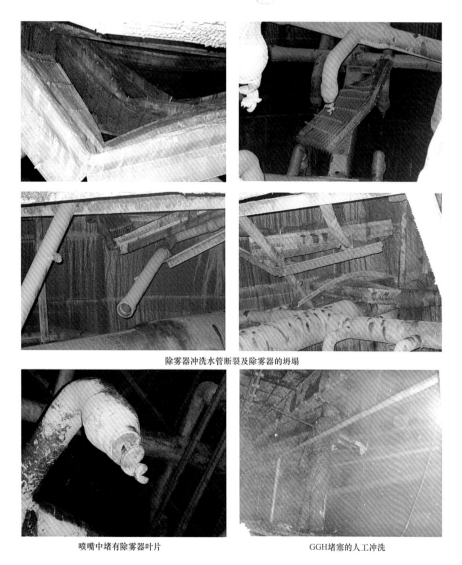

除雾器冲洗水管断裂及除雾器的坍塌

喷嘴中堵有除雾器叶片　　　　　　　　GGH堵塞的人工冲洗

图6-210　某FGD系统因除雾器冲洗水管断裂引起的问题

水平流除雾器，由于前后直段烟道不可能太长，烟气流速不均匀是必然的，这使得除雾器各截面的液滴负荷不一，除雾效果也差别很大，局部会出现浆液结垢堵塞。表6-49和表6-50是某600MW机组水平流除雾器入口断面和出口断面的烟气流速分布，可见整个断面的气流分布极不均匀，烟道两边的流速较高，中间烟气流速较低，其中一些测孔的所有测点流速均为0，部分测孔下部区域的烟气流速也为0。从断面上下方向来看，上部的烟气流速较下部高。除雾器对烟气具有一定的均布作用，除雾器出口断面的气流分布较入口断面分布均匀。这造成了除雾器下部结垢堵塞严重，需在FGD运检修期间安装合适的导流板。

（7）FGD入口粉尘含量。粉尘不仅影响FGD系统的脱硫率和石膏品质，而且会加剧GGH和除雾器的结垢堵塞。吸收塔的除尘效率有限，当FGD入口粉尘含量增大时，进入和黏附在除雾器上的粉尘也会增加，飞灰中的CaO可以激活飞灰的活性，飞灰与烟气中残余的SO_3（在有SCR时量更大）、SO_2以及塔内浆液等相互反应形成类似水泥的硅酸盐，随着运行时间的累积形成硬垢，很难清除。另外飞灰本身的Al_2O_3、SiO_2及可溶性盐也会形成硬垢。对FGD系统来说，务必要控制入口粉尘含量。

表 6 – 49 　　　　　　　　　 某 600MW 除雾器入口断面烟气流速分布 　　　　　　　　 m/s

测点	测孔 1	测孔 2	测孔 3	测孔 4	测孔 5	测孔 6
1	13.7	13.7	0	0	0	14.4
2	10.8	12.1	0	0	0	14.2
3	7.4	12.5	0	0	0	14.0
4	5.6	12.2	0	0	0	14.0
5	4.4	12.0	0	0	0	13.4
6	7.8	12.7	0	6.8	0	13.4
7	9.1	14.0	0	6.1	0	13.9
8	9.4	12.8	0	6.4	0	13.2
9	10.8	10.6	0	6.5	0	12.6
10	11.1	13.0	0	6.0	0	12.8
11	7.4	13.5	0	5.8	0	16.6
12	6.4	13.3	0	7.2	0	14.9
13	6.1	12.5	0	8.6	3.5	16.2
14	5.6	12.1	0	11.2	2.7	16.5
15	6.1	8.0	0	9.1	5.6	12.2
平均值	8.1	12.3	0	4.9	0.8	14.2

注　每个测孔的测点 1～15 是由下向上的。

表 6 – 50 　　　　　　　　　 某 600MW 除雾器出口断面烟气流速分布 　　　　　　　　 m/s

测点	测孔 1	测孔 2	测孔 3	测孔 4	测孔 5	测孔 6
1	4.3	0	0	0	5.9	5.6
2	4.6	0	0	0	6.3	6.2
3	6.8	0	0	0	6.7	7.6
4	7.3	0	0	0	6.5	8.4
5	6.2	0	0	0	7.1	9.6
6	7.5	0	0	0	8.2	10.3
7	6.5	4.2	0	0	9.2	10.3
8	7.0	4.5	4.1	5.9	9.0	10.7
9	7.1	5.8	5.1	7.2	10.1	10.8
10	6.8	8.7	6.8	8.7	10.4	11.5
11	9.8	9.3	7.2	9.8	10.7	11.3
12	8.4	7.7	8.6	9.9	11.4	11.1
13	9.2	10.3	9.0	10.5	11.0	11.7
14	10.1	11.2	9.8	11.6	11.2	11.9
15	9.6	10.4	10.4	10.4	10.6	11.5
平均值	7.4	4.8	4.1	4.9	9.0	9.9

　　2006 年 6 月连州电厂对除雾器进行检查时发现，上层除雾器有均匀的积灰，但未堵塞；下层除雾器 A 侧靠烟气入口处局部完全堵死，有 6 块变形坍塌并使冲洗水管和支撑条受压变形，B 侧在不同部位有堵塞。除雾器都有不同程度的下弯变形。除雾器冲洗水喷嘴无堵塞。拆除损坏的除雾器时发现，由于其积灰较多，单块除雾器板的质量可达 100kg。将其锯成两半才能移出塔外，其内部的积

灰比较结实，见图 6－211。

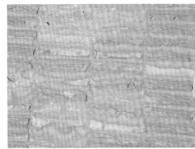

除雾器的堵塞

除雾器的堵塞引起的坍塌

图 6－211　连州电厂除雾器的积灰堵塞及坍塌

　　调查表明冲洗水流量和压力正常，检查 1 号炉电除尘器内部积灰情况发现，第四电场 A 侧两个灰斗和第三电场 A 侧有一个灰斗已经完全堵塞，第四电场 B 侧两个灰斗已经完全堵塞，堵塞的灰斗中有大量积灰。由于电除尘器出口至脱硫入口段烟道没有安装烟尘含量监测设备，为了观察脱硫入口的烟尘含量，只有当退出脱硫运行时利用排放烟气的烟尘含量来观察。观察结果表明无论是单机运行还是双机运行，FGD 装置进口烟气含尘量多数都超过了 $300mg/m^3$ 的规定值，高值甚至超过了测尘仪的上限（$500mg/m^3$）。烟气经过 FGD 装置后，含尘量下降了约 $200mg/m^3$。电除尘器出口烟气含尘量大的原因除了一、二次电压和电流偏低、阴极线和阳极板积灰等原因外，还有一个重要的原因就是第四电场灰斗距引风机的入口很近，其内部的积灰很容易被引风机抽走。

　　对除雾器上的积垢进行取样并作成分分析，其中 $CaCO_3$ 占 5.4%，$CaSO_4$ 占 3.2%，$CaSO_3$ 占 2.6%，共占 11.2%。另外约占九成的积垢都是烟气带入的烟尘。从以上分析可得出，除雾器局部变形、坍塌的原因不是高温所至（该厂出现过除雾器高温坍塌事件），而是由于除雾器严重积灰导致其重量过重而下弯变形或折断，或一端脱离支撑梁而坍塌。其积灰较严重的主要原因是电除尘器效果不理想，导致了 FGD 装置进口烟气的含尘量较超出了规定值。

（8）运行原因。常常是运行管理不到位造成电除尘器故障致使含尘量高、除雾器冲洗水质差、冲洗喷嘴或管道损坏或堵塞、阀门损坏未及时维修改进等。目前许多电厂 FGD 系统开旁路运行，进入系统的烟气量长时间很低，除雾器很少得到冲洗，这也造成了结垢堵塞。循环泵长时间启动而 FGD 系统未通烟，这可使吸收塔浆液飘流黏附在除雾器上，应当避免。这里举一个典型的例子，本书称之为"1 个阀门 200 万"的事件。

某 FGD 系统为喷淋空塔（直径 11m），2004 年 8 月 9 日下午发现排水坑有许多除雾器塑料片浮起，怀疑吸收塔内有零配件损坏，决定清空吸收塔进行检查。在接下来清空吸收塔的过程中，1 号、2 号石膏浆液泵多次因进口压力低跳闸，怀疑是石膏浆液泵进口滤网被吸收塔内塑料片堵塞所致，最终检查确实如此。8 月 24 日全面检查发现如下情况，如图 6-212 ~ 图 6-218 所示：

图 6-212 吸收塔底部掉下的除雾器块和碎片

图 6-213 刚打开的 1 级除雾器层人孔门处的结垢情况

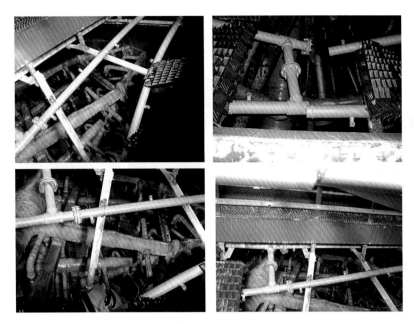

图 6-214 第一级除雾器的塌落及下冲洗水管的损坏

图 6-215 第一级除雾器的塌落及下冲洗水管的损坏

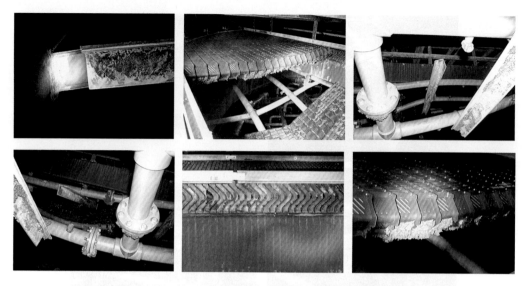

图 6 - 216　第一级除雾器的堵塞、塌落及下冲洗水管的损坏

上层（第二级）除雾器上部局部有结浆

上层除雾器下部基本干净

图 6 - 217　上层（第二级）除雾器的结垢情况

图 6-218　拆换下来的部分除雾器堵塞损坏元件及喷嘴

1）第 1 级除雾器约 60% 的面积坍塌，导致除雾器下第 1 层冲洗水管明显有断裂损坏。

2）第 2 级除雾器部分区域覆盖着浆液层。

3）第 1 级和第 2 级的冲洗水管和喷嘴也被浆液部分堵塞。

4）部分喷淋层喷嘴被浆液（也可能是除雾器碎片）堵塞，有些已损坏。

5）清空吸收塔后，循环泵和石膏浆液泵吸入滤网处及底部有除雾器碎片及掉落的除雾器元件。

坍塌原因分析如下。

1）表面原因。① 自 2004 年 5 月 26 日以来，第一级除雾器因上部冲洗水总阀有 1 个损坏，除雾器冲洗水便断断续续地投运着，一直未正常过，导致第 1 层除雾器部分区域冲洗不充分。② 由于第 1 层除雾器冲洗不充分，一段时间后，冲洗系统开始完全堵住了除雾器的整个横截面。此后，除雾器完全带浆液负荷运行。③ 长时间运行（达 2 个月之久）导致下层除雾器严重堵塞，自重不断增加，超过波纹板承托支架的承重能力而落到塔浆液池中，后被吸收塔搅拌器打成碎片，在波纹板下降过程中也同时砸坏了除雾器下面的冲洗水管。④ 第 1 层除雾器塌下后，第 2 层的除雾器局部也很快被堵塞，覆盖着携带的浆液。

2）内在原因。运行经验不足，维护不当，故障处理不及时。运行中除雾器未冲洗，但压差变化不大，运行人员便未引起足够重视，阀门的维修一拖再拖，直到发生事故。

除雾器坍塌后，对吸收塔进行了检修，主要内容有：

1）清理旧的除雾器，重新安装进口的除雾器元件等，再清洗干净。

2）装上新的除雾器冲洗水管代替受损的冲洗水管，再分别清洗干净。

3）拆下喷淋层以除去喷嘴中来自除雾器的细小 PP 件。

4）解决除雾器冲洗水管阀门运行不正常的问题，更改除雾器冲洗水逻辑程序，以避免由于一个阀门的损坏而影响整一层冲洗的进行。

5）拆下吸收塔循环泵和石膏排浆泵，以除去来自受损除雾器的细小 PP 件。

整个修复直接耗资 200 多万元，此教训不能不说深刻。

在更换除雾器后，同样，又因冲洗水压力不足等原因，造成了除雾器的大面积浆液黏结堵塞，幸发现及时。浆液将除雾器通道堵塞得满满的，在下层及壁面上厚达近半米，先用人工清理，除雾器叶片间用小铁条、铁丝逐个清理，然后用高压水冲洗了一个多星期才清理干净，图 6-219 反映了堵塞的情形及冲洗现场。

人工捅后的除雾器情况

高压水冲洗和冲洗干净后的除雾器

图 6-219　除雾器清洗

不仅塔内平板式除雾器会发生堵塞，人字形除雾器及水平烟道布置的立式除雾器也会发生堵塞，如图 6-220 所示。设计原因是一方面，运行原因更应引起注意。

除雾器停止2天未冲洗造成的堵塞及后部管式换热器的堵塞

某电厂上层除雾器结垢堵塞和消防水冲洗

第一级立式除雾器背风面堵塞   第二级立式除雾器背风面堵塞

图 6 – 220 除雾器的堵塞

除雾器堵塞不仅会导致本身的损坏，还可导致通过除雾器的气速增高，除雾效果变差，更多的石膏液滴夹带进入出口烟道，颗粒物沉积在 GGH 上，引起 GGH 的堵塞；严重者引起烟囱下石膏雨，这在国内没有 GGH 再热系统的 FGD 烟囱中发生过多次。

其他的堵塞还有浆液泵的出力严重下降，导致向高位输送的管道堵塞；阀门内漏；未及时排空停运后管道中的剩余浆液、冲洗管道等。

日本 2002 年修订的 JEAG3603—2002《排烟处理设备指南》，对 FGD 系统内的防腐蚀、磨损及堵塞提供了指导性的对策，介绍如下，供借鉴。

（1）防腐蚀对策。FGD 设备处理的流体，除 SO_2 外还有 SO_3、HCl、HF 等腐蚀性物质，因此，必须根据流体的组成、温度、浓度等使用耐腐蚀材料，并考虑防腐内衬的施工等，同时必须在结构设计上采取相应的对策。

（2）防磨损对策。除使用耐磨损材料外，为了避免流体的流速过大而导致局部湍流或撞击，必须选定合适的流速，排除极端的节流机构等，特别是对浆液必须充分考虑其浓度及特性。要明确区分腐蚀和磨损，并讨论其对策。以石灰石—石膏湿法为例，要解决的问题主要有 3 个方面：① 腐蚀与磨损的因素分析；② 掌握选择耐腐蚀与耐磨损材料的要领；③ 正确采取防腐蚀及磨损的对策。

1）除尘塔及吸收塔的防腐、防磨。对于高温烟气与喷雾液反复接触的场所（即干—湿反复接触部位），除选定适合两种流体的材料、采用可润湿性的塔壁构造外，有些部位还需采用耐酸、耐热和耐磨损的保护层。运行开始时喷向塔入口烟道的液体反向流动会引起腐蚀，要在喷液一开始就立即通风或采取前项保护措施。在喷液冲撞的塔壁面和搅拌机周边粘贴内衬和不锈钢等保护层。同时，为防止损伤壁面，液体的喷射角应对着塔的内侧。强化塑料（FRP）喷嘴的集管、喷嘴根部和顶端附近易磨损，故可在喷嘴上安装聚丙烯套管等。

2）罐类的防腐、防磨。在带高浓度泥浆搅拌机的石膏浆槽等处，因搅拌槽内壁易磨损，要在内贴的硬质橡胶上再贴上软质橡胶。罐、塔内设置的管道、喷嘴等内部部件上使用的螺母等，由于间隙腐蚀容易松动，可填以间隙充填材料并拧紧螺栓、螺母。

3）配管类的防腐、防磨。泵与配管的接合部因流湍极易产生磨损，泵和配管之间可用陶瓷等耐磨材料的短管（变径管）连接。在使用浆液配管、尤其是有内衬的配管时，要采用合适的流速（2～3m/s 或以下），避免流速大时，配管弯曲部位的内衬产生剥离和磨损。

4）其他。为防止腐蚀，应定期用清水冲洗除雾器等接触腐蚀性流体的金属部位，此举还能有效防止堵塞。

（3）防堵塞对策。设计时要选择合适的流体流速、浓度，或者采用不致引起堵塞和浓缩的内部结构及填料。特别是对于烟尘的堆积、浆液中固形物的沉积以及结垢等造成的堵塞，除采用好的结构外，还应在设计上充分考虑采用水洗、调节 pH 值以及在脱硫设备停运时进行搅拌等处理对策。

对于石灰石—石膏法的防堵塞，主要考虑：

1）防止吸收塔结垢。对于由物理原因形成的结垢，在设计上要注意选用适当的液气比，采用憎水性好的材质作填料，配置喷雾液滴均匀分散的喷嘴，采用无浆液停滞的塔结构等措施。对于化学原因引起的结垢，要设计合适的循环液量及吸收塔浆液池容量以控制石膏的饱和度，并确保石膏晶种的生成。

2）防止喷雾嘴结垢。采用构造简洁的喷嘴（如旋转叶片式）；设置过滤器去除循环液中的夹杂物。

3）防止吸收塔除雾器结垢。采用构造简单的部件（如波形板等）；用工业用水或过滤液进行有效冲洗；选择合适的烟气流速。

4）防止浆液配管内的固形物沉积。选择合适的管内流速，以适应负荷的变化；配管设计要保持合适的倾斜度，避免过度弯曲及积留浆液；对于长管道、液流停滞部位（集管末端等处），设置可拆卸的排水管（停止运转时能排除滞留的液体）；设置停运时配管内更换清水的装置。

5）防止 GGH 堵塞。对于回转式 GGH，设置吹灰装置和运行中的冲洗设备；对于热媒式 GGH，设置清洗装置，简洁配置传热管。

六、FGD 石膏品质差

FGD 石膏品质差主要表现在以下几方面：

（1）石膏含水率高（大于 10%）。

（2）石膏纯度即 $CaSO_4 \cdot 2H_2O$ 含量低，也就意味着 $CaCO_3$、$CaSO_3$ 及各种杂质如灰分含量大了。

（3）石膏颜色差。

（4）石膏中的 Cl^-、可溶性盐（如镁盐等）含量高等。

石灰石/石膏湿法 FGD 工艺中，石灰石浆液在吸收塔内对烟气进行洗涤，烟气中的 SO_2 与溶解的石灰石中 Ca^{2+} 反应，生成半水亚硫酸钙并以小颗粒状转移到浆液中，利用空气将其强制氧化生成二水硫酸钙即石膏（$CaSO_4 \cdot 2H_2O$）结晶。用石膏抽出泵将吸收塔内的浆液抽出，送往石膏浆液旋流器，进行浓缩及颗粒分级；细颗粒/稀的溢流返回吸收塔，较粗颗粒和浓缩的底流送往真空皮带机进行石膏脱水。商业上对FGD石膏提出的要求是：含水率小于10%，纯度高，颗粒度要大。为了生产具有商业价值的石膏，必须使生成的石膏容易脱水，且其颗粒不能过细。但是，在FGD石膏生成的过程中，如果工艺条件控制不好，往往会生成层状尤其是针状晶体，而进一步向块状/毡形结构发展，使得所生成的石膏极难脱水。细颗粒石膏还容易引起系统结垢；同时，较小的石膏晶体中还会存在少量的亚硫酸钙、氯化钙和氟化钙等杂质，影响石膏纯度。因此，必须控制好吸收塔内化学反应条件和结晶条件，使之生成理想的粗颗粒和棱形结构的石膏晶体，如图6-221所示，并保证脱水后的石膏含水率控制在10%以下。石膏水分过高，不仅影响FGD系统和设备的正常运行，而且对石膏的储存、运输及后加工等都会造成一定的困难，水分大于14%的石膏基本无法再加工，因此，应对石膏品质加以控制。

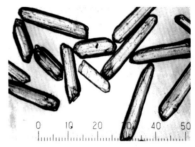

图6-221 理想的石膏晶体

（一）石膏结晶的过程和工艺控制因素

1. 石膏结晶的过程

石膏结晶是石灰石（石灰）/石膏湿法FGD工艺流程的最终阶段，控制好石膏结晶的条件，对最终产品的质量将产生决定性影响，其生成过程为：

（1）烟气中的SO_2经过一系列的化学反应生成SO_3^{2-}和HSO_3^-离子

$$SO_2 + H_2O \rightarrow H_2SO_3 \rightarrow H^+ HSO_3^- \rightarrow 2H^+ + SO_3^{2-}$$

（2）生成的SO_3^{2-}和HSO_3^-离子与石灰石（石灰）浆液中的Ca^{2+}反应生成$CaSO_3$和$Ca(HSO_3)_2$，并被空气氧化成$CaSO_4$

$$Ca^{2+} + SO_3^{2-} + 1/2O_2 \rightarrow CaSO_4$$

$$2Ca^{2+} + 2HSO_3^- + O_2 \rightarrow 2CaSO_4$$

$$CaSO_4 + 2H_2O \rightarrow 2H_2SO_4 \cdot 2H_2O（石膏）$$

随着反应的进行，浆液的$CaSO_4$浓度逐渐升高。当达到饱和浓度时，浆液中出现石膏的小分子团，称为晶束，晶束聚集将生成晶种。与此同时，也会有石膏分子溶入浆液，这是一个动态平衡过程。但是，随着脱硫反应的进行，浆液中$CaSO_4$将出现过饱和，动态平衡被打破，晶种逐渐长大而成为晶体，新形成的石膏将在现有晶体上长大；同时，还伴随有新的晶种生成。晶种生成和晶体长大这2个过程速率的相对大小，将直接影响石膏的质量，而影响这2种速率的主要因素是浆液中石膏的相对过饱和度σ。

2. 石膏结晶的工艺控制因素

（1）石膏的相对过饱和度σ对晶体颗粒度的影响。研究表明，保持溶液适当的过饱和度，结晶过程只形成极少的新晶体，新形成的石膏只在现有晶体上长大，才能保证生成大颗粒石膏晶体。若溶液的过饱和度过大，则会生成许多新的晶体，这就产生了晶种生成和晶体长大2个过程。这2个过程速率的大小与石膏的相对过饱和度σ有着直接的关系。

$\sigma < 0$ 时，晶体中的 $CaSO_4$ 分子进入溶液直到饱和。而在 $\sigma > 0$（0.1 左右）的情况下，现有的晶体继续长大，同时生成新的晶种。当 σ 达到一定值时，晶种生成速率会突然迅速加快，产生许多新颗粒（均匀晶种），使得单个结晶颗粒比较小，此时就可能生成细颗粒的石膏；另外，在相对过饱和度较高的情况下，晶体的增大主要集中在尖端，使其结晶趋向于生成针状或层状结构。因此，在工艺上必须保证有一个合适的过饱和度。实际运行经验表明，采用石灰石（石灰）/石膏湿法 FGD 工艺时，浆液中石膏的相对过饱和度一般维持在 0.20～0.40（即饱和度为 1.2～1.40）之间。

（2）浆液的 pH 值对石膏结晶的影响。浆液的 pH 值对石膏结晶的影响可以说是间接的，但也是决定性的因素之一，因为通过 pH 值的变化来改变亚硫酸盐的氧化速率有可能直接影响石膏的相对过饱和度。理论上保持浆液的 pH 值在 4.5 左右应该是比较理想的，但是，实际运行时 pH 值多在 5.0～6.0 之间。为了保持高的脱硫率要进行空气强制氧化，以便获得高质量的石膏，但它的前提是必须保持稳定的化学条件，尤其是浆液的 pH 值应尽可能恒定，这样对保持石膏的相对过饱和度是有利的，也就有利于优质石膏的生成。

（3）温度对石膏结晶的影响。运行中发现，在温度比较低的构件上，例如浆液槽的壁上，经常观察到沉淀物。对这些沉淀物的分析结果表明，其中除含有石膏外，还含有相当数量的二水亚硫酸钙。实验表明，温度小于 40℃ 时，随着温度的降低，二水亚硫酸钙的溶解度逐渐下降。同时还发现，在热的组件上也有石膏沉淀物。经研究，当温度大于 66℃ 时，二水石膏将脱水成为无水石膏 $CaSO_4$，这就是在热的组件上有石膏沉淀物的原因。

为了使 $CaSO_4$ 以石膏 $CaSO_4 \cdot 2H_2O$ 的形式从溶液中析出，工艺控制上要求将石膏的结晶温度控制在 40～60℃ 之间。这样，既可以保证生成合格的石膏颗粒，也避免了系统的结垢。但是，如果有其他盐类的存在，此温度范围值可能会发生变化。

（4）氧化空气量对石膏结晶的影响。用空气对生成的亚硫酸钙进行强制氧化是一道重要工序。在早期的 FGD 工艺中，这道工序是在独立装置中完成的。现在，是将氧化槽和浆液循环槽合二为一，设置在吸收塔下部。系统运行时向吸收塔浆液池内鼓入适量空气，使浆液内的亚硫酸盐氧化成硫酸盐，从而生成石膏析出。此工序要求鼓入的空气量适当。若空气量少，则亚硫酸盐不能充分氧化；空气量太多，则会增加动力消耗，提高运行成本。同时，加大空气鼓入量，还会增大对浆液的搅拌强度，影响石膏的颗粒度。

在实际操作中，通常根据浆液中亚硫酸盐的含量，先计算所需的理论空气量，然后乘以一个大于 1 的系数。根据经验，此系数一般在 2.5 以上。

（5）机械力对石膏结晶的影响。在 FGD 工艺中，为了使循环槽内的浆液始终保持均匀而不沉淀，槽内都设有搅拌装置。但是，搅拌产生的机械力同时还会对石膏的结晶产生影响。实践中发现，机械力对结晶体的大小和形状均有影响。在机械力的作用下，一方面会使结晶体尖角部位的晶束从晶体中分离出来，发生二次结晶而形成小颗粒，给脱水造成困难；另一方面，由于机械力的作用，使得晶体的形状向非针状方向发展，有利于脱水。可见，机械力对石膏结晶的影响是双向的，因此，搅拌强度是工艺设计和运行方式控制的难点。

（6）脱水设备对 FGD 石膏纯度的影响。当浆液中石膏达到一定的过饱和度时，会抽出一部分浆液送入石膏脱水系统。石膏脱水分二步进行，第一步先经过旋流器脱水，使石膏浆液的含水率降到 40%～50% 左右，然后再利用真空皮带脱水机等脱水设备，使其含水率小于 10%。进入脱水系统的浆液中除含有大量的石膏外，还含有一部分未反应的吸收剂和氯、氟、铁等杂质。水力旋流分离器使吸收剂与石膏分开，然后通过水洗，除去石膏中的杂质，从而得到纯净的石膏产品。因此旋流器和脱水机设备对石膏的品质有着重要的影响。

另外，在 FGD 系统实际运行中，因燃煤灰分增大或电除尘器故障引起进入 FGD 系统的杂质增多，或使用的石灰石等吸收剂品质变差、惰性物增多，或 FGD 的工艺用水品质变差等都将使石膏质量变差，难于脱水或纯度不够。例如德国某褐煤电站的 FGD 石膏中的水分在为期 8 个月的时段内增至 18% 的数值，原因是石灰石中的惰性物质增多、褐煤中灰分提高、硫含量降低。此时加大 FGD 废水的排放会有些效果。

在实际运行中，石膏品质低可从以下几方面来查找原因：

1）FGD 系统参数特别是吸收塔设计是否合理，如脱硫率、浆池大小、氧化空气量等是否足够。

2）吸收塔内石膏浆液本身特性是否正常。包括：浆液氧化是否充分，浆液中灰分、惰性物是否增多，pH 值是否控制不好而使石灰石含量高，浆液密度是否合理，Cl^-、Mg^{2+} 离子是否偏大等。这些大多与脱硫效率的影响因素有关，很多时候可以从中找到石膏品质低的原因。

3）石灰石品质是否优良，工艺水质是否合格，石灰石中 $CaCO_3$ 含量低、白云石及各种惰性物质如砂、黏土等含量高将引起石膏品质低下；石灰石浆液粒径过大不仅影响脱硫效率，且使石灰石的利用率偏低，石膏纯度低。

4）石膏水力旋流器的运行。旋流器入口压力是否合适，是否堵塞磨损，石膏底流密度是否在设计范围而没有偏小等。

5）真空皮带脱水机等设备的运行。包括石膏底流是否分布均匀，石膏滤饼厚度是否合适不至于太薄或太厚，滤布是否堵塞或损坏，真空度是否偏低或偏高，管道有否泄漏，滤布/滤饼冲洗水是否正常等。

6）其他因素。锅炉燃烧、电除尘器运行是否正常，FGD 入口粉尘含量是否偏高，废水排放是否正常，废水量是否足够等。

下面对国内多家 FGD 石膏含水率超标及纯度低等的原因进行一些分析，供参考。

（二）FGD 石膏质量差实例分析

1. 山西太原第一热电厂石膏含水率偏高及纯度低的原因分析

山西太原第一热电厂 12 号 300MW 机组采用了日本水平流 FGD 技术，设计要求脱水后石膏含水率不超过 15%，表 6-51 为工业试验期间石膏的品质。分析原因认为有二个，一是脱硫塔附属设备的冷却水和轴封水没有回收再利用，而是排入经一次浓缩后的石膏浆池，这样稀释了石膏浆液从而增大了脱水机的负担，这已得到了改进。二是由于所得的石膏颗粒细小，其中的石灰石过剩率高（见表 6-51，设计值为 10%），细粒子堵塞脱水机皮带滤孔，使脱水效率下降。图 6-222 是太原一热简易 FGD 生产的石膏经 100℃烘干 6h 后的粒径分布曲线，其平均粒径约为 10μm，31μm 以下占 88.5%，这比常规湿法 FGD 石膏 30~60μm 的平均粒径要低。石膏颗粒细小与 FGD 系统的设计与运行有关，原先设计没有考虑回收副产品石膏，因此吸收塔浆液池容量偏小，浆液在循环槽中的停留时间是常规湿法的 1/3，影响了石灰石的溶解、亚硫酸钙的氧化和石膏的晶体成长。同时又采用了较低品位和较粗粒径的石灰石粉（149μm），大量的杂质微颗粒使脱水更难。另外设计吸收塔入口烟尘浓度达 500mg/m³，实际也有 270mg/m³，比常规湿法高；石膏水力旋流器的浓缩效果差等，这样造成石膏中水分高、石灰石过剩率高、含煤粉灰多、纯度也低。

表 6-51　　　　　　　工业试验期间石膏的品质及脱硫性能

项　　目	第一年 （1996.4~1997.3）	第二年 （1997.4~1998.3）	第三年 （1998.4~1999.3）	三年总平均 （1996.4~1999.3）
石膏纯度（%）	77.6	84.3	80.5	80.8
石膏附着水（%）	18.4	14.2	13.9	15.5
FGD 入口 SO_2 体积分数（$\times 10^{-6}$）	1121	1055	1124	1100
脱硫率（%）	82.91	85.71	82.94	83.83
石灰石过剩率（%）	22.34	19.92	19.08	19.45

变更石灰石试验表明，提高石灰石品质、进一步改善运行条件（入口粉尘浓度在 $150mg/m^3$ 以下），脱硫率、石膏品质可大大提高，石灰石过剩率也降低。

2. 重庆发电厂和南宁冶炼厂 FGD 系统石膏脱水效果差的原因分析

在石灰石/石膏湿法 FGD 工艺中有强制氧化和自然氧化之分，被浆液吸收的 SO_2 有少部分在吸收区内被烟气中的氧气氧化，这种氧化称自然氧化。强制氧化是向罐体的氧化区内喷入空气，促使可溶性亚硫酸盐氧化成硫酸盐，控制结垢，最终生成石膏。

强制氧化工艺不论是在脱硫效率还是在系统运行的可靠性等方面均比自然氧化工艺更优越，是目前 FGD 系统的主流。对强制氧化和自然氧化脱硫产物进行过分析和比较，结果表明强制氧化工艺的固体产物 97% 以上为石膏，其颗粒粒径分布如图 6-223 所示，颗粒的名义直径为 $32\mu m$。自然氧化工艺的固体产物为一混合物，主要是亚硫酸氢钙（含少量 $CaSO_3 \cdot 1/2H_2O$）、10% 以下的石膏，其颗粒的名义直径为 $2.1\mu m$。由于强制氧化工艺的脱硫产物石膏有较大的晶体，沉淀速率快，脱水容易，一般经旋液分离和离心分离（或真空皮带脱水）二级处理能得到含水率为 10% 以下的固体产物。对自然氧化工艺的脱硫产物，因为其晶体小、沉淀速率慢、脱水困难，需要用增稠器和离心分离器（或过滤器）二级处理，最终产物仍含有 40% ~ 50% 的水。该产物的处理方式主要是填埋，由于含水率高，触变性强，需要用飞灰和生石灰（CaO）固化处理，处理费用较大。

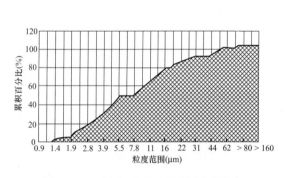

图 6-222 太原一热 FGD 石膏的粒径分布

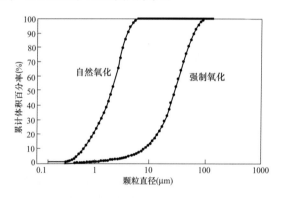

图 6-223 强制氧化和自然氧化产物的颗粒粒径分布比较

通常 FGD 系统的强制氧化方式有三种：异地、半就地、就地，现在最为常用的技术是就地强制氧化方式。这种方式主要特点就是把吸收、氧化、结晶、再循环都集中在吸收塔进行，结构简单、投资较少。通过参数的控制，其可以得到充分的氧化和均匀的结晶。但在实际生产过程中，由于 $CaSO_3$ 和 $CaSO_4$ 易形成共沉物，脱硫的各种参数会改变，就地氧化的氧化率相对较低，使排出浆液中 $CaSO_3$ 的含量也就相对较高。这种浆液中的亚硫酸钙粒径很小，并易在固体颗粒上形成钝化外壳，不但会使 SO_2 吸收率降低，排浆管易堵，还会影响到结晶和脱水的质量。图 6-224 为某 FGD 系统石膏固相中不同亚硫酸钙含量时的扫描电镜图，从图中可以明显地看到亚硫酸钙含量大时石膏晶体质量很差。

重庆发电厂 FGD 系统上发生过因氧化效果不佳而导致吸收塔内浆液的亚硫酸盐含量过高，进而影响脱水效果，最终迫使脱水机停止运行的事故。

重庆发电厂 $2 \times 200MW$ 机组 FGD 系统安装有 2 台氧化风机，运行中相互备用。氧化风机鼓出的空气通过母管分配到 4 个管径相同的支管道，经支管端部的喷枪送入吸收塔浆池上层的 4 个搅拌器前面参加氧化反应。氧化风机进出口都装有导叶，可通过调节导叶的开度来调整进入吸收塔浆池的风量。原设计认为在运行中只需启动单台氧化风机即可满足 FGD 装置氧化反应的需要，故 2 台氧化风机出口管上均未加装逆止门。氧化空气系统的主要设计数据如下：吸收塔直径为 16m，吸收塔浆

石膏CaSO₄·2H₂O(91.29%)+CaSO₃·1/2H₂O(4.63%)　　石膏CaSO₄·2H₂O(51.55%)+CaSO₃·1/2H₂O(30.06%)

图 6－224　不同 $CaSO_3$ 含量的石膏电镜图（脱硫剂为电石渣，放大 200 倍）

池高度为 15m，氧化空气管插入深度即空气支管喷枪出口距离吸收塔底部约为 10m，氧化风机设计流量为 15315m³/h，吸收塔内浆液含固率为 10% ~ 20%，运行 pH 值为 5.2 ~ 5.7，烟气量为双台锅炉满负荷运行时的全部烟气量，按 160 万 m³/h（标态，干）设计。烟气中 SO_2 浓度为 7600mg/m³（标态），进口烟气含氧量为 6%，搅拌器台数为 7 台，烟气中 SO_2 浓度设计范围为 4600 ~ 9400mg/m³。

在实际运行中发现，当单台锅炉满负荷运行时，即使烟气 SO_2 浓度达到设计上限值（9400mg/m³），启动单台氧化风机就可将吸收塔内浆液各种成分的含量控制在保证值范围；但当双台锅炉运行（烟气量为设计烟气的 70% 及以上）时，若只启动单台氧化风机，即使氧化空气量高达 15500m³/h，吸收塔内亚硫酸盐的含量也将不断增加，石膏脱水效果变差，最终迫使脱水机停止运行。

在排除了运行有关参数的影响后，一致认为设计的氧化空气系统存在缺陷是发生问题的根本原因。影响氧化空气利用率的因素很多，如 pH 值、吸收塔浆池运行液位、各氧化喷嘴氧化空气的分配情况及喷嘴的形式、搅拌器的运行情况、吸收塔内浆液密度及氧化空气管插入深度、进口烟气中含氧量等。在维持 pH 值、吸收塔浆池液位及吸收塔内浆液密度等运行参数在设计范围内并相对固定的情况下，可通过以下措施提高氧化空气利用率。

（1）提高各氧化空气支管的分配均匀性。使用德方提供的风速测量仪对各支管的氧化空气量进行了测量，见表 6－52。结果显示，各支管的分配极不均匀。经分析，决定首先用高压清洗机对各支管进行一次彻底的冲洗。冲洗后，各支管的氧化空气分配虽有了一定的改善，但仍远未达到均匀分配的要求。在分析了氧化空气系统的管路走向及布置后，将氧化空气母管改造成了环形管，使各支管的氧化空气分配有了明显的改善，见表 6－53。为进一步提高氧化空气的利用率，在风速较大的 6 号和 7 号支管上加装了比管径略小的节流孔板，并最终使各氧化空气支管分配均匀，见表 6－54。另外，按原德方运行手册，在脱硫装置停运时，应立即停止氧化风机运行，但这样就使浸入在浆液中的氧化空气各支管及喷枪存在积浆。为此，对运行方式进行了改进，即当 FGD 装置短时停运时仍应保持 1 台氧化风机运行，长时停运则将吸收塔液位降至氧化空气喷嘴（吸收塔液位约 10m）以下才允许停止氧化风机运行，以保证氧化空气支管及喷枪不堵塞。此外，还在氧化空气各支管上加装了冷却水管，并在氧化风机运行时开启各冷却水门。加装冷却水管前，当氧化风机运行时，其出口风温高达 100℃，这使由于氧化空气的冲击而附着在氧化风管内壁的石膏浆液很快脱水结块，随着运行时间的增加，也就逐渐形成了氧化空气管的大面积堵塞。加装冷却水管后，由于氧化空气温度有一定程度的下降，加之氧化空气中含有大量水分，因而使附着在氧化风管内壁中的石膏浆液水分难以蒸发，从而保持了一种相对湿润的状态。当氧化空气流过时，这些石膏浆液也就随之被重新带回吸收塔内。运行结果证明，改造后氧化空气管堵塞的问题已得到解决。

表 6-52 冲洗前/后各支管风速

氧化空气总风量 (m³/h)	各支管风速 (m/s)			
	4 号	5 号	6 号	7 号
8000	5/6	2/4	14/13	23/18
10000	7/9	3/5	17/16	30/27
12000	7/10	4/7	20/19	36/33
13000	8/11	4/7	20/20	38/36
15000	12/12	5/8	24/25	40/38

表 6-53 氧化空气母管改造后各支管风速

氧化空气总风量 (m³/h)	各支管风速 (m/s)			
	4 号	5 号	6 号	7 号
8000	9	7	11	15
10000	13	11	14	18
12000	16	13	18	22
13000	18	14	20	24
15000	19	16	23	28

表 6-54 加装节流孔板后各支管风速

氧化空气总风量 (m³/h)	各支管风速 (m/s)			
	4 号	5 号	6 号	7 号
8000	11	10	10	10
10000	15	13	14	15
12000	18	17	17	17
13000	19	17	18	19
15000	23	21	22	22

（2）改造氧化空气喷枪，提高氧化空气利用率。原有氧化空气喷枪为单孔大口径喷枪，氧化空气与浆液接触面积小，在浆液中停留时间短，极不利于吸收塔内浆液的氧化。改造后，氧化空气各支管出口又分为 2 个支管，每个支管上布置有许多小孔喷嘴，增大了氧化空气与吸收塔内浆液的接触面积及在浆液中的停留时间，从而提高了氧化空气的利用率。

在一定范围内，提高氧化空气量可提高 FGD 装置的氧化能力。但当氧化空气量超过某一数值后，再提高实际运行的氧化空气量将不再提高 FGD 装置的氧化能力，而只是降低了氧化空气的利用率；同时，随着吸收塔内氧化空气量的增加，也增大了吸收塔再循环泵汽蚀的可能。经分析，在氧化风机出口管上加装了止回门，在双台锅炉运行且烟气中含硫量高于设计值时启动双台氧化风机运行。

经过上述的改进后，FGD 系统的氧化能力有了很大改善。

（1）单台锅炉运行时，在保证其他参数基本稳定的情况下，启动单台氧化风机即可将吸收塔内石膏浆液的亚硫酸盐含量完全控制在保证值范围内，不影响石膏脱水系统的运行。

（2）2 台锅炉运行时，若烟气中 SO₂ 含量不超过设计值，启动单台氧化风机也基本上能控制吸收塔内石膏浆液的亚硫酸盐含量。

（3）2 台锅炉满负荷运行时，若烟气中 SO₂ 含量超过设计值，为了控制吸收塔内石膏浆液的亚硫酸盐含量在保证值范围内，必须启动双台氧化风机运行。

同样，在南宁冶炼厂液柱喷射 FGD 系统中，系统采用真空过滤机脱水。调试中曾出现过几次 pH 值虽为设计规定值，浆液却无法脱水的情况。为此清华大学在系统中进行了一些试验，试验系统如图 6 - 225 所示。采用的是就地强制氧化方式，氧化采用两台鼓风量为 $50m^3/s$ 的罗茨风机交替进行强制氧化，吸收塔内的浆液高度保持在 6~7m，温度在 45℃ 附近，氧化风机出口压力为 0.07MPa 左右。此系统没有石膏浆液分离器，氧化后排出的浆液通过转移池然后进入脱水设备进行脱水，脱水设备为移动室带式真空过滤机，滤带长度为 14m，孔径 20μm，实验负压 0.04~0.08MPa，工作运行速度 0.5m/s，石膏滤饼保持在 4~5mm 厚。

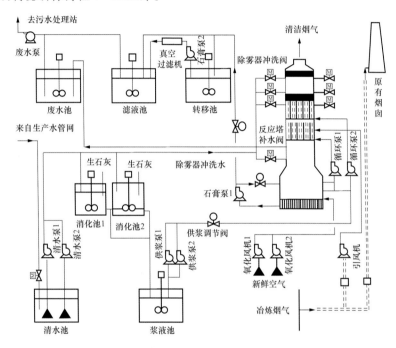

图 6 - 225　南宁冶炼厂液柱喷射 FGD 系统

强制氧化效果实验时，停止液柱循环泵，从而停止系统的脱硫工作，一台氧化风机继续进行氧化，在一定间隔时间内从塔底排浆口取样分析，使用的脱硫剂为电石渣（成分见表 6 - 55），固液比按 20% 计算，其 Mn^{2+} 含量为 $0.62mol/m^3$。实验结果表明，一台氧化风机的平均氧化速度约为 $0.051mol/(m^3 \cdot s)$，浆液中仍然有 50% 以上的 $CaSO_3$，这是因为液槽中 pH 值变化使 $CaSO_3$ 表面结晶钝化，阻止了它的氧化。

表 6 - 55　　　　　　　　　脱硫剂的成分分析　　　　　　　　　　%

项　目	生石灰	电石渣	项　目	生石灰	电石渣
SiO_2	0.24	3.50	P_2O_5	0.12	0.05
Al_2O_3	0.17	2.13	K_2O	0.09	0.15
Fe_2O_3	0.12	0.29	Na_2O	0.31	0.43
CaO	69.72	35.45	Cr（μg/g）	168	—
MgO	0.69	0.15	Co（μg/g）	6.3	—
MnO	0.003	0.008	烧失量	28.55	57.8
TiO_2	0.01	0.10			

脱水实验采用脱硫剂为电石渣和生石灰，成分分析见表 6 - 55。图 6 - 226 是几天中分别对真空

过滤机入口浆液采样的测试结果，从图中可以看出，当 $CaSO_3$ 含量较高时（1 号、2 号、3 号），其含水量也相应较高，还注意到，以生石灰做脱硫剂的 1 号样，虽然 $CaSO_3$ 含量与 2 号、3 号相差不大，但含水量却远远大于 2 号、3 号。

图 6-227 是不同含水量石膏产品（A、B）的粒径分布（PSD），其中样 A 的 $CaSO_3 \cdot 1/2H_2O$ 的含量为 29.7%；样 B 的 $CaSO_3 \cdot 1/2H_2O$ 的含量为 1.8%。从图中可以看出，样 B 的粒径大部分集中在 90~200μm 之间，呈两头少、中间多的分布；而样 A 则呈中间少，两头多的分布，小于 56μm 的占到了 22%。

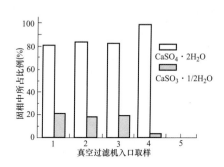

图 6-226 过滤机入口浆液取样分析

（1 号脱硫剂为生石灰，2、3、4 号为电石渣；石膏含水分别为 47.37%、35.935%、37.38%、22.03%）

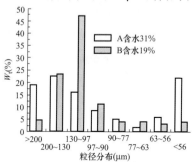

图 6-227 两种不同含水量石膏的粒径分布

图 6-228 是 3 号、4 号浆液生产的石膏扫描电镜图。从图中可以看出，二者晶体形状相似，但 3 号比起 4 号在晶体表面附着着大量细小的微粒。这些微粒附着在晶体表面，会靠毛细作用吸附着大量的晶体母液，使真空过滤机很难把其脱除，所以其含水量较高。

(a) (b) (c)

图 6-228 浆液的石膏晶体扫描电镜图

（a）3 号浆液（200 倍）；（b）4 号浆液（200 倍）；（c）3 号晶体表面（1000 倍）

图 6-228（c）是 3 号中一个晶体表面放大 1000 倍的电镜图。从图中可以清楚地看出，在大晶体表面的小晶粒已成簇。这种结构的形成可作这样的解释：一方面随着 $CaSO_3$ 的氧化，H^+ 产生，pH 值逐渐降低，$CaSO_3 \cdot 1/2H_2O$ 的溶解度对 pH 值的影响很敏感，特别是在 pH 值由 6 变到 5 时，溶解度增加了近 6 倍，如表 6-56 所列。这样，随着 $CaSO_3$ 的氧化，溶解度显著上升，液相中的含量大大增加。另一方面，在正长大的石膏晶体表面的液膜，有较大的 pH 值梯度（当主液相 pH 值小于 7，液膜厚度在 10^{-8} m 量级时，其 pH 值差大于 1），主液相中溶解的 $CaSO_3$ 扩散到液膜后，会产生强烈的过饱和，从而在结晶石膏表面形成 $CaSO_3$ 晶核，加上若氧化不完全，又会有较多的 $CaSO_3$ 沉积在石膏晶体表面。在这些 $CaSO_3$ 周围，由于其溶解使附近区域液膜 pH 值上升，从而使液膜的溶解度下降，$CaSO_3$ 的相对过饱和度更大，促使 $CaSO_3 \cdot 1/2H_2O$ 在石膏晶体的表面上迅速结晶析出，形成外

壳。这种外壳的形成，阻止了石膏结晶生长的正常进行，若石膏在还未长大时就被 $CaSO_3 \cdot 1/2H_2O$ 包裹，这部分石膏就很难长大，甚至会影响晶体的形状，如图 6-228 和图 6-229 所示，这也就是为什么 $CaSO_3$ 多，相应的较小粒径的 $CaSO_4$ 也较多的原因。由于这些小颗粒数量较多（大量的 $CaSO_3 \cdot 1/2H_2O$ 和一部分未能长大的石膏），并且参差不齐，较大颗粒间也充填了小颗粒，使单位体积内触点增多，因此其易结块，并且不易弄碎。所以，即使加大真空过滤机的负压度，其脱水效果的增加也不会显著。相反，$CaSO_3$ 氧化较好，溶液中的浓度不大的情况下，石膏晶核能够充分地长大，并且由于晶核结晶的竞争能力相近，所以晶体颗粒粒径分布较为均匀。从图 6-228 中可以看出，4 号晶体表面光滑，晶体粒径分布均匀，不易吸附水分，所以脱水容易。

表 6-56　　　　　50℃时 pH 值对 $CaSO_3 \cdot 1/2H_2O$ 和 $CaSO_4 \cdot 2H_2O$ 溶解度的影响

pH	溶解度（mg/L）			pH	溶解度（mg/L）		
	Ca	$CaSO_3 \cdot 1/2H_2O$	$CaSO_4 \cdot 2H_2O$		Ca	$CaSO_3 \cdot 1/2H_2O$	$CaSO_4 \cdot 2H_2O$
7.0	675	23	1320	4.0	1120	1873	1072
6.0	680	51	1340	3.5	1763	4198	980
5.0	731	302	1260	3.0	3135	9375	918
4.5	841	785	1179	2.5	5873	21995	873

图 6-229 是在以生石灰为脱硫剂的过滤机入口晶浆固相电镜图。从图中可以看出，其晶体形状相似性很差，粒径分布非常不均匀；另外，还存在一定量的如图 6-229（b）中所示的微团，这种微团对晶体母液的吸附能力更强，这就是为什么 1 号浆液产生的石膏含水量要比 2 号、3 号高得多的原因。其他取样实验也证明，当过滤机入口浆液 $CaSO_3$ 含量较高时，得到的石膏晶体表面都有细小颗粒附着，其含水量都较高，而含水量较低的石膏都具有晶体表面光滑，入口浆液 $CaSO_3$ 含量较少的特点。可以推断，脱水浆液中的 $CaSO_3$ 的含量对脱水效果有着较大影响。所以，在吸收塔内改善的氧化效果，减少 $CaSO_3$ 残余对提高石膏品质能起到重要作用。

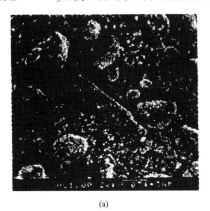 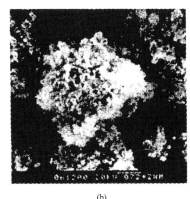

(a)　　　　　　　　　　　　　　(b)

图 6-229　1 号浆液固相扫描电镜图

(a) 1 号浆液固相（200 倍）；（b) 1 号浆液固相（2000 倍）

对于一个已投运的氧化空气系统来说，改善氧化效果对提高氧化空气的利用率十分重要。氧化空气的利用率是指理论上氧化已吸收的 SO_2 所需的 O_2 与实际鼓入的 O_2 之比。氧化装置的典型设计 O_2/SO_2 摩尔比大约为 1.5，即氧化空气的利用率为 33.3%，按设计计算选择的氧化风量在 FGD 系统实际运行中却常发现不够，除 FGD 入口烟量和 SO_2 浓度变大外，还有一些常见的因氧化空气利用率低下导致吸收塔内浆液的亚硫酸盐含量过高原因，针对性地进行改进无疑可使石膏脱水效果更佳。

1）塔内氧化空气管堵塞或断裂。如江苏常熟电厂、广东连州电厂就出现过。

2）吸收塔浆液 pH 值过高或过低。例如国电谏壁电厂 12 号炉 330MW 机组 FGD 吸收塔 pH 计准确度差，pH 值波动大，造成石膏含水率高达 25.6%，石膏中 $CaSO_3 \cdot 1/2H_2O$ 达 33.2%，$CaCO_3$ 含量 4.7%。后降低和控制了 pH 值在 5.4 左右，脱水正常。

3）吸收塔浆液密度过高。如广东省韶关电厂 10 号、11 号 300MW 机组 FGD 系统（脉冲悬浮技术）。一段时间内吸收塔浆液无法脱水，化验表明，$CaSO_3$ 含量高至 29.2% 和 45.6%。原因主要是塔内密度计不准，CRT 显示为 1065kg/m³，而实际在 1210kg/m³ 以上，明显偏高；另外在吸收塔液位计算时采用了一个固定的浆液密度值 1020kg/m³，使得实际运行液位低于正常值 2m，这也造成氧化空气利用率不足。

4）吸收塔液位不准。某电厂吸收塔双层搅拌器，运行中因液位计指示偏高造成实际运行液位低于上层搅拌器，这样一来氧化空气喷口浸没很浅，氧化空气很少进入浆液，吸收塔浆液中因 $CaSO_3$ 含量偏高而不能脱水。

3. 国华北京热电分公司石膏含水率超标原因分析

该公司在运 4 台 100MW 燃煤机组，先后安装了 2 套石灰石/石膏湿法 FGD 系统。一期 2 台机组共用一套（以下称 FGD1 系统），2000 年 10 月投入运行，同时为了保证脱硫副产品二水石膏的综合利用，同期配套安装了石膏炒制和制板生产线。二期 2 台机组也共用一套（以下称 FGD2 系统），采用 BBP 脱硫技术，2003 年 5 月开始调试，7 月 15 日调试完成，移交生产。为了节省基建投资，设计时采用了两套 FGD 系统公用一套石膏脱水系统的方案。

FGD1 系统投入运行后，生产状况一直比较稳定，石膏含水率基本控制在 10% 以下。但 2003 年 7 月，自二期 FGD2 系统投入运行开始，出现了较长时间的石膏含水率超标（大于 10%）现象，脱水后的石膏含水率达 15% 以上，最高时达到了 20.6%，石膏水分严重超标，导致石膏仓卸料困难，大量石膏无法销售。

为了查找石膏含水率超标的原因，电厂从 FGD 系统运行参数和化验室监测数据分析入手，对石膏水分超标前后的数据进行统计和比较分析，结果发现的原因如下：真空皮带机运行参数变化较大，特别是运行真空较高；FGD1 系统吸收塔浆液浆液 Cl⁻ 浓度偏高、pH 值显示与监测值偏差较大、含固率偏低；石膏旋流浆液底流含固率偏低等。FGD2 系统吸收塔浆液密度计显示值与实验室分析值偏差较大。另外，检查运行记录，发现由于废水旋流频繁堵塞，废水处理系统长时间处于停运消缺状态。具体分析如下。

（1）真空皮带机滤布阻塞，真空较高。真空皮带机是石膏二次脱水的重要设备，脱水效果与浆液的性质、滤布的清洁程度有较大的关系。皮带机滤水收集箱真空表计直观地反映了皮带机的真空。真空皮带机的真空与石膏含水率呈有规律地变化，皮带机真空升高，石膏含水率增大。石膏含水率与皮带机真空和浆液含固率的相关数据见表 6-57。

表 6-57　　　　　石膏含水率与皮带机真空和浆液含固率的相关数据（2003 年）

日　期	10.29	10.30	7.3	10.24	10.9	10.23	9.29	9.22
石膏含水率（%）	9.3	9.7	10.7	11.3	13.62	15.28	15.4	20.6
真空（kPa）	-51.4	-52.3	-56.6	-58.6	-60.5	-61.5	-64	-70.4
浆液含固率（%）	51.4	51	45.5	45.2	42.3	42.2	39.7	39.3

皮带机的真空升高，也即滤水通过滤布的压降增加，其增加的原因，一是脱水设备运行不正常，如滤布冲洗不干净或滤布使用周期过长都会使皮带机脱水效果变差，脱水不畅；二是石膏浆液本身性质的变化，如浆液中小颗粒石膏晶体增多或浆液中的杂质含量增加等引起滤布过滤通道的堵塞，使浆液中的水不容易从滤布孔隙分离出来。若要达到一定的固液分离效果，必须使真空增加。

真空还与皮带机上滤饼厚度有很大关系。在太仓港环保发电有限公司二期 2×300MW 机组 FGD

水平真空皮带机上，进行了滤饼厚度与滤饼水分含量关系的试验，结果见表 6－58。

表 6－58　　　　　　　　　　　　石膏滤饼厚度与石膏含水率试验数据（太仓）

滤饼厚度（mm）	真空度（kPa）	石膏含水率（%）	滤饼厚度（mm）	真空度（kPa）	石膏含水率（%）
10	27	13.2	30	55	8.4
15	35	11.2	35	58	9.0
20	43	9.2	40	62	11.4
25	52	7.6	45	64	13.1

通过试验可知，滤饼厚度在 10～30mm 之间增长时，真空增加，石膏滤饼含水率随之下降；当滤饼厚度增加至 30mm 以上时，虽然真空随之增加，但由于滤饼太厚阻碍了滤饼中水分的脱除，石膏含水率呈上升趋势。另外，滤饼厚度减薄，脱水系统运行时间增长；滤饼厚度增加，脱水出力增加，运行时间缩短。综合上述因素，真空脱水皮带机运行时滤饼厚度确定为 25～35mm。

（2）废水排放量少。原烟气进入吸收塔与石灰石浆液接触脱除 SO_2 的同时，烟气中 HCl、HF 和飞灰以及石灰石中的杂质都会进入吸收塔浆液中，长期运行后吸收塔浆液的 Cl^- 浓度和从飞灰中不断溶出的一些重金属离子浓度会逐渐升高，不断增加的 Cl^- 和重金属离子浓度对吸收塔内 SO_2 去除以及石膏晶体的形成产生不利的影响，并且过量 Cl^- 将大量吸收 Ca^{2+}，增加石灰石的消耗。因此，为保证塔内化学反应的正常进行，运行时从浆液中排出一定量废水是非常重要的。

分析统计数据表明，2003 年 7～10 月份，FGD1 系统吸收塔内 Cl^- 浓度一直保持在 11000mg/L 以上，最高时达到了 17760mg/L。观察石膏滤饼的颜色，发现表面呈深褐色，手感发黏，且很快会析出水分，图 6－230 是 2003 年 8 月 28 日真空皮带脱水机上石膏的情况，石膏饼表面被一层褐色物覆

石膏含水量大发黏（废水排放少）

废水排放20天后石膏脱水情况

石膏脱水效果正常

图 6－230　北京热电厂石膏脱水效果的比较

盖，石膏水分 16.1%。检查运行记录发现，由于废水处理系统管路频繁堵塞及石灰乳系统设备的故障率高，系统投运率下降。废水排放量减少，导致了吸收塔浆液中 Cl⁻ 浓度的升高和杂质含量的增加；浆液中 Cl⁻ 浓度及杂质含量升高又改变了浆液的理化性质，影响了塔内化学反应的正常进行和石膏结晶体的长大；同时杂质夹杂在石膏结晶之间，堵塞了游离水在结晶之间的通道，使石膏脱水变得困难。石膏饼分层成分及水分分析见表 6－59，石膏中的水分和杂质主要集中在上层石膏中。增大废水排放量后，化验室监测 Cl⁻ 浓度呈逐渐下降的趋势，石膏饼表面的颜色也由深褐色变为白色，如图 6－230 所示。2004 年 10 月 9 日 2 号 FGD 运行（一单元检修），4 月份磨机出口加装滤网后，石灰石浆液中杂质减少，使废水堵塞现象明显降低，废水排放正常，吸收塔浆液环境得到改善（杂质、氯根降低），石膏脱水效果较好，石膏水分一般在 7%～9%，皮带机运行速度为 2.4m/min，真空 －30～－35kPa，滤饼厚度 20mm。

表 6－59   石膏饼分层成分及水分分析

石膏饼层	单位	水分	$CaSO_4 \cdot 2H_2O$	$CaSO_3 \cdot 1/2H_2O$	$CaCO_3$	杂质
上层	%	16.4	61.7	0	2.00	36.3
下层	%	10.8	96.1	0.02	0.25	3.63

注　杂质质量分数 ＝100% － $(w_{CaSO_4 \cdot 2H_2O} + w_{CaSO_3 \cdot 1/2H_2O} + w_{CaCO_3})$% 。

（3）石膏浆液固体含量低。吸收塔内浆液的密度值直观地反映了塔内反应物浓度（固体含量）的高低，密度值升高，浆液的固体含量增加。工艺设计中在石膏排出泵出口管道上安装石膏浆液密度表，运行中根据该密度值的高低来自动控制石膏浆液的排放，即密度值低于设定值时，石膏旋流分离器双向分配器转换到吸收塔，不排放石膏。一旦密度超过设定的最大值，将开始排放石膏。

石膏浆液密度设定值根据反应产物——石膏形成和结晶的情况来确定，一般要求形成大颗粒易脱水的石膏晶体。运行过程中根据浆液性质的不同，设定值有所不同，一般控制含固率在 10%～20% 之间。

分析统计数据表明，2003 年 7～10 月，FGD1 系统吸收塔浆液含固率在 8.8%～11.7% 之间，偏离吸收塔正常运行参数。吸收塔内浆液密度设定值与石膏含水率关系见表 6－60。

表 6－60   吸收塔内浆液密度设定值与石膏含水率试验

密度设定值（kg/L）	1.090	1.101	1.104	1.107	1.110
石膏含水率（%）	11.17	10.98	10.45	9.62	9.92

石膏浆液固体含量偏低的另一个原因是石膏浆液旋流器堵塞。石膏旋流器承担着石膏浆液的浓缩和分离作用，其溢流含固率一般控制在 1%～3% 左右，固相颗粒细小，主要为未完全反应的吸收剂、石膏小晶体、细灰尘等，未反应的吸收剂继续参加反应，其他的则作为浆池中结晶长大的晶核，影响着下一阶段石膏大晶体的形成。旋流的底流含固率一般在 45%～50% 左右，固相主要为粗大的石膏结晶。真空皮带脱水机的目的就是要脱除这些大结晶颗粒之间的游离水。

分析统计数据表明，2003 年 7～10 月份石膏旋流器底流固体含率大部分在 30%～45% 之间，见表 6－57，偏离正常运行参数。检查石膏旋流器发现旋流筒体内石膏沉积，旋流子入口被大量草根堵塞；石膏浆液浓缩及颗粒分离效果变差，过多的小颗粒进入底流，影响石膏浆液的脱水。在其他电厂的 FGD 系统中，还出现有旋流子磨损或入口压力参数过低造成底流固体含量偏小，石膏脱水效果变差的情况。

另外，FGD2 系统吸收塔浆液密度表显示偏高，也是造成石膏水分高的一个主要原因。化学监测分析数据表明，吸收塔密度计 CRT 显示值与实验室测试值偏差较大，偏差范围在 －0.030～＋0.035kg/L 之间，最大时（8 月 6 日监测值）达到 0.154kg/L（偏高）。FGD2 石膏脱水系统设计为石膏浆液经石膏旋流一级脱水进入石膏浆液罐，然后通过石膏输送泵进入FGD1系统石膏浆液罐，再泵至公用石膏皮带脱水系统脱水。FGD浆液密度显示偏高，不饱和的石膏浆液以及小颗粒石膏晶体进入公用的石膏浆液罐，与FGD1石膏浆液混合进入皮带脱水系统，石膏浆稀且细小结晶颗粒比例大，引起石膏脱水困难。

（4）FGD1系统吸收塔浆液pH值测量值波动较大。吸收塔浆液的pH值测量值是参与反应控制的一个重要参数，它用于确定需要输送到吸收塔的新鲜反应浆液的流量。pH值升高，新的反应浆液供应量将减少，反之，新的反应浆液供应量将增加。若pH计不准，由其控制的石灰石加入量不是真正需要的量，过量的石灰石使石膏纯度降低，造成石膏脱水困难。

分析统计数据表明，2003年7～10月份FGD1系统吸收塔浆液pH值CRT显示值与实验室测试值相差较大，CRT显示偏低，最高时偏差达1.5以上，石膏中的$CaCO_3$的含量超过1%以上。

在太仓港环保发电有限公司二期2×300MW机组FGD吸收塔中进行了pH值优化试验，结果见表6-61。试验表明，当吸收塔pH值增加时，脱硫效率有一定增加，同时生成的石膏纯度略有下降。

表6-61　　　　　　　　　　　浆液pH值对脱硫效率及石膏品质影响

pH值	脱硫效率（%）	石膏纯度（%）	钙硫比	pH值	脱硫效率（%）	石膏纯度（%）	钙硫比
4.5	91.6	93.4	1.018	5.3	97.2	92.1	1.026
4.8	93.4	93.0	1.022	5.4	97.5	92.0	1.028
5.2	95.7	92.3	1.026	5.7	97.9	90.6	1.046

因此在FGD系统实际运行过程中，为了同时保证脱硫效率和石膏品质并兼顾石灰石的消耗量，吸收塔浆液的pH值应控制在一定范围内运行，并根据煤种的变化及时进行优化调整。

为控制石膏含水率超标，北京热电分公司在FGD系统运行过程中采取了以下措施。

（1）加强废水系统设备维护，确保系统的正常投运。为了保证塔内反应正常进行及石膏的质量，废水处理系统必须正常投入运行，保证废水排放，以降低吸收塔内Cl⁻浓度及杂质含量，保证塔内化学反应的正常进行及晶体的生成和长大。塔内Cl⁻浓度应控制在10000mg/L以下，并尽量维持低运行值。浆液中的Cl⁻对设备具有较强的腐蚀性，低Cl⁻浓度可延缓设备腐蚀，提高设备的使用寿命。

（2）严密监视皮带机运行参数，控制皮带机真空。皮带机运行中真空的变化，直接反应石膏脱水的效果。真空升高时应关注塔内浆液监测指标是否在正常范围内，特别是真空超过-50kPa时，检查真空升高的原因，及时调整，并联系监测站对石膏水分进行取样分析。

（3）定期清理石膏旋流器，保证浆液的浓缩及颗粒分离效果。运行监测发现石膏旋流底流含固率低于40%～45%范围时，应及时检查旋流器运行情况，发现堵塞及时清理。制定定期清理制度，防止由于堵塞引起的石膏浆液密度、含固率的降低，影响石膏的脱水。

（4）加强在线检测仪表的维护，减小CRT显示值与实际值的偏差。按照吸收塔中反应物计量和生成物品质的要求，石灰石浆液的密度和吸收塔pH值与脱硫效率有直接关系，吸收塔浆液密度控制着生成物石膏的品质。因此，石灰石浆液和石膏浆液密度计以及吸收塔pH计都是参与化学反应和控制的重要仪表，运行中必须加强这些在线仪表的维护，保证其准确性。

（5）加强对运行参数的监测分析。运行人员要加强对运行参数的监测分析，发现不正常时应查找原因，及时调整，防止多参数发生变化，给问题的处理造成困难。

（6）加强运行管理、制定定期分析制度。制定由运行、检修、监测站、仪表维护等人员参加的对FGD系统定期分析制度，掌握系统设备的运行状况，将不正常状态及时修正。

（7）完善系统设计，对浆液系统进行防堵改造。针对废水系统排放管路及旋流子堵塞的根本原因，对浆液系统进行防堵改造。在湿磨机二级旋流器出口加装开放式过滤网，从源头上将来料中的杂物清除，保证浆液的清洁，减少系统的堵塞，特别是废水系统的堵塞，为废水的正常排放和塔内化学反应的正常进行提供保证。

4. 台山电厂石膏中 $CaCO_3$ 的含量超标原因分析

广东台山电厂1号、2号 JBR 系统自2004年底和2005年初运行以来，各系统基本运行正常。运行中主要问题是 GGH 压差高以及石膏中 $CaCO_3$ 的含量经常超标，有时高达10%（设计保证值小于3%），表6-62列出了1号、2号 FGD 脱水石膏部分化验结果，一同列入的还有球磨机磨出的石灰石浆液成分、JBR 内浆液成分的分析结果。作为比较，还列出了1号 JBR 168h 期间的分析数据。从表中看出，FGD 石膏中的游离水分、纯度、$CaSO_3 \cdot 1/2H_2O$ 的含量基本满足设计要求，但 $CaCO_3$ 的含量超标严重，石膏中的 Cl^- 含量也偏高。

表6-62   FGD 系统的分析结果

取样时间			2006年7月26日	2006年8月7日	2006年10月9日	2006年11月20日	2007年3月19日	2007年4月2日	2007年4月30日	2004年11月16日*
样品	分析项目	单位	分析数据							
石灰石浆液	$CaCO_3$	%	82.2	86.5	82.5	80.1	88.6	93.6	89.2	96.09
	$MgCO_3$	%	9.2	10.8	8.3	9.6	9.4	4.5	8.3	2.81
	粒径（≤63μm）	%	—	100	—	—	—	—	—	100
吸收塔浆液	pH 值	—	5.00	4.78	4.38	4.71	5.08	4.50	4.80	4.78
	含固率	%	14.5	13.5	14.6	11.1	11.4	13.2	13.2	12.84
	SO_3^{2-}	mg/L	痕量	72.6	痕量	痕量	137.8	130.6	110.5	痕量
	Cl^-	mg/L	2267.6	1765.0	2810.0	3147.0	5387.8	3162.5	2053.5	2531
	F^-	mg/L	100.0	60.0	210.0	167.0	236.0	152.0	140.0	32.8
	$CaCO_3$	%	10.6	6.4	9.7	8.1	5.2	3.6	4.5	2.99
石膏	游离水分	%	7.89	7.5	11.0	8.0	10.5	7.4	8.8	6.42
	$CaSO_4 \cdot 2H_2O$	%	90.3	90.2	89.2	91.0	90.7	94.6	91.2	93.90
	$CaCO_3$	%	8.5	7.3	8.2	7.5	4.9	3.8	5.7	2.96
	$CaSO_3 \cdot 1/2H_2O$	%	痕量	0.098	痕量	痕量	0.23	0.22	0.33	痕量
	Cl^-	%	0.016	0.010	0.004	0.009	0.039	0.019	0.009	0.0007

* 1号 JBR 168h 调试期间。

在调试期间，石膏中的各种成分基本满足设计要求，石膏中 $CaCO_3$ 的含量大多在3%以下。比较表中数据，一个重要而明显的区别在于，调试时所用的石灰石中 $CaCO_3$ 的含量很高，在95%左右，甚至高达97%，而 $MgCO_3$ 的含量只在3%左右。相反目前运行采用的石灰石中 $CaCO_3$ 含量在90%以下，有时低至80%，而 $MgCO_3$ 的含量却很高，在8%以上甚至超过了10%，这应是电厂石膏中 $CaCO_3$ 的含量超标严重的主要原因，在3号、4号和5号 FGD 系统调试时也出现了同样问题。

台山电厂所用石灰石中 $MgCO_3$ 含量高达10%，大部分以白云石（$CaCO_3 \cdot MgCO_3$）的形式存在，这就使得石灰石的利用率偏低，副产品石膏中的石灰石含量增加。

滤饼中 Cl^- 含量超标，可加强滤饼的冲洗，在 Cl^- 含量比较高的工况下可采用高品质的水源如除盐水进行冲洗。

因此要保证 FGD 石膏的品质，应加强石灰石采购管理，提高石灰石品质，同时定期进行各种化学分析，最好能定期进行石灰石活性分析。运行时调整好吸收塔内 pH 值和密度，不应为追求高的脱硫率而加大石灰石浆液的供给量。

（三）灰分的影响

烟气中的灰分不仅对脱硫率等有不利影响，例如使石灰石致盲、pH 值下降、结垢等，而且对石膏的品质也有严重影响，主要体现在石膏的色度、纯度、重金属含量上。FGD 石膏用于生产墙板及水泥等，墙板制造商规定石膏中的飞灰含量不能超过 1.0%，因为它首先会影响石膏颜色，使石膏颜色发暗，不吸引人。在半山电厂曾做了一个试验，在正常情况下撤除一台电除尘器Ⅰ电场，石膏的色度变化如图 6-231 所示，可见石膏颜色明显发黑了。

图 6-231　停Ⅰ电场后石膏色度的变化（左：正常情况）

对商用石膏的纯度要求一般大于 90%，烟气中飞灰含量增加会使石膏中的杂质（酸不溶物）增加，纯度达不到设计要求；而且由于飞灰的火山灰（凝硬性）性质会导致黏结反应，使石膏黏结成块。

石膏浆液中的飞灰含量增加将使石膏的脱水性能大大下降。表 6-63 是某电厂真空皮带机运行情况考察得到的数据，可见石膏中杂质增加时使石膏含水率显著增大，严重影响副产物石膏作为商品的质量，对企业的经济效益产生负面影响。飞灰影响石膏的结晶过程，使石膏浆液中的大颗粒比例下降，石膏粒径越小，其脱水效果就越差，石膏含水率就越高。图 6-232 显示了细小的飞灰夹杂在石膏晶体中的情形，一旦进入很难将其分离出来。另外细小的飞灰会把真空皮带脱水机滤布的细眼堵塞，即所说的滤布盲死，造成皮带机的真空异常，使皮带机脱水性能下降，石膏含水率增高。飞灰中的氯对石膏含水率也产生不利影响，表 6-64 是某电厂在不同 Cl⁻ 含量下石膏含水率的统计结果（未投入冲洗），可清楚地看到这一点。

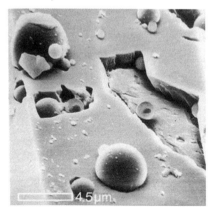

图 6-232　夹杂在石膏晶体中的飞灰

表 6-63		不同杂质含量下的石膏含水率			
项　目		1	2	3	4
石膏成分（%）	CaSO₄·2H₂O	62.070	61.190	88.270	89.680
	CaSO₃·1/2H₂O	0.053	0.077	0.058	0.138
	CaCO₃	1.987	0.770	2.827	3.116
	其他杂质	35.890	37.960	8.845	7.066
石膏含水率（%）		18.710	23.670	7.360	7.860

表 6 - 64　　　　　　　　　　　　某电厂不同 Cl⁻ 浓度时的石膏含水率

序号	吸收塔浆液参数			石膏含水率（%）
	密度/（kg/m³）	Cl⁻ 含量（mg/L）	pH 值	
1	1100	14640	5.1	14.2
2	1099	14958	5.2	16.5
3	1092	5492	5.4	9.28
4	1093	2146	5.2	7.29
5	1096	2154	5.2	8.47

　　飞灰含量增加还会使石膏中的镁等可溶性盐随之增加，它会降低石膏的煅烧温度、影响石膏的黏结能力，引起粉化，有时会出现盐霜现象。

　　2005 年 8 月，在河北衡水电厂 3 号 300MW 机组的 FGD 系统中，在没有运行循环泵而启动石膏排出泵时，石膏旋流器运行正常，皮带机能正常工作，脱水效果良好。但是，启动循环泵后，旋流器底流含固量明显偏低，石膏脱水机真空泵真空高，石膏含水率高，石膏发黏。后将吸收塔一部分浆液暂时打至事故浆罐，通烟后增加浆液含固量，加大废水排量，脱水系统逐步恢复了正常。后经仔细检查，认为是烟气中飞灰所致。尽管目前电除尘器的效率高达 99% 以上，但对直径小于 2.5μm 的颗粒（PM$_{2.5}$）却难以收集，这些细颗粒在静止的吸收塔浆液中会浮在上面，循环泵未运行时石膏旋流器底流正常；当众多的细颗粒进入旋流器时，旋流器也难以将它们分离。

　　为减少烟气中飞灰对 FGD 系统的影响，锅炉的燃烧调整及电除尘器的优化运行十分重要，特别是电除尘器 ESP，应针对不同的工作条件，进行优化控制，准确诊断设备现状，制订合理的运行和检修制度，不断提高除尘效率，降低飞灰含量。可以从以下几方面入手。

　　（1）进行合理及时的运行参数调整。

　　电除尘器的运行参数有一最佳值，运行值班员应根据运行工况、锅炉负荷及时调整运行参数，使 ESP 的一、二次电压，电流在合适范围内。而运行中适当的火花频率对除尘效率的提高是有一定的好处的，因为适当的火花频率不仅有辅助清灰作用，而且在该火花频率下电场的有效电晕功率可达到最大。

　　（2）选择合理的振打制度，克服二次扬尘。

　　气流分布不均、适当的火花频率方式及周期不合理、漏风等都会增加粉尘的二次飞扬，它对电除尘器除尘效率的影响举足轻重。通过最佳振打周期的试验调整，可以将因振打引起的二次飞扬减少到最小程度。

　　（3）提高电除尘器辅助设备的运行可靠性。

　　电除尘器的辅助设施和配套设备，尽管技术要求不高，但如轻视而带来的后果却很严重，特别是出灰系统的可靠性。在影响电除尘器电场投运率中，据统计，出灰系统故障占 30% 左右。因此要从运行和检修同时着手，努力提高仓泵、输灰空气压缩机等辅助设备的运行可靠性。

　　（4）提高运行维护、检修保养质量。

　　严格的维护保养制度和切实可行的检修规程是电除尘器长期安全可靠高效运行的保障。平时应定期对所有机械传动部位加油，检查振打时控装置工作程序是否正常，检查振温度测量装置是否正常，电气设备是否正常等。提高运行、检修质量，预防因运行监视不到位造成灰斗满灰而导致电场跳闸，或因检修质量不好导致电场不能投运等情况的发生。由于长期运行，内部极板间有结垢，使电阻增大，极板异极间距减小。因此在条件允许的情况下，电除尘器大修停用期间，对内部装置进行水冲洗，冲洗后烘干或用风机抽干。

　　图 6 - 233 是同一电厂电除尘器正常运行与未投入运行时锅炉排烟的比较。从图中可以清楚地看到，电除尘器正常运行时烟囱口几乎看不出有烟，而未投入电除尘器的烟囱出口则是满天黑烟（带

黄色），若此时 FGD 系统投入运行，恐怕很快就失控了。

图 6 - 233　电除尘器投入与故障未投时排烟的比较

　　FGD 石膏的颜色有多种，主要取决于吸收剂石灰石中杂质的含量、锅炉燃烧的煤种以及锅炉燃烧的状况和 ESP 状况。石灰石的纯度高即 CaCO$_3$ 含量高、杂质少，锅炉燃烧完全、ESP 效率高时，FGD 石膏呈现最理想的白色。但一般石灰石中常含有各种颜色的杂质如带黄色或褐色的铁或镁化合物，因此用于 FGD 系统的石灰石颗粒也呈现多种颜色，如图 6 - 234 所示，锅炉飞灰中也含有各种不同的氧化物，这使得 FGD 石膏呈现灰白色、浅黄色、黄色、红褐色等。锅炉燃烧不完全时及 ESP 故障或除尘效果不佳时，FGD 石膏的颜色受到很大影响，有时表面出现黑黑的一层；水分含量也影响石膏的颜色。图 6 - 234 给出了 2 种石膏的典型颜色。要想在后续加工过程中改变石膏的颜色在经济上是很不划算的，唯一的办法是在脱硫工艺中来改进。德国 Schwarze Pumpe 电厂采用了"超流量清洗（Over-flow cleaning）"的工艺，它在杂质进入石膏晶体之前就将其除去，这使 FGD 石膏的颜色改善了 10% 并用于生产墙板。在石膏脱水时加强冲洗对除去 Cl$^-$ 及可溶性盐、提高石膏品质是至关重要。

某电厂石灰石的几种颜色（褐色、灰白色、青色、灰黑色等）

灰白色的石膏

黄褐色的石膏

图 6 - 234　石灰石和石膏的典型颜色

（四）改善 FGD 石膏品质的建议

从以上的例子与分析来看，要保证 FGD 石膏的品质，应在 FGD 系统设计和运行两方面同时入手。首先在设计上要合理，例如：

（1）保证足够高的脱硫率，较高的液气比。

（2）低的 Ca/S 比。

（3）吸收塔浆液池要足够大以使石膏浆液在塔内有足够的停留时间，一般大于 15h。

（4）足够的氧化空气裕度并保证氧化空气均匀分布。

（5）合理的搅拌系统设计等。

在 FGD 系统实际运行中，应注意以下几点。

（1）提高锅炉燃烧效率，保证电除尘效率，尽可能控制烟气中的粉尘浓度在设计范围内。最好在 FGD 系统入口处安装在线烟尘监测仪来使运行人员实时监测。当粉尘浓度高或锅炉较长时间燃油对 FGD 装置产生危害时，应果断地退出 FGD 装置运行。

（2）保证吸收剂石灰石（粉）的质量。石灰石中的杂质如惰性成分除对脱硫率有不利影响外，还对石膏的质量有不利的影响，因此应尽可能提高石灰石的纯度及提供合理的细度。

（3）保证工艺水的质量，控制水中的悬浮物、Cl^-、F^-、Ca^{2+} 等的含量在设计范围内。

（4）选择合理的吸收塔浆液 pH 值，避免 pH 值大波动，保证塔内浆液 $CaCO_3$ 含量在预定范围内。

（5）选择合理的吸收塔浆液密度运行值，浆液含固率不能过小或过大。

（6）保证吸收塔浆液的充分氧化，定期化验，使塔内浆液的成分在设计范围内。

（7）对石膏浆液旋流器应定期进行清洗维护，定期化验底流密度，发现偏离正常值时及时查明原因并作相应处理。

（8）对石膏皮带脱水机、真空泵等设备应定期进行清洗维护，保证设备的效率，滤布和真空系统是重点检查维护对象。加强对石膏滤饼的冲洗。

（9）定期维护校验 FGD 系统内的重要仪表如 pH 计、密度计等，使之能真实反映系统的运行状况。

（10）适当地加大废水排放量。

另外重要一点的是，要控制好燃煤的含硫量，使之在设计范围内。

七、FGD 系统的安全性问题

FGD 系统的安全性定义为 FGD 系统对发电机组安全性的影响程度及 FGD 系统本身的安全程度。它包含二层涵义：一是对机组安全的影响，如对锅炉运行影响，对电除尘影响，对尾部烟道腐蚀的影响，对机组公用系统如用水、灰渣排放系统的影响及对人身安全的影响等；二是 FGD 系统本身的安全程度，如系统内各设备的安全性、防腐性等，它直接影响系统的运行可靠性和投运率等。

（一）机组跳闸

1. FGD 系统引起机组跳闸

因 FGD 系统引起机组跳闸的事故虽不多见，但也有发生。除 FGD 系统设计的原因外（如 FGD 失电后，旁路挡板也因失电不能打开而将锅炉憋死），运行管理也是一个因素。例如 2004 年 10 月 16 日，某电厂 1 号、2 号 410t/h 锅炉共用的一台发电机带电负荷为 140MW，生产抽汽 20t/h，电除尘及共用的一套 FGD 系统均投入运行。1 号炉 2 台引风机、送风机均运行且投入自动，2 号炉 2 台引风机、送风机均运行且 B 引风机投自动，A 引风机未投自动（负荷低调节不好）。1 号炉电除尘机组小修时接入脱硫 CRT 上监视和操作，正在调试运行期间。12:45，1 号炉电除尘甲 1、甲 3、乙 2 电场来跳闸信号（实际上甲 3、乙 2 跳闸，甲 1 电场未跳闸），引起 FGD 系统保护动作跳闸（FGD 系统保护连锁条件：电除尘一侧四个电场中有两个电场跳闸，将跳 FGD 系统）。

　　12:50，1 号锅炉值班员发现炉膛压力增高，同时来"炉膛压力高"信号，检查炉膛压力，三个测点的压力分别为 228Pa、272Pa、243Pa。因冷灰斗处有工作，因此，通知巡操人员检查冷灰斗水封；同时，检查脱硫画面发现脱硫增压风机跳闸，旁路挡板未开启，因此立即联系脱硫值班员开旁路挡板。此时，1 号炉引风机自动调整炉膛负压，1A 挡板由 22% 开到 56%；1B 由 22% 开到 54%。脱硫值班员也同时发现旁路挡板未开，于是手动开启旁路挡板，致使炉膛压力突然下降到 −730Pa。锅炉值班员将 1 号炉 B 引风机挡板自动解除，迅速调整炉膛负压。这时，1 号炉炉膛压力快速达到 −2208Pa。12:53，1 号炉 MFT 保护动作，锅炉灭火。2 号炉由于一侧引风机自动始终未投入，因此，当锅炉炉膛压力突然下降时，影响较小，未引起锅炉保护动作灭火。

　　分析认为直接的原因为：① 电除尘设备误发跳闸信号，引起 FGD 系统保护跳闸。② FGD 旁路挡板自动控制信号被模拟，至使 FGD 系统跳闸后，挡板未能自动打开，运行人员手动打开挡板后，炉膛压力负压过大，保护动作灭火。③ 例行工作不到位。表现为：10 月 5 日，在对 FGD 旁路挡板进行模拟时，热工人员和运行人员未按规定在模拟记录簿上登记；10 月 13 日，FGD 系统小修后未进行保护连锁传动，使事故隐患未能及时发现。

　　类似的事故发生在广东某 600MW 机组上。锅炉 MFT 的原因是由于 2 台增压风机控制油泵均跳闸、动叶关小而旁路烟气挡板连锁保护未投入，FGD 入口压力到达保护值时旁路挡板未快开，人为快开旁路后引风机导叶来不及调整致使锅炉负压低。事故中炉膛负压等参数的变化见图 6 − 235。因此应加强 FGD 旁路烟气挡板的运行管理，防止此类事故再次发生。

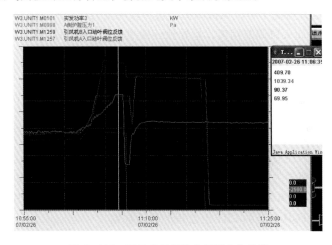

图 6 − 235　MFT 前后锅炉负压等变化曲线
（量程：导叶 0 ~ 100%，负压 −2500 ~ +2500Pa，负荷 0 ~ 866MW）

　　2. FGD 系统增压风机不匹配导致锅炉 MFT

　　FGD 增压风机调节系统和炉膛负压调节系统不匹配，也可能导致锅炉 MFT。某 600MW 机组在 FGD 系统运行时发生过一起 MFT 事故。

　　（1）事故前状况。2005 年 2 月 3 日，事故前机组负荷由 400MW 降至 350MW，运行人员停 26 号磨，逐步关闭 26 号磨入口调节门。此时主蒸汽压力为 14.8MPa，主蒸汽温度为 540℃，21 号、22 号、24 号、25 号四台磨煤机运行，21 号、22 号两台汽动给水泵运行。2 号 FGD 系统正常投运。

　　（2）事故发生、扩大和处理情况。事故前，2 号机组 FGD 增压风机动叶为自动控制方式，脱硫值班人员没有调整操作。22:31，运行人员停止 26 号磨煤机运行；22:58，逐步关闭 26 号磨煤机一次风入口调节挡板；22:58:51，2 号机组主值班员发现炉膛负压波动，联系脱硫值班员，汇报值长。当脱硫主值班员接到主控值班员询问脱硫增压风机有无操作时，注意到 2 号炉增压风机入口负压为 0Pa（定值 −200Pa），动叶开度 21% 且自动向开方向变化至 41%，随即入口负压波动至 −400Pa，2 号炉增压风机动叶根据入口压力又自动向关方向变化。23：02：00，炉膛负压保护动作，锅炉 MFT，2 号机组跳闸。主机侧的主时钟比脱硫侧慢 5 分 42 秒，这里用的是主机侧时间。许多电厂主机侧的主时钟与脱硫侧都不一致，两者应该完全统一，这对于统计数据、进行事故分析会带来很大方便。

当 2 号锅炉 MFT 后，FGD 增压风机动叶控制方式自动切为手动，FGD 旁路挡板连锁紧急快开，增压风机连锁跳闸。

事后通过事故追忆检查发现，22：58：30 时一次风母管压力波动 +300Pa，22：58：51 ~ 22：59：07，炉膛负压值出现第一次较大波动（从 −53Pa 降至 −300Pa），随后炉膛负压调节系统开始产生振荡，且呈发散状；同时一次风压力与炉膛负压同步波动，压力为 12.5 ~ 6.5kPa（定值为 9.5kPa）。经过 3 个发散波型后，23：01：50 和 23：01：52，运行人员分别解除 22 号、21 号引风机静叶自动，手动发脉冲指令关闭引风机静叶，调节炉膛负压。23：01：57，炉膛负压值降至 −1500Pa，炉膛负压低二值保护动作，延时 3s 至 23：02：00，触发锅炉 MFT，大连锁保护动作，机组跳闸，首出原因为"炉膛负压低"。

（3）事故原因分析。

1）事故直接原因分析。炉膛负压大幅度发散状波动，负压调节系统未能及时跟踪，导致炉膛负压低二值保护动作，这是此次事件的直接原因。

2）根本原因分析。检查发现，22：59 一次风压力波动 +300Pa，怀疑一次风机喘振，但检查一次风机电流和振动正常，因此排除了一次风机喘振导致一次风压力波动的可能性。检查历史记录发现，26 号磨煤机停运后逐步关闭入口调节挡板，是导致一次风压力变化的原因，属正常波动范围，总一次风流量变化不大，因此排除了一次风系统导致炉膛压力波动的可能性。

检查引风机、送风机电流及入口动叶开度发现，送风机电流平稳，无异常波动现象，送风量基本无变化，氧量维持在 5.6% ~ 5.3%（氧量校正未投入）。引风机电流随静叶调节平稳变化，排除了送风机、引风机喘振的可能性。

检查 2 号 FGD 装置增压风机动叶自动调节情况和旁路挡板保护动作经过，在炉膛负压波动过程中，2 号 FGD 增压风机入口压力随着炉膛负压一起波动，波动波型与炉膛负压基本一致，机组跳闸前增压风机入口压力变化范围为 −570 ~ 250Pa，自动调节始终处于跟踪状态。锅炉 MFT 后，FGD 旁路挡板延时 20s 保护打开。图 6 − 236 为 MFT 前后锅炉负压、增压风机入口压力及各风机的调节情况，这些图都是从炉侧及 FGD 系统的 CRT 上获得的原始数据。

导致炉膛负压大幅度发散状波动的诱发原因，分析确定为 FGD 增压风机入口压力调节系统和炉膛负压调节系统不匹配，在负压发生波动的情况下，两套调节系统同时参与调节，但两套装置动作特性不统一，导致被调量炉膛负压过调，系统发生振荡，这是导致炉膛负压保护动作的根本原因。

以上分析认为炉膛压力波动不是由一次风系统导致的，但另一种分析则认为，一次风机是导致此次事故的主要原因。具体分析如下。

表 6 − 65 为 MFT 前后主要数据，结合图 6 − 236 可以看出，22：58：55 ~ 22：59：07 时，增压风机入口压力从 −176Pa 降至 −272Pa，特别是从 22：59 后呈现下降趋势，而此时动叶开度未变化，同时观察此时的炉膛负压，发现炉膛负压也呈现明显下降的趋势。从曲线上可以明显看出，从 22：58：45 左右，两台一次风机反馈出现大幅度的下降，从而导致炉膛内风量的减少，负压增大，因此，负压的扰动源在于一次风的大幅度变化。由于一次风带煤粉进入炉膛燃烧，对于炉膛负压的影响要滞后几秒，所以出现在 22：59：00 ~ 22：59：07，炉膛负压持续增大。

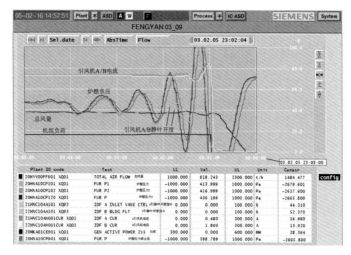

MFT 前后锅炉负压等参数的变化（炉侧时间）

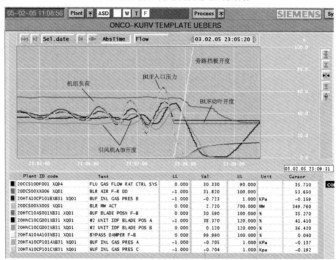

MFT 前后 FGD 增压风机入口压力等参数的变化（FGD 侧时间）

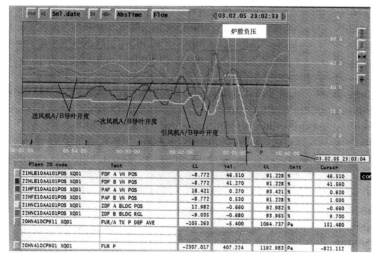

MFT 前后炉膛负压及风机开度的变化（炉侧时间）

图 6-236　MFT 前后各参数的变化

表 6－65 锅炉 MFT 前后主要数据统计与分析

备 注	主机侧时钟	FGD 侧时钟	增压风机入口压力（Pa）	增压风机动叶开度（%）	引风机A 开度（%）	引风机B 开度（%）
脱硫侧数据	22:58:55	23:04:37	-176	36.1	42.48	37.48	在这十几秒时间内，风机开度未变化，但压力变化 100Pa，特别是从 42 秒后呈明显下降趋势
	22:59:07	23:04:49	-272	36.1	42.48	37.48
	22:59:08	23:04:50	-281	35.97	42.48	37.48
	22:59:09	23:04:51	-316	33.97	42.48	37.48	到达最小，由于增压风机自动调节，开度变小
	22:59:46	23:05:28	-139	36.25	41.41	36.42
	23:00:10	23:05:52	-336	33.57	41.92	36.93
	23:00:29	23:06:11	-88	36.45	41.36	35.89
	23:00:51	23:06:33	-410	31.93	42.47	37.61
	23:01:10	23:06:52	+18	38.98	40.81	35.6
	23:01:29	23:07:11	-575	27.79	42.93	38.25	其中引风机开度最大达45.28%、39.71%
	23:01:49	23:07:31	+257	43.93	44.0	36.47
	23:02:00	23:07:42	-344	36.46	56.88	50.79	其中增压风机开度最大到45.1%

备 注	主机侧时钟	FGD 侧时钟	炉负压 Pa		引风机A 开度（%）	引风机B 开度（%）
主机侧数据	22:58:55	23:04:37	-108				此 12 秒内，炉膛负压受到一次风机的干扰，开始下降
	22:59:00	23:04:42	-153			
	22:59:07	23:04:49	-306			
	22:59:39	23:05:21	+34.2			
	23:00:03	23:05:45	-294		41.31	36.55
	23:00:26	23:06:08	+177		41.31	36.55	中间引风机开度变化过一次 42.38/37.64
	23:00:50	23:06:32	-462.6		41.35	36.56
	23:01:08	23:06:50	+517.8		41.68	37.07	中间引风机开度变化过一次 40.31/35.37
	23:01:28	23:07:10	-983.4		41.12	36.09	中间引风机开度最大到 45.91/39.96
	23:01:45	23:07:27	+1477.2		45.17	37.08
	23:02:00	23:07:42	-2023.8		59.57	55.46	23:01:50，IDF B 解为手动；23:01:52，IDF A 解为手动

在随后的过程中，增压风机自动与引风机自动开始作用。但通过曲线可以看出，增压风机的自动作用要明显比引风机的自动快，且由于在一次风机的大幅干扰下，引风机的负压波动明显。从 22:59:09 到 22:59:46，增压风机入口压力波动为 177Pa，而此时炉膛负压波动为 289.2Pa，明显大于增压风机入口压力的波动；而此时间段内，两台一次风机的开度大幅度增大，说明炉膛负压的大幅度波动是由于一次风机的开度大幅度变化引起的。

从 22:59:46 到 23:00:10，增压风机入口压力波动为 203Pa，而此时炉膛负压波动为 435.8Pa，而此时正好处于一次风机大幅度下落区间的后半段。

随后一次风机又进行了大幅度的升降，从而导致炉膛负压进行摆动，进而导致锅炉 MFT。特别是最后 23:01:29～23:01:49，增压风机入口压力从 -575Pa 到 257Pa，而锅炉侧竟从 -983.4Pa 到 1477.2Pa，变化幅度正好与一次风机的开度跳跃相吻合。因此：① 虽然一次风机开度、炉膛负压、增压风机入口压力三条曲线波形类似，但明显一次风机开度的正弦发散波形要早于炉膛负压，炉膛负压早于增压风机入口压力，故导致炉膛负压波动的源头在于一次风机的开度大幅度波动。② 若是因为增压风机的缘故导致压力猛增，则增压风机侧的压力变化明显要大于炉膛负压的压力变化。同时由于增压风机入口为烟道，而炉膛为大容器，任何压力的变化，应该是增压风机入口更敏感和直观，但未发现入口压力出现过大的偏差和变化。③ 另外，炉膛负压的曲线顶点要早于增压风机入口压力曲线顶点，这说明是由于炉膛负压的最先变化从而导致增压风机入口压力的变化，增压风机的调节属于跟随炉膛负压的调节。

通过对此次数据的分析，初步分析机组跳闸原因为：① 锅炉一次风机出现大幅度发散型的摆动，导致锅炉燃烧工况的改变，进而导致炉膛负压大幅度跳跃变化。② 炉膛负压出现剧烈地摆动，应该是炉膛内部燃烧出现恶化。③ FGD 增压风机的自动根据入口压力进行调整，动作方向正确，入口压力最大变化为 +257 ~ 500Pa，波动范围比炉膛负压的范围要小许多。④ 对于一次风机的扰动，电厂运行人员并未及时解除自动。另外炉膛负压出现异常时，运行人员应及早发现并解除自动，采用手动调节。

从表 6 – 65 中可以看到，在 23：01：10、23：01：29、23：01：49 的时候，FGD 增压风机的开度依次是 38.98% → 27.79% → 43.93%，其最大开度增加 16% 之多，而此时引风机的开度只是略有增加，这表明 FGD 增压风机参与了锅炉炉膛负压的调节，实际上起了引风机的作用，而且起的作用从其开度变化来推测不会太小。再从图 6 – 236 的曲线来看，增压风机先于引风机调节。按理想的 FGD 系统设计，机组负荷稳定时，增压风机不应该参与锅炉炉膛负压的调节，在炉膛负压变化的情况下，增压风机应先保持稳定，由锅炉烟风系统自己调节才合理，两套调节系统不能同时调节。当烟风系统调节后，增压风机进行补充性的微小调节，逐渐趋于稳定。如果两套自动同时调节，由于受到执行器的动作快慢及动作死区限制，很难找到合适的平衡点，炉膛压力完全可能出现振荡，同时调节也会影响执行器的寿命。

（4）事故损失情况。

1）电量损失。2 号机组停运 8.57h，机组满出力为 600MW，月度平均负荷率为 81.68%，上网电价为 0.29 元/（kW·h），发电固定成本为 0.08 元/（kW·h）。电量损失约计为

$$8.57 \times 6 \times 10^5 （kW \cdot h）\times 81.68\% \times （0.29 - 0.08）元/（kW \cdot h）= 88.2 万元$$

2）启动损失。启动燃油量为 70.68t，每吨燃油价格按 3936 元计算，燃油经济损失为

$$70.68 \times 3936 = 27.82 万元$$

此次事故总损失为

$$88.2 + 27.82 = 116.02 万元$$

（5）事故发生后采取的对策、防范及整改措施。

1）在 FGD 系统投入运行后，进行炉膛负压调节系统和 FGD 增压风机入口压力调节系统的锅炉侧大扰动试验，调整控制策略，优化控制参数。

2）选定增压风机入口压力保护整定值、增压风机动叶自动调节因差压大而自动解除的整定值。

3）将炉膛负压值引入脱硫 DCS 系统，作为监控参数。

4）送、引风机自动解除时，需缓慢开启旁路挡板。

5）在未进行 FGD 系统自动优化前，保持 FGD 旁路挡板开启运行，并要求拉掉旁路挡板的电源。

6）在机组启动前进行重要自动调节系统冷态扰动试验，试验结果合格后才能正常启动。

7）修改 FGD 增压风机自动调节系统参数，以提高增压风机自动调节的稳定性。

8）加强运行人员突发事件的培训并制定在自动异常情况下的处理预案。

这次 MFT 事故给我们留下许多启示：

1）在 FGD 系统投入运行后，整套风烟系统发生变化，在 FGD 系统设计时应将 FGD 增压风机自动和风烟系统自动统一考虑。烟风系统（一次风、送风、引风、增压风机）的控制逻辑要考虑完善、周到。

2）在 FGD 系统调试过程中，炉膛负压调节系统和 FGD 增压风机入口压力（或旁路挡板压差）调节系统一定要进行锅炉侧大扰动试验，以检验整套调节系统的适应性。该步骤不能省去，这对于机组及 FGD 系统的稳定运行十分重要。

3）若因自动调节系统调节品质恶化而导致炉膛压力大幅波动时，运行人员应果断地进行人为干预。

（二）FGD 系统跳闸和设备损坏

增压风机是 FGD 系统最关键的设备之一，增压风机跳闸意味着 FGD 系统停运，严重者威胁到机组的安全运行，如 FGD 旁路烟气挡板不能正确动作，会导致锅炉 MFT。

增压风机跳闸事故在许多电厂都发生过。例如半山电厂因增压风机润滑油油箱出口管路上调压阀损坏，引起润滑油供油系统油压下降，增压风机轴承润滑油、冷却油量减少，温度升高导致风机跳闸；控制油系统曾发生过因油管路破损泄漏以及旋转油封漏油，使控制油油位快速下降，供油不足引起增压风机动叶无法调控而停运 FGD 系统的事件。在重庆电厂，增压风机曾多次因喘振信号取样管被粉尘堵塞而误发喘振信号，导致增压风机保护跳闸。另外某电厂出现过由于缺少一块风机外壳罩，灰尘和烟气进入轮毂内引起零件磨损，导致风机振动大于极限值而跳闸的事件。凡此种种，都对机组及 FGD 系统本身的安全运行带来一定的危险。因此运行中要加强增压风机各运行参数和油系统的监控，同时应定期活动 FGD 旁路烟气挡板，FGD 系统的保护试验在热态调试中必须进行。

某 FGD 装置 GGH 设计为双速电机，正常运行时转速为 $1.4 r/min$，高压水冲洗过程中切换至低速运行，转速为 $0.7 r/min$，冲洗全程需要 8.5h，冲洗过程进行到 2h、4h 左右时都曾发生过因转速低保护跳闸停运 FGD 系统的故障。初步认为跳闸的原因是：① 冲洗过程中 GGH 机械部件遇冷变形造成转子不平衡引起卡涩，低转速保护动作；② GGH 的 3 个测速探头安装在主轴围带的同一固定支架上，但主轴围带转动过程中有一定的偏差，高压水冲洗过程中由于转子低速运行，加上转子少量的变形，造成转速测量误差，引起转速低 FGD 系统保护停运。为了解决这一问题，对测速探头的支架进行改造，将 3 个探头分别安装在 3 个可调支架上，但问题没有得到根本性解决。FGD 事故停运过程中，旁路挡板的突然开启，将引起锅炉炉膛负压大范围波动，对锅炉的安全运行造成一定的威胁。为确保机组的安全运行，可以取消 GGH 转速低保护停运 FGD 系统的逻辑而改为报警。

锅炉热烟气进入 FGD 系统，将引起系统内设备、防腐的损坏。在连州电厂就出现过 FGD 系统失电引起 FGD 系统保护动作但快速打开旁路挡板的弹簧未动作，导致热烟气进入塔内损坏除雾器的事故，如图 6-237 所示。对于除雾器，出现过因堵塞、热烟气以及选材不当腐蚀引起塌落的损坏事故，另外当烟道中立式除雾器固定不牢或安装出现偏差时也出现过除雾器倒塌事件，如图 6-237 所示。火灾烧毁的事故也有发生。在 CT-121 的 JBR 中，有大量的 PVC、玻璃钢管道，因此设定当 JBR 入口烟温大于 65℃时，FGD 系统保护动作，烟气走旁路。对一般的喷淋塔，FGD 系统入口烟温大于 180℃时保护动作。

（三）FGD 旁路的安全性

目前国内已建或在建的电厂石灰石/石膏湿法 FGD 系统中，绝大部分都设置了烟气旁路。设置旁路的原因主要有以下几方面：

（1）湿法 FGD 虽然技术成熟，但毕竟在我国应用时间不长，大量地应用也就是最近这几年，大多数建设单位都没有太多的经验，担心如果不设烟气旁路，在脱硫系统故障或临时检修时会影响机组发电，因小失大。因此，为了保证 FGD 装置在任何情况下都不影响发电机组的安全运行，设置了 100% 的烟气旁路。

（2）许多 FGD 系统属于老厂改造工程，原有烟道加一块旁路挡板就成了 100% 烟气旁路，方便且有安全感，也不影响主机发电。

热烟气引起除雾器的损坏

固定不牢引起除雾器的倒塌

图 6-237　除雾器的损坏

（3）新建电厂与 FGD 装置的建设不能同步完成，为了不影响主机发电，设置旁路系统。

（4）FGD 系统设计时就不是 100% 脱硫，而是用部分高温原烟气与净烟气混合来加热。

（5）当锅炉侧烟气参数如粉尘、入口 SO_2 浓度、烟温等超出 FGD 系统的处理能力时打开旁路可确保 FGD 系统的安全运行。

（6）设置一个带密封风的旁路挡板，以防止 FGD 系统运行时原烟气泄漏到净烟气中，降低系统脱硫率。

1. 开旁路运行

开旁路挡板运行虽然减少了对锅炉的影响，但存在两大问题：

（1）旁路挡板开启（全开或部分开），造成一部分未脱硫的原烟气从旁路烟道直接排入烟囱，降低了整个系统的脱硫率。对不设增压风机的 FGD 系统，即使旁路挡板开启少许，漏原烟气也相当严重。这样，FGD 系统的环保功能就大打折扣。

（2）脱硫后净烟气回流问题。在烟气旁路挡板全关的状态下，原烟气基本全部通过吸收塔，脱硫后净烟气一般也不会有回流。而在同样的动叶开度下，若烟气旁路挡板全开运行，则会出现脱硫后净烟气回流的现象，一个明显的变化就是 FGD 系统入口原烟气温度下降。试验表明，在某机组负荷为 600MW，增压风机动叶开度 53.5% 不变的情况下，烟气旁路挡板全关运行变为全开后，FGD 系统入口原烟气温度从 126.9℃ 降到 122.2℃，下降了整整 4.7℃。初步估算，脱硫后净烟气的回流量约占 8%，净烟气回流的同时，也有相应量的未脱硫原烟气从旁路烟道直接排入烟囱，这从烟囱中 CEMS 显示的 SO_2 浓度升高可明显看出。在有 GGH 的 FGD 系统中，运行时因旁路挡板差压很小且净烟气温度高于 80℃，净烟气回流的危害在短期内也许还不明显；但对于无 GGH 的 FGD 系统，温度在 50℃ 左右的湿净烟气回流对原烟道及增压风机的腐蚀则不可轻视。回流净烟气和高温的原烟气混合后再次进入脱硫系统，干湿烟气在原烟道内混合，水分增多温度下降出现冷凝，造成烟道腐蚀和风机动叶腐蚀积灰等，对 FGD 系统的安全性带来影响。

有建议提出在旁路挡板靠近增压风机侧设立温度测点以判断净烟气是否回流，从而调整增压风机导叶开度使净烟气不产生回流。但试验表明，即使导叶开度减小很多，仍避免不了有回流产生。除了机组负荷常有变动外，有些电厂的净烟气挡板出口与 FGD 原烟气入口相隔很近，不到 2m，只要旁路开着，导叶开度再小，也有净烟气回流，同时大量原烟气从旁路烟道直接排入烟囱。因此通过设置温度测点来控制净烟气回流的做法是不可取的。

为贯彻落实国务院节能减排工作部署，加快燃煤机组烟气脱硫设施建设，提高脱硫设施投运率，减少 SO_2 排放，进一步保护环境，国家发展和改革委员会、国家环保总局于 2007 年 6 月 11 日联合发布了《燃煤发电机组脱硫电价及脱硫设施运行管理办法（试行）》，对脱硫设施建设安装、在线监测、脱硫加价、运行监管、脱硫产业化等方面提出了全面、系统的措施。因此，关 FGD 烟气旁路挡板运行为大势所趋，而设烟气旁路却不装旁路挡板的做法更是不可取，电厂不应存有任何侥幸想法。

2. 关旁路运行

在 FGD 系统关烟气旁路挡板的运行过程中，电厂最关心的是避免因 FGD 系统故障而使锅炉跳闸停运。例如某电厂曾出现过为消除增压风机失速报警，紧急关闭增压风机动叶但未开启旁路烟道挡板，造成烟道压力大幅度上升，MFT 保护动作造成锅炉熄火的情况。更为严重的情况是烟道压力上升造成烟道爆炸而出现人员伤亡事故。

在关闭烟气旁路挡板下保证机组的安全运行，有两个关键点：一是增压风机导叶的自动调节品质要优良；二是旁路烟气挡板动作要可靠。这需要从设计、设备质量、安装调试和运行维护等全方位进行保证。

（1）设计方面。由于机组正常运行中会有各种波动，因此关旁路运行时增压风机导叶必须投自动，人工手动调节是不可能的。实践表明，用旁路挡板差压和增压风机入口压力作为反馈调节都可以，而以入口压力作为反馈调节居多；可选择引风机导叶、机组负荷、锅炉总风量等作为前馈，应根据每台锅炉的具体情况确定；入口压力测点位置应避开气流紊乱区域，并有冗余设计，加装稳压筒的办法可避免压力波动过快；导叶自动调节参数的设定应合理完善等。

旁路烟气挡板的快开条件要考虑周全，要充分考虑运行中可能发生的各种故障，包括机组侧及 FGD 系统本身的故障。下面的快开条件是必不可少的：① 锅炉 MFT（信号由锅炉送来）；② 机组 RB（信号由机组送来）；③ 增压风机跳闸或不在启动位；④ GGH 故障；⑤ 无循环泵运行；⑥ 原烟气压力高高或低低（如大于 1kPa 或小于 -1kPa），或旁路挡板两侧的差压超过设定值；⑦ FGD 入口温度高高（如大于 180℃）；⑧ 原烟气入口挡板或净烟气出口挡板故障；⑨ 旁路挡板开关信号故障；⑩ 旁路挡板（挡板电磁阀）失电；⑪ 脱硫控制室操作桌上按手动"快开"按钮。

另外电除尘器故障或电场投入数量少、锅炉燃油、FGD 入口粉尘含量高、锅炉负荷低等可作为旁路挡板快开条件，但重要性略低，可加适当延时快开，或做报警信号，由脱硫运行人员确认后根据具体情况操作旁路挡板。为保证测量可靠，重要的保护用过程信号、状态等采用三取二的测量方式。

旁路挡板快开时间不是最重要的，最关键的是快开动作要正常，某电厂 FGD 旁路挡板开启时间为 50s 左右，试验表明对机组无不利影响。对于大型火电机组（600MW 以上）的旁路挡板，因烟道尺寸大，可以分成 2 组执行机构来独立控制旁路挡板的开关，其中一组设为调节型挡板，可开关在任意开度，另一组不需调节，只需一组挡板能快开即可。在有些 FGD 系统中，旁路挡板有 3 组执行机构（如广东台山电厂）。FGD 系统烟气挡板的开关时间无需特别要求，一般在 60s 以内。为了确保旁路挡板的正确动作，旁路挡板宜选用气动式，其控制电磁阀为带电关闭单线圈电磁阀，当电源消失或电磁阀故障时，旁路挡板处于打开位置。

在一些设计中，将旁路挡板直接放入烟气系统顺控启停程序中，这是很理想化的不可取设计。为减少对锅炉运行的影响，旁路挡板不宜参与烟气系统的顺控启停而应单独操作，这样更稳妥，即在烟气系统顺控启动结束后，手动调节开大增压风机前导叶同时调节关小旁路挡板；停烟气系统时，先手动开启旁路挡板，然后执行顺控停止程序。

在许多电厂，当FGD系统停运时，原烟气挡板漏烟严重，作者认为密封风系统设计不合理是一个主要原因。密封风机应单独配置（特别是对原烟气挡板），而不应采用集中式设计的3个挡板共用1个密封风机（一用一备）。集中式密封风系统运行时若其中一个挡板漏烟或其中一个烟道中压力比较低，则大量密封风从该处泄漏，从而使通到其他处的密封风量减少，降低其密封效果，甚至根本起不到密封作用，而原烟气挡板处的压力恰恰是最大的。大部分项目为节省投资，对挡板密封风的开关没有采用电动蝶阀，而采用简易的与挡板叶片机械联动开关（靠连杆）的隔板，即挡板开时，隔板联动关。若连杆卡涩或动作不到位，会出现因密封风隔板关不严而使风量泄漏，导致密封风母管上需要的风压建立不起来。例如，FGD系统运行时，原烟气和净烟气挡板开，其密封风阀门应关，若关不严使密封风泄漏，造成去旁路挡板的密封风没有足够的风压和风量，密封风系统形同虚设反而白耗电。若停密封风机，净烟气会反流到密封风管，造成该管腐蚀。所以，挡板的密封风入口处应采用电动蝶阀，设计成与挡板连锁开关并在DCS上设置手控开关。

关于旁路挡板的材料和结构，许多招标书要求："旁路挡板净烟道侧框架采用碳钢衬DIN 1.4529或更好的材料，叶片和轴的材料采用相当于DIN1.4529或更好的材料，挡板的密封片和螺栓采用相当于DIN2.4605或C276的材料。旁路挡板原烟道侧框架采用碳钢衬316L或考顿钢（不做贴衬），叶片和轴的材料采用考顿钢或更好的材料，密封片和螺栓采用相当于316L或更好的材料。"总之，理论上认为原烟侧无腐蚀或腐蚀不严重，为节省造价，原烟气侧的材料比净烟侧的低一档。旁路挡板的叶片和框架在原烟侧的材料为碳钢，在净烟侧的材料为合金钢或贴合金。但实际运行情况并非如此。旁路挡板关闭时若运行一段时间后密封片变形，而设计密封风压力和流量时考虑得又不充分，不能形成密封差压，使湿的净烟气向原烟气侧泄漏，导致旁路挡板的原烟气侧同样在腐蚀环境中。大多数烟道挡板又都是焊接在烟道上，日久后若框架腐蚀再更换时非常难。所以，旁路挡板的材料应同净烟气挡板的材料等级，另外好的材质也可防止挡板锈蚀而卡涩。

还可以在旁路挡板原烟侧烟道上设置一个排气阀，不过没有太大必要。

（2）设备质量。近几年，脱硫工程建设犹如雨后春笋，这造成电力设备供不应求，从而使设备质量严重下降，即便是国内外的一些著名厂家也如此。FGD系统最重要的的设备如增压风机及电机、GGH、循环泵及烟气挡板等，若有质量问题，将直接影响系统的安全运行。例如某增压风机轮毂漏油造成FGD系统难以连续运行，某新增压风机电机轴竟有大补丁，某旁路烟气挡板的4个定位器没用多久便出现3个损坏等，这些都给机组和FGD系统的运行带来安全隐患。

（3）安装调试。安装质量直接给FGD系统调试运行带来影响，监理单位应按规范要求严格把好安装质量关，特别是增压风机及电机的安装。例如某FGD增压风机套轮毂，进出三次才成功，轴受损很大，运行时风机振动高，并多次跳闸，最后只得重新返厂加工。如安装过程中烟气挡板安装不到位，密封片没有调整好而留有较大的空隙，会造成挡板漏烟。重要的信号测点、热工设备要做好防雨措施等。

若FGD系统尚处于安装施工阶段，而机组已投运，则要做好旁路烟气挡板的安全工作。需确保旁路烟气挡板在全开位置并机械锁定，再加手动滑轮拉紧锁死，更彻底的是将旁路烟气挡板的转轴焊住，同时将挡板断电、断气，并挂警示牌，每天巡检。进行调试时，应会同监理、电厂运行人员等确认可以动作旁路烟气挡板，热态调试时要联系好机组当值运行人员。这一点十分重要，国内某电厂在FGD系统调试时旁路烟气挡板关闭，造成运行中的砖烟道受压倒塌，伤亡数人。

旁路烟气挡板至关重要，因此调试时要做足功夫，具体工作包括：

1）严格对相关的DCS I/O通道进行检查，确保DCS与就地设备仪表的信号通道正确无误、数据精度符合规范要求。

2）对所有 DCS 组态进行模拟试验，特别是保护、连锁的模拟试验，确保 DCS 根据就地仪表信号按设计要求做出正确反应。

3）旁路烟气挡板的冷态开关试验。进入烟道实际检查，按设计快开条件逐条模拟，确保旁路烟气挡板在每一个应触发快开的条件下都能快开正确，动作灵活无卡涩。断电、快开按钮要实际试验。

4）进行增压风机的冷态试验。增压风机启动后进行关、开旁路，投自动试验。

5）热态下进行关、开旁路试验。在关旁路时，当旁路挡板开度小于 20% 时对锅炉影响较大，应特别小心，要根据增压风机入口压力情况适当调整导叶开度，并加强监视和主机的联络。完全关闭旁路后，调整并记录参数，再选择快开条件进行实际快开动作试验，记录各种参数的变化。

6）进行增压风机的热态试验。要联系好电力调度单位，最好在机组准备停运期间、机组大小修刚启动后进行试验，导叶自动控制的品质一定要细细调节，对各种扰动应调节正确，确保机组安全运行。

7）DCS 代码下载的管理和相应措施。DCS 在调试过程中经常需要离线下载代码，有些 DCS 代码下载时会对所有信号复位，此时 LCD 画面上观察不到就地数据，DCS 发出的信号可能全部为 0，这就有可能导致执行机构执行"关"指令（具体与 DCS 特点有关）而导致误动。因此需要对 DCS 代码下载进行严格的管理，DCS 调试人员下载代码时必须经过批准，并采取应对措施。对类似旁路烟气挡板这样的重要设备，要做好风险分析。在 FGD 系统投产后也应如此。图 6-238 给出了现场 FGD 旁路挡板设计、调试时的一些安全措施。

2 个独立的执行机构

操作台上旁路挡板快开按钮

旁路挡板执行机构储气罐

焊住旁路挡板转轴

旁路挡板执行机构的精心调试

旁路挡板的快开试验

图 6-238 FGD 旁路挡板设计、调试时的安全措施

目前,许多脱硫工程建设采用工程项目总承包(Engineering Procurement& Construction, EPC)模式,总承包商为脱硫公司。EPC模式的缺点是:业主对工程建设过程的控制能力降低,工程设计和工程质量可能会受承包商利益的影响。

近几年国内脱硫市场竞争激烈,局部甚至是恶性竞争,各脱硫公司纷纷争夺人力、技术等资源,不惜低价竞争。国外公司为获取最大利润,泛卖技术,对恶性竞争推波助澜。在此环境下,承包商甚至以降低标准来减少工程建设成本,使得业主后期运营成本难以控制,甚至连工程质量本身也难以保证。项目人力资源不足,为降低人力资源成本,大多数环保企业采用矩阵管理模式配备实施人员,专业人员在项目间频繁流动,造成许多项目无专职质量管理人员,对项目质量控制难以达到预期效果;项目质量策划流于形式,项目设计质量不过关,项目质量控制不严,质量否决权制度落不到实处,缺乏质量奖罚措施。没有制定切实可行的项目质量计划,实现项目质量目标所必须的过程和资源得不到保证,忽视项目后期运行质量。以FGD系统调试为例,目前国内尚无规范、标准,执行时只能依据国外相关技术标准,参考国内相关行业标准,承包商实施项目时自由度较大。采用EPC模式时,脱硫公司2~3个人在很短时间内就可以调完一套,他们只是把增压风机开着熬过168h就可以了,其他的参数可不管,有时跳闸后继续计时,出于某种原因,业主、监理等单位也默认这种做法,对外宣称168h结束,作者称这种168h为"假168h",而严格按照相关验收标准进行的168h称为"真168h"。在技术上,业主是处于弱势,脱硫对电厂来说还是新技术,懂的人不多,更谈不上熟悉了,因此承包商要忽悠业主实在是太容易了,一些设计、做法承包商说了算,业主较被动,等到移交后,运行才发现安全隐患多多,于是进行各种修修改改等等。因此在目前市场环境下,为保证FGD工程质量,业主有必要加强对脱硫工程的控制力度,请第三方来进行FGD系统的调试等工作,可以尽早地发现设计、设备等各方面的问题,从而保证FGD系统的安全性。

(4)运行维护。在烟气旁路挡板全关情况下运行FGD系统时,有如下建议:

1)定期(如每周一次)活动烟气旁路挡板,防止卡涩。并定期仔细检查定位器、电磁阀、仪用压缩空气管路等,确保FGD旁路挡板气源、电源、连锁开关动作正确无误。这是最关键之处。FGD系统和锅炉停运时,要检查挡板并清理积灰。

2)定期维护增压风机导叶执行机构及各热工保护信号等,使风机导叶能调节自如,不卡涩、不松脱。

3)加强对增压风机各运行参数和油箱油位、油温的监控,一旦发生异常应及时调控。对涉及增压风机跳闸的设备如循环泵、GGH等运行参数也应密切监视。

4)保持GGH的干净。在FGD系统运行中,GGH干、湿的换热工况很容易使烟气中的飞灰、石膏等沉积而引起GGH换热元件堵塞,造成GGH阻力增大,严重时会引起增压风机喘振,对锅炉的运行也造成不利影响。因此要加强GGH吹灰管理,以确保GGH的净烟侧、原烟侧压差在正常范围内,同时加强粉尘进入FGD系统的控制,这对系统的安全运行非常重要。

5)为减少旁路挡板和原烟气挡板的泄漏,可调整引风机和增压风机的运行。在旁路关闭时,调节增压风机使FGD入口烟道压力最好与出口烟道(入烟囱)压力相当。当烟气走旁路时,通过调节引风机使FGD入口烟道压力保持微负压,以减少原烟气漏入FGD系统中,这可能会与未装FGD系统前运行方式不一样,需机组运行人员密切配合。

6)机组运行而FGD系统检修时,旁路挡板全开位要锁死。FGD系统检修后必须对各烟气挡板进行连锁试验,动作应正确无误。

7)关闭旁路挡板前,应制定详细的运行操作卡,内容至少包括关旁路的条件如主机负荷稳定短时间内无升降负荷的操作、主机集控和FGD运行人员的操作步骤、人员安排、事故预想等。

8)旁路挡板送电后,热工人员要检查旁路挡板状态是否正常,包括开度反馈信号,全开、全关反馈信号，远方、就地信号等。确认没有发旁路挡板关指令且状态反馈都正常后，将旁路切至远方。

调整机组增压风机导叶开度，使 PV 值（实际值）与机组负荷相对应，保持增压风机入口压力稳定，检查烟气系统无异常后再缓慢地开始关旁路挡板，期间应派专人在旁路挡板就地进行现场跟踪，保持通信联系，以便紧急情况下进行手动操作，同时加强与主机值班员的联系。旁路挡板完全关闭后应投入增压风机自动控制。

9）当机组负荷变动大、异常或其他影响脱硫运行的操作时，主机集控应及时通知 FGD 运行人员。在旁路挡板关闭情况下，无论发生何种紧急情况，都禁止运行人员采用快速方式调整动叶。

10）在出现旁路挡板快开条件之外的一些异常情况下，应果断地人工手动开启旁路挡板。这些情况包括增压风机导叶调节机构故障使导叶无法调节或波动大，增压风机自动调节失灵，增压风机失速，FGD 入口粉尘太大或锅炉长时间烧油，炉膛负压退出自动等。当运行工况满足旁路挡板快开条件而挡板未连锁动作时，立即按操作台的紧急按钮。旁路挡板连锁动作后，应立即汇报部门领导、值长，查明动作原因，原因查明并处理完成后，才允许再次关闭旁路挡板。

11）加强 FGD 系统运行操作人员的专业培训，提高运行管理水平。

12）及时总结交流，制定出切实可行的 FGD 系统安全运行操作制度，并严格执行。

3. 关于取消 FGD 旁路

FGD 系统取消旁路，有如下优点：

（1）可确保 SO_2 的脱除，对新机组真正地实现"三同时"。取消旁路后，从电厂锅炉引风机尾部出来的烟气，全部进入吸收塔，脱硫后的烟气从烟囱排入大气，这样就不存在着原烟气走旁路的可能，真正地实现了 100% 原烟气的脱硫。

（2）可简化工艺系统、优化布置、节省场地。在 600MW 及以下机组或 1000MW 不同时脱硝机组，并不设置 GGH 时，可望由电厂引风机克服整个 FGD 烟气系统的阻力，FGD 系统可以不设置独立的增压风机。由于取消设置旁路烟道和增压风机，大大减少了 FGD 系统的占地面积，使得循环泵房、脱水及制浆车间和所有箱罐等设施都可以布置在烟囱和引风机之间的空地上，使整个系统的布置更为流畅、紧凑及合理，既节省了占地面积，同时也便于日后脱硫设备的安装和检修。

（3）可优化建设模式。取消旁路且增压风机和引风机合并设置时，吸收塔布置在烟囱前，FGD 烟气系统不再是一个独立的系统，完全可以纳入主体工程的设计当中，可和主机一样实施 E + PC 建设模式，利于 FGD 系统的建设质量。

目前不设旁路的河北三河热电厂湿法 FGD 系统已投运，该系统设有增压风机但未设置 GGH，采用烟塔合一技术。福建后石电厂 6×600MW 机组的海水脱硫系统也未设旁路（一炉二塔），采用湿烟囱排放。一些新建电厂也开始设计无旁路的 FGD 系统。

FGD 系统取消旁路烟道，最大的好处是杜绝了偷排的发生，真正达到了环保目的，但其前提是FGD 系统必须运行正常。由于 FGD 装置在任何工况下都是直接与电厂主机系统连接，对 FGD 系统的安全性及设备可用率要求很高，甚至应高于电厂机组的可用率，否则一旦 FGD 装置出现故障，则会造成电厂机组停运。

作者认为，影响 FGD 系统安全性的主要因素有：① 锅炉侧因素；② FGD 系统工艺设计因素；③ FGD 机械设备；④ FGD 系统的控制仪表；⑤ FGD 系统的防腐；⑥ FGD 系统的运行管理水平；⑦ FGD 工程建设模式等。因此，FGD 系统要取消旁路，必须通过合理的参数选取、系统布置、设备选择及防腐等措施，加之正确的运行和维护，才能保证电厂主机和 FGD 装置的安全。

通过对国外不设旁路系统的 FGD 装置进行全方位的考察，包括其设计、设备、防腐及运行维护管理等，吸取其经验教训为我所用，可以少走弯路；同时对取消旁路后 FGD 系统对机组可靠性及电网安全性的影响做更为深入的研究；在此基础上制定不设旁路的 FGD 系统设计规程。作者建议先设置一个旁路系统，待 FGD 系统的可用率足够乃至超过发电机组时，再将其永久封闭或拆除。目前应加强 FGD 系统排放的在线监测，制订合理的措施，努力提高 FGD 工程的建设质量和运行水平，提高 FGD 系统的可用率。

要真正地从一开时就取消旁路烟道，FGD 系统的可用率需与机组水平相当，达到 99% 乃至 100%，这也是每一个环保工作者所希望的，愿这一天早日到来！对于海水 FGD 系统，由于其系统相对简单，对粉尘不太敏感，取消旁路比石灰石/石膏法更有条件。

八、FGD 系统内的泄漏

FGD 系统内的泄漏主要包括漏浆、漏粉（石）、漏水、漏油、漏汽及漏烟气等，这在第四章中已有所介绍，在实际运行过程中这是常见的现象。

制浆系统是泄漏较多的地方。国华北京热电分公司 2 台湿式球磨机入口管原设计采用 8mm 普通钢板，投运以来多次发生入口弯头磨损泄漏现象，造成现场环境的的严重污染。2003 年小修期间，对其进行了技术改造，在入口管内部加装了防磨衬板，运行多年来，状况良好。每台磨配套 2 台浆液循环泵，填料式密封。2000 年投入运行以来，循环泵一直存在泄漏问题，2001 年德方专家对 4 台泵的密封进行改造，加装了轴封冲洗水系统，但泄漏问题没有得到解决。2003 年对其进行技术改造，将填料密封改为机械密封，解决了泵轴封泄漏问题，并在其他 3 台泵上进行了推广应用，取得了较好的效果。

石灰石破碎系统投运以来，石灰石给料机振动料槽经常向两侧溢出石块，使设备间污染严重。2004 年 5 月因破碎机频繁跳闸，部分未经过破碎的石块落入斗式提升机，造成提升机及输料绞龙堵塞，系统无法正常运行。分析认为震荡给料量与破碎机的破碎能力不匹配是造成上述缺陷的根本原因。因此对 3 个震荡器进行了拆检，发现 2 个有偏转角位移现象，角度减小。偏转角减小后震动频率升高，给料量增大，而破碎机运行 2 年后内部破碎牙板磨损，出力降低，不能将进入破碎机的石块及时破碎，造成破碎机过载保护跳闸。通过分析计算，将震荡器的偏转角由 30° 调整为 45°，投入运行后效果较好，彻底解决了石灰石给料机振动料槽溢石块的问题。

重庆电厂 FGD 湿磨制浆系统最主要的问题也是浆液泄漏，主要包括：① 因旋流器是开放设计，运行中的某些工况，如瞬间大流量的冲洗、石灰石浆液箱液位太高，会造成旋流器溢流。② 由于采用了湿磨系统，球磨机筒体内装有大量的浆液，这给球磨机进口的密封带来很大的困难。③ 各级再循环箱返回球磨机的浆液管采用了玻璃钢管，实际运行不到 9 个月的时间后，管道局部已被磨穿。另外粉尘污染严重，由于石灰石两级给料机均是敞开式的，粉尘随着给料机的振动四处飞扬，对现场生产环境造成粉尘污染。

浆液泵的密封处也是易漏之处，扬州电厂 FGD 系统在 2003 年上半年，循环浆泵、石膏排放泵、石灰石输浆泵和脱水系统旋流器废水泵相继发生机械密封损坏的故障而泄漏，而且大部分都是发生在启、停过程中。在启停过程中，由于压力变化比较大，浆液中的颗粒状物容易进入机械密封，虽然机械密封材料的硬度大，但比较脆，转动时挤压使机械密封损坏。目前，根据技术提供方的要求，启动前对浆液泵进行注水，加装了注水管道；但在冬季运行的可靠性比较低，为了防止泵体注水后结冰，要求运行人员在启动前再注水，只能将备用泵切除自投。

为了防止在石膏排放泵运行时，浆液在管道中沉淀结垢，要确保管道中有一定的流量，因而采用了大循环方式，在进入水力旋流器前装设了再循环门。在运行过程中多次发生调整门漏浆情况，而且部位相同，分析原因可能是运行中调整门的位置相对不变，浆液冲击时受力的方向不变，浆液中颗粒物对其不断磨损，最后导致泄漏。

漏水、漏汽（气）主要在法兰处，有时因压力太高而损坏密封圈，对蒸汽加热的再热器，因再热管子腐蚀也造成漏汽，如重庆电厂，广东省连州电厂也发生过。FGD 烟气系统也是主要漏点，主要是施工不善或材料不好造成。

国华北京热电厂二期 FGD2 系统在运行中还主要存在以下问题，其中以泄漏问题为主，这些问题在 FGD 系统中具有一定的代表性。

（1）增压风机出入口连接围带漏烟气。增压风机结构设计中，本体与烟道的连接采用了硬连接的方式，连接处采用橡胶围带外加钢带坚固密封的形式。运行中发现围带处烟气泄漏严重，特别是在冬季所泄漏的烟气遇冷凝结，凝结水从泄漏缝隙处流出，造成风机和烟道装饰板的腐蚀，严重影响了现场的环境和设备的外观。泄漏的主要原因有：① 设备结构设计不合理。风机本体与扩压器对口钢板较薄易变形，安装不易保证对口尺寸；围带衬带、钢带太窄密封不严，围带的钢带仅有一个坚固点（1 个螺栓）且无限位装置，接口直径大，不易拧紧。② 材料性能差。围带、衬带材料耐高温性能差，易老化变硬，降低了围带的密封性能。③ 安装工艺质量差。风机本体与扩压器对口错位达 20mm 以上，对口尺寸误差大，围带接口拱接，钢带围紧程度无标准等都是造成围带密封不严，烟气泄漏的原因。图 6-239 给出了泄漏和围带情况。

风机出口围带处漏烟气腐蚀外观	风机出口围带处漏烟气情况
损坏的围带	对口错位
对口尺寸误差大	增压风机轴承箱漏油

图 6-239　增压风机出口围带处漏烟气和漏油

（2）增压风机轴承箱漏油。增压风机的轴承采用空气冷却，设计安装 2 台冷却风机。运行中发现轴承冷却风机出口有漏油痕迹，检查后发现轴承箱内由于油管接头设计及加工工艺存在质量问题，发生松动，造成接头处渗油，风吹带出油迹。

（3）GGH高压水冲洗喷嘴堵塞。在运行中多次发生由于喷嘴堵塞，高压冲洗水泵超压无法启动，冲洗不能正常进行，导致GGH差压升高，烟道阻力增大，增压风机电流迅速升高的情况，为保证FGD装置的安全运行只能停运脱硫系统清理喷嘴。从每次喷嘴检查的情况看，都为管道内的锈蚀物。为了解决这一问题，承包商和设备厂家做了大量的工作，首先在冲洗管道上加装了水过滤网，但由于GGH高压水冲洗为非连续运行系统，喷嘴的直径较小（1.2～1.5mm），停运时管路中的积水会造成管道的锈蚀，在下次启动时造成喷嘴堵塞，为此，将水过滤网后的管道更换为不锈钢管道，从目前的运行情况看，喷嘴堵塞的情况有所缓解。

（4）吹灰器与GGH本体密封泄漏。高压水冲洗过程中，吹灰器按照程序控制自动进入或退出GGH。但在吹灰器与GGH本体的结合面处由于密封不严，造成严重的烟气泄漏，现场烟味浓重。同时，有少量的冲洗水从不严密的密封处渗漏，造成吹灰器下部GGH保温皮锈蚀。

（5）GGH空气密封风机风量不足。GGH的轴承冷却和吹灰器的密封风由密封风机提供，运行中发现风机出口压力低，风量小，冷却和密封风量不足，特别是吹灰器密封风量严重不足，造成吹灰器与GGH本体的结合面处烟气泄漏。GGH密封风机出口止回阀为机械弹簧式，阀门开关靠风压实现，检查中发现该止回阀的两组弹簧强度较高，风机运行时冷门不能完全打开，造成密封风量小，压降低，导致吹灰器密封不严、烟气泄漏，在拆除了一组弹簧后，风机出口压力升高，达到了设计参数。

（6）烟道非金属膨胀节破损。为保证运行中金属烟道的正常膨胀，在GGH原、净烟道的出入口都设计安装了非金属膨胀节（共4个），但在运行过程中发现其中3个膨胀节都出现了不同程度的破损（原烟气GGH入口烟道，GGH至吸收塔入口以及吸收塔出口至GGH入口烟道），如图6-240所示。破损的主要原因是该非金属膨胀节的耐高温、耐腐蚀性能较差，内表层短时间破损，造成烟气泄漏，目前损坏的非金属膨胀节已由设备厂家负责进行了更换。广东省沙角A厂5号机GGH净烟气入口膨胀节也因腐蚀而损坏，出现漏烟气后才被发现。2005年8月，广东瑞明电厂FGD吸收塔出口非金属膨胀节也出现损坏，大量的水从烟道上漏下。在定洲电厂，FGD非金属膨胀节漏水严重，连接烟道与吸收塔、除雾器等设备所采用的膨胀节设计选用非金属产品，最初设计时又未按规范书要求考虑加疏水措施。由于烟道断面大、法兰面不平整、密封带太窄、压板薄而窄、施工工艺不到位等原因，使膨胀节积水漏水相当严重，特别是吸收塔出口除雾器两侧，对现场安全文明生产环境带来极大影响，虽进行了多次处理，但并没有彻底解决问题。可见烟道膨胀节的损坏是一个共性问题，在FGD系统设计时应给予足够重视，可采取的办法是采用金属膨胀节外加疏水措施。

（7）GGH密封系统管道非金属膨胀节泄漏问题。为减少GGH运行中原、净烟气之间的泄漏，GGH的轴向和径向间都设计有空气密封，密封风从净烟气烟道出口取出。但由于净烟气具有含湿量高、温度低以及含有SO_3腐蚀气体等特点，因此，对管道与非金属膨胀节连接部位密封要求比较高。运行中发现GGH密封系统管道非金属膨胀节多个（7个中有4个）有泄漏现象，造成管道膨胀节处锈蚀，如图6-240所示。泄漏的主要原因是安装工艺质量问题，该膨胀节为散装式，在现场进行组装过程中产生刮破、折皱，出现破口等情况，另外，管道与膨胀节连接部位密封不严也是造成泄漏的主要原因之一。

（8）衬胶管道内衬胶脱落。根据FGD工艺系统的要求，为防止管道内部腐蚀和磨损，浆液管道一般设计选用衬胶或衬塑钢管道。2004年7月小修期间检查发现GGH冲洗排水管道和石膏浆液泵出口衬胶三通管内部衬胶脱落。经分析，衬胶脱落的原因与衬胶工艺质量有一定的关系。另外，GGH的排水管道两端温度差较大，一端与高温（150℃左右）的原烟道连接，另一端与烟气温度较低的净烟气（80～90℃）烟道连接，因此，衬胶管道应按照高温端原烟气温度（150℃）设计，以保证衬

GGH出口非金属膨胀节损坏

吸收塔出口非金属膨胀节泄漏

GGH密封管道非金属膨胀节泄漏

沙角A厂GGH净烟气入口膨胀节腐蚀漏烟

图6-240 非金属膨胀的损坏泄漏

胶管道有足够的耐高温性能。在许多FGD系统中，由于衬胶脱落，管道很快就被磨穿，造成浆液泄漏，特别是弯头处。

（9）搅拌器漏油。FGD2浆液系统搅拌器除吸收塔搅拌器选用进口设备外，其他如地坑搅拌器、石灰石和石膏浆液罐的搅拌器等均选用国产设备。运行中存在的主要问题是：减速机轴承箱漏油和电机轴承温度高，其原因主要是国内搅拌器的减速机多采用摆线针轮形式，而该形式减速机的加工精度低，密封效果差，运行中易产生漏油、温升高等问题。

（10）石膏排出泵过流部件磨损，电机运行超负荷。FGD2系统浆液泵除3台吸收塔浆液循环泵选用进口设备处，其他12台均选用国产设备，该系列泵运行状况基本良好，但普遍存在轴封漏油问题。2004年7月份小修检查时发现，除2台石膏排出泵过流部件（护板、涡壳）存在较大程度磨损外，其他泵的运行状况良好，基本上无磨损，包括使用在浆液密度最大部位的石膏浆液泵。在分析石膏排出泵磨损原因时发现：① 过流部件材质与其他泵材质不同；② 泵体的形式与其他泵不同。该2台泵采用了电厂渣浆系统普遍使用的带副叶轮形式的渣浆泵，因此，泵体设计不合理和过流部件材料选择不当是造成泵磨损的主要原因。同时，计算发现泵的实际流量与设计流量偏差较大，泵实际运行超过设计出力20%以上，配套电机功率偏小，是造成电机过负荷、运行中跳闸的主要原因。针对上述问题，2004年7月份设备厂家更换了泵过流部件的材质，10月份又对电机进行了增容改造，目前泵的运行基本稳定。

（11）烟道防腐鳞片的脱落。在GGH入口处烟道防腐鳞片出现了脱落现象，如图6-241所示。脱落的原因主要是：① 基建时烟道防腐工程现场施工，工艺控制较困难；② 修复时新旧茬口黏结不牢固，造成修复后的再次脱落。这反映了严格控制FGD烟道防腐施工质量的重要性和修复的高技术要求。许多电厂的FGD烟道防腐鳞片也多次脱落，其原因类似。

防腐失效是FGD系统运行中常见问题。除鳞片涂层开裂外，塔内衬胶及涂层被冲刷损坏，严重者造成塔壁穿孔漏浆等，如图6-241所示，这里设计和施工质量同等重要。

沙角C电厂3号600MW机组吸收塔除雾器配套的冲洗水管（管道为PP材料，管道连接为塑料

GGH入口原烟道防腐鳞片的脱落情况

穿孔和漏浆

图 6 – 241　防腐鳞片脱落、穿孔和漏浆

焊）在投运初期出现了 3 次多个接口处断裂的事故，不得不停运处理，如图 6 – 242 所示。经检查分析，冲洗水管发生断裂的主要原因有：管道连接的塑料焊接存在施工质量问题（因焊接材料过度熔化而造成焊接不牢）；冲洗水气动阀门开启速度过快（约 1s 全开），对管道造成剧烈冲击（即水击现象）；管道支撑（为 FRP 支架角钢）本身存在供货质量问题。该批 FRP 支架经运行一段时间后发现有孔洞或内空现象，支架因支撑强度不够而弯曲变形，造成管道不在一条直线上；另外这些管道的管卡是塑料管卡，在支架变形较大部位的管卡会松脱，从而在运行中对支架和管卡都会产生更大的冲击力，使管道连接的薄弱部位（即焊接口位置）断裂。

针对水管断裂的原因分析，采取了如下措施：对断裂的连接口按正确的焊接工艺重新焊接，并检查其他焊接口的焊接质量，不符合要求的重新焊接；把冲洗水气动阀门的开启时间延长（约 8s 全开），降低冲洗水进入管道时产生的瞬间冲击力；把存在质量问题的 FRP 支架角钢更换为强度更好的涂鳞碳钢，并把固定管道的大部分塑料管卡改为 C276 合金管卡，使管道不会因振动过大而移位造成管道断裂。经过以上整改后投入运行，除雾器冲洗水管暂未发现再断裂的现象。

另外在其他多个电厂都出现过因水击现象导致除雾器冲洗水 PP 管断裂事件，断裂处大都在接口。因此在设计上除有良好的 PP 管固定外，冲洗水阀门开关时间不应过快，至少要在 2s 以上。运行中要经常检查冲洗水稳压阀是否工作正常，在有些设计中取消了稳压阀，单独的除雾器冲洗水泵刚好保证了冲洗压力。

在 2005 年 12 月 29 日和 2006 年 1 月 5 日，电厂 FGD 浆液输送泵（从码头输送石灰石浆液至吸收塔附近缓冲罐的泵）均在停泵约 1min 内分别沿泵壳处爆裂损坏，如图 6 – 242 所示。经分析其爆裂的主要原因可能是：因 2 台泵均在停泵后爆裂，怀疑停泵后因惯性泵叶轮并未完全停止转动，这时即开启工艺水对泵进行反冲洗时造成泵反转，产生很大的冲击力，从而使壳体爆裂；石灰石粉中有杂质（经检查发现泵入口和浆液制备箱内存在一些不规则的橡胶条和未磨成粉状的小石块），使泵的入口堵塞，造成水击现象；另外，浆液制备箱的密度计显示与实际偏差大，造成浆液浓度过大，泵体发生汽蚀现象，当工艺水冲洗时产生应力造成泵体破裂。针对以上原因，采取了如下措施：延长泵停止后开启反冲洗水阀门的时间（调整为10s）；严格控制石灰石粉的来粉质量，并在石灰石粉的上粉管加装滤网防止粉中杂质进入石灰石粉仓；对浆液制备箱密度计进行定期的标定确保其准确性。

3号吸收塔2台石膏排出泵在运行中也出现了不少问题，如泵的机械密封在短期内即损坏了4个（有一个只运行几个小时即漏水）、泵的密封箱磨损非常严重（其中一个运行30多天即被磨穿，见图6-242）。由于原机械密封类型为外排式，现将该类泵的机械密封全部改为内排式机械密封；另外，由于泵的副叶轮高速旋转带动石膏浆液在密封箱内高速流动，造成密封箱被严重磨损，为此，把泵的副叶轮适当切削一点，并在密封箱内加衬一层橡胶，防止磨损。经整改后，其运行效果已有明显好转。

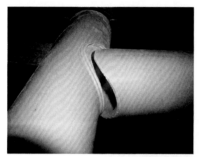

除雾器冲洗水管断裂和修复

石灰石浆液输送泵爆裂

磨穿孔的石膏排出泵密封箱

图6-242　沙角C电厂除雾器冲洗水管断裂及泵问题

九、FGD系统内的溢流及水平衡

液体溢流也常有发生。当箱罐液位计故障或比实际值偏低时便容易发生溢流，另一种是溢流管道堵塞而未被发觉，最严重的是吸收塔浆液倒灌入烟道内，这在国华北京热电厂、浙江钱清电厂、半山电厂的 FGD 系统上都出现过。另外，如果吸收塔浆液从溢流管外溢，在吸收塔内浆液不断循环并与进入的烟气对流反应后会产生大量泡沫，泡沫中悬浮杂质会造成吸收塔溢流管透气口堵塞，如此时液位一旦出现偏高溢流，就会引发虹吸现象，造成大量浆液从溢流管外溢。2006 年 1 月 18 日，沙角 C 电厂 3 号 600MW 吸收塔就发生了严重的溢流现象。当时 FGD 旁路挡板全开，增压风机动叶开度 9.6%，进入吸收塔的烟气流量只有设计值的 18%，3 台循环泵全开。运行人员在集控室发现吸收塔地坑液位突然上升很快，2 台地坑泵都自动启动但地坑仍满出浆液。现场查看发现吸收塔溢流管大量流出浆液，地沟也充满浆液，并带有很多的泡沫，如图 6 – 243 所示。检查吸收塔液位 CRT 上数值在正常范围内，除雾器冲洗水自动控制，冲洗时间间隔很长，也无其他水源进入吸收塔，怀疑液位计不准。由于溢流管透气口在高处无法检查是否通气，运行人员也未停运 1 台循环泵，只将原来地坑返回吸收塔的浆液切换打到事故浆液罐中，但溢流却一直进行，持续了 1 个小时左右，吸收塔液位降低了 1.4m。分析认为是由于液位计不准确，指示偏低，先发生泡沫溢流、又产生虹吸现象所致。

沙角C厂吸收塔溢流口设计

沙角C厂吸收塔溢流及泡沫

图 6 – 243　吸收塔溢流口设计和溢流现象

　　吸收塔泡沫溢流是 FGD 系统中的常见现象，溢流污染周围环境，需大量人工清理，又使吸收塔液位降低，而且泡沫会阻碍 SO_3^{2-} 的氧化反应、降低脱硫率等，因此有必要对泡沫的产生和消除进行分析，以减少其不利影响。

　　气泡是气体分散在液体或固体中所形成的体系，气体是分散相，液体或固体是分散介质，也是连续相。大量气泡聚集在一起，形成彼此之间以液膜隔离的聚集状态，称之为泡沫。

　　在 FGD 吸收塔中，形成气泡的气体主要为烟气、氧化空气、脱硫反应生成的 CO_2 气体等。假如浆液的表面张力较小，或是存在其他使泡沫稳定的因素，上升到浆液表面的气泡就不易破裂，会相互聚集并在浆液表面形成泡沫或泡沫层，有的泡沫层可高达 2m 以上。在 FGD 吸收塔中，使泡沫稳定的因素有：① 吸收塔石膏浆液的黏度过大，一旦形成泡沫，由于液膜不易被破坏，泡沫也比较稳定。② 烟气中含有大量成分复杂的气体化合物及经 ESP 未能去除的粉尘、微粒等杂质，这些物质中可能会含有类似于表面活性剂的物质，具有明显降低浆液表面张力的属性，表面张力越低的浆液，越容易起泡，且泡沫稳定，不易消失。③ 脱硫用工艺水、石灰石浆液中可能带有易起泡的物质。④ 运行中 pH 值过低、浆液酸性过大以及搅拌作用、温度等，也对泡沫的形成有一定的促进。吸收塔泡沫的形成是上述各种因素的综合作用，一些吸收塔溢流泡沫不仅数量多，且能稳定存在长达几天的时间而不破裂。

一些吸收塔溢流泡沫呈黑色，沉积后像油泥一样，沾在手上难以洗净，如图 6-244 所示。奇怪的是同一个电厂的另一套 FGD 吸收塔溢流液颜色则是石膏一样的灰黄色。比较这两个机组，其所烧煤种总体上是一致的，只是前者为老机组，采用油枪点火和稳燃，且 ESP 效果不佳；后者为新建超临界机组，采用等离子点火。

运行中如出现吸收塔泡沫溢流情况，建议首先设法疏通溢流管透气口，破坏虹吸条件，必要时可紧急停运一二台循环泵。防范的有效办法是定期有针对性地向吸收塔加入定量的消泡剂。

消泡剂的作用是通过进入泡沫的双分子定向膜，破坏其力学平衡，从而达到消泡的目的。消泡剂具有专一性，也就是说一种消泡剂只能对某一种或几种体系的泡沫有效，电厂应进行多次试验，选用最有效、最经济的消泡剂，图 6-244 示出了某 FGD 吸收塔用的一种消泡剂，为白色黏稠状乳化液。

为加入消泡剂，常用的方法是将消泡剂倒入吸收塔地坑，由泵打入塔中，如图 6-244 所示。

为减少吸收塔溢流的发生，设计时要使浆池适当大和高些，运行中可根据经验稍降低吸收塔液位 0.5m 左右。另外应定期进行液位计校验，加强巡视工作，重视溢流管透气口检查并保持其畅通；运行维持 ESP 的高效运行、做好锅炉的燃烧调整、加大废水排放量等，在一定程度上可改善起泡状况。

在 FGD 系统运行过程中，有时会出现水平衡破坏的现象，主要表现为出现正水平衡（Positive Water Balance），即进入 FGD 系统的水多于 FGD 系统实际需要的水量，其原因有：

（1）FGD 系统长时间低负荷运行（如锅炉低负荷、旁路开启、风机导叶开度较小），此时占工艺水消耗绝大部分（不考虑废水排放量可占 90% 以上）的烟气蒸发水量大大减少，副产品石膏带走的水分也相应减小，而除雾器（ME）冲洗水、密封水等未按比例减少；

（2）除雾器冲洗频率和冲洗时间设置不适当；

（3）除雾器冲洗水管或喷嘴破损、泄漏，造成水大量进入塔内；

（4）除雾器冲洗阀门不能关闭或关不严（即内漏），这是个常见的问题；

（5）填料和机械密封水、冷却水流量过大，超出原设计水平衡值；

（6）皮带脱水机真空泵密封水或滤饼冲洗系统水流量过大，而制浆系统用水量较小；

（7）设备启/停或切换频繁且冲洗水量大，特别是在调试初期；

（8）大量雨水等原未设计考虑的水进入 FGD 系统。

出现严重正水平衡时，吸收塔液位偏高且常出现溢流、浆液浓度偏低，使液位和浓度失控；使 ME 少有冲洗兼补水的机会，严重时造成 ME 堵塞；FGD 系统内的各个箱、罐、地坑等多水满为患，FGD 耗水量大大增加。此时应及时查明原因，并采取相应措施。例如选用质量良好的阀门防止内漏发生，及时修理更换损坏的阀门；调整除雾器冲洗程序使之正常；降低密封、冷却水量，最大限度地利用石膏过滤水进行石灰石浆液制备；调整停运泵和管道冲洗时间，对输送稀浆的泵和管道在排空后减少冲洗或不冲洗，忌频繁启停设备；加大废水排放量、防止系统外水源如雨水、清洁用水的流入；将过剩水暂时存储起来（如可打往事故浆液罐）供负水平衡（Negative Water Balance）时使用等。值得一提的是许多 FGD 系统开旁路运行，且增压风机导叶一直较小，这不仅会使系统水平衡失去，而且不利于 FGD 系统的安全运行。作为一种临时措施，还可用泵将多余的水打到 FGD 系统外。

A吸收塔溢流出来的油黑色泡沫

B吸收塔溢流出来的灰黄色泡沫

C吸收塔溢流出来的石膏浆液　　　　　　　　设在吸收塔上的消泡剂罐

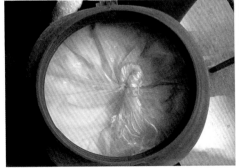

一种白色黏稠状乳化液消泡剂　　　　　　　　往塔地坑里加消泡剂

图 6 - 244　吸收塔溢流和消泡剂

十、FGD 系统中的冻结

在北方寒冷季节，气温会到 0℃ 以下甚至 −15℃ 或更低，冻结的现象普遍存在。它会使管道堵塞、破裂、泵难以运转，石膏仓石膏下不来等，严重时损坏设备，如第四章所介绍的河北定洲电厂 FGD 系统调试期间冻结的情况。因此应有针对性地做好防范措施，主要可从设计和运行两方面来考虑：

（1）设计时，对可能出现结冰和冻结的设备、管道、仪表等采取必要的保温措施，如布置在室内，敷设保温层、伴热带等。

（2）运行中，对积有水、浆液的管路停运时，尽量冲洗干净并排空；定时切换备用设备；加强运行检查，发现有冻结的设备启动时应先化冻，防止电机启动电流过大，烧坏电机等。

华能北方海勃湾电厂三期扩建 5 号、6 号 2×330MW 机组锅炉尾部布置湿法脱硫装置，一炉一塔设增压风机和 GGH，湿磨和真空皮带脱水系统公用。采用美国 B&W 公司的合金托盘工艺，设计脱硫效率为 95%。2005 年 12 月 6 日进入热态调试和整套启动阶段。整个热态调试期间正好处于项目所在地最严寒的 12 月（12 月最低平均气温为 −22℃），遇到了很多由于寒冷而产生的意外问题。从工程实践来看，该 FGD 系统在设计、施工、调试不同阶段所采取的防冻措施具有一定的借鉴作用。

1. 设计阶段采取的防冻措施

设计阶段的防冻措施主要是对设备及其附属系统进行综合的规划。根据主要设备运行要求和实际布置情况，FGD 主要设备除吸收塔、增压风机、GGH 露天布置外，浆液制备、石膏脱水、工艺水、氧化空气系统设备均布置在室内。另外，除雾器冲洗水泵、浆液循环泵、石膏排出泵也布置在室内（吸收塔排水坑、事故浆液池及相应设备布置在室外）。从系统布置情况来看，防冻的重点为吸收塔、增压风机、GGH 的附属系统及相应仪表，室外管道及附属阀门、表计，室外地埋管道，室外设备（特别是小设备）等。

（1）仪表防冻。仪表的防冻效果直接影响着设备的正常运行。FGD 工程室外仪表较多，而且大多是 FGD 系统主设备（增压风机、GGH 和吸收塔）的仪表。仪表及附属管道的防冻设计如下：所有仪表管道采用伴热电缆，烟、气、水系统变送器采用保温箱。

由于浆液管道的特殊性质，造成室外浆液管道的仪表不能集中布置，这样造成室外仪表非常分散，给这些仪表的防冻造成很大困难。因此：① 对于必须布置在室外的变送器，全部采用保温箱；水系统的变送器，尽可能布置在室内。变送器的管道介质不流动，要求伴热的可靠性很高。相同条件下，液体介质较气体介质更容易出现冻结问题。水系统仅除雾器冲洗水压力变送器布置在室外，这样减少了运行过程中出现冻结问题的概率。② 仪表的防冻不仅仅是仪表本身的防冻，还包括仪表和本体连接的短管。例如吸收塔液位计，用伴热电缆对短管和液位计变送器进行伴热。为方便检修，保温的结构为可拆卸式。③ 浆液系统变送器的短管，保持向上 45°。一般情况下，如果发生堵塞，就会加剧冻结的速度。④ 对于脱硫运行的重要参数仪表，如密度计（石膏、石灰石）、pH 计、CEMS 的就地仪表均布置在室内。如果密度计布置在室外，被冻的概率很大；而采用电伴热措施，会对测量输出信号产生干扰，所以要将石膏密度计布置在石膏排出泵房内。

（2）室外管道及地埋管道防冻。室外管道采用伴热电缆加保温防冻，这是成熟的防冻措施。在管道设计时还从防冻的角度考虑了管道的坡度、排放点的设置以及排放方式的选择。

北方地区湿法 FGD 工程的工艺水、冷却水母管应尽量地埋，地埋管道施工的重点是控制埋入深度。但容易忽略的是地埋管道的垂直上引管，这些管道要穿过冻土层，没有措施很容易冻住。对于这些管道来说，如果系统总处于运行状态，防冻没有问题；冷却水如果采用闭式循环方式，这一点也比较容易做到。但开式冷却水，必须要考虑回水垂直上引管道的防冻。即便是不经常停运的系统，也要考虑事故状态下的措施。海勃湾电厂 FGD 系统的冷却水为闭式，但在调试过程中，也出现了磨

机冷却水回水管被冻住的现象。将垂直上引管集中的部位设计成管道井，然后在上引管道外施工保温，如在整个井中放置一些草、毡类的植物。这种措施易于检查、检修，防冻可靠性很高。

在编制设备采购规范书和技术协议谈判时，对于室外布置的设备和仪表，应特别提醒设备制造厂工程环境温度（例如向制造厂提供海勃湾年平均最低气温），这样有利于设备制造厂理解工程的防冻设计意图。

（3）增压风机润滑油站布置。增压风机润滑油站设置在电机混凝土基础平台的零米，并借助平台挑出部分的下部空间，进行封闭措施。油站一般设计是露天布置，北方地区加电伴热。但由于位置的原因，油站比较孤立，采取电伴热的施工难度和代价比较大。将油站设在0m，并在空间内安装了暖气采暖，实践证明，这个措施非常有效。在热态调试过程中，有一次5号FGD系统停运，由于业主负责施工的油站小间门没有关严，低温的天气竟将冷油器的端盖冻裂。若油站露天布置，可以想象，在 -20 ~ -40℃的天气下将无法运行。

（4）仪用空气储罐应室内布置。仪用空气一般由业主提供，由于主机仪用空气压缩机站距离脱硫岛较远，仪用空气降压流动过程产生的凝结水比较多。多数情况下，仪用空气储罐露天布置，并有疏水排放措施。海勃湾电厂在设计时将仪用空气储罐布置在氧化风机房内。尽管如此，在FGD系统热态调试过程中的一次停运，还是出现了主机仪用空气压缩机站至脱硫仪用空气储罐主管道冻死的现象，后来业主加强了该段输气管的保温才得以解决。

2. 施工时采取的防冻措施

一般来说，只要保证保温施工质量，主设备的防冻不是问题。对于室外露天管道，海勃湾FGD工程采用伴热电缆加保温防冻，地埋管道埋至冻土层以下（一般超过300mm）防冻。从这些设计措施分析，防冻施工的控制重点在于露天管道的伴热电缆施工，露天管道坡度施工，管系的排放系统施工及排放效果检查。

（1）露天管道伴热电缆施工。室外露天管道的防冻是否成功，很大程度取决于伴热电缆。伴热电缆的施工从以下几点控制：① 伴热电缆的施工，在管道冲洗、水压试验完成以后进行；② 伴热电缆施工按照厂家技术文件进行，回路的电缆长度严格执行厂家要求；③ 伴热电缆施工完毕，做通电试验检查，确认伴热正常后再进行保温施工；④ 保温及护板完成后，再做通电试验，检查铆接护板过程对电缆有无损伤；⑤ 每个伴热回路和管道系统并不一一对应，伴热电缆施工完成后做伴热电缆施工记录。

（2）露天管道坡度。管道坡度对管道防冻的影响仅次于伴热。在伴热不佳的情况下，坡度显得更加重要。在试运过程中发现管道冻结的情况，大部分是由于坡度的原因造成的。

施工过程中——检查管道的坡向是否符合设计要求，这很简单但又很容易忽视。坡向和排放系统是统一的，如果施工坡向错误，排放系统就无法发挥排放作用。

管道安装坡度必须达到设计要求。从管道排放冻结的机理看，被冻结的时间往往不是在排放的开始，而是在排放即将结束的时刻。如果坡度足够大，排放时间缩短，排放冻结的概率就小。

（3）管系的排放系统施工及排放效果检查。在施工前检查系统排放点的设置是否能满足排放的要求（检查管系的低点是否有排放点，特别对管道较长的系统和衬胶管道要重点检查）。管道施工完毕，在管系水压（充水）试验时，利用试验的机会对排放系统进行全面检查并记录管道的排放时间。试验时除检查管道的严密性外，还要检查排放门的严密性。

在管系水压试验时，根据水压排放情况编制管系的排放清单，排放清单的主要内容包括：① 系统名称；② 起点；③ 终点；④ 低点位置；⑤ 排放措施。通过泵入口管道排放的管系，在系统放水时检查记录系统排净时间。一般来说这些系统从停泵到关出口阀门的时间要大于排净时间。

3. 单体试运阶段采取的防冻措施

在单体调试期间，主要要完善以下防冻工作：吸收塔氧化空气管道防冻处理、氧化风机防冻处理、排放操作管理。

（1）吸收塔氧化空气管道防冻处理。氧化空气管道的防冻是针对系统停运期间的措施，防冻的重点是氧化空气竖管，特别是吸收塔工作液位以下部分。由于氧化空气竖管沿吸收塔均布，采用伴热电缆防冻施工难度较大，且维护也不方便，因此决定采用增加保温层厚度的办法，氧化空气竖管的保温层厚度由150mm增加至300mm。增加保温层厚度措施的可靠性没有电伴热高，要另外从运行措施上弥补防冻的可靠性。即FGD系统停运期间，尽可能不停运氧化风机；如果需要停运氧化风机，控制停运时间在4h之内，且尽量安排在白天停运。

在热态调试期间，系统在低温条件下停运了数次，事实证明，氧化空气管道防冻综合措施很成功。

（2）氧化风机防冻处理。氧化风机布置在室内，本身被冻的可能性较小。但如果氧化风减温水阀门不严或操作失误，则很容易造成减温水倒流至氧化风机出口管道和风机本体。为防止减温水倒流造成管道被冻，主要采取了以下措施：① 在氧化空气管道减温水的上游水平段，设计向上的 π 形弯头，这样不仅可以有效防止减温水倒流，并且能吸收氧化空气管道的热膨胀。② 试运前在管道低点增加排放水（在氧化风机出口水平段和减温点水平段），这样即使发生了倒流，可以通过排放来解决，把管道冻结的风险降到最低。

（3）排放操作管理。试运和运行期间的排放操作是防冻至关重要的环节。根据系统特点在试运期间制定了排放操作管理规定，目的是通过管理手段落实防冻排放操作措施。内容如下：① 试运期间充水管道，在试运完毕，必须按照排水清单进行排水工作。② 手动排水措施执行，必须有专人检查和监督，保证排放干净；电动门排水，做好排放记录。③ 试运记录要记录系统上水点、手动排水措施执行人和检查人。④ 手动排放完成后，要按照系统要求及时恢复系统。⑤ 系统充水前，要专人检查上次所试运系统的上水门是否关闭，确保系统独立运行。⑥ 氧化空气管道所有排放门保证全开，开启石膏排出泵房工艺水总门时，要对氧化空气减温水系统严密性进行检查。

4. FGD 系统试运阶段防冻问题及处理

（1）仪用空气主管冻结处理及防冻措施。FGD仪用压缩空气从锅炉岛仪用空气机室引至FGD仪用空气储气罐，由于这段管道较长（约200m），实施电伴热的难度很大，仅在管道外部进行了保温。5号FGD系统热态调试期间，系统在一次停运后检查发现空气压缩机室至脱硫岛仪用空气储气罐管道已经冻死。分析原因是由于系统停运，仪用空气在系统停运前降压流动所产生的凝结水无法排放造成的。运行人员把5号机辅汽联箱疏水接入空气压缩机室脱硫仪用空气管道，利用辅汽联箱疏水将管道疏通。为了防止这种情况再次发生，制定了运行防冻操作规程：在FGD系统停运期间，打开仪用空气储气罐底部排放门，使仪用空气管道始终保持一定的流量，以达到管道防冻的目的。

（2）除雾器冲洗水管道防冻措施。在系统调试期间，发现6号除雾器部分冲洗水母管至电动门管道被冻住。冲洗水系统停运后严格按照排放清单进行了排放，但还是出现了管道被冻的情况。检查发现，原来除雾器冲洗水电动门位置均低于母管，当一个冲洗回路冲洗时，其他电动门是关闭的。这样冲洗结束后，冲洗水母管至电动门管道形成排放死区而被冻结（母管的水通过低点排放门排放；电动门后的水可以自流至吸收塔）。防冻措施是通过操作来解决：除雾器冲洗停止后，打开所有除雾器冲洗水电动门，让除雾器冲洗水母管至电动门管道的水自流至吸收塔后再关闭除雾器冲洗水电动门。

（3）GGH吹灰器空气管道防冻处理措施。管道冻结的主要原因也是吹灰器不工作时空气不流动造成的（吹灰器在试运行时平均6～8h吹灰一次）。和仪用空气不同，吹灰器工作空气没有经过干燥，即便在空气管道上采取电伴热和保温也无法完全避免管道被冻。调试期间在吹灰器管道进入吹灰器入口处增加了一个排放阀，平时保持排放阀全开，使管道内的空气始终流动，并及时排放空气凝结水。当吹灰器吹灰时，关闭排放阀，以保证吹灰空气气压。

（4）吸收塔排水坑泵出口管道冻结处理及防冻措施。排水坑泵管道布置在室外（电伴热并保温），试运行过程中6号坑出口管道被冻结，泵无法运行。经过疏通处理后第二天再次被冻，冻住的部位均在出口水平段向上弯头处。显然当停泵后，弯头排水不畅造成了弯头被冻。重新疏通后采取了增加水平段管道坡度（向排水坑侧）的措施，促使弯头排水通畅，解决了出口管道冻结问题。

（5）磨机冷却水回水管道防冻处理措施。FGD系统设计冷却水为闭式，带压回水。但磨机回水至回水母管（地埋管道）的垂直下引管地埋部分防冻措施不可靠，在最低气温降至−25℃时被冻住。彻底疏通再采取防冻措施需要很长时间，为了使脱硫运行不中断，采取了冷却水临时排放措施，即将磨机冷却回水排放至磨机房工艺水沟。在增加排放管道的同时增加了相应的切换阀门，主要是考虑当回水母管下引管通畅时，保证回水能切换至正式系统。临时回水解决了回水的问题，但冷却水通过排水坑进入吸收塔，增加了水平衡调节的难度。在最高气温上升至5℃时，用带压回水反冲冷却水管道，疏通了垂直下引管，顺利实现了回水系统切换。

从海勃湾发电厂和河北定洲电厂FGD系统情况看，北方地区工程项目中，防冻要求比较高，需要认真对待。每年的冬季，在内蒙和东北、华北、西北的很多项目中都遇到过泵、尤其是阀门冻裂的事故，如泵壳开裂、轴弯曲、盖裂开、阀门冻破等。湿法FGD系统的水、气、汽、油、浆等的管阀长而多，冲洗和排净管阀很多且复杂，冬季防冻工作量很大，但又很重要。上述提出的设计、施工、调试、试运中防冻措施，是从实践中总结得到的，值得业主和FGD工程公司在生产和建设过程中借鉴并实施。

十一、FGD系统的其他问题

1. 石膏炒制系统问题

北京热电分公司2套FGD装置共用1套石膏炒制制板系统。用重油作燃料，脱硫石膏由料仓经皮带输送机送入炒锅，石膏瞬时被干燥，然后焙烧成稳定的灰泥，石膏灰泥随气流经高效旋风分离器收料。从旋风分离器出来的气体少部分经布袋除尘后排空，大部分经循环风机返回炒锅进行再循环。该装置的特点是闭式循环，燃烧器的热量重复使用可节省燃料，但系统内湿气不能很好排出，故水分容易聚集，长时间连续运行不仅影响烘干效果，而且对布袋除尘器的除尘效率有不利影响。

投运后炒制系统不能满足5t/h的设计制板出力。造成该问题的主要因素为炒制系统负压零点漂移、燃烧器故障、风油比调节不当、螺旋给料机与风道内石膏板结堵塞等。经技术人员攻关，问题得到逐步解决，经过多次反复的试验，最终发现PLC系统负压测点通道故障，导致系统负压零点漂移将近500Pa，更换通道后显示正常，由此解决了风机长期出力不足的老问题；通过制定详细的检修周期与检修项目，落实岗位负责制，加强点检岗位职能，燃烧器损坏及石膏板结堵塞总体上得以控制。

2. FGD石膏盐霜现象

FGD石膏中的镁主要来自飞灰和用于脱硫的石灰石中，它通常以水溶性镁盐的形态出现，与去除钠和氯的方法一样，通过水洗石膏可使镁含量低于$100\mu g/g$。在德国，这一方法对来自硬煤电站FGD石膏而言，许多年来一直有效。但随着在德国东部投资新的褐煤电站并生产石膏砖块，1997年出现了新现象，这就是石膏砖块的硫酸镁盐霜现象，即石膏砖块的表面在接触水后就像起了霜一样。这种现象，不是出现在石膏砖块厂的生产过程中，而是在建筑工地上安装石膏砖块之后，而且有时在数周之后才出现这种现象。它们被认定为由水溶性硫酸镁构成的盐霜，在此之前即便大量用水冲洗也不能将其在FGD石膏中的含量减少到$200\mu g/g$以下。一项研究表明，来自褐煤电站的FGD石膏中水溶性镁含量只要超过$100\mu g/g$，就可以导致石膏砖块上的镁盐霜。

一种解决方案是在石灰块形成之前在石膏悬浮液中加入含石灰的化合物，例如水泥。在这种情况下，可溶的硫酸镁将作为不可溶的氢氧化镁而析出。但出现这一现象的最终原因尚未得到科学的解释。

3. 仪表等问题

进入吸收塔石灰石的浆液量将影响到吸收塔中浆液的 pH 值、脱硫率、石膏产品质量、石灰石的消耗量等。一般地，自动控制石灰石输入量的主要依据是烟气流量、SO_2 含量及吸收塔中的 pH 值，DCS 系统根据测量得到的烟气流量和 SO_2 浓度来计算得出输入吸收塔的石灰石浆液提前量，再经过测量到的吸收塔中的 pH 值来修正调整阀门开度，决定实际供应量，所以 CEMS 和 pH 值测量仪的正确性是至关重要的。一般 FGD 系统有 2 套 pH 值测量仪，正常同时投入运行，并能自动冲洗校验，取平均值或某一值作为控制用，当两套仪表测量数值超过 0.1 或 0.2 时会自动报警，需要进行校正处理。在实际运行中常会出现 2 套 pH 仪测量数据偏差很大，难以判断哪一个数据正确，只能根据烟气流量、SO_2 含量及加入的石灰石量来推断。pH 仪测量数据偏差大的原因之一是冲洗不正常，其次是探头使用时间太长，再次是设计不合理。

烟气进出口 CEMS 也常发生故障，原因是多方面的，如烟气输送软管接头泄漏、过滤层堵塞、信号传输失真等，这些问题均会对正常运行带来不利的影响。另外石灰石浆液、石膏浆液密度计、流量计及液位计等对 FGD 系统的正常运行都十分重要。因此运行中要加强维护和校验，发现问题及时处理。

在 FGD 系统的运行过程中，除本书介绍的调试和运行中遇到的问题外，还会有大大小小、各种各样的新问题出现，但只要认真分析，不断总结，并按设备厂家的技术要求运行和维护，一定会使 FGD 系统安全可靠长久地运行，发挥其环保效益。

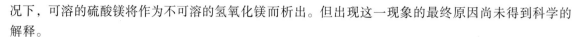

第七节　FGD 系统事故处理

一、事故处理总原则

（1）发生事故时，脱硫值班人员应采取一切可行的方法、手段消除事故根源，防止事故的扩大，在设备确已不具备运行条件时或继续运行对人身、设备有严重危害时，应停止 FGD 系统的运行。

（2）发生事故时，脱硫班长应迅速向直接领导者汇报，并带领全体值班人员迅速果断地按照现场规程的规定处理事故。对于直接领导者的命令，若对设备、人身有直接危害时，运行值班人员可以向直接领导者指出其明显错误之处，并向主管领导和有关部门汇报，其余的均应坚决执行。

（3）运行人员应视恢复所需时间的长短使 FGD 系统进入短时停运、短期停运或长期停运状态。在处理过程中应首先考虑出现浆液在管道内堵塞、在吸收塔、箱、罐、池及泵体内沉积的可能性，尽快排放这些管道和容器中的浆液，并用工艺水冲洗干净。

（4）当发生本措施没有列举的事故情况时，脱硫运行值班人员应根据自己的经验和当时的实际情况，主动果断地采取措施。事故处理完毕后，直接领导者、值班人员应如实地把事故发生的时间、现象以及采取的措施等一一记录清楚，并向有关领导汇报。

（5）值班中发生的事故，下班后立即由值长、班长召集有关人员，对事故现象的特征、经过及采取的措施认真分析，并用书面材料报有关运行部门、安监处，以便分析事故发生的原因，吸取教训，总结经验，落实责任。

二、FGD 系统保护

1. FGD 系统紧急停运条件

对于不同的 FGD 系统，有着不同的保护条件，一般地，当发生以下情况之一时，FGD 系统将紧急停运。

（1）FGD入口烟气压力高高或低低（3取2）且旁路挡板未开。

（2）FGD入口烟气温度异常高。

（3）FGD系统进出口烟气挡板任一未开启时。

（4）增压风机跳闸。

（5）GGH跳闸（GGH主、辅电机皆故障）。

（6）所有吸收塔循环泵停运（对CT-121系统，所有烟气冷却泵停运）。

（7）6kV电源中断。

（8）锅炉跳闸（MFT、送风机或引风机全跳闸等）。

2. FGD系统关闭程序

FGD系统保护程序启动，一般按以下步骤以安全方式关闭FGD系统。

（1）快开FGD旁路烟气挡板。

（2）停增压风机。

（3）关闭FGD入口烟气挡板，打开吸收塔通风口（如有），关闭FGD出口挡板。

（4）关闭蒸汽再热器的蒸汽隔离阀门（如有）。

（5）若吸收塔入口烟温高时，打开吸收塔入口事故冷却水门（如有）。

3. 运行人员检查项目

运行人员必须去就地检查并确认（可手动执行）以下项目：

（1）确认FGD旁路烟气挡板是打开的。

（2）增压风机已停运。

（3）FGD入口烟气挡板、FGD出口烟气挡板是关闭的。

（4）吸收塔通风口是打开的（如有）。

（5）进蒸汽再热器的蒸汽隔离阀是关闭的（如有）。

最后可根据短时间或长时间停FGD系统的停运要求进行正常操作。

三、FGD系统申请停运

当发生以下情况之一时，脱硫运行人员应申请停止运行FGD系统，按正常停止程序操作。

（1）如果锅炉投油运行而电除尘器未投入使用，汇报值长，退出FGD系统运行。

（2）FGD系统在运行时，如电除尘器单侧有2个或以上的电场故障停运，FGD出口烟气含尘量大于某一值时（各系统有不同定值），退出FGD系统运行。

（3）GGH运行异常时。

（4）若石灰石浆液制备系统发生故障无法制浆，且吸收塔的pH值不断下降时，汇报值长，退出FGD系统运行。

（5）若2台吸收塔排浆泵都发生故障停运，同时吸收塔内浆液浓度超过某一高值时，汇报值长，退出FGD系统运行。

（6）石膏脱水系统故障长时间不能恢复，吸收塔内浆液浓度超过某一高值时，汇报值长，退出FGD系统运行。

（7）若所有氧化风机都故障且长时间不能恢复时，汇报值长，退出FGD系统运行。

（8）若所有工艺水泵都发生故障停运，汇报值长，退出FGD系统运行。

（9）若FGD系统用空气压缩机都发生故障停运，或仪用空气短缺、长时间不能恢复正常时，汇报值长，退出FGD系统运行。

（10）生产现场和控制室发生如火灾等意外情况危及设备和人身安全时。

四、烟气系统的故障

烟气系统的关闭必须由 DCS 自动完成，旁路挡板必须能打开，之后增压风机停运，FGD 的进、出口挡板关闭。如挡板故障则按 FGD 系统保护的操作进行。

1. 增压风机故障

（1）故障现象。

1）"增压风机跳闸"报警发出。

2）增压风机指示灯红灯熄，绿灯亮，电机停止转动，电流变为 0。

（2）发生故障的原因。

各 FGD 系统对增压风机跳闸保护的条件有所差别，可能的原因有：

1）事故按钮按下。

2）风机失电。

3）润滑油流量低于低设定值，且轴承温度高于某值。

4）润滑油温度高。

5）润滑油压力低。

6）液压油温高于设定值。

7）风机失速。

8）风机振动。

9）轴承温度高。

10）密封空气压力长时间低于设定值。

11）风机电机故障（如过负荷、过流保护、差动保护动作、电机绕组温度高等）。

12）运行人员误操作。

13）其他原因引起的 FGD 系统保护动作。

（3）故障处理。

1）运行人员应确认脱硫旁路挡板自动开启，进出口烟气挡板自动关闭。

2）检查增压风机跳闸原因，若属连锁动作造成，应待系统恢复正常后，方可重新启动。

3）若属风机设备故障造成，应及时汇报值长联系检修人员处理。在故障未查实处理完毕之前，严禁重新启动风机。

2. GGH 停运

（1）故障现象。

1）"GGH 跳闸"报警发出。

2）GGH 指示灯红灯熄、绿灯亮，电机停止转动，电流变为 0。

（2）发生故障的原因。

1）电源中断。

2）GGH 电机故障。

3）机械卡塞。

（3）故障处理。

1）若备用电机联动成功，需监视预热器的运行情况，查明预热器跳闸的原因并处理，待故障消除后，迅速恢复正常运行。

2）若备用电机联动不成功，应立即设法启动备用电机，否则需人工盘车。

3）FGD 系统保护动作，确认连锁动作正常，确认旁路挡板自动开启，增压风机跳闸，进出口烟气挡板自动关闭，否则应手动处理。

4）查明GGH跳闸原因，并按相关规定处理。

5）必要时通知相关检修人员处理。

3. 蒸汽再热器（如有）故障

若再热器发生故障，将有报警信号显示故障原因。FGD可以运行一段时间，但出口烟温达不到设计要求，FGD系统将自动停运。

（1）若再热器后烟温偏低，首先应检查机组来加热蒸汽的压力、温度是否满足要求，若蒸汽不满足要求，则应要求加大辅汽参数，尽量满足再热器要求；若蒸汽满足要求，这可能是换热管子结灰，应用工艺水清洗。

（2）再热器爆管。若爆管不严重，则无法判断。如有大量蒸汽进入烟道，则FGD系统出口的两个温度将不正常升高。应先检查就地温度测量是否准确，到再热器平台倾听是否有蒸汽泄漏的异常声响，如确定再热器爆管，应立即关闭来汽电动门，并按正常要求停止FGD的运行，待再热器烟道冷却后打开人孔门检查。

（3）凝结水泵故障。故障现象为CRT上有报警信号，泵停止运行，且备用泵启动。应确认备用泵已启动。如凝结水泵全故障，CRT上有报警信号，且凝结水箱将出现水位高报警。

运行人员应立即关闭机组来加热蒸汽门，对故障进行处理，尽快重新启动凝结水泵。否则，FGD出口烟气温度将达不到设计要求，FGD系统将自动关闭。

（4）加热蒸汽故障。如没有加热蒸汽，FGD出口烟气温度将达不到设计要求，FGD系统将自动关闭。应立即对故障进行处理，尽快重新恢复。

4. 挡板密封风机故障

正常运行时，烟气挡板两台风机中有一台运行，一台备用；如一台跳闸，CRT上有报警信号，且备用风机启动。运行人员应切断跳闸风机电源并立即对故障进行处理。

如2台全故障，CRT上有报警信号，风机出口压力为0，FGD系统可以正常运行，运行人员应立即对故障进行处理，尽快重新启动。

5. 烟道严重结灰

FGD系统的入口烟道和旁路烟道可能严重结灰，这取决于电除尘器的运行情况。一般的结灰不影响FGD的正常运行，当在挡板的运动部件上发生严重结灰时对挡板的正常开关有影响，因此FGD系统和锅炉停运时，要检查这些挡板并清理积灰。

五、吸收塔系统故障

（一）循环泵（对CT-121 FGD系统为烟气冷却泵）故障

1. 故障现象

（1）CRT上报警。

（2）泵运行指示灯红灯熄、绿灯亮，电机停止转动，电流变为0。

2. 故障原因

（1）事故按钮动作。

（2）电机故障（如失电）。

（3）泵入口压力低，泵保护停。这可能是泵的滤网被堵塞，控制室内有报警，此时必须启动另外的泵后停止该泵运行，进行滤网清洗，干净后方可再启动。

（4）电机三相绕组温度高，泵保护停。

（5）驱动端电机轴承温度高，泵保护停。

（6）非驱动端电机轴承温度高，泵保护停。

（7）吸收塔液位太低，泵保护停。

（8）泵入口阀门故障，显示未开。

3. 故障处理

（1）运行人员如发现 ARP 运行不正常，应立即就地查明原因并作相应处理。

（2）若只有一台循环泵运行，FGD 系统仍能运行，此时脱硫率将下降。若所有循环泵都故障，则 FGD 系统将保护动作。应确认连锁动作正常，确认旁路挡板自动开启，增压风机跳闸，进出口烟气挡板自动关闭，否则应手动处理。

（3）查明循环泵跳闸原因，并按相关规定处理。

（4）必要时通知相关检修人员处理。

（5）视吸收塔内烟温情况，开启工艺水冲洗水或事故喷水（如有），以防止吸收塔内管道、衬胶、除雾器等内部设备的损坏。

（二）氧化风机故障

1. 故障现象

（1）CRT 上报警。

（2）氧化风机运行指示灯红灯熄、绿灯亮，电机停止转动，电流变为 0。

2. 故障原因

（1）事故按钮动作。

（2）电机故障。

（3）风机出口风温高，保护停。

（4）电机三相绕组温度高，保护停。

（5）任一电动机轴承温度高，保护停。

3. 故障处理

（1）运行人员如发现氧化风机运行不正常，应立即就地查明原因并作相应处理。

（2）一台氧化风机停运，应确认备用风机连锁启动。

（3）若所有氧化风机都故障，短时间内 FGD 系统能正常运行；如长时间不能恢复时，系统的脱硫率将下降，吸收塔中 $CaSO_3$ 含量将增大，应申请停运 FGD 系统。

（4）尽快查明跳闸原因，并按相关规定处理。

（5）必要时通知相关检修人员处理。

（6）若氧化空气喷嘴中长时间没有氧化空气，则管道必须清洗。

（三）吸收塔搅拌系统故障

1. 故障现象

CRT 上报警，搅拌器或脉冲悬浮泵运行指示灯红灯熄、绿灯亮，电机停止转动。

2. 故障原因

（1）事故按钮动作。

（2）电机故障。

（3）吸收塔液位低，保护停。

3. 故障处理

（1）对喷淋塔。① 一般在塔浆液池底部有多台搅拌器，一层或二层布置，同时停运一般不会发生。如只有一、二个搅拌器停运，FGD 系统仍能运行。② 尽快查明跳闸原因并作相应处理，再次启动前应先用工艺水（如有）冲动搅拌器，再试着启动直至搅拌器运行正常。必要时通知相关检修人员处理。

（2）对脉冲悬浮系统。一台悬浮泵停运，应确认备用泵启动。如所有泵都长时间停运，则申请停运FGD系统。

（3）对CT—121FGD系统。搅拌器为立式，以台山电厂600MW的JBR为例，顶部四台搅拌器同时运行，如一台故障停运，运行人员应尽快查明跳闸原因并尽快恢复，否则申请停运FGD系统。

（四）除雾器系统故障

若除雾器清洗不充分将引起结垢，有时可从压降升高得到判断。然而清洗水流量受吸收塔液位控制而不能随意加大，清洗程序根据FGD系统停运后肉眼观察除雾器结垢情况来设定清洗频率。假如控制室内发出除雾器报警，运行人员确认后手动对其进行清洗。

1. 故障现象

CRT上报警，除雾器压差大于设定值。

2. 故障原因

表计故障或除雾器清洗不充分引起结垢、堵塞。

3. 故障处理

运行人员确认后手动对其进行清洗，应加强日常运行的定期清洗维护。

（五）脱硫效率低

影响脱硫效率的因素有很多，表6-66列出了一些导致脱硫率低的原因及解决方法。

表6-66　　　　　　　　　　　脱硫效率低的常见原因及解决方法

序号	影响因素	具体原因	解决方法
1	SO_2测量	测量不准	校准SO_2、O_2的测量
2	烟气参数	烟气流量增大	若可能，增加一层喷淋层
		烟气中SO_2浓度增大	若可能，增加一层喷淋层
		烟气中粉尘浓度增大	检查电除尘器运行情况；加大废水排放
		烟气温度增高	调整锅炉燃烧
		原烟气泄漏	检查旁路挡板严密性；检查GGH密封情况
3	吸收塔浆液的pH值	pH值过低或过高	检查石灰石的投配；增加或减少石灰石的投配；检查石灰石的反应性能
		pH值测量不准	校准pH计
4	JBR喷射管浸没深度	喷射管浸没深度过浅	增大浸没深度
5	液气比	减少了循环浆液的流量	检查泵的运行数量；检查泵的出力
6	其他原因	氧化不充分、吸收剂品质差、煤种变化、工艺水质差等	检查、分析化验

六、石膏脱水系统故障

若脱水系统故障，意味着石膏固体留在吸收塔中。塔内浆液浓度不可超过某一高值，若达到此浓度，则必须用石膏浆液泵将其打到事故浆罐中。若石膏浆液不能及时输出吸收塔，则塔内浆液浓度不断增大。当吸收塔浆液浓度超过高值，而石膏浆液仍不能排出时，则FGD系统应停运。吸收塔中的液位和浓度应经常检查。运行中若石膏浆液脱水能力不足，则应立即查明原因，常见的解决方法列于表6-67中。

表 6 – 67   石膏浆液脱水能力不足的原因及解决方法

序 号	影响因素	具体原因	解决方法
1	测量不准	石膏浆液浓度太低	检查浓度测量仪表
2	吸收塔石膏排浆泵	出力不足	检查出口压力和流量； 泵滤网堵塞
3	石膏水力旋流器	运行的数量太少	增加旋流器运行数量
		进口压力太低	检查泵的压力并提高
		旋流器积垢、堵塞	清洗
4	石膏浆液	石膏浓度太低	检查测量仪表； 检查旋流器后的浆液
		输送能力太低	检查泵的出口压力和流量
5	皮带脱水机	脱水机故障	尽快查明故障原因并恢复
		脱水机出力不够	如可能，增开一套脱水机
6	其他因素	煤种变化、 真空泵故障等	调整、检修等

（一）吸收塔石膏排浆泵故障

1. 故障现象

（1）CRT 上报警，泵运行指示灯红灯熄、绿灯亮，电机停止转动。

（2）石膏水力旋流器进口压力指示为 0。

2. 故障原因

（1）事故按钮动作。

（2）电机故障。

（3）吸收塔液位低，保护停。

3. 故障处理

（1）运行人员应立即查明跳闸原因并作相应处理。

（2）正常运行时，一用一备；泵故障后应确认备用泵启动。如两台泵都故障而吸收塔浆液浓度超过高值，则 FGD 应停止运行。

（3）必要时通知相关检修人员处理。

（二）石膏水力旋流器故障

1. 故障现象

进旋流器的浆液流量减小，旋流器底流减小。

2. 故障原因

有旋流子积垢、堵塞。

3. 故障处理

（1）用工艺水冲洗旋流器及管道。

（2）冲洗无效时，去就地投入备用旋流子。关闭并拆开堵塞的旋流子清理，干净后方可重新投入。

（三）真空脱水机跳闸

1. 故障现象

CRT 上报警，脱水机运行指示灯红灯熄、绿灯亮，电机停止转动。

2. 故障原因

（1）事故按钮动作。

（2）拉绳动作。

（3）电机或气源故障。

（4）皮带跑偏。

（5）滤布跑偏。

（6）滤布冲洗泵运行且真空箱密封水流量低。

（7）滤布冲洗泵运行且皮带润滑水流量低。

（8）滤布冲洗泵跳闸。

（9）真空泵跳闸。

（10）脱水机底部石膏输送系统故障。

（11）石膏仓料位高。

3. 故障处理

（1）确认脱水系统的联动正常，脱水机浆液供给阀门完全关闭。

（2）尽快查明跳闸原因，并按相关规定处理；必要时通知相关检修人员处理。

（3）启动并加大另一套脱水机的出力。

（4）若脱水机都不能运行，视吸收塔内浆液密度情况决定是否停运FGD系统。

（四）脱水机真空泵跳闸

1. 故障现象

（1）CRT上报警，真空泵运行指示灯红灯熄、绿灯亮，电机停止转动，电流变为0。

（2）若无备用泵，则相应的脱水机跳闸。

2. 故障原因

（1）事故按钮动作。

（2）电机故障。

（3）相应的脱水机跳闸。

（4）泵密封水流量低。

3. 故障处理

（1）确认系统的联动正常，备用真空泵启动；若无备用泵，则相应的脱水机跳闸。

（2）尽快查明跳闸原因，并按相关规定处理；必要时通知相关检修人员处理。

七、石灰石制浆系统故障

（一）石灰石浆液泵故障

1. 故障现象

CRT上报警，泵运行指示灯红灯熄、绿灯亮；泵出口流量指示为0。

2. 故障原因

（1）事故按钮动作。

（2）泵保护停（石灰石浆液罐液位低、失电等）。

3. 故障处理

（1）运行人员应立即查明具体原因并作相应处理。

（2）正常运行时，石灰石浆液泵一用一备；泵故障后应确认备用泵启动。如两台泵都故障而吸收塔内pH不断降低，则FGD系统应停止运行。

（二）石灰石浆罐搅拌器故障

1. 故障现象

CRT上报警，搅拌器停。

2. 故障原因

保护停，事故按钮动作。

3. 故障处理

（1）运行人员应立即查明具体原因并作相应处理。

（2）如石灰石浆罐搅拌器长时间故障，则吸收塔无法正常供浆，吸收塔内 pH 不断降低，则 FGD 系统应停止运行。

（三）湿式球磨机故障

1. 故障现象

CRT 上报警，湿磨机运行指示灯红灯熄、绿灯亮，电流变为 0。

2. 故障原因

（1）事故按钮动作。

（2）电机故障。

（3）磨轴承温度高。

（4）小齿轮轴承温度高。

（5）磨轴承润滑油流量低。

（6）磨轴承高压顶轴油油压低。

（7）磨轴承高压顶轴油油压高。

（8）齿轮喷射系统就地控制故障。

（9）压缩空气储罐压力低。

3. 故障处理

（1）确定系统连锁动作正常，石灰石给料机停止运行。

（2）运行人员应立即去查明具体原因并作相应处理。

（3）一般设计有两套湿磨系统，一套湿磨系统故障后可根据石灰石浆液罐液位情况启动另一套系统。如两套湿磨系统都故障而吸收塔内 pH 不断降低，则 FGD 系统应停止运行。

（四）石灰石给料机故障

1. 故障现象

CRT 上报警，给料机运行指示灯红灯熄、绿灯亮。

2. 故障原因

（1）事故按钮动作。

（2）电机故障。

（3）变频器故障。

（4）皮带跑偏。

（5）石灰石堵料。

（6）石灰石断料。

3. 故障处理

（1）运行人员应立即去查明具体原因并作相应处理。

（2）停运相应的湿磨机。

（五）湿磨的循环浆液泵故障

1. 故障现象

CRT 上报警，泵运行指示灯红灯熄、绿灯亮；泵出口流量指示为 0。

2. 故障原因

（1）事故按钮动作。

（2）泵保护停（循环浆液罐液位低、失电等）。

3. 故障处理

（1）运行人员应立即去查明具体原因并作相应处理。

（2）正常运行时，循环浆液泵一用一备；泵故障后应确认备用泵启动。如两台泵都故障，则磨系统停止运行。

（六）给粉机故障（对干粉制浆系统）

1. 故障现象

CRT 上报警，相应给粉机运行指示灯红灯熄、绿灯亮。

2. 故障原因

（1）事故按钮动作。

（2）电机故障。

（3）给粉机卡。

（4）其他保护停。

3. 故障处理

（1）运行人员应立即查明具体原因并作相应处理。

（2）正常运行时，一用一备；一台给粉机故障后应确认备用给粉机启动。如两台给粉机长时间故障，则系统无法制浆，吸收塔内 pH 不断降低，FGD 系统应停止运行。

（七）粉仓流化风机系统故障

1. 故障现象

CRT 上报警，相应风机运行指示灯红灯熄、绿灯亮。

2. 故障原因

（1）事故按钮动作。

（2）电机故障。

（3）流化风机干燥器故障。

（4）其他保护停。

3. 故障处理

（1）运行人员应立即查明具体原因并作相应处理。

（2）正常运行时，一用一备，一台流化风机故障后应确认备用风机启动。如两台风机保护停，短时间内对 FGD 系统运行不造成影响，但长时间将造成系统无法制浆，吸收塔内 pH 不断降低，则 FGD 系统应停止运行。

八、公用系统故障

（一）仪用空压机故障

1. 故障现象

CRT 上报警，相应空气压缩机运行指示灯红灯熄、绿灯亮。

2. 故障原因

（1）事故按钮动作。

（2）电机故障。

（3）其他保护停。

3. 故障处理

（1）运行人员应立即查明具体原因，及时排除故障并投入备用。

（2）正常运行时，有备用空气压缩机，运行时应经常检查所有的油分离器及其压差；一台空气压缩机故障后应确认备用空气压缩机启动。如所有空气压缩机都故障，则 FGD 系统应停止运行。

（二）工艺水泵故障

1. 故障现象

（1）CRT 上报警，相应水泵运行指示灯红灯熄、绿灯亮。

（2）水泵出口压力低。

2. 故障原因

（1）事故按钮动作。

（2）电机故障。

（3）其他保护停（水箱液位低等）。

3. 故障处理

（1）运行人员应立即查明具体原因，及时排除故障并投入备用。

（2）正常运行时，有备用工艺水泵；一台水泵故障后应确认备用泵启动。如所有水泵都故障，则停止 FGD 系统运行。

（三）工艺水中断

1. 故障现象

（1）相关工艺水压力低报警。

（2）相关浆液箱液位下降。

（3）生产现场各处用水中断。

（4）脱水机及真空泵跳闸。

2. 故障原因

（1）运行工艺水泵故障，备用水泵联动不成功。

（2）工艺、工业水箱液位太低，水泵跳闸。

（3）工艺水管破裂或某处法兰大量泄漏等。

3. 故障处理

（1）确认脱水机及真空泵联动正常。

（2）停止石膏排出泵运行。

（3）立即停止球磨机运行，并相应停止给料，同时关闭滤液至球磨机及磨机浆液箱相应阀门，并停止滤液泵运行。

（4）查明水中断原因，及时汇报值长，尽快恢复供水。

（5）根据滤布冲洗水箱、滤饼冲洗水箱液位情况，停止相应泵运行。

在处理过程中，密切监视吸收塔内温度、液位及石灰石浆液箱液位变化情况，必要时停运 FGD 系统。

（四）石膏抛弃泵（如有）故障

1. 故障现象

CRT 上报警，相应抛弃泵运行指示灯红灯熄、绿灯亮。

2. 故障原因

（1）事故按钮动作。

（2）电机故障。

（3）其他保护停（石膏浆液箱液位低等）。

3. 故障处理

（1）运行人员应立即查明具体原因并作相应处理。

（2）正常运行时，有备用泵；一台泵故障后应确认备用泵启动。应立即查明故障原因，及时排除故障投入备用。如所有抛弃泵都故障，则石膏浆液箱液位不断上升，最终 FGD 系统将无法运行。

（五）废水处理系统故障

当废水处理系统中某一设备故障导致废水不能正常处理时（如石灰乳给料泵故障、反应池搅拌器故障、pH 计故障等），废水可以暂时走旁路，不影响 FGD 系统的正常运行。但运行人员应尽快查明故障原因，及时恢复系统的运行。

九、电气系统故障

（一）6kV 失电

1. 故障现象

（1）CRT 上报警，6kV 母线电压消失。

（2）运行中的脱硫设备跳闸，对应母线所带的 6kV 电机停运。

（3）该段所对应的 380V 母线自动投入备用电源，否则对应的 380V 负荷失电跳闸。

2. 故障原因

不同的电气系统设计有不同的原因，主要有：

（1）全厂停电。

（2）6kV 脱硫段母线或电缆故障。

（3）电气保护误动作或电气人员误操作。

（4）发电机跳闸，备用电源未投入。

（5）脱硫变压器故障，备用电源未能投入。

3. 故障处理

（1）运行人员应立即确认 FGD 系统连锁跳闸动作是否完成，确认烟气旁路打开，FGD 进、出口挡板关闭，吸收塔通风口打开。若旁路挡板动作不良应立即将其手动操作打开；确认 FGD 系统处于安全状态。

（2）确认脱硫保安段、UPS 电源、仪控电源正常，工作电源开关和备用电源开关在断开位置，并断开各负荷开关。

（3）尽快联系值长及电气检修人员，查明故障原因，争取尽快恢复供电。

（4）若给料系统连锁未动作时，应手动停止给料。

（5）注意监视烟气系统内各点温度的变化，必要时应手动开启冲洗水门。

（6）将增压风机调节挡板关到最小位置，做好重新启动 FGD 装置的准备。

（7）若 6kV 电源短时间不能恢复，按停机相关规定处理，并尽快将管道和泵体内浆液排出以免沉积。

（8）若造成 380V 电源中断，按相关规定处理。

（二）380V 失电

1. 故障现象

（1）"380V 电源中断"报警信号发出。

（2）380V 电压指示到零。

（3）低压电机跳闸。

（4）工作照明跳闸，事故照明自动投入。

2. 故障原因

（1）相应的 6kV 母线故障，备用电源未能投入。

（2）380V 母线故障。

（3）脱硫低压变压器跳闸，备用电源未能投入。

3. 故障处理

（1）若属 6kV 电源故障引起，按短停机处理。

（2）若 380V 单段故障，应检查故障原因及设备动作情况，并断开该段电源开关及各负荷开关，及时向上级领导汇报。

（3）当 380V 电源全部中断，且电源在 8h 内不能恢复，应利用备用设备将所有泵、管道的浆液排尽并及时冲洗。

（4）电气保护动作引起的失电，严禁盲目强行送电。

十、测量仪表故障

1. pH 计故障

一般地，吸收塔浆液设有 2 个 pH 计，若某个 pH 计的测量值变化太快或明显有偏差，则自动调节不选该 pH 计。此时需对该 pH 计进行冲洗和校验。若 2 个 pH 计都故障，则必须人工每小时化验一次，然后根据实际的 pH 值和烟气脱硫率来控制石灰石浆液的加入量。pH 计须立即修复，校准后尽快投入使用。

2. 密度测量故障

若密度计的流量变小，先冲洗密度计；密度计故障，需人工实验室测量各浆液密度；密度计须尽快修复，校准后尽快投入使用。

3. 液体流量测量故障

用工艺水清洗或重新校验。

4. 液位测量故障

用工艺水清洗或人工清洗测量管子或重新校验液位计。

5. CEMS 故障

运行人员应立即查明原因并修复尽快投入，同时做好 FGD 系统各运行参数的控制。

6. 烟道压力测量故障

用压缩空气吹扫或机械清理。

7. 烟气流量测量故障

用压缩空气进行吹扫。

8. 称重设备不准确

重新校验。

9. 料位计故障

重新校验。

所有 FGD 系统的测量仪表应定期维护和校验，必要时更换。

十一、火灾

1. 发生火灾时的现象

（1）火警系统发出声、光报警信号。

（2）运行现场发现有设备冒烟、着火或有焦臭味。

（3）若动力电缆或控制信号电缆着火时，相关设备可能跳闸，参数发生急剧变化。

（4）控制室出现火灾时，若灭火系统处于"自动"状态，火警发生几秒钟后灭火系统将动作。

2. 火灾处理

（1）运行人员在生产现场检查发现有设备或其他物品着火时，应立即手动按下就近的火警手动报警按钮，同时利用就近的电话向 119 报火警并尽快向班长报告火灾情况。

（2）班长在接到有关火灾的报告或发现火灾报警时，应立即向119报警台报警并迅速调配人员查实火情，尽快将情况向值长和部门领导汇报。

（3）正确判断灭火工作是否具有危险性，根据火灾的地点及性质选用正确的灭火器材迅速灭火，必要时应停止设备或母线的工作电源和控制电源。

（4）控制室内发生火灾时应立即紧急停止FGD系统运行，然后根据情况使用灭火器或启动灭火系统灭火。

（5）在整个灭火过程中，运行班长（或主值班员）应积极主动配合消防人员和检修人员，进行灭火工作并按其要求执行有关必要的操作，必要时停止FGD系统运行。运行人员有责任向消防人员说明哪些部位有人孔、检查孔、通风孔以及哪些地方可以取水、取电等。

（6）灭火工作结束后，运行人员应对有关设备进行详细检查确认，以免死灰复燃。同时对设备的受损情况进行确认并向有关领导汇报。

（7）及时总结火灾原因和教训，并制订相应防范措施。

在密闭的室内以及通风不良的地方灭火时，应注意有毒气体及缺氧，严防发生人身事故。在火灾有可能引起上空落物的地方应特别注意安全。

第八节　FGD系统的优化

FGD系统优化的最终目的是降低FGD系统的投资和运行维护费用，增强FGD系统的安全性，以最小的投入和消耗来满足环保要求。FGD系统的优化包括以下四方面的内容。

（1）FGD系统工艺的优化选择。

（2）选定FGD系统工艺的设计优化。

（3）FGD系统的运行优化。

（4）FGD系统的国产化。

一、FGD系统工艺的优化选择

FGD工程是目前火电厂建设中一次投资和持续性运行投入均最高的环保项目，且企业自身难以获得相应的利润回报。因此，为确保FGD工程建设的预期目标，达到火电厂大气污染物排放标准的要求，结合火电厂的内外部资源条件，科学合理地选择切合实际的FGD工艺显得十分重要，它直接关系到FGD系统乃至机组的安全可靠性和经济性运行。一旦选择失误，将造成不可弥补的重大损失，既达不到SO_2控制的预期目标，又增加电厂的负担，损害电厂的经济效益和社会效益。

通过近10年对FGD工艺化学反应过程和工程实践的进一步理解，FGD工艺在脱硫效率、运行可靠性、运行成本等方面已取得显著的改进，运行可靠性可达95%以上。目前，FGD技术已经成熟，全面步入实用化、商用化阶段。

FGD工艺选择的复杂性主要体现在：① FGD工艺种类繁多，在火电厂应用过的有200多种，其中能长期稳定运行、技术成熟、经济合理的工艺有20多种。② 决定一种FGD工艺适应性的因素很多，每个工艺都有其自身的优缺点，但这些优缺点是相对的。一个工艺的特点也许对某个电厂而言是最大的优点，对另一个电厂可能就不是优点，或许是致命的缺点。因此，FGD工艺的适应性在很大程度上取决于电厂的具体情况，其他电厂的经验教训只能作为参考。③ FGD工艺的选择除了与工艺本身有关外，在很大程度上还取决于与之相配合的电厂及机组的具体情况，受到诸多因素的限制，如国家和地方的环保法规，电厂所在的环境状况、环境容量和外部资源状况，脱硫机组的容量、燃煤硫分、机组寿命、年利用时间、副产品的处置、建设难度等，而且这些因素对每个具体电厂的重要性都是不同的。

因此，针对一个具体的电厂，必须根据建设项目的具体要求，因地制宜、因厂制宜，按照一定的准则，采用科学合理的方法选择"相对最优"的 FGD 工艺，亦即不是去追求绝对最优的工艺，而是从非劣工艺中选择最满意、最适用的工艺。

火电厂 FGD 工艺的选择主要包括技术评价、经济评价、综合评价和决策四个部分。技术评价、经济评价和综合评价通常由业主委托具有一定资质的机构在工程可行性研究中进行；决策由相关的决策部门，根据可行性研究结果推荐的具有技术先进、经济优化、运行可靠、实施性强、进度合理的 2~3 个 FGD 工艺中，择优作出最适合于业主的 FGD 工艺，亦即业主采用此 FGD 工艺实施脱硫后，应确保在允许的时间和最大的投资允许限度内，达到预期的技术目标和最终要实现的环境、经济和社会效益。

（一）FGD 技术选择

FGD 工艺在技术上至少应遵循以下原则：

（1）有足够的脱硫率，满足环保要求，并有一定裕度或通过简单改造可进一步提高脱硫率的工艺。

（2）技术成熟、有足够的商业应用业绩，不应是一个试验装置。

（3）工艺流程简单、操作简便易于维护。

（4）吸收剂来源广泛，便宜易得。

（5）二次污染（副产品、废水、粉尘等）少，对周围环境和生态系统影响小。

（6）安全性好。运行可靠、适应性好，对机组运行影响少。

（7）易于国产化。

（8）与老电厂剩余寿命相符，已建电厂改造有合适的建设、安装场地。

（二）经济选择

在 FGD 工艺选择时，必须在基建投资与运行费用之间建立某种程度的平衡。到目前为止，还没有一种 FGD 工艺在任何情况下其投资费用和运行费用都是最低的。投资高的 FGD 工艺，往往运行费用较低；而一些投资较低的简易工艺，由于吸收剂利用率低，使得在相同脱硫效率下的吸收剂耗量增加，从而使运行费增大。对于新建电厂的 FGD 系统来说，由于机组有较长的剩余寿命，因此希望降低运行费用；而对于现有电厂的 FGD 改造工程的工艺选择，往往会由于剩余寿命较短而选用投资低、运行费用高的工艺方案。

无论是新建机组还是现有机组，经济选择的主要指标包括工程总投资、单位容量造价、年运行费用、寿命期间脱除每吨 SO_2 的成本和售电电价的增加值等 5 个指标。投资少、运行成本低（电耗、水耗、吸收剂耗量少、维修费用低）及对环境的不利影响最小是共同的追求目标。

（三）综合选择

综合选择是在技术选择和经济选择的基础上，综合二者的选择结果，利用特定的选择分析方法，对 FGD 工艺进行适应性的综合排序，并据此向业主推荐相对最优的 FGD 工艺，由业主作出最终的决策。目前可供选择的 FGD 工艺方案主要有：

（1）石灰石/石膏湿法。

（2）海水法。

（3）氨水洗涤法。

（4）烟气循环流化床法。

（5）电子束法。

（6）其他工艺（旋转喷雾干燥法、LIFAC、NID、CDSI 等）。

1. 石灰石/石膏湿法 FGD 系统

（1）石灰石/石膏湿法 FGD 系统的优点。

1）脱硫效率高。石灰石/石膏湿法FGD工艺脱硫率可高达95%以上，脱硫后的烟气不但SO_2浓度很低，而且烟气含尘量也大大减少。大机组采用湿法脱硫工艺，SO_2脱除量大，有利于地区和电厂实行总量控制。

2）技术成熟，运行可靠性好，已大型化，占有市场份额最大。国外火电厂石灰石/石膏湿法FGD装置投运率一般可达98%以上，由于其发展历史长，技术成熟，运行经验多，FGD系统的可靠性高。特别是新建的大机组采用湿法FGD工艺，使用寿命长，可取得良好的投资效益。

3）对煤种变化的适应性强。该工艺适用于任何含硫量煤种的烟气脱硫，无论是含硫量大于3%的高硫煤，还是含硫量低于1%的低硫煤，都能适应。

4）吸收剂资源丰富，价格便宜。作为吸收剂的石灰石，在我国分布很广，资源丰富，许多地区石灰石品位也很好，碳酸钙含量在90%以上，优者可达95%以上。在FGD工艺的各种吸收剂中，石灰石价格最便宜，破碎磨细较简单，钙利用率较高。

5）脱硫副产物便于综合利用。脱硫副产物为二水石膏，在日本、德国，FGD石膏基本上都能综合利用，主要用途是用于生产建材产品和水泥缓凝剂。脱硫副产物综合利用，不仅可以增加电厂效益、降低运行费用，而且可以减少脱硫副产物处置费用，延长灰场使用年限。

6）系统可简化。当风机出力足够时，可将增压风机和引风机合二为一；当排烟温度允许较低时，也可不设GGH，采用湿烟囱或冷却塔排烟；FGD废水可以与锅炉冲灰水混排等。简化的湿法FGD装置可较大幅度降低投资。

7）技术进步快。近年来国外对石灰石/石膏湿法工艺进行了深入地研究与不断地改进，如吸收装置由原来的冷却、吸收、氧化三塔合为一塔，塔内流速大幅度提高，喷嘴性能进一步改善等。通过技术进步和创新，使该工艺占地面积较大、造价较高的问题逐步得到妥善解决，运行中易出现的腐蚀、结垢等问题得到了更好地控制。

(2) 石灰石/石膏湿法FGD系统的缺点。

尽管石灰石/石膏湿法FGD技术目前可谓"一枝独秀"，但也存在不少问题。

1）一种污染物，一种工艺。该法仅仅处理了一种主要污染物SO_2，将它转变成能除去多种污染物如NO_x、SO_3等的努力是白费的。

2）二次污染问题。例如：① FGD废水。当电厂要求废水"零排放"时，必须设置昂贵的FGD废水处理装置。② 石膏的二次污染。我国电力行业目前建设的FGD装置中，石灰石/石膏湿法占90%以上。2005年产生FGD石膏约4730万t，是每年需要石膏量的3倍左右，到2020年，FGD石膏将达到6210万t，15年累计共产生约82289万t，按被利用的FGD石膏20%计算，仍然有65831万t要占地填埋，这要占用大量的土地。FGD石膏量大，目前尚未有适合大量综合利用的途径，在未来除灰场外，火电厂存放FGD石膏又成为另一个大麻烦。产煤地区火电基地也是天然石膏富产地，供需矛盾更为凸出，所以，从全国整体来看不容乐观，除非有了更好的综合利用方法。当FGD石膏没有利用市场时，石膏露天堆放或填地时，它未必是"稳定的"。石膏颗粒容易失去表面水分，从储存区流出的石膏会污染周围环境。③ 石灰石问题。理论上，脱除1t SO_2需要1.5625t的$CaCO_3$，石灰石纯度按90%计、Ca/S取1.05，那么脱除1t SO_2则需1.825t的石灰石，脱除1000万t SO_2则需1825万t的石灰石。2005年全国电力装机容量突破5亿kW，SO_2排放量接近1600万t，假定每年平均脱除1000万t SO_2，则到2020年全国累计需27375万t的石灰石，实际还要大于这个数。为了取得大量的石灰石，将需开山毁林，破坏大面积的山林和植被，将会出现新一轮的生态环境问题，特别是山西、内蒙、河南等省大量建设火电厂FGD系统时，问题更为突出。④ 排放温室气体CO_2问题。尽管在电厂从SO_2脱除中释放的CO_2只占0.655%左右，但从脱硫设备后增加的CO_2的绝对数和累计数来看，却是相当大的数字。本来燃煤电厂排放的CO_2数量已相当大，因脱硫新增的CO_2无疑是雪上加霜。当温室气体一旦超出人均4t，我国国际履约的费用每年就达到500亿元，这种损失是相当大的。目前火电厂已开始脱除 CO_2 的研究，因此，石灰石湿法是否得不偿失还未可知。

3）酸雾。石灰石/石膏湿法 FGD 系统可除去的 SO_3 不超过50%，这意味着还有一半的 SO_3 要从系统中排出。当燃用高硫煤时，这能导致产生不合格的烟羽和高浊度，尤其燃用低灰分煤时。酸雾还会对烟道和烟囱产生强烈腐蚀。一种解决方法是在 FGD 系统后加装 WESP，造价自然就大大提高了。

4）FGD 石膏的价值低。石膏是一种低价原材料，无任你用什么方法开发它。在日本和德国，政府下令使用 FGD 石膏代替天然石膏，但在石膏资源丰富的地方，FGD 石膏则不是最好的材料。我国有丰富的石膏资源，已探明的蕴藏量为570亿t，且天然石膏基本处于无偿开采状态，形成了与 FGD 石膏竞争的局面。另据报道，我国化肥工业每年的磷肥石膏多达2000万t，基本上弃置未用。虽然我国每年需用石膏接近1500万t，但是在天然石膏年产1000多万t以及磷肥石膏废弃料的夹击下，FGD 石膏很难被全部利用。另外 FGD 石膏受烟尘含量及未反应的吸收剂等的影响，纯度低于90%时就很难作为建材石膏使用。而烟尘浓度又受除尘器效率的影响，除尘器效率又受到煤质、锅炉燃烧工况，磨煤机性能以及燃料煤杂质中的氯化物超过极限值等因素影响，很难使 FGD 石膏的品质保持稳定，使得 FGD 石膏综合利用市场很难打开，这会造成 FGD 石膏的堆积。

5）系统相对比较复杂，占地面积较大，投资及厂用电较高（厂用电率约为1%~1.8%），需大量工艺水。石灰石/石膏湿法 FGD 工艺比其他工艺的占地面积要大，所以现有电厂在没有预留脱硫场地的情况下采用该工艺有一定的难度，其一次性建设投资比其他工艺也要高一些。系统要用大量的工艺水，因此在缺水的地方也不太适合。

6）系统的结垢、腐蚀、磨损等不可避免，增大了运行维护费用。

实际选择 FGD 工艺时，当燃煤含硫量大于1%、容量大于200MW 的机组，建设 FGD 设施时应重点考虑采用该法。

2. 海水 FGD 技术

（1）海水 FGD 技术的特点。

1）以海水中的自然碱性物质作为脱硫剂，脱硫副产物经曝气等处理后，同海水一起排回海域。

2）当海水中的碱性物质满足要求时，不需另添加脱硫剂；系统简单，投资较少；厂用电低（厂用电率约为1%）；运行费用少；脱硫效率可达90%~95%。

3）对海域环境的影响，需经环境影响评价以后才能确定。

（2）应用海水 FGD 技术需具备的条件。

海水脱硫工艺除了必须在沿海地区应用的限制外，还应具备一定的条件。

1）对燃煤含硫量的要求。海水脱硫技术利用海水的天然碱度脱硫，不添加任何化学试剂，脱硫性能的调节能力是有限的。就当前国内、外先进的海水脱硫技术而言，达到90%~95%的系统脱硫效率，通常要求燃煤的含硫量在1.0%及以下。当燃煤含硫量增高时，须增加工程投资和运行电耗或降低系统脱硫效率。若燃煤含硫量高于1.2%时，不适宜采用海水脱硫工艺。

2）对海水碱度的要求。海水中含有大量的可溶盐，具有酸碱缓冲能力，可用于烟气脱硫。但有些火电厂建于河口的海域，受河水的影响，在夏季河水量增大及退潮时，海水中的含盐量减少，海水的pH值及碱度降低，能否满足脱硫要求，应根据燃煤含硫量，要求的脱硫率等进行分析和评定，以确定是否可采用海水脱硫工艺。

3）当地海域功能区的要求。从吸收塔洗涤烟气脱硫后排出的海水呈酸性，含不稳定的亚硫酸盐，为避免对排水口海域造成影响，不能直接排放到海洋中去。在海水脱硫工艺的恢复系统中，脱硫后的海水与新鲜海水混合并曝气处理，使排水的 pH 值、COD、DO 及包括重金属等在内的所有环境控制指标全面达到当地海水水质标准后，方可直接排放。

根据国内外海水脱硫工程建设和运行经验，成功的海水脱硫装置的工艺排水可全面达到 3、4 类海水水质标准。因此，海水脱硫工艺应用于电厂排水口附近为 3、4 类海域功能区的火电厂是可行的。在环保要求较高的 2 类海域功能区，应进行全面的环境评价和工艺分析，论证是否可采用海水脱硫工艺。

海水 FGD 工艺已完全成熟并得到了较多的应用，最大单机容量已达 700MW。如西班牙的 Tenerife 燃油 2×160MW 机组，1995 年投运；印尼 Mitsui Paiton 电厂 2×670MW 燃煤机组，1998/1999 年投运；马来西亚 TNB Janamanjung 电厂 3×700MW 燃煤机组，2002/2003 年投运等。我国深圳妈湾电厂（6×300MW）、福建后石电厂（6×600MW）、山东青岛电厂（2×300MW）、福建厦门嵩屿电厂（4×300MW）等都采用了海水 FGD 工艺，见图 6-245，1000MW 机组的海水 FGD 系统正在建设之中。海水合适与否及海水排放是否收费，这是应用该技术的电厂要面临的问题。

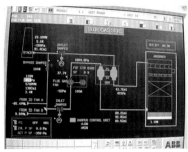

深圳妈湾电厂300MW海水FGD系统

福建后石电厂6×600MW机组海水FGD系统(1炉2塔)

福建嵩屿电厂300MW海水脱硫喷淋塔(东锅)及曝气池

图 6-245 部分海水 FGD 烟气系统

3. 氨水洗涤法

对石灰石/石膏湿法 FGD 技术进行挑战的，或许最激动人心的工艺是基于氨的 FGD 系统。

（1）氨水洗涤法的主要特点。

1）以液氨作为反应剂，在反应塔内用氨水对烟气进行洗涤，SO_2 与 NH_3 反应，再通过氧化和干燥，最终生成硫酸铵，作为产品出售。主要反应式为

$$SO_2 + 2NH_3 + H_2O \rightarrow (NH_4)_2SO_3$$
$$(NH_4)_2SO_3 + 1/2O_2 \rightarrow (NH_4)_2SO_4$$

2）副产品为硫酸铵，可作为肥料使用，特别是对大容量、燃用高硫煤的机组，其经济性很大。

3）具有独特的除去 SO_3 能力，避免烟羽问题；与 WESP 相似，可除去悬浮微粒和细颗粒；可将其他酸性气体如 HCl 转变为铵化合物，在大规模化肥生产中，这些副产品的混合在商业上是允许的。

4）无废渣排放，不需要水清洗，较容易设计成废水"零排放"。

5）当与基于氨的选择性催化或非催化还原（SCR、SNCR）协同作用时，在上游除去 NO_x；在 FGD 系统中，从上游漏下来的氨即逃逸的氨可得到利用。

6）氨的脱硫率高，工艺也已成熟。

（2）氨水洗涤法的主要问题。

1）脱硫剂与副产品销售要进行市场分析，仅在脱硫剂与生产的肥料有可靠来源和市场，而且运行成本合理时方可采用。

2）铵基悬浮微粒即兰色烟羽问题，这使氨法商业化进程减慢了下来。在吸收塔中的气相反应产生了铵化合物的悬浮微粒，其程度取决于煤的硫含量和氯化物含量，以及过程参数如吸收塔中氨气压力等。在燃烧低硫煤时，这个问题可以通过前置洗涤器除去 HCl 来解决。但是当原烟气中 SO_2 的总浓度超过 $2500mg/m^3$（或 870ppm）时，一些研究者认为，铵基悬浮微粒的形成不可避免，而且这些悬浮微粒必须通过 WESP 才能除去。

（3）氨法的商业应用。

氨法在 20 世纪 70 年代由美国开始研制，80 年代在德国实现商业化。美国 Great Plains Synfuels 电厂的 350MW 机组燃用石油渣的氨法 FGD 系统于 1996 年投入运行，设计 FGD 入口烟气量 1187000acfm（约 201.7 万 m^3/h，实际状态），燃料含硫 5.0%，采用喷淋塔，SO_2 脱除效率不低于 98%。FGD 系统流程与电厂总貌见图 6-246。

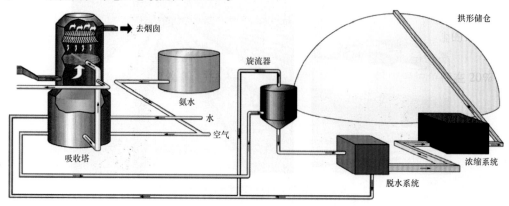

图 6-246　美国 350MW 机组氨法 FGD 系统流程示意

　　我国的氨法 FGD 技术已取得了一定的研究成果和应用。例如 1998～1999 年在四川内江发电厂的 25MW 机组实施氨法脱硫，并结合银山化工股份公司，生产出了高质量的磷铵化肥和 98% 的硫酸。2006 年 12 月，河南洛阳龙羽宜电有限公司新建 4×260t/h（二炉一塔）的氨法 FGD 系统建成投运，设计烟气量 120 万 m^3/h，燃煤含硫量 2.0%，SO_2 体积分数 $1500×10^{-6}$，烟气温度为 150～185℃，烟气含尘量为 300～400mg/m^3，采用液氨为脱硫剂，生产硫铵 8.2 万 t/a。试运行结果脱硫效率在 95%～98%，硫铵产品满足国家硫铵化肥标准，平均氮含量 20.60%～20.75%，脱硫塔的除尘效率可达到 70%，脱硝效率可达到 30%。初步的经济分析表明，该工程单位造价近 230 元/kW，脱除 SO_2 的费用为 242 元/t，折合发电成本增加约 0.005 元/（kW·h）。2007 年 10 月 17 日开工的包头东方希望铝业有限公司 2×350MW 机组烟气脱硫项目将是我国最大的氨法 FGD 系统，预计 2008 年 12 月建成投产，吸收塔直径为 13.5m，高 25m，设计烟气量为 134 万 m^3/h，燃煤含硫量 0.3%～0.6%，SO_2 体积分数 $400×10^{-6}$，采用液氨为脱硫剂，生产硫铵 7 万 t/a。图 6-247 给出了我国部分氨法 FGD 系统。

内江电厂25MW氨法吸收塔(直径3.6m，高18.5m)

山东化肥厂75t/h氨法FGD系统

天津永利热电公司260t/h氨法FGD系统

硫酸铵成品

河南洛阳龙羽宜电有限公司2×260t/h氨法FGD系统

图 6-247　我国部分氨法 FGD 系统

4. 烟气循环流化床 FGD 技术

20 世纪 70 年代末，德国鲁奇·能捷斯（LLAG）公司率先将循环流化床工艺用于烟气脱硫，开发了一种烟气循环流化床干法脱硫工艺（Circulating Fluidized Bed FGD，CFB - FGD）。经过近 30 年的不断改进（主要是在 90 年代中后期），解决了负荷适应性、煤种变化、物料流动性、可靠性、大型化应用等方面的技术问题，运行业绩已达到 40 多台（套）。

（1）烟气循环流化床 FGD 技术的主要特点。

1）以生石灰为脱硫剂，大量的脱硫副产物被送入脱硫塔内，以改善反应条件。脱硫副产物主要是亚硫酸钙、硫酸钙和未反应的氢氧化钙。

2）系统简单，投资较少，厂用电低（厂用电率小于 1%），无废水排放，占地较少。

3）对生石灰的品质要求较高，一般氧化钙含量不宜低于 80%。

4）由于脱硫塔内粉尘含量较高，脱硫塔要紧靠除尘器布置。

（2）CFB-FGD 技术的应用。

爱尔兰 Lanesborough 电厂 100MW 机组（如图 6 - 248、图 6 - 249 所示）、Moneypoint 电厂 3×305MW 燃泥煤机组都采用 CFB - FGD 技术，图 6 - 250 还给出了已投运的部分 CFB - FGD 系统。

图 6 - 248　爱尔兰 Lanesborough 电厂 100MW 机组 CFB - FGD 系统

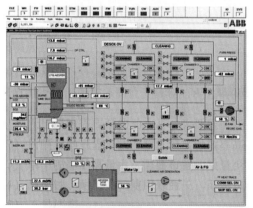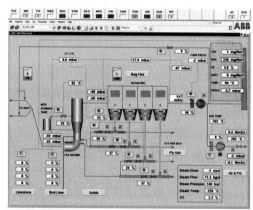

图 6 - 249　爱尔兰 Lanesborough 电厂 CFB - FGD 系统画面

CFB - FGD 技术已在我国的许多机组上得到应用，例如广东恒运电厂 210MW 机组的 RCFB - FGD 系统已于 2002 年 10 月投运，是当时亚洲最大的，如图 6 - 251 所示。2 台新建 300MW 机组也采用了该法，配用布袋除尘器。云南小龙潭电厂 100MW 机组的 GSA 系统类似于 CFB 工艺，2001 年初投运，见图 6 - 252。

榆社电厂 2002 年新建二期工程，安装 2×300MW 空冷燃煤发电机组，配置 2 台 1053t/h 煤粉锅炉，机组配套 CFB - FGD 系统于 2003 年 4 月开始设计，2003 年 12 月开始安装。2004 年 9 月和 10 月，进入单体调试和分部试运行。2004 年 10 月和 11 月，两套 FGD 系统分别与锅炉同步投运，脱硫效率高达 90% 以上，运行稳定可靠。整套 FGD 装置自投运以来，运行稳定可靠，取得了较好的技术经济性能。表 6 - 68 为锅炉燃用的煤分析，FGD 系统入口烟气参数如表 6 - 69 所列，现场 FGD 系统见图 6 - 253，CRT 上的总画面见图 6 - 254。

奥地利Zeltweg电厂60万m³/h，1993年1月

奥地利St. Andrä电厂45万m³/h，1998年8月

美国辛普森电厂2号机组44万m³/h，
1995年4月

美国Westmoreland 17万m³/h，1995年2月

捷克Pilsen热电厂68.8万m³/h，1997年9月

捷克Setuza电厂29万m³/h，1998年9月

奥地利Treibach电厂3.8万m³/h，1995年4月

图 6 – 250　CFB – FGD 技术应用实例

图 6 – 251　广东省恒运电厂210MW 机组的 RCFB – FGD 系统

云南小龙潭电厂6号100MW机组的GSA系统总貌

小龙潭电GSA吸收塔系统

石灰储存消化制浆系统

石灰浆喷入区

图 6-252 云南小龙潭电厂 6 号 100MW 机组的 GSA 系统

表 6-68 榆社电厂煤质特性表

序号	项目	符号	单位	设计煤种	校核煤种
1	收到基全水分	M_{ar}	%	9.00	6.00
2	空干基水分	M_{ad}	%	1.15	1.15
3	收到基灰分	A_{ar}	%	24.25	25.55
4	收到基碳	C_{ar}	%	58.25	59.15
5	收到基氢	H_{ar}	%	2.87	3.2
6	收到基氧	O_{ar}	%	3.28	3.38
7	收到基氮	N_{ar}	%	0.95	0.92
8	收到基全硫	$S_{t,ar}$	%	1.4	1.8
9	干燥无灰基挥发分	V_{daf}	%	15.00	16
10	低位发热量	$Q_{ar,net}$	kJ/kg	22278	23026
11	哈氏可磨性指数	HGI	—	65	74

表6-69 FGD入口烟气参数表

序 号	项目名称	单位	设计煤种	校核煤种
1	燃煤收到基含硫分	%	1.4	1.8
2	锅炉耗煤量（实际量/计算量）	t/h	131.46/129.36	137.16/126.27
3	要求FGD负荷范围	%	40~100	
4	进口烟气量（干标）	m³/h	1024455	1009711
	进口烟气量（湿标）	m³/h	1100034	1083532
5	进口/出口温度	℃	118/75	120/75
6	入口压力	kPa	86.1	86.1
7	入口烟气成分	CO_2（干，标，体积分数）	%	13.36	13.35
		O_2（干，标，体积分数）	%	6.07	5.92
		SO_2（干，标，6%O_2）	mg/m³	3610	4860
		SO_3（干，标，6%O_2）	mg/m³	40	50
		粉尘（干，标，6%O_2）	g/m³	6.48	6.60

图6-253 山西榆社电厂2×300MW机组CFB-FGD系统总貌

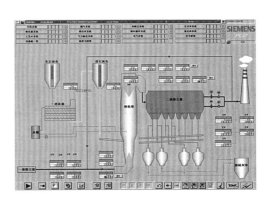

图6-254 山西榆社电厂CFB-FGD系统总画面

吸收剂品质要求：软煅生石灰，粒径为不大于1mm，氧化钙（CaO）含量不小于70%，生石灰消化速度t_{60}小于4min（检验标准为DIN EN459-2）。FGD系统设计要求同时满足锅炉燃用设计煤种和校核煤种两种情况，其保证性能如表6-70所列。

表6-70 FGD系统设计性能

序 号	项 目	设计煤种（S_{ar}=1.4%）	校核煤种（S_{ar}=1.8%）
1	保证脱硫效率（%）	91	90
2	排尘浓度（mg/m³，干态，6%O_2）	100	100
3	Ca/S（mol/mol）	1.22	1.26
4	脱硫除尘岛的压降（Pa）	2500	2500
5	排烟温度（℃）	75	75
6	电耗（kW）	2600	2600
7	脱硫除尘岛耗水量（t/h）	31.8	33.2
8	生石灰粉耗量（t/h）	4.4	5.75
9	脱硫灰产量（t/h，含飞灰）	23.2	25.1
10	系统可用率（%）	98	98
11	脱硫除尘岛漏风率（%）	5	5
12	设备的噪声［dB（A）］	85	85
13	系统寿命（a）	30	30

榆社电厂 CFB - FGD 系统的组成如下：

1）吸收塔。吸收塔为文丘里空塔结构，是整个 CFB 脱硫反应的核心。由于烟气中几乎所有的 SO_3 都被脱除以及始终在烟气露点温度 20℃ 以上，吸收塔内部不需要任何防腐内衬，塔体由普通碳钢制成。为适应大型化应用，吸收塔流化床的入口采用七个文丘里管结构。

吸收塔的流化床反应段的直径为 10.5m，吸收塔总高度为 59m。

2）脱硫除尘器。脱硫除尘器采用电除尘器（也可以用布袋除尘器），由于物料的不断循环使脱硫除尘器的入口粉尘浓度高达 $600 \sim 1000 g/m^3$，是常规电站电除尘器的 $20 \sim 30$ 倍，为了满足 $100 mg/m^3$ 的烟尘排放要求，脱硫除尘器的除尘效率必须到达 99.98% 以上。由于通过吸收塔的喷水增湿、降温，十分有利于电除尘的收集。本工程针对脱硫后的烟气特性，采用高浓度电除尘技术，通过有效的结构设计以满足脱硫工艺要求。

脱硫电除尘器采用双室四电场，阳极板采用 ZT24 型，阴极线为 V 型线，设计的除尘效率为 99.99%。

3）吸收剂制备系统。CFB - FGD 所需的脱硫剂一般为 $Ca(OH)_2$，其来源有两种方式，一是直接采购符合要求的消石灰 $Ca(OH)_2$ 粉；二是采购满足要求的粉状 CaO 由密封罐车运到脱硫岛并泵入生石灰仓，然后经过安装在仓底的干式石灰消化器生成 $Ca(OH)_2$ 干粉，通过气力输送进入消石灰仓储存。根据脱硫需要，通过计量系统向吸收塔加入 $Ca(OH)_2$ 干粉。

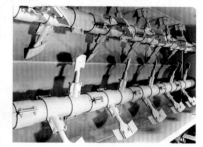

本项目的生石灰仓和消石灰仓的有效容积分别为 $550 m^3$ 和 $300 m^3$，满足满负荷运行 7d 的用量。干式石灰消化器采用卧式双轴搅拌式消化器，内部结构如图 6 - 255 所示，设计消化能力为 10t/h，消石灰粉含水率低于 1.5%。

4）物料再循环及排放系统。脱硫除尘器收集的脱硫灰大部分通过空气斜槽返回吸收塔进行再循环，该项目设有两条循环空气斜槽，通过控制循环灰量即可调节吸收塔的压降。在脱硫除尘器的灰斗设有 2 个外排灰点，采用正压浓相气力输送方式，输送能力按实际灰量的 200% 设计，对应配套两条输送管道将脱硫灰输送到脱硫灰库储存。

图 6 - 255　双轴搅拌干式消化器

5）工艺水系统。脱硫除尘岛的工艺用水包括吸收塔脱硫反应用水和石灰消化用水。前者通过高压水泵以一定的压力通过回流式喷嘴注入吸收塔内，在回流管上设有回水调节阀，用以跟踪和水量的调节。设有两台高压水泵，其流量为 $60 m^3/h$，扬程为 4.0MPa。石灰消化用水为采用计量泵根据生石灰的加入量进行控制。

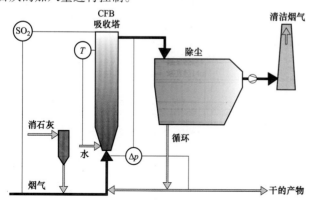

图 6 - 256　CFB - FGD 的工艺控制回路示意

6）控制系统。CFB - FGD 的工艺主要有三个控制回路如图 6 - 256 所示），三个回路相互独立，互不影响。① SO_2 控制。根据吸收塔入口 SO_2、ESP2 排放 SO_2 浓度和烟气量等来控制吸收剂的加入量，以保证达到按要求的 SO_2 排放浓度。② 吸收塔反应温度的控制。通过控制喷水量可以控制吸收塔内的反应温度在最佳反应温度 $70 \sim 80℃$。③ 吸收塔压降控制。通过控制循环物料量，控制吸收塔整体压降在 $1600 \sim 2000Pa$ 左右。

榆社电厂采用 DCS 系统，操作简单，画面丰富，准确灵活，与锅炉主机通信可靠畅通。

榆社电厂 2×300MW 机组 CFB – FGD 系统内各个分系统均独立设置，所有的工艺、电气设备均为一炉一套。FGD 系统沿锅炉中心，顺烟气方向成一字形布置，即原烟气主烟道中心线、预电除尘器、吸收塔中心线、脱硫电除尘器中心线、锅炉引风机、烟囱在一条直线上。主要辅助工艺设施如工艺水系统、吸收剂制备系统就近围绕吸收塔，各设备的平面和空间组合，既做到工作分区明确，又做到合理、紧凑、方便，外观造型美观，整体性好，并与电厂其他建筑群体相协调，同时最大限度地节省用地。

FGD 系统内的建筑物主要有预电除尘器、吸收塔、脱硫电除尘器、生石灰仓、消石灰仓、脱硫控制楼等，脱硫控制楼布置在两台炉的中间。图 6 – 257 ~ 图 6 – 259 是现场布置示意。

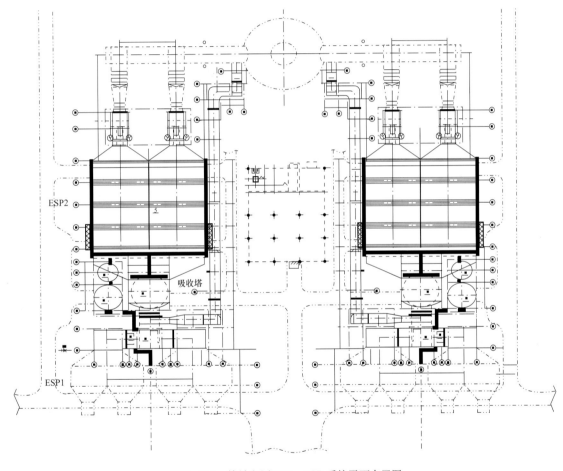

图 6 – 257　榆社电厂 CFB – FGD 系统平面布置图

5. 电子束法

（1）以液氨作为反应剂，在反应器内利用高能电子束对除尘器后的烟气进行照射，并同时加入氨，最终生成硫酸铵和硝酸铵，达到烟气脱硫、脱硝的目的。利用专用的除尘器将生成的硫酸铵捕集下来作为产品出售。

（2）无废渣排放，副产品为硫酸铵和硝酸铵，可作为肥料使用。

（3）投资较高，厂用电较高（厂用电率约为 2%）。

（4）脱硫剂与副产品销售要进行市场分析，仅在脱硫剂与生产的肥料有可靠来源和市场，而且运行成本合理时方可采用。

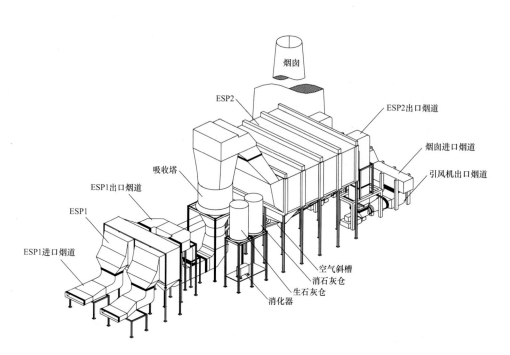

图 6-258 榆社电厂 CFB-FGD 系统各设备布置示意

电子束法在小型机组上也有一定的应用，如华能成都热电厂（30 万 m³/h，1997 年建成）、波兰波莫泽尼电厂（27 万 m³/h，2001 年建成）、日本新名古屋电厂（62 万 m³/h 燃油，2001 年建成）、杭州协联热电厂（3×75t/h 炉共用，2002 年建成）、北京京丰热电厂（150MW 机组 63 万 m³/h，2004 年建成）等。

6. 其他 FGD 工艺

如旋转喷雾干燥法，图 6-260～图 6-262 是其核心设备。它以生石灰作为脱硫剂，利用高速旋转的离心雾化器或两相流喷嘴将吸收剂雾化以增大吸收剂与烟气接触的表面积，喷入蒸发反应塔，利用锅炉配置的除尘器将脱硫副产物与飞灰一起捕集下来，脱硫副产物主要是亚硫酸钙，其次是硫酸钙及未反应的氢氧化钙。其系统简单，投资较少，厂用电低（厂用电率小于 1%），无废水排放。脱硫剂利用率和脱硫效率随烟气含硫量的增加而降低，一般适用于中、低硫煤烟气脱硫，对生石灰品质要求不高，在美国和丹麦应用较多，其最大应用机组也已达 900MW，图 6-263 是两个应用例子。我国山东黄岛电厂于 1994 年投运一套 30 万 m³/h 烟气量的工业试验装置；另外，许多垃圾电厂也采用了该法。

另外 NID、LIFAC、CDSI 等方法在大型火电机组上应用较少，脱硫率不高，适用于小型机组及低硫煤锅炉。

燃煤含硫量小于 1% 并且容量小于 200MW 的机组，或剩余寿命低于 10 年的老机组以及场地条件有限的现役电厂，在吸收剂来源和副产物处置条件充分落实的情况下，建设 FGD 设施可优先考虑采用干法、半干法或其他一次性投资较低的成熟技术。

国内目前的 FGD 工程建设表明，绝大部分 300MW 及以上火电机组都采用了石灰石/石膏湿法 FGD 工艺，如广东省，在 FGD 工艺上选择的余地很小。因此，要减少投资和运行费用，最重要的是进行其他三方面的优化，即设计优化、运行优化及国产化。

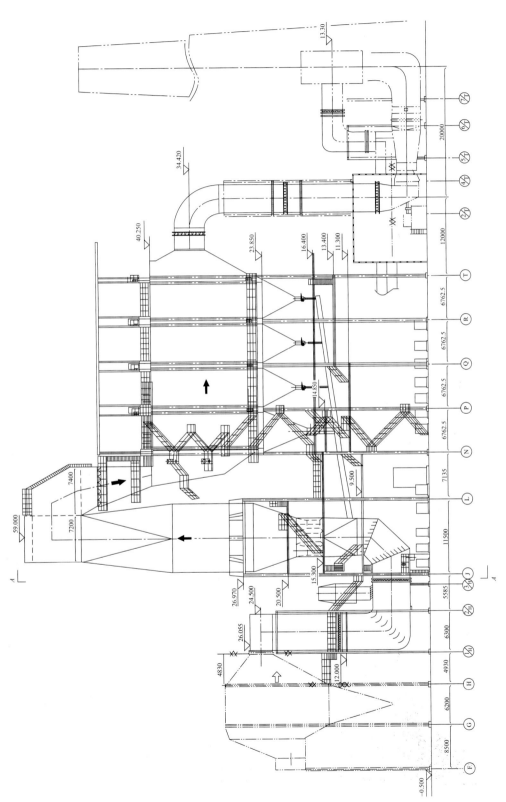

图 6－259　榆社电厂 CFB－FGD 系统立面布置图

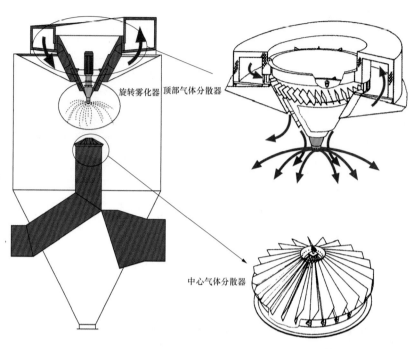

图 6 – 260　旋转喷雾干燥法内部设备示意

图 6 – 261　旋转雾化器

图 6 – 262　顶部和中心气体分散器

美国 Hawthorn 电站5号600MW机组喷雾干燥FGD系统
2001年投运，劣质烟煤、含硫量0.2%～0.7%、SO₂脱除率为94%

美国Hayden电站(Xcel 能源公司) 1号机组(184MW)和2号机组(262MW)喷雾干燥
FGD系统1998年投运，烟煤、含硫量0.4%～0.6%、SO₂脱硫率为90%

图 6 – 263　喷雾干燥 FGD 系统应用实例

二、FGD 系统工艺的设计优化

FGD 系统的设计优化是优化的根本，它是决定 FGD 系统投资和正常运行费用的最重要环节。设计优化包括 FGD 系统设计参数的合理选择、系统的布置、设备选型、FGD 各系统工艺的优化等方面。近几年来 FGD 系统的设计工期越来越短，设计经验严重不足，同样的错误不停地犯，应引起足够的重视。

1. 慎重确定基本设计条件

对基本设计条件如 FGD 系统入口 SO_2 浓度、烟气量、烟气温度、脱硫率及吸收剂的品质等确定要极其慎重。它们直接影响各个设计参数及设备容量的选择，对 FGD 系统的投资及今后的安全稳定运行有着至关重要的影响。以入口 SO_2 浓度为例，实际 FGD 工程建设中时，许多电厂给出不符合实际的数值，过高或过低。某 FGD 工程考核的 FGD 入口 SO_2 浓度为 $3000mg/m^3$，实际运行时基本在 $2000mg/m^3$ 以下，结果 4 层循环泵，备用一层，其他系统也有很大的冗余度。贵州某电厂 $2 \times 300MW$ 的 FGD 系统中，设计燃煤收到基含硫量为 2.29%，脱硫率大于 95%；但在实际运行中，燃煤收到基含硫量基本在 4.5% 以上，结果投运后系统不仅达不到脱硫率，而且喷嘴严重结垢堵塞，系统根本无法正常运行，只能对吸收塔系统进行彻底的改造。

FGD 系统设计的烟气量，新厂、老厂有很大区别。FGD 系统设计烟气量的大小，直接影响吸收塔、增压风机、烟气换热器、烟道等系统设计及设备容量的大小，这也是影响 FGD 工程造价的重要因素之一。广东省的做法是实测锅炉的烟气量。

有些锅炉排烟温度很低，甚至在锅炉 BMCR 工况时排烟温度小于 120℃，如广东湛江电厂 $4 \times 300MW$ 机组，锅炉排烟温度即 FGD 系统入口烟温为 110℃，而要求 FGD 出口即烟囱入口的烟温不低于 80℃，换热器面积很大，很不经济。

实践表明，FGD 工程投资与脱硫率的关系呈指数型，要求的脱硫率高，则使投资也成倍增加，应选择一个合适的脱硫率。现在一些地方为完成环保 SO_2 减排的指标，要求所有的燃煤电厂必须上脱硫装置，即使是燃煤收到基含硫量基本在 0.3% 以下，也要求用湿法，脱硫率在 90% 以上，令人费解。

石灰石作为吸收剂时，要考虑到长期大批量供货时的质量要求，一般 $CaCO_3$ 含量大于 90%、CaO 含量大于 50% 即可满足石膏的质量要求，个别矿源质量较好，$CaCO_3$ 含量的化验数据大于 95%。但考虑到取样时的条件和以后大批量供货的差异，在可研及招标书审查时，降低到能满足工程的要求即可。另外，在石灰石成分中 SiO_2 含量的高、低直接影响到设备的磨损程度，要合理选择。当然 SiO_2 含量越低越好，德国专家建议小于 3%，MgO 也要求控制在 2% 以下。

2. FGD 烟气系统设计优化

(1) 300MW 及以上机组优先采用一炉一塔布置，但目前二炉一塔布置已得到大规模应用，并且 $2 \times 300MW$ 机组合用一个吸收塔的 FGD 系统已大量投运。当场地受限时，设计中不必拘泥于 $2 \times 200MW$ 以下机组合用一个吸收塔的限制。

(2) 增压风机布置在 FGD 系统入口更安全可靠。此时增压风机所处的烟气环境与锅炉引风机完全相同，其作用完全可以由引风机来取代，国内 300MW 机组不设增压风机的 FGD 系统也将投用，因此对 300MW 及以下机组设 FGD 增压风机不是唯一的选择。

(3) GGH 能取消则取消。目前投用的 GGH 都有积垢堵塞严重等问题，采用与锅炉空气预热器一样的压缩空气吹扫对降低阻力基本没有作用，采用蒸汽吹灰效果略好些，但未解决根本问题，高压水冲洗也不是长久之计。采用蒸汽加热法初投资虽低但运行成本很高，因此取消脱硫后的烟气加热而采用湿烟囱或冷却塔排放应是一条途径，国外技术已完全成熟并已成功应用，国内也应加快消化吸收并推广应用。

（4）吸收塔入口烟道及脱硫后烟道、烟囱的防腐应按强腐蚀性烟气等级来考虑，在防腐上多投资是值得的。

（5）FGD 旁路烟气挡板的快开时间不必要求太高，最重要的是确保 FGD 保护动作时旁路烟气挡板能正确动作。

（6）FGD 旁路不宜取消。

3. 吸收塔系统设计优化

（1）一般不需要设置备用喷淋层，除非实际运行时锅炉的燃煤含硫量变化特别大或者 FGD 旁路取消。

（2）吸收塔设计要保证浆液在浆液池内有足够的停留时间，浆液池宁大勿小，氧化风要有足够的余量，这对脱硫率和石膏品质十分重要。

（3）必须确保除雾器设计合理，其冲洗水能全方位、充分地接触除雾器，有足够的水量及冲洗时间等。

4. 制浆系统设计优化

（1）石灰石粉无需称重计量，制浆用水也不用调节，系统越简单越好，重要的是石灰石浆液密度计要准确。

（2）湿磨系统要考虑防止杂质进入及浆液泄漏的措施；湿磨再循环箱宜高大而不应矮小。

（3）石灰石浆液给料阀可不用调节阀，全开全关的电动阀简单可靠不堵塞，这在沙角 A 厂用得很好，控制也简单。

5. 脱水系统设计优化

（1）一级石膏浆液旋流器直接布置在脱水机上方比设置石膏浆液缓冲罐更为简单可靠，废水旋流器并非一定需要。

（2）FGD 废水不一定要独立设计一套完善的加药处理系统，而应与电厂的废水处理放在一起综合考虑。有条件时将其与碱性的冲灰水混合一起排放，冲灰水可起到中和作用，且对 FGD 废水中超标的重金属有吸附共沉的作用。

6. 其他

（1）工艺水箱不必维持在某一液位，调节阀没有必要。

（2）事故浆液罐的体积在大多数情况下不用设计得和吸收塔浆池一样大，可以更小。但对于取消旁路的 FGD 系统宜大些。

（3）重要仪表如 pH 计、密度计要可靠。

（4）凡接触浆液的管道、设备要设有冲洗水。

（5）避免有浆液流动死区，特别注意停运时管道低位不应有积浆。

（6）防腐材料的选用要合理，国外有业绩的、更便宜的新材料要大胆地应用。

值得注意的是，FGD 设计优化不是牺牲系统性能、简单地精减系统或设备以降低投资。近两年来，由于脱硫总承包企业的增多，低价恶性竞争严重，脱硫市场混乱，每 kW 装机容量的投资逐月下滑，近期脱硫工程投标中出现了不足 100 元/kW 的价格。如此低的价格，承包商不可能保证选用优质的设备材料，唯一可采用的手段是偷工减料，如将进口设备、阀门、仪表等换成质量较差的设备；本应自动控制的变成人工操作。其直接后果是影响脱硫设施建设的工程质量和系统运行的可用率，有的在调试中或刚投产就开始修理或更换设备了，严重的使系统无法运行。这种倾向应值得高度警惕。

三、FGD 系统的运行优化

对于一个已投运的 FGD 系统，电厂要进行的是运行优化。众所周知，尽管在设计时根据设计工况优化了各种参数，然而在实际运行过程中，锅炉煤种、负荷及烟气量、烟气温度、烟尘浓度、吸收剂品质等是经常变化的，若根据原有设计参数运行，可能会威胁发电机组的安全运行及 FGD 系统本身的运行，严重时 FGD 系统根本无法运行。因此应根据各个具体的情况进行优化改进，使 FGD 系统处于最佳运行状态，提高 FGD 系统的利用率和安全性，降低运行成本。FGD 系统运行优化的内容可以包括以下部分：

（1）烟气系统。烟气挡板启停程序、增压风机或引风机的控制及保护、GGH 或蒸汽再热器的冲洗时间、FGD 入口烟尘浓度的控制、脱硫率等。

（2）吸收塔系统。循环泵的组合方式、浆液 pH 值、氧化效果、浆液密度、吸收塔液位、除雾器冲洗时间等等。

（3）石灰石浆制备系统。湿磨系统的优化、石灰石品质的选择、石灰石浆液的密度、浆液补充回路的控制等。

（4）石膏脱水系统。水力旋流器分离效果、脱水机效果、石膏品质等。

（5）公用系统。电气保护定值、废水处理效果等。

最先进的运行优化是在线优化。日本九洲电力公司岭北发电厂 1 号 700MW 燃煤机组 FGD 系统的在线最优控制系统，其内容值得借鉴。

1 号机组和石灰石/石膏湿法 FGD 系统于 1995 年 12 月投入运行。FGD 系统的主要设计参数为：入口烟气量 2218550m³/h（湿）、烟温 133℃，入口 SO_2 体积分数 974×10^{-6}，粉尘浓度 100mg/m³，综合脱硫率大于 90%，除尘率大于 70%。单塔共 10 台循环泵、3 台氧化风机。

FGD 最优控制系统是针对负荷变动频繁、起动频繁而构筑的节能、省资源、运行稳定的最佳脱硫控制系统。这个系统不仅依靠单环路控制、程序控制，还利用计算机，采用适用的过程状态预测并结合过去的履历，完成高度的控制运算功能和运行管理功能。图 6-264 示出了最佳控制的各部分功能。

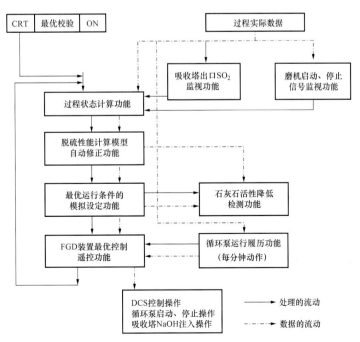

图 6-264　FGD 最优控制功能示意图

1. 过程状态计算功能

脱硫性能根据过程状态进行以下量的计算。

（1）物质平衡计算。

（2）脱硫率计算。

（3）塔内气体流速计算。

（4）液气比、喷淋曲线计算。

（5）氧化空气鼓入量的性能计算。

2. 脱硫性能计算模型常数的自动修正功能

在排放烟气、浆液的成分中，不纯物有离散。为此，有必要根据适当的计时将脱硫性能预测计算模型常数与真机对照，以实际的过程数据为基础，自动修正模型常数，维持预测的计算精度。

3. 实时最优运行条件设定功能（最优校验）

根据模型常数进行自动修正，得到最新脱硫性能计算模型，以此求出相当于现在吸收塔进口 SO_2 浓度的循环泵最佳运行台数。另外，相对于各种负荷的吸收塔进口 SO_2，使用最新脱硫性能计算模型，算出吸收塔循环泵的最优运行台数。这时也包含能维持脱尘性能所必须的最低汽液比的计算条件。

（1）循环泵最优运行台数计算。将吸收塔出口 SO_2 浓度控制在某定值范围内计算循环泵的最优运行台数。另外，循环泵的总数为 10 台，当现在吸收塔出口 SO_2 浓度比某定值低时，由于脱硫率过分优良，就要减少 1 台循环泵的运行。也就是说，根据减少 1 台泵预测吸收塔出口 SO_2 浓度，假如这个出口 SO_2 浓度符合目标值，就只停止 1 台。但是循环泵的运行台数最低不少于 3 台。当 SO_2 浓度在目标值以上时，由于不减少循环泵，所以最优运行台数的计算维持现状。

（2）各负荷下，循环泵的最优运行台数计算。利用模拟计算求出每 10MW 功率所对应的吸收塔进口气体量和 SO_2 量，按这个条件及最新脱硫性计算模型求出最优运行台数。然后画出对应于发电机功率的最优运行台数曲线，并表示在 CRT 画面上。但是，在脱硫率过分优良时，则以不低于 3 台循环泵的数量算出符合最优运行的最少台数。

4. 石灰石活性降低的检测功能

石灰石在吸收塔内与 SO_2 进行脱硫反应，由于煤种的不同，在吸收塔内会积累许多不纯物（Al、F 等），降低石灰石的活性（反应性）。发生这种现象时，可通过向吸收塔注入 NaOH 来恢复活性。但是，一旦发生石灰石活性降低现象，为了维持吸收塔内的 pH 值，通常采用增加石灰石浆液的供给量。因此，以石灰石过剩率作为指标，当其连续超出某一值时，即判断活性降低，此时就要向吸收塔内注入一定量的 NaOH。

5. 脱硫性能预测模拟功能

使用脱硫性能计算模型，根据手动给定的锅炉负荷变化时间表，维持现在的条件，模拟脱硫性能的变化。当模拟的脱硫出口 SO_2 浓度预测值超出适当的运行范围时，就要根据脱硫烟气进口条件的变化求出最优运行参数。本模拟不直接进行控制。输入项目如下：① 机组负荷变化图形数据；② 开始时间；③ 吸收塔排出浆液流量数据；④ 与煤有关的数据；⑤ 吸收塔进口气体流量；⑥ SO_2 浓度（各种负荷时）。

由这些输入数据模拟计算如下内容：① 出口 SO_2 浓度；② 吸收塔 pH 值；③ 吸收塔排出浆液流量；④ 石灰石浆液供给量。

6. 吸收塔循环泵、喷淋层运行履历管理功能

（1）循环泵连续停止时间的管理。假如循环泵连续停止，泵内部的浆液就开始沉降、凝固，会对循环泵的再启动造成机械障碍。为此，必须限制循环泵的连续停止时间。例如已检知到循环泵连

续停机极限时刻，且同最优运行台数无关，那么就要使泵自行启动。这样一来，这台额外增多的循环泵在启动10min后，又要通过最优校验，复即自动停止。

（2）各喷淋层连续停止时间管理。当锅炉燃料使用低硫煤时，即使锅炉负荷达100%，吸收塔循环泵的运行台数有时也只用五六台。假如这种状态连续存在，也就存在完全不使用的喷淋层，从而可能使喷嘴附着石膏而堵塞。因此，必须给定连续停止时间的上限，在连续停止时间达到上限时，循环泵就全部自动启动，以防止喷嘴堵塞。自动启动的泵，运行一段时间，经过最优校验后，复即自动停止。

（3）循环泵启动停止优先顺序决定功能。吸收塔循环泵由高压电动机驱动，从停止到启动的时间及次数都有限制。对电机设有启动、停止的限制功能和选择优先功能，保证了电机的安全和各泵总运行时间的均等化。

图6-265示出了电厂脱硫性能预测式的调整结果，从图中可以看到，吸收塔循环泵台数控制能追踪机组负荷的上升，控制吸收塔出口SO_2的体积分数在65×10^{-6}以下。另外，吸收塔出口SO_2体积分数的预测差也能控制在$\pm 10 \times 10^{-6}$。毫无疑问，FGD系统在线最优控制可使系统在保证排放标准外，得到最经济的运行效果。

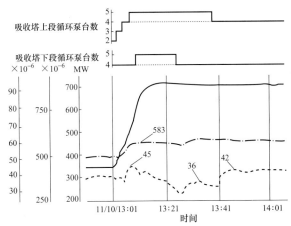

图6-265　FGD最优控制追踪结果
---- FGD出口SO_2体积分数；—·—FGD入口SO_2体积分数；
——发电机功率（MW）

迄今为止，我国的FGD系统上还未有类似的最优控制系统，在提倡节能降耗的今天，应当好好学习国外的先进技术，开发出具有自主知识产权的优秀产品。

四、FGD系统的国产化

FGD系统的国产化包括设计、供货、安装、调试、运行和检修等技术的国产化，其中最主要的是FGD系统的设计和设备的国产化，这是降低造价和运行费用的需要。1992年华能珞璜电厂一期（$2 \times 360MW$）引进日本三菱公司的填料塔FGD技术，FGD工程投资占发电工程总投资的11.15%。1994年，二期（$2 \times 360MW$）FGD工程预初步设计时发现，由于人民币汇率的变化，如果全套引进，FGD工程投资将占发电工程总投资的23%，这是难以接受的，必须走国产化道路。二期FGD工程建成后，综合国产化率约70%，投资占发电工程总投资的9.35%。国华北京热电分公司一期两台410t/h锅炉，FGD工程全部引进德国工艺和设备，2000年10月投运。该工程利用德国政府贷款，总投资达3.2亿元，相当于每千瓦造价1600元；而2003年7月投运的二期两台410t/h锅炉FGD工程，加大了国产化的比例，国产化率达63%，除关键设备进口外，其他均采用国产设备，脱硫设备质量和技术性能基本上达到了一期工程水平，加上利用了一期工程有关设备的余量，FGD工程整体造价大幅度下降，总投资才1.3亿余元，每千瓦造价不到700元，与一期相比，减少了约60%的投资。由此可见国产化对降低FGD工程造价的作用。

近年来，国内许多公司引进了国外FGD设计技术，同时消化吸收，完全具备了FGD工程总承包能力，并有众多业绩，使得FGD系统的单位造价降低到400元/kW以下，极大地推动了火电厂烟气脱硫的进程。

通过对广东省16家电厂的FGD工程的投资情况进行统计研究，结果表明，在2002年以前开始的脱硫工程（工程开始时间是指和脱硫承包商签定合同的时间），设备的国产化率（指国产设备的

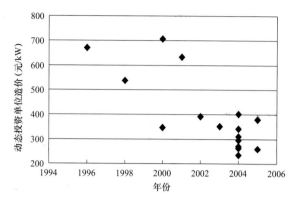

图 6 – 266　FGD 工程开始时间对单位造价的影响

费用占总设备费的比例）普遍很低，一般在 20% 左右，主要是电气和 DCS 设备为国产，工艺系统的设备基本完全进口，而且设计和技术服务均为外国公司提供。2003 年以后开始的脱硫工程，设计和技术服务则基本为国内公司完成，设备的国产化率明显提高，平均达到 60% 左右。这使得 FGD 工程的造价得到大幅度下降，如图 6 – 266 所示。

在 FGD 设备方面，大容量增压风机、湿风机、GGH、烟气挡板门、循环浆液泵、高性能喷嘴与除雾器、湿式球磨机、大型真空皮带脱水机、防腐材料、采样与检测元件及控制系统等基本实现了国产化。这不仅使 FGD 工程的初投资大幅度降低，更为重要的是使日常运行维护的备品备件费用得以降低，避免了一些 FGD 工程建得起而用不起、受制于国外设备商的困境。

目前设备国产化的最大问题是用户（电厂）不愿承担国产化的风险。国产化设备应用业绩还较少，时间较短，在设备质量、性能、交货进度及售后服务等方面存在一些问题，FGD 系统主要的设备还是从国外进口，这加剧了国产化工程落实的难度。但大家都不用国产设备，如何实现 FGD 系统的国产化？在这方面，国家应当有相应的政策措施。

第九节　FGD 系统的检修

一、检修的基本概念与基本原则

1. 检修方式分类

对发电设备，其检修方式可分为 4 种：定期检修、状态检修、改进性检修和故障检修。

（1）定期检修是一种以时间为基础的预防性检修、也称计划检修。它是根据设备的磨损和老化的统计规律或经验，事先确定检修类别、检修间隔、检修项目、需用备件及材料等的检修方式。

（2）状态检修或称预知维修，指在设备状态评价的基础上，根据设备状态和分析诊断结果安排检修时间和项目，并主动实施的检修方式。状态检修是从预防性检修发展而来的更高层次的检修方式，是一种以设备状态为基础，以预测设备状态发展趋势为依据的检修方式。它根据对设备的日常检查、定期重点检查、在线状态监测和故障诊断所提供的信息，经过分析处理，判断设备的健康和性能劣化状况及其发展趋势，并在设备故障发生前及性能降低到不允许的极限前有计划地安排检修。这种检修方式能及时地、有针对性地对设备进行检修，不仅可以提高设备的可用率，还能有效地降低检修费用。

（3）改进性检修是为了消除设备先天性缺陷或频发故障，按照当前设备技术水平和发展趋势，对设备的局部结构或零件加以改造，从根本上消除设备缺陷，以提高设备的技术性能和可用率，并结合检修过程实施的检修方式。

（4）故障检修或称事后维修，是指设备发生故障或其他失效时进行的非计划检修，通常也称为临修。

2. 传统检修等级划分

按照电力行业传统的划分方式，发电设备定期检修可分为大修、小修、维修、节日检修。

（1）大修是发电设备在长期使用后，为了恢复原有的精度、设计性能、生产效率和出力而进行的全面修理。

（2）小修是为了维持设备在一个大修周期内的健康水平，保证设备安全可靠运行而进行的计划性检修。通过小修，使设备能正常使用至下次计划检修。大修前的一次小修，还要做好检修测试，核实确定大修项目。

（3）设备维修是对设备维护保养和修理，恢复设备性能所进行的一切活动，包括：为防止设备性能劣化，维持设备性能而进行的清扫、检查、润滑、紧固以及调整等日常维护保养工作；为测定劣化程度或性能降低而进行的必要检查；为修复劣化、恢复设备性能而进行的修理行动等。

（4）节日检修是指在国家法定节假日期间，利用用电负荷低的有利时机而安排的消除设备缺陷的检修。

3. 新检修等级划分

DL/T 838—2003《发电企业设备检修导则》中重新定义了发电企业的设备检修等级，将发电企业机组的检修分为 A、B、C、D 四个等级，与传统的划分方式有较大的区别。新导则的 4 个检修等级定义如下：

（1）A 级检修。是指对发电机组进行全面的解体检查和修理，以保持、恢复或提高设备性能。A 级检修项目分为标准项目和特殊项目，特殊项目中还包适重大特殊项目。特殊项目是指标准项目以外的检修项目以及执行反事故措施、节能措施、技改措施等项目。重大特殊项目为技术复杂、工期长、费用高或对系统设备结构有重大改变的项目。A 级检修的含义与原来的大修类似。

（2）B 级检修。是指针对机组某些设备存在的问题，对机组部分设备进行解体检查和修理。B 级检修可根据机组设备状态评估结果，有针对性地实施部分 A 级检修项目或定期滚动检修项目。B 级检修的含义与原来的扩大性小修（或称中修）类似。

（3）C 级检修。是指根据设备的磨损、老化规律，有重点地对机组进行检查、评估、修理、清扫。C 级检修可进行少量零件的更换、设备的消缺、调整、预防性试验等作业以及实施部分 A 级检修项目或定期滚动检修项目。C 级检修的含义与原来的小修类似。

（4）D 级检修。是指当机组总体运行状况良好，而对主要设备的附属系统和设备进行消缺。D 级检修除进行附属系统和设备的消缺外，还可根据设备状态的评估结果，安排部分 C 级检修项目。D 级检修的含义与原来的停机消缺类似。

质检点（H、W 点），是指在工序管理中根据某道工序的重要性和难易程度而设置的关键工序质量控制点，这些控制点不经质量检查签证不得转入下道工序。其中 H 点（hold point）为不可逾越的停工待检点，W 点（witness point）为见证点。

不符合项是指由于特性、文件或程序方面不足，使其质量变得不可接收或无法判断的项目。

4. FGD 系统检修的基本原则

（1）发电企业应按照政府规定的技术监督法规、制造厂提供的设计文件、同类型 FGD 系统的检修经验以及设备状态评估结果等，合理安排设备检修。

（2）设备检修应贯彻"安全第一"的方针，杜绝各类违章，确保人身和设备安全。

（3）检修质量管理应贯彻 GB/T 19001 质量管理标准，实行全过程管理，推行标准化作业。

（4）设备检修应实行预算管理、成本控制。

（5）FGD 系统检修应积极吸取已有的先进的火电厂设备状态检修方式和技术，如以风险为基础的维修（risk based maintenance，RBM）、以可靠性为中心的维修（reliability centered maintenance，RCM）等，在定期检修的基础上，逐步扩大状态检修的比例，最终形成一套融定期检修、状态检修、改进性检修和故障检修为一体的具有 FGD 系统设备检修特色的优化检修模式。

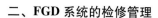

二、FGD 系统的检修管理

（一）检修管理的基本要求

（1）发电企业应在规定的期限内，完成既定的全部检修作业，达到质量目标和标准，保证 FGD 系统安全、稳定、经济运行以及建筑物和构筑物的完整牢固。

（2）FGD 系统设备检修应采用 PDCA（Plan—计划、Do—实施、Check—检查、Action—总结）循环的方法，从检修准备开始，制订各项计划和具体措施，做好施工、验收和修后评估工作。

（3）发电企业应按 GB/T 19001 质量管理标准的要求，建立质量管理体系和组织机构，编制质量管理手册，完善程序文件，推行工序管理。

（4）发电企业应制定检修过程中的环境保护和劳动保护措施，合理处置各类废弃物，改善作业环境和劳动条件，文明施工，清洁生产。

（5）FGD 设备检修人员应熟悉系统和设备的构造、性能和原理，熟悉设备的检修工艺、工序、调试方法和质量标准，熟悉安全工作规程；能掌握钳工、电工技能，能掌握与本专业密切相关的其他技能，能看懂图纸并绘制简单的零部件图和电气原理图。

（6）检修施工宜采用先进工艺和新技术、新方法，推广应用新材料、新工具，提高工作效率，缩短检修工期。

（7）发电企业宜建立设备状态监测和诊断组织机构，对 FGD 系统可靠性、安全性影响大的关键设备（增压风机、GGH、循环泵、湿式球磨机、真空皮带脱水机等）实施状态检修。

（8）发电企业宜应用先进的计算机检修管理系统，实现检修管理现代化。

（二）FGD 系统设备检修全过程管理

检修全过程管理是指检修计划制订、材料和备品配件采购、技术文件编制、施工、冷（静）态验收、热（动）态验收以及检修总结等环节的每一管理物项、文件及人员等均处于受控状态，以达到预期的检修效果和质量目标。FGD 系统检修全过程管理程序如图 6 – 267 所示。

发电企业提出次年检修工程计划→主管部门批复次年检修工程计划→发电企业编排进度表，提出下年度计划→主管部门批复年度检修计划→检修前性能试验和技术鉴定、确定具体检修项目→发电企业确定检修计划必要时上报→编制网络图、检修管理文件，准备检修文件包；编制特殊项目安全技术组织措施；检修前培训，检查文件包；平衡劳动力，完成外包项目准备；检查备品配件到货情况，并验收→主管部门下达月计划检修计划→必要时调整网络图→全面检查准备工作→技术交底→向主管部门提出 FGD 系统检修申请工程→主管部门批复 FGD 系统检修开工时间→发电企业开检修动员会→检查安全措施和运行系统隔离措施，开工→设备解体；各项试验和技术监督检查，质检点验证；不符合项处理→解体情况分析会→确定重大方案；必要时向主管部门提出延期申请；必要时调整网络图；必要时提出费用变更→设备修理；过程验收；不符合项处理关闭→设备复装与质量验收；召开主设备验收会→检修工作终结→系统恢复，解除隔离；分部试转→冷（静）态评价→整体试运行→报复役→性能试验和检修资料整理→热（动）态评价→检修工作的后评估→检修总结报主管部门；检修资料汇总存档→本次 FGD 系统检修结束→修改检修管理程序和检修文件包→审批检修管理程序和检修文件包→颁布执行新管理程序和文件。

图 6 – 267　FGD 系统 A/B 级检修全过程管理程序流程

1. 开工前准备阶段

（1）发电企业应根据设备运行状况、技术监督数据和历次检修情况，对 FGD 系统进行状态评估，并根据评估结果和年度检修工程计划要求，对检修项目进行确认和必要的调整，制订符合实际的对策和技术措施。

（2）落实检修费用、材料和备品配件计划等，并做好材料和备品配件的采购、验收和保管工作。

（3）完成所有对外发包工程合同的签订工作。

（4）检查施工机具、安全用具，并应试验合格。测试仪器、仪表应有有效的合格证和检验证书。

（5）编制 FGD 系统检修实施计划，绘制检修进度网络图和控制表。

（6）绘制检修现场定置管理图。

（7）发电企业应根据检修项目和工序管理的重要程度，制定质量管理、质量验收和质量考核等管理制度，明确检修单位和质检部门职责。

（8）编写或修编标准项目检修文件包见表6-71，制订特殊项目的工艺方法、质量标准、技术措施、组织措施和安全措施。

（9）全体检修人员和有关管理人员应学习安全规程、质量管理手册和检修文件包，并经考试合格。

检修开工前一个月，发电企业应组织有关人员检查上述各项工作的完成情况。开工前应全面复查确认。

表6-71　　　　　　　　　　FGD系统设备检修文件包的主要内容

发电企业名称		FGD系统设备检修文件包文件清单		版次：	共　页
序号	名　称	内　容			备　注
1	检修任务单	（1）检修计划；（2）工作许可；（3）检修后设备试运行计划；（4）检修前交底（设备状况、以往工作教训、检修前主要缺陷、特殊项目的安全技术措施）			可根据需要增减部分项目
2	修前准备	（1）设备检修所需图纸和资料；　（2）主要备品配件和材料清单；（3）工具准备（专用工具、一般工具、试验仪器、测量器具等）			
3	检修工序、工艺	（1）工作是否许可；（2）现场准备；（3）拆卸与解体、检修、复装阶段的工序和工艺标准；（4）检修记录整理；（5）自检；（6）结束工作			
4	工序修改记录				根据具体情况
5	质量签证单	质检点签证、三级验收			
6	不符合项处理单				
7	设备试运行单	试运行程序、措施			
8	完工报告单	（1）检修工期；（2）检修主要工作；（3）缺陷处理情况（含检修中发现并消除的主要缺陷）；（4）尚未消除的缺陷及未消除的原因；（5）设备变更或改进情况、异动报告和图纸修改；（6）技术记录情况；（7）质量验收情况；（8）设备和人身安全；（9）实际工时消耗记录；（10）备品配件及材料消耗意见；（11）总体检查和验收			

2. 检修施工阶段组织和管理

（1）解体。解体要快！

检修人员到现场拆卸设备，应带全所需的工机具与零星耗用材料，并应注意现场的安全设施（如脚手架、平台、围栏等）是否完整。

应按照检修文件包的规定拆卸需解体的设备，做到工序、工艺正确，使用工具、仪器、材料正确。对第一次解体的设备，应做好各部套之间的位置记号。

拆卸的设备、零部件，应按检修现场定置管理图摆放，并封好与系统连接的管道开口部分。图6-268为某电厂FGD系统浆液泵检修时现场工具、零部件规范、整洁的摆放，可见该厂的检修管理是十分到位的。

（2）检查。检查要细！

设备解体后，应做好清理工作，及时测量各项技术数据，并对设备进行全面检查，查找设备缺陷，掌握设备技术状况，鉴定以往重要检修项目和技术改造项目的效果。对于已掌握的设备缺陷应进行重点检查，分析原因。

根据设备的检查情况及所测的技术数据，对照设备现状、历史数据、运行状况，对设备进行全面评估，并根据评估结果，及时调整检修项目、进度和费用。

图 6 - 268　规范、整洁的 FGD 系统检修现场

（3）修理和复装。回装要严查细审！

设备的修理和复装，应严格按照工艺要求、质量标准、技术措施进行。

设备经过修理，符合工艺要求和质量标准，缺陷确已消除，经验收合格后才可进行复装。复装时应做到不损坏设备、不装错零部件、不将杂物遗留在设备内。

复装的零件应做好防锈、防腐蚀措施。

设备原有铭牌、罩壳、标牌，设备四周因影响检修工作而临时拆除的栏杆、平台等，在设备复装后应及时恢复。

（4）设备解体、检查、修理和复装过程的要求。

设备解体、检查、修理和复装的整个过程中，应有详尽的技术检验和技术记录，字迹清晰，数据真实，测量分析准确，所有记录应做到完整、正确、简明、实用。

（5）质量控制和监督。

检修质量管理宜实行质检点检查和三级验收相结合的方式，必要时可引入监理制。

质检人员应按照检修文件包的规定，对直接影响检修质量的 H 点、W 点进行检查和签证。

检修过程中发现的不符合项，应填写不符合项通知单，并按相应程序处理。

所有项目的检修施工和质量验收应实行签字责任制和质量追溯制。

（6）安全管理。

设备检修过程中应贯彻安全规程，加强安全管理，明确安全责任，落实安全措施，确保人身和设备安全。

严格执行工作票制度和发承包安全协议。

加强安全检查，定期召开安全分析会。

3. 试运行及报复役

（1）分部试运行应在分段试验合格、检修项目完成且质量合格、技术记录和有关资料齐全、有关设备异动报告和书面检修交底报告已交运行部门并向运行人员进行交底、检修现场清理完毕、安全设施恢复后，由运行人员主持进行。

（2）冷（静）态验收应在分部试运行全部结束、试运情况良好后，由发电企业生产负责人主持进行。重点对检修项目完成情况质量状况以及分段试验、分部试运行和检修技术资料进行核查，并进行现场检查。

（3）整体试运行的条件是：冷（静）态验收合格、保护校验合格可全部投运、防火检查已完成、设备铭牌和标识正确齐全、设备异动报告和运行注意事项已全部交给运行部门、试运大纲审批完毕、运行人员做好运行准备。

整体试运行在发电企业生产负责人的主持下进行，内容包括各项冷（静）态、热（动）态试验以及带负荷试验。

在试运行期间，检修人员和运行人员应共同检查设备的技术状况和运行情况。

检修后带负荷试验连续运行时间不超过24h，其中满负荷试验应有6~8h。

FGD 系统经过整体试运行，并经现场全面检查，确认正常后，向有关部门报复役。

4. 检修评价和总结

FGD 系统复役后，发电企业应及时对检修中的安全、质量、项目、工时、材料和备品配件、技术监督、费用以及系统试运情况等进行总结并作出技术经济评价。

FGD 系统复役后20d 内做效率试验，提交试验报告，作出效率评价。

FGD 系统复役后30d 内提交检修总结报告。

修编检修文件包，修订备品定额，完善计算机管理数据库。

设备检修技术记录、试验报告、质检报告、设备异动报告、检修文件包、质量监督验收单、检修管理程序或检修文件技术资料应按规定归档。由承包方负责的设备检修记录及有关的文件资料，应由承包方负责整理，并移交发电企业。

5. 防火措施

在上述 FGD 系统检修全过程管理中，需要再强调的一点是要注意防火管理。之所以单独强调，是基于国内外在 FGD 系统的安装、检修过程中出现过多次火灾事故，造成巨大的经济损失。例如1987~1993 年间，德国 FGD 装置内部发生多次火灾事故，见表6－72。

表 6 - 72　　　　　　　　　1987~1993 年间德国 FGD 装置内部火灾事故

序号	年份	电厂名称	火灾原因	损失
1	1987	莱茵威斯特法伦电力公司诺依拉特（Neurath）电厂	焊接操作	约7000 万马克
2	1987	温斯比特劳（Wien-Spittelau）垃圾热电厂	工地1000W 照明灯（猜测）	约8000 万马克
3	1988	奥夫雷本/赫尔姆施泰勒（Offleben/Helmstedt）热电厂	焊接操作	约300 万马克
4	1989	达姆施塔（Darmstadt）垃圾焚烧炉	焊接操作（焊接火花）	约4000 万马克
5	1990	墨尼黑（München）北部垃圾热电厂	工地太阳灯（猜测）	约5000 万马克
6	1993	费巴鲁尔电力公司格尔森基尔欣（Gelsenkirchen）电厂	至今不明（工地照明灯或自燃）	约5000 万马克以上

FGD 系统可能的着火源有：① 焊接、气割、磨削；② 加热设备；③ 照明设备；④ 电气设备；⑤ 吸烟等。

火灾可能造成的损失包括吸收塔等箱罐的各种内部件，如除雾器、喷淋层、氧化空气分配管甚至是塔本体、防腐鳞片或内部衬胶、流动性物资（脚手架、衬胶材料）等，最为严重的将危及机组烟道，影响机组的安全运行。在我国的许多 FGD 系统安装、检修施工时，也发生过各种导致严重损失的火灾事故，例如1995 年5 月，某电厂1 号 FGD 装置吸收塔在检修时发生意外，引燃了塑料格栅，造成吸收塔鳞片衬里较大面积损坏。2003 年6 月，某2×125MW 的 FGD 系统中玻璃钢 FRP 石灰石浆液罐内部施工焊接时引起脚手架着火，幸扑灭及时。2004 年5 月，某600MW 机组 FGD 吸收塔发生火灾，将整个涂鳞片吸收塔烧毁，已安装好的所有内部设备全部烧掉，塔体严重变形，最后更换了整个吸收塔，重新安装，损失很大。发生火灾的原因可能是塔内杂物（各种黏合剂、管道、脚手架等）太多，而塔顶烟道在进行焊接施工，由焊接火花引发火灾。2006 年3 月，某300MW 机组 FGD 吸收塔发生火灾，将整个吸收塔烧毁，已安装好的所有内部设备（喷淋层、衬胶等）全烧光，塔体严重变形，损失上千万元。据不完全统计，2005 年全国有超过8 个吸收塔着火，损失有大有小。

图 6－269 是某吸收塔着火和灭火时的情形。

图 6－269　吸收塔着火与灭火

为防止火灾的发生，需建立切实可行的防火措施，原则性的防火措施包括：① 建立防火规程，防止火灾的发生，规范火灾时的行为、火灾后的行为；② 设有防火专工；③ 编制进度计划（将维修时间尽量缩短）；④ 对 FGD 装置运行维修队伍进行专门的安全教育和防火措施教育；⑤ 书面签发有可能引起火灾危险的工作；⑥ 时刻进行防火监护，加强巡检。

另外应时刻准备好消防设备，提供消防设备；备好流动式火灾报警器；将易燃、助燃物品存放在远离 FGD 装置的地方；禁止吸烟；脚手架、盖板采用非可燃性材料；注意照明设备的温度不能过高（如小于 140℃）。

在系统内部衬胶和防腐涂层施工时，要有特殊防火措施：① 遵守专门的规程；② 通风一定要可靠；③ 电气运行器具必须特别保护，必要时采取接地措施；④ 设立安全区和保护区；⑤ 隔断烟气通道。⑥ 其他做法，如制订防火计划，包括零星维修工作时的措施（如短期停运进行内部衬胶的维修）、大修时的措施（如大修期间大面积更换衬胶）等。

三、FGD 系统检修的主要内容

在实际检修过程中，由于各 FGD 系统的设备配置不尽相同，检修人员应以设备厂家的技术资料要求来控制检修的质量。

（一）烟气系统的检修

1. 烟气挡板（包括 FGD 系统进出口挡板、旁路挡板）

（1）检修烟道挡板。检查叶片表面是否有积垢、腐蚀、裂纹、变形，铲刮清除灰垢。叶片应无腐蚀、变形、裂纹，叶片表面洁净。

（2）检修密封装置。检查轴封及密封空气管道的腐蚀及接头的连接，疏通管道。轴封应完好，无杂物、腐蚀及泄漏，管道畅通。

（3）检修轴承。检查轴承有无机械损伤，轴承座有无位移或裂纹。轴承应无锈蚀和裂纹，轴承座无裂纹，固定良好。

（4）检修蜗轮箱。检查蜗轮、蜗杆及箱体有无机械损伤，更换润滑油。叶轮蜗轮、蜗杆应完好，无锈蚀，润滑油无变质，油位正常。

（5）检修挡板。检查挡板连接杆有无变形、弯曲。先检查每一块转动，再装好传动连接杆检查整个挡板，挡板连接杆应无弯曲变形，连接牢固，能灵活开关，0°时应达到全关状态，90°时应达到全开状态。

2. 增压风机

（1）检查调整联轴器。① 检查调整联轴器的中心。联轴器校正中心要符合如下要求：径向圆跳动 0.08mm，端面圆跳动 0.06mm。两端面间隙 10mm，调整垫片，每组不得超过 4 块。② 调整联轴器与轴和弹性圈的配合，与轴的配合为 H7/js6，与弹性圈配合无间隙，弹性圈外径与孔配合间隙为 0.4 ~ 0.6mm。

（2）检查叶轮。① 表面检查。② 测试不平衡重量。③ 检查叶片和轮盘的磨损、腐蚀情况。叶轮应无裂纹、变形等缺陷；允许最大不平衡重量为 8g；叶片厚度磨损量不超过其厚度的 1/2，轮盘厚度磨损量不超过其厚度的 1/3。必要时更换部分或全部叶片。

（3）检查高速主轴。① 检查主轴及轴颈的表面。② 检查调整主轴的直线度和轴径的圆柱度公差。主轴应无裂纹等缺陷，轴颈无沟槽，其粗糙度为 0.8；直线度为 0.05mm，与轴承配合时，其轴径的圆柱度公差为 0.04mm。

（4）检修轴承。① 检查轴承合金表面。② 处理合金面。③ 调整轴承各部接触面积。④ 调整各部间隙。轴承合金表面应无裂纹、砂眼、夹层或脱壳等缺陷；合金面与轴颈的接触角为 60° ~ 90°，其接触斑点不少于 2 点/cm²；衬背与座孔贴合均匀，上轴承体与上盖的接触面积不少于 40%，下轴承体与下座的接触面积不少于 50%，接触面积不少于 70%；顶部间隙为 0.34 ~ 0.40mm，侧向间隙为 1/2 顶部间隙，推力间隙为 0.20 ~ 0.30mm，推力轴承与推力盘、衬背的过盈量为 0.02 ~ 0.04mm。

（5）检修润滑和液压油系统及设备。油系统应整洁，启停正常。检修风机的密封风系统，检查、清理风机的喘振探头、失速测孔应通畅完好。

（6）检修、调整调节驱动装置。驱动装置连接应牢固，能灵活开关，没有渗油现象，0°时应达到全关状态，90°时应达到全开状态。

（7）检查、修理液力耦合器或变频装置。装置调节应灵活，指示正确无误。

3. 气气热交换器（GGH）

① 清除 GGH 各处的积灰、堵灰和结垢；② 检查、更换部分腐蚀、磨损的换热元件；③ 检查、清理驱动系统及传动部件；④ 检查轴封系统，调整密封间隙；⑤ 检查转子支撑轴承、导向轴承；检查转子及扇形板，并测量转子晃度；⑥ 检查、修理高压冲洗水系统和高压冲洗水泵；⑦ 检查、检修烟气密封系统和烟气密封风机；⑧ 检查、修理压缩空气系统和检修空气压缩机；⑨ 检查、修理吹灰装置及消防系统。

4. 管式换热器

（1）检查管箱、管束。① 检查管箱法兰、丝堵的泄漏及垫片的磨损、腐蚀，箱、丝堵、垫片符合技术要求，表面不得有贯穿纵向的沟纹或影响密封性能的缺陷。② 检查管束的腐蚀及翅片损坏，管束应无腐蚀，翅片无变形及泄漏。③ 检查吹灰器蒸汽的冲刷磨损，吹灰设施的蒸汽疏水管畅通。④ 检查框架及构件的腐蚀及紧固件的稳固，框架不得有缺损，无松动，焊接牢固。

（2）管式换热器试运。检修记录齐全，试运报告齐全。

5. 烟道

检查、清理烟道内部表面的积灰、积垢；检查烟道内壁防腐层（如鳞片内衬）的腐蚀情况，如有必要应加以维修。清理烟道膨胀节底部积液及积灰，如腐蚀严重则应更换；烟道的法兰、人孔门应严密无漏。

（二）吸收塔系统的检修

1. 塔体检修

（1）检查塔（罐）防腐内衬的磨损及变形。① 清除塔内特别是塔底及干湿界面的灰渣及垢物，各部位应清洁无异物。② 用目测或电火花仪检查防腐内衬有无损坏，用测厚仪检查内衬的磨损情况，内衬应无针孔、裂纹、鼓泡和剥离，磨损厚度不小于原厚度的2/3。对损坏的内衬要及时修复。③ 检查塔壁变形及开焊情况。采用内顶外压校直、补焊，塔壁应平直，焊缝无裂纹。④ 检查、清理溢流孔、液位取样口、观察镜等，检查人孔门，应干净、无堵塞。

（2）格栅塔检修。检查格栅梁及托架。① 检查格栅梁及托架的腐蚀磨损情况，视情况修补或更换，梁、架防腐层应完好。② 检查托架安装是否平稳，测量水平度，水平度不大于0.2%L，且不大于4mm。

（3）检查格栅填料。① 检查堵塞结垢情况，严重时从塔内取出除垢、清洗，格栅应无严重结垢（一般4年清理一次格栅）。② 更换损坏件，格栅应无破损，表面光洁。

2. 检查氧化风系统，做鼓泡试验

① 用水冲洗、疏通布气管，管道应无堵塞。② 检查布气管焊缝及断裂情况，进行补焊，焊缝及管道应无裂纹、脱焊。③ 检查管子定位抱箍有无松动脱落，并拧紧、补齐，抱箍应齐全、牢固。④ 塔（罐）内注水淹没喷嘴，通入压缩空气做鼓泡试验，有氧化布气管的喷嘴鼓泡应均匀，管道无振动。⑤ 检查、修理氧化风机，清理其进口滤网。⑥ 检查氧化风的喷水减温喷嘴及管道，喷嘴应完整，无堵塞、磨损，管道畅通。

3. 喷淋层系统（对CT–121 FGD系统为烟气冷却泵喷淋层）

检查各部位喷浆、冲洗喷嘴及管道、阀门。① 检查喷嘴，喷嘴应完整，无堵塞、磨损，管道畅通。② 检查管道及衬胶，应无腐蚀，法兰及阀门无损坏，管道无泄漏，阀门开关灵活。③ 检查、清理合金托盘，托盘应无结垢、堵塞。④ 检查、清理文丘里棒层，应无结垢、堵塞，各棒间距符合要求。

对CT–121 FGD系统的鼓泡塔。① 检查、清理烟气进口通道上下隔板、冲洗喷嘴及管道，应清洁，无堵塞、磨损，喷嘴及其管道畅通。② 检查各烟气分配管，应无堵塞、结垢、腐蚀，必要时更换管道；分配管固定应牢固。③ 检查各烟气上升管道，应无结垢、腐蚀和磨损。④ 检查上隔板塔内空间及上隔板冲洗系统，应清洁，冲洗喷嘴及其管道应畅通。

4. 检查除雾器及其冲洗系统

① 冲洗除雾器元件，除去垢块，检查元件，应无杂物堵塞，表面光洁，无变形、损坏。② 检查紧固件，连接紧固件应完好、牢固。③ 检查漏斗排水管，漏斗及排水管应畅通无堵。④ 检查冲洗水喷嘴应完整，无松脱、堵塞、磨损，冲洗方向正确，管道畅通无断裂。

5. 搅拌器

（1）检查皮带轮，调整皮带。① 检查皮带轮槽的磨损，皮带轮应无缺损，轮槽厚度磨损量不超过2/3。② 测量平行度，调整中心距，中心偏差应不大于0.5mm/m，且不大于100mm。皮带紧力适中，无打滑现象。③ 检查皮带，皮带无撕裂及老化，更换损坏的皮带。

（2）检修减速器。① 检查齿轮的磨损、锈蚀，测量齿侧间隙。齿面应无锈蚀斑点，齿面磨损不超过1/10；齿侧间隙为0.51~0.8mm，齿面接触大于65%。② 检查润滑油管路及油泵。管路应畅通，油泵供油正常。③ 检查更换轴承。轴承应无过热、裂纹，磨损量符合相应轴承标准的规定。

（3）检查大轴及叶片。① 测量大轴（转动轴）。大轴应无弯曲，直线度偏差不大于0.1%，轴未磨损及断裂。② 检查叶片防腐层是否腐蚀磨损。叶轮防腐层（橡胶）无裂纹、脱胶。③ 检查叶片的腐蚀磨损及变形、连接情况。叶片的腐蚀磨损程度应较轻微，无弯曲变形，连接牢固，必要时更换叶片。

（4）检查轴密封。密封件应完好，无漏浆现象发生。

6. 浆液泵（循环泵、烟气冷却泵、石膏排放泵、脉冲悬浮泵、石灰石浆液循环泵及供浆泵、事故浆液泵等）

（1）检修皮带轮或齿型联轴器。① 检查皮带轮或齿型联轴器。皮带轮应完好；齿型联轴器无锈斑、缺损，齿面磨损不大于齿厚的25%。② 对中检查。注意调整中心时机座加垫片一般不超过3片，且垫片无锈斑。两皮带轮槽间中心偏差不超过1mm，齿型联轴器中心偏差不大于0.05mm，张口不大于0.03~0.05mm。

（2）检修填料或机械密封。① 更换填料时注意，填料的内容应大于轴径0.10~0.30mm，外径小于填料函孔径0.30~0.50mm，切口角度一般与轴向成45°，相邻两道填料的切口应错开90°，初装不宜压得太紧。开通密封水后沿轴间隙出水应为滴漏状清水，运转中填料箱及压盖不发热，无浑水流出。② 检修机械密封。安装时将轴表面清洗干净，抹上黄油，装好各部O型环，压盖应对角均匀拧紧。盘簧应无卡涩，动静环表面光洁无裂纹、划伤、锈斑或沟槽。轴套无磨损，粗糙度为1.6。

（3）检修轴承。① 检查轴承表面及测量间隙。更换轴承时采用热装温度不超过100℃，严禁直接用火焰加热；安装时轴承平行套入，不得直接敲击弹夹和外圈。轴承体表面应无锈斑、坑疤（麻点不超过3点，深度小于0.5mm，直径小于2mm），转动灵活无噪声。公差配合要求如下：轴径向轴承与轴H7/js6；径向轴承与轴H7/k6；外圈与箱内壁JS7/h6；止推轴承外圈轴向间隙为0.02~0.06mm；轴承轴向间隙不大于0.30mm；轴承径向间隙不大于0.15mm；转子定中心时应取总窜量的1/2。② 检查测量主轴颈圆柱度，以两轴颈为基准测量中段径向跳动量。

（4）检修泵体及过流部件。① 检查泵体及橡胶衬里、叶轮等过流部件的磨损、腐蚀、气蚀情况。泵壳应无磨损及裂纹；橡胶衬里无撕裂、穿孔、脱胶，与泵壳定位牢固；叶轮无穿孔、脱胶，无可能引起振动的失衡缺陷。② 测定与吸入衬板间隙。轮与吸入衬板间隙：卧式泵为1~1.5mm，立式液下泵为2~3mm；无泄漏，且水压高于泵压50kPa以上。

（5）检修密封水系统。① 检查、修理密封水管道法兰阀门。② 检查轴封是否损坏，轴承箱是否漏油。轴封应完好，无泄漏点。

（6）检修润滑油系统。检查润滑油质，并定期补充及更换。润滑油符合标准，无杂质。

（7）检查出入口蝶阀。蝶阀应开关灵活，关闭严密，橡胶衬里无损坏。

（8）清理、检修进口滤网。滤网应无损坏，无结垢、堵塞。

（三）吸收剂制备、储存和输送系统检修

1. 湿磨系统

（1）球磨机。检修大小齿轮、对轮及其传动、防尘装置。检查筒体及焊缝，检修钢瓦、衬板、螺栓等，选补钢球。检修润滑系统、冷却系统、进出口料斗及其他磨损部件。检查轴承、高低压油泵站、各部螺栓等。检修变速箱装置、联轴器。检查空心轴及端盖等。

（2）石灰石浆液循环箱、浆液罐。检查、清理浆罐及其浆液孔板、回流孔板、通风滤网。检查、清理溢流孔、液位取样口、人孔门等，应干净、无堵塞。检修搅拌器。

（3）检修石灰石皮带称重式给料机。检查、清理皮带，应完好无损伤、无跑偏；校验称重设备。

（4）石灰石输送、储仓系统。检查、清理皮带，应完好无损伤、无跑偏，除铁器工作应正常。检修提升机、石灰石储仓。

2. 石灰石粉制浆系统

（1）叶轮给料机、蜗轮箱及轴承的检修。① 检查伤痕，用游标卡尺测量磨损。齿面的磨损超过10%或断齿时，须更换。② 目测检查裂纹伤痕及磨损，应无裂纹、伤痕及不规则的磨损。

（2）油、粉料密封的检修。① 检查密封件的伤痕及磨损。密封件应无伤痕及磨损。② O型环和密封垫的磨损。O型环应无不规则磨损，密封垫无破损。

（3）供料箱的检修。① 检查箱体内有无损坏，应无裂纹、磨穿现象。② 检查清除各部位及箱体内的附着物及灰尘、积粉，应保持清洁。

（4）叶片及滑动门的检修。① 检查叶片，叶片应无变形、弯曲或裂纹，磨损量达到 1/3 的应更换。② 检查门杆无弯曲，门板无变形，开关灵活无卡涩。

（5）石灰石粉仓检修。① 检查、清理粉仓壁、流化槽，采用内顶外压的方法修复变形及凹凸部位，仓壁应无变形，平直完好。② 检查粉仓密封，密封垫及顶部布袋除尘器的损坏情况。粉仓应无泄漏，布袋除尘器无受潮堵塞，固定夹完好。

料位计，检修料位计叶片和轴。① 检查料位计是否有卡涩，消除卡涩，清除粉仓结垢，料位计应灵活。② 轴的弯曲变形和断裂情况，叶片应无变形，轴无弯曲。③ 调校高度指示，高度指示应与实际相符。

粉仓安全器，检修安全器。① 疏通安全器，清除内部物体。安全器应畅通，无堵塞。② 检查玻璃管应无泄漏或损坏。油质洁净，油位正常。③ 试验、调整粉仓安全卸压阀。

（6）石灰石粉仓流化风机（罗茨风机）检修。解体检查流化风机转子外壳、齿轮、轴承、密封件、挠性联轴器、消声过滤器。① 检查转子、外壳应无裂纹、摩擦。清除内部异物，测量转子间隙。转子、外壳应完好。驱动端转子间隙为 0.1~0.2mm，齿轮端为 0.15~0.4mm，吸气侧为 0.12~0.36mm，排放侧为 0.08~0.25mm，转子间及顶隙为 0.1~0.35mm。② 检查齿轮的磨损量，应无断齿。齿面磨损小于 10%，无断齿及过热痕迹。③ 检查密封件的磨损情况，密封件应完好，无磨损。④ 检查更换联轴器橡胶垫。胶垫应无老化或损坏。⑤ 检查过滤器应无堵塞、锈蚀。过滤器金属网罩应无锈蚀，过滤垫无堵塞或损坏。⑥ 检修流化风机的加热、除湿装置。

（四）石膏脱水系统的检修

1. 石膏输送机的检修

（1）桁架的检修。① 检查桁架的裂纹、开焊变形及腐蚀。桁架裂纹时，必须焊接牢固。② 桁架是否固定牢固，有无松动。桁架变形应矫正平直，保证皮带直线运动，并无晃动现象。

（2）皮带的检查与检修。① 检查有无裂纹及皮带磨损、老化现象。皮带磨损一般不得超过厚度的 50%，并无裂纹。② 检查皮带的接头是否适宜牢固。应采用分层搭接，搭接角为 30°~45°，搭接线分层交叉。硫化或固化处理牢固。

（3）滚筒与托辊的检修。① 检查其表面有无裂纹或凹坑现象。应保证无裂纹或凹坑，否则应更换或焊补。② 检查磨损情况和轴线与机体中心的垂直度。厚度磨损不得超过 60%（塑料材料不能超过 50%），垂直度公差为 1.5mm。

（4）轴与齿轮的检修。① 检查轴表面无损伤及裂纹。轴表面应无损伤或裂纹，否则应予以更换。② 检查轴的粗糙度及公差。粗糙度小于 1.6，直线公差为 0.015mm/100mm。③ 检查齿面的磨损及粗糙度。磨损厚度应不超过齿厚的 25%，并应光洁，无裂纹、剥离等缺陷。④ 测定齿轮及轴的配合。齿轮与轴的配合为 H7/K6。

（5）其他各部位的润滑、磨损检查与更换，最后进行空载运转试验。

2. 真空皮带脱水机

（1）过滤带的检修及更换。① 检查有无撕裂、孔洞。发现滤带表面损坏应更换。② 用水均匀冲洗滤布，清除堵塞。滤带应通气良好，无堵塞。③ 清除过滤带托（滚）轮及锐利的残留物，过滤带行走中无锐利物损坏的可能。④ 更换过滤带。安装时新过滤布必须在 2 个支架间的 1 个压杆上安装好，并定位于过滤器尾端，低速运转过滤器直到接头部位位于张紧轮及过滤器顶部间位置并停止。抬起张紧轮后拆旧过滤布，用手工拉紧新滤布，接好连接线。搭界线缝处表面用树脂填充，以防漏浆。新过滤布应与旧过滤布行走轨迹一致，行走中不跑偏。过滤布光滑面向上。

（2）过滤布导向装置检修。① 检查导向器定位准确，部件应完好。② 人工控制支撑臂左右调整过滤布走向，注意采用微调。

（3）托轮及压滚检修。① 检查托轮及压滚磨损，托轮、压滚应无沟槽。② 检查支撑轴承应无损坏，润滑油是否充足。定期补充及更换润滑油。

（4）检修皮带、调试跑偏装置，调整压缩气流量、各冲洗水流量。

（5）检修真空泵、滤布清洗水泵、滤饼冲洗水泵，检修滤液分离器及其附件。检查真空箱及连接软管的损坏情况，应无泄漏，连接件完好、牢固。

3. 石膏水力旋流器检修

检查、清理水力旋流子、连接软管，应无结垢、堵塞和磨损，必要时更换。溢流箱和底流槽应无结垢、堵塞。

4. 各浆液罐、水箱检修

检查、清理浆液罐，其内部防腐层如衬胶、玻璃鳞片涂层应完好；底部无结垢、沉淀物；检修各搅拌器、流量孔板。

5. 石膏仓及卸料装置检修

石膏仓内部表面的目视检查，应无结块、堵塞；料位计完好，指示准确。

检修卸料装置，应开关灵活，下料口无结块、堵塞。

（五）事故浆罐系统、工艺水系统和压缩空气系统的检修

检查、清理浆液罐，其内部防腐层如衬胶、玻璃鳞片涂层应完好；底部无结垢、沉淀物；检修各搅拌器、流量孔板、工艺水稳压阀。压缩机系统启停正常，满足FGD系统要求。

（六）废水处理系统的检修

（1）检查、清理澄清、浓缩池，中和、絮凝箱，废水储存箱，清水箱，石灰仓，石灰消化罐，石灰浆液罐，HCl溶液罐等容器。防腐应完整，容器内干净无杂物。

（2）检查、检修浓浆返回泵、浓浆外排泵、石灰浆液外排泵、石灰浆液循环泵、清水泵、废水循环泵、废水收集池外排泵等。

（3）检查修理废水旋流器，检查废水箱。

（4）检查、修理HCl溶液加药泵、絮凝剂加药泵、聚合物加药泵、螯合剂（如TMT15）加药泵等。

（5）检查、检修涤气器风机。

（6）检查、检修HCl喷雾器、酸雾洗涤器。

（7）检查、修理系统内各搅拌器。

（8）检查、修理石灰给料器、石灰输送机。

（9）检查、修理石灰仓除尘器。

（七）衬胶管道和阀门等的检修

抽样检查管道橡胶内衬，应无磨损、脱落，管道无腐蚀。应对运行中渗漏及插入的阀门、控制阀上游及下游的阀门、控制阀的旁路阀进行重点检查和维修，检查其磨损、腐蚀、断裂情况，必要时更换。

检查稳压阀、安全阀、切换阀。清理各地坑、地沟。

（八）附属电气设备的检修

（1）检修电动机和开关。

（2）检查、校验有关电气仪表、控制回路、保护装置、自动装置及信号装置。

（3）检修配电装置、电缆、照明设备和通信系统。

（4）进行预防性试验。

（九）热工控制系统的检修

1. 热工设备外部检查

（1）检查、测量管路及其阀门。

（2）检查热工检测元件（如测温套管）。

（3）检查热工盘（台）底部电缆孔洞封堵情况，核对设备标志。

2. 热工仪表

（1）检查、校验各类变送器。

（2）校验各类仪表、测温元件及其补偿装置。

（3）检查、校验分布元件、成套校验仪表系统。

3. 热工自动系统

（1）检查、校验热工自动系统及其装置、部件，进行静态模拟试验，检查、校验执行机构。

（2）动态调整、扰动试验。

4. 热工保护及连锁系统

（1）调校一、二次元件、执行装置及其控制回路。

（2）检查、调校保护定值、开关动作值，检查试验电磁阀、挡板、电动机等设备和元件。

（3）进行保护和顺控系统、连锁系统逻辑功能试验。

5. 分散控制系统（DCS）

（1）清扫、检查或测试系统硬件及外围设备，必要时更换。

（2）检查电源装置，进行电源切换试验。

（3）检查、测试接地系统。

（4）检查系统软件备份，建立备份档案。

（5）检查、测试数据采集和通信网络。

（6）检查控制模件、人机接口装置。

（7）测试事故追忆装置（SOE）功能。

（8）检查屏幕操作键盘及其反馈信号。

（9）检查、测试显示、追忆、报警、打印、记录、操作指导等功能。

（10）检查、核对输入/输出（I/O）卡件通道和组态软件。

（11）切换试验控制器冗余功能。

6. 数据采集系统（DAS）

（1）检验现场元器件及外来信号一次元件，检查输入信号。

（2）进行硬件测试、状态检测。

（3）检查量程和单位。

（4）校验测点误差。

7. 顺序控制系统（SCS）

（1）校验、安装测量元件、继电器。

（2）检验、测试卡件，整定参数。

（3）校验I/O信号、逻辑功能、保护功能。

（4）检查、试验执行机构动作情况。

（5）进行分回路调试及有关保护试验。

（6）进行系统程控功能联调。

8. 电缆

（1）检查、清扫、修补电缆槽盒、桥架。

（2）检查各类电缆敷设情况，检查接线、标志、绝缘。

（3）检查电缆封堵、防火。

（4）检查电缆接地情况。

（5）检查、试验电缆火灾报警监视装置系统。

第十节　FGD 系统的运行管理

一、管理最重要的事——培训

目前，电厂的脱硫运行人员组成结构较复杂，大部分来自原锅炉运行、汽轮机运行、燃料运行和电气运行岗位，专业基础知识差异性较大，原来各专业的操作习惯不尽相同，他们对 FGD 系统的理论、运行知识比较匮乏。运行管理首先要将他们结合在一起，培养出与专业要求相适应的运行队伍，保证 FGD 系统的安全、经济、稳定的运行。由于我国 FGD 系统运行时间相对较短，专业技术经验的积累还比较少，各种运行现场技术资料也较缺乏，专业学校也没有脱硫技术培训的专业，因此各电厂需根据各自的情况摸索这方面的经验。

要培养合格的脱硫运行值班人员，最重要的事是进行 FGD 系统专业知识的培训。可以从以下几个方面进行。

1. 基础知识培训

基础知识培训包括：

（1）基础理论知识。

① 基础化学知识；

② 识图知识（各种设备符号、KKS 编码等）；

③ 计算机基础知识；

④ 化工基础知识；

⑤ 环境保护知识。

（2）FGD 基础知识。

① FGD 基本原理；

② FGD 系统的流程；

③ FGD 设备作用及设备构成；

④ FGD 系统内化学分析基础；

⑤ FGD 系统的控制理念等。

（3）电厂热能动力基础知识。

① 电力生产过程基本概念；

② 发电设备基础知识（作用、基本结构及性能）；

③ 燃料基础知识（煤的分类、元素分析、工业分析等）；

④ 电厂烟气特性及危害。

（4）机械设备基础知识。

① 物料粉碎和分级；

② 流体输送和气流输送；

③ 非均相物料的分离；

④ 热量传递；

⑤ 气体的吸收；

⑥ 湿物料的干燥。

（5）电气基础知识。

① 配用电基础知识；

② 通用设备常用电器的种类及用途；

③ 配电和用电设备保护基础知识；

④ 安全用电和触电急救基本知识。

（6）热工基础知识。

① 热工自动化仪表知识；

② 热工自动控制、连锁保护知识。

（7）其他基本知识。

① 职业道德基本知识；

② 职业守则；

③ 电厂安全文明生产知识，如电厂安全生产规程和制度、安全操作和劳动保护知识；

④ 质量管理知识，如企业的质量方针、岗位的质量要求、企业的质量保证措施与责任等；

⑤ 相关的法律、法规知识，如电力生产法规知识、劳动法的相关知识、环境保护法规的相关知识及合同法相关知识等。

对于 FGD 系统检修人员，除了上面的学习外，还应掌握设备检修基础知识、钳工基础知识、起重基础知识、材料基础知识等。化学分析人员应进行专门培训。

2. 到类似的 FGD 系统上实习

到相关电厂跟班实习，可以增加运行人员的感性认识，同时可以学习别人的运行经验，避免犯相同的错误。有条件可以在 FGD 系统仿真机上进行练习，学习系统的启、停及各种事故处理，这将使运行人员的水平得以提高。

3. 跟踪 FGD 系统设备的安装过程

在 FGD 系统设备的安装过程中，运行人员可以清楚地看到各设备的内部元件，这样以后操作时就可以从 CRT 上看到现场设备的运行状况，对设备故障的判断能力会大大提高。

4. 在 FGD 系统调试过程中操作练习

调试时期是 FGD 系统运行人员掌握操作的最关键阶段，运行人员参与脱硫设备的全部调试过程，可以加深对 FGD 系统各流程及原理的理解，最重要的是通过自身的实际操作，可以牢固地掌握系统各设备的启、停条件，正常的启动程序，常规操作和工作记录，正常关闭，紧急关闭，各运行、维护数据，故障、技术事故预防措施，操作安全，事故处理方法或程序，设备的连锁保护等，这是今后 FGD 系统移交给电厂自己运行操作的基础。

5. 在 FGD 系统运行过程中学习交流

FGD 系统运行过程中会出现各种异常现象，每个班运行人员遇到的会有所不同，应该对其进行认真整理，分析原因，制订相应的技术措施，同时加强各班运行人员的知识交流，取长补短，共同提高。对共性的问题，根据实际情况组织集中技术讲座，例如针对电气知识普遍缺乏的情况，可以强化电气基础知识、电气安全知识、电气实际操作的培训。在对 FGD 系统进一步理解的基础上，可以大胆改进调试时的操作方法、调整运行方式，使 FGD 系统更安全、可靠、经济地运行。另外定期与其他电厂 FGD 系统运行人员交流，可以拓宽知识面，学习别人的先进经验，这无疑可以提高运行操作水平，少犯类似错误。

FGD系统的小修、大修是进行培训的良好时机，运行人员应趁着FGD系统较少操作、有足够的空闲时间的机会，去现场仔细观看检修人员对设备进行的各种解体、修理、装配等工作，这不仅可以加深对FGD系统设备的感性认识，而且可以看到系统中设备的各种问题如腐蚀、磨损、堵塞等现象，这会促进运行人员对FGD系统操作规程的理解，变被动操作为主动操作，增强了人的主观能动性。

6. FGD运行规程的学习和编写

运行规程是电厂运行人员对现场设备的运行操作、维护和事故处理过程中所必须遵循的技术标准文件，即运行人员是依据运行规程来对现场设备进行相应的操作和处理。运行规程作为技术标准，它具有规范化、程序化、逻辑严谨化、更具安全和可操作性的特点。它的编写是依据设备铭牌参数、工作原理和技术特性以及设计、图纸等资料进行的，因此，可把它看作是运行人员在生产过程中的一种"法"来遵守，也可以看作是运行人员的一双"眼睛"，随时看穿设备是否偏离正常运行工况以便及时作出相应处理。应将学习FGD运行规程作为培训的一项重要内容，可通过考试、模拟操作、现场讲解等各种手段来加深对运行规程的掌握。

目前，由于国内大部分FGD公司都引进国外的石灰石/石膏湿法FGD技术，作者发现电厂编写运行规程时大多参照国外技术资料，由于专业知识及英语水平的不同，规程的许多语句显得十分生硬，不符合中习习惯。在FGD系统调试过程中对操作步骤、逻辑保护等会进行许多修改，很多运行规程还没有及时修编，造成规程要求的与实际操作不符。因此应在FGD系统运行实践中不断地对规程进行修订，使之完善，真正成为运行人员遵守的"法"。另外作者看到，几乎所有的FGD运行规程，包括机组的运行规程，从头到尾都是文字说明，显得枯燥无味。作者建议，给运行规程增加一点"颜色"，即运用现代发达的数码照像技术，将FGD系统主要的设备相片加入到规程中去，这样不仅可以增加运行人员对现场设备的印象，加快规程的掌握，而且有利于与他人进行交流。

二、安健环管理

"电力生产，安全第一"，电厂长期、安全运行的极端重要性已被世人公认，且有全过程、系列化的规则和制度作保证，有一套比较成熟的运行管理方法。作为火电厂一个重要组成部分的FGD系统，其运行管理可以沿用其他专业的运行管理方法，并结合自身的特点，以保证其长期、稳定、有效地运行。在职业安全健康管理体系（OSHMS）基础上发展产生的"安健环"管理体系无疑是很好的一种管理体系，许多电厂还采用了南非国家职业安全协会NOSA五星"安健环"管理系统，这里作一简单介绍。

"安健环"即"安全、健康、环保"，其管理目标是实现"零违章、零意外"，其管理信念是所有意外均可以避免，所有存在的危险皆可得到控制，对环境的影响可以尽量降低，每项工作均顾及安全、健康、环保。安健环管理体系的基础是"风险管理"。

"风险"定义为某一特定危险源造成伤害的可能性、几率或概率，它是可能造成人员伤亡、疾病、财产损失、工作环境破坏的根源或状态。风险管理是研究风险发生规律和风险控制技术的一门新兴管理学科，其实质是以最经济合理的方式消除风险导致的各种灾害后果，它包括危险辨识、风险评价、风险控制等一整套系统而科学的管理方法，即运用系统论的观点和方法去研究风险与环境之间的关系，运用安全系统工程的理论和分析方法去辨识危害、评价风险，然后根据成本效益分析，针对企业所存在的风险做出客观而科学的决策，以确定处理风险的最佳方案。它体现了超前控制和过程管理的思想。

安健环健康管理体系运行的主线是风险控制过程，而基础是危险辨识、风险评价和风险控制的策划。为了控制风险，首先要对企业所有作业活动中存在的危险加以识别，然后评估每种危害危险的风险等级，依据企业适用的安健环法规要求和管理标准确定不可承受的风险，而后针对不可承受

的风险予以控制：制定目标、管理方案；落实运行控制；准备紧急应变；加强培训、提高安健环意识；通过监控机制发现问题并予以纠正。

危险辨识、风险评价和风险控制策划的结果是安健环管理体系的主要输入，即体系的几乎所有其他要素的运行均以危害辨识、风险评价和风险控制策划的结果作为重要的依据之一或需对其加以考虑。

（一）危险源辨识

危险源辨识是识别危害的存在并确定其性质的过程。危险源是指能使人造成伤亡，对物造成突发性损坏，或影响人的身体健康导致疾病，对物造成慢性损坏，对环境造成污染的潜在因素。有助于识别危险源的5个问题是：① 在什么地方？（Where）② 存在什么危险源？（What）③ 在什么时间？（What time）④ 谁（什么）会受到伤害？（Who）⑤ 伤害怎样发生？（Why）。危险源有如下分类方法。

1. 对人身安全和健康形成影响的危险源

可按导致事故和职业危害的直接原因进行分类。根据 GB/T 13816—1992《生产过程危险和危害因素分类与代码》的规定，将生产过程中的危险、危害因素分为6类。

（1）物理性危险、危害因素。

① 设备、设施缺陷（强度不够、刚度不够、稳定性差、密封不良、应力集中、外形缺陷、外露运动件、制动器缺陷、控制器缺陷、设备设施其他缺陷）。

② 防护缺陷（无防护、防护装置和设施缺陷、防护不当、支撑不当、防护距离不够、其他防护缺陷）。

③ 电危害（带电部位裸露、漏电、雷电、静电、电火花、其他电危害）。

④ 噪声危害（机械性噪声、电磁性噪声、流体动力性噪声、其他噪声）。

⑤ 振动危害（机械性振动、电磁性振动、流体动力性振动、其他振动）。

⑥ 电磁辐射（电离辐射：X射线、质子、中子、高能电子束等；非电离辐射：紫外线、激光、射频辐射、超高压电场）。

⑦ 运动物危害（固体抛射物、液体飞溅物、反弹物、岩土滑动、堆料垛滑动、气流卷动、冲击地压、其他运动物危害）。

⑧ 明火。

⑨ 能造成灼伤的高温物质（高温气体、高温固体、高温液体、其他高温物质）。

⑩ 能造成冻伤的低温物质（低温气体、低温固体、低温液体、其他低温物质）。

⑪ 粉尘与气溶胶（不包括爆炸性、有毒性粉尘与气溶胶）。

⑫ 作业环境不良（作业环境不良、基础下沉、安全过道缺陷、采光照明不良、有害光照、通风不良、缺氧、空气质量不良、给排水不良、涌水、强迫体位、气温过高、气温过低、气压过高、气压过低、高温高湿、自然灾害、其他作业环境不良）。

⑬ 信号缺陷（无信号设施、信号选用不当、信号位置不当、信号不清、信号显示不准、其他信号缺陷）。

⑭ 标志缺陷（无标志、标志不清楚、标志不规范、标志选用不当、标志位置缺陷、其他标志缺陷）。

⑮ 其他物理性危险和危害因素。

（2）化学性危险、危害因素。

① 易燃易爆物质（易燃易爆性气体、易燃易爆性液体、易燃易爆性固体、易燃易爆性粉尘与气溶胶、其他易燃易爆性物质）；

② 自燃性物质；

③ 有毒物质（有毒气体、有毒液体、有毒固体、有毒粉尘与气溶胶、其他有毒物质）；

④ 腐蚀性物质（腐蚀性气体、腐蚀性液体、腐蚀性固体、其他腐蚀性物质）；

⑤ 其他化学性危险、危害因素。

（3）生物性危险、危害因素。

① 致病微生物（细菌、病毒、其他致病微生物）；

② 传染病媒介物；

③ 致害动物；

④ 致害植物；

⑤ 其他生物性危险、危害因素。

（4）心理、生理性危险、危害因素。

① 负荷超限（体力负荷超限、听力负荷超限、视力负荷超限、其他负荷超限）；

② 健康状况异常；

③ 从事禁忌作业；

④ 心理异常（情绪异常、冒险心理、过度紧张、其他心理异常）；

⑤ 辨识功能缺陷（感知延迟、辨识错误、其他辨识功能缺陷）；

⑥ 其他心理、生理性危险危害因素。

（5）行为性危险、危害因素。

① 指挥错误（指挥失误、违章指挥、其他指挥错误）；

② 操作失误（误操作、违章作业、其他操作失误）；

③ 监护失误；

④ 其他错误；

⑤ 其他行为性危险和有害因素。

（6）其他危险、危害因素。如管理意识风险。

2. 参照事故类别

参照 GB 6441—1986《企业伤亡事故分类》，综合考虑起因物、引起事故的先发的诱导性原因、致害物、伤害方式等，将危险、危害因素分为 16 类。

（1）物体打击。是指物体在重力或其他外力的作用下产生运动，打击人体造成人身伤亡事故，不包括因机械设备、车辆、起重机械、坍塌等引发的物体打击；

（2）车辆伤害。是指企业机动车辆在行驶中引起的人体坠落和物体倒塌、飞落、挤压伤亡事故，不包括起重设备提升、牵引车辆和车辆停驶时发生的事故；

（3）机械伤害。是指机械设备运动（静止）部件、工具、加工件直接与人体接触引起的夹击、碰撞、剪切、卷入、绞、碾、割、刺等伤害，不包括车辆、起重机械引起的机械伤害；

（4）起重伤害。是指各种起重作业（包括起重机安装、检修、试验）中发生的挤压、坠落、（吊具、吊重）物体打击和触电；

（5）触电。包括雷击伤亡事故；

（6）淹溺。包括高处坠落淹溺，不包括矿山、井下透水淹溺；

（7）灼烫。是指火焰烧伤、高温物体烫伤、化学灼伤（酸、碱、盐、有机物引起的体内外灼伤）、物理灼伤（光、放射性物质引起的体内外灼伤），不包括电灼伤和火灾引起的烧伤；

（8）火灾。

（9）高处坠落。是指在高处作业中发生坠落造成的伤亡事故，不包括触电坠落事故；

（10）坍塌。是指物体在外力或重力作用下，超过自身的强度极限或因结构稳定性破坏而造成的事故，如挖沟时的土石塌方、脚手架坍塌、堆置物倒塌等，不适用于矿山冒顶片帮和车辆、起重机械、爆破引起的坍塌；

（11）放炮。是指爆破作业中发生的伤亡事故；

（12）火药爆炸。是指火药、炸药及其制品在生产、加工、运输、贮存中发生的爆炸事故；

（13）化学性爆炸。是指可燃性气体、粉尘等与空气混合形成爆炸性混合物，接触引爆能源时，发生的爆炸事故（包括气体分解、喷雾爆炸）；

（14）物理性爆炸。包括锅炉爆炸、容器超压爆炸、轮胎爆炸等；

（15）中毒和窒息。包括中毒、缺氧窒息、中毒性窒息；

（16）其他伤害。是指除上述以外的危险因素，如摔、扭、挫、擦、刺、割伤和非机动车碰撞、轧伤等（矿山、井下、坑道作业还有冒顶片帮、透水、瓦斯爆炸等危险因素）。

参照卫生部、原劳动部、总工会等颁发的《职业病范围和职业病患者处理办法的规定》，又可将危害因素分为生产性粉尘、毒物、噪声与振动、高温、低温、辐射（电离辐射、非电离辐射）、其他危害因素7类。

危险辨识需做到"横向到边，纵向到底"的原则，从生产所关联的工艺流程逐项进行危险的查找。

（二）风险评估

风险评估即评估风险程度并确定其是否在可承受范围内的全过程。风险评估有两大类，它们之间并不互相排斥。一类是把已知风险的信息应用到所考虑的环境中去，从而计算出目标概率，这是一种定量的风险评估。第二类风险评估是一种主观分析，这是一种以风险的综合数据为依据的个人判断，是一种定性的分析。风险评估方法有：

1. 工作安全分析（JSA）

这是一种较细致地分析工作过程中存在危害的方法，把一项工作活动分解成几个步骤，识别每一步骤中的危害和可能的事故，制定每一步骤的安全措施，形成岗位安全工作程序，降低工作中安健环风险。

2. 安全检查表分析（SCL）

这是基于经验的方法，是分析人员列出一些项目，识别与一般工艺设备和操作有关的已知类型的危害、设计缺陷以及事故隐患。安全检查表分析可用于对物质、设备或操作规程的分析。

3. 半定量分析（$PS = RL$）

所谓半定量分析是指根据经验对存在的可能性和危害程度，人为地设定一个量化值，然后进行综合分析的风险评估方法，它所考虑的量化因素有

P——发生危险的可能性；

S——发生危险的危害程度。

按照风险矩阵将所有风险进行排序，根据风险等级制定降低风险措施。

4. 预危害性分析（PHA）

主要是在项目发展的初期（如概念设计阶段）识别可能存在的危害，是今后危害性分析的基础。当只希望进行粗略的危害和潜在可能性分析时，也用PHA对已建成的装置进行分析。

5. 失效模式与影响分析（FMEA）

是识别装置或过程内单个设备或单个系统（泵、阀门、液位计、换热器）的失效模式以及每个失效模式的可能后果。失效模式描述故障是如何发生的（打开、关闭、开、关、损坏、泄漏等），失效模式的影响是由设备故障对系统的应答决定的。

6. 危险与可操作性分析（HAZOP）

是系统、详细地对工艺过程和操作进行检查，以确定过程的偏差是否导致不希望的后果。该方法可用于连续或间歇过程，还可以对拟定的操作规程进行分析。HAZOP的基本过程以关键词为引导，找出工作系统中工艺过程或状态的变化（即偏差），然后继续分析造成偏差的原因、后果以及可以采取的对策。HAZOP分析需要准确、最新的管道仪表图（P&ID）、生产流程图、设计意图及参数、过程描述。对于大型的、复杂的工艺过程，HAZOP分析公用工程等方面的人员需要5~7人，包括设计、工艺或工程、操作、维修、仪表、电气、公用工程等方面的人员；对相对较小的工艺过程，3~4人的分析组就可以了，但都应有丰富经验。

风险评估经讨论后形成的控制措施，要通过学习、宣传给予展示，让员工明确掌握危险的同时知道如何控制。

（三）风险控制方法和措施

安健环体系中降低风险的方法和措施有：

（1）排除。设计出新的程序或设备排除危险成分以避免接触危险。排除危险是风险控制的最佳选择，因为这样职工可以不接触到危险工作程序或物质，比其他控制措施能为职工提供更好的保护。

（2）代替。用其他程序或物质代替，这包括用其他相当的低危险或没有危险物质代替，或选择在空气中与之接触较少的工作程序。

（3）隔绝。无论潜在危险存在与否，可考虑隔绝这个工作程序以减少职工与危险物质接触程度。例如：把嘈杂的机器放在隔音室里面。

（4）控制。如果危险已经经历了潜在阶段并且不能被排除、被取代和被隔绝，那么下一步就是控制危险的发生，这可以通过控制减少职工接触的程度，控制包括自动操作生产过程中的危险部分，改进工具和设备或安装通风设备等措施。

（5）管理。这些措施是指一些管理方法，包括整理、训练、调换工作、监督、采购、说明书、上岗执照和工作程序等等。

（6）个人防护用品。它是把保护设备的负担放到员工身上，采用的是安全人的方式，给员工造成行动和习惯上的不便，是最后的危险控制方式。

另外有些风险可以通过风险转移的方式解决，如室外高空作业，可以通过有资质的队伍来完成。在评估后的风险较高，且暂时不能很好控制的可以通过保险方式投保。

在安健环管理当中，基层员工是最关键的角色，他们每天都在现场工作，对安健环隐患最了解，也是容易受损的对象。将每一位员工都训练成安健环管理者，员工能够积极参与电厂管理，发挥群体效应，那么，安健环管理目标"零意外、零违章"就不难实现了。

三、优化节能管理

（一）FGD石膏的综合利用

石灰石/石膏湿法FGD系统在全世界的FGD装置中占主流，我国大型火电机组的FGD技术同样是以湿法为主。然而FGD系统的投资和运行费用十分高昂，对电厂来说，FGD石膏能否得到综合利用是一个重要问题，作为FGD系统的管理部门，在对FGD系统进行运行优化的同时，必须对FGD石膏的应用进行优化，最大限度地减轻电厂的负担，否则会造成FGD石膏的二次污染。

通常情况下，FGD石膏的粒径为$1~250\mu m$，主要集中在$30~60\mu m$。采用石灰石/石膏法的FGD石膏的纯度一般在$90\%~95\%$，采用石灰/石膏法，石膏的纯度可达96%以上，有害杂质较少，主要成分与天然石膏一样都是二水石膏晶体（$CaSO_4 \cdot 2H_2O$）。与天然石膏相比，FGD石膏具有粒度小、成分稳定、杂质含量少、纯度高、含有Na^+、Mg^{2+}、Cl^-、F^-等水溶性离子成分等特点，石膏中还含有少量的碳酸钙颗粒，游离水分一般小于10%。FGD石膏的外观通常呈灰白色或灰黄色，灰色主要原因是烟气中灰分含量较高以及石灰石不纯含有铁等杂质。国内外大量应用实践表明，FGD石膏可作为天然石膏的替代品，可用作水泥缓凝剂、墙板材料、农业土壤改良与修复、矿井回填、道路路基等。研究表明，FGD石膏在其生产、加工、应用等方面产生的对人体健康和环境有害的作用较小，用FGD石膏替代天然石膏生产各种石膏建材，不仅可以减少天然石膏的消耗量，减少矿山开采带来生态环境破坏问题，而且还可以形成FGD石膏制品的新产业和新市场。

目前，全世界约有20个国家和地区的火电厂应用FGD系统控制SO_2排放。对于石灰石/石膏FGD工艺而言，每脱除1t SO_2可以对应产生FGD石膏约2.7t。一台30万kW的燃煤火力发电厂，按燃煤S含量1.0%计算，每年排出的脱硫石膏约为3万t，因此FGD石膏量是十分巨大。据统计，1996年全世界的FGD石膏排放量约为1500万t，预计到2010年将超过5000万t。

FGD石膏的工业化生产和使用已超过20年之久，在美国、欧洲各国以及日本得到高度重视和很好发展。

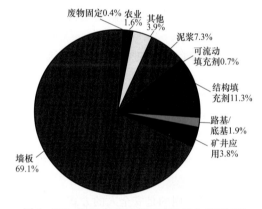

图6-270　2000年美国FGD产物综合利用情况

1. 美国FGD石膏生产和综合利用状况

早期美国安装的石灰石/石灰法FGD系统多采用自然氧化工艺，因而副产物是性能不稳定、综合利用价值不大的亚硫酸钙，基本是自然抛弃处理。自20世纪80年代开始，越来越多的电厂开始采用石灰石/石膏强制氧化工艺，并生产有较高利用价值的FGD石膏。2000年，美国FGD石膏产生量约为2300万t，其中约450万t（占20%）得到了利用，主要是用于墙板生产，如图6-270所示。近年来，美国新建的石膏板厂大多位于发电厂附近，以电厂FGD石膏为原材料。除了石膏墙板，FGD石膏也用作结构填充和混凝土制品。

总体上，在美国，FGD石膏相对于天然石膏而言不具有竞争优势，主要原因是：① FGD石膏不能在诸如运输距离等方面与天然石膏进行成本上的竞争；② 墙板生产所要求的FGD石膏纯度不能保持恒定，尤其是特定的氯和飞灰含量；③ 当地的天然石膏供应已为当地的墙板生产工厂所接受。因此FGD石膏在美国主要采用抛弃法进行处置。除了经济的原因之外，美国所具有的广阔国土面积，为抛弃法处置FGD石膏提供了场地保障。

2. 欧洲FGD石膏生产和综合利用状况

20世纪80年代后期开始，随着欧洲范围内FGD装置安装数量的增加和相关法律、法规、政策等的实施，FGD石膏在欧洲开始逐步得到了大规模的资源化利用。2000年，在西欧和东欧的18个国家有9400MW电厂装备了石灰石湿法FGD装置，年生产1580万t FGD石膏，欧洲FGD石膏的数量和分布见表6-73，其中德国达到620万t，占有欧洲最大份额。欧洲大约87%的FGD石膏用于石膏工业和水泥工业，如用于生产熟石膏粉、石膏制品、石膏砂浆等各种建筑材料，6%的FGD石膏作为原料暂时堆存以备将来利用。图6-271给出了1999年欧洲FGD石膏在建筑工业综合利用途径及分布情况。可见，欧洲FGD石膏最主要的应用领域是石膏墙板生产，约占FGD石膏利用总量的2/3；其次是自流平石膏板，约占1/5；其他用途则包括水泥添加剂、石膏砌块等。

表 6－73 　　　　　　　　　　　欧洲的 FGD 石膏数量

国别	已安装的湿法 FGD 系统（MW）	FGD 石膏数量（万 t）		国别	已安装的湿法 FGD 系统（MW）	FGD 石膏数量（万 t）	
		2000 年	2005 年			2000 年	2005 年
奥地利	1500	10	10	意大利	4180	70	110
比利时	500	3	5	荷兰	4900	34	34
克罗地亚	210	3	11	波兰	6900	136	183
捷克共和国	5710	190	150	斯洛伐克	400	5	5
丹麦	4200	33	40	斯洛文尼亚	275	14	32
芬兰	1800	17	17	西班牙	1750	49	49
法国	1200	6	9	土耳其	2670	316	470
德国	51000	620	650	英国	5960	60	107
希腊	450	12	19	全部欧洲	94205	1584	1933
匈牙利	600	6	32				

3. 日本 FGD 石膏生产及综合利用状况

日本是世界上最早大规模应用 FGD 装置控制火电厂 SO_2 排放的国家。由于自身资源、国土面积、人口、环境等方面的限制，日本的 FGD 石膏资源化利用得到了高度重视，在 FGD 石膏的综合利用方面积累了丰富的经验。1997 年的利用量已达 214.5 万 t，利用率 98%，主要用于纸面石膏板和水泥，其中石膏板占 40.6%，水泥达 57%。日本的 FGD 石膏质量很好，1979 年对 21 个 FGD 石膏生产源进行了调查，平均石膏含量为 97.9%，表面水分小于 10%。另外，日本还将 FGD 石膏与粉煤灰及少量石灰混合，形成烟灰材料，利用这

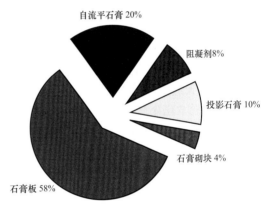

图 6－271　1999 年欧洲 FGD 石膏在建筑工业的利用情况

种材料在凝结反应过程中产生的强度，作为路基、路面下基层或平整土地所需砂土。这一技术由美国 C.S.I 公司开发，作为能廉价大量处理粉煤灰和 FGD 石膏的先进技术被引进到日本，目前有 50 多家工厂正在从事这种材料的生产作业。

4. 我国 FGD 石膏利用情况

目前我国火电厂建成的众多 FGD 装置中，其 FGD 石膏都得到了一定的利用。主要有以下三种利用类型：① 石膏仓中的粉状二水石膏，直接卖给用户，主要是建材部门，做石膏制品，如广东各电厂；② 将粉状二水石膏加工成半成品（如粒状），再卖给水泥厂，或二水石膏加工成半水石膏售出；③ 电厂自己有石膏制品生产线，如石膏砌块、粉刷石膏等。

（1）华能珞璜电厂。国内最早安装 FGD 装置的华能珞璜电厂，曾于 1995 年和 1996 年先后建成一个 50000m²/a 的空心砌块制品厂和一个 12000t/a 建筑石膏试验厂。1999 年开始，安徽芜湖可来福、上海博乐、拉法基先后与珞璜电厂签订合同，用 FGD 石膏做纸面石膏板，珞璜电厂 FGD 石膏综合利用量开始逐年上升，2001 年达 7.6 万 t。但是，相对于珞璜电厂三期工程的 FGD 石膏生产能力来说，目前珞璜电厂 FGD 石膏的综合利用率还很低。

（2）太原第一热电厂。太原第一热电厂在国内建成了第一条炒制半水石膏生产线，生产产品包括建筑石膏、粉刷石膏和水泥缓凝剂，产品质量达到国内外同类产品标准要求，被称为国内示范工程。该工程采用了先进的气流干燥技术，干燥后的石膏水分在 1% 左右，然后进入直径 2500mm 的连

续炒锅内煅烧，设计生产能力为 6 万 t/a。产品各项技术指标符合 GB 776—1988《建筑石膏》优等品的要求，全部外销。2000 年，以半水 FGD 石膏为主要原料，采用立模成型、液压顶升工艺生产砌块，形成具有一定规模的全自动石膏砌块生产线，产品达到我国建材行业标准 JC/T 668—1998《石膏砌块》各项技术性能要求，主要用作框架结构和其他结构的非承重墙体。

（3）国华北京第一热电厂。2002 年，北京第一热电厂引进国外 FGD 石膏生产工艺，建成与 4×410t/h 燃煤锅炉 FGD 系统配套的石膏处理生产线，将脱水后的二水石膏炒制成半水石膏，再加工成石膏板、石膏砌块作为建筑材料。所生产的 FGD 石膏砌块，符合德国 DINl8 163 及其他国际标准规定的尺寸、密度和断裂强度要求，主要作为建材预制构件用于室内非承重墙，是全国第一家利用湿法 FGD 石膏生产出石膏板的工程。2002 年，北京第一热电厂 FGD 系统二水石膏年产量为 15052t，其中，炒制成半水石膏 2729t，石膏板生产量 69265.6m^2，但还远远低于配套建设石膏板厂 3.84×10^{5}m^2 的年生产能力。

（4）重庆电厂。2002 年，重庆电厂 FGD 石膏总产量接近 15 万 t，初期电厂没有计划对石膏进行进一步处理，但现在重庆电厂在电厂厂址外建造了一套加工石膏粒和制成半水石膏的设备，2002 年已生产和销售近 6000t 半水石膏和 18000t 石膏粒。但大部分 FGD 石膏还是以二水石膏销售或堆存。

电厂应结合本地区实际，将 FGD 石膏自身组织加工利用，或与建材部门、企业密切配合加以利用，在解决 SO$_2$ 大气排放污染的同时变废为宝，减少灰渣场的占地和减轻生态破坏及二次环境污染。FGD 石膏的价格是推广应用的重要因素，应尽可能降低 FGD 石膏生产成本和销售价格，使采用企业在使用后能与天然石膏获取同样的或更大的利益。

（二）优化节能管理实例

湿法 FGD 工艺系统复杂，在脱除 SO$_2$ 的同时，要消耗大量的石灰石、水、电等运行材料，增大了发电运营成本。中电国华北京热电分公司（原北京一热），针对脱硫运行中的费用问题，开展了较为细致的分析研究，采取了一些节能措施，取得了较好的经济效益。可供 FGD 系统的运行管理部门参考。

热电分公司安装二套石灰石/石膏湿法 FGD 装置，脱除四台锅炉燃烧产生的 SO$_2$，每台锅炉额定蒸发量为 410t/h，二台锅炉配套一台 200MW 汽轮机。一期 FGD1 系统（3 号、4 号炉）由德国 BBP 环保公司提供，2000 年 10 月投入运行，同时考虑到脱硫副产品二水石膏的综合利用，配套建成了石膏炒制板生产线。二期 FGD2 系统（1 号、2 号炉）由北京国电龙源环保公司承建，采用 BBP 脱硫技术，除关键设备进口外，其余采用国产设备，国产化率达 60% 以上，2003 年 7 月投入试运行。2002 年 FGD1 系统实际年运行总费用见表 6－74。

表 6－74 　　　　　　　　　2002 年 FGD1 系统运行总费用统计表

序号	消耗费用（万元）		销售收入（万元）		运行费用（万元）
1	石灰石	63.9	二水石膏	77.63	
2	工艺水	21.75	半水石膏	156.8	
3	废水处理药剂	10			
4	电耗	338.4			
总　计		434.05		234.43	199.62

注　炒制、板厂消耗的重油、水、汽未计算在成本内。

FGD1 系统投运 3 年来，通过优化运行方式、运行参数，在经济运行方面作了大量的实践和探索，从 FGD 运行消耗材料中的石灰石、工艺水、转动设备电耗及废水处理等方面，制定了科学、可行的节能措施，大幅度降低了脱硫运行成本。其节能措施有以下几方面。

1. 减少吸收塔循环泵运行台数

锅炉原设计燃用大同混煤，煤含硫量为 1.04%，FGD 设计入口 SO_2 浓度为 $2600mg/m^3$，出口为 $130mg/m^3$，3 台循环泵运行，脱硫效率 95.6%。现改烧神华煤，煤含硫量为 0.4% ~ 0.5%，由于燃煤含硫量的降低，FGD 入口 SO_2 浓度降至 700 ~ $1200mg/m^3$，平均在 $800mg/m^3$ 左右，FGD 设计裕量相对增大，吸收塔 3 台浆液循环泵运行，脱硫效率可高达 99% 以上，SO_2 排放浓度仅为 5 ~ $10mg/m^3$。2001 年进行 FGD 系统性能考核试验时，进行了 2 台循环泵运行试验，脱硫效率仍能达到 97% ~ 98%。退出一台泵运行，按年运行 6943h、电费 0.278 元/（kW·h）计算，年节约电费列于表 6 - 75，由此可见，吸收塔减少 1 台循环泵运行，脱硫效率降低 1% ~ 2%，但节能的效益却非常显著。

表 6 - 75　　　　　　　　　　　　　　　　**吸收塔循环泵耗电量及费用**

循环泵	泵流量（m^3/h）	泵压头（$\times 10^5 Pa$）	运行电流（A）	计算功率（kW）	年耗电量（万 kW·h）	节电费用（万元）
1 号	4800	2.1	34.6	305.8	212.3	59.0
2 号	4800	2.3	38.3	338.5	235.0	65.3
3 号	4800	2.5	39.6	350.0	243.0	67.6

注　泵耗电量 $= 3^{1/2} \times 6300 \times I \times 0.81$，$I$ 为运行电流，A。

2. FGD 工艺水源改造

维持湿法 FGD 系统正常运行要消耗大量的工艺水，工艺水除 10% 左右被石膏带走及排出的少量废水外，其余全部通过烟囱排入大气。为了降低 FGD 系统的运行成本，结合热电分公司水系统运行的具体情况，在 2003 年二期 FGD 系统的建设过程中，根据脱硫工艺用水的特点，设计安装了 2 台变频调速泵，根据用水负荷自动调整泵的出力（0 ~ 90t/h），降低了泵的电耗。同时对 FGD 工艺用水的水源进行了改造，由工业水来水改用机炉转动设备的冷却水回收水。改造后，一方面节省了 FGD 工艺用水（清洁水源），另一方面解决了由于转动设备夏季冷却水用量大，回水系统容量小造成的溢流，既节约了用水同时又减少了水资源的浪费，一举两得。从化学水质分析结果看，冷却水回水水质完全能满足 FGD 工艺用水的需要，一套 FGD 系统每小时平均消耗工艺水 36t 左右，改造后 2 套 FGD 年节约水约 2×25 万 t，节约水费 43.5 万元，节水效益显著。

3. FGD 废水引入冲渣水系统综合处理

吸收塔中废水的排放对整个吸收反应过程及石膏的品质起着至关重要的作用，必须从系统中排出一定量的废水。脱硫废水为弱酸性，pH 值在 5.0 ~ 5.6 之间，通常这部分水需要经过废水处理后达标排放。

热电分公司 FGD1 系统设计废水处理量为 $1.9m^3/h$，年处理运行费用在 10 万元以上。为了保证吸收塔废水的正常排放，FGD2 系统设计中增加了废水排放备用系统，一旦废水处理系统发生故障，可将废水排放至冲灰渣系统综合处理；同时对 FGD1 系统的废水处理系统也进行了排入灰渣水系统的改造。

锅炉的除渣系统为水力除渣，补水量在 5t/h 左右，该系统安装一套灰渣废水处理系统。由于灰渣中 CaO 的溶解，冲灰渣水呈碱性，pH 值在 8.5 ~ 10.5，高碱性的水造成系统设备结垢严重，致使管路堵塞、泵出力下降的问题频繁发生。将 FGD 酸性废水引入除渣系统综合处理，灰渣水的特性得到了改善，从水质检测的情况看，pH 值明显降低，灰渣废水处理设备的结垢情况明显好转。2 套 FGD 排出的废水量约 4t/h，引入除渣系统后可替代渣系统的补水，既不影响除渣系统的水平衡，又能保证处理水的水质，可大幅减少脱硫运行成本。2003 年进行了 FGD 废水排入灰渣水系统运行试验，水质监测指标见表 6 - 76。

表 6-76   FGD 废水排入灰渣水前后的监测指标

引入前（灰渣水）				引入后（灰渣水）			
日期	pH 值	COD（mg/L）	悬浮物（mg/L）	日期	pH 值	COD（mg/L）	悬浮物（mg/L）
6.16	8.68	4.0	1.3	10.13	8.04	72	
7.07	8.56	3.0	4.8	10.20	7.75	11	6.1
8.04	9.34	11	9.6	11.03	7.93	58	4.4
8.18	9.46	4.0	1.4	11.17	7.24	4.0	9.3
9.01	10.52	42.3	3.9				
9.15	8.94	6	4.6				
平均	9.25	11.71	4.2		7.75	36.25	6.6

注 监测取样点为灰渣废水处理清水池内。

4. 改用品质好且易磨的石灰石

石灰石品质对脱硫效率、副产品石膏质量起着重要的作用，石灰石的硬度降低，将会大幅度的降低石灰石破碎及浆液制备的单耗，节约运行成本。2001 年 3 月份，FGD1 系统运行中进行了长山和门头沟两个矿的石灰石对比试验，成分分析及磨制电耗见表 6-77。改用门头沟矿高纯度石灰石后，脱硫效率提高 1.0% ~ 1.5%，特别是石膏的颜色有的大幅度的改善，白度增加，有利于石膏和石膏板的销售，试验取得了较好的效果。

表 6-77   石灰石成分及可磨性分析

序号	项目	长山矿	门头沟矿	设计值
1	$CaCO_3$	91.2% ~ 95.3%	99.1%	> 91.2%
2	$MgCO_3$	1.8% ~ 5.3%	0.33%	< 1.8%
3	Fe_2O_3	0.3% ~ 1.0%	0.14%	< 0.6%
4	Al_2O_3	0.3% ~ 0.6%	0.1%	< 0.45%
5	SiO_2	2.8% ~ 4.3%	0.27%	< 0.35%
6	水分	< 2%	< 2%	
7	磨制电耗	13kW·h/t	8.5kW·h/t	

① 由于石灰石可磨性较好，降低了磨机的单耗。按年使用石灰石 8569t 计算，年节约耗电量 = 8569t/a × (13 - 8.5)(kW·h)/t = 3.8 万(kW·h)，节电费用 1 万元以上。

② 石灰石中有效成分升高，减少了脱硫剂的使用量，降低了运行成本。

③ 由于石灰石易磨，降低了制浆系统设备的磨损，设备运行可靠性提高，维护成本降低。

石灰石浆液制备系统设置二台湿式球磨机，为一期配套设备。FGD2 系统投入运行后，磨机成为二套 FGD 的公用设备，由于石灰石用量增大，磨机运行时间明显增加，正常运行时需要同时启动两台磨机运行 15h 左右，其制浆量才能满足二套 FGD 装置运行需要，因此，磨机一旦出现故障，制浆量不能满足脱硫运行的需要，为了保证二套 FGD 系统的正常运行，在提高磨机出力方面进行了一系列的试验，从试验的情况看，取得了良好的效果。

石灰石/石膏湿法 FGD 工艺设计中为了保证脱硫效率，对吸收剂石灰石颗粒细度有一定的要求，一般石灰石的颗粒度越细，其消溶性能越好，可保持较高的脱硫效率及石灰石的利用率，但石灰石的颗粒度越细，研磨制浆的能耗越高。热电分公司 FGD 湿磨设计为两级旋流分离，石灰石浆液的细度较高，二级旋流出口石灰石颗粒度达到 325 目筛通过 90% 以上，而热电分公司按石灰石颗粒度为 250 目筛通过 90% 设计。从目前磨机一、二级旋流出口浆液的颗粒分布测试结果看，一级旋流出口的石灰石浆液细度 250 目筛通过达到了 83.6%，基本上能足脱硫运行的需要。在此基础上，对浆液系统进行了取消二级旋流器的改造试验，同时对磨机的运行状况进行了调整，从取样分析的结果看，一级旋流出口石灰石浆液细度 250 目筛通过达到了 95.9%，满足脱硫运行对浆液细度的要求。取消磨机二级旋流后，磨机出力明显增大，浆液产量从原来的 6.11t/h 提高到 11.13t/h，一台磨机运行 18h 的制浆量即可满足 2 套 FGD 系统运行的需要，达到了提高出力、节约电耗的目的。

另外，为了解石灰石颗粒度分布变化对脱硫效率及石膏品质的影响，进行了跟踪监测试验，从试验的情况看，脱硫运行效率、石膏中石灰石的含量基本稳定，即石灰石颗粒度的提高对以上两个参数基本没有影响，而磨机运行方式的优化，节电效果显著。

5. 真空皮带机脱水系统优化

FGD2 系统投入运行后，真空皮带脱水系统成为 2 套 FGD 系统的公用设备，承担 2 套 FGD 石膏浆液的脱水任务，其运行时间也由每天运行 10h 左右增加到 20h 以上，甚至连续 24h 运行。为了减少皮带机的运行时间，降低皮带机的电耗，进行了皮带机运行的优化试验。依据石膏浆液不同输送方式，对皮带机的运行状况、石膏浆液的脱水速度以及石膏的品质进行了监测试验。从试验的结果看，效果较好。通过改变石膏浆液的输送方式，达到了提高皮带机出力、减少皮带机及其附属设备运行时间、提高设备的运行效率、节约厂用电的目的。为此，制定了皮带机标准运行方式，即皮带机运行时，同时打开浆液输送管路旁路阀门，使皮带机在高出力条件下运行。另外，运行过程中加强石膏浆液输送泵出口压力和皮带机运行速度的监视，在发现泵出口压力降低或皮带机速度低于 4m/min 时，及时联系检修人员检查浆液泵出口回流管路孔板的磨损情况，发现磨损增大时要及时更换，减少石膏浆液的回流量，保持皮带机经济运行。

6. 脱硫 GGH 吹灰程序优化

脱硫 GGH 空气吹扫设计公用一台空气压缩机，运行方式为每套 FGD 系统每 8h 各吹扫 1 次，GGH 吹扫分别进行时，空气压缩机间断运行。FGD2 投入运行后，发现 GGH 空气压缩机基本上处于连续运行状态，检查两台 GGH 的吹扫逻辑发现，FGD1 系统 GGH 吹扫时间设计为 2.5h，而 FGD2 系统 GGH 吹扫时间设计为 6h，这设计不合理。该空气压缩机成为连续运行设备，没有备用，一旦出现故障，影响 2 套脱硫的 GGH 空气吹扫的正常运行。为此，在保证正常吹扫的情况下，对 FGD2 系统 GGH 吹扫逻辑进行修改，将原来吹扫一个程序 6h 缩短为 2.5h，空气压缩机运行每天减少 10.5h。空气压缩机功率为 132kW，GGH 吹灰逻辑修改后，每天节电 1300kW·h，月节电 40000kW·h 以上，节电效益显著。

7. 降低烟气系统阻力的措施

FGD 烟道系统阻力变化与进入脱硫的烟气流量及 GGH 差压有着密切的关系，烟气流量增大或 GGH 结垢堵塞都将引起烟气系统阻力的增大。因此，为了降低 GGH 运行中由于堵塞引起阻力升高问题，GGH 在设计中就配套了在线压缩空气吹扫和高压水冲洗，以保持 GGH 换热片的清洁。但运行中发现在烟气流量一定的条件下，随着运行时间的增加，GGH 的差压、增压风机电流仍呈不断升高的趋势，分析认为增压风机电流升高与 GGH 的堵塞有直接的关系，为此，利用机组停运的机会对 2 套脱硫 GGH 进行了人工高压水除垢清洗，从清洗的情况看均取得了明显的效果，GGH 差压明显下降，烟气系统阻力下降，增压风机电耗降低 25% 以上，初略计算，年节约电费 220 万元以上。

8. 提高炒制板厂设备的利用率

脱硫副产品石膏在建筑业、建材业中有着广阔的应用前景。但从 2002 年的生产销售情况统计看，炒制石膏仅 2700t，石膏板产量 6 万 m²，远远低于板厂 38.4 万 m² 的生产能力。同时，石膏板、炒制石膏、二水石膏的市场销售价格差距较大，如二水石膏销售价 60 元/t 左右，而炒制石膏 160 元/t，在石膏板销售市场不畅通时，将直接销售二水石膏改为销售炒制石膏，也可在一定程度上提高销售收入。为此，充分利用配套建设的石膏炒制和制板装置，提高设备的利用率，合理分配产品市场分额，将会在很大程度上提高石膏的销售收入，降低脱硫的运行成本。

总之，热电分公司通过 FGD 系统优化运行和调整，大幅度降低了脱硫运行成本，年节电费用在500 万元左右，经济效益非常可观。

"管理出效益"。以上介绍的是中电国华北京热电分公司 FGD 系统的节能措施，值得各电厂学习。事实上，只要多开动脑筋，每个电厂都可以找到最佳的运行方式，以最小的投入和消耗来满足环保要求。如一些 FGD 系统可根据"峰、谷、平"电价的特点，将脱硫大负荷用电安排在夜间进行，利用夜间"谷"时电价进行制浆和脱水，既保证了夜间机组低负荷的安全运行又保证了白天的满发多供，可为电厂取得高的电价系数。

附录 火电厂大气污染物排放标准

（GB 13223—2003）

国家环境保护总局关于发布国家污染物排放标准
《火电厂大气污染物排放标准》 的公告

环发〔2003〕214 号

为贯彻《中华人民共和国大气污染防治法》，防治环境污染，保护和改善生活环境和生态环境，保障人体健康，加强环境管理，现批准《火电厂大气污染物排放标准》为国家污染物排放标准，由我局与国家质量监督检验检疫总局联合发布，现予公告。

标准名称、编号如下：

火电厂大气污染物排放标准（GB 13223—2003）。

以上标准为强制性标准，自 2004 年 1 月 1 日起实施，由中国环境科学出版社出版，可以在国家环境保护总局网站（www.sepa.gov.cn）查询。自以上标准规定的各时段排放限值实施之日起，下列标准中的相应部分废止：

火电厂大气污染物排放标准（GB 13223—1996）。

特此公告。

2003 年 12 月 30 日

目　次

前　言

为贯彻《中华人民共和国环境保护法》和《中华人民共和国大气污染防治法》，防治火电厂大气污染物排放造成的污染，保护生活环境和生态环境，改善环境质量，促进火力发电行业的技术进步和可持续发展，制定本标准。

自本标准各时段排放限值实施之日起，代替国家污染物排放标准《火电厂大气污染物排放标准》（GB 13223—1996）中相应的内容。

本标准对《火电厂大气污染物排放标准》（GB 13223—1996）主要做了如下修改：调整了大气污染物排放浓度限值；取消了按除尘器类型和燃煤灰分、硫分含量规定不同排放浓度限值的做法；规定了现有火电锅炉达到更加严格的排放限值的时限；调整了折算火电厂大气污染物排放浓度的过量空气系数。

按有关法律规定，本标准具有强制执行的效力。

本标准所替代的历次版本发布情况为：GB 13223—1991、GB 13223—1996。

本标准由国家环境保护总局科技标准司提出。

本标准由中国环境科学研究院、国电环境保护研究所等单位起草。

本标准国家环境保护总局 2003 年 12 月 23 日批准。

本标准自 2004 年 1 月 1 日实施。

本标准由国家环境保护总局解释。

火电厂大气污染物排放标准

1　主要内容与适用范围

本标准按时间段规定了火电厂大气污染物最高允许排放限值，适用于现有火电厂的排放管理以及火电厂建设项目的环境影响评价、设计、竣工验收和建成运行后的排放管理。

本标准适用于使用单台出力 65t/h 以上除层燃炉、抛煤机炉料的燃煤发电锅炉；各种容量的煤粉发电锅炉；单台出力 65t/h 以上燃油发电锅炉；各种容量的燃气轮机组的火电厂。单台出力 65t/h 以上采用甘蔗渣、锯末、树皮等生物质燃料的发电锅炉，参照本标准中以煤矸石等为主要燃料的资源综合利用火力发电锅炉的污染物排放控制要求执行。

本标准不适用于各种容量的以生活垃圾、危险废物为燃料的火电厂。

2　规范性引用文件

下列文件中的条款通过本标准的引用而成为本标准的条款。凡是注日期的引用文件，其随后所有的修改单（不包括勘误的内容）或修订版均不适用于本标准，然而，鼓励根据本标准达成协议的各方研究是否可使用这些文件的最新的版本。凡是不注日期的引用文件，其最新版适用于本标准。

GB/T 16157　　固定污染源排气中颗粒物测定与气态污染物采样方法

HJ/T 42　　固定污染源排气中氮氧化物的测定　紫外分光光度法

HJ/T 43	固定污染源排气中氮氧化物的测定	盐酸萘乙二胺分光光度法
HJ/T 56	固定污染源排气中二氧化硫的测定	碘量法
HJ/T 57	固定污染源排气中二氧化硫的测定	定电位电解法
HJ/T 75	火电厂烟气排放连续监测技术规范	

空气与废气监测分析方法（中国环境科学出版社，2003 年第四版）

3 术语和定义

本标准采用下列术语和定义。

3.1

火电厂 thermal power plant

燃烧固体、液体、气体燃料的发电厂。

3.2

坑口电厂 coal mine mouth power plant

位于煤矿附近，以皮带运输机、汽车或煤矿铁路专用线运输燃煤的发电厂。

3.3

标准状态 standard condition

烟气在温度为 273K，压力为 101325Pa 时的状态，简称"标态"。本标准中所规定的大气污染物排放浓度均指标准状态下干烟气的数值。

3.4

烟气排放连续监测 continuous emissions monitoring

烟气排放连续监测是指对火电厂排放的烟气进行连续、实时跟踪监测。

3.5

过量空气系数 excess air coefficient

燃料燃烧时，实际空气供给量与理论空气需要量之比值，用"α"表示。

3.6

干燥无灰基挥发分 vo1atile matter（dry ash-free basis）

以假想无水、无灰状态的煤为基准，将煤样在规定条件下隔绝空气加热，并进行水分和灰分校正后的质量损失，称之干燥无灰基挥发分，用"V_{daf}"表示。

3.7

西部地区 western region

西部地区是指重庆市、四川省、贵州省、云南省、西藏自治区、陕西省、甘肃省、青海省、宁夏回族自治区、新疆维吾尔族自治区、广西壮族自治区、内蒙古自治区。

4 污染物排放控制要求

4.1 时段的划分

本标准分三个时段，对不同时段的火电厂建设项目分别规定了排放控制要求：

1996 年 12 月 31 日前建成投产或通过建设项目环境影响报告书审批的新建、扩建、改建火电厂建设项目，执行第 1 时段排放控制要求。

1997 年 1 月 1 日起至本标准实施前通过建设项目环境影响报告书审批的新建、扩建、改建火电厂建设项目，执行第 2 时段排放控制要求。

自 2004 年 1 月 1 日起，通过建设项目环境影响报告书审批的新建、扩建、改建火电厂建设项目

（含在第 2 时段中通过环境影响报告书审批的新建、扩建、改建火电厂建设项目，自批准之日起满 5a，在本标准实施前尚未开工建设的火电厂建设项目），执行第 3 时段排放控制要求。

4.2 污染物排放限值

4.2.1 烟尘最高允许排放浓度和烟气黑度限值

各时段火力发电锅炉烟尘最高允许排放浓度和烟气黑度执行表 1 规定的限值。

表 1　　　　　　　　　　　火力发电锅炉烟尘最高允许排放浓度和烟气黑度限值

时　段	烟尘最高允许排放浓度（mg/m³）					烟气黑度（林格曼黑度，级）
	第 1 时段		第 2 时段		第 3 时段	
实施时间	2005 年 1 月 1 日	2010 年 1 月 1 日	2005 年 1 月 1 日	2010 年 1 月 1 日	2004 年 1 月 1 日	2004 年 1 月 1 日
燃煤锅炉	300[1] 600[2]	200	200[1] 500[2]	50 100[3] 200[4]	50 100[3] 200[4]	1.0
燃油锅炉	200	100	100	50	50	

注：1）县级及县级以上城市建成区及规划区内的火力发电锅炉执行该限值。

　　2）县级及县级以上城市建成区及规划区以外的火力发电锅炉执行该限值。

　　3）在本标准实施前，环境影响报告书已批复的脱硫机组，以及位于西部非两控区的燃用特低硫煤（入炉燃煤收到基硫分小于 0.5%）的坑口电厂锅炉执行该限值。

　　4）以煤矸石等为主要燃料（入炉燃料收到基低位发热量小于等于 12550kJ/kg）的资源综合利用火力发电锅炉执行该限值。

4.2.2 二氧化硫最高允许排放浓度限值

各时段火力发电锅炉二氧化硫最高允许排放浓度执行表 2 规定的限值。第 3 时段位于西部非两控区的燃用特低硫煤（入炉燃煤收到基硫分小于 0.5%）的坑口电厂锅炉须预留烟气脱除二氧化硫装置空间。

表 2　　　　　　　　　　火力发电锅炉二氧化硫最高允许排放浓度　　　　　　　　单位：mg/m³

时　段	第 1 时段		第 2 时段		第 3 时段
实施时间	2005 年 1 月 1 日	2010 年 1 月 1 日	2005 年 1 月 1 日	2010 年 1 月 1 日	2004 年 1 月 1 日
燃煤锅炉及燃油锅炉	2100[1]	1200[1]	2100 1200[2]	400 1200[2]	400 800[3] 1200[4]

注：1）该限值为全厂第 1 时段火力发电锅炉平均值。

　　2）在本标准实施前，环境影响报告书已批复的脱硫机组，以及位于西部非两控区的燃用特低硫煤（入炉燃煤收到基硫分小于 0.5%）的坑口电厂锅炉执行该限值。

　　3）以煤矸石等为主要燃料（入炉燃料收到基低位发热量小于等于 12550kJ/kg）的资源综合利用火力发电锅炉执行该限值。

　　4）位于西部非两控区的燃用特低硫煤（入炉燃煤收到基硫分小于 0.5%）的坑口电厂锅炉执行该限值。

在本标准实施前，环境影响报告书已批复的第 2 时段脱硫机组，自 2015 年 1 月 1 日起，执行 400mg/m³ 的限值，其中以煤矸石等为主要燃料（入炉燃料收到基低位发热量小于等于 12550kJ/kg）的资源综合利用火力发电锅炉执行 800mg/m³ 的限值。

4.2.3 氮氧化物最高允许排放浓度限值

火力发电锅炉及燃气轮机组氮氧化物最高允许排放浓度执行表3规定的限值。第3时段火力发电锅炉须预留烟气脱除氮氧化物装置空间。液态排渣煤粉炉执行 $V_{daf} < 10\%$ 的氮氧化物排放浓度限值。

表3   火力发电锅炉及燃气轮机组氮氧化物最高允许排放浓度   单位：mg/m³

时　段		第1时段	第2时段	第3时段
实施时间		2005年1月1日	2005年1月1日	2004年1月1日
燃煤锅炉	$V_{daf} < 10\%$	1500	1300	1100
	$10\% \leq V_{daf} \leq 20\%$	1100	650	650
	$V_{daf} > 20\%$			450
燃油锅炉		650	400	200
燃气轮机组	燃油			150
	燃气			80

4.3 全厂二氧化硫最高允许排放速率

4.3.1 全厂二氧化硫最高允许排放速率的计算

新建、改建和扩建属于第3时段的火电厂建设项目，在满足4.2中规定的排放浓度限值要求时，还须同时满足火电厂全厂二氧化硫最高允许排放速率限值要求。火电厂全厂二氧化硫最高允许排放速率按式(1)~(3)计算。

$$Q = P \times \overline{U} \times H_g^2 \times 10^{-3} \tag{1}$$

$$\overline{U} = \frac{1}{N} \sum_{i=1}^{N} U_i \tag{2}$$

$$H_g = \sqrt{\frac{1}{N} \sum_{i=1}^{N} H_{ei}^2} \tag{3}$$

式中：

Q——全厂二氧化硫最高允许排放速率，kg/h；

P——排放控制系数；

$\overline{U}$——各烟囱出口处环境风速的平均值，m/s；

H_g——全厂烟囱等效单源高度，m；

H_{ei}——第 i 个烟囱有效高度，m；

U_i——第 i 个烟囱出口处的环境风速，m/s；按附录A规定计算。

烟囱的有效高度按式（4）计算。

$$H_e = H_s + \Delta H \tag{4}$$

式中：

H_e——烟囱有效高度，m；

H_s——烟囱几何高度，m；当烟囱几何高度超过240米时，仍按240米计算；

ΔH——烟气抬升高度，m，按附录A规定计算。

4.3.2 P值的确定

各地区最高允许排放控制系数 P 执行表4中给出的限值。

表4 各地区最高允许排放控制系数 P 限值

区 域	北京、天津、河北、辽宁、上海、江苏、浙江、福建、山东、广东、海南	山西、吉林、黑龙江、安徽、江西、河南、湖北、湖南	重庆、四川、贵州、云南、西藏、陕西、甘肃、青海、宁夏、新疆、内蒙古、广西
重点城市建成区及规划区[1]	≤2.6	≤3.8	≤5.1
一般城市建成区及规划区[2]	≤6.7	≤8.2	≤9.7
城市建成区和规划区外	≤11.5	≤13.3	≤15.4

注：1）重点城市是指国务院批复的大气污染防治重点城市。
　　 2）一般城市是指县级及县级以上的城市。

4.3.3　烟囱高度

地方环境保护行政主管部门可以根据具体情况规定烟囱高度最低限值。

5　监测

5.1　大气污染物的监测分析方法

火电厂大气污染物的监测应在机组运行负荷的75%以上进行。

5.1.1　火电厂大气污染物的采样方法

火电厂大气污染物的采样方法执行 GB/T 16157《固定污染源排气中颗粒物测定与气态污染物采样方法》规定。

5.1.2　火电厂大气污染物的分析方法

火电厂大气污染物的分析方法见表5。

表5 火电厂大气污染物分析方法

序　号	分析项目	大气污染物分析方法
1	烟尘	GB/T 16157 重量法
2	烟气黑度	林格曼黑度图法《空气和废气监测分析方法》
		测烟望远镜法《空气和废气监测分析方法》
		光电测烟仪法《空气和废气监测分析方法》
3	二氧化硫	HJ/T 56 碘量法
		HJ/T 57 定电位电解法
		自动滴定碘量法《空气和废气监测分析方法》
		非分散红外吸收法《空气和废气监测分析方法》
		电导率法《空气和废气监测分析方法》
4	氮氧化物	HJ/T 42 紫外分光光度法
		HJ/T 43 盐酸萘乙二胺分光光度法
		定电位电解法《空气和废气监测分析方法》
		非分散红外吸收法《空气和废气监测分析方法》

5.2　大气污染物的过量空气系数折算值

实测的火电厂烟尘、二氧化硫和氮氧化物排放浓度，必须执行 GB/T 16157 规定按式（5）进行折算，燃煤锅炉按过量空气系数 $\alpha = 1.4$ 进行折算；燃油锅炉按过量空气系数 $\alpha = 1.2$ 进行折算；燃气轮机组按过量空气系数 $\alpha = 3.5$ 进行折算。

$$c = c' \times (\alpha'/\alpha) \tag{5}$$

式中：

c——折算后的烟尘、二氧化硫和氮氧化物排放浓度，mg/m^3；

c'——实测的烟尘、二氧化硫和氮氧化物排放浓度，mg/m^3；

α'——实测的过量空气系数；

α——规定的过量空气系数。

5.3　全厂第 1 时段火力发电锅炉二氧化硫平均浓度计算

全厂第 1 时段火力发电锅炉二氧化硫平均浓度按式（6）计算。

$$c = (c_1 \times V_1 + c_2 \times V_2 + \cdots + c_n \times V_n)/(V_1 + V_2 + \cdots + V_n) \tag{6}$$

式中：

c——全厂第 1 时段火力发电锅炉二氧化硫平均浓度，mg/m^3；

c_1、c_2、c_n——按 5.2 中的方法折算后的第 1 时段中第 1、2、n 台火力发电锅炉二氧化硫浓度，mg/m^3；

V_1、V_2、V_n——第 1 时段中第 1、2、n 台火力发电锅炉排烟率（标态），m^3/s。

5.4　气态污染物浓度单位换算

本标准中 $1\mu mol/mol$（1ppm）二氧化硫相当于 $2.86mg/m^3$ 二氧化硫质量浓度。氮氧化物质量浓度以二氧化氮计，$1\mu mol/mol$（1ppm）氮氧化物相当于 $2.05mg/m^3$ 质量浓度。

5.5　烟气排放的连续监测

5.5.1　火力发电锅炉须装设符合 HJ/T 75 要求的烟气排放连续监测仪器。

5.5.2　火电厂大气污染物的连续监测按 HJ/T 75 中的规定执行。

5.5.3　烟气排放连续监测装置经省级以上人民政府环境保护行政主管部门验收合格后，在有效期内其监测数据为有效数据。

6　标准实施

6.1　本标准由县级以上人民政府环境保护行政主管部门负责监督实施。

6.2　火电厂大气污染物排放除执行本标准外，还须执行国家和地方总量排放控制指标。

附　录　A

（规范性附录）

烟气抬升高度计算方法

A.1　烟气抬升高度的计算

烟气抬升高度按式（A1）~（A5）计算。

当 $Q_H \geqslant 21000kJ/s$，且 $\Delta T \geqslant 35K$ 时：

$$\text{城市、丘陵}: \Delta H = 1.303 Q_H^{1/3} H_s^{2/3}/U_s \tag{A1}$$

$$\text{平原农村}: \Delta H = 1.427 Q_H^{1/3} H_s^{2/3}/U_s \tag{A2}$$

当 $2100kJ/s \leqslant Q_H < 21000kJ/s$，且 $\Delta T \geqslant 35K$ 时：

$$\text{城市、丘陵}: \Delta H = 0.292 Q_H^{3/5} H_s^{2/5}/U_s \tag{A3}$$

$$\text{平原农村}: \Delta H = 0.332 Q_H^{3/5} H_s^{2/5}/U_s \tag{A4}$$

当 $Q_H < 2100kJ/s$，或 $\Delta T < 35K$ 时：

$$\Delta H = 2(1.5V_S d + 0.01Q_H)/U_S \tag{A5}$$

式中：

ΔT——烟囱出口处烟气温度与环境温度之差，K，计算方法见 A.1.1；

Q_H——烟气热释放率，kJ/s，计算方法见 A.1.2；

U_S——烟囱出口处的环境风速，m/s，计算方法见 A.1.3；

V_S——烟囱出口处实际烟速，m/s；

d——烟囱出口内径，m。

其他符号意义同本标准 4.3.1。

A.1.1　烟囱出口处烟气温度与环境温度之差 ΔT

烟囱出口处烟气温度与环境温度之差 ΔT 按式（A6）计算。

$$\Delta T = T_S - T_a \tag{A6}$$

式中：

T_S——烟囱出口处烟气温度，K，可用烟囱入口处烟气温度按 $-5℃/100m$ 递减率换算所得值；

T_a——烟囱出口处环境平均温度，K，可用电厂所在地附近的气象台、站定时观测最近 5a 地面平均气温代替。

A.1.2　烟气热释放率 Q_H 的计算

烟气热释放率 Q_H 按式（A7）计算。

$$Q_H = C_P V_0 \Delta T \tag{A7}$$

式中：

C_P——烟气平均定压比热，1.38kJ/（$m^3 \cdot K$）；

V_0——排烟率（标态），m^3/s。当一座烟囱连接多台锅炉时，该烟囱的 V_0 为所连接的各锅炉该项数值之和。

A.1.3　烟囱出口处环境风速的计算

烟囱出口处环境风速按式（A8）计算。

$$U_S = \overline{U}_{10} \left(\frac{H_S}{10} \right)^{0.15} \tag{A8}$$

式中：

U_S——烟囱出口处的环境风速，m/s；

$\overline{U}_{10}$——地面 10m 高度处平均风速，m/s，采用电厂所在地最近的气象台、站最近 5a 观测的距地面 10m 高度处的风速平均值，当 $\overline{U}_{10} < 2.0m/s$ 时，取 $\overline{U}_{10} = 2.0m/s$；

H_S——烟囱几何高度，m。

参 考 文 献

1. 曾庭华，杨华，马斌，王力．湿法烟气脱硫系统的安全性及优化．北京：中国电力出版社，2004.

2. Radian International LLC. Electric Utility Engineer's FGD Manual. Austin, Texas：1996.

3. 贾义，任岷，毛本将等．BEKA 塑料衬里混凝土吸收塔技术．21 世纪电力，2004（8）：44～47

4. J. W. santavicca. Wet Flue Gas Desurfurization（WFGD）Slurry Spray Header Design System. Proc. of PWR 2005 ASME, Chicago, Illinois USA：1009～1105

5. 高志平．先进的烟气脱硫（AFGD）洁净煤项目．四川电力技术，2001（1）：15～18

6. 林永明，高翔，俞保云等．计算流体力学（CFD）在大型湿法烟气脱硫系统中的研究与应用进展．热力发电，2005（12）：34～37，62

7. 周至祥，段建中，薛建明．火电厂湿法烟气脱硫技术手册．北京：中国电力出版社，2006.

8. 邓庆松，周世平主编．300MW 火电机组调试技术．北京：中国电力出版社，2003.

9. 钟洪玲．石灰石—石膏湿法 FGD 系统中石膏旋流器的选择．电力设备，2003，4（4）：13～17

10. 钱翊．烟气脱硫电气系统的设计特点．浙江电力，2004（2）：40～43

11. 范明豪，田万军．湿式石灰石—石膏烟气脱硫系统调试与运行中的若干问题．安徽电力，2006，23（4）：10～16

12. 阎维平，刘忠，王春波，纪立国．电站燃煤锅炉石灰石湿法烟气脱硫装置运行与控制．北京：中国电力出版社，2005

13. 国家环境保护总局编．空气和废气监测分析方法．第四版．北京：中国环境科学出版社，2003.

14. 孙学信主编．燃煤锅炉燃烧试验技术与方法．北京：中国电力出版社，2002.

15. 胡光平．两炉一塔湿法脱硫装置进烟方式的操作．电力设备，2005，6（5）：76～79

16. David W. hendry, J. Gary Weis, Robert L. Ray. Scrubber upgrade achieves 95% removal efficiency. Power Engineering, 1991（3）：25～28

17. Cynthia L. Gage, Gary T. Rochelle. Limestone Dissolution in Flue Gas Scrubbing：Effect of Sulfite. Air Waste Manage, Assoc, 1992, 42（7）：926～935

18. 钟毅，林永明，高翔．石灰石/石膏湿法烟气脱硫系统石灰石活性影响因素研究．电站系统工程，2005，21（4）：1～3，7

19. 孙文寿，吴忠标，谭天恩．石灰石湿式烟气脱硫工艺中添加剂的研究．环境工程，2001，19（4）：30～33

20. 时正海，赵彩虹，周屈兰等．微型鼓泡床中石灰石溶解特性的实验研究．热能动力工程，2004，19（3）：234～237

21. 张可钜．珞璜电厂 4×360MW 机组烟气脱硫工程评述．电力环境保护，2000，16（4）：1～10，28

22. 周至祥．湿法石灰石 FGD 装置中采用不锈钢304L 的讨论．四川电力技术，2002（2）：35～38

23. 周至祥．湿式石灰石—石膏法排烟脱硫装置的问题和对策．四川电力技术，2001（1）：19～25

24. 崔克强，李浩．燃煤发电厂烟塔合一环境影响之———烟气抬升高度的对比计算．环境科学研究，2005，18（1）：27～30

25. 崔克强，柴发合．燃煤发电厂烟塔合一环境影响之二——华能北京热电厂烟塔合一设计环境影响估算．环境科学研究，2005，18（1）：35～39

26. 林勇．烟塔合一技术特点和工程数据．环境科学研究，2005，18（1）：31～34

27. 曾德勇，罗奖合．由冷却塔排放烟气脱硫净烟气对循环冷却水水质的影响及其对策研究．热力发电，2005（3）：61～64，73

28. 曾德勇．烟塔合一工程综合调研．电力建设，2007，28（3）：41～45

29. 曾德勇．国内脱硫烟塔合一工程设计．电力建设，2007，28（5）：57～60

30. 顾咸志．湿法烟气脱硫装置烟气换热器的腐蚀及预防．中国电力，2006，39（2）：86～91

31. 郝建宏．定洲电厂脱硫烟气系统的设计和运行分析．现代电力，2007，24（4）：56～59

32. 傅文玲，胡秀丽．烟气脱硫系统回转再生式烟气换热器清洗装置使用效果探讨．热力发电，2006（3）：48～51

33. 赵鹏高，马果骏，王宝德，胡健民．石灰石—石膏湿法烟气脱硫工艺不宜安装烟气换热器．中国电力，2005，38（11）：62～65

34. 廖庆华．FGD除雾器发生局部坍塌的原因探讨．华中电力，2007，20（4）：77～78

35. 赖羽，屈小华．重庆发电厂烟气脱硫装置吸收塔浆液的氧化效果问题及改进措施．热力发电，2002（2）：39～41，46

36. 胡秀丽，张连生，王文华．中电国华北京热电分公司两套脱硫装置运行状况分析．电力设备，2005，6（5）：13～15

37. 李大中，帅国强，张瑞祥．湿法烟气脱硫对锅炉稳定运行的影响和对策分析．热能动力工程，2007，22（6）：677～680

38. 赵军．脱硫增压风机控制对炉膛负压的影响分析与控制优化．中国电力，2008，41（2）：37～40

39. 蒋丛进，封乾君．国华三河电厂脱硫装置取消烟气旁路技术．中国电力，2007，40（11）：93～96

40. 赵生光．火电厂湿法烟气脱硫取消旁路烟道可行性分析与探讨．中国电力，2007，40（6）：81～85

41. 白云峰，许正涛，吴树志等．脱硫机组取消旁路烟道的技术经济分析．中国电力，2008，41（1）：73～75

42. 曾庭华．FGD系统不宜取消旁路的分析．中国电力，2008，41（2）：60～64

43. 江得厚，郝党强，王勤，朱丽娜．钙法烟气脱硫工艺技术问题探讨．电力环境保护，2006，22（6）：26～28

44. 吕慧，兰凤春．海水法烟气脱硫工艺在国内火电厂的应用研究．吉林电力，2007，35（4）：23～26，30

45. 余鹏，高小春，何德明，刘纯军．石灰石—石膏湿法脱硫系统的经济运行．热力发电，2007（7）：34～36

46. 胡秀丽．石灰石/石膏湿法烟气脱硫装置运行管理探讨．电力设备，2007，8（12）：79～81

致　谢

在本书撰写过程中，得到了广东电网公司电力科学研究院领导的大力支持，院副总工程师马斌教授级高工在百忙之中详阅书稿，提出了许多宝贵的意见；原锅炉室主任王力、廖宏楷、徐程宏在全室工作任务十分紧张的情况下合理安排人员，使得作者有充足的写作时间；锅炉室的同事宋建珂、孙锦余、刘义、覃泽棒、林彬等都给予了极大的鼓励和帮助；环化室同事周永言、姚唯建、程诺伟、盘思伟、汤龙华、曾东瑜、李丽、邹鹏、彭卫华、范婉坤、蓝敏星、王兴毅等，热工室同事叶向前、李晓枫、伍宇忠、庞志强、舒探宇等，系统室同事罗勇、丁浩杰、郑国荣、肖健等同事为本书提供了相关资料并提出了许多修改意见，可以说本书是广东电网公司电力科学研究院从事 FGD 系统调试、试验及技术咨询等工作的所有人员心血的结晶。感谢粤电集团公司给予作者很多参与 FGD 工程建设的机会，使作者广泛地接触了各种 FGD 技术，长进不少；粤电集团公司的黄志生、郑云鹏、袁永权、张爽、骆文波、余从容、嵇建斌等同志给予了许多帮助，在此表示诚挚的谢意！

广东省连州电厂李焕辉、杨建球、莫钰英、李劲、卢炼区等，沙角 A 电厂邹日建等，瑞明电厂陈恩诚等，台山电厂余鹏、庄文军、高小春等，及其他运行人员在 FGD 系统的调试和试验中给予了很好的协作，并提供了许多原始资料；沙角 C 电厂丁松筠、石喜光、高苑辉、刘小平、彭波、谢权云、何望飞等以及其他各电厂的 FGD 系统运行管理人员，广东省电力设计院张羽、黄涛、张治忠、杨佳珊等，浙江天地环保工程有限公司赵金龙、戴豪波等，美国 B&W 公司代表傅文玲等都给予作者很多的鼓励，并为本书提供了许多很好的资料和建议；作者在此对他们表示衷心的感谢！本书的许多资料来源于国内众多的 FGD 公司，作者对此深表谢意。一些脱硫界的前辈如舒惠芬、胡健民、马果骏、周至祥、姚增权、王志轩等，以及参考文献未能一一列出的国内众多专家和同行的文章及其研究成果令人受益匪浅，作者在此表示深切的敬意！对浙江大学岑可法院士、高翔教授、林永明博士等的指导和鼓励深表谢意！同时感谢中电联给予作者参与脱硫工程后评估的机会，获益良多。对我院情报室罗海、刘小鸣、李燕等及中国电力出版社的李建强主任、赵鸣志编辑以及其他编辑们的辛勤劳动和热心指导深表谢意！

感谢所有关心和支持本书的朋友们，愿为我国烟气脱硫事业作出自己最大的贡献！

作者

2008 年 1 月于广州